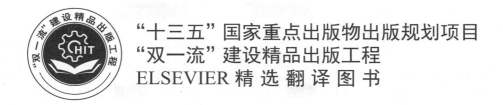

"十三五"国家重点出版物出版规划项目
"双一流"建设精品出版工程
ELSEVIER 精选翻译图书

综合膜科学与工程（第2版）
第2册 先进分子分离中的膜操作

COMPREHENSIVE MEMBRANE SCIENCE AND ENGINEERING (SECOND EDITION)

VOLUME 2　MEMBRANE OPERATIONS IN ADVANCED MOLECULAR SEPARATIONS

[意] Enrico Drioli
[意] Lidietta Giorno　　著
[意] Enrica Fontananova

邵 路　张立波　译

内 容 提 要

由意大利国家研究委员会膜技术研究所(Institute on Membrane Technology of the National Research Council of Italy,ITM – CNR)的科学家 Enrico Drioli、Lidietta Giorno、Enrica Fontananova 撰写的《综合膜科学与工程(第2版)》,共分为4册,分别为:第1册,膜科学与技术;第2册,先进分子分离中的膜操作;第3册,化学/能量转换膜和膜接触器;第4册,膜应用。

本册共14章,第1章和第2章从膜材料出发,结合多孔膜的传质原理,介绍超微滤膜的应用,并讨论了超微滤膜的抗污染过程;第3~5章主要介绍纳滤膜和正/反渗透膜,分析对比不同膜材料对纳滤、反渗透膜性能的影响,并列举了纳滤膜和正/反渗透膜的工业应用实例;第6章介绍气体分离膜,从分离机理出发,介绍各种膜材料的性能和膜组件的制备,并结合分离气体的种类,讨论了气体分离膜的应用场景;第7~11章概述渗透汽化膜的制备方法和膜材料性质,并结合传质机理,根据被分离的物质种类的不同,分别列举渗透汽化/蒸馏膜的工业应用实例;第12章和第13章介绍离子交换膜和电渗析膜的特性和应用;第14章主要概述液膜,并介绍液膜处理金属、药物和其他污染物的应用。

本书可供膜材料研究人员、膜技术系统操作人员及相关专业教学人员作为参考资料使用。

图书在版编目(CIP)数据

综合膜科学与工程:第2版.第2册,先进分子分离中的膜操作/(意)恩瑞克·德利奥里(Enrico Drioli),(意)利迪塔·吉奥诺(Lidietta Giorno),(意)恩里卡·丰塔纳诺娃(Enrica Fontananova)著;邵路,张立波译. —哈尔滨:哈尔滨工业大学出版社,2022.12

ISBN 978 – 7 – 5603 – 8630 – 0

Ⅰ.①综… Ⅱ.①恩… ②利… ③恩… ④邵… ⑤张…
Ⅲ.①膜 – 分离 – 化工过程 – 研究 Ⅳ.①TB383
②TQ028.8

中国版本图书馆 CIP 数据核字(2020)第 017534 号

策划编辑	许雅莹
责任编辑	周一瞳
封面设计	高永利
出版发行	哈尔滨工业大学出版社
社　　址	哈尔滨市南岗区复华四道街10号　邮编150006
传　　真	0451 – 86414749
网　　址	http://hitpress.hit.edu.cn
印　　刷	哈尔滨博奇印刷有限公司
开　　本	787 mm×1096 mm　1/16　印张39.5　字数961千字
版　　次	2022年12月第1版　2022年12月第1次印刷
书　　号	ISBN 978 – 7 – 5603 – 8630 – 0
定　　价	298.00元

(如因印装质量问题影响阅读,我社负责调换)

黑版贸审字 08-2020-085 号

Elsevier BV.

Comprehensive Membrane Science and Engineering, 2nd Edition
Enrico Drioli, Lidietta Giorno, Enrica Fontananova
Copyright © 2017 Elsevier BV. All rights reserved.
ISBN: 978-0-444-63775-8

This translation of Comprehensive Membrane Science and Engineering, 2nd Edition by Enrico Drioli, Lidietta Giorno, Enrica Fontananova was undertaken by Harbin Institute of Technology Press and is published by arrangement with Elsevier BV.

《综合膜科学与工程,第 2 册 先进分子分离中的膜操作》(第 2 版)(邵路,张立波 译)
ISBN:9787560386300

Copyright © Elsevier BV. and Harbin Institute of Technology. All rights reserved.

No part of this publication may be reproduced or transmitted in any form or by any means, electronic or mechanical, including photocopying, recording, or any information storage and retrieval system, without permission in writing from Elsevier BV. Details on how to seek permission, further information about the Elsevier's permissions policies and arrangements with organizations such as the Copyright Clearance Center and the Copyright Licensing Agency, can be found at our website: www.elsevier.com/permissions.

This book and the individual contributions contained in it are protected under copyright by Elsevier BV. and Harbin Institute of Technology Press (other than as may be noted herein).

This edition is printed in China by Harbin Institute of Technology Press under special arrangement with Elsevier BV. This edition is authorized for sale in the People's Republic of China only, excluding Hong Kong SAR, Macau SAR and Taiwan. Unauthorized export of this edition is a violation of the contract.

本书简体中文版由 Elsevier BV. 授权哈尔滨工业大学出版社有限公司在中华人民共和国境内(不包括香港特别行政区、澳门特别行政区以及台湾地区)出版与发行。未经许可之出口,视为违反著作权法,将受民事及刑事法律之制裁。

本书封底贴有 Elsevier 防伪标签,无标签者不得销售。

注　　意

　　本书涉及领域的知识和实践标准在不断变化。新的研究和经验拓展我们的理解,因此须对研究方法、专业实践或医疗方法做出调整。从业者和研究人员必须始终依靠自身经验和知识来评估和使用本书中提到的所有信息、方法、化合物或本书中描述的实验。在使用这些信息或方法时,应注意自身和他人的安全,包括注意他们负有专业责任的当事人的安全。在法律允许的最大范围内,爱思唯尔、译文的原文作者、原文编辑及原文内容提供者均不对因产品责任、疏忽或其他人身或财产伤害及/或损失承担责任,亦不对由于使用或操作文中提到的方法、产品、说明或思想而导致的人身或财产伤害及/或损失承担责任。

译 者 序

《综合膜科学与工程（第2版）》由意大利国家研究委员会膜技术研究所（ITM-CNR）的科学家 Enrico Drioli、Lidietta Giorno、Enrica Fontananova 撰写。本书从基本原理、结构设计、产业应用等方面详细地总结了膜科学与工程的发展，对于从事相关研究工作的科技工作者和研究生具有很好的参考价值。全书共分为4册，分别为：第1册，膜科学与技术；第2册，先进分子分离中的膜操作；第3册，化学/能量转换膜和膜接触器；第4册，膜应用。

第1册，从生物膜和人工合成膜出发，讨论了人工合成膜传输的基础知识以及它们在各种结构中制备的基本原理，概述了用于膜制备的有机材料和无机材料的发展现状和前景，以及膜相关的基本与先进表征方法。

第2册，针对先进分子分离过程中膜相关的操作，如液相和气相中的压力驱动膜分离及其他分离过程（如光伏和电化学膜过程），分析和讨论了其基本原理及应用。

第3册，介绍了广泛存在于生物系统中的分子分离与化学和能量转换相结合的研究进展，以及膜接触器（包括膜蒸馏、膜结晶、膜乳化剂、膜冷凝器和膜干燥器）的基本原理和发展前景。

第4册，侧重描述了在单个工业生产周期中，前3册中所描述的各种膜操作的组合，这有利于过程强化策略下完全创新的产业转型设计，不仅对工业界有益，在人工器官的设计和再生医学的发展中，也可以借鉴同样的策略。

哈尔滨工业大学化工与化学学院多位年轻教师和研究生对本书进行了翻译，希望能让我国读者更好地理解和掌握膜科学与工程的基本知识和发展前景。

本册由邵路和张立波译，张艳秋、杨晓彬、杨帆、郭靖、赵元元、闫琳琳、朱斌、黄军辉、王文广、曾浩泽、杨延等博士研究生也参与了本书的翻译。

鉴于译者水平和能力有限，疏漏之处在所难免，欢迎广大读者对中文译本中的疏漏和不确切之处给予指正。

徐平，邵路，姜再兴，杜耘辰
2022年3月

第 2 版前言

《综合膜科学与工程（第 2 版）》是一部由来自不同研究背景和行业的顶尖专家撰写的跨学科的膜科学与技术著作，共 58 章，重点介绍了近年来膜科学领域的研究进展及今后的发展方向，并更新了 2010 年第 1 版出版以来的最新成果。近年来，能推动现有膜分离技术局限性的新型膜材料已取得长足进展，比如一些用于气体分离的微孔聚合物膜和用于快速水传输的自组装石墨化纳米结构膜。一些众所周知的膜制备工艺，如电纺丝，也在纳米复合膜和纳米结构膜的合成方面取得了新的进展和应用。尽管一些膜操作的基本概念在几十年前就已经为人们所熟知，但最近几年它们才从实验室转移到实际应用中，比如基于膜能量转换过程的盐度梯度功率（SGP）生产工艺（包括压力阻滞渗透（PRO）和反向电渗析（RED））。这些在膜科学方面的进展是怎样取得的，下一步的研究是什么，以及哪些膜材料及其工艺的效率低于预期，这些问题都是本书的关注点。在第 2 版中，更加强调基础研究和实际应用之间的联系，涵盖了膜污染和先进检测与控制技术等内容，给出了对这些领域更全面更新颖的见解；介绍了膜的建模和模拟的最新进展、膜的操作和耐受性，以及组织工程和再生医学领域相关内容；并列举了关于膜操作的中大型应用的案例研究，特别关注了集成膜工艺策略。因此，本书对于科研人员、生产实践人员和创业者、高年级本科生和研究生，都是一本极具参考价值的工具书。

在全球人口水平增长、平均寿命显著延长和生活质量标准全面提高的刺激下，对一些国家来说，过去的几十年是巨大的资源密集型工业发展时期。正如在第 1 版中介绍，这些积极的发展也伴随着相关问题的出现，如水资源压力、环境污染、大气中二氧化碳排放量的增加以及与年龄相关的健康问题等。这些问题与缺乏创新性技术相关。废水处理技术就是一个典型的例子。如图 1(a) 所示，过去水处理工艺基本上延续了相同的理念，但在近几十年中出现了新型的膜操作技术（图 1(b)）。如今，实现知识密集型工业发展的必要性已得到充分认识，这将实现从以数量为基础的工业系统向以质量为基础的工业系统过渡。人力资本正日益成为这种社会经济转型的驱动力，可持续增长的挑战依赖于先进技术的使用。膜技术在许多领域已经被认为是能够促进这一进程的最佳可用技术之一（图 2）。工艺过程是技术创新中涉及学科最多的领域，也是当今和未来世界所必须要应对的新问题之一。近年来，过程强化理念被认为是解决这一问题的最佳方法，它由创新的设备、设计和工艺开发方法组成，这些方法有望为化学和其他制造与加工领域带来实质性的改进，如减小设备尺寸、降低生产成本、减少能源消耗和废物产生，并改善远程控制、信息通量和工艺灵活性（图 3）。然而，如何推进这些工艺过程仍旧不是很明朗,而现代膜工程的不断发展基本满足了过程强化的要求。膜操作具有效率高、操作简单、对特定成分传输具有高选择性和高渗透率的内在特性,不同膜操作在集成系统中的兼容性好、能量要求低、运行条件和环境相容性好、易于控制和放大、操作灵活性大等特点为化学和其他工业生产的合理化提供了一个可行的方法。许多膜操作实际上基于相同的硬件(设备、材料),只是软件不同(膜性质、方法)。传统的膜分离操作(反渗透(RO)、微滤(MF)、超滤(UF)、纳滤(NF)、电渗析(ED)、渗透汽化(PV)等),已广泛应用于许多不同的应用领域,如今已经与新的膜系统相结合,如催化膜反应器和膜接触器。目前,通过结合各种适合于分离和转化的膜单元,重新规划重要的工业生产循环,进而实现高集成度的膜工艺展现了良好的前景。在各个领域,膜操作已经成为主导技术,如海水淡化(图4)、废水处理和再利用(图5),以及人工器官制造(图6)等。

(a)过去的水处理工艺　　(b)新型的膜操作技术

图1　过去与现在的废水处理方法

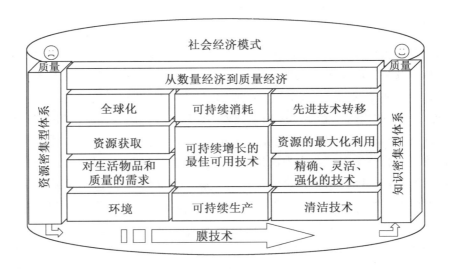

图2　当前社会经济技术推动资源密集型体系向知识密集型体系转型的过程示意图

图 3　过程强化技术

(Charpentier, J.C., 2007, *Industrial and Engineering Chemistry Research*)

有趣的是,如今在工业层面上实现的大部分膜工艺,自生命诞生以来就存在于生物系统和自然界中。事实上,生物系统的一个重要组成部分就是膜,它负责分子分离,化学转化,分子识别,能量、质量和信息传递等(图 7),其中一些功能已成功地移植到工业生产中。然而,在再现生物膜的复杂性和效率,整合各种功能、修复损伤的能力,以及保持长时间的特殊活性、避免污染问题和各种功能退化、保持系统活性等方面还有困难。因此,未来的膜科学家和工程师将致力于探究和重筑新的自然系统。《综合膜科学与工程(第 2 版)》介绍和讨论了膜科学与工程的最新成果。来自世界各地的资深科学家和博士生完成了 4 册的内容,包括膜的制备和表征,以及它们在不同的操作单元中的应用、膜反应器中分子分离到化学转化和质能转化的优化、膜乳化剂配方等,强调了它们在能源、环境、生物医药、生物技术、农用食品、化工等领域的应用。如今,在工业生产中重新设计、整合大量的膜操作单元正变得越来越现实,并极具吸引力。然而,要将现有的膜工程知识传播给公众,并让读者越来越多地了解这些创造性、动态和重要的学科的基础和应用,必须付出巨大努力。作者将在本书中尽力为此做出贡献。

图 4　EI Paso 海水淡化厂反渗透(RO)膜装置

图 5　用于废水处理的浸没式膜组件

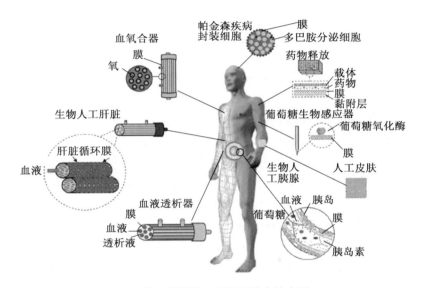

图 6　膜和膜器件在生物医学中的应用

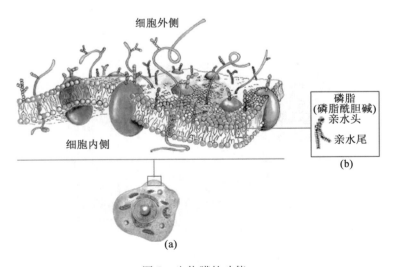

图 7　生物膜的功能

目 录

第1章 错流微滤基础 ·· 1
  1.1 概述 ··· 1
  1.2 分离机理及相关传质现象 ··· 5
  1.3 无污染的膜过滤模型 ··· 8
  1.4 膜污染简介 ··· 9
  1.5 存在污染的膜过滤模型 ··· 12
  1.6 污染和在微滤与超滤间的选择 ·· 15
  1.7 本章小结 ··· 16
  本章参考文献 ··· 17

第2章 超滤基础和工程 ··· 19
  2.1 概述 ·· 19
  2.2 超滤膜材料和膜组件 ·· 19
  2.3 超滤技术基本原理 ··· 23
  2.4 超滤处理过程 ··· 27
  2.5 超滤工艺进展 ··· 33
  2.6 超滤规模化 ·· 36
  2.7 超滤应用 ··· 42
  2.8 超滤系统故障排除 ··· 43
  本章参考文献 ··· 43

第3章 非水体系的纳滤操作 ·· 47
  3.1 概述 ·· 47
  3.2 OS 分离膜 ··· 48
  3.3 有机溶剂体系的分离应用 ·· 66
  3.4 本章小结 ··· 86
  本章参考文献 ··· 87

第4章 反渗透基础 ··· 121
  4.1 概述 ··· 121
  4.2 溶剂和溶质通量描述模型 ··· 122
  4.3 膜电荷 ··· 128

  4.4 限制因素:浓度极化、污染、结垢、生物污染、膜变质 …… 129
  4.5 反渗透膜材料 …… 133
  4.6 反渗透的膜组件 …… 134
  4.7 反渗透膜新材料 …… 135
  4.8 本章小结 …… 137
  本章参考文献 …… 137

 第 5 章 正渗透和正渗透膜 …… 142
  5.1 概述 …… 142
  5.2 正渗透过程传质和膜表征 …… 143
  5.3 汲取液 …… 148
  5.4 FO 膜的发展 …… 154
  5.5 FO 应用简介 …… 164
  5.6 本章小结 …… 167
  本章参考文献 …… 168

 第 6 章 聚合物气体分离膜 …… 189
  6.1 概述 …… 190
  6.2 聚合物中的气体传质机理 …… 193
  6.3 气体渗透膜组件工程化 …… 205
  6.4 工业应用 …… 229
  6.5 未来趋势和前景 …… 237
  6.6 本章小结 …… 242
  本章参考文献 …… 243

 第 7 章 渗透汽化膜的设计与制备 …… 252
  7.1 概述 …… 252
  7.2 分离目标溶液 …… 252
  7.3 性能评价 …… 253
  7.4 PV 膜的制作方法 …… 254
  7.5 PV 膜的材料和性能 …… 256
  7.6 本章小结 …… 268
  本章参考文献 …… 268

 第 8 章 渗透汽化的基本原理和前景 …… 274
  8.1 概述 …… 274
  8.2 分离目标溶液 …… 276
  8.3 分离机理及实验 …… 277
  8.4 膜材料及渗透汽化性能 …… 298
  8.5 本章小结 …… 310

本章参考文献 ··· 310

第9章 使用膜技术分离挥发性有机化合物的进展 ······················· 322
9.1 概述 ··· 322
9.2 有机蒸气分离膜 ·· 323
9.3 设计标准 ··· 325
9.4 膜组件 ·· 325
9.5 仿真工具的开发 ·· 327
9.6 总布置标准 ·· 338
9.7 本章小结 ··· 352
本章参考文献 ··· 352

第10章 有机液体混合物的选择性纯化分离膜 ···························· 357
10.1 概述 ··· 357
10.2 分离膜的结构设计 ··· 358
10.3 分离膜的制备方法 ··· 358
10.4 有机液体混合物膜分离技术原理 ·· 359
10.5 膜渗透和分离的基本原理 ··· 362
10.6 有机液体混合物的选择性渗透和分离 ······································ 365
10.7 乙醇/水选择膜 ··· 382
10.8 水/有机液体选择膜 ·· 401
10.9 本章小结 ·· 443
本章参考文献 ··· 443

第11章 应用于渗透汽化分离过程的支撑液膜 ··························· 462
11.1 渗透汽化 ··· 462
11.2 液膜 ··· 465
11.3 促进传质 ··· 466
11.4 支撑液膜 ··· 466
11.5 用支撑液膜进行渗透汽化 ··· 467
11.6 支撑离子液膜 ·· 472
11.7 用于渗透汽化的聚合物包合膜 ··· 474
11.8 应用 ··· 475
11.9 本章小结 ·· 489
本章参考文献 ··· 490

第12章 导电膜过程：基础及应用 ··· 498
12.1 概述 ··· 498
12.2 离子交换膜及其功能和制备 ·· 498
12.3 离子在膜和溶液中的迁移 ··· 502

12.4 离子交换膜过程 ······ 507
本章参考文献 ······ 536

第13章 电化学阻抗谱法表征膜及其界面 ······ 539

13.1 电化学阻抗谱技术简介 ······ 539
13.2 膜科学与技术中的阻抗谱 ······ 541
13.3 操作方法 ······ 543
13.4 膜界面的极化现象 ······ 545
13.5 离子交换膜的电化学阻抗谱表征 ······ 547
13.6 电化学阻抗谱技术在膜和膜过程研究中的其他应用 ······ 553
13.7 本章小结 ······ 557
本章参考文献 ······ 557

第14章 液膜 ······ 562

14.1 概述 ······ 562
14.2 原理 ······ 562
14.3 整体液膜 ······ 563
14.4 乳化液膜 ······ 569
14.5 支撑液膜 ······ 576
14.6 带提取液体支撑液膜(指状散射支撑液膜) ······ 588
14.7 其他液膜 ······ 590
14.8 本章小结 ······ 591
本章参考文献 ······ 592

第1章 错流微滤基础

1.1 概 述

在重点介绍错流微滤的基本原理前,先对本章内容进行简介。本章首先确立微滤在压力驱动膜过程中的地位;然后对微滤膜的应用和性质做出评论,主要包括相关的微滤膜理论、膜污染及膜污染的控制;最后在结语中讨论是否选择微滤膜的原因。

人们普遍认为有四种主要的压力驱动膜过程,即纳滤(NF)、反渗透(RO)、超滤(UF)和微滤(MF)。其中,纳滤曾经被加入到经典的反渗透中。反渗透膜,特别是20世纪50年代末60年代初Loeb和Sourirajan开发的非对称醋酸纤维素膜,在膜技术史上占有特殊的地位。

Loeb和Sourirajan表明,可以制造出一种能够将海水淡化的薄膜,流量可比之前的膜提高两个数量级。这一进展引起了学术和商业对膜分离的兴趣。这种膜不具备永久开放的气孔,传统上用溶解扩散模型来概述解释它们的性能[1]。由于进料侧溶液比在渗透侧浓度(又称活度)更高,水在透过薄的选择层时,存在扩散浓度(活度)梯度。活度与压力的方程在相对较低的通量下成立,反渗透通量与$\Delta P - \Delta \pi$成正比。其中,ΔP是跨膜压力(TMP);$\Delta \pi$是跨膜渗透压差。基于不可逆热力学的关系来描述传质过程更准确,如Kedem-Katchalsky方程和Spiegler-Kedem方程。这些方程不仅包含水力渗透率L_p,还包含反射系数σ,可用于描述溶质-溶剂的耦合。溶剂和溶质A的通量方程为

$$J_{solvent} = L_p(\Delta P - \sigma \Delta \pi) \tag{1.1}$$

$$J_A = P_A \Delta c_A + (1-\sigma) J_{solvent} c \tag{1.2}$$

对于多孔膜,反射系数σ具有统一的值。

与反渗透膜相比,超滤膜和微滤膜都是多孔膜,电荷效应通常很小。同样,溶剂通量也是在任何时间点都与$\Delta P - \Delta \pi$成比例。污垢引起的时间依赖性将在后面讨论。超滤膜的分离性能通常用截留分子量(MWCO)表示,MWCO是指膜截留率大于90%的截留物质的分子量。量低分子量的溶质没有有效截留。因为截留曲线是S形的,并且取决于测试溶质,所以MWCO只是一个近似值。同时,截留作用也受流动条件和进料组成和污垢的影响。

纳滤被加在反渗透和超滤之间。纳滤过程可认为是松散的反渗透或紧密的超滤。因为有更高的水渗透系数,所以纳滤过程能在比反渗透的工作压力低,同时仍然具有合理的流量。纳滤早期应用是对地表水的处理以去除其中的天然有机物和降低硬度。这

一过程类似于反渗透,在反渗透中有显著的离子截留。但是由于纳滤对 NaCl 的截留率只有 60%,因此很容易认识到纳滤膜介于反渗透膜与超滤膜之间。更开放的纳滤膜通常是致密的复合膜,而更封闭的纳滤膜是薄层复合膜。对于其他离子的截留率,典型值为 80% 的 $NaHCO_3$ 和 98% 的 $MgSO_4$,葡萄糖和蔗糖的截留率也可以在 95% 左右。纳滤性能和它们的分离特性不应被认为仅基于孔径筛分。由于二价的钙离子比单价离子具有更强烈的排斥,因此产生了硬度的去除。

纳滤的截留分子量大约在 200~2 000,但是截留分子量的概念只是一个粗略的指导。20 多年前主要和经常引用的例子是位于法国梅里奥塞地区的纳滤工厂,每天处理 340 000 m^3 的地表水。[2] 在乳品工业中,纳滤的一个关键应用是咸奶酪乳清的加工。最近,纳滤应用于有机溶剂的处理已经成为制药工业中一种重要的分离技术。

溶质和膜之间的静电相互作用取决于溶质和膜的表面性质和理化性质,这对于超滤是很重要的(是主要但不完全是对膜污染的影响),对于纳滤也很重要。因此,纳滤分离特性不应仅基于尺寸(筛分)。人们使用 Nernst-Plank 方程来描述浓度梯度和电场对离子运动的综合影响,Nernst-Plank 方程包括静电的影响,它是菲克扩散定律的扩展,已被用来描述处理超滤乳清渗透液的纳滤。[3] 由于静电相互作用很重要,因此进料溶液的 pH 值和离子强度也很重要。

将膜以孔径的大小分为四种类型是有误导性的,不如在概念上根据结构将膜分为两种,即多孔膜和非多孔膜。这种分类方式使得纳滤与反渗透的类别相同,同样基于式(1.1)和式(1.2)建模。超滤和微滤属于另一个类别,这个类别中任何电荷效应都是次要的,筛分机制占主导地位。对于这些膜,提及孔隙大小是合适的。在国际纯粹与应用化学联合会(IUPAC)于 1985 年的定义中,大孔的孔径 >50 nm,介孔的孔径为 2~50 nm,微孔的孔径 <2 nm。

根据这个定义,微滤膜通常含有孔径为 0.05~2 μm 的大孔,而超滤膜含有微孔。本章只集中阐述介绍微滤。微滤膜的孔直径在 0.05~5 μm,由于孔的大小会有不同,因此微滤膜有一个孔径分布,孔径分布程度可用于衡量膜的质量。具有孔径分布的微滤膜孔平均尺寸在 0.1~1 μm,传统的定义是在 0.1~10 μm,但是大于 1 μm 的标准尺寸已经很少见了。微滤膜孔径尺寸比传统的过滤方法要小,但比超滤膜尺寸要大,超滤膜的孔径范围在 4~100 nm。超滤是一种用于提纯和浓缩大分子($10~10^3$ kDa)溶液及某些悬浮液的分离过程;而微滤则用于净化含有颗粒污染物的液体或浓缩悬浮液,如细胞培养液。因此,微滤膜允许离子、小分子、大分子和病毒通过。

在上下文中设定 0.1~1 μm 的尺寸范围,1~10 μm 的尺寸包括电泳胶体、油乳剂、蓝色靛蓝染料、红细胞和许多细菌。与水工业特别相关的是病原体,如贾第虫囊肿和隐孢子虫卵囊。隐孢子虫卵是一个直径为 4~6 μm 的球形生物,对氯消毒有明显的抵抗力(至少在实际水平上)。因为絮凝、沉淀和快速砂滤的组合不包含可以在适当的级别上进行过滤的物理屏障,所以常规的水处理设备很可能无法清除这些杂质,除非仔细地监控操作。因为微过滤器的额定值为 0.2 μm 或更小,是一个非常有效的屏障,所以越来越多的膜被用于饮用水处理。膜的制造成本在过去 15 年急剧下降,目前膜工艺的发展为降低成本提供了有效和可持续的解决方案,而且只需要较少的过程监控。微滤应用于废水处理（作为膜生物反应器的一部分）和水再利用，而超滤用于饮用水处理。同样，对于电镀液回收来说，超滤也比微滤更适合使用，后面会讨论其原因。

除水工业中膜的用量迅速增长外，传统的微滤应用领域还包括生物技术产业和食品饮料行业的某些领域，它能在保证产品无菌的同时保留颜料、糖、酒精等物质。在生物技术工业中，微滤从发酵液中去除悬浮物，得到一种含有蛋白质的澄清滤液。微电子工业中需要非常高质量的水，微孔膜是相关专业水生产设施的重要组成部分。

膜是一种薄的具有选择透过性的屏障，通常是聚合物或陶瓷材料。微孔玻璃，如用于乳化应用的 Shirasu 多孔玻璃和 Mott 公司的烧结金属管仅仅能找到一些冷门应用。用于生产膜材料的聚合物包括聚四氟乙烯（PTFE）、聚丙烯（PP）、尼龙（PA）、聚砜（PS）等。主要聚合物微滤膜材料、特性及应用见表 1.1。陶瓷膜更能耐化学腐蚀，可以在高温下使用。其中，由氧化铝制成的陶瓷膜孔径可以达到 100 nm 左右，但对于更细的孔径，则需要镀上一层氧化铝、氧化钛或氧化锆涂层。实际上，法国 Tami 公司已经生产出了孔隙为 2 nm～1.4 μm 的无机物膜。

表 1.1　主要聚合物微滤膜的材料、特性及应用[6]

材料	特性	应用
聚砜（PS）	亲水膜 高流率 化学兼容性范围广 机械强度高，耐高温	食物和饮料 药品 微电子水 血清
尼龙（PA）	亲水膜 非常高的流速 优良的化学兼容性 高抗拉强度 生命周期长	微电子水 化学物质 饮料
聚四氟乙烯（PTFE）	疏水膜，可层压到聚丙烯支架上 优异的耐化学性 优异的耐热性 耐久性高，强度高（由于支撑）	空气和气体 药品 腐蚀性化学物质
丙烯酸共聚物	无纺布支持的亲水性共聚物膜 高流率 低压差	微电子水 药品 食品和饮料
聚丙烯（PP）	疏水膜 高流率 广泛的 pH 值稳定性 耐高温	化学物质 微电子学 药品

续表 1.1

材料	特性	应用
聚偏氟乙烯（PVDF）	优异的耐化学性 优异的耐热性 比其他的氟聚合物更容易加工 相对较低的成本	水 化学物质 生物技术
聚碳酸酯（PC）	亲水膜 高流率 机械稳定性高 热稳定性高	药品 空气污染 实验室分析
纤维素	亲水膜 有限的热稳定性 有限的机械稳定性	空气污染 微生物学 食物 药品

  目前，压力驱动的超滤和微滤过滤过程在三种不同的模式下运行：死端、错流和直流。在死端模式下，一股进料液流入膜组件，只有一股渗透的滤液离开膜组件。而在错流模式下，进料液与膜面呈切向流动，渗余液和渗透液分别离开膜组件。死端模式主要用于微滤的清洗和杀菌，其中进料是相对清洁的。事实上，少量的"块状物"加大了超大孔隙堵塞的可能，意味着在使用一小段时间后，其性能（以细菌的去除率来衡量）会有所改善。大多数应用中采用错流操作方式，以使所需材料的渗透通道不会被膜表面上持续堆积物质堵塞；切向流动提供了一种冲刷作用，它降低了截留物在膜表面的积累，从而使渗透通量保持在较好的水平。

  陶瓷膜是典型的管状或圆形截面内的多通道结构。聚合物膜组件可以从管状、中空纤维、螺旋和平板膜结构中选择，较大的公司可提供这四种选择。管状膜不是紧凑型的，单位过滤面积的成本相对较高，通常用于黏性和污垢进料，其原因将在后文讨论膜污染时解释。有些中空纤维膜可认为是由真正的纤维组成的（外径≤0.6 mm），而较大的中空纤维膜（外径>2 mm）也被描述为毛细管膜。

  错流装置因其能耗高而不适合大规模处理地表水、地面水和废水。此外，除一些废水外，进料液的固体含量也不高。大约在1990年，膜技术人员对于这些应用开始采用间歇逆流法（图1.1）以完全消除横向流，并在操作周期中进行间歇性反冲洗。这个半死端过程有时称为直流，其中半死端过程中频繁地（每小时多次）反冲洗过程控制污垢的堆积，冲洗可能包括空气冲洗和不太频繁地（但每天仍需很多次）化学强化反冲洗，以此来与典型的死端过程进行区分。这些发生在膜组件是在线的，并且可以区别于不经常发生且离线发生的就地清洗（CIP）过程。错流的消除意味着当膜用于水处理时具有比原始超滤/微滤单元更小的通道和更高的填充密度。[5]

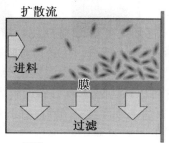

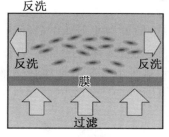

图 1.1　直流过程示意图

在水和废水处理应用中,有两种结构需要考虑,分别是"由内而外"和"由外而内"。由内而外是指进料在内部,渗透到外部(与管状系统一样),但对于某些应用来说,进料从外部渗透到内部会更好。可以从 Pearce[5] 中找到详细的解释,他提到内部进料的方式适用于聚醚砜(PES)纤维,而外部进料系统在反冲洗过程中,空气冲刷是必不可少的,因此需要使用 PVDF 纤维。

平板膜可以用于平板-框架模组件,也可以用于螺旋缠绕膜组件。后者有平板被加工成信封状(三个侧面密封,并且具有分隔两侧的塑料渗透空间网),开口面被连接并缠绕在一个中心管上,成为渗透收集器。每个信封由一个进料间隔材料的塑料网隔开,进料流需要穿过覆盖在信封表面的网格间隙。这种膜组件结构紧凑,成本相对较低,但容易产生污垢。

微滤是用于过滤操作的,但某些微滤膜也可用于接触器,如广泛用于液体脱气的液体-细胞膜接触器。一般来说,由疏水性聚丙烯制成的中空纤维提供了水相和气相之间的屏障,这种系统可以用于无气泡氧化,也可以用于去除水中的 O_2(或 CO_2)。

微滤材料的微孔结构也适用于气体过滤(表1.1),因为它是一种可靠的、持久的除去液体、灰尘和其他污染物的屏障。这类应用在本书中不会详细讲述,重点讲述的是基本原理,特别是在液相中的应用,如细胞培养液浓缩、啤酒过滤和水净化。

1.2　分离机理及相关传质现象

在过滤含有溶质或颗粒的进料时,膜通量低于相应的纯水通量(或更常见的纯溶剂通量),这种情况可能有两种原因:跨膜驱动力因渗透效应而小于跨膜压力;因额外阻力而使流体流动的阻力大于膜阻力。这可与欧姆定律 $I/U = R$ 提出的电流关系类比,如果

U 减小或 R 增加,则电流 I 将减小。

为了解驱动力降低的原因,有必要了解浓差极化。浓差极化是膜选择性的自然结果。没有通过膜的粒子或溶质在膜附近聚集,形成相对较薄的传质边界层,其实际厚度取决于靠近膜表面的流体流动情况。在表面积聚的溶质会降低溶剂的活度,从而产生渗透压,降低溶剂的滤透通量。这可以认为是滤液与靠近膜表面的进料液之间的渗透压差降低了有效的跨膜压力驱动力。这一现象是不可避免的,但它是可逆的,其逆过程消除了跨膜压力,从而又恢复了通量。虽然这种效应在反渗透和超滤中通常更为重要,但在所有压力驱动过程中都应该考虑。

考虑到被截留组分(如超滤中的蛋白或微滤中的油滴),浓差极化如图 1.2 所示,则组分物质在边界层中浓度较高,这是膜选择性的自然结果,而不是污染的一种形式。被截留的成分所产生的高浓度导致这种成分扩散回本体溶液。可以用推导出的表达式来估计传质边界层的积累程度和厚度。

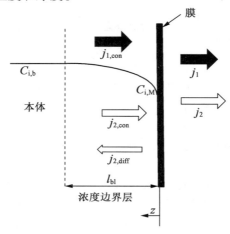

图 1.2 浓差极化

组分 1 没有被截留,但是组分 2 被截留,在稳态条件下,对应通量 $(\text{kmol} \cdot (\text{m}^2 \cdot \text{s})^{-1})$ 如下。

组分 1:
$$j_{1,\text{con}} = j_1 \tag{1.3}$$

组分 2:
$$j_{2,\text{con}} = j_{2,\text{diff}} + j_2 \tag{1.4}$$

组分 2 有一个反扩散项,但可以认为作为溶剂的组分 1 不存在反扩散项。首先考虑溶解物质,因为它会通过渗透压影响驱动力。利用溶解物质做假设比利用粒子更精确,可以在膜的供给侧进行质量平衡。考虑到下述条件 j 稳定状态,扩散方式是 Fick 扩散(即通量与浓度梯度成比例),扩散系数与溶质浓度无关,平行于膜的浓度梯度可以忽略,密度是常数,不发生化学反应。

对于一般成分 i,有

$$J \cdot c_i = J \cdot c_{i,p} - D_{ji}\frac{dc_i}{dz} \tag{1.5}$$

式中,J 代表通过膜的容积通量。

整合式(1.5),考虑下列边界条件:
$$Z = 0 \quad c_i = c_{i,M}$$
$$Z = l_{bl} \quad c_i = c_{i,b}$$

得出
$$j = \frac{D_{ji}}{l_{bl}} \cdot \ln\left(\frac{c_{i,M} - c_{i,P}}{c_{i,b} - c_{i,P}}\right) \tag{1.6}$$

式中,下标 M 和 P 分别表示膜表面和渗透侧;l_{bl} 表示传质边界层的厚度。

从以上公式中可以看出,对于每个组分 i,表面的浓度与通量成指数关系,有
$$c_{i,M} = (c_{i,b} - c_{i,P}) \cdot e^{J \cdot \frac{l_{bl}}{D_{ji}}} \tag{1.7}$$

在式(1.6)和式(1.7)中,$\frac{D_{ji}}{l_{bl}}$ 可描述为传质系数 $k_{i,b}$。传质边界层又称浓差极化层,因为这一层的平均浓度因式(1.7)中的指数关系而明显要高于本体中的浓度。由于这两个区域之间有明显的不同,因此出现了极化现象。

对于大分子来说,膜表面的浓度 $c_{i,M}$ 是近似恒定的通量,J 与 $\ln c_{i,b}$ 所绘制的图通常是一条负斜率的直线,其截距被认为是 $\ln c_{i,M}$。但是对于含有颗粒的进料来说,由于无法进行 Fick 扩散假设,因此通量 J 与进料浓度 $c_{i,b}$ 之间的关系不再成立。实际上,如果粒子的扩散是由 Stokes – Einstein 关系估算出来的(这表明,对于孤立的粒子,扩散系数与粒子直径成反比),那么计算的通量将被低估。一篇启发性的论文中[7]回顾了"通量悖论",强调了剪切梯度和剪切力的重要性。前者可能导致横向迁移,但正如发表的大多数论文所讨论的那样,剪切诱导扩散通常是主导效应。这两种效应随着颗粒尺寸的增大而增大,对含颗粒进料很重要。

对于一般的浓差极化,$Sh = kd/D$、$Re = \rho v d/\mu$、$Sc = \mu/(\rho D)$ 给出了传质、流体流动和物理性质的关系,这些关系在大量几何尺寸关系中可以找到,并且这取决于流动状态是层流还是湍流。对于通过管的湍流,有
$$Sh = 0.023 Re^{0.8} Sc^{0.33} \tag{1.8}$$

另一个潜在的重要无量纲组是边界层佩克莱数(J/k),这对于进料为液体的微滤等膜处理是非常重要的。在气相进料的情况下,由于气相的扩散系数比液相大(大约大 10^5),因此极化效应的影响要小得多。而且由于通量低,因此 J/k 变小几个数量级。在传递过程中,传质边界层较薄,它的厚度由 $D_{ji}/k_{i,b}$ 给出。例如,对于大分子来说,D_{ji} 很小,边界层非常薄,由此产生的高度局部化的高浓度与超滤和微滤系统中的污染有关。

污染即物质(吸附在膜表面的大分子、凝胶或沉积颗粒)的堆积,它不是由浓差极化引起的,但是浓差极化加剧了污垢的积累。在膜表面(或已经附着在膜表面上的层)或孔嘴、孔壁上沉积的非溶解材料可以采取以下形式处理。

(1)吸附。当膜与溶质或粒子之间存在特定的相互作用时,就会发生吸附。即使在没有渗透通量导致额外的水力阻力的情况下,颗粒和溶质也可以形成单层。如果吸附程

度与浓度有关,则浓差极化加剧了吸附量。

(2)孔道堵塞。当过滤时,孔道堵塞会导致孔道闭合(或部分闭合),流量减少。

(3)沉积。沉积的颗粒可以在膜表面一层一层地生长,从而产生重要的附加水力阻力,通常称为层积阻力。

(4)对于某些大分子来说,浓差极化的水平可能导致在膜表面附近形成凝胶。例如,浓缩后的蛋白溶液可以形成凝胶相。

本书主要研究多孔膜。为理解膜污染的基本原理,发展了对膜表面的传输和控制膜传输的物理定律的认识,并提出了合适的模型。污垢会导致阻力增加,在给定的跨膜压力差下导致通量减少,如果想保持通量恒定,则需提供较高的跨膜压力。例如,使用计量泵可以保持固定的渗透率。有必要了解其他阻力,而且必须区分跨膜驱动力的减少(即浓差极化的影响)和因膜污染而增加的阻力。本书引入浓差极化的概念以发展没有污垢情况下的运输模型,从而可以更好地理解与污染相关的术语。

1.3 无污染的膜过滤模型

微滤和超滤的基本机制都是筛分机制,对尺寸大于孔径的分子有截留作用。此外,由于这两个过程都使用多孔膜,因此考虑到污染和浓差极化,大体上都可以使用孔流模型。

达西定律表明通量与施加的压差成正比,通常可用来描述通过未污染膜的通量,有

$$J = L_p(P_F - P_p) = L_p \Delta P \tag{1.9}$$

式中,J 为体积通量;ΔP 为跨膜压力。

式(1.9)假定渗透效应不存在。虽然这可能是事实,但对微滤膜而言最好假设渗透效应的存在。

水力渗透率 L_p 是膜结构的函数,包括膜的孔径分布、孔隙率及渗透液的黏度 μ。通常有两种描述 L_p 的方法:当膜可以看作接近球形颗粒的排列时(如陶瓷膜),通常用卡曼－柯曾尼方程来描述 L_p;如果膜结构为均匀毛细管(轨道蚀刻膜),需要另一种不同的方法即适用于圆管层流的哈根－泊肃叶方程来描述。容积通量可以描述为

$$J = \frac{\varepsilon d_{\text{pore}}^2}{32\mu\tau} \cdot \frac{\Delta P}{l_{\text{pore}}} \tag{1.10}$$

式中,d_{pore} 为毛细管的直径;τ 为毛细管的曲折度。在这个模型中,通量与渗透液的黏度成反比。

一般来说,存在于主体进料侧和渗透侧间的驱动力(即 $P_F - P_p$)将被因溶质截留而产生的渗透压差降低。$\Delta P - \Delta \pi$ 是膜本身的驱动力,渗透液的动态黏度 μ 更适合作为独立参数,而不是将其包括在 R_m 内。对于给定的膜结构,R_m 是常数。

大多数未污染膜的通量不能用上面的理想方程来描述,因为它们的结构不符合这两种理想形式中的任何一种,如果存在溶质,就会出现浓差极化,用下面的方程来描述未污染膜:

$$J = (\Delta P - \Delta \pi)/\mu R_m \qquad (1.11)$$

式中，R_m 是经验测量的膜阻力。如果进料是纯溶剂，则 $\Delta \pi$ 项为零。渗透液 μ 的动态黏度反映出不同操作下的允许操作温度，温度会影响动态黏度这个物理性质及少数其他的性质。

如果溶质被完全截留，则式(1.6)将会建立通量和 $c_{i,M}$（主体浓度、$c_{i,b}$ 和传质系数 $k_{i,b}$ 已知）的联系，而式(1.11)建立通量、ΔP 和 $\Delta \pi$（膜阻力和渗透黏度已知）的联系。溶质渗透压与浓度之间的关系可表示为

$$\pi = ac + bc^2 + dc^3 \qquad (1.12)$$

式(1.12)可以把 $\Delta \pi$ 与 $c_{i,M}$ 联系起来。近似地，$\Delta \pi = \pi$（在 M 处）现在有足够的信息来绘制流量作为跨膜压力函数的图像，$\Delta \pi$ 和 $c_{i,M}$ 也可以被算出来。

在含有粒子（或细胞）和大分子（很可能是细胞外物质）的微滤系统中，最好估测渗透效应以确定有效驱动力是否被减弱。

1.4 膜污染简介

污垢污染膜有时可看成是膜的活度区域减少，从而导致在膜的理论容量下的通量减少，但对于给定的驱动力，它并不一定是渗透流动可用区域减少。过滤时，膜孔部分会堵塞或受到限制，膜表面的滤饼层与膜表面截留层相连。1.6 节中将会对各种污染模式进行讨论。显然，过滤过程中的污垢对任何膜过程的经济性都有负面影响，必须理解这一点并采取相应的对策以减轻污垢的影响。对于微滤过程，由于过滤时通量通常少于纯水通量的 5%，污染可能会非常严重，因此在给定的负荷下，需要比预期更多的膜面积。同时，污染和随后的清洗会缩短膜的寿命，从而导致膜的更换费用增高。

污染物大致分为四种类型：有机沉淀物（如大分子、生物物质等）、胶体、无机沉淀物（金属氢氧化物、钙盐等）和微粒。膜处理过程中污染物及污染形式的例子见表 1.2。其最后一项是生物物质。在某些应用中，问题不在于进料中某一污垢，而在于进料过程中逐渐生成的生物膜，这在水处理应用中尤其重要。所有污垢的浓度都受到浓差极化效应的不利影响，如前所述，预期表面污垢浓度随通量呈指数增长（式(1.7)）。因此，较低的通量会产生较少的污垢，其效果是非线性的。此外，式(1.7)还表明改进的传质过程也会导致较低的表面污垢浓度，所以研究膜表面的流体力学非常重要。较高的错流速度将改善传质并减少污垢，所以可以理解为什么管状膜适用于包含污染物的进料。错流的速度可以相对增高，其与较大的空间一起导致湍流区域的雷诺数增大。在湍流区，传质系数比层流区大一个数量级。

表 1.2 膜处理过程中污染物及污染形式的例子

污染物	污染方式
大的悬浮粒子	原进料中存在的颗粒（或因浓差极化而形成的颗粒）可以截留膜通道，并在其表面形成滤饼层

续表1.2

污染物	污染方式
小胶粒	胶体粒子可以产生污垢层(如在微咸的水中生成的$Fe(OH)_3$可以变成黏性的棕色污垢层),从发酵液中回收细胞可以得到一些胶体
大分子	在膜上形成凝胶或滤饼层结构,多孔膜结构中的大分子污垢
小分子	一些小的有机分子往往与某些聚合物膜有强烈的相互作用(如消泡剂、发酵过程中使用的聚丙烯二醇对某些聚合物膜有很强的黏附作用)
蛋白质	与膜的表面或气孔的相互作用
化学反应导致结垢	浓度的增加和pH值的变化会导致盐和氢氧化物沉淀
生物物质	膜表面细菌的生长和细菌的排泄

在质量平衡公式即式(1.5)中,可以适当地增加一个静电力项和一个水力项。这样的添加项往往很重要。一般来说,可以把物质通过膜的净通量看作系列通量的组合。其中,一些通量倾向于将物质从膜表面移开;而另一些通量,包括对流通量,则将物质移向膜表面。总通量 N 为

$$N = Jc - D\frac{dc}{dz} + p(\zeta) + q(\tau) \tag{1.13}$$

式中,D 是布朗扩散系数;$p(\zeta)$是与因膜表面和溶质/颗粒表面相互接触而导致的溶质/颗粒的迁移有关的项;$q(\tau)$表示局部流体力学对质量通量的影响,非浮力颗粒在膜表面可能发生的沉降还没有包括在内。正如文献[9]中所讨论的,$p(\zeta)$在静电吸引的情况下是正值,对应于溶质在膜表面的吸附,而 $p(\zeta)$ 是负值时对应于排斥。[10,11] 只要诱导迁移大于对流通量引起的迁移量,粒子和膜间的斥力就是有效的。这种情况发生在超滤设备处理电浸涂料时,在微滤油水分离的某些应用中也很重要。

$q(\tau)$表示局部流体力学对材料通量的影响,其部分取决于剪切力。$q(\tau)$包括迁移(如横向迁移)和扩散效应,它们需要浓度梯度。扩散效应包括湍流扩散和剪切诱导扩散,这些影响已经在一篇综述[7]和几篇论文中得到了广泛的讨论(如文献[8])。

虽然理论可以为解释结果提供指导和帮助,但因为几个相互作用参数影响污垢率,所以规模化的设计在很大程度上取决于实验室和中试的相关数据。这些影响参数包括膜类型、孔径分布、表面特征及膜表面溶质的性质和浓度,后者取决于膜组件的水动力特性和进料速度的选择。

目前为止,已经介绍了膜污染对水通过的不利影响,如减少通量(对于固定的跨膜压力)或增加跨膜压力(对于给定的通量)。如果想要传输某些溶质,则要改变有效孔径分布也会导致不利的操作问题。例如,啤酒过滤时,保证细胞的保留和蛋白质的通过是十分重要的。因此,在对膜性能的分析中必须记住它是一种分离装置,分离性能与通量一样重要。

对于微滤,可以将减少污垢的方法分为直接法和间接法。

直接法,如使用湍流,显然与为降低浓度边界层的强度而采取的措施相似,这些方法

包括湍流发生器（如改进的膜间隔）、旋转或振动膜和脉动流。20世纪90年代，一种新的强制振动剪切增强处理系统出现了，其特别适用于高固体含量的进料。当进料在平行的膜单元之间缓慢泵送时，这些单元在与膜表面相切的方向上剧烈的振动会产生高剪切力，薄膜振动所产生的剪切波会使固体和污染物从膜表面分离并与主体进料混合。高剪切处理使膜在操作过程中更接近于纯水通量。该系统的处理量通常是常规错流系统处理量的3~10倍。

间接法包括选择适当的操作模式，如错流或是带有周期性反冲洗的直接过滤。对于高污染进料来说，错流模式是必不可少的；但对于饮用水过滤来说，常选后一种模式，因为与传统的错流过滤相比，它可以大大降低成本。其他间接法包括进料的预处理和膜的预处理，这两种方法的目的都是防止不必要的吸附。

清洗也可以看作防污措施的一种，定期进行间歇性清洗（如化学增强的反冲洗）可以减少对主要CIP程序的需要。在许多行业中，可以认为清洗程序由两种类型组成，即常规性维护和恢复性清洗。良好的维护清洗可以防止额外的恢复性清洁。

图1.3所示为冲洗的概念和预期结果，展示了在进料侧去除滤饼层从而减少污垢影响的冲洗方法。反冲洗是通过逆转渗透穿过膜的流动来实现的，可以除去一些污染物，特别是颗粒污染物，并在很大程度上重新建立较高水平的通量。为保持高的总通量，需要定期进行反冲洗，前提是膜组件和膜类型能够承受反向流动。反冲洗是在死端（直接流）操作的超滤和微滤系统中必不可少的操作，含有低浓度化学物质（如含10^{-6}级的氯）的反冲洗称为化学增强的反冲洗，可以用于清洁膜孔。

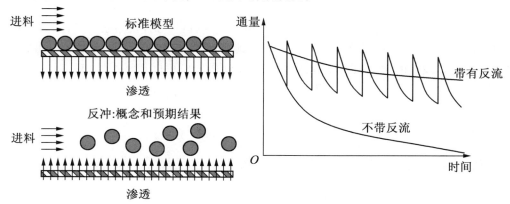

图1.3　反冲洗的概念和预期结果

从本节对预防和减少污染的简短的介绍中可以看到，目前已经研发了各种防污方法。虽然预防是目标，而且有时可以在实验室范围内使用一定规格的进料的前提下实现这一点，但现实目标是减少污染物。在研发新应用时，在中试过程中建立膜的污染程度与有效清洗方法的关系十分重要。

1.5 存在污染的膜过滤模型

在现有水力模型的基础上,可以添加额外的条件来考虑因膜表面或膜孔上材料积累而产生的额外的水阻力。通量与跨膜压力的关系及通量与时间的关系取决于污垢是在膜表面还是在孔隙中。在这一阶段,将整体污垢阻力划分为三部分,即 R_{ads}、R_{rew} 和 R_{irrev},这些污垢阻力可以认为与膜阻力串联。因此,有

$$J = \frac{\Delta P - \Delta \pi}{\mu(R_m + R_{ads} + R_{rev} + R_{irrev})} \tag{1.14}$$

式中,第一个附加的水阻力 R_{ads} 是因表面或孔的吸附而产生的,与通量无关,这是通过在没有通量的情况下(比如几个小时)使进料与膜接触来测量的,然后在已知的跨膜压力条件下测量纯溶剂通量,这样就可以计算出水阻力,并且计算它与 R_m 之间的差异可得到 R_{ads}。该实验也可以在膜过程中其他接触时间应用来计算。

式(1.14)中的其他项反映了操作过程污垢的生成。在操作过程中增加的阻力可分为可逆成分 R_{rev}(即在操作过程中发生,但将进料换为纯溶剂后不存在的一种)和不可逆成分 R_{irrev},它反映了只有通过清洗操作才能清除的沉积物质。

通过这种分类能够区分额外的阻力(如吸附),这些阻力与压力和渗透通量(由溶剂通过膜所引起的污染现象产生的)无关。当压力降低时,污垢可以是可逆的(R_{rev})或不可逆的(R_{irrev})。

在考虑这些污染机理时,引入强临界通量 J_{cs} 以区分无污染的情况(其中,R_m 是式(1.15)中唯一的阻力,而有污染的情况下,其他阻力也存在),定义为通量-跨膜压力曲线开始偏离线性的通量(图1.4),因此假设渗透压效应可以忽略不计,有

$$\begin{cases} J = \dfrac{\Delta P}{\mu R_m}, & J < J_{cs} \\ J = \dfrac{\Delta P}{\mu [R_m + (R_{rev} + R_{irrev})]}, & J < J_{cs} \end{cases} \tag{1.15}$$

式中,R_{rev} 或 R_{irrev} 至少有一个是非零的;R_{ads} 可忽略。

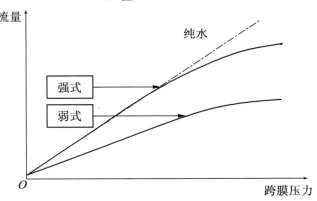

图1.4 临界通量[12]

对于超滤,膜的通量可以理想地与微滤进行类比,并考虑到浓差极化引起的渗透效应,这就产生了一对方程:

$$J_{\text{ideal}} = \frac{\Delta P - \Delta \pi}{\mu R_{\text{m}}} \quad (1.16)$$

$$J_{\text{actual}} = \frac{\Delta P - \Delta \pi}{\mu (R_{\text{m}} + R_{\text{f}})} \quad (1.17)$$

式(1.16)中的理想状态是在通量足够低时。临界通量最简单的定义是,在给定的进料浓度和给定的错流速度下,观察到膜污染时的通量,它应是所有压力驱动膜过程都需要考虑的事情。有关临界通量概念如何发展的深入讨论,请参阅 Bacchin 等的研究。[9]

如果在恒定的跨膜压力下进行操作,则式(1.17)表明 R_{f} 的增加会导致通量的下降。通常情况下,会先快速下降再逐渐下降最后趋于稳定值。正如后面所讨论的,随着体积通量的减少,溶质和颗粒向膜表面的流量减小。因此,当"固体流入"和"移走"之间达到平衡时,污染物积累就会停止。当污染物积累完成后,通过膜的体积通量将保持稳定,除非因积累材料的不利变化而减少。在所有情况下,必须避免在高初始通量的情况下操作,因为它会导致过量的污染物流向膜表面。

如果不是在恒定的跨膜压力下操作,而是在恒定的通量下操作,那么膜污染会导致跨膜压力的增加。如果污染率较低,那么这种操作方式是更可取的。在恒定的通量下,跨膜压力的增加速率通常是线性的或凹形向上的。恒定流量下的操作实例如图 1.5 所示(图中,1 bar = 100 kPa),前 15 min 的污染率略高于后 15 min。结果表明,不可逆污染的水平大于可逆污染的水平。[13] 15 min 后的直线表示膜上的滤饼层的形成,在此之前的斜率略高,反映了最初的细胞层部分堵塞了膜,因此单位质量酵母细胞对流到膜表面的影响更大。图 1.5 也说明了膜污染中可逆分量与不可逆分量的区别:可离分量 R_{rev} 将进料转换成缓冲液后很容易移除(与缓冲液中盐的存在无关);不可逆分量 R_{irrev} 反映了物质的沉积只能通过清洗操作去除。

在考虑污垢时,不仅要考虑临界通量的概念,还要考虑阈值通量和可持续通量的概念。阈值通量的概念尤其与恒定通量下的操作有关。污染率随通量的变化可以很好地描述污染率-通量曲线中的断点。在阀值通量以下,膜系统的整体阻力随时间变化缓慢,在阀值通量之上,整体阻力变化迅速。除非断点很明显,否则这个定义具有主观特征。有人建议,适当的模式可能是

$$\text{阻力增加率} = \alpha + \beta(J - J^*), \quad J > J^* \quad (1.18)$$

$$\text{阻力增加率} = \alpha, \quad J \leqslant J^* \quad (1.19)$$

式中,J^* 为阈值通量;α 和 β 为特定系统和运行条件下的常数。

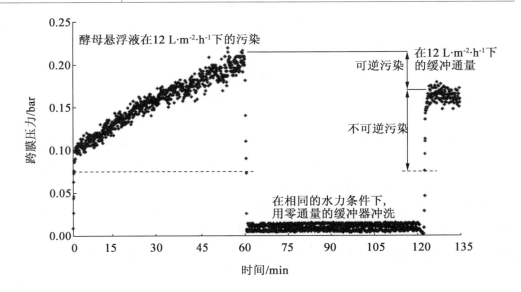

图 1.5 恒定流量下的操作实例

在 2013 年第一次使用式(1.18)和式(1.19)时有一个主要问题:即使在恒定的运行条件和恒定的进料条件下,J^* 值也不恒定。[15] 推断是随着(轻微)污垢引起阻力增大,阈值通量减小,这在工业时间跨度操作时尤为重要。在文献[16]中,所有相关参数的知识都可以确定,阈值通量值 $J^*(t)$ 作为时间的函数也包含其中。这样,就可以在广泛的不同原料、膜和操作条件下,达到对膜工艺的正确设计。

显然,能够区分这些不同类型的污染并理解污染量与跨膜压力和各种操作条件的关系非常重要。下面介绍的理论是高度理想化的,但对污染模式的识别有助于解释污染现象。

多孔膜的污染机理如图 1.6 所示。[17]

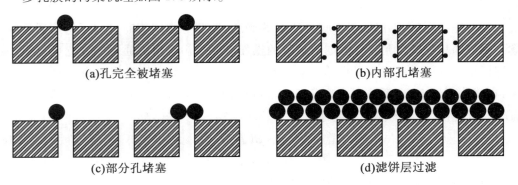

图 1.6 多孔膜的污染机理

Hermia 最初的统一方程形式为[17]

$$\frac{d^2 t}{dV^2} = k\left(\frac{dt}{dV}\right)^n \tag{1.20}$$

如果重点是收集的滤液体积,就会出现以上不寻常的数学关系,即过滤时间对单位面积收集的液体体积进行微分。而当关注膜操作时,通量和通量的下降是正常现象,则式(1.20)可简化为

$$\frac{\mathrm{d}J}{\mathrm{d}t} = kJ^{3-n} \tag{1.21}$$

在这种形式下,n 的值越小,式(1.21)右侧越小,通量衰减率的幅度也就越小。也就是说,随着 J 的减小,J^{3-n} 项指数值越大,变小得越快。

$n=2$ 时,大于或等于孔径的颗粒将完全堵塞膜孔。在没有移除的情况下,通量时间方程为

$$J = J_0 K_\mathrm{b} A t \tag{1.22}$$

$n=1.5$ 时,小于孔径的颗粒进入膜孔,吸附或沉积在孔径壁上,导致孔隙变小,从而限制了渗透流量。$n=0$ 表示颗粒在膜表面形成了既不进入孔也不封闭孔的滤饼层。不完全孔堵塞时($n=1$)到达表面的颗粒封闭一个孔或桥接一个孔,部分堵塞孔径或黏附在无孔的区域。由于其发生的可能性小,因此对膜的影响效果不显著。Hermia[17]给出了数学关系的推导,对于 $n \neq 2$,在没有任何横向流动影响的情况下,可以用下面的方程来描述污染对过膜通量的影响[18]:

$$J = J_0 \left[1 + k(2-n)(A \cdot J_0)^{(2-n)} t \right]^{\frac{1}{n-2}} \tag{1.23}$$

必须注意的是,式(1.22)和式(1.23)不适用于错流,而错流可能会影响四种模式中的三种,只对内部的毛孔截留不造成影响。20世纪90年代发展了一种更复杂的方法,其对错流过程也适用,对式(1.21)进行修改,以允许反向流,式(1.21)就变成

$$\frac{\mathrm{d}J}{\mathrm{d}t} = -k(J - J_\mathrm{ss}) J^{2-n} \tag{1.24}$$

式中,J_ss 为长时间运行达到的稳态通量。

在错流存在的情况下,长时间运行的通量通常接近一个非零值。如果一个滤饼层已经形成,则 J_ss 的值将对应于在系统特定工艺条件(浓度、错流速率等)下形成滤饼层的临界通量。$n=2,1,0$ 时,式(1.24)的积分形式可以在文献[12]中找到。最近,文献[12]中最初的推导已经重新制作,并进行了阐释和修正。其还介绍了一种通用、系统、可靠的方法,用于帮助确定污染的模式,如确定 n 的值,或断点处膜污染将从一种机制转换到另一种机制。

1.6　污染和在微滤与超滤间的选择

内孔堵塞是一种特别严重的污染模式,由于它不受错流的介导作用影响,因此清洗会更加困难。正确选择孔径是非常重要的。污染建模的原因之一是确定通量下降是否由内部毛孔截留引起,即 $n=1.5$。通过做出这样的判断,可以理解一种膜比另一种膜性能更好的原因。有时,较大的孔径会产生较高的初始通量(如预期),超出预期的情况是通量比小孔径的膜通量要低。这是典型的细胞培养基中微滤的情况,在这种情况下,

0.2 μm 的孔径通常比 0.5 μm 的孔径更好。在许多生物技术应用中，0.5 μm 孔径的膜常会产生过度的内孔堵塞。

20 世纪 70 年代，一个早期的膜处理成功案例是将油漆颗粒从清洗阶段中回收出来，这一阶段是在给车身涂底漆或给家用电器涂漆之后进行的。现在人们可能认为胶体涂料可以通过微滤工艺回收，但所报告的可回收尺寸范围为 0.01～1 mm，其中更小的尺寸对应于超滤，特别是标称截留分子量为 50 000 Da。

饮用水过滤和废水处理是膜的两大应用领域。前者主要涉及超滤，后者通常使用基于微滤膜的好氧膜生物反应器（MBR）。这些系统结合了生物处理和优良的过滤技术，将细菌和病毒排除在渗透物之外，得到可重复使用的高质量水。MBR 的曝气在膜表面提供了良好的剪切力，临界通量假说表明，在临界通量或靠近临界通量下操作是值得考虑的。Kubota 利用基于微滤膜的平板系统研究了这一想法。虽然美国 GE 公司推荐微滤膜在水处理中应用，但它们的中空纤维 ZeeWeed 系统却基于超滤膜。

文献表明经济通量是一种超过临界量的受控通量，因此系统运行时污染较轻。目前，Kubota 的策略可能与此类似，但是 Ishida 等给出了一些有趣的数据[20]，在 Kubota 系统中，30 kPa 的稳定压力下，每平方米每天可以获得 0.5 m^3 水，这是临界操作。然而，由于超载条件需要在较高的通量和较高的跨膜压力条件下进行操作，因此在这些条件下会产生污染。在 70 kPa 的情况下，最初每平方米每天可获得 1.05 m^3 水，但由于污染，因此这一数值下降到了 0.94 m^3。当从超临界条件返回到原始通量时，跨膜压力比最初值高了 1/3，有一些污染去除了，通量在 35 kPa 处稳定下来。简单的操作模式对于自控系统的优势是显而易见的。在英国，Kubota 系统似乎更适合小型商业规模，Zenon 系统更适合大型商业规模。

1.7　本章小结

微滤膜的成功开发是要具体问题具体分析，污染、清洗和工艺设计与过程应用密不可分。微滤膜的制备工艺和应用范围将继续发展。水处理应用具有巨大的增长空间，但生物制药应用也非常重要。了解和分析污染的能力将指导膜设计。膜的价格变得越来越便宜，因此在临界通量附近运行的工厂操作可能实现的。大面积应用设计对膜的关注将减少，今后将更为关注减少膜频繁的化学清洗和其更换对环境的影响。

本章参考文献

[1] Fane, A. G. Membrane Separations – 100 Years of Achievements and Challenges. In AIChE Centennial proceedings AIChE, New York, 2008. 8 pp.

[2] Ventresque, C.; Gisclon, V.; Bablon, G.; Chagneau, G. An Outstanding Feat of Modern Technology: The Mery-sur-Oise Nanofiltration Treatment Plant (340,000 m^3/d). Desalination 2000, 131 (1–3), 1–16.

[3] Van der Horst, H. C.; Timmer, J. M. K.; Robbertsen, T.; Leenders, J. Use of Nanofiltration for Concentration and Demineralization in the Dairy Industry: Model for Mass Transport. J. Membr. Sci. 1995, 104, 205–218.

[4] Corso, P.; Kramer, M.; Blair, K.; Addiss, D.; Davis, J.; Haddix, A. Cost of Illness in the 1993 Waterborne Cryptosporidium Outbreak, Milwaukee, Wisconsin. Emerg. Infect. Dis. 2003, 9 (4), 426–431.

[5] Pearce, G. K. UF/MF Membrane Water Treatment. In Principles and Design; Water Treatment Academy: Bangkok, 2011.

[6] Scott, K. Handbook of Industrial Membranes; Elsevier: Oxford, 1995.

[7] Belfort, G.; Davis, R. H.; Zydney, A. L. The Behavior of Suspensions and Macromolecular Solutions in Crossflow Microfiltration. J. Membr. Sci. 1994, 96, 1–58.

[8] Li, H.; Fane, A. G.; Coster, H. G. L.; Vigneswaran, S. An Assessment of Depolarisation Models of Crossflow Microfiltration by Direct Observation Through the Membrane. J. Membr. Sci. 2000, 172, 135–147.

[9] Bacchin, P.; Aimar, P.; Field, R. W. Critical and Sustainable Fluxes Review: Theory, Experiments and Applications. J. Membr. Sci. 2006, 281, 42–69.

[10] Mcdonogh, R. M.; Fane, A. G.; Fell, C. J. D. Charge Effects in the Crossflow Filtration of Colloids and Particulates. J. Membr. Sci. 1989, 43, 69–85.

[11] Bowen, W. R.; Mongruel, A.; Williams, P. M. Prediction of the Rate of Cross-Flow Membrane Ultrafiltration: A Colloidal Interaction Approach. Chem. Eng. Sci. 1996, 51, 4321–4333.

[12] Field, R. W.; Wu, D.; Howell, J. A.; Gupta, B. B. Critical Flux Concept for Microfiltration Fouling. J. Membr. Sci. 1995, 100, 259–272.

[13] Hughes, D.; Field, R. W. Crossflow Filtration of Washed and Unwashed Yeast Suspensions at Constant Shear Under Nominally Sub-critical Conditions. J. Membr. Sci. 2006, 280, 89–98.

[14] Field, R. W.; Pearce, G. K. Critical, Sustainable and Threshold Fluxes for Membrane Filtration With Water Industry Applications. Adv. Colloid Interface Sci. 2011, 164, 38–44.

[15] Stoller, M.; DeCaprariis, B.; Cicci, A.; Verdone, N.; Bravi, M.; Chianese, A. About Proper Membrane Process Design Affected by Fouling by Means of the Analysis of Measured Threshold Flux Data. Sep. Purif. Technol. 2013, 114, 83–89.

[16] Stoller, M.; Ochando Pulido, J. M. The Boundary Flux Handbook: A Comprehensive Database of Critical and Threshold Flux Values for Membrane Practitioners; Elsevier: Amsterdam, 2015.

[17] Hermia, J. Constant Pressure Blocking Filtration Laws: Application to Power–Law No Newtonian Fluids. Trans. Inst. Chem. Eng. 1982, 60, 183–187.

[18] Field, R. W. Mass Transport and the Design of Membrane Systems. In Industrial Membrane Separation Technology; Scott, K.; Hughes, R., Eds.; Blackie: Edinburgh, 1996. Chapter 4.

[19] Field, R. W.; Wu, J. J. Modelling of Permeability Loss in Membrane Filtration: Re-Examination of Fundamental Fouling Equations and Their Link to Critical Flux. Desalination 2011, 283, 68–74.

[20] Ishida, H.; Yamada, Y.; Tsuboi, M.; Matsumura, S. Kubota Submerged Membrane Activated Sludge Process. Its Application Into Activated Sludge Process With High Concentrations of MLSS; Presentation at ICOM 93, Aug. 30 to Sept. 3, 1993, Heidelberg.

第 2 章 超滤基础和工程

2.1 概 述

超滤(通常又称 ultrafiltration(UF)或 ultrafiltration/diafiltration(UF/DF))处理在 0.2~1 MPa 的驱动压力下使溶剂(主要是水)和较小的溶质通过膜。UF 膜的截留率为 1~5 000 K,可以截留直径为 10~1 000 Å 的溶质(300~1 000 kDa),如胶体、大分子、纳米颗粒等。超滤膜比微滤膜截留尺寸更小,但大于反渗透膜。大多数商业操作过程利用切向流动过滤(TFF)的方式,但对于稀溶液,如水处理或小样本预处理,是以正常流向流动过滤(NFF)的方式运行的。病毒过滤器又称纳滤器,是超滤另一个典型应用,其可以通过 NFF 或 TFF 运行。

超滤的第一大商业应用是油漆回收,其次是 20 世纪 70 年代中期开始的乳清回收。超滤过程可以被描述为对渗透产品的净化(如水净化)、浓缩(如油漆、奶制品、药物的浓缩)或溶质提纯(如病毒/蛋白质分离、缓冲液交换)。超滤操作过程可以在低温和低成本条件下实现,特别是超滤膜的再利用。由于需求和相应的成本不同,因此超滤膜在不同应用中的操作过程会有很大的差异。

本章分为以下几个部分:超滤膜和膜组件、超滤技术基本原理、超滤处理过程、超滤工艺进展、超滤规模化、超滤应用、超滤系统故障排除。

2.2 超滤膜材料和膜组件

2.2.1 超滤膜

超滤膜主要由聚合物结构(聚醚砜、再生纤维素、聚砜、聚酰胺、聚丙烯腈或各种含氟聚合物)组成,通过在无纺布上浸渍刮膜或在微滤膜表面复合刮膜而成。疏水聚合物需经过表面改性,使其具有亲水性,从而在减少污染和产品损失的同时增加通量[1]。无机超滤膜材料(氧化铝、玻璃和氧化锆)成本较高,目前只在腐蚀性条件下有所应用。常用膜材料的物理化学性质见表 2.1,化学相容性是膜材料选择的重要依据。

表 2.1　常用膜材料的物理化学性质

材料	优点	缺点
聚醚砜(PES)	耐高温,耐 Cl_2,耐酸碱,制备容易	疏水
再生纤维素	亲水性,低污染	对温度、酸碱、Cl_2、微生物污染、机械蠕变敏感
聚酰胺		对 Cl_2 敏感,微生物污染
聚偏氟乙烯(PVDF)	耐高温,耐 Cl_2,易加工	疏水,涂层对碱性条件敏感
无机	耐高温,耐 Cl_2,耐酸碱,耐高压,耐溶剂,使用寿命长	成本高,脆性大,高错流率

应用于食品和医疗的膜材料需要具备额外的性能,如吸附、USP Ⅳ 级毒性测试等。此外,这些应用要求供应商通过质量检测程序(如 ISO、cGMP)提供有质量保证的高度一致的膜。

超滤膜电镜图如图 2.1 所示。早期的超滤膜具有致较薄表面选择层,而底部为较为开放的指状结构。这些膜容易产生缺陷,表现出较差的截留性和均一性。在某种程度上,这些膜的截留性依赖于进料中的残留物质极化或形成过滤层从而堵塞缺陷。复合膜是在微滤膜表面上形成一层薄的选择层[2],表现出稳定的高截留率,可以用空气在水中扩散的方式进行完整测试。

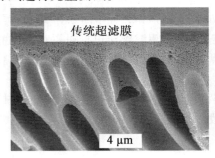 

图 2.1　超滤膜电镜图

超滤膜通常采用对数正态孔隙分布来描述[3]。这些分布可以通过电子显微镜、孔隙度测定或溶质截留测试来测量。超滤膜的标称分子量限值(NMWL)或截留分子量(NMWCO)与它们的截留能力相对应,这便于测试和粗略选择。但溶质截留是基于有效溶质尺寸而不是分子量,非球形溶质在剪切作用下会自行调整方向使其主轴与孔隙平行。线性链状右旋糖苷和 DNA 比同等分子量的球状蛋白具有更高的通量。由于表面电荷的作用,因此有效溶质半径可增加 4 倍以上[4]。

超滤膜截留性能的评价不是标准化的,而是取决于选定的溶质体系(如蛋白质、特定缓冲液中的葡聚糖)和所选择的截留率(如 90%)。由于膜表面吸附组分和极化溶质的影响,膜的截留性能也受到膜表面污染的影响。选择膜 NMWL 的一个经验法则是取被膜截留物质分子量的 0.2~0.3,这可以作为选择膜测试的粗略指南。

通过膜的溶剂通量以其归一化渗透率来描述,其通量与平均跨膜压力的比值被修正为 25 ℃下的溶剂黏度比,相同直径的平行圆柱孔的渗透率 L 为

$$L_M = \frac{J}{\Delta P} = \frac{\varepsilon r^2}{8\mu L} \qquad (2.1)$$

式中,ε 为膜孔隙度;r 为孔隙半径;μ 为流体黏度;L 为膜厚度。

图 2.2 所示为不同种类膜的透水性和孔隙大小之间的关系。较低 NMWL 的致密膜具有较高的截留率和较低的溶剂渗透性。

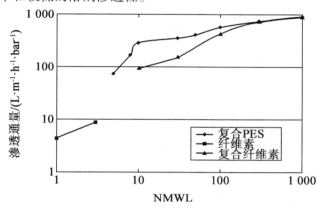

图 2.2　不同种类膜的透水性和孔隙大小之间的关系

2.2.2　膜组件

超滤膜通常被制备成盒式、螺旋卷式、中空纤维、管状、平板和无机单体膜组件,用于商业应用。图 2.3 所示为商用超滤膜组件,图 2.4 所示为超滤膜组件流动路径。

(a)中空纤维膜组件　　　(b)螺旋卷式　　　(c)盒式

图 2.3　商用超滤膜组件

中空纤维或管状组件是通过将铸膜纤维或管装入端盖并将组件封装在壳体中制成,与纤维或管类似,单体膜组件在管状流道内部或外部涂覆过滤层,其壳层具有高渗透性的多孔结构。

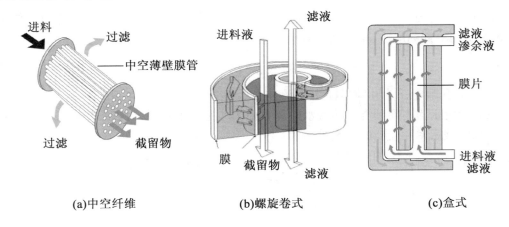

(a) 中空纤维　　　　(b) 螺旋卷式　　　　(c) 盒式

图 2.4　超滤膜组件流动路径

螺旋卷式膜组件[5]是通过组装由渗透通道间隔片组成的膜包或膜片制成的,在两侧有两片平坦的膜片(面向渗透片向外)。此膜包的侧面黏合在一起,顶部黏合在包含小孔的中心芯收集管上,这些小孔允许从间隔通道渗入收集管。在膜包上设置进料侧间隔,包绕在核心上创建模块,缠绕包组件有时被插入到外壳中。螺旋卷式膜组件经常使用多叶结构,其中几个膜包缠绕前就粘在中心上。这种设计降低了长的渗透路径引起的压降。

盒式膜组件使用进料间隔和渗透间隔,其中一组预切孔用于进料和截留,另一组较小的孔用于渗透。进料间隔在渗透孔周围有凸起的边缘密封以防止进料溢出,渗透间隔片在进料/截留孔周围也有类似的密封。与螺旋卷式膜组件类似,膜堆在边缘处被密封在一起,组装成一个堆栈,堆栈也在边缘处被密封在一起。

对于纤维或管状膜组件,进料一般被引入管的内部或管腔,而渗透液从壳侧渗出。这种流动方向增强了 TFF 操作时膜表面的剪切力。这些膜组件也可以在高转换或 NFF 模式下运行,在管或壳的外部引入进料。在这种情况下,壳体一侧提供了更高的表面积。

其他组件包括搅拌单元和高剪切装置。搅拌单元使用带有搅拌棒的平面圆盘进行小规模研究,其中速度分布已经被很好地定义了[6]。高剪切装置在膜表面振动或旋转以产生高剪切场。[7-10]这些装置适用于非常黏稠和高固体含量的脱水应用。

膜组件性能包括机械性能、密封性能、流量分布(低压降、高 TFF 膜剪切、低死端体积、对进料通道堵塞的低敏感度)、可重用性、耐化学性能、低可萃取性、低成本、易于组装、可伸缩性、高产品回收率、高完整性和高一致性。这些属性的重要性在不同的应用情况下有差异很大。

商用超滤模组性能见表 2.2。纤维和管状膜成本低,泵送成本低,对在水净化和果汁澄清等应用中对堵塞不敏感。螺旋卷式膜价格低廉,乳制品应用的泵送成本相对较低。盒式膜组件相对来说更贵,泵的成本也更高。然而,盒式膜组件有更高的通量和更低的泵流量,在处理昂贵蛋白质产品的制药领域可重复应用。有关膜组件选择的进一步讨论可参阅应用部分。

表 2.2　商用超滤膜组件性能

	螺旋	纤维	盒式
屏幕/间隔	是	否	是/否
典型数量	1～2	1～2	1～2
封装密度/($m^2 \cdot L^{-1}$)	0.8	1.0～6.0	0.5
进料流/($L \cdot m^{-1} \cdot h^{-1}$)	700～5 000	500～18 000	400
膜组件 ΔP/bar	0.4～1.0	0.1～0.4	0.7～3.5
通道高度/mm	0.3～1	0.2～3	0.3～1
堵塞敏感性	高	中	高
工作容积/($L \cdot m^{-2}$)	1	0.5	0.4
滞留体积/($L \cdot m^{-2}$)	0.03	0.03	0.02
膜组件成本/m^{-2}	40～200	200～900	500～1 000
坚固性	中	低－中	高
膜组件面积/m^2	0.1～35	0.001～5	0.05～2.5
膜类型	RO－UF	RO－UF－MF	UF－MF
相对传质效率	6	4	10
易用性	中	高	中
规模化	差	中	好

2.3　超滤技术基本原理

超滤通常在 TFF 模式下运行,如图 2.5 所示,其中膜由交叉区域表示。TFF 包括渗透流体穿过膜(流向量垂直于膜或在膜的法向)和流体切向流过膜表面(流向量与膜表面相切)。

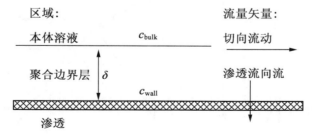

图 2.5　切向流动过滤

2.3.1 表面极化

流向流动溶液中的溶质被膜截留,并聚集在膜表面形成一个被称为极化边界层的高浓度区域。虽然这个区域有时又称凝胶层,但必须谨慎区分可逆的极化溶质和沉积在膜上污染层。布朗扩散有助于溶质从膜表面迁移,切向对流使溶质沿膜表面流动,法向对流使其向膜移动,从而能相对迅速地达到稳定状态。反向传输可以实现稳态运行,使 TFF 过程具有很高的容量。膜表面浓度升高称为 c_{wall}(正如 Vilker[11] 和 McDonough[12] 所设想的)。忽略切向对流可以对单个溶质极化方程[13]进行一维质量平衡推导,其中 k 被定义为传质系数(布朗扩散系数 D 与边界层厚度 δ 之比):

$$c_{\text{wall}} - c_{\text{perm}} = (c_{\text{bulk}} - c_{\text{perm}}) \cdot e^{\frac{J}{k}} \tag{2.2}$$

传质系数 k 和边界层厚度与切向流动有关。在高通量速率下,完全截留的溶质的壁浓度可以显著超过本体浓度高达 100 倍,这可能会影响溶质聚集和膜污染。根据浓度、传质和通量的不同,极化层中的蛋白质质量可以达到 1.5 g/m^2。

2.3.2 截留

膜固有的本征通道或筛分系数定义为 $S_i = (c_{\text{perm}}/c_{\text{wall}})$,而其膜截留被定义为 $R_i = 1 - S_i$。本征通道是膜和溶质本来就有的,而表现通道如 $S_0 = (c_{\text{perm}}/c_{\text{bulk}})$ 随极化而变化。将式(2.2)重新排列表明表观通道依赖于本征通道和极化,即

$$S_0 = \frac{1}{1 + \left(\frac{1}{S_i} - 1\right) \cdot e^{-\frac{J}{k}}} \tag{2.3}$$

在低通量时,本征通道和表观通道是等效的;在高通量时,膜表面浓度会因极化而显著增加,这导致表观通道增加并接近 100%,而对本征通道影响不大。重新排列式(2.3)可以绘制单个溶质通道数据与通量的关系图,从线性拟合中确定本征通道和传质系数。

UF 膜的本征通道特性可以用多分散非吸附溶质来表征,本征膜截留性能如图 2.6 所示[14]。Deen[15] 和 Dedchadilok[16] 对膜中的传质进行了研究。

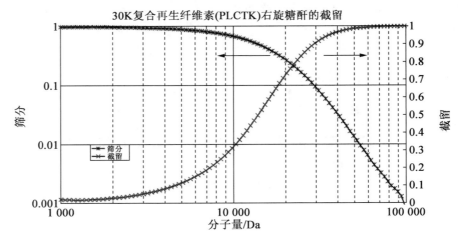

图 2.6 膜本征截留性能

对于多组分体系,范德瓦耳斯相互作用发生在极化层而非膜孔中,可以使用单独的本征溶质筛分系数[17,18]。大分子溶质的存在会使膜表面极化更严重,从而降低小的溶质在膜表面的浓度并减少小分子溶质的通过。

2.3.3 通量

在式(2.2)中代入 $c_{perm}=0$,设定 c_g(或凝胶浓度)$=c_{wall}$,可得到

$$J = K \ln(c_g/c_{bulk}) \quad (2.4)$$

这是一个经验凝胶通量模型。Cheryan 已经设定为各种流体 c_g 值。

凝胶模型表明,通量与施加在膜上的压力或膜的渗透性无关。流量与浓度如图2.7所示。可以看出,式(2.4)可以很好地拟合一定浓度范围内的数据,但在较低浓度下会发生偏离,此时通量由缓冲液的膜渗透性决定。尽管被称为凝胶,但从这些图中得到的浓度在 C_g 的溶质并不完全对应于一个单独的凝胶阶段。传质系数 k 与切向流速和溶质类型有关,传质系数和凝胶浓度均随温度的升高而增大。

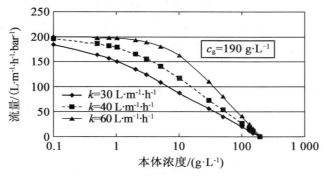

图 2.7 流量与浓度的关系

图2.8所示为典型的通量与TMP曲线,分别对应于在缓冲溶液中的膜($c_{wall}=0$)、缓冲溶液中的污染膜($c_{wall}=0$)和溶质溶液中的污染膜。对一个膜组件来说,进料压力随进料通道的不同而变化,求TMP平均值的算法为 TMP$=(P_{feet}+P_{retentate})/2-P_{permeate}$。缓冲曲线的斜率是膜的渗透率。通过缓冲液冲洗去除可逆极化层后,可以确定缓冲液中的污染膜。缓冲液中污染膜曲线的斜率为污染膜渗透率,膜上的吸附物或堵塞物会降低膜的渗透性。

污染膜在溶质溶液中的通量行为表现为低通量/低TMP段为线性区域,它依赖于TMP,但不依赖于错流和体积浓度;高通量/高TMP段称为极化区,适用于凝胶模型,通量与TMP无关,但依赖于错流和体积浓度。这与常规不符,通量与压力差无关,但依赖于错流流动,这是表面极化($c_{wall}\neq 0$)的结果。在线性区域和极化区域之间是通量曲线的"转折区"。

极化区高溶质膜表面浓度对溶质通量的影响可以用渗透压来解释。当截留抗体蛋白浓度为 191 g·L^{-1} 时,渗透压为 2 bar。[20]也就是说,必须将含有 191 g·L^{-1} 蛋白质的透水膜的蛋白质富集侧压力升高到 2 bar,以防止水从 0 bar 的透水侧回流。TMP 的增加

导致膜表面浓度和渗透压同时增加,从而使溶剂通过膜的净驱动力没有变化。

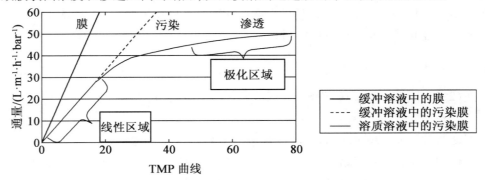

图 2.8　典型的通量与 TMP 曲线

下式表示的渗透通量模型是基于净压力驱动力的力学图[21]：

$$J = L_{\text{fouled}}(\text{TMP} - \sigma_0 \times \Delta\Pi(c_{\text{wall}})) \quad (2.5)$$

式(2.5)中,L_{fouled} 为溶剂中污垢膜渗透率;σ_0 为渗透反射系数[22];$\Delta\Pi$ 为上游膜表面浓度与下游渗透浓度渗透压差。式(2.5)需要传质系数 k 来计算 c_{wall} 及蛋白浓度与渗透压的关系。

还可以通过省略渗透项并在分母中加入可压缩极化阻力项来建立基于阻力的通量模型。[19]这种阻力模型并不能解释当 TMP 被关闭时,实验中所观察到的倒流现象。

2.3.4　传质系数

溶质和牛顿溶剂在不同膜组件和流动状态下的传质系数可与下式和表 2.3 所列传质相关常数的值建立联系：

$$Sh = aRe^b Sc^c \left(\frac{d_\text{h}}{L}\right)^e \quad (2.6a)$$

表 2.3　传质相关性

几何形状	流动	a	b	c	e	评论
管	层流	1.62	0.33	0.33	0.33	理论值[23]
狭缝	层流	1.86	0.33	0.33	0.33	理论值[23]
	湍流	0.023	0.80	0.33	—	理论值[24]
	湍流	0.023	0.875	0.25	—	理论值[25]
间隔	—	0.664	0.50	0.33	0.50	实验值[26]
搅动单元	层流	0.23	0.567	0.33	—	实验值[27]
旋转	层流	0.75	0.50	0.33	0.42	实验值[28]

对于 $Sh = kD/d_\text{h}$, $Re = \rho\mu d_\text{h}/\mu$(管、狭缝)、$Re = \rho w d^2/\mu$($d$ 为搅拌单元直径)或 $Re =$

$2\rho wRd/\mu$（R 为旋转圆柱内半径，d 为间隙直径），$Sc = \mu/\rho D$。

式（2.4）指出通量与传质系数有关。增加传质系数可通过以下方式实现：（1）较高的切向流速，较小的通道的高度，通过旋转或振动机械地移动膜；（2）改变进料槽的几何形状以增加法向方向的湍流混合或弯曲通道引入 Dean 或 Taylor 漩涡；（3）在进料槽中引入脉动流或周期性的气泡；（4）引入自身的力（离心、重力或电磁力）；（5）在进料中引入大颗粒（如 40.5 mm 的 PVC 乳胶粒）破坏边界层，导致剪切诱导扩散；（6）引入周期性反冲洗、反渗透流动。这些方法改变了图 2.5 所示的简图，但仍然可以定义平均传质系数（可参阅 Schwinge[29]，了解 k 随筛分通道的变化）。

2.3.5　膜污染

膜污染是指溶质在膜上的吸附和截留引起的纯溶剂渗透性的降低。膜污染可以通过清洗来逆转，但不能通过反冲洗或改变水力操作条件（如极化）来逆转。严重的污染会使转折点移至更高的压力。对于特殊的污染，可能必须在污染渗透率控制通量的线性区域工作。膜污染也可能是渐进式的，并且随着时间的推移会导致通量的稳步下降，同时也会改变膜的截留性能。

膜化学和表面处理的目的是通过提高膜表面的亲水性来减少分子间相互作用引起的吸附，适用于以水为溶剂的膜处理过程。膜表面粗糙度会影响溶质在膜表面的截留。长链溶质（如 DNA）沿流场排列，可能进入更大的孔隙中。此外，还可以在临界通量之上工作。在临界通量之上，由于溶质对膜的对流速度快于它们的回流速度，因此极化层继续增长。对于黏性溶质，这个极化层可以形成污染层，不再随操作条件的改变而发生可逆变化。

这些机制表明，人们可以通过改变溶液和膜的化学作用来减少吸附，使用更小的孔膜来防止溶质包覆，并在较低的极化条件下运行（即降低 TMP、增加稀溶质浓度、增加传质系数）以减少滤饼层。以上在传质系数下所提出的建议可能适用于黏性滤层。此外，对本体进料液的使用可能也会有帮助。

对于病毒或水净化过滤器等法向流动模式下运行的超滤膜，膜的致密分离层不会面对进料流，污染溶质会进入膜并被截留。在法向流动模式下，有各种各样的过滤堵塞模型，可以尝试通过预过滤或其他净化方法去除堵塞物[30]。

2.4　超滤处理过程

2.4.1　流程配置

图 2.9 所示的基本膜工艺配置包括单程、批量、进料批量和连续配置稀溶液过滤应用使用单程配置，浓缩应用可以使用任何配置，净化应用使用批量或连续配置。法规要求目前限制药品应用批量处理。

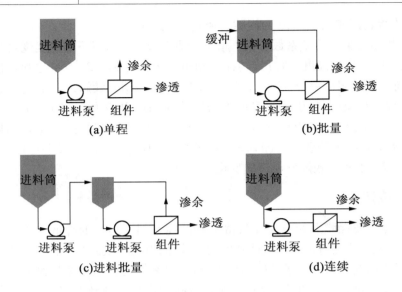

图 2.9 基本膜工艺配置

2.4.2 单程操作

单程配置用于 NFF 系统操作（不截留）或 TFF 模式产生的稀溶液在 NFF 模式运行（截留关闭），组分浓度沿截留通道长度变化。对于非稀释流体，单通道膜组件可能不足以生成所需的渗透流或浓缩的渗余液。

对于进料通道、膜组件和具有固定宽度的膜堆，稳态分量和溶剂质量平衡可以通过考虑在轴向或流向上增加面积单元 dA 来建立。对于进料通道内的体积错流 Q，成分 i 的浓度 c_i 和实际的溶质通道 S_i 为

$$\frac{d(c_i Q)}{dA} = c_i \frac{dQ}{dA} + Q \frac{dc_i}{dA} = -Jc_i S_i \tag{2.6b}$$

$$\frac{dQ}{dA} = -J \tag{2.6c}$$

结合这些方程和积分区域 $c_i = c_{i0} X^{(1-S_i)}$ 得到体积换算系数 $X = Q/Q_0$。可以从错流率确定最终浓度，反推也成立。对于完全截留的产品（$S_i = 0$），10 倍的体积减小（$x = 10$）产生了 10 倍浓缩的产物。然而，如果产品只是部分截留，则体积的减少因为通过膜的损失而不与最终浓度的增加成正比例减小。

过程中所需面积为

$$A = \frac{Q_0 - Q}{J}$$

式中，$Q_0 - Q$ 为渗透体积流。Cheryan 通量近似为 $J \approx 0.33 J_{initial} + 0.67 J_{final}$，[19] 还需要一个合适的流量模型，将流量与错流流动、浓度和压力联系起来，并建立一个液压模型，以显示间隔填充通道的截留压力分布如何随流量变化。

2.4.3 批量和进料批量浓缩

批量处理操作包括将截留液回收到进料槽中,以创建进料通过膜组件的多程流动。批量处理系统中的组分会随时间变化。对于非稀释液流来说,回收是必要的,通过回收来产生所需的渗透液或浓缩的截留液。多程操作增加了停留时间,同时减少了泵输送过程中可能发生的截留组分降解。对于需要高压产生渗透液的系统,在高压下运行整个系统可以节省能源。

通过假设系统内的平均截留浓度 c_i,可以获得批量操作非稳态分量质量平衡方程:

$$\frac{d(c_i V)}{dt} = -JAc_i S_{0i} \tag{2.7a}$$

假设溶剂浓度恒定,100% 通过,则溶剂平衡为

$$\frac{dV}{dt} = -JA \tag{2.7b}$$

将式(2.7a)除以式(2.7b)并进行积分,得到表 2.4 中截留物质浓度、体积减小因子 X 与实际的组分通道 S_i 之间的关系。对于完全截留的产品($S_i = 0$),体积减小 10 倍($X = 10$),使产品的浓度增加 10 倍。然而,如果产物仅部分截留,则因过膜损耗而使体积减小,最终浓度并不成比例地增加。批量和进料批量性能方程见表 2.4,截留物中的成分质量是截留液浓度和截留液体积的乘积。

表 2.4 批量和进料批量性能方程

	批量浓度与 DF	进料批量浓度
截留液浓度	$c_i = c_{i0} X^{(1-S_i)} e^{-S_i N}$	$c_1 = \dfrac{c_{i0}}{S_i}[1-(1-S_i)e^{-S_i r(1-1/X)}]$
截留量	$M_i = M_{i0} e^{-S_i(N+\ln X)}$	$M_i = \dfrac{M_{i0}}{S_i}[1-(1-S_i)e^{-S_i r(1-1/X)}]$
尺寸	$A = \dfrac{V_0}{t}\left(\dfrac{1-1/X}{J_{\text{conc}}} + \dfrac{N/X}{\bar{J}_{\text{Dnt}}}\right)$	$A = \dfrac{V_0}{t} \cdot \dfrac{1-1/X}{\bar{J}_{\text{conc}}}$
评价	最简单的系统和控制方案, 较小的面积或加工时间, 限于 $X < 40$	要求 $40 < X$, 尽量减少补料比(总 V_0/循环槽 V)以最小化面积, 可能需要更大的面积和时间, 限于 $X < 100X$, 采用建议的补料比测试过程的性能, $r = $ 批量体积/截留罐体积 $= V_0/V_R$

注:$X = $ 初始截留液体积/最终截留液体积;$n = $ 增加缓冲液体积/截留液体积。

TFF 系统具有最大的体积缩减能力,通常是 40 倍。这就要求储罐足够大以容纳多批次体积,同时允许在最小工作体积下运行。最小工作体积可能受到进料泵的空气夹带、进料箱的混合或液位测量能力的限制。进料批量操作将体积缩小能力扩展到 100 倍,并

使在单程中处理各种批次流体更具有灵活性。对于进料批量处理操作,截留液被返回到较小的槽中,而不是大的进料槽中。当渗透液被抽出时,进料被添加到小的截留槽中,这样系统的体积就保持不变。更小的截留罐可以允许更小的工作体积而不产生夹带。可以将截留罐做成一段管道或旁通管,使截留液从截留罐直接返回到泵的供给装置,进料槽中的流体慢慢加入到这个再循环回路中,这使滞留体积仅由再循环回路组成。这种配置可能会导致冲洗、排气和排水的问题,从而影响产品的清洗回收。

恒定截留体积 V_R 下进料批量浓度的非稳态分量质量平衡为

$$V_R \frac{dc_i}{dt} = JAc_{i0} - JAc_i S_i \tag{2.8}$$

积分得到了表 2.4 中浓度和产量的方程。

批量和进料批量浓度如图 2.10 所示,对于完全截留的产物($S_i = 0$),当 $c_R/c_0 = 1 + r(1 - 1/X)$,罐比 $r = V_0/V_R$,进料浓度为 c_0,进料体积为 V_0 时,进料批量截留物浓度大于批量浓度,直到曲线相交,任何进一步的浓缩都将在批量模式下进行。较高浓度可能会导致一些问题,如通量减少、面积和泵变大、可能发生变性,以及额外管线可能存在的清洁和产品回收问题。这不仅会造成明显的调试和验证延迟,还会导致不可操作性提高,泵程的数量也会更高,从而导致更多潜在溶质降解。只有在必要时,才使用进料批量和旁路。

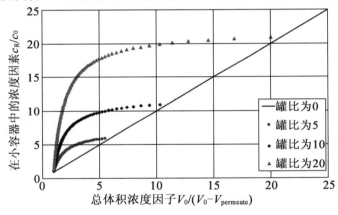

图 2.10 批量和进料批量浓度

2.4.4 批量过滤

一种被称为恒定体积 DF 的操作模式涉及向系统添加新的缓冲液,同时以相同的速率抽出渗透液。恒定截留体积 V_R 的组分质量平衡为

$$V_R \frac{dc_i}{dt} = -JAc_i S_i \tag{2.9}$$

对式(2.9)进行积分,在表 2.4 中可以看到截留物浓度和渗透体积 N = 添加缓冲体积/固定截留体积。图 2.11 所示的批量 DF 为一条起始溶质浓度为 $100\,000 \times 10^{-6}$ 的清洗曲线,显示出了不同膜通道特性。对于完全通过的溶质($S_0 = 1$),如缓冲剂,截留浓度在 N 为 ln 10 ~ 2.3 范围内下降 10 倍。部分截留的溶质不会衰减得这样快,需要更大的 N

值才能达到最终的浓度目标。完全截留溶质($S=0$)保持其截留物浓度在初始值不变。为完全通过溶质,需要 $>4.5N$ 来实现初始缓冲组分的 $<1\%$ 的规格。不完全混合(死区和罐壁上的残留)在高 N 值时变得很明显,并且导致图 2.11 中的曲线趋于平坦。通常再加额外的 $1\sim 2$ 个 N 值作为安全系数以确保完全的缓冲交换。从图 2.12 所示的渗透损失中可以看出,恒定体积 DF 比批量 DF 更有效。

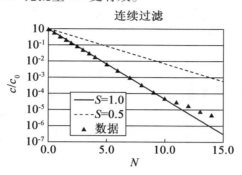

图 2.11 分批 DF

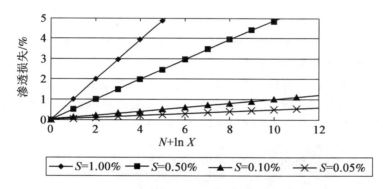

图 2.12 渗透损失

系统的大小可使用通量模型积分公式(式(2.7b)),有

$$A = \frac{V}{\bar{J}t} \tag{2.10}$$

式中,$\bar{J} = \int_0^V \frac{\mathrm{d}V}{J}$。

式(2.10)也显示了面积与处理时间之间的权衡。若没有可用的通量模型,则 Cheryan 通量[19]近似可用。表 2.4 显示了所需面积,其中 V_0 代表批量体积。一般来说,随着批量处理体积的减少和截留成分增加,通量下降。

要保持恒定的截留质量 DF,要求截留体积变化以补偿密度变化 $V = M_R/\rho$,并且渗滤缓冲液流率区别于渗透流率 $q_D = q\rho/\rho_D$。组分质量平衡变为 $M_R \frac{\mathrm{d}(c/\rho)}{\mathrm{d}t} = -Scq_D\rho_D/\rho$,积分得 $c = c_0(\rho/\rho_0)\mathrm{e}^{-SN'}$。其中,$N'$ 为透析的量(加入缓冲液量/截留量)。如果某一组分的

浓度表示为质量比 $\gamma = c_A/c_P$（每克完全截留的产物），则质量比变为 $\gamma = \gamma_0 e^{-SN'}$，类似于恒定体积操作。

渗透液中损失的产品质量分数可从表 2.4 中得到，公式为 $\mathrm{loss} = 1 - \dfrac{M_i}{M_{i0}}$，该损失如图 2.12 和式(2.12)所示，通过率为 1%（截留率为 99%）的膜，其产量损失远高于 1%，因为蛋白质在整个过程中反复循环通过膜，每次通过都会损失。高产工艺（损失 <1%）要求透膜率 <0.1%（截留率 >99.9%）。

渗透损失为

$$\mathrm{loss} = 1 - e^{-S(N + \ln X)} \tag{2.11}$$

考虑设计用于分离两种溶质（产品 p 和杂质 i）的 UF 工艺。在确定批量浓度和 DF 之后，组分浓度的比值为 $c_p/c_i = (c_{p0}/c_{i0}) e^{-S_p(N + \ln X) + S_i(N + \ln X)}$。其中，$c_{i0}$ 和 c_{p0} 是两种组分的初始浓度。注意到产品的截留产量是 $Y_p = e^{-S_p(N + \ln X)}$，可以重新排列并简化浓度比得到纯化系数，即

$$\mathrm{PF} = \dfrac{\dfrac{c_p}{c_{p0}}}{\dfrac{c_i}{c_{i0}}} = Y_p^{1 - \varphi} \tag{2.12}$$

其中，φ 是选择性 S_p/S_i，即筛分系数的比率。对于截留量大于杂质的产品，$\varphi < 1$，$\mathrm{PF} > 1$，并且相对于杂质，产品在截留物中富集。

式(2.12)表明，需要高选择性以实现高产率和降低杂质含量。高选择性要求溶质有效尺寸因分子量和电荷而有所差异，使用带电荷膜，并通过以恒定流量运行并在进料通道长度上保持均匀的 TMP 来精细控制极化层（图 2.13）[31,32]。

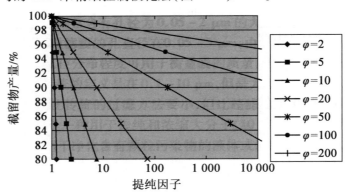

图 2.13　UF 溶质提纯与残留物产量的关系

2.4.5　连续操作

连续操作(又称进料-出料)涉及截留物的部分循环。这一配置提供了更高的投资资产率，重置和批次之间的清洗时间大大减少。因此，连续系统在大规模加工中很常见。泵的停留时间和数量介于单程操作和批量操作之间，这取决于循环再利用率。几个连续

的单元可以将截留液作为进料输入到下一个系统,这种配置通常用于大型膜系统。对于进料流量 F、截留流量 R、渗透流量 P 和直径缓冲流量 D,溶质和组分上的稳态质量平衡为 $F + D = R + P$ 和 $Pc_0 = Rc_R + Pc_R S$。体积浓度因子 $X = F/R$ 和渗透体积 $N = D/F$ 时的截留浓度为

$$c_R = c_0 X / [1 - S + SX(1 + N)] \tag{2.13}$$

所需的面积为 $A = P/J = F(1 + N - 1/X)/J$,取决于是否指定了进料或渗透流。浓度和 DF 要求设定流动模型的截留浓度。为解决这个问题,还需要确定通量对错流率的依赖关系。连续操作与间歇操作相比需要更多的面积,因为连续操作系统以最终的截留浓度运行,其通量保持在很低的水平,而间歇操作系统在一定浓度范围内运行。

连续操作可以作为多级操作执行,来自一个系统的截留物成为下一个系统的进料。每个阶段在不同的浓度下运行,因此面积需求小于单级操作。

2.5 超滤工艺进展

通过遵循系统的流程开发协议,可以实现稳定、一致和优化的 TFF 步骤。早期工艺开发目标包括 UF 膜/装置满足目标浓度和缓冲液交换规格的可行性,后期阶段的开发目标包括优化(产品产量和质量、系统规模和成本)和性能验证(重复性、对变化的敏感性)。

根据应用要求和供应商建议选择膜和膜组件。除膜和模块的性能因素外,供应商的经验、供应商支持和产品一致性也是考虑的重要因素。

选择膜和膜组件必须使用供应商推荐的尺寸缩小试验系统进行可行性评估。供应商或文献中研究人员可能会推荐一些启动条件或操作范围(如 TMP、错流)。膜盘可使用小体积搅拌单元装置进行测试,以检查关键的可行性特征(如产品产量和质量、缺陷、膜污染和清洗),即使这些装置中的通量性能不成规模化。如果有更大的进料量(>50 mL),则首选规模缩小的代表性膜组件测试。如果进料量和时间允许,也可以具有不同膜化学性质、MW 值和组件设计的其他候选膜组件。

2.5.1 标准流程

(1)组件验证。初次冲洗以湿润膜,测量归一化水渗透性(NWP),LMH/psi 校正为 298 K。测量通过湿膜的空气扩散的流量单位为 $L \cdot m^{-2} \cdot s^{-1}$,并与规范值进行比较以验证膜的完整性。用缓冲液冲洗以预处理膜。

(2)初始化。添加产品溶液,测量渗透循环模式中的通量和通道随时间的关系变化,以便在产品溶液中进行膜养护。

(3)对初始操作条件的敏感性。在渗透循环模式下,测量通量、通道、进料到截留的压降(ΔP)相对于 TMP 和错流。

(4)浓缩模式。测量通量、通道、浊度、截留液浓度、温度和渗透液体积随时间的变化规律,同时提取渗透液以达到目标浓度。

(5)对最终操作条件的敏感性。在渗透循环模式下,测量流量、通道、进料到截留的

压降（ΔP）和浊度相对于 TMP 和错流。

（6）DF 模式。测量流量、通道、渗透液中杂质浓度、温度和渗透体积与时间的关系，同时提取渗透液并添加滤液以达到目标浓度。

（7）通过去极化和使用堵塞流冲洗（见数据分析）回收截留产物，测量产量。

（8）在供应商建议的条件下清洁膜。例如，用缓冲液冲洗，然后注射水，添加 $0.1N$ NaOH 溶液，在 293 K 渗透循环模式下循环 45 min，并测量 NWP。

测试可以包括重复性评估、清洁优化和特殊条件的进一步探索。对于导致渗透压显著不同的高浓度和最终配方缓冲液，有必要在步骤（6）之后在新缓冲液中重复操作条件步骤（3）和浓度模式步骤（4）。

2.5.2 数据分析

使用的模块应该是整体的并在正常设备范围内显示 NWP。初始动力学应显示出逐渐接近稳态的通量和截留。持续的性能下降表明膜相容性问题。

操作条件数据应反映图 2.14 所示的流量趋势。与这些趋势相反的行为可能表明实验程序有缺陷或需要确认和理解一些不寻常的新效果。

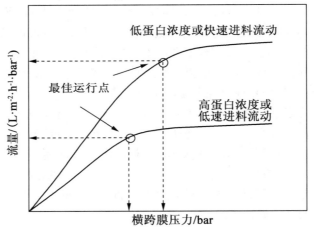

图 2.14 流量趋势

最佳 TMP 位于流动曲线的"拐点"处，以获得合理的通量并避免形成聚集。如果起始溶液与渗滤液之间的流量曲线存在差异，则保传统方法是选择两个 TMP 值中较低的一个。

供应商通常建议选择膜组件的一个错流流率。如果流体对错流非常敏感或原料易于发生极化，导致降解或污染，则建议增加错流流速。在这种情况下，还应考虑通量限制 c_{wall} 调控[34]。对于容易发生泵送降解的原料或可用的泵尺寸限制大规模应用时，建议降低错流流速。泵降解如图 2.15 所示，泵的降解随着泵通道数（液体泵送量/进料量）的增加而增加[35]。泵通量随 DF、浓度的增加而增加，随转化率、CR（渗透流/进料流）的增加而减少，有

$$PP = \frac{N + \ln X}{CR} \tag{2.14}$$

泵的选择和操作对于减少泵的降解至关重要,人们还可以考虑使用连续操作配置使敏感进料保持低截留时间。

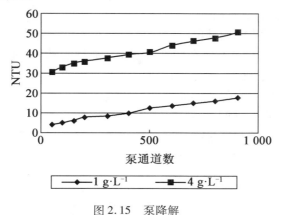

图 2.15　泵降解

产品和目标杂质浓度应对体积减小因子 X 和透滤液体积 N 进行绘图,以显示与表 2.4 中的等式一致,并确保高杂质筛分系数和低产品筛分系数。

性能与预期行为的偏差表明实验过程中的问题(如不良的罐混合)或需要进一步研究的不寻常的产品性质(如高浓度的产物沉淀)。

浓缩顺序和 DF 步骤称为 DF 策略。DF 用于提纯或提高产品回收率。表 2.4 的表明对于 DF,$At/V_0 = (N/XJ)$。也就是说,在 DF 过程中,为减少渗透和缓冲液体积,每单位体积进料所需的面积-时间需要由浓度调节来降低。然而,在浓缩过程中,流量也会下降,导致每单位体积所需的面积-时间增加。可以绘制出浓缩步骤中获得的 XJ 值,以确定经验最佳值。凝胶流动模型即式(2.4)的应用表明,通过在蛋白质浓度 c_g/e 下进行渗滤,可以获得最小的系统面积和处理时间[36]。对于人体血浆 $\lg G$[20],$c_g = 191.4\ g·L^{-1}$,CDF = 68 g·L^{-1}。这就提出了一种最佳的 DF 策略,即根据需要将初始进料浓缩或稀释至 c_{DF},然后再将所需渗透液浓缩或稀释至最终浓度。单位体积的时间-面积是一个较浅的最佳值,因此在 c_{DF} 的 ±15% 范围内运行不会产生明显的差异。对于明显依赖于截留产品和被清洗的杂质浓度的通量和筛分系数,应考虑更复杂的 DF 策略[37]。

因为截留和回收方法不同,所以小规模的测试系统可能无法准确地反映用于产品回收的大规模系统。但是,可以评估小规模工艺的产品产量,并在表 2.5 中考虑产品损失的来源,以确定是否有必要进行进一步的调查和纠正。

表 2.5　批量配置的产品损失来源

来源	渗透	吸附	滞留	失活
比例	0~1	0~5	1~10	0~20
原因	膜漏,操作	膜吸附	系统设计差,恢复方法差	气体界面,高温,极化,泵送
校正	低 MW 膜,密封	不同膜材料	消除死端,改善恢复方法	检查料罐泡沫和泵送,c_{wall} 调控

在缩小规模的实验期间,将记录处理时间、渗透流量和渗透体积,以便使用表2.4中的公式对系统大小进行粗略的调整。通量与进料量成正比,在放大设计中将加入安全系数,这样的过程时间会有所不同。

可行性要求演示可重复的性能。清洁步骤的充分性决定需要至少80%的初始归一化水流量的恢复率[38]。虽然水流量的某些变化是典型的,但任何持续下降都可能反映出不适当的清洁程序。额外的一致性验证可能涉及测量批次间产量、缓冲通道、工艺流程和空气完整性。典型的膜组件更换频率为1年或50次运行后,或在性能(如截留能力、通量、完整性)低于预设规格时进行更换。

数据应确定制定步骤在满足产品质量和浓度、缓冲成分、稳定性(一致性、最差情况进料)、产品回收和经济操作目标方面的可行性。用于大规模操作时需要进一步的优化。

2.6 超滤规模化

最简单的规模化策略是线性放大[39],这涉及基于一致性容量($L \cdot m^{-2}$)的系统从小规模到大规模放大。渗透、缓冲和截留量也与进料量成线性比例。TFF 系统性能对硬件设计和布局非常敏感,通常不可能找到精确模拟大规模版本的缩小版硬件。但是,硬件功能需要在两种规模上都保持作用。还应确定进料在从一个规模改变为另一个规模时可能发生的变化,并对最坏情况下的进料进行规模缩放测试。

2.6.1 批量配置尺寸

图 2.16 所示为经过 21 倍体积减小和 7 倍 DF 的 600 L 进料实例的浓度与 DF 步骤,此案例的输入缓冲液和渗透废液量是根据质量平衡计算的。

图 2.16 DF 处理步骤

根据表 2.4 中关于每个处理步骤、渗透体积和目标处理时间的方程,计算最小系统面积(A_{min})的值,通过积分实验通量数据或通过渗透的总体积和所需的总处理时间来计算每个步骤的平均通量(表 2.6)。基于初始和最终流量的 Cheryan 通量的近似值[19]也可以与合适的安全系数一起使用。

表 2.6 UF 系统规模

步骤	浓缩液	滤液	总和
平均通量/($L \cdot m^{-1} \cdot h^{-1}$)	40	30	—
渗透体积/L	571	203	771
面积-时间/($m^2 \cdot h$)	14	7	21
时间/h	2.0	1.0	3.0

每个步骤计算面积-时间项，可以计算为制造规模渗透体积与平均实验通量的比值。对于表 2.6 中所示的浓缩步骤，其值为 571(L)/40($L \cdot m^{-2} \cdot h^{-1}$) = 14($m^2 \cdot h$)，然后将每个步骤的面积-时间相加，给出该过程的总面积-时间，此处为 21 $m^2 \cdot h$。当总面积-时间除以总处理时间时，得出 A_{min} = 21($m^2 \cdot h$)/4(h) = 5.3(m^2) 的总面积。

安全系数 1.2~2.0 用于：考虑小规模和大规模之间的性能差异；考虑到在不同批次操作规定的时间内完成进料、过滤器和操作条件的工艺变化。不同规模之间的差异可能包括流分布不均、截留量和混合不良。对于线性比例工艺，建议 1.2 倍的安全系数用于 A = 6.4 m^2 的面积。对于具有较大可变性的流程、可扩展性较差的膜组件及有限的规模缩减数据，建议使用较大的安全系数。如果过程超出设计时间窗口的成本很高，则还建议使用较高的安全系数。现在将推荐区域与可用组件尺寸进行比较。在这种情况下，13 个 0.5 m^2 的盒式膜组件将产生 6.5 m^2 有效面积。然而，对于配置面积为 A_{config} = 7 m^2 的区域，可在单级过程保持器上对称排列 14 个盒式膜组件。系统面积可用于调整泵的尺寸，并保持每个单位面积相同的错流。

可以通过将每个步骤的面积除以总面积来计算每个步骤的处理时间。预期的处理时间为 3 h，4 h 可以较好地完成目标。虽然该计算显示了工艺时间和膜面积之间的权衡，但工艺时间可能只是 UF 运行过程中（包括设置、回收和清洗）所需时间的一小部分。额外面积的增加确保了在允许的时间窗口内进行一致的处理，同时也增加了系统的占用率和最小工作体积。必须检查系统是否仍能满足体积缩减的因素。

2.6.2 批量回收

最终试验中的总产品回收率应为 95%，产量通常为 99%。表 2.5 列出了最大的产量损失来源，如滞留和失活。失活也可通过大量的工艺时间或保留步骤、高温点（非隔离的电机泵）、死角中残留的未冲洗清洗液及蛋白质溶液与促进不稳定性的缓冲溶液的接触（即通过等电点的透滤）发生。与蛋白质配方化学相关的讨论可用于诊断和纠正失活损失。

滞留损失包括留在系统中的未回收的产品液体。建议在加工结束时用封闭的渗透液对滞留的产品进行再循环，以释放在极化层中滞留的产品。循环罐中的大部分产品可以用水泵抽出来或排出。管道和模块中仍然存在值得注意的产品。在系统的最高点引入压缩空气吹扫，其中产物收集在最低点处。必须注意在约 0.13 bar 处轻轻地引入空气，以避免发泡和产品变性（表 2.7）。

表 2.7 产品回收方法

回收方法	重力排水	井喷	塞流排水	再循环排水
含率损失/%	5~20	2~10	0.5~2	0.1~0.5
注意	设计敏感性	设计敏感性	—	稀释产物

通过在系统中的高点缓慢引入缓冲液来获得额外的产品回收,这将通过润湿的部件取代滞留的产品。缓冲液最终会从低点排水口流出,在那里紫外线监测仪可以很容易地检测到从产品到缓冲液的转换[40]。这种转换通常很紧凑,这一过程称为堵塞流冲洗。对于黏性产品,从渗透侧反向引入缓冲液可以提供额外的回收。还可以使用更广泛的再循环冲洗方法,引入最小体积的缓冲罐并再循环,以允许产品在缓冲液流通管道中的任何死角、角落和缝隙中扩散。使用再循环冲洗的额外回收可能无法保证使用此方法的产品稀释效果。

2.6.3 操作程序

以下程序代表典型操作。请注意,编写工厂标准操作程序(SOP)应尽可能允许灵活性,但必须确保始终满足产品规格。

(1) WFI 冲洗。根据制造商建议安装膜组件,根据建议冲洗、NWP 测量、排水。

(2) 完整性试验。用无菌空气加压至 mfg 规格,测量空气通量并与 mfg 规格进行比较。

(3) 缓冲液冲洗预处理。

(4) 流体工艺。向罐内注入液体,浓缩至一定体积或截留浓度,然后过滤至缓冲或渗透体积。

(5) 回收产品。排放、堵塞流冲洗。

(6) 清洁。WFI 冲洗,按照制造商建议进行清洁、WFI 冲洗、NWP 测量,并与规格比较,进行每次应用的清洁度试验(LAL、TOC),排水。

(7) 储存。根据制造商建议储存。

(8) 组件更换。基于 NWP、DP、空气完整性、产量、循环方面的不合格规范。

(9) 允许再处理(如果需要)。

设计良好、实用的 UF 工艺具有的性能参数见表 2.8。

表 2.8 设计良好、实用的 UF 工艺具有的性能参数

产量(总体)/%	95~98
过程通量一致性	~±10% 每次运行
产品截留(膜)/%	≥99.9
NWP 回收(每次运行)/%	~±(20~35)

2.6.4 增加面积

超滤膜组件通常通过并联增加面积来缩放:进料分布在并联膜组件入口之间,具有公共截留的渗透流。还可以添加串联区域,用其中一个膜组件的渗余液作为下一个进料

液模块。这种配置相当于增加截留通道的长度,如增加中空纤维膜组件的长度或串联使用螺旋卷式组件。

这种方法的好处是减少了进料泵的需求,但是不能连续增加面积,也不能保持小规模实验中的进料流量和压力曲线。在极端情况下,给进料通道增加额外长度会导致进料通道压力下降到渗透压力以下并产生回流。小规模测试系列配置有助于验证其可行性。

2.6.5　过程监控

TFF 系统必须能够执行 SOP 中的所有步骤,交付所需的产品,并满足任何过程约束条件。批量系统至少包含膜组件和支撑、储罐、供料泵、截留阀及供料和截留管路的压力传感器。商业系统的典型配管自控流程表明,换热器可以保持工艺过程温度均匀,以抵消泵和环境加热所增加的热量,但在 DF 期间可能不需要这样做。开放系统可用于早期临床阶段的生产,但需要具有硬管道线的封闭系统来验证一致性、短的循环周期和生物污染。过程的每个步骤都由切换阀控制,以向系统引入/停止适当的溶液(如空气、缓冲液、渗滤液、清洗液等)。

多产品设施可处理从临床试验到市售产品的各种批量产品。虽然进料批量配置允许灵活处理这些宽体积范围,但人们可能会遇到清洗和产品变质问题。建议对小批量使用单独的试验系统,以避免这些验证问题,并加快产品上市时间。

监测和控制策略将使用传感器来测量渗透通量(水渗透率测量、加工、清洁)、渗余液流量、完整性测试期间的空气流量、压力(进料、截留、渗透)、温度、罐水平或质量、渗透液组成(UV 吸光度作为蛋白质含量、pH、所需电导率的指标)、工艺温度和冷却剂温度。一个好的设计是尽量减少传感器的数量并确定它们的最佳位置。可以显示、记录这些传感器读数,用于触发警报,并用于触发流程中的后续步骤。异常压力偏移(如进料通道堵塞、阀门冻结关闭)、罐容量低、高渗透紫外线吸收率和高温可能会触发警报。每个步骤的持续时间由时间、渗透体积或进料罐中的流体高度决定。过程数据通常记录在 GMP、趋势和任何异常偏差的诊断中。应在配管自控流程图上追踪 SOP 每个步骤的流动路径,以显示阀门配置及用于监控和报警的相关传感器,包括通风、排水、就地清洗、冲洗系统和响应系统故障的能力。尤其重要的是,应确保在清洁步骤中,包括样品阀在内的所有流动路径都处于活动状态。在某些情况下,膜组件可能在清洁过程中从系统中移除。还应注意确保产品不会因被自动冲走或使用转换面板而损失。

2.6.6　设备选择

设备要求见表 2.9。客户或监管要求确保始终满足处理目标。经济要求包括生命周期成本,如资本、运营、验证、维护、更换成本及必要时的重新验证,支持正在运行的操作所需的人员配置(如编程、校准)及供应商提供的支持文件和服务的范围。在力图降低人工和维护成本的情况下,组件标准化、易用、设计和部件稳定性需要考虑。组件必须符合国家和运营设施的标准(如公制、电压),以确保兼容性并减少备件库存。其他选择标准包括组件和供应商的经验,以及可扩展性。必须及早设计和订购特殊设计的泵、传感器和水箱等主要部件。

表 2.9　设备要求

组件	客户/监管	经济	安全
湿表面材料	无毒、清洁/卫生、一致、化学上与所有工艺流体兼容（无溶胀或反应）、无脱落、无浸出、无吸附、封闭体系	可获得、可以制造	—
润湿体积	低滞留率、可排水、可排气、最大限度减少死角、可清洁、可冲洗	—	压力和温度额定值、密封
管道、阀门、换热器	—	紧凑、可制造、可排水、可提供多种格式	操作者对移动部件的保护
容器	处理体积范围、混合、避免发泡	可获得	—
泵、过滤支撑	低蛋白质降解、一致的、热隔离	—	操作者对移动部件的保护
传感器/取样	可靠、准确、对环境影响（温度、压力变化）不敏感、在封闭系统中校准	最佳数量的设计不要过多	电击、封闭系统
滑架	与清洁剂和消毒剂兼容	紧凑	支撑负载、操作方便
布局	捕获和存储数据	—	易读
所有组件	文件、易于验证、质量认证	低成本、可靠、易维护、符合工厂标准、经过验证的设计、备件	符合国家标准

操作员安全涉及化学危险（爆炸性溶剂、生物危险、有毒或腐蚀性化学品）、物理危险（高压、移动部件、极端温度、蒸汽使用，以及操作和维护障碍）和电气危险（高压和电流及接地不足）。应测试防护装置和警报，以确保它们在紧急情况下工作，对推荐的设计进行安全审查及正规的危险和可操作性分析。

一体化的通道和工厂可能会有额外的限制。通道要求硬件匹配，对现有设施的改造可能会对生产车间和进入设施的通道尺寸施加限制。

图 2.17 所示的死角是与产品接触的空间或凹坑，这些空间或凹坑很难通风、冲洗和排水[41]。它们是由连接部件到管道系统（如传感器、取样口、破裂盘）、湿润部件（如泵、外壳、阀门、热交换器、水箱）或表面粗糙度引起的。流动可视化[42]模拟和测试表明清洁死角的效率受 L/D 比率、管道中的平均流体速度及死角中气流存在的影响[43]。当消除死角时，ASME BPE 指南[41]目前推荐使用 $L/D<2$（基于死角的内部尺寸）。表面粗糙度也可以认为是微观尺度的死角。表面光洁度和可清洁性考虑因素是从乳制品行业发展出来的[44]。

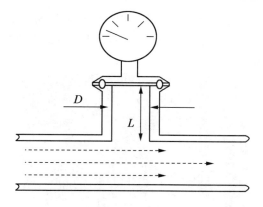

图 2.17　死角

管道系统中的空气可以防止液体浸润内表面。CGMP 因清洁和消毒液接触不足而受到损害。要求流体速度为 1.5 m/s，以排出死角中的空气或完成垂直管道的注水[43]。避免垂直管道弯曲，形成空气或固体可积聚的部分。不排水段液体截留表示产品损失、生物负荷区域增加或批量结转。排风和排水由至少每米管道长度下降 5 mm 的管道斜率辅助。清洁的蒸汽管道是自动消毒的，可以在没有垂直斜率的情况下进行管道铺设。需要一个低点的排水通道。

润湿内表面所需的 1.5 m/s 的 CIP 流量通常比工艺流量要求更高，形成泵选型的基础。经济分析表明，管道系统的资本和运营成本之间存在权衡，最佳速度在 0.9~3.0 m/s[45]。速度大于 0.9 m/s 作为 3A 标准的一部分，也被推荐用于清洁和冲洗[44]。这种速度有助于确保将死角中的气泡从管道系统中冲洗出来，以便所有内表面都可以进行清洁[43]。

尽管泵的规模不一致，但其选择应满足运行规模的流量、压力和脉动要求，并避免损坏蛋白质。推荐给水泵的旋转叶片设计应在 500 r/min 以下运行，并安装在垂直位置，以便产品和清洗液容易排出。添加更多的叶片可以减少脉动效应，但会增加蛋白质降解。卫生离心泵或蠕动泵可用于缓冲液或 CIP 溶液转移和 WFI 回路再循环。

2.6.7　通道布局

通道布局标准包括最小化最小工作容积和死角，以及允许冲洗、清洁、通风、排水、混合、消毒/蒸汽、操作和维护人体工程学、安全等。滞流体积和湿流路径中存在死角会影响产品回收、分离效率（如大容积时缓冲液交换不良）、所需的液体体积（清洁、冲洗、处理）、系统成本和所需的占地面积，以及清洁和消毒的便利性。最小化涉及减少线长度，利用 CAD、CAM 来探索设计方案的整个 3D 空间，以及使用紧凑的组件（如阀门组件）。

系统的设计必须通过控制物理和化学应力（如热点、过度剪切、空气界面、空化、局部浓度等）来最小化产品降解。混合器用于消除罐中的浓度梯度。在罐和进料泵之间的 T 形管中添加渗滤液而导致的混合不充分将降低性能。用于浓缩物制备缓冲液的在线混合（两个流体被泵吸入 T 形连接管并在管道中混合）减少了等待时间、罐槽容量和储存空间[46]。

过程和远程监控系统的 3D 布局应该允许操作员易于设置、操作和改变流程。此外，维护和服务人员应该能够方便地进行常规操作(如校准和更换垫圈),这就要求显示器的方向正确,通道周围有足够的空间。使用 CAD、CAM 系统构建的计算机 3D 模型应在设计评估期间进行人体工程学检查(图 2.18)。

图 2.18　UF 批处理通道

通道的设计、构造、调试和验证通常涉及来自生物制药制造商、通道供应商和 A&E(建筑师和工程)公司的专家团队,这要求明确的 UF 步骤性能需求、团队成员的积极作用、好的评估过程来加速实现。

2.7　超滤应用

在汽车工业中,电沉积阳离子(与阴极连接)涂料树脂提供了一种均匀、无缺陷、具有很高耐腐蚀性的涂层,但同时也携带了大约 50% 的多余涂料,必须冲洗掉。UF 用于保持油漆槽中的油漆浓度,同时产生用于清洗的渗透液。洗涤液被送回涂料管道中[30],以低成本、低损耗进行涂料回收,使工艺经济强(表 2.10)。

表 2.10　UF 模块和系统

应用	油漆回收	乳清加工	生物制品	水处理	果汁加工
膜	PES	PES	纤维素、PES、PVDF	PES	PES、PVDF
组件	纤维	螺旋	盒式	纤维	管式
系统	连续	连续	分批、NFF	连续、单通道	分批
特征	成本、堵塞	成本	回收	成本	堵塞、成本

在奶酪制作过程中,凝固的牛奶或凝乳被用来制作奶酪,而上清液乳清是富含盐、蛋白质和乳糖的废液。乳清浓缩和 UF 脱盐产生的产品可作为一种动物饲料补充剂或食品添加剂。MMV 工艺包括在离心后通过 UF 浓缩牛奶去除乳脂,在凝固前提高产量并降低处理成本。

UF 用于生物制药纯化(蛋白质、病毒和细菌疫苗、核酸),用于澄清液或裂解液的初始浓度(以减少后续的色谱柱尺寸和增加结合)、改变缓冲液条件(以加载到色谱柱上)以及浓缩并更换缓冲液(最终配制成储存缓冲液)[49]。对于这些应用,药物产品在渗余液中回收。对于具有潜在病毒污染物(源自哺乳动物细胞或人和动物血浆)的药物产品,以 TFF 或 NFF 模式使用的病毒清除过滤器截留病毒,同时药物产品在渗透物中回收。UF 取代了缓冲交换的排阻色谱,因为它具有较低的成本并且能够运行更高的蛋白质浓度[50]。这些应用需要高产量,保持高纯度、一致的操作和有价值产品的规模扩大。

UF 用于纯化各种果汁(如苹果、葡萄、梨、菠萝、蔓越莓、橘子、柠檬等),这些果汁作为渗透液被回收[51]。UF 还用于去除色素,减少葡萄酒生产中的褐变[52],可以进行低成本操作。

废水处理和水净化应用以 TFF 或 NFF 模式使用 UF 来生产具有低胶体、焦精或病毒的渗透产品。超滤将废水中的油滴截留下来,以便在体积显著减少的情况下进行回收或处理。

2.8 超滤系统故障排除

超滤系统故障排除指南见表 2.11。

表 2.11 超滤系统故障排除指南

症状	根源	建议
低通量	污染,清洗不当,错流流速低,硬件脱落	修改清洗程序,更换膜组件,检查 TMP,更换硬件组件
低产量	回收能力差,罐内泡沫,膜漏水,化验或取样不佳	修改恢复,完整性测试,检查槽,截留流
不完整性	漏水膜组件,安装不当	重新安装或更换膜组件,紧固液压规格
生物污染	进料、缓冲液或设备受污染	消毒,检查缓冲器和上游设备,擦拭设备
缓冲交换/溶质去除不足	渗滤体积不足,混合差,不良通道	增加油分,改善混合,检查膜污染或溶质与残留溶质的结合
外部泄露	密封	完整性测试,更换密封件

本章参考文献

[1] Cabasso, I. In Ultrafiltration Membranes and Applications; Cooper, Ed.; Plenum

Press: NY, 1980.

[2] DiLeo, A. J., et al. US Patent 5,017,292, 1991.

[3] Zydney, A. L.; Aimar, P.; Meirles, M.; Pimbley, J. M.; Belfort, G. J. Membr. Sci. 1994, 91, 293.

[4] Pujar, N. S.; Zydney, A. L. J. Chromatogr. A 1998, 796, 229 – 238.

[5] General Atomics, US Patent 3,839,201, 1967.

[6] Schlichting, H. Boundary Layer Theory, 6th ed.; McGraw – Hill: New York, 1968; pp. 93 – 99.

[7] Hallstrom, B.; Lopez – Leiva, M. Desalination 1978, 64, 273.

[8] Vigo, F.; Uliana, C.; Ravina, E. Sep. Sci. Technol. 1990, 25, 63.

[9] Culkin, B.; Armando, A. D. Filtrat. Sep. 1992, 29, 376.

[10] Winzeler, H. B.; Belfort, G. J. Membr. Sci. 1993, 80, 35.

[11] Vilker, V. L.; Colton, C. K.; Smith, K. A. AIChE J. 1984, 27, 632 – 637.

[12] McDonough, R. M.; Bauser, H.; Stroh, N.; Grauscoph, U. J. Membr. Sci. 1995, 104, 51 – 63.

[13] Brian, P. L. T. In Desalination by Reverse Osmosis; Merten, U., Ed.; MIT Press: Cambridge, MA, 1966; pp. 161 – 292.

[14] Tkacik, G.; Michaels, S. Biotechnology 1991, 9, 941 – 946.

[15] Deen, W. M. AIChE J. 1987, 33, 1409 – 1425.

[16] Dechadilok, P.; Deen, W. M. Ind. Eng. Chem. Res. 2006, 45, 6953 – 6959.

[17] Zydney, A. L. J. Membr. Sci. 1992, 68, 183.

[18] Saksena, S. Protein Transport in Selective Membrane Filtration, PhD Thesis, University of Delaware, 1995.

[19] Cheryan, M. Ultrafiltration and Microfiltration Handbook; Technomic Publishing Company Inc: Pennsylvania, 1998.

[20] Mitra, G.; Lundblad, J. L. Sep. Sci. Technol. 1978, 13, 89 – 94.

[21] Vilker, V. L. C.; Colton, C. K.; Smith, K. A.; Green, D. L. J. Membr. Sci. 1984, 20, 63 – 77.

[22] Staverman, A. J. Rec. Trav. Chim. 1951, 70, 344.

[23] Leveque, M. D. Ann. Mines Mem. 1928, 13, 201.

[24] Gekas, V.; Hallstrom, B. J. Membr. Sci. 1987, 30, 153.

[25] Deissler, R. In Advances in Heat and Mass Transfer; Harnett, J. P., Ed.; McGraw – Hill: New York, 1961.

[26] DaCosta, A. R.; Fane, A. G.; Wiley, D. E. J. Membr. Sci. 1994, 87, 79.

[27] Smith, K. A.; Colton, C. K.; Merrill, E. W.; Evans, L. B. Chem. Eng. Prog. Symp. Ser. 1968, 64, 45.

[28] Holeschovsky, U. B.; Cooney, C. L. AIChE J. 1991, 37, 1219.

[29] Schwinge, J.; Wiley, D. E.; Fletcher, D. F. Ind. Eng. Chem. Res. 2002, 41,

4879–4888.

[30] Zeman, L. J.; Zydney, A. L. Microfiltration and Ultrafiltration: Principles and Applications; Marcel Dekker: New York, 1996.

[31] van Reis, R.; Gadam, S.; Frautschy, L. N.; Orlando, S.; Goodrich, E. M.; Saksena, S.; Kuriyel, R.; Simpson, C. M.; Pearl, S.; Zydney, A. L. Biotechnol. Bioeng. 1997, 56, 71–82.

[32] van Reis, R.; Brake, J. M.; Charkoudian, J.; Burns, D. B.; Zydney, A. L. J. Membr. Sci. 1999, 159, 133–142.

[33] Rautenbach, R.; Albrecht, R. Membrane Processes; Wiley: New York, 1989.

[34] van Reis, R.; Goodrich, E. M.; Yson, C. L.; Frautschy, L. N.; Whiteley, R.; Zydney, A. L. J. Membr. Sci. 1997, 130, 123–140.

[35] Virkar, P. D.; Narendranathan, T. J.; Hoare, M.; Dunnill, P. Biotechnol. Bioeng. 1981, 23, 425–429.

[36] Paul, N. G.; Lundblad, J.; Mitra, G. Sep. Sci. 1976, 2, 499–502.

[37] Lutz, H., US Patent 5,597,486, 1997.

[38] Millipore Corporation. Maintenance Guide, Lit No. TB1502EN00, 2000.

[39] van Reis, R.; Goodrich, E. M.; Yson, C. L.; Frautschy, L. N.; Dzengeleski, S.; Lutz, H. Biotechnol. Bioeng. 1997, 55, 737–746.

[40] Frenz, J. Genentech, personal communication, 1998.

[41] American Society of Mechanical Engineers Bioprocess Equipment Guidelines, 1997.

[42] Van Dyke, M. An Album of Fluid Motion; Parabolic Press: Stanford, CA, 1982.

[43] DeLucia, D. Fundamentals of CIP Design, ASME Bioprocessing Seminars, 1997.

[44] USPHS. 3A Sanitary Standards for Crossflow Membrane Modules; No. 45–00, 1990.

[45] Peters, M.; Timmerhaus, K. D. Plant Design and Economics for Chemical Engineers, 2nd ed.; McGraw-Hill: New York, NY, 1968.

[46] Ogez, J. Increasing Plant Capacity Using Buffer Concentrates & Linked Unit Operations. In Presentation at IBC 2nd Annual Recovery & Purification of Biopharmaceuticals, 2001. Nov. 13, 2001, San Diego, CA.

[47] ISPE, Baseline Guide Vol. 5, Commissioning and Qualification, 2001.

[48] Maubois, J. L., et al. Fr. Patent 2,052,121, 1969.

[49] Lutz, H.; Raghunath, B. In Process ScaleBioseparations for the Biopharmaceutical Industry; Shukla, A. A.; Etzel, M. R.; Gadam, S., Eds.; CRC: New York, 2006. Ch. 10.

[50] Kurnik, R. T.; Yu, A. W.; Blank, G. S.; Burton, A. R.; Smith, D.; Athalye, A. M.; van Reis, R. Biotechnol. Bioeng. 1995, 45, 149–157.

[51] Blanck, R. G.; Eykamp, W. AIChe. Symp. Ser. 1986, 82, 59–64.

[52] Kosikowski, F. V. In Membrane Separations in Biotechnology; McGregor, Ed.; Marcel Dekker: New York, 1986.

Further Reading

[1] Useful overall references includeCheryan, Ho, Lutz, Millipore and Zeman.

[2] Ho, W. S. W.; Sirkar, K. K., Eds.; In Membrane Handbook Van Nostrand Reinhold: New York, 1992.

[3] Lutz, H. In Perry's Chemical Engineering Handbook, 8th ed.; Green, Don W., Ed.; McGraw-Hill: New York, 2008. Chapter 10.

[4] Millipore Corporation. Protein Concentration and Diafiltration by Tangential Flow Filtration, Lit. No. TB032 Rev. B, 1999.

[5] Millipore Corporation. Maintenance Procedures forProstak^{TM} Modules, Lit. No. P17513, 1990.

[6] Mir, L.; Michaels, S. L.; Goel, V.; Kaiser, R. In Membrane Handbook; Ho, W. S. W.; Sirkar, K. K., Eds.; Van Nostrand Reinhold: New York, 1992.

[7] Industrial Perspective on Validation of Tangential Flow Filtration in Biopharmaceutical Applications; PDA Technical Report No. 15; PDA: Bethesda, MD, 1992.

第3章 非水体系的纳滤操作

3.1 概 述

膜分离过程,如气体分离、反渗透、纳滤、超滤、微滤、电渗析和渗透汽化(PV)已经用于各种应用。[1]纳滤是一种压力驱动的过程,它介于反渗透和超滤之间,用于从水介质中去除分子量在 200~2 000 g·mol^{-1} 的二价离子、糖、染料和小分子有机物等溶质。最近的一项创新是将压力驱动的纳滤工艺扩展到有机溶剂(OS)体系应用。这种新兴的技术称为有机溶剂纳滤(OSN),又称耐溶剂纳滤(SRNF)。在许多情况下,纳滤过程涉及水相中带电溶质和的其他化合物的分离,而相比之下,OSN 则用于有机－有机系统中分子分离。另一个广泛应用于 OS 体系的分离过程是基于膜的 PV 过程,即液体通过膜的不同渗透性实现分离,液体通过膜的运输受膜上蒸汽压梯度的影响[3]。一般来说,膜分离比蒸馏等热分离过程消耗的能量要少得多。图 3.1 简化了应用蒸馏和 OSN 技术浓缩 1 m³ 甲醇稀溶液所需能量的比较。本章将重点描述 OSN 的技术现状。

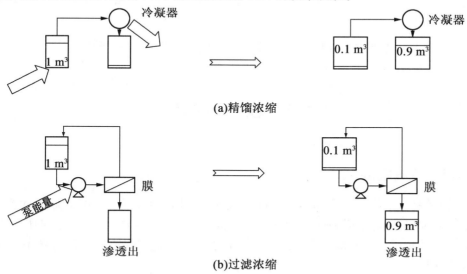

图 3.1 使用蒸馏和膜过滤将 1 m³ 甲醇稀溶液浓缩 10 倍的能耗进行比较

Sourirajan[4]在1964年首次发表了在非水体系中使用醋酸纤维素(CA)膜分离烃类溶剂。后来,Sourirajan和他的同事们使用膜来分离OS混合物及用CA膜分离有机和无机溶质。从1980年开始,Exxon[8-11]和Shell[12,13]等大型石油公司及ICI和Union Carbide[14]等化工公司开始申请使用聚合物膜分离有机溶液中存在的分子的专利,其应用范围包括采油[8-10]、芳烃富集[15-18]和均相催化剂回收。包括Grace Davison[19-22]和Koch[23]在内的14家主要的膜生产商开始了研究和收购项目,产品从20世纪90年代中期开始出现在市场上。迄今为止,在工业上最成功的是ExxonMobil Beaumont Refinery炼油厂设计的从润滑油滤液中回收脱蜡溶剂的Max-Dewax工艺。[20]而最新的商业产品是利用膜萃取技术(MET)推出的2010年被Evonik工厂收购的Evonik-膜萃取技术,其在2008年推出DuraMem系列高溶剂稳定性OSN膜,用于从各种OS中分离有机溶质。[24]这些努力促使相关的工业界学术出版物和开发项目的数量迅速增加。为说明人们对OSN的兴趣激增,1990年以来关于非水系统操作的膜的开发和应用的专利和论文数量如图3.2所示。

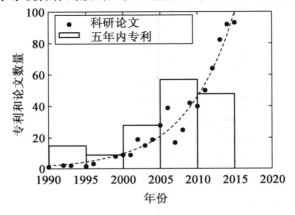

图3.2 1990年以来关于非水系统操作膜的开发和应用的专利和论文数量

3.2 OS分离膜

3.2.1 膜性能表征

膜性能的特征通常有两个参数:通量(或渗透率)和截留(或选择性)。通量计算为单位面积和单位时间流过膜的液体体积($L \cdot m^{-2} \cdot h^{-1}$),渗透率还与施加压力有关($L \cdot m^{-2} \cdot h^{-1} \cdot bar^{-1}$)。截留过程是渗透侧溶质浓度$c_{i,P}$和在截留(或进料)侧溶质浓度$c_{i,R}$的函数,即

$$\text{rej} = \left(1 - \frac{c_{i,P}}{c_{i,R}}\right) \times 100\% \qquad (3.1)$$

NF膜可以有非常不同的截留效果,不带电荷的溶质的截留曲线的示意图如图3.3所示。

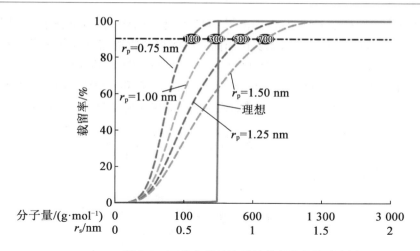

图 3.3 不带电荷的溶质的截留曲线的示意图

截留曲线实际上可以表现为一条宽的曲线,在溶质粒径范围较宽时截留缓慢上升(浅蓝色线),或是一条理想的陡峭分离曲线,截留随着溶质粒径变化快速上升(深蓝色线)。后者是理想的,因为它代表了两个不同分子大小的溶质之间的分离。

OSN 膜的分离性能也可以用 MWCO 来表示,该 MWCO 是通过绘制溶质的截留率与其相对分子量(通常为 200~2 000 g·mol^{-1})的对应关系,并对这些数据进行插值,得到的对应 90% 截留率的分子量。然而应当指出的是,MWCO 提供的关于分离性能的信息不够充分,因为它没有给出任何关于截留曲线锐度(即选择性)的说明。

采用支链烷烃和线性链烷烃来表征膜性能,[25]允许在 100~400 g·mol^{-1} 的低分子量范围内精确测定 MWCO。

使用分子量逐渐增加的不同化合物覆盖 NF 范围(200~2 000 g·mol^{-1})来替代烷烃系统。一些学者也提出使用染料来测定膜的 MWCO,并将六烯基苯[26,30]作为非极性溶剂紫外线吸光度的替代标记物,也可以使用聚乙二醇[31-33]、聚异丁烯[34,35]和聚苯乙烯[36,37]。

初始通量下降是一种常见的现象,通常归因于膜压实/老化,初始和稳态通量之间的变化依赖于膜和溶剂的相互作用。[38]通过膜的溶剂通量也随着温度的升高而增加,这是因为溶剂黏度降低、溶剂扩散系数增加[39]或聚合物链段迁移率增加。[40,41]研究发现,膜的性质及溶质和溶剂的性质(如结构、尺寸、偶极矩、介电常数、溶解度参数、浓度等)都会影响 OSN 膜的性能。[27,29,31,32,34-36,42-45]这些研究中采用的不同溶质和溶剂性质及实验过滤条件(压力、温度)使得不同研究的过滤数据和 MWCO 值难以被比较。

3.2.2 膜材料及制备

用高分子和无机材料制备 OSN 膜,要获得性能优良的膜,这些材料必须具有机械、化学和热稳定性。

聚合物膜的主要缺点是易老化或压实,这会导致通量下降。而陶瓷膜在压力下不会被压实,也不会在 OS 中溶胀。与聚合物膜相比,陶瓷膜没有孔隙填充剂,因此不存在填充剂浸出的风险。此外,陶瓷膜密封容易(玻璃、聚四氟乙烯),不需要像螺旋组件那样使用隔板和胶。然而，它们的脆性使得它们的升级转型更加困难，且目前陶瓷膜最低的 MWCO 明显大于聚合物膜。为减少因压实作用而引起的聚合物溶胀和通量下降，提高膜的力学稳定性，人们提出了复合有机－无机膜（称为混合基质膜（MMM））。

本节将重点介绍用于 OSN 的不同类型的膜（聚合物、陶瓷和 MMM）及它们的合成技术（图 3.4），更多关于水和 OS 应用的 OSN 膜制备的详细综述见文献[1,2,46,47]。

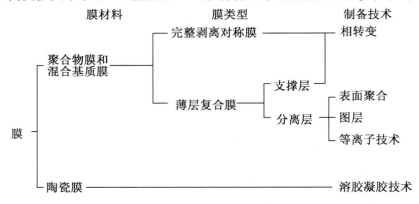

图 3.4　膜分类图

1. 聚合物膜

聚合物膜必须具有溶剂稳定性，并在 OS 中保持其分离特性。聚合物膜的两种主要类型是致密皮层非对称膜（ISA）和薄层复合膜（TFC）（图 3.5）。

大多数聚合物膜是在无纺布基材上形成的，以提供机械稳定性。对于 OSN 的应用，无纺布材料必须具有耐溶剂性，并且在理想情况下应与高分子膜（即聚合物膜）具有相同的性能（即溶胀程度类似）。

2. ISA 膜

ISA 膜表层在多孔底层上，其具有相同组成（图 3.5(a)），表层与底支撑层同时形成。薄表层影响最终膜的选择性和渗透性。ISA 膜通常由 Loeb 和 Sourirajan 开发的相转化浸渍沉淀过程制备。[48] 聚合物溶液以薄膜的形式浇注在无纺布上，干燥几秒钟以形成致密的表层，然后浸入含有非聚合物溶剂的凝固浴中，进行相分离（图 3.6）。相分离也可以由其他方法引起，如降低温度（热沉淀）、通过从聚合物薄膜中蒸发挥发性溶剂（可控蒸发）或将浇铸的聚合物薄膜置于非溶剂气相（气相析出）。[1,2,46,47,49]

图 3.5　致密皮层非对称膜（ISA）和薄层复合膜（TFC）示意图

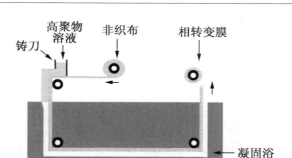

图 3.6 通过相位反转的 ISA 膜形成过程

ISA 膜已经被用作 NF 和 UF 膜。目前已有各种化学稳定的聚合物材料可通过相转化法制备 ISA 膜,[47,50,51]包括:聚丙烯腈(PAN)、聚酰亚胺(PI-Matrimid)和聚酰亚胺(PI-P84),适用于 NF 或 UF 基底;[52,53]聚苯胺(PANI)、[54,55]聚苯并咪唑(PBI)[56]和聚砜(PSf)/磺化聚醚醚酮(PEEK)共混物,[57]适用于 NF 基底;聚醚醚酮(PEEK)[52]和聚丙烯(PP),[58]适用于 UF 基底。相转化制备的 UF 膜可以用作 TFC NF 膜的支撑膜[59-61]。

膜形成过程的各种影响因素及其对膜性能的影响已经被系统研究,包括混合溶液中聚合物浓度对膜结构、选择性和渗透性的影响[62-66]、混合溶液中挥发性共溶剂对膜结构的影响[62,65,67-69]及蒸发时间或浇铸温度的影响。

由 P84、Matrimid、HT 和实验室制备的聚酰亚胺 OSN ISA 膜的性能、微观形貌和形成机理已经被报道。[74-78]

PSf 用于制备温和 OS 条件下[79,80]的 OSN 膜,并研究了高、低分子量添加剂的作用。来自 PSf 系列的另一类用于温和 OS 条件[83]过滤的 ISA 膜是基于聚苯砜(PPSf)的,这些膜被发展成平板和中空纤维。[84]为进一步提高 PPSf 膜在丙酮或甲基乙基酮等溶剂中的溶剂稳定性,将 PPSf 与不同组分的母粒 PI 混合[85]。

另一种化学稳定性优良的 OSN 膜是基于聚醚醚酮的膜。聚醚醚酮聚合物具有溶剂稳定性好、玻璃化温度高、机械强度高、疏水等特点,是一种值得关注的 OSN 膜材料。酚酞基 PEEK(PEEKWC)ISA 膜是由商业 PEEKWC(一种含有酚酞基团的 PEEK 聚合物[86])相转化来制备的。为避免各种添加剂,如稳定剂和阻燃剂,制备了在 PEEK 骨架上引入叔丁基的改性膜(TBPEEK),还制备了二胺交联骨架引入羧基的改性 PEEK 聚合物膜(VAPEEK)。由实验室合成的 PEEK 聚合物(BPAPEEK 和 TBPEEK)制备 NF 膜的相转化过程也已经被研究,特别是聚合物浓度、共溶剂添加、蒸发时间、凝固浴组成和铸膜厚度对膜性能的影响。[87]最近一种用于极性非质子溶剂(如 DMF 和 THF),在高温、碱性和酸性条件下进行 OSN 处理的非改性 PEEK 膜已被成功研发[90],并提出了一种通过干燥控制 MWCO 的方法。[91]Hansen 溶解度参数、极性及它们与摩尔体积的相互作用是影响 PEEK 膜在不同溶剂中干燥成膜最重要的参数。

不同的改性或后处理方法可以提高 ISA 膜的长期稳定性,提高其分离性能。[47]后处理对于用相转化法制备的 TFC 膜的 UF 支撑膜也是至关重要的。[50]

聚合物膜的交联方法包括热交联、紫外交联和化学交联,交联可以提高 ISA 膜的化学稳定性和截留性能。最近的一篇综述[92]详细讨论了关于不同应用的交联 PI 膜的工作。采用对二甲苯二胺[93]交联 P84 薄膜使其在 DMF[78]等极性非质子溶剂中获得了较好的溶剂稳定性。以二甲苯二胺为交联剂,将相转化过程与 PI 膜的交联步骤相结合。[94]

工业聚酰胺-酰亚胺(Torlon)基膜(由 Solsep B. V. 提供)首次用二异氰酸酯进行交联。[95]

用保孔剂对 P84-PI 膜进行后处理,防止干燥后膜的孔塌陷或老化。[96]然而,在使用 Jeffamine 400 作为交联剂时,保孔步骤可以与交联步骤相结合。[96]

结合精选交联剂和光引发剂系统的紫外光固化也可用于提高聚合物膜的溶剂稳定性。近年来,通过紫外光固化的方法制备了溶剂稳定型的 PSf 或 PI 膜,[97]研究了光引发剂类型、交联剂功能和膜厚等因素的影响。[98,99]

交联 PI 膜也被用作 OSN TFC 膜的 UF 支撑膜,它由两种不同的聚合物[100-103]或相同的聚合物组成,但有两个独立的层。[104]在高温下短时间加热可以改善对 PI-OSN 膜的截留性能,但也会降低渗透率。[59]将 P84-PI 薄膜从 0 ℃加热到 150 ℃时,可以观察到通量的急剧下降,[62]这是因为聚合物链在高温下重组成热力学上有利的结构,同时会导致膜的致密化。

由其他聚合物材料制成的膜(如 PAN53 和 PANI)[54,55]也可以交联来增强其化学和热稳定性。

PBI 膜是一种新型的 OSN 膜,与聚酰亚胺等其他著名的聚合物膜相比,其化学稳定性较好。在 MeCN 中用二溴氧烯(DBX)或二溴丁烷交联的 PBI 膜对极端 pH 条件具有良好的耐受性。[105]通过实验设计,研究了反应温度、反应时间、DBX 过量、DBX 浓度、反应溶剂(乙腈或甲苯)对膜交联度和整体性能的影响。[106] [EMIM]OAc 离子液体为一种绿色溶剂,用于 PBI-OSN 膜的开发。为进一步提高膜的稳定性,PBI 使用两种不同的交联剂(水中的戊二醛或正庚烷中的 1,2,7,8-二氧辛烷)进行化学交联。

通过改变聚合物浓度和在铸膜液中加入挥发性溶剂,对非交联 PBI 膜的形貌进行了研究,并采用扫描电镜进行了研究。[108]随着涂料溶液中聚合物浓度的增加,下层中大孔减少,皮层更致密。

3. TFC 膜

另一类重要的膜是 TFC 膜,它由一层超薄的"分离层"组成,该"分离层"位于一种与其化学性质不同的多孔支撑层上。这些膜的设计非常灵活,在特定应用的设计具有一定的自由度。实际上,分离层和多孔支撑层的性能可以独立优化,以最优化膜的整体性能。[1,49-61] TFC 膜支撑层的选择很重要,因为它必须提供机械稳定性,并允许形成无缺陷的分离层。作为 TFC 膜的 UF 载体,最常见的溶剂稳定聚合物是不对称 PSf、聚醚砜、PAN、聚偏氟乙烯(PVDF)、PP、PI、PBI 和无机膜。

在多孔 UF 载体上形成 TFC 膜分离层的主要方法是[60]:在载体表面上界面聚合;浸渍涂覆/溶剂浇铸聚合物溶液到支撑层上;浸渍涂覆反应性单体或预聚物的溶液,然后用热或辐照进行后固化;直接从气态单体等离子体沉积分离膜。更多有关通过界面聚合或浸渍涂覆来制备 OSN-TFC 膜的成膜过程和材料的信息可在文献[1,46]中找到。

由 Cadotte 和 Petersen[60]首创的界面聚合是通过在含有反应单体的两个不互溶相的界面上发生原位聚合反应,在不对称多孔载体层之上形成薄膜[109]。水相的二胺和油相的酰氯化合物在 UF 基上快速反应形成一层薄的选择性聚酰胺(PA)层[2]。

据报道,用于 OSN 体系的 TFC 膜由哌嗪/间苯二胺和三甲酰氯在 PAN 载体膜上合成的薄膜组成。[109] 为允许基于己烷的应用,在聚合反应过程中添加了非反应性 PDMS。[110,111]

在耐溶剂的尼龙-6,6 载体上用聚乙烯亚胺(PEi)和二异氰酸酯交联 PA 膜,获得了专利。[17] 作为 PA 的替代品,聚(酰胺酰亚胺)可用于合成热和化学稳定的 TFC 膜。[112]

聚丙烯膜用作 PA-TFC 膜的溶剂稳定载体。[113-116] 商品化亲水聚丙烯载体(Celgard 2400)通过界面聚合乙二胺和对苯二甲酰氯制备 TFC 膜。[117]

在增强型 PSf 载体上用聚乙烯亚胺和异羟甲基二氯化合物进行界面聚合,制备了耐甲醇 TFC 膜,将 PSf 与磺化聚硫醚砜共混提高膜的甲醇稳定性。[118]

在交联 PI 载体上制备了在极性非质子溶剂(如 THF 和 DMF)中具有优异稳定性的 PA-TFC 膜。[102] 为增强或激活溶剂通量,对 TFC 膜进行了活化后处理。为改善非极性溶剂中的通量,用含有疏水基团的不同单体包覆这些膜上的游离酰氯基团。[103] 不同溶剂稳定 UF 支撑膜的理化性质对界面聚合法制备的 TFC-OSN 膜性能的影响被研究。[119] 亲水性在溶剂渗透过程中起着重要作用。

采用"慢-快相分离"工艺,在 UF 双层 PI 中空纤维基质上制备了 PA。[120] 在此过程中,通过控制内外层掺杂的非溶剂与挥发性共溶剂的比例,在干喷湿纺共挤出过程中,外层和内层分别经历了缓慢和快速的凝固过程。

通过界面聚合可以形成厚度小于 10 nm 的独立 PA 纳米薄膜[112],然后作为分离层加入复合膜中。通过界面反应条件控制纳米薄膜形态,可以创建光滑或卷曲的纹理,具有不同的渗透性。这些薄膜与商业上具有等效溶质截留效果的薄膜相比,获得了两个数量级以上的渗透率提升。

研究人员提出了在交联 PI 支撑层上同时进行相反转、交联、单体浸渍支撑层等三步反应制备 PA 表层的新工艺。在该方法中,在凝固浴中加入了二胺,以同时作为 PI 支撑层的交联剂和表层结构的单体。[122] 文献[123,124] 报道了 SRNF 薄层(纳米)复合膜的最新进展。

还可以通过涂覆具有不同组成的多孔层来制备 OSN-TFC 膜。聚合物的机械强度和化学稳定性、成膜性能、在不同溶剂中的溶解度和交联能力等参数影响了这些制膜聚合物的选择。作为涂层材料研究的聚合物有 PDMS、PEi、poly(2,6-二甲基-1,4-苯氧化物)、聚(乙烯醇)、壳聚糖和其他纤维素衍生物、聚(醚-b-酰胺)、聚(丙烯酸)(PAA)、聚磷腈、聚(脂肪萜烯)、聚[1-(三甲基硅基)-1-丙烯](PTMSP)和聚氨酯[2,46]。

由于极性低,因此 PDMS 主要用于非极性溶剂,但交联时在某些 OS 中也具有化学稳定性。在交联 PI 支撑层上形成 PDMS 复合膜[100,101]。像大多数弹性体一样,PDMS 在 OS 中溶胀量大,尤其是在非极性溶剂中。

PTMSP 是一种高自由体积分数(高达 25%)的疏水玻璃聚合物。已制备了具有高渗透性的 PTMSP/PAN 复合 OSN 膜[125]及单独的 PTMPS 膜[126,127]。采用原位聚合的方法,在不同的 UF 载体膜上制备了具有聚吡咯(PPy)修饰表层的 OSN 膜。[128,129] 首次通过在聚合前将氧化石墨烯(GO)分散到吡咯乙醇溶液中,从而将 GO 引入 PPy/PAN-H 复合

OSN 膜。[129]

GO 膜也浇铸在陶瓷 Al_2O_3 和 YSZ 中空纤维和聚醚砜平板上,[130]并通过在制备成型后保持膜的湿润来使其稳定。GO 中空纤维膜的丙酮和甲醇渗透率比大多数商业膜高,在 OSN 工艺中的应用潜力巨大。相关文献综述了近年来制备纳米孔石墨烯膜和氧化石墨烯分子分离膜的研究进展,包括合成方法、分子分离机理、面临挑战及其在 OSN 中的应用。[131,132]

研究人员制备了一种由聚双环戊二烯组成的高密度、高自由体积、无支撑的厚膜,并用于将许多常用的金属配体与分子量高于或低于这些配体的其他分子分离开。[133]

近年来开发了具有超高的自由体积,能够在加热时保持其纳米多孔性,被称为自具微孔聚合物(PIM)的材料制备的膜。以 PIM-1[136]为原料,经纺丝涂层,在聚合物或陶瓷载体上进一步转移薄膜,制备出厚度可达 35 nm 的超薄自支撑膜。[30,134,135]由于在温度超过 150 ℃ 的情况下,PIM-1 膜在热退火后保持了其渗透性,因此被命名为自具微孔膜,以表明它们与传统聚合物膜在退火处理后性能的关键差异。

近年来,研究人员尝试了一种设计交联刚性微孔聚合物纳米膜的新方法,即利用扭曲的单体通过原位界面聚合的方法,构建分子结构形成选择层厚度可降至 20 nm 的超薄聚芳酯纳米膜。[137]

嵌段共聚物通过自组装形成不同的有序纳米结构,其代表了用于高渗透膜的另一类有前途的新型高分子材料,以聚苯乙烯-b-聚环氧乙烷二嵌段共聚物与 PAA 均聚物共混物为模板,制备了 OSN 用纳米 TFC 膜。[138]

采用原位聚合法在 PAN 载体上制备了具有薄分段聚合物网络选择层的多功能复合膜。[139]它们以亲水性双(丙烯酸酯)端的聚(环氧乙烷)作为不同疏水性聚丙烯酸酯的大分子交联剂来合成两亲性 SPN。

另一种可以在纳米尺度上精确控制薄膜厚度的技术是层层组装(LBL)技术。用这种方法可以形成很薄的聚电解质多层膜。[140,141]通量和选择性可通过 LBL 循环数和所用聚电解质的化学组成精细调节。[57,132,140,142-146]

以聚(丙烯胺盐酸盐)为聚阳离子,聚丙烯酸(PAA)为聚阴离子,在水解 PAN 膜上制备了弱聚电解质的多层膜。这些弱聚电解质是独特之处在于电荷密度不是固定的,而取决于涂层的 pH,这为调节性能提供了新的参数变量。

类金刚石碳纳米片被用于制备超薄、自支撑无定形碳膜(用于 OSN)[148,149]。这些膜是用平行平板等离子体增强化学气相沉积反应器在氢氧化镉纳米链牺牲层上制备的,然后用盐酸乙醇溶液溶解纳米链层。

采用适当的后处理方法可进一步提高 TFC 膜的性能。[2]文献[2]报道了几种提高 TFC 膜在水中性能的技术,如固化、接枝、等离子体、紫外线和化学处理等。关于水性 TFC 膜的固化和化学后处理方法的更多细节可以在其他文献中找到。[150-157]这些技术中的大多数都没有被广泛应用于 OSN 膜。

4. 混合基质膜(MMM)

有机-无机聚合物的混合物制备的膜能结合无机和聚合物材料的特性。聚合物基体中纳米结构,如纳米管、分子筛纳米颗粒、黏土和富勒烯等[158],已在膜分离领域中得到广泛的研究,并可应用于 OSN。

由二氧化钛纳米粒子组成的复合有机-无机聚酰亚胺膜制备成功。[159]将 TiO$_2$ 纳米颗粒加入到交联 PI 膜基质中,在相转化前加入到浇铸液中,从而抑制了大孔隙,提高了亲水性,提高了机械强度。

在 CA 膜中加入金纳米颗粒可以增加溶剂的通量,而且不会影响截留效果。[160]在分离过程中,薄膜通过光辐照加热。对于用于 OSN 的其他聚合物,包括 PDMS[161]和 PI[162],进一步探索了这种方法。

聚酰亚胺膜中加入金纳米颗粒的方法有两种:原位化学还原金盐和使用预成型聚(乙烯吡咯烷酮)保护金纳米颗粒。[163]

在 P84-PI 基膜中加入有机-无机杂化网络(3-氨基吡咯三甲氧基硅烷(APTMS))。[164]该膜在强溶胀溶剂(包括丙酮、DMF 和二氯甲烷)和温度高达 100 ℃的条件下保持稳定,避免了使用聚乙二醇等保孔剂进行后处理。

制备多孔聚酰胺酰亚胺中空纤维基质,并与 APTMS 进行交联,合成的膜在 DMF 中稳定,具有良好的亲水性和机械性能[165]。

将官能化二氧化硅纳米球引入聚乙烯亚胺基体中,可以制备用于 OSN 的薄层纳米复合材料(TFN)膜[166]。通过精馏沉淀聚合以聚合物层的方式将三种官能团接枝到纳米球表面,以通过纳米球结构与膜界面相互作用来调节聚合物基体的自由体积空穴。

通过 MMM 或原位生长(ISG)方法制备了杂化聚合物/金属有机骨架(MOF)膜。[167,168]将 MOF HKUST-1 的预成型粒子分散在 P84-PI 铸膜液中可制备 MMM,而 ISG 则成功地将 UF 载体浸入 HKUST-1 前驱溶液中,促进 MOF 在多孔结构内的生长,采用界面合成的方法在聚酰亚胺 P84 基膜上制备薄层 HKUST-1(MOF-TFC)[169]。测试两种不同的制备方法:一种是在聚合物膜表面上生长 HKUST-1 层;另一种是嵌入在聚合物支撑膜中。这些 MOF-TFC 获得了比 ISG 膜更好的渗透性。

为减少 PDMS 的溶胀,加入分子筛可将 PDMS 转化为非常耐溶剂的 OSN 膜,且可在高达 80 ℃的温度下应用[170]。采用多孔结构的分子筛可用来避免聚合物浸入,克服了加入填料时渗透率降低的问题。[111]可以发现填料-聚合物黏附力对膜的溶胀有显著的抑制作用。[171]

为提高基于 PDMS 的 MMM 的渗透率,采用微米级空心球 silicalite-1 作为填料。[101]与传统沸石填料相比,其提高了溶剂渗透率,且没有降低选择性。silicalite-1 填充剂也能减少 PDMS 膜的溶胀[172]。

研究不同的 MOF([Cu$_3$(BTC)$_2$]、MIL-47、MIL-53(Al)和 ZIF-8)[173]作为 PDMS 基 MMM 的填料,通过 N-甲基-N-(三甲基硅基)-三氟乙酰胺对 MOF 表面进行改性,增强了聚合物填料的附着力。

近年来,在交联 PI 多孔载体上原位界面聚合制备的 PA 薄膜层,通过在 PA 层中掺杂 50~150 nm MOF 纳米颗粒[ZIF-8、MIL-53(Al)、NH2-MIL-53(Al)、MIL-101(Cr)]合成了 TFN 膜。[174]纳米级 MIL-101(Cr)的加入使膜获得了最大的渗透增加,其笼型尺寸为 3.4 nm。

在 PI 基膜涂覆聚乙烯亚胺进行界面聚合过程前,在 PA 层内加入 TiO$_2$ 纳米颗粒,与没有加入纳米颗粒的 TFC 膜相比,可获得更高的甲醇通量和良好的染料截留效果。[175]

为提高膜在非极性溶剂中其机械和热稳定性,首次开发了含氨基功能化纳米二氧化硅掺入聚醚酰亚胺中的 MMM 载体。

另一类 OSN 体系 MMM 是通过在交联聚酰亚胺 UF 载体上旋涂不同直径的甲基丙烯酸酯纳米粒子,再通过 UV 光交联而成的[177],通过简单地改变纳米颗粒层的大小和厚度来调节分离性能,粒子之间形成的纳米级间隙充当渗透通道。

最后,通过将环糊精(CD)嵌入到亲水性聚合物膜(如聚乙烯亚胺)中制备了一系列 TFN 膜。[178] 在活性层中,CD 的疏水性空腔充当非极性溶剂的通道,而聚乙烯亚胺基质的自由体积空腔充当极性溶剂的有效通道,构建了双通路纳米结构。

5. 陶瓷膜

陶瓷材料(碳化硅、氧化锆、氧化钛)[1,47,67]耐高温,在溶剂介质中性能稳定,是制备膜的优良材料。陶瓷膜通常具有非对称结构,其中有一个或多个中间层的薄膜层被应用到多孔陶瓷载体上。载体膜决定了膜元件的外部形状和机械稳定性。常见的配置是干燥物料通过薄膜浇铸或压制而成的盘式组件,以及通过加入黏合剂和增塑剂挤压陶瓷粉末而成的管式组件。这些支撑物在 1 200～1 700 ℃ 烧结后,根据初始颗粒大小和形状,获得孔隙大小在 1～10 μm 间的开孔陶瓷体。在这种支撑物上涂上一层薄层,通常是使用分散在适当溶剂中的陶瓷粉末进行悬浮涂层。孔隙大小同样由粉末的大小控制,粒径最好为 60～100 nm,制备出孔径约为 30 nm 的膜(UF 的上限)。[49] 为进一步减小孔径,通过溶胶-凝胶过程添加一层薄的无缺陷层。这个过程从前驱体醇盐开始,alkoxide 在水中或 OS 中水解,生成一种可进一步聚合形成多氧金属酸盐的氢氧化物。在这个阶段,溶液的黏度增加,这表明聚合已经开始。常在溶胶中加入黏度调节剂或黏结剂,然后通过浸渍或纺丝涂层在多孔载体上分层沉积,最终形成凝胶。最后,将凝胶干燥,通过控制煅烧和/或烧结,生产出真正的陶瓷膜。更多关于膜制备过程详见文献[1,2,179]。

扩展陶瓷膜分子分离范围的主要挑战是开发更小孔径(约 1 nm)的膜。长期以来,膜的 MWCO 处在 1 000 g·mol^{-1} 左右。20 世纪末,Zhen 开始研发掺杂氧化锆和二氧化钛基于二氧化硅膜的 NF 膜。一种二氧化钛基 NF 膜的孔径为 0.9 nm,MWCO 为 450 g·mol^{-1},由德国 HITK 公司以 Inopors 为名进行商业化[180],并于 2002 年在一家纺织品印染废水处理厂成功应用。[181,182]

第一个测试的 OSN 膜是由多孔硅锆合金[32,183]和二氧化钛[184]制成的。现有的氧化膜具有亲水性,因此具有固有的高水通量。[185] 在非极性 OS 中,由于溶剂通量低[186],因此其适用性较差,[186] 通过制备混合氧化物来解决这一问题的方法并不成功。更好的解决方案是通过硅烷化合物与羟基的耦合改性孔隙表面。陶瓷膜的硅基化已经获得专利,并可从 HITK(德国)获得。[179] 专利中举例说明的膜使用聚苯乙烯标定[179],在甲苯中显示出约 600 g·mol^{-1}、800 g·mol^{-1} 和 1 200 g·mol^{-1} 的 MWCO 值,并已被用于在非极性溶剂中截留过渡金属催化剂。[2]

下叙文献中还介绍了通过陶瓷膜获得更好的 OS 体系通量的其他工作。通过在 200 ℃ 下进行三甲基氯硅烷气相反应,疏水基团接枝到二氧化硅-氧化锆膜顶层。[186,419] 亲水 γ-Al$_2$O$_3$/anatase-TiO$_2$ 多层膜[189]和介孔 γ-Al$_2$O$_3$ 膜[190]进行硅烷偶联处理改性,采用甲基化 SiO$_2$ 胶体制备了 2～4 nm 孔径的有机/无机混合膜。[191]

采用一种基于 Grignard 化学的表面改性新方法,接枝用于溶剂过滤的功能化陶瓷 NF 膜。[185,192]为生成一个更疏水性的膜表面,商业上可用的 1 nm TiO_2 膜被一系列烷基(甲基、戊基、辛基、十二烷基)进行功能化改性。提出一种在 $\alpha-Al_2O_3$ 陶瓷膜上负载的介孔 $\gamma-Al_2O_3$(孔径 5 nm)与聚乙二醇接枝的方法[193],接枝膜表面显示出亲水性。

研究人员提出了将膨胀热等离子体应用于有机桥联单体 1,2-二(三乙氧基硅基)乙烷合成高选择性杂化二氧化硅薄膜的概念。通过调整等离子体和工艺参数,有机桥接基团可以保留在分离层中。目前为止,这些膜只测试过 PV。包含有机桥联基团的杂化二氧化硅膜的最新进展概述见文献[188]。

6. 绿色膜的制备

制造 OSN 膜涉及许多阶段,在这些阶段中,有害化学物质以废物的形式被处理,而这些薄膜本身最终也需要处理。[194]最近的一个综述考虑了使 OSN 更环保的不同策略,包括与膜制造相关的方面。[195]综述中,按照绿色化学的一些原理,膜的制造过程可以变得更环保(图 3.7)旁边的数字代表了根据他们对使膜制造过程更环保所做的贡献的优先级排序。这些原则已按其对使膜制造工艺更绿色所做贡献优先级排序,具体如下。

(1)以更环保的溶剂取代传统溶剂,并使用低毒性的化学品,以尽量减少爆炸或火灾的可能性。

(2)减少制造膜的步骤。

(3)使用可再生材料或原料制膜。

(4)室温溶解聚合物和交联。

(5)设计不污染环境的可降解膜产品。

聚合物膜可制成平板或中空纤维结构。中空纤维膜是更环保的选择,因为膜组件不需要无纺布衬垫材料或垫片。在 OSN 中,膜和无纺布基材必须具有耐溶剂性,有时需要高温或使用腐蚀性有毒溶剂来制备所需的浇铸液,对环境造成负面影响。

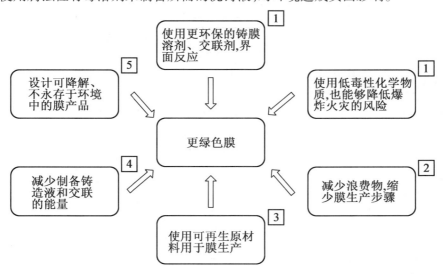

图 3.7 遵循绿色化学原理开发绿色膜的策略

对于 ISA 膜,相转化后,铸膜液中的溶剂和塑化剂等有毒添加剂会留在非溶剂浴中,产生大量的废液。将这些溶剂替换成更环保的溶剂,可以大大减少废物对环境的影响。考虑 GSK 和 Pfizer 的溶剂指南,[196,197] 大多数用于薄膜制造的溶剂属于红色类别,这意味着它们是不受欢迎的,应该避免,或者被绿色或黄色类别的溶剂取代。

由溶剂稳定性较差的聚合物制成的膜可以通过交联得到稳定,这在制造过程中会产生额外的步骤,导致更多的化学废物。相对较高的沸点使其通过蒸馏法回收具有较高的能耗,今后的研究重点应放在高效吸附剂的回收上。

可选择的交联化学反应或在交联介质中使用更绿色的溶剂使交联过程更环保。热交联和 UV 交联是比化学交联更环保的替代品,因为它们在交联过程中不会产生溶剂废料,而且交联后膜不需要经过清洗步骤。然而,当薄膜通过热交联或紫外线照射时,它们暴露在高温下,必须考虑安全措施,以避免发生火灾或爆炸。交联后,膜通常在保持多孔结构的同时保持膜干燥。该薄膜被放置在一个由后处理剂和溶剂组成的溶液中,一旦膜被移去放置干燥,该溶剂将作为液体废物处理。

图 3.8 所示为制备 ISA 膜的过程图,包括过程中每一步产生的能源消耗和废料,以及到目前为止为使膜更环保所做的一些工作。

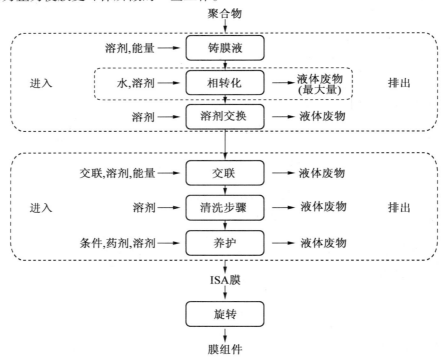

图 3.8　制备 ISA 膜的过程图

DMF 和 1,4 - 二恶烷是有毒且致癌的有害空气传播污染物,它们目前已经成功地被二甲亚砜(DMSO)和丙酮取代,这两种物质都被认为是形成聚酰亚胺 P84 - ISA OSN 膜的绿色替代品[194]。另外,以水为交联介质,而不是以异丙醇(IPA)为交联介质,去除交联前后的 IPA 洗涤步骤,减少了 P84 - ISA 膜形成过程中所用 IPA 的用量。[194]

通过在水凝固浴中加入交联剂,在相转化过程中交联膜简化了 P84 – PI 的膜制备过程。[92]虽然这降低了溶剂消耗,但也导致有大量水要处理。

以离子液体为新型溶剂,[198-200]取代传统的 OS 制备平板和中空纤维膜。[201]以 1 – 丁基 – 3 – 甲基咪唑啉硫氰酸盐为溶剂,取代 N – 甲基 – 2 – 吡咯烷酮,制备 CA 平板和中空纤维膜。在另一项研究中,用 1 – 乙基 – 3 – 甲基咪唑唑乙酸([EMIM]OAc)取代 DMAc 制备 ISA – PBI 膜。[202]与 DMAc 相比,这种离子液体在更低的温度和压力下更有效地溶解 PBI。离子液体也被用作环境友好的溶剂,用于制造由 PBI 和 P84 共混物组成的膜。[203]

一种使膜制造过程更环保的方法是使用不需要交联的聚合物材料,避免额外的步骤。例如,PEEK 膜不需要任何交联步骤就能在操作系统中稳定。其缺点是在铸造溶液中使用的酸对在膜制造过程中工作的人来说很危险。但在环境影响方面,相转化后的酸性水溶液如果在处理前中和,则不会对环境造成大影响。[195]文献中使用 E 因子和溶剂强度绿色指标对 PEEK 膜的绿色度进行评估并与商业 PI 膜的绿色度进行了比较。[204]

另一种更环保的制膜方法是使用生物可降解材料,如纤维素。通过在 NMMO 水溶液中溶解纤维素的简单环保工艺,成功地制备了用于水处理的纤维素膜。[205-207]离子液体的使用为有效利用木质纤维素材料开辟了新途径。目前为止,这些膜已经用于水溶液 NF 或 PV。然而,它们也显示了 OSN 应用的巨大潜力。

对于 TFC,[60]选择层制造技术涉及铸膜液中溶剂的蒸发或操作系统中的界面反应,然后进行高温后处理。因此,使用的溶剂不应对臭氧层有危害,应具有低毒性,不应易燃,并应具有高闪点以防止火灾或爆炸。图 3.9 所示为 TFC 膜制作过程图,包括能源使用和产生的废物。

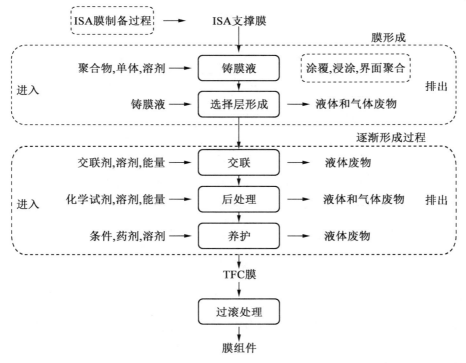

图 3.9　TFC 膜制作过程图

美国专利 2010/0224555 A1[210]为 RO - PA 纳米复合膜的制备提供了更绿色的选择，以避免爆炸、火灾和使用如己烷等有毒溶剂。在界面聚合的过程中，建议使用高沸点碳氢化合物，如 Isopar G（一种从 ExxonMobil 获得的 isoparaffin - based 碳氢化合物石油），这并不对臭氧层构成威胁，且在闪光和易燃方面足够安全，无须采取极端的措施即可进行常规处理。在有机相中使用 Isopar G 作为 OS 也可以用于形成 OSN - TFC 膜，使制备过程更安全。离子液体在界面聚合法制备多孔材料方面的应用被搜索[211-213]，其在原理上可作为界面聚合法制备 OSN - TFC 膜的绿色溶剂。

用水取代铸膜液中使用的溶剂，通过涂覆来制备致密的 OSN - TFC 膜，要求使用水溶性高分子且经过一定的后处理后在 OS 体系稳定。美国专利 3992495/197633 公开了通过在适当的多孔载体上涂覆聚合物（环氧乙烷、聚乙烯胺或聚丙烯胺）的水溶液来形成 RO - TFC 膜，然后将浇铸膜暴露于等离子体中，仅交联表层，并通过溶解于水来去除未交联的部分。最近的一项研究提供了一种以水为溶剂，在表面活性剂（十二烷基苯磺酸）存在的情况下制备用于丁醇 - 水混合物 PV 的 PDMS 膜的低污染高效方法。[214]另一项最新研究提出了用聚合物纳米粒子的乳液制备 TFN 膜，进一步退火以调节膜孔的方法。[215]当聚合物纳米粒子自发自连接时，不需要交联步骤来稳定薄膜。这些由水溶性聚合物和等离子体交联而成的膜也可以用于 OSN。

与聚合物相比，关于无机材料绿色合成的研究较少（图 3.10）。为在 NF 范围内生产陶瓷膜，溶在水中的烷氧化合物或盐被水解和缩合。最后将凝胶干燥，控制煅烧后得到 NF 膜。使陶瓷膜形成过程更环保的一种方法是用对环境低毒性的水盐取代溶胶 - 凝胶过程中使用的金属烷氧化物。[216]

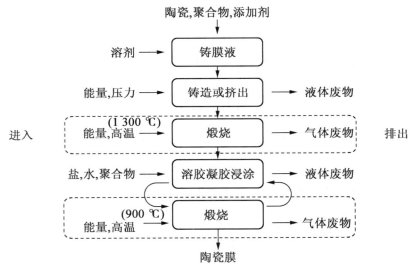

图 3.10　陶瓷膜制造工艺

如图 3.10 所示[195]，大规模制备的膜质量强度和溶剂强度都较低，这表明在更大规模下比在较小规模下制造膜更环保。实验设计和控制尽可能多的参数对于减少浪费和减少优化膜所需的时间非常重要。

7. 商用 OSN 膜

(1) 商用高分子膜。

大多数商用的聚合物 OSN 膜是 ISA 膜,是为水处理市场开发的膜,如 Osmonics 公司生产的 Desal-5 和 Desal-5-dk,但也可适用于某些 OS 体系中的 OSN 应用。

①Koch SelRO 膜。

美国[217]Koch 膜系统是第一家在 20 世纪 90 年代末进入 OSN 市场的公司。该公司生产了 OSN 平板疏水性复合膜 MPF-60 和 MPF-50(现已退出市场),由 PDMS 层涂覆在 PAN 载体上组成,通过化学反应和热处理进行了交联。[23,218]制造的亲水MPF-50 和 MPF-60 膜在以下溶剂中稳定:甲醇、乙醇、异丙醇、丁醇、丙酮、正己烷、环己烷、MEK、二氯乙烷、戊烷、三氯乙烷、甲基异丁基甲酮(MIBK)、甲醛、乙二醇、环氧丙烷、二氯甲烷、硝基苯、四氢呋喃、乙醚、乙酸乙酯、乙腈、四氯化碳、二甲苯、二氧六环、甲苯。其也有限地稳定在 DMF、NMP、DMAc 等溶剂中。[217] MPF50 和 MPF-60 膜是市场上第一个可购买到的膜,所以它们在许多领域中被应用,包括从 DCM、THF 和乙酸乙酯中回收有机金属络合物,以及从甲苯中回收相转移催化剂(PTC),用于制药工业中的溶剂交换和正己烷中甘油三酯(TG)的分离,并在溶剂/溶质传输机制的基础研究中进行了测试[2,46]。

②Starmem 膜(W. R. Grace & Co.)。

Starmem 膜是 MET 公司发行的,但现在市场上已经没有了。Starmem 膜是由聚酰亚胺通过相转化法制备的疏水性 ISA 膜组成的。[219]这些膜在醇(乙醇、IPA 和丁醇)、烷烃(正庚烷和正己烷)、醚(MEK 和 MIBK)、乙酸丁酯和乙酸乙酯等溶剂中都是稳定的。Starmem 膜已在许多领域进行了应用,如催化剂回收和产品分离、制药中的溶剂交换、用于生物转化的膜生物反应器、离子液体介质反应和微流体净化等[2,46]。自 1998 年以来,Starmem 膜首次大规模应用于炼油工业,用于润滑油脱蜡溶剂回收(MAX-DEWAX)。[21]

③SolSep 膜。

这些膜由荷兰公司 SolSep BV30 制造和销售,包括六种不同化学稳定性的 NF 膜,其 MWCO 值在 300~750 g·mol^{-1},两种 UF 膜的 MWCO 值约 10 000 g·mol^{-1}。它们在醇类、酯类和酮类中具有化学稳定性,有些膜在芳烃和氯化溶剂中也稳定。人们认为这些膜是 TFC 膜,其中一些具有硅酮表层。[220]关于这些膜性能介绍的文献有限。[2,51,220-222] 2006 年,AkzoNobel 发表了 SolSep 030306F 在乙醇、IPA、正己烷、正庚烷、环己烷、甲苯、二甲苯、丁基乙酯中的过滤数据。[222]

④DuraMem 膜。

DuraMem 膜由 Evonik-MET Ltd. 开发,[24]是一种以交联聚酰亚胺[223]为基础,通过相转化法制备的 ISA-OSN 膜。这些膜可广泛用于 MWCO(150~900 g·mol^{-1})作为平板和螺旋缠绕元件(1.8 in×12 in、2.5 in×12 in、2.5 in×40 in、4.0 in×20 in、4.0 in×40 in、8.0 in×40 in,1 in=2.54 cm)。[24]它们在包括极性非质子溶剂在内的一系列溶剂中具有优异的化学稳定性[78],在乙醇、IPA、丙酮、THF、DMF、DMSO、DMAc、ACN、MEK 和乙酸乙酯等溶剂中都是稳定的,在氯化溶剂和强胺的存在下不推荐使用。它们在高温下应用可能会发生再结晶和高温交联。

⑤PuraMem 膜。

PuraMem 膜由 Evonik – MET Ltd. 根据供应商提供,[24]该膜是一种整体包覆皮层的聚酰亚胺基 OSN 膜,可广泛用于 MWCO(280~600 g·mol^{-1})作为平板和螺旋缠绕元件(1.8 in×12 in、2.5 in×12 in、2.5 in×40 in、4.0 in×20 in、4.0 in×40 in、8.0 in×40 in)[24]。PuraMem 膜在各种溶剂中具有优异的化学稳定性,包括非极性烃类溶剂。它在正己烷、正庚烷、甲苯、MEK、MIBK 和乙酸乙酯等溶剂中稳定,在大多数极性非质子溶剂、氯化溶剂和强胺中不推荐使用。

⑥PuraMem S600 膜。

PuraMem S600 膜由 Evonik – MET Ltd. 开发。[24]供应商称,这是一种涂覆橡胶的聚酰亚胺膜,并且对于两种组件,即平板和螺旋缠绕元件(1.8 in×12 in、2.5 in×12 in、2.5 in×40 in、4.0 in×20 in、4.0 in×40 in、8.0 in×40 in),可获得 600 g·mol^{-1} 的 MWCO。该膜在乙醇、IPA、丁醇、正己烷、正庚烷、甲苯、MEK、MIBK、乙酸乙酯等溶剂中稳定。

⑦GMT 膜。

GMT 膜是由德国 GMT – GmbH 公司生产的[224],是一种基于有机硅分离层的 TFC – OSN 膜。GMT 膜以硅酮分离层为涂层,经辐照交联以防止 OS 溶胀,这种交联工艺已获得专利。[224]GMT 有两个膜的模块可用:用于处理水/有机液体的螺旋缠绕模块(2.5 in×40 in、4 in×40 in、8 in×40 in,进料流量 2~30 m^3·h^{-1})、OSN 包络型模块(进料流量 0.5 m^3·h^{-1})。

⑧PEEK – SEP 中空纤维膜。

PoroGen 公司生产的 PEEK – SEP 中空纤维膜具有特制的孔径和表面化学。[225]PEEK – SEP 中空纤维膜能够在高温环境或腐蚀性环境中工作,被设计用于截留被溶解在 OS 中的纳米大小的分子。由于 PEEK – SEP 出色的化学和热耐久性,因此这些分离得以实现。PoroGen公司称目前正在开发几种工业规模的 NF 应用,但目前没有可获得的膜的通量或截留数据。

⑨AMS 技术膜。

AMS 技术膜提供了一系列创新的耐酸、耐碱和溶剂稳定的 NF 和 UF 膜,可应用于酸、碱和 OS 介质。[226]利用 AMS 技术膜生产的化学和热稳定的纳米和超负载膜可广泛适用于工业分离。所有的产品都是 2.5 in、4 in 和 8 in 的螺旋缠绕元件,直径 31 mil 和 46 mil(1 mil=0.025 4 mm)间隔组成,其组件适合在恶劣环境下工作。其他间隔大小可根据需要提供。目前没有相关膜的通量或截留数据。

⑩PolyAn 膜。

PolyAn 是一家专业从事分子表面工程和分子表面印刷技术的公司。[227]该公司提供了一系列的复合膜,用于有机 PV 和 OSN。这些膜被认为适用于芳烃和脂肪烃分离、烯烃和脂肪烃分离,以及其他有机混合物的分离。然而,应用于 OSN 的这些膜没有相关的通量或截留数据。

(2)商用陶瓷膜。

在很长一段时间里,孔径最密的陶瓷膜的 MWCO 约为 1 000 g·mol^{-1}。孔径小于 1 nm 的 NF 膜从 20 世纪末开始被研发出来。这些膜以掺杂氧化锆和二氧化钛的二氧化硅膜为基础。HITK(德国)的一个分公司(现名为 Inopor)以 Inopor 命名,开发了一种以 TiO_2 为基材,孔径为 0.9 nm,MWCO 为 450 $g \cdot mol^{-1}$ 的 NF 陶瓷膜。[228] Inopor 公司目前提供一系列单通道和多通道的陶瓷 UF 和 NF 膜,其长度可达 1 200 mm。膜是亲水性的,但是它们可以根据客户的要求进行疏水处理。根据引用的文献,HITK-Ti 是基于硅基 TiO_2 的亲水膜。疏水膜 MWCO 为 220 $g \cdot mol^{-1}$,甲醇和丙酮的渗透率为 0.4 $L \cdot m^{-2} \cdot h^{-1} \cdot bar^{-1}$,甲醇中维多利亚蓝染料(506 $g \cdot mol^{-1}$)的截留率为 99%,丙酮中殷桃红染料(880 $g \cdot mol^{-1}$)的截留率为 97%[229]。这类膜也能进行催化剂的有效回收,对于分子量为 849 $g \cdot mol^{-1}$ 的催化剂有效截留回收率约为 94.5%。[2]

3.2.3 膜理化和结构表征

截留和通量等功能参数决定了选择特定类型膜的具体应用。[230] 由于老化或压实引起的流量下降是膜稳定性差的表现,因此某些溶剂中截留效果变差可能是膜化学稳定性差的结果(如聚合物溶胀)。膜物理化学参数包括疏水性、亲水性、溶胀性、孔径、孔径分布、孔隙度、表皮层厚度和电荷。迄今为止,开发 NF 膜以实现特定的性能仍然是一个挑战。在分子水平上更好地理解和表征它们的结构可能有助于更好地预测其性能,并改善膜设计。下面将讨论最重要的膜理化和结构参数及相应的表征技术[46]。

1. 理化特性

接触角技术是一种用于表征膜表面性质方法,能够评价不同膜之间的疏水性差异[231-234]。

孔隙度是决定膜有效自由体积(定义为孔隙体积除以膜的总体积)的重要因素。常用两种方法测定膜孔隙度,即氮的吸附-解吸和汞压仪孔隙度测定。[235] 气体吸附-解吸用于测定多孔材料的比表面积、孔容和孔径分布。[235] 在这种方法中,测量了在不同蒸气压下吸附的气体的体积,包括吸附步骤和解吸步骤。其缺点是只能测定整个膜的孔隙率,而不能仅测定表层的孔隙率,而且测量需要干燥,因此聚合物膜的孔隙可能会坍塌。汞压仪测孔隙度法广泛应用于包括膜在内的多孔材料的表征,它包括测量水银的体积,被强制压入一个真空的多孔样品的孔隙中。通过该技术,既可以确定孔径,又可以确定孔径分布。[235] 这项技术的缺点是需要高压,这可能会破坏表面或多孔结构,但其能测量结构中存在的所有孔隙,包括死端孔隙。

可以采用湿空气渗透法[236-239]和渗透滴定法[32,183]对陶瓷膜的孔径进行估算。另一种广泛使用的测量 UF 孔隙大小的技术是液体置换法,它也可以用来估计 OSN 膜的孔隙大小。[240-242]

聚合物溶胀会影响 OSN 膜的通量和截留效果。[27,243,244] Ho 和 Sirkar[245] 测定溶胀的方法基于溶剂浸渍样品和干聚合物膜的质量差。Piccinini[246] 等开发了一种技术,该技术使用石英弹簧微天平同时测量溶剂/高分子混合物、乙腈/聚醚-氨基甲酸乙酯的溶解度、扩散系数和溶胀度。Tarleton 等[247] 使用了一种新的原位测定 TFC 膜溶胀的仪器,包括线性感应探头和整体分辨率为 0.1 μm 的电子测微仪。他们的方法比传统的技术更有优势,包括在制条件下测试薄膜的能力。这种方法也能在溶胀实验结果与溶剂通量和溶质截留反应之间建立相关性。[247,248] 在膜科学中,Hildebrand 和 Hansen 溶解度参数表明了溶剂对聚合物溶胀的能力。[235]

利用衰减全反射（ATR）傅里叶变换红外光谱（FTIR）测定未知材料的化学组成，材料中的官能团吸收特定波长的能量，导致红外探测器的信号衰减。[235]使用干涉仪对检测到的信号进行编码，然后对其进行数字傅里叶变换，生成 FTIR 光谱（吸收强度 - 波数），由此产生的图谱就是化合物的独特指纹图谱。[235] ATR - FTIR 在膜科学中被用于表征交联和表面改性后的新结构。[46,249] TFC 膜是由非常薄的表层制成的，其技术的局限性在于它穿透的深度超过了表层的厚度，因此很难区分 UF 支撑层和 TFC 膜表层的信息。

X 射线光电子能谱学是用来对样品进行化学分析的。样品表面被 X 射线照射，X 射线在样品中产生光电子，进入真空的光电子被收集起来，做它们动能的函数计算，结合能可以从动能中计算出来。结合能是单个元素的特征，因此可以识别不同元素。这种技术的局限性在于它只能在 12 nm 的深度进行表征。[235]这对于表征 TFC 膜的薄表层具有优势。[233,234,250 - 252]表面电荷技术也可用来测定膜的疏水性和表面电荷。[253 - 255]

2. 显微镜

扫描电镜（SEM）、[256]透射电镜（TEM）[257]和原子力显微镜（AFM）[258]等显微技术在探究膜结构方面取得了进展。

SEM 应用广泛，主要用于膜结构表征。[265]这种技术的主要缺点是聚合物膜不导电，需要进行预导电涂覆。通过 SEM 可以观察到，延长蒸发时间后的表皮层与缩短蒸发时间后的表皮层结构明显不同[261-264]，且随着蒸发时间或聚合物浓度的增加，分离层厚度没有明显增加。[62]提出了一种干/湿相转化非对称膜形成过程中表层选择层形成的机理。[126]研究报道了 OSN 过滤前后热退火对膜厚度的影响和膜形态差异[62]，以及交联操作条件（交联时间、交联剂过量、浓度）对膜厚度的影响。[106]

最近，利用 TEM、SEM 和 AFM 对 RO 膜中全芳香 PA 薄膜的前后表面进行了表征。[266]观察到前表面相对粗糙，表现出不同大小形状的 PA 突起，表面光滑一致，由 20～50 nm 的 PA 结节形成的颗粒结构非常相似。TEM 断层扫描用于创建详细的 3D 可视化，允许观察薄膜的任何部分。

AFM 是一种高分辨率的扫描探针显微镜，用于三维轮廓表面，使非导电表面的分辨率达到纳米级成为可能，提供了关于膜粗糙度的信息。[267]十多年来，AFM 已被广泛应用于 NF 膜的表征，以测量凸起大小、孔隙大小和表面粗糙度。[268-272]表面粗糙度是 OSN 膜的重要结构性质，可解释为平均粗糙度、均方根粗糙度或峰谷高度。最近有研究表明，由于分辨率不高，因此利用原子力显微镜对聚合物膜进行纳米级孔径测量并不十分可靠[259]，但 AFM 通过相位成像可获得膜表面内部高分子堆叠。研究还表明，相位滞后和耗散能的大小与膜的性能有关。[259]

最近，研究人员提出了一种应用于 NF - ISA 聚合物膜的尺寸在 0.5～2 nm 的纳米孔测量技术[279]，在 ISA - OSN 聚酰亚胺膜纳米孔中填充了高对比度二氧化锇（OsO_2）纳米粒子，在 TEM 下绘制纳米粒子的空间分布，利用纳米探测成像技术估算出孔隙大小与膜分离性能之间的关系。[279]这种纳米探针成像技术也用于表征用于 OSN - TFC 膜。[280]薄膜横截面图像可详细估算 PA 表层厚度，以及检测 PTMSP/交联 PI - TFC 薄膜中的纳米级缺陷。

对于 UF 和 MF 膜，还使用原子力显微镜（AFM）来研究表面孔隙的大小和形状。

AFM 在膜中的另一个应用是通过在悬臂末端固定颗粒,直接测量颗粒(如二氧化硅或聚苯乙烯)和膜表面之间的黏附力。这对膜技术人员有很大的帮助,因为它可以在没有污染过程的情况下预测污垢污染情况。[282] 用 AFM 对聚酰亚胺和 PAN 载体上涂覆的沸石型 PDMS 复合膜进行研究,结果表明,在比 PAN 更光滑的聚酰亚胺载体上涂覆 PDMS 可获得高质量的膜。[50] 对交替沉积反电荷聚电解质制备的 OSN 膜的 AFM 分析表明:随着层数增加,膜厚度增加;随着双层数量增加,表面粗糙度增加。[57]

3. 正电子湮没谱

正电子湮没谱(PALS)能够表征聚合物中的自由体积,并用于确定 NF 膜的孔径。用 PALS 成功地表征了 TFC 膜上层的孔径,解释了通量增强机理。[251] 利用该无损检测技术对两种不同 PA – TFC 膜选择层的厚度进行了测量,[252] 观察了 PI – OSN 膜 SEM 皮层的不对称性。[283] 用 PALS 测定 PV[284] 和气体分离膜[285] 中的孔径。在一些市售的 NF 膜中,用 PALS 测量孔径表明存在半径为 1.25～1.55 Å 和 3.2～3.95 Å 的孔。[286] 然而,用 PEG 作为溶质测量的 MWCO 与用 PALS 测量的孔径之间没有观察到相关性。

3.2.4 膜结构及组件

聚合物膜通常以平板的形式制备,两种最广泛使用的实验室模式是死端过滤模式和错流模式。死端过滤模式的特点是进料流与渗透通量方向一致;而在错流模式下,进料流沿薄膜表面切线方向,垂直于渗透通量方向。通过增加膜表面的剪切速率,可以减小浓差极化的程度,使错流模式具有更好的运行条件。在溶质浓度显著时,渗透压和凝胶层的形成会影响膜性能。[46,287]

为在工业规模上进行分离,大的薄膜区域被设计成组件。最早的设计是平板组件,它很快被其他更高效、更便宜的设计取代,如中空纤维组件、管状组件和螺旋缠绕组件。这些组件的区别在于紧凑、流体管理、维护、易于清洗和更换。

对于聚合物膜,螺旋缠绕组件是工业规模上最吸引人的结构。在螺旋缠绕组件中,扁平膜片缠绕在中央收集管周围,沿三面胶合,并沿叶片的非密封边缘附着于渗透通道上。渗透间隔位于叶片内部两侧,而进料通道间隔物则将膜的顶层隔开。加压进料流向与渗透通道平行,而渗透通过螺旋缠绕渗透间隔向中央收集管流动。一些文献报道了螺旋缠绕组件的性能。[54,288-291]

市场上的无机膜通常为管状、单通道或复杂的多通道几何形状。进料在通道内流动,渗透液沿径向通过多孔支撑物和选择层流出,最终在通道外收集。组件外壳用作一个或多个过滤器元素的容器。根据使用需要,外壳采用不锈钢或其他耐腐蚀材料制成。研究了 OSN.292 – 296 陶瓷膜的性能。[292-296]

最近,GMT 提出了信封型膜组件。它具有非常短的渗透距离的优点,但它通常在最大压力为 40 bar 的情况下工作,而且由同样尺寸的螺旋缠绕组件所覆盖的膜面积更大。图 3.11 所示为多种膜组件的设计。

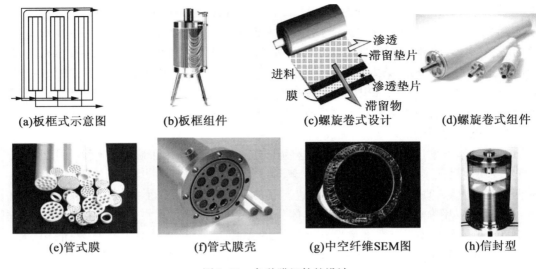

图 3.11 各种膜组件的设计

3.3 有机溶剂体系的分离应用

膜分离在 OS 操作系统中的应用是一项新兴技术,尚未得到广泛应用。该技术在蒸馏、蒸发、色谱分离、结晶、吸附或萃取等方面具有巨大的潜力,在精细化工、医药合成、食品饮料、精炼等多个行业都有应用。

3.3.1 精细化工与医药合成

OSN 最广泛的应用可能与精细化工和制药行业有关。一般来说,这些工业生产的高价值化学品的批量相对较小,要通过多步骤进行分离和纯化。下游加工占制药业生产成本的很大一部分,这就是人们一直在寻找更高效的分离的原因。OSN 在这方面应用可能是一个有价值的选择。从概念上看,整个膜过滤过程大致可分为浓缩、溶剂交换和提纯三大类(图 3.12)。

下面将为每种类型的应用程序提供一系列示例。

1. 浓缩

该技术用于分离溶质和溶剂,从稀释溶液中回收高值溶质(溶质富集)或通过去除溶解在其中的杂质(溶剂回收)回收溶剂。与设计用于水环境的膜类似,OSN 膜也用于分离和浓缩活性药物成分(API)。通过 OSN 分离和浓缩有价值的药物的例子包括 6 - 氨基戊二酸(6 - Apa,216 g·mol^{-1}),这是一种酶促合成青霉素的中间体,利用 MPS - 44 膜(Koch)和其他用于抗生药物浓缩的膜工艺,从其生物转化溶液中回收 6 - Apa。[2]高溶质回收率为 90% ~ 95%,并能实现不到一年时间的回报期。[299]目前由 Evonik - MET 开发并在 Glaxo Smith Kline 生产现场实施的工业 OSN 应用是 API 回收,将质量分数为 1% 的

API 废液浓缩到 10%,然后将其输送到现有的下游处理单元进行进一步净化。原料药的分子量为 420 g·mol^{-1},对较高的温度高度敏感,因为它在高于周围环境的温度下迅速分解,所以不可能采用蒸发或蒸馏。该单元规模较小,膜面积仅为 15 m^2(DuraMem 300 为 4″×40″螺旋卷式膜组件),年利润 100 万欧元(<1 年回报期)。[300,301]

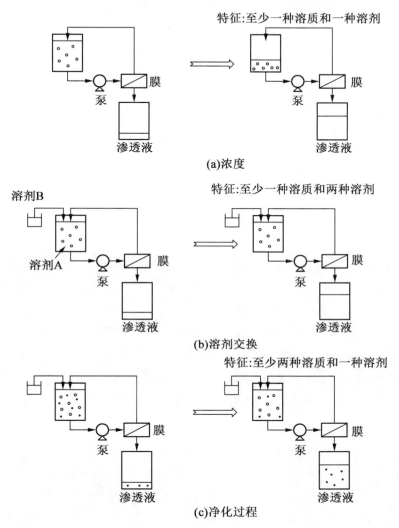

图 3.12 用于液体体系应用的膜过滤过程

在结晶过程中,OSN 的应用应考虑特定浓度的情况。[302] Ferguson 等将 OSN 膜单元集成到 API 去铁氧体(分子量为 373.37 Da)的连续 MSMPR 结晶中,并将集成 OSN 膜单元应用于工艺母液循环中(图 3.13)。总母液流量的 90%(体积分数)循环到结晶器中,其余 10% 通过膜渗透流从系统中净化。只要膜优先截留 API,就可以在不牺牲纯度的前提下,将结晶收率大幅提高为 98%,不含膜的相同工艺为 70%,商业批量结晶为 92%。Campbell 等[303]利用 OSN 膜通过溶剂浓缩溶液,研究了药物复方灰黄霉素的结晶过程。

灰黄霉素溶液集中在压力驱动的死端 NF 单元中,晶体自然成核。通过改变溶剂通量,可以得到两种不同的晶体类型。高通量时产生大晶体(≈1 mm),低通量时产生小晶体(2~25 μm),形成簇状(图 3.14)。这种大晶体产生了一种 X 射线粉末衍射图样,这表明与传统的结晶方法相比,灰黄霉素的形态略有不同,传统的结晶方法因浓差极化作用而导致表面优先结晶。虽然不适合大规模生产,但对 OSN 结晶过程条件的精确控制可能会导致药物化合物新形态的快速发现。

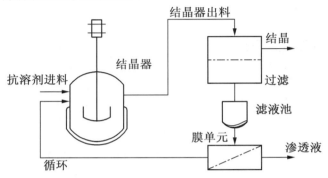

图 3.13　结合膜回收的 MSMPR 结晶工艺流程图

(a)晶体在24 bar时的扫描电镜图像　　(b)晶体在12 bar时的扫描电镜图像

(c)晶体在6 bar时的扫描电镜图像　　(d)初始灰黄霉素晶体

图 3.14　晶体的扫描电镜图像

OSN 被认为是一种温和、低能耗的蒸馏替代品,用于制药过程中回收和再利用 OS,降低整体溶剂消耗。[304] 最近的研究探索了使用 Starmem 122 和 DuraMem 150 膜在伊马替尼、利鲁唑、多奈哌齐、阿替诺、阿普唑仑等药品生产工艺后,回收甲醇、乙醇、IPA 和乙酸乙酯,提高 API 生产的可持续性。[305] Rundquist 等论证了使用 OSN 作为蒸馏溶剂回收的替代方法的可行性。[306] 结果表明,OSN 能够从含有 40 多种不同有机杂质的结晶母液中回收乙酸异丙酯,其纯度足以用于后续的 API 结晶。能量效率计算表明,与蒸馏相比,OSN 每回收 1 L 溶剂所消耗的能量要少 25 倍。然而,膜基工艺回收的溶剂量受废物流中化合物溶解度的限制。采用 OSN 和蒸馏相结合的方法,其能耗比单独用蒸馏低 9 倍,效率更高。

Siew[307] 等演示了使用自动多级串联来浓缩稀 API 产品溶液和在色谱过程下游回收溶剂。与单通道 55% 的截留相比,三级串联能够实现 80% 的有效截留。Nimmig 和 Kaspereit[308] 提出了一种结合单柱色谱、消旋和膜过滤去除溶剂生产高产率单对映体的方法(图 3.15),通过建立详细的过程模型,阐明了相关参数和过程动力学的作用,并进行了实验验证。

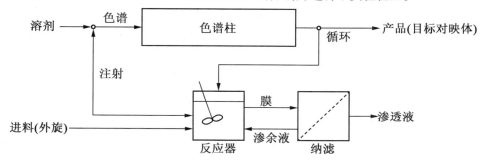

图 3.15　反应器、色谱柱和 OSN 膜单元在连续过程中直接耦合的工艺设置示意图

环肽在环化过程中往往需要较高的稀释条件,导致大量溶剂只能制备少量的产物。Ormerod[309] 等证明了通过 OSN 引入在线溶剂循环,可以显著降低反应的溶剂负荷(高达 83%),降低工艺质量强度对反应收率和产品纯度没有不利影响。

Kim[310] 等通过将透析过滤模式下的 API 纯化与原位溶剂回收相结合,改进溶剂回收配置。合成体系在不添加任何额外溶剂的情况下,有效地完成了所需的分离,从而将溶剂消耗量降低到接近于零。由于在溶剂回收阶段对杂质的不完全截留,因此 API 最终纯度在 97% 以内。Schaepertoens 等[311] 演示了双组分混合物的分离,使用由两层膜串联组成的三级 OSN 进行分离,并添加第三级膜级进行整体溶剂回收。两级串联可以提高分离选择性,而集成溶剂回收阶段可以减轻提纯过程中大量的溶剂消耗。该工作探讨了清洗溶剂回收装置对达到高产品纯度与杂质回收率达不到 100% 的瑕疵溶剂回收膜的影响。即使在闭环装置中使用了不完美的膜,通过对溶剂回收阶段的两次清洗的半连续操作,也可达到 98.7% 的纯度。与此形成对比的是,在类似的设置中,通过一次连续运行可以达到 83.0% 的最大纯度。与没有溶剂回收的连续操作工艺相比,该工艺的产率略低(低 0.7%),约为 98.2%,但所消耗的溶剂减少了约 85%(理论分析表明,可减少至 96%)。

Perike 等还演示了采用两阶段 OSN 工艺对低分子杂质进行温和分离。在第一个膜步骤中,通过添加溶剂将杂质从产品中洗掉。在第二个 OSN 步骤中,溶剂从杂质中分离出来,回收到洗涤步骤中。他们的结论是,如果没有第二步,就不会有足够的经济效益。[301]

各种研究都探讨了 OSN 对催化反应中使用的高值溶剂和木质纤维素的理想溶剂、离子液体、回收方面的潜力。然而,由于离子液体的高渗透压和高黏度,因此在大多数情况下表现为低通量。[312-316]

2. 溶剂交换

药物的合成通常涉及多步反应,在不同的溶剂中进行,产品的分离也发生在特定的溶剂中。在许多合成工艺中存在溶剂交换的问题,特别是用高沸点的溶剂交换低沸点的溶剂或涉及热不稳定产物的溶剂共沸物。一系列的研究表明膜技术可用于解决这一问题。Sheth[317]等论证了 OSN 在 API 的多步有机合成中可以成功应用于溶剂交换,使得每个反应都可以在不同的溶剂中进行。使用 OSN 膜 MPF-50、MPF-60 及溶质红霉素将甲醇中乙酸乙酯降低到低杂质含量的水平,溶质红霉素代表活性中间体。Livingston 等[287]还揭示了 Starmem 122-OSN 膜用于甲醇-甲苯系统的溶剂交换的潜力。

赢创-膜萃取技术将 MEMSOLVEX 这种溶剂交换技术商业化,并称 MEMSOLVEX 可在环境温度下实现超过 99% 的溶剂交换,与蒸馏相比,其使用能源消耗可减少 80%。[24] 由 Lin 和 Livingston[318] 进行的理论和实验研究证明了逆流膜级联应用于连续溶剂交换的可行性。用标记分子-季铵盐 TOABr 代替 API 中间体,将溶剂从甲苯转化为甲醇。结果表明,串联结构可以通过逆流方式进行连续的溶剂交换,减少溶剂的使用。

此外,Rundquist[319]等演示了 OSN 与逆流色谱(CCC)用于溶剂交换的耦合过程。该分离旨在从 GSK 提供的结晶母液中(82.0% 甲醇、15.9% MIBK 和 2.1% 甲苯)回收纯 API(分子量 B600 mol^{-1}),这些母液含有大约 4.5 $g \cdot L^{-1}$ API 和 27 种不同大小和分子性质的有机杂质。OSN 提供了一种有效的途径,将溶质从工艺溶剂阶段交换到 CCC 所需的流动阶段,生成仅含有原工艺溶剂的 CCC 进料,并截留了 97.7% 的 API。通过 OSN 对流动相的回收和再利用,CCC 的高溶剂使用率进一步降低,回收的溶剂中杂质含量不到 1%。与 CCC 的耦合提高了 CCC 工艺的质量强度,减少了 56% 的溶剂使用。

3. 净化/分馏

将反应产物从催化剂中分离是均相催化中一个反复出现的问题。均相催化中的一般分离技术的主要缺点是广泛的(通常是破坏性的)后处理工作。OSN 膜是在高分子量催化剂(>450 $g \cdot mol^{-1}$)和反应产物之间进行选择性分离的。1993 年,Kiryat Weitzman 膜产品获得了回收现成均相催化剂的专利。四年后,Union Carbide 专利描述了在丁醛和丙酮加氢甲酰化过程中 MPF-50 膜截留 Ru-BINAP 催化剂,分别表现出 99% 和 93% 的截留率。[2] 2001 年,一项关于 OSN-偶联反应催化剂回收的研究表明,Ru-BINAP 和 Rh-DUPHOS 催化剂在甲醇中被 MPF-50 膜截留了 97% 以上。[2] 另一项广泛的研究是由 Scarpelo 等提出的,他们研究了一系列 Starmem 膜 MPF50 和 Desal5 在 DCM、THF 和乙酸乙酯溶剂中对 Wilkinson 催化剂、Jacobsen 催化剂和 Pd-BINAP 催化剂的截留作用。[219]

Nair 等提出了基于膜(Stramem 122)从反应介质中分离 PTC 和 Heck 反应过渡金属催化剂的工艺。[320]对于 PTC 催化剂，该工艺非常高效，无论是预混还是后混反应，均出现了 99% 以上的截留，连续两次回收催化剂均未出现反应速率下降的情况。

文献[321,322]报道的催化剂回收主要是使用聚合物 OSN 膜，也发现了一些陶瓷膜的成功应用，但通常表现为低溶剂通量。最近，Ormerod 等[323]利用 4-氯甲苯 5 和(对甲氧基苯基)硼酸的 Suzuki 交叉耦合模型研究了陶瓷膜截留四种均相钯催化剂的潜力，并研究了催化剂在间歇和连续模式下的应用。尽管催化剂截留率高、产品污染低，但连续模式存在催化剂稳定性和固相沉淀物堵塞等问题。从反应和过滤的角度来看，批量处理是非常高效的。

除催化剂金属中心外，更昂贵的配体通常也可以用 OSN 膜回收，如美国利安德化学技术公司在最近的专利中所述，该专利使用亲水性 MPF-44 从反应混合物中回收三苯基膦[324]。

Peeva[325,326]等进行了连续的 Heck 偶联反应并与 OSN 分离相结合对催化剂进行了原位分离，在高温(80 ℃)和高浓度(>0.9 mol·L^{-1})的条件下使用高分子膜。研究了两种反应器结构：连续单搅拌槽反应器/膜分离器(m-CSTR)和一个塞流反应器(PFR)与 m-CSTR 的组合(PFR-m-CSTR)(图 3.16)。PFR-m-CSTR 组合结构是最有前途的，转化率可达到 98% 以上，催化剂周转次数达到 ~20 000(TON)，产品污染低(每千克产品约 27 mg Pd)。

大型制造企业催化剂均相分离越来越受到关注，DSM、Evonik、BASF 都就均相催化剂分离膜的使用提出了专利申请。[327]

赢创工业公司已证明了 OSN 工业上应用于回收均相催化剂的技术可行性，特别是用于生产的一种 RH 基氢甲酰化催化剂。[301,328,329]在此过程中，长链醛的热分离是敏感催化剂体系的难题，该体系除配体外，还含有一氧化碳。产品必须在高真空下去除，使一氧化碳的分压接近零。结果是羰基从铑络合物中释放出来，留下空缺的配位被其他铑原子占据，这导致逐步聚合而使催化剂失效。利用 OSN 膜可以成功地从合成产物(200 g·mol^{-1})中分离出均相催化剂分子(铑-配体复合物 800 g·mol^{-1})。回收的催化剂可用于后续反应，可使均相催化剂的年度预算减少 80%。赢创工业对均相催化剂回收节能的估计发现，从热分离转向薄膜工艺可以降低 30% 的投资成本和 75% 的运营成本，这相当于每年节约超过 100 万欧元。[327]在进一步的案例研究中，Evonik 公司提出了催化氢化反应的催化剂回收，以生产高价值化合物。这个过程用于 5 m^3 批次包含质量分数为 20% 的反应物/产品(分子量为 200 g·mol^{-1})，每天两批。催化剂成本金额每千克 5 万欧元，S/C 比值为 20 000。据估计，通过使用 OSN 膜实现催化剂的回收，催化剂的成本每年节省 200 万欧元[327]。

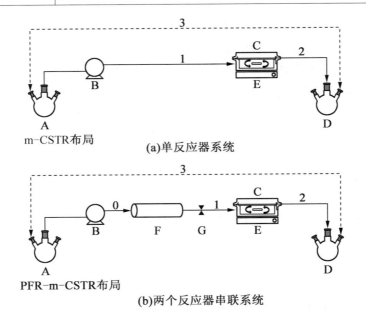

图 3.16 单反应器系统和两个反应器串联系统

A—进料溶液三口瓶；B—HPLC 泵；C—m-CSTR-PEEK 膜(搅拌膜细胞)；D—渗透收集器三口瓶；E—加热/搅拌板；F—PFR；G—PFR 出口取样阀；1—PFR 入口流；1—M CSTR 入口流；2—M CSTR 出口流/渗透；3—氮供应

大量的研究报道了均相催化剂的回收和再利用，OSN 在催化反应中的应用见表 3.1。

表 3.1 OSN 在催化反应中的应用

年份	作者	催化剂	分子量/(g·mol^{-1})	膜	溶剂
1997-1998	Giffels 等[330]和 Felder 等[331]	聚合物增容的恶唑硼烷	13 800	MPF-50	甲醇
2001	De Smet 等[332]	Ru-BINAP 和 Rh-DUPHOS	929 723	MPF-50	甲醇
2002	Nair 等[320]	具有[PPh4]Br 的"Pd 膦""Pd 咪唑基亚烷基""Pd 季铵盐"乙酸钯(Ⅱ)	643~856	Starmem 122	四氢呋喃/水
2002	Nair 等[320]	Pd(OAc)$_2$+(PPh-3)$_2$ 有机催化剂和 TOABr PTC	749（TMC）和 546（PTC）	Starmem 122	50∶50 乙酸乙酯∶丙酮

续表3.1

年份	作者	催化剂	MW/(g·mol^{-1})	膜	溶剂
2003	Datta 等[333]	—	Polymer 支撑 Pd(PhCN)$_2$Cl$_2$ 和 Pd(OAc)$_2$	二甲基硅氧烷/聚丙烯腈	甲苯
	Dijkstra 等[334]	多(NCN-Pd 和/或-Pt)钳形配合物	>700	MPF-50, MPF-60	二氯甲烷
2005	Chavan 等[335]	卟啉官能化的基于树枝状大分子的光催化剂	600~8 700	MPF-50, PDMS, MMM	氯仿(CHCl$_3$),异丙醇(IPA),或 IPA/CHCl$_3$ 混合物
	Mertens 等[336]	金(Au)纳米溶胶	—	二甲基硅氧烷/聚丙烯腈, Desal-5 DK	乙醇
	Witte 等[321]	Q$_{12}$POM 催化剂	—	α-Al$_2$O$_3$/γ-Al$_2$O$_3$	甲苯
2006	Aerts 等[337]	Jacobsen 催化剂	700	VITO FS Ti 139c, N30F, MPF-44	乙醚,异丙醇
	Roengpithya 等[338]	菊苣烯,P$_1$-t-Oct	—	Starmem 122	甲苯
	Wong 等[339]	Ru-BINAP	795	Starmem 122	离子液体
	Wong 等[340]	3-(二亚苯-BASE 丙酮)二钯-CHCl$_3$ + PPh$_3$	1 035	Starmem 122 和离子液体	50:50 乙酸乙酯:丙酮
	Chowdhury 等[341]	多金属氧酸盐催化剂,如 Q$_{12}$[WZn$_3$(ZnW$_9$O$_{34}$)$_2$](Q = [MeN(n-C$_8$H$_{17}$)$_3$]$^+$)	9 325	陶瓷 γ-氧化铝膜	甲苯

续表 3.1

年份	作者	催化剂	MW/(g·mol^{-1})	膜	溶剂
2008	Pink 等[342]	Pd(OAc)$_2$ + PPh$_3$	487	Starmem 122	甲苯和乙酸乙酯
	Keraani 等[343]	Hoveyda 2 复合催化剂	627~2 195	Starmem 228	甲苯,碳酸二甲酯
2009	Janssen 等[344]	"点击"树突状膦和(PdOAc)$_2$	>1 600	Inopor TiO$_2$ 0.9 nm	四氢呋喃
	Nair 等[345]	Ru–BINAP	795	Starmem 122	甲醇
	Schoeps 等[346]	Nolan–type (NHC) Pd(allyl)Cl complexes	391~1 081	PDMS/PAN	异丙醇
	Schoeps 等[347]	Grubbs II 和 Grubbs–Hoveyda 型配合物	1 100	PDMS/PAN	甲苯
	Ronde 等[348]	具有[(烯丙基)PdCl]$_2$ 型催化剂的 PCP 钳形配体	1 200~1 900	MPF–50	四氢呋喃,二氯甲烷
2010	Van der Gryp 等[349]	Grubbs catalyst	794	Starmem 120, 122, 228, 240	1-辛烯
	Priske 等[350]	铑和钴加氢甲酰化催化剂	850	Starmem 122, 240	十二烯,辛烯
	Cano–Odena 等[351]	铜(1)催化剂	317	PI	二甲基甲酰胺
2011	Long 等[133]	铷–1,1'-联萘–2,2'-双二苯膦	795	双环戊二烯	二氯甲烷
2012	Tsoukala 等[352]	[Pd^0(PPh$_3$)OAc]$^-$	690	DuraMem	丙酮
	Peeva 和 Livingston[353]	POSS 增容钌	—	Starmem 228, PuraMem 280	甲苯
	Shaharun 等[354]	—	—	DuraMem 200 and 500	—

续表 3.1

年份	作者	催化剂	MW/(g·mol^{-1})	膜	溶剂
2013	Pelarut 等[355]	HRh(CO)(PPh$_3$)$_3$	>400	Starmem 122 and 240	乙酸乙酯
	Kajetanowicz 等[356]	带有 POSS 标签的 Grubbs 催化剂	1 577	Starmem 228, PuraMem 280	甲苯
	Fahrenwaldt 等[357]	奎宁基有机催化剂	310~428	DuraMem 150~500	四氢呋喃
	Ormerod 等[358]	Hoveyda - Grubbs 和 Umicore M	600,949	DuraMem 200 Inopor 0.9 nm TiO$_2$	二氯甲烷,乙腈,甲苯
	Siew 等[359]	奎尼丁类有机催化剂	1 044~1 332	DuraMem 300, DuraMem 500	四氢呋喃
	Peeva 等[325, 326]	Pd(OAc)$_2$ + 双(二苯基膦基)丙烷	225 + 412	PEEK, APTS crosslinked PI, DuraMem 300	二甲基甲酰胺
	Rabiller - Baudry 等[360] 和 Nasser 等[361]	Grubbs - Hoveyda Ⅱ 催化剂	627~927	Starmem 122	甲苯
2014	Schmidt 等[362]	Rh - PPh$_3$ 型催化剂	365	PuraMem 280, GMT - oNF2	正己基甲苯
	O'Neal 和 Jensen[363]	Hoveyda - Grubbs 催化剂	626.62	PuraMem 280	甲苯
2015	S. R. Hosseinabadi 等[192]	配体 BINAP	623	Inopor 0.9 nm TiO$_2$, 1 nm TiO$_2$, Fraunhofer IKTS 3 nm ZrO$_2$ HOC	丙酮,甲苯,异丙醇
2016	Ormerod 等[323]	Pd N - 杂环卡宾配合物	>600	VITO TiO$_2$ 不同的膜	乙醇,异丙醇,THF/乙醇/水,DMF/乙醇/水
	Dreimann 等[364]	铑催化剂配合物	>786	GMT - oNF2	正癸烷 + 正丁烷

另一个重要的应用是在生物催化过程中使用 OSN 膜。生物转化的大量剩余物和产物不溶于水,因此生物转化必须在 OS 或双相水/OS 体系中进行。在许多情况下,直接接触双相系统的运行会受到 OS 的不可逆乳化和/或生物催化剂的抑制。一种可行的替代方案是使用一种膜接触器,利用 OSN 膜将两相分离,防止乳化和抑制,允许有效的底物和产物渗透。其中一个例子是在装有 Starmem 122 膜的膜接触器中,在甲苯和正十六烷中进行,香叶醇被面包酵母生物转化成 R - 香茅醇。然而,与直接接触的双相反应器相比,基于 OSN 的接触器表现出较低的生产率,这是因为基质通过膜的传输速率的限制。[365,366]研究人员提出了一种混合的生物催化/化学催化的动态拆分的方法,用于分解和消旋的催化条件不兼容的情况。Starmem 122 和 Durapores 是一种被用来分离两个反应系统的 MF 膜,使产品和剩余反应物渗透,同时截留催化剂。消旋和解离反应分别由 Ru (cymene)/胺基体系和一类脂肪酶(Novozym 435)/醋酸乙烯酯体系催化。[338]

OSN 膜甚至可应用于手性分子分离等特定领域。一个成功例子是用 OSN 结合对映体选择性包合 - 络合,对 D,L - 苯乙醇消旋混合物进行对映选择性分离已经被证明,使其中一个对映体形成复合物,在溶剂中保留了另一个未络合的对映体。后者是更小的,最好是通过一个 OSN 渗透膜(Starmem 122),其 MWCO 在络合剂和外消旋体的 MW 之间,然后加入一种分解溶剂,将复合物解离并允许解络合对映体的渗透。络合剂被膜截留,并在连续循环中再次使用。这一方法为蒸馏结合的对映选择性包合配合物提供了一种替代方法,并为非挥发性化合物和大规模应用打开了对映体络合分离的大门。[367]

近年来,有关 OSN 的研究主要集中在通过 OSN 纯化 API 方面。Lin 等以标记分子(染料)为例证明了膜级联中 API 的分离纯化。[368]Siew 等开发了一种新的分离策略,采用三级可渗透汽提级联技术从过量试剂中分离 UCB 药物开发 API。[369]将含有 API 和过量试剂的二元进料溶液被分离,以产生富含 API 的产品流,该产品流可以使用单一结晶步骤进一步纯化,否则原二元混合液是不可能进行这一步骤的。

Szekely 等[370]通过环境和经济分析,证明了通过膜法净化系统中 API 的操作可持续性,以及相对于传统 API 净化方法(如色谱法和再结晶法)而言,OSN 工艺的竞争力。与传统 API 净化技术相比,OSN 技术的简单性如图 3.17 所示。

药品监管部门定期发布指南,降低 API 中基因毒性杂质(GTI)的含量,要求采取特定的 GTI 纯化步骤。[46]单独使用 OSN 过滤或清洁剂联合应用,可使药品中基因毒素含量达到超低水平。Szekely 等[371]在透析过滤模式下使用 OSN 成功地证明了对 API 的脱毒作用:在截留较大的 API 分子的同时,不断添加新溶剂,相对较小的基因毒性分子通过膜。根据不同的案例场景,研究了 9 种不同的 API 和 11 种 GTI,所进行的分析考虑了简单易得的输入,如 API 和 GTI 的分子大小。结果讨论了 API 损失和 GTI 去除,以及最终污染水平。建立边界以快速评估 API/GTI 分离的三个类别:OSN 提供了从 API 后反应中去除 GTI 的直接途径;OSN 可用于从 API 后反应中有效去除 GTI;仅 OSN 是不足以从 API 中去除 GTI 的,需要其他技术或新的 OSN 膜。需要指出的是,这项工作分析了单膜级的过滤模式。但在实际应用中,可以通过应用多级膜系统 - 膜级联技术来解决第三个类别的阻塞问题。Vanneste 等[372]分析了不同的级联结构用于进行困难的药物分离。他们选择了一个案例研究,其中 API 的 MW 仅比杂质的 MW 高 17.6%。研究配置对工艺收率、时间和成本的影响,得出结论:使用膜级联技术进行高分辨率分离是可行的。膜级联的经济可行性随着产品成本和设备利用率的提高而显著提高。最近,Kim 等[373]提出了一种高效的净化方法,采用简化的两级串联过滤结构,显著提高了产品收率(图 3.18)。通过两级串联,产品收率从 58% 提高到 95%,同时在最终溶液中保持低于 5×10^{-6} 的基因毒素。Peeva 等[374]将这个简单的方法进一步扩展到连续的净化过程中。通过对操作参数的仔细选择,可以达到 API>99% 的高纯度。连续级联可以很容易地与吸附单元(如两个交替的固定床色谱柱以循环吸附-再生间歇模式运行)或另一个连续净化步骤(如萃取、蒸发)耦合,以纯化溶剂并将其回收到工艺过程中。连续工艺产生的废料比间歇过滤少几个数量级(图 3.19),这使得它成为制药工业具有吸引力的替代净化工艺。

应该指出 Evonik-MET 的成功故事,他与 Johnson&Johnson(J&J)一起调查了一个案例研究,研究 OSN 如何能够成功地作为过程科学工具用于集成 API 生产设置中的实例。该项目的目的是纯化一种 API 中间体,以便使随后的色谱过程更加有效。API 中间体(700 Da)溶液中所含的低聚物杂质(>1 400 Da)有降低色谱收率的作用。经过初步的概念验证,在中试阶段引入了 OSN 工艺,这一过程称为双膜过滤,因为它使用两套膜:一个松散的膜从 API 中间分子中分离出低聚物杂质;一个更紧密的膜回收 API 中间体和回收溶剂(THF)用于过滤。该工艺可使 API 中间体收率提高 99% 以上,杂质含量明显降低,这就使得色谱过程更加高效,成功地将 OSN 和色谱合在一起。双膜过滤可减少溶剂使用,比原来消耗减少 10 倍。[288,328]

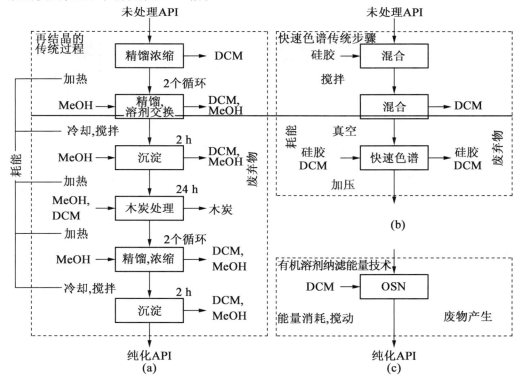

图 3.17　与传统 API 净化技术相比,OSN 技术的简单性

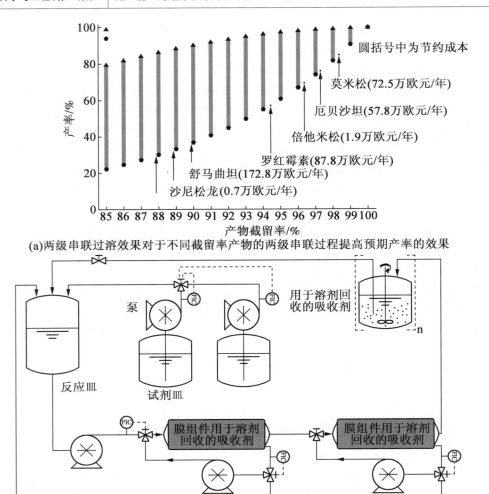

图 3.18 两级串联过溶效果对于不同截留率产物的两级串联过程提高预期产率的效果(年均节约成本基于每年 100 kg APT 计算得出)和两级串级过滤系统示意图(第一阶段的渗透液直接作为第二阶段的进料)

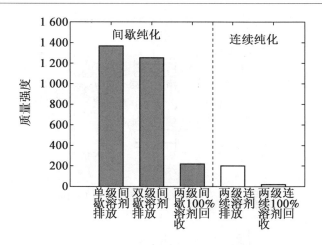

图 3.19　单级间歇式过滤、两级间歇式过滤、两级连续膜级联法间歇和连续净化 API – 罗红霉素的 MI 指数比较,采用活性炭吸附法进行溶剂回收

4. OSN 增强化学合成

许多药物是通过多级迭代合成周期生产的。典型的例子是多肽和寡核苷酸的合成。固相合成是这些产品使用最广泛的技术,因为它巧妙地解决了在溶液相合成的每个阶段遇到的关键净化问题。然而,它面临包括传质、空间位阻和树脂处理等挑战。近年来,OSN 被提出作为多肽和寡核苷酸生产的新技术平台。因此,研究人员[375,376]提出了膜增强肽合成的概念(图 3.20)。肽链组装步骤为:酰胺偶联;洗涤步骤,通过恒定体积透滤除去多余试剂;去保护层;洗涤步骤,去除去保护副产物和过量试剂。这个循环需要重复很多次,每循环增加一个氨基酸,直到得到所需的肽序列。在每个反应后,残留的副产物和过量的试剂通过一个保留肽的溶剂稳定膜透滤去除。在相同的操作条件下,这种方法和固相合成获得了相似的纯度水平。

Marchetti 等[377]用陶瓷膜(Inopor 0.9 nm TiO_2)进行了反应肽 NF 以浓缩肽链段,同时还加入了溶剂回收装置,提高了膜工艺的经济效益。通过技术经济比较,反应肽 NF 与传统的批量处理工艺相比具有较强的竞争力。[46]

Gaffney 等报道了类似的寡核苷酸的液相合成和分离范例:液相寡核苷酸合成/OS-NF,LPOS – OSN。这是用来制备 2′ – methyl RNA phosphorothioate 9 – mer 28 的。由于 OSN 早期循环回收率不高,因此产率相对较低,约为 39%,但可以通过采用两、三级透滤膜级联来改善。[378]

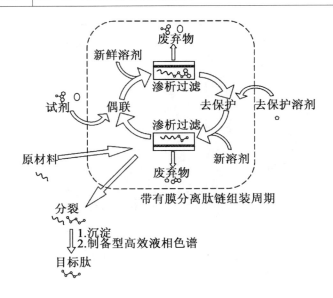

图 3.20　膜增强肽合成(MEPS)示意图

3.3.2　食品和饮料

植物油的生产是一个复杂的多阶段过程,从概念上讲,膜几乎可以应用于石油生产和提纯的所有阶段(图 3.21)。在传统的植物油加工中,有以下四个主要的缺点。[379]

(1)高能耗。用溶剂萃取油后,再通过蒸发分离油溶剂混合物。这需要相当多的能量,而且释放的易爆蒸汽可能会产生安全问题。

(2)油的损失。精炼步骤中的皂化会捕获大量的油。

(3)资源。使用了大量的水和化学品。

(4)流出物。产生严重污染的污水。

在植物油工业中使用耐溶剂膜将减少热损伤和溶剂循环、降低排放、降低能源消耗、减少油耗和减少对漂白土的需求(图 3.21)。据估计,仅在美国,在食用油加工中引入膜技术每年就可能节省 15~22 万亿 kJ 的能源,同时减少 75% 的油耗,提高油品质量,减少热损伤。[2] 在图 3.21 所示的各种膜处理步骤的文献中可以找到两个成功的例子。

Pioch 等[380]观察到,错流过滤对植物油精炼有很好的效果。Unilever[381]的一项专利表明,OSN 膜在脱胶过程中非常有效。在常温下,蒸馏步骤可由几个膜步骤组成,从而减少能量需求,一些热稳定性成分的降解也会减少。德国 GKSS 在一项专利申请中声称,使用表面辐照交联 PDMS 的膜从己烷和异辛烷中分离玉米油[382],可观察到高渗透率($3 \text{ L} \cdot \text{m}^{-2} \cdot \text{h}^{-1} \cdot \text{bar}^{-1}$)和 90% 的截留率。Stafie 等[383]报道了向日葵油/己烷的类似截留过程,以及通过以 PAN 为载体的特制复合 PDMS 膜的渗透。

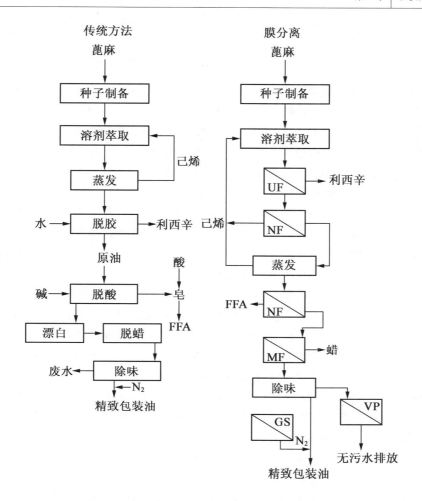

图 3.21 植物油加工,采用常规方法和膜技术
UF—超滤;NF—纳滤;VP—蒸气渗透;GS—气体分离;MF—微滤;FFA—游离脂肪酸

Firman 等[384]研究了四种特制的 PVDF 平板复合膜作为载体,聚二甲基硅氧烷(PDMS)或 CA 作为涂层,以及一种商业上可用的复合膜(Solsep 030306)从粗大豆油 – 己烷混合物中去除己烷和游离脂肪酸(FFA)。PVDF – 12% 硅氧烷复合 NF 膜取得了很好的分离效果,达到 $1.3 \ L \cdot m^{-2} \cdot h^{-1} \cdot bar^{-1}$ 的渗透率,80% 的油截留率,58% 的 FFA 去除率。Pagliero 等[385]研究了两种特制的平板复合膜,即 PVDF – PDMS 和 PVDF – CA,以及一种商用复合膜(MPF – 50),以分离一种粗制向日葵油/己烷混合物。PVDF – PDMS 膜取得了较好的效果,在工业己烷中稳定,对植物油 – 己烷杂环化合物的分离具有较好的选择性。

Gupta 和 Bowden[386]对聚二环戊二烯基 OSN 膜分离脂肪酸混合物进行了研究。结果表明,FFA 的混合物不能被膜分离,因为它们有相似的渗透速率,但有机胺的加入可以使脂肪酸形成可分离的盐而促进其分离。

由于石油生产的重要性,因此进一步研究的重点是开发新的石油净化、脱酸、变色和溶剂回收方法。Koseoglu 等[387]报道了使用不同的商业 RO/NF 膜从己烷、乙醇和 IPA 溶剂中分离棉籽油的情况,发现纤维的孔道因溶胀而几乎封闭,只有 PA 材料因渗透己烷而不被破坏。

Wu 和 Lee[388]用多孔陶瓷膜研究了大豆油/己烷提取物(miscella)的超滤过程。未经过预处理的大豆油/正己烷提取物中含有质量分数为 33% 的油,但只有 20% 的油被截留。Ribeiro 等[389]研究了在死端过滤系统中使用平板 RO、NF、UF、PSf 和 PSf/PA 聚合膜从大豆油/己烷杂环化合物(1:3,质量百分浓度)中进行溶剂回收,并研究了压力(13~27 bar)和温度(21~49 ℃)对 FFA 渗透通量、油的截留和分离的影响。他们发现,较高的温度对渗透通量、油的截留和游离脂肪酸的渗透有积极的影响。

Kwiatkowski 和 Cheryan[390]对溶剂萃取 – 膜技术联合回收玉米油单级和多级工艺进行了研究。Darvishmanesh[391]等测试了由不同聚合物制成的商业 NF 膜(GE – osmonics 公司的 Desal – DK – PA NF、Nadir 公司的 NF30 聚醚砜 NF、MET 公司的 STARMEMTM122 聚酰亚胺和 SOLSEP 公司的 NF030306 硅胶基聚合物 SOLESP),在各种分离压力和恒温下的死端过滤装置中,从大豆油/溶剂(10% – 20% – 30% 油)混合物中回收溶剂乙醇、异丙醇、丙酮、环己烷和己烷。所有的测试膜在极性 OS 中的表现都优于在非极性溶剂中的表现。

Manjula 等[392]研究了含聚二甲基硅氧烷活性层和聚酰亚胺支撑层的工业膜在含不同植物油时,未稀释和己烷稀释条件下的通量行为。正己烷稀释提高了所有植物油的渗透油通量,但在整个实验范围内没有观察到截留。

Weibin 等[393]制备了交联 PDMS/PVDF 和填充沸石的 PDMS/PVDF 复合膜,并应用于己烷/大豆油杂环中的己烷回收。填充沸石的 PDMS/PVDF 膜分离性能更好。美国小型膜系统公司提出了全氟聚合物基 NF 膜,用于植物油/己烷分离,油的截留率 > 99%,己烷渗透约为 2 L·m^{-2}·h^{-1}·bar^{-1}。他们估计相对于蒸发器的成本节约百分比在 39% ~ 49%,这取决于不同工艺配置。

Raman 等[394]和 Zwijnenberg 等[395]认为 OSN 可以成功应用于食用油加工的最后一步——脱酸,观察到膜技术可以比蒸发装置减少 50% 的能耗。最近由 Bhosle 和 Subramanian 得出的结果也证实了这一概念,但是对于工业应用来说,膜技术通量过低[396]。文献[397]介绍了用不同的商业膜从大豆油混合物中回收溶剂和部分溶剂脱酸的工艺。Kale 等[398]研究了甲醇萃取法对粗米糠油中 16.5% FFA 的脱酸作用,采用工业膜法回收甲醇提取物中的游离脂肪酸。他们估计 FFA 回收率从一级的 93% 增加到三级联式的 99%。虽然净收益随阶段的增加而减少,但三级联工厂的价值收益仍然是 28 美元/美元操作成本,因为 FFA 回收的价值补偿了额外的阶段。Bhosle 等[399]用聚合物的疏水非多孔和亲水性 NF 膜对添加或不添加 OS 的对照组植物油进行脱酸。己烷稀释法使油通量提高到 14 倍,然而膜的选择性完全丧失,而丙酮稀释则显著提高了膜的选择性。

OSN 膜在食品工业中其他应用是高价值天然产品的浓缩、分离和纯化,这些例子包括用于提纯和回收棕榈油中的类胡萝卜素[400]和玉米中的叶黄素[401]的膜工艺,这些都是高价值的天然农产品。Peshev 等[402]使用 DuraMem 200 膜将迷迭香的抗氧化提取物浓缩在乙醇中。他们获得了良好的渗透通量和几乎完全截留的迷迭香酸及其他抗氧化成分的草药,在过滤过程中没有显著损失抗氧化性能。在另一项研究中,OSN 被应用于富集粗米糠油中富含的具有抗氧化功能和营养价值的植物化学物质 γ-谷维素，油脂抗氧化能力的提高几乎是原来的 2 倍。对几种膜进行筛选并应用两步膜级联：第一阶段进行甘油与 γ-谷维素分离，促进植物化学油富集；第二阶段进行炼油，进一步提高 γ-谷维素含量。Nwuha[404]从绿茶中分离出具有生物活性的儿茶素，并通过使用 G-10 和 G-20 膜的脱盐系统从提取物中去除咖啡因。Tsibranska 和 Tylkowski 使用 DuraMem 300 和 500NF 膜从 Sideritis ssp 的乙醇提取物中浓缩有价值的类黄酮和多酚。[405] Tsibranska 和 Saykova[406]研究了 NF 萃取物中多酚的浓度和分离，并与其他分离技术（吸附、沉淀、结晶化）相结合，以提高该工艺的选择性。

Rabelo 等[407]使用商用膜 NF270、DK 和 DL 研究了从罐头工业的洋蓟废料中提取并浓缩酚类化合物的工艺，对膜污染引起的通量下降和酚截留进行了评估，得出结论：获得最高酚醛产量的最佳工艺条件是采用 DK 膜、50% 乙醇和 240 W 超声功率提取。

3.3.3 精炼

精炼工业是能源和分离密集型产业，这表明大规模膜系统的应用可以提供显著的效益。从 20 世纪 80 年代开始，石油巨头（Exxon[8,9]、Shell[12]、Texaco[408]）开始申请在润滑油脱蜡中使用聚合膜进行溶剂回收的专利。他们使用现有的商业（水）膜或自己制造的分离膜。2000 年，White 和 Nitsch[21]证明了一种商用聚合物基质 5218，它可用于形成不对称 NF 膜，具有良好的化学稳定性，能够从润滑油滤液中分离出轻烃溶剂。更具体地说，在 2 个月的高压连续试验中，该 PI 膜能够以稳定的渗透率从润滑油滤液中回收 99% 纯度的冷冻溶剂（263 K 时甲基乙基酮-甲苯混合物）。这种膜工艺所需的能量比通常以蒸馏为基础的润滑油工艺少 45% 左右。这项研究在美孚博蒙特得克萨斯炼油厂创建了一个商业 OSN 生产工厂（商标是 MAX-DEWAX）（图 3.22），每天能够处理 11 500 m³ 的溶剂。MAX-DEWAX 过程结合选定的升级辅助设备，使基础油生产增加了超过 25% 的体积百分比浓度，脱蜡油收益率提高了 3%~5%，该膜单元每年的净增长超过 600 万美元，使其成为一项非常有吸引力的技术。由于润滑油脱蜡厂净盈利能力的提高，因此资本支出在不到一年的时间内就得到了回馈。这种大规模的非常成功的应用清楚地表明了 OSN 对能源和化学部门的影响。

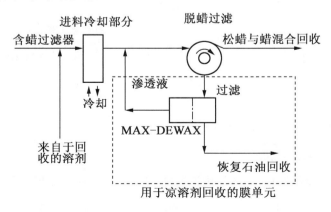

图 3.22　MAX-DEWAX 的过程

在英国石油公司申请的一项专利中,OSN 膜被用于原油脱酸。原油及其蒸馏馏分通常含有有机酸,如环烷酸,使其呈酸性。酸性杂质可能导致腐蚀,通常用极性溶剂如甲醇萃取除去。溶剂一般通过蒸馏回收,但在专利的过程中,蒸馏装置被一个 OSN 装置取代。环烷酸保留在截留产物中,回收的溶剂在渗透流中。采用设计用于水应用的 Desal (Osmonics) 系列的商用膜,Desal – dk 膜对环烷酸的最高截留率约为 87%。[409]

OSN 膜应用于处理含芳构化合物的炼厂流程有许多。甲苯歧化作用使甲苯转化为对二甲苯和苯。在甲苯歧化装置中,将甲苯循环流的一部分送去净化,以避免不良的非芳烃在循环中堆积。结果表明,芳烃选择性膜能够有效回收(>50%)吹扫流中的甲苯并将其送回主反应器回路(图 3.23(a))。实验在 50 ℃和 55 bar 的压力下,超过 2 000 h、直径 2 in 的模块的 Starmem 系列中被证明成功,在膜压实一段时间后达到了稳定的通量。试点工厂还进行了直径 8 in 的模块的更短的测试。其他炼油工艺包括芳香族异构化、芳香族歧化、芳香族氢化、芳香族烷基化和芳香族脱烷基化,它们也可从这种膜分离中获益。[410] 经济计算表明,从一个净化流中回收 50% 的甲苯通常有 160 m^3 · d^{-1}(1 000 桶 · d^{-1}),操作过程的成本差别为 0.053 L^{-1}甲苯,由此计算,每年将节省 150 万美元。

芳香族选择性膜单元可以置于重整或精炼厂蒸馏单元之前[410]。在重整过程中,芳烃含量得到了提高,辛烷值得到了提高,产生了有用的副产品氢气。现有石脑油流中的芳烃也会经过重整装置,所以膜分离可以使芳烃流绕过重整装置(图 3.23(b)),这将使重整装置单元的处理能力得到提高,类似的膜方案结合蒸馏也可以发展。

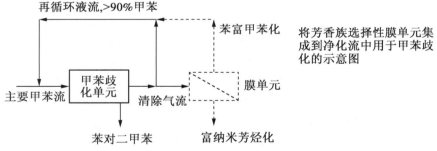

(a)将芳香族选择性膜单元集成到净化流中用于甲苯歧化的示意图

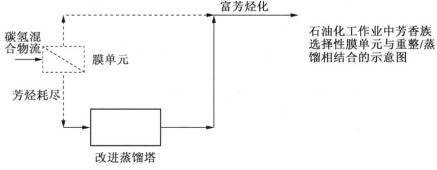

(b)石油化工作业中芳香族选择性膜单元与重整/蒸馏相结合的示意图

图 3.23 OSN 膜应用于处理含芳香的炼厂流体

OSN 膜也可用于分离石油馏分,从石油流中回收成分或燃料升级。Ohya 等[71]制备了一系列不对称 PI 膜,使用 MWCO 为 170 g·mol^{-1} 的膜成功分离了汽油-煤油混合物,423 kPa 和 10 MPa 下分离因子(汽油/煤油)为 19.5,流量为 40 kg·m^{-2}·d^{-1}。使用 MWCO 分别为 380 g·mol^{-1} 和 270 g·mol^{-1} 的膜,轻质汽油与低分子量原油和煤油的分离也是可能的。

Kutouy 等[411]提出了一种通过溶胀的微孔 PSf 膜对主要为脂肪族烃类液体(如废柴油润滑油、原油或管道混合原油、重油和沥青)进行分子分离,以从烃类液体中去除氮、硫、金属和沥青质。

一些研究人员尝试过用陶瓷超/纳滤膜从原油中去除沥青质[412,413],所有例子均观察到严重膜污染和通量下降。

Micovic 等[414]采用 OSN 和蒸馏相结合的混合工艺,在宽沸点混合物中研究了从加氢甲酰化反应中分离少量重质产物(己烷)和中低沸点产物(癸烷和十二烷),阐述了混合分离的四步设计方法。结果表明,在高温条件下,在膜材料具有足够的长期稳定性且成本低于 125 欧元/(m^2·年)的条件下,OSN 工艺比单独蒸馏更经济(图 3.24)。Adi 等提出了一种上层结构优化方法来确定有机混合物分离时 OSN 膜级联的最佳可能配置。这种方法的有效性已经在庚烷和十六烷二元体系的实验中得到了证明,从而在概念上证明了用膜层分离碳氢化合物的可行性。[415]

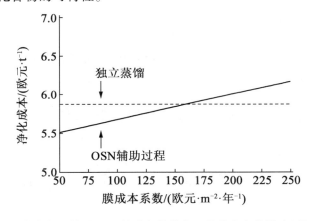

图 3.24　膜成本系数对 OSN 辅助杂化分离工艺的成本的影响(约 1 t 产品)

Othman 等[416]报道了 OSN 膜在生物柴油分离过程的潜力。八个类型的商业聚合物 NF 膜(Solsep 030705、Solsep 030306 f、Starmem 240、Starmem 120、Desal-DL、Desal-DK、MPF-34 和 MPF-44)被选择在交换过程后,从混合的均相催化剂、甘油和过量的甲醇酯等废液中分离富含甲基的液流(生物柴油)。将酯交换产物的碱度从 pH=12 降低到 pH=9,膜性能得到改善和稳定,发现 pH=12 时膜明显受损,但未评价膜的长期稳定性。

Tarleton 等[417]研究了 OSN(PAN/PDMS 膜)提升燃料质量的潜力。他们证明,OSN 在一定程度上可以去除有害的多核芳香族和有机金属溶质,这足以在试验中减少发动机阀门沉积物(减少 64%)和有害气体排放(减少 17%)。

最近,Koh 等[418]利用不对称碳分子筛中空纤维膜研究了 OS 反渗透(OSRO)的潜力,以交联聚四氟乙烯中空纤维为原料,经 4 500 ℃ 热解制备膜。交联的 PVDF 纤维膜在热解过程中能够抵抗多孔结构的坍塌,且对二甲苯/邻二甲苯混合物的二甲苯异构体渗透通量相对于现有沸石膜提高 10 倍以上,同时仍保持约 100 的高分子选择性(分离因子接近 4.3)。虽然分离需要 50~100 bar 的高跨膜压力,但是泵入流体的总能量强度(OSRO 分离中的一次能量成本)远低于需要相变的分离过程,如 PV。

3.4 本章小结

Szekely 等[195]做了一个有趣的分析比较 OSN 和蒸馏的碳排放,他们评估了在 OSN 的环境负担小于替代技术的环境负担之前,OSN 需要处理多少溶剂,即膜制造和处理及 OSN 加工的碳排放与蒸馏的碳排放的比较(图 3.25)。图中,两条线的交点代表 OSN(单位膜面积)的最低加工溶剂,其碳足迹比蒸馏低,再循环是指膜制备过程中对交联和后处理溶剂的回收再利用,以甲醇为溶剂对交联 P84 聚酰亚胺膜进行了计算。OSN 的碳排放是由膜制备、后处理及 OSN 工艺操作产生的二氧化碳组成的,而蒸馏的碳足迹是由加热和蒸发溶剂和冷凝蒸汽产生的二氧化碳组成的。对于甲醇,估计在 50~100 L·m^{-2},这在现有的 OSN 膜中是完全可行的。然而,通过更绿色的膜生产来减少 OSN 的碳足迹仍然是促进其在未来大规模应用的理想方法。

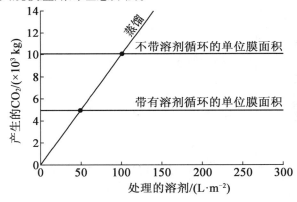

图 3.25　OSN 和蒸馏产生的 CO_2

必须指出,尽管这项技术的研究在快速增长,但实际的工业应用与潜在的膜应用相比仍然是有限的,对于 OSN 膜的具体特性仍有许多不确定性和不了解之处。与存在单一溶剂和有限数量的溶质要分离的水性应用相反,OSN 中可能的溶质/溶剂组合是无限的,且预测工具/模型仍然不够好,不足以允许工艺设计对每个单独的案例研究进行广泛的实验表征,并对 OSN 膜长期稳定。毫无疑问,这种不确定性给企业在生产线上实施 OSN 带来了困难。另一个对药物应用的困难是缺乏适当的政府立法和许多 OSN 膜没有得到 FDA 的批准。膜制造商面临的另一个挑战是市场规模仍相对较小,投资膜开发的回报较慢,这对大型膜的发展是一个很大的障碍。然而,仍然可以认为 OSN 技术的主要突破还在前面,OSN 具有将分离的主导从蒸馏转向膜处理的潜力,就像 RO 取代了海水淡化的多效蒸发一样。新的膜技术更好地理解传输和污染过程，进一步成功应用将引领这一转变。

由于对 OS 中 NF 领域的兴趣迅速增长，因此无法在本章涵盖整个 OSN 研究的所有方面。本书将推荐几个全面的综述作为进一步阅读，请参见文献[2,46,157,195,301]。

本章参考文献

[1] Mulder, M. Basic Principles of Membrane Technology, 2nd ed.; Kluwer: Dordrecht, 2004.

[2] Vandezande, P.; Gevers, L. E. M.; Vankelecom, I. F. J. Solvent Resistant Nanofiltration: Separating on a Molecular Level. Chem. Soc. Rev. 2008, 37, 365 – 405.

[3] Smitha, B.; Suhanya, D.; Sridhar, S.; Ramakrishna, M. Separation of Organic – Organic Mixtures by Pervaporation—A Review. J. Membr. Sci. 2004, 241, 1 – 21.

[4] Sourirajan, S. Separation of Hydrocarbon Liquids by Flow Under Pressure Through Porous Membranes. Nature 1964, 203, 1348 – 1349.

[5] Kopecek, J. Performance of Porous Cellulose Acetate Membranes for the Reverse Osmosis Separation of Mixtures of Organic Liquids. Ind. Eng. Chem. Process. Des. Dev. 1970, 9, 5 – 12.

[6] Farnand, B. A.; Talbot, F. D. F.; Matsuura, T.; Sourirajan, S. Reverse Osmosis Separations of Some Organic and Inorganic Solutes in Methanol Solutions Using Cellulose Acetate Membranes. Ind. Eng. Chem. Process. Des. Dev. 1983, 22, 179 – 187.

[7] Sourirajan, S.; Matsuura, T. Reverse Osmosis/Ultrafiltration Principles; National Research Council of Canada: Ottawa, 1985; pp. 802 – 805.

[8] Shuey, H. F.; Wan, W. (Exxon Research and Engineering Co.). Asymmetric Polyimide Reverse Osmosis Membrane, Method for Preparation of Same and Use Thereof for Organic Liquid Separations. U. S. Patent 4,532,041, July 30, 1985.

[9] Anderson, B. P. (Exxon Research & Engineering Company). Ultrafiltration Polyimide Membrane and its Use for Recovery of Dewaxing Aid. U. S. Patent 4,963,303, October 16, 1990.

[10] Gould, R. M.; Nitsch, A. R. (Mobil Oil Corporation). Lubricating Oil Dewaxing with Membrane Separation of Cold Solvent. U. S. Patent 5,494,566, February 27, 1996.

[11] Gould, R. M.; Kloczewski, H. A.; Menon, K. S.; Sulpizio, T. E.; White, L. S. (Mobil Oil Corporation). Lubricating Oil Dewaxing With Membrane Separation. U. S. Patent 5,651,877, July 29, 1997.

[12] Bitter, J. G. A.; Haan, J. P.; Rijkens, H. C. (Shell Oil Company). Process for the Separation of Solvents from Hydrocarbons Dissolved in the Solvents. U. S. Patent

4,748,288, May 31, 1988.

[13] Cossee, R. P.; Geus, E. R.; Van Den Heuvel, E. J.; Weber, C. E. (Shell Oil Company). Process for Purifying a Liquid Hydrocarbon Product. U. S. Patent 6,488,856, December 3, 2002.

[14] Miller, J. F.; Bryant, D. R.; Hoy, K. L.; Kinkade, N. E.; Zanapalidou, R. H. (Union Carbide Chemicals & Plastics Technology Corporation). Membrane Separation Process. U. S. Patent 5,681,473, October 28, 1997.

[15] Black, L. E.; Boucher, H. A. (Exxon Research and Engineering Co.). Process for Separating Alkylaromatics From Aromatic Solvents and the Separation of the Alkylaromatic Isomers using Membranes. U. S. Patent 4,571,444, February 18, 1986.

[16] Black, L. E.; Miasek, P. G.; Adriaens, G. (Exxon Research and Engineering Co.). Aromatic Solvent Upgrading Using Membranes. U. S. Patent 4,532,029, July 30, 1985.

[17] Black, L. E. (Exxon Research and Engineering Company). Interfacially Polymerized Membranes for the Reverse Osmosis Separation of Organic Solvent Solutions. U. S. Patent 5,173,191, December 22, 1992.

[18] Bitter, J. G. A.; Haan, J. P. (Shell Oil Company). Process for Separating a Fluid Feed Mixture Containing Hydrocarbon Oil and an Organic Solvent. U. S. Patent 4,810,366, March 7, 1989.

[19] White, L. S.; Wang, I. F.; Minhas. B. S. (W. R. Grace & Co.-Conn. New York, NY) Polyimide Membrane for Separation of Solvents From Lube Oil. U. S. Patent 5,264,166, November 23, 1993.

[20] Gould, R. M.; White, L. S.; Wildemuth, C. R. Membrane Separation in Solvent Lube Dewaxing. Environ. Prog. 2001, 20, 12 – 16.

[21] White, L. S.; Nitsch, A. R. Solvent Recovery From Lube oil Filtrates With a Polyimide Membrane. J. Membr. Sci. 2000, 179, 267 – 274.

[22] Kong, Y.; Shi, D.; Yu, H.; Wang, Y.; Yang, J.; Zhang, Y. Separation Performanceof Polyimide Nanofiltration Membranes for Solvent Recovery From Dewaxed Lube Oil Filtrates. Desalination 2006, 191, 254 – 261.

[23] Linder, C.; Nemas, M.; Perry, M.; Katraro, R. (Membrane Products Kiryat Weitzman Ltd.). Silicon Derived Solvent Stable Membranes. U. S. Patent 5,265,734, November 30, 1993.

[24] http://duramem.evonik.com/product/duramem-puramem/en/Pages/default.aspx.

[25] White, L. S. Transport Properties of a Polyimide Solvent Resistant Nanofiltration Membrane. J. Membr. Sci. 2002, 205, 191 – 202.

[26] Bhanushali, D.; Kloos, S.; Bhattacharayya, D. Solute Transport in Solvent-Resistant Nanofiltration Membranes for Non-Aqueous Systems: Experimental Results and the

Role of Solute-Solvent Coupling. J. Membr. Sci. 2002, 208, 343 – 359.

[27] Bhanushali, D.; Kloos, S.; Kurth, C.; Bhattacharayya, D. Performance of Solvent-Resistant Membranes for Non-Aqueous Systems: Solvent Permeation Results and Modeling. J. Membr. Sci. 2001, 189, 1 – 21.

[28] Vandezande, P.; Gevers, L. E. M.; Paul, J. S.; Vankelecom, I. F. J.; Jacobs, P. A. High Throughput Screening for Rapid Development of Membranes and Membrane Processes. J. Membr. Sci. 2005, 250, 305 – 310.

[29] Gevers, L. E. M.; Meyen, G.; De Smet, K.; Van De Velde, P.; Du Prez, F.; Vankelecom, I. F. J.; Jacobs, P. A. Physico-Chemical Interpretation of the SRNF Transport Mechanism for Solutes Through Dense Silicone Membranes. J. Membr. Sci. 2006, 274, 173 – 182.

[30] Fritsch, D.; Merten, P.; Heinrich, K.; Lazar, M.; Priske, M. High Performance Organic Solvent Nanofiltration Membranes: Development and Thorough Testing of Thin Film Composite Membranes Made of Polymers of Intrinsic Microporosity (PIMs). J. Membr. Sci. 2012, 401 – 402, 222 – 231.

[31] Kwiatkowski, J.; Cheryan, M. Performance of Nanofiltration Membranes in Ethanol. Sep. Sci. Technol. 2005, 40, 2651 – 2662.

[32] Tsuru, T.; Sudoh, T.; Yoshioka, T.; Asaeda, M. Nanofiltration in Non-Aqueous Solutions by Porous Silica-Zirconia Membranes. J. Membr. Sci. 2001, 185, 253 – 261.

[33] Rohani, R.; Hyland, M.; Patterson, D. A Refined One-Filtration Method for Aqueous Based Nanofiltration and Ultrafiltration Membrane Molecular Weight Cut-Off Determination Using Polyethylene Glycols. J. Membr. Sci. 2011, 382, 278 – 290.

[34] Stafie, N.; Stamatialis, D. F.; Wessling, M. Effect of PDMS Cross-Linking Degree on the Permeation Performance of PAN/PDMS Composite Nanofiltration Membranes. Sep. Purif. Technol. 2005, 45, 220 – 231.

[35] Van der Bruggen, B.; Schaep, J.; Wilms, D.; Vandecasteele, C. Influence of Molecular Size, Polarity and Charge on the Retention of Organic Molecules by Nanofiltration. J. Membr. Sci. 1999, 156, 29 – 41.

[36] See Toh, Y.; Loh, X.; Li, K.; Bismarck, A.; Livingston, A. In Search of a Standard Method for the Characterisation of Organic Solvent Nanofiltration Membranes. J. Membr. Sci. 2007, 291, 120 – 125.

[37] Dutczak, S. M.; Luiten-Olieman, M. W. J.; Zwijnenberg, H. J.; Bolhuis-Versteeg, L. A. M.; Winnubst, L.; Hempenius, M. A.; Benes, N. E.; Wessling, M.; Stamatialis, D. Composite Capillary Membrane for Solvent Resistant Nanofiltration. J. Membr. Sci. 2011, 372, 182 – 190.

[38] Yang, X. J.; Livingston, A. G.; Freitas dos Santos, L. Experimental Observations

of Nanofiltration With Organic Solvents. J. Membr. Sci. 2001, 190, 45 – 55.

[39] Rautenbach, R.; Albrecht, R. Membrane Processes; Wiley: Chichester, 1989.

[40] Uragami, T.; Yono, T.; Sugihara, M. Studies on Syntheses and Permeabilities of Special Polymer Membranes. XX. Permeabilities of Alcohols and Hydrocarbons Through Acrylonitrile-Butadiene-Styrene Terpolymer Membranes, Die. Angew. Makromol. Chem. 1979, 82, 89 – 102.

[41] Uragami, T.; Tamura, M.; Sugihara, M. Synthesis and Permeability of Special Polymer Membranes: XIII. Ultrafiltration and Adsorption Characteristics of Cellulose Nitrate-Activated Charcoal Membranes. J. Membr. Sci. 1979, 4, 305 – 314.

[42] Stamatialis, D. F.; Stafie, N.; Buadu, K.; Hempenius, M.; Wessling, M. In Proceedings of the International Workshop on Membranes in Solvent Filtration, Leuven, Belgium, 2006.

[43] Zwijnenberg, H. J.; Boerrigter, M.; Koops, G. H.; Wessling, M. In Proceedings of the International Conference on Membranes and Membrane Processes (ICOM), Providence (RI), USA, 2005.

[44] Zheng, F.; Li, C.; Yuana, Q.; Vriesekoop, F. Influence of Molecular Shape on the Retention of Small Molecules by Solvent Resistant Nanofiltration (SRNF) Membranes: A Suitable Molecular Size Parameter. J. Membr. Sci. 2008, 318, 114 – 122.

[45] Machado, D. R.; Hasson, D.; Semita, R. Effect of Solvent Properties on Permeate Flow Through Nanofiltration Membranes. Part I: Investigation of Parameters Affecting Solvent Flux. J. Membr. Sci. 1999, 163, 93 – 102.

[46] Marchetti, P.; Solomon, M. F. J.; Szekely, G.; Livingston, A. G. Molecular Separation with Organic Solvent Nanofiltration: A Critical Review. Chem. Rev. 2014, 114 (21), 10735 – 10806.

[47] Vankelecom, I. F. J.; De Smet, K.; Gevers, L. E. M.; Jacobs, P. A. In Nanofiltration, Principles and Applications; Schaefer, A. I.; Fane, A. G.; Waite, T. D., Eds.; Elsevier: Oxford, 2005.

[48] Loeb, S.; Sourirajan, S. In Sea Water Demineralization by Means of an Osmotic Membrane, in Saline Water Conversion-II, Advances in Chemistry Series Number 38 American Chemical Society: Washington, DC, 1963; pp. 117 – 132.

[49] Park, J. S.; Kim, S. K.; Lee, K. H. Effect of $ZnCl_2$ on Formation of Asymmetric PEI Membrane by Phase Inversion Process. J. Ind. Eng. Chem. 2000, 6, 93 – 99.

[50] Gevers, L. E. M.; Aldea, S.; Vankelecom, I. F. J.; Jacobs, P. A. Optimisation of a Lab-Scale Method for Preparation of Composite Membranes With a Filled Dense Top-Layer. J. Membr. Sci. 2006, 281, 741 – 746.

[51] Cuperus, F. P. Recovery of Organic Solvents and Valuable Components by Membrane Separation. Chem. Eng. Technol. 2005, 77, 1000 – 1001.

[52] Livingston, A. G.; Bhole, Y. S.; Jimenez Solomon, M. F. Solvent Resistant Polyamide Nanofiltration Membranes. U. S. Patent Application US2013/0,112,619 A1, 2013.

[53] Linder, C.; Nemas, M.; Perry, M.; Ketraro, R. Solvent-Stable Semipermeable Composite Membranes. U. S. Patent US5,032,282, 1991.

[54] Sairam, M.; Loh, X. X.; Bhole, Y.; Sereewatthanawut, I.; Li, K.; Bismarck, A.; Steinke, J. H. G.; Livingston, A. G. Spiral-Wound Polyaniline Membrane Modules for Organic Solvent Nanofiltration (OSN). J. Membr. Sci. 2010, 349, 123–129.

[55] Loh, X. X.; Sairam, M.; Bismarck, A.; Steinke, J. H. G.; Livingston, A. G.; Li, K. Crosslinked Integrally Skinned Asymmetric Polyaniline Membranes for Use in Organic Solvents. J. Membr. Sci. 2009, 326, 635–642.

[56] Livingston, A. G.; Bhole, Y. S. Asymmetric Membranes for Use in Nanofiltration. U. S. Patent Application US0,118,983, 2013.

[57] Li, X.; De Feyter, S.; Chen, D.; Aldea, S.; Vandezande, P.; Du Prez, F.; Vankelecom, I. F. Solvent-Resistant Nanofiltration Membranes Based on Multilayered Polyelectrolyte Complexes. Chem. Mater. 2008, 20, 3876–3883.

[58] http://www.celgard.com/specialty-membranes.aspx.

[59] White, L. S. U. S. Patent Polyimide Membranes for Hyperfiltration Recovery of Aromatic Solvents. US6,180,008, 2001.

[60] Cadotte, J. E.; Petersen, R. J. In Thin-Film Composite Reverse-Osmosis Membranes: Origin, Development, and Recent Advances; Desalination, ACS Symposium Series No. 153 American Chemical Society: Washington, DC, 1981; p. 305.

[61] Petersen, R. J. Composite Reverse Osmosis and Nanofiltration Membranes. J. Membr. Sci. 1993, 83, 81–150.

[62] See Toh, Y. H.; Ferreira, F. C.; Livingston, A. G. The Influence of Membrane Formation Parameters on the Functional Performance of Organic Solvent Nanofiltration Membranes. J. Membr. Sci. 2007, 299, 236–250.

[63] Boussu, K.; Vandecasteele, C.; Van der Bruggen, B. Study of the Characteristics and the Performance of Self-Made Nanoporous Polyethersulfone Membranes. Polymer 2006, 97, 3464–3476.

[64] Ismail, A. F.; Lai, P. Y. Effects of Phase Inversion and Rheological Factors on Formation of Defect-Free and Ultrathin-Skinned Asymmetric Polysulfone Membranes for Gas Separation. Sep. Purif. Technol. 2003, 33, 127–143.

[65] Kim, I.; Yoon, H.; Lee, K. Formation of Integrally Skinned Asymmetric Polyetherimide Nanofiltration Membranes by Phase Inversion Process. J. Appl. Polym. Sci. 2002, 84, 1300–1307.

[66] Hicke, H.; Lehmann, I.; Malsch, G.; Ulbricht, M.; Becker, M. Preparation and

Characterization of a Novel Solvent-Resistant and Autoclavable Polymer Membrane. J. Membr. Sci. 2002, 198, 187 – 196.

[67] Vankelecom, I. F. J.; Gevers, L. E. M. In Green Separation Processes: Fundamentals and Applications; Alfonso, C. A. M.; Crespo, J. G., Eds.; Wiley-VCH: Weinheim, 2005.

[68] Bulut, M.; Gevers, L. E. M.; Paul, J. S.; Vankelecom, I. F. J.; Jacobs, P. A. Directed Development of High-Performance Membranes via High-Throughput and Combinatorial Strategies. J. Comb. Sci. 2006, 8, 168 – 173.

[69] Dai, Y.; Jian, X.; Zhang, S.; Guiver, M. D. Thermostable Ultrafiltration and Nanofiltration Membranes From Sulfonated Poly(Phthalazinone Ether Sulfone Ketone). J. Membr. Sci. 2001, 188, 195 – 203.

[70] Leblanc, N.; Le Cerf, D.; Chappey, C.; Langevin, D.; Metayer, M.; Muller, G. Polyimide Asymmetric Membranes: Elaboration, Morphology, and Gas Permeation Performance. J. Appl. Polym. Sci. 2003, 89, 1838 – 1848.

[71] Ohya, H.; Okazaki, I.; Aihara, M.; Tanisho, S.; Negishi, Y. Study on Molecular Weight Cut-Off Performance of Asymmetric Aromatic Polyimide Membrane. J. Membr. Sci. 1997, 123, 143 – 147.

[72] Gupta, K. C. Synthesis and Evaluation of Aromatic Polyamide Membranes for Desalination in Reverse-Osmosis Technique. J. Appl. Polym. Sci. 1997, 66, 643 – 653.

[73] Jian, X.; Dai, Y.; He, G.; Chen, G. Preparation of UF and NF Poly(Phthalazine Ether Sulfone Ketone) Membranes for High Temperature Application. J. Membr. Sci. 1999, 161, 185 – 191.

[74] See Toh, Y. H.; Silva, M.; Livingston, A. G. Controlling Molecular Weight Cut-Off Curves for Highly Solvent Stable Organic Solvent Nanofiltration (OSN) Membranes. J. Membr. Sci. 2008, 324, 220 – 232.

[75] Soroko, I.; Lopes, M. P.; Livingston, A. G. The Effect of Membrane Formation Parameters on Performance of Polyimide Membranes for Organic Solvent Nanofiltration (OSN): Part A. Effect of Polymer/Solvent/Non-Solvent System Choice. J. Membr. Sci. 2011, 381, 152 – 162.

[76] Soroko, I.; Makowski, M.; Spill, F.; Livingston, A. G. The Effect of Membrane Formation Parameters on Performance of Polyimide Membranes for Organic Solvent Nanofiltration (OSN). Part B: Analysis of Evaporation Step and the Role of a Co-Solvent. J. Membr. Sci. 2011, 381, 163 – 171.

[77] Soroko, I.; Sairam, M.; Livingston, A. G. The Effect of Membrane Formation Parameters on Performance of Polyimide Membranes for Organic Solvent Nanofiltration (OSN). Part C. Effect of Polyimide Characteristics. J. Membr. Sci. 2011, 381, 172 – 182.

[78] See Toh, Y. H.; Lim, F. W.; Livingston, A. G. Polymeric Membranes for Nanofiltration in Polar Aprotic Solvents. J. Membr. Sci. 2007, 301, 3-10.

[79] Holda, A. K.; Aernouts, B.; Saeys, W.; Vankelecom, I. F. J. Study of Polymer Concentration and Evaporation Time as Phase Inversion Parameters for Polysulfone-Based SRNF Membranes. J. Membr. Sci. 2013, 442, 196-205.

[80] Holda, A. K.; De Roeck, M.; Hendrix, K.; Vankelecom, I. F. J. The Influence of Polymer Purity and Molecular Weight on the Synthesis of Integrally Skinned Polysulfone Membranes. J. Membr. Sci. 2013, 446, 113-120.

[81] Holda, A. K.; Vankelecom, I. F. J. Integrally Skinned PSf-Based SRNF-Membranes Prepared via Phase Inversion—Part A: Influence of High Molecular Weight Additives. J. Membr. Sci. 2014, 450, 512-521.

[82] Holda, A. K.; Vankelecom, I. F. J. Integrally Skinned PSf-Based SRNF-Membranes Prepared via Phase Inversion—Part B: Influence of Low Molecular Weight Additives. J. Membr. Sci. 2014, 450, 499-511.

[83] Darvishmanesh, S.; Jansen, J. C.; Tasselli, F.; Tocci, E.; Luis, P.; Degrève, J.; Drioli, E.; Van der Bruggen, B. Novel Polyphenylsulfone Membrane for Potential Use in Solvent Nanofiltration. J. Membr. Sci. 2011, 379, 60-68.

[84] Darvishmanesh, S.; Tasselli, F.; Jansen, J. C.; Tocci, E.; Bazzarelli, F.; Bernardo, P.; Luis, P.; Degrève, J.; Drioli, E.; Van der Bruggen, B. Preparation of Solvent Stable Polyphenylsulfone Hollow Fiber Nanofiltration Membranes. J. Membr. Sci. 2011, 384, 89-96.

[85] Jansen, J. C.; Darvishmanesh, S.; Tasselli, F.; Bazzarelli, F.; Bernardo, P.; Tocci, E.; Friess, K.; Randova, A.; Drioli, E.; Van der Bruggen, B. Influence of the Blend Composition on the Properties and Separation Performance of Novel Solvent Resistant Polyphenylsulfone/Polyimide Nanofiltration Membranes. J. Membr. Sci. 2013, 447, 107-118.

[86] Buonomenna, M. G.; Golemme, G.; Jansen, J. C.; Choi, S. H. Asymmetric PEEKWC Membranes for Treatment of Organic Solvent Solutions. J. Membr. Sci. 2011, 368, 144-149.

[87] Hendrix, K.; Koeckelberghs, G.; Vankelecom, I. F. J. Study of Phase Inversion Parameters for PEEK-Based Nanofiltration Membranes. J. Membr. Sci. 2014, 452, 241-252.

[88] Hendrix, K.; Van Eynde, M.; Koeckelberghs, G.; Vankelecom, I. F. J. Synthesis of Modified Poly(Etheretherketone) Polymer for the Preparation of Ultrafiltration and Nanofiltration Membranes via Phase Inversion. J. Membr. Sci. 2013, 447, 96-106.

[89] Hendrix, K.; Van Eynde, M.; Koeckelberghs, G.; Vankelecom, I. F. J. Crosslinking of Modified Poly(Etheretherketone) Membranes for Use in Solvent Resist-

ant Nanofiltration. J. Membr. Sci. 2013, 447, 212 – 221.

[90] Da Silva Burgal, J.; Peeva, L. G.; Kumbharkar, S.; Livingston, A. Organic Solvent Resistant Poly(Ether-Ether-Ketone) Nanofiltration Membranes. J. Membr. Sci. 2015, 479, 105 – 116.

[91] Da Silva Burgal, J.; Peeva, L. G.; Marchetti, P.; Livingston, A. Controlling Molecular Weight Cut-Off of PEEK Nanofiltration Membranes Using a Drying Method. J. Membr. Sci. 2015, 493, 524 – 538.

[92] Vanherck, K.; Koeckelberghs, G.; Vankelecom, I. F. J. Crosslinking Polyimides for Membrane Applications: A Review. Prog. Polym. Sci. 2013, 38, 874 – 896.

[93] Vandezande, P.; Vanherck, K.; Vankelecom, I. F. J. Cross-Linked Polyimide Membranes. U. S. Patent Application US2010181253, 2008.

[94] Vanherck, K.; Cano-Odena, A.; Koeckelberghs, G.; Dedroog, T.; Vankelecom, I. F. J. A Simplified Diamine Crosslinking Method for PI Nanofiltration Membranes. J. Membr. Sci. 2010, 353, 135 – 143.

[95] Dutczak, S. M.; Cuperus, F. P.; Wessling, M.; Stamatialis, D. F. New Crosslinking Method of Polyamide-Imide Membranes for Potential Application in Harsh Polar Aprotic Solvents. Sep. Purif. Technol. 2013, 102, 142 – 146.

[96] Siddique, H.; Bhole, Y.; Peeva, L. G.; Livingston, A. G. Pore Preserving Crosslinkers for Polyimide OSN Membranes. J. Membr. Sci. 2014, 465, 138 – 150.

[97] Strużyńska-Piron, I.; Loccufier, J.; Vanmaele, L.; Vankelecom, I. F. J. Synthesis of Solvent Stable Polymeric Membranes via UV Depth-Curing Chem. Commun. 2013, 49, 11494 – 11496.

[98] Strużyńska-Piron, I.; Loccufier, J.; Vanmaele, L.; Vankelecom, I. F. J. Parameter Study on the Preparation of UV Depth-Cured Chemically Resistant Polysulfone-Based Membranes. Macromol. Chem. Phys. 2014, 215, 614 – 623.

[99] Strużyńska-Piron, I.; Bilad, M. R.; Loccufier, J.; Vanmaele, L.; Vankelecom, I. F. J. Influence of UV Curing on Morphology and Performance of Polysulfone Membranes Containing Acrylates. J. Membr. Sci. 2014, 462, 17 – 27.

[100] Dobrak, A.; Figoli, A.; Chovau, S.; Galiano, F.; Simone, S.; Vankelecom, I. F. J.; Drioli, E.; van der Bruggen, B. Performance of PDMS Membranes in Pervaporation: Effect of Silicalite Fillers and Comparison With SBS Membranes. J. Colloid Interface Sci. 2010, 346, 254 – 264.

[101] Vanherck, K.; Aerts, A.; Martens, J.; Vankelecom, I. F. J. Hollow Filler Based Mixed Matrix Membranesw. Chem. Commun. 2010, 46, 2492 – 2494.

[102] Jimenez Solomon, M. F.; Bhole, Y.; Livingston, A. G. High Flux Membranes for Organic Solvent Nanofiltration (OSN)—Interfacial Polymerization With Solvent Activation. J. Member. Sci. 2012, 423 – 424, 371 – 382.

[103] Jimenez Solomon, M. F.; Bhole, Y.; Livingston, A. G. High Flux Hydrophobic Membranes for Organic Solvent Nanofiltration (OSN)—Interfacial Polymerization, Surface Modification and Solvent Activation. J. Membr. Sci. 2013, 434, 193-203.

[104] Fontananova, E.; Di Profio, G.; Artusa, F.; Drioli, E. Polymeric Homogeneous Composite Membranes for Separations in Organic Solvents. J. Appl. Polym. Sci. 2013, 129, 1653-1659.

[105] Valtcheva, I. B.; Kumbharkar, S. C.; Kim, J. F.; Bhole, Y.; Livingston, A. G. Beyond Polyimide: Crosslinked Polybenzimidazole Membranes for Organic Solvent Nanofiltration (OSN) in Harsh Environments. J. Membr. Sci. 2014, 457, 62-72.

[106] Valtcheva, I. B; Marchetti, P.; Livingston, A. G. Crosslinked Polybenzimidazde Membranes for Organic Solvent Manofiltration(SON): Analysis of crosslinking Reaction Mechanism and Effects of Reaction Parameters. J. Member. Sci. 205, 493, 568-579.

[107] Xing, D. Y.; Chan, S. Y.; Chung, T. S. The Ionic Liquid [EMIM]OAc as a Solvent to Fabricate Stable Polybenzimidazole Membranes for Organic Solvent Nanofiltration. Green Chem. 2014, 16, 1383-1392.

[108] Chen, D.; Yu, S.; Zhang, H.; Li, X. Solvent Resistant Nanofiltration Membrane Based on Polybenzimidazole. Sep. Purif. Technol. 2015, 142, 299-306.

[109] Kim, I. C.; Jegal, J.; Lee, K. H. Effect of Aqueous and Organic Solutions on the Performance of Polyamide Thin-Film-Composite Nanofiltration Membranes. J. Polym. Sci. B Polym. Phys. 2002, 40, 2151-2163.

[110] Kim, I. C.; Lee, K. H. Preparation of Interfacially Synthesized and Silicone-Coated Composite Polyamide Nanofiltration Membranes With High Performance. Ind. Eng. Chem. Res. 2002, 41, 5523-5528.

[111] Lee, K. H.; Kim, I.; Yun, H. G. Silicone-Coated Organic Solvent Resistant Polyamide Composite Nanofiltration Membrane, and Method for Preparing the Same. U. S. Patent US6,887,380, 2005.

[112] Buch, P. R.; Mohan, D. J.; Reddy, A. V. Poly(Amide Imide)s and Poly(Amide Imide) Composite Membranes by Interfacial Polymerization. Polym. Int. 2006, 55, 391-398.

[113] Korikov, A. P.; Kosaraju, P. B.; Sirkar, K. K. Interfacially Polymerized Hydrophilic Microporous Thin Film Composite Membranes on Porous Polypropylene Hollow Fibers and Flat Films. J. Membr. Sci. 2006, 279, 588-600.

[114] Kosaraju, P. B.; Sirkar, K. K. Novel Solvent-Resistant Hydrophilic Hollow Fiber Membranes for Efficient Membrane Solvent Back Extraction. J. Membr. Sci. 2007, 288, 41-50.

[115] Kosaraju, P. B.; Sirkar, K. K. Interfacially Polymerized Thin Film Composite Membranes on Microporous Polypropylene Supports for Solvent-Resistant Nanofiltra-

tion. J. Membr. Sci. 2008, 321, 155 – 161.

[116] Sirkar, K. K.; Korikov, A. P.; Kosaraju, P. B. Composite Membranes and Membrane Systems and Methods for Production and Utilization Thereof. U. S. Patent US0, 197,070, 2008.

[117] Minhas, F. T.; Memon, S.; Bhanger, M. I.; Iqbal, N.; Mujahid, M. Solvent Resistant Thin Film Composite Nanofiltration Membrane: Characterization and Permeation Study. Appl. Surf. Sci. 2013, 282, 887 – 897.

[118] Peyravi, M.; Rahimpour, A.; Jahanshahi, M. Thin Film Composite Membranes With Modified Polysulfone Supports for Organic Solvent Nanofiltration. J. Membr. Sci. 2012, 423 – 424, 225 – 237.

[119] Jimenez Solomon, M. F.; Gorgojo, P.; Munoz-Ibanez, M.; Livingston, A. G. Beneath the Surface: Influence of Supports on Thin Film Composite Membranes by Interfacial Polymerization for Organic Solvent Nanofiltration. J. Membr. Sci. 2013, 448, 102 – 113.

[120] Sun, S.-P.; Chan, S.-Y.; Chung, T.-S. A Slow-Fast Phase Separation (SFPS) Process of Fabricate Dual-Layer Hollow Fiber Substrates for Thin-Film Composite (TFC) Organic Solvent Nanofiltration (OSN) Membranes. Chem. Eng. Sci. 2015, 129, 232 – 242.

[121] Karan, S.; Jiang, Z.; Livingston, A. G. Sub-10 nm Polyamide Nanofilms With Ultrafast Solvent Transport for Molecular Separation. Science 2015, 348 (6241), 1347 – 1351.

[122] Hermans, S.; Dom, E.; Mariën, H.; Koeckelberghs, G.; Vankelecom, I. F. J. Efficient Synthesis of Interfacially Polymerized Membranes for Solvent Resistant Nanofiltration. J. Membr. Sci. 2015, 476, 356 – 363.

[123] Hermans, S.; Mariën, H.; Van Goethem, C.; Vankelecom, I. F. J. Recent Developments in Thin Film (Nano) Composite Membranes for Solvent Resistant Nanofiltration. Curr. Opin. Chem. Eng. 2015, 8, 45 – 54.

[124] Lau, W. J.; Gray, S.; Matsuura, T.; Emadzadeh, D.; Chen, J. P.; Ismail, A. F. A Review on Polyamide Thin Film Nanocomposite (TFN) Membranes: History, Applications, Challenges and Approaches. Water Res. 2015, 80, 306 – 324.

[125] Volkov, A. V.; Parashchuk, V. V.; Stamatialis, D. F.; Khotimsky, V. S.; Volkov, V. V.; Wessling, M. High Permeable PTMSP/PAN Composite Membranes for Solvent Nanofiltration. J. Membr. Sci. 2009, 333, 88 – 93.

[126] Tsarkov, S.; Malakhov, A. O.; Litvinova, E. G.; Volkov, A. Nanofiltration of Dye Solutions Through Membranes Based on Poly (Trimethylsilylpropyne). Pet. Chem. 2013, 53, 537 – 545.

[127] Volkov, A. V.; Tsarkov, S. E.; Gilman, A. B.; Khotimsky, V. S.; Roldughin,

V. I.; Volkov, V. V. Surface Modification of PTMSP Membranes by Plasma Treatment: Asymmetry of Transport in Organic Solvent Nanofiltration. Adv. Colloid Interf. Sci. 2015, 222, 716-727.

[128] Li, X.; Vandezande, P.; Vankelecom, I. F. J. Polypyrrole Modified Solvent Resistant Nanofiltration Membranes. J. Membr. Sci. 2008, 320, 143-150.

[129] Shao, L.; Cheng, X.; Wang, Z.; Ma, J.; Guo, Z. Tuning the Performance of Polypyrrole-Based Solvent-Resistant Composite Nanofiltration Membranes by Optimizing Polymerization Conditions and Incorporating Grapheme Oxide. J. Membr. Sci. 2014, 452, 82-89.

[130] Aba, N. F. D.; Chong, Y. J.; Wang, B.; Mattevi, C.; Li, K. Graphene Oxide Membranes on Ceramic Hollow Fibers—Microstructural Stability and Nanofiltration Performance. J. Membr. Sci. 2015, 484, 87-94.

[131] Huang, L.; Zhang, M.; Li, C.; Shi, G. Graphene-Based Membranes for Molecular Separation. J. Phys. Chem. Lett. 2015, 6, 2806-2815.

[132] Huang, L.; Li, Y.; Zhou, Q.; Yuan, W.; Shi, G. Graphene Oxide Membranes With Tunable Semipermeability in Organic Solvents. Adv. Mater. 2015, 27, 3797-3802.

[133] Long, T. R.; Gupta, A.; Miller Ii, A. L.; Rethwisch, D. G.; Bowden, N. B. Selective Flux of Organic Liquids and Solids Using Nanoporous Membranes of Polydicyclopentadiene. J. Mater. Chem. 2011, 21 (37), 14265-14276.

[134] McKeown, N. B.; Budd, P. M. Exploitation of Intrinsic Microporosity in Polymer-Based Materials. Macromolecules 2010, 43, 5163-5176.

[135] Tsarkov, S.; Khotimskiy, V.; Budd, P. M.; Volkov, V.; Kukushkina, J.; Volkov, A. Solvent Nanofiltration Through High Permeability Glassy Polymers: Effect of Polymer and Solute Nature. J. Membr. Sci. 2012, 423-424, 65-72.

[136] Gorgojo, P.; Karan, S.; Wong, H. C.; Jimenez-Solomon, M. F.; Cabral, J. T.; Livingston, A. G. Ultrathin Polymer Films With Intrinsic Microporosity: Anomalous Solvent Permeation and High Flux Membranes. Adv. Funct. Mater. 2014, 24, 4729-4737.

[137] Jimenez-Solomon, M. F.; Song, Q.; Jelfs, K. E.; Munoz-Ibanez, M.; Livingston, A. G. Polymer Nanofilms With Enhanced Microporosity by Interfacial Polymerization. Nat. Mater. 2016, 15 (7), 760-767.

[138] Li, X.; Fustin, C. A.; Lefevre, N.; Gohy, J. F.; De Feyter, S.; De Baerdemaeker, J.; Egger, W.; Vankelecom, I. F. J. Ordered Nanoporous Membranes Based on Diblock Copolymers With High Chemical Stability and Tunable Separation Properties. J. Mater. Chem. 2010, 20, 4333-4339.

[139] Li, X.; Basko, M.; Du Prez, F.; Vankelecom, I. F. J. Multifunctional Membranes

for Solvent Resistant Nanofiltration and Pervaporation Applications Based on Segmented Polymer Networks. J. Phy. Chen. B 2008, 112, 16539 – 16545.

[140] Joseph, N.; Ahmadiannamini, P.; Hoogenboom, R.; Vankelecom, I. F. Layer-by-Layer Preparation of Polyelectrolyte Multilayer Membranes for Separation. J. Polym. Chem. 2014, 5, 1817 – 1831.

[141] Zhao, Q.; An, Q. F.; Ji, Y.; Qian, J.; Gao, C. Polyelectrolyte Complex Membranes for Pervaporation, Nanofiltration and Fuel Cell Applications. J. Membr. Sci. 2011, 379, 19 – 45.

[142] Li, X.; Goyens, W.; Ahmadiannamini, P.; Vanderlinden, W.; De Feyter, S.; Vankelecom, I. F. J. Morphology and Performance of Solvent-Resistant Nanofiltration Membranes Based on Multilayered Polyelectrolytes: Study of Preparation Conditions. J. Membr. Sci. 2010, 358, 150 – 157.

[143] Ahmadiannamini, P.; Li, X.; Goyens, W.; Meesschaert, B.; Vanderlinden, W.; De Feyter, S.; Vankelecom, I. F. J. Influence of Polyanion Type and Cationic Counter Ion on the SRNF Performance of Polyelectrolyte Membranes. J. Membr. Sci. 2012, 403 – 404, 216 – 226.

[144] Ahmadiannamini, P.; Li, X.; Goyens, W.; Joseph, N.; Meesschaert, B.; Vankelecom, I. F. J. Multilayered Polyelectrolyte Complex Based Solvent Resistant Nanofiltration Membranes Prepared From Weak Polyacids. J. Membr. Sci. 2012, 394 – 395, 98 – 106.

[145] Tylkowski, B.; Carosio, F.; Castañeda, J.; Alongi, J.; García-Valls, R.; Malucelli, G.; Giamberini, M. Permeation Behavior of Polysulfone Membranes Modified by Fully Organic Layer-by-Layer Assemblies. Ind. Eng. Chem. Res. 2013, 52, 16406 – 16413.

[146] Chen, D. Solvent-Resistant Nanofiltration Membranes Based on Multilayered Polyelectrolytes Deposited on Silicon Composite. J. Appl. Polym. Sci. 2013, 129, 3156 – 3161.

[147] Ilyas, S.; Joseph, N.; Szymczyk, A.; Volodin, A.; Nijmeijer, K.; deVos, W. M.; Vankelecom, I. F. J. Weak Polyelectrolyte Multilayers as Tunable Membranes for Solvent Resistant Nanofiltration. J. Membr. Sci. 2016, 514, 322 – 331.

[148] Karan, S.; Samitsu, S.; Peng, X.; Kurashima, K.; Ichinose, I. Ultrafast Viscous Permeation of Organic Solvents Through Diamond-Like Carbon Nanosheets. Science 2012, 335, 444 – 447.

[149] Karan, S.; Wang, Q.; Samitsu, S.; Fujii, Y.; Ichinose, I. Ultrathin Free-Standing Membranes From Metal Hydroxide Nanostrands. J. Membr. Sci. 2013, 448, 270 – 291.

[150] Ghosh, A. K.; Jeong, B. H.; Huang, X.; Hoek, E. M. V. Impacts of Reaction

and Curing Conditions on Polyamide Composite Reverse Osmosis Membrane Properties. J. Membr. Sci. 2008, 311, 34 – 45.

[151] Lind, M. L.; Suk, D. E.; Nguyen, T. V.; Hoek, E. M. V. Tailoring the Structure of Thin Film Nanocomposite Membranes to Achieve Seawater RO Membrane Performance. Environ. Sci. Technol. 2010, 44, 8230 – 8235.

[152] Mukherjee, D.; Kulkarni, A.; Gill, W. N. Flux Enhancement of Reverse Osmosis Membranes by Chemical Surface Modification. J. Membr. Sci. 1994, 97, 231 – 249.

[153] Kulkarni, A.; Mukherjee, D.; Gill, W. N. Flux Enhancement by Hydrophilization of Thin Film Composite Reverse Osmosis Membranes. J. Membr. Sci. 1996, 114, 39 – 50.

[154] Verissimo, S.; Peinemann, K. V.; Bordado, J. Thin-Film Composite Hollow Fiber Membranes: An Optimized Manufacturing Method. J. Membr. Sci. 2005, 264, 48 – 55.

[155] Ramachandhran, V.; Ghosh, A. K.; Prabhakar, S.; Tewari, P. K. Separation Behavior of Composite Polyamide Membranes From Mixed Amines: Effects of Interfacial Reaction Condition and Chemical Post-Treatment. Sep. Sci. Technol. 2009, 44, 599 – 614.

[156] Yu, S.; Liu, M.; Liu, X.; Gao, C. Performance Enhancement in Interfacially Synthesized Thin-Film Composite Polyamide-Urethane Reverse Osmosis Membrane for Seawater Desalination. J. Membr. Sci. 2009, 342, 313 – 320.

[157] Amirilargani, M.; Sadrzadeh, M.; Sudhölter, E. J. R.; de Smet, L. C. P. M. Surface Modification Methods of Organic Solvent Nanofiltration Membranes. Chem. Eng. J. 2016, 289, 562 – 582.

[158] Homayoonfal, M.; Mehrnia, M. R.; Mojtahedi, Y. M.; Ismail, A. F. Desalin. Effect of Metal and Metal Oxide Nanoparticle Impregnation Route on Structure and Liquid Filtration Performance of Polymeric Nanocomposite Membranes: A Comprehensive Review. Water Treat. 2013, 51, 3295 – 3316.

[159] Soroko, I.; Livingston, A. G. Impact of TiO_2 Nanoparticles on Morphology and Performance of Crosslinked Polyimide Organic Solvent Nanofiltration (OSN) Membranes. J. Membr. Sci. 2009, 343, 189 – 198.

[160] Vanherck, K.; Hermans, S.; Verbiest, T.; Vankelecom, I. Using the Photothermal Effect to Improve Membrane Separations via Localized Heating. J. Mater. Chem. 2011, 21, 6079 – 6087.

[161] Li, Y.; Verbiest, T.; Vankelecom, I. Improving the Flux of PDMS Membranes via Localized Heating Through Incorporation of Gold Nanoparticles. J. Membr. Sci. 2013, 428, 63 – 69.

[162] Vanherck, K.; Vankelecom, I.; Verbiest, T. Improving Fluxes of Polyimide Membranes Containing Gold Nanoparticles by Photothermal Heating. J. Membr. Sci. 2011, 373, 5–13.

[163] Vanherck, K.; Verbiest, T.; Vankelecom, I. Comparison of Two Synthesis Routes to Obtain Gold Nanoparticles in Polyimide. J. Phys. Chem. C 2012, 116, 115–125.

[164] Siddique, H.; Rundquist, E.; Bhole, Y.; Peeva, L. G.; Livingston, A. G. Mixed Matrix Membranes for Organic Solvent Nanofiltration. J. Membr. Sci. 2014, 452, 354–366.

[165] Lim, S. K.; Setiawan, L.; Bae, T.-H.; Wang, R. Polyamide-Imide Hollow Fiber Membranes Crosslinked With Amine-Appended Inorganic Networks for Application in Solvent-Resistant Nanofiltration Under Low Operating Pressure. J. Membr. Sci. 2016, 501, 152–160.

[166] Li, Y.; Mao, H.; Zhang, H.; Yang, G.; Ding, R.; Wang, J. Tuning the Microstructure and Permeation Property of Thin Film Nanocomposite Membrane by Functionalized Inorganic Nanospheres for Solvent Resistant Nanofiltration. Sep. Purif. Technol. 2016, 165, 60–70.

[167] Campbell, J.; Szekely, G.; Davies, R. P.; Braddock, D. C.; Livingston, A. G. Fabrication of Hybrid Polymer/Metal Organic Framework Membranes: Mixed Matrix Membranes Versus In Situ Growth. J. Mater. Chem. A 2014, 2, 9260–9271.

[168] Campbell, J.; da Silva Burgal, J.; Szekely, G.; Davies, R. P.; Braddock, D. C.; Livingston, A. Hybrid Polymer/MOF Membranes for Organic Solvent Nanofiltration (OSN): Chemical Modification and the Quest for Perfection. J. Membr. Sci. 2016, 503, 166–176.

[169] Campbell, J.; Davies, R. P.; Braddock, D. C.; Livingston, A. G. Improving the Permeance of Hybrid Polymer/Metal-Organic Framework (MOF) Membranes for Organic Solvent Nanofiltration (OSN)—Development of MOF Thin Films via Interfacial Synthesis. J. Mater. Chem. A 2015, 3, 9668–9674.

[170] Gevers, L. E. M.; Vankelecom, I. F. J.; Jacobs, P. A. Zeolite Filled Polydimethylsiloxane (PDMS) as an Improved Membrane for Solvent-Resistant Nanofiltration (SRNF). Chem. Commun. 2005, (19), 2500–2502.

[171] Gevers, L. E. M.; Vankelecom, I. F. J.; Jacobs, P. A. Solvent-Resistant Nanofiltration With Filled Polydimethylsiloxane (PDMS) Membranes. J. Membr. Sci. 2006, 278, 199–204.

[172] Dobrak-Van Berlo, A.; Vankelecom, I. F. J.; Van der Bruggen, B. Parameters Determining Transport Mechanisms Through Unfilled and Silicalite Filled PDMS-Based Membranes and Dense PI Membranes in Solvent Resistant Nanofiltration: Com-

parison With Pervaporation. J. Membr. Sci. 2011, 374, 138 – 149.

[173] Basu, S.; Maes, M.; Cano-Odena, A.; Alaerts, L.; De Vos, D. E.; Vankelecom, I. F. J. Solvent Resistant Nanofiltration (SRNF) Membranes Based on Metal-Organic Frameworks. J. Membr. Sci. 2009, 344, 190 – 198.

[174] Sorribas, S.; Gorgojo, P.; Téllez, C.; Coronas, J.; Livingston, A. G. High Flux Thin Film Nanocomposite Membranes Based on Metal—Organic Frameworks for Organic Solvent Nanofiltration. J. Am. Chem. Soc. 2013, 135, 15201 – 15208.

[175] Peyravi, M.; Jahanshahi, M.; Rahimpour, A.; Javadi, A.; Hajavi, S. Novel Thin Film Nanocomposite Membranes Incorporated With Functionalized TiO_2 Nanoparticles for Organic Solvent Nanofiltration. Chem. Eng. J. 2014, 241, 155 – 166.

[176] Namvar-Mahboub, M.; Pakizeh, M. Development of a Novel Thin Film Composite Membrane by Interfacial Polymerization on Polyetherimide/Modified SiO_2 Support for Organic Solvent Nanofiltration. Sep. Purif. Technol. 2013, 119, 35 – 45.

[177] Siddique, H.; Peeva, L. G.; Stoikos, K.; Pasparakis, G.; Vamvakaki, M.; Livingston, A. G. Membranes for Organic Solvent Nanofiltration Based on Preassembled Nanoparticles. Ind. Eng. Chem. Res. 2013, 52, 1109 – 1121.

[178] Mao, H.; Zhang, H.; Li, Y.; Xue, Y.; Pei, F.; Wang, J.; Liu, J. Tunable Solvent Permeation Properties of Thin Film Nanocomposite Membrane by Constructing Dual-Pathways Using Cyclodextrins for Organic Solvent Nanofiltration. ACS Sust. Chem. Eng. 2015, 3, 1925 – 1933.

[179] Dudziak, G.; Hoyer, T.; Nickel, A.; Puhlfuerss, P.; Voigt, I. (Hermsdoefer Inst Tech Keramik.). Ceramic Nanofiltration Membrane for use in Organic Solvents and Method for the Production Thereof. European Patent 1603663, December 14, 2005.

[180] http://www.hitk.de/.

[181] Weber, R.; Chmiel, H.; Mavrov, V. Characteristics and Application of New Ceramic Nanofiltration Membranes. Desalination 2003, 157, 113 – 125.

[182] Voigt, I. Nanofiltration Mit Keramischen Membranen. Ing. Tech. 2005, 77, 559 – 564.

[183] Tsuru, T.; Sudou, T.; Kawahara, S.; Yoshioka, T.; Asaeda, M. Permeation of Liquids Through Inorganic Nanofiltration Membranes. J. Colloid Interface Sci. 2000, 228, 292 – 296.

[184] Tsuru, T.; Narita, M.; Shinagawa, R.; Yoshioka, T. Nanoporous Titania Membranes for Permeation and Filtration of Organic Solutions. Desalination 2008, 233, 1 – 9.

[185] Hosseinabadi, S. R.; Wyns, K.; Meynen, V.; Carleer, R.; Adriaensens, P.; Buekenhoudt, A.; Van der Bruggen, B. Organic Solvent Nanofiltration With Gri-

gnard Functionalised Ceramic Nanofiltration Membranes. J. Membr. Sci. 2014, 454, 496.

[186] Tsuru, T.; Miyawaki, M.; Kondo, H.; Yoshioka, T.; Asaeda, M. Inorganic Porous Membranes for Nanofiltration of Nonaqueous Solutions. Sep. Purif. Technol. 2003, 32, 105 – 109.

[187] Ngamou, P. H. T.; Overbeek, J. P.; Kreiter, R.; van Veen, H. M.; Vente, J. F.; Wienk, I. M.; Cuperus, P. F.; Creatore, M. Plasma-Deposited Hybrid Silica Membranes With a Controlled Retention of Organic Bridges. J. Mater. Chem. A 2013, 1, 5567 – 5576.

[188] Agirre, I.; Arias, P. L.; Castricum, H. L.; Creatore, M.; ten Elshof, J. E.; Paradis, G. G.; Ngamou, P. H. T.; van Veen, H. M.; Vente, J. F. Hybrid Organosilica Membranes and Processes: Status and Outlook. Sep. Purif. Technol. 2014, 121, 2 – 12.

[189] Van Gestel, T.; Van der Bruggen, B.; Buekenhoudt, A.; Dotremont, C.; Luyten, J.; Vandecasteele, C.; Maes, G. Surface Modification of r-Al_2O_3/TiO_2 Multilayer Membranes for Applications in Non-Polar Organic Solvents. J. Membr. Sci. 2003, 224, 3 – 10.

[190] Verrecht, B.; Leysen, R.; Buekenhoudt, A.; Vandecasteele, C.; Van der Bruggen, B. Chemical Surface Modification of g-Al_2O_3 and TiO_2 Toplayer Membranes for Increased Hydrophobicity. Desalination 2006, 200, 385 – 386.

[191] Tsuru, T.; Nakasuji, T.; Oka, M.; Kanezashi, M.; Yoshioka, T. Preparation of Hydrophobic Nanoporous Methylated SiO_2 Membranes and Application to Nanofiltration of Hexane Solutions. J. Membr. Sci. 2011, 384, 149 – 156.

[192] Hosseinabadi, S. R.; Wyns, K.; Buekenhoudt, A.; Van der Bruggen, B.; Ormerod, D. Performance of Grignard Functionalized Ceramic Nanofiltration Membranes. Sep. Purif. Technol. 2015, 147, 320 – 328.

[193] Tanardi, C. R.; Catana, R.; Barboiu, M.; Ayral, A.; Vankelecom, I. F. J.; Nijmeijer, A.; Winnubst, L. Polyethyleneglycol Grafting of y-Alumina Membranes for Solvent Resistant Nanofiltration. Microporous Mesoporous Mater. 2016, 229, 106 – 116.

[194] Soroko, I.; Bhole, Y.; Livingston, A. G. Environmentally Friendly Route for the Preparation of Solvent Resistant Polyimide Nanofiltration Membranes. Green Chem. 2011, 13, 162 – 168.

[195] Szekely, G.; Jimenez-Solomon, M. F.; Marchetti, P.; Kim, J.; Livingston, A. G. Sustainability Assessment of Organic Solvent Nanofiltration: From Fabrication to Application. Green Chem. 2014, 16, 4440 – 4473.

[196] Henderson, R. H.; Jimenez-Gonzalez, C.; Constable, D. J. C.; Alston, S. R.;

Inglis, G. G. A.; Fisher, G.; Sherwood, J.; Blinks, S. P.; Curzons, A. D. Expanding GSK's Solvent Selection Guide—Embedding Sustainability Into Solvent Selection Starting at Medicinal Chemistry. Green Chem. 2011, 13, 854 – 862.

[197] Alfonsi, K.; Colber, J.; Dunn, P. J.; Fevig, T.; Jennings, S.; Johnson, T. A.; Kleine, H. P.; Knight, C.; Nagy, M. A.; Perry, D. A.; Stefaniak, M. Green Chemistry Tools to Influence a Medicinal Chemistry and Research Chemistry Based Organization. Green Chem. 2008, 10, 31 – 36.

[198] Earle, M. J.; Seddon, K. R. Ionic Liquids. Green Solvents for the Future. Pure Appl. Chem. 2000, 72, 1391 – 1398.

[199] Rogers, R. D.; Seddon, K. R. Ionic Liquids—Solvents of the Future. Science 2003, 302, 792 – 793.

[200] Renner, R. Ionic Liquids: An Industrial Cleanup Solution. Environ. Sci. Technol. 2001, 35, 410A – 413A.

[201] Xing, D. Y.; Peng, N.; Chung, T. S. Formation of Cellulose Acetate Membranes via Phase Inversion Using Ionic Liquid, [BMIM]SCN, as the Solvent. Ind. Eng. Chem. Res. 2010, 49, 8761 – 8769.

[202] Xing, D. Y.; Chan, S. Y.; Chung, T. S. Molecular Interactions Between Polybenzimidazole and [EMIM]OAc, and Derived Ultrafiltration Membranes for Protein Separation. Green Chem. 2012, 14, 1405 – 1412.

[203] Xing, D. Y.; Chan, S. Y.; Chung, T. S. Fabrication of Porous and Interconnected PBI/P84 Ultrafiltration Membranes Using [EMIM]OAc as the Green Solvent. Chem. Eng. Sci. 2013, 87, 194 – 203.

[204] Da Silva Burgal, J.; Peeva, L.; Livingston, A. Towards Improved Membrane Production: Using Low-Toxicity Solvents for the Preparation of PEEK Nanofiltration Membranes. Green Chem. 2016, 18, 2374 – 2384.

[205] Li, H. J.; Cao, T. M.; Qin, J. J.; Jie, X. M.; Wang, T. H.; Liu, J. H.; Yuan, Q. Development and Characterization of Anti-Fouling Cellulose Hollow Fiber UF Membranes for Oil-Water Separation. J. Membr. Sci. 2006, 279, 328 – 335.

[206] Zhang, Y.; Shao, H.; Wu, Ch.; Hu, X. Formation and Characterization of Cellulose Membranes from N-Methylmorpholine-N-oxide Solution. Macromol. Biosci. 2001, 1, 141 – 148.

[207] Mao, Z.; Cao, Y.; Jie, X.; Kang, G.; Zhou, M.; Yuan, Q. Dehydration of Isopropanol-Water Mixtures Using a Novel Cellulose Membrane Prepared from Cellulose/N-Methylmorpholine-N-Oxide/H_2O Solution. Sep. Purif. Technol. 2010, 72, 28 – 33.

[208] Li, X. L.; Zhu, L. P.; Zhu, B. K.; Xu, Y. Y. High-Flux and Anti-Fouling Cellulose Nanofiltration Membranes Prepared via Phase Inversion With Ionic Liquid as

Solvent. Sep. Purif. Technol. 2011, 83, 66 – 73.

[209] Chen, H. Z.; Wang, N.; Liu, L. Y. Regenerated Cellulose Membrane Prepared With Ionic Liquid 1-Butyl-3-Methylimidazolium Chloride as Solvent Using Wheat Straw. J. Chem. Technol. Biotechnol. 2012, 87, 1634 – 1640.

[210] Hoek, E. M. V.; Ghosh, A. K. Nanocomposite Membranes and Methods of Making and Using Same. U. S. Patent 2010/0224555 A1, 2010.

[211] Gao, H.; Jiang, T.; Han, B.; Wang, Y.; Du, J.; Liu, Z.; Zhang, J. Aqueous/Ionic Liquid Interfacial Polymerization for Preparing Polyaniline Nanoparticles. Polymer 2004, 45, 3017 – 3019.

[212] Zhu, L.; Huang, C. Y.; Patel, Y. H.; Wu, J.; Malhotra, S. V. Synthesis of Porous Polyurea With Room-Temperature Ionic Liquids via Interfacial Polymerization. Macromol. Rapid Commun. 2006, 27, 1306 – 1311.

[213] Mariún, H.; Bellings, L.; Hermans, S.; Vankelecom, I. F. J. Sustainable Process for the Preparation of High-Performance Thin-Film Composite Membranes Using Ionic Liquids as the Reaction Medium. ChemSusChem 2016, 9, 1101 – 1111.

[214] Li, S.; Qin, F.; Qin, P.; Karim, M. N.; Tan, T. Preparation of PDMS Membrane Using Water as Solvent for Pervaporation Separation of Butanol-Water Mixture. Green Chem. 2013, 15, 2180 – 2190.

[215] Marchetti, P.; Mechelhoff, M.; Livingston, A. G. Tunable-Porosity Membranes From Discrete Nanoparticles. Sci. Rep. 2015, 5, 17353.

[216] Benmouhoub, N.; Simmoonet, N.; Agoudjil, N.; Coradin, T. Aqueous Sol-Gel Routes to Bio-Composite Capsules and Gels. Green Chem. 2008, 10, 957 – 964.

[217] Koch www.kochmembrane.com, 2014.

[218] Linder, C.; Nemas, M.; Perry, M.; Katraro, R. U. S. Patent US5,205,934, 1993.

[219] Scarpello, J. T.; Nair, D.; Freitas dos Santos, L. M.; White, L. S.; Livingston, A. G. J. The Separation of Homogeneous Organometallic Catalysts Using Solvent Resistant Nanofiltration. J. Membr. Sci. 2002, 203, 71 – 85.

[220] Van der Bruggen, B.; Jansen, J. C.; Figoli, A.; Geens, J.; Boussu, K.; Drioli, E. Characteristics and Performance of a "Universal" Membrane Suitable for Gas Separation, Pervaporation, and Nanofiltration Applications. J. Phys. Chem. B 2006, 110, 13799 – 13803.

[221] Geens, J.; Van der Bruggen, B.; Vandecastleele, C. Transport Model for Solvent Permeation Through Nanofiltration Membranes. Sep. Purif. Technol. 2006, 48, 255 – 263.

[222] Bargeman, G.; Albers, J.; Westerlink, J. B.; Manahutu, C. F. H.; ten Kate, A. Proceedings of the International Workshop on Membranes in Solvent Filtration; Leuven: Belgium, 2006.

[223] Livingston, A. G.; See Toh, Y. H. Integrally Skinned Asymmetric Polyimide Membrane. GB Patent 2,437,519, 2007.

[224] GMT, 2016 http://www.gmtmem.com; Schmidt, M.; Peinemann, K. V.; Scharnagl, N.; Friese, K.; Schubert, R. Radiation Chemically Modified Silikonkompositmembran for Ultrafiltration. DE Patent 19,507,584 A1, 1996.

[225] Porogen http://www.porogen.com, 2016.

[226] AMS Technologies http://www.amsmembrane.com, 2016.

[227] PolyAn http://www.poly-an.de, 2016.

[228] Inopor http://www.inopor.com, 2016.

[229] Geens, J.; Boussu, K.; Vandecastleele, C.; Van der Bruggen, B. Modelling of Solute Transport in Non-Aqueous Nanofiltration. J. Membr. Sci. 2006, 281, 139–148.

[230] Cuperus, F. P.; Smolders, C. A. Characterization of UF Membranes Membrane Characteristics and Characterization Techniques. Adv. Colloid Interface Sci. 1991, 34, 135–173.

[231] Zhang, W.; Hallstroem, B. Membrane Characterization Using the Contact Angle Technique. I. Methodology of the Captive Bubble Technique. Desalination 1990, 79, 1–12.

[232] Geens, J.; van der Bruggen, B.; Vandecasteele, C. Characterisation of the Solvent Stability of Polymeric Nanofiltration Membranes by Measurement of Contact Angles and Swelling. Chem. Eng. Sci. 2004, 59, 1161–1164.

[233] Aerts, S.; Vanhulsel, A.; Buekenhoudt, A.; Weyten, H.; Kuypers, S.; Chen, H.; Bryjak, M.; Gevers, L. E. M.; Vankelecom, I. F. J.; Jacobs, P. A. Plasma-Treated PDMS-Membranes in Solvent Resistant Nanofiltration: Characterization and Study of Transport Mechanism. J. Membr. Sci. 2006, 275, 212–219.

[234] Kim, N.; Shin, D. H.; Lee, Y. T. Effect of Silane Coupling Agents on the Performance of RO Membranes. J. Membr. Sci. 2007, 300, 224–231.

[235] Mulder, M. H. V.; van Voorthuizen, E. M.; Peeters, J. M. M. In Nanofiltration, Principles and Applications; Schaefer, A. I.; Fane, A. G.; Waite, T. D., Eds.; Elsevier: Oxford, 2005.

[236] Asaeda, M.; Kitao, S. Separation of Molecular Mixtures by Inorganic Porous Membrane of Ultra Fine Pores. Key Eng. Mater. 1991, 61–62, 295–300.

[237] Asaeda, M.; Okazaki, K.; Nakatani, A. Preparation of Thin Porous Silica Membranes for Separation of Non-Aqueous Organic Solvent Mixtures by Pervaporation. Ceram. Trans. 1992, 31, 411–420.

[238] Mey-Marom, A.; Katz, M. G. Measurement of Active Pore Size Distribution of Microporous Membranes—A New Approach. J. Membr. Sci. 1986, 27, 119–130.

[239] Cuperus, F. P.; Bargeman, D.; Smolders, C. A. Permporometry: The Determination of the Size Distribution of Active Pores in UF Membranes. J. Membr. Sci. 1992, 71, 57–67.

[240] Calvo, J. I.; Bottino, A.; Capannelli, G.; Hernández, A. Comparison of Liquid-Liquid Displacement Porosimetry and Scanning Electron Microscopy Image Analysis to Characterise Ultrafiltration Track-Etched Membranes. J. Membr. Sci. 2004, 239, 189–197.

[241] Capannelli, G.; Becchi, I.; Bottino, A.; Moretti, P.; Munari, S. Computer Driven Porosimeter for Ultrafiltration Membranes. In Characterization of Porous Solids; Unger, K. K.; Rouquesol, J.; Sing, K. S. W.; Kral, K., Eds.; Elsevier: Amsterdam, 1988; pp. 283–294.

[242] Bottino, A.; Capannelli, G.; Grosso, A.; Monticelli, O.; Nicchia, M. Porosimetric Characterization of Inorganic Membranes. Sep. Sci. Technol. 1994, 29, 985–999.

[243] Bhanushali, D.; Bhattacharyya, D. Advances in Solvent-Resistant Nanofiltration Membranes. Ann. N. Y. Acad. Sci. 2003, 984, 159–177.

[244] Paul, D. R.; Garcin, M.; Garmon, W. E. Solute Diffusion Through Swollen Polymer Membranes. J. Appl. Polym. Sci. 1976, 20, 609–625.

[245] Ho, W. S. W.; Sirkar, K. K. Membrane Handbook; Springer: New York, 1992.

[246] Piccinini, E.; Giacinti Baschetti, M.; Sarti, G. C. Use of an Automated Spring Balance for the Simultaneous Measurement of Sorption and Swelling in Polymeric Films. J. Membr. Sci. 2004, 234, 95–100.

[247] Tarleton, E. S.; Robinson, J. P.; Salman, M. Solvent-Induced Swelling of Membranes—Measurements and Influence in Nanofiltration. J. Membr. Sci. 2006, 280, 442–451.

[248] Tarleton, E. S.; Robinson, J. P.; Smith, S. J.; Na, J. J. W. New Experimental Measurements of Solvent Induced Swelling in Nanofiltration Membranes. J. Membr. Sci. 2005, 261, 129–135.

[249] Song, Y.; Liu, F.; Sun, B. Preparation, Characterization, and Application of Thin Film Composite Nanofiltration Membranes. J. Appl. Polym. Sci. 2005, 95, 1251–1261.

[250] Vankelecom, I. F. J.; De Smet, K.; Gevers, L. E. M.; Livingston, A.; Nair, D.; Aerts, S.; Kuypers, S.; Jacobs, P. A. Physico-Chemical Interpretation of the SRNF Transport Mechanism for Solvents Through Dense Silicone Membranes. J. Membr. Sci. 2004, 231, 99–108.

[251] Kim, S. H.; Kwak, S.; Suzuki, T. Positron Annihilation Spectroscopic Evidence to Demonstrate the Flux-Enhancement Mechanism in Morphology-Controlled Thin-Film-

Composite (TFC) Membrane. Environ. Sci. Technol. 2005, 39, 1764 – 1770.

[252] Tung, K. L.; Jean, Y. C.; Nanda, D.; Lee, K. R.; Hung, W. S.; Lo, C. H.; Lai, J. Y. Characterization of Multilayer Nanofiltration Membranes Using Positron Annihilation Spectroscopy. J. Membr. Sci. 2009, 343, 147 – 156.

[253] Buonomenna, M. G.; Gordano, A.; Drioli, E. Characteristics and Performance of New Nanoporous PEEKWC Films. Eur. Polym. J. 2008, 44, 2051 – 2059.

[254] Xu, P.; Drewes, J. E.; Kim, T. U.; Bellonaa, C.; Amy, G. Effect of Membrane Fouling on Transport of Organic Contaminants in NF/RO Membrane Applications. J. Membr. Sci. 2006, 279, 165 – 175.

[255] Shim, Y.; Lee, H. J.; Lee, S.; Moon, S. H.; Cho, J. Effects of Natural Organic Matter and Ionic Species on Membrane Surface Charge. Environ. Sci. Technol. 2002, 36, 3864 – 3871.

[256] Wu, Q.; Wu, B. Study of Membrane Morphology by Image Analysis of Electron Micrographs. J. Membr. Sci. 1995, 105, 113 – 120.

[257] Sheldon, J. M. The Fine-Structure of Ultrafiltration Membranes. I. Clean Membranes. J. Membr. Sci. 1991, 62, 75 – 86.

[258] Bottino, A.; Capannelli, G.; Grosso, A.; Monticelli, O.; Cavalleri, O.; Rolandi, R.; Soria, R. Surface Characterization of Ceramic Membranes by Atomic Force Microscopy. J. Membr. Sci. 1994, 95, 289 – 296.

[259] Stawikowska, J.; Livingston, A. G. Assessment of Atomic Force Microscopy for Characterisation of Nanofiltration Membranes. J. Membr. Sci. 2013, 425 – 426, 58 – 70.

[260] Schossig, T. M.; Paul, D. Improved Preparation of Membrane Surfaces for Field-Emission Scanning Electron Microscopy. J. Membr. Sci. 2001, 187, 85 – 91.

[261] Pinnau, I.; Koros, W. J. A Qualitative Skin Layer Formation Mechanism for Membranes Made by Dry/Wet Phase Inversion. J. Polym. Sci. Polym. Phys. 1993, 31, 419 – 427.

[262] Kawakami, H.; Mikawa, M.; Nagaoka, S. Formation of Surface Skin Layer of Asymmetric Polyimide Membranes and Their Gas Transport Properties. J. Membr. Sci. 1997, 137, 241 – 251.

[263] Pinnau, I.; Koros, W. J. Structures and Gas Separation Properties of Asymmetric Polysulfone Membranes Made by Dry, Wet, and Dry/Wet Phase Inversion. J. Appl. Polym. Sci. 1991, 43, 1491 – 1502.

[264] Pinnau, I.; Koros, W. J. Influence of Quench Medium on the Structures and Gas Permeation Properties of Polysulfone Membranes Made by Wet and Dry/Wet Phase Inversion. J. Membr. Sci. 1992, 7, 81 – 96.

[265] Zeman, L.; Denault, L. Characterization of Microfiltration Membranes by Image A-

nalysis of Electron Micrographs: Part I. Method Development. J. Membr. Sci. 1992, 71, 221-231.

[266] Pacheco, F.; Sougrat, R.; Reinhar, M.; Leckie, J. O.; Pinnau, I. 3D Visualization of the Internal Nanostructure of Polyamide Thin Films in RO Membranes. J. Membr. Sci. 2016, 501, 33-44.

[267] Li, Q.; Elimelech, M. Organic Fouling and Chemical Cleaning of Nanofiltration Membranes: Measurements and Mechanisms. Environ. Sci. Technol. 2004, 38, 4683-4693.

[268] Otero, J. A.; Mazarrasa, O.; Villasante, J.; Silva, V.; Prádanos, P.; Calvo, J. I.; Hernández, A. Three Independent Ways to Obtain Information on Pore Size Distributions of Nanofiltration Membranes. J. Membr. Sci. 2008, 309, 17-27.

[269] Hilal, N.; Mohammad, A. W.; Atkin, B.; Darwish, N. Using Atomic Force Microscopy Towards Improvement in Nanofiltration Membranes Properties for Desalination Pre-Treatment: A Review. Desalination 2003, 157, 137-144.

[270] Khulbe, K. C.; Feng, C. Y.; Matsuura, T. Synthetic Polymeric Membranes. Characterization by Atomic Force Microscopy; Springer: New York, 2008.

[271] Boussu, K.; Van der Bruggen, B.; Volodin, A.; Snauwaert, J.; Van Haesendonck, C.; Vandecasteele, C. Roughness and Hydrophobicity Studies of Nanofiltration Membranes Using Different Modes of AFM. J. Colloid Interface Sci. 2005, 286, 632-638.

[272] Stamatialis, D. F.; Dias, C. R.; de Pinho, M. N. Atomic Force Microscopy of Dense and Asymmetric Cellulose-Based Membranes. J. Membr. Sci. 1999, 160, 235-242.

[273] Boussu, K.; Van der Bruggen, B.; Volodin, A.; Van Haesendonck, C.; Delcour, J. A.; Van der Meeren, P.; Vandecasteele, C. Characterization of Commercial Nanofiltration Membranes and Comparison With Self-Made Polyethersulfone Membranes. Desalination 2006, 191, 245-253.

[274] Khulbe, K. C.; Matsuura, T. Characterization of Synthetic Membranes by Raman Spectroscopy, Electron Spin Resonance, and Atomic Force Microscopy: A Review. Polymer 2000, 41, 1917-1935.

[275] Bessières, A.; Meireles, M.; Coratger, R.; Beauvillain, J.; Sanchez, V. Investigations of Surface Properties of Polymeric Membranes by Near Field Microscopy. J. Membr. Sci. 1996, 109, 271-284.

[276] Kim, J. Y.; Lee, H. K.; Kim, S. C. Surface Structure and Phase Separation Mechanism of Polysulfone Membranes by Atomic Force Microscopy. J. Membr. Sci. 1999, 163, 159-166.

[277] Vilaseca, M.; Mateo, E.; Palacio, L.; Pradanos, P.; Hernandez, A.; Paniagua,

A. ; Coronas, J. ; Santamaria, J. AFM Characterization of the Growth of MFI-Type Zeolite Films on Alumina Substrates. Microporous Mesoporous Mater. 2004, 71, 33 – 37.

[278] Marchese, J. ; Almandoz, C. ; Amaral, M. ; Palacio, L. ; Calvo, J. I. ; Pradanos, P. ; Hernandez, A. Fabrication and Characterisation of Microfiltration Tubular Ceramic Membranes. Bol. Soc. Esp. Ceram. Vidrio 2000, 39, 215 – 219.

[279] Stawikowska, J. ; Livingston, A. G. Nanoprobe Imaging Molecular Scale Pores in Polymeric Membranes. J. Membr. Sci. 2012, 413 – 414, 1 – 16.

[280] Stawikowska, J. ; Jimenez Solomon, M. F. ; Bhole, Y. ; Livingston, A. G. Nanoparticle Contrast Agents to Elucidate the Structure of Thin Film Composite Nanofiltration Membranes. J. Membr. Sci. 2013, 442, 107 – 118.

[281] Kwak, S. ; Yeom, M. ; Roh, I. J. ; Kim, D. Y. ; Kim, J. Correlations of Chemical Structure, Atomic Force Microscopy (AFM) Morphology, and Reverse Osmosis (RO) Characteristics in Aromatic Polyester High-Flux RO Membranes. J. Membr. Sci. 1997, 132, 183 – 191.

[282] Bowen, W. R. ; Doneva, T. A. Atomic Force Microscopy Studies of Nanofiltration Membranes: Surface Morphology, Pore Size Distribution and Adhesion. Desalination 2000, 129, 163 – 172.

[283] Cano-Odena, A. ; Vandezande, P. ; Hendrix, K. ; Zaman, R. ; Mostafa, K. ; Egger, W. ; Sperr, P. ; De Baerdemaeker, J. ; Vankelecom, I. F. J. Probing the Molecular Level of Polyimide-Based Solvent Resistant Nanofiltration Membranes With Positron Annihilation Spectroscopy. J. Phys. Chem. B 2009, 113, 10170 – 10176.

[284] Satyanarayana, S. V. ; Subrahmanyam, V. S. ; Verma, H. C. ; Sharma, A. ; Bhattacharya, P. K. Application of Positron Annihilation: Study of Pervaporation Dense Membranes. Polymer 2006, 47, 1300 – 1307.

[285] Winberg, P. ; DeSitter, K. ; Dotremont, C. ; Mullens, S. ; Vankelecom, I. F. J. ; Maurer, F. H. J. Free Volume and Interstitial Mesopores In Silica Filled Poly(1-Trimethylsilyl-1-Propyne) Nanocomposites. Macromolecules 2005, 38, 3776 – 3782.

[286] De Baerdemaeker, J. ; Boussu, K. ; Djourelov, N. ; Van der Bruggen, B. ; Dauwe, C. ; Weber, M. ; Lynn, K. G. Investigation of Nanopores in Nanofiltration Membranes Using Slow Positron Beam Techniques. Phys. Status Solidi C 2007, 4, 3804 – 3809.

[287] Livingston, A. G. ; Peeva, L. G. ; Han, S. ; Nair, D. ; Luthra, S. S. ; White, L. S. ; Freitas dos Santos, L. M. Membrane Separation in Green Chemical Processing. Solvent Nanofiltration in Liquid Phase Organic Synthesis Reactions. Ann. N. Y. Acad. Sci. 2003, 984, 123 – 141.

[288] Sereewatthanawut, I. ; Lim, F. W. ; Bhole, Y. S. ; Ormerod, D. ; Horvath, A. ; Boam, A. T. ; Livingston, A. G. Demonstration of Molecular Purification in Polar

Aprotic Solvents by Organic Solvent Nanofiltration. Org. Process. Res. Dev. 2010, 14 (3), 600 – 611.

[289] Silva, P.; Peeva, L. G.; Livingston, A. G. Organic Solvent Nanofiltration (OSN) With Spiral-Wound Membrane Elements—Highly Rejected Solute System. J. Membr. Sci. 2010, 349, 167 – 174.

[290] Shi, B.; Peshev, D.; Marchetti, P.; Zhang, S.; Livingston, A. G. Multi-Scale Modelling of OSN Batch Concentration With Spiral-Wound Membrane Modules Using OSN Designer. Chem. Eng. Res. Des. 2016, 109, 385 – 396.

[291] Shi, B.; Marchetti, P.; Peshev, D.; Zhang, S.; Livingston, A. G. Performance of Spiral-Wound Membrane Modules in Organic Solvent Nanofiltration-Fluid Dynamics and Mass Transfer Characteristics. J. Membr. Sci. 2015, 494, 8 – 24.

[292] Darvishmanesh, S.; Buekenhoudt, A.; Degrève, J.; Van der Bruggen, B. Coupled Series-Parallel Resistance Model for Transport of Solvent Through Inorganic Nanofiltration Membranes. Sep. Purif. Technol. 2009, 70, 46 – 52.

[293] Marchetti, P.; Butté, A.; Livingston, A. G. An Improved Phenomenological Model for Prediction of Solvent Permeation Through Ceramic NF and UF Membranes. J. Membr. Sci. 2012, 415 – 416, 444 – 458.

[294] Buekenhoudt, A.; Bisignano, F.; De Luca, G.; Vandezande, P.; Wouters, M.; Verhulst, K. Unravelling the Solvent Flux Behaviour of Ceramic Nanofiltration and Ultrafiltration Membranes. J. Membr. Sci. 2013, 439, 36 – 47.

[295] Marchetti, P.; Butté, A.; Livingston, A. G. Quality by Design for Peptide Nanofiltration: Fundamental Understanding and Process Selection. Chem. Eng. Sci. 2013, 101, 200 – 212.

[296] Marchetti, P.; Butté, A.; Livingston, A. G. NF in Organic Solvent/Water Mixtures: Role of Preferential Solvation. J. Membr. Sci. 2013, 444, 101 – 115.

[297] Loh, X. X.; Sairam, M.; Steinke, J. H. G.; Livingston, A. G.; Bismarck, A.; Li, K. Polyaniline Hollow Fibres for Organic Solvent Nanofiltration. Chem. Commun. 2008, 47, 6324 – 6326.

[298] Dutczak, S. M.; Tanardi, C. R.; Kopeć, K. K.; Wessling, M.; Stamatialis, D. "Chemistry in a Spinneret" to Fabricate Hollow Fibers for Organic Solvent Filtration. Sep. Purif. Technol. 2012, 86, 183 – 189.

[299] Cao, X.; Wu, X. Y.; Wu, T.; Jin, K.; Hur, B. K. Concentration of 6-Aminopenicillanic Acid From Penicillin Bioconversion Solution and Its Mother Liquor by Nanofiltration Membrane. Biotechnol. Bioprocess Eng. 2001, 6, 200 – 204.

[300] Baumgarten, G. OSN at Evonik. In 3rd International Conference on Organic Solvent Nanofiltration, 2010.

[301] Priske, M.; Lazar, M.; Schnitzer, C.; Baumgarten, G. Recent Applications of Or-

ganic Solvent Nanofiltration. Chem. Eng. Technol. 2016, 88 (1-2), 39-49.

[302] Ferguson, S.; Ortner, F.; Quon, J.; Peeva, L.; Livingston, A.; Trout, B. L.; Myerson, A. S. Use of Continuous MSMPR Crystallization With Integrated Nanofiltration Membrane Recycle for Enhanced Yield and Purity in API Crystallization. Cryst. Growth Des. 2014, 14, 617-627.

[303] Campbell, J.; Peeva, L. G.; Livingston, A. G. Controlling Crystallization via Organic Solvent Nanofiltration: The Influence of Flux on Griseofulvin Crystallization. Cryst. Growth Des. 2014, 14, 2192-2200.

[304] Witte, B. D. Membrane Technology for Solvent Recovery in Pharmaceutical Industry: Outfalls and Opportunities. In International Workshop—Membranes in Solvent Filtration, Leuven, Belgium, 2006.

[305] Darvishmanesh, S.; Firoozpour, L.; Vanneste, J.; Luis, P.; Degreve, J.; Van der Bruggen, B. Performance of Solvent Resistant Nanofiltration Membranes for Purification of Residual Solvent in the Pharmaceutical Industry: Experiments and Simulation. Green Chem. 2011, 13, 3476-3483.

[306] Rundquist, E. M.; Pink, C. J.; Livingston, A. G. Organic Solvent Nanofiltration: A Potential Alternative to Distillation for Solventrecovery From Crystallisation Mother Liquors. Green Chem. 2012, 14, 2197-2205.

[307] Siew, W. E.; Livingston, A. G.; Ates, C.; Merschaert, A. Molecular Separation With an Organic Solvent Nanofiltration Cascade-Augmenting Membrane Selectivity With Process Engineering. Chen. Eng. Sci. 2013, 90, 299-310.

[308] Nimmig, S.; Kaspereit, M. Continuous Production of Single Enantiomers at High Yields by Coupling Single Column Chromatography, Racemization, and Nanofiltration. Chem. Eng. Process. 2013, 67, 89-98.

[309] Ormerod, D.; Noten, B.; Dorbec, M.; Andersson, L.; Buekenhoudt, A.; Goetelen, L. Cyclic Peptide Formation in Reduced Solvent Volumes via In-Line Solvent Recycling by Organic Solvent Nanofiltration. Org. Process. Res. Dev. 2015, 19 (7), 841-848.

[310] Kim, J. F.; Szekely, G.; Schaepertoens, M.; Valtcheva, I. B.; Jimenez-Solomon, M. F.; Livingston, A. G. In Situ Solvent Recovery by Organic Solvent Nanofiltration. Sustain. Chem. Eng. 2014, 2, 2371-2379.

[311] Schaepertoens, M.; Didaskalou, C.; Kim, J. F.; Livingston, A. G.; Szekely, G. Solvent Recycle With Imperfect Membranes: A Semi-Continuous Work Around for Diafiltration. J. Membr. Sci. 2016, 514, 646-658.

[312] Han, S.; Wong, H. T.; Livingston, A. G. Application of Organic Solvent Nanofiltration to Separation of Ionic Liquids and Products From Ionic Liquid Mediated Reactions. Chem. Eng. Res. Des. 2005, 83, 309-316.

[313] Van Doorslaer, C.; Glas, D.; Peeters, A.; Cano-Odena, A.; Vankelecom, I.; Binnemans, K.; Mertens, P.; De Vos, D. Product Recovery From Ionic Liquids by Solvent-Resistant Nanofiltration: Application to Ozonation of Acetals and Methyl Oleate. Green Chem. 2010, 12, 1726–1733.

[314] Abels, C.; Redepenning, C.; Moll, A.; Melin, T.; Wessling, M. Simple Purification of Ionic Liquid Solvents by Nanofiltration in Biorefining of Lignocellulosic Substrates. J. Membr. Sci. 2012, 405–406, 1–10.

[315] Hazarika, S.; Dutta, N. N.; Rao, P. G. Dissolution of Lignocellulose in Ionic Liquids and its Recovery by Nanofiltration Membrane. Sep. Purif. Technol. 2012, 97, 123–129.

[316] Wang, J.; Luo, J.; Zhang, X.; Wan, Y. Concentration of Ionic Liquids by Nanofiltration for Recycling: Filtration Behavior and Modelling. Sep. Purif. Technol. 2016, 165, 18–26.

[317] Sheth, J.; Qin, Y.; Sirkar, K.; Baltzis, B. Nanofiltration-Based Diafiltration Process for Solvent Exchange in Pharmaceutical Manufacturing. J. Membr. Sci. 2003, 211, 251–261.

[318] Lin, J. C.; Livingston, A. G. Nanofiltration Membrane Cascade for Continuous Solvent Exchange. Chem. Eng. Sci. 2007, 62, 2728–2736.

[319] Rundquist, E.; Pink, C. J.; Vilminot, E.; Livingston, A. G. Facilitating the Use of Counter-Current Chromatography in Pharmaceutical Purification Through Use of Organic Solvent Nanofiltration. J. Chromatogr. A 2012, 1229, 156–163.

[320] Nair, D.; Luthra, S. S.; Scarpello, J. T.; White, L. S.; Freitas, L. M.; Livingston, A. G. Homogeneous Catalyst Separation and Re-Use Through Nanofiltration of Organic Solvents. Desalination 2002, 147, 301–306.

[321] Witte, P. T.; Chowdhury, S. R.; Ten Elshof, J. E.; Rozner, D. S.; Neumann, R.; Alsters, P. L. Highly Efficient Recycling of a "Sandwich" Type Polyoxometalate Oxidation Catalyst Using Solvent Resistant Nanofiltration. Chem. Commun. 2005, 9, 1206–1208.

[322] Turlan, D.; Urriolabeitia, E. P.; Navarro, R.; Royo, C.; Menendez, M.; Santamaria, J. Separation of Pd Complexes From a Homogeneous Solution Using Zeolite Membranes. Chem. Commun. 2001, 24, 2608–2609.

[323] Ormerod, D.; Lefevre, N.; Dorbec, M.; Eyskens, I.; Vloemans, P.; Duyssens, K.; Diez de la Torre, V.; Kaval, N.; Merkul, E.; Sergeyev, S.; Maes, B. U. W. Potential of Homogeneous Pd Catalyst Separation by Ceramic Membranes. Application to Downstream and Continuous Flow Processes. Org. Process. Res. Dev. 2016, 20, 911–920.

[324] Miller, J. F. Separation Process. (Lyondell Chemical Technology L. P.). U. S. Pa-

tent 7,084,284, August 1, 2006.

[325] Peeva, L.; da Silva Burgal, J.; Vartak, S.; Livingston, A. G. Experimental Strategies for Increasing the Catalyst Turnover Number in a Continuous Heck Coupling Reaction. J. Catal. 2013, 306, 190−201.

[326] Peeva, L. G.; Arbour, J.; Livingston, A. G. On the Potential of Organic Solvent Nanofiltration in Continuous Heck Coupling Reactions. Org. Process. Res. Dev. 2013, 17, 967−975.

[327] Gürsel, I. V.; Noël, T.; Wang, Q.; Hessel, V. Separation/Recycling Methods for Homogeneous Transition Metal Catalysts in Continuous Flow. Green Chem. 2015, 17, 2012−2026.

[328] Evonik Industries Brochure, 2016 DuraMems and PuraMems Integrate Solvent-Stable Membrane Technology to Increase the Value in Your Production Process. http://duramem.evonik.com/sites/lists/PP-HP/Documents/DuraMem-PuraMem-EN.pdf.

[329] Franke, R.; Rudek, M.; Baumgarten, G. Nanofiltration Development to Application Readiness. Evonik Sci. Newslett. 2010, 30, 6−11.

[330] Giffels, G.; Beliczey, J.; Felder, M.; Kragl, U. Polymer Enlarged Oxazaborolidines in a Membrane Reactor: Enhancing Effectivity by Retention of the Homogeneous Catalyst. Tetrahedron Asymmetry 1998, 9, 691−696.

[331] Felder, M.; Giffels, G.; Wandrey, C. A Polymer-Enlarged Homogeneously Soluble Oxazaborolidine Catalyst for the Asymmetric Reduction of Ketones by Borane. Tetrahedron Asymmetry 1997, 8, 1975−1977.

[332] De Smet, K.; Aerts, S.; Ceulemans, E.; Vankelecom, I. F. J.; Jacobs, P. A. Nanofiltration-Coupled Catalysis to Combine the Advantages of Homogeneous and Heterogeneous Catalysis. Chem. Commun. 2001, 7, 597−598.

[333] Datta, A.; Ebert, K.; Plenio, H. Nanofiltration for Homogeneous Catalysis Separation: Soluble Polymer-Supported Palladium Catalysts for Heck, Sonogashira, and Suzuki Coupling of Aryl Halides. Organometallics 2003, 22, 4685−4691.

[334] Dijkstra, H. P.; Kruithof, C. A.; Ronde, N.; van de Coevering, R.; Ramon, D. J.; Vogt, D.; van Klink, G. P. M.; van Koten, G. Shape-Persistent Nanosize Organometallic Complexes: Synthesis and Application in a Nanofiltration Membrane Reactor. J. Org. Chem. 2003, 68, 675−685.

[335] Chavan, S.; Maes, W.; Gevers, L. E. M.; Wahlen, J.; Vankelecom, I. F. J.; Jacobs, P. A.; Dehaen, W.; De Vos, D. E. Porphyrin-Functionalized Dendrimers: Synthesis and Application as Recyclable Photocatalysts in a Nanofiltration Membrane Reactor. Chem. Eur. J. 2005, 11, 6754−6762.

[336] Mertens, P. G. N.; Bulut, M.; Gevers, L. E. M.; Vankelecom, I. F. J.; Jacobs, P. A.; Vos, D. E. D. Catalytic Oxidation of 1,2−Diols to α-Hydroxy-Car-

boxylates With Stabilized Gold Nanocolloids Combined With a Membrane-Based Catalyst Separation. Catal. Lett. 2005, 102 (1), 57 - 61.

[337] Aerts, S.; Buekenhoudt, A.; Weyten, H.; Gevers, L. E. M.; Vankelecom, I. F. J.; Jacobs, P. A. The Use of Solvent Resistant Nanofiltration in the Recycling of the Co-Jacobsen Catalyst in the Hydrolytic Kinetic Resolution (HKR) of Epoxides. J. Membr. Sci. 2006, 280 (1 - 2), 245 - 252.

[338] Roengpithya, C.; Patterson, D. A.; Taylor, P. C.; Livingston, A. G. Development of Stable Organic Solvent Nanofiltration Membranes for Membrane Enhanced Dynamic Kinetic Resolution. Desalination 2006, 199, 195 - 197.

[339] Wong, H. -T.; See-Toh, Y. H.; Ferreira, F. C.; Crook, R.; Livingston, A. G. Organic Solvent Nanofiltration in Asymmetric Hydrogenation: Enhancement of Enantioselectivity and Catalyst Stability by Ionic Liquids. Chem. Commun. 2006, 19, 2063 - 2065.

[340] Wong, H. T.; Pink, C. J.; Ferreira, F. C.; Livingston, A. G. Recovery and Reuse of Ionic Liquids and Palladium Catalyst for Suzuki Reactions Using Organic Solvent Nanofiltration. Green Chem. 2006, 8 (4), 373 - 379.

[341] Roy Chowdhury, S.; Witte, P. T.; Blank, D. H. A.; Alsters, P. L.; ten Elshof, J. E. Recovery of Homogeneous Polyoxometallate Catalysts From Aqueous and Organic Media by a Mesoporous Ceramic Membrane Without Loss of Catalytic Activity. Chem. Eur. J. 2006, 12 (11), 3061 - 3066.

[342] Pink, C. J.; Wong, H. T.; Ferreira, F. C.; Livingston, A. G. Organic Solvent Nanofiltration and Adsorbents: A Hybrid Approach to Achieve Ultra Low Palladium Contamination of Post Coupling Reaction Products. Org. Process. Res. Dev. 2008, 12 (4), 589 - 595.

[343] Keraani, A.; Renouard, T.; Fischmeister, C.; Bruneau, C.; Rabiller-Baudry, M. Recovery of Enlarged Olefin Metathesis Catalysts by Nanofiltration in an Eco-Friendly Solvent. ChemSusChem 2008, 1 (11), 927 - 933.

[344] Janssen, M.; Müller, C.; Vogt, D. 'Click' Dendritic Phosphines: Design, Synthesis, Application in Suzuki Coupling, and Recycling by Nanofiltration. Adv. Synth. Catal. 2009, 351 (3), 313 - 318.

[345] Nair, D.; Wong, H. -T.; Han, S.; Vankelecom, I. F. J.; White, L. S.; Livingston, A. G.; Boam, A. T. Extending Ru-BINAP Catalyst Life and Separating Products From Catalyst Using Membrane Recycling. Org. Process. Res. Dev. 2009, 13 (5), 863 - 869.

[346] Schoeps, D.; Sashuk, V.; Ebert, K.; Plenio, H. Solvent-Resistant Nanofiltration of Enlarged (NHC)Pd(allyl)Cl Complexes for Cross-Coupling Reactions. Organometallics 2009, 28 (13), 3922 - 3927.

[347] Schoeps, D.; Buhr, K.; Dijkstra, M.; Ebert, K.; Plenio, H. Batchwise and Continuous Organophilic Nanofiltration of Grubbs-Type Olefin Metathesis Catalysts. Chem. Eur. J. 2009, 15 (12), 2960 – 2965.

[348] Ronde, N. J.; Totev, D.; Müller, C.; Lutz, M.; Spek, A. L.; Vogt, D. Molecular-Weight-Enlarged Multiple-Pincer Ligands: Synthesis and Application in Palladium-Catalyzed Allylic Substitution Reactions. ChemSusChem 2009, 2 (6), 558 – 574.

[349] van der Gryp, P.; Barnard, A.; Cronje, J.-P.; de Vlieger, D.; Marx, S.; Vosloo, H. C. M. Separation of Different Metathesis Grubbs-Type Catalysts Using Organic Solvent Nanofiltration. J. Membr. Sci. 2010, 353 (1 – 2), 70 – 77.

[350] Priske, M.; Wiese, K.-D.; Drews, A.; Kraume, M.; Baumgarten, G Reaction Integrated Separation of Homogenous Catalystes in the Hydroformy lattion of Higher Olefins by Means of Organophilic Nonofiltration. J. Member. Sci. 2010, 360(1 – 2), 77 – 87.

[351] Cano-Odena, A.; Vandezande, P.; Fournier, D.; Van Camp, W.; Du Prez, F. E.; Vankelecom, I. F. J. Solvent-Resistant Nanofiltration for Product Purification and Catalyst Recovery in Click Chemistry Reactions. Chem. Eur. J. 2010, 16 (3), 1061 – 1067.

[352] Tsoukala, A.; Peeva, L.; Livingston, A. G.; Bjørsvik, H.-R. Separation of Reaction Product and Palladium Catalyst After a Heck Coupling Reaction by Means of Organic Solvent Nanofiltration. ChemSusChem 2012, 5 (1), 188 – 193.

[353] Peeva, L.; Livingston, A. Euromembrane Conference 2012, Potential of Organic Solvent Nanofiltration in Continuous Catalytic Reactions. Procedia Eng. 2012, 44, 307 – 309.

[354] Shaharun, M. S.; Mustafa, A. K.; Taha, M. F. Nanofiltration of Rhodium Tris (Triphenylphosphine) Catalyst in Ethyl Acetate Solution. AIP Conf. Proc. 2012, 1482 (1), 279 – 283.

[355] Razak, N. S.; Shaharun, M. S.; Mukhtar, H.; Taha, M. F. Separation of Hydridocarbonyltris (Triphenylphosphine) Rhodium (I) Catalyst Using Solvent Resistant Nanofiltration Membrane. Sains Malays. 2013, 42 (4), 515 – 520.

[356] Kajetanowicz, A.; Czaban, J.; Krishnan, G. R.; Malińska, M.; Woźniak, K.; Siddique, H.; Peeva, L. G.; Livingston, A. G.; Grela, K. Batchwise and Continuous Nanofiltration of POSS-Tagged Grubbs-Hoveyda-Type Olefin Metathesis Catalysts. ChemSusChem 2013, 6 (1), 182 – 192.

[357] Fahrenwaldt, T.; Großeheilmann, J.; Erben, F.; Kragl, U. Organic Solvent Nanofiltration as a Tool for Separation of Quinine-Based Organocatalysts. Org. Process. Res. Dev. 2013, 17 (9), 1131 – 1136.

[358] Ormerod, D.; Bongers, B.; Porto-Carrero, W.; Giegas, S.; Vijt, G.; Lefevre, N.; Lauwers, D.; Brusten, W.; Buekenhoudt, A. Separation of Metathesis Catalysts and Reaction Products in Flow Reactors Using Organic Solvent Nanofiltration. RSC Adv. 2013, 3 (44), 21501–21510.

[359] Siew, W. E.; Ates, C.; Merschaert, A.; Livingston, A. G. Efficient and Productive Asymmetric Michael Addition: Development of a Highly Enantioselective Quinidine-Based Organocatalyst for Homogeneous Recycling via Nanofiltration. Green Chem. 2013, 15 (3), 663–674.

[360] Rabiller-Baudry, M.; Nasser, G.; Renouard, T.; Delaunay, D.; Camus, M. Comparison of Two Nanofiltration Membrane Reactors for a Model Reaction of Olefin Metathesis Achieved in Toluene. Sep. Purif. Technol. 2013, 116, 46–60.

[361] Nasser, G.; Renouard, T.; Shahane, S.; Fischmeister, C.; Bruneau, C.; Rabiller-Baudry, M. Interest of the Precatalyst Design for Olefin Metathesis Operating in a Discontinuous Nanofiltration Membrane Reactor. ChemPhysChem 2013, 78 (7), 728–736.

[362] Schmidt, P.; Bednarz, E. L.; Lutze, P.; Górak, A. Characterisation of Organic Solvent Nanofiltration Membranes in Multi-Component Mixtures: Process Design Workflow for Utilising Targeted Solvent Modifications. Chem. Eng. Sci. 2014, 115, 115–126.

[363] O'Neal, E. J.; Jensen, K. F. Continuous Nanofiltration and Recycle of a Metathesis Catalyst in a Microflow System. ChemCatChem 2014, 6 (10), 3004–3011.

[364] Dreimann, J.; Lutze, P.; Zagajewski, M.; Behr, A.; Górak, A.; Vorholt, A. J. Highly Integrated Reactor-Separator Systems for the Recycling of Homogeneous Catalysts. Chem. Eng. Process. 2016, 99, 124–131.

[365] Blanco, R. V.; Ferreira, F. C.; Jorge, R. F.; Livingston, A. G. A Membrane Bioreactor for Biotransformations of Hydrophobic Molecules Using Organic Solvent Nanofiltration (OSN) Membranes. J. Membr. Sci. 2008, 317, 50–64.

[366] Blanco, R. V.; Ferreira, F. C.; Jorge, R. F.; Livingston, A. G. A Membrane Bioreactor for Biotransformations of Hydrophobic Molecules Using Organic Solvent Nanofiltration (OSN) Membranes. Desalination 2006, 199, 429–431.

[367] Ghazali, N. F.; Ferreira, F. C.; White, A. J. P.; Livingston, A. G. Enantiomer Separation by Enantioselective Inclusion Complexation-Organic Solvent Nanofiltration. Tetrahedron Asymmetry 2006, 17, 1846–1852.

[368] Lin, J. C. T.; Peeva, L. G.; Livingston, A. G. In Separation of Pharmaceutical Process-Related Impurities via an Organic Solvent Nanofiltration Membrane Cascade. AIChE Annual Meeting, Conference Proceedings, San Francisco, CA, United States, Nov. 12–17, pp. 410g/1–410g/7, 2006.

[369] Siew, W. E.; Livingston, A. G.; Ates, C.; Merschaert, A. Continuous Solute Fractionation With Membrane Cascades—A High Productivity Alternative to Diafiltration. Sep. Purif. Technol. 2013, 102, 1 – 14.

[370] Szekely, G.; Gil, M.; Sellergren, B.; Heggie, W.; Ferreira, F. C. Environmental and Economic Analysis for Selection and Engineering Sustainable API Degenotoxification Processes. Green Chem. 2012, 15 (1), 210 – 225.

[371] Székely, G.; Bandarra, J.; Heggie, W.; Sellergren, B.; Ferreira, F. C. Organic Solvent Nanofiltration: A Platform for Removal of Genotoxins From Active Pharmaceutical Ingredients. J. Membr. Sci. 2011, 381 (1 – 2), 21 – 33.

[372] Vanneste, J.; Ormerod, D.; Theys, G.; Van Gool, D.; Van Camp, B.; Darvishmanesh, S.; Van der Bruggen, B. Towards High Resolution Membrane-Based Pharmaceutical Separations. J. Chem. Technol. Biotechnol. 2013, 88 (1), 98 – 108.

[373] Kim, J. F.; Szekely, G.; Valtcheva, I. B.; Livingston, A. G. Increasing the Sustainability of Membrane Processes Through Cascade Approach and Solvent Recovery-Pharmaceutical Purification Case Study. Green Chem. 2013, 16 (1), 133 – 145.

[374] Peeva, L.; da Silva Burgal, J.; Valtcheva, I.; Livingston, A. G. Continuous Purification of Active Pharmaceutical Ingredients Using Multistage Organic Solvent Nanofiltration Membrane Cascade. Chem. Eng. Sci. 2014, 116, 183 – 194.

[375] So, S.; Peeva, L. G.; Tate, E. W.; Leatherbarrow, R. J.; Livingston, A. G. Membrane Enhanced Peptide Synthesis. Chem. Commun. 2010, 46, 2808 – 2810.

[376] So, S.; Peeva, L. G.; Tate, E. W.; Leatherbarrow, R. J.; Livingston, A. G. Organic Solvent Nanofiltration: A New Paradigm in Peptide Synthesis. Org. Process. Res. Dev. 2010, 14, 1313 – 1325.

[377] Marchetti, P.; Butté, A.; Livingston, A. G. In Reactive Peptide Nanofiltration, Sustainable Nanotechnology and the Environment: Advances and Achievements; S.; Sharma, Eds.; OUP: New York, 2014.

[378] Gaffney, P. R. J.; Kim, J. F.; Valtcheva, I. B.; Williams, G. D.; Anson, M. S.; Buswell, A. M.; Livingston, A. G. Liquid-Phase Synthesis of 2′-Methyl-RNA on a Homostar Support through Organic-Solvent Nanofiltration. Chem. Eur. J. 2015, 21, 9535 – 9543.

[379] Cheryan, M. Membrane Technology in the Vegetable Oil Industry. Membr. Technol. 2005, 2, 5 – 7.

[380] Pioch, D.; Larguéze, C.; Graille, J.; Ajana, H.; Rouviere, J. Towards an Efficient Membrane Based Vegetable Oils Refining. Ind. Crop. Prod. 1998, 7, 83 – 89.

[381] Sen Gupta, A. K., Refining. (Lever Brothers Company.), Refining, U. S. Patent 4,533,501, August 6, 1985.

[382] Matthias, S.; Peinemann, K. V.; Scharnagl, N.; Friese, K.; Schubert, R. Sili-

cone Composite Membrane Modified by Radiation Chemical Means and Intended for Use in Ultrafiltration. WO9627430, September 12, 1996.

[383] Stafie, N.; Stamatialis, D. F.; Wessling, M. Insight Into the Transport of Hexane-Solute Systems Through Tailor-Made Composite Membranes. J. Membr. Sci. 2004, 228, 103 – 116.

[384] Firman, L. R.; Ochoa, N. A.; Marchese, J.; Pagliero, C. L. Deacidification and Solvent Recovery of Soybean Oil by Nanofiltration Membranes. J. Membr. Sci. 2013, 431, 187 – 196.

[385] Pagliero, C.; Ochoa, N. A.; Martino, P.; Marchese, J. Separation of Sunflower Oil From Hexane by Use of Composite Polymeric Membranes. J. Am. Oil Chem. Soc. 2011, 88, 1813 – 1819.

[386] Gruta, A.; Bowden, N. B. Separation of cis-Fatty Acids From Saturated and trans-Fatty Acids by Nanoporous Polydicyclopentadiene Membranes. ACS APPl. Mater. Interfaces 2013, 5(3), 924 – 933.

[387] Koseoglu, S. S.; Lawhon, J. T.; Lusas, E. W. Membrane Processing of Crude Vegetable Oils: Pilot Plant Scale Removal of Solvent From Oil Miscellas. J. Am. Oil Chem. Soc. 1990, 67, 315 – 322.

[388] Wu, J. C.; Lee, E. Ultrafiltration of Soybean Oil/Hexane Extract by Porous Ceramic Membranes. J. Membr. Sci. 1999, 154, 251 – 259.

[389] Ribeiro, A. P. B.; de Mouran, J. M. L. N.; Goncalves, L. A. G.; Petrus, J. C. C.; Viotto, L. A. Solvent Recovery From Soybean Oil/Hexane Miscella by Polymeric Membranes. J. Membr. Sci. 2006, 282, 328 – 336.

[390] Kwiatkowski, J. R.; Cheryan, M. Recovery of Corn Oil From Ethanol Extracts of Ground Corn Using Membrane Technology. J. Am. Oil Chem. Soc. 2005, 82, 221 – 227.

[391] Darvishmanesh, S.; Robberecht, T.; Luis, P.; Degréve, J.; Van der Bruggen, B. Performance of Nanofiltration Membranes for Solvent Purification in the Oil Industry. J. Am. Oil Chem. Soc. 2011, 88, 1255 – 1261.

[392] Manjula, S.; Nabetani, H.; Subramanian, R. Flux Behavior in a Hydrophobic Dense Membrane With Undiluted and Hexane-Diluted Vegetable Oils. J. Membr. Sci. 2011, 366, 43 – 47.

[393] Weibin, C.; Yanzhi, S.; Xianglan, P.; Jiding, L.; Shenlin, Z. Solvent Recovery From Soybean Oil/Hexane Miscella by PDMS Composite Membrane. Chin. J. Chem. Eng. 2011, 19, 575 – 580.

[394] Raman, L. P.; Cheryan, M.; Rajagopalan, N. Deacidification of Soybean oil by Membrane Technology. J. Am. Oil Chem. Soc. 1996, 73, 219 – 224.

[395] Zwijnenberg, H. J.; Krosse, A. M.; Ebert, K.; Peinemann, K. V.; Cuperus, F.

P. Acetone-Stable Nanofiltration Membranes in Deacidifying Vegetable Oil. J. Am. Oil Chem. Soc. 1999, 76, 83 – 87.

[396] Bhosle, B. M.; Subramanian, R. New Approaches in Deacidification of Edible Oils—A Review. J. Food Eng. 2005, 69, 481 – 494.

[397] Raman, L. P.; Cheryan, M.; Rajagopalan, N. Solvent Recovery and Partial Deacidification of Vegetable Oils by Membrane Technology. Lipids 1996, 98, 10 – 14.

[398] Kale, V.; Katikaneni, S. P. R.; Cheryan, M. Deacidifying Rice Bran Oil by Solvent Extraction and Membrane Technology. J. Am. Oil Chem. Soc. 1999, 76 (6), 723 – 727.

[399] Bhosle, B. M.; Subramanian, R.; Ebert, K. Deacidification of Model Vegetable oils Using Polymeric Membranes. Eur. J. Lipid Sci. Technol. 2005, 107, 746 – 753.

[400] Darnoko, D.; Cheryan, M. Carotenoids From Red Palm Methyl Esters by Nanofiltration. J. Am. Oil Chem. Soc. 2006, 4, 365 – 370.

[401] Tsui, E. M.; Cheryan, M. Membrane Processing of Xanthophylls in Ethanol Extracts of Corn. J. Food Eng. 2007, 83, 590 – 595.

[402] Peshev, D.; Peeva, L. G.; Peev, G.; Baptista, I. I. R.; Boam, A. T. Application of Organic Solvent Nanofiltration for Concentration of Antioxidant Extracts of Rosemary (Rosmarinus officiallis L.). Chem. Eng. Res. Des. 2011, 89 (3), 318 – 327.

[403] Sereewatthanawut, I.; Baptista, I. I. R.; Boam, A. T.; Hodgson, A.; Livingston, A. G. Nanofiltration Process for the Nutritional Enrichment and Refining of Rice Bran Oil. J. Food Eng. 2011, 102 (1), 16 – 24.

[404] Nwuha, V. Novel Studies on Membrane Extraction of Bioactive Components of Green Tea in Organic Solvents: Part I. J. Food Eng. 2000, 44 (4), 233 – 238.

[405] Tsibranska, I. H.; Tylkowski, B. Concentration of Ethanolic Extracts From Sideritis ssp. L. by Nanofiltration: Comparison of Dead-End and Cross-Flow Modes. Food Bioprod. Process. 2013, 91 (2), 169 – 174.

[406] Tsibranska, I.; Saykova, I. Combining Nanofiltration and Other Separation Methods (Review). J. Chem. Technol. Metall. 2013, 48, 333 – 340.

[407] Rabelo, R. S.; Machado, M. T. C.; Martínez, J.; Hubinger, M. D. Ultrasound Assisted Extraction and Nanofiltration of Phenolic Compounds From Artichoke Solid Wastes. J. Food Eng. 2016, 178, 170 – 180.

[408] Pasternak, M. (Texaco Inc.). Membrane Process for Treating a Charge Containing Dewaxing Solvent and Dewaxed Oil. U. S. Patent 5,234,579, August 10, 1993.

[409] Livingston, A. G.; Osborne, G. C. A Process for Deacidifying Crude Oil. WO 0250212, June 27, 2002.

[410] White, L. S.; Wildemuth, C. R. Aromatics Enrichment in Refinery Streams Using

[411] Kutowy, O.; Tweddle, T. A.; Hazlett, J. D. Method for the Molecular Filtration of Predominantly Aliphatic Hydrocarbon Liquids. US 4,814,088, 1989.

[412] Duong, A.; Chattopadhyaya, G.; Kwok, W. Y.; Smith, K. J. An Experimental Study of Heavy Oil Ultrafiltration Using Ceramic Membranes. Fuel 1997, 76 (9), 821–828.

[413] Ashtari, M.; Ashrafizadeh, S. N.; Bayat, M. Asphaltene Removal From Crude Oil by Means of Ceramic Membranes. J. Petrol. Sci. Eng. 2012, 82–83, 44–49.

[414] Micovic, J.; Werth, K.; Lutze, P. Hybrid Separations Combining Distillation and Organic Solvent Nanofiltration for Separation of Wide Boiling Mixtures. Chem. Eng. Res. Des. 2014, 92 (11), 2131–2147.

[415] Adi, V. S. K.; Cook, M.; Peeva, L. G.; Livingston, A. G.; Chachuat, B. Optimization of OSN Membrane Cascades for Separating Organic Mixtures. In Proceedings of the 26th European Symposium on Computer Aided Process Engineering-ESCAPE 26 June 12th-15th, Portorož, Slovenia, 2016; pp. 379–384.

[416] Othman, R.; Mohammad, A. W.; Ismail, M.; Salimon, J. Application of Polymeric Solvent Resistant Nanofiltration Membranes for Biodiesel Production. J. Membr. Sci. 2010, 348 (1–2), 287–297.

[417] Tarleton, E. S.; Robinson, J. P., 1; Low, J. S. Nanofiltration: A Technology for Selective Solute Removal From Fuels and Solvents. Chem. Eng. Res. Des. 2009, 87, 271–279.

[418] Koh, D.-Y.; McCool, B. A.; Deckman, H. W.; Lively, R. P. Reverse Osmosis Molecular Differentiation of Organic Liquids Using Carbon Molecular Sieve Membranes. Science 2016, 353 (6301), 804–807.

[419] Tsuru, T.; Kondo, H.; Yoshioka, T.; Asaeda, M. Permeation of Nonaqueous Solution Through Organic/Inorganic Hybrid Nanoporous Membranes. AICHE J. 2004, 50, 1080–1087.

第4章 反渗透基础

4.1 概 述

反渗透是一种应用广泛的膜技术,用于水的净化以生产饮用水,主要用于海水淡化（TDS = 35 000 × 10⁻⁶）和苦咸水（TDS 在 1 000 × 10⁻⁶ ~ 5 000 × 10⁻⁶）,也可以应用于半导体工业超纯水的生产。这个过程的原理是使溶剂通过膜的分子结构,在此过程中捕获杂质和盐。在自然界中,当半透膜（即可渗透溶剂、不渗透溶质）将两个不同浓度的隔室分隔开时,根据自然渗透现象,水倾向于从低浓度隔室流向高浓度隔室。这样,浓缩溶液就会被稀释,直到膜达到平衡,跨膜通量为零。反渗透是指水从浓度高的区域透过膜流到浓度低的区域。为得到这个结果,必须对浓溶液施加高于渗透压差的外部压力（图4.1）。

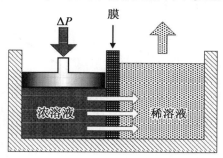

图 4.1 反渗透现象

因此,当半透膜分离两种溶液（第一种用 1 表示,第二种用 2 表示）时,根据两相的浓度和静水压可以区分以下三种不同的情况。

(1)溶液 1 和溶液 2 具有相同的静水压,但溶液 1 中的溶质浓度高于溶液 2 中的溶质浓度,这种情况称为渗透,因为溶液 1 的渗透压较高,所以溶剂将从稀溶液 2 进入浓溶液 1 中。

(2)两种溶液具有不同的静水压,但静水压的差异等于在相反方向上作用的两种溶液之间的渗透压的差异,这种情况称为渗透平衡。虽然两种溶液中的浓度不同,但不会有通过膜的溶剂通量。

(3)两种溶液具有不同的静水压,但跨膜的静水压差大于渗透压差,并且作用方向相反。因此,溶剂将从具有较高溶质浓度的溶液 1 流入具有较低溶质浓度的溶液 2,这种现象称为反渗透。

图 4.2 说明了溶剂通过半透膜分离不同浓度的两种溶液时的通量,它与施加于较浓溶液的静水压有关。

为使溶剂通过膜,施加的压力 ΔP(在浓侧和稀侧之间)必须高于渗透压 π。从图 4.2 中可以看出,当施加的压力小于渗透压时,溶剂从稀溶液流向浓溶液;当施加压力大于渗透压时,溶剂从浓溶液流向稀溶液。热力学上,渗透压 π 定义为[1]

$$\pi = -\frac{RT}{V_b}\ln x_w$$

式中,R 是理想气体常数;V_b 是水的摩尔体积;x_w 是水的摩尔分数。在稀溶液中,渗透压可以用与理想气体定律相同形式的范特霍夫定律来估计,即

$$\pi = -\frac{n_s}{V}RT$$

$$\pi = cRT$$

式中,n_s 为溶液中溶质总摩尔数;V 为溶剂体积;c 为溶质总浓度(mol/L)。考虑到溶液中离子的非理想性和解离,范特霍夫定律可以改写为

$$\pi = i\varphi cRT$$

式中,i 表示解离参数,它等于每摩尔溶质溶解产生的离子和分子总数;φ 表示考虑非理想性的修正因子。

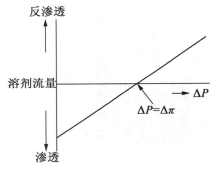

图 4.2　两种浓度不同的溶液通过半透膜的溶剂通量作为静水压应用于更高浓度溶液的函数

4.2　溶剂和溶质通量描述模型

反渗透膜一般具有非对称或薄层复合结构,其中多孔的薄表层作为选择层,决定了传质阻力。从宏观层面看,这些膜是均匀的;从在微观层面看,膜是两相系统,在其中发生水和溶质的传输。

根据 Jonsson 和 Macedonio[2] 的报道,已经建立了两种关于反渗透膜传输机制的模型来描述溶质和溶剂通过反渗透膜的通量。膜传质模型的一般目的是将通量与操作条件联系起来。传递模型的强大之处在于它能预测薄膜在各种操作条件下的性能。为达到

这一目的,该模型必须与一些基于实验结果确定的传质系数相结合。

当提出的理论描述膜传输时,可以在纯热力学条件下将膜视为一个"黑盒子",或者引入膜的物理模型。一方面,在第一种情况下获得的一般描述没有提供关于通量和分离机制的信息;另一方面,在第二种情况下获得的通量和分离机理数据的正确性取决于所选择的模型。

传质模型可分为以下三类。

(1)基于不可逆热力学理论(不可逆热力学 – 现象学传质和不可逆热力学 – Kedem – Spiegler 模型)的现象学传质模型。

(2)非多孔传质模型,其中膜应该是非多孔或均匀的(溶解 – 扩散、扩展 – 扩散和溶解 – 扩散 – 缺陷模型)。

(3)多孔传质模型,其中膜被认为是多孔的(优先吸附 – 毛细管流动、Kimura – Sourirajan 分析、细孔和表面力 – 孔隙流动和摩擦模型)。

大多数反渗透膜模型假定为通过膜的扩散或孔隙流动,而荷电膜理论则包含静电效应。例如,Donnan 截留模型可用于测定带负电荷的纳滤膜中的溶质通量。

图 4.3 所示为薄膜复合膜结构示意图,它具有作为屏障的高选择性皮层、选择性降至零的中间多孔层和非选择性多孔基层[3],但它对膜的溶质截留特性几乎没有影响。因此,大多数反渗透膜的传质和截留模型都是几乎只关注表面薄层的单层膜。

$$\frac{1}{L_p} = \frac{1}{L_{p,sl}} + \frac{1}{L_{p,il}} + \frac{1}{L_{p,pl}} \tag{4.1}$$

表层(σ_{sl})
中间层($\sigma_{sl} > \sigma_{il} > 0$)
非选择多孔层($\sigma_{pl} = 0$)

图 4.3 薄层复合膜结构示意图

传输模型有助于了解认识最重要的膜结构参数,并显示如何通过改变某些特定参数来改善膜性能。膜的主要本征参数之一为截留系数 σ,由 Staverman[4]引入,定义为

$$\sigma \equiv \frac{-l_{\pi p}}{l_p} = \left(\frac{\Delta P}{\Delta \pi}\right)_{J_v = 0} \tag{4.2}$$

式中,σ 用于描述压力驱动力对溶质通量的影响,表示膜对溶质的相对渗透率,$-\sigma = 1$ 表示高分离性膜,$-\sigma = 0$ 对于低分离性膜,其中溶质随溶剂大量通过膜。

在 RO 中,本征截留率 R_{max} 与 σ 相关,通常 $\sigma \leq R_{max}$(如参考文献[5]所述)。Push[6]推导出 R_{max} 与 σ 之间的关系,即

$$R_{max} = 1 - (1 - \sigma) \cdot \frac{\overline{c}_{smax}}{c'_s}$$

式中，$\bar{c}_{smax}$ 是无限 J_v 下的平均盐浓度。

4.2.1 现象学传质模型

1. 不可逆热力学现象学传质模型

当不知道膜的传质机理和结构时，将膜视为"黑盒子"。在这种情况下，不可逆过程的热力学（IT）可以应用于膜系统。根据 IT 理论，解决方案中每个组件的流程与其他组件的流程相关。然后，通过膜的通量和作用在系统上的力之间可以建立不同的关系。

Onsager[7]认为，通过现象系数 L_{ij}，通量 J_i 与力 F_j 相关，即

$$J_i = L_{ii}F_i + \sum_{i \neq j} L_{ij}F_j, \quad i = 1, \cdots, n \tag{4.3}$$

对于接近平衡的系统，交叉系数相等，即

$$L_{ij} = L_{ji}, \quad i \neq j \tag{4.4}$$

Kedem 和 Katchalsky[8]利用线性现象学方程即式（4.3）和式（4.4）推导出了现象学传输方程，即

$$J_v = l_p(\Delta P - \sigma \Delta \pi) \tag{4.5}$$

$$J_s = \omega \Delta \pi + (1 - \sigma)J_v(\bar{c}_s)_{\ln} \tag{4.6}$$

式中，参数 l_p、ω 和 σ 是初始现象学相关系数 L_{ij} 的简单函数。

通常反渗透系统非平衡，因此式（4.4）不准确。此外，式（4.5）和式（4.6）很少用于描述反渗透膜转运，因为通常跨膜的浓度差很大，使线性规律失效，而且这种分析没有提供太多关于传质机制的信息。

2. 不可逆热力学 Kedem – Spiegler 模型

Spiegler 和 Kedem[9]通过重写了溶剂和溶质通量的微分方程，绕过了"线性"问题，即

$$J_v = P_v\left(\frac{dP}{dx} - \sigma \frac{d\pi}{dx}\right) \tag{4.7}$$

$$J_s = P_s \frac{d\bar{c}_s}{dx} + (1 - \sigma)\bar{c}_s J_v \tag{4.8}$$

式中，P_v 为水渗透率；x 为垂直于膜的坐标方向；p_s 为溶质渗透率。通过假设 P_v、P_s 和 σ 为常数，对式（4.7）和式（4.8）进行整合，得到溶剂通量 J_v 和截留率 R 的方程为

$$J_v = \frac{P_v}{\Delta x}(\Delta P - \sigma \Delta \pi) \tag{4.9}$$

$$R = \frac{\sigma(1 - e^{-J_v(1-\sigma)\Delta x/P_s})}{1 - \sigma e^{-J_v(1-\sigma)\Delta x/P_s}} \tag{4.10}$$

式中，Δx 是膜厚。式（4.10）可以重新排列为

$$\frac{c'_s}{c''_s} = \frac{1}{1-\sigma} - \frac{\sigma}{1-\sigma}e^{-J_v(1-\sigma)\Delta x/P_s} \tag{4.11}$$

然而，与现象学传质方程类似，Spiegler – Kedem 关系也没有给出关于膜传质机制的信息。

4.2.2 无孔传质模型

1. 溶解扩散模型

溶解扩散模型假定膜表面层是均匀、无孔的,溶质和溶剂在表面层中溶解,然后独立扩散。水和溶质通量与它们的化学势梯度成正比。后者表示为溶剂跨膜的压力和浓度差,假定它等于跨膜的溶质浓度差,即

$$J_v = A(\Delta P - \Delta \pi) \tag{4.12}$$

$$A = \frac{\overline{D}_v \overline{c}_v V_v}{\Re T \Delta x} \tag{4.13}$$

$$J_s = B(c_s''' - c_s'') \tag{4.14}$$

$$B = \frac{\overline{D}_s k}{\Delta x} \tag{4.15}$$

式中,A 是水力渗透常数 l_p;c_v 是膜中水的浓度;V_v 是水的偏摩尔体积;$\Re$ 是通用气体常数;T 是温度;B 是盐渗透性常数;c_s''' 和 c_s'' 分别为膜的进料和渗透侧的盐浓度;D_v 和 D_s 分别是溶剂和溶质在膜中的扩散系数;k 为溶质分配系数,定义为

$$k = \frac{溶质(kg)/膜(m^3)}{溶质(kg)/溶液(m^3)} \tag{4.16}$$

k 测定了膜材料的溶质亲和力($k>1$)或排斥力($k<1$)。

溶质和溶剂在膜相中的溶解度和扩散率不同,这在该模型中很重要,因为这些差异强烈地影响膜通量。此外,这些方程证明了溶质穿过膜的通量与水的通量无关。

由于渗透液 c_s'' 中的盐浓度通常远小于 c_s''',因此式(4.14)可以简化为

$$J_s = Bc_s''' \tag{4.17}$$

式(4.12)和式(4.17)表明水的通量与施加的压力成正比,而溶质通量与压力无关,这意味着膜选择性随着压力的增加而增加。膜的选择性可以用溶质截留率 R 表示,即

$$R = \left(1 - \frac{c_s''}{c_s'''}\right) \cdot 100\% \tag{4.18}$$

通过将式(4.12)~(4.18)与 c_s''、J_v'、J_s' 之间的关系相结合,膜截留率可以表示为

$$c_s'' = \frac{J_s}{J_v} \cdot \rho_v \tag{4.19}$$

$$R = \left[1 - \frac{\rho_v \cdot B}{A(\Delta P - \Delta \pi)}\right] \cdot 100\% \tag{4.20}$$

式中,ρ_v 是水的密度。

溶解扩散模型的主要优点是它的简单性。它的一个限制条件是,预测在无限通量时截留等于 1(ΔP 趋于无穷),这是许多溶质无法达到的极限。因此,该模型适用于溶剂-溶质-膜分离接近 1 的体系。可以看出,当 $\sigma = 1$ 时,式(4.5)被简化为溶解扩散模型。

2. 延伸的溶解扩散模型

溶液扩散模型中忽略了压力对溶质传输的影响[10,11]。为涵盖压力项,盐化学势梯度必须写成

$$\Delta \mu_s = \Re T \ln\left(\frac{c_s'''}{c_s''}\right) + V_s \Delta P \tag{4.21}$$

式中,$\Delta \mu_s$ 为膜上溶质化学电势差;V_s 为溶质偏摩尔体积。对于氯化钠和水的分离,Burghoff 等[10]建议在 $\ln\frac{c_s'''}{c_s''} \gg 8.0 \times 10^{-6} \Delta P$ 时忽略压力项 $\left(\frac{V_s \Delta P}{\Re T}\right)$。考虑压力时,特别是在有机溶剂-水系统中,溶质通量计算公式为

$$J_s = \frac{\overline{D_s} k}{\Delta x}(c_s''' - c_s'') + l_{sp} \Delta P \tag{4.22}$$

式中,l_{sp} 是压力引发的传输参数。式(4.22)已被证明对于醋酸纤维素膜的不同有机溶质是准确的。[10]

3. 溶解扩散缺陷模型

溶解扩散模型是膜最常用的模型之一。它假设膜表面是均匀/非多孔的,且限制在截留的本征特性保持一致的条件下。

Sherwood 等[12]开发的溶解扩散缺陷模型(SDIM)认为膜在制造过程中表面存在小缺陷,溶剂和溶质可以通过它们而不发生任何浓度变化。因此,SDIM 模型既包括孔流,也包括溶质和溶剂通过膜的扩散,可以认为是溶解扩散模型与多孔模型的折中。此外,Jonsson 和 Boesen[13]证明了 SDIM 可以用来确定一个与截留系数相关的参数。根据模型,水和溶质通量可以写成

$$J_v = \underbrace{k_1 (\Delta P - \Delta \pi)}_{\text{扩散}} + \underbrace{k_3 \Delta P}_{\text{孔流对水通量的贡献}} = (k_1 + k_3)\left(\Delta P - \frac{k_3}{k_1 + k_3}\Delta \pi\right) \tag{4.23}$$

$$J_s = k_2 \Delta \pi + \underbrace{k_3 \Delta P c_s'}_{\text{溶质过膜孔流}} \tag{4.24}$$

式中,$k_3 \Delta P$ 与压力驱动力成正比;k_1 和 k_2 分别是扩散水和溶质通量的传输参数;k_3 是孔隙通量的传输参数。

式(4.23)和式(4.24)可以重新排列以给出折减因子[5],即

$$\frac{c_s'}{c_s''} = \frac{c_s' J_v}{J_s} = \frac{(\Delta P - \Delta \pi) + \frac{k_3}{k_1}\Delta P}{\frac{k_2}{k_1}\frac{\Delta \pi}{c_s'} + \frac{k_3}{k_1}\Delta P} \tag{4.25}$$

式(4.23)结合式(4.5),可以解出

$$\sigma = \frac{1}{1 + \frac{k_3}{k_1}} \tag{4.26}$$

式中,k_3 与 k_1 的比值用于度量孔流与扩散流的相对贡献。

该模型已成功地应用于多种溶质和膜的性能描述[13],特别适用于那些分离率低于溶解度和扩散度测量值的膜。

4.2.3 多孔传质模型

在假定膜为多孔的传质模型中,摩擦模型和多孔模型将在本节中被介绍。

1. 摩擦模型

摩擦模型认为,多孔膜的传输是由黏性流动和扩散流动共同作用的。因此,孔径被认为极小以至于溶质不能自由地通过孔,但是溶质-孔壁、溶剂-孔壁和溶剂-溶质之间会发生摩擦。摩擦力 F 与速度差成线性比例,比例因子 X 称为摩擦系数,该比例因子 X 表示溶质与孔壁之间的相互作用,即

$$F_{23} = -X_{23}(u_2 - u_3) = -X_{23}u_2 \quad (4.27)$$

$$F_{13} = -X_{13}(u_1 - u_3) = -X_{13}u_1 \quad (4.28)$$

$$F_{21} = -X_{21}(u_2 - u_1) \quad (4.29)$$

$$F_{12} = -X_{12}(u_1 - u_2) \quad (4.30)$$

式(4.27)~(4.30)是以膜为参照($u_3 = 0$)导出的,考虑到每摩尔溶质的摩擦力,F_{23} 为

$$F_{23} = -X_{23}u_2 = -X_{23}\frac{J_{2p}}{C_{2p}} \quad (4.31)$$

式(4.27)可以写为

$$F_{23} = -X_{23}\frac{J_{2p}}{c_{2p}} \quad (4.32)$$

Jonsson 和 Boesen[13] 对这个模型进行了详细的描述,并且已经表明,由于 F_{21} 是溶质在质量系统中心扩散的有效驱动力,因此单位孔隙面积溶质通量 J_{2p} 为

$$J_{2p} = \frac{1}{X_{21}}c_{2p}(-F_{21}) + c_{2p}u \quad (4.33)$$

施加的力和摩擦力的平衡关系为

$$F_2 = -(F_{21} + F_{23}) \quad (4.34)$$

忽略压强项,在稀溶液状态下,F_2 等于

$$F_2 = -\frac{RT}{c_{2p}}\frac{\mathrm{d}c_{2p}}{\mathrm{d}x} \quad (4.35)$$

将 b 定义为将摩擦系数 X_{23}(溶质与膜之间)和 X_{21}(溶质与水之间)联系起来的符号,则有

$$b = \frac{X_{21} + X_{23}}{X_{21}} \quad (4.36)$$

并在式(4.34)中插入式(4.29)、式(4.32)、式(4.35)和式(4.36),J_{2p} 将等于

$$J_{2p} = -\frac{RT}{X_{21}b}\frac{\mathrm{d}c_{2p}}{\mathrm{d}x} + \frac{c_{2p}u}{b} \quad (4.37)$$

溶质在体相溶液与孔流之间的分布系数 K 为

$$K = \frac{c_{2p}}{c_2} \quad (4.38)$$

并且有 $J_v = \varepsilon \cdot u$,$J_i = J_2 \cdot \varepsilon$,$\xi = \tau \cdot x$,利用条件

$$c_2'' = \frac{J_{2p}}{u} \quad (4.39)$$

并将式(4.37)与边界条件结合,即

$$x = 0: c_{2p} = Kc_2'$$

$$x = \tau \cdot \lambda : c_{2p} = Kc_2''$$

得到 c_2'/c_2'' 这一比值的方程,即

$$\frac{c_2'}{c_2''} = \frac{1 + \frac{b}{K}(e^{u\varepsilon\frac{\tau-\lambda}{\varepsilon}\frac{X_{21}}{RT}} - 1)}{e^{u\varepsilon\frac{\tau-\lambda}{\varepsilon}\frac{X_{21}}{RT}}} \qquad (4.40)$$

在这个推导过程中,K、b 和 X_{21} 被假设独立于溶质浓度。

2. 细孔模型

利用 Spiegler[15] 提出的作用力和摩擦力的平衡,Merten[14] 建立了细孔模型,它是 Jonsson 和 Boesen[13] 提出的黏性流动与摩擦模型的结合。该模型的前提是合理地描述在溶解扩散模型与泊肃叶流动之间的中间区域,水和溶质的传输:溶解扩散模型应用于非常致密的、几乎被完全截留的膜和溶质;泊肃叶流动可以用来描述通过由平行孔组成的多孔膜的传输。

Jonsson 和 Boesen[13] 表明,以下方程可用于确定反渗透实验中的 $R_{\max}$:

$$\frac{c_2'}{c_2''} = \frac{b}{K} + \left(1 - \frac{b}{K}\right) \cdot e^{-\frac{\tau-\lambda}{\varepsilon} \cdot \frac{J_v}{D_2}} \qquad (4.41)$$

式中,D_2 是溶质扩散系数。由式(4.41)可得最大截留 $R_{\max}$(J_v 趋于无穷时)为

$$R_{\max} = \sigma = 1 - \frac{b}{K} = 1 - K\frac{1}{1 + \frac{X_{23}}{X_{21}}} \qquad (4.42)$$

式(4.42)给出了截留与动力学项(摩擦系数 b)和热力学平衡项(K)的关系,Spiegler 和 Kedem[9] 推导出

$$\sigma = 1 - K\frac{1}{1 + \frac{X_{23}}{X_{21}}}\left(1 + \frac{X_{13}\bar{u}_2}{X_{21}\bar{u}_1}\right) \qquad (4.43)$$

式(4.42)和式(4.43)除校正项 $X_{13}\bar{u}_2 = X_{21}\bar{u}_1$ 外都是相同的,对于高选择性的膜来说,校正项比 1 小得多,因为溶质在膜中的溶解度必须尽可能低,这可以通过选择合适的聚合物来实现。

4.3 膜 电 荷

4.2 节中的模型可广泛应用于各种溶质的中性膜。然而,在含有固定电荷基团的膜中,可以观察到带电荷溶质的不同行为。事实上,结合溶剂和溶质特性的膜组分,可以通过双静电层相互作用或其他阻碍作用来影响截留:如果含有离子的溶液与具有表面电荷的膜接触,则离子的通过将受膜上同电荷抑制,这种情况称为 Donnan 截留。此外,该膜还可以与进料液或膜上的离子交换基团交换离子,这可能导致膜结构的膨胀,并因此而导致膜的传输特性发生变化。该模型也可用于荷电膜,但传输参数是操作条件的强函数。

对于盐 $M_{zy}Y_{zm}$,电离成 $M^{zm+}Y^{zy-}$,动态平衡发生在膜所在盐溶液。在平衡状态下,在

纳滤过程中通常使用负电荷膜的情况下,可以使用以下公式[16]得到盐分布系数 K^* 和截留 R',即

$$K^* = \frac{c_{Y(m)}}{c_Y} = \left[z_Y^{z_Y} \left(\frac{c_Y}{c_m^*} \right)^{z_Y} \left(\frac{\gamma}{\gamma_m} \right)^{z_Y + z_m} \right]^{\frac{1}{z_m}} \quad (4.44)$$

$$R' = 1 - K^* \quad (4.45)$$

式中,z_i 为物质 i 的电荷;c_Y 和 $c_{Y(m)}$ 分别表示体相溶液和膜相中同离子 Y 的浓度;c_m^* 为膜的电荷容量;γ、γ_m 为活性系数。

式(4.44)和式(4.45)给出了溶质截留过程的定性描述,溶质截留过程是膜电荷量、进料中溶质浓度和离子电荷的函数。然而,式中没有考虑扩散和对流通量,这也是研究荷电膜时的重要部分。

4.4 限制因素:浓差极化、污染、结垢、生物污染、膜变质

真实的反渗透过程受到浓度极化、膜污染、结垢、生物污染和膜变质的限制。这些现象严重影响了膜的性能,降低了溶剂通量或分离性能,如盐的截留。因此,这些现象对膜分离过程的经济性产生负面影响,控制这些因素是膜系统设计中的主要问题之一。

4.4.1 浓差极化

膜对溶解物质的截留导致这些物质在膜附近积累,使膜表面物质浓度升高,这种现象称为浓差极化。因此,应建立膜表面溶液与本体溶液之间的浓度梯度,从而使在膜表面积累的物质通过扩散反向传输。虽然渗透侧也可能发生浓差极化,但在反渗透过程中通常被忽略,因为它比截留侧极化要小得多。一个典型的浓度分布图如图4.4所示。

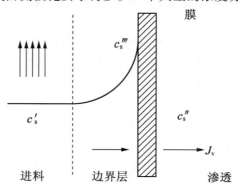

图 4.4 一个典型的浓度分布图

浓差极化对反渗透性能有以下几个负面影响。

(1)浓差极化导致渗透压的增大,渗透压的增大与溶质在膜表面的集中成正比,从而使恒定静水压力下的跨膜通量减小。

(2) 滤液质量下降,通过膜的溶质渗漏量与膜进料侧表面溶质浓度成正比。

(3) 颗粒聚集在膜上,导致表面形成滤饼层。

(4) 特别是二价离子的溶解度可以超过极限,导致膜表面形成沉淀层,对传质产生不利影响。

浓差极化使膜系统的建模复杂化,壁浓度的实验计算比较困难。对于高进料流量,通常假设壁面浓度等于体积浓度,这是高效混合造成的,但这种情况很少发生。在低流速下,这种假设不再适用。为估计浓度极化的程度,最常用的技术是薄膜理论[17,18],即

$$\frac{c_s'' - c_s'}{c_s' - c_s''} = e^{\frac{J_v}{k}} \quad (4.46)$$

式中,k 表示传质系数,可以用 Sherwood 相关法估计,如 Gekas 和 Hallstrom[19] 推导出的:

$$Sh = 0.023 Re^{0.8} Sc^{0.33} \quad (湍流) \quad (4.47)$$

$$Sh = 1.86 (ReScd_h/L)^{0.33} \quad (层流) \quad (4.48)$$

通过促进本体进料溶液与靠近膜表面的溶液的良好混合,可以减小浓度极化现象。通过改进膜组件,可以加强混合,如在进料通道中加入湍流促进装置,或增加进料流率(从而增加轴向速度,促进湍流流动)。

4.4.2 膜污染/结垢/生物污染

膜污染是由膜表面某些进料的沉积或吸附引起的,当所有的操作参数,如压力、流量、温度和进料浓度保持不变时,随着时间的推移,会导致流量下降。膜污染可能是浓差极化的结果,但也可能只是膜表面吸附进料溶液组分的结果,特别是在微滤过程中,需要注意膜结构内的吸附。

根据膜表面沉积的物质,膜污染可分为以下四类。

(1) 引起结垢的化学污染物。

(2) 与薄膜表面颗粒沉积和胶体物质有关的物理污染物或颗粒物质。

(3) 有机污染物,可与膜相互作用。

(4) 生物污染物,可以破坏膜或形成生物膜层,从而使膜表面细菌生长而抑制膜通量。

虽然对于前三种污染物已经有了完善的、基于化学和膜的预处理,但生物污染仍然是最顽固和最不为人所知的膜污染形式之一。

1. 化学污染物

如果难溶盐,即二价和多价离子的浓度超过它们的溶解度,就会发生反渗透膜的结垢。在膜组件内的进料通道中浓度增加,回收率增加,结垢的风险会增大。然而,溶解度水平仅能确定可能发生结垢的最小浓度水平。在实际操作中,由于结晶诱导时间长,因此即使在较高浓度下,也不会发生结垢,通常的做法是不超过溶解度极限。

最易引起结垢的可溶性无机化合物有 Ca^{2+}、Mg^{2+}、CO_3^{2+}、SO_4^{2-}、SiO_2 和 Fe。如果超过溶解度极限,则 $CaCO_3$、钙、锶和钡的硫酸盐、CaF_2 和各种 SiO_2 化合物是最有可能在膜表面结垢的化合物。Al、Fe 和 Mn 的氢氧化物通常在与膜接触之前析出。大多数天然地表和地下水显示高 $CaCO_3$ 浓度接近饱和。因此,通常使用朗格利尔饱和指数(LSI)评估盐溶液,用斯蒂夫 – 戴维斯稳定指数(S&DSI)评估海水的结垢趋势。[18]

碳酸钙、硫酸盐和氟化钙的结垢可以通过添加抗垢剂来避免,如有机聚合物、表面活性剂、有机磷酸盐和磷酸盐等。以聚六偏磷酸盐(Calgon)为例,它会干扰晶体的成核和生长。二氧化硅的存在大大增加了反渗透脱盐过程的复杂性。受大量参数的影响,二氧化硅结垢沉淀的阈值难以预测。另外,二氧化硅抗垢剂稀缺,无法突破水的回收率限制。沉积在膜上的二氧化硅结垢很难去除,清洁费用昂贵。在存在二氧化硅的情况下,通常将回收率限制在约 120 mg/L 的二氧化硅饱和极限以下。

阻垢剂可以允许操作的二氧化硅浓度最多为 220 mg/L。[18]

2. 物理污染物或颗粒物

颗粒污染是进料液中的悬浮固体、胶体和微生物物质在膜表面沉积。悬浮固体和胶体物质为黏土矿物、有机材料、混凝剂(如 $Fe(OH)_3$ 和 $Al(OH)_3$)、藻类、额外的聚合物物质(EPS)和透明的前驱体聚合物颗粒等。

根据颗粒大小,自然水体中的颗粒物可分为以下四类。

(1) 可沉积固体 > 100 μm。
(2) 超胶体固体 1~100 μm。
(3) 胶体固体 0.001~1 μm。
(4) 溶解固体 < 10 Å。

问题最严重的那些含有胶体颗粒的进料,由于颗粒尺寸微小或介质的静电截留作用,因此不易除去。在这种情况下,需要添加混凝剂或絮凝剂(如氯化铁、明矾和阳离子聚合物,但后者会造成膜污染)。在反渗透前,颗粒会通过各种预处理,如滤芯、双介质滤芯等,可以很容易地去除大于 25 μm 的颗粒。通过淤泥密度指数(SDI)测试、浊度分析、zeta 电位测量和颗粒计数,可以监测悬浮物的存在。膜制造商需要一个浊度标准 NTU(气相测量浊度单位)< 0.2,zeta 电位 > 30 mV 和 SDI < 3 来防止膜颗粒污染。事实上,海滩水井中的进料溶液含有的胶体物质要少得多,通常不需要进一步降低胶体含量。[18]

额外的胶体物质可能是在碳钢泵、管道和过滤器中产生的腐蚀物进入了膜过滤系统。分析过滤后的滤器颜色也是鉴别黏着物或特殊沉淀物的方法。表 4.1 给出了一些过滤器外观的例子,以及可能对应的污垢来源的推断,这对于确定水中是否只有悬浮固体或是否有吸附的有机物是至关重要的。

有机污染可以定义为给水中存在的有机化合物与膜表面的相互作用产生的污染。有机物包括蛋白质、碳水化合物、脂肪、油脂和芳香酸等(如腐殖酸)。实际上,腐殖质代表了自然水体中的有机物,其浓度在微咸水中为 0.5~20 mg/L,在表层海水中为 100 mg/L。[20]

溶解的有机物,如腐殖酸、蛋白质、碳水化合物和单宁酸是最严重的腐殖酸,通过常规处理很难去除。

有机物在自然水域是不可取的,因为它会使水有颜色,在水消毒时形成致癌的消毒副产物(DPB),还会络合重金属和钙等。此外,有机物在膜表面的吸附导致渗透率下降,有时甚至不可逆。结果表明,疏水污染物主要沉积在膜表面,有利于带正电荷的高分子化合物的吸附。亲水的膜被发现不容易受到有机胶体(即腐殖酸)的污染。

近年来,膜已经被广泛用于去除饮用水和其他用水中的天然有机物(NOM)。在此过程中有几个重要问题:如何提高膜的效率和避免膜的不可逆污染。这影响了膜的性能和寿命。与膜性能有关的重要性质主要包括 NOM 的性质、亲水性和电荷及分子量分布。同样，重要的膜性能包括孔隙大小或 MWCO、表面电荷和亲水性。此外，水的性质如 pH 值和离子强度，以及特定离子如钙的存在，也会影响膜的吸附和污染情况。NOM 分为腐殖质或多羟基芳烃及非腐殖质（如蛋白质、多糖和氨基糖）。腐殖质比非腐殖质更疏水，是 NOM 的重要组成部分，其骨架的主要组成部分是脂肪单元"直链或支链碳单元"和芳香族单元"基于苯环"。

表 4.1 污垢化合物的来源

颜色	推断
黄色或棕色	有机物
红色/棕色	铁
黑色/灰色	活性炭
颗粒	悬浮物

3. 生物污染物

微生物是无处不在的，所有的原水都含有微生物，如细菌、藻类、真菌、病毒和原生动物，以及活的或死的或生物碎片（如细菌细胞壁碎片）。微生物与非生物颗粒的区别在于微生物具有在有利条件下繁殖和形成生物膜的能力。因此，生物污染是膜表面的生物膜（细菌）的生长产生的。微生物进入 RO/NF 系统，找到一个大的膜表面，其中溶解的营养物从水中因极化而富集，从而为生物膜的形成创造一个理想的环境。膜的生物污染可能严重影响反渗透系统的性能，其症状是从进料到浓缩的压差增大，最终导致膜元件挤压损坏，膜通量下降。有时甚至在渗透侧也会发生生物污染，从而污染产品水。生物膜很难去除，因为它保护微生物不受剪切力和生物杀灭剂的作用。此外，如果不完全去除，生物膜的剩余部分会导致快速再生。因此，常采用加强预处理工艺和微生物活性控制来预防生物污染。

新的生物控制技术也在发展中，其中一个例子是中断负责细胞间通信的微生物之间的群体感应、生物膜的形成、其他聚合物排泄的定量淬灭。固定化定量淬灭酶通过干扰群体感应，在控制生物膜形成方面发挥了重要的作用。由于以酶为基础的定量淬灭（难以提取和纯化，不稳定）相关的问题，因此新的研究重点是利用产生定量淬灭酶的细菌。

总之，污垢对膜系统产生不利影响的原因如下。

（1）膜通量下降是因为膜表面形成了一种渗透性降低的膜。

（2）微生物产生酸性副产物而导致膜生物降解，这些副产物集中在膜表面，造成的损害最大。

（3）增加了溶质通过，从而降低了产品水的质量。

（4）增加了能源消耗。为保持相同的生产速度，必须提高压差和进料压力，以抵消污垢引起的阻力增加所带来的渗透率降低。但是，如果操作压力超过建议使用压力，则可能会对膜元件造成损害。

利用流体动力学方法可以减小浓差极化,但膜污染的控制难度较大。可以通过以下方法防止污垢:进料溶液的预处理、膜表面改性、膜组件的水动力学优化、使用适当的化学试剂进行清洗和反冲洗。

在目前的实践中,使用筛网、砂滤、过滤器进行机械预处理反渗透进料或对膜进行预处理来抑制颗粒污染。至于生物污垢,由于微生物黏附到膜上产生凝胶状层,因此是一个严重的问题,对一个反渗透工厂的运作,必须在反渗透操作前进行氯化预处理。

即使经过优化的预处理,污垢也无法完全预防。因此,必须定期进行膜清洗。如果在设备运行的最初48 h 内[23],规范化渗透流量减少10%以上,进料通道压力损失增加超过15%,或规范化溶质截留比初始条件减少10%以上,则需对膜进行化学清洗。然而,即使通过化学清洗,也不可能完全清除污垢,所以允许质量通量降低到原来通量的75%左右[24]。

4.4.3　膜的劣化

各种化学物质会损害膜的活性层,导致膜不可逆的损伤,使膜截留能力降低,甚至破坏膜。[18]用于反渗透水预处理或清洁的化学物质是导致膜性能劣化的最重要的化学物质之一,甚至这些化合物微量的存在就可能会氧化膜表面并破坏活性膜层。因此,需限制膜在氧化剂中的暴露。此外,聚合物膜或多或少对很低或很高的pH 值敏感。因此,对pH 值进行调节和控制以保证稳定运行是非常重要的。

4.5　反渗透膜材料

对于有效率的工艺而言,膜应具有较高的通量值和较高的截留率。并不是所有的材料都适用于NF/RO 操作,因为常数 A 和 B(在式(4.13)和式(4.15)中)必须具有给定应用的最佳值。此外,通过膜的溶剂通量与膜厚度近似成反比,因此反渗透膜具有不对称的结构,具有较薄的致密的顶层(层厚 < 1 μm)由多孔亚层支撑(层厚范围为50~150 μm)。选择性渗透层具有非常精细的薄层结构,以限制与层厚度有关的传输阻力。选择层是建立在另一种更厚的基底上的,它具有更大的孔隙,可以满足膜的机械性能,而不会明显阻碍水的渗透。

20 世纪60 年代初,Loeb 和Sourirajans[25]制备了首个不对称反渗透膜,这些膜的通量比任何已知的对称膜都高出100 倍,这一发展为反渗透技术的商业成功铺平了道路。

从内部结构上看,NF/RO 的不对称膜主要有两种类型:不对称均质膜和复合膜。

在不对称均质膜中,顶层和底层均由相同的材料组成。纤维素酯(特别是二醋酸纤维素和三醋酸纤维素)是首个商用材料,特别适用于海水淡化,其对水的渗透性高,对盐的溶解度低。但是,这些材料化学稳定性差,随着时间的推移,会在温度和pH 值等操作条件下倾向于水解(纤维素酯膜的典型操作条件为pH 范围5~7,温度低于30 ℃),它们也受到生物污染的影响。反渗透膜常用的其他材料有芳香族聚酰胺、聚苯并咪唑类、聚酰肼和聚酰亚胺。聚酰亚胺可以在较宽的pH 值范围内使用,大约为5~9。聚酰胺(或通常含有酰胺基 – NH – CO 的聚合物)的主要缺点是对游离氯 Cl_2 的敏感性,这导致了酰胺基的降解。

复合膜是由两个不同的部分组成，其含有不同的聚合材料：形成非常精细的用于截盐的选择层（0.05～0.5 μm）的材料（如聚酰胺），选择层通过在微孔层（30～50 μm）上界面聚合制备，微孔层材料（如聚砜）本身往往是不对称的，所有这些都附着在一个支撑介质（100～150 μm）上。

复合膜可以结合各种材料，并根据它们的应用提供最佳的性能。

4.6 反渗透的膜组件

RO 工艺的应用、效率和经济性也取决于膜组件，有以下四种可能的膜组件。

（1）螺旋卷式膜。它由一层连续的大膜和支撑材料组成，在一个包络式设计中，绕着一个穿孔的钢管卷起来。这个设计试图在最小的空间内最大化表面积。由于它的制造工艺，因此成本较低，但对污染更为敏感。螺旋卷式膜仅用于纳滤和反渗透应用。

（2）平板和框架膜组件使用由支撑板隔开的平板薄膜（夹层结构）。这些膜组件的包装密度低，因此相对昂贵，主要用于小规模应用中，负责生产饮用水。

（3）管状膜。管状膜通常用于黏稠或质量差的流体。管状膜不是自支撑膜，它们位于由一种特殊的微孔材料制成的管子内部。这种材料是膜的支撑层。由于进料溶液流经膜芯，因此渗透液通过膜，并在管状壳体中收集。造成这种现象的主要原因是膜与支撑层的附着非常弱。管状膜的直径约为 5～15 mm。由于膜表面的尺寸，因此管状膜不易堵塞。这类膜组件不需要对水进行预处理。其主要缺点是管状膜不太紧凑，每平方米安装成本高。

（4）中空纤维膜。由于膜组件中有几个小管或纤维（直径小于 0.1 μm），因此中空纤维膜堵塞的概率非常高。这种薄膜只能用于处理悬浮固体含量低的水。中空纤维膜的填充密度很高，通常仅用于纳滤和反渗透。

四种基本膜组件类型的一般特征见表 4.2。

表 4.2 四种基本膜模块类型膜组件的一般特征

	螺旋卷式	框架	管状	中空纤维
典型包装密度/($m^2 \cdot m^{-3}$)	800	500	70	6 000
所需进料流量/($m^3 \cdot m^{-2} \cdot s^{-1}$)	0.25～0.5	0.25～0.5	1～5	B0.005
进料侧压降/($kg \cdot cm^{-2}$)	3～6	3～6	2～3	0.1～0.3
膜污染倾向	高	中	低	高
易于清洁程度	较好	好	优秀	差
典型的进料流过滤要求/μm	10～25	10～25	不要求	5～10
相对费用	低	高	高	低

4.7 反渗透膜新材料

迄今为止,所有商用反渗透膜均包含极性或亲水性孔,工业上仅使用聚合物膜。然而,自20世纪90年代末以来,传统聚合物反渗透膜的研究进展相当有限。最近,纳米技术的进展导致了纳米结构材料的发展,这可能成为新的反渗透膜的基础。

在技术发展中,碳纳米管(CNT)和其他碳基材料,如石墨烯和氧化石墨烯(GO),以及无机膜、混合基质膜(MMM)和仿生膜作为近年来开发出来的膜,具有优异的渗透性、耐久性和选择性,尤其在水净化方面。

4.7.1 陶瓷/无机膜

陶瓷膜主要由 Al_2O_3、SiO_2、TiO_2、ZrO_2 或这些材料的任何混合物制成。由于制造成本高,因此目前使用仅限于在不能使用聚合物膜的场合应用(如高操作温度、放射性/重污染进料和高反应性环境)[27]。对陶瓷膜的特殊兴趣是它们的耐受性。此外,分子动力学模拟结果表明,完全 Si ZK–4 沸石膜的离子截留率为100%。[28] 虽然沸石膜的改进在过去10年中取得了巨大的进展,但其性能和经济性仍不及聚合物膜。[29] 沸石膜的厚度仍然比现有技术的聚合物反渗透膜的厚度高至少3倍,导致对水的阻力更高。因此,陶瓷膜需要比聚合物膜高至少50倍的膜面积,才能达到同等的生产能力。当考虑较高的密度和较低的封装效率时,这个值可能会更高。此外,尽管沸石膜被认为有很高的有机截留效果,但有机污染仅在运行2 h后就造成了近25%的通量损失,但其能在化学清洗后实现了通量的完全恢复。[30]

4.7.2 混合基质膜

混合基质膜是有机和无机材料的结合体,这一概念起源于1980年的气体分离领域。无机材料与有机反渗透薄膜复合膜的结合始于21世纪初。[31] 混合基质膜的主要目标是将每种材料的优点结合起来,如聚合物膜具有高密度、高选择性和长时间的使用经验,结合无机膜具有优越的化学、生物和热稳定性。[32] TiO_2 纳米粒子自组装芳香族聚酰胺薄膜复合(TFC)膜就是一个例子。[33] 氧化钛(TiO_2)是一种优异的光催化材料,广泛用于有机化合物的消毒和分解[34],这种特性使其对作为一种防污涂料具有很好的应用前景。用含大肠杆菌的进料水进行试验表明,TiO_2 纳米粒子自组装芳香族聚酰胺 TFC 膜具有优异的抗生物降解性能,特别是在紫外激发的作用下,不影响原膜的通量和耐盐性能。

沸石纳米粒子也已被用于制备混合基质膜。制备不同沸石负载量的反渗透膜,并观察了膜特性的变化:随纳米颗粒负载量的增加,膜更光滑,更亲水,膜负电荷更多。[35] 相对于不含沸石纳米颗粒的 TFC 膜,混合基质膜呈现其90%的通量,耐盐性能略有改善。

4.7.3 碳纳米管

碳纳米管的应用范围广,特别是在过去的20年中被广泛研究[36]。最近对氧化石墨烯薄片间碳纳米管中水流的一系列模拟和测量已经被预测并证明了：如果孔壁没有氢键，即无滑移条件，水通过这种疏水通道的速度应该而且确实比亲水性孔隙快几个数量级。[37-42]碳纳米管在膜表皮层中的规则排列是非常困难的，因此可用的实验数据远少于模拟数据。为获得良好的渗透性，碳纳米管必须在高密度下进行排列。为减少水进入疏水孔隙所必须克服的能量屏障，CNT 的末端可以与亲水性基团功能化。[35]这可以增加通量、机械和热稳定性及抗污染能力从而大幅度提高性能。[43]还可以将不同的金属纳米颗粒（如铜、银、铂和二氧化钛）加入到碳纳米管中，以增强抗菌和抗生物降解效果。[44]Holt 等[38]的实验结果表明，CNT 中水的流速比 Hagen – Poiseuille 方程预测的无滑移水动力流量高出 3 个数量级，当孔隙大小小于 20 Å 时，其通透性高于传统的聚碳酸酯膜。[35]碳纳米管的两个额外的好处是抗菌性质（碳纳米管能够使细菌细胞破裂，破坏代谢途径，并导致氧化应激(148)）和让能源消耗（碳纳米管的孔径介于反渗透膜和纳米氧化膜之间，但是碳纳米管不需要高压，因为其可以几乎无摩擦地通过，除非被结合到膜中）。然而，碳纳米管的合成及掺入膜表面层非常难实现，需要更多的工作来发展快速合成方法使亚纳米直径的单壁碳纳米管取向排列，以及更多的抗盐截留方面的尖端功能化发展。[45]

4.7.4 氧化石墨烯

石墨烯基材料因具有极高的水接触角（大于 150°）而被认为具有超疏水性质，纯石墨烯可以通过化学气相沉积法、光刻、模板技术、静电纺丝、电沉积、溶胶 – 凝胶法、叠层沉积法制备来形成不同的表面和粗糙度特性。[46,47]以类金刚石（DLC）为原料制备膜[48,49]，并用各种有机化合物通过化学气相沉积法合成膜，该结构具有 12% 的孔隙率和 1 nm 的孔径。DLC 膜非常硬，弹性模量约为工程热塑性塑料的 50 倍，是碳的 90%。这些膜在实验室中用于过滤有机溶剂中大于 1 nm 的有机溶质[35]，它们的溶剂通量比通常用于有机溶剂的 NF 膜高出 3 个数量级。更多孔的石墨烯可以通过诱导缺陷（通过化学蚀刻[50]、电子束照射[51,52]或离子轰击[53]）进入层状结构获得或者对石墨烯进行化学改性使其变得更亲水。2012 年，奈尔等[40]证实了水可以以极高的速率通过分层氧化石墨烯薄片。GO 薄片可堆叠在一起，相互重叠，形成 0.1~10 μm 厚的层。两薄片之间的平均距离为 10 Å[35,54,55]，当 GO 膜被化学还原时，孔径从 10 Å 减小到 4 Å，膜对水的渗透性降低到原来的 $\frac{1}{100}$。分子动力学模拟表明，由于层间距低于 6 Å，因此水不能填满层间毛细管，但是当间距为大于 10 Å 时，两层或更多的水层能够在薄层之间形成。贝尔福特[56]等表明，最佳的层间距在 6~10 Å，以在片层之间形成单层水。奈尔[40]等声称，在这个尺度下，水能够以 1 m/s 的速度渗透。其主要缺点是石墨烯氧化还原程度难以控制，氧化石墨烯合成成本较高。此外，由于氧化石墨烯薄膜是由堆叠的氧化石墨烯薄片组成的，该过程必须经由漫长、复杂的路径，因此由于单层石墨烯的路径较短，因此可以预测其性能优于 GO 膜。[49]然而，单层石墨烯太脆，而多层石墨烯增加了阻力和路径长度。[35]

GO 还可以通过化学改性以形成 GO 框架（GOF）。GOF 是一种纳米孔材料，由线性硼酸（或其他类似化学物质）柱状单元共价连接的氧化石墨烯薄片层组成，又称连接体。[35,37] Imbrogno[35]等表明，GOF 膜具有很高的水渗透性和耐盐性，高于 99.9%。此外，

Mi[58]提出,GOF膜选择性地截留不同的物质,如离子(脱盐)、聚电解质(燃料或化学净化)或纳米颗粒(生物医学过滤)。

4.7.5 仿生反渗透膜

生物膜具有优良的水传输特性,这促使人们开始研究含有水通道蛋白(AQP)的膜。水通道蛋白是生物细胞膜中具有水选择性通道的蛋白质[59],AQP是生物膜中的导水通道[60],具有独特的沙漏型结构,开孔为2.8 Å,狭窄的孔隙阻止了大分子通过。据报道,含有细菌水通道的Z蛋白膜与商用TFC GO膜相比,其渗透性至少提高一个数量级。为使这种膜具有实际用途,必须进行许多实际问题的研究,如确定适当的支撑材料、了解膜的抗污能力及确定适当的操作条件。[27]

4.8 本章小结

如今,反渗透是膜技术成功最典型的例子,无论是海水淡化(海水和咸水)还是水回收,都在供水中扮演着越来越重要的角色。由于工艺的不断改进,因此全球范围内对反渗透技术的商业兴趣越来越大。这些进展包括反渗透膜材料的发展、结构和形态,以提高渗透性、选择性和机械/化学/生物稳定性。随着反渗透膜技术的进步,反渗透技术其他方面的发展提高了反渗透海水淡化的效率和经济性,如膜组件和工艺设计的进步、进料预处理、减少能耗、浓差极化和污染现象。尽管早期有重大突破,如Loeb-Sourirajan不对称膜(1960年)、完全交联芳香族TFC膜(1970—1980年)及通过监测聚合反应控制形态变化(1990年),但21世纪前10年商用反渗透膜的改进进展相当缓慢。[29]其中一个原因是,开发选择性高于现有反渗透商业膜组件(99.40%~99.80%)的薄膜复合膜更加困难。[29]这是薄膜复合材料分离机理的直接结果,增加选择性,允许更高的离子去除将大大降低膜的渗透性,并将增加能耗。在不牺牲水渗透性的前提下开发具有更高选择性的反渗透膜将需要一个重大的转变,因为它需要膜不遵循溶解扩散机制。[62]多种纳米结构的反渗透膜已经被提出,它们具有吸引人的特性,并可能带来革命性的进展(如混合基质膜)。然而,这类膜的开发尚处于起步阶段,许多问题尚待解决,如纳米结构材料的高成本和纳米膜制造过程的规模化困难等。

本章参考文献

[1] Fritzmann, C.; Löwenberg, J.; Wintgens, T.; Melin, T. State-of-the-art of reverse osmosis desalination. Desalination 2007, 216, 1–76.

[2] Jonsson, G.; Macedonio, F. Chapter 2.01: Fundamentals in reverse osmosis. In Comprehensive membrane science and engineering, Drioli, E; Giomo, L, Eds.; vol. 2, Elsevier B. V, 2010.

[3] Jonsson, G. Selectivity in membrane filtration. In Synthetic membranes: science, enginering and applications; Bungay. P. M., et al., Eds; D. Reidel Publishing Company: Dordrecht, 1986.

[4] Staverman, A. J Rec Trav Chim Pays-Bas 1951, 70, 344.

[5] Jonsson, G. Methods for determining the selectivity of reverse osmosis membranes. Desalination 1978, 24. 19-37.

[6] Pusch, W. Ber Bunsenges Phys Chem 1977, 81, 269.

[7] Onsager, L Phys Rev 1931, 37, 405-425.

[8] Kedem, O.; Katchalsky, A. Biochem Biophys Acta 1958, 27, 229-246.

[9] Spiegler, K. S.; Kederm, O. Desalination 1966, 1, 311.

[10] Burghoff, H.-G.; Lee, K, L; Push, W. J Appl Polym Sci 1980, 25, 323-347.

[11] Sourirajan, S., Ed.; Reverse osmosis and synthetic membranes; National Research Councll Canada; Ottawa, 1977.

[12] Sherwood, T. K; Brain, P. L. T.; Fisher, R. E. Ind Eng Chem Fundamentals 1967, 6, 2-12.

[13] Jonsson, G; Boesen, C. E. Desalination 1975, 17, 145-165.

[14] Merten, U. In Desalination by reverse Osmosis; Merten, U., Ed.; M. I. T. Press: Cambridge, 1966; pp 15-54.

[15] Spiegler, K. S. Trans Faraday Soc 1958. 54, 1408-1428.

[16] Bhattacharyya, D.; Cheng, C. Separation of metals chelates by charged composite membranes. In Recent developments in separation science, Li, N. N., Ed.; vol. 9, CRC Press; Boca Raton, FL, 1986; p 707.

[17] Bhattacharyya, D.; Williams, M. E. Chapter VI Reverse osmosis. In Membrane handbook; Winston Ho, W. S.; Sirkar, K. K., Eds.; Springer: Berlin, 1992.

[18] Fritzmann, C.; Löwenberg, J.; Wintgens, T.; Melin, T. State-of-the-art of reverse osmosis desalination. Desalination 2007, 216, 1-76.

[19] Gekas, V.; Hallstrom, B. Mass transter in the memberane concentration polarization layer under turbulent cross flow. J Member Sci 1987, 30, 153.

[20] Redondo, J. A.; Lomax, I, Experiences with pretreatment of raw water with high fouling potential for reverse osmosis plant using FILMTEC™, membranes. Desalination 1997, 110, 167-182.

[21] Kim, S.; Oh, H.; Jo, S.; Yeon, K.; Lee, C.; Lim, D.; Lee, C.; Lee, J. Biofouling control with bead-entrapped quorum quenching bacteria in membrane bioreactors; physical and biological effects. Environ Sci Technol 2013, 47, 836-842.

[22] Oh, H.-S.; Yeon, K-M.; Yang, C.-S.; Kim, S.-R.; Lee, C.-H.; Park, S. Y.; Han, J. Y.; Lee, J.-K. Control of membrane biofouling in MER for wastewater treatment by quorum quenching baciera encapsulated in microporous membrane. Environ Sci Technol 2012, 46(9), 4877-4884.

[23] Cleaning chemicals, DOW FILMTEC Membranes. Tech Manual Exerpt, Form No. 609-02091-704.

[24] Rautenbach, R.; Melin, T. Membranverfathren. Grundlagen der Modul-und Anlagenauslegung, 2nd ed., 2003.

[25] Loeb, S.; Sourirajan, S. High flow porous membranes for separation of water from saline solutions, U. S. Patent 3, 133, 132, 1964.

[26] Mulder, M. Basic principles of membrane technology; Kluwer Academic Publishers: London, 1996.

[27] Siskens, C. A. M. Chapter 13 Applications of ceramic membranes in liquid filtration. In Membrane science and technology. Burggraaf, A. J.; Cot, L, Eds.; Elsevier: Amsterdam, 1996; pp 619-639.

[28] Lin, J.; Murad, S. A computer simulation study of the separation of aqueous solutions using thin zeolite membranes. Mol Phys 2001, 99, 1775-1181.

[29] Lee, K. P.; Arnot, T. C.; Mattia, D. A review of reverse osmosis membrane materials for desalination-developrment to date and future potential. J Membr Sci 2011, 370. 1-22

[30] Lu, J.; Liu, N.; Li, L.; Lee, R. Organic fouling and regeneration of zeolite membrane in wastewater treatment. Sep Purlf Technol 2012, 72, 203-207.

[31] Okumus, E.; Gurkan, T.; Yilmaz, L. Development of a mixed-matrix membrane for pervaporation. Sep Sci Technol 1994, 29, 2451-2473.

[32] Ismail, A. F.; Goh, P. S.; Sanip, S. M.; Aziz, M. Transport and separation properties of carbon nanotube-mixed matrix membrane. Sep Purlf Technol 2012.

[33] Kim, S. H.; Kwak, S.-Y.; Sohn, B.-H.; Park, T. H. Design of Ti02 nanoparticle selfassembled aromatic polyamide thin-film-composite(TFC) membrane as an approach to solve biofouling problem. J Membr Sci 2003, 211, 157-165.

[34] Sunada, K.; Kikuchi, Y.; Hashimoto, K.; Fujishima, A. Bactericidal and detoxification effects of TiO_2 thin film photocatalysts. Environ Sci Technol 1998, 32, 726-728.

[35] Jeong, B.-H.; Hoek, E. M. V.; Yan, Y.; Subramani, A.; Huang, X.; Hurwitz, G.; Ghosh, A. K.; Jawor, A. Interfacial polymerization of thin film nanocomposites: a new concept for reverse osmosis membranes. J Membr Sci 2007, 294, 1-7.

[36] LeDuc, Y.; Michau, M.; Gilles, A.; Gence, V.; Legrand, Y.-M.; et al. Imidazole-quartet water and proton dipolar channels. Angew Chem Int Ed 2011, 50, 11366-11372.

[37] Imbrogno, J.; Bellfort, G. Membrane desalination: where are we, and what can we learn from fundamentals? Annu Rev Chem Biomol Eng 2016. 7, 29-64

[38] Peter, C.; Hummer, G. Ion transport through membrane-spanning nanopores studied bymolecular dynamics simulations and continuum electrostatics calculations. Biophys J

2005, 89, 2222 – 2234.

[39] Striolo, A. The mechanism of water diffusion in narrow carbon nanotubes. Nano Leff 2006, 6, 633 – 639.

[40] Holt, J. K.; Park, H. G.; Wang, Y.; Stadermann, M.; Artyukhin, A. B.; et al. Fast mass transport through sub-2-nanometer carbon nanotubes. Science 2006, 312, 1034 – 1037.

[41] Paul, D. R. Creating new types of carbon-based membranes. Science 2012. 335, 413 – 414.

[42] Nair, R.; Wu, H.; Jayaram, P.; Grigorieva, I.; Geim, A. Unimpeded permeation of water through helium-leak-tight graphene-based membranes. Science 2012, 335, 442 – 444.

[43] Majumder, M.; Corry, B. Anomalous decline of water transport in covalently modified carbon nanotube membranes. Chem Commun 2011, 47, 7683 – 7685.

[44] Van Hooijdonk, E.; Bittencourt, C.; Snyders, R.; Colomer, J.-F. Functionalization of vertically aligned carbon nanotubes. Beilstein J Nanotechnol 2013, 4, 129 – 152.

[45] Mauter, M. S.; Elimelech, M. Environmental applications of carbon-based nanomaterials. Environ Sci Technol 2008, 42, 5843 – 5859.

[46] Darmanin, T.; de Givenchy, E. T.; Amigoni, S.; Guittard, F. Superhydrophobic surfaces by electrochemical processes. Adv Mater 2013, 25, 1378 – 1394.

[47] Darmanin, T.; Guittard, F. Wettability of conducting polymers: from superhydrophilicity to superoleophobicity. Prog Polym Sci 2014, 39, 656 – 682.

[48] Karan, S.; Samitsu, S.; Peng, X.; Kurashima, K.; lchinose, I. Ultrafast viscous permeation of organic solvents through diamond-like carbon nanosheets. Science 2012, 335, 444 – 447.

[49] Robertson, J. Diamond-like amorphous carbon. Mater Sci Eng R Rep 2002, 37, 129 – 281.

[50] Koenig, S. P.; Wang, L.; Pellegrino, J.; Bunch, J. S. Selective molecular sieving through porous graphene. Nat Nanotechnol 2012, 7, 728 – 732.

[51] Garaj, S.; Liu, S.; Golovchenko, J. A.; Branton, D. Molecule-hugging graphene nanopores. Proc Natl Acad Sci U S A 2013, 110, 12192 – 12196.

[52] Merchant, C. A.; Healy, K.; Wanunu, M.; Ray, V.; Peterman, N.; et al. DNA translocation through graphene nanopores. Nano Lett 2010, 10, 2915 – 2921.

[53] O'Hern, S. C.; Boutilier, M. S. H.; ldrobo, J.-C.; Song, Y.; Kong, J.; et al. Selective ionic transport though tunable subnanometer pores in single-layer graphene membranes. Nano Lett 2014, 14, 1234 – 1241.

[54] Dlkin, D. A.; Stankovich, S.; Zimney, E. J.; Piner, R. D.; Dommett, G. H. B.; et al. Preparation and characterization of graphene oxide paper. Nature 2007, 448, 457 – 460.

[55] Eda, G.; Chhowalla, M. Chemically derived graphene oxide: towards large-area thin-film electronics and optoelectronics. Adv Mater 2010, 22, 2392–2415.

[56] Belfort, G.; Sinal, N. Relaxation studies of adsorbed water in porous glass. In Presented at Water in Polymers: 178th Meet. American Chemical Sciety, Washingto, DC, 1980.

[57] Burress, J. W.; Gadipelli, S.; Ford, J.; Simmons, J. M.; Zhou, W.; Yildirim, T. Graphene oxide framework materials: theoretical predictions and experimental results. Angew Chem int Ed Eng/ 2010, 49, 8902–8904.

[58] Mi, B. Graphene oxide membranes for ionic and molecular sieving. Science 2014, 343, 740–742.

[59] Agre, P. Membrane water transport and aquaporins: looking back. Biol Cell 2005, 97, 355–356.

[60] Macedonlo, F.; et al. Chem Eng Process 2012, 51, 2–17.

[61] Kumar, M.; Grzelakowski, M.; Zilles, J.; Clark, M.; Meier, W. Highly permeable polymeric membranes based on the incorporation of the functional water channel protein aquaporin Z. Proc Natl Acad Sci U S A 2007, 104, 20719–20724.

[62] Elimelech, M.; Phillip, W. A. Science 2011, 333, 712–717.

Further Reading

Mosset, A.; et al. The sensitivity of SDI analysis: from RO feed water to raw water. Desalination, 2008, 222, 17–23.

第 5 章　正渗透和正渗透膜

5.1　概　述

正渗透又称渗透,是指水或一种溶剂穿过一个半透膜的自发扩散[1,2]。在从低溶质浓度一侧到高溶质浓度一侧的渗透压梯度下,水分子被驱动。在活性细胞和许多过程中,这个现象是化学物质转移的基础。[3,4] 图 5.1 所示为在正渗透过程中的流向,并与反渗透和压力延迟渗透(PRO)相比较。在一个正渗透过程中,高渗透压的溶液又称汲取液(Draw for Brevity),它提供了驱动力,从供给方汲取水。当压力加在汲取液上时,水流能够使用来驱动外部的涡轮机获取渗透能,称为压力延迟渗透。应该指出,所施加的压力应当比溶液渗透压差要低。如果外部的机械压力高于渗透压,RO 就会出现,纯水也就产生了。[5,6]

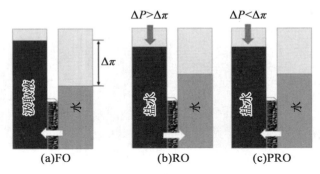

图 5.1　FO、RO 和 PRO 过程的示意图

在反渗透建立之后,正渗透很快被提出,其主要基于海水渗透能能量产生。[2,7,8] 最近,Statkraft[9] 在压力延迟渗透的研究中通过使用基于化学碳酸铵盐一类化学物质的神奇汲取液来实现脱盐[10],表明正渗透已经引起了在膜领域中的关注。从热动力学的观点上来看,正渗透过程本身是自发的,不需要能量(如果不包括循环能),这建立在直接使用汲取液的假设下。如果再次通过额外的步骤从汲取液汲取水,相比于其他的分离技术,正渗透是否仍然是一种有很大优势的过程需要大量的技术评估。一些报道已经分析了正渗透过程的能量平衡,并且发现,如果汲取溶质需要复原[12],正渗透方法在热力学上就不再是一个能量有效的技术。

正渗透方法具有低污染倾向、易于清洗[5]、可耐高盐度的优点,因此对于高总溶解固体(TDS)和高污染倾向的原料流的处理合适,如垃圾填埋场渗滤液、医药产品、石油和天然气产出水[12]及高盐度盐水。[12-15]最近,零液体排放(ZLD)或接近零液体排放(NZLD)行动促进了 FO 技术的强大商业利益。[16-18] ZLD 是各种处理工艺的集成,可以将水与其他物质(包括溶解的有机和无机化学物质)完美分离。显然,其他膜过程需要进行大量的预处理,设计复杂,占地面积大。常规蒸馏能量要求高,任何一种方法都会因 FO 过程的而相形见绌。

FO 工艺已成功应用于紧急释放水袋[5]和可控药物释放。[19,20]随着第一个"FO 淘金热"的浪潮消退,科研和工业中许多失败的例子都为 FO 走向哪里画下了沉重的问号。在这个阶段,仍然难以将 FO 标记为简单的低能量脱盐过程或下一代海水淡化技术。不过,FO 领域的最新进展已经解开了许多困扰许多科学家和工程师的难题,并且创建了一个知识平台,为更加雄心勃勃和更智能的投资提供了指导。

这个关于 FO 和 FO 膜的章节涵盖膜和应用的最新进展。其目的不是提供有关 FO 各方面的广泛评述,而是提供一些解决问题的指南,用于科学兴趣和技术应用。本章介绍了 FO 的基本原理,概述了传质过程和膜表征,介绍了膜技术发展和汲取液的发展,最后总结了 FO 重新定义的潜在应用。

5.2 正渗透过程传质和膜表征

5.2.1 内部浓差极化

一般而言,在 FO 过程中的传质机理用溶解-扩散模型来描述。对于压力驱动膜过程,如 RO,在没有外部浓差极化(ECP)和盐通道的情况下,广义通量等式是

$$J_w = A(\sigma \Delta \pi - \Delta P) \tag{5.1}$$

式中,A 是膜的纯水渗透系数;σ 是反射系数,$\Delta \pi$ 是本体进料溶液和渗透物(纯水)之间的渗透压差;ΔP 是跨膜压力。σ 是衡量膜对溶质的选择性的标准,通常具有 0~1.21 的值。简单起见,反射系数假定为 1。式(5.1)仅在通量低或进料溶液非常稀时有效。当通量很高时,浓差极化(CP)发生在膜进料侧,因为膜表面溶质浓度明显比本体的高。这种浓度称为外部浓差极化。

在 FO 过程中,系统上没有额外的水压($\Delta P = 0$),因此水通量仅由膜透水性和渗透压差决定,即

$$J_w = A(\pi_{draw} - \pi_{feed}) \tag{5.2}$$

式中,π_{draw} 和 π_{feed} 分别是汲取液和原料液的渗透压。式(5.2)假设膜可以完全截留溶质,这对于通量非常小的情况是可以适用的,并且过膜渗透压是理想的。也就是说,穿过膜的渗透压与有效渗透压差是相同的,而且它假设在膜的两侧完美混合,以避免体相和溶液-膜界面之间的浓度差异。理想 FO 过程中过膜渗透压曲线如图 5.2 所示,箭头表示水流的方向。

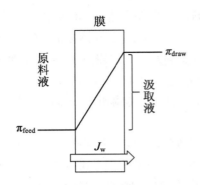

图 5.2　理想 FO 过程中穿过膜的渗透压曲线

外部浓差极化是膜过滤过程中的普遍现象。[21-25] 由于外部浓差极化,因此有效的渗透压差降低,这将导致通量下降。降低外部浓差极化的方法包括增加错流速度、利用间隔物、采用外部振动和超声波。[5,23] 图 5.3(a)展示了在 FO 过程中使用一个致密对称膜的时候的浓度分布,在进料侧和汲取侧分别存在浓缩和稀释的外部浓差极化。但是,即使在最优的外部过程条件下,对于许多膜材料而言,实验通量远低于预期,相比于浓缩的进料溶液,有时甚至低于 90%。[22,26,27] 此外,FO 膜通常在结构上是不对称的,具有薄的活性溶质截留层和多孔支撑。与仅存在外部浓差极化的 RO 不同,FO 遭受内部浓差极化(ICP)是因为使用了多孔材料和非对称膜材料。

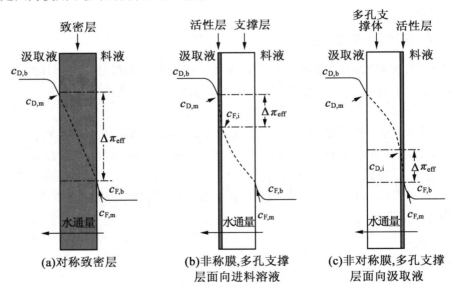

图 5.3　关于正渗透过程中膜结构和取向的溶液浓度分布的示意图

内部浓差极化可以分为两种类型:稀释和浓缩。由于膜结构不对称,因此膜的取向对 FO 过程产生重大影响。当活性分离层面向汲取液时,操作称为 AL-DS 模式(图 5.3(b))或 PRO 模式。另外,当进料溶液面向膜的活性分离层时,操作模式称为 AL-FS 模式或

FO 模式(图 5.3(c))。在 AL-DS 模式中,由于汲取液汲水导致更强烈的外部浓差极化存在,因此本体进料溶液浓度低于在膜进料界面处的浓度。此外,由于从进料液汲取水到汲取液中,因此膜内部会产生集中内部浓差极化,并且在膜支撑表面和支撑/活性层界面之间形成浓度梯度。在 AL-FS 模式(图 5.3(c))中,在汲取液一侧,由于汲取液稀释,因此稀释的外部浓差极化预期在膜表面和本体汲取液之间。在多孔结构中,由于水的提取和溶质的消耗,因此形成了汲取液浓度梯度,并且在多孔结构中存在稀释的内部浓差极化。由于内部浓差极化在多孔支撑结构内产生,水压操作条件的优化没有任何影响,因此膜结构的优化对于 FO 的发展具有重要意义,这将在后面的段落中讨论。在进料侧,预计会有集中的外部浓差极化。

为涵盖外部浓差极化效应并更准确地预测 FO 通量,McCutcheon 和 Elimelech[22,28]概述了基于表面渗透压与本体渗透压之间的指数关系的外部浓差极化模型,即

$$\frac{\pi_{F,m}}{\pi_{F,b}} = e^{\frac{J_w}{k_F}} \tag{5.3}$$

$$\frac{\pi_{D,m}}{\pi_{D,b}} = e^{-\frac{J_w}{k_D}} \tag{5.4}$$

式中,k_F 和 k_D 分别是膜供料侧和汲取液侧的质量转移系数。基于边界层理论,质量转移系数为

$$k = \frac{ShD}{d_h} \tag{5.5}$$

式中,Sh 和 d_h 分别是舍伍德数和孔道水力直径。这个等式对于进料侧和汲取侧均是适用的。对于一个长方形孔道,层流和湍流的舍伍德数公式计算为

$$Sh = 1.85\left(ReSc\frac{d_h}{L}\right)^{0.33}(层流) \tag{5.6}$$

$$Sh = 0.04Re^{0.75}Sc^{0.33}(湍流) \tag{5.7}$$

式中,Re 是雷诺数;Sc 是施密特数;L 是孔道的长度。为将浓缩和稀释的外部浓差极化存在下的 FO 通量模型化,式(5.2)也可以写为

$$J_w = A(\pi_{D,m} - \pi_{F,m}) \tag{5.8}$$

为包含浓缩的和稀释的外部浓差极化的影响,式(5.8)可转化为

$$J_w = A\left(\pi_{D,b}e^{-\frac{J_w}{k}} - \pi_{F,b}e^{\frac{J_w}{k}}\right) \tag{5.9}$$

式(5.9)假设了在进料侧和汲取液侧均存在相同的质量转移系数。膜支撑结构和溶质扩散系数显著影响内部浓差极化,因为它们决定了溶质进出支撑结构的能力。Lee 等定义了一个术语,表示溶质对膜支撑层 K 内扩散的抵抗力,即

$$K = \frac{t\tau}{D\varepsilon} = \frac{S}{D} \tag{5.10}$$

式中,S 和 D 分别表示膜结构参数和溶质本体扩散系数;t、τ 和 ε 分别是支撑层的厚度、弯曲度和孔隙率。膜结构参数 S 表示当一个溶质分子从本体汲取液到达活性层时必须穿过支撑层的平均距离,因此可表示内部浓差极化的程度。S 的值越大,水分子扩散穿过膜所需的时间越长,因此内部浓差极化的程度越严重。进一步考虑内部浓差极化导致不同的通量预测方程。对于 AL-DS 模式(PRO 模式),如图 5.3 所示,可以引入集中浓缩

内部浓差极化指数(e^{J_wK})作为校正因子:

$$J_w = A(\pi_{D,b}e^{-\frac{J_w}{k_D}} - \pi_{F,b}e^{J_wK}) \quad (5.11)$$

与此相似,对于 AL-FS 模型(FO 模型),稀释内部浓差极化指数被引入为

$$J_w = A(\pi_{D,b}e^{-J_wK} - \pi_{F,b}e^{\frac{J_w}{k_F}}) \quad (5.12)$$

式(5.11)和式(5.12)包括外部浓差极化和内部浓差极化,并且假设了完全的溶质截留。但实际上,FO 膜并非完全没有泄露,并且已经观察到了反向溶质流,量化为活性溶质渗透系数 B。溶质穿过半透膜的扩散(J_s)用菲克定律来描述,即

$$J_s = B\Delta C \quad (5.13)$$

式中,B 是溶质渗透系数;ΔC 是溶质浓度差异。通过引入通量预测模型中的 B,在两个膜取向中的水通量如下。

集中内部浓差极化(AL-DS)为

$$J_w = \frac{1}{K}\ln\frac{A\pi_{D,m} - J_w + B}{A\pi_{F,b} + B} \quad (5.14)$$

稀释内部浓差极化(AL-FS)为

$$J_w = \frac{1}{K}\ln\frac{A\pi_{D,b} + B}{A\pi_{F,m} + J_w + B} \quad (5.15)$$

式中,K 是在支撑层内的溶质阻力;A 是水渗透系数;B 是溶质渗透系数。

内部浓差极化模型显示 FO 水通量可以通过膜特性控制,即结构参数(S)、透水性(A)和溶质渗透性(B)。克服内部浓差极化问题的关键溶液之一是使用专为渗透驱动量身定制的膜。迄今为止,报道了少数 FO 膜。[30] 然而,实验 FO 水通量仍远低于理论预期数据,尚未开发出更有效的膜应用于 FO 技术。另外,FO 过程中的水通量显示出与膜的性质和体积渗透压差高度非线性的关系[22,25,31,32],使用内部浓差极化模型进行模拟可用于优化 FO 水通量,提供对膜定制的清晰洞察。

5.2.2 膜表征的关键参数

对于正渗透膜的表征而言,关键参数包括通量、膜透水性(A)、溶质透过性(B)、反向溶质通量、结构参数(S)和反向通量选择性等,这些参数主要取决于膜的结构和溶质类型。[33] 尽管一个高的 A 值是一个高的膜通量所需要的,但是高的 A 值通常意味着低的截留率,导致较低的膜选择性[34,35],因此应选适中的 A 值。但通量也取决于操作条件,包括汲取液和原料液的浓度、操作条件(如水压条件、流向和温度),甚至截留性能也依赖于原料液和汲取液的离子类型。因此,为比较不同实验室的膜性能,在相似的条件下表征膜十分必要。为更简单地把不同组的膜性能进行比较,Cath 和他的同事们[33] 提出膜表征的标准,下面将进行描述。

1. A 和 B 的值

为比较不同研究组的膜性能,Cath 和他的同事们发展的方法主要关系到表征过程中的操作条件。[33] FO 膜表征的测试条件见表 5.1。A 和 B 在 RO 过程中确定,这里使用了 2 000 mg·L^{-1} 的氯化钠(34.2 mmol·L^{-1})。这样一种选择是以大多数膜制备商使用这种溶液来测试低压反渗透膜性能的事实为依据的,操作条件设置为 20 ℃,错流速度为

$0.25 \text{ m} \cdot \text{s}^{-1}$。

本征透水性 A 是通过将水通量除以所施加的压力来确定的,即

$$A = \frac{J_{wRO}}{\Delta P} \tag{5.16}$$

表 5.1　FO 膜表征的测试条件[33]

实验条件	数值	单位	注
测试模式:RO 中 A 和 B 的测定(活性层对流)			
原料温度	20	℃	
原料压力	8.62(125)	bar	对于高渗透性膜,使用 4.82 bar(70 psi);对于同时高和低渗透性膜,建议在超过一个原料压力下测试,以确定膜的完整性
原料浓度(NaCl)	0	$\text{mg} \cdot \text{L}^{-1}$	使用去离子水压膜,确定水渗透系数(A)
	2 000	$\text{mg} \cdot \text{L}^{-1}$	使用 NaCl 溶液做截留性测试,并确定盐渗透系数(B)
错流速度	0.25	$\text{m} \cdot \text{s}^{-1}$	与 FO 测试相似;最好没有进料间隔
测试模式:FO(活性层对流)和 PRO((活性层对流)DS)			
原料和 DS 温度	20	℃	
汲取液浓度(NaCl)	1	$\text{mol} \cdot \text{L}^{-1}$	58.44 $\text{g} \cdot \text{L}^{-1}$NaCl
原料液浓度(NaCl)	0	$\text{mol} \cdot \text{L}^{-1}$	去离子水
原料和 DS 的 pH	未调节		接近中性,在聚合物测试的合适范围之内
原料和 DS 的错流速度	0.25	$\text{m} \cdot \text{s}^{-1}$	通过流速乘以垂直于流动方向的流道截面积来定义原料通量和 DS 通量;在原料或者 DS 流道中没有空间;直流
原料和 DS 的压力	<0.2(3)	bar(psi)	在膜的两侧尽可能保持低且相近
膜取向			测试应当在 FO 和 FRO 模式下进行

观察到的 NaCl 截留率 R 是由本体的原料液(c_b)和渗透液(c_p)盐浓度的不同决定的,即

$$R = 1 - \frac{c_p}{c_b} \tag{5.17}$$

盐渗透系数 B 为

$$B = J_{wRO} \frac{1-R}{R} e^{-\frac{J_{wRO}}{k}} \tag{5.18}$$

式中,k 是 RO 测试单元中的质量转移系数,由式(5.5)确定。

2. 膜通量、结构参数和反向溶质通量

为确定膜的 FO 性能,FO 操作的各种模式都应根据表 5.1 中列出的条件实施。更具

体地说，1 mol·L⁻¹NaCl 溶液通常用作汲取液，去离子水作为原料液。但是，随着膜向更好渗透性发展，通常选择 0.5 mol·L⁻¹NaCl，通过膜的一片区域和一个确定的时间段下收集到的渗透液来确定通量。在 AL-FS 模式下的通量在这样的条件下是重要的，溶质阻力为

$$K = \frac{1}{J_w} \ln \frac{A\pi_{D,b} + B}{A\pi_{F,m} + J_w + B} \qquad (5.19)$$

式中，$\pi_{D,b}$ 和 $\pi_{F,m}$ 代表靠近膜表面的本体汲取液的渗透压和膜表面的原料液的渗透压。$\pi_{F,m}$ 可以根据式（5.3）计算。基于以上数据，膜的结构参数可以通过式（5.10）计算。反向溶质通量 J_s 能够基于去离子料液的电导率变化计算。

3. 反向盐通量选择性

通过水通量（J_w）和反向溶质通量（J_s）的比值来定义 FO 膜的反向通量选择性，可以用来评价 FO 过程的汲取溶质分离性能。反向通量选择性已由 Elimelech 和他的同事们定义。[39]与膜渗透性和溶液渗透性有关的是以下几个方面的内容，即

$$\frac{J_w}{J_s} = \frac{AnR_gT}{B} \qquad (5.20)$$

式中，n、R_g 和 T 分别是范特霍夫系数（汲取溶质分解成的物种的数量）、气体常数和绝对温度。这个关系表明水和反向溶质通量的比是膜活性层的传质性能，不受膜支撑层的影响。[38,40]因此，反向选择性是膜的特征参数，不应该随着操作条件和膜取向而改变。一个高的 J_w/J_s 值是必要的，这可以表示一个低的反向溶质通量和高的膜选择性。但是结果显示，实验数据随着操作条件而变化，并且数值好像会随着汲取液浓度提高而下降。因此，为获得更多可信的结果，建议采用几个不同的汲取液浓度测试计算。

5.3 汲取液

汲取液通常包括水和汲取溶质。汲取液通过提供渗透压来驱动 FO 过程。因此，溶液的渗透压是重要的，一个理想的稀溶液的渗透压（π）由范特霍夫方程[41]给出，即

$$\pi = n\varphi MRT \qquad (5.21)$$

式中，n 代表范特霍夫系数（指溶解在溶液中的化合物的单独微粒的数量，如 NaCl 的 $n=2$，葡萄糖的 $n=1$）；φ 是渗透系数；M 是溶液的体积摩尔浓度；R 是理想气体常数（$R=8.314\,472\,\text{J}\cdot\text{mol}^{-1}\cdot\text{K}^{-1}$）；$T$ 是溶液的绝对温度。一些通常可获得的盐（如 NaCl 和 KCl）的渗透系数由 Robinson 和 Stokes 的工作提供。[42]大多数溶液的渗透压能够立即获得（通过使用热力学软件如 OLI 分析）。

在 FO 过程中，汲取液的选择已经成为一个重要的问题，选择一个合适的汲取溶质需要产生足够高的渗透压、无毒、与膜具有相容性和低成本。但是对于过程的设计，反向盐通量再生成本或再浓缩（在 FO 稀释之后）也非常重要。接下来的章节将会讨论汲取溶质现今情况和发展。

5.3.1 无机盐

氯化钠溶液经常被选用,因为它易溶,在低浓度下无毒,使用传统脱盐过程进行重浓缩相对简单(如 RO 或者蒸馏),而且没有结垢的危险。其他化学试剂也可作为汲取溶质使用,包括 $MgCl_2$、Na_2SO_4、$CaCl_2$、$Ca(NO_3)_2$、NH_4HCO_3、KCl、$MgSO_4$、K_2SO_4、$(NH_4)_2SO_4$、KNO_3 和其他无机肥料。

Achilli 等已经对一系列的基于无机盐的汲取溶质进行了评估,其目的是建立 FO 应用中汲取溶质选择的协议,这份协议包括筛选程序、分析模拟和实验室测试。筛选程序得到 14 种合适的 FO 应用的汲取液并已列于表 5.2。在实验室中通过水合技术创新(HTI)FO 膜测试 14 种汲取液来测得水通量和反向盐扩散。内部浓差极化可以通过减小汲取液在膜的支撑层和致密层中汲取液的浓度来降低水通量和反向盐扩散。汲取液的重浓缩通过使用 RO 系统设计软件来评估。实验数据分析和模拟结果结合 FO 和 RO 过程中成本的考虑,展现出 7 种溶液是最适合的。考虑 FO 通量、反向盐通量和 RO 渗透浓度这三个标准,没有溶质表现出优异性能。有五种汲取液三个参数中的两个表现尤其优异,它们是 $CaCl_2$、$KHCO_3$、$MgCl_2$、$MgSO_4$ 和 $NaHCO_3$。$CaCl_2$ 和 $MgCl_2$ 因其较高的水通量和较低的 RO 渗透浓度而排名较高;$KHCO_3$ 和 $NaHCO_3$ 因其相对较高的水通量和较低的反向盐扩散而排名较高;$MgSO_4$ 因反向盐扩散和 RO 渗透浓度相对较低而排名较高。进一步考虑溶质和补给成本表明,成本最低的五种汲取液是 Na_2SO_4、$NaHCO_3$、$NaCl$、$KHCO_3$ 和 $MgSO_4$。其中,$NaCl$ 和 Na_2SO_4 主要是因为它们的高水通量,$KHCO_3$ 和 $NaHCO_3$ 主要是因为它们的反向盐扩散低,而 $MgSO_4$ 主要是因为它的 RO 渗透浓度低。此外,当含有水垢前驱体离子(如 Ba^{2+}、Ca^{2+}、Mg^{2+}、SO_4^{2-} 和 CO_3^{2-})时需要考虑矿物和盐结垢。当进料溶液浓缩到各种微水溶性矿物质如 $BaSO_4$(重晶石)、$CaCO_3$(方解石)、$CaSO_4$(石膏)和 $Mg(OH)_2$(牛奶)的溶解度极限以上时,可能会在膜表面发生结垢。这些汲取液的不同特征突出考虑特定 FO 应用和用于选择最合适的汲取液的膜的类型的重要性。

耶鲁大学率先开发了热敏氨 – 二氧化碳汲取液,该溶液可以产生高压,后来又进行了浓缩高盐废水的中试。[28,49] 汲取液是在水中通过溶解碳酸氢铵盐(NH_4HCO_3)制备的。该盐的较低分子量及高溶解度导致了非常高的渗透效率。计算表明,该汲取液可以产生远大于海水的渗透压。在适度加热(接近 60 ℃)下可以实现从汲取液中分离淡水,其中碳酸氢铵分解成氨和二氧化碳气体,然后可以使用相对低的能量通过低温蒸馏从溶液中除去气体。氨 – 二氧化碳汲取液已经针对多种应用进行了测试,包括脱盐[28,50]和回收汲取溶质用于发电[51]。但是,进料中的汲取溶质的损失会污染进料溶液,并且汲取溶质的热解不会完全,这意味着需要进一步精馏。

除前面列出的无机盐外,无机肥料还经过作为 FO 工艺的汲取溶质测试。[43-47,52-65] 在这个过程中,肥料溶解在富含营养的水中用于灌溉,汲取液和纯水的分离是不可能的,因此与饮用水相比,减少了大量的能量,同时减少了淡水对养分稀释的需求。各种无机肥料[64,65]或混合物[44]在通量和比例[55]方面进行了研究,并应用于煤矿废水[54]或好氧、厌氧硝化水的浓缩。[59] 由于高浓度或渗透压,稀释的肥料溶液仍不能喂养作物,因此开发了一个完整的用于进一步稀释的 FO – NF 工艺。[53]

5.3.2 基于纳米颗粒的汲取溶质

无机溶质的优点是丰富且成本相对较低。然而,它们的回收取决于能量密集型过程,如反渗透和蒸馏。如果实施正渗透过程的大规模应用,能量效率会是汲取溶质选择的重要因素。因此,可通过溶液的温度变化、磁场变化和 pH 值变化恢复,这些汲取溶质的开发正成为研究的焦点。

金属和金属氧化物纳米颗粒通常具有低于 100 nm 的直径。由于它们的尺寸非常小,因此纳米粒子显示出与它们的大块对应物大不相同的性质,包括表面效应、小尺寸效应、不寻常的催化,光学和磁性效应。[66]例如,超顺磁性氧化铁纳米粒子(SPION)可以响应外部磁场,使它们易于操作。SPION 在生物分析、治疗、药物输送和生物成像方面已经发现了各种应用。[67,68]此外,SPION 因表面功能化和易于恢复(以节能和环保的方式实现)而具有很大的作为汲取溶质潜力。氨基官能化的 Fe_3O_4 纳米颗粒($NH_3-Fe_3O_4$)(图 5.4 中的 SEM 和 TEM 图像)已经通过用氨基丙基三乙氧基化物进行硅烷化来制备。通过用盐酸滴定,氨基官能化的纳米颗粒进一步转化成铵根离子。结果表明,磁性纳米粒子(MNP)具有合理的渗透压,并且浓度均匀。FO 通量与汲取液的浓度呈近似线性关系。当质量分数为 6.5% 时使用没有背部支撑的 RO 膜(BW30-4040)观察到 $500\ g \cdot m^{-2} \cdot h^{-1}$ 的通量。因此,可以预计只要质量浓度足够高,通量就会足够高。如果可获得合适的 FO 膜,则 MNP 可适用于大规模应用,从而为 FO 汲取剂的开发提供新的方向。

Chung 及其同事已经制备了用 PEG 二酸修饰的 SPION。[69,70]纳米颗粒的直径为 5 nm,比 Li 等报道的要小得多。[66]根据他们的结果,在 $0.065\ mol \cdot L^{-1}$ 的 PEG 二酸-4000 中,纳米颗粒产生 50 个大气压的渗透压。这种压力是特殊的,因为根据 van't Hoff 方程,在这样的配体浓度下,假设 van't Hoff 系数为 2,预计最大渗透压为 3 个大气压。同样,他们报道了聚丙烯酸改性的 MNP,并且再次获得了相同的非凡结果,其中在非常低的配体浓度下报道了更高的通量[70],还报道了低 FO 通量的用聚(N-异丙基丙烯酰胺)和三甘醇(PNIPAM/TRI-MNP)功能化的热敏 MNP。最近,遵循类似概念的论文报道了基于强离子单体 AMPS 和热敏性的单体 NIPAM 在 Fe_3O_4 纳米颗粒存在下通过沉淀聚合[71]。磁性聚(N-异丙基丙烯酰胺-共-2-丙烯酰胺基-2-甲基丙烷磺酸钠)命名的一种纳米颗粒或(表示为 $Fe_3O_4@P(NIPAM-co-AMPS)$)纳米凝胶。同样,的这种纳米凝胶具有相当低的水通量(0.6 LMH)。

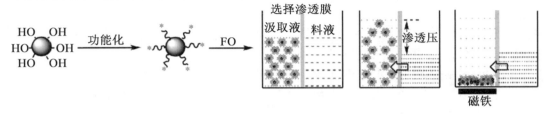

(a)磁性纳米粒子作为正渗透新汲取溶质的示意图

图 5.4　磁性纳米粒子作为正渗透新汲取溶质的示意图、SEM 和 TEM 图像,以及不同质量分数的官能化 Fe_3O_4 的水通量

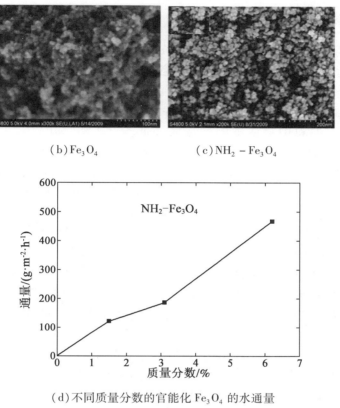

(b) Fe_3O_4　　　(c) $NH_2-Fe_3O_4$

(d) 不同质量分数的官能化 Fe_3O_4 的水通量

续图 5.4

除磁响应纳米颗粒外，响应温度变化的热响应磁性纳米颗粒可以用作汲取溶质，以通过 FO 从咸水或海水中提取水。一个明显的优点是汲取溶质的有效再生和通过热促进磁分离回收水。然而，这种类型的汲取液所达到的渗透压太低，不能抵消海水的渗透压。Zhao 等[72]设计了一种基于多功能 Fe_3O_4 纳米粒子的 FO 汲取液，该纳米粒子接枝有共聚物聚(苯乙烯-4-磺酸钠)-聚(N-异丙基丙烯酰胺)，得到的汲取液展示出具有可用于海水淡化的高渗透压，因此具有令人满意的 2~3 LMH 的通量。这是通过纳米结构中集成的三种基本功能组分实现的：Fe_3O_4 核心，其允许纳米颗粒与溶剂磁性分离；热响应聚合物 PNIPAM，其使得颗粒能够可逆聚集以进一步在高于其低临界溶解温度(LCST)的温度改善磁性捕获；提供远高于海水的渗透压的聚电解质 PSSS。

其他配体也被测试了，如聚甘油涂覆的磁性纳米颗粒(HPG-MNP)[73]、聚丙烯酸钠(PSA)涂覆的磁性纳米颗粒(PSA-MNP)[74]和涂有葡聚糖的 Fe_3O_4 MNP[75]。然而，SPION 可能经历严重的聚集、化学或物理键合得官能团的降解，以及再循环后造成原本低通量的损失。这种复合纳米粒子的合成不易于获取。如果与很低的通量相结合，MNP 的应用将面临关键问题。此外，缺乏高渗透压、复杂的合成程序和低产率是纳米颗粒的明显缺点。

5.3.3 热或电响应水凝胶

具有热响应单元的离子聚合物水凝胶被研究作为水脱盐的新型替代汲取溶质。具有碳填料的[76]PSA 表现出比原始水凝胶更高的溶胀度。作为汲取试剂,100～200 μm 的颗粒显示出比具有较大颗粒尺寸(500～700 μm)的颗粒更大的流动性。碳填料改善了太阳能吸收并增强了水凝胶的热脱水。与正常的渗透过程类似,聚合物水凝胶汲取试剂产生的水通量随着原料中盐浓度的增加而降低。[77-79]聚(NIPAM - co - AMPS - Na)[P(NIPAM - co - AMPS)]水凝胶通过在 PSA 或聚乙烯醇(PVA)存在下聚合 NIPAM,合成了热响应性半 IPN 水凝胶。[81]热敏聚合物 NIPAM 与超吸收丙烯酸单体[82]、三嵌段共聚物水凝胶共聚合。[83]基于离子液体(IL)单体的对苯二甲酸四丁基鏻(P4SS)和对苯乙烯磺酸三丁基己酯(P6SS)的热响应水凝胶在交联剂存在下通过本体聚合制备,并在 FO 中首次作为汲取试剂进行了探索。与来自 N - 异丙基丙烯酰胺(NIPAM)和丙烯酸钠(SA)或 2 - 丙烯酰胺基 - 2 - 甲基丙磺酸钠(AMPS)的传统共聚物水凝胶不同,水凝胶中的热敏性和离子性质的组合通过 IL 单体微妙的结构设计实现。这些聚离子液体水凝胶被证明能够从微咸水中产生合理的水流,并在高于其 LCST 的温度下有效释放脱盐水。[84]透明质酸/聚乙烯醇(HA/PVA)的电敏聚合物水凝胶已经在 FO 过程中作为汲取剂反复冻融,但是通量相当低。

在静态测试细胞中证实了使用热响应性 IL 汲取溶质和质子化甜菜碱双(三氟甲基磺酰基)酰亚胺([Hb][Tf2N])(可能是因为 IL 的体积有限)。该 IL/水汲取液具有上临界溶解温度并导致在 561 ℃ 和室温之间的相转化。在分层之后,富含 IL 的相被重新用作汲取,富含水的相被用作清洗水。[86]可转换的极性溶剂(SPS) - 二氧化碳、水和叔胺的混合物被提供为可行的允许一种新型 SPS FO 工艺[87]的 FO 汲取溶质。虽然这种类型的汲取溶质会产生足够的渗透压,但膜的降解是一个潜在的问题。[88]

总体来说,各种刺激响应性汲取溶质已经被制备。通常,这些汲取溶质具有通过施加刺激而易于恢复的共同特征。然而,这些类型的汲取溶质的问题是严重的内部浓差极化和低通量。因此,在目前的状态下,进一步研究是必需的。

5.3.4 基于多价有机分子的汲取溶质

向有机化合物引入电荷会增加渗透压。在 FO 过程中探索聚丙烯酸钠盐(PAA - Na)作为聚电解质汲取溶质,PAA - Na 在水中高度溶解产生非常高的渗透压(约 55 bar,0.72 g·mL^{-1})。与海水作为汲取液相比,可以观察到更低的反向泄漏。采用 FO - MD 工艺浓缩 PAA - Na 汲取液,可以将染料废水浓缩至相当稳定的流体。FO 和 MD 膜均未观察到 PAA - Na 的泄漏。[89]聚(异丁烯 - 马来酸酐)(IBMA - Na)的钠盐被用作汲取溶质,产生 34 L·m^{-2} 的通量。在活性层面对 DS(AL - DS)模式,浓度高达 0.375 g·mL^{-1},在 601 ℃ 下,反向盐通量为 0.196 g/h。类似的 FO - MD 工艺被提出作为聚电解质的再生过程,因为该化学品的玻璃化转变温度远高于膜蒸馏的温度。[90]

合成 NIPAM 与不同量的 SA、PNIPAM - SA 作为汲取溶质。尽管 FO 工艺中的水通量限制在 0.347 LMH(纯水作为进料)质量分数为 4% 的汲取液中,但是汲取溶质的分离非常有趣。加热后，汲取溶质从亲水变为疏水，从而在高温下聚集，基于4 000 Da SPES 的超滤(UF)膜可以回收稀释的汲取液并回收汲取溶质。由于它们的高渗透性、不同分子量的可变性和高水溶性，因此聚电解质聚(4-苯乙烯-磺酸钠)(PSS)[92,93]作为汲取溶质被研究，最重要的是，可以设计具有精确分子量截留的UF膜以再生汲取溶质。Tang 的组[92,93]报道了一种水解的聚丙烯腈(PAN)滤膜，并称基于PSS汲取溶质和其他类似纳米颗粒，该膜可用于有价值的产品浓缩(如蛋白质和多糖)、资源回收(如油/水分离)和废水处理(如生物质保留)。

树枝状聚合物因其几乎均匀的分子量、在球状结构外部具有大量配体基团和在树枝状配体之间具有大空腔而显示出巨大的潜力。EDTA 是最小的树枝状分子之一，作为FO过程的汲取溶质进行了测试。EDTA 的分子结构和渗透压如图5.5 所示。在相似的分子浓度下，渗透压约为NaCl 溶液的2 倍，这表明EDTA 分子在水中溶解后的van't Hoff 系数较高。进一步的性能测试表明，EDTA 在AL-DS 模式下也显示出更高的FO 通量，但在AL-FS 模式下遭受更严重的通量损失，因为较大分子结构的迁移率相对较低。但是，它可能适用于有毒盐或未适用的地方，如MBR 和医疗应用。此外，可以通过稳定RO 中的NF 来实现恢复。与Triton X-100 偶联的乙二胺四乙酸(EDTA)-2Na 被用于海水淡化测试，使用35 g·L^{-1} NaCl 的模型海水作为进料，1 mol·L^{-1} EDTA-2Na 与0.5 μm Triton X-100 偶联作为汲取，得到4.6 LLH 的水通量。没有检测到反向盐扩散，EDTA-2Na 吸收可以使用NF 膜再生，截留率为95%。[94]近年来报道了类似的工作[95,96]，也评估了含有锌、锰、钙和镁的EDTA 配合物，使用商业NF 膜汲取溶质的吸收率提高了98%。[97]

5.3.5 汲取溶质汇总

通常，无机盐是FO 最常用的汲取溶质。化学主导着汲取溶质的发展。新型汲取溶质潜力巨大，如纳米颗粒、水凝胶、多价聚电解质类型有机或二氧化碳/胺，以及极性可切换的汲取溶质。然而，效率提高需要系统的开发。原则上，具有庞大化学或物理结构的汲取溶质对应于低溶质扩散率或大溶质阻力，这在AL-FS 模式下尤为重要，因为溶质阻力较高可发生严重的内部浓差极化。在AL-DS 模式的情况下，低扩散率对应于低质量传递系数(k)，并且发生严重的外部浓差极化。尺寸的影响反映在大尺寸或多价电荷显著减少反向盐扩散的事实上。因此，当结合汲取溶质的成本，降低的汲取效率和膜材料时，非技术原理可以确定汲取溶质的选择。如果以NaCl 盐为基准，显然汲取溶质(如磁性颗粒、水凝胶)缺乏实际用途，这主要是因为它们的水通量极低且成本相对较高。然而，在某些应用中，聚电解质汲取溶质可能与一些无机盐竞争。化学的巨大想象力仍然是追求新颖的汲取溶质的动力，这有望在FO 中提供突破。

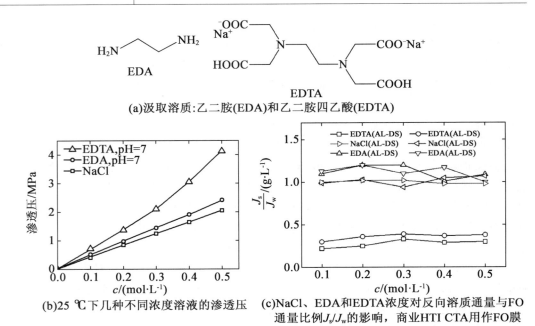

图 5.5　EDTA 的分子结构和渗透压

5.4　FO 膜的发展

天然和合成材料作为半透膜一直是一个挑战,如猪、牛、鱼的膀胱,以及火棉(硝化纤维素)、橡胶和瓷器。20 世纪 60 年代,可扩展的 Loeb–Sourirajan 相转化技术的突破使得现代 UF、微滤和 RO 膜的工业制造得以实现。[60] FO 过程中的早期研究是使用 PRO 的盐度发电。例如,Loeb 在 20 世纪 70 年代和 20 世纪 90 年代的研究工作使用了 TFC 反渗透膜,并在 20 世纪 80 年代使用了三醋酸纤维素(CTA) RO 膜。[98] 由于支撑结构中的阻力限制,因此工作不可避免地失败了。[26,27] 通过牺牲机械强度和完整性,可证明商用反渗透膜的载体和非织造载体能够有效地改善流动性。[26] 直到最近,通过用聚多巴胺涂覆支撑层,试图将商用 RO 膜转化为 FO 应用仍然存在一个研究障碍。[99-101] 在 FO 中,对内部浓差极化支撑结构的强烈影响决定了高通量和截留率的高性能 FO 膜的发展。

材料的膜形态和物理化学决定了 FO 膜的性能。

在以下部分中,基于材料和结构列出了 FO 膜开发的概述。尽管存在结构和机械强度的细微差别,但不区分 FO 和 PRO 膜。

5.4.1　CTA/FA FO 膜

20 世纪 90 年代,Osmotek(后来在 HTI)开发了一种新的网状或无纺布支撑 CTA 膜。由于具有相对较薄的膜厚度和更多孔的支撑结构,因此该膜实现了比那些标准 RO 膜更优异的 FO 性能。HTI 膜几乎是最有代表性的膜,因此 A、B 和 S 值及膜的截留已经由不同的组表征。[33,102]有报道指出,A 的平均值为 0.80 L·m^{-2}·h·bar,并且 B 的变化较大。由于 B 不仅与 A 和截留有关,而且与测试设备的水力条件有关,因此报告的值变化较大。NaCl 截留率约为 89%,平均 S 值约为 485 μm。2005 年,Cath 等[103]发表了基于 HTI CTA 膜的直接渗透与渗透蒸馏相结合的回收废水的方法。当汲取液是 100 g L^{-1} NaCl 溶液,并且进料是肥皂和湿气冷凝废水时,膜显示出 17.4 L·m^{-2}·h 的通量。在 HTI CTA FO 膜成功开发之后,又开发了一系列纤维素类型的 FO 膜,旨在改善通量和截留率。

CA 或 CTA FO 膜开发的原因显而易见,如从 20 世纪 70 年代开始制备 CA/CTA RO 膜的系统研究的出版物中所见。[104-132]关于膜制备的理论背景的详细讨论是本书的范围。FO 膜的一些进展将在后面讨论。

双层 CA 膜的目的是降低内部浓差极化。然而,必须平衡降低的内部浓差极化和增加的传质阻力,以设计更好的 FO 膜。增加膜材料的亲水性也会降低内部浓差极化。由于可获得更多的羟基,因此 CA 比 CTA 更亲水。然而,CA 膜比 CTA 膜具有更低截留率。因此,CTA 和 CA 的混合物可以提供渗透性与选择性之间的折中。[133]Li 和同事还研究了双层 CTA/CA 共混膜的形成,包括 CTA/CA 比、丙酮的加入、水凝固浴的温度。膜性能与商业 HTI 膜性能相当。[134]有报道指出,通过添加在质量分数为 0.01%~0.1% 范围内羧基官能化的 MWCNT(F-MWCNT)改进 CA 膜的表面性质,改善了透水性和脱盐率。[135]

据报道,在 50 μm 厚的尼龙织物上浇铸 CA FO 膜然后进行热水退火结果存在争议。膜的透水性一般较低(在 0.014~0.13 L·h^{-1}·m^{-2}·bar^{-1} 的范围内),但 NaCl 截留率高达 97%~99.3%。各种化学品可作为造孔剂,如乳酸、马来酸和氯化锌,但未披露造孔剂与化学物理相互作用/分层之间的科学解释。醋酸纤维素膜的退火可以减少底层中的自由体积[137],这可能是对较低透水性下改进截留率的间接解释。用于浇铸膜的基材的影响表明,更疏水的基材将导致更开放的表面,这除减少截留率外,还将对整个膜性能产生强烈影响。

总之,当需要高选择性时,CTA 是一种优异的 FO 膜材料。[138]CA 和 CTA 的混合物可以产生优异的膜性能。然而,纤维素膜的制备总是涉及复杂的溶剂混合物,并且一些溶剂是有毒的。据报道,用于 CA 膜制备的绿色溶剂,如 IL,整体 FO 膜需要进一步的研究活动。[139,140]与 TFC 膜不同,纤维素型 FO 膜具有光滑的表面和接近中性的表面电荷,因此其本质上抗污染。[15,141]然而,其很小的 pH 值耐受范围限制了纤维素膜的适用性。但迄今为止,基于纤维素的 FO 膜已经成为 FO 膜开发中的主流,并且预计将在未来持续开发。

5.4.2 薄层复合膜

通过界面聚合(IP)制备的薄层复合(TFC)膜在最近的 FO 开发和研究中获得了相当大的关注。虽然摩根报道了基于 IP 的 TFC 膜概念,但 Cadotte 发现了用于各种应用的 TFC 膜制备的重大突破。[143,144]从那时起,TFC 膜已经主导了现代 RO 和 NF 膜的生产。[145-148]通常,TFC 膜由顶部薄聚酰胺(PA)选择性层和多孔膜支撑层组成。通过两种单体溶液如多官能胺水溶液(如间苯二胺(MPD)单体)和多官能酰氯(如均苯三甲酰氯(TMC))之间的原位 IP,可以形成薄的 PA 层。单体溶于非极性有机溶剂,如己烷。[146]IP

的可能化学式为具有 TMC 的 MPD。顶部表面的典型扫描电子显微镜和原子力显微镜照片显示叶状脊-谷表面形态,其表示活性层中的大表面积对应于高水通量。

对于 RO 应用,厚而致密的支撑是必要的,以承受高操作压力。然而,在 FO 过程中,额外的支撑层会引起严重的内部浓差极化。膜的结构参数是内部浓差极化的主要指标,其由支撑厚度、孔隙率和弯曲度决定。此外,载体的亲水性也可能在确定内部浓差极化的程度中起作用。TFC-FO 膜的优化包括两类研究:改善活性层以获得更高的截留率和渗透性和减少支撑层中的结构参数。下面将介绍这两个领域的最新进展。

1. 支撑结构:大孔或海绵

支撑结构中聚砜(PSf)浓度的优化表明,随着 PSf 铸膜液浓度的增加,可发现更高的结构参数。[149]延伸到底面的大孔有助于使 ε/τ 因子最大化。可以得出结论,理想的支撑层将允许在支撑层制备期间独立地控制块体和表层的结构依赖性。因此,膜性质 A、B 和 S 可以彼此不受约束地定制。假设大孔形成减少了支撑物的结构参数。Wang[102]等报道了一种基于聚醚砜(PES)载体的中空纤维 TFC-FO 膜,IP 发生在 HF 膜的内侧,支撑层由海绵部分和类似手指的空隙部分组成。由于海绵状层的低孔隙率和高曲折度,类似海绵的孔有助于产生较低的 S 值,但海绵状层有助于产生高 S 值[32],因此减少海绵层的厚度将有助于改善 TFC 膜的性能。作为基准,膜展示出比 HTI CTA 膜和在 AL-FS 模式下使用 0.5 mol·L^{-1}NaCl 汲取液和去离子水作为进料相当的溶质通量高出近 2~3 倍的通量。高 FO 通量为 14 LMH,其值 J_s/J_w 为 0.13 g·L^{-1}。

用亲水性磺化聚合物制备的海绵状孔基底能取代指状孔基底被质疑。在 PRO 模式下,获得了使用 2mol·L^{-1} NaCl 作为汲取液的针对去离子水的33.0 LMH 和针对质量分数为 3.5% NaCl 模型溶液的 15 LMH 的最高水通量。结果表明,在支撑材料亲水的情况下,海绵状结构也可以达到很高的流动性。[150,151]然而,作者没有弄清楚支撑亲水性的增加是否也改善了孔隙连通性和孔隙率,这也是减少结构参数的关键问题。事实上,简单地增加载体材料的亲水性并不能保证高 FO 通量或低结构参数。

Liu 等介绍了采用双刀共铸膜法对基材的进一步改进。[153]进一步的牺牲层铸造技术展示了一种比通常的单一层铸造方法更好的方法来制备具有开放式底部结构的支撑层(图5.6)。图中确定了四个步骤:一是将 PET/NMP 溶液浇铸到玻璃板上;二是将 PSf/DMAc/PEG400 溶液浇铸到第一层上;三是将玻璃板浸入水浴中,通过从 PSf 分层 PEI 得到双层膜,进而得到 PSf 载体;四是依次施加 MPD 和 TMC 溶液,通过界面聚合在 PSf 载体上形成聚酰胺活性层。支撑层内部结构显示出海绵状的顶部表面和类似手指的大孔隙。然而,共铸 PSf 支撑层具有比单层铸造支撑层(分别为 9.5 μm 和 36 μm)更薄的海绵层(2.2 μm)和更深的类似大孔(59 μm)。单层 PSf 支撑层具有小孔,这与包含共铸 PSf 支撑层的大的开放孔相反。基于共铸底物制备的 TFC-FO 膜显示出比普通 PSf 膜更优异的性能,这表明内部浓差极化少得多。

事实上,解决基质形貌、大孔隙或海绵之间的争议尚未得出结论。其中一个主要障碍是孔隙连通性,亲水性和形貌非常难以单独评估。假设具有闭孔多孔(或单元)的海绵多孔结构肯定不是最佳的,然而具有互联孔的海绵结构将显示出降低的溶质扩散阻力。由于存在可用于溶质扩散的自由空间,因此指状结构肯定是优越的,但是这种类型的形态导致低机械强度,是重要的关注点。

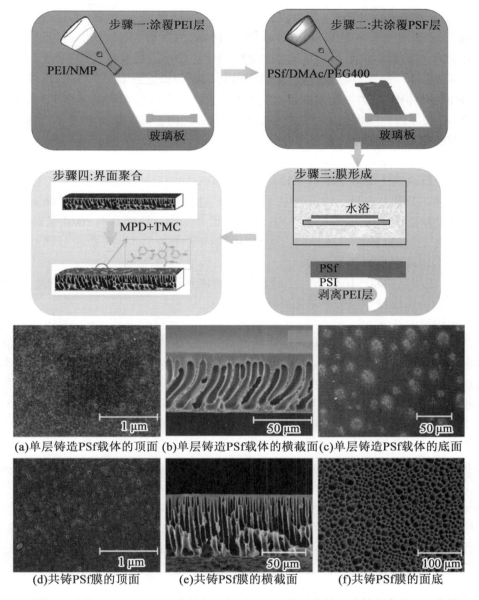

图 5.6 共铸 PSf 支撑层的 TFC-FO 膜制备示意图及通过单层浇铸和共铸制备的 PSf 支撑一层的 SEM 图像

2. 改善基底亲水性

本质上疏水的材料可以防止膜孔的完全润湿,导致渗透流发生的有效面积减小。已经证明膜基底润湿性在增加传质面积方面是有效的,因此降低了阻力。使用亲水性尼龙 66 作为基底,所得 TFC 膜显示出改善的水通量,这归因于"润湿孔隙率"的比率增加。[154] 类似地,由于表面孔隙率和洞理性,因此将多孔沸石纳米颗粒掺杂到 PSf 衬底中以控制 ICP。一系列研究工作表明使用磺化聚合物或在 PSf 或 PES 中加入磺化聚合物能够改进性能，如磺化聚苯砜(sPPSU)作为支撑体[150,151]、有限的磺化聚醚砜[58]、磺化聚醚酮(SPEK)/PSf 基质[152]、有限的 SPEEK(磺化聚醚醚酮)[156]和 SPSf 与 PES 共混[157]。通过添加大量的水溶性添加剂，可以改善载体的亲水性，如聚乙烯吡咯烷酮(PVP)[158]，还原氧化石墨烯(rGO)改性石墨氮化碳(g-C3N4)、CN/rGO[159]或 GO[160,161]。当将 2D 纳米材料添加到载体中时，可以观察到最大的 FO 水通量。直观的理解是基于 2D 形态：随着更多的 GO 被添加到膜中，2D 材料的横向定位增加。由于 GO 本质上是不可渗透的，因此所得膜的传质阻力增加。

研究纤维素类型的基底作为减少结构参数的候选。在正常的 IP 工艺之后，在亲水性醋酸纤维素膜表面上形成聚酰胺薄膜复合层。SDS/甘油后处理增加了 PA 的自由体积大小和自由体积分数。在另一份报告中，在正常 IP 过程之前首先将结合化学物质引入支撑层。共聚焦显微镜图像显示，使用 TMC 作为连接分子制备的膜在与 NaCl 接触时显示出剧烈的形态变化：盐截留率减少(作为 RO 中时间的函数)和反向盐通量强烈增加(在 PRO 中作为汲取溶质浓度的函数)。

相反，使用双功能连接分子丙二酰和琥珀酰氯导致更稳定的盐膜，这主要是因为在 CTA 支持物中形成较少的带电基团并减少溶胀。[164]

3. 活性层的开发

活性层的最相关特性在于对污染物的高截留率、高透水性和/或抗污性。FO 膜活性层的最新发展是采用纳米颗粒减少膜污染。PA 的固有表面物理化学性质使其易于在废水处理中被污染。表面改性是改善表面性质的重要类别之一。二氧化硅纳米粒子涂有超亲水配体(3-氨基丙基)三甲氧基硅烷($-NH_3/NH_2$)和 N-三甲氧基甲硅烷基丙基-N,N,N-三甲基氯化铵，可与膜选择层上的天然羧基部分不可逆地结合。形貌或水/溶质膜选择层的渗透性保持完整，但膜表面的亲水性和润湿性得到改善，在新的膜材料和模型有机污染物之间测量到较低的分子间黏附力，表明在 PA 膜表面存在结合的水合层，产生了污染物黏附的屏障。紧密结合的水合层和 TFC 活性层的天然羧基的中和为污染物的黏附提供了屏障。通过聚-L-赖氨酸(PLL)中间体使用逐层(LBL)或混合(H)接枝策略，氧化石墨烯(GO)纳米片附着于 TFC PA 选择性层。与原始膜相比，GO/PLL-H 修饰膜的存活细菌减少 99%，反向盐扩散减少。[167] GO 功能化增加了表面亲水性，赋予膜抗菌活性而不改变其运输性能。表面修饰通过使沉积在膜表面上的细胞失活来减轻生物污垢的生长。[168] 将有机-无机杂化化合物-N-[3-(三甲氧基甲硅烷基)丙基]乙二胺(NPED)与 MPD 混合，采用该混合物作为胺单体，在水解 PAN 基质上合成 TFC-FO 膜。然而，观察到污染物减少的同时，盐截留率也减少了。[169] 其他材料，如银纳米颗粒(AgNP)装饰的 GO 纳米片(作为有效的杀生物材料)，也已经过测试，以赋予改善复合膜的亲水性和抗菌性。[170]

水通道蛋白(AQP)是一种在细胞膜中发现的具有超高水渗透性的天然蛋白质。通过将 AQP 结合到内 PA 活性层表面来制备高渗透性和选择性中空纤维复合膜。提高 AQP 的覆盖密度有利于提高水的渗透性和截留率。与 BW30 RO 膜相比，这种新型膜显示出更高的流动性和 97.5% 对 500×10^{-6} mg·L^{-1} NaCl 的截留。在 FO 中，在 0.5 g·L^{-1} NaCl 汲取液和 DI 水进料(AL-DS 模式)下获得高达 55.2 LMH 的水通量，反向盐扩散低于 0.9 g·L^{-1}。在反洗和化学清洗步骤中,膜具有化学稳定性和机械稳定性。[171]结果表明,目前只有完整和稳定活性层的仿生膜在水回收方面具才有实际的应用前景。

为实现 AQP 与基底或活性层之间的共价键合,已经用各种方法进行了测试(图5.7)。跨孔膜设计涉及囊泡制备多个步骤(在 ABA 嵌段共聚物囊泡中掺入 AqpZ),金层的载体表面改性及半胱胺单层的化学吸附转化为丙烯酸酯,并将囊泡转移到载体和破裂,形成有囊泡的跨孔膜。[172]使用 1,2 - 二油酰基 - sn - 甘油 - 3 - 磷酸乙醇胺(DOPE)制备了支撑脂质双层(SLB)。SLB 建立在 PDA 层(棕色)涂覆的多孔 PSf(灰色)载体之上。[173]此外,将 MNP 包封在囊泡中,利用磁力来增强掺入 AQP 的脂质体在聚电解质膜上的吸附量。[174]AQP 嵌入的囊泡可嵌入孔中,并在 FO 和 PRO 模式下进行测试。[175]最后,在 AQP - 囊泡中的印迹膜,交联囊泡通过酰胺化反应与功能性多孔 CA 载体结合,然后进行额外的聚合物涂层。与空心纤维膜相比[176],这些膜显示出 NF 特征。例如,AQP - VIM 膜显示出对 NaCl 的截留率为 61%,MgCl$_2$ 为 75%(在 5 bar 时为 200 × 10^{-6})。[173,176]在 FO 过程中,MgCl$_2$ 用作汲取溶质,可能 NaCl 会显示出显著更高的反向盐通量。[174]显然,膜的透水性比商用反渗透膜高得多。然而,为证明 AQP 对水流的贡献,必须排除膜的活性层中的缺陷区域这方面还没有科学解释。关于 AQP 结合的 RO/FO 膜的完整性及蛋白质在过滤中的稳定性一直存在争议。

5.4.3 双表面层的 FO 膜

通常,正渗透膜包含致密分离层和多孔支撑结构组成的不对称结构。该结构在 FO 工艺中具有局限性:多孔结构倾向于聚集难以清洗的污垢,如在 AL - DS 模式中,进料溶液含有污染物。因此,尝试在开口多孔侧上进行制备额外涂层来解决该问题。通过 LBL 沉积制备的双层 FO 膜显示,基于 FO 的膜生物反应器或浓缩进料溶液及从进料中回收有价值的产物,都展现出高水通量和低污染倾向。但是这种膜不适用于海水淡化应用,因为它们对 NaCl 的截留率相对较低。然而,通过在顶部和底部表面上应用 PA TFC 作为选择性层材料,在 AL - FS 和 AL - DS 操作模式下,双层 FO 膜显示出比单层 FO 膜更改善的对中性硼酸截留率,[178]这些结果可能提供一种在更广泛的应用中去除物质的机制。通过聚多巴胺/碳纳米管和 PSf 基质上的 TMC 进行 IP 反应制备双层膜可以减少结垢[179]。减少结垢是双层 FO 结构的优势,但汲取溶质的扩散性降低将导致内部浓差极化增加。模拟表明,降低内部浓差极化需要低截留的 NF 表面。然而,汲取液浓度和进料溶液浓度对流体的影响与单层膜相似。[180]有报道称,在双层 FO 膜中,内部浓差极化会降低。[181,182]使用双层分层 FO 膜和黏性汲取剂(蔗糖、柠檬酸铁络合物(Fe - CA)和聚乙二醇(PEG)单月桂酸酯)获得了令人惊讶的结果。使用蔗糖和 PEG 单月桂酸酯作为汲取溶质,双层膜显示出比单层更高的 FO 通量。如果这些结果得到验证,则双层膜可以扩展吸收溶液池性能。

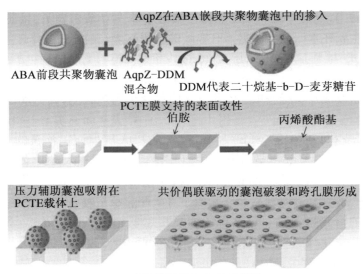

(a)穿孔膜设计和合成示意图

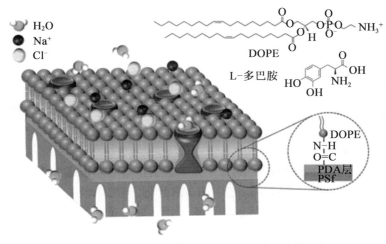

(b)具有共价键的掺有AqpZ的SLB膜的结构示意图

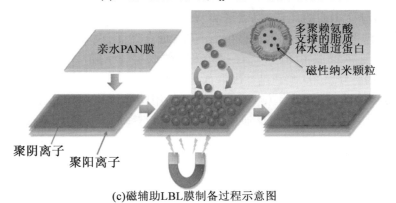

(c)磁辅助LBL膜制备过程示意图

图 5.7　多种方法的示意图

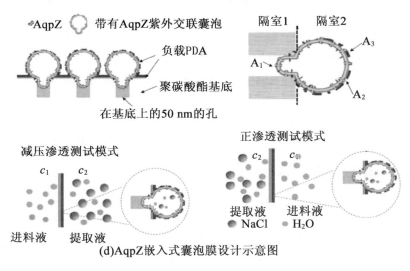

(d) AqpZ嵌入式囊泡膜设计示意图

续图 5.7

5.4.4 层层组装（LBL 法）

LBL 法是一种沉积方法，用于制造可控厚度的无缺陷薄层。LBL 法涉及在带电表面上交替吸附相反电荷的材料，如聚电解质、纳米颗粒、黏土、GO 等，然后在每个吸附步骤之后清洗以除去弱相关的材料。聚电解质吸附到载体上通过疏水相互作用或静电－疏水相互作用发生。LBL 的特征在于在沉积过程中对层厚度精确控制，这是因为材料的选择范围广和对顺序吸附步骤的理想控制。自发现以来，LBL 技术已被广泛探索，导致电子、光学、生物医学和膜装置的各种潜在应用，如微胶囊、太阳能电池、生物传感器、药物输送和膜分离。

层厚度和性能的微调使得能够制造具有极低传质阻力的高选择性层，适用于膜分离应用，如渗透汽化、NF、RO 和 FO。[177,184-210] 其中，高选择性是期望拥有的性能。同样，利用这种聚电解质膜层，如果 LBL 涂层没有化学交联，则可以通过调节 pH 值或使用表面活性剂分解来洗掉膜污垢。[184]

使用 LBL 技术在 FO 膜中有一些应用。然而，初步结果显示这些膜具有低截留率。为提高膜的性能，Tang 等[177]在 LBL 层中采用了交联，其对 $MgCl_2$ 的截留率提高到 95.5%。该膜还显示出高抗污染性能。然而，LBL 技术的使用可能需要进一步探索，因为它更可能显示接近 NF 膜的性质，因此微调层的性质将是关键问题。LBL 技术也被用于 GO 纳米片的沉积，这已经被 FO 膜的制备过程证明。[211] GO 通过 LBL 方法制备，由 GO 纳米片和阳离子聚电解质组装在支撑层前面（即密集）和背面（即粗糙的孔），在 FO 和 PRO 模式中系统地测试 GO 膜和对照 PA 膜的结垢和清洗行为。该研究证明了在非对称膜（即多孔的背面）上的致密 GO 阻挡层对 PRO 的污垢控制的有效性。通过 LBL 沉积相反电荷的 GO 纳米片，在 PA－TFC 膜表面上涂覆 GO 多层，增强了 PA－TFC 膜抗污染和氯诱导降解的性能。[209] 均匀 GO 涂层增加了表面亲水性并降低了表面粗糙度，改善了抗蛋白质污染的性能。此外,GO 纳米片的化学惰性特性充当底层 PA 膜的氯屏障,导致暴露于氯时的盐截留率降低。

据报道通过原位生长可以制备具有多层结构、ZIF-8 中间层和 PA 涂层的 LBL PA/ZIF-8 纳米复合膜,IP 涂覆超薄 PA 层[210],得到的 PA/ZIF-8(LBL)膜具有更好的渗透性和选择性。在刚果红去除过程中,与纯 PA 膜(11.2 kg·m^{-2}·h^{-1} 的流速和 99.6% 的截留率)相比,获得的 PA/ZIF-8(LBL)膜在膜渗透性和选择性方面实现了显著的改善(通量高达 27.1 kg·m^{-2}·h^{-1},截留率达到 99.8%)。目前的方法生产的 ZIF-8 中间层具有更多的 ZIF-8 纳米粒子,但聚集体更少,这比传统的 PA/ZIF-8 TFN 膜更好。

5.4.5 其他类型的 FO 膜

最近报道了将多孔膜用于 FO 应用。制备了一系列多孔 FO 膜,系统研究膜的分离性能对多孔膜 FO 性能的影响。评估两种类型的汲取溶质(PSS 和中性线性聚合物 PEG),发现在较高退火温度下的膜后处理增加了溶质截留率并降低了水渗透性。结果表明,在较高的退火温度下,反向溶质扩散(RDS)变得不那么严重了。除多孔 FO 膜的透水性外,多孔膜的 FO 水通量还受到 RDS 的影响,二者都对退火温度具有很强的依赖性。与中性 PEG 相比,聚电解质 PSS 是具有更高 FO 水通量和更低 RDS 的汲取溶质的更好选择。PSS 的更好性能可归因于其与相同质量浓度的 PEG 相比,其多孔 FO 膜的更高截留性和其高渗透压。多孔 FO 膜和汲取液设计也在文献中被讨论研究。[93,212]

基于由 Torlons 聚酰胺-酰亚胺(PAI)多孔基材制成的不对称微孔中空纤维,使用聚乙烯亚胺(PEI)进行聚电解质后处理,具有带正电荷的 NF 分离层的整体中空纤维膜已经被报道。[213,214] PAI 中空纤维膜显示纯水渗透率为 2.19~2.25 L·m^{-2}·h^{-1}·bar^{-1},合理的 NaCl 和 MgCl$_2$ 排放分别为 49% 和 94%(1 bar)。该膜在 FO 模式下显示出 8.36 L·m^{-1}·h^{-1} 和 9.74 L·m^{-2}·h^{-1} 的 FO 流量,并且 J_s/J_v 为 0.4 g·L^{-1},低于商业 CTA HTI 的 0.85 g·L^{-1}。汲取液为 0.5 mol·L^{-1} MgCl$_2$,这可能是因为 NF 特性的低截留率(DI 水作为进料)。已经为 FO 和 PRO 开发了由 PBI/POSS 外层和 PAN/PVP 内层组成的混合基质中空纤维膜。通过 NF 和 FO 测试确定了质量分数为 0.5% 的 POSS 载量作为本研究中的最佳浓度。具有此优化浓度的膜在室温下显示最大水通量为 31.37 LMH,使用 2.0 mol·L^{-1} MgCl$_2$ 作为 FO 工艺中的汲取液,PRO 工艺中的最大功率密度为 2.47 W·m^{-2},7 bar 时使用 1.0 mol·L^{-1} NaCl 作为汲取液。[155] 同样,制了双层聚苯并咪唑聚醚砜/聚乙烯吡咯烷酮(PBI-PES/PVP)中空纤维 NF 膜,用于富集和浓缩药物产品。[216] 两种类型的膜均显示出 NF 特征,因此使用二价带电盐作为汲取溶质以防止严重的反向盐扩散。

当与大分子汲取溶质或二价离子汲取溶质组合时,多孔或松散的 NF 型"正渗透"膜是可以被使用的。显著的低传质阻力导致高通量,但单价离子的扩散是不可避免的。在某些情况下,汲取溶质的污染也可能是一个问题。

5.4.6 下一代 FO 膜

基于聚合物脱盐膜的 RO 和 NF 膜的分离性能通常根据水通量(或渗透性)和脱盐率来定义。文献报道数据显示,水渗透与盐截留率成反比。在水渗透率与水/盐渗透率选择性的对数图中,经常观察到折中关系和上限。[34] FO 膜归属于 RO/NF 体系,图 5.8 描述了相同的比例关系。数据显示,随着水渗透率增加到 3[35],盐渗透率增加。从模拟和实验验证,纳米技术的进步已经产生了各种用于水净化的纳米多孔膜。具有分子可设计性的选择性膜将是下一代膜的未来,并且为更详细地描述文献中的方法,建议读者参考综述文章。[217] 关于高性能 FO 膜设计的最新进展将在下面通过实例更详细地给出。

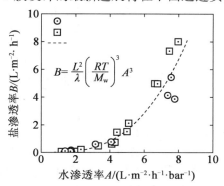

图 5.8　溶质扩散控制 RO、NF 膜的渗透率 – 截留权衡关系

分子动力学模拟研究了功能化多孔单层石墨烯 FO 膜及其渗透性能。在 FO 过程中没有观察到内部浓差极化,并且 GO 的水通量达到每天 91.5 L·cm^{-2},这比典型的 CTA FO 膜高约 $1.7×10^3$ 倍。通过将孔径调整到小于 9.4 Å,发现没有正向或反向溶质通过膜。这项工作为功能化多孔石墨烯在水脱盐方面、FO 发电方面提供了光明的未来。[218] 层状 GO 膜因液体净化而受到越来越多的关注。分离是基于二维氧化石墨烯或还原氧化石墨烯纳米片之间形成的纳米通道的尺寸。在液体环境中,水合作用将 GO 纳米片之间的间距从 0.3 nm 的干燥状态增加到 0.9 nm。膜不稳定,水合离子之间的选择性也降低了。[162,219,220] 由于水合官能团的量减少,因此相似层状结构的 rGO 膜在液相中更稳定,但是显示出很高的电阻。rGO 膜在液相中更稳定。然而,通过将膜厚度减小到纳米级,氢气和水分子可渗透,可以改善 rGO 的渗透性。超薄 rGO 膜是理想的,以获得改善的渗透性,同时仍然从优异的选择性中获益。[221] 纳米膜 rGO 膜在 20~200 nm 的范围内,观察到非常高的水通量并且导致显著减小的反向盐通量。这项工作似乎非常有希望从一种单层 2D 纳米材料的分子模拟转变为实际应用的膜。

单层二硫化钼中纳米孔的分子动力学模拟表明,纳米孔可以有效地截留离子并允许高速输送水,发现水通量比其他已知的纳米多孔膜高出 2~5 五个数量级。超过 88% 的离子被膜上面积为 20~60 Å^2 的孔截留,在其边缘仅含钼原子的孔隙会导致更高的流动。[222]

通过大环的组装制备了纳米管式的合成纳米孔,其能够模拟生物通道的质量传递特性。纳米管具有可修饰的表面和由组成大环化合物限定的均匀直径的内孔。通过实验观察到高选择性跨膜离子转运和高效跨膜水渗透性。这一发现为开发具有广泛应用的稳定的纳米结构系统奠定了坚实的基础,如仅通过生物纳米结构、分子感测及水纯化和分子分离所需的多孔材料的制造来实现功能的重构模拟。[223] 堆叠可以在内腔或外表面中进行,化学修饰的刚性大环化合物可以产生具有限定尺寸的内部孔的自组装有机纳米管,这种结构可以使研究人员系统地探索亚纳米范围内的质量传递。进一步的发展会产生新的应用,如生物传感、材料分离和分子纯化。[224] 多功能纳米管模仿天然 AQP 蛋白高水分输送和离子选择性。与 CNT 不同,管的控制是困难的,特别是在内表面控制。然而,对宏观尺度的自组装似乎是一个相当大的挑战。进一步系统研究实现纳米结构管阵列的形成将为高性能脱盐膜的发展奠定坚实的基础。

以上仅关注膜的性能(渗透性和截留率)。FO 膜的防污染性能确实非常重要。然而,FO 结垢实质上与其他膜过程没有太大差别。污垢的相互作用和膜表面的化学物理特性决定了污垢状态。有兴趣的读者可以参考文献[255-238,30]。

5.5　FO 应用简介

FO 被描述为下一代低能耗海水淡化技术。但是,如果从汲取液中回收纯水,则应克服更高的热力学屏障的副作用,即消耗更多的能量。因此,真正的低能量 FO 应用仅指 FO 过程或称渗透稀释。渗透性药物传递系统和渗透稀释过程的简要介绍是本章的主要目标。下面讨论基于 FO 的整体过程和 PRO 的潜力。

5.5.1　渗透性药物传递系统

渗透是生物学中的基本现象之一。穿过半透膜的渗透流体是从低溶质浓度(高化学势)到高溶质浓度(低化学势)区域的溶剂流[19,20,239,240],可以基于此设计受控药物输送系统简单的过程(图 5.9)。对于体内使用,药物输送系统利用身体中的流体作为溶剂来驱动药物供应。只要药物隔室中的渗透压在整个操作期间保持恒定,就可以保持恒定(零级)释放。对于体外使用,使用类似于两室泵的多室泵,并且需要额外的隔室来供应溶剂。作为渗透性药物递送系统的实例,体液扩散到装置中。在某一点上,压力超过被覆盖住的半透性聚合物膜的机械强度,聚合物膜的破裂允许药物的即时供应。药物输送装置的各种设计可以在综述文章中找到。[239]

5.5.2　工业渗透稀释应用

工业规模的渗透稀释过程可以在无机化学工业中见到。图 5.10 显示了使用地下盐水(UGB)作为起始材料的碳酸钠生产线的工艺流程图。[141] 传统的生产工艺从地下盐水的蒸发开始(质量分数为 10% 固体,主要是 NaCl),将收获的盐溶解并送入生产线。在基于 FO 的过程中,盐的溶解与盐水的浓缩相结合。[141] UGB 通常存在于沉积池中,含有高浓度的盐。UGB 的盐度通常远高于海水。已经使用蒸发池将 UGB 浓缩至饱和点以获得粗盐。这种传统的脱水过程非常缓慢,并且具有非常大的占地面积。此外,收获粗盐的过程是能量密集型的,因为盐晶体必须在非常大的区域上收集并转运到中央处理点。然后将盐溶解在作为饱和溶液的淡水中,并提供到精制生产线以生产 Na_2CO_3 等。考虑到在蒸发过程中必须除去水,而在溶解步骤中必须供应大量的淡水,需要一种新的方法,可以利用除去的水进行粗盐的脱盐。根据工艺特点,采用 FO 浓缩 UGB 代替蒸发池,采用饱和 NaCl 汲取液,其中 FO 既可以强化蒸发过程,又可以减少原油溶解对淡水的需求。这个过程非常有趣,但是发现了一些膜垢,需要进一步的系统研究。

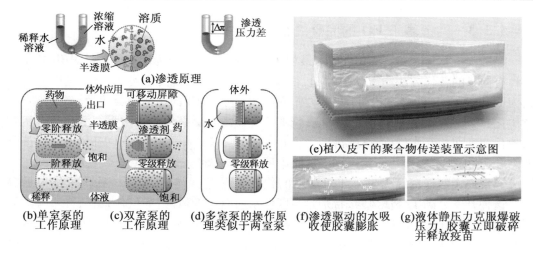

图 5.9 受控药物输送系统简单的过程

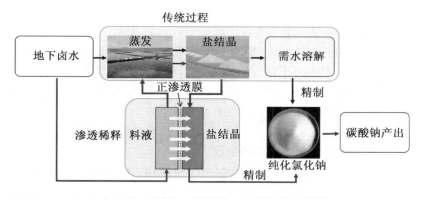

图 5.10 生产碳酸钠的化学工艺强化示意图

另一个例子是冷却塔应用 FO 工艺,其中汲取液是浓缩冷却水,雨水用作进料。冷却水在维持许多工业过程的适当温度方面起着重要作用。由于冷却水中的渗透压有限,因此 FO 通量受到限制(最初在 23 ± 1 ℃ 时为 $1.75\ L\cdot m^{-2}\cdot h^{-1}$)。[241]

与 RO 技术相比,开发在低水压或无水压下运行的膜工艺可显著降低资金和运营成本。几年前,悉尼科技大学开发了肥料驱动的 FO(FDFO)海水淡化的概念[43,45,47,52-55,44,56,57],开发了通过废水回收实现的一种综合生物废水处理工艺的和用于封闭的水培的 FDFO 封闭的混合系统,以实现水 - 食物联结的可持续的方案。已经评估了通过渗透稀释商业液体肥料的水再利用,以便于水培应用。基于实验室规模的实验的结果表明,商业液体肥料与传统的汲取液具有相似的性能(即水通量和反向盐通量),具有提供所需的大量和微量营养素的优点。[59] 渗透反冲洗发现可以有效恢复初始水通量(即水通量恢复率超过 95%),说明 FDFO 过程的低污染潜力。进一步的研究发现,压力辅助肥料汲取渗透过程能够提高肥料汲取液的最终稀释度,并可超过渗透平衡。这些结果可能有助于消除 NF 后处理,有助于减少占地面积和资本成本。然而,由于渗透平衡时施加的压力导致的水通量的有效增加随着 FS 浓度的增加而降低,因此这种商业液体肥料仅用于中试规模。[53] 另一种渗透稀释过程报道了使用液体肥料作为汲取液。[242]

5.5.3 其他基于 FO 的完整过程

渗透膜生物反应器(OMBR)技术最初由研究人员提出,作为生产纯水的 MBR 技术的一种有前景的替代方法。[244] 从那时起,很多人都对这个领域很感兴趣,仅仅是因为人们认为 FO 本质上抗污染。然而,从汲取到膜生物反应器的反向盐泄漏会使盐聚集,这对生物硝化有害。污垢是另一个关键问题,精细的脱盐活性层必须能够耐受细菌和与有机物质的长期密切相互作用,最终膜污染严重并可能损坏膜。一个特征是 OMBR 与海水淡化的结合,其中盐水的渗透能量可用于从城市用水中提取水。[236]

非常规天然气资源提供了相对清洁的化石燃料,这可能会导致一些国家的能源独立。这种开发充满了环境风险,特别是与区域水质有关的风险,如气体迁移、废水排放和意外泄漏。[14]石油/天然气开采产生的水含有多种污染物,常规 RO 和 NF 膜工艺需要进行广泛的物理或化学预处理。最近,研究人员开始探索和评估 FO – RO 混合工艺的处理性能和经济性,以便对受损或再生水和海水进行再利用。[103,244,245] FO 从原料液中提取清洗水。对于水含盐量高的情况,这个过程不适用。

据报道,FO 膜已经被报道用于蛋白质浓缩[246]、含油废水[247]、砷(指三价砷化学专有词)去除[248]和页岩气钻井流体回收(SGDF)的水回收[249]。在这些耦合过程中,FO 过程是用于浓缩进料流,MD 工艺用于回收汲取溶质。将 MD 直接施加到上述进料流是不可行的,如含油废水、SGDF 或其他过程似乎比 FO – MD 方法(如砷(Ⅲ))更复杂。Li 等[13]报道了 FO 结合真空膜蒸馏(VMD)从 SGDF 回收水(图 5.11)。FO 膜电池的长度、宽度和深度分别为 100 μm、30 μm 和 4 μm。来自 HTI 的不对称三醋酸纤维素膜用于 FO 过程。用转子通量计监测进料和汲取液的流速,并保持恒定在 0.6 L·min^{-1}。对于 VMD 单元,VMD 膜电池的尺寸与 FO 电池相同。在 MD 中使用 CF4 修饰的 PVDF 膜,汲取液是 3 mol·L^{-1} KCl。在混合 FO – VMD 系统中,水通过 FO 膜渗透到汲取液储存器中,并且 VMD 过程用于汲取溶质回收和清洗水生产。使用从中国钻井现场获得的 SGDF 样品,混合系统可以实现近 90% 的水回收率。再生水的质量与瓶装水的质量相当。在混合 FO – VMD 系统中,FO 用作预处理步骤以去除蒸馏(MD)膜的大多数污染物,而 MD 产生高质量的水。设想 FO – VMD 系统不仅可以从 SGDF 回收高质量的水,而且可以回收具有高盐度和复杂成分的其他废水。

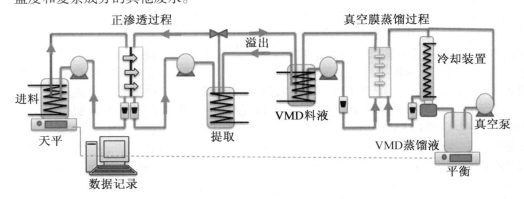

图 5.11 FO – VMD 混合系统示意图

Hydration Technologies Inc. (HTI)公司已将其 CTA 膜商业化,以应用于 FO 工艺。由嵌入式聚酯纤维网支撑的 CTA 制成的 HTI FO 膜在淡盐水和海水淡化[44,250,251]中已被广泛报道。[252,253]很少有关于页岩气开采产生的高盐废水处理的研究。[244]此外,TFC-FO 膜也用于来自页岩开采的高盐度废水的脱盐。[49]TFC 膜似乎显示出比 CTA 膜更高的水通量。TFC 膜在浓缩页岩气体回流水中的污染比 CTA 膜更严重。[15]估算基于 FO 处理来自石油/天然气工业废水的工艺的成本显示,如果不加电压时进行废热供应,则与 RO 和蒸馏相比,经济效益是可预见的。

5.5.4 渗透能发电

在讨论渗透能或蓝色能源时,研究人员和电力行业一直非常热衷于将时间和金钱投入到绿色技术中,称为 PRO。[255-257]但是,当看到美国在 2015 年能源消耗时,PRO 研究人员消极的原因有很多。2015 年,美国共消耗了 97.5 夸脱(1 夸脱 = 1 万亿 BTU,大致相当于 293 071 000 000 kW·h[258])。石油、天然气、煤炭和核能占据了能源市场的主导地位,而来自生物质能、风能、水能、太阳能和地热的绿色能源则处于边缘地位。但科学研究可能会在未来取得突破。

例如,当全球 37 300 km^2 的河流排放量与海洋相遇时,可能获得的功率估计大于 1 TW,足以供应全球能源。[255,259]然而,Statkraft 失败的实验意味着这可能不是正确的选择。可能提取渗透能的五种天然来源是海水、RO 盐水、盐丘溶液、大盐湖和死海。每立方米稀释溶液的最大理论能量约等于相应盐水溶液的渗透压:典型海水为 27 bar,犹他州大盐湖为 375 bar,死海边界为 507 bar。以色列和约旦海水反渗透植物盐水假定为 54 bar(回收率为 50%),盐丘(地下地质结构)溶液为 316 bar。[259]如果考虑到所有实际问题,如预处理、在开放的海洋中汲取海水、能量交换器的效率,以及恒定压力(如果在恒定压力下工作,能量可提取物低于理论预测[260]),河水-海水对其间渗透产生的能量不足以供应所消耗的能量。[261]高盐度的原料液是产生正电力以补偿消耗的电力所必需的。仍然需要解决严重的膜污染、组件机械强度和组件间隔件设计等技术问题,在 PRO 的任何实际应用之前,对其他技术甚至其他绿色能源的经济可行性均应评估。

5.6 本章小结

FO 是一种新兴技术,不需要外部加压,因此可能是绿色脱盐过程。FO 已应用于应急水袋、控释泵和灌溉。显然,渗透性药物传递系统和渗透稀释是 FO 的最佳应用。此外,FO 显示出更小的污染倾向和对 TDS 更大的耐受性,因此可用于处理不适用传统处理方法或处理成本太高的废水。如果膜系统足够稳定并且汲取溶质与生物反应器兼容,则 OMBR 可以实现中小规模应用。PRO 还没有明确的路线图,无法进入目前的能源框架。FO 研究仍然是科学研究的兴趣所在。

仍然需要开发合适的 FO 膜和膜组件。尽管 TFC 膜显示出巨大的潜力,但尚未实现这些膜的商业化。FO 膜基底的优化意味着结构参数的降低,其具有两个方向:高的孔连通性和改善的亲水性。表面化学在提高选择性、渗透性和抗污性方面起着重要作用。基于单维或二维纳米材料可能突破现有膜的极限。可以想象，由于高填充密度、良好的几何形状、更好的清洗，因此中空纤维 TFC 膜值得进一步研究。FO 通量/选择性和成本的权衡在很大程度上决定了汲取溶质的选择。目前，无机盐（如果适用）仍然是最佳选择，其他基于纳米粒子的汲取溶质的开发仍处于科学研究水平。

总体来说，FO 过程从长远来看不会扮演 RO 的角色，而是作为工业和医疗应用的基础和新技术。多学科交流在不久的将促进 FO 的应用发展。

本章参考文献

[1] Loeb, S.; High Flow Porous Membranes for Separating Water From Saline Solutions. US 3133137 A, 1964.

[2] Loeb, S.; Norman, R. S. Osmotic Power Plants. Science 1975, 189, 654–655.

[3] Lucke, B.; McCutcheon, M. The Effect of Salt Concentration of the Medium on the Rate of Osmosis of Water Through the Membrane of Living Cells. J. Gen. Physiol. 1927, 10, 665–670.

[4] Lucke, B.; Hartline, H. K.; McCutcheon, M. Further Studies on the Kinetics of Osmosis in Living Cells. J. Gen. Physiol. 1931, 14, 405–419.

[5] Cath, T. Y.; Childress, A. E.; Elimelech, M. Forward Osmosis: Principles, Applications, and Recent Developments. J. Membr. Sci. 2006, 281, 70–87.

[6] Chung, T.-S.; Zhang, S.; Wang, K. Y.; Su, J.; Ling, M. M. Forward Osmosis Processes: Yesterday, Today and Tomorrow. Desalination 2012, 287, 78–81.

[7] Yip, N. Y.; Elimelech, M. Comparison of Energy Efficiency and Power Density in Pressure Retarded Osmosis and Reverse Electrodialysis. Environ. Sci. Technol. 2014, 48, 11002–11012.

[8] Hickenbottom, K. L.; Vanneste, J.; Elimelech, M.; Cath, T. Y. Assessing the Current State of Coμmercially Available Membranes and Spacers for Energy Production With Pressure Retarded Osmosis. Desalination 2016, 389, 108–118.

[9] Thorsen, T.; Holt, T. The Potential for Power Production From Salinity Gradients by Pressure Retarded Osmosis. J. Membr. Sci. 2009, 335, 103–110.

[10] McGinnis, R. L.; Elimelech, M. Energy Requirements of Ammonia-Carbon Dioxide Forward Osmosis Desalination. Desalination 2007, 207, 370–382.

[11] Shaffer, D. L.; Werber, J. R.; Jaramillo, H.; Lin, S. H.; Elimelech, M. Forward Osmosis: Where Are We Now? Desalination 2015, 356, 271–284.

[12] Shaffer, D. L.; Arias Chavez, L. H.; Ben-Sasson, M.; Romero-Vargas Castrillón, S.; Yip, N. Y.; Elimelech, M. Desalination and Reuse of High-Salinity Shale Gas Produced Water: Drivers, Technologies, and Future Directions. Environ. Sci. Techn-

ol. 2013, 47, 9569-9583.

[13] Li, X. M.; Zhao, B.; Wang, Z.; Xie, M.; Song, J.; Nghiem, L. D.; He, T.; Yang, C.; Li, C.; Chen, G. Water Reclamation from Shale Gas Drilling Flow-Back Fluid Using a Novel Forward Osmosis-Vacuum Membrane Distillation Hybrid System. Water Sci. Technol. 2014, 69, 1036-1044.

[14] Vidic, R. D.; Brantley, S. L.; Vandenbossche, J. M.; Yoxtheimer, D.; Abad, J. D. Impact of Shale Gas Development on Regional Water Quality. Science 2013, 340, 1235009.

[15] Chen, G.; Wang, Z.; Nghiem, L. D.; Li, X.-M.; Xie, M.; Zhao, B.; Zhang, M.; Song, J.; He, T. Treatment of Shale Gas Drilling Flowback Fluids (SGDFs) by Forward Osmosis: Membrane Fouling and Mitigation. Desalination 2015, 366, 113-120.

[16] Perez-Gonzalez, A.; Urtiaga, A. M.; Ibanez, R.; Ortiz, I. State of the Art and Review on the Treatment Technologies of Water Reverse Osmosis Concentrates. Water Res. 2012, 46, 267-283.

[17] Subramani, A.; Jacangelo, J. G. Treatment Technologies for Reverse Osmosis Concentrate Volume Minimization: A Review. Sep. Purif. Technol. 2014, 122, 472-489.

[18] Tong, T. Z.; Elimelech, M. The Global Rise of Zero Liquid Discharge for Wastewater Management: Drivers, Technologies, and Future Directions. Environ. Sci. Technol. 2016, 50, 6846-6855.

[19] Chen, J. T.; Pan, H.; Ye, T. T.; Liu, D. D.; Li, Q. J.; Chen, F.; Yang, X. G.; Pan, W. S. Recent Aspects of Osmotic Pump Systems: Functionalization, Clinical Use and Advanced Imaging Technology. Curr. Drug Metab. 2016, 17, 279-291.

[20] Sareen, R.; Jain, N.; Kumar, D. An Insight to Osmotic Drug Delivery. Curr. Drug Deliv. 2012, 9, 285-296.

[21] Mulder, M. Basic Principles of Membrane Technology, 2nd ed.; Kluwer Academic Publisher: Dordrecht, The Netherlands, 1996.

[22] McCutcheon, J. R.; Elimelech, M. Influence of Concentrative and Dilutive Internal Concentration Polarization on Flux Behavior in Forward Osmosis. J. Membr. Sci. 2006, 284, 237-247.

[23] Sablani, S. S.; Goosen, M. F. A.; Al-Belushi, R.; Wilf, M. Concentration Polarization in Ultrafiltration and Reverse Osmosis: A Critical Review. Desalination 2001, 141, 269-289.

[24] Strathmann, H. Membrane Separation Processes. J. Membr. Sci. 1981, 9, 121-189.

[25] Tang, C. Y.; She, Q.; Lay, W. C. L.; Wang, R.; Fane, A. G. Coupled Effects of Internal Concentration Polarization and Fouling on Flux Behavior of Forward Osmosis Membranes During Humic Acid Filtration. J. Membr. Sci. 2010, 354, 123-133.

[26] Loeb, S.; Titelman, L.; Korngold, E.; Freiman, J. Effect of Porous Support Fabric on Osmosis Through a Loeb-Sourirajan Type Asyμmetric Membrane. J. Membr. Sci. 1997, 129, 243–249.

[27] Mehta, G. D.; Loeb, S. Internal Polarization in the Porous Substructure of a Semipermeable Membrane Under Pressure-Retarded Osmosis. J. Membr. Sci. 1978, 4, 261–265.

[28] McCutcheon, J. R.; McGinnis, R. L.; Elimelech, M. Desalination by Ammonia-Carbon Dioxide Forward Osmosis: Influence of Draw and Feed Solution Concentrations on Process Performance. J. Membr. Sci. 2006, 278, 114–123.

[29] Lee, K. L.; Baker, R. W.; Lonsdale, H. K. Membranes for Power Generation by Pressure-Retarded Osmosis. J. Membr. Sci. 1981, 8, 141–171.

[30] Zhao, S.; Zou, L.; Tang, C. Y.; Mulcahy, D. Recent Developments in Forward Osmosis: Opportunities and Challenges. J. Membr. Sci. 2012, 396, 1–21.

[31] Wei, J.; Qiu, C.; Wang, Y.-N.; Wang, R.; Tang, C. Y. Comparison of NF-Like and RO-Like Thin Film Composite Osmotically-Driven Membranes—Implications for Membrane Selection and Process Optimization. J. Membr. Sci. 2013, 427, 460–471.

[32] Wei, J.; Qiu, C.; Tang, C. Y.; Wang, R.; Fane, A. G. Synthesis and Characterization of Flat-Sheet Thin Film Composite Forward Osmosis Membranes. J. Membr. Sci. 2011, 372, 292–302.

[33] Cath, T. Y.; Elimelech, M.; McCutcheon, J. R.; McGinnis, R. L.; Achilli, A.; Anastasio, D.; Brady, A. R.; Childress, A. E.; Farr, I. V.; Hancock, N. T.; Lampi, J.; Nghiem, L. D.; Xie, M.; Yip, N. Y. Standard Methodology for Evaluating Membrane Performance in Osmotically Driven Membrane Processes. Desalination 2013, 312, 31–38.

[34] Geise, G. M.; Park, H. B.; Sagle, A. C.; Freeman, B. D.; McGrath, J. E. Water Permeability and Water/Salt Selectivity Tradeoff in Polymers for Desalination. J. Membr. Sci. 2011, 369, 130–138.

[35] Yip, N. Y.; Tiraferri, A.; Phillip, W. A.; Schiffman, J. D.; Hoover, L. A.; Kim, Y. C.; Elimelech, M. Thin-Film Composite Pressure Retarded Osmosis Membranes for Sustainable Power Generation from Salinity Gradients. Environ. Sci. Technol. 2011, 45, 4360–4369.

[36] Tang, C. Y.; Kwon, Y. N.; Leckie, J. O. Effect of Membrane Chemistry and Coating Layer on Physiochemical Properties of Thin Film Composite Polyamide RO and NF Membranes. II. Membrane Physiochemical Properties and Their Dependence on Polyamide and Coating Layers. Desalination 2009, 242, 168–182.

[37] Wei, J.; Liu, X.; Qiu, C.; Wang, R.; Tang, C. Y. Influence of Monomer Concentrations on the Performance of Polyamide-Based Thin Film Composite Forward Osmosis Membranes. J. Membr. Sci. 2011, 381, 110–117.

[38] Xiao, P.; Nghiem, L. D.; Yin, Y.; Li, X.-M.; Zhang, M.; Chen, G.; Song, J.; He, T. A Sacrificial-Layer Approach to Fabricate Polysulfone Support for Forward Osmosis Thin-Film Composite Membranes With Reduced Internal Concentration Polarisation. J. Membr. Sci. 2015, 481, 106–114.

[39] Phillip, W. A.; Yong, J. S.; Elimelech, M. Reverse Draw Solute Permeation in Forward Osmosis: Modeling and Experiments. Environ. Sci. Technol. 2010, 44, 5170–5176.

[40] Zhao, S.; Zou, L.; Mulcahy, D. Effects of Membrane Orientation on Process Performance in Forward Osmosis Applications. J. Membr. Sci. 2011, 382, 308–315.

[41] van't Hoff, J. H. Die Rolle der osmotischen Druckes in der Analogie zwischen Lösungen und Gasen. Z. Phys. Chem. 1887, 1, 481–508.

[42] Robinson, R. A.; Stokes, R. H. Electrolyte Solutions, 2nd ed., 2002, Revised edition (1965) ed., Reprinted by Courier Dover Publications: New York (2002), 1959.

[43] Chekli, L.; Phuntsho, S.; Shon, H. K.; Vigneswaran, S.; Kandasamy, J.; Chanan, A. A Review of Draw Solutes in Forward Osmosis Process and Their Use in Modern Applications. Desalin. Water Treat. 2012, 43, 167–184.

[44] Phuntsho, S.; Hong, S.; Elimelech, M.; Shon, H. K. Forward Osmosis Desalination of Brackish Groundwater: Meeting Water Quality Requirements for Fertigation by Integrating Nanofiltration. J. Membr. Sci. 2013, 436, 1–15.

[45] Kim, J. E.; Phuntsho, S.; Shon, H. K. Pilot-Scale Nanofiltration System as Post-Treatment for Fertilizer-Drawn Forward Osmosis Desalination for Direct Fertigation. Desalin. Water Treat. 2013, 51, 6265–6273.

[46] Phuntsho, S.; Shon, H. K.; Majeed, T.; El Saliby, I.; Vigneswaran, S.; Kandasamy, J.; Hong, S.; Lee, S. Blended Fertilizers as Draw Solutions for Fertilizer-Drawn Forward Osmosis Desalination. Environ. Sci. Technol. 2012, 46, 4567–4575.

[47] Phuntsho, S.; Shon, H. K.; Hong, S.; Lee, S.; Vigneswaran, S.; Kandasamy, J. Fertiliser Drawn Forward Osmosis Desalination: The Concept, Performance and Limitations for Fertigation. Rev. Environ. Sci. Bio-Technol. 2012, 11, 147–168.

[48] Achilli, A.; Cath, T. Y.; Childress, A. E. Selection of Inorganic-Based Draw Solutions for Forward Osmosis Applications. J. Membr. Sci. 2010, 364, 233–241.

[49] McGinnis, R. L.; Hancock, N. T.; Nowosielski-Slepowron, M. S.; McGurgan, G. D. Pilot Demonstration of the NH_3/CO_2 Forward Osmosis Desalination Process on High Salinity Brines. Desalination 2013, 312, 67–74.

[50] McCutcheon, J. R.; McGinnis, R. L.; Elimelech, M. A Novel Ammonia-Carbon Dioxide Forward (Direct) Osmosis Desalination Process. Desalination 2005, 174, 1–11.

[51] McGinnis, R. L.; McCutcheon, J. R.; Elimelech, M. A Novel Ammonia-Carbon

Dioxide Osmotic Heat Engine for Power Generation. J. Membr. Sci. 2007, 305, 13 – 19.

[52] Lotfi, F. ; Phuntsho, S. ; Majeed, T. ; Kim, K. ; Han, D. S. ; Abdel-Wahab, A. ; Shon, H. K. Thin Film Composite Hollow Fibre Forward Osmosis Membrane Module for the Desalination of Brackish Groundwater for Fertigation. Desalination 2015, 364, 108 – 118.

[53] Sahebi, S. ; Phuntsho, S. ; Kim, J. E. ; Hong, S. ; Shon, H. K. Pressure Assisted Fertiliser Drawn Osmosis Process to Enhance Final Dilution of the Fertiliser Draw Solution Beyond Osmotic Equilibrium. J. Membr. Sci. 2015, 481, 63 – 72.

[54] Phuntsho, S. ; Kim, J. E. ; Johir, M. A. H. ; Hong, S. ; Li, Z. Y. ; Ghaffour, N. ; Leiknes, T. ; Shon, H. K. Fertiliser Drawn Forward Osmosis Process: Pilot-Scale Desalination of Mine Impaired Water for Fertigation. J. Membr. Sci. 2016, 508, 22 – 31.

[55] Phuntsho, S. ; Lotfi, F. ; Hong, S. ; Shaffer, D. L. ; Elimelech, M. ; Shon, H. K. Membrane Scaling and Flux Decline During Fertiliser-Drawn Forward Osmosis Desalination of Brackish Groundwater. Water Res. 2014, 57, 172 – 182.

[56] Majeed, T. ; Lotfi, F. ; Phuntsho, S. ; Yoon, J. K. ; Kim, K. ; Shon, H. K. Performances of PA Hollow Fiber Membrane With the CTA Flat Sheet Membrane for Forward Osmosis Process. Desalin. Water Treat. 2015, 53, 1744 – 1754.

[57] Kim, J. E. ; Phuntsho, S. ; Lotfi, F. ; Shon, H. K. Investigation of Pilot-Scale 8040 FO Membrane Module Under Different Operating Conditions for Brackish Water Desalination. Desalin. Water Treat. 2015, 53, 2782 – 2791.

[58] Sahebi, S. ; Phuntsho, S. ; Woo, Y. C. ; Park, M. J. ; Tijing, L. D. ; Hong, S. ; Shon, H. K. Effect of Sulphonated Polyethersulfone Substrate for Thin Film Composite Forward Osmosis Membrane. Desalination 2016, 389, 129 – 136.

[59] Kim, Y. ; Chekli, L. ; Shim, W. G. ; Phuntsho, S. ; Li, S. ; Ghaffour, N. ; Leiknes, T. ; Shon, H. K. Selection of Suitable Fertilizer Draw Solute for a Novel Fertilizer-Drawn Forward Osmosis-Anaerobic Membrane Bioreactor Hybrid System. Bioresour. Technol. 2016, 210, 26 – 34.

[60] Fam, W. ; Phuntsho, S. ; Lee, J. H. ; Cho, J. ; Shon, H. K. Boron Transport Through Polyamide – Based Thin Film Composite Forward Osmosis Membranes. Desalination 2014, 340, 11 – 17.

[61] Majeed, T. ; Sahebi, S. ; Lotfi, F. ; Kim, J. E. ; Phuntsho, S. ; Tijing, L. D. ; Shon, H. K. Fertilizer-Drawn Forward Osmosis for Irrigation of Tomatoes. Desalin. Water Treat. 2015, 53, 2746 – 2759.

[62] Chekli, L. ; Phuntsho, S. ; Kim, J. E. ; Kim, J. ; Choi, J. Y. ; Choi, J. S. ; Kim, S. ; Kim, J. H. ; Hong, S. ; Sohn, J. ; Shon, H. K. A Comprehensive Review of Hybrid Forward Osmosis Systems: Performance, Applications and Future Prospects. J. Membr. Sci. 2016, 497, 430 – 449.

[63] Phuntsho, S.; Vigneswaran, S.; Kandasamy, J.; Hong, S.; Lee, S.; Shon, H. K. Influence of Temperature and Temperature Difference in the Performance of Forward Osmosis Desalination Process. J. Membr. Sci. 2012, 415-416, 734-744.

[64] Phuntsho, S.; Shon, H. K.; Hong, S.; Lee, S.; Vigneswaran, S. A Novel Low Energy Fertilizer Driven Forward Osmosis Desalination for Direct Fertigation: Evaluating the Performance of Fertilizer Draw Solutions. J. Membr. Sci. 2011, 375, 172-181.

[65] Phuntsho, S.; Sahebi, S.; Majeed, T.; Lotfi, F.; Kim, J. E.; Shon, H. K. Assessing the Major Factors Affecting the Performances of Forward Osmosis and Its Implications on the Desalination Process. Chem. Eng. J. 2013, 231, 484-496.

[66] Li, X.-M.; Xu, G.; Liu, Y.; He, T. Magnetic Fe_3O_4 Nanoparticles: Synthesis and Application in Water Treatment. Nanosci. Nanotechnol.-Asia 2011, 1, 14-24.

[67] Carpenter, T. A.; Hall, L. D.; Hogan, P. G. Magnetic Resonance Imaging of the Delivery of a Paramagnetic Contrast Agent by an Osmotic Pump. Drug Des. Deliv. 1988, 3, 263-266.

[68] Mikhaylova, M.; Kim, D. K.; Berry, C. C.; Zagorodni, A.; Toprak, M.; Curtis, A. S. G.; Muhammed, M. BSA Immobilization on Amine-Functionalized Superparamagnetic Iron Oxide Nanoparticles. Chem. Mater. 2004, 16, 2344.

[69] Ling, M. M.; Chung, T.-S.; Lu, X. Facile Synthesis of Thermosensitive Magnetic Nanoparticles as "Smart" Draw Solutes in Forward Osmosis. Chem. Commun. 2011, 47, 10788-10790.

[70] Ling, M. M.; Wang, K. Y.; Chung, T.-S. Highly Water-Soluble Magnetic Nanoparticles as Novel Draw Solutes in Forward Osmosis for Water Reuse. Ind. Eng. Chem. Res. 2010, 49, 5869-5876.

[71] Zhou, A. J.; Luo, H. Y.; Wang, Q.; Chen, L.; Zhang, T. C.; Tao, T. Magnetic Thermoresponsive Ionic Nanogels as Novel Draw Agents in Forward Osmosis. RSC Adv. 2015, 5, 15359-15365.

[72] Zhao, Q. P.; Chen, N. P.; Zhao, D. L.; Lu, X. M. Thermoresponsive Magnetic Nanoparticles for Seawater Desalination. ACS Appl. Mater. Interfaces 2013, 5, 11453-11461.

[73] Yang, H. M.; Seo, B. K.; Lee, K. W.; Moon, J. K. Hyperbranched Polyglycerol-Coated Magnetic Nanoparticles as Draw Solute in Forward Osmosis. Asian J. Chem. 2014, 26, 4031-4034.

[74] Dey, P.; Izake, E. L. Magnetic Nanoparticles Boosting the Osmotic Efficiency of a Polymeric FO Draw Agent: Effect of Polymer Conformation. Desalination 2015, 373, 79-85.

[75] Bai, H.; Liu, Z.; Sun, D. D. Highly Water Soluble and Recovered Dextran Coated Fe_3O_4 Magnetic Nanoparticles for Brackish Water Desalination. Sep. Purif. Technol. 2011, 81, 392-399.

[76] Li, D.; Zhang, X.; Yao, J.; Simon, G. P.; Wang, H. Stimuli-Responsive Polymer Hydrogels as a New Class of Draw Agent for Forward Osmosis Desalination. Chem. Coµmun. 2011, 47, 1710–1712.

[77] Li, D.; Zhang, X.; Simon, G. P.; Wang, H. Forward Osmosis Desalination Using Polymer Hydrogels as a Draw Agent: Influence of Draw Agent, Feed Solution and Membrane on Process Performance. Water Res. 2013, 47, 209–215.

[78] Razmjou, A.; Simon, G. P.; Wang, H. Effect of Particle Size on the Performance of Forward Osmosis Desalination by Stimuli-Responsive Polymer Hydrogels as a Draw Agent. Chem. Eng. J. 2013, 215–216, 913–920.

[79] Li, D.; Zhang, X.; Yao, J.; Zeng, Y.; Simon, G. P.; Wang, H. Composite Polymer Hydrogels as Draw Agents in Forward Osmosis and Solar Dewatering. Soft Matter 2011, 7, 10048–10056.

[80] Luo, H. Y.; Wang, Q.; Tao, T.; Zhang, T. C.; Zhou, A. J. Performance of Strong Ionic Hydrogels Based on 2-Acrylamido-2-Methylpropane Sulfonate as Draw Agents for Forward Osmosis. J. Environ. Eng. 2014, 140 (12), 04014044. http://dx.doi.org/10.1061/(ASCE)EE.1943-7870.0000875.

[81] Cai, Y. F.; Shen, W. M.; Loo, S. L.; Krantz, W. B.; Wang, R.; Fane, A. G.; Hu, X. Towards Temperature Driven Forward Osmosis Desalination Using Semi-IPN Hydrogels as Reversible Draw Agents. Water Res. 2013, 47, 3773–3781.

[82] Gawande, N.; Mungray, A. A. Superabsorbent Polymer (SAP) Hydrogels for Protein Enrichment. Sep. Purif. Technol. 2015, 150, 86–94.

[83] Nakka, R.; Mungray, A. A. Biodegradable and Biocompatible Temperature Sensitive Triblock Copolymer Hydrogels as Draw Agents for Forward Osmosis. Sep. Purif. Technol. 2016, 168, 83–92.

[84] Cai, Y. F.; Wang, R.; Krantz, W. B.; Fane, A. G.; Hu, X. Exploration of Using Thermally Responsive Polyionic Liquid Hydrogels as Draw Agents in Forward Osmosis. RSC Adv. 2015, 5, 97143–97150.

[85] Zhang, H. M.; Li, J. J.; Cui, H. T.; Li, H. J.; Yang, F. L. Forward Osmosis Using Electric-Responsive Polymer Hydrogels as Draw Agents: Influence of Freezing-Thawing Cycles, Voltage, Feed Solutions on Process Performance. Chem. Eng. J. 2015, 259, 814–819.

[86] Zhao, D. L.; Wang, P.; Zhao, Q. P.; Chen, N. P.; Lu, X. M. Thermoresponsive Copolymer-Based Draw Solution for Seawater Desalination in a Combined Process of Forward Osmosis and Membrane Distillation. Desalination 2014, 348, 26–32.

[87] Stone, M. L.; Rae, C.; Stewart, F. F.; Wilson, A. D. Switchable Polarity Solvents as Draw Solutes for Forward Osmosis. Desalination 2013, 312, 124–129.

[88] Reimund, K. K.; Coscia, B. J.; Arena, J. T.; Wilson, A. D.; McCutcheon, J. R. Characterization and Membrane Stability Study for the Switchable Polarity Solvent N,N-dimethylcyclohexylamine as a Draw Solute in Forward Osmosis. J. Membr. Sci.

2016, 501, 93–99.

[89] Ge, Q.; Su, J.; Amy, G. L.; Chung, T.-S. Exploration of Polyelectrolytes as Draw Solutes in Forward Osmosis Processes. Water Res. 2012, 46, 1318–1326.

[90] Kumar, R.; Al-Haddad, S.; Al-Rughaib, M.; Salman, M. Evaluation of Hydrolyzed Poly(Isobutylene-Alt-Maleic Anhydride) as a Polyelectrolyte Draw Solution for Forward Osmosis Desalination. Desalination 2016, 394, 148–154.

[91] Ou, R. W.; Wang, Y. Q.; Wang, H. T.; Xu, T. W. Thermo-Sensitive Polyelectrolytes as Draw Solutions in Forward Osmosis Process. Desalination 2013, 318, 48–55.

[92] Tian, E. L.; Hu, C. B.; Qin, Y.; Ren, Y. W.; Wang, X. Z.; Wang, X.; Xiao, P.; Yang, X. A Study of Poly(Sodium 4-Styrenesulfonate) as Draw Solute in Forward Osmosis. Desalination 2015, 360, 130–137.

[93] Qi, S. R.; Li, Y.; Wang, R.; Tang, C. Y. Y. Towards Improved Separation Performance Using Porous FO Membranes: The Critical Roles of Membrane Separation Properties and Draw Solution. J. Membr. Sci. 2016, 498, 67–74.

[94] Nguyen, H. T.; Nguyen, N. C.; Chen, S. S.; Li, C. W.; Hsu, H. T.; Wu, S. Y. Innovation in Draw Solute for Practical Zero Salt Reverse in Forward Osmosis Desalination. Ind. Eng. Chem. Res. 2015, 54, 6067–6074.

[95] Lutchmiah, K.; Post, J. W.; Rietveld, L. C.; Cornelissen, E. R. EDTA: A Synthetic Draw Solute for Forward Osmosis. Water Sci. Technol. 2014, 70, 1677–1682.

[96] Hau, N. T.; Chen, S. S.; Nguyen, N. C.; Huang, K. Z.; Ngo, H. H.; Guo, W. S. Exploration of EDTA Sodium Salt as Novel Draw Solution in Forward Osmosis Process for Dewatering of High Nutrient Sludge. J. Membr. Sci. 2014, 455, 305–311.

[97] Zhao, Y. T.; Ren, Y. W.; Wang, X. Z.; Xiao, P.; Tian, E. L.; Wang, X.; Li, J. An Initial Study of EDTA Complex Based Draw Solutes in Forward Osmosis Process. Desalination 2016, 378, 28–36.

[98] Jellinek, H. H. G.; Masuda, H. Osmo-Power. Theory and Performance of an Osmo-Power Pilot Plant. Ocean Eng. 1981, 8, 103–128.

[99] McCutcheon, J.; Arena, J.; Freeman, B.; McCloskey, B. Method for Modifying Support Layer of Thin Film Composite Membrane Support Structures, Which Are Utilized in Engineered Osmosis e.g. Forward Osmosis, Involves Coating Rinsed Support Layer with Poly Dopamine. WO2012009720-A1, US2012048805-A1, University of Connecticut, University of Texas at Austin.

[100] Arena, J. T.; McCloskey, B.; Freeman, B. D.; McCutcheon, J. R. Surface Modification of Thin Film Composite Membrane Support Layers With Polydopamine: Enabling Use of Reverse Osmosis Membranes in Pressure Retarded Osmosis. J. Membr. Sci. 2011, 375, 55–62.

[101] Han, G.; Zhang, S.; Li, X.; Widjojo, N.; Chung, T.-S. Thin Film Composite

Forward Osmosis Membranes Based on Polydopamine Modified Polysulfone Substrates With Enhancements in Both Water Flux and Salt Rejection. Chem. Eng. Sci. 2012, 80, 219 – 231.

[102] Wang, R.; Shi, L.; Tang, C. Y.; Chou, S.; Qiu, C.; Fane, A. G. Characterization of Novel Forward Osmosis Hollow Fiber Membranes. J. Membr. Sci. 2010, 355, 158 – 167.

[103] Cath, T. Y.; Adams, D.; Childress, A. E. Membrane Contactor Processes for Wastewater Reclamation in Space: II. Combined Direct Osmosis, Osmotic Distillation, and Membrane Distillation for Treatment of Metabolic Wastewater. J. Membr. Sci. 2005, 257, 111 – 119.

[104] Gantzel, P. K.; Merten, U. Gas Separations With High-Flux Cellulose Acetate Membranes. Ind. Eng. Chem. Process Des. Dev. 1970, 9, 331 – 332.

[105] King, W. M.; Cantor, P. A. Reverse Osmosis and Process and Composition for Manufacturing Cellulose Acetate Membranes Wherein the Swelling Agent Is a Di-or Tri-Basic Aliphatic Acid. US 3673084 A, 1972.

[106] Johnston, H. K.; Sourirajan, S. Effect of Secondary Additives in Casting Solution on the Performance of Porous Cellulose Acetate Reverse Osmosis Membranes. J. Appl. Polym. Sci. 1973, 17, 2485 – 2499.

[107] Mungle, C. R.; Fox, R. L. Method of Making Asyμmetric Cellulose Triacetate Membranes. US4026978, United States, 1977.

[108] Bokhorst, H.; Altena, F. W.; Smolders, C. A. Formation of Asymmetric Cellulose Acetate Membranes. Desalination 1981, 38, 349 – 360.

[109] Tweddle, T. A.; Peterson, W. S.; Fouda, A. E.; Sourirajan, S. Effect of Casting Variables on the Performance of Tubular Cellulose Acetate Reverse Osmosis Membranes. Ind. Eng. Chem. Prod. Res. Dev. 1981, 20, 496 – 501.

[110] Finken, H. Flux-Stabilized Cellulose Acetate Membranes and Their Applications to Reverse Osmosis for Water Desalination and Purification. Ind. Eng. Chem. Product Res. Dev. 1984, 23, 112 – 115.

[111] Joshi, S. V.; Rao, A. V. Cellulose Triacetate Membranes for Seawater Desalination. Desalination 1984, 51, 307 – 312.

[112] Liu, Y.; Lang, K.; Chen, Y.; Cai, B. Effect of Heat-Treating and Dry Conditions on the Performance of Cellulose Acetate Reverse Osmosis Membrane. Desalination 1985, 54, 185 – 195.

[113] Vásárhelyi, K.; Ronner, J. A.; Mulder, M. H. V.; Smolders, C. A. Development of Wet-Dry Reversible Reverse Osmosis Membrane With High Performance from Cellulose Acetate and Cellulose Triactate Blend. Desalination 1987, 61, 211 – 235.

[114] Kastelan-Kunst, L.; Sambrailo, D.; Kunst, B. On the Skinned Cellulose Triacetate Membranes Formation. Desalination 1991, 83, 331 – 342.

[115] Dave, A. M.; Sahasrabudhe, S. S.; Ankleshwaria, B. V.; Mehta, M. H. En-

hancement of Membrane Performance With Employment of Cellulose Acetate Blend. J. Membr. Sci. 1992, 66, 79 – 87.

[116] Hao, J. H.; Dai, H.; Yang, P.; Wang, Z. Spinning of Cellulose Acetate Hollow Fiber by Dry-Wet Technique of 3C-Shaped Spinneret. J. Appl. Polym. Sci. 1996, 62, 129 – 133.

[117] Kastelan-Kunst, L.; Dananic, V.; Kunst, B.; Kosutic, K. Preparation and Porosity of Cellulose Triacetate Reverse Osmosis Membranes. J. Membr. Sci. 1996, 109, 223 – 230.

[118] Shieh, J.-J.; Chung, T. S. Effect of Liquid-Liquid Demixing on the Membrane Morphology, Gas Permeation, Thermal and Mechanical Properties of Cellulose Acetate Hollow Fibers. J. Membr. Sci. 1998, 140, 67 – 79.

[119] Pintaric, B.; Rogosic, M.; Mencer, H. J. Dilute Solution Properties of Cellulose Diacetate in Mixed Solvents. J. Mol. Liq. 2000, 85, 331 – 350.

[120] Stamatialis, D. F.; Dias, C. R.; De, P. M. N. Structure and Permeation Properties of Cellulose Esters Asymmetric Membranes. Biomacromolecules 2000, 1, 564 – 570.

[121] Edgar, K. J.; Buchanan, C. M.; Debenham, J. S.; Rundquist, P. A.; Seiler, B. D.; Shelton, M. C.; Tindall, D. Advances in Cellulose Ester Performance and Application. Prog. Polym. Sci. 2001, 26, 1605 – 1688.

[122] Cai, B.; Zhou, Y.; Gao, C. Modified Performance of Cellulose Triacetate Hollow Fiber Membrane. Desalination 2002, 146, 331 – 336.

[123] Idris, A.; Ismail, A. F.; Noordin, M. Y.; Shilton, S. J. Optimization of Cellulose Acetate Hollow Fiber Reverse Osmosis Membrane Production Using Taguchi Method. J. Membr. Sci. 2002, 205, 223 – 237.

[124] Lin, S. Y.; Lin, K. H.; Li, M. J. Influence of Excipients, Drugs, and Osmotic Agent in the Inner Core on the Time-Controlled Disintegration of Compression-Coated Ethylcellulose Tablets. J. Pharm. Sci. 2002, 91, 2040 – 2046.

[125] Cai, B.; Nguyen, Q. T.; Valleton, J. M.; Gao, C. In Situ Reparation of Defects on the Skin Layer of Reverse Osmosis Cellulose Ester Membranes for Pervaporation Purposes. J. Membr. Sci. 2003, 216, 165 – 175.

[126] Matsuyama, H.; Ohga, K.; Maki, T.; Tearamoto, M.; Nakatsuka, S. Porous Cellulose Acetate Membrane Prepared by Phase Separation. J. Appl. Polym. Sci. 2003, 89, 3951 – 3955.

[127] Duarte, A. P.; Cidade, M. T.; Bordado, J. C. Cellulose Acetate Reverse Osmosis Membranes: Optimization of the Composition. J. Appl. Polym. Sci. 2006, 100, 4052 – 4058.

[128] Liu, C.; Bai, R. Preparing Highly Porous Chitosan/Cellulose Acetate Blend Hollow Fibers as Adsorptive Membranes: Effect of Polymer Concentrations and Coagulant Compositions. J. Membr. Sci. 2006, 279, 336 – 346.

[129] Choi, J.-H.; Fukushi, K.; Yamamoto, K. A Submerged Nanofiltration Membrane Bioreactor for Domestic Wastewater Treatment: The Performance of Cellulose Acetate Nanofiltration Membranes for Long-Term Operation. Sep. Purif. Technol. 2007, 52, 470–477.

[130] Duarte, A. P.; Bordado, J. C.; Cidade, M. T. Cellulose Acetate Reverse Osmosis Membranes: Optimization of Preparation Parameters. J. Appl. Polym. Sci. 2007, 103, 134–139.

[131] Rahimpour, A.; Madaeni, S. S. Polyethersulfone (PES)/Cellulose Acetate Phthalate (CAP) Blend Ultrafiltration Membranes: Preparation, Morphology, Performance and Antifouling Properties. J. Membr. Sci. 2007, 305, 299–312.

[132] Chen, W.; Su, Y.; Zhang, L.; Shi, Q.; Peng, J.; Jiang, Z. In Situ Generated Silica Nanoparticles as Pore-Forming Agent for Enhanced Permeability of Cellulose Acetate Membranes. J. Membr. Sci. 2009, 348, 75–83.

[133] Nguyen, T. P. N.; Yun, E. T.; Kim, I. C.; Kwon, Y. N. Preparation of Cellulose Triacetate/Cellulose Acetate (CTA/CA) – Based Membranes for Forward Osmosis. J. Membr. Sci. 2013, 433, 49–59.

[134] Li, G.; Li, X. M.; He, T.; Jiang, B.; Gao, C. J. Cellulose Triacetate Forward Osmosis Membranes: Preparation and Characterization. Desalin. Water Treat. 2013, 51, 2656–2665.

[135] Jin, H. Y.; Huang, Y. B.; Wang, X.; Yu, P.; Luo, Y. B. Preparation of Modified Cellulose Acetate Membranes Using Functionalized Multi-Walled Carbon Nanotubes for Forward Osmosis. Desalin. Water Treat. 2016, 57, 7166–7174.

[136] Sairam, M.; Sereewatthanawut, E.; Li, K.; Bismarck, A.; Livingston, A. G. Method for the Preparation of Cellulose Acetate Flat Sheet Composite Membranes for Forward Osmosis-Desalination Using $MgSO_4$ Draw Solution. Desalination 2011, 273, 299–307.

[137] Zhang, S.; Wang, K. Y.; Chung, T. S.; Jean, Y. C.; Chen, H. M. Molecular Design of the Cellulose Ester-Based Forward Osmosis Membranes for Desalination. Chem. Eng. Sci. 2011, 66, 2008–2018.

[138] Lu, P.; Gao, Y. S.; Umar, A.; Zhou, T. T.; Wang, J. Y.; Zhang, Z.; Huang, L.; Wang, Q. Recent Advances in Cellulose – Based Forward Osmosis Membrane. Sci. Adv. Mater. 2015, 7, 2182–2192.

[139] Xing, D. Y.; Dong, W. Y.; Chung, T. S. Effects of Different Ionic Liquids as Green Solvents on the Formation and Ultrafiltration Performance of CA Hollow Fiber Membranes. Ind. Eng. Chem. Res. 2016, 55, 7505–7513.

[140] Xing, D. Y.; Peng, N.; Chung, T. S. Formation of Cellulose Acetate Membranes via Phase Inversion Using Ionic Liquid, BMIM SCN, as the Solvent. Ind. Eng. Chem. Res. 2010, 49, 8761–8769.

[141] Chen, G.; Wang, Z.; Li, X.-M.; Song, J.; Zhao, B.; Phuntsho, S.; Shon, H.

K. ; He, T. Concentrating Underground Brine by FO Process: Influence of Membrane Types and Spacer on Membrane Scaling. Chem. Eng. J. 2016, 285, 92 – 100.

[142] Wittbecker, E. L. ; Morgan, P. W. Interfacial Polycondensation. J. Polym. Sci. A Polym. Chem. 1959, 34, 521 – 529.

[143] Cadotte, J. E. ; King, R. S. ; Majerle, R. J. ; Petersen, R. J. Interfacial Synthesis in the Preparation of Reverse-Osmosis Membranes. J. Macromol. Sci. -Chem. 1981, A15, 727 – 755.

[144] Cadotte, J. E. ; Interfacially Synthesized Reverse Osmosis Membrane. FilmTec Coporation, 1981.

[145] Veríssimo, S. ; Peinemann, K. V. ; Bordado, J. Thin-Film Composite Hollow Fiber Membranes: An Optimized Manufacturing Method. J. Membr. Sci. 2005, 264, 48 – 55.

[146] Petersen, R. J. Composite Reverse Osmosis and Nanofiltration Membranes. J. Membr. Sci. 1993, 83, 81 – 150.

[147] Ghosh, A. K. ; Jeong, B. -H. ; Huang, X. ; Hoek, E. M. V. Impacts of Reaction and Curing Conditions on Polyamide Composite Reverse Osmosis Membrane Properties. J. Membr. Sci. 2008, 311, 34 – 45.

[148] Ghosh, A. K. ; Hoek, E. M. V. Impacts of Support Membrane Structure and Chemistry on Polyamide-Polysulfone Interfacial Composite Membranes. J. Membr. Sci. 2009, 336, 140 – 148.

[149] Tiraferri, A. ; Yip, N. Y. ; Phillip, W. A. ; Schiffman, J. D. ; Elimelech, M. Relating Performance of Thin-Film Composite Forward Osmosis Membranes to Support Layer Formation and Structure. J. Membr. Sci. 2011, 367, 340 – 352.

[150] Widjojo, N. ; Chung, T. S. ; Weber, M. ; Maletzko, C. ; Warzelhan, V. The Role of Sulphonated Polymer and Macrovoid-Free Structure in the Support Layer for Thin-Film Composite (TFC) Forward Osmosis (FO) Membranes. J. Membr. Sci. 2011, 383, 214 – 223.

[151] Widjojo, N. ; Chung, T. S. ; Weber, M. ; Maletzko, C. ; Warzelhan, V. A Sulfonated Polyphenylenesulfone (sPPSU) as the Supporting Substrate in Thin Film Composite (TFC) Membranes With Enhanced Performance for Forward Osmosis (FO). Chem. Eng. J. 2013, 220, 15 – 23.

[152] Han, G. ; Chung, T. S. ; Toriida, M. ; Tamai, S. Thin-Film Composite Forward Osmosis Membranes With Novel Hydrophilic Supports for Desalination. J. Membr. Sci. 2012, 423, 543 – 555.

[153] Liu, X. ; Ng, H. Y. Double-Blade Casting Technique for Optimizing Substrate Membrane in Thin-Film Composite Forward Osmosis Membrane Fabrication. J. Membr. Sci. 2014, 469, 112 – 126.

[154] Huang, L. ; McCutcheon, J. R. Hydrophilic Nylon 6,6 Nanofibers Supported Thin Film Composite Membranes for Engineered Osmosis. J. Membr. Sci. 2014, 457,

162-169.

[155] Ma, N.; Wei, J.; Qi, S.; Zhao, Y.; Gao, Y.; Tang, C. Y. Nanocomposite Substrates for Controlling Internal Concentration Polarization in Forward Osmosis Membranes. J. Membr. Sci. 2013, 441, 54-62.

[156] Han, G.; Chung, T.-S.; Toriida, M.; Tamai, S. Thin-Film Composite Forward Osmosis Membranes With Novel Hydrophilic Supports for Desalination. J. Membr. Sci. 2012, 423-424, 543-555.

[157] Wang, K. Y.; Chung, T.-S.; Amy, G. Developing Thin-Film-Composite Forward Osmosis Membranes on the PES/SPSf Substrate Through Interfacial Polymerization. AICHE J. 2012, 58, 770-781.

[158] Wei, J.; Li, Y.; Setiawan, L.; Wang, R. Influence of Macromolecular Additive on Reinforced Flat-Sheet Thin Film Composite Pressure-Retarded Osmosis Membranes. J. Membr. Sci. 2016, 511, 54-64.

[159] Wang, Y. Q.; Ou, R. W.; Wang, H. T.; Xu, T. W. Graphene Oxide Modified Graphitic Carbon Nitride as a Modifier for Thin Film Composite Forward Osmosis Membrane. J. Membr. Sci. 2015, 475, 281-289.

[160] Park, M. J.; Phuntsho, S.; He, T.; Nisola, G. M.; Tijing, L. D.; Li, X. M.; Chen, G.; Chung, W. J.; Shon, H. K. Graphene Oxide Incorporated Polysulfone Substrate for the Fabrication of Flat-Sheet Thin-Film Composite Forward Osmosis Membranes. J. Membr. Sci. 2015, 493, 496-507.

[161] Qin, D. T.; Liu, Z. Y.; Sun, D.; Song, X. X.; Bai, H. W. A New Nanocomposite Forward Osmosis Membrane Custom-Designed for Treating Shale Gas Wastewater. Sci. Rep. 2015, 5.

[162] Mi, B. X. Graphene Oxide Membranes for Ionic and Molecular Sieving. Science 2014, 343, 740-742.

[163] Ong, R. C.; Chung, T. S.; de Wit, J. S.; Helmer, B. J. Novel Cellulose Ester Substrates for High Performance Flat-Sheet Thin-Film Composite (TFC) Forward Osmosis (FO) Membranes. J. Membr. Sci. 2015, 473, 63-71.

[164] Alsvik, I. L.; Zodrow, K. R.; Elimelech, M.; Hagg, M. B. Polyamide Formation on a Cellulose Triacetate Support for Osmotic Membranes: Effect of Linking Molecules on Membrane Performance. Desalination 2013, 312, 2-9.

[165] Tiraferri, A.; Kang, Y.; Giannelis, E. P.; Elimelech, M. Highly Hydrophilic Thin-Film Composite Forward Osmosis Membranes Functionalized With Surface-Tailored Nanoparticles. ACS Appl. Mater. Interfaces 2012, 4, 5044-5053.

[166] Tiraferri, A.; Kang, Y.; Giannelis, E. P.; Elimelech, M. Superhydrophilic Thin-Film Composite Forward Osmosis Membranes for Organic Fouling Control: Fouling Behavior and Antifouling Mechanisms. Environ. Sci. Technol. 2012, 46, 11135-11144.

[167] Hegab, H. M.; ElMekawy, A.; Barclay, T. G.; Michelmore, A.; Zou, L. D.;

Saint, C. P.; Ginic-Markovic, M. Fine-Tuning the Surface of Forward Osmosis Membranes via Grafting Graphene Oxide: Performance Patterns and Biofouling Propensity. ACS Appl. Mater. Interfaces 2015, 7, 18004–18016.

[168] Perreault, F.; Jaramillo, H.; Xie, M.; Ude, M.; Nghiem, L. D.; Elimelech, M. Biofouling Mitigation in Forward Osmosis Using Graphene Oxide Functionalized Thin-Film Composite Membranes. Environ. Sci. Technol. 2016, 50, 5840–5848.

[169] Xiong, S.; Zuo, J.; Ma, Y. G.; Liu, L.; Wu, H.; Wang, Y. Novel Thin Film Composite Forward Osmosis Membrane of Enhanced Water Flux and Anti-Fouling Property With N-[3-(Trimethoxysilyl) Propyl] Ethylenediamine Incorporated. J. Membr. Sci. 2016, 520, 400–414.

[170] Soroush, A.; Ma, W.; Silvino, Y.; Rahaman, M. S. Surface Modification of Thin Film Composite Forward Osmosis Membrane by Silver-Decorated Graphene-Oxide Nanosheets. Environ. Sci. – Nano 2015, 2, 395–405.

[171] Li, X. S.; Chou, S. R.; Wang, R.; Shi, L.; Fang, W. X.; Chaitra, G.; Tang, C. Y. Y.; Torres, J.; Hu, X.; Fane, A. G. Nature Gives the Best Solution for Desalination: Aquaporin-Based Hollow Fiber Composite Membrane With Superior Performance. J. Membr. Sci. 2015, 494, 68–77.

[172] Wang, H. L.; Chung, T. S.; Tong, Y. W.; Jeyaseelan, K.; Armugam, A.; Chen, Z. C.; Hong, M. H.; Meier, W. Highly Permeable and Selective Pore-Spanning Biomimetic Membrane Embedded With Aquaporin Z. Small 2012, 8, 1185–1190.

[173] Ding, W. D.; Cai, J.; Yu, Z. Y.; Wang, Q. H.; Xu, Z. N.; Wang, Z. N.; Gao, C. J. Fabrication of an Aquaporin-Based Forward Osmosis Membrane Through Covalent Bonding of a Lipid Bilayer to a Microporous Support. J. Mater. Chem. A 2015, 3, 20118–20126.

[174] Sun, G. F.; Chung, T. S.; Chen, N. P.; Lu, X. M.; Zhao, Q. P. Highly Permeable Aquaporin-Embedded Biomimetic Membranes Featuring a Magnetic-Aided Approach. RSC Adv. 2013, 3, 9178–9184.

[175] Wang, H. L.; Chung, T. S.; Tong, Y. W. Study on Water Transport Through a Mechanically Robust Aquaporin Z Biomimetic Membrane. J. Membr. Sci. 2013, 445, 47–52.

[176] Xie, W. Y.; He, F.; Wang, B. F.; Chung, T. S.; Jeyaseelan, K.; Armugam, A.; Tong, Y. W. An Aquaporin-Based Vesicle-Embedded Polymeric Membrane for Low Energy Water Filtration. J. Mater. Chem. A 2013, 1, 7592–7600.

[177] Qi, S. R.; Qiu, C. Q.; Zhao, Y.; Tang, C. Y. Y. Double – Skinned Forward Osmosis Membranes Based on Layer-by-Layer Assembly-FO Performance and Fouling Behavior. J. Membr. Sci. 2012, 405, 20–29.

[178] Luo, L.; Zhou, Z. Z.; Chung, T. S.; Weber, M.; Staudt, C.; Maletzko, C. Experiments and Modeling of Boric Acid Permeation Through Double-Skinned Forward

Osmosis Membranes. Environ. Sci. Technol. 2016, 50, 7696 – 7705.

[179] Song, X. J.; Wang, L.; Tang, C. Y.; Wang, Z. N.; Gao, C. J. Fabrication of Carbon Nanotubes Incorporated Double-Skinned Thin Film Nanocomposite Membranes for Enhanced Separation Performance and Antifouling Capability in Forward Osmosis Process. Desalination 2015, 369, 1 – 9.

[180] Tang, C. Y. Y.; She, Q. H.; Lay, W. C. L.; Wang, R.; Field, R.; Fane, A. G. Modeling Double-Skinned FO Membranes. Desalination 2011, 283, 178 – 186.

[181] Wang, K. Y.; Ong, R. C.; Chung, T. S. Double-Skinned Forward Osmosis Membranes for Reducing Internal Concentration Polarization Within the Porous Sublayer. Ind. Eng. Chem. Res. 2010, 49, 4824 – 4831.

[182] Su, J. C.; Chung, T. S.; Helmer, B. J.; de Wit, J. S. Enhanced Double-Skinned FO Membranes With Inner Dense Layer for Wastewater Treatment and Macromolecule Recycle Using Sucrose as Draw Solute. J. Membr. Sci. 2012, 396, 92 – 100.

[183] Wei, R.; Zhang, S.; Cui, Y.; Ong, R. C.; Chung, T. S.; Helmer, B. J.; de Wit, J. S. Highly Permeable Forward Osmosis (FO) Membranes for High Osmotic Pressure But Viscous Draw Solutes. J. Membr. Sci. 2015, 496, 132 – 141.

[184] Ahmadiannamini, P.; Bruening, M. L.; Tarabara, V. V. Sacrificial Polyelectrolyte Multilayer Coatings as an Approach to Membrane Fouling Control: Disassembly and Regeneration Mechanisms. J. Membr. Sci. 2015, 491, 149 – 158.

[185] Joseph, N.; Ahmadiannamini, P.; Hoogenboom, R.; Vankelecom, I. F. J. Layer-by-Layer Preparation of Polyelectrolyte Multilayer Membranes for Separation. Polym. Chem. 2014, 5, 1817 – 1831.

[186] Duong, P. H. H.; Zuo, J.; Chung, T. S. Highly Crosslinked Layer-by-Layer Polyelectrolyte FO Membranes: Understanding Effects of Salt Concentration and Deposition Time on FO Performance. J. Membr. Sci. 2013, 427, 411 – 421.

[187] Cui, Y.; Wang, H. L.; Wang, H.; Chung, T. S. Micro-Morphology and Formation of Layer-by-Layer Membranes and Their Performance in Osmotically Driven Processes. Chem. Eng. Sci. 2013, 101, 13 – 26.

[188] Liu, C.; Fang, W. X.; Chou, S. R.; Shi, L.; Fane, A. G.; Wang, R. Fabrication of Layer-by-Layer Assembled FO Hollow Fiber Membranes and Their Performances Using low Concentration Draw Solutions. Desalination 2013, 308, 147 – 153.

[189] Liu, X.; Qi, S. R.; Li, Y.; Yang, L.; Cao, B.; Tang, C. Y. Y. Synthesis and Characterization of Novel Antibacterial Silver Nanocomposite Nanofiltration and Forward Osmosis Membranes Based on Layer-by-Layer Assembly. Water Res. 2013, 47, 3081 – 3092.

[190] Liu, C.; Shi, L.; Wang, R. Enhanced Hollow Fiber Membrane Performance via Semi-Dynamic Layer-by-Layer Polyelectrolyte Inner Surface Deposition for Nanofiltration and Forward Osmosis Applications. React. Funct. Polym. 2015, 86, 154 –

[191] Qiu, C. Q.; Qi, S. R.; Tang, C. Y. Y. Synthesis of High Flux Forward Osmosis Membranes by Chemically Crosslinked Layer-by-Layer Polyelectrolytes. J. Membr. Sci. 2011, 381, 74 – 80.

[192] Pardeshi, P.; Mungray, A. A. Synthesis, Characterization and Application of Novel High Flux FO Membrane by Layer-by-Layer Self-Assembled Polyelectrolyte. J. Membr. Sci. 2014, 453, 202 – 211.

[193] Xu, G. R.; Wang, S. H.; Zhao, H. L.; Wu, S. B.; Xu, J. M.; Li, L.; Liu, X. Y. Layer-by-Layer (LBL) Assembly Technology as Promising Strategy for Tailoring Pressure-Driven Desalination Membranes. J. Membr. Sci. 2015, 493, 428 – 443.

[194] Qi, S. R.; Li, W. Y.; Zhao, Y.; Ma, N.; Wei, J.; Chin, T. W.; Tang, C. Y. Y. Influence of the Properties of Layer-by-Layer Active Layers on Forward Osmosis Performance. J. Membr. Sci. 2012, 423, 536 – 542.

[195] Saren, Q.; Qiu, C. Q.; Tang, C. Y. Y. Synthesis and Characterization of Novel Forward Osmosis Membranes Based on Layer-by-Layer Assembly. Environ. Sci. Technol. 2011, 45, 5201 – 5208.

[196] Lajimi, R. H.; Ferjani, E.; Roudesli, M. S.; Deratani, A. Effect of LbL Surface Modification on Characteristics and Performances of Cellulose Acetate Nanofiltration Membranes. Desalination 2011, 266, 78-86.

[197] Su, B. W.; Wang, T. T.; Wang, Z. W.; Gao, X. L.; Gao, C. J. Preparation and Performance of Dynamic Layer-by-Layer PDADMAC/PSS Nanofiltration Membrane. J. Membr. Sci. 2012, 423, 324 – 331.

[198] Ishigami, T.; Amano, K.; Fujii, A.; Ohmukai, Y.; Kamio, E.; Maruyama, T.; Matsuyama, H. Fouling Reduction of Reverse Osmosis Membrane by Surface Modification via Layer-by-Layer Assembly. Sep. Purif. Technol. 2012, 99, 1 – 7.

[199] Zhang, P.; Qian, J. W.; Yang, Y.; An, Q. F.; Liu, X. Q.; Gui, Z. L. Polyelectrolyte Layer-by-Layer Self-Assembly Enhanced by Electric Field and Their Multilayer Membranes for Separating Isopropanol-Water Mixtures. J. Membr. Sci. 2008, 320, 73 – 77.

[200] Choi, J.; Sung, H.; Ko, Y.; Lee, S.; Choi, W.; Bang, J.; Cho, J. Layer-by-Layer Assembly of Inorganic Nanosheets and Polyelectrolytes for Reverse Osmosis Composite Membranes. J. Chem. Eng. Jpn. 2014, 47, 180 – 186.

[201] Chen, L.; Therien-Aubin, H.; Wong, M. C. Y.; Hoek, E. M. V.; Ober, C. K. Improved Antifouling Properties of Polymer Membranes Using a 'Layer-by-Layer' Mediated Method. J. Mater. Chem. B 2013, 1, 5651 – 5658.

[202] Fadhillah, F.; Zaidi, S. M. J.; Khan, Z.; Khaled, M. M.; Rahman, F.; Hammond, P. T. Development of Polyelectrolyte Multilayer Thin Film Composite Membrane for Water Desalination Application. Desalination 2013, 318, 19 – 24.

[203] Kaner, P.; Johnson, D. J.; Seker, E.; Hilal, N.; Altinkaya, S. A. Layer-by-Layer Surface Modification of Polyethersulfone Membranes Using Polyelectrolytes and AgCl/TiO_2 Xerogels. J. Membr. Sci. 2015, 493, 807–819.

[204] Ng, L. Y.; Mohammad, A. W.; Ng, C. Y.; Leo, C. P.; Rohani, R. Development of Nanofiltration Membrane With High Salt Selectivity and Performance Stability Using Polyelectrolyte Multilayers. Desalination 2014, 351, 19–26.

[205] Saeki, D.; Imanishi, M.; Ohmukai, Y.; Maruyama, T.; Matsuyama, H. Stabilization of Layer-by-Layer Assembled Nanofiltration Membranes by Crosslinking via Amide Bond Formation and Siloxane Bond Formation. J. Membr. Sci. 2013, 447, 128–133.

[206] Sanyal, O.; Liu, Z. G.; Yu, J.; Meharg, B. M.; Hong, J. S.; Liao, W.; Lee, I. Designing Fouling-Resistant Clay-Embedded Polyelectrolyte Multilayer Membranes for Wastewater Effluent Treatment. J. Membr. Sci. 2016, 512, 21–28.

[207] Sanyal, O.; Sommerfeld, A. N.; Lee, I. Design of Ultrathin Nanostructured Polyelectrolyte-Based Membranes With High Perchlorate Rejection and High Permeability. Sep. Purif. Technol. 2015, 145, 113–119.

[208] Escobar-Ferrand, L.; Li, D. Y.; Lee, D.; Durning, C. J. All-Nanoparticle Layer-by-Layer Surface Modification of Micro-and Ultrafiltration Membranes. Langmuir 2014, 30, 5545–5556.

[209] Choi, W.; Choi, J.; Bang, J.; Lee, J. H. Layer-by-Layer Assembly of Graphene Oxide Nanosheets on Polyamide Membranes for Durable Reverse-Osmosis Applications. ACS Appl. Mater. Interfaces 2013, 5, 12510–12519.

[210] Wang, L. Y.; Fang, M. Q.; Liu, J.; He, J.; Li, J. D.; Lei, J. D. Layer-by-Layer Fabrication of High-Performance Polyamide/ZIF-8 Nanocomposite Membrane for Nanofiltration Applications. ACS Appl. Mater. Interfaces 2015, 7, 24082–24093.

[211] Hu, M.; Zheng, S.; Mi, B. Organic Fouling of Graphene Oxide Membranes and Its Implications for Membrane Fouling Control in Engineered Osmosis. Environ. Sci. Technol. 2016, 50, 685–693.

[212] Qi, S.; Li, Y.; Zhao, Y.; Li, W.; Tang, C. Y. Highly Efficient Forward Osmosis Based on Porous Membranes—Applications and Implications. Environ. Sci. Technol. 2015, 49, 4690–4695.

[213] Setiawan, L.; Wang, R.; Li, K.; Fane, A. G. Fabrication of Novel Poly(Amide-Imide) Forward Osmosis Hollow Fiber Membranes With a Positively Charged Nanofiltration-Like Selective Layer. J. Membr. Sci. 2011, 369, 196–205.

[214] Setiawan, L.; Wang, R.; Li, K.; Fane, A. G. Fabrication and Characterization of Forward Osmosis Hollow Fiber Membranes With Antifouling NF-Like Selective Layer. J. Membr. Sci. 2012, 394–395, 80–88.

[215] Fu, F. J.; Zhang, S.; Sun, S. P.; Wang, K. Y.; Chung, T. S. POSS-Contai-

ning Delamination-Free Dual-Layer Hollow Fiber Membranes for Forward Osmosis and Osmotic Power Generation. J. Membr. Sci. 2013, 443, 144 – 155.

[216] Yang, Q.; Wang, K. Y.; Chung, T. S. A Novel Dual-Layer Forward Osmosis Membrane for Protein Enrichment and Concentration. Sep. Purif. Technol. 2009, 69, 269 – 274.

[217] Werber, J. R.; Osuji, C. O.; Elimelech, M. Materials for Next-Generation Desalination and Water Purification Membranes. Nat. Rev. Mater. 2016, 1, 16018.

[218] Gai, J. G.; Gong, X. L. Zero Internal Concentration Polarization FO Membrane: Functionalized Graphene. J. Mater. Chem. A 2014, 2, 425 – 429.

[219] Li, H.; Song, Z. N.; Zhang, X. J.; Huang, Y.; Li, S. G.; Mao, Y. T.; Ploehn, H. J.; Bao, Y.; Yu, M. Ultrathin Molecular-Sieving Graphene Oxide Membranes for Selective Hydrogen Separation. Science 2013, 342, 95 – 98.

[220] Nair, R. R.; Wu, H. A.; Jayaram, P. N.; Grigorieva, I. V.; Geim, A. K. Unimpeded Permeation of Water Through Helium-Leak-Tight Graphene-Based Membranes. Science 2012, 335, 442 – 444.

[221] Liu, H. Y.; Wang, H. T.; Zhang, X. W. Facile Fabrication of Freestanding Ultrathin Reduced Graphene Oxide Membranes for Water Purification. Adv. Mater. 2015, 27, 249 – 254.

[222] Heiranian, M.; Farimani, A. B.; Aluru, N. R. Water Desalination With a Single-Layer MoS_2 Nanopore. Nat. Commun. 2015, 6, 8616.

[223] Zhou, X.; Liu, G.; Yamato, K.; Shen, Y.; Cheng, R.; Wei, X.; Bai, W.; Gao, Y.; Li, H.; Liu, Y.; Liu, F.; Czajkowsky, D. M.; Wang, J.; Dabney, M. J.; Cai, Z.; Hu, J.; Bright, F. V.; He, L.; Zeng, X. C.; Shao, Z.; Gong, B. Self-Assembling Subnanometer Pores With Unusual Mass-Transport Properties. Nat. Commun. 2012, 3, 949.

[224] Gong, B.; Shao, Z. F. Self-Assembling Organic Nanotubes With Precisely Defined, Sub-Nanometer Pores: Formation and Mass Transport Characteristics. Acc. Chem. Res. 2013, 46, 2856 – 2866.

[225] Ahmed, F.; Lalia, B. S.; Kochkodan, V.; Hilal, N.; Hashaikeh, R. Electrically Conductive Polymeric Membranes for Fouling Prevention and Detection: A Review. Desalination 2016, 391, 1 – 15.

[226] Gule, N. P.; Begum, N. M.; Klumperman, B. Advances in Biofouling Mitigation: A Review. Crit. Rev. Environ. Sci. Technol. 2016, 46, 535 – 555.

[227] Jamaly, S.; Darwish, N. N.; Ahmed, I.; Hasan, S. W. A Short Review on Reverse Osmosis Pretreatment Technologies. Desalination 2014, 354, 30 – 38.

[228] Jhaveri, J. H.; Murthy, Z. V. P. A Comprehensive Review on Anti-Fouling Nanocomposite Membranes for Pressure Driven Membrane Separation Processes. Desalination 2016, 379, 137 – 154.

[229] Lalia, B. S.; Kochkodan, V.; Hashaikeh, R.; Hilal, N. A Review on Membrane

Fabrication: Structure, Properties and Performance Relationship. Desalination 2013, 326, 77 – 95.

[230] Lin, H. J.; Peng, W.; Zhang, M. J.; Chen, J. R.; Hong, H. C.; Zhang, Y. A Review on Anaerobic Membrane Bioreactors: Applications, Membrane Fouling and Future Perspectives. Desalination 2013, 314, 169 – 188.

[231] Padaki, M.; Murali, R. S.; Abdullah, M. S.; Misdan, N.; Moslehyani, A.; Kassim, M. A.; Hilal, N.; Ismail, A. F. Membrane Technology Enhancement in Oil-Water Separation. A Review. Desalination 2015, 357, 197 – 207.

[232] Qasim, M.; Darwish, N. A.; Sarp, S.; Hilal, N. Water Desalination by Forward (Direct) Osmosis Phenomenon: A Comprehensive Review. Desalination 2015, 374, 47 – 69.

[233] She, Q. H.; Wang, R.; Fane, A. G.; Tang, C. Y. Y. Membrane Fouling in Osmotically Driven Membrane Processes: A Review. J. Membr. Sci. 2016, 499, 201 – 233.

[234] Thamaraiselvan, C.; Noel, M. Membrane Processes for Dye Wastewater Treatment: Recent Progress in Fouling Control. Crit. Rev. Environ. Sci. Technol. 2015, 45, 1007 – 1040.

[235] Tijing, L. D.; Woo, Y. C.; Choi, J. S.; Lee, S.; Kim, S. H.; Shon, H. K. Fouling and Its Control in Membrane Distillation—A Review. J. Membr. Sci. 2015, 475, 215 – 244.

[236] Wang, X. H.; Chang, V. W. C.; Tang, C. Y. Y. Osmotic Membrane Bioreactor (OMBR) Technology for Wastewater Treatment and Reclamation: Advances, Challenges, and Prospects for the Future. J. Membr. Sci. 2016, 504, 113 – 132.

[237] Wang, Z. W.; Ma, J. X.; Tang, C. Y. Y.; Kimura, K.; Wang, Q. Y.; Han, X. M. Membrane Cleaning in Membrane Bioreactors: A Review. J. Membr. Sci. 2014, 468, 276 – 307.

[238] Warsinger, D. M.; Swarninathan, J.; Guillen-Burrieza, E.; Arafat, H. A.; Lienhard, J. H. Scaling and Fouling in Membrane Distillation for Desalination Applications: A Review. Desalination 2015, 356, 294 – 313.

[239] Herrlich, S.; Spieth, S.; Messner, S.; Zengerle, R. Osmotic Micropumps for Drug Delivery. Adv. Drug Deliv. Rev. 2012, 64, 1617 – 1627.

[240] Melchels, F. P.; Fehr, I.; Reitz, A. S.; Dunker, U.; Beagley, K. W.; Dargaville, T. R.; Hutmacher, D. W. Initial Design and Physical Characterization of a Polymeric Device for Osmosis-Driven Delayed Burst Delivery of Vaccines. Biotechnol. Bioeng. 2015, 112, 1927 – 1935.

[241] Wang, W. D.; Zhang, Y. T.; Esparra-Alvarado, M.; Wang, X. M.; Yang, H. W.; Xie, Y. F. Effects of pH and Temperature on Forward Osmosis Membrane Flux Using Rainwater as the Makeup for Cooling Water Dilution. Desalination 2014, 351, 70 – 76.

[242] Xie, M.; Zheng, M. X.; Cooper, P.; Price, W. E.; Nghiem, L. D.; Elimelech, M. Osmotic Dilution for Sustainable Greenwall Irrigation by Liquid Fertilizer: Performance and Implications. J. Membr. Sci. 2015, 494, 32-38.

[243] Cornelissen, E. R.; Harmsen, D.; de Korte, K. F.; Ruiken, C. J.; Qin, J.-J.; Oo, H.; Wessels, L. P. Membrane Fouling and Process Performance of Forward Osmosis Membranes on Activated Sludge. J. Membr. Sci. 2008, 319, 158-168.

[244] Cath, T. Y.; Gormly, S.; Beaudry, E. G.; Flynn, M. T.; Adams, V. D.; Childress, A. E. Membrane Contactor Processes for Wastewater Reclamation in Space: Part I. Direct Osmotic Concentration as Pretreatment for Reverse Osmosis. J. Membr. Sci. 2005, 257, 85-98.

[245] Cath, T. Y. Osmotically and Thermally Driven Membrane Processes for Enhancement of Water Recovery in Desalination Processes. Desalin. Water Treat. 2010, 15, 279-286.

[246] Wang, K. Y.; Teoh, M. M.; Nugroho, A.; Chung, T.-S. Integrated Forward Osmosis-Membrane Distillation (FO-MD) Hybrid System for the Concentration of Protein Solutions. Chem. Eng. Sci. 2011, 66, 2421-2430.

[247] Zhang, S.; Wang, P.; Fu, X.; Chung, T.-S. Sustainable Water Recovery from Oily Wastewater via Forward Osmosis-Membrane Distillation (FO-MD). Water Res. 2014, 52, 112-121.

[248] Ge, Q.; Han, G.; Chung, T.-S. Effective As(Ⅲ) Removal by a Multi-Charged Hydroacid Complex Draw Solute Facilitated Forward Osmosis-Membrane Distillation (FO-MD) Processes. Environ. Sci. Technol. 2016, 50, 2363-2370.

[249] Berkelaar, R. P.; Dietrich, E.; Kip, G. A. M.; Kooij, E. S.; Zandvliet, H. J. W.; Lohse, D. Exposing Nanobubble-Like Objects to a Degassed Environment. Soft Matter 2014, 10, 4947-4955.

[250] Zhao, S.; Zou, L. Effects of Working Temperature on Separation Performance, Membrane Scaling and Cleaning in Forward Osmosis Desalination. Desalination 2011, 278, 157-164.

[251] Zhao, Y.; Qiu, C.; Li, X.; Vararattanavech, A.; Shen, W.; Torres, J.; Hélix-Nielsen, C.; Wang, R.; Hu, X.; Fane, A. G.; Tang, C. Y. Synthesis of Robust and High-Performance Aquaporin-Based Biomimetic Membranes by Interfacial Polymerization-Membrane Preparation and RO Performance Characterization. J. Membr. Sci. 2012, 423-424, 422-428.

[252] Yangali-Quintanilla, V.; Li, Z.; Valladares, R.; Li, Q.; Amy, G. Indirect Desalination of Red Sea Water With Forward Osmosis and Low Pressure Reverse Osmosis for Water Reuse. Desalination 2011, 280, 160-166.

[253] Boo, C.; Elimelech, M.; Hong, S. Fouling Control in a Forward Osmosis Process Integrating Seawater Desalination and Wastewater Reclamation. J. Membr. Sci. 2013, 444, 148-156.

[254] Hickenbottom, K. L.; Hancock, N. T.; Hutchings, N. R.; Appleton, E. W.; Beaudry, E. G.; Xu, P.; Cath, T. Y. Forward Osmosis Treatment of Drilling Mud and Fracturing Wastewater from Oil and Gas Operations. Desalination 2013, 312, 60 – 66.

[255] Achilli, A.; Childress, A. E. Pressure Retarded Osmosis: From the Vision of Sidney Loeb to the First Prototype Installation—Review. Desalination 2010, 261, 205 – 211.

[256] Helfer, F.; Lemckert, C.; Anissimov, Y. G. Osmotic Power With Pressure Retarded Osmosis: Theory, Performance and Trends—A Review. J. Membr. Sci. 2014, 453, 337 – 358.

[257] Kim, J.; Jeong, K.; Park, M. J.; Shon, H. K.; Kim, J. H. Recent Advances in Osmotic Energy Generation via Pressure-Retarded Osmosis (PRO): A Review. Energies 2015, 8, 11821 – 11845.

[258] http://ritholtz.com/2016/08/estimated-u-s-energy-consumption-2015/.

[259] Logan, B. E.; Elimelech, M. Membrane-Based Processes for Sustainable Power Generation Using Water. Nature 2012, 488, 313 – 319.

[260] Yip, N. Y.; Elimelech, M. Thermodynamic and Energy Efficiency Analysis of Power Generation from Natural Salinity Gradients by Pressure Retarded Osmosis. Environ. Sci. Technol. 2012, 46, 5230 – 5239.

[261] Straub, A. P.; Deshmukh, A.; Elimelech, M. Pressure-Retarded Osmosis for Power Generation from Salinity Gradients: Is It Viable? Energy Environ. Sci. 2016, 9, 31 – 48.

第6章 聚合物气体分离膜

术语

本节中给出的大量定义与 IUPAC 建议相对应[226],也在"膜科学杂志"上发表[227]。

不对称膜:由两个或多个不同形态的结构平面构成的膜。并流通过膜组件的流动模式中,膜的上游侧和下游侧的流体平行于膜表面并且在与膜表面相同的方向上移动。

压实:因其厚度上的压力差而导致的结构压缩。

完全混合:流动通过膜组件的流动模式,其中膜的上游和下游两侧的流体各自充分混合。

复合膜:一种具有化学或结构不同层的膜。

连续膜柱:一种膜组件,其布置方式允许类似于蒸馏塔的操作,每个模块用作一个级。

逆流流动:通过膜组件的流动模式,其中膜的上游和下游侧的流体移动与膜表面平行,并且在相反方向上。

错流流动:通过膜组件的流动模式,其中膜上游侧的流体平行于膜表面移动,并且膜下游侧的流体在垂直于膜表面的方向上远离膜移动。

致密(无孔)膜:无法检测到孔的膜。

扩散:分子(或粒子)从高浓度区域到给定体积中的低浓度区域的运动。

浓度梯度:扩散是一个自发过程,导致分子的统计随机运动。

弹性体(橡胶态):聚合物在高于玻璃化转变温度的环境中的物质状态。

通量:每单位时间通过垂直于厚度方向的膜表面积单位的特定组分的摩尔数、体积或质量。

玻璃态:当置于低于其玻璃化转变温度的环境中时聚合物的物质状态。

玻璃化转变温度:对应于二阶相变的温度,在该阶段,无定形固体如玻璃或聚合物在冷却时变脆,或在加热时变软。

均质膜:一种膜,在整个厚度范围内具有基本相同的结构和传输性能。

理想分离因子(选择性):一个参数,定义为组分 A 的渗透系数与组分 B 的渗透系数的比值,并且等于在下游膜面存在的完全真空的分离因子。

等温(Isothermal):系统温度保持恒定的过程。

液体膜:液相以支撑或未支撑的形式存在,用作两相之间的膜屏障。

膜:一种横向尺寸远大于其厚度的结构,通过该结构可在各种驱动力下发生质量传递。

模块:一个组件,包含一个或多个膜,以分离进料、渗透物。

渗透剂：来自与穿过膜的一个膜表面接触的相的实体。

渗透能力（系数）：一个参数，定义为每单位膜厚度、每单位跨膜驱动力的传输流量。

渗透率：每单位跨膜驱动力的传输流量。

渗透：含有渗透剂的流离开膜组件。

压力比：无量纲参数，定义为气体渗透模块中总下游与上游（或上游至下游）压力的比率。

回收率（相对值或比率）：在有用产品中收集的组分的物质量除以进入该过程的该组分的物质量（有用产品可以是保留的物质即保留物，或渗透物质即渗透物）。

渗余物：含渗透剂的物流离开膜组件而不通过膜到达下游。

分离因子：A 组分的比例。渗透物中组分 A 和 B 的含量相对于渗余物中这些组分的组成比。

吸附（分配）系数：该参数等于膜中组分的平衡浓度除以与膜表面接触的外相中的分压。

溶解扩散（吸附-扩散）：一种分子级别的过程，其中渗透剂从外相吸附到上游膜面，通过膜中的分子扩散移动到下游面，并通过与外部相接触的外相离开膜。

总回收率：一个参数，定义为进入作为渗透物穿过膜的膜组件的总进料的分数。

稳定状态：当所有状态变量保持不变且没有观察到时间依赖性时系统的状态。

6.1 概 述

6.1.1 历史概述

关于通过聚合物输送气体的第一项研究通常归功于托马斯·格雷厄姆（Thomas Graham）。托马斯·格雷厄姆于 1829 年观察到，当猪膀胱放置在二氧化碳气氛中时，会出现膨胀现象。[1]两年后，米切尔报道了当填充十种不同气体时小橡胶气球坍塌率不同[2]，并正确地将二氧化碳的高渗透率与其高溶解度联系在一起。[3]然而，现代膜科学的基础可以追溯到 1866 年，随着格雷厄姆再次出版了一篇论文[4]，橡胶膜首次被描述为类体气体渗透过程遵循溶解扩散机制，这可以视为当今分析致密聚合物传质现象的基石。此外，气体流量显示随着膜厚度的减少而增加，但是分离选择性不受影响。格雷厄姆还指出，当温度升高时，气体渗透性增加，溶解度降低。从实际的角度看，格雷厄姆还展示了通过天然橡胶薄膜实现空气富氧的可能性。图 6.1 所示为格雷厄姆通过天然橡胶对气体渗透过程进行早期研究的仪器。

这种对气体分离的半透膜（后来由 van't Hoff[5] 提出的名称）的第一次发现确实是有远见的，正是当前工业应用的聚合物膜。

尽管如此，格雷厄姆所设想的应用花费了一个多世纪才成为现实。实际上，聚合物分离膜的第一次大规模工业应用始于 1980 年 Permea 公司的 Prism 氢气分离膜。[6]同时，唯一但令人印象深刻的是使用非聚合物膜进行气体分离，即通过微孔金属膜分离同位素,其作为曼哈顿项目的一部分,始于1943年,并且在全世界范围内建造了几座规模巨大的工厂用于这类特殊的分离体系。

事实上,为使聚合物膜在工业中得到应用,必须克服几个主要瓶颈。需要高通量、无缺陷的材料,以及具有大表面积的膜组件。在这方面,从这个角度讲,1961年由Loeb和Sourirajan开发的用于反渗透的薄层非均质膜(又称具有完整皮层的非对称膜)的发展及20年后Monsoonto公司的Henis和Tripodi提出的阻力复合材料(又称填缝膜)这一革命性概念,可以视为两个决定性的里程碑[8]。Lonsdale[9]和Koros[10]已经报道了用于气体分离过程的聚合物膜材料开发的更详细的历史,这里将不再进一步讨论。

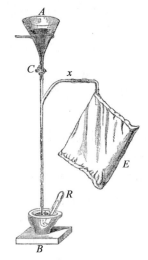

图6.1　格雷厄姆通过天然橡胶对气体渗透过程进行早期研究的仪器

可以说,由于材料科学、制造和工艺的不断改进,在过去的30年中,气体膜分离工艺已经被各种行业的许多专家逐步采用。最近聚合物气体分离膜的市场为每年1.5亿~2.3亿美元,年增长率为15%(即各种膜工艺中最大的[12])。目前,全世界有数千个带有致密聚合物膜的气体分离组件,大致可分为四个主要应用领域(图6.2)。

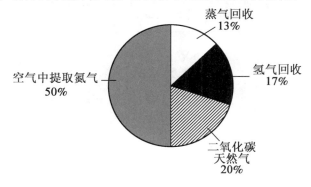

图6.2　膜气体分离2000年的市场份额

预计不久的将来会出现新的应用机会,开辟更多市场,本章的最后部分会进行讨论。

一般来说,聚合物气体分离膜已经在各种详尽的评论、教科书[13]和书籍章节[14]中被提到,主题包括材料科学方面[15,16]、科学工程[17]、工业现状[18,19],本章的目的是以集中和全面的形式对这些方面进行研究。

6.1.2 总体框架和关键参数

膜在分离领域中总是占据特殊的位置,因为它们不属于所谓的平衡分离过程,而平衡分离过程代表了绝大多数工业分离过程(如蒸馏、吸附、萃取等)。[20] 总的来说,可以提出两种类型的膜操作定义,以突出其与其他分离过程的差异。首先,膜分离可以根据结构来定义,如 Hwang 和 Kaµmermeyer 提出的定义[21]:"膜是介于两相之间的不连续区域。"其他学者也提出了不同的定义,以便突出膜分离过程的特定功能:"可以充当阻止传质的屏障,但允许特定的一种或多种物质通过的任何相都可以定义为膜。其可以是固体、液体甚至气体。当用作隔离两种溶液或相的屏障时,所有膜均可以用于分离操作,除非它们太脆弱或太多孔。"[22]

膜气体分离过程的关键操作原理要求非平衡状态。在下文将要展开的内容中,平衡时不会发生分离效应,并且与基于相平衡的过程相比,这代表了基本差异。从实用的观点来看,上游侧和下游侧之间渗透物质分压(或逸度)的差异是必要的。这种压力差将产生化学势驱动力,该驱动力将引起物质通过膜材料的渗透。由膜隔开的两个隔室之间的压力差在膜组件中实现。

膜气体分离几乎在稳态状态下系统地运行。此外,大量的应用是基于单级操作,这种情况与大多数其他分离过程有很大不同,其中级数是确定最优设计的关键问题。膜气体分离过程的示意图如图 6.3 所示。应该强调的是,虽然可以很容易地建立气态平衡,但是有效的设计主要取决于对传质表达式的精确了解及对条件(温度、压力、成分、速度等)的严格描述,这在给定的系统中占优势。在这方面,详细分析有关气体。通过致密聚合物的渗透现象的物理定律是至关重要的。这些将在下面讨论。

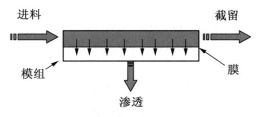

图 6.3 基本膜气体分离过程的示意图

6.2 聚合物中的气体传质机理

6.2.1 渗透概念

严格的通量计算模型的发展是传质(领域)的重要目标之一。传质模型的建立关键是解决驱动力问题。化学势 m_i 被一致认为是广义上用于给定物质传质的驱动力(i)。[23] 由 Guggenheim 引入的广义电化学势[24]表示为

$$\mu_i = \mu_{i,\text{ref}} + RT\ln a_i + \int_{P_{\text{ref}}}^{P} \bar{v}_i dp - \int_{T_{\text{ref}}}^{T} S_i dT + z_i F\Phi \tag{6.1}$$

跨膜的化学势差是发生渗透传质的必要条件。在气体渗透操作中,至少对于实验室规模的实验,通常假定等温过程(这一点将在后面讨论)。

此外,在以下将要解决的问题中没有应用电场,并且基于此,仅压力(p)和浓度(c_i),或者更一般地,活度($a_i = g_i \cdot c_i$)可能在化学势的变化中发挥作用。在聚合物气体分离膜内,只能提出三种不同的情况:没有压力梯度的浓度梯度、没有浓度梯度的压力梯度、压力和浓度梯度共存。

选择正确的假设显然是非常重要的,以便得出严格和有效的传质模型。对于致密聚合物,在 20 世纪 70 年代已经有大量研究关注这个主要问题。现在通常认为,对于气体或液体的致密聚合物渗透,通过膜时不存在压力梯度,并且膜内的压力等于上游压力(图 6.4)。[25]

对于机械支撑的膜(在实验室或工业中的绝大多数情况下),这种说法尤其正确。在这种情况下,在膜的下游侧,支撑体必须施加与上游侧气体所施加的压力相等且相反的压力。此外,通过使用橡胶膜的一系列实验,膜内浓度梯度的存在已得到证实。[27] 即使在用于气体[28]或液体[29]的渗透方面,仍然偶尔会提出在致密聚合物膜内存在压力梯度。因此,基于图 6.4 所示的情况可以容易地推导出扩散模型。在该阶段,考虑单组分渗透用于模型推导。

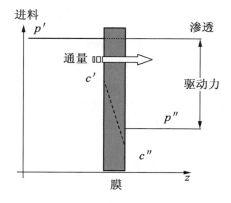

图 6.4 纯气态物质通过致密聚合物膜的稳态渗透示意图

溶解扩散模型的推导首先要求接受膜两侧局部平衡的假设。从实际观点来看,该假设对应于与膜内扩散时间相比小得多的吸附时间(上游侧)和解吸时间(下游侧)。显然,这个假设并不一定适用于所有系统。事实上,对于化学反应系统或极其薄的膜材料,其不太适用。化学反应系统用于液体膜,其中载体与渗透剂分子反应[30],或者通过金属膜渗透氢气。在后一种情况下,氢在吸附时解离,并且必须采用特定的渗透规律。[31]然而,对于致密的聚合物渗透,实验观察和界面平衡、扩散传质的特征时间的比较表明局部平衡假设在大多数情况下有效。由于膜内部的压力是恒定的,并且系统被认为是均匀的,因此不存在直接对流(体积流动),并且固定参考系 N_i 的稳态传质可以通过严格的扩散机制用菲克定律很好地表达,即

$$N_i \approx J_i = -D_i \frac{\partial c_i}{\partial z} \tag{6.2}$$

要注意式(6.2)严格假定反扩散过程的发生。对于高溶胀膜,必须对方程进行修正,以便考虑聚合物停滞对体积流量的贡献。[32]这个修正附加项可以根据渗透物吸附量的假设而忽略不计(即溶解在膜中的渗透剂的体积分数小于1%)。在渗透纯净渗透物的情况下,这种假设通常被认为是合理的,但不能被认为在系统上也有效。

气相中的渗透压(或逸度)与聚合物中相应的溶解度之间的平衡关系为

$$c_i = S_i p_i \tag{6.3}$$

式中,S 是吸附系数,可以通过实验确定或考虑相平衡来计算。用分压差表示稳定状态的渗透剂通过膜的通量更方便,这可以通过前两个方程的组合容易地实现。厚度为 z 的膜的积分为

$$J_i = \frac{1}{z}\int_{p_i''}^{p_i'} D_i S_i \mathrm{d}p_i \tag{6.4}$$

平均渗透系数可以定义为

$$\bar{p}_i = \frac{1}{p_i' - p_i''}\int_{p_i''}^{p_i'} D_i S_i \mathrm{d}p_i = \frac{J_i z}{p_i' - p_i''} \tag{6.5}$$

如果溶解系数 S 和扩散系数 D 可以被认为与压力无关,则有

$$J_i = \frac{p_i(p_i' - p_i'')}{z}, p_i = S_i D_i \tag{6.6}$$

式(6.6)可以认为是致密聚合物中气体渗透的主因,是最简单的情况。在其推导中使用的各种假设的条件有效下,该等式显示通过致密膜的给定气体或蒸汽(i)的稳态流量 i 与固有渗透系数、分压差 $p_i' - p_i''$ 成比例,并且与选择层 z 的有效厚度成反比。因此,膜材料中气体 i 的渗透速率可以看作压力和厚度标准化外通量。此外,它承担了特征传质系数的作用。它是两个不同参数即热力学参数(吸附系数 S)和动力学参数(扩散系数 D)的乘积。

对于使用聚合物进行气体分离,渗透速率单位常用 Barrer,它是以气体渗透率测量的先驱 R. M. Barrer 命名的。有关 R. M. Barrer 进行的研究可参考 Michaels 的评论。[33]一个 Barrer 代表 10^{-10} cm^3(STP)·cm·cm^{-2}·s^{-1}·cm^{-1} Hg,相当于 3.347×10^{-16} mol·m^{-1}·s^{-1}·Pa^{-1} (SI 单位)。从定量的角度来看,阻隔材料可以表现出低至 10^{-6} Barrer 的渗透系数。例如,在氧气透过玻璃态聚合物(干燥的聚乙烯醇)的情况下,据报道通过弹性体材料渗透

蒸汽的值高达 10^4 Barrer，因此可以涵盖十个数量级的气体或蒸汽通过聚合物渗透。如此广泛的范围在传质系数领域是很大的，并且它解释了几十年来在理解影响聚合物渗透性（P_i）的参数方面所做的大量努力。

工业规模的膜气体分离中涉及的主要化合物的物理化学特性总结在表 6.1 中，为说明目的，各种气体的一系列渗透速率数据见表 6.2。

在参考这两个表格时，可以观察到几种趋势，这些趋势可以视为聚合物气体分离的经验法则。

（1）虽然渗透系数的绝对值从一种聚合物到另一种聚合物变化很大，但在有限数量的气态物质中渗透速率的数量级仍然非常相似，可大致分为两类。

对于玻璃态聚合物（即 T_g > 环境温度，表 6.2），分离主要取决于渗透物的大小，并且经常观察到以下顺序：

$$H_2O > H_2 > He > CO_2 > O_2 > N_2 > CH_4 > C_3H_8$$

对于橡胶态聚合物（即 T_g < 环境温度，表 6.2），渗透物可冷凝性（如通过其沸腾温度 T_b 表示）是主要的控制因素。因此，水仍然是渗透速度最快的化合物，但其他化合物的顺序略有不同：

$$H_2O > C_3H_8 > CO_2 > CH_4 > H_2 > O_2 > He > N_2$$

表 6.1　室温条件下橡胶态和玻璃态聚合物的气体渗透系数

	玻璃化温度 $T_g/℃$	H_2O/Barrer	H_2/Barrer	He/Barrer	CO_2/Barrer	O_2/Barrer	N_2/Barrer	CH_4/Barrer
聚三甲基硅基丙炔（PTMSP）	~200	—	13 200	5 080	28 000	7 730	4 970	13 000
聚二甲基硅氧烷（PDMS）	-123	40 000	890	590	4 550	781	351	1 430
聚苯乙烯（Polystyrene）	95	970	23.8	22.4	12.4	2.9	0.52	0.78
醋酸纤维素（CA）	200	6000	8	16.0	4.75	0.82	0.15	0.15
聚砜（Polysulfone）[1]	190	2000	12.1	10.8	4.6	1.2	0.19	0.18
聚酰亚胺（Polyimide）[2]	>300	640	3.7	8.0	2.7	0.61	0.10	0.59
聚甲基丙烯酸甲酯（PMMA）	~110	638	2.4	8.4	0.62	0.14	0.02	0.005 2

[1] 双酚 A 型聚砜。
[2] PMDA-4,4'-ODA 型聚酰亚胺。

表 6.2　在聚合物气体分离研究或工业应用中最常研究的一系列气态化合物的物理化学性质

	T_b/K	T_c/K	兰纳-琼斯直径/Å	动力学直径/Å	兰纳-琼斯相互作用参数 e/K
He	4.3	5.3	2.55	2.69	10.2
H_2	20	33	2.89	2.89	60
O_2	90	155	3.46	3.46	107
CO	82	133	3.69	3.76	91.7
CH_4	112	191	3.76	3.87	149
N_2	77	126	3.80	3.64	71
CO_2	195	304	3.94	3.30	195
C_3H_8	231	370	5.12	4.30	237.1
H_2O	373	647	3.7	—	809.1

因此,聚合物的玻璃化转变温度在其气体渗透行为的分析中最重要。这一点将进一步详述,因为它对应于渗透机制的基本类型。更一般地,具有高渗透性的气体(如水)在逻辑上称为"快速气体",而其他气体称为"慢速渗透物"。就实际应用而言,当进料混合物含有快速和慢速气体时,分离过程会更容易。

(2)对于给定的渗透物,聚合物渗透率随着聚合物玻璃化转变温度(T_g)的降低而增加。与玻璃态材料相比,弹性材料显示出更高的渗透性。但应注意,此规则的特例并不罕见。特别是所谓的超渗透玻璃态聚合物(如表 6.1 中的 PTMSP)具有非常高的自由体积特性,所以有非常高的渗透性。[34]

基于此,可以直接分析用于气体分离应用的致密聚合物。然而,分离单元的合理设计需要更详细地理解操作变量(如压力和温度)对有效渗透率的作用。回到渗透率的定义,实现这一目标的最佳策略是单独分析溶解(热力学步骤)和扩散(动力学步骤)对单一化合物渗透的贡献。

6.2.2　平衡(溶解)特征

1. 橡胶态聚合物的吸附平衡

当充分利用热、机械和化学平衡的标准时,通常认为气体或蒸汽与流体相之间的平衡是可以实现的。后者非常重要,因为根据吉布斯的说法,它导致了系统各个阶段化学势均等的假设。用于膜应用的聚合物平衡的特殊情况,即在气相中不存在聚合物的事实,对应于所谓的渗透平衡。[35] 因此,唯一剩下的等式是系统两相中气态化合物的化学势。该等式代表等温分析或预测的基本表达式。从机理来看,气态物质在聚合物基质中的溶解可以由多种贡献产生,如吸附、吸收、并入微孔中及簇形成。通常提出术语溶解无差别地包涵这些机制,并且 S 值包括它们全部。

迄今为止,气体膜分离情况下最简单的平衡状态是永久气体在橡胶材料中的溶解。在这种情况下,膜材料可以认为是均匀的,并且可以容易地描述气体分子和基质之间的相互作用。与聚合物/聚合物相互作用相比,渗透剂/渗透剂和聚合物/渗透剂相互作用较弱,因此吸附系数 S 通常是恒定的,条件是气体逸度系数保持接近于 1,并且材料压缩性问题不显著。为预测气体在橡胶中的溶解度,已经有人提出了相关性,如图 6.5 所示,图中的线对应于 van Amerongen 提出的相关性数 $\log S = -2.1 + 0.012\ 3T_b$。并且为说明目的,一个例子如图 6.5 所示。

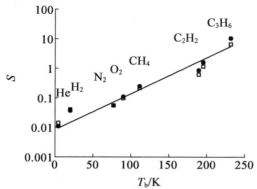

图 6.5 天然橡胶中一系列气体的吸附系数(S)与 25 ℃(圆圈)和 50 ℃(正方形)的沸腾温度(T_b)的函数关系

气体沸腾温度(T_b)是唯一考虑的参数。例如,其他方法将溶解度系数的对数与 Lennard–Jones 势阱深度或临界温度比相关联。[36]

从实际观点来看,线性吸附等温线(有时称为 1 型)得出

$$c = Sp \tag{6.7}$$

对于在低压(通常小于几 bar)下被橡胶态聚合物吸附的永久气体,预计会发生这种类型的行为。这种情况通常对应非常低的溶解度(体积分数中溶解气体 <0.2%)。弹性体中蒸汽的情况比气体中的蒸汽更复杂。在这种情况下,由 Flory[37] 和 Huggins 开发的热力学理论通常被认为提供了最佳框架。蒸汽活度(a)与膜材料中溶解度之间的平衡关系通过基质中的蒸汽体积分数(φ)表示,即

$$\ln a = \ln \varphi + (1-\varphi)\left(1 - \frac{\bar{v}}{\bar{v}_P}\right) + \chi(1-\varphi)^2 \tag{6.8}$$

$$\varphi = c \cdot \bar{v} \tag{6.9}$$

活度是逸度与纯化合物的逸度之比。如果逸度系数接近于可以通过相应的状态方法[38] 快速估算的情况,则表达式可以简化为系统温度下蒸汽压力与饱和蒸汽压力之比,即

$$a = \frac{f}{f_{sat}} \approx \frac{p}{p_{sat}} \tag{6.10}$$

此外,c 对应于膜中渗透剂的浓度(mol·m^{-3});v 对应于其部分摩尔体积(m^3·mol^{-1}),这通常被认为与相同温度下的纯液体的体积相同。

简单起见,通常忽略蒸汽和聚合物在膜中的部分摩尔体积比,并得到

$$\ln a = \ln \varphi + 1 - \varphi + \chi(1-\varphi)^2 \tag{6.11}$$

因此,如果已知聚合物–渗透剂相互作用参数 χ,则可以针对给定的活度直接计算蒸汽在膜中的溶解度。对于弱相互作用的物种,常规溶解理论可以被认为是可接受的,并

且可以通过溶解度参数估算相互作用参数，即

$$\chi \approx \frac{\bar{v}}{RT}(\delta - \delta_p)^2 \qquad (6.12)$$

式中，v 是渗透剂的部分摩尔体积；δ 和 δ_p 分别是渗透剂和聚合物的溶解度参数。由上述表达式生成的一系列曲线如图 6.6 所示。对于不同的相互作用参数值（χ），在平衡状态下聚合物膜中的溶质体积分数 φ_1 作为其在与膜接触的气相中的热力学活度（a）的函数。

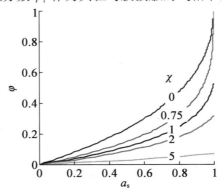

图 6.6　根据 Flory – Huggins 理论的吸附等温线

当 δ 和 δ_p 相同时，相互作用参数 χ 为零，渗透物在聚合物中显示出最大溶解度；否则，χ 为正，吸附程度随其变大而减小。应该注意，Flory – Huggins 方程没有考虑到可以提供机械强度以抵抗膨胀的聚合物网络的贡献。因此，在这种情况下，需要一个额外的术语，如 Flory 和 Rehner 最初提出的那样。[39] 这对于所谓的良好溶剂情况（即对于 $\chi < 0.5$）是重要的，Flory – Huggins 方程预测系统的总混溶性（即 $\varphi \to 1, a \to 1$）。该条件意味着聚合物在饱和蒸汽或纯液体中溶解的发生。实际上交联弹性体不是这种情况。

当关于聚合物/渗透物相互作用的常规溶液理论出现差异时，也可能出现复杂的情况。在这种情况下，通常会提出可变相互作用参数表达式（$\chi = f(\varphi)$）[40]，这种复杂性往往导致无法发展晶格理论的预测方法，如 Flory – Huggins 方法。[41] 一个特别重要的案例是渗透物/渗透物相互作用强于聚合物/渗透物相互作用。当使用 Flory – Huggins 模型获得实验数据时，吸附分子的缔合或聚集会导致相当大的差异。水，尤其是非极性聚合物中的水，是其典型的例子，其中通常形成非常稳定的氢键簇。在这种情况下，可以提出考虑聚集现象的可替代平衡模型。[42]

2. 玻璃态聚合物的吸附平衡

玻璃态聚合物中气体吸附平衡的特性迅速引起人们的注意[43]，并假设存在微孔，以解释遇到的非线性吸附等温线（图 6.7）。[44]

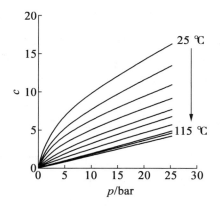

图 6.7　根据双膜理论,对于不同温度的玻璃态聚合物($T_g = 105$ ℃)中气体的吸附等温线

玻璃态聚合物中气体吸附等温线的温度变化:当温度升高时,气体溶解度降低,一旦温度超过聚合物的玻璃化转变温度(T_g),就可以观察到线性关系。

$T > T_g$ 的这种线性关系与上面详述的一致(当永久气体溶解在弹性体基质中时观察到线性等温线)。

1976 年,提出了一个基于两个不同的部分的简单而有效的模型以描述这种情况:亨利体系所描述聚合物中的经典溶解过程。[45]此外,Langmuir 机制用于描述玻璃态基质中的孔所起的作用。这种所谓的双模模型被证明可以对气体/玻璃态聚合物平衡问题进行一致和有效的解释。由双模吸附产生的溶解度等温线表示为

$$c = c_D + c_H = k_D p + \frac{c'_H b p}{1 + b p} \tag{6.13}$$

式中,c_D 对应于亨利溶解部分;c_H 对应于假定在微孔中发生的 Langmuir 吸附部分。

已经提出的用于溶解橡胶或玻璃态聚合物中的气体或蒸汽的经典模型的简要概述仅限于二元系统(即一种渗透剂和一种聚合物),并且讨论仅限于简单、容易处理的表达式。多组分平衡的更复杂的情况,如当二元气体混合物溶解在聚合物中时发生的情况,简单起见,通常视为两个二元气体/聚合物平衡的叠加。当然这种简单的方法会产生偏差,并且竞争或协同现象也会在不同的溶解物之间产生,竞争性位点吸附过程就典型地发生在玻璃态聚合物中。相反,当另一种更可冷凝的化合物以一定的体积分数溶解在聚合物基质中时,永久气体的溶解度也会显著增加。

上面给出的描述仅限于简单的机理模型。鉴于聚合物热力学领域的发展,更严格的方法如状态方程或计算技术(分子建模方法[46]),在解释或预测吸附系数值中发挥越来越重要的作用。对于玻璃态聚合物平衡的预测,非平衡晶格流体(NELF)模型似乎很有前景。[47]这些不同的内容超出了本章的范围,可以参考相关文献。

6.2.3　聚合物中的扩散:特性

1. 简述

在溶解扩散模型的推导中,扩散被认为是致密膜中唯一的传质机制。因此,单独扩

散系数与吸附系数相结合足以预测给定膜中的流量。相当多的研究致力于分析或预测聚合物中气体和蒸汽的扩散系数 D，用于包装、脱挥发分、色谱和膜分离等应用。起点始终以菲克方程为基础，与气体、液体或固体中的任何扩散情况相同。[48]

然而，聚合物扩散过程的特殊性和复杂性往往需要开发专用模型[49]。与吸附类似，弹性体中普遍存在的机制与玻璃态聚合物特有的机制之间存在差异。一般来说，前者显示与黏性液体的相似性，而后者更接近无定型固体。各种聚合物中一系列烷醇的扩散系数的演变如图 6.8 所示。

为了比较，添加了水中以及固体（ZSM 沸石）中的扩散系数。可以看出，聚合物中的扩散系数覆盖范围很广，从液体跨越到固体范围；对于给定的分子，当玻璃化转变温度升高时，扩散系数降低；对于给定的聚合物，当通过其图中摩尔体积表示的渗透剂尺寸增加时，扩散系数降低；对于玻璃态聚合物，渗透剂尺寸与其橡胶态对应物相比，扩散系数 D 的减少更为明显。

各向同性物质中的扩散理论基于关键假设，即通过截面的单位面积的转移速率与浓度梯度成比例。比例即相互扩散系数 D，可以是恒定的，但也可以表现出对浓度强烈依赖性。后者对于传质表达式的发展至关重要，因为菲克定律的整合对于流量计算不可避免。

但是，对于浓度依赖性扩散的扩散方程，很少有严格的解决方案。历史上，早期提出了聚合物中扩散系数变化的经验指数依赖性[50]，则有

$$D = D_0 e^{\gamma c} \tag{6.14}$$

式中，D_0 是无限稀释扩散系数；γ 是所谓的塑化参数，结合 c 反映 D 增加的强度。该方法无差别地用于描述弹性体和玻璃态聚合物。一般来说，玻璃态聚合物的变化似乎比橡胶态的变化大。

2. 橡胶态聚合物（弹性体）中的扩散

对于弹性体中简单气体的扩散，在这种情况下基质是各向同性的，并且与聚合物的相互作用很弱，扩散系数 D 通常与浓度无关。当渗透物/聚合物相互作用变得很大时，D 表现出对渗透物浓度的依赖性，特别是弹性体中的有机蒸汽。然而，这种变化很大程度上取决于所研究的聚合物体系。例如，对于苯/天然橡胶体系，观察到 D 作为 φ 的函数增加 3 倍，而对于苯/聚二甲基硅氧烷体系，D 几乎保持恒定。

在解释和/或预测橡胶态聚合物中扩散系数变化的各种尝试中，最常用的模型之一是 Fujita 的自由体积模型[51]，其关键概念是基于最初由 Cohen 和 Turnbull 提出的假设。为解释液体中的黏度变化，只有当其周围的局部自由体积超过临界值 V^* 时，扩散分子才能从一个地方移动到另一个地方，该机制如图 6.9 所示。只有当在其接触处存在由总体自由体积分数的随机重新分布产生的定义临界体积 V^* 时，分子 A 的初级跳跃才可能。最初由 A 占据的位置必须由另一个渗透剂或聚合物链段（B）占据，以防止任何反向扩散过程。

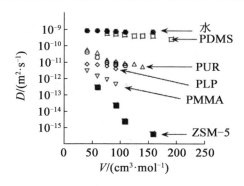

图 6.8　在水、聚合物和多孔固体(ZSM-5)中一系列链烷醇的无限稀释扩散系数 D 与其摩尔体积 V（纯液体）的函数关系

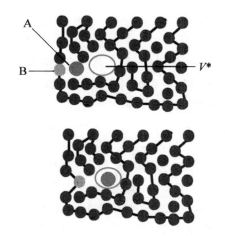

图 6.9　根据自由体积机制，渗透剂分子 A 在聚合物基质中的扩散过程的示意图

聚合物/渗透剂体系的自由体积分数(v_F)起着关键作用，该参数通常通过简单的混合定律估算（每种化合物提供一定比例的自由体积，与其在体系中的体积分数成比例）。对于二元系统（渗透物 i 和聚合物 p，具有相应的体积分数 $\varphi_i + \varphi_p = 1$），自由体积分数表示为

$$v_F = \varphi_i v_{F,i} + \varphi_p v_{F,p} \tag{6.15}$$

可以确定找到足够大的自由体积的概率，与此概率相关的热力学扩散系数写为

$$D_T = D_0 \cdot e^{-\frac{B}{v_F}} \tag{6.16}$$

应该强调的是，热力学系数 D_T 是从自由体积理论（即菲克定律，在溶解扩散模型中使用）中获得的，并利用所谓的相互扩散系数 D。即使在聚合物中渗透剂的浓度较低时，也可以假设系数大致相等，但直接使用方程式时也应小心。在图 6.10 中，式(6.16)用于实现 D 的变化，作为聚苯乙烯-苯体系在 100 ℃下的自由体积分数的函数。图 6.10 中，点是实验数据，线对应于指数曲线，理论值与实验值之间存在良好的一致性。

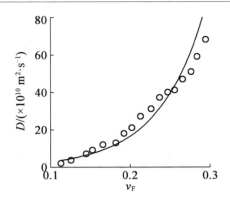

图 6.10　100 ℃下聚苯乙烯中苯热力学扩散系数与自由体积分数的函数关系

自由体积理论的主要价值在于它提供了一个统一的解释框架,并能够定性预测聚合物中扩散现象的重要趋势。

(1) D 随 T 增加,因为对于任何系统,自由体积分数随温度增加。

(2) 由于渗透物具有比聚合物更大的自由体积,因此 v_F 随着渗透体积分数 φ(或浓度 c)的增加而增加,D 随着渗透物浓度的增加而增加。

(3) 聚合物的自由体积分数随 T_g 的降低而增加,这解释了 D 与测量温度和 T_g 的反比关系。

(4) D 和 c 之间的指数关系最初是基于经验提出的,可以表达所谓的塑化系数。[54]

更一般地,已发现自由体积模型与实验数据呈现非常好的相关性。例如,基于详细的自由体积分析,已经成功地解释了聚乙烯中多种气体的渗透率的压力依赖性。[55]然而,其主要缺点是常数缺乏非常精确的物理意义并且必须通过实验确定。其他限制是当渗透物的尺寸与聚合物部分的尺寸显著不同时产生的复杂性,这将开发出更全面的理论[56],但这以包含补充参数的复杂模型为代价实现。

3. 玻璃态聚合物中的扩散

在溶解扩散模型的推导中,假定是均匀的聚合物基质。因此,假设有一群扩散分子,这会导致唯一的扩散系数。对于致密均匀的橡胶膜,这种情况可以认为是现实的。然而,在上述玻璃态聚合物的双模吸附机制内,应该从逻辑上考虑对应于亨利和朗格缪尔模式的两个因素。这一假设可以通过脉冲核磁共振实验进一步证实,该实验证实玻璃态聚合物中存在两种不同迁移率的溶解群。[57]在局部平衡的假设下,两种群可以用单一化学势描述。因此,气体通过玻璃态聚合物的通量应表示为

$$J = -D_0 \frac{\partial c_D}{\partial z} - D_H \frac{\partial c_H}{\partial z} \tag{6.17}$$

式中,c_D 是以亨利模式溶解的渗透剂浓度;c_H 是以 Langmuir 模式溶解的渗透剂浓度。简单起见,首先提出在 Langmuir 模式中完全固定分子的假设(即 $D_H = 0$)。但后来的一些研究表明,只有使用完整的表达式才能解释流体通过玻璃态聚合物的压力依赖性。[58]这种所谓的部分固定方法成功应用于玻璃态聚合物,如乙基纤维素[59]、聚碳酸酯[60]等。

6.2.4 运行参数的影响

1. 恒定与可变渗透率行为

基于前一段中概述的吸附和扩散系数的特征,可以提出两种主要类型的情况来描述给定渗透物在特定温度下通过已知的致密聚合物材料的渗透性。如果在所研究的条件下 S 和 D 可以合理地假设为常数,则将产生恒定的渗透率 P。通过作为逸度 f 函数的溶解体积分数 φ 获得渗透剂的吸附等温线,扩散系数可以是恒定的或取决于体积分数。对于暴露在上游侧渗透逸度 f' 和下游侧 f'' 的膜,平均渗透率将对应于平均吸附系数和扩散系数(阴影区域)的乘积。对于恒定的 S 和 D 情况,渗透率与压力差(图 6.11(a))无关。这同样不适用于可变扩散行为(图 6.11(b))。

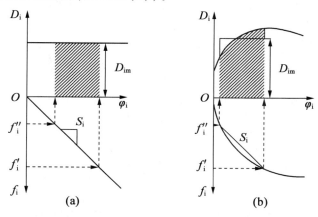

图 6.11　根据溶解扩散模型,渗透系数中吸附和扩散贡献示意图

典型的渗透系数曲线如图 6.12 所示,在下游侧施加真空并且保持不变。图 6.12(a) 为通过橡胶态(硅橡胶)膜的渗透,系数 N_2 不变,丙烯丁烷增加。图 6.12(b) 通过玻璃态聚砜材料的二氧化碳和甲烷渗透性,渗透率降低(由双模式模型预测)。图 6.12(c) 为通过玻璃态高自由体积聚合物(聚三甲基甲硅烷基丙炔)的可冷凝蒸汽(甲苯),在双模型中引入可变扩散系数可以观察到复合渗透性行为。

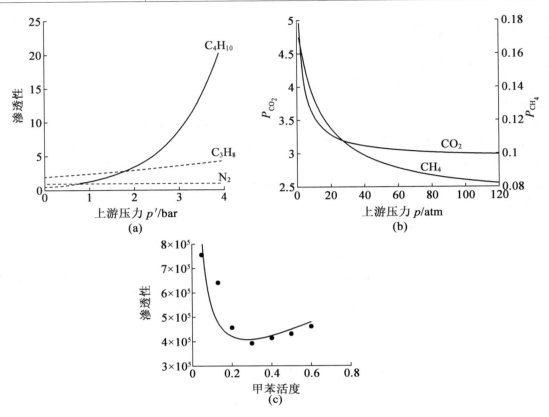

图 6.12 作为上游压力(或活度)函数的气态化合物或蒸汽通过致密聚合物膜的平均渗透率演变实例

2. 温度的影响

迄今为止,在等温条件下研究了压力(或活度)对渗透率的影响,但描述温度对渗透率的影响也很有用。溶解扩散模型提供了一个有利的机制,以实现这一目的。

传统上假设吸附系数 S 的温度依赖性遵循窄温度范围内的 Arrhenius 型关系,即

$$S = S_0 \cdot e^{\frac{-\Delta H_S}{RT}} \tag{6.18}$$

式中,ΔH_S 是部分摩尔吸附热,可以表示为两种贡献,即冷凝的摩尔热和混合的部分摩尔热的总和。对于常规溶液,可以从溶解度参数中轻松估算后者,即

$$\Delta H_S = \Delta H_{cond} + \Delta H_{mix} \approx \Delta H_{cond} + \bar{v}(\delta - \delta_p)^2(1 - \varphi)^2 \tag{6.19}$$

对于高于其临界温度的气体,冷凝热必然很小,因此导致 ΔH_S 的低正值,通常在 $0 \sim 10 \text{ kJ} \cdot \text{mol}^{-1}$。因此,溶解度随温度适度增加。相比之下,由于冷凝热的大量贡献,因此 ΔH_S 对更多可冷凝气体为负值。

在这种情况下,溶解度随温度降低。长期以来,通过 Arrhenius 型关系也提出了扩散系数的温度依赖性的表达,即

$$D = D_0 \cdot e^{\frac{-E_D}{RT}} \tag{6.20}$$

扩散的表观活化能 E_D 可以表现出复杂的情形,特别是溶解的渗透剂浓度。在这种情况下,E_D 的演变有时可以解释为两个术语的结果:当聚合物链迁移率不受渗透物影响

时的扩散活化能(即 E_D, $\varphi\to 0$ 时);考虑到吸附的渗透物引起的活化能降低。

值得注意的是,对于低溶解度系统(如低压到中等压力条件下的永久气体),为从唯一的前指数项中快速估算扩散的表观活化能,已经提出了"通用"相关性。[64]

对于橡胶态聚合物,有

$$\log D_0 = \frac{E_D \times 10^{-3}}{R} - 8.0 \tag{6.21}$$

对于玻璃态聚合物,有

$$\log D_0 = \frac{E_D \times 10^{-3}}{R} - 9.0 \tag{6.22}$$

式中,D_0 以 E_D/R 表示,单位为 $m^2 \cdot s^{-1}$。这种形式预测了在玻璃化转变温度附近 D 对 T 的斜率的变化。除某些小分子气体的系统外,确实经常观察到这种情况。

因此,溶解-扩散模型可以使用 Arrhenius 型表达式,它结合了 S 和 D 表观活化能,即

$$P = P_0 p^{\frac{-E_P}{RT}} \tag{6.23}$$

式中

$$E_P = \Delta H_S + E_D \tag{6.24}$$

对于永久气体,扩散通常比溶解具有更强的温度函数(E_D 范围在 20~80 kJ·mol^{-1})依赖性。吸附热可以是正的也可以是负的,但保持在 -10~10 kJ·mol^{-1}。因此,渗透率随着温度的增加而增加,E_P 值在 30~80 kJ·mol^{-1}。由于凝结热的主要作用,因此蒸汽的情况完全不同。在这种情况下,观察到负的表观渗透能量,发现渗透率随温度降低。[65]

3. 预测方法

除实验确定渗透率随压力和温度的变化外,使用预测方法也很有吸引力。已经报道了基于基团贡献法的几次尝试(如 Permachor 方法[66]或自由体积群贡献方法[67]),或者需要物理特征的相关性。[68]对于橡胶膜材料,已经提出了各种相关性以预测气体和蒸汽的渗透性和选择性,特别是溶解度参数。然而,对聚合物渗透性的精确预测仍然是一项艰巨的挑战,如果旨在对包括设计研究在内的分离性能进行严格评估,则实验测量不能被抛弃。

6.3 气体渗透膜组件工程化

6.3.1 简述分离因子和博弈曲线

上一节的最终目标是提出实际和一致的渗透规律,以实现严格的膜组件设计,从而精确分析给定系统的分离性能。表6.3中显示了可以提出的不同表达式的一些示例。对于最常见的聚合物,可以在文献中找到 P、D、S 的列表。[70]

表6.3 聚合物膜气体(或蒸汽)分离过程中遇到的四种主要情况的平衡(吸附)、扩散和所得渗透行为的总结

	橡胶聚合物($T > T_g$)	玻璃聚合物($T < T_g$)
$T > 0.7 T_c$ (永久气体)	常数 S(亨利定律)	双模式吸附
	常数 D	恒定 D 或者变化的 D
	恒定的 E_{AD}	P 常数(完全固定)或减少
	P 常数(或高压的轻微变化)	
	典型渗透率表达 $P = D \cdot S$	$P = k_0 D \left(1 + \dfrac{\dfrac{c_G'}{k_0} \dfrac{D_H}{D_0}}{1 + b \cdot p}\right)$ 双模式渗透率表达的示例
$T < 0.7 T_c$ (蒸汽)	变量 S(Flory 或 Huggins)	复杂的吸附可能产生明显的膨胀效应 (具有变量 D 和 k_D 的双模式)
	$D = f(c), E_{AD} = f(T,c)$	历史和时间依赖的扩散
	P 通常随着 ΔP 增加	复杂的渗透性行为(可能发生的最小)
	渗透性表达结合了 S 和 D 的变化并导致指数型压力依赖性	$P = \dfrac{D_0}{\beta p} \cdot e^{\left[k_0 \cdot \beta \cdot p \cdot \left(1 + \dfrac{\dfrac{c_G'}{k_0} \dfrac{D_H}{D_0}}{1 + b \cdot p}\right)^{-1}\right]}$

当人们了解通过聚合物的气体的一致渗透定律时,可以评估给定系统对实现分离的价值。这种类型的分析首先确定单个单元(即单个气体渗透膜组件)的分离性能,用于稳态状态下给定的一组操作和进料条件。图6.13所示为二元进料混合物的基本对应图。由于压缩机和/或真空泵在保留物侧和渗透物侧之间施加压力差,因此一部分进料流速(Q_{in})渗透通过膜并在渗透侧(Q_p)出现,作为快混合物(Q_i)和慢混合物(Q_j)流速的总和。

类似于闪蒸操作,进料混合物将被改变并分成两个不同方向的流动,在截留侧具有摩尔分数 x_{out},在渗透侧具有摩尔分数 y。从逻辑上讲,该单元分离程度取决于其产出的能力,指出口流可能具有最大的组成差异。在广义上的分离科学中,这个关键变量称为分离因子 α,表示为

$$\alpha = \frac{\gamma(1 - x_{out})}{x_{out}(1 - \gamma)} \tag{6.25}$$

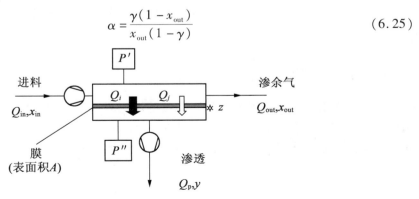

图6.13 二元进料混合物分离的基本对应图

可以使用上述表达式来确定给定过程的目标分离因子,该过程变量与膜固有性能之间的关系将进一步讨论。

为评估聚合物膜对给定气体分离的价值,进料混合物中存在的各种化合物的相对渗透性显然起关键作用。对于二元混合物,这导致所谓的理想分离因子或膜选择性(α^*),与蒸馏中的相对挥发性类似,其值通常大于1,即

$$\alpha^* = \frac{P_i}{P_j} \geqslant 1 \tag{6.26}$$

考虑到溶解扩散机理中渗透率的定义,有

$$\alpha^* = \frac{P_i}{P_j} = \frac{S_i D_i}{S_j D_j} = \alpha_S^* \cdot \alpha_D^* \tag{6.27}$$

因此,可以通过高溶解选择性 α_S^*、高扩散选择性 α_D^* 或二者结合实现高选择性。

与任何分离问题类似,除选择性外,还应在逻辑上解决膜分离系统的生产率问题,后续章节中将通过工程分析进行讨论。首先检查各种聚合物对于给定气体对的这两个关键性质的固有性能。Robeson 对气体分离应用进行了详细的研究。[71]生产效率(即膜渗透率)和选择性(通过气体渗透率的比率表示,称为理想选择性 α^*)之间的竞争通过图 6.14 得到证实。

更有意思的是,在不同气体的体系应用中发现,由于气体混合物的特性不同,因此存在经验性的分离上限。这个发现被 Freeman 进一步研究并对影响该上限位置的基本因素进行了分析。[72] 图 6.15 所示为通过 Freeman 方法计算的三个工业气体对的博弈曲线的比较。

这些理论极限不应过于字面化,并且已经通过膜材料的持续改性获得了改进。然而,它们提供了独特的优点,即在某些情况下,为在致密聚合物分离过程中解决气体分离问题,在某些情况下可以提供统一的观点。

现在将讨论用于二元混合物分离的单级膜组件设计的定量分析,首先利用简化方法。

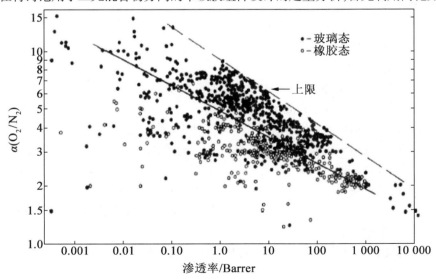

图 6.14　氧气/氮气对的选择性-渗透率博弈曲线

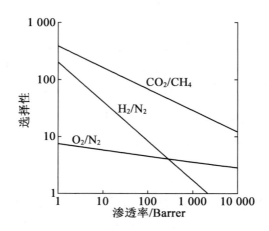

图6.15 工业应用的三种不同气体对的理论选择性-渗透率权衡曲线

6.3.2 膜组件设计:通用方法和近似分析解决方案

如果采取详尽而严格的方法(即质量、热量和能量转移,多组分通量包括耦合效应等)建立描述气体分离组件分离性能的方程,可能会推出复杂的公式。但只要提出一系列简化假设,就可以很容易地得出二元气体混合物的简单算法。该策略提供了分析问题的主要角度,可以明确地描述分离性能中的不同关键变量的作用。根据这种方法,可以容易地进行参数灵敏度分析。基于此,可以粗略估计实现问题的可能性及与其他气体分离技术竞争的可能性。

从图6.13所示的一般情况出发,可提出以下假设。
(1)处于稳定状态的系统。
(2)等温条件(系统中的任何地方都有单一温度)。
(3)每个隔间的等压条件(上游和下游侧没有压降)。
(4)完善的气体规律。
(5)恒定渗透率。
(6)没有通量耦合(每种化合物的驱动力是它的分压差)。
(7)上游和下游两侧的完美混合条件。

重要的是,要强调每个潜在的假设都可能受到质疑,这将在后面部分讨论。典型的问题在于通过渗透物组成y确定分离效率,作为各种参数的函数,如进料组成(x_{in})、上游(p')和下游(p'')压力,以及快(P_i)和慢(P_j)渗透物的渗透性。可以通过开发质量平衡和质量传递表达式来获得解决方案。混合物组成用摩尔分数(其等于理想气体混合物的体积分数)表示,其中以快速化合物作为参考。下面处理二元分离问题,并且所采用的方法可以扩展到多组分混合物。

首先,根据稳态假设并且由于在下游侧没有使用吹扫气体,因此渗透物组合简单地表示为

$$\gamma = \frac{Q_{p,i}}{Q_p} = \frac{Q_{p,i}}{Q_{p,j} + Q_{p,i}} \tag{6.28}$$

快速化合物的质量平衡是

$$Q_{in} x_{in} = Q_{out} x_{out} + Q_P \gamma \tag{6.29}$$

总体质量平衡可写成

$$Q_{in} = Q_{out} + Q_p \tag{6.30}$$

可以将每种化合物的传质关系表示为

$$Q_{p,i} = \frac{AP_i}{z}(p' x_{out} - p'' \gamma) \tag{6.31}$$

$$Q_{p,j} = \frac{AP_j}{z}[p'(1 - x_{out}) - p''(1 - \gamma)] \tag{6.32}$$

式中，A 代表膜表面积；z 代表膜厚度。

值得注意的是，如果结合渗透物组成和传质表达式的定义，膜厚度不会影响渗透物的组成（格雷厄姆早期观察之一）。

在此阶段，可以提出以下三个基本的无维度变量。

（1）理想的选择性 α^*，先前定义为快速与慢速渗透率之比，是气体对/聚合物系统的特征，即

$$\alpha^* = \frac{P_i}{P_j} \tag{6.33}$$

（2）总回收率 θ 对应于总渗透率与进料流速的比率，与膜组件的生产率相关，可以看作一个关键的设计变量，即

$$\theta = \frac{Q_p}{Q_{in}} \tag{6.34}$$

（3）驱动力仅通过压力比而非绝对压力或压力差表示，是控制膜组件能量需求的主要操作变量（即在很大程度上是操作成本），即

$$\psi = \frac{p''}{p'} \tag{6.35}$$

根据渗透物组成和传质表达式，可以获得以下表达式，即

$$\frac{\gamma}{1 - \gamma} = \alpha^* \cdot \frac{x_{out} - \psi \gamma}{1 - x_{out} - \psi(1 - \gamma)} \tag{6.36}$$

如果组合三个表达式（渗透物组成、质量传递和质量平衡），则可以将它们重新排列成二次方程。它可以用于确定渗透物组成（γ）以作为函数的进料组成（x_{in}）、理想选择性（α^*）、总回收率（θ）和压力比（ψ），即

$$a\gamma^2 + b\gamma + c = 0 \tag{6.37}$$

$$\begin{cases} a = \left(\dfrac{\theta}{1-\theta} + \psi\right)(\alpha^* - 1) \\ b = (1 - \alpha^*)\left(\dfrac{\theta}{1-\theta} + \psi + \dfrac{x_{in}}{1-\theta}\right) - \dfrac{1}{1-\theta} \\ c = \alpha^* \left(\dfrac{x_{in}}{1-\theta}\right) \end{cases} \tag{6.38}$$

理论上讲，二阶多项式(6.37)存在唯一的 0 到 1 正根，即为确定渗透物组成的唯一解。

在此阶段，确定使快速化合物(y)的渗透摩尔分数最大化的条件，即最大分离性能。通过缩近中的压力比(即下游侧的完全真空，$p'' = 0$)和状态缩减($\theta = 0$，其对应于无限小的渗透流速和生产率)能够获得这样的条件。根据第二个条件可得到简单分析，因为进料流中的组成保持不变($x_{in} \sim x_{out} = x$)。无论如何，这种操作模式都对应于在无限回流条件下操作的蒸馏塔，可以以非常小的生产率为代价获得最大选择性。在分离科学的主题中可以找到许多类似的博弈情况。[73] 适用于 $p'' \sim 0$ 和 $\theta \sim 0$ 的最终表达式为

$$y = \frac{\alpha^* x}{1 + (\alpha^* - 1)x} \tag{6.39}$$

在此要注意，对于这些非常特定的操作条件，分离因子 a(在引言部分中定义)等于理想选择性 α^*(即化合物渗透率)，如图 6.16 所示。式(6.25)和(6.39)表示对不同的理想选择性值(α^*)，对于给定的进料组合物(x)可以获得的最大渗透物纯度(y)。获得相同的表达式以确定来自保留物(x)和渗透物(y)侧的出口组成的有效分离因子(a)。

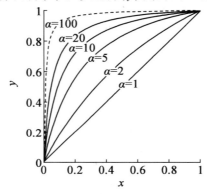

图 6.16　由式(6.25)和式(6.39)定义的进料与渗透物最大纯度曲线图

逻辑上，当理想分离因子(α^*)为 1 时，不能获得分离。对于给定的进料组成 x，当快速对慢速渗透率 α^* 增加时，分离效果增加。完美二元混合物的气液平衡也具有相同数学表达式和等效曲线。在这种情况下，饱和蒸汽压比与理想选择性起着相同的作用。这种简单的表达式对快捷计算有很大帮助，它提供了渗透侧的膜单元单阶段可获得的最高摩尔分数。由于经常设定目标纯度，因此可以使用该表达式来验证是否可以用给定的聚合物材料和已知的渗透率获得所需的东西。此外，如果 x 和 y 是固定的，它也可以用于确定目标材料最小选择性(α^*)。

如果假设无限小的总回收率($\theta \sim 0$)，则可以导出另一个渐近解，以获得完美的混合条件。在这种情况下，出口处渗余物的摩尔分数再次与进料的摩尔分数($x_{out} \sim x_{in} = x$)相同。这种表达允许分析理想选择性和压力比对膜组件的分离性能的各自影响，有

$$y = \frac{2}{\psi}\left(x + \psi + \frac{1}{\alpha^* - 1} - \sqrt{\left(x + \psi + \frac{1}{\alpha^* - 1}\right)^2 - \frac{4\alpha^* \psi x}{\alpha^* - 1}}\right) \tag{6.40}$$

对于二元系统，式(6.40)有两个限制。当 α^* 远大于 $1/\psi$ 时，选择性不再重要，并且在 y 的值永远不会大于 1 的条件下，渗透物组成简单地变为

$$\gamma \approx \frac{x}{\psi} \tag{6.41}$$

在这种情况下,分离性能由工艺条件确定,并且可用于工业应用的压力比成为关键问题。这种情况对于可实现非常高的理想选择性的分离典型,如在炼油厂的加氢处理器中或在气流脱水期间与烃的混合物中除去氢的过程。对于后者,可以去除的水量受到在渗透物中保持非常低的水分压的限制。

相反,如果 α^* 远小于 $1/\psi$,则压力比的影响可以忽略,渗透物组成受聚合物选择性的限制。当膜在渗透物侧(即 $\psi \rightarrow 0$)上真空操作或当仅可实现低选择性时,会发生这种情况。重要的一个例子是在天然气处理中从甲烷中分离氮气。在这种情况下,N_2/CH_4 选择性很少大于 2,这导致渗透物中甲烷的大量损失,并且这种损失通常对于应用是有问题的,显然需要改善材料的理想选择性。

图 6.17 总结了上述分析的主要结论,并给出了当同时考虑总回收率、压力比和渗透物组成之间的不同关系时可以产生的主曲线实例,该图描述了分析膜组件设计的基本框架。其作为不同压力比的模块阶段切割的函数。膜理想选择性(α^*)保持恒定。当没有施加驱动力($\psi = 1$)时,没有获得分离和 $y = x_{in}$。对于零级切割和零压力比条件(图中标注为 a),获得最大渗透物纯度并且可以由式(6.39)计算。对于零级切割条件(图中标注为 b),可以使用式(6.40)。在完全混合条件的假设下,对于任何其他情况,一般的解决方案可以通过式(6.37)和式(6.38)获得。

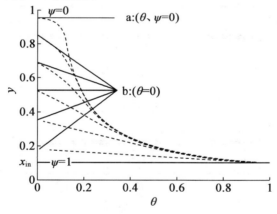

图 6.17 通过膜分离单元传递的渗透物组合的示意图

6.3.3 膜组件设计方法

历史上,气体渗透膜组件设计的基础由 Weller 和 Steiner 在 1950 年首先提出[75]。如今,现代计算技术通过专门的程序实现了问题的数值解[76]。据报道,当需要最小分辨时间和计算量时,正交方法特别有吸引力[77],一些已经在商业过程模拟软件中实现,其中可以利用热力学或单元操作设计包来模拟气体分离膜的混合或多级操作。然而,虽然之前已经投入了大量精力来寻找问题的渐近解[78],但偶尔也会提出近似的分析解决方案。例如,当需要进行广泛而系统的灵敏度分析时,就会重新引起人们的兴趣。[79,80]

上一节提出了一种通用方法,以便基于一系列简化假设来预测膜分离模块的性能。该方法的主要价值是提供简单、易于处理的分析表达式的可能性。然而,通过这种简化方法获得的解决方案应该作为粗略估计,如果需要关于工业组件性能更真实的答案,则必须重新考虑完美混合条件的假设。类似于化学反应器,热交换器或传质操作中提出的理论首先提出了一个完全不同的假设,即完美阻塞流,这是为了估计流体动力学条件对分离性能的影响。这种微小的修改必然导致一个常微分公式,严格来说,不再能得出严格的解析解。这种困难在过去几十年中激发了许多研究工作,其目的是确定问题的近似解析解。[81] 基本上,可以提出不同的方案,图 6.18 确定了四种主要情况。第五种情况,即所谓的单侧混(包括上游侧的完美混合条件、下游侧的阻塞流),也偶尔被研究。[82] 然而,它很少被考虑在内。工业膜组件的性能通常被图 6.18 所示的四种情况很好地包含。

尽管现在可以处理更复杂的情况,但由于计算能力不断提高,因此需要注意的是,在膜组件设计的许多情况下,整体方法学仍然可以成功应用。[83] 更具体地说,可以设计中空纤维膜组件,当渗透压较大时,以合理的精度逼近理想化的逆流,或当渗透压足够低时,接近错流流动模式。图 6.19 所示为根据本节中公开的方法进行模拟,可以获得较好的一致性的例子(即恒定的渗透率、没有耦合的通量、塞流、等温条件等),以及用多组分混合物进料的中空纤维组件获得的实验结果,图中点代表实验数据,曲线为模拟结果。

错流模型仍然是该领域模型的基石,下面将详细介绍,以便为膜组件设计提供通用框架。错流流动模型假定膜的上游、进料侧的阻塞流和下游渗透侧的自由流动(图 6.20)。

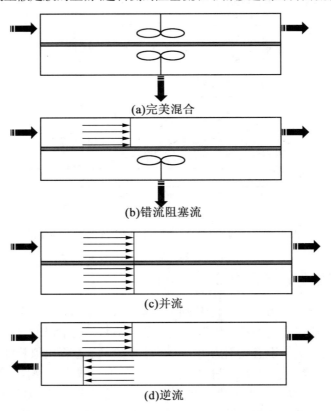

图 6.18　聚合物膜气体渗透过程中四种主要不同流动构型的示意图

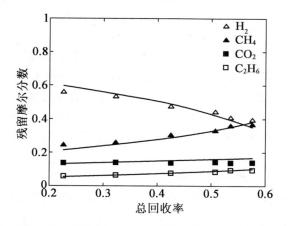

图 6.19　在 $T=40$ ℃ 和 $p=20$ bar 时截留物组成 y 与的函数关系

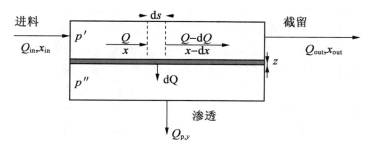

图 6.20　用于错流状态的气体分离膜组件的示意图

除流动条件外，在下述分析中保持了完美混合条件下提出的用于推导溶液的假设。
根据差分表面积 ds 上的质量平衡导出微分方程：

$$Q^* \cdot \frac{dx}{ds} = -\left(x - \psi\gamma + x \cdot \frac{dQ^*}{ds}\right) \tag{6.42}$$

式中，x 是上游快速化合物摩尔分数；s 是无量纲膜面积，即

$$s = \frac{Ap_i p'}{zQ_{in}} \tag{6.43}$$

Q^* 对应局部总回收率 $Q^* = \dfrac{Q}{Q_{in}}$，因此可以根据以下内容为每个组件写出通量关系：

$$-d(Qx) = \frac{p_i p'}{z}(x - \gamma\psi)ds \tag{6.44}$$

$$-d[Q(1-x)] = \frac{p_j p'}{z}[(1-x) - (1-\gamma)\psi]ds \tag{6.45}$$

这两个方程可以组合在一起，产生表达式为

$$\frac{dQ^*}{ds} = -\left\{x - \psi\gamma + \frac{1}{\alpha^*}[1 - x - \psi(1-\gamma)]\right\} \tag{6.46}$$

最后从局部渗透物组成和传质方程的定义，即

$$\frac{\gamma}{1-\gamma} = \alpha^* \cdot \frac{x - \psi\gamma}{1 - x - \psi(1-\gamma)} \tag{6.47}$$

式(6.42)、式(6.46)和式(6.47)可以用数值求解,它们代表了错流阻塞流模型的基础。类似的公式具有相应的边界条件,为预测错流、并流或逆流模式的分离性能,研究人员采用了具有相应边界条件的相似公式。[84] 当预测的结果与实验室估测数据进行比较时,获得了极好的一致性。[85] 对于多组分渗透情况,已经报道了一些模型研究。一般来说,从更实际的角度来看,现场试验膜组件的实验数据经常位于完全混合和错流模型预测之间的某个位置。[86]

1. 单独膜组件设计:表面和能量要求

应该提出对问题的合理分析,以便在尺寸(所需表面积)和操作条件(压力比)方面提供定量答案。起点仍然是式(6.42)、式(6.46)和式(6.47),它们提供了分析问题的可能性。基本上,可以找到两种主要情况。

最简单的情况对应于单一的目标性能,如渗透物(y)或保留物($1 - x_{out}$)的纯度。例如,氢气是一种快速化合物,在某些情况下可以施加达到给定的纯度。在渗透物中,可以施加氮以在保留物中达到给定的纯度。在不同压力比和流体动力学条件下操作的单级模块的渗透物纯度和保留物组成的实例如图 6.21 所示。作为阶段切割和力学函数,其中进料混合物组成(x_{in})为 0.2,膜理想选择性(α^*)为 5。比较两种不同的压力比:0.5 和 0.1。灵敏度分析证明,在某些情况下,水动力条件对保留物组合物起着重要作用(如对于 $\psi = 0.5$),而在其他情况下可以获得效果可忽略(如对于 $\psi = 0.1$ 的渗透物纯度 y)。

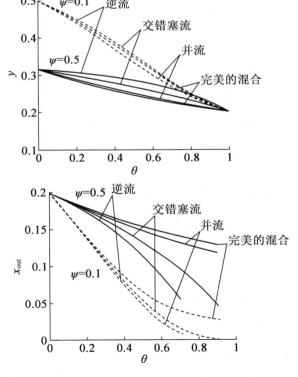

图 6.21 使用单级膜组件分离二元气体混合物的模拟

更一般地，图 6.21 所示的模拟证实逆流条件可提供的最佳性能，其次是错流塞流、并流和完全混合的情形。因此，逆流模型或错流塞流模型最常被提议在工程中应用。

模块设计的第二种情况涉及同时发生的纯度和回收限制的情况，还可以同时使用回收率 R，其对应于从模块的一个出口收集的目标化合物的百分比。当目标化合物是快速渗透物质（如氢气纯化或 VOC 回收应用）时，R 表示为

$$r = \theta y / x_{in} \tag{6.48}$$

在其他情况下，目标化合物是在保留物侧获得缓慢化合物的混合物，相应的回收率是

$$R = (1 - \theta) \frac{1 - x_{out}}{1 - x_{in}} \tag{6.49}$$

该表达式可用于确定用于脱硫操作的天然气（慢渗透物）的回收率。

在进行多变量和优化分析之前，检查一组溶液 (θ, ψ, s) 有意义，这使得当进料组成和膜的理想选择性固定时能够获得固定的 y 和 R。图 6.22 所示为具有这些变量之间的相互作用的主曲线。这种类型的许多曲线证明了不同变量之间的关系，可以在详细的研究中找到。[87] 其中，进料组成为 0.1，恒通压力比 $\psi = 0.01$，模型为错流。

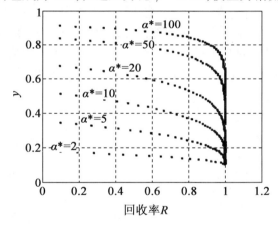

图 6.22　通过膜组件分离二元混合物

上一节中介绍了能够识别满足约束的数据集的一般方法，现在可以根据以下内容估算所需的能量和膜表面积。

(1) 对单级过程的能量需求的估算很直接，并且通常限于压缩机或真空泵的贡献。由于压力比仅在分析中起作用，因此可以无差别地应用渗透侧的进料压缩或真空泵。由于进料液和渗透液的流速不同，因此实际情况并非如此。例如，对于在渗透侧大气压下的进料压缩（$p'' = 1$），能量需求可估计为

$$E = Q_{in} \frac{\gamma RT}{\eta (\gamma - 1)} \left[\left(\frac{1}{\psi} \right)^{\frac{\gamma - 1}{\gamma}} - 1 \right] \tag{6.50}$$

式中，γ 是气体混合物的绝热膨胀系数（如氮气的 γ 为 1.4 J·mol^{-1}·K^{-1}）；T 是入口温度（K）；η 是等熵效率。

对于在截留侧具有大气压的渗透物真空泵的策略（$p'=1$），能量需求变为

$$E' = Q_P \cdot \frac{\gamma RT}{\eta'(\gamma-1)}\left[\left(\frac{1}{\psi}\right)^{\frac{\gamma-1}{\gamma}} - 1\right] = \theta E \tag{6.51}$$

这种简化的分析将系统地应用于真空泵的策略，使该过程的能量需求最小化。工业反馈表明，由于各种原因，很少选择此选项。最重要的是，真空泵产生比进料压缩小得多的驱动力和更大的表面积，因此产生相当高的投资成本。支持进料压缩的其他论据，包括在工业规模上实现真空的困难，与压缩机（式（6.50）和式（6.51）中的 $\eta' < \eta$）相比，真空泵的能量效率更低。相反，与压缩相关的风险有利于使用真空操作来回收 VOC。然而，对于永久气体分离，除非常特殊的情况外，几乎从未选择真空泵的实际操作。实际上，如果可获得单位电力成本，则可以估计与膜组件操作相关的操作成本。

（2）当选择的压力比与进料压缩或真空结合时，可以根据 s 的定义轻松确定相应的膜组件面积。一旦膜面积的单位成本可用，就可以估计相关的投资成本。应该注意的是，对于后者，可以在文献中看到相当大的差异，这取决于是否包括预处理成本，以及是否考虑了与假设的膜材料相对应的可用膜材料。

最后，当操作成本（根据能量需求 E 估算）和投资成本（从 s 和单位成本估算的膜面积）一起考虑时，可以确定最佳的 (s,ψ) 数据集。图 6.23 所示为这两种贡献之间相互作用的草图，表示运行成本的演变主要来自能量需求、资本成本，这取决于所需的膜表面积和总成本，作为单个模块设计研究的压力比的函数。在低压力比值下，能量需求高，但需要更小的表面积。高压比值发生相反的情况。当总成本最小化时，获得最佳的压力比和总回收率。

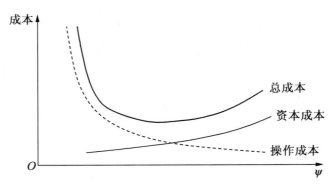

图 6.23　两种贡献之间相互作用的草图

同样，需要在有利于低资本成本（即低 ψ 值）同时牺牲高运营成本和相反情况的解决方案之间进行权衡，可以用另一种膜材料重复相同的操作，然后通过成本最小化操作获得不同的设计。由该方法而获得的解决方案的一个例子如图 6.2 和图 6.3 所示。参照图 6.24 和图 6.25，其中对操作条件、表面积和能量需求进行比较，以产生 95% 纯度的氮气流，两种膜类型覆盖选择性/渗透性权衡的极端，即高渗透性、选择性差的硅橡胶膜和高选择性、渗透性差的醋酸纤维素膜。系统和严格的成本分析需要考虑很多因素。

2. 循环和多级设计

针对单级描述的方法可以扩展到多级设计,以便模拟和评估这些更复杂设计的价值。根据回收和连接的可能性,可以提出大量的流程图。图 6.26 显示两个取自 VOC 回收[89]和天然气处理的设计研究[90]。两种具有不同的 O_2/N_2 选择性的膜被应用,即 CA($\alpha^* = 4$)和 PDMS($\alpha^* = 2.2$),在交叉塞流条件下计算。寻找最佳条件在逻辑上可能非常复杂,并且一些研究已经解决了优化多级或网络气体分离过程的问题,如在二氧化碳/甲烷分离的情况下。[93]

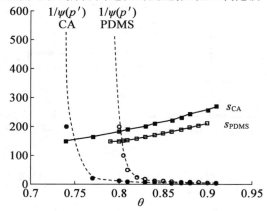

图 6.24 从空气($x_{in} = 0.21$)生产 95% 纯度氮($x = 0.05$)所需的膜面积($s \times 100$)和上游压力($p' = 1/\psi$)

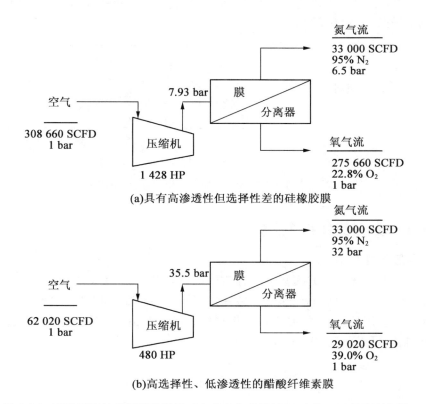

(a) 具有高渗透性但选择性差的硅橡胶膜

(b) 高选择性、低渗透性的醋酸纤维素膜

图 6.25 两种不同的单级膜组件用于生产立方英尺(SCFD)的 95% 纯度氮气流

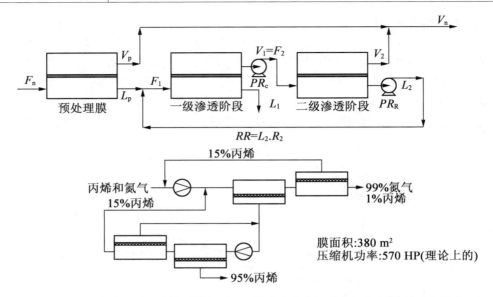

图 6.26 从天然气中去除二氧化碳[91]和氮/丙烯分离的多级膜分离方法[92]的两个例子

探索如何通过改变流体分布来改善单级性能,而不是在串联中添加新一级分离是有效的。将保留物再循环到渗透物流中,可以是富集保留物流中渗透性较低的组分的有效手段。[94]对比研究证实了该技术的价值,包括多级串联,与单级相比,此选项通常用于氢气净化或干燥操作(图6.27)。[95]

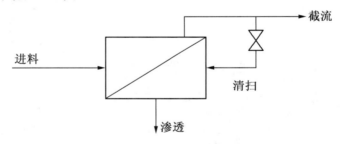

图 6.27 带有保留物循环的膜分离模块,用于渗透物清扫

6.3.4 膜、膜组件和工业装置

1. 膜和膜组件结构

可用于工业气体分离的膜基本上有两种主要类型:表面不对称结构膜(由单一聚合物相转化得到)和复合结构膜(聚合物致密皮层涂在多孔载体得到)(图6.28)。

出于工业应用的目的,需要将聚合物制造成具有 1 μm 或更小活性层的器件。对于玻璃态材料,它可以薄至 50 nm(图6.29)。

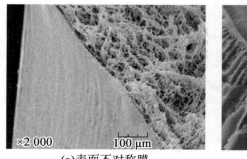

(a) 表面不对称膜　　　　　(b) 复合膜

图 6.28　膜的两种主要结构的 SEM 照片

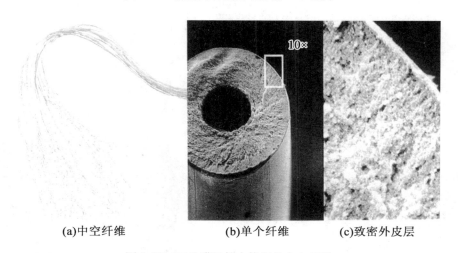

(a) 中空纤维　　　(b) 单个纤维　　　(c) 致密外皮层

图 6.29　工业膜组件中使用的中空纤维

膜可以嵌入三种主要类型的膜组件中用于气体分离应用：板框式、螺旋卷式和中空纤维膜组件。这三种几何形状的主要特征见表 6.4。

表 6.4　用于工业气体分离工艺的含聚合物膜的三种主要类型膜组件的关键特征

	板框膜组件	螺旋卷式膜组件	中空纤维膜组件
装填密度/($m^2 \cdot m^{-3}$)	30~500	200~1 000	500~10 000
每个模块的近似面积/m^2	5~20	20~40	300~600
预处理要求	最小	中等	高
抵抗污垢	好	中等	差
压降	低	中等	高
流量分配	中等	适中	好
制造成本	高（50~200 美元·m^{-2}）	居中（10~50 美元·m^{-2}）	低（2~10 美元·m^{-2}）

图 6.30 和图 6.31 所示分别为具有典型特征的中空纤维膜组件和螺旋卷式膜组件。

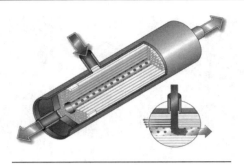

长度1 m
直径0.3 m
纤维数10^6
纤维内径~100 μm
纤维外径~200 μm
致密皮层厚度30~50 nm
高分子总量10 kg
致密皮层质量10 g
额定进料流量3 000 STP·h^{-1}

图 6.30　带有壳侧进料的工业中空纤维模块的示意图

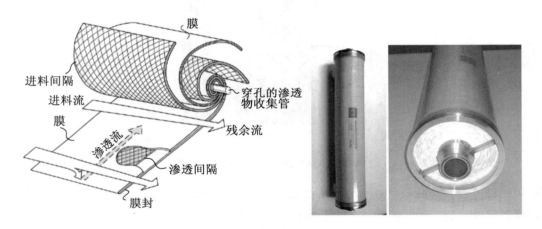

图 6.31　工业螺旋卷式膜组件示意图

　　膜组件的可承受压力最高可达 150 bar(对于螺旋卷式或中空纤维型),并且最大操作温度为 150 ℃。从实际的观点来看,膜组件可以在孔侧或壳侧与进料混合物一起使用。如果忽略边界层阻力,则根据上述基本方法(压力比是表达式中唯一的影响变量),这两种操作模式之间应该没有差异。然而,流动分布、膜机械阻力或假定由施加在皮层上的不同机械应力引起的细微效应可导致测量的差异,它取决于进料方式。据报道,与空气分离中的壳侧进料相比,孔侧进料的渗透率增加了 15%。[96] 当需要高压时,壳侧进料是优选,因为它显示出纤维的更高机械阻力和更大的界面面积的优点。然而,它还具有以下缺点:渗透物侧的压降更高,需要耐高压条件的壳体,还有渗余物侧的通道问题。在低进料压力条件下,应用孔侧进料。较低的界面面积和流动分布问题可能会导致纤维的内径变化。

2. 原料预处理

当安装在工业环境中时,关键问题是选择不同的原料预处理操作。传统的预处理方案如下。

(1)用于消除液体和雾气的过滤器。

(2)用于去除痕量污染物的吸附剂保护床,如碳氢化合物(这通常是不可再生的)。

(3)吸附床之后除尘的颗粒过滤器。

(4)热交换器,以达到目标进料温度。

在一些情况下,可以包括冷却器或涡轮膨胀机,以降低气体的露点及碳氢化合物含量。水合物形成有时需要添加抑制剂,或加入深度干燥操作,如乙二醇吸附。

当原料组合发生变化时,通常需要进行预处理,以防止损坏膜。

3. 工业膜组件设计:从渗透性到通量和有效选择性

在研究工业膜的 SEM 显微照片时,难以精确确定致密层的厚度 z。此外,由于不同的原因,因此膜性能可以与该尺度不同。尽管很少获得大于 2 的因子的差异,但差异可能显著。

对于膜组件设计的目的,如前所述,只需要有效的比例常数与局部驱动力相结合。因此,通过渗透率和厚度变量(称为渗透率)的组合来表达膜性能具有更大的相关性。对于用聚合物膜进行气体分离,渗透率通常以气体渗透单位 GPU 表示(1 GPU 为 $10^{-6}\,cm^3(STP)/(cm^2 \cdot s \cdot cmHg)$),换算为国际单位为 $3.347 \times 10^{-12}\,mol \cdot m^{-2} \cdot s^{-1} \cdot Pa^{-1}$。多孔载体的作用通常包括在该有效参数中,其通常不能从质量转移的角度来忽略。在复合材料的情况下,渗透行为可以根据气体渗透之间的类比来解释。[98]复合材料的各个部分是根据它们对气体渗透性和支撑体(基材)及致密层(涂层)的耐受性来描述的,以优化流量和分离因子。

表 6.5 总结了目前工业气体分离中使用的主要材料渗透性和选择性,表 6.6 为这些材料的部分供应商。

表 6.5 目前一些主要的工业气体的渗透率和选择性特征

应用	典型膜材料	膜有效选择性	膜渗透性/GPU	近似目标设计参数	附注
纯化 H_2(H_2/CO,H_2/N_2,H_2/CH_4)	玻璃态:聚砜,聚酰亚胺,醋酸纤维素	50~200(H_2/CO < H_2/N_2 ~ H_2/CH_4)	50~500	x_{in}约为 0.3~0.7 Y约为 0.9 R约为 0.9	适用于氨合成的高压(140 bar)/用于再生的介质(40~70 bar);H_2/CO 分离更难($\alpha < 100$)
从空气中生产 N_2	玻璃态:聚酰亚胺,聚砜,乙基纤维素	约为 7	5~250	X_{in}约为 0.79 X_{out}约为 0.9~0.99	原料压缩的单个阶段约 10~15 bar;H_2O、O_2 和 CO_2 被去除;更高氮气纯度需要多阶段或者混合过程

表 6.5(续)

应用	典型膜材料	膜有效选择性	膜渗透性/GPU	近似目标设计参数	附注
从天然气中去除 CO_2	玻璃态:聚酰亚胺,纤维素酯	约为 30	10~200	X_{in} 约为 0.05~0.5 X_{out} 约为 0.02 Y 约为 0.9~0.97 或 R 约为 0.9~0.95 (EOR)	单阶段、混合或者多阶段过程; H_2O 可以与 CO_2 一起移除; 膜的塑化是一个问题,需要更为充足的参数
VOC 从空气中或者惰性气体中的回收	橡胶:硅树脂橡胶(PDMS)	3~100	>1 000	X_{in} 约为 0.01~0.1 X_{out} 约为或 R 约为 0.9	当温度降低时,选择性增长,并且依赖于 VOC 的类型
水的去除(空气或者永久气体的干燥)	玻璃态:聚砜,聚苯醚(PPO)	>200	>200	相对湿度降低 50%~90%	温度和浓差极化

表 6.6 具有气体分离作用的致密聚合物膜的供应商

	膜	膜组件	主要应用
Permea(空气产品)	聚砜	中空纤维	氢气的回收 空气分离 CO_2 去除 干燥
Medal(空气流体)	聚酰亚胺,聚芳酰胺	中空纤维	H_2 回收 空气分离 CO_2 去除
Ube	聚酰亚胺	中空纤维	H_2 回收 空气分离 CO_2 去除 干燥
Generon (Messer)	聚碳酸酯	中空纤维	空气分离
Separex (UOP)	醋酸乙烯酯	螺旋卷式	天然气体处理(CO_2)
Natco Cynara	醋酸乙烯酯	中空纤维	天然气体处理(CO_2)
Parker Hannifin	聚苯醚	中空纤维	空气分离 干燥

续表 6.6

	膜	膜块	主要应用
MTR	硅橡胶(复合物)	螺旋卷式	VOC 回收 合成气、天然气 （N_2、H_2S 等）
Sihi GKSS	硅橡胶(复合物)	板和框架	VOC 回收

当考虑到数百种经过研究并且可以合成的聚合物时,市场上可用于工业应用的聚合物材料的数量非常小。这种情况可以通过以下事实来解释:高效且可重复的膜的开发路径是一个漫长、复杂且昂贵的过程,并且包括技术和商业活动。许多步骤和潜在的瓶颈可能阻碍开发,如实现目标渗透性和有效选择性的困难、嵌入到膜组件中的问题、与密封剂(环氧树脂、聚氨酯、硅树脂等)的潜在不相容性、对污染物的敏感性(在某些情况下,只能在现场检测)等。总之,这些问题限制了商业上可用的膜组件的开发。

从实际角度来看,通常进行聚合物结构设计以获得最佳性能,特别是同时增加自由体积分数的和链骨架运动。因此,在最好的情况下,膜渗透性可以增加两个数量级,特别是通过扩散系数的增加。吸附和选择性非常难以调节,与原始材料相比,改进 2~4 倍通常被认为是上限。

在继续描述聚合物气体分离膜的工业应用并返回方程体系之前,重要的是要注意几种复杂情况。这些因素大致可分为两大类:第一类是运行条件的潜在变化;第二类是由渗透行为引起的复杂情况。

4. 压降

在上面的分析中假设膜的每一侧上的总压力恒定,这个假设不一定有效。大量的研究已经解决了这个问题,结果表明,对于中空纤维膜组件,通过 Poiseuille 方程可以充分估计孔侧的压降。[100] 对于内半径 r 的纤维,压力梯度在轴向主要取决于气体流量的总速率 Q 及混合物黏度 μ,即

$$\frac{\mathrm{d}p}{\mathrm{d}l} = -\frac{8\mu RTQ}{\pi p r^4} \tag{6.52}$$

当中空纤维进入壳体侧,并同时对孔侧施加真空时,对渗透压力增大的特殊情况已经进行了更详细的研究。[101] 此外,许多研究已经解决了中空纤维膜组件压降的具体问题。[102]

5. 非等温渗透条件

在一般情况下假设等温条件。由于在上游侧释放的大量冷凝热和在下游侧蒸发可能发生的冷却,因此应该重新考虑该假设,特别是对于水渗透。尽管预期这两种效应完全平衡,但已知温度梯度在稳态水渗透期间发生,导致温度极化占据主导地位。

Gorisen 已经研究了气体渗透膜组件中温度变化的具体情况[103],估算了渗余物侧的温度变化范围从 1 ℃(空气中产生的氮气、氢气回收)到超过 71 ℃(天然气处理)。温度变化的范围取决于气体混合物的焦耳汤姆孙系数,并且可以通过快捷计算来估计效果,

通常会获得温度降低,但也会发生增加的情况(该化合物的 Joule Thomson 系数为负值,氢尤其如此)。Coker 等报道了气体膜分离的一般和严格的建模系统,其中包含非等温条件。[104]

6. 水力分散效应

设计方程的推导(6.3.2 节)中假设了两种极端情况下的水力条件:完全混合和塞流方案。实际上,更可能发生中间情况,这可能会导致显著的偏差。更一般地,尚未详细研究通过分散系数来表达分散效应的发生率。可以说,与任何逆流传质操作类似,塞流行为的偏差应该是有害的,因为它们会导致有效驱动力的减小。基本计算表明,至少对于工业膜组件和操作条件,塞流假设很可能是纤维内部的气体流动。例如,Peclet 数值非常高,径向流动剖面中补充项的影响通常可以忽略不计。[105]然而,在壳侧情况更复杂。详细分析表明,在某些情况下,流动模式会影响整体分离性能。[106]通过在中空纤维膜组件上使用热风速仪进行实验,这种预测已经被证实。[107]在这项研究中,检测到壳侧流动的分布不均,特别是对于高分离因子和总回收率条件。然而,据报道,在 O_2/N_2 分离的情况下,工业中空纤维膜组件的壳侧扩散贡献很小。

7. 纤维变化效应

膜组件的固有特性(如有效渗透率、内径和选择性)受到从一个到另一个纤维变化的影响,因此膜组件的最终性能受到影响。除专门研究空气分离的研究外,这些类型的影响尚未得到详细研究。[109]

8. 附加传质阻力

上游和下游边界层电阻可以通过致密的聚合物膜影响有效流动。由于与液相相比,气相具有较大的传质系数和扩散系数,因此在膜中存在的浓差极化效应[110]在气体分离中通常不太明显。然而,对于高渗透性和选择性膜,预测在上游边界层中发生了不可忽视的传质阻力。[111]一个专门研究空气分离和氢气纯化的案例研究表明,当最具渗透性的化合物的渗透率超过 10^{-4} $cm^3(STP) \cdot cm^{-2} \cdot s^{-1} \cdot cmHg^{-1}$(相当于 100 GPU)时,这种现象可能是显著的。从空气或惰性气体中回收挥发性有机蒸汽,利用高渗透性和选择性的橡胶膜材料,是浓差极化现象在上游侧(进料侧边界层)和下游侧(在多孔载体中)起着重要作用的应用之一。[92]

由于在提取水期间获得的非常高的选择性和渗透性,因此干燥操作也受到这种额外现象的影响。然而,对于 CO_2/CH_4 应用,如果不是可以忽略的,则预计浓差极化也会发挥微小的作用;如果需要一致的模拟,则气相非理想性和塑化是要考虑的主要影响。

对于整体传质分析,以类似于传质方式将浓度差保持为有效驱动力更方便。因此,化合物 i 的总体流量包括串联的各种传质阻力的贡献,即

$$N_i = \frac{c_i' - c_i''}{\frac{1}{k_i'} + \frac{1}{k_i'''} + \frac{1}{k_i''}} = \frac{c_i' - c_i''}{\frac{1}{k_i'} + \frac{z}{D_{ieff}} + \frac{1}{k_i''}} \quad (6.53)$$

膜传质阻力可以根据膜厚度与有效扩散系数的比率来计算。一个简单的计算表明,1 Barrer 对应的是 8.3×10^{-13} $m^2 \cdot s^{-1}$ 的有效扩散系数。上游(渗余物)和下游传质阻力

可以通过化学工程教科书中描述的来估算。对于具有层流条件的开放、光滑的管,如在中空纤维的孔侧可发现的管,k 可以确定为

$$k = \frac{1.86 D Re^{0.33} Sc^{0.33}}{d} \left(\frac{d}{L} \right)^{0.33} \quad (6.54)$$

式中,D 是气相中的扩散系数;Re 是雷诺数;Sc 是施密特数;d 是纤维直径;L 是纤维长度。基于此,可以估算膜、气相和载体(多孔基质)的传质系数的潜在变化范围,合成图如图 6.32 所示。对于复合膜,如果右侧和中间线条重叠,则支撑层传质阻力不能忽略;如果右侧和左侧线条重叠,则发生极化浓度(在滞留物侧)。

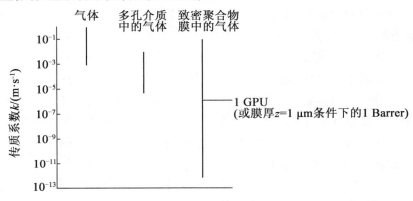

图 6.32 气态物质的传质系数近似范围

最后应该注意的是,对于非常薄的选择性层(即膜的发展的主要目标之一),可以对与扩散动力学相比无限快速平衡动力学的假设提出疑问。在这种情况下,渗透流不会与致密层厚度严格成反比。[114]

9. 多组分效应 1:参考系的耦合

众所周知,涉及两个以上组件的系统(即多组分系统)的传质建模比简单二元系统的建模复杂得多。[115] 任何涉及膜的气体分离问题都成为多组分问题,因为有至少两种渗透物质溶解并转移到第三种化合物即聚合物基质中。在这种情况下,参考系统的问题至关重要。[116] 但这个问题最近才通过致密膜进行气体分离被详细讨论。[117]

在这方面,可能有必要回顾一下,"导致菲克定律的纯运动假设不受任何力学或物理原理或方法的支持,除非在特别简单的情况下,否则无法解释或预测运动"。[119]

对于多组分系统,具有体积平均整体速度的稳态跨膜流可表示为

$$N_i = J_i + \frac{\varphi_i}{\bar{v}_i} \sum_{k=1}^{n} \bar{v}_k N_k \quad (6.55)$$

对于纯化合物渗透,即一种聚合物中的一种渗透剂,具有静止的参照系($Np = 0$),式(6.55)简化为

$$N_i = -\frac{1}{\bar{v}_i (1 - \varphi_i)} D_i \frac{d\varphi_i}{dz} \quad (6.56)$$

如果假设各向异性膨胀,则膜厚度 z 可以表示为干正交坐标 Z 到 $\mathrm{d}Z = \Phi_\mathrm{p}\mathrm{d}Z = (1 - \Phi_i)\mathrm{d}Z$ 的函数,并且可以获得本章中提出的经典扩散,即

$$N_i = -\frac{D_i}{\bar{v}_i}\frac{\mathrm{d}\varphi_i}{\mathrm{d}Z} = -D_i\frac{\mathrm{d}c_i}{\mathrm{d}Z} \tag{6.57}$$

对于多组分系统,情况是非常不同的。其中,对于固定的参照系,渗透组分 i 的流动是扩散和对流(所谓的体积流动)贡献的组合。当另一种(更具渗透性)组分的相对流量很高时,后者经常被忽略,但它在渗透性较低的化合物的流动中起着重要作用。例如,在玻璃态聚吡咯烷酮膜分离二氧化碳/甲烷的情况下,已经研究了这一现象。[117] 由于缓慢化合物(甲烷)的体积流量增加,分离效果显著降低,因此在通过膜分离二元混合物的严格预测中,不应低估多组分系统的特定性的贡献。

10. 多组分效应 2:通量耦合和塑化效应

在膜组件设计部分描述的一般方法中,对于稳态渗透的描述,没有假设一种气体对另一种气体的影响。该假设可被认为是有效的,特别是对于永久气体的混合物。其原因为这些体系在常温下的溶解度极小(小于 0.2%),这意味着溶解的气体对聚合物性质影响很小,因此独立扩散(即气体 – 气体接触很少)。然而,随着溶剂能力和溶解物质浓度的增加,可能会产生相互依赖性,并需要开发更复杂的体系。

最严格的方法是利用不可逆的热力学体系,对于双化合物渗透过程(二元混合物分离),可以表示为

$$J_i = L_{ii}\frac{\mathrm{d}\mu_i}{\mathrm{d}z} + L_{ij}\frac{\mathrm{d}\mu_j}{\mathrm{d}z}$$

$$J_j = L_{jj}\frac{\mathrm{d}\mu_j}{\mathrm{d}z} + L_{ji}\frac{\mathrm{d}\mu_i}{\mathrm{d}z} \tag{6.58}$$

一个经典问题涉及溶解 – 扩散模型和上述方程的一致性。在这一点上重要的是要注意渗透率概念与现象学方法是兼容的,这种方法最常被用于严格分析传输过程。当化学势梯度作为传质的一般驱动力时,可以得到

$$J_i = -L_{ii}\frac{\partial \mu_i}{\partial z} = -L_{ii}\frac{\partial \mu_i}{\partial c_i}\frac{\partial c_i}{\partial z} \tag{6.59}$$

式中,μ_i 是膜相中物种 i(渗透气体)的化学势,有

$$\mu_i(T, P, c_i) = \mu_{i0} + RT \cdot \ln(\gamma_i c_i) + v_i(P - P_\mathrm{Ref}) \tag{6.60}$$

根据溶解 – 扩散模型(图 6.4)所假设的通过膜的压力不存在变化,流量可表示为

$$J_i = -\left(\frac{L_{ii}RT}{c_i}\right) \cdot \left(1 + \frac{\partial \ln \gamma_i}{\partial \ln c_i}\right) \cdot \frac{\partial c_i}{\partial z} = -D_i^T\frac{\partial c_i}{\partial z} \tag{6.61}$$

从实际的观点来看,通过聚合物膜进行混合气体传输的是一项烦琐的工作,因为它需要精确测定纯化合物和混合物渗透,理想情况是在相同的实验装置上。与纯化合物的实验相比,混合物的实验很少。专用于平板膜样品中混合物渗透研究的实验室装置的实例显示在图 6.33 中。这在当混合物渗透用于反向选择性操作时可以获得,即通过硅橡胶膜的氢气/丙烷混合物分离。与纯化合物情况相比,丙烷对橡胶膜的显著膨胀强烈地增

加了氢渗透性。显著的偶联效应导致了高于进料混合物中的临界丙烷活性(其对应于上游膜侧的临界丙烷体积分数)。这种不希望的现象主要是氢气扩散增加的结果,并且在次要程度上是其较高溶解度的结果。

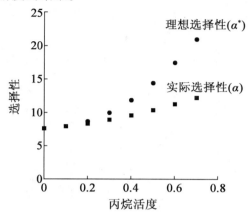

图 6.33　理想选择性和实际选择性之间观察到显著差异的实例

必须控制或确定温度、压力、流速和组成,以便验证膜组件上的质量平衡。通常应用非常大的进料流速,而不是渗透流速。这个条件对应于小的总回收率 y(通常在 0.05～0.1 的范围内),防止了流体动力学条件对分离性能的影响(即对于低总回收率值,各种流体动力学方案显示相同的结果)。所获得的实验结果(如通过实际分离因子表示)与理想分离因子 α^* 的直接比较证明了偶联效应的重要性。

图 6.34 中显示了用橡胶态聚合物进行丙烷/氢气分离的实例,这取决于膜材料,混合物组成和操作条件,可以获得各种行为。与其纯组分渗透性相比,这些包括了混合物中给定化合物的渗透性的增加、减少或缺乏差异。

11. 膜变形

在前一节中描述的一般方法中,假定恒定的膜厚度(z)和恒定的特定表面积。如果发生纤维变形效应,应重新考虑这些假设。极端情况与固定的橡胶中空纤维相对应,能够在压力下显示出显著的尺寸变化。这种效果在渗透性方面可能是有益的,已经用外部加压条件模拟并通过实验证明。[120] 然而,目前在工业规模上使用的所有膜都具有支撑多孔基质,应该防止这种变化。

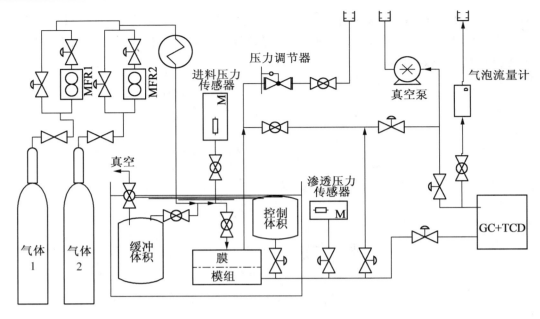

图 6.34 专用于膜样品中气体混合物渗透的设备示例[62]

从渗透率定义到膜组件设计方法的各种概念和实验情况的初步概要总结见表 6.7，该表还列出了文献中概念的大致出现频率。

表 6.7 实验情况的初步概要以及可用于聚合物气体分离操作的相关概念和方法

实验方案	关键结果	附注
1. 通过致密聚合物样品的纯化合物渗透	P_i, P_j, α^*	通常在实验室规模上、在厚聚合物样品上进行，文献中报道了许多数据
2. 通过表面或复合（即工业）膜纯化合物渗透	用于 i 和 j 的 GPU 及有效的纯化合物选择性: $\alpha^{*\prime}$ = (GPU i/GPU j)	文献中很少有结果（膜供应商数据）。通过比较有效的纯化合物选择性 $\alpha^{*\prime}$ 和理想的选择性 α^*，可以估计载体的作用
3. 在均相或工业膜样品上进行混合气体渗透	渗透性和有效的气体混合物选择性 α_{eff}	在工业膜上对均质膜样品的结果很少，当比较纯化合物（步骤 2）的有效选择性和有效混合物选择性（步骤 3）时，可以估计通量偶联效应
4. 使用膜组件进行试验	有效的膜组件分离性能	可以估计从渗透率数据严格预测分离性能的可能性，如果发生失误，必须考虑复杂因素：可变渗透率、压降、温度变化、浓差极化、流量分布等

续表 6.7

实验方案	关键结果	附注
5. 严格而详尽的设计研究(过程模拟软件)	基于包括资本和运营成本,选择和设计最佳装置(需要注意:必须包括进料预处理成本)	可以比较单级组件、回收组件、多级单元(通常限于三级)或混合过程

6.4 工业应用

6.4.1 一般特征

给定应用的选择分离过程取决于大量变量。例如,定义的纯度或组成可以是某些应用的唯一(或主要)目标(从空气中生产给定纯度的氮气、从排气流中捕获 VOC 符合排放标准、干燥空气等)。回收或捕获率 R 通常被考虑,以便在氢气生产或天然气处理过程中使化合物损失最小化。在合理设计分离过程成为可能之前,显然必须精确定义这些约束类型。

当然,膜既不是工业中实现气体分离的唯一手段,也不是它们最主要的用途。基本上,可以为工业应用确定以下三个主要的竞争过程。[121]

(1) 通过冷箱,低温蒸馏或冷凝可用于空气分离或回收挥发性有机化合物。

(2) 基于吸附剂的工艺,如变压吸附(PSA)、变温吸附(TSA)或真空吸附(VSA),通常用于氢气净化、氧气生产、气体干燥或有机物回收化合物。

(3) 基于溶剂的方法也考虑用于天然气处理(即通过胺洗涤除去二氧化碳),用重溶剂和亲水溶剂如二醇进行气体干燥,或用物理溶剂除去酸性气体。

很明显,分离过程的最终选择取决于技术的经济比较。通常来说,通过资本和运营成本之间的平衡来实现该任务。已经报道了一些研究,包括复杂的优化方法,用于特定的应用。考虑到必须考虑的变量数量及特定具体情况,很难实现不同技术的通用和系统定位。此外,值得注意的是,从这些分析中得出的结论可能会发生变化,材料选择性的突破性发展、膜生产成本的变化或能源成本可能会极大地影响给定工艺的最佳范围。

更微妙的涉及膜分离过程的评估通常根据已建立的分离技术(如冷冻剂或吸附)进行。这种受约束的框架有时可以得出膜是没有竞争性的结论,而当该过程针对膜分离进行优化时能得到相反的结论。[122]一个值得注意的例外情况是关于从空气中生产氮的问题。对于这种特定的应用,可以获得恒定进料组合物,并且可以在单个图中总结对三个主要分离过程进行的数十年的设计研究,如图 6.35 所示。

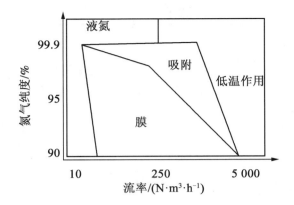

图 6.35　不同技术的纯度和容量影响示例:不同氮气供应选择的经济运行方式

值得注意的是,三种主导分离技术已经找到了一个可以提供最小总成本的领域。必须注意到,当需要最低纯度和最小容量时,膜代表了一种卓越的技术,这种观察可能会很快地延伸到膜气体分离过程中。

若想描写得更为完整和严格会比较困难,因此膜分离相对于其他分离过程的优点和局限性的更定性分析是有意义的,其优点可归纳如下。

(1) 操作灵活,可以忍受变动的进料条件而不损失质量。

(2) 低能耗和/或高能效[123]导致低运营成本。

(3) 没有化学品、化妆品和溶剂排放。

(4) 易于启动和关闭。

(5) 没有可活动部件,维护成本最小(有时可以进行远程控制)。

(6) 模块化设计,当需要增加容量时易于扩展(编号方法:附加模块)。

(7) 占地面积小,系统紧凑(可在沿海地区应用)。

(8) 需要最少的公用设施,易于控制,需要简单的传感器(压力、流速)。

气体分离膜过程的主要缺点如下。

(1) 由于采用模块化设计,没有规模经济(单位资本成本不随容量而减少,与吸附和低温过程相反),因此对大容量应用具有决定性的影响。

(2) 预处理可能很繁重,在某些情况下,与膜组件的成本(颗粒、气溶胶、有机化合物、水分等)一样昂贵。

(3) 在某些情况下,对化学化合物的敏感性可能会有问题(微量碳氢化合物对玻璃态聚合物的增塑效应是一个典型的例子)。

(4) 需要高质量的能源(即用于大多数应用的压缩电力),而 TSA 或吸附过程可以利用低质量的能源,如热量。

基于膜的气体分离工艺在 20 世纪 80 年代成为工业现实。[88]从那时起,该工艺已经发展并受到大量评论。[124,125]类似于膜和膜组件制造,现有工业应用的初步审查是复杂的,并且有风险。膜设备供应商认为很大一部分信息是专有的,或者是严密保护的信息。

6.4.2 氢气纯化

用聚合物膜进行气体分离的第一次大规模应用是用于回收氢气。实际上，氢气应用提供了有利于膜的应用的因素。首先，在诸如聚砜或聚酰亚胺的玻璃态聚合物中，氢气的高渗透性导致对氮、一氧化碳或烃的高选择性；其次，快速渗透的化合物可在进料混合物中以高浓度获得。此外，由于通常进料是高压状态，因此不需要进一步压缩；另外，所需的目标氢纯度不是很高的；最后，应用主要涉及与净化相对应且通常实际实用中主要考虑对应于吹扫且通常会被排放的进料流。在这种情况下，膜是实现氢气回收的最佳方法。膜操作的主要缺点在于在低压侧(渗透物)回收氢，这在某些情况下可导致再压缩成本。

工业上的主要应用如下。

(1) 从氨气吹扫气体中回收氢气。
(2) 从甲醇吹扫气体中回收氢气。
(3) CO/H_2 合成气比例调整。
(4) 用于蒸汽甲烷重整的装置。
(5) 一氧化碳纯化。
(6) 从重新吹扫的气体中回收氢气。

对于这些各种应用，通常可实现 95% 或更高的回收率，并且纯度高于 98%。

工业氢气回收装置如图 6.36 所示，使用膜的加氢处理装置的流程图如图 6.37 所示。

图 6.36　具有多种中空纤维膜组件的氢气回收装置

6.4.3 空气制取氮气

由于在许多聚合物中具有更高的溶解度，因此氧气的分离速度可以比氮气快 5 倍。结果，可以从单级膜单元获得中等纯度的 N_2(即 95%~99.5%)。当低至中等容量时，膜分离已被证明是经济的，并且目前有许多应用。在图 6.35 中已经描述了用于氮气生产的膜、吸附和低温法的适用范围。目标纯度和设备容量可以看作两个主要的区分变量。该图说明了膜的定位，它可在目标不太严格的纯度和中小容量时应用。

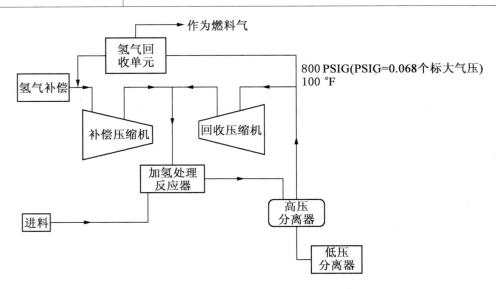

图 6.37 带有膜氢气回收装置的加氢处理装置的流程图[88]

经典方法可描述为大气在压缩机中压缩并通过一系列过滤器，以便除去水分和任何其他可冷凝化合物（如油）。在进入膜组件之前，压缩的进料在热交换器中进一步加热。空气穿过一束中空纤维，其中氧气、二氧化碳、水和碳氢化合物优先于氮气渗透。渗透性较差的氩气在氮气中积聚在滞留物一侧。富氧的气流（即渗透液）可以排放到大气中或用于提高燃烧装置的效率。

为寻找更有效的氧气/氮气分离膜材料，近年来已经筛选了数百种聚合物。有关新化合物的研究报告仍在继续出现，但应将其性能与现有材料进行系统比较。例如，据报道，对于含有磺化聚苯乙烯的氧气/氮气气体，氧气/氮气选择性高于 11，其中最佳组合是 Mg^{2+} 形式的聚合物，磺化程度最大。

更一般地，O_2/N_2 扩散选择性（α^*）可能是应调整的变量，以使分离性能最大化。已经报道了在超刚性聚丙烯酸聚合物中 O_2/N_2 对扩散选择性的最大值约为 8.7，表现出处于或高于折中线的性能。[127] 但是，该值远小于刚性沸石或碳分子筛中报道的值，其中可以获得高达 104 的扩散选择性。详细分析表明，这种巨大差异是由熵选择性效应引起的。

应该注意的是，在中试规模中偶尔也会研究一种非常不同的情况，即燃烧废气的 CO_2/N_2 分离，以产生氮气。即使原料中断和关闭，运行 4 个月后也未发现任何重大变化。此外，可以实现 98.5% N_2 的纯度。尽管如此，这一特定应用的确切潜力仍有待评估。

6.4.4 天然气处理中二氧化碳的去除

世界上生产的大多数天然气都是与二氧化碳和/或硫化氢等酸性气体共同生产。这些化合物在玻璃态聚合物中比甲烷具有更快的渗透性，必须将其除去。虽然扩散选择性是氢气纯化的关键因素，但通过玻璃态聚合物去除二氧化碳通常表现出扩散和溶解效应的综合作用，α_D 范围为 4~15，α_S 范围为 2~7.128。二氧化碳的显著溶解度可以反过来影响渗透性能,混合气体渗透性的预测已成为该系统努力的主题。

事实证明,膜操作在经济上具有竞争力,特别是对于中小型系统。对于天然气的处理,已经公布了有关应用的评论,包括技术经济分析。[129,130]一个粗略的结论是,一旦天然气中的二氧化碳含量超过10%,膜就可以与吸附过程竞争或结合。[131]混合工艺具有很大的优势:在这种情况下,膜以相对较小的面积去除大量的二氧化碳,胺吸附过程用于最终的清理。[132]这样的组合利用了两个过程各自的特点:实际上,当 CO_2 浓度增加时,胺单元需要更多能量;膜在高浓度 CO_2 下更有效。一项工艺设计研究得出结论:在大多数测试条件下,气体吸附过程与混合过程或独立膜过程无竞争关系。[90]

当二氧化碳和硫化氢同时存在于天然气中时,会出现进一步的复杂情况。在这两种情况下,可以使用两种不同的膜:一种具有高 CO_2/CH_4 选择性;另一种具有高 H_2S/CH_4 选择性。已经针对这两种情况进行了详细的技术经济分析。一般来说,天然气处理领域的应用不断增加,最近已开始大规模安装。[91]

为使膜能够应用,有必要指出通过管道输送天然气的成分规格。例如,在美国,最大耐受成分为2%(或更少)的二氧化碳、120×10^{-6} 的水、4×10^{-6} 的硫化氢、4%的惰性气体(N_2、He 等)。更具体地说,如果膜要与其他分离过程竞争,则二氧化碳的分压应该足够高,因为这是导致膜运输的必要驱动力。在这种情况下,没有独特的配置,根据二氧化碳浓度和天然气价格的不同,可以根据优化结果提出单级或多级(通常限于三级)装置。

通常建议将膜限制为大量去除的范围内,二氧化碳含量通常低至8%~10%。通过诸如胺吸附的抛光技术,进一步除去任何剩余的二氧化碳。已经有文献报道了结合膜和胺工艺的混合方案的详细研究,包括技术经济分析,还可以实现再循环以增加烃采收率。每个系统都旨在最大限度地降低总体压缩要求。预处理通常包括空气冷却和再加热,可以结合压缩实现后者。

当进料流中二氧化碳的分压低时,聚合物膜难以与常规吸附方法竞争。更具体地说,对于低于 0.5 bar 二氧化碳的分压的进料混合物,先进工艺要求使用薄(即 4 μm)膜以便于运输。[135]

二氧化碳经常被排出,但在某些情况下也可以回收,以便重新注入以提高采收率。随着对石油需求的增加及与温室气体减排相关问题的提出,这种类型的应用可能会经历显著的增长。在这种情况下,90%~95%的回收率与90%~97%的纯度相结合通常是典型的,并且早在1983年就开始进行现场测试。[136]

与天然气处理相关的困难在于,待处理的混合物是复杂的并且含有许多化合物,如油、烃、水、乙二醇、钻井液和颗粒(特别是反应产生的铁硫化物颗粒)。因此,预处理是关键问题,并且如果不仔细设计该操作,则可能发生膜污染的问题。在天然气处理中,聚合物膜的主要瓶颈来自所谓的塑化效应,其可以由烃或二氧化碳在玻璃态聚合物上挥发。在大多数应用中,必须在预处理步骤中除去烃,或者膜的操作温度可以保持足够高(65~100 ℃)以防止它们冷凝。从实际观点来看,当涉及少量化合物时,可能在大时间尺度上发生塑化,同时引起选择性的降低和渗透性的增加。这种影响绝不可忽视,并且可以令人印象深刻。例如,对于聚酰亚胺材料,被认为是由烃类杂质(己烷、甲苯)增塑到比醋酸纤维素膜更高的程度,已经报道选择性降低了 2 倍。[137]这种现象是不可逆转的、复杂的和历史性的,因此受到了大量的研究(出于其负面影响)。即使可以观察到这两种现象之间的微妙平衡,它与竞争性吸附或通量耦合效应也基本不同。[138] 减少塑化的策略包括选择适当的材料、化学交联[139]和膜后处理,如热退火。

目前膜气体分离装置的二氧化碳/甲烷选择性范围为 15~25。如果能够以工业规模生产选择性为 40 或更高的膜,则可以实现对胺吸附技术的竞争力的重大变化。值得注意的是,实现这一目标的概率很高。例如,用多层复合聚(4-乙烯基吡啶)/聚醚酰亚胺中空纤维膜进行的实验室规模的研究显示出 CO_2/CH_4 的理想分离系数高达 62。[140]

另一个具体应用涉及低质量天然气或沼气的处理,调查了井中低质量天然气超过 20 个月[141],并且发现保留物始终符合管道规格。对于含有 30%~45%二氧化碳的沼气越来越受到重视,特别是作为电力生产的可再生能源或作为运输车辆燃料。[142] 有效和廉价的清洗技术成为一种新兴需求,而膜技术将会在其中扮演重要角色。

6.4.5 挥发性有机化合物回收

20 世纪 80 年代,美国开始从受污染的气流中回收挥发性有机化合物。使用高渗透性弹性体膜,如硅橡胶,能够实现有机化合物相对于 20~100 数量级的永久气体的选择性。这通常足以与其他技术竞争,如吸附、冷凝或焚烧,尤其是当蒸汽浓度大致在 0.1%~10% 的范围内时。对于稀释的物流,吸附通常更具竞争力,而冷凝和焚烧技术需要浓缩的混合物。

应用由以下两个方面构成。

①在某些情况下,可以从排气流中回收高价值溶剂。与氢回收应用类似,驱动力显然是经济的并且可以获得大约一年或更短的回本时间。卤化化合物(CFC)、单体或溶剂蒸汽(氯化溶剂、醚、酮等)的回收是典型的例子。

②在石油化工和再生领域,如聚烯烃树脂脱气通风口中将丙烯与氮气分离[89],这种丙烯回收装置的例子如图 6.38 所示。

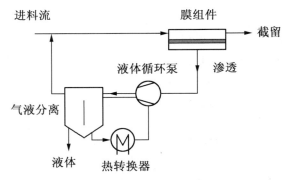

图 6.38 通过单级膜单元从气流中回收 VOC(真空操作)

在其他情况下,环境法规推动膜安装,以便限制范围。在各种操作中,烃蒸汽回收的情况,特别是在操作转移时尤其如此。

VOC 膜回收装置通常设计为具有冷凝器的混合工艺。根据进料浓度设计的限制,膜可以在冷凝器之前或之后安装(图 6.39)。

图 6.39 工业膜蒸汽回收装置的实例(丙烯吹扫处理)

使用具有橡胶态硅氧烷活性层的复合膜,工业模块可以是螺旋缠卷式或板框式。通常应用真空操作,经常选择液环泵实现低至 10~100 mbar 的真空。

综上所述,有机蒸汽在弹性体中的高溶解度(Flory – Huggins 型等温线)可以产生高理想性的 VOC/N_2 选择性。这与硅橡胶的高渗透性相结合,具有两个主要意义:首先,支撑传质阻力起着重要作用,活性层厚度必须进行调整,以使有效选择性与应用保持一致,表 6.8 显示了一系列用于各种 VOC 的复合硅橡胶膜的有效选择性;其次,高选择性和高有效渗透率有利于浓度[92,143]和温度极化[65]现象的发生,对于合理的传质分析,还应考虑气相非理想性。[144]

表 6.8 用于 VOC 回收应用的各种化合物的复合硅橡胶膜的有效选择性数据近似范围

挥发性有机化合物	膜选择性(α_{VOC/N_2})
辛烷	90~100
1,1,2 – 三氯乙烷	60
异戊烷	30~60
二氯甲烷	50
CFC – 11(CCl_3F)	23~45
1,1,1 – 三氯乙烷	30~40
异丁烷	20~40
四氢呋喃	20~30
丙酮	15~25
丙烷	10
二氟二氯甲烷 – 1301	3

6.4.6 气体干燥

水是聚合物中渗透速度最快的,对于永久性气体,水可以通过多种材料实现数千的选择性。因此,亲水性聚合物膜的空气干燥操作可以与其他技术竞争,如冷凝或分子筛床。用于空气干燥的膜材料通常包括聚苯醚和全氟磺酸。[145]其中,后者是广泛用于电渗析和燃料电池中的离子交换聚合物。出于设计目的,尽管已经观察到膜厚度对该聚合物的透水性的影响,还是会经常提出一种简单的透水性配方用于全氟磺酸。[146]

在膜空气干燥方面,必须面对两个主要问题,这两个问题都与边界层效应有关(在之前的设计分析中忽略了这一点):水的极高渗透性和极高的选择性引起强烈的浓差极化,尤其是在下游侧,导致有效驱动力显著降低,通常可以通过将一些保留物作为渗透物侧的吹扫流再循环来增强质量传递;传质阻力和吹扫流可以以某种微妙的方式相互作用,使得给定任务的最小膜面积可能需要较小选择性的膜。

6.4.7 其他应用

1. 稀有气体

氦气是一种快速渗透气体,可通过聚合物膜工艺从天然气井中回收。遇到的低浓度(通常小于1%)转化为低驱动力,因此需要多级单元以达到目标纯度水平。甲烷损失也是该应用的主要瓶颈之一。另一个最适合膜的应用领域是氦气在使用和稀释后的回收。典型的例子包括深潜气体或飞艇,在这种情况下,污染物被小型装置截留,有时是在由压缩机和膜组件组成的机器上。纯化的氦气流被回收利用。聚磷腈已被提议作为该应用的潜在候选材料,但是工业膜组件中已有的玻璃材料通常更为合适。

从氧气进料流中回收氩代表在低温空气分离装置之后出现的另一种潜在应用。但是,这种分离很难实现,因为两种渗透剂的直径非常接近(氩气和氧气分别为 3.40 和 3.46)。此外,实验研究表明溶解度选择性有利于氩气,而扩散选择性有利于氧气。[149]

通过硅橡胶膜分离稀有气体如氪(Kr)/氙(Xe)对也偶尔被报道,以用于核反应堆气氛的处理。[150]然而,这一前瞻性应用显然尚未得到进一步研究。

2. 氧气

氧气是第三大商品化学品。因此,考虑到大市场和需要具有给定纯度的氧的大量应用,来自空气的氧气产生已经受到了极大的关注。低温蒸馏和吸附(PSA 或 VSA)分别是用于高纯度和中纯度应用的成熟技术。到目前为止,膜分离很难与这些技术竞争,除非需要低纯度,通常最高摩尔百分比为 30%~45%,以及小工厂产量(通常每天不超过 20 t 等效纯氧)。这些结论在两个详细的技术经济分析中提出。[151,152]设计分析表明,对于这种应用,由于电力需求,因此进料压缩的过程没有竞争力。相反,真空泵更有价值,因为如上所述,由于单元的低级切割,因此需要更小的功耗。富氧空气流的主要用途是用于医疗用途(呼吸)、改进的燃烧、克劳斯和流体催化裂化催化剂再生应用,以及需氧发酵或废水处理。对于此类应用,高渗透性和中等选择性材料(如硅橡胶)是最佳选择。尽管如此,为达到这些目的,还提出了替代材料,如聚乙烯基三甲基硅烷。对于更高的氧气纯度(60%或更高),可以提出多级操作或改进的混合方法,如膜/吸附(VSA)。

3. 高价值化学品

就具体应用而言，痕量 SF6 的回收可以说明气体渗透过程中可以找到的极端浓度范围。[153]已提出玻璃态聚酰亚胺膜用于分离氯碳化合物（CFC-12）。[154]在这种情况下，通量耦合效应不可忽略。与纯化合物的性能相比，可观察到渗透性更高的气体（空气）的渗透性显著降低，同时选择性降低。

在为电子工业生产超高纯硅时，与氢混合的硅烷（SiH_4）的回收同样被研究出来，其目标是在该过程中重复使用未经完全转化的硅烷。出于简便和能源效率的原因，建议使用膜进行吸附或冷凝的工程分析。

氢气可以通过具有非常大的分离因子的聚合物进行选择性地渗透，特别是在离子交换材料中，如在湿润条件下的 H^+ 形式的氟磺酸聚合物。[156]据报道，复合膜对氢的选择性高达 500[157]，这对于氨合成中的应用可能是有意义的。然而，对氨气生产单元中存在的高压条件的机械阻力是该应用的关键问题。

4. 同位素

由于分离因子非常小，几乎丢弃了由聚合物膜分离同位素[158]，因此应该技术与诸如 Knudsen 扩散或离心等其他技术竞争。现有的少数研究之一致力于 BF_3 应用中的硼同位素探测[159]，报道了 1.02~1.09 范围内的实验选择性数据，并用于多级单元的设计分析。

6.5 未来趋势和前景

最近讨论了分离操作日益增加的重要性[160]和更具体的膜过程[161]，特别强调在能源和可持续性挑战方面的应用。因此，膜的作用预计将在各种工业领域显著增加，这是因为其独有的特性，如分离性能、能效、易操作性、无化学物涉及、相关的生产效率等。

6.5.1 膜材料

1990 年，斯特恩发表了一篇关于气体分离聚合物材料领域发展的有远见的论文。[162]最近，Koros 和 Mahajan 也探讨了如何突破膜大规模应用的极限。[163]很明显，新型聚合物材料的不断发展是改进的主要来源，可以开辟新的应用领域。寻找用于高压 CO_2 分离的抗塑化聚合物是一个典型的例子。[164]

最近的另一个趋势是系统地探索溶解选择性的可能性，与由玻璃态聚合物获得的扩散选择性相反，玻璃态聚合物因某种原因而一直受到青睐。溶解选择性膜分离的主要工业应用涉及由硅橡胶 VOC 回收。有可能其他具有较大渗透性且不易受塑化影响的橡胶材料显示出新分离的潜力。[165]在最近的一项研究中，这一概念被证实可为氢气纯化提供有前途的分离性能[166]：如果使用精心挑选的温度和施加操作压力，橡胶态、分子交联的聚（环氧乙烷）膜显示出对 CO_2/H_2 对的显著的反向选择性，CO_2/H_2 对是膜气体分离的最困难的混合物之一。由于氢气在高压侧回收，因此该结果非常有希望在工业应用。用于氢气净化的膜主要缺点可以被回避。从基本的观点来看，在这种情况下，CO_2 的塑化效应被利用，与在玻璃态膜材料的应用中观察到的不希望的塑化相反。原料中水分的存在并不是不利的,因为它改善了选择性和渗透性能。

更一般地,突破性材料可以通过创新的纳米技术方法来发展,包括诸如溶液中的自组装、分子模板或自下而上设计的技术。据报道,量身定制的自由体积拓扑结构利用了在玻璃态聚合物中加入合适的模板分子,它们具有突出的分离性能,超越了博弈关系所规定的限制。[167]

1. 处理化学反应

如今,工业规模的膜的气体分离操作仍然在严格的物理相互作用下操作(即不涉及化学反应)。在某种程度上,这种情况可以与仅使用物理溶剂作为分离剂的气体吸附过程进行比较。已知的使用化学反应在分离选择性方面提供了特殊的潜力,该策略已广泛应用于气液吸附(化学溶剂)、液-液萃取和色谱过程等。因此,为提高分离性能,已经研究了化学反应膜系统数十年。尽管如此,该领域的尝试仍然主要限制于实验室规模或试点研究。由于化学反应系统提供了相当大的改进,因此预计在不久的将来会出现新的应用。

更具体地说,可能提出了化学反应利用的以下两种主要可能性。

(1)特别涉及与气态渗透物发生化学反应的物质与基质结合(如通过共价键)。这些所谓的固定位点载体膜已经从 Noble[168] 的理论角度进行了检验,并且通过大量实验室研究验证了该概念的价值。选择性氧气渗透的特殊情况已通过加入金属盐(如 $CuCl_2$ 或螯合物[169])在橡胶共聚物中可逆地结合氧[170]、EDTA-丙烯酸酯共聚物[171]、聚氨酯[172] 或纤维素材料[173],进行了深入研究。钴(3)配合物已经过测试,报告显示 O_2/N_2 选择性(值高达50)及6 000 Barrer 的氧渗透率得到了显著改善。然而,由于复杂的去活化是一个主要问题,因此必须通过长期实验来证实这些结果。

(2)另一种方法是使用与目标物种反应并运输目标物种的移动载体,这一概念导致了液体膜的应用,这一主题已经引起了数十年的广泛关注,本章将不再详述。[30]

2. 吸附剂和聚合物复合:混合基质膜

聚合物气体分离的上限可以视为某些工业应用的主要瓶颈。因此,已经做出了相当大的努力来确定超越这一限制的手段。对于玻璃态聚合物中的气体分离,扩散选择性起着关键作用,这种界限应该是由所谓的熵选择性效应引起的。[174]在非聚合物结构的刚性笼子中,如分子筛、沸石,或矿物吸附剂,这种情况不一样,其显示出高得多的固有选择性(然而,通常以较低的渗透性为代价)。因此,将多孔选择性粉末吸附剂掺入聚合物基质中可以是一种改进气体分离膜性能的有希望的方法。这个概念通常称为混合基质膜,并且最近才开始用于分离目的,而很久以前就解决了聚合物/吸附剂非均相基质中气体传输的基本问题。[175]

多孔吸附剂填料首先表现出不同程度的影响选择性差的橡胶聚合物的分离性能[176,177],这取决于吸附剂结构(死端或相互连接的孔)、固有渗透性,以及聚合物与聚合物之间实现紧密接触的可能性、吸附剂颗粒,渗透性和选择性可以增加或减少。如果在分散相(即颗粒)和连续相(即聚合物)之间实现合适的接触,则可以根据已提出的用于非均相介质传输性质的众多模型之一来估计有效渗透率。通常将结果与 Maxwell[178] 推导的表达式的结果进行比较,以预测两相系统的电性质。对于具有填充体积分数 φ 的基质,渗透物的有效渗透率可以通过聚合物(P_c)的纯化合物渗透率与吸附剂(P_d)的纯化合

物渗透率计算,即

$$P = P_c \frac{P_d + 2P_c - 2\varphi(P_c - P_d)}{P_d + 2P_c + \varphi(P_c - P_d)} \quad (6.62)$$

图 6.40 中显示了混合基质膜的一个实例和一些观察到的氧/氮选择性改进。[179]

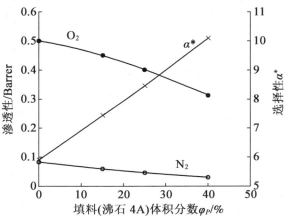

(a) 用于气体分离的混合基质膜的SEM照片:
粉末状吸附剂分散在致密的聚合物膜中

(b) 用于空气分离的混合基质膜的实例
(聚合物为PVAc,填料为沸石4A)[89]

图 6.40 混合基质膜的一个实例和一些观察到的氧/氮选择性改进

必须进行更具体的分析,以将不可渗透的纳米颗粒掺入致密的聚合物膜中。这种类型的操作在材料科学中已经进行了数十年以达到加固或降低成本的目的,实例包括在硅橡胶中使用二氧化硅。[180]对于渗透应用,由于链段活动性的限制,因此纳米颗粒可显著增加玻璃化转变温度。这可以在渗透性和选择性方面产生有益效果,并可能使性能超出权衡限制。一些观察结果证实了二氧化硅颗粒对于 O_2/N_2 分离[181]或 PTMSP 纳米复合材料的丁烷/甲烷分离的影响,其中丁烷渗透率增加了 6 倍。[182]然而,气相法二氧化硅纳米颗粒掺入玻璃态无定形聚(4-甲基-2-戊炔)中获得了惊喜的结果,与常规填充聚合物体系的结果相比,获得了大型有机蒸汽相对于小型永久性气体的渗透性和选择性的显著提高。[183]纳米级混合可以是调节分子堆积的创新方法,因此玻璃态聚合物的分离性能得到提高。

3. 推动超薄膜皮层的极限

在膜制备过程方面,寻找超薄无缺陷活性层制备方法可能会导致突破性技术。到目前为止,基于挤出/涂覆技术,对于最好的成膜材料,用于气体分离的膜组件的生产率可以被认为具有 50 nm 的下限。这种性能非常显著,可能难以克服,除非革命性的制造技术被证明更有效。值得注意的是,偶尔会提出替代的和基本上未探索的方法用于此类目的,这些方法包括可聚合的超薄 Langmuir Blodgett 结构[184],或利用光化学反应组件[185]。支撑材料的表面结构和薄层的稳定性在这种情况下显然是关键问题。

利用化学气相沉积或等离子体技术的特殊表面处理也具有很大的潜力。已经更详细地研究了表面氟化[186]、溴化[187]、臭氧化[188]或 UV 后处理[189]的影响。一个完全不同的策略是形成皱纹结构,以增加通量。[190]这种方法已经应用于某些情况下反渗透膜的制造,但显然还没有引起人们对气体分离目的的关注。

4. 推动气体分离膜的操作范围

侵蚀性环境通常是聚合物材料特别关注的问题,并且通常是膜应用的关键问题。活性层、支撑体或模块(如外壳材料、胶水和密封剂)对反应气体、酸、挥发性有机化合物或重质物质的敏感性在工艺选择方面具有决定性作用,这些因素就限制了其大量应用。但是,这些方面在公开文献中的记载很少,最终用户的反馈非常有限。

前面已经讨论了与增塑效果相关的困难及实现对重质化合物和烃的有效预处理的必要性。此外,各种研究已经解决了膜材料暴露于氯气[191]或臭氧[192]等腐蚀性气体时的耐久性。

另一个挑战在于在极端温度和压力环境下增强气体分离与聚合物膜的适用性。偶尔有报道用聚酰胺膜分离 CO_2/H_2 的压力高达 380 bar[193],在这些条件下的有效输送性能难以预测,因为它们是由膨胀和膜压实之间的竞争引起的,但是在某些情况下,可以获得大幅增加的选择性。

在高温条件下,用聚合物膜进行的气体渗透研究很少。然而,由于其优异的热稳定性,因此聚吡咯烷酮已经被研究到这种程度。据报道,这种聚合物的实验结果可达到 200 ℃。[194]

6.5.2　操作模式和膜组件设计

对于膜气体分离而言,创新的过程或操作模式是相对未开发的问题。可以说,迄今为止,用于气体分离的聚合物膜的开发主要是由材料科学的成就驱动的:薄的活性层膜、中空纤维模块,以及最重要的新型聚合物材料。除传统的串联或回收方法外,工艺开发部分仍然适度。

从历史上看,促进新型膜气体分离过程的主要尝试之一是最初由 Hwang 和 Thorman 提出的连续的膜柱。[195]这里,关键思想是在逆流串联中利用逆流流动原理,获得局部最大化的推动力。与连续蒸馏塔类似,可以连续提取两种产物流速:贫乏的底部和富含快速渗透化合物的顶部。但是,在一些案例研究中,这种操作模式已被证明比简单的单级过程消耗更多的能量并且需要更多的膜面积。[196]

然而,值得注意的是,最近发表的一系列研究提出了使用气体分离膜组件的替代操作模式。这些新方法中的共同点是利用瞬态操作。已经针对不同的混合物研究了诸如混合物的快速化合物的优先积累[197]、循环加压和抽空[198]、变压渗透[199]或脉冲进料操作[200]的方法。这可能被视为僵局,膜组件可以在稳定条件下操作的事实通常被认为是生产率和过程控制操作简便性方面的决定性优势。然而,在不稳定条件下的工作提供了在选择性和生产率方面扩展性能范围的可能性。

非稳态膜气体分离的关键概念最初是针对微孔碳或玻璃膜提出的。[201]这个想法是基于这样一个事实:在一个封闭的两室系统中,在瞬态两种渗透化合物的特征曲线显示出不同的扩散系数,但相同的渗透率应显示不同的穿透时间。在这种情况下,吸附选择性($\alpha_S = S_1/S_2$)严格地与扩散选择性相反($\alpha_D = D_1/D_2 = 1/\alpha_S$)。尽管偶尔会出现气体对,但这种情况根本不是系统性的,如稀有气体。

在稳定运行下,不可能获得选择性($\alpha=1$)。然而,可以在短时间内提取非常纯净的快速渗透化合物。因此,需要再次解决选择性生产率的权衡问题,采用循环进料和渗透操作模式的双容量回收装置。Paul[202]报道了该问题的开创性理论分析,研究了He/CH_4的分离,通过对该问题的分析解决方案,可以得出结论:生产率的损失不能通过选择性的显著增加来补偿。后来得到了类似的结论,用于分离O_2/N_2。[203]现代模拟和优化方法分离CO_2/H_2气体对最近重新探索了这一概念,并得出了更积极的结论。[204]在确切地确定这些运行模式的真正潜力之前,进一步的研究显然是必要的。

另一种实现多组分分离的可能性在于利用不同的膜,这个概念已经在实验和理论上进行了探索,特别是对于He-CO_2-N_2的三元混合物。[205]选择这种混合物是因为它可以找到两种不同的膜,它们对原料的两种快速成分(醋酸纤维素和硅橡胶)具有反向选择性。从实际观点来看,可以使用配备有两个不同膜[206]的单个膜组件或者串联两个单个的膜渗透器来进行分离。最近已经探索了用于气体分离膜的各种工艺替代方案,如所谓的嗅觉概念。[207]

膜组件的设计方面已经取得了显著进展,并且在不久的将来这个领域不会发生重大变化。一般而言,与填充床相比,中空纤维膜组件利用了开放式管状接触器更好的质量-动量传递效率。[208]膜组件的热动态能量效率的一般问题取决于膜选择性和压力比,已经通过单压缩机[209]和双压缩机[210]级联二元混合物分离进行了研究。这些研究证实,膜不足以生产极高纯度的产品。扫描流的使用也已显示出对能量效率的强烈影响,但这种操作模式在气体渗透应用中基本上未被探索。提高热力学效率的关键是减少与分离相关的不可逆熵产生项,最近被探索用于膜分离[211],但是关于熵最小化方法的膜组件设计的意义[212],可能开启膜组件设计或驱动力分布的新策略,尚未得到解决。

6.5.3 新的驱动力

除用于膜气体分离的压力驱动力外,还可以考虑替代方法。还可以使用电势,主要是为了在检查一般电化学势表达时实现选择性转运。尽管与压力相比,电势可以是非常强的驱动力,但这种选择对于膜气体分离目的几乎未被探索。一个简单的计算确实表明,对于净电荷为±2的物种,60 mV的电位差可以相当于不带电物种100 bar的浓度差异。[213]然而,气体分离的电驱动的应用在很大程度上仍然是假设的,尽管可以用电子导电聚合物(如聚苯胺)进行研究。据报道,它在压差操作中表现出有趣的渗透性能。[214]除对基于液晶的气体分离电对流液膜的早期研究外[215],这一策略并未引起人们的关注。

聚合物对特定化合物(通常称为溶剂)的敏感性是众所周知的,并且在很大程度上影响气体分离膜的渗透性能。之前关于二氧化碳或碳氢化合物因塑化而对玻璃态聚合物的负面影响的讨论属于这一类。然而,进料混合物中存在的一种化合物所产生的膨胀效应可能是有益的。最好的例子可能是当处理潮湿的气态混合物时,观察到的某些亲水性材料的显著的性能变化。已经对纤维素膜材料进行了详细的研究,对其进行了干燥和水溶胀膜性能的比较。[216]然而,对醋酸纤维素、聚醚砜和聚砜进行的类似研究报道了CO_2/CH_4的分离情况。随着给水量的增加,分离因子减小。[217]

最后,非常规方法包含探索作为有效的膜气体分离的驱动力的可见光或特定波长的潜力。当考虑自由能时,这种光活化过程将非常有吸引力。基于可逆的光致变色载体,通过液膜选择性转运一氧化碳,该概念已通过实验验证。[218]

6.6　本章小结

1955 年,Weller 和 Steiner 列出了一系列聚合物膜需要克服的挑战,以找到工业应用。
(1)与 20 世纪 60 年代中期的表现相比,通量(渗透率)增加 3 倍或 4 倍。
(2)足够的选择性,通常高于 20(注意,空气分离显然是此规则的一个例外)。
(3)在高压差(高达 150 bar)下运行的能力。
(4)在大温度范围(0~100 ℃)内存在污染物时具有良好的稳定性。
(5)开发大规模、高效稳定膜组件的可能性。

如今,这些挑战已在很大程度上取得了成就。因此,膜气体分离工艺已经在工业中获得了应用,并且现在几乎被视为气体或蒸汽分离过程的可能性之一。[219]

鉴于制造业和化学加工业目前和未来的挑战,可以预期它们的使用和作用将显示出相当大的发展前景,可能出现的不同市场的数量很大。下面列出三个主要机会及其相关挑战。克服其中一个挑战将带来重大突破,可以预期未来这将会是一个非常大的市场。

6.6.1　氢气生产

考虑到全球气候变化和当地空气污染问题,氢气被认为是最有前途的能源之一,对氢气的需求不断增加。通过膜分离工艺将氢气与其他气体分离通常被认为是一种非常有前途的技术。[220]然而,为使聚合物膜与该领域的其他技术竞争,需要突破性的性能,选择性需要进一步改善,特别是对于 CO_2/H_2 分离,并且能够承受更高的操作温度将是具有重要意义的。

6.6.2　温室气体减排

从气体中捕获二氧化碳(通常称为燃烧后捕集)以减少温室气体排放肯定是膜气体渗透过程的一项艰巨挑战。聚合物膜在最早的研究中被丢弃,主要是因为选择性太低[221],最近的研究报告了更有希望的情况。[222,223]尽管如此,聚合物膜在这种应用上的潜力仍然存在争议[224],在确定其实际用途的清晰图片之前需要进一步研究。

6.6.3　异构体分离

异构体分离(主要是在烃对中)代表化学加工工业分离中非常大的能量需求比例(如乙烯/乙烷、丙烯/丙烷等)。玻璃态聚合物,如聚(苯醚)、聚砜、醋酸纤维素和乙基纤维素等,已被认为是分离丙烯/丙烷对的潜在备用项。[225]对于橡胶态有机硅膜,该领域的主要困难在于强烈的渗透耦合效应,其将实际(有效)选择性大幅降低至 5~10 的范围。在某些情况下,这比理想选择性低 2~10 倍(由纯气体性能计算)。

最后,以下各种主要论点支持了聚合物膜气体分离的未来前景。

(1)能源已经成为工业制造的关键挑战,众所周知,膜可为气体分离提供智能、节能的解决方案。因此,期望重新考虑使用膜的使用(因相对低的能量成本而丢弃的)。

(2)随着可持续发展问题的日益增加,绿色工程或可持续化学问题等限制变得越来越重要。在这方面,膜结合了一系列独特的论据:不用化学试剂、能源回收或再循环应用的有效解决方案,在温和条件下工作的可能性等。

(3)到目前为止,人们一直认为膜分离过程通常必须适应并适用于为其他分离技术设计的工业流程。因此,在许多情况下,膜单元已经安装在工艺边界处(如清洗、现有装置的改造等)。当新设备在原始框架内设计时,膜气体分离过程将有可能在该过程的核心中发挥越来越大的作用。

(4)工业发展可以促进新概念,如分布式或面向消费者的生产。在这种情况下,膜气体分离组件单元化及易于控制的单元将是理想的解决方案。

【另见:第1册第13章用于气体分离的碳膜的制备】

本章参考文献

[1] Graham, T. Q. J. Sci. Lit. Arts 1829, 2, 88 – 89, Re-edited in J. Membr. Sci. 1995, 100, 9.

[2] Mitchell, J. K. Philadelphia J. Med. Sci. 1831, 13, 36.

[3] Stannett, V. J. Membr. Sci. 1978, 3, 97 – 115.

[4] Graham, T. Philos. Mag. 1866, 32, 401.

[5] Mason, E. A. J. Membr. Sci. 1991, 60, 125 – 145.

[6] Henis, J. M. S.; Tripodi, M. K. Sep. Sci. Technol. 1980, 15, 1059.

[7] Loeb, S.; Sourirajan, S. Adv. Chem. Ser. 1962, 38, 117.

[8] Henis, J. M. S.; Tripodi, M. K. Science 1983, 220 (4592), 11 – 17.

[9] Lonsdale, H. K. J. Membr. Sci. 1987, 33, 121 – 136.

[10] Koros, W. J. Gas separation. In Membrane Separation Systems: Recent Developments and Future Directions; Noyes Publishing: Park Ridge, NJ, 1991; pp 189 – 242.

[11] Baker, R. W. Ind. Eng. Chem. Res. 2002, 41, 1393 – 1411.

[12] Strathmann, H. AICHE J. 2001, 47 (5), 1077 – 1087.

[13] Paul, D. R.; Yampolskii, Y. P. Polymeric Gas Separation Membranes; CRC Press: Boca Raton, 1994.

[14] Baker, R. Membrane Technology and Applications, 2nd ed.; Wiley: New York, 2004.

[15] Ghosal Freeman, B. D. Polym. Adv. Technol. 1993, 5, 673 – 697.

[16] Yamploskii, Y.; Freeman, B. D. Materials science of membranes for gas and vapor separation; Wiley: New York, 2006.

[17] Rautenbach, R.; Albrecht, R. Membrane Processes; Wiley: New York, 1989.

[18] Ho, W. S.; Sirkar, K. K. Membrane Handbook; Van Nostrand Rheinhold: New York, 1992.

[19] Peinemann, K. V.; Nunes, S. Membrane Technology in the Chemical Industry; Wiley-VCH: New York, 2001.

[20] Wankat, P. C. Equilibrium Staged Separations; Elsevier: New York, 1988.

[21] Hwang, S. T.; Kammermeyer, K. L. Membranes in Separations; Wiley Interscience: New York, 1975.

[22] Lakshminarayanaiah, N. Transport processes in membranes. In Subcellular Biochemistry; Roodyn, D., Ed.; Plenum Press: New York, 1979; Vol. 6.

[23] Lee, C. H. J. Appl. Polym. Sci. 1975, 19, 83 – 95.

[24] Guggenheim, E. A. Thermodynamics; North Holland: Amsterdam, 1965.

[25] Wijmans, J. G.; Baker, R. W. J. Membr. Sci. 1995, 107, 1.

[26] Paul, D. R. J. Appl. Polym. Sci. 1972, 16, 771 – 782.

[27] Paul, D. R.; Ebra-Lima, O. M. J. Appl. Polym. Sci. 1970, 14, 2201 – 2224.

[28] Islam, M. A.; Buschatz, H. Chem. Eng. Sci. 2002, 57, 2089 – 2099.

[29] Vesely, D. Polymer 2001, 42, 4417 – 4422.

[30] Way, J. D.; Noble, R. D.; Flynn, T. M.; Sloan, E. D. J. Membr. Sci. 1982, 12, 239 – 259.

[31] Barrer, R. M. Diffusion in and Through Solids; Cambridge University Press: London, 1951.

[32] Paul, D. R. J. Polym. Sci. 1973, 11, 289.

[33] Michaels, A. S. J. Membr. Sci. 1996, 109, 1 – 19.

[34] Srinavasan, R.; Auvil, S. R.; Burban, P. M. J. Membr. Sci. 1994, 86, 67 – 74.

[35] Hillaire, A.; Favre, E. AICHE J. 1998, 44, 1200 – 1206.

[36] Stanett, V. J. Membr. Sci. 1978, 3, 97.

[37] Flory, P. J. Principles of Polymer Chemistry; Cornell University Press: Ithaca, NY, 1953.

[38] Walas, S. M. Phase Equilibria in Chemical Engineering; Butterworths Publishers: London, 1985.

[39] Flory, P. J.; Rehner, J., Jr. J. Chem. Phys. 1943, 11, 512 – 526.

[40] Favre, E.; Nguyen, Q. T.; Schaetzel, P.; Clement, R.; Néel, J. J. Chem. Soc. Faraday Trans. 1993, 89, 4339 – 4346.

[41] Prausnitz, J. M.; Lichtenthaler, R. N.; de Azevedo, E. G. Molecular Thermodynamics of Fluid Phase Equilibria; Prentice Hall, 1999.

[42] Favre, E.; Nguyen, Q. T.; Clément, R.; Néel, J. J. Membr. Sci. 1996, 117, 227 – 236.

[43] Barrer, R. M.; Barrie, J. A.; Slater, J. J. Polym. Sci. 1958, 27, 177.

[44] Meares, P. J. Am. Chem. Soc. 1954, 66, 3415.
[45] Vieth, W. R.; Howell, J. M.; Hsieh, J. H. J. Membr. Sci. 1976, 1, 177 – 220.
[46] Theodorou, D. N. Chem. Eng. Sci. 2007, 62, 5697 – 5714.
[47] Doghieri, F.; Sarti, G. C. J. Membr. Sci. 1998, 147, 73 – 86.
[48] Crank, J. The Mathematics of Diffusion; Oxford Science Publications, 1975.
[49] Crank, J.; Park, G. S. Diffusion in Polymers; Academic Press: London, 1968.
[50] Kokes, R. J.; Long, F. A. J. Am. Chem. Soc. 1953, 75, 6142 – 6146.
[51] Fujita, H. Fortschrit Hochpolym. Forsch. 1961, 3, 1.
[52] Cohen, M. H.; Turnbull, D. J. Chem. Phys. 1954, 31, 1164 – 1168.
[53] Kosfeld, R.; Zumkley, L. Ber. Bunsenges. Phys. Chem. 1979, 83, 392 – 396.
[54] Peterlin, A. J. Macromol. Sci. Phys. 1975, B11 (1), 57 – 87.
[55] Stern, S. A.; Fang, S. M.; Frisch, H. L. J. Polym. Sci. 1972, A – 2 (10), 201.
[56] Duda, J. L.; Vrentas, J. S.; Ju, S. T.; Liu, H. T. AICHE J. 1982, 28, 279.
[57] Assink, R. A. J. Polym. Sci. Polym. Phys. Ed. 1975, 13, 1665 – 1673.
[58] Petropoulos, J. H. J. Polym. Sci. Part A2 1970, 8, 1797 – 1801.
[59] Chan, A. H.; Koros, W. B.; Paul, D. R. J. Membr. Sci. 1978, 3, 117 – 130.
[60] Koros, W. J.; Chan, A. H.; Paul, D. R. J. Membr. Sci. 1977, 2, 165 – 190.
[61] Wijmans, J. G. J. Membr. Sci. 2003, 220, 1 – 3.
[62] Mauviel, G.; Berthiaud, J.; Vallières, C.; Roizard, D.; Favre, E. J. Membr. Sci. 2005, 266, 62 – 67.
[63] Barrer, R. M. Nature 1937, 106 – 107.
[64] Van Krevelen, D. W. Properties of Polymers, 2nd ed.; Elsevier: New York, 1976, Chap 18.
[65] Hillaire, A.; Favre, E. Ind. Eng. Chem. Res. 1999, 38, 211 – 217.
[66] Salame, M. J. Polym. Sci. 1973, 41, 1 – 15.
[67] Park, J. Y.; Paul, D. R. J. Membr. Sci. 1997, 125, 23 – 39.
[68] Teplyakov, V.; Meares, P. Gas Sep. Purif. 1990, 4, 66 – 74.
[69] LaPack, M. A.; Tou, J. C.; McGuffin, V. L.; Enke, C. G. J. Membr. Sci. 1994, 86, 263 – 290.
[70] Pauly, S. Permeability and diffusion data. In Polymer handbook; Bandrup, J.; Immergut, E. H.; Grulke, E. A., Eds.; 4th ed.; Wiley: New York, 1999.
[71] Robeson, J. L. J. Membr. Sci. 1991, 62, 165.
[72] Freeman, B. D. Macromolecules 1999, 32, 375.
[73] Humphrey, J. L.; Keller, G. E. Separation Process Technology; MacGraw Hill: New York, 1997.
[74] Seader, J. D.; Henley, E. J. Separation Process Principles; Wiley: New York, 2006.
[75] Weller, S.; Steiner, W. A. Chem. Eng. Prog. 1950, 46 (11), 585 – 590.

[76] Coker, D. T.; Freeman, B. D.; Fleming, G. K. AICHE J. 1998, 44 (6), 1289.
[77] Kaldis, S. P.; Kapantaidakis, G. C.; Sakellaropoulos, G. P. J. Membr. Sci. 2000, 173, 61–71.
[78] Boucif, N.; Majumdar, S.; Sirkar, K. K. Ind. Eng. Chem. Fundam. 1984, 23, 470.
[79] Krovvidi, K. R.; Kovvali, A. S.; Vemury, S.; Khan, A. A. J. Membr. Sci. 1992, 66, 103–118.
[80] Rautenbach, R.; Dahm, W. J. Membr. Sci. 1986, 28, 319–325.
[81] Naylor, R. W.; Backer, P. O. AICHE J. 1955, 1, 95–99.
[82] Shindo, Y.; Hakuta, T.; Yoshitome, H.; Inoue, H. Sep. Sci. Technol. 1985, 20, 445–459.
[83] Zolandz, R.; Fleming, G. K. Gas permeation applications. In Membrane handbook; Ho, W. S.; Sirkar, K. K., Eds.; Van Nostrand Reinhold; New York, 1992.
[84] Thundyil, M. J.; Koros, W. J. J. Membr. Sci. 1997, 125, 275.
[85] Stern, S. A.; Vaidyanathan, R.; Pratt, J. R. J. Membr. Sci. 1990, 49, 1–14.
[86] Li, K.; Acharya, D. R.; Hughes, R. J. Membr. Sci. 1990, 52, 205–219.
[87] Pan, C. Y.; Hagbood, H. W. Ind. Eng. Chem. Fundam. 1974, 13, 323–331.
[88] Schell, W. J. J. Membr. Sci. 1985, 22, 217–224.
[89] Baker, R. W.; Wijmans, J. G.; Kaschemekat, J. H. J. Membr. Sci. 1998, 151, 55–62.
[90] Bhide, B. D.; Stern, S. A. J. Membr. Sci. 1998, 140, 27–49.
[91] Dortmund, D.; Doshi, K. Chem. Eng. World 2003, (September), 55–66
[92] Ludtke, O.; Behling, R. D.; Ohlrogge, K. J. Membr. Sci. 1998, 146, 145–157.
[93] Qi, R.; Henson, M. A. J. Membr. Sci. 1998, 148, 71–89.
[94] Tsuru, T.; Hwang, S. T. J. Membr. Sci. 1994, 94, 213–224.
[95] McCandless, F. P. J. Membr. Sci. 1985, 24, 15–28.
[96] Rautenbach, R.; Struck, A.; Melin, T.; Roks, M. F. M. J. Membr. Sci. 1998, 146, 217–223.
[97] Zhu, Z. J. Membr. Sci. 2006, 281, 754–756.
[98] Henis, J. M.; Tripodi, M. K. J. Membr. Sci. 1981, 8, 233–246.
[99] Pinnau, I.; Wijmans, J. G.; Blume, I.; Kuroda, T.; Peinemann, K. V. J. Membr. Sci. 1988, 37, 81–88.
[100] Thorman, J. M.; Rhim, H.; Hwang, S. T. Chem. Eng. Sci. 1975, 30, 751–754.
[101] Feng, X.; Huand, R. Y. M. Can. J. Chem. Eng. 1995, 73, 833–843.
[102] Lim, S. P.; Tan, X.; Li, K. Chem. Eng. Sci. 2000, 55, 2641.
[103] Gorisen, H. Chem. Eng. Process. 1987, 22, 63–67.
[104] Coker, D. T.; Allen, T.; Freeman, B. D.; Fleming, G. K. AICHE J. 1999, 45

(7), 1451.
[105] Kao, Y. K.; Chen, S.; Hwang, S. T. J. Membr. Sci. 1987, 32, 139 – 157.
[106] Lemanski, J.; Lipscomb, G. G. AICHE J. 1995, 41 (10), 2322.
[107] Chen, H.; Cao, C.; Xu, L.; Xiao, T.; Jiang, G. J. Membr. Sci. 1998, 139, 259 – 268.
[108] Lemanski, J.; Lipscomb, G. G. J. Membr. Sci. 2002, 195, 215 – 228.
[109] Lemanski, J.; Lipscomb, G. G. J. Membr. Sci. 2000, 167, 241 – 252.
[110] Bhattacharya, S.; Hwang, S. T. J. Membr. Sci. 1997, 132, 73 – 90.
[111] Haraya, K.; Hakuta, T.; Yoshitome, H.; Kimura, S. Sep. Sci. Technol. 1987, 22, 1425 – 1438.
[112] He, G.; Mi, Y.; Yue, P. L.; Chen, G. J. Membr. Sci. 1999, 153, 243 – 258.
[113] Wang, R.; Liu, S. L.; Lin, T. T.; Chung, T. S. Chem. Eng. Sci. 2002, 57, 967 – 976.
[114] Islam, M. A.; Busxhatz, H.; Paul, D. J. Membr. Sci. 2002, 204, 379 – 384.
[115] Taylor, R.; Krishna, R. Multicomponent Mass Transfer; Wiley: New York, 1993.
[116] Bird, R. B.; Stewart, W. E.; Lightfoot, E. N. Transport Phenomena; Wiley: New York, 1960.
[117] Kamaruddin, D. H.; Koros, W. J. J. Membr. Sci. 1997, 135, 147.
[118] Frisch, H. L. Polym. J. 1991, 23 (5), 445 – 456.
[119] Truesdell, C. J. Chem. Phys. 1962, 37, 2336.
[120] Stern, S. A.; Onorato, F. J.; Libove, C. AICHE J. 1977, 23, 567 – 578.
[121] Isalski, W. H. Separation of Gases; Clarendon Press: Oxford, 1989.
[122] Hinchliffe, A. B.; Porter, K. E. Ind. Eng. Chem. Res. 1997, 36, 821 – 829.
[123] Koros, W. J. AICHE J. 2004, 50 (10), 2326.
[124] Spillman, R. W. Chem. Eng. Prog. 1989, 1, 41 – 62.
[125] Koros, W. J.; Fleming, G. K. J. Membr. Sci. 1993, 83, 1 – 80.
[126] Chen, W. J.; Martin, C. R. J. Membr. Sci. 1994, 95, 51 – 61.
[127] Zimmerman, C. M.; Koros, W. J. Macromolecules 1999, 32, 3341 – 3346.
[128] Koros, W. J. J. Polym. Sci., Polym. Phys. Ed. 1985, 23, 1611 – 1628.
[129] Tabe-Mohaμmadi, A. Sep. Sci. Technol. 1999, 34, 2095 – 2111.
[130] Baker, R. W.; Lokhandwala, K. Ind. Eng. Chem. Res. 2008, 47, 2109 – 2121.
[131] Cook, P. J.; Losin, M. S. Hydrocarb. Process. 1995, 4, 79 – 84.
[132] McKee, R. L.; Changela, M. K.; Reading, G. J. Hydrocarb. Process. 1991, 4, 63 – 65.
[133] Hao, J.; Rice, P. A.; Stern, S. A. J. Membr. Sci. 2002, 209, 177 – 206.
[134] Datta, A. K.; Sen, P. K. J. Membr. Sci. 2006, 283, 291 – 300.
[135] Gottschlich, D. E.; Roberts, D. L.; Way, J. D. Gas Sep. Purif. 1988, 2, 65 – 71.

[136] Parro, D. Energy Prog. 1985, 5 (1), 51-54.
[137] White, L. S.; Blinka, T. A.; Kloczewski, H. A.; Wang, I. F. J. Membr. Sci. 1995, 103, 73-82.
[138] Visser, T.; Koops, G. H.; Wessling, M. J. Membr. Sci. 2005, 252, 265-277.
[139] Wind, J. D.; Paul, D. R.; Koros, W. J. J. Membr. Sci. 2004, 228, 227-236.
[140] Shieh, J. J.; Chung, T. S.; Wang, R.; Srinivasan, M. P.; Paul, D. R. J. Membr. Sci. 2001, 182, 111-123.
[141] Lee, A. L.; Feldkirchner, H. L.; Stern, S. A.; Houde, A. Y.; Gamez, J. P.; Meyer, H. S. Gas Sep. Purif. 1995, 9 (1), 35-43.
[142] Kapdi, S. S.; Vijay, V. K.; Rajesh, S. K.; Prasad, R. Renew. Energy 2005, 30, 1195-1202.
[143] Yeom, C. K.; Lee, S. H.; Lee, J. M.; Song, H. Y. J. Membr. Sci. 2002, 204, 303-322.
[144] Alpers, A.; Keil, B.; Lüdtke, O.; Ohlrogge, K. Ind. Eng. Chem. Res. 1999, 38, 3754-3760.
[145] Ye, X.; LeVan, D. J. Membr. Sci. 2003, 221, 147-161.
[146] Ye, X.; LeVan, D. J. Membr. Sci. 2003, 221, 163-173.
[147] Wang, K. L.; McCray, S. H.; Newbold, D. D.; Cussler, E. L. J. Membr. Sci. 1992, 72, 231-244.
[148] Peterson, E. S.; Stone, M. L. J. Membr. Sci. 1994, 86, 57-65.
[149] Haraya, K.; Hwang, S. T. J. Membr. Sci. 1992, 71, 13-27.
[150] Stern, S. A.; Leone, S. M. AICHE J. 1980, 26, 881-890.
[151] Bhide, B. D.; Stern, S. A. J. Membr. Sci. 1991, 62, 13-35.
[152] Bhide, B. D.; Stern, S. A. J. Membr. Sci. 1991, 62, 37-58.
[153] Li et al. US Patent #5,759,237 and #5,785,74.
[154] Chung, I. J.; Lee, K. R.; Hwang, S. T. J. Membr. Sci. 1995, 105, 177-185.
[155] Hsieh, S. T.; Keller, G. E. J. Membr. Sci. 1992, 70, 143-152.
[156] Timashev, S. F.; Vorobiev, A. V.; Kirichenko, V. I.; Popkov, M.; Volkov, V. I. J. Membr. Sci. 1991, 59, 117-131.
[157] Tricoli, V.; Cussler, E. L. J. Membr. Sci. 1995, 104, 19-26.
[158] Agrinier, P.; Roizard, D.; Ruiz Lopez, M.; Favre, E. J. Membr. Sci. 2008, 318, 373-378.
[159] McCandless, F. P.; Herbst, S. J. Membr. Sci. 1990, 54, 307-319.
[160] Noble, R. D. Agrawal. Ind. Eng. Chem. Res. 2005, 44, 2887.
[161] Drioli, E.; Romano, M. Ind. Eng. Chem. Res. 2001, 40, 1277-1300.
[162] Stern, A. S. J. Membr. Sci. 1994, 94, 1-65.
[163] Koros, W. J.; Mahajan, R. J. Membr. Sci. 2000, 175, 181-196.
[164] Kosuri, M. R.; Koros, W. J. J. Membr. Sci. 2008, 320, 65-72.

[165] Freeman, B. D.; Pinnau, I. Trends Polym. Sci. 1997, 5 (5), 167.
[166] Lin, H.; Van Wagner, E.; Freeman, B. D.; Toy, L. G.; Gupta, R. P. Science 2006, 311, 639–642.
[167] Park, H. B.; Jung, C. H.; Lee, Y. M.; Hill, A. J.; Pas, S. J.; Mudie, S. T.; Van Wagner, E.; Freeman, B. D.; Cookson, D. J. Science 2007, 318, 254–258.
[168] Noble, R. J. Membr. Sci. 1990, 50, 207.
[169] Lai, J. Y.; Huang, S. J.; Chen, S. H. J. Membr. Sci. 1992, 74, 71–82.
[170] Wang, C. C.; Cheng, M. H.; Chen, C. Y.; Chen, C. Y. J. Membr. Sci. 2002, 208, 133–145.
[171] Wang, C. C.; Chen, C. C.; Huang, C. C.; Chen, C. Y.; Kuo, J. F. J. Membr. Sci. 2000, 177, 189–199.
[172] Chen, S. H.; Yu, K. C.; Houng, S. L.; Lai, J. Y. J. Membr. Sci. 2000, 173, 99–106.
[173] Bellobono, I. R.; Muffato, F.; Selli, E.; Righetto, L.; Tacchi, R. Gas Sep. Purif. 1987, 1, 103–106.
[174] Singh, A.; Koros, W. J. Ind. Eng. Chem. Res. 1996, 35, 1231–1236.
[175] Paul, D. R.; Kemp, D. R. J. Polym. Sci. 1973, 41, 79–93.
[176] Duval, J. M.; Folkers, B.; Mulder, M. H. V.; Desgrandchamps, G.; Smolders, C. A. J. Membr. Sci. 1993, 80, 189–198.
[177] Jia, M.; Peinemann, K. V.; Behling, R. D. J. Membr. Sci. 1991, 57, 289–292.
[178] Maxwell, J. C. Treatise on Electricity and Magnetism; Oxford University Press: London, 1873.
[179] Gonzo, E. E. J. Membr. Sci. 2006, 277, 46–54.
[180] Robb, W. L. Ann. N. Y. Acad. Sci. 1968, 146, 119–137.
[181] Moaddeb, M.; Koros, W. J. J. Membr. Sci. 1997, 125, 143–163.
[182] Gomes, D.; Nunes, S. P.; Peinemann, K. V. J. Membr. Sci. 2005, 246, 13–25.
[183] Merkel, T. C.; Freeman, B. D.; Spontak, R. J.; He, Z.; Pinnau, I.; Meakin, P.; Hill, A. J. Science 2002, 296, 519–522.
[184] Albrecht, O.; Laschewsky, A.; Ringsdorf, H. J. Membr. Sci. 1985, 22, 187–197.
[185] Liu, C.; Martin, C. R. Nature 1991, 352, 50–52.
[186] Mohr, J. M.; Paul, D. R.; Pinnau, 1.; Koros, W. J. J. Membr. Sci. 1991, 56, 77–98.
[187] Barbari, T. A.; Datwani, S. S. J. Membr. Sci. 1995, 107, 263–266.
[188] Henis, J. M. S.; Kramer, P. W.; Murphy, M. K.; Stedronsky, E. R.; Stookey, D. J. US Patent #5,215,554, 1993.

[189] Wright, C. T.; Paul, D. R. J. Membr. Sci. 1997, 124, 161-174.
[190] Gronda, A. M.; Buechel, S.; Cussler, E. L. J. Membr. Sci. 2000, 165, 177.
[191] Hagg, M. B. J. Membr. Sci. 2000, 170, 173-190.
[192] Polyakov, A.; Yamploskii, Y. Desalination 2006, 200, 1-3.
[193] Hartel, G.; Puschel, T. J. Membr. Sci. 1999, 162, 1-8.
[194] Costello, L. M.; Walker, D. R. B.; Koros, W. J. J. Membr. Sci. 1994, 90, 117-130.
[195] Hwang, S. T.; Thorman, J. M. AICHE J. 1980, 25 (4), 558.
[196] Rautenbach, R.; Dahm, W. Chem. Eng. Process. 1987, 21, 141-150.
[197] LaPack, M. A.; Dupuis, F. US Patent #5,354,474, 1994.
[198] Ueda, K.; Haruna, K.; Inoue, M.; US Patent #4,955,998, 1990.
[199] Feng, X.; Pan, C. Y.; Ivory, J. AICHE J. 2000, 46, 724-733.
[200] Beckman, I. N.; Shelekhin, A. B.; Teplyakov, V. V. J. Membr. Sci. 1991, 55, 283-297.
[201] Ash, R.; Barrer, R. M.; Foley, T. J. Membr. Sci. 1976, 1, 355-370.
[202] Paul, D. R. Ind. Eng. Chem. Process. Des. Dev. 1971, 10, 375-379.
[203] Higuchi, A.; Nakagawa, T. J. Appl. Polym. Sci. 1989, 37, 2181-2190.
[204] Corriou, J. P.; Fonteix, C.; Favre, E. AICHE J. 2008, 54, 1224-1234.
[205] Sengupta, A.; Sirkar, K. K. J. Membr. Sci. 1988, 39, 61-77.
[206] Stern, S. A.; Perrin, J. E.; Naimon, E. J. J. Membr. Sci. 1984, 20, 25-43.
[207] Damle, S.; Koros, W. J. AICHE J. 2005, 51, 1396.
[208] Engasser, J. M.; Horvath, C. Ind. Eng. Chem. Fundam. 1975, 14, 107-110.
[209] Xu, J.; Agrawal, R. J. Membr. Sci. 1996, 112, 115-128.
[210] Agrawal, R.; Xu, J. J. Membr. Sci. 1996, 112, 129-146.
[211] Hwang, S. T. AICHE J. 2004, 50, 862-870.
[212] Tondeur, D.; Kvaalen, E. Ind. Eng. Chem. Res. 1987, 26, 50-56.
[213] Winnick, J. Chem. Eng. Prog. 1990, 1, 41-46.
[214] Kuwabata, S.; Martin, C. R. J. Membr. Sci. 1994, 91, 1-12.
[215] Collins, J. P.; Noble, R. D.; Parkand, C. H.; Clark, N. A. J. Membr. Sci. 1995, 99, 249-257.
[216] Wu, J.; Yuan, Q. J. Membr. Sci. 2002, 204, 185-194.
[217] Paulson, G. T.; Clinch, A. B.; McCandless, F. P. J. Membr. Sci. 1983, 14, 129-137.
[218] Schulz, J. S. Nature 1997, 197, 1177-1179.
[219] Häring, H. W. Industrial Gases Processing; Wiley-VCH: Weinheim, 2008.
[220] Adhikari, S.; Fernando, S. Ind. Eng. Chem. Res. 2006, 45, 875-881.
[221] Van der Sluis, J. P.; Hendriks, C. A.; Blok, K. Energy Convers. Manag. 1992, 33 (5-8), 429.

[222] Hägg, M. B.; Lindbrathen, A. Ind. Eng. Chem. Res. 2005, 44, 7668 – 7675.
[223] Ho, M. T.; Allinson, G. W.; Wiley, D. E. Ind. Eng. Chem. Res. 2008, 47, 1562 – 1568.
[224] Favre, E. J. Membr. Sci. 2007, 294, 50 – 59.
[225] Sridar, S.; Khan, A. A. J. Membr. Sci. 1999, 159, 209 – 219.
[226] Koros, W. J.; Ma, Y. H.; Shimidzu, T. Pure Appl. Chem. 1996, 68 (7), 1479 – 1489.
[227] Koros, W. J.; Ma, Y. H.; Shimidzu, T. J. Membr. Sci. 1996, 120, 149 – 159.

第7章 渗透汽化膜的设计与制备

7.1 概　述

膜技术作为一种低成本、低能耗的单元操作技术,已广泛应用于水处理、清洁能源、食品生产、医疗保健等多个领域。选择性渗透膜作为分离介质,在膜两侧不同驱动力(如压差、浓度差、化学电位差)作用下,实现进料中组分的分离、纯化或浓缩。

渗透汽化(PV)是一种典型的膜分离技术,已成为传统蒸馏、吸附技术的重要替代技术。PV 除具有占地面积小、灵活性强、操作方便等优点外,还具有运行温度低、能量输入低、不依赖热力气液平衡等特点。因此,PV 更适合于共沸混合物的分离、热敏组分的分离传质机理及稀溶剂的去除。

PV 是唯一渗透分子在通过膜的过程中发生相变的膜过程。溶解扩散模型是最广泛接受的 PV 过程输运机制。根据该模型,分子在膜上的渗透包括三个步骤:从进料液中吸附渗透分子到膜的上游表面;渗透分子通过膜的扩散;膜下游对汽相渗透分子的解吸作用。[1]

PV 的定义最早是由 Kober[2] 在 1917 年提出的,当时他观察到水通过一个封闭的胶袋选择性渗透。在过去的一个世纪里,无论是 PV 膜还是 PV 工艺,从制备方法、膜材料、膜结构、工业应用等方面都取得了长足的发展。本章将全面介绍 PV 工艺的基本原理和 PV 膜的最新进展,重点介绍 PV 膜的制备方法、先进的膜材料和膜结构。

7.2　分离目标溶液

PV 的工业应用领域主要集中在三个方面:溶剂脱水、水中溶解有机物的分离、有机液体混合物的分离。本章主要针对学术研究领域早前报道的各种现有和未来的 PV 分离目标解决方案。迄今为止,这种技术已在能源、石油、环境、制药及食品和饮料工业中显示出多方面的潜力。需要强调的是,在各种分离技术中,PV 工艺在分离共沸液体混合物时具有优势,在涉及具有相似沸点或含有热不稳定成分的混合物时也是如此。

乙醇－正丙醇脱水是 PV 工艺最主要的商业化应用之一。当乙醇的质量分数达到 95% 时,它与水形成共沸物。在这种情况下,不能简单地用蒸馏分离这种共沸物。为此,开发了一种蒸馏与 PV 相结合的系统。蒸馏过程能够除去较多的水,使乙醇的质量分数达到 85% 左右。混合料中残留的水分主要通过 PV 工艺去除。考虑到水的浓度较低,水的去除更有利于实际应用。因此,一种低成本的亲水聚合物聚乙烯醇(PVA)在 PV 工艺中得到了广泛的研究和应用。但由于 PVA 在高浓度水中的溶胀作用,因此其亲水性也较差。在此基础上,采用交联法对聚乙烯醇膜进行了稳定性研究。类似的现象也发生在其他有利于水或有机物的 PV 膜。PV 法脱水在甘油、酸、极性溶剂等脱水体系中也有应用。

水中有机物的去除主要是挥发性有机物(VOC)的回收。被视为挥发性有机物的成分包括碳氢化合物(如正己烷、辛烷和环己烷)、BTX(如苯、甲苯和二甲苯异构体)、含卤化合物(如三氯乙烯和氯仿)、醇(如甲醇、乙醇、丙醇和丁醇)、苯酚、含氧化合物(如乙酸、甲基乙基酮、丁酮、1,4-二氧六环和甲基叔丁基醚(MTBE))、含氮化合物(如乙腈和丙烯腈)、芳香(如薄荷醇、内酯、高级醇、高级酮和高级酯)和内分泌干扰物(如邻苯二甲酸二辛酯)、2-仲丁基苯甲基氨基甲酸酯、2,2-二甲基-1,3-苯二氧基-4-甲基氨基甲酸酯和 1,2-二溴-3-氯丙烷。上述 VOC 也可作为浓缩产品在进料侧回收。与渗透侧不同的是,当进料溶液中的浓缩化合物通过膜分离时,它们不需要蒸发。为去除水中溶解的有机物而选择的膜主要是由交联橡胶制成的,这些橡胶是有机亲和性的。聚合物链在橡胶中不是封闭的,导致了较大的自由体积及高的渗透性和低的选择性。典型的聚合物材料是聚二甲基硅氧烷(PDMS)。为提高这种聚合物膜的选择性,无机填料被加入到聚合物基体中以限制链的迁移。尽管常用橡胶聚合物,但非橡胶如 PVDF 和 PVC 也进行了研究。

与上述两种进料体系相比,有机-有机混合物更难分离,因为有机-有机体系中的溶质在分子性质上比在有机-水体系中更相似。因此,分离有机-有机混合物的膜材料的选择需要特别的考虑。有机-有机混合物膜材料的选择可以考虑溶质所具有的极性等不同性质。然而,某些溶质(如苯和环己烷)可能具有几乎相同的性质,这给膜分离带来了困难。尽管有这样的困难,但通过仔细研究溶质之间的微小差异,膜分离仍然可以有效地分离这种混合物。传统的蒸馏过程由于能耗很大,因此 PV 过程在未来联合甚至取代蒸馏过程具有十分重要的意义,在高性能膜的制备和大规模应用方面还需要做大量的工作。

溶液中的最佳组分平衡也可以通过 PV 调节,如在果汁和白酒的生产中,以及在石油产品的制造中。在这种情况下,PV 过程不需要有很高的分离能力。

7.3 性能评价

通常采用渗透通量(J,g·m^{-2}·h^{-1})和分离因子(α)来评价 PV 膜的性能,这两个参数分别决定了膜的处理能力和分离效率。上述参数可通过以下方程由实验数据直接计算:

$$J = \frac{Q}{A \times t} \tag{7.1}$$

$$\alpha = \frac{\dfrac{\omega_{P_i}}{\omega_{P_j}}}{\dfrac{\omega_{F_i}}{\omega_{F_j}}} \tag{7.2}$$

式中,Q 为收集到的渗透液质量(g);A 为与进料接触的实际膜面积;t 为收集时间间隔;ω 为渗透液(下标 P)和进料液(下标 F)中不同组分的质量分数。

此外,还提出了渗透汽化分离指数(PSI)的参数,考查了膜的综合性能,有

$$\text{PSI} = J \times (\alpha - 1) \tag{7.3}$$

除膜材料和膜结构外,温度、进料成分等操作条件也是影响 PV 膜分离性能的重要因素。为深入分析操作条件对膜固有性能的影响,可以计算出渗透通量的驱动力归一化形式,即渗透能力(P,barrer)(1 barrer = 7.501×10^{-18} m³·m(STP)/(m²·s·Pa))和渗透系数($(P/l)_i$,GPU)(1 GPU = 7.501×10^{-12} m³(STP)/(m²·s·Pa)),有

$$P_i = \frac{J_i l}{p_{i0} - p_{i1}} = \frac{J_i l}{\gamma_{i0} x_{i0} p_{i0\text{sat}} - p_{i1}} \tag{7.4}$$

$$(P/l)_i = \frac{J_i}{p_{i0} - p_{i1}} = \frac{J_i}{\gamma_{i0} x_{i0} p_{i0\text{sat}} - p_{i1}} \tag{7.5}$$

式中,J_i 为组分 i 的渗透通量(g/(m²·h)),l 为膜的厚度(m);p_{i0} 和 p_{i1} 为组分 i 在进料侧和渗透侧的分压(Pa),对于渗透侧的高真空度,p_{i1} 可近似计算为 0;γ_{i0} 和 x_{i0} 分别是进料液中 i 组分的活度系数和摩尔分数;p_{i0}^{sat} 是饱和蒸汽纯组分 i 在工作温度下的压力(Pa)。构件的渗透通量应在标准温度和压力(STP)下转化为体积。

因此,可以根据渗透率和渗透性来计算膜的选择性(β):

$$\beta = \frac{P_i}{P_j} = \frac{\left(\dfrac{P}{l}\right)_i}{\left(\dfrac{P}{l}\right)_j} \tag{7.6}$$

7.4　PV 膜的制作方法

7.4.1　浸涂

浸涂是一种常用的制备复合膜的方法,其方法是将微孔基底在膜材料的溶液中浸泡一定时间,然后将基底从溶液中提出来进行溶剂蒸发。因此,在涂层过程中,在微孔基底的顶部将形成一个薄的选择层,该层可以是平板的、中空的或管状的。[3-5]在这种情况下,由于总传质阻力的增加,因此应防止涂层溶液侵入基体的多孔结构。[6]通常采用三种方法来实现这一点:减小涂层表面的孔径;增加涂层溶液的黏度;使用预润湿材料(与涂层溶剂不相容)在涂层前填充孔隙。目前为止,大多数 PV 薄膜仍处于平板结构。由于中空纤维直径小,因此均匀地包覆是一项极具挑战性的工作。金万勤课题组用 PEBA 聚合物溶液浸渍陶瓷中空纤维,成功制备了高通量的聚醚酰胺(PEBA)/陶瓷中空纤维(HF)

复合膜。[7]

7.4.2 溶液浇铸

溶液浇铸是制备各种用途的平板膜最常用的方法,适用于大规模生产。制备过程包括将聚合物溶液浇铸到平坦的多孔基底上,使用刮刀,然后除去溶液中的溶剂。通过调节膜溶液的黏度、刀的高度、浇铸速度等,可以调节聚合物分离层的厚度。多层膜可以通过有或没有多孔支撑的多溶液浇铸来制备。目前仍在用这种方法制备工业化的聚乙烯醇(PVA)膜。

7.4.3 层层自组装(LBL)

近年来,与浸渍法和溶液浇铸法相比,层层自组装技术越来越受到人们的重视。在 LBL 过程中,带电荷的基膜通常交替浸入阳离子和阴离子聚电解质溶液中一定时间,每次浸入后用水冲洗。该方法主要用于制备精确控制厚度的聚电解质膜,且易于制备超薄膜。自 20 世纪 90 年代以来,Tieke 教授采用 LBL 方法制备了一系列用于 PV 溶剂脱水的聚电解质膜。[8,9] 目前为止,LBL 法的驱动力已经从静电力扩展到氢键、配位键甚至共价键。研究人员还开发了各种新的自组装方法来提高传统 LBL 方法的制造效率,如动态 LBL[10]、压力驱动 LBL[11]、电场增强 LBL、自旋涂层 LBL 和喷涂涂层 LBL[12]。

7.4.4 界面聚合

界面聚合是制备用于反渗透和纳滤的复合薄膜的成熟工艺。[13] 界面聚合发生在两种不混溶的溶剂的界面上,这两种溶剂分别含有两种反应性很强的单体,从而在多孔衬底上形成薄而致密的分离层。由于聚合反应只发生在界面上,因此薄的分离层(从几十纳米到几百纳米)使得复合膜具有很高的渗透性和选择性。该方法的关键是选择具有合适分布系数和扩散速率的反应单体,获得无缺陷膜层。李教授在界面聚合薄膜复合膜(TFC)方面做了大量的研究工作,成功开发了以 PA 膜为代表的一系列用于乙醇、异丙醇脱水的 PV 膜[14],还建立了一系列先进的表征(以正电子湮灭和分子模拟为代表)。他还对 TFC 膜的精细结构和形成机理进行了深入的研究和探讨,将膜的自由体积与 PV 性能联系起来。

7.4.5 水热法

沸石膜除具有多种高分子膜外,还具有分子筛分性能好、结构稳定等优点,是一种很有应用前景的膜材料,特别是在 PV 脱水过程中具有广阔的应用前景。人造沸石的历史可以追溯到 1862 年圣克莱尔·德维尔实验室制备的左炔石[15],这些材料显示了巨大的成分和结构的多样性。最常用的沸石膜制备方法是原位水热合成法,其基本步骤是将多孔载体直接与合成溶液或凝胶接触,然后在水热条件下在载体表面生长出沸石膜。[16] 其操作步骤简单,操作方便,适用于工业化生产。原位水热合成法制备的分子筛膜厚度一般在 10 mm 以上。水热条件下沸石膜的形成涉及基质表面过饱和区的形成、成核、聚集、结晶和晶体生长。膜的质量对合成条件、载体性能和原料杂质非常敏感。即使是在合成溶液中的支撑位置,也会影响膜的性能。许多多孔支架在本质上是不均匀的。在这样的表面上实现均匀成核是非常困难的,这将导致晶体大小不均匀、重复性差。[15]尽管许多研究人员研究了模板浓度和温度等合成条件和参数对膜结构和性能的影响,但合成条件与膜的局部过饱和度之间的关系仍不确定。

7.5 PV 膜的材料和性能

7.5.1 聚合物/陶瓷复合膜

根据膜的结构,PV 膜可分为对称膜、不对称膜和复合膜。相对而言,多孔支撑层上的薄致密分离层复合膜通常同时具有较高的渗透通量和稳定性,更适合工业应用。多孔支架提供机械强度,分离层决定复合膜的分离性能。与有机支架相比,无机支架具有较好的化学稳定性、机械稳定性和热稳定性,且传输阻力可忽略不计。在各种无机载体中,陶瓷以其优异的物理化学性能和产业化生产而成为最常用的载体。聚合物/陶瓷复合膜结合了陶瓷载体和聚合物分离层的性能,采用浸涂法或静电自组装法,在大孔陶瓷支撑层表面沉积聚合物浇注液,制备聚合物/陶瓷复合膜。聚合物/陶瓷复合膜的典型 SEM 图像如图 7.1 所示。这两条虚线之间的区域是过渡层,是浇注液渗透到多孔支架中形成的。研究表明,陶瓷支撑复合膜中分离层的约束作用有利于分离层在运行过程中的抗膨胀性,从而使膜在较高的运行温度下保持高的选择性和高的长期稳定性。

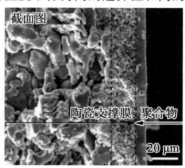

图 7.1 聚合物/陶瓷复合膜的典型 SEM 图像

近年来,聚合物/陶瓷复合膜的制备及其在 PV 工艺中的应用取得了长足的进展。分离层材料从疏水的 PDMS[17,18]到亲水的 PVA[19]、壳聚糖(CS)[19]和聚电解质[20],这些复合膜的应用包括发酵液的生物燃料回收、汽油的脱硫[21-23]、醇类[24]和酯类脱水[25],其中一些与丙酮丁醇(ABE)[26]发酵或乳酸乙酯水解工艺耦合。[27]陶瓷中空纤维支撑层具有填充密度高、成本低等特点,在工业应用中具有广阔的应用前景。金万勤课题组通过简单地用 PEBA 聚合物溶液浸渍陶瓷中空纤维制备了聚醚酰胺(PEBA)/陶瓷中空纤维(HF)复合膜(图 7.2)。[28]通过对 PEBA 溶液的黏度或浓度进行精细的调整,可以优化膜结构,使其在 60 ℃温度下分离系数为 21 的水溶液(质量分数为 1% 的正丁醇-水混合物)中回收正丁醇的高渗透通量达到 4 196 g/(m²·h)。表 7.1 列出了聚合物/陶瓷复合膜的 PV 性能及文献中报道的几种典型的 PV 膜在各种分离应用中的 PV 性能。

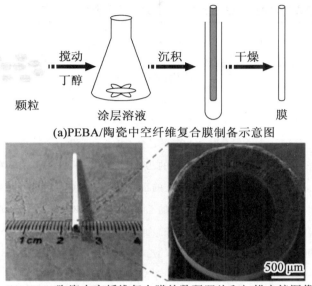

(a)PEBA/陶瓷中空纤维复合膜制备示意图

(b)PEBA/陶瓷中空纤维复合膜的数码照片和扫描电镜图像

图 7.2 PEBA 聚合物溶液浸渍陶瓷中空纤维制备 PEBA/陶瓷中空纤维复合膜

机械强度和界面黏结性能在复合膜的工程中起着重要的作用,纳米压痕/划痕技术可以用来研究复合膜的力学性能和界面黏结性能。与其他表征机械强度和界面黏结性能的传统方法相比,纳米压痕/划痕技术具有样本量小、避免了特殊制样、不依赖于膜的几何构型等优点,具有很大的优越性。纳米压痕试验采用电磁力和电容深度测量方法,在纳米尺度上测量材料的弹塑性性能。作为纳米压痕的辅助手段,纳米划痕试验将试样垂直于划痕探针移动,通过界面剪应力的累积引起的薄膜分层来测定界面结合强度。金万勤课题组采用原位纳米压痕/划痕技术对陶瓷支撑聚二甲基硅氧烷(PDMS)复合膜的力学性能和界面黏附性能进行了研究。[48]结果表明,陶瓷基底增强了复合膜的机械强度,PDMS-陶瓷过渡层促进了复合膜中 PDMS 层的弹性恢复。同时,在 3~14 mm 范围内适当增加 PDMS 层厚度,可使复合膜的黏附力由 10 mN 显著提高到 50 mN 以上,提出的纳米压痕/划痕技术有望成为表征和优化复合膜的力学性能和界面附着力的一种通用方法。

在对聚合物/陶瓷复合膜进行基础研究的基础上,通过优化制备工艺条件(如陶瓷管表面、聚合物涂层溶液性质、浸涂工艺等),实现了管状聚合物/陶瓷复合膜的放大制备。以聚二甲基硅氧烷(PDMS)/陶瓷复合膜为例进行研究。首先,陶瓷管的长度从 7 cm 增加到 80 cm,膜面积增加到 286 cm²/管。同时,对膜组件的流体流动进行了优化,获得了膜分离过程中最佳的传质和传热特性。[49]当用于乙醇回收时,所制备的长膜具有较好的分离性能,总通量为 1.35 kg/(m²·h),分离因子为 8.0(渗透乙醇质量分数为 30%)。在成功制备 PDMS/陶瓷膜的基础上,设计了 PDMS/陶瓷膜的自动涂覆线、陶瓷支撑体预处理、聚合物溶液制备和复合膜干燥装置,用于 PDMS/陶瓷膜的放大制备。通过对填料结构、流体流动和加热方式的优化,最终得到的膜组件可达到 8 m² 的填料面积。

表 7.1 聚合物/陶瓷复合膜的 PV 性能及文献中报道的几种典型 PV 膜在各种分离应用中的 PV 性能

膜	进料液	温度/℃	通量/$g \cdot (m^{-2} \cdot h^{-1})$	分离因子	参考文献
应用:乙醇回收					
PDMS – PI	质量分数为 6.6% 的乙醇/水	48	32	6.6	[29]
PDMS/硅质石	质量分数为 5% 的乙醇/水	30	140	125	[30]
PDMS/PS	质量分数为 8% 的乙醇/水	50	265	6.4	[29]
PDMS/CA	质量分数为 5% 的乙醇/水	40	1 300	8.3	[31]
PDMS/陶瓷	质量分数为 4.3% 的乙醇/水	40	5 150	6.3	[17]
PDMS/陶瓷	质量分数为 5% 的乙醇/水	40	1 600	8.9	[32]
ZSM – 5 @ PDMS/PVDF	质量分数为 5% 的乙醇/水	40	466	12.9	[33]
ZSM – 5 @ PDMS/陶瓷膜	质量分数为 5% 的乙醇/水	40	408	14	[34]
应用:丁醇回收					
PERVAP – 1060	ABE/水	40	340	18.9[①]	[35]
硅质石填充 PDMS	ABE/水	70	907	49[①]	[36]
PEBA	ABE/水	23	34	12.4[①]	[37]
PDMS/硅质石	质量分数为 1% 的异丁醇/水	80	7 100	32	[38]
PDMS/陶瓷膜	ABE/水	37	1 065	18.4[①]	[26]
PDMS	ABE 发酵液 – PV 耦合过程	35	25 ~ 31	9.3 ~ 18.8[①]	[39]
PP	ABE 发酵液 – PV 耦合过程	35	1.2 ~ 10.7	2.8 ~ 6[①]	[40]
PDMS/陶瓷	ABE 发酵液 – PV 耦合过程	37	626 ~ 741	8.3 ~ 21.4[①]	[26]
PEBA/陶瓷	质量分数为 1% 的正丁醇/水	60	4 196	21	[28]
应用:汽油脱硫					
PED/PEI	300 μg/g 硫	80	1 800	6.7[②]	[41]
PDMS/PEI	500 μg/g 硫	50	700	4.8[②]	[42]
PDMS – Ni²⁺ Y/PS	500 μg/g 硫	30	3 260	4.84[②]	[43]
PDMS/陶瓷	400 μg/g 硫	30	5 370	4.22[②]	[26]

续表 7.1

膜	进料液	温度/℃	通量/g·(m^{-2}·h^{-1})	分离因子	参考文献
应用:溶剂脱水					
PU	质量分数为 92% 的乙酸乙酯/水	30	187	42	[44]
PVA	质量分数为 98% 的 Ethyl acetate 乙酸乙酯	50	22	5 000	[45]
PFSA – TEDS/PAN	质量分数为 98% 的 Ethyl acetate 乙酸乙酯	40	205	496	[46]
Naa 沸石膜	质量分数为 90% 的乙醇/水	75	7 000	10 000	[47]
PVA/陶瓷膜	质量分数为 95% 的 Ethyl acetate 乙酸乙酯	60	1 050	633	[25]
PVA – CS/陶瓷	质量分数为 98% 的 Ethyl acetate 乙酸乙酯	50	200	>10 000	[19]
PVA – CS/陶瓷	质量分数为 92% 的 Ethyl acetate 乙酸乙酯	50	2 220	500	[19]
PEM/陶瓷	质量分数为 94% 的乙醇	65	18 400	8.2	[20]

①丁醇的分离因子。
②硫的富集因子。

PDMS 作为一种典型的疏水性 PV 膜,适用于去除发酵液中的生物醇,从而提高乙醇浓度,减轻乙醇对微生物生长的抑制作用,提高发酵效率。针对这一应用,利用上述 PDMS/陶瓷膜组件,开发了 PV 发酵耦合工艺的中试和小试装置。通过合理匹配发酵产率和膜面积(即发酵罐容积和膜面积),可以有效控制膜生物污垢,实现乙醇的高效回收。采用两段 PV 工艺,乙醇的质量分数由 9% 左右提高到 72%,总通量超过 1.2 kg/(m^2·h),在 1 000 天内膜性能保持稳定,具有很好的工业化前景。除乙醇回收外,PDMS/陶瓷复合膜的疏水性 PV 还可以同时减少 VOC 的排放,并回收这些有机化合物,从而为工业过程中废气中 VOC 的去除提供了一种有效的策略。通过冷凝器与四级膜组件的耦合,可以将 VOC 的浓度从原来的 20 000×10^{-6} 降至 850×10^{-6}。膜组件阶数越多,残留浓度越低,越容易达到排放极限。

7.5.2 混合基质膜

聚合物膜具有其低成本、易加工等优点,已成为 PV 领域的主流和主导材料,但由于其操作稳定性差、透气性和选择性之间的 trade – off 效应,因此严重阻碍了其进一步的发展和实际应用。trade – off 效应的产生是高分子材料的链刚性、链间间距和链极性之间相互制约的结果。例如,对于给定的聚合物,较高的链刚性不可避免地伴随着较小的链间间距,反之亦然,这将分别导致扩散选择性的增加和渗透率的降低。此外,对膜材料进行简单的化学改性,如交联、接枝、共聚等,也不能克服折中关系。具有连续的、永久性的亚纳米级孔隙的无机膜,如沸石膜,提供了一种可行的策略来规避 trade-off 效应,同时获得较高的稳定性。然而,无机膜的高成本和低可加工性是需要解决的两个关键问题。作为一种折中方法,以高分子材料为本体相、无机填料为分散相的膜结构,保持了聚合物膜的易制备、低成本的特点,通过两相间有效的负载传递,提高了膜的稳定性,同时也打破了传统膜结构的 trade-off 效应。

在聚合物基体中加入无机填料后,分离性能的改善可以归结为三个方面:由于空间效应和界面相互作用破坏链填料,因此聚合物膜中自由体积分数和自由体积腔尺寸分布均可得到优化;填料中的亚纳米级孔隙可以为渗透提供附加的传输通路,且扩散阻力较低;填料表面的化学成分可被设计成对理想的渗透具有更高的亲和力,或作为便利的运输载体。总之,复合材料的传输特性主要取决于填料的尺寸(空间效应)、多孔结构和化学成分(界面相互作用和选择亲和性)。膜制备方法的优化除影响膜的固有性质外,还通过影响界面相互作用和填料分布对膜的结构和分离性能产生很大的影响。因此,本部分从填料的尺寸、填料的多孔结构、填料的化学组成、膜的制备方法等方面阐述 PV 用 MMM 的研究进展。

1. 填料尺寸

混合基质膜中使用的填充物可以从尺寸方面进行分类,包括零维(0D)纳米颗粒、一维(1D)纳米管和纳米棒[50]、二维(2D)纳米片[51-53]及三维(3D)分层填充物,如金属有机框架(MOF)和分子筛。一方面,填料尺寸影响界面区域中聚合物链的填充行为,从而影响膜的自由体积性质;另一方面,具有不同尺寸的填充物具有不同的特定表面积(界面区域)并且提供具有不同连续性和取向的界面通道。

与具有各向同性和随机分散性质的纳米粒子相比,具有高纵横比和各向异性的二维填料可以在聚合物基质中自发形成"空腔"结构,从而有效地干扰分子扩散[54,55],最大化混合基质膜的有效扩散性和选择性。[56] Pan 等[57]选择了分层 ZIF-8(ZIF-L)和 ZIF-8 纳米粒子来研究填料对所制备混合基质膜的分离性能的尺寸效应,将具有不同形态的 ZIF-8 掺入海藻酸钠(SA)中以制备用于乙醇脱水的混合基质膜。SA-ZIF-L 膜显示出"实体"结构,与 SA-ZIF-8 混合基质膜相比,它具有有序的水通道和乙醇脱水的筛分效果。结果表明,SA-ZIF-L 膜具有最佳的分离性能,渗透流量为 1 218 $g/(m^2 \cdot h)$,分离因子为 1 840,而 SA-ZIF-8 膜的渗透流量为 879 $g/(m^2 \cdot h)$,分离因子为 678。类石墨烯氮化碳($G-C_3N_4$,简称 CNS)是一种新兴的石墨烯型材料,其优异的热稳定性和化学稳定性、独特的光学和光电化学性质,以及简便、廉价的合成方法引起了人们的极大关注。Pan 等[58]通过将 CNS 物理混合到 SA 基质中来制备超薄膜。CNS 质量分数为 3% 的混合基质膜显示出最佳的 PV 性能,渗透通量为 2 469 $g/(m^2 \cdot h)$,乙醇脱水分离系数为 1 653。

1D 填料还具有较高的纵横比,有利于在表面形成连续的运输通道。Wu 等[59]将凹凸棒石(AT)纳米棒并入 SA 基质中以制备混合基质膜,制备的膜的吸水率比原 SA 膜高

10%,而进料溶液中的溶胀度仅增加1%,对乙醇脱水应用具有良好的结构稳定性。AT结构中开放的选择性通道提高了水分子的选择性,而非固定水含量的增加有利于游离水的溶解。具有2%(质量分数)AT纳米棒的膜表现出最佳的分离性能。对于质量分数为90%/10%乙醇/水混合物的脱水,其渗透通量为1 356 g/($m^2 \cdot h$),分离系数为2 030。

3D填料通常指的是分级填料,如沸石、介孔二氧化硅和快速发展的多孔MOF或共价有机框架(COF)。中空结构或内部多孔结构可以提供低扩散阻力的输运途径,使分子与聚合物基体结合时能够渗透。多孔过滤器的内容将在后面详细介绍。

2. 填料的多孔结构

与传统的具有"刚性"框架的无机分子筛不同,MOF在结构上一般是灵活的,这可以用来解释其不像刚性骨架模型估计的孔隙大小那样明确。[60]另外,当弹性良好时,MOF的动态结构行为有利于提高材料的弹性。例如,在基于吸附的分离过程中[61],这种相对灵活的材料可以通过相应地调整它们的骨架结构而对目标物质具有高选择性。

Yang等[62]首次将ZIF-8纳米颗粒纳入硅橡胶(PMPS)膜中,以制备有机渗透汽化(OPV)膜。ZIF-8-PMPS膜在从水溶液中回收异丁醇方面具有很好的应用前景。通过增加基质金属中的ZIF-8添加量,打破trade-off效应,可以提高膜的选择性和渗透性。同样,金万勤课题组[63]利用疏水性ZIF-71作为填料,制备了用于从ABE发酵液中回收生物丁醇的聚醚嵌段酰胺(PEBA)混合基质膜。通过优化ZIF-71的用量,可以同时提高分离因子和渗透通量。在ABE模型溶液中,质量分数为20%的ZIF-71负载的膜在37 ℃时总流量高达520.2 g/($m^2 \cdot h$),正丁醇/水分离系数高达18.8。此外,该膜在实际ABE发酵液中表现出100 h的稳定性能,平均总流量为447.9 g/($m^2 \cdot h$),正丁醇/水分离系数为18.4(图7.3)。另外,该课题组[64]合成了Zn(BDC)(TED)$_{0.5}$(BDC为苯二甲酸,TED为三乙烯二胺)颗粒,然后将其引入PEBA中,制备了无相间缺陷的混合基质膜,用于生物丁醇的回收。在ABE型溶液中,具有质量分数为20%添加量的膜显示出最高性能,总流量为630.2 g/($m^2 \cdot h$),正丁醇/水分离因子为17.4。尽管基于MOF的混合基质膜已经取得了很大进展,但应该探索具有更高疏水性、更大孔径和与聚合物基质更好相容性的新型MOF,以获得用于醇回收的高效混合基质膜。

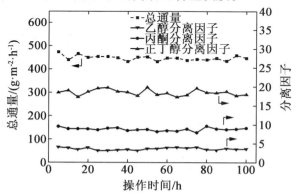

图7.3 负载质量分数为20%的ZIF-71/PEBA混合基质膜在ABE发酵液中的稳定性:丙酮、正丁醇和乙醇的总通量和分离因子

ZIF-8 是一种有趣的填料,它对亲水性膜和 OPV 膜的性能产生积极影响。最近,Tung 和 Wu[65]开发了一种水基免干燥工艺,用于制造无缺陷的 PVA/纳米 ZIF-8 混合基质膜,其填充量质量分数高达 39%。该方法可以有效地解决填充物分散性的问题。PVA/ZIF-8 混合基质膜具有理想的界面形态,因为水可以作为一种有效的介质,使 ZIF-8 和 PVA 紧密接触,而 PVA 的灵活性使其能够适应 ZIF-8 纳米粒子的表面并与之相互作用。这种方法还可以制造出高质量的 PVA/ZIF-8 混合基质膜,通过 PV 在乙醇脱水方面具有显著增强的性能。该混合基质膜的渗透性是原始 PVA 的 3 倍,分离因子几乎是原始 PVA 的 9 倍。

COF 作为一类新的类 MOF 多孔材料,于 2005 年由 Yaghi 团队首次合成[66],并被用作制备混合基质膜的填充物。[67]与 MOF 的有机-无机杂化结构不同,COF 通过轻元素(C、H、O、N 和 B)共价连接而没有金属离子,因此赋予更好的相容性和更均匀的分布。Jiang 等[68]将 COF 材料 SNW-1 掺入 SA 基质中以制备用于乙醇脱水的混合基质膜。SNW-1 负载质量分数为 25% 的膜达到最佳分离性能,渗透通量为 2 397 g/($m^2 \cdot h$),分离因子比原始 SA 高 4 倍。

在保持良好界面形态的前提下,用超高含量的多孔填料制备金属基复合材料是充分利用填料中低扩散阻力传输途径获得高性能的一种有效策略。Zhang 等[69]通过喷雾自组装技术成功地制备了具有高 ZIF-8 负载量和超薄选择层的 ZIF-8-PDMS 膜。ZIF-8-PDMS 膜具有良好的生物丁醇选择性 PV 性能。当 ZIF-8 负载质量分数增加到 40% 时,从质量分数为 1.0% 的水溶液中回收正丁醇的总通量和分离因子分别可达 4 846.2 $g \cdot m^{-2} \cdot h^{-1}$ 和 81.6 $g \cdot m^{-2} \cdot h^{-1}$,该方法对制备无缺陷混合基质膜具有重要的应用价值。Yang 等[70]开发了一种"包裹-填充"方法,在毛细管支撑下制备超薄(300 nm)均一硅分子筛/PDMS 复合膜。与陶瓷纳滤膜的制备类似,采用浸渍技术在多孔氧化铝毛细管载体上沉积了硅-1 纳米晶体。然后用 PDMS 相填充纳米晶之间的空隙。在 80 ℃ 时,膜的渗透通量可达 11.2 $kg \cdot m^{-2} \cdot h^{-1}$,渗透汽化回收异丁醇的分离系数为 25.0~41.6(质量分数为 0.2%~3%)。

3. 填料的化学成分

填料的化学组成,特别是填料表面的化学成分,对改善膜分离性能具有双重作用。一方面,填料表面的化学成分对填料与聚合物基体之间的界面相互作用有很大的影响,从而实现了对自由体积性质的调控;另一方面,填料表面的化学成分可以被设计成对理想的渗透组分具有更高的亲和力,或者作为易于传质的载体。填料的化学组成可分为三类:同步改性、后处理改性和利用含有机组分的填料。同步改性是指在填料形成过程中加入改性剂分子,使改性剂和产生的新官能团附着在填料表面。后处理改性填料的化学结构是指通过物理吸附或化学接枝的方法在已制备的填料表面附着官能团。有机填料,如 MOF[69]、COF[68]、多面体低聚倍半硅氧烷(POSS)[71]和聚合物纳米粒子等[72],由于具有良好的界面相容性和后功能化的可及性,因此作为有效替代品的无机填料受到了广泛的关注。

为减少疏水性 PDMS 基体中分子筛基 MMM 的界面空隙,金万勤课题组提出了一种新的接枝/包覆方法[34],即先用正辛基三乙氧基硅烷(OTES)接枝 ZSM-5 沸石,在其表面引入疏水性烷基链,然后在改性 ZSM-5 上涂覆一层薄薄的 PDMS 层。PDMS 和 OTES

的链缠结有助于在稀释的 PDMS 溶液中浸泡 OTES 接枝的 ZSM-5 颗粒时,成功地包覆 PDMS 薄层。因此,经过接枝/包覆处理后的 ZSM-5 颗粒可视为 PDMS 微球,与 PDMS 基体具有良好的界面相容性。即使在质量分数为 40% 的高添加量条件下,也能观察到改性 ZSM-5 分子筛的均匀分散。与原始 ZSM-5 嵌入膜相比,在优化添加下,该膜对乙醇/水的分离因子提高了 75%。POSS 是一种具有无机($SiO_{1.5}$)$_n$ 核和外部有机取代基的笼状纳米结构材料。小尺寸和各种官能团为附着在顶端的硅原子提供了良好的界面形态,增大了其均匀分散在不同聚合物基体的可能,甚至在分子水平上也是如此。金万勤课题组将甲基 POSS 引入 PDMS 基体中,制备了用于丁醇/水分离的 MMM[71]。正如前面所分析的那样,自由体积特性是影响 MMM 分离性能的最重要的特性之一。正电子湮没谱(PAS)又称正电子湮没寿命谱,是研究各种材料局域自由体积性质的有力手段,在 MMM 的表征中具有广泛的应用前景。只有从台面光束注入低能正电子,才能非破坏性地确定 0.3~30 nm 范围内的孔径和分布。PDMS-POSS 相互作用改善了 MMM 中的自由体积分布,这是 PDMS-POSS 与减少水渗透的小自由体积空腔和增加丁醇渗透的大自由体积空腔的相互作用所致(图 7.4)。因此,与原始 PDMS 膜相比,MMM 膜对丁醇/水分离的透气性和选择性分别提高了 3.8 倍和 2.2 倍。

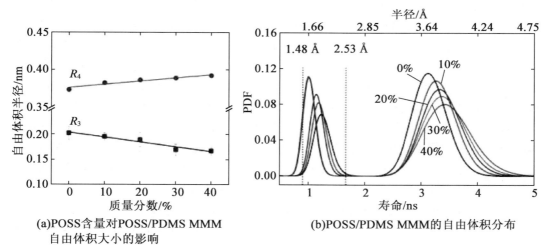

(a) POSS 含量对 POSS/PDMS MMM 自由体积大小的影响

(b) POSS/PDMS MMM 的自由体积分布

图 7.4 POSS 含量对 POSS/PDMS MMM 自由体积大小的影响及 POSS/PDMS MMM 的自由体积分布

为提高膜的透水性,通常需要在填料表面引入亲水性基团。Jiang 等提出了一种新的方法[73],将两性离子结合到 GO 纳米片上,从而在 GO 表面构建特定的、高效的水传输途径。两性离子是一种兼具阳离子型和阴离子型的超亲水材料,它能提供与水分子的静电相互作用位点,形成致密稳定的水化层,从而对竞争分子形成较强的排斥作用。通过对甲基丙烯酸磺胺酯(SBMA)两性离子单体的自由基聚合,得到了接枝密度为 2.01 gSBMA/gGO 的两性离子氧化石墨烯(PSBMA@GO),具有良好的亲水性和乙醇截留性。将 PSBMA@GO 加入 SA 基质后,优化后的水传输途径物理和化学共同作用,使得渗透通量和水/乙醇分离因子均有所增加:二维 GO 具有较高的连续性,GO 表面的高密度两性离子基团使其具有较高的亲水性和乙醇排斥性。特别是质量分数为 2.5% 的 PSB-MA@GO 的膜具有最佳的水/乙醇分离性能,其渗透通量为 2 140 g·m^{-2}·h^{-1}(是原 SA 膜的 1.64 倍),分离因子为 1 370(是原 SA 膜的 2.5 倍)。

对于某些分离体系,目标渗透分子可以被某些化学基团或不饱和的金属位可逆地结合起来,这就是促进迁移。在这种情况下,相应地促进传输载体可以固定在填料的表面,除通常的溶解-扩散机制外,还加入了促进传质机制,从而显著提高了 PV 膜的分离效率。例如,辛烷/噻吩(模型汽油)是一种典型的液体混合物,在 PV 分离过程中可能引入促进传质机制,因为过渡金属离子(如 Cu(2)、Ni(2) 和 Ce(4))可以通过 p-络合和硫-金属键来调节噻吩,从而促进噻吩分子通过膜的转移。[43]

4. 膜的制作方法

采用原位膜制备方法,不仅可以改变填料的固有性能,而且可以获得更强的界面相互作用和更均匀的填料分布,有利于获得理想的分离性能。

除物理共混外,原位溶胶-凝胶法是制备 MMM 最常用的方法。一方面,无机前驱体在分子尺度上与聚合物共混,实现了填料在聚合物基体中的均匀分布,减少了非选择性空隙的形成;另一方面,在某些情况下,聚合物基体的羟基与无机前驱体的水解 T-OH(T 指 Si 或金属原子)发生脱水反应,形成共价键。Janget 等[74]介绍了一种受生物启发的多功能改性剂(3-(3,4-dihydroxyphe-nyl)propionic acid)(DHPPA),通过金属-有机配位来调节 TiO_2 在壳聚糖(CS)基质中的溶胶-凝胶形成过程。在没有 DHPPA 的情况下,TiO_2 和 CS 之间形成了丰富的共价键,使膜结构更加致密,从而降低了膜的渗透通量,提高了水/乙醇分离因子。DHPPA 加入后,Ti 原子与 DHPPA 上邻苯二酚基团的金属-有机螯合作用占据了 Ti 原子上的部分反应位点,从而影响 CS 填料之间的共价键数量。对于具有薄分离层的复合膜,通过慢正电子束线的 PAS 可以获得分离层中自由体积空穴的深度分布信息,它可以释放不同能量的正电子。膜的自由体积一般用 S 参数来描述,当正电子俘获腔的尺寸较小或空穴浓度较低时,膜的自由体积较小,表明膜的致密性增加。DHPPA 的加入和 DHPPA 含量的优化使所制备的 MMM 具有良好的自由体积性能。同时,通过 DHPPA 引入羧基来提高膜的亲水性。当无机前驱体 $TiCl_4$ 与 CS 的质量比为 14% 时,350 K 温度的情况下,当渗透通量为 1 403 g/(m^2·h)时,对质量分数为 90% 乙醇水溶液的分离因子为 730 时,所制备的 MMM 具有最佳的 PV 性能。

受自然界中条件温和、材料结构优越的生物矿化现象的启发,仿生矿化方法被认为是一种很有希望的制备 MMM 的方法,即在溶胶-凝胶过程中用有机物取代酸或碱催化剂来诱导形成无机纳米颗粒。有机诱导剂可以是具有官能团的大分子或小分子,用于浓缩无机前驱体,并引发它们之间的反应,如二氧化硅/二氧化钛的氨基与碳酸钙和磷酸钙的羧酸、磷酸盐和硫酸盐基团之间的反应。Jiang 等[75]通过集成仿生矿化和 LBL 组装过程制备了厚度在 72~283 nm 的超薄 MMM。聚乙烯亚胺(PEI)作为一种阳离子聚电解质,既是二氧化硅的有机诱导剂,又是组装材料,在膜制备过程中起着双重作用。超薄 MMM 膜分离水/乙醇 PV 的分离因子显著提高(比对照膜高 2.66 倍),但渗透通量基本不变。由于仿生矿化过程的水需求特性,因此很难通过有机诱导剂和无机前驱体等矿化元素的物理混合来制备含水不溶性聚合物的 MMM。为解决这个问题,Jiang 等[76]在 PDMS/

庚烷浇铸液中加入表面活性剂和微量水,制成了 W/O 反相微乳液。在水中溶解的有机诱导剂与正庚烷中的无机前驱体在两相界面上相互接触,从而引发水解-缩合反应,在有限空间中形成二氧化硅纳米颗粒,得到 PDMS/SiO$_2$ 混合基质膜。与纯 PDMS 膜相比,PDMS/SiO$_2$ MMM 膜具有更大的自由体积和更多的空腔,用于 PV 脱硫时表现出优异的分离性能,其渗透通量为 10.8×10^3 g·m^{-2}·h^{-1},对模型汽油中噻吩的富集系数为 4.8。

7.5.3 石墨烯基膜

近年来,石墨烯材料(包括石墨烯、氧化石墨烯(GO)和化学转化后的石墨烯)以其独特的二维纳米结构和优异的分子输运性能引起了人们对膜分离应用的极大兴趣。[77,78]在 PV 过程中,石墨烯基膜对乙醇、正丙醇、异丙醇、丁醇和乙酸乙酯水溶液混合物具有优异的分离性能(渗透通量、分离因子和稳定性)。[79-81]GO 是石墨烯最重要的衍生物之一,它的边缘和基平面上有许多含氧官能团。在 GO 膜中引入一些不同的微观结构,如优先吸附位[78]、孔径[82]、层间距[83]、本征缺陷等[84],对 GO 膜的 PV 过程进行了原子模拟,以阐明 GO 膜微观结构中的流动行为和结构特征。[85,86]实验证明,石墨烯基膜中存在水传输通道。[87]通过修饰氧化石墨烯和优化膜组装方法,许多研究人员致力于探索石墨烯基膜的分子传输行为和分离机理。

氧化石墨烯膜的研究主要集中在具有理想微观结构的氧化石墨烯膜的精确设计上。不同的自组装方法可以在氧化石墨烯层内诱导出不同的微观结构。石墨烯基膜的制备方法主要有浸涂法[89]、旋转涂膜法[90]、滴铸法[91]、真空过滤法[78,92]、层层自组装[93,94]等。

1. 真空抽吸方法

采用真空抽吸法在氧化铝陶瓷中空纤维上沉积氧化石墨烯片层(图 7.5)。[95]通过改变操作时间或控制水悬浮液中氧化石墨烯的浓度,可以精确地调整氧化石墨烯膜的厚度。制备的 GO/陶瓷膜表面除有一些褶皱外,没有明显的缺陷。在 25 ℃时,膜对碳酸二甲酯/水混合物具有良好的水分离性能(水/碳酸二甲酯分离系数为 740,总渗透通量为 1 702 g·m^{-2}·h^{-1})。石英晶体微天平的表征证明 GO 膜具有比 DMC 更高的吸水性能。同时,与层间距减小的 GO 膜相比,膜的渗透通量降低,证实了 GO 膜的层间距对膜通量的贡献。因此,这种 1.5 mm 厚的 GO/陶瓷中空纤维复合膜的快速水分传输主要是 GO 片层的高层间距及 GO 表面的优先吸水作用导致的。

2. 真空自旋法

为获得高度有序的 GO 片层,采用真空自旋技术实现外力驱动装配。[96]通过对"外部"(压缩力、离心力和剪切力)和"内部"外力(GO-聚合物分子相互作用)的协同操作,可成功地制备高度有序的 GO 片层和层间结构。与其他自组装方法相比,真空自组装技术引入了自组装技术的协同概念,尽管目前只用该技术所制备的膜进行气体分离,但相信该技术将在 PV 应用中得到广泛的应用。

3. 压滤法

采用压力、真空和蒸发辅助自组装技术(PASA、VASA 和 EASA)制备 GO 复合膜,研究不同自组装工艺对正丁醇脱水膜微观结构和分离性能的影响。[97]PASA 为恒压过滤,VASA 为变压过滤。GO 组装层的填料和表面粗糙度受工作压力和驱动力方向的影响。

结果表明,PASA 制备的 GO 复合膜具有较致密的 GO 层,其表面最光滑,层间距最短。相反,在 VASA 和 EASA 作用下,GO 层的粗糙度和层间距离依次增大。GO_{PASA}、GO_{VASA} 和 GO_{EASA} 的水接触角分别为 67.71°、81.41° 和 95.5°,表明膜表面由亲水性向疏水性转变。结果表明,GO_{PASA} 复合膜具有良好的分离性能(渗透侧水浓度为 99.3%,渗透通量为 2.54 kg·m^{-2}·h^{-1}),具有良好的亲水性、致密性和良好的界面附着力。

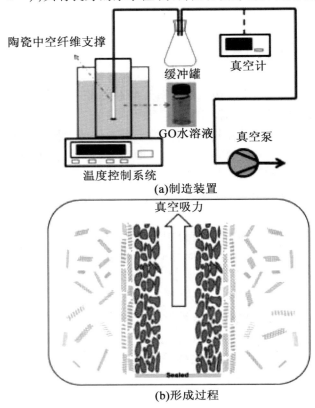

图 7.5　GO 膜的制造装置和形成过程示意图

除优化组装方法外,通过精确控制 GO 层间的层间距,可获得高效 GO 膜,从而提高渗透通量,增强分子筛分效果。[98]用乙二胺(EDA)、丁二胺(BDA)和对苯二胺(PPD)交联 GO,Hong 等设计了不同间距的复合氧化石墨烯(GOF)膜用于乙醇脱水过程。EDA、BDA 和 PPD 交联 GO 的干态层间距分别为 0.91 nm、0.97 nm 和 1.01 nm,湿态层间距分别为 0.93 nm、0.99 nm 和 1.09 nm。而对于未修饰的 GO 膜,这两个数值分别为 0.85 nm 和 1.31 nm。结果表明,插层二胺单体的结构决定了 GOF 层间距的增大。同时,双胺单体与 GO 形成 C—N 共价键,抑制了在湿状态下的间距拉伸现象,从而强化了 GO 膜的分子筛分作用。对于乙醇溶液在 80 ℃下的 PV 脱水,GO - EDA 膜表现出最高的渗透通量和最高的透水浓度(质量分数为 99.8%)。

GO 片层的层间距提供了快速的水传输通道,从而实现了高渗透通量。然而,如何强化液体混合物的集水能力,使其最大限度地利用层间通道,仍然是一个问题。在青蛙湿润的皮肤的启发下,金万勤课题组制作了一种生物启发的复合膜,将超薄的表面聚合物层和 GO 层合层(图 7.6)结合在一起。[99] 最初的 GO 片层是通过真空抽吸的方法沉积在陶瓷中空纤维上的,然后用真空抽吸在 GO 表面沉积了超薄的亲水性壳聚糖(CS)层(<10 nm)。由于聚合层的高吸水性和 GO 片层内快速的水传输通道的协同作用,因此石墨烯基膜表现出高选择性的水渗透,在 70 ℃时,其良好的水通量为 10 000 $g \cdot m^{-2} \cdot h^{-1}$,并且水/丁醇分离系数为 1 523。

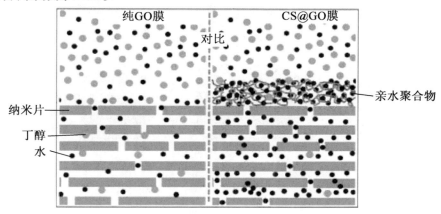

图 7.6 氧化石墨烯纳米片与 CS@ GO 膜分离过程示意图

7.5.4 MOF 基膜

MOF 膜的特点是比表面积大、具有化学官能化空腔、骨架灵活等,被认为是一种很有前途的分子分离材料。为获得高效率的 PV 用 MOF 膜,无缺陷的 MOF 层和 MOF 晶体与载体之间的高结合强度是关键因素,这些因素可以通过优化膜的制备方法来实现。同时,在选择适合于特定液体混合物的 MOF 时,还应考虑 MOF 晶体在水/有机溶液中的稳定性。

金万勤课题组设计了一种新的反应生成晶核方法,直接利用氧化铝载体作为无机源与有机前驱体反应,在形成 MOF 膜之前构建一种具有牢固的黏附性和均匀的晶核层。[100] MIL-53 因其优异的热稳定性、化学稳定性及合适的孔径和表面的亲水性羟基而被选择用于溶剂脱水。由于纳米晶核的存在,因此获得了约 8 μm 厚的 MOF 薄膜,比文献报道的无纳米晶核的 MOF 膜要薄得多。气体渗透实验证实 MOF 层中没有宏观缺陷。当用于水/乙酸乙酯分离时,渗透液浓度达到 99%,相应的流量为 454 g/($m^2 \cdot h$),具有很高的选择性。

ZIF-71 具有小孔(0.48 nm)、框架孔径(1.68 nm)、固有的亲水性和高乙醇-水吸附选择性,是一种很有前途的有机 PV 处理膜材料。由于形成 ZIF-71 的反应速度快、可控性低、膜不连续,因此采用改进的反扩散法取代常用的二次生长方法。[101] 对向扩散法制备 ZIF-71 中空纤维膜的原理图如图 7.7 所示,在中空纤维载体的不同侧面分别放置 Zn^{2+} 溶液和咪唑溶液。在扩散作用下,金属离子与有机连接体在陶瓷中空纤维支撑体的界面上发生反应,形成一层薄的 ZIF-71 层。结果表明,ZIF-71 层完整性高,厚度约

2.5 μm，与陶瓷中空纤维支撑结构结合良好。以水中乙醇回收为模型体系，在25 ℃时，ZIF-71膜的高渗透通量为2 601 g/(m²·h)，分离因子为6.88。

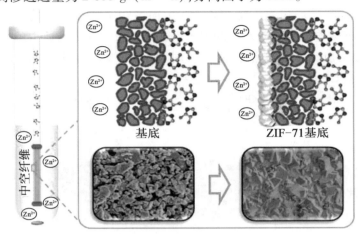

图7.7　对向扩散法制备 ZIF-71 中空纤维膜的原理图

7.6　本章小结

本章综述了 PV 工艺的基本原理和 PV 膜的研究进展，重点介绍了 PV 膜的主要制备方法，并对聚合物/陶瓷复合膜、MMM、石墨烯基膜、MOF 基膜等先进的膜材料和膜结构进行了详细的阐述。

与气体分离、NF 和超滤等膜过程相比，PV 膜的传质机理更不清楚，其原因主要有三个方面：首先，与气体分子相比，液体分子与膜材料之间的相互作用更为复杂；其次，PV 是唯一一种膜过程中，渗透组分的相变出现在通过膜，但尚未得出在膜上发生相变位置的结论；最后，与 NF 膜和超滤膜相比，PV 膜具有更小的孔径（或自由体积尺寸），并且分子在受限间距内的传输行为更为复杂。

目前为止，虽然 PV 技术在各个领域得到了广泛的工业应用，但大多集中在溶剂脱水方面。有机溶液 PV 在化工、石油化工、环境等领域的应用前景广阔，其实际应用仍然受到限制，需要引起更多的关注。高性能薄膜是 PV 技术发展的关键。在降低膜面积和膜组件成本方面，今后对 PV 膜的研究应以获得更高的渗透通量为目标，同时保持较好的分离因子。

本章参考文献

[1] Ong. Y. K.; Shi, G. M.; Le, N. L.; Tang, Y. P.; Zuo, J.; Nunes, S. P.; Chung, T. S. Prog. Polym. Sci. 2016, 57, 1-131.

[2] Kober, P. A. J. Am. Chem. Soc. 1971. 39, 944-948.

[3] Shieh, J. J.; Chung, T. S.; Paul. D. R. Chem. Eng. Sci. 1999, 54, 675-684.

[4] Yave. W.; Car, A.; Funari, S. S.; Nunes, S. P.; Peinemann, K. V. Macromolecules 2010. 43, 326-333.

[5] Li, P.; Chen, H. Z.; Chung, T. S. J. Membr. Sci. 2013, 434, 18-25.

[6] Henis. J. M. S.; Tripodi, M. K. J. Membr. Sci. 1981, 8, 233-246.

[7] Li, Y. K.; Shen, J.; Guan, K. C.; Liu, G. P.; Zhou, H. L; Jin, W. Q. J. Membr. Sci. 2016, 510, 338-347.

[8] Krasemann, L; Tieke, B. J. Membr. Sci. 1998, 150, 23-30.

[9] Krasemann, L; Toutianoush, A; Tieke, B. J. Membr. Sci. 2001, 181, 221-228.

[10] Zhang, G. J.; Wang, N. X.; Song, X.; Ji, S. L.; Liu, Z. Z. J. Membr. Sci. 2009, 338, 43-50.

[11] Zhang, G. J.; Dai, L. M.; Ji, S. L. AIChE J. 2011, 57, 2746-2754.

[12] Wang, R.; Shan. L. L; Zhang, G. J.; Ji, S. L. J. Membr. Sci. 2013, 432, 33-41.

[13] Cadotte, J. E.; Petersen, R. J.; Larson, R. E.; Erickson, E. E. Desalination 1980, 32, 25-31.

[14] La, Y. H.; Sooriyakumaran, R.; Miller, D. C.; Fujiwara, M.; Tenri, Y.; Yamanaka. K.; McCloskey, B. O.; Freeman, B. D.; Allen, R. D. J. Mater. Chem. 2010, 20, 4615-4620.

[15] Lin, Y. S. Sep. Purif. Technol. 2001, 25, 39-55.

[16] Yan, Y. S.; Davis, M. E.; Gavalas, G. R. Ind. Eng. Chem. Res. 1995, 34, 1652-1661.

[17] Xiangi, F. J.; Chen, Y. W.; Jin, W. Q.; Xu, N. P. Ind. Eng. Chem. Res. 2007, 46, 2224-2230.

[18] Xiangli, F. J.; Wei, W.; Chen, Y. W.; Jin, W. Q.; Xu, N. P. J. Membr. Sci. 2008, 311, 23-33.

[19] Zhu, Y. X.; Xia, S. S.; Liu, G. P.; Jin, W. Q. J. Membr. Sci. 2010, 349, 341-348.

[20] Chen, Y. W.; Xiangli, F. J.; Jin, W. Q.; Xu, N. P. J. Membr. Sci. 2007, 302, 78-86.

[21] Liu, G. P.; Hou, D.; Wei, W.; Xiangli, F. J.; Jin, W. Q. Chin. J. Chem. Eng. 2011, 19, 40-44.

[22] Xu, L. F.; Xiang li, F. J.; Chen, Y. W.; Jin, W. Q.; Xu. N. P. J. Chem. Ind. Eng. (China) 2007, 58, 1466-1472.

[23] Hou, D.; Wei, W.; Xia, S. S.; Xiangli, F. J.; Chen, Y. W.; Jin, W. Q. J. Chem. Ind. Eng. (China) 2009, 60, 389-393.

[24] Xu, R.; Liu, G. P.; Dong, X. L.; Jin, W. Q. Desalination 2010, 258, 106-

[25] Xia, S. S.; Dong, X. L.; Zhu, Y. X.; Wei, W.; Xiangli, F. J.; Jin. W. Q. Sep. Purif. Technol. 2011, 77, 53 – 59.

[26] Liu, G. P.; Wei, W.; Wu, H.; Dong. X. L.; Jiang, M.; Jin, W. Q. J. Membr. Sci. 2011, 373, 121 – 129.

[27] Li, W. X.; Zhang. X. J.; Xing, W. H.; Jin, W. Q.; Xu. N. P. Ind. Eng. Chem. Res. 2010, 49, 11244 – 11249.

[28] Li, Y. K.; Shen, J.; Guan, K. C.; Liu, G. P.; Zhou, H. L.; Jin, W. Q. J. Membr. Sci. 2016, 510, 338 – 347.

[29] Kashiwagi. T.; Okabe, K.; Okita, K. J. Membr. Sci. 1998, 36, 353 – 362.

[30] Guo, J.; Zhang, G.; Wu, W.; Ji, S.; Qin, Z.; Liu, Z. Chem. Eng. J. 2010, 158, 558 – 565.

[31] Li, L; Xiao, Z.; Tan, S.; Pu, L; Zhang, Z. J. Membr. Sci. 2004, 243, 177 – 187.

[32] Wei, W.; Xia. S. S.; Liu, G. P.; Dong, X. L.; Jin, W. Q.; Xu, N. P. J. Membr. Sci. 2011, 375, 334 – 344.

[33] Zhan, X.; Li, J. D.; Chen, J.; Huang. J. Q. Chin. J. Polym. Sci. 2009, 27, 771 – 780.

[34] Liu, G. P.; Xiangli, F. J.; Wei, W.; Liu, S. N.; Jin, W. Q. Chem. Eng. J. 2011, 174, 495 – 503.

[35] Jonquieres, A.; Fane, A. J. Membr. Sci. 1997, 125, 245 – 255.

[36] Huang, J. C.; Meagher, M. M. J. Membr. Sci. 2001, 192, 231 – 242.

[37] Liu, F. F.; Liu, L.; Feng, X. S. Sep. Purit. Technol. 2005, 42, 273 – 282.

[38] Liu, X. L.; Li, Y. S.; Liu, Y.; Zhu, G. Q.; Liu, J.; Yang, W. S. J. Membr. Sci. 2011, 369, 228 – 232.

[39] Qureshi, N.; Blaschek, H. P. Biotechnol. Progr. 199, 15, 594 – 602.

[40] Qureshi, N.; Maddox, I. S.; Friedl, A. Biotechnol. Progr. 1992, 8, 382 – 390.

[41] Chen, J.; Li, J. D.; Chen, J. X.; Lin, Y. Z.; Wang, X. G. Sep. Purit. Technol. 2009, 66, 606 – 612.

[42] Li, B.; Xu, D.; Jiang. Z. Y.; Zhang, X. F.; Liu, W. P.; Dong. X. J. Membr. Sci. 2008, 322, 293 – 301.

[43] Zhao, C. W.; Li, J. D.; Qi, R. B.; Chen, J.; Luan, Z. K. Sep. Purit. Technol. 2008, 63, 220 – 225.

[44] Devi, D. A.; Raju, K. V. S. N.; Aminabhavi, T. M. J. Appl. Polym. Sci. 2007, 103, 3405 – 3414.

[45] Salt, Y.; Hasanoglu, A.; Salt, I.; Keleser, S.; Dincer. S. O. S. Vacuum 2005, 79, 215 – 220.

[46] Yuan, H. K.; Xu, Z. L.; Shi, J. H.; Ma, X. H. J. Appl. Polym. Sci. 2008,

109, 4025-4035.

[47] Morigami. Y.; Kondo, M.; Abe, J.; Kita, H.; Okamoto, K. Sep, Purif. Technol. 2001, 25, 251-260.

[48] Hang, Y.; Liu, G.; Huang, K.; Jin, W. J. Membr. Sci. 2015, 494, 205-215.

[49] Liu, D. Y.; Liu, G. P.; Meng, L.; Dong, Z. Y.; Huang, K.; Jin, W. Q. Sep, Purif. Technol. 2015, 146, 24-32.

[50] Lin, R.; Ge, L.; Liu, S.; Rudolph, V.; Zhu, Z. ACS Appl. Mater. Intertaces 2015, 7, 17450-14757.

[51] Choudalakis, G.; Gotsis, A. D. Eur. Polym. J. 2009, 45, 967-984.

[52] Kim, W.; Zhang, X.; Lee, J. S.; Tsapatsis, M; Nair, S. ACS Nano 2012, 6, 9978-9988.

[53] Liu, G. P.; Jin, W. Q.; Xu, N. P. Chem, Soc. Rev. 2015, 44, 5016-5030.

[54] Yu, D.; Goh, K.; Wei, L.; Wang, H.; Zhang, Q.; Jiang, W.; Si, R.; Chen, Y. J. Mater. Chem. A 2013, 1, 11061-11069.

[55] Cao, K.; Jiang, Z; Zhao, J.; Zhao, C.; Gao, C.; Pan, F.; Wang, B.; Cao, X.; Yang, J. J. Membr. Sci. 2014, 469, 272-283.

[56] Wang, T.; Kang, D. Y. J. Membr. Sci. 2016, 497, 394-401.

[57] Liu, G. H.; Jiang, Z. Y.; Cao, K. T.; Nair. S.; Cheng, X. X.; Zhao, J.; Gomaa, H.; Wu, H.; Pan, F. S. J. Membr. Sci. 2017, 523, 185-196.

[58] Cao, K. T.; Jiang, Z. Y.; Zhang, X. S.; Zhang. Y. M.; Zhao, J.; Xing, R. S.; Yang, S.; Gao, C. Y.; Pan, F. S. J. Membr. Sci. 2015, 490, 72-83.

[59] Xing, R. S.; Pan, F. S.; Zhao, J.; Cao, K. T.; Gao, C. Y.; Yang, S.; Liu, G. H.; Wu, H.; Jiang, Z. Y. RSC Adv. 2016, 6, 14381-14392.

[60] Bux, H.; Liang, F.; Li, Y.; Crabillon, J.; Wiebcke, M.; Caro, J. J. Am. Chem. Soc. 2009, 131, 16000-16003.

[61] Li, J. R.; Kuppler, R. J.; Zhou, H. C. Chem. Soc. Rev. 2009, 38, 1477-1504.

[62] Liu, X. L.; Li, Y. S.; Zhu, G. Q.; Ban, Y.; J.; Xu, L. Y.; Yang. W. S. Angew. Chem. Int. Ed. 2011, 50, 10636-10639.

[63] Liu, S. N.; Liu, G. P.; Zhao, X. H.; Jin, W. Q. J. Membr. Sci. 2013, 446, 181-188.

[64] Liu, S. N.; Liu, G. P.; Shen, J.; Jin, W. Q. Sep. Purif. Technol. 2014, 133, 40-47.

[65] Deng, Y. H.; Chen, J. T.; Chang, C. H.; Liao, K. S.; Tung, K. L.; Price, W. E.; Yamauchi, Y.; Wu, K. C. W. Angew, Chem. Int. Ed. 2016, 55, 12793-12796.

[66] Ding, S. Y.; Wang, W. Chem. Soc. Rev. 2013, 42, 548-568.

[67] Doonan, C. J.; Tranchemontagne, D. J.; Glover, T. G.; Hunt, J. R.; Yaghi, O. M. Nat. Chem. 2010, 2, 235-238.

[68] Yang, H.; Wu, H.; Pan, F. S.; Li, Z.; Ding, H.; Liu, G. H.; Jiang, Z. Y.; Zhang. P.; Cao, X. Z.; Wang, B. Y. J. Membr. Sci. 2016, 520, 583–595.

[69] Fan, H. W.; Shi, Q.; Yan, H.; Ji, S. L; Dong, J. X.; Zhang, G. J. Angew. Chem. Int. Ed. 2014, 53, 5578–5582.

[70] Liu, X. L.; Li, Y. S.; Liu, Y.; Zhu, G. Q.; Liu, J.; Yang, W. S. J. Membr. Sci. 2011, 369, 228–232.

[71] Liu, G. P.; Hung, W. S.; Shen, J.; Li, Q. Q.; Huang, Y. H.; Jin, W.; Lee, K. R.; Lai, J. Y. J. Mater. Chem. A 2015, 3(8),4510–4521.

[72] Li, X. Q.; Jiang, Z. Y.; Wu, Y. Z.; Zhang, H. Y.; Cheng, Y. D.; Guo, R. L.; Wu, H. J. Membr. Sci. 2015, 495, 72–80.

[73] Zhao, J.; Zhu, Y.; He, G.; Xing, R.; Pan, F.; Jiang, Z; Zhang, P.; Cao, X.; Wang, B. ACS Appl. Mater. Intertaces 2016, 8(3), 2097–2103.

[74] Zhao, J.; Wang, F.; Pan, F. S.; Zhang, M. X.; Yang, X. Y.; Li, P.; Jiang, Z. Y.; Zhang, P.; Cao, X. Z.; Wang, B. Y. J. Membr. Sci. 2013, 446, 395–404.

[75] Liu, G. H.; Jiang, Z. Y.; Cheng, X. X.; Chen, C.; Yang, H.; Wu, H.; Pan, F. S.; Zhang, P.; Cao, X. Z. J. Membr. Sci. 2016, 520, 364–373.

[76] Li, B.; Liu, W. P.; Wu, H.; Yu, S. N.; Cao, R. J.; Jiang, Z. Y. J. Membr. Sci. 2012, 415, 278–287.

[77] Joshi, R. K.; Carbone, P.; Wang, F. C.; Kravels, V. G.; Su, Y.; Grigorieva, I. V.; et al. Science 2014, 343(6172), 725–754.

[78] Li, H.; Song, Z.; Zhang, X.; Huang, Y.; Li, S.; Mao, Y.; et al. Science 2013, 342(6154), 95–98.

[79] Li, G.; Shi, L.; Zeng, G.; Zhang, Y.; Sun, Y. RSC Adv. 2014, 4(94), 52012–52015.

[80] Li, G.; Shi, L.; Zeng, G.; Li, M.; Zhang, Y.; Sun, Y. Chem. Commun. 2015, 51(34), 7345–7348.

[81] Hung, W. S.; An, Q. F.; De Guzman, M.; Lin, H. Y.; Huang, S. H.; Liu, W. R.; et al. Carton 2014, 68, 670–677.

[82] Cohen-Tanugi, D.; Grossman, J. C. Nano Lett. 2012, 12(7), 3602–3608.

[83] Su, Y.; Kravels, V. G.; Wong, S. L.; Waters, J.; Geim, A. K.; Nair, R. R. Nat. Commun. 2014, 5,4843.

[84] Cao, K.; Jiang, Z.; Zhao, J.; Zhao, C.; Gao, C.; Pan, F. J. Membr. Sci. 2014, 469, 272–283.

[85] Yang, X.; Yang, X.; Liu, S. Chin. J. Chem. Eng. 2015, 23(10), 1587–1592.

[86] Hou, Y.; Xu, Z.; Yang, X. J. Phys. Chem. C 2016, 120(7), 4053–4060.

[87] Han, Y.; Xu, Z; Gao, C. Adv. Funct. Mater. 2013, 23(29), 3693–3700.

[88] Tsou, C. H.; An, Q. F.; Lo, S. C.; De Guzman, M.; Hung, W. S.; Hu, C. C.

J. Membr. Sci. 2015, 477, 93 – 100.

[89] Lou, Y.; Liu, G.; Liu, S.; Shen, J.; Jin, W. Appl. Surf. Sci. 2014, 307, 631 – 637.

[90] Kim, H. W.; Yoon, H. W.; Yoon, S. M.; Yoo, B. M.; Ahn, B. K.; Cho, Y. H. Science 2013, 342(6154), 91 – 95.

[91] Sun, P.; Zhu, M.; Wang, K.; Zhong, M.; Wei, J.; Wu, D.; et al. ACS Nano 2013, 7(1), 428 – 437.

[92] Dikin, D. A.; Stankovich, S.; Zimney, E. J.; Piner, R. D.; Dommett, G. H. B.; Evmenenko, G.; et all. Nature 2007, 448(7152), 457 – 460.

[93] Hu, M.; Mi, B. Environ. Sci. Technol. 2013, 47(8), 3715 – 3723.

[94] Zhang, Y.; Zhang, S.; Gao, J.; Chung, T. S. J. Membr. Sci. 2016, 515, 230 – 237.

[95] Huang, K.; Liu, G.; Lou, Y.; Dong, Z; Shen, J.; Jin, W. Angew. Chem. 2014, 53(27), 6929 – 6932.

[96] Shen, J.; Liu, G.; Huang, K.; Chu, Z; Jin, W.; Xu, N. ACS Nano 2016, 10(3), 3398 – 3409.

[97] Tsou, C. H.; An, Q. F.; Lo, S. C.; Guzman, M. D.; Hung, W. S.; Hu, C. C.; Lee, K. R.; Lai, J. Y. J. Membr. Sci. 2015, 477, 93 – 100.

[98] Hung, W. S.; Tsou, C. H.; De Guzman, M.; An, Q. F.; Liu, Y. L.; Zhang, Y. M. Chem. Mater. 2014, 26(9), 2983 – 2990.

[99] Huang, K.; Liu, G.; Shen, J.; Chu, Z.; Zhou, H.; Gu, X.; et al. Adv. Funcl. Mater. 2015, 25(36), 5809 – 5815.

[100] Hu, Y. X.; Dong, X. L.; Nan, J. P.; Jin, W. Q.; Ren, X. M.; Xu, N. P.; Lee, Y. M. Chem. Commun. 2011, 47, 737 – 739.

[101] Huang, K.; Li, Q. Q.; Liu, G. P.; Shen, J.; Guan, K. C.; Jin, W. Q. ACS Appl. Mater. Interfaces 2015, 7, 16157 – 16160.

第8章　渗透汽化的基本原理和前景

8.1　概　述

分离纯化是工业生产中的重要环节。最近的全球环境问题要求先进的分离/净化技术,以实现节能、减少零废物排放,实现绿色可持续发展。与传统的竞争方法相比,膜分离技术具有高效节能、占地面积小、操作系统清洁(如无化学反应和无化学反应等)等优点。此外,这种特殊的技术对添加剂没有任何要求,因此具有低能耗和易于结合其他分离或反应过程的优点。膜科学和技术研发以来,净水膜促进了饮用水的生产和电子工业(如半导体制造)用水的制备过程。这一技术还可以应用于室内净水,甚至可以应用于城市运营的大规模系统中。目前,气体/蒸汽分离、渗透汽化、反渗透、纳滤、超滤、微滤、电渗析等膜技术已广泛应用于医药、化工、食品、饮料、发酵等行业。从历史上看,膜科学和技术在气体/蒸气分离和水脱盐方面有着广泛的工业应用,如去除水中的小固体和离子。渗透汽化是分离液体混合物的膜技术过程之一。自1970年以来,渗透汽化在材料和工艺的发展中得到了广泛的研究(图8.1)。到2006年,相关研究的出版物有所增加,自2005年以来,几乎保持每年不多于250种出版物的增长量。图8.1还表明,自1917年首次报道渗透汽化现象以来,渗透汽化过程一直是研究的热点。

从历史上看,1917年,Kober发现水通过悬浮在空中的胶体袋进行选择性渗透。[1]这一现象被定义为从"渗透"和"汽化"这两个概念衍生而来的技术术语:渗透汽化。1935年,Farber开发了一种渗透汽化技术,通过再生纤维素制备的玻璃纸袋蒸发水来浓缩蛋白质和酶的溶液。[2]到1956年,Heisler等利用再生纤维素膜渗透汽化尝试分离液体混合物(如乙醇-水混合物)。[3] Binning在20世纪50年代末提出的渗透汽化过程得到了广泛应用。[4-7]随后,渗透汽化过程被证明了在可用于液体混合物的分离。然而,由于当时已有分离技术(如蒸馏、萃取和吸附)的充分性,因此渗透汽化直到20世纪70年代才扩展到工业水平。1982年,第一个商业规模的液体分离膜系统建立,通过渗透汽化分离乙醇-水混合物。[8]自那时起,已经安装了数百个用于有机溶剂脱水的工厂。[9]这类渗透汽化过程在净水和有机-有机液体分离领域仍然不发达,因此渗透汽化的许多研究涉及材料开发、应用、工艺设计及渗透汽化膜中的传质模型和理论,这仍是研究热点,可从一些著作[8-16]和综述中看出来[17-27]。

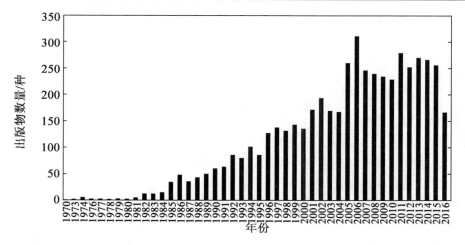

图 8.1　1970—2016 年在"Scopus"报告的渗透汽化的年度出版物(关键词:渗透汽化)

分离膜是两个相邻相之间的界面,起选择性介质的作用,调节物质在两个相间的传递。它用于特定的功能,包括气体和液体、离子或生物物质的分离。在渗透汽化中,液体混合物接触膜的一侧,渗透组分从另一侧蒸发(图 8.2)。渗透汽化过程中的传质过程通常用溶解扩散原理来解释。[8]渗透汽化过程可以考虑以下几个特征步骤。

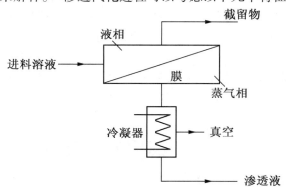

图 8.2　真空驱动的渗透汽化过程

(1)进料成分(渗透组分)从上游液体混合物中吸附(溶解)到膜中。由于溶解度的差异,因此这种吸附步骤通常是对渗透组分的选择性富集。

(2)化学势梯度作为渗透组分在膜上扩散的驱动力。这一扩散步骤也对基于不同分子尺寸的选择性有很大贡献。

(3)渗透组分从膜向下游气相的蒸发。

这一过程的驱动力是膜上每一组分的分压或化学势梯度。在渗透汽化过程中,渗透组分的扩散率、溶解度和性质的差异会影响膜的通量(渗透系数)、选择性和长期稳定性等性能。[5]为提高渗透通量或产品总量,渗透侧始终保持在低于某一组分饱和压力下,或在真空下使用载体气体清扫蒸汽。渗透侧的蒸汽凝结为液体并回收。渗透汽化过程被认为是唯一"产生相变化"的膜过程,在这个过程中,混合物的相变发生在通过膜(即从液相到气相的转变)的过程中。

基于膜的工艺(如 RO、NF、UF 和 MF)对水进行净化的机理涉及尺寸筛分,从水中去除小颗粒,而渗透汽化是以溶解扩散、吸附扩散或筛分过滤机制为基础的。渗透汽化用于实现有机物的脱水(如乙醇的纯化)、从水溶液中去除有机物(如从水/空气中去除挥发性有机化合物)及有机－有机分离(如异构体和芳香族/脂肪族的分离)。在所有液体分离技术(如蒸馏和吸附)中,渗透汽化过程在下列条件下最为有效,即液体混合物在共沸点分离时、它们具有近似的沸腾温度时、它们含有热不稳定的成分或有机－有机混合物的情况。在这种分离机制条件下,渗透侧不可能回收未蒸发的组分(如金属、离子、肽或聚合物),因为它们保留在进料侧。

膜的性能很大程度上取决于膜材料的化学结构和微观结构,这二者都受到聚合物的分子量、添加剂的存在、成膜过程、膜厚度和膜预处理的影响。因此,合成结构明确的新型高分子材料和无机材料作为膜材料不仅将有助于新型膜材料的发展,也将使膜的研究取得重大进展。

通过膜的渗透被认为是一个决定过滤速度的步骤。混合物的一小部分必须通过膜的选择性渗透来去除,以便将渗透液的量降到最低。例如,优先渗透水(水选择性)是大多数聚合物的一个特征。然而,到目前为止,已经有一些关于 VOC(挥发性有机化合物)选择性聚合物的报道。取代的聚乙炔是一个非常有趣的例子,它同时显示了 VOC 选择性和水选择性特性。[28]因此,要想获得一种高效、经济可行的膜材料,就需要阐明它们的传输特性和分子结构之间的关系。这主要是因为膜的功能是由聚合物和无机材料的一级和二级结构决定的。

本书综述了渗透汽化的基本原理和发展前景,并对渗透汽化过程中膜材料的分离机理、实验方法和结构－性能关系进行了综述。

8.2 分离目标溶液

Baker 在他的书中总结了渗透汽化的工业应用领域,主要有三种应用:有机溶液脱水、去除水中有机物(即溶解有机物与水的分离)及有机液体混合物的分离。[8]

本章主要介绍了学术研究领域中较早报道的渗透汽化分离的各种现有的和未来的目标溶液。迄今为止,这一技术已在能源、石油、环境、制药及食品和饮料工业中表现出多方面的潜力。渗透汽化过程将净化渗透侧的目标液体或将其在进料侧浓缩。

与其他分离技术相比,渗透汽化过程在共沸液体混合物的分离中占有优势,对于具有相似沸点的混合物或含有热不稳定成分的混合物也是如此。根据这种分离机制,渗透组分必须在给定的操作温度和压力下进行汽化。被认为是挥发性有机化合物的成分包括碳氢化合物(如正己烷、辛烷和环己烷)、BTX(苯、甲苯和二甲苯异构体)、含卤素的化合物(如三氯乙烯、氯仿)、醇(如甲醇、乙醇、丙醇和丁醇)、苯酚、含氧化合物(如乙酸、甲基乙基酮(Mek)、丁酮、1,4－二氧六环和甲基叔丁基醚(Mtbe))、含氮化合物(如乙腈和丙烯腈)、芳香化合物(如薄荷醇、内酯、高级醇、高级酮和高级酯)和内分泌干扰物(如邻苯二甲酸二辛酯、2-二丁基苯基甲氨基甲酸酯、2,2-二甲基-1,3-苯二氧基-4-甲基氨基甲酸酯和1,2-二溴-3-氯丙烷)。

上述 VOC 也可作为浓缩产品回收到进料侧。与渗透侧不同,进料溶液中的浓缩化合物在通过膜分离时不需要蒸发。这些化合物的例子包括离子、大分子(如糖精、葡萄糖、果糖、抗坏血酸(维生素 C)、氨基糖、聚乙二醇、麦芽糖、乳糖、蔗糖、海藻糖和棉子糖)、聚合物(如聚乙烯醇)、多肽、淀粉、糖原、纤维素、海藻酸、甲壳素和酶(如淀粉酶和漆酶)。

溶液中的最佳组分平衡也可以通过渗透汽化来调节,如在果汁和白酒的生产中及在石油产品的制造中。在这种情况下,渗透汽化过程不要求具有很高的分离能力。

8.3　分离机理及实验

8.3.1　基础运输机制

分离膜可分为两大类(多孔膜和无孔膜),根据膜的形态和渗透组分的性质不同,小分子通过这两类膜的传质机理也不同(图8.3)。根据 IUPAC 对孔隙的分类,孔隙分为三类:微孔(超微孔为 <0.7 nm,极微孔为 >0.7 nm)、中孔(2~50 nm)和大孔(>50 nm)。[29]

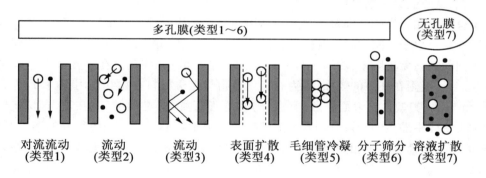

图 8.3　小分子通过膜的传质机理

在多孔膜中,扩散发生的机理很大程度上取决于膜的形态(即孔径)和扩散分子的大小。这些机制包括对流流动、大孔隙的 Hage-Poiseuille 流动、中等尺寸孔隙的 Knudsen 扩散、表面扩散、毛细冷凝和分子筛等。如果膜的孔径与渗透液的孔径相比过大,则渗透液的流动服从简单的对流流动模型(Ⅰ型),该模型不具有分离特性。在 Hagen-Poiseuille 流(Ⅱ型)中,当孔径大于渗透组分的平均自由程时,渗透组分的传输服从于大孔隙流体的流动的规律。[30]在 Knudsen 扩散(Ⅲ型)中,渗透组分与孔壁的碰撞比与其他渗透分子的碰撞更频繁。在表面扩散(Ⅳ型)中,渗透组分被吸附到表面,然后通过活化跳跃沿孔隙表面扩散,这通常发生在低温时。渗透组分不能从表面脱附,是因为渗透组分与表面的相互作用强于它们自身的动能,发生这种表面扩散时也同时发生 Knudsen 扩散。[31] Knudsen 模型和表面扩散模型的结合机制(即气体传输机制)发生在孔隙尺寸较小、渗透组分扩散保持足够的动能离开表面但又因另一侧孔壁的渗透而不能离开时（图8.4）。同时,在毛细管冷凝（V型）中,渗透组分和孔壁之间的相互作用导致冷凝,进而影响通过孔隙的扩散。最后,在分子筛分孔中,孔的大小阻止大分子通过（Ⅵ型）。

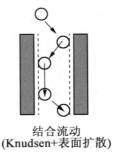

结合流动
(Knudsen + 表面扩散)

图 8.4　组合传输模型（Knudsen + 表面扩散）

另外,本章描述的无孔膜没有孔或完全致密的结构,这意味着可以控制在分子水平上的运输。因此,孔隙并不像气体分离和蒸汽分离中所描述的那样控制渗透组分的通过。无孔膜与溶液扩散机制（Ⅷ型）相对应,孔隙并不像气体分离和蒸汽分离中所描述的那样控制渗透组分的通过,渗透组分溶解在膜的表面,它的分子在膜内从一端扩散到另一端,然后从膜的另一端除去。

聚合物膜和无机膜分别采用非多孔结构和多孔结构设计。在聚合物膜中,渗透分子溶解并在瞬时分子空间中扩散到聚合物链段组合中,这些分子链段似乎是连续排列在非多孔膜内的。在无机膜中,渗透组分在固定的孔中扩散,这些孔是在多孔膜上连续制备的,这些分子吸附在孔隙的表面,因为有机化合物与无机材料有相互作用,这种行为导致Knudsen扩散（类型Ⅲ）、表面扩散（类型Ⅳ）和毛细管凝结（类型Ⅴ）。在这方面,在聚合物膜和无机膜中发生的传输分别基于溶液扩散和吸附扩散机制。当各组分的溶液/吸附现象和/或扩散速度各不相同时,混合物就会分离。在图8.3所示的机理中,分子筛分具有最高的分离性能,在膜孔内仅存在较小的分子。与其他分子一样,这些小分子的这种传输过程表现出一种吸附 - 扩散机制。

8.3.2　膜制作

用于渗透汽化的膜结构可分为两大类:致密膜和不对称膜。在工业应用中,不对称膜因其比致密膜具有更高的通量而得到广泛应用。不对称膜一般由膜通量较高的选择膜和渗透阻力较低的多孔膜组成。对于膜组件产品,工业上采用了平板膜和中空纤维膜两种膜组件。这些膜可通过溶剂浇铸（干湿）、中空纤维纺丝、溶液包覆、界面聚合和物理化学处理等多种技术来制备。[8]随着膜基海水淡化技术的发展,相应的膜制备技术也有了很大的发展。

在溶液浇铸中,将聚合物溶液浇铸到平板（例如玻璃板）上,并让溶剂蒸发（干法）和/或相转化形成不对称结构（湿法）。在前一种方法中,溶剂在一定温度下完全蒸发后,通过浇铸液制备出致密的均一结构。另外,浇铸液被浇铸在一个平坦的表面上,然后浸入一个不相容的溶剂中,形成由相同材料组成的不对称结构。非对称结构通常具有致密的薄层(即选择层)和粗糙的多孔层。采用复合技术制备不对称结构,聚合物溶液被涂覆在微孔基底(即多孔载体)上,以形成由不同材料组成的复合膜。这种复合膜又称薄层复合膜。[32,33]

自 20 世纪 70 年代以来,混合基质膜(MMM)作为提高气/汽分离和水处理聚合物膜系统性能的一种有效方法得到了广泛的关注。[34-36]在这种情况下,填料被加入聚合物溶液中,充分混合,直到溶液变得均匀,以防止填料聚集导致膜缺陷。采用溶剂浇铸法、中空纤维纺丝法、溶液涂覆法、界面聚合法等方法制备了蒙脱土纳米复合材料。

8.3.3 基本输运方程

通过 Fick 第一定律,可以发现在稳定状态下跨膜的组分通量 J_i 为

$$J_i = -D_i \frac{\mathrm{d}c_i}{\mathrm{d}x} \tag{8.1}$$

当 D_i 为组分 i 的扩散系数时,$\mathrm{d}c_i/\mathrm{d}x$ 是组分 i 在膜厚度 l 上的浓度梯度。如果膜表面的表面浓度分别为 c_{i1} 和 c_{i2}($c_{i1} > c_{i2}$),则该方程可重写为

$$J_i = D_i \frac{c_{i1} - c_{i2}}{l} \tag{8.2}$$

此外,对于聚合物膜,用溶解度系数 S_i 作为各分压(p_{i1} 和 p_{i2})的函数来描述浓度 c_{i1} 和 c_{i2},有

$$c_{i1} = S_i p_{i1} \tag{8.3}$$
$$c_{i2} = S_i p_{i2} \tag{8.4}$$

因此,式(8.2)变为

$$J_i = D_i S_i \frac{p_{i1} - p_{i2}}{l} = p_i \frac{p_{i1} - p_{i2}}{l} \tag{8.5}$$

通过膜组分 i 的渗透率(p_i)可以用溶解度和扩散系数来表示,这是在下面的溶液扩散机制中提出的概念,即

$$p_i = S_i D_i \tag{8.6}$$

进料液与膜的表面接触,而膜的另一侧因渗透成分的蒸发保持干燥。与气体分离膜和蒸汽分离膜不同,渗透汽化膜的横截面具有梯度结构,进料侧为含液膜,渗透侧为水蒸气膜。

渗透组分在膜上的浓度梯度如图 8.5 所示,渗透汽化膜中的浓度梯度可分为三种类型。在Ⅰ型中,浓度梯度在膜上呈线性分布,遵循式(8.1)中的 Fick 定律,膜就像几种无机膜那样不会被进料溶液溶胀。

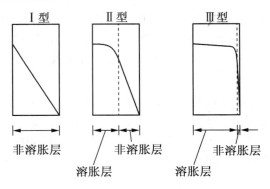

图 8.5 渗透组分在膜上的浓度梯度

当膜材料由聚合物和其他无机材料组成时,它们有时会因进料侧的液体而溶胀。相反,膜保持干燥,在渗透侧持续保持其形状(即Ⅱ型中等溶胀和Ⅲ型高溶胀)。在渗透过程中,聚合物膜被认为有两个层(即溶胀层和非溶胀层),进料液中液体成分被选择性溶解并扩散到溶胀层中。由于聚合物链段在溶胀区域内液体的作用下伸展,因此所有的组分都达到了较高的扩散速度,这在很大程度上类似于其他组分的弱尺寸筛选行为。在溶胀层中,溶解度系数而非扩散系数被认为是传输的主导因素。

上述的组分可以选择性地溶解在溶胀层和非溶胀层之间的界面中。在这种情况下,需要注意的是,由于这种界面不像层压板膜那样可以清晰地分离出来,因此非溶胀层的厚度无法确定。接着,渗透组分通过非溶胀层扩散,并以水蒸气的形式留在表面。不同于在溶胀层中发生的扩散过程,非溶胀层的聚合物链段密集,小分子的扩散阻力大,通过非溶胀层的运输行为与气体分离膜中描述的相似。因此,非溶胀层中输运的主导因素是扩散系数,而不是溶解度系数。非溶胀层又称干层、致密层或活性分离层。另外,非溶胀层通常比溶胀层薄。

8.3.4 渗透率和透选择性

通过膜的组分 i 的通量(J_i)定义为

$$J_i = \frac{Q_i}{At} \tag{8.7}$$

式中,Q_i 为组分 i 的渗透体积量;A 为膜的渗透面积;t 为测量时间。在测量的初始阶段,渗透率存在一定的滞后(即非稳定状态)。渗透测量开始后,在达到稳定状态前渗透产物的量逐渐增加。一般来说,Q_i 值要在稳态下记录,通量单位用 g·m^{-2}·h^{-1}、kg·m^{-2}·h^{-1}、cm^3·cm^{-2}·h^{-1}、m^3·m^{-2}·h^{-1} 及 SI 单位 mol·m^{-2}·s^{-1} 表示,这是因为回收的液体产品通常是通过质量或体积来测量的。

由式(8.7)可知,归一化通量为

$$J_i = \frac{Q_i l}{At} \tag{8.8}$$

式中,l 代表膜的厚度,通量的单位表示为 g·m^{-2}·h^{-1}、kg·m^{-2}·h^{-1}、cm^3·cm^{-2}·h^{-1}、m^3·m^{-2}·h^{-1} 或 mol·m^{-2}·s^{-1}。

在二元混合物中,组分 i 对组分 j 的选择性或分离因子(α_P)为

$$\alpha_P = \frac{\dfrac{Y_i}{Y_j}}{\dfrac{X_i}{X_j}} = \frac{Y_i(1-X_i)}{X_i(1-Y_i)} \tag{8.9}$$

式中,X_i 和 X_j 分别是原料溶液中组分 i 和组分 j 的质量或质量分数($X_i + X_j = 1$);变量 Y_i 和 Y_j 分别是渗透溶液中组分 i 和组分 j 的质量或质量分数($Y_i + Y_j = 1$)。摩尔分数也可以与质量分数一起使用。可以使用分析器(如气相色谱仪)确定进料溶液和渗透溶液的组成。膜通量取决于膜的厚度,而归一化通量和渗透选择性与膜的厚度是完全无关的。

当膜厚度达到低至 100 nm 时,研究发现聚合物膜和无机膜都很有可能出现缺陷(如针孔),从而提高通量和降低选择性。然而,在一些情况下,如在非均相结构中,甚至在没有任何缺陷的较厚的膜中,仍具备较高的通量,因此渗透选择性也不能简单地与膜厚度的倒数相关。例如,对于水溶液在氯化烃(如 1,1,2-三氯乙烷)中的渗透汽化,由甲基丙烯酸三甲基硅和丙烯酸正丁酯组成的共聚物膜并不简单地遵守规则。[37] 这些厚度大于 70 μm 的膜对氯代烃/水选择性是恒定的,而这种选择性随着膜的变薄而逐渐降低。因此,在比较各种膜的通量时,必须选用厚度相近的膜。

最后给出多组分混合物中组分 i 相对于其他组分的渗透选择性(α_P),即

$$\alpha_P = \frac{\dfrac{Y_i}{Y_{总}-Y_i}}{\dfrac{X_i}{X_{总}-X_i}} = \frac{Y_i(1-X_i)}{X_i(1-Y_i)} \tag{8.10}$$

式中,$X_{总}$ 和 $Y_{总}$ 分别为进料溶液和渗透溶液中组分 l 的总质量或总质量分数,$X_{总} = Y_{总} = 1$。

8.3.5 溶解度和溶解度选择性

溶解性行为包括附着、吸收和吸附。在 IUPAC 推荐的定义中,吸附是指一个或多个组分在界面层中的富集[38],而吸收是指分子穿过表面层并进入内部结构。必须强调的是,有时很难、不可能或无所谓区分吸附和吸收。因此,使用更广泛的术语"吸附"更为方便,它包括了这两种现象。

在渗透汽化中,跨膜传输的第一步是膜表面液体组分的溶解,而最后一步是膜的另一端的蒸气组分的蒸发。在平衡状态下,这些现象表示为膜的进料侧($K_{i-进料}$)和渗透侧($K_{i-渗透}$)组分 i 的分配系数,即

$$K_{i-进料} = \frac{c_{i-进料膜}}{c_{i-进料溶液}} \tag{8.11}$$

$$K_{i-渗透} = \frac{c_{i-渗透膜}}{c_{i-渗透蒸气}} \tag{8.12}$$

式中,$c_{i-进料膜}$ 和 $c_{i-渗透膜}$ 分别是膜上进料界面和渗透界面组分 i 的浓度;$c_{i-进料溶液}$ 和 $c_{i-渗透蒸气}$ 分别是溶液中组分 i 在进料侧和渗透侧的浓度。

由于膜上存在浓度梯度,仅靠实验很难确定膜的分配系数,因此对于聚合物膜而言,表观溶解度系数被用来描述现象。而对于无机膜,则测定了本体膜的吸附等温线。在

IUPAC 和物理化学教科书中对固体吸附的各种分析做了详尽的描述。[38,39]

聚合物膜的表观溶解度系数与液体对膜的溶胀程度有关。液体混合物在平衡状态（即稳态）时对膜的溶胀程度为

$$溶胀度(\%) = \frac{W_W - W_D}{W_D} \times 100\% \qquad (8.13)$$

式中，W_W 是平衡时吸附液体混合物的膜的质量；W_D 是干膜的质量。在Ⅱ型和Ⅲ型中，溶胀程度在进料侧表面表现出明显的溶解性现象（图 8.5）。

在二元混合物中，组分 i 相对于组分 j 的溶解度选择性（α_S）是从以下方面估算的，即

$$\alpha_S = \frac{\dfrac{Z_i}{Z_j}}{\dfrac{X_i}{X_j}} \qquad (8.14)$$

式中，X_i 和 X_j 分别是混合物中组分 i 和组分 j 的权重；Z_i 和 Z_j 分别是膜中组分 i 和组分 j 的权重。

渗透液与进料组成之间的关系如图 8.6 所示。当组分 i 优先溶解在膜中或组分 j 被选择性地从膜中去除时，该关系被描述为 A 型（即 $\alpha_S > 1$）。当组分 i 和 j 的溶解度无差异时，即出现 B 型线（即 $\alpha_S = 1$）。C 型曲线与 A 型曲线相反（即 $\alpha_S < 1$）。在这三种类型中，B 型很少被观察到。

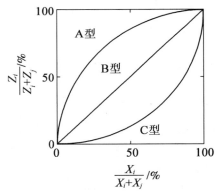

图 8.6　渗透液与进料组成之间的关系

溶解度用吉布斯混合自由能（ΔG_M）、混合焓（ΔH_M）和混合熵（ΔS_M）解释[39]，即

$$\Delta G_m = \Delta H_m - T\Delta S_m \qquad (8.15)$$

式中，T 是绝对温度。当 ΔG_M 值为负值时，组分相互溶解。然而，由于 ΔS_M 值通常是正的，因此意味着溶解度依赖于 ΔH_M 值。

在液体和膜材料混合的情况下，液体和膜材料的分子在接触之前是独立的相互作用。当液体的分子溶解在膜中时，需要注意在液体分子和膜材料之间产生了新的相互作用。然后，混合焓被描述为[40]

$$\Delta H_m = H_{液} + H_{膜} - 2H_{液-膜} \qquad (8.16)$$

式中，$H_{液}$ 是液体的焓；$H_{膜}$ 是膜材料的焓；$H_{液-膜}$ 是液体与膜材料之间的焓。

混合焓用下列溶解度参数定义[40]：

$$\Delta H_m = V(\delta_{液} - \delta_{膜})^2 \varphi_{液} \varphi_{膜} \tag{8.17}$$

式中，V 是液体和膜材料的总摩尔体积；变量 $\delta_{液}$ 和 $\delta_{膜}$ 分别是液体和膜材料的溶解度参数；$\varphi_{液}$ 和 $\varphi_{膜}$ 分别是液体和膜材料的体积分数。溶解度参数 δ 可由内聚能 G_{coh} 确定为[41]

$$\delta = \left(\frac{G_{coh}}{V}\right)^{\frac{1}{2}} \tag{8.18}$$

根据式(8.17)，ΔH_M 值始终是正的，这意味着混合过程为吸热。要产生负 ΔG_M 值，ΔH_M 值必须小于 $T\Delta S_m$ 值，而 $T\Delta S_m$ 值要求液体和膜材料的溶解度参数差异较小。当液体的溶解度参数与膜材料的溶解度参数相等（即 $\delta_{液} = \delta_{膜}$）时，混合焓为零，混合自由能为负值。在这种情况下，液体和膜材料是互溶的。

基于这一概念，当混合物中的一个组分具有与膜材料相似的溶解度参数时，可以预期该组分对膜的溶解度较大；反之，当一组分在混合物中的溶解度参数与膜材料的溶解度参数有很大差异时，该组分对膜的溶解度(即截留率)就会降低。

然而，当液体分子与膜材料之间存在特定的强相互作用或膜中存在比液体分子大得多的空洞或缺陷时，ΔH_m 值有时会变为负值。在这种情况下，无法用式(8.17)计算。在式(8.16)中，$2H_{液膜} > H_{液} + H_{膜}$，导致混合过程放热。

为了解液体在膜中的选择性溶解度特性，Hansen 的三维溶解度参数得到了广泛的认同[40-42]：

$$\delta^2 = \delta_d^2 + \delta_P^2 + \delta_h^2 = \delta_d^2 + \delta_A^2 \tag{8.19}$$

$$V = \sum_z {}^z V \tag{8.20}$$

$$\delta_d = \frac{\sum_z {}^z F_d}{V} \tag{8.21}$$

$$\delta_P = \frac{\left(\sum_z {}^z F_P^2\right)^{\frac{1}{2}}}{V} \tag{8.22}$$

$$\delta_h = \left(\frac{-\sum_z {}^z U_h}{V}\right)^{\frac{1}{2}} \tag{8.23}$$

式中，δ 为总值；δ_d 为分散组分；δ_P 为极性组分；δ_h 为氢键组分；δ_A 为缔合参数（即 $\delta_P + \delta_h$）；${}^z F_d$ 是基团对分散的贡献；${}^z F_p$ 是基团对极性参数的贡献；${}^z U_h$ 是基团对氢键参数的贡献；V 是基团摩尔体积。

溶解度参数的另一种测量方法是相对描述分子中氢键强度的方法（即 δ(差)、δ(中等)或 δ(强)）。[41,42]

例如，聚(1-三甲基硅基-1-丙炔)具有较少的极性结构，δ 值为 15.8 MPa$^{1/2}$ [43]，这是用 Fedor 的基团贡献法估算的。[44] 聚(1-三甲基硅基-1-丙炔)在纯有机液体中的溶解度取决于 δ_A 而不是 δ_d（图 8.7）[45] 在 δ_d 值为 14~19 MPa$^{1/2}$ 时，溶剂和非溶剂同时存在，而大多数溶剂的 δ_A 值小于 10 MPa$^{1/2}$。结果表明，PTMSP 较好地溶于 δ_A 较小的几种极性较小的液体。此外，PTMSP 可溶于 δ(差)值为 13.5~19.4 MPa$^{1/2}$ 的液体。当液体和 PTMSP 的 δ 值彼此相似时，25 ℃时各种纯非溶剂在 PTMSP 膜中的吸收增加(图 8.8)，溶解度参数 δ 与氢键因子 δ(弱)、δ(中等)和 δ(强)有关。[45]这一趋势与式(8.17)所提供的规则相一致。即使它们的 δ 接近 PTMSP 值(如 δ(中等))，PTMSP 也不溶于极性液体。

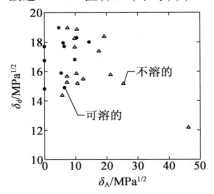

图 8.7　25 ℃时溶剂和非溶剂的 δ_d 和 δ_A 值的关系图

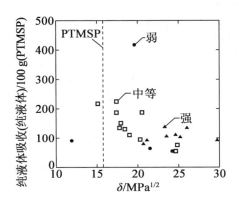

图 8.8　PTMSP 非溶剂在 25 ℃时的纯液体吸收图

然而，在等高线图中，所有液体分子都有一个电荷梯度，很难精确地确定溶解度参数的边界，如在氢键中(图 8.9)，这说明了用溶解度参数精确估计溶解度现象的局限性。

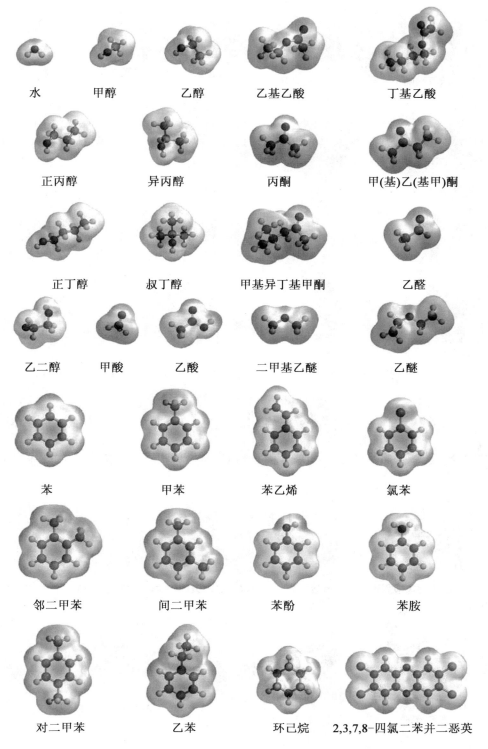

图 8.9　各种小分子和薄膜材料的电子电荷

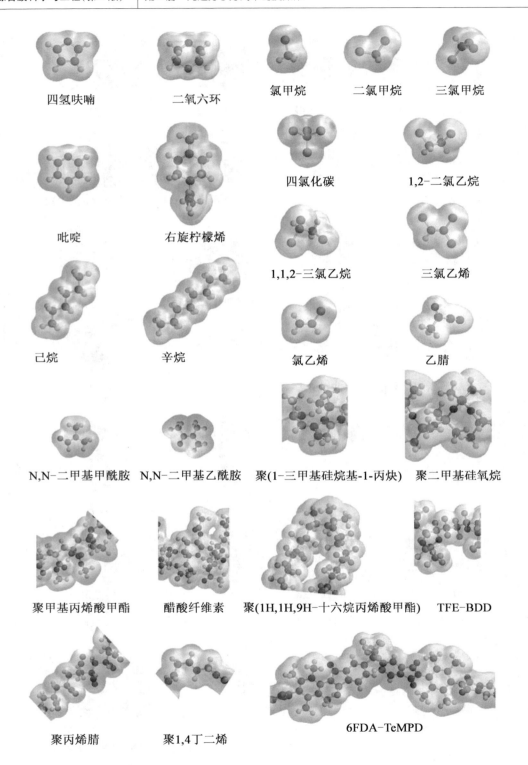

续图 8.9

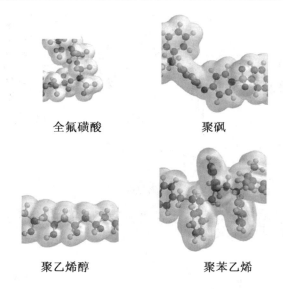

续图 8.9

8.3.6 扩散率和扩散选择性

原则上,Fick 定律(图 8.5 中的 I 型)描述了聚合物膜和无机膜的扩散系数。然而,它受到聚合物膜中组分浓度的强烈影响。浓度相关的扩散系数定义为[46]

$$D = D_0 e^{\beta c} \tag{8.24}$$

式中,D 是浓度 c 处的扩散系数;D_0 是浓度被无限稀释 c 接近零时的扩散系数;β 是塑化因子表示膜材料与组分之间相互作用,β 值越大,表明膜材料与组分之间的亲和力越强。例如,当 D_0 值为 10^{-9} cm$^2 \cdot$ s^{-1} 的数量级时,β 值为 20~90 不等,膜与组分的溶胀比为 10%(即 c = 0.1),扩散系数比干膜(即 c = 0)大 1 000 倍以上。[12]

在图 8.6 中,当渗透侧保持在真空状态下时,小分子在 II 型和 III 型聚合物膜的干燥非溶胀层中的传输类似于气体分离膜。因此,渗透诱导塑化对干燥层和溶胀层都有影响。图 8.10 所示为 CO_2 在由二氯甲烷制备的 4,4 - (六氟异丙基)二苯酐(6FDA) - 2,3,5,6 - 四甲基 - 1,4 - 二甲苯 - 二胺(TeMPD)聚酰亚胺膜(6 FDA - TeMPD,结构 3)中的平均扩散系数与压力的关系。给定温度为 35 ℃,压力为 40 atm(相对压力约为0.5),平均扩散系数随进料压力的增加而增大[47]。图 8.11 所示为在相同的 6FDA - TeMPD 膜中,二氧化碳在一定时间内的扩散系数与 35 ℃ 时 CO_2 浓度的函数关系,随着 CO_2 浓度的增加,扩散系数增大。[47]然而,本研究中,在气体渗透性测定的临界塑化压力下,二氧化碳浓度值没有明显的相关性。尽管采用了浇铸溶剂或热处理等膜制备工艺,但在 35 ℃ 临界塑化压力下干燥的 6FDA - TeMPD 膜内 CO_2 的临界平均扩散系数为 $(73 \pm 5) \times 10^{-8}$ cm$^2 \cdot$ s^{-1}。

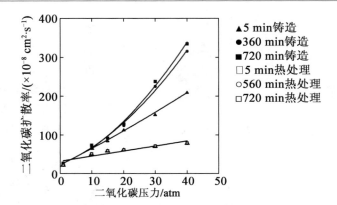

图 8.10 用二氯甲烷溶液铸造和热处理 5 分钟、360 分钟和 720 分钟 35 ℃ 时 6FDA – TeMPD 中二氧化碳扩散系数的压力依赖性

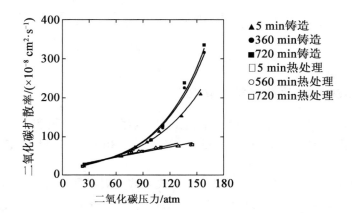

图 8.11 二氧化碳在 35 ℃ 下 6FDA – TeMPD 中的扩散系数(以二氯甲烷为原料制备)与二氧化碳浓度的函数

在测量的初始阶段(即非稳态),在聚合物膜干燥层中的传输过程中观察到聚合物链段的间歇弛豫,并表现出 Fick 扩散行为。一般来说,该扩散行为是非 Fick 扩散。动力学吸附分析提供了下列方程作为测量时间的函数[48]:

$$c = c_P + c_R(1 - e^{-\tau t}) \tag{8.25}$$

式中,c_F 和 c_R 分别为平衡时 Fick 扩散和弛豫贡献的浓度;t 为弛豫动力学常数。

当小分子的扩散速度远快于聚合物链段的弛豫时,在溶胀层和非溶胀层之间出现了明显的界面层。随着这个弛豫成为速率决定步骤,界面层在膜的横截面上以恒定的速度移动,这种行为称为第 II 类扩散[49]:

$$c = kl^n \tag{8.26}$$

式中,k 和 n 是可调参数。第 II 类扩散发生在 $n = 1$ 处[50],Fick 扩散和 Case II 扩散同时出现在 $0.5 < n < 1.0$ 处。

气相或蒸汽小分子通过聚合物膜的扩散与其分数自由体积(FFV)有关,当渗透组分

分子与聚合物链段之间没有或只有很少相互作用时,这种关系是成立的。自由体积理论提供了下列等式[51]:

$$D = A_D e^{-\frac{B_D}{FFV}} \tag{8.27}$$

式中,A_D 和 B_D 是可调的参数,它们都代表了与渗透组分的尺寸和形状相关的本征扩散参数。

然而,这些参数还没有明确讨论。其中一个原因是,虽然小分子的尺寸和形状有不同的测量方法,但对于渗透组分大小和形状的最佳测量方法还没有定论。测量方法包括动力学直径、临界体积、范德瓦耳斯体积和由伦纳德-琼斯力常数决定的直径。[52-54] 如图 8.9 所示,分子的形状不是单原子结构。横截面面积(即最小扩散间隙)和分子长度(即扩散路径)影响膜中的扩散。[55] 此外,通过红外或拉曼光谱检测到分子中的几种振动(如拉伸振动、剪切振动和扭曲振动)。[39] 即使分子存在于膜中,这些振动也以不同的形式出现。

图 8.12 所示为在 10 atm 进料压力(即相对压力约为 0.1)下[56],处于干燥状态的普通玻璃态聚合物中二氧化碳扩散系数作为 FFV 的函数。[56] 式(8.27)所预期扩散系数随着倒数 FFV 的增大而趋于减小。然而,如图 8.12 所示,1/FFV 值为 5.5(即 FFV 为 0.18)时,二氧化碳扩散率的数据散布在 $10^{-6} \sim 10^{-8}$ cm$^2 \cdot$ s^{-1} 范围内。相比之下,只有结构相关的聚合物(如聚碳酸酯、聚砜(PSf)和聚芳酯)才能得到更好的线性相关系数。这种行为说明了使用式(8.27)估计小分子扩散系数的局限性,并指出只有在结构相关聚合物中才能得到更准确的结果。

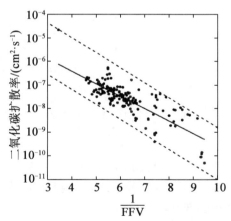

图 8.12 35 ℃、压力 10 atm(即相对压力约 0.1)条件下,二氧化碳在各种聚合物中的扩散系数作为分数自由体积倒数(1/FFV)的函数

这些不太精确的关联如自由体积空间的分布所示,这可以用正电子湮灭寿命谱(PALS)来估计。[57] 利用参数 τ_n(ns)作为空间尺寸,参数 I_n(%)作为空间 τ_n 数量,空间尺寸随着 n 值的增加而增加,对于大多数聚合物,其值在 $\tau_1 \sim \tau_3$ 水平。到目前为止,仅报道了一些取代聚乙炔(如 PTMSP)和氟化聚合物(如聚 2,2-双(三氟甲基)-4,5-二氟-1,3-二氧-co-四氟乙烯(TFE-BDD))值在 τ_4 能级空间。[57-59] 气体扩散率与 $\tau_3^3 \times I_n$

($ns^3\%$)的倒数值相关,即与聚合物膜中 τ_3 能级空间的总体积倒数值相关,气体在 PTMSP 和 TFE – BDD 中的扩散被描述为 $\tau_4^3 \times I_n$ 和 $\tau_3^3 \times I_n + \tau_4^3 \times I_n$($ns^3\%$)。同时,$\tau_1 \sim \tau_4$ 能级空间在聚合物膜上的连通性也是决定气体扩散的重要因素。

综上所述,经典的自由体积理论没有考虑渗透组分的分子与聚合物链之间相互作用的影响。然而,聚合物膜的介电常数与分数自由体积相关,自由体积受聚合物极性的强烈影响。[60]基于 Clausius – Mossotti 方程,小分子的扩散系数定义为介电常数 ε 的函数,并给出[60]

$$D = \gamma_D e^{\frac{-\beta_D}{1-\alpha}} \tag{8.28}$$

式中,$\alpha = 1.3 \frac{V_w}{P_{LL}} \frac{\varepsilon - 1}{\varepsilon + 2}$,$V_w$ 是特定的范德华体积,P_{LL} 是摩尔极化;γ_D 和 β_D 是可调参数。在 6FDA 基聚酰亚胺(PI)中,小分子的扩散系数与 $1-\alpha$ 的倒数呈线性关系。此外,基于 6FDA 的 PI 膜的 $1-\alpha$ 值是其 FFV 值的 1.6~2.2 倍。正如式(8.27)所预期的,FFV 值主要依赖于膜中的自由体积空间。另外,$1-\alpha$(即由式(8.28)确定的 FFV)取决于自由体积空间和摩尔极化等与电荷相关的因素,这些因素影响了气体分子与聚合物段之间的相互作用。整个聚合物系列的比较证明,这个因素为聚合物膜的自由体积中小分子的运输提供了更实际的调整。此外,FFV 还依赖于自由体积空间和光学因子,如折射率和摩尔折射,这些因素影响电子结构和气体分子与聚合物链段之间的相互作用。[61]根据由 Lorentz – Lorenz 方程得到的折射率,观察到基于折射率的 FFV 与 6FDA 基 PI 膜的透气性、扩散性和溶解度系数之间线性相关,即

$$P = A'_P e^{\frac{-B'_P}{1-\varphi}} \tag{8.29}$$

$$D = A'_D e^{\frac{-B'_D}{1-\varphi}} \tag{8.30}$$

$$S = A'_S e^{\frac{-B'_S}{1-\varphi}} = \frac{A'_P}{A'_D} e^{\frac{-(B'_P - B'_D)}{1-\varphi}} \tag{8.31}$$

式中,$FFV = 1 - 1.3 \frac{V_w}{R_{LL}} \frac{n_D^2 - 1}{n_D^2 + 2} = 1 - \varphi$;$A'_P$、$A'_D$、$A'_S$(即 A'_P/A'_D)和 B'_P、B'_D 和 B'_S(即 $B'_P - B'_D$)是可变参数。

由折射率计算出的 6FDA 基 PI 膜的 FFV 值增大了 1.16~1.37 倍。这个结果表示 PI 密度影响电子结构及气体分子与聚合物分子之间的相互作用。通过这一发现得到了 PI 电子结构随聚合物化学结构的变化而变化的结论。

如图 8.5 中的 II 型和 III 型所示,当膜被进料溶液溶胀时,根据 Aptel 的研究可以估算出膜中各组分的表观平均扩散系数(即液体溶胀层加上干燥非溶胀层)。组分 i 和 j 通过膜(厚度为 l)的通量 J_i 和 J_j 被定义[62],即

$$J_i = \frac{\overline{D}_i k S_i}{l} \tag{8.32}$$

$$J_j = \frac{\overline{D}_j k S_j}{l} \tag{8.33}$$

式中,$\overline{D}_i$ 和 $\overline{D}_j$ 分别为组分 i 和组分 j 的表观平均扩散系数;分量 S_i 和 S_j 分别为组分 i 和

组分 j 的溶胀程度;k 为

$$k = \frac{1}{\dfrac{S_i}{\rho_i} + \dfrac{S_j}{\rho_j} + \dfrac{100}{\rho_m}} \tag{8.34}$$

其中,ρ_i、ρ_j、ρ_m 分别为组分 i、组分 j 和膜的密度值。最后,二元混合物中 i 组分/j 组分的扩散选择性(α_D)可以估计为

$$\alpha_D = \frac{\overline{D_i}}{\overline{D_j}} \tag{8.35}$$

8.3.7 选择性组合

在二元混合物中,组分 i 相对于组分 j 的渗透选择性或分离因子(α_P)定义为组分 i 与组分 j 的渗透率或通量之比(P_i/P_j),因此可以表示为

$$\alpha_P = \alpha_S \cdot \alpha_D = \frac{P_i}{P_j} = \frac{S_i}{S_j} \times \frac{D_i}{D_j} \tag{8.36}$$

式中,第一项是溶解选择性;第二项是扩散选择性。

当两组分的扩散系数相近时,扩散选择性接近 1,渗透选择性与溶解选择性近似相等,即

$$\alpha_P = \alpha_S \cdot \alpha_D = \frac{P_i}{P_j} \approx \frac{S_i}{S_j} \tag{8.37}$$

相反,当两组分的溶解度相似时,溶解度选择性几乎为 1,渗透选择性大约等于扩散选择性,即

$$\alpha_P \approx \alpha_D = \frac{P_i}{P_j} \approx \frac{D_i}{D_j} \tag{8.38}$$

要求膜对组分 i 有选择性(即 $\dfrac{P_i}{P_j} > 1$)或对组分 j 有选择性(即 $\dfrac{P_i}{P_j} < 1$),当组分 i 的分子比组分 j 大时,在尺寸筛分扩散的基础上,扩散选择性始终为 $\dfrac{D_i}{D_j} < 1$。另外,溶解度系数与膜材料和液体的溶解度参数相关。综上所述,液体与膜的亲和力取决于它们的溶解度参数之间的一致程度。因此,当组分 j 的溶解度参数与膜材料的溶解度参数比较接近时,膜显示出对混合物的组分 i 有选择性(即 $\dfrac{S_i}{S_j} > 1$),反之亦然。在扩散选择性是主要因素的情况下,$\dfrac{S_i}{S_j} < \dfrac{D_i}{D_j}$,膜表现出组分 i -选择行为(即 $\dfrac{P_i}{P_j} < 1$);而在溶解选择性是分离的主要因素的情况下,$\dfrac{S_i}{S_j} > \dfrac{D_i}{D_j}$,该膜对组分 i 有选择性(即 $\dfrac{P_i}{P_j} > 1$)。控制溶解度和扩散选择性是实现这两种类型的渗透选择性增加的必要条件。

溶解度和扩散系数具有浓度依赖性。当进料溶液中的成分发生变化时,各组分的溶解度和扩散系数也随之发生变化。因此,每个组分的渗透率也发生改变,这表明进料溶液中的组分会影响膜的渗透选择性、溶解性选择性和扩散选择性。

图 8.13 所示为苯-苯胺混合物在 25 ℃时通过辐照聚乙烯(PE)膜的总通量与进料溶液中苯浓度的关系。[63] 与苯胺相比，苯能有效地使聚合物溶胀。随着进料溶液中苯浓度的增加(即与膜亲和力较好的组分增加)，混合物的总通量显著增加。无论进料浓度如何，苯透过膜的速度始终快于苯胺(图 8.14)。[63] 苯对苯胺的渗透选择性也随着进料溶液中苯浓度的增加而降低(图 8.15)。[63] 苯分子使膜溶胀，很容易伴随着苯胺分子进入溶胀的聚合物链段。

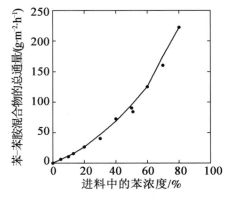

图 8.13　苯-苯胺混合物在 25 ℃时通过 γ 射线辐照聚乙烯(PE)膜的总通量与进料溶液中苯浓度的关系

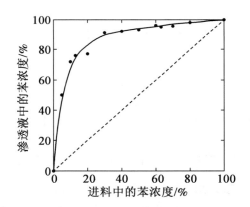

图 8.14　苯-苯胺混合物在 25 ℃时通过 γ 射线辐照聚乙烯(PE)膜渗透汽化过程中渗透侧和进料侧溶液中的苯浓度

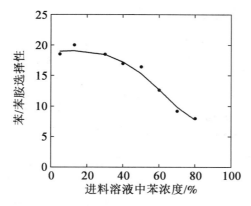

图 8.15　γ射线辐照的低密度聚乙烯膜在 25℃时的苯/苯胺选择性与进料溶液中苯浓度的关系

8.3.8　操作条件的影响

1. 进料浓度和流量

当溶液浓度很低时,存在进料流量的影响。在这种情况下,膜进料侧边界层的存在会导致浓度极化[64]。由于膜表面形成浓度梯度,因此浓差极化很容易发生。这一现象也严重影响了气体/蒸汽在潮湿条件下的分离应用,如后燃烧处理[65,66]和天然气脱硫[67,68]。这种浓差极化很大程度上取决于进料流量和膜进料侧的流体力学条件。下面从渗透组分的传质、膜的性质和实验条件如进料流量等方面对这种浓差极化现象进行讨论。[69-71]

在渗透汽化过程中,已经有许多研究表明原液浓度对膜性能有影响,如聚乳酸(PLA)[72,73]、PTMSP[74]、壳聚糖[75,76]、聚二甲基硅氧烷(PDMS)[77,78]、聚甲氧基硅氧烷(PDMS)[77]、交联丙烯酸烷基酯[79-81]、交联 PVA[82-87]、聚氨酯(PU)[88]、PI[89-92]、聚丙烯酸甲酯-丙烯酸共聚物(PMMA-co-PAA)[93,94]、聚甲基丙烯酸缩水甘油酯(PGMA)[95]。例如,乙醇、乙酸,乙酸乙酯(EA)、醋酸丁酯等有机溶剂在 35 ℃下通过 PLA 膜的通量[72,73]随着进料浓度的增加而呈线性增加,而水通量几乎是恒定的(即 10^{-3}),与有机溶剂的类型无关(图 8.16)。

2. 进料和渗透压力

进料侧和渗透侧单独/协同作用,提供了通量和渗透选择性的变化。[75,77,78,88,96-100]

例如,纯己烷液体在 30 ℃下通过 PE 膜时渗透压力设置为 300 mmHg(1 mmHg≈133.32 Pa),高于己烷的饱和压力(图 8.17)[96],随着进料压力的增加,己烷的通量呈线性增长。相比之下,当渗透压力远低于己烷饱和压力时,流量几乎与进料压力无关。随着渗透压力的降低,在干燥的非溶胀层中分压或化学势的梯度出现了增加。因此,当渗透组分变得容易汽化时,通量或产物的总量就会增加。

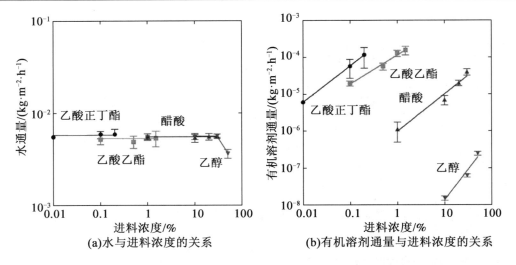

图 8.16　25 ℃下 PLA 膜中水和有机溶剂质量与进料浓度的关系

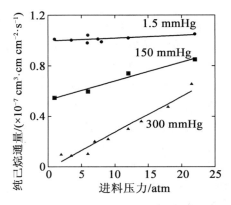

图 8.17　低密度 PE 膜在 30 ℃时的纯己烷通量与进料压力的关系

当渗透压力接近于零时,通量开始显示出较大的数值。对于正己烷－正庚烷二元混合物,渗透压力对渗透选择性有很大影响(图 8.18)。[97]每个组分不同的蒸气压,在非溶胀层上产生不同的分压梯度。此后,内分泌干扰物水溶液(浓度为 10×10^{-6})通过 PDMS 膜在 90 ℃渗透汽化过程中,其渗透选择性与饱和蒸汽压呈线性关系(图 8.19)[98]。在这方面,与其他液体分离膜工艺(如反渗透和超滤)不同,在聚合物膜的渗透汽化过程中通常不需要在进料中增加压力。渗透侧通过真空条件或使用载气吹拂蒸汽保持在低于给定组分饱和压力的条件下。

3. 厚度

通过膜的渗透过程涉及一个速率决定步骤。随着膜厚度变薄,通量增加。理想情况下,均匀膜的通量与膜厚度的倒数成正比。本章阐述了不同的聚合物膜对渗透汽化的影响,如 PTMSP[74]、交联丙烯酸酯[79]、PVA[87]、PU[88]、(PMMA－co－PAA)[93]、聚(乙烯基吡啶)[101]、PSf[102]、聚氯乙烯(PVC)[102]、聚丙烯腈(PAN)[102]、聚(四氟乙烯)－接枝聚(4-乙烯基吡啶)[103]、PTFE-接枝聚(N-乙烯基吡啶)[103]、壳聚糖[75,76,104]、PDMS[77,99,105,106]、聚辛基甲基硅氧烷[105]、乙酸纤维素[107]、聚(2,6-二甲基-1,4-苯基)氧化[107]、聚苯并恶嗪等。例如,图8.20所示为25 ℃时通过聚(乙烯基吡啶)膜的纯水通量,研究通量与薄膜厚度倒数的函数,呈现出明显的线性关系。

PSf、PVC 和 PAN 的水通量随膜厚的减小呈线性增加,而在80 ℃时,质量比为20∶80 的水-乙酸混合物的选择性随着膜厚度的减小和乙酸的通量增加而降低。[102] 薄膜选择性下降的原因是乙酸/水的吸附和聚合物链段间的应力引起的裂纹和缺陷。丁腈橡胶中丁二烯和异丁烯(60%/40%)的渗透汽化中,当膜厚大于100 μm 时,选择性保持不变,在膜厚为17 μm 时,由于存在微孔缺陷,因此选择性较低。[109]

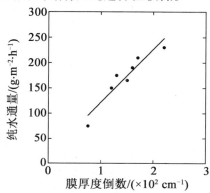

图8.18　25 ℃时纯水通量与聚4-乙烯基吡啶膜的倒数厚度的关系

4. 温度

当膜材料和渗透组分没有任何变化(如聚合物的玻璃化转变、液体的沸点),且渗透压力远低于给定液体的饱和压力时,温度对传质的依赖一般遵循 Arrhenius 定律。也就是说,传输参数对数与绝对温度(T)的倒数之间存在线性关系。渗透系数(P)表示为

$$P = P_0 e^{-\frac{E_P}{RT}} \tag{8.39}$$

式中,P_0 是渗透的指前因子;E_P 是渗透的活化能;R 是气体常数。

van't Hoff - Arrhenius 规则给出了溶解度系数(S)和扩散系数(D)的表达式,即

$$S = S_0 e^{-\frac{\Delta H_S}{RT}} \tag{8.40}$$

$$D = D_0 e^{-\frac{E_D}{RT}} \tag{8.41}$$

式中,S_0 和 D_0 是溶解度和扩散系数的指前因子;ΔH_S 是吸附热;E_D 是扩散活化能。用式(8.15)中的混合焓(ΔH_m)和冷凝热(ΔH_c)描述吸附热和,即

$$\Delta H_S = \Delta H_m + \Delta H_c \tag{8.42}$$

ΔH_c 值始终为负值,但如前所述,ΔH_m 值视情况考虑。在溶液扩散机制的基础上,如式(8.6)所述,可以由式(8.40)和式(8.41)推导出式(8.39),即

$$P = P_0 e^{-\frac{E_P}{RT}} = S_0 D_0 e^{-\frac{\Delta H_S + E_D}{RT}} \tag{8.43}$$

因此,P_0 和 E_P 可为

$$P_0 = S_0 D_0 \tag{8.44}$$

$$E_P = \Delta H_S + E_D \tag{8.45}$$

一般来说，随着温度的升高，溶解度减小，扩散系数增大。因此，吸附热为负，扩散活化能为正。当溶解度在渗透过程中占主导地位时，相对于扩散而言，渗透的活化能必须为负值，反之亦然。

定义二元混合物中组分 i 在组分 j 上的渗透选择性或分离因子（α_P），即

$$\alpha_P = \frac{P_i}{P_j} = \frac{P_{i0}}{P_{j0}} e^{-\frac{E_{Pi} - E_{Pj}}{RT}} \tag{8.46}$$

同样，溶解度选择性和扩散选择性如下：

$$\alpha_S = \frac{S_i}{S_j} = \frac{S_{i0}}{S_{j0}} e^{-\frac{\Delta H_{Si} - \Delta H_{Sj}}{RT}} \tag{8.47}$$

$$\alpha_D = \frac{D_i}{D_j} = \frac{D_{i0}}{D_{j0}} e^{-\frac{E_{Di} - E_{Dj}}{RT}} \tag{8.48}$$

操作温度对 PTMSP[74,77]、PDMS[78,98,110,111]、交联 PVA[82,83,86]、PU[88]、PI[90-92]、PMMA‑co‑PAA[93,94]、PGMA[95]、壳聚糖[104] 和聚苯并恶嗪[108] 等聚合物膜渗透汽化的影响也得到了广泛的研究。

聚合物的玻璃化转变温度也是另一个重要的参数，因为聚合物的性能在这个温度上下有很大的差异。[24] 材料的玻璃化温度可以通过共混技术来改进，因此通常采用共混技术来改善聚合物的力学性能，使其更适合特定的工艺。

8.3.9 实验方法

在目前报道渗透汽化的期刊文章中，与中空纤维膜和管状膜相比，平板膜最常用于高分子材料，而管式膜更适用于无机材料。渗透汽化实验是在实验室中进行的，可以采用死端间歇式或连续流动式。为提供渗透的驱动力，渗透汽化膜的渗透侧要么在真空（即真空驱动的渗透汽化，图 8.19 和图 8.20）下维持，要么通过载气（氮气和氦气）清扫不凝结的蒸汽（即载气驱动的渗透汽化）。期刊文章中报道的大多数实验数据都是在给定的恒温条件下记录下来的。但是，当温度梯度出现在膜上时，渗透的驱动力就增强了。这种方法称为热汽化，即进料液体在渗透之前加热。

渗透蒸汽通常凝结为液体，这是通过使用冷凝器（如液氮）实现的，然后确定渗透产品的质量或体积、膜面积及测量时间，利用式（8.7）计算通量。用气相色谱仪等分析仪器测定进料溶液和渗透溶液的组成，并利用式（8.9）和式（8.10）计算渗透选择性。

通常，流量和渗透选择性取决于进料溶液中的浓度。科学家已经报告了渗透组分、渗透选择性及通量与进料成分之间的关系（图 8.13~8.15）。[63]

如前所述，从液相到气相的相变是在通过膜的过程中出现的，其分压差约为 1 atm。因此，与其他膜分离过程相比，膜材料中的内应力较大。压力损失有时会导致温度和压力的显著下降。因为渗透分子是从膜表面蒸发的，所以通常需要蒸发热。

通过分析，可得出膜中液体混合物在平衡状态下的组成。试样膜在溶液中浸泡，直到达到平衡吸附状态。从样品中提取膜内的液体混合物并通过液氮冷却收集，如图 8.21

所示,可以使用气相色谱仪等分析仪来测定成分。[112] 例如,当所收集的产物被分成两相时,这两种组分都可以在最优溶剂中溶解。最后,利用式(8.14)计算溶解度的选择性。

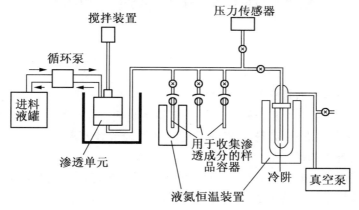

图 8.19　分批式真空驱动渗透汽化装置示意图

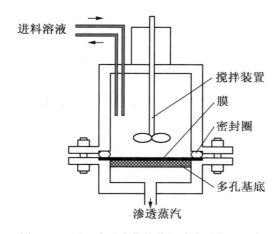

图 8.20　用于渗透汽化的分批式渗透装置示意图

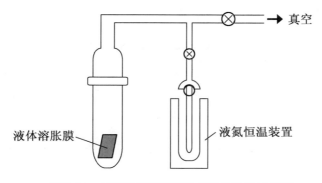

图 8.21　用于估计溶解度选择性的装置示意图

8.4 膜材料及渗透汽化性能

8.4.1 高分子膜

1. 溶解选择性和扩散选择性的组合

1982年8月,第一个工业规模的液体分离膜系统建立[8],用于乙醇-水混合物的渗透汽化分离,在多孔的PAN载体上使用了交联聚乙烯醇致密层的复合膜[113],对乙醇或异丙醇水溶液具有水选择行为。

就聚合物膜而言,同一类聚合物一般倾向于表现出水选择性或有机溶剂选择性。这种传输机制被认为是遵循溶解扩散机制的。有机溶剂-水分离膜的机制见表8.1。由于有机物分子的尺寸大于水,因此D_{VOC}/D_{H_2O}值小于受尺寸筛选扩散影响的聚合物比值。有机-水混合物与聚合物膜的亲和力取决于二者溶解度参数之间的一致程度。因此,亲水聚合物膜通常显示$(S_{VOC}/S_{H_2O})<1$(即表8.1中的水选择性膜1),而疏水聚合物膜显示$(S_{VOC}/S_{H_2O})>1$(即表8.1中的水选择性膜2和VOC选择性膜1)。在扩散选择性是主要影响因素的情况下,$(S_{VOC}/S_{H_2O})<(D_{VOC}/D_{H_2O})$,此时即使$(S_{VOC}/S_{H_2O})>1$(即表8.1中的水选择性膜2),膜仍然表现出水选择行为。

在渗透汽化过程中,通过膜的渗透是决定速度的步骤,因此混合物的一小部分必须通过膜的选择性渗透来去除,以尽量减少渗透液的量。优先水渗透(水选择性)是大多数聚合物的特点,目前已有一些关于VOC选择性聚合物的报道。取代的聚乙炔是一类同时具有VOC和水选择性行为的聚合物。[28]

各种VOC和水选择性取代聚乙炔膜的总通量和乙醇/水选择性见表8.2。[114,115]高渗透取代聚乙炔膜是乙醇选择性膜(即乙醇/水选择性>1),而低渗透取代聚乙炔膜是水选择性膜(即乙醇/水选择性<1)。厚度约为20 μm的PTMSP膜总通量为$4.5×10^{-3}$ g·m·m^{-2}·h^{-1},乙醇/水选择性为4.5;而聚(1-苯基-2-氯乙炔)膜的总通量为$0.23×10^{-3}$ g·m·m^{-2}·h^{-1},乙醇/水选择性为0.21。

表 8.1 有机溶剂-水分离膜的机制

水选择性膜1	水选择性膜2	VOC选择性膜1
$S_{VOC}/S_{H_2O}<1$	$S_{VOC}/S_{H_2O}>1$	$S_{VOC}/S_{H_2O}\ggg 1$
$D_{VOC}/D_{H_2O}<1$	$D_{VOC}/D_{H_2O}\lll 1$	$D_{VOC}/D_{H_2O}<1$
$P_{VOC}/P_{H_2O}\ll 1$	$P_{VOC}/P_{H_2O}\ll 1$	$P_{VOC}/P_{H_2O}\gg 1$

表 8.2　取代聚乙炔膜在 30 ℃下进行乙醇 – 水渗透汽化过程（乙醇进料浓度为 10%）的乙醇/水选择性和标准化通量

—(—CR^1=CR^2—)$_n$—		渗透压 /mmHg	厚度 /μm	乙醇/水 选择性	归一化通量 /($\times 10^{-3}$ g·m·m^{-2}·h^{-1})	参考文献
R^1	R^2					
(a)	乙醇 – 选择性基团					
CH$_3$	Si(CH$_3$)$_3$	1.0	约 20	12	4.5	[114]
苯基	C$_6$H$_4$ – p – Si(CH$_3$)$_3$	2.0	53	6.9	4.2	[115]
苯基	苯基	2.0	46	6.0	5.9	[115]
β – 萘基	C$_6$H$_4$ – p – Si(CH$_3$)$_3$	2.0	32	5.3	6.9	[115]
苯基	β – 萘基	2.0	45	3.4	14	[115]
Cl	n – C$_6$H$_{13}$	1.0	约 20	1.1	0.41	[114]
(b)	水选择性基团					
CH$_3$	n – C$_5$H$_{11}$	1.0	约 20	0.72	0.57	[114]
H	叔丁基	1.0	约 20	0.58	0.65	[114]
H	CH(n – C$_5$H$_{11}$)Si(CH$_3$)$_3$	1.0	约 20	0.52	0.40	[114]
CH$_3$	苯基	1.0	约 20	0.28	0.24	[114]
Cl	苯基	1.0	约 20	0.21	0.23	[114]

PTMSP 膜表现出 $S_{EtOH}/S_{H_2O} > 1$，而 $D_{EtOH}/D_{H_2O} < 1$。然而，因为溶解度选择性是决定整个渗透选择性的因素（即 $S_{EtOH}/S_{H_2O} > D_{EtOH}/D_{H_2O}$），所以对 PTMSP 膜而言，$P_{EtOH}/P_{H_2O} > 1$（即表 8.1 中的 VOC 选择性膜 1）。有些取代的聚乙炔膜虽然具有疏水性，但却具有水的选择性，见表 8.2。它们优先吸附乙醇，因此溶解选择性 $S_{EtOH}/S_{H_2O} > 1$，但随着整体渗透选择性 $P_{EtOH}/P_{H_2O} < 1$，在这种情况下，扩散效应可能更主要（即 $S_{EtOH}/S_{H_2O} < D_{EtOH}/D_{H_2O}$，表 8.1 中的水选择性膜 2）。

对于醇选择性的 PTMSP 膜的渗透汽化过程，通量和醇/水选择性随着醇分子尺寸的增大（如甲醇 < 乙醇 < 异丙醇）而降低。[116] PTMSP 膜的渗透汽化特性取决于基于醇极性的溶解度。极性较差的 PTMSP 优先吸附极性较弱的醇。异丙醇/水比正丙醇/水的选择性高，这可能是因为异丙醇对 PTMSP 的亲和力高于正丙醇。

BTX 和二甲苯异构体的物理性质非常相似（表 8.3）。[41,53,117] 然而，就 PTMSP 膜而言，正如表 8.1 中总结的那样，归一化通量和 BTX/水选择性各不相同。[118,119]

表 8.3 在渗透压力小于 0.1 mmHg 和 25 ℃条件下,BTX-水二元混合物通过 PTMSP 膜(厚度 120 μm)时水与 BTX 的物理性质及渗透汽化数据

渗透组分	摩尔体积/($cm^3 \cdot mol^{-1}$)[53]	偶极矩/(debye)[53]	溶解度参数/($MPa^{1/2}$)[41]	20 ℃的平衡蒸气压/$mmHg$[117]	25 ℃的水溶性/($mg \cdot L^{-1}$)[117]	BTX 的进料浓度/($\times 10^{-6}$)[118,119]	BTX 归一化通量/($kg \cdot \mu m \cdot m^{-2} \cdot h^{-1}$)[118,119]	BTX/水选择性[118,119]
水	18.07	1.8	47.9	17.5	—	—	—	—
苯	89.4	0.0	18.8	100①	1 780	200	1.1	1 300
甲苯	106.9	0.4	18.2	22	470	200	1.5	1 900
邻二甲苯	121.3	0.5	18.0	5.0	171	100	0.93	4 600
间二甲苯	123.5	0.3	18.0	6.0	146	100	0.54	2 000
对二甲苯	123.9	0.1	18.0	6.5	156	100	0.62	1 600

① 26 ℃。

表 8.4 25 ℃时 PLA 膜(厚度 35~45 μm)有机-水溶液渗透汽化数据

进料浓度	总通量/($kg \cdot m^{-2} \cdot h^{-1}$)	水通量/($kg \cdot m^{-2} \cdot h^{-1}$)	有机溶剂浓度/($kg \cdot m^{-2} \cdot h^{-1}$)	选择性(水/有机溶剂)	参考文献
水	4.87×10^{-3}	4.87×10^{-3}	—	—	[73]
0.01% 乙酸正丁酯	5.53×10^{-3}	5.53×10^{-3}	5.85×10^{-6}	0.097	[72]
0.1% 乙酸正丁酯	5.97×10^{-3}	5.91×10^{-3}	5.55×10^{-5}	0.115	[72]
0.2% 乙酸正丁酯	6.03×10^{-3}	5.91×10^{-3}	1.13×10^{-4}	0.105	[72]
0.1% 乙酸乙酯	5.21×10^{-3}	5.19×10^{-3}	1.87×10^{-5}	0.298	[72]
0.5% 乙酸乙酯	4.94×10^{-3}	4.89×10^{-3}	5.55×10^{-5}	0.415	[72]
1.0% 乙酸乙酯	5.65×10^{-3}	5.53×10^{-3}	1.25×10^{-4}	0.420	[72]
1.5% 乙酸乙酯	5.53×10^{-3}	5.34×10^{-3}	1.51×10^{-4}	0.518	[72]
1.0% 乙酸	5.58×10^{-3}	5.58×10^{-3}	1.08×10^{-6}	56.9	[72]
10% 乙酸	5.43×10^{-3}	5.42×10^{-3}	6.79×10^{-6}	90.1	[72]
20% 乙酸	5.57×10^{-3}	5.55×10^{-3}	1.93×10^{-5}	73.9	[72]
30% 乙酸	5.65×10^{-3}	5.61×10^{-3}	3.91×10^{-5}	63.1	[72]
10% 乙醇	5.50×10^{-3}	5.50×10^{-3}	0.15×10^{-7}	44 700	[73]
20% 乙醇	5.68×10^{-3}	5.68×10^{-3}	0.61×10^{-7}	39 100	[73]
30% 乙醇	3.64×10^{-3}	3.64×10^{-3}	2.42×10^{-7}	21 400	[73]

在 25 ℃时,归一化通量排序为甲苯>邻二甲苯>对二甲苯>间二甲苯,BTX/水选择性的排序为邻二甲苯>间二甲苯>甲苯>对二甲苯>苯。综上所述,PTMSP 膜的总选择

性与溶解选择性相关,二甲苯异构体具有相同的溶解度参数,二甲苯异构体的选择性排序与偶极矩的差异相关。偶极矩值越大,BTX/水选择性越大。归一化通量的排序与表8.3中物理性质的任何顺序都不一致,这表明了扩散行为对溶解扩散机制的影响。

有许多实验研究了 PLA 膜对水-有机混合物的渗透汽化性能[72,73],总结了 PLA 膜中水和有机溶剂乙酸正丁酯、乙酸乙酯、乙酸和乙醇的混合物的渗透汽化性能。如图 8.16 所示,有机溶剂的通量随进料浓度的增加而线性增加,而在进料浓度为 30% 时,水的通量几乎是恒定的。有机溶剂的选择性是溶解和扩散选择性的平衡。在这种情况下,水-有机溶剂的溶解度选择性在 10% 进料浓度时小于 1,在 30% 进料浓度时则大于1,说明了渗透汽化过程由水选择性向有机溶剂选择性的转变。随着进料浓度的增加,各组分的溶解选择性也随之增加。在所有的进料浓度中,水/有机溶剂的扩散选择性均大于 1,表明了水的选择性。因此,PLA 膜的选择性可根据不同有机溶剂的性质,从有机溶剂的选择性转变为高的水选择性(图 8.22)。在渗透汽化实验中,聚乳酸膜在水-有机溶剂混合物的渗透下略有结晶,但结晶度与有机溶剂的种类和进料浓度无关。这一结果表明 PLA 与水-有机溶剂混合物的相互作用对膜的渗透和分离行为影响不大。

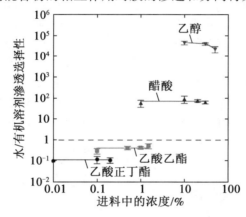

图 8.22　PLA 膜的选择性与进料浓度的关系

2. 亲和力控制

增强膜材料与混合物中给定的液体组分之间的亲和作用,可提高溶解选择性。在膜材料中引入疏水结构(即增加疏水性),可提高 VOC-水混合物的 VOC 选择性。

PTMSP 膜中乙醇/水分离的改性之一是将疏水 PDMS 接枝到 PTMSP 的 a-甲基碳上。[120] 在 30 ℃ 的乙醇-水混合溶液中,PTMSP 膜渗透汽化过程的通量为 1.2×10^{-3} g·m·m^{-2}·h^{-1},乙醇/水的选择性为 11。在接枝共聚物中,PDMS 摩尔分数为 12% 时,接枝 PTMSP 膜的通量增加到 2.5×10^{-3} g·m·m^{-2}·h^{-1},乙醇/水的选择性也提高到 28。

与水相比,PTMSP 膜对其他 VOC(如丙酮、乙腈、乙酸)的渗透率更高,如图 8.23 所示。[121] 在 30 ℃ 下用该种膜能够使乙腈-水混合物的乙腈含量从 7% 提高到 88%,总通量为 7×10^{-3} g·m·m^{-2}·h^{-1},乙腈/水的选择性为 101。随着进料溶液中 VOC 浓度的增加,总通量也随之增加,而除乙酸外,其余有机物的 VOC/水的选择性均降低。在进料中,乙酸浓度达到 25% 前乙酸的选择性逐渐提高，随着浓度进一步增加，选择性降低。

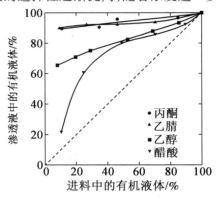

图 8.23　30 ℃下用于有机液-水渗透汽化的 PTMSP 膜的渗透成分曲线

当在 PTMSP 的 α-甲基碳上引入摩尔分数为 10% 的三甲基硅基时，50 ℃下的通量和乙腈/水的选择性都提高了 1 倍。[122] 对于丙酮和二氧六环等溶剂，三甲基硅基改性的 PTMSP 膜也显示出比纯 PTMSP 膜更高的通量和更高的 VOC/水选择性。

将疏水的甲基丙烯酸氟烷基酯单体吸附在纯 PTMSP 膜上，然后用 γ 射线辐照，使其在膜内聚合。[123] 随着膜中甲基丙烯酸氟烷基酯含量的增加，总通量降低，氯仿/水选择性先增加后逐渐下降（图 8.24 和图 8.25）。在 25 ℃时，纯 PTMSP 膜对 0.8% 的氯仿/水溶液的选择性为 860，而对浓度为 18% 的 1H,1H,9H-十六氟甲基丙烯酸酯（PHFM）并经 γ 射线辐照的 PTMSP 膜，其氯仿/水选择性大于 7 000。

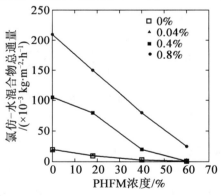

图 8.24　在 25 ℃下氯仿-水混合物通过含 1H,1H,9H-PHFM 并经过 γ 射线辐照的 PTMSP 薄膜的总通量与 PHFM 含量的关系

在 25 ℃时，PMSP 与 62% 聚（1H, 1H, 9H-PHFM）的共混膜对丁酸乙酯/水的选择性约为 600。丁酸乙酯的扩散率比水低得多，而它的溶解度却比水高得多。由于溶解是影响运输的主要因素，因此丁酸乙酯在这个改性聚合物中渗透比水更快。

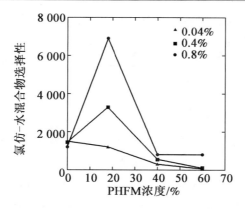

图 8.25　在 25 ℃ 下氯仿 - 水混合物通过含 1H,1H,9H - PHFM 并经过 γ 射线辐照的 PTMSP 薄膜对氯仿/水的选择性与 PHFM 含量的关系

在膜结构中引入苯基有望增强苯与膜之间的亲和作用。然而,在 25 ℃ 渗透汽化分离苯 - 水混合物(苯浓度为 600×10^{-6})时,对聚(1 - 苯基 - 1 - 丙炔)膜苯相对于水的选择性为 400,而对聚 1 - 苯基 - 1 - 丙炔膜选择性为 1 600。[125] 随着 PTMSP/PPP 共混膜中 PPP 含量的增加,水通量逐渐下降,而苯通量几乎保持不变,直到 PPP 含量达到 25%。因此,PTMSP/PPP 共混膜的苯/水选择性高于每种取代的聚乙炔膜,如 PTMSP/PPP (75/25) 共混膜的苯/水选择性为 2 900。

在苯 - 环己烷混合物的渗透汽化分离中,含苯环化合物的取代聚乙炔膜表现出苯渗透选择性。[115] 在 30 ℃ 时,当进料溶液中苯含量为 50% 左右时,聚二苯乙炔膜(PDPA)的苯/环己烷选择性为 1.6,比醋酸纤维素低 10 倍左右。而 46 μm 厚的 PDPA 膜的总通量为 191 $g \cdot m \cdot m^{-2} \cdot h^{-1}$,是醋酸纤维素膜的 560 倍。当进料溶液中苯含量为 10% 时,膜的选择性略高于 50% 苯浓度时的选择性,但流量约为 50% 苯浓度时的一半。用 β - 萘基取代 PDPA 中的苯基,提高了其选择性,但是降低了通量。因此,取代的聚乙炔在有机液体混合物的分离方面似乎没有什么潜力。

当在交联的 PVC 膜中加入 β - 环糊精时,该膜从正丙醇/异丙醇混合物中优先渗透正丙醇。[126] 对于含有 10% 正丙醇的混合物,由 40% β - 环糊精改性的 PVC 膜在 40 ℃ 时可将此溶液浓缩为约 45% 正丙醇的溶液。

聚四氟乙烯(PTFE)是一类"亲"有机的高疏水聚合物。水(沸点为 100 ℃)和叔丁醇(沸点为 82.8 ℃)的混合物共沸温度为 95.5 ℃。[117] 通过接枝 N - 乙烯基吡咯烷酮(即亲水性结构的引入),在 25 ℃ 下,水/叔丁醇的水选择性为 41。[127] 近年来,特氟隆 AF(美国杜邦公司)、Hyflon AD(比利时苏威公司)和 Cytop(日本朝日玻璃公司)研究了无定形全氟聚合物用于醇、N,N - 二甲基甲酰胺(DMF)、N,N - 二甲基乙酰胺(DMAc)和二甲基砜(DMSO)的脱水。[128-132] 膜技术研究所制备了一种薄的无定形全氟聚合物,作为保护层涂覆在一层亲水的纤维素酯膜上。[133,134] 这种疏水性的全氟聚合物层可以有效地防止亲水基底膜在乙醇脱水过程中溶胀。例如,该膜对乙醇脱水过程中的高水浓度进料混合物具有很高的稳定性。因此,该方法可用于新型渗透汽化膜的开发。

离子对水的亲和力大于对 VOC 的亲和力。当磺化聚乙烯膜中的阳离子(如 H^+、

Li^+、Na^+、K^+、Cs^+)被取代时,这些膜表现出水选择行为,提高了水/醇选择性。例如,在 26 ℃时,当阳离子从 H^+ 变为 Cs^+ 时,水/乙醇的选择性从 2.6 增加到 725,水/异丙醇的选择性从 5.5 增加到 29 000 左右。[135]比较该膜和另一个离子交换膜 Nafion811,选择性和通量的顺序并不仅仅遵循周期规律。[135,136]

刚性芳香族聚合物聚苯并恶嗪酮、[137]聚苯并恶唑(PBO)[138,139]和聚苯并咪唑(PBI)[139-143]已应用于有机溶剂脱水。这些膜具有优良的耐化学性和耐热性。例如,通过热重排制备的 PBO 膜于 80 ℃实验周期为 250 h 的条件下在异丙醇/正丁醇分离的渗透汽化过程中表现出良好的稳定性。[138]制备亲水性壳聚糖改性 PBI 膜,用于异丙醇水溶液的渗透汽化脱水。[144]壳聚糖层提高了水在壳聚糖改性膜中的溶解速率,同时提高了膜的透水性和选择性。该膜具有较高的稳定性,可用于低异丙醇浓度(即高水含量)的进料液。渗透汽化膜的磺化是另一种有效的改性方法。[145-149]磺化可以提高渗透汽化膜的亲水性和磺酸基对水的亲和力,从而改善渗透汽化性能。

3. 提高稳定性

在水和各种 VOC 混合物的渗透汽化过程中,无论聚合物结构如何,橡胶聚合物膜(如 PDMS)始终具有 VOC 选择性。[150]由于橡胶聚合物膜与玻璃态聚合物膜相比机械强度较弱,因此可以通过在膜中引入玻璃状聚合物段对其进行改性,组分和相分离结构对渗透通量和分离性能有很大的影响。

例如,由 PDMS 和 PMMA 段组成的相分离再组聚合物膜在混合物在膜中 PDMS 摩尔分数约为 40%、进料中苯浓度为 0.05% 时,出现了其通量和苯/水选择性的过渡点。[151]此时,膜中连续相由 PMMA 转变为 PDMS,膜通量和苯/水选择性大幅度提高。在接枝聚合物膜中,PDMS 摩尔分数为 68 % 的膜对苯/水选择性最高,为 3 730。

将叔丁基杯芳烃[4]arene(CA)加入由 PDMS 和 PMMA 段组成的相分离接枝或嵌段聚合物膜中,由于 CA 对苯的特异性亲和性提高了其溶解选择性,因此提高了苯/水的选择性。[152]例如,在 40 ℃的 0.05% 苯水溶液渗透汽化中,PMMA-b-PDMS(摩尔分数比为 29:71)膜和含 40% CA 的膜的苯/水选择性分别约为 1 700 和 2 300。

共聚物膜由甲基丙烯酸三甲基硅酯(即该均聚物为玻璃)和丙烯酸丁酯(即该均聚物为橡胶)组成,在 0.2% 和 0.4% 氯化碳氢化合物水溶液中表现出 1,1,2-三氯乙烷、三氯乙烯和四氯乙烯的选择性行为。[37]尤其是含 70% 的丙烯酸丁酯的橡胶共聚物膜在 25 ℃时表现出约为 600~1 000 的氯代烃/水选择性。

交联还有望提高膜的渗透汽化性能和机械强度。[83,153-157]交联法可分为两类,即热处理和化学处理,被用于羧基和二醇化合物之间的酯化反应及二胺化合物用于酰亚胺环的交联。[156]由甲基丙烯酸甲酯和甲基丙烯酸与 Fe^{3+} 或 Co^{2+} 离子交联形成的共聚物膜在 40 ℃下的苯-环己烷混合物中表现出对苯的选择行为。[158]与聚甲基丙烯酸乙二醇酯交联的聚甲基丙烯酸甲酯膜在 40 ℃时也表现出对苯-环己烷混合物的苯选择行为。由于苯的氢组分(δ_h)值较大,苯的溶解度参数比环己烷大,[81]因此苯比环己烷亲水性更强,聚甲基丙烯酸乙二醇酯膜具有苯选择行为。此外,两种交联方法都能显著抑制溶液对膜的溶胀。用乙二胺蒸气对 PI 膜进行表面改性,可形成超薄的交联选择性膜。[153]以质量分数比为 85/15 的丙酮/水为原料,在 50 ℃条件下,改性膜通量为 1.8 kg·m^{-2}·h^{-1},丙酮渗透汽化脱水选择性为53。在丙酮渗透汽化脱水过程中,除最佳交联参数外,涂料配方和膜形态对丙酮的脱水也起着至关重要的作用。

此外,操作温度对渗透汽化特性有很大的影响。在通过PU膜分离苯酚水溶液和通过交联PDMS膜分离10×10^{-6} 1,2-二溴-3-氯丙烷溶液时,VOC/水选择性在60~70 ℃时达到最大值。[111]在60~70 ℃以上时,水汽压急剧上升,导致水扩散增加,D_{VOC}/D_{H_2O}降低,从而导致P_{VOC}/P_{H_2O}整体下降。

8.4.2 无机膜

根据图8.3中的分离机理可知,分子尺寸筛分膜的选择性最高。与聚合物材料相比,无机材料在制备这类膜方面具有优势。1955年,Kammermeyer和Hagerbaumer尝试使用多孔Vycor玻璃膜分离均相液体混合物(如乙酸乙酯-四氯化碳、乙醇-水和苯-甲醇)。[159]

以硅溶胶、四丙基溴化铵、氢氧化钠和纯水(1:0.1:0.05:80)(图8.26)为原料制备的硅石膜表现出对乙醇-水混合体系的乙醇选择行为。[160]乙醇的通量与浓度无关,但在乙醇存在下,传输过程中水的通量减小。乙醇被选择性地吸附在硅质岩孔隙中,限制了水在孔隙中的迁移。

(a)表面　　　　(b)横截面

图8.26　硅质膜表面和横截面的扫描电镜照片

NaX和NaY分子筛膜(SiO_2/Al_2O_3为3.6~5.3(X)和25(Y),Na_2O/SiO_2为1.2~1.4(X)和0.88(Y),$H_2O/Na_2O = 30~50$)较好地吸附了甲醇,表现出对甲醇-甲基叔丁基醚混合物的甲醇渗透选择性。[161]NaX沸石膜在50 ℃时的通量为$0.46 \text{ kg} \cdot \text{m}^{-2} \cdot \text{h}^{-1}$,对甲醇/甲基叔丁基醚(质量分数比浓度为10:90)的选择性为10 000。NaY分子筛膜通量较大,但选择性较低,通量为$1.70 \text{ kg} \cdot \text{m}^{-2} \cdot \text{h}^{-1}$,甲醇/MTBE选择性为5 300。

此外,在75 ℃下,乙醇-水混合物(质量分数比为90:10)的渗透汽化过程中,NaA沸石膜(摩尔分数比为$Al_2O_3:SiO_2:Na_2O:H_2O = 1:2:2:120$)具有$2.2 \text{ kg} \cdot \text{m}^{-2} \cdot \text{h}^{-1}$的通量和10 000以上的水/乙醇选择性。[162]其他NaA沸石膜(没有材料组成信息)在60 ℃的水-叔丁醇混合物(质量分数比为5.2:94.8)中显示出21 863的水/叔丁醇选择性。[163]NaA沸石膜($Al_2O_3:SiO_2 = 55:45$)在120 ℃的水/甲醇混合物(质量分数比为10:90)中显示了$8.37 \text{ kg} \cdot \text{m}^{-2} \cdot \text{h}^{-1}$的通量和47 000的水/乙醇选择性。[164]这些例子可以用吸附-扩散机制来解释,两个组分的流量不同,也就是说,两个组分都能穿透孔隙。然而,无模板的二次生长 MFI 型分子筛(直径约为 0.6 nm)膜提供了更精确的宏观无缺陷结构,其在 50 ℃下对二甲苯或邻二甲苯的纯液体选择性高达 69,对摩尔比为 50∶50 的混合液选择性为 40。[165]该膜制备技术在对二甲苯(直径约为 0.58 nm)和邻二甲苯(直径约为 0.68 nm)分子之间提供了较明显的分子筛孔。

采用水热法在 α - 氧化铝单层基底表面合成了其他沸石 LTA(NaA)膜(Al_2O_3∶SiO_2∶Na_2O∶H_2O = 1∶2∶2∶150),在 75 ℃下对质量分数为 90% 的乙醇 - 水混合物显示出 4~6 kg·m^{-2}·h^{-1}的高通量和 1 900~13 000 的选择性。[166]然而,NaA 沸石膜在酸性和富水溶液中不稳定,因为它们在骨架中的 Al_2O_3 含量很高,可能会因脱铝作用而导致分解。[167]反之,在酸性条件下,含硅量高的沸石膜如 T 型沸石(Si/Al = 3~4)[168-171]、发光沸石(Si/Al = 5~6)[172]和 ZSM - 5(Si/Al = 5~15)[173,174]具有较高的稳定性。微波加热制备的菱沸石膜在 75 ℃下,对质量分数为 90% 的乙醇水溶液表现出 7.3 kg·m^{-2}·h^{-1}的流量和 2 000 的选择性。[167]此外,在不对称 Al_2O_3 载体上合成的钌钛矿膜在 75 ℃下对质量分数为 90% 的乙醇水溶液中表现出 14.0 kg·m^{-2}·h^{-1}的高通量和 10 000 的高选择性。[175]

有许多实验研究了不同 Si/Ge 比的 ZSM - 5 分子筛膜渗透汽化分离丙酮的性能。对于 Si/Ge 摩尔分数比为 41 的膜,50 ℃时的丙酮/水选择性最高为 330,60 ℃时的总通量最高,为 0.95 kg·m^{-2}·h^{-1}。该膜对醇、酮、羧酸、酯类和丙醛的 5% 水溶液具有较好的选择性,这是因为有机物优先被吸附。随着有机物料液相逸度的增加,有机/水分离选择性增加。[176]

近年来,金属有机骨架(MOF)[177]和多孔配位聚合物(PCP)或多孔有机骨架(POF)[178]因其具有高比表面积、孔容、热稳定性和永久孔隙等特性而备受关注。这些多孔材料由用于 MOF 的无机和有机单元及用于 PCP 和 POF 的有机单元通过强化学键连接而成。因此,这些材料有望成为储气、催化、吸附和气/汽/液分离的潜在材料。在其应用中,可能会因水而导致结构的降解,所以在气体/蒸气分离、渗透汽化和液体分离方面也需要材料具有水稳定性能[179-182]。作为渗透汽化工作,目前有很多实验研究了 MOF - 5 或 IRMOF - 1 膜对二甲苯异构体[183]、二甲苯/乙苯[184]、二甲苯异构体/苯化合物[185]、甲苯/邻二甲苯/1,3,5 - 三异丙苯(TiPb)的分离[186],使用不同的沸石咪唑框架(ZIF)对渗透汽化进行了研究。例如,研究报道过正己烷/苯/均三甲苯在由六水硝酸锌和 2 - 甲基咪唑制备的 ZIF - 8 上的渗透汽化[187],由六水硝酸锌和 2 - 硝基咪唑制备的 ZIF - 68 上对二甲苯/1,3,5 - 三异丙苯/1,3 - 二辛基丁苯的渗透汽化[188],由醋酸锌和 4 - 5 - 二氯咪唑为原料制备的 ZIF - 71 上对醇/水和碳酸二甲酯/甲醇的渗透汽化[189],由乙酸锌和 2 - 硝基咪唑、6 - 硝基苯并咪唑混合液制备的 ZIF - 78 上对环己酮 - 环己醇混合物的渗透汽化[190],由 1,3,5 - 苯三羧酸和硝酸铝非水合物制备的 Al(OH)[$O_2C - C_6H_4 - CO_2$][$O_2C - C_6H_4 - CO_2$]0.7(MIL - 53)和 MIL - 96 对 EA 水溶液的渗透汽化脱水[191]。在 60 ℃下,MIL - 53 和 MIL - 96 膜对水 - EA 混合物(质量分数为 7% 的水)的水通量分别为 0.454 kg·m^{-2}·h^{-1}和 0.070 kg·m^{-2}·h^{-1},对水 - EA 混合物(质量分数为 4.4% 的水)中水/EA 的选择性分别为 1 317 和 1 279。据推测,高选择性是因为膜表面的许多羟基可与水分子形成氢键。此外,MIL - 53 膜在 200 h 以上的操作后表现出良好的长期稳定性。对 ZIF - 8、ZIF - 93(ZnN_4 - 醛甲基咪唑盐)、ZIF -

95（ZnN_4-氯苯并咪唑）、ZIF-97（ZnN_4-羟甲基咪唑盐）和 ZIF-100（ZnN_4-氯苯并咪唑）进行海水渗透汽化的原子模拟研究，模拟结果表明，ZIF-100 是一种基于孔径大小和骨架疏水性/亲水性的海水渗透汽化膜。[192]

8.4.3 混合基质膜

混合基质膜或杂化膜在聚合物和粒子之间具有结合性。[18]因此，混合基质膜不仅可以提高玻璃态聚合物的热稳定性、耐化学性、机械强度，而且可以提高玻璃态聚合物的分离性能和物理老化性能。混合基质膜可分为两类：化学键合和物理相互作用。物理相互作用包括聚合物和粒子之间的相容性、极性和氢键[193]，有

$$P_{\text{eff}} = P_c \left[\frac{P_d + 2P_c - 2\phi_d(P_c - P_d)}{P_d + 2P_c + \phi_d(P_c - P_d)} \right] \tag{8.49}$$

式中，P_{eff} 为 MMM 的有效渗透通量；ϕ 为体积分数；P_d 和 P_c 分别为分散相和连续相的渗透通量。由于 MMM 作为分离膜的有效途径已得到证实，因此有大量 MMM 使用沸石[200-204]、二氧化硅[205-212]、碳[205,207]、金属氧化物[213,214]、石墨烯和氧化石墨烯[215-217]及其他[218,219]作为渗透汽化应用的材料。

有许多实验研究了醋酸对高硅 ZSM-5 沸石填充混合基质膜的水/乙醇混合物长期渗透汽化的影响。[204]乙酸降低了这些膜的乙醇去除效果。由于乙酸与乙醇和水争夺膜中的吸附位置，因此加入乙酸后乙醇和水的通量下降。这一结果是不可逆的，由于乙醇通量的减少，因此乙醇/水分离系数稳步下降。

有学者研究了以氢氟酸蚀刻 ZSM-5 沸石和 PDMS 为原料制备乙醇/水分离 MMM 的方法。[200] HF 刻蚀工艺可以有效去除沸石内部和表面的有机杂质，使 ZSM-5 的疏水性和表面粗糙度提高。随着 HF 酸浓度从 0 g/mL 增加到 0.056 g/mL，乙醇/水的分离系数从 9.2 增加到 16.7，通量从 0.149 kg·m^{-2}·h^{-1} 下降到 0.134 kg·m^{-2}·h^{-1}。此外，随着沸石负载率从 10% 增加到 30%，乙醇渗透率和选择性都有所增加。

有实验研究了 SiO_2（球状）和多壁碳纳米管（线性）填充的聚电解质复合物 MMM 在异丙醇脱水中的应用。[205]纳米 SiO_2 的加入也改善了 MMM 的加工性能。质量分数为 5% 的 MMM 在 75℃ 时的通量为 2.3 kg·m^{-2}·h^{-1}，选择性为 1 721。

以多面体寡聚硅氧烷（POSS）和壳聚糖为原料用于乙醇/水溶液脱水工艺的 MMM 膜[208]被制备出来。结果表明，在 30℃ 时，含 5% 八价阴离子和 8-氨基苯基 POSS 的 MMM 对质量分数为 10% 的水/乙醇溶液的选择性分别为 305.6 和 373.3。

有研究制备了含海藻酸钠（NaAlg）和聚乙烯醇（PVA）两种硅石微粒的混合基质膜。[210]在 30℃ 时，其选择性分别为 1 141 和 17 991，溶剂通量分别为 0.039 kg·m^{-2}·h^{-1} 和 0.027 kg·m^{-2}·h^{-1}。采用分子动力学模拟的方法，NaAlg 和 PVA 聚合物与硅石-1 填料的界面相互作用能及其对液体分子的吸附能被计算出来。MMM 对水的扩散系数大于对异丙醇的扩散系数，表现出较高的水选择性。随着进料水含量和温度的升高，扩散系数和渗透系数增大，选择性降低。

石墨烯是一种平面单层碳原子，其紧密地包裹在二维蜂窝状晶格中，是所有其他尺寸石墨材料的基本构件。[220]在脱硫过程中（本工作中使用的是正辛烷-噻吩混合物），采

用物理共混法制备了 PDMS - 石墨烯纳米片膜。[221]在 40 ℃下,当进料中噻吩含量为 1312×10^{-6}时,MMM(GNS/PDMS 质量比为 0.2%)的通量为 $6.22 \text{ kg} \cdot \text{m}^{-2} \cdot \text{h}^{-1}$,比纯 PDMS 的通量高 65.9%,分离因子为 3.58,与纯 PDMS 相近。此外,由于 GNS 和 PDMS 之间的界面相互作用,因此 MMM 的力学稳定性和抗溶胀性得到了显著的改善,这表明其具有良好的长期运行稳定性。

有实验研究了商品化聚酰亚胺(PI)、Matrimid/β - 环糊精(β - CD)亚纳米复合材料在异丙醇脱水过程中的分离性能。[218]该复合材料的分离性能在通量和分离因子方面均优于纯的聚酰亚胺材料。然而,随着 β - CD 负载量的增加,出现了相分离现象,这是因为在高载荷下便会发生 β - CD 团聚现象。β - CD 的亲水性外腔和内腔,以及 β - CD 分子与聚合物基体间的相互作用等特性为水/异丙醇分离提供了额外的界面扩散通道,并为水/异丙醇的分离提供了尺寸区分和链硬化,表明低浓度的 β - CD 填充基质有助于提高分离性能。

在 MMM 中,MOF 基 MMM 具有很大的气体分离和渗透汽化应用潜力[36,193,222],MOF 易于设计和改性,与聚合物有较好的相容性。[18,20]例如,有实验制备了由 ZIF - 8 和聚甲基苯基硅氧烷(PMPS)组成的有机渗透汽化膜,研究了其在回收生物醇(异丁醇)时的渗透汽化性能。[223]MMM($W_{ZIF-8}/W_{PMPS} = 0.10$)在 80 ℃时从水中回收异丁醇(1.0%)的分离因子为 40.1,通量为 $6.4 \text{ kg} \cdot \text{m}^{-2} \cdot \text{h}^{-1}$。从近十年来对 MMM 的研究中可以看出,MMM 的渗透汽化性能、通量、选择性、耐热性、耐化学性、机械强度和长期稳定性都有了很大的提高。尽管在商业化之前仍然存在一些挑战,但是基于 MOF 的 MMM 可以作为下一种实用的渗透汽化材料。

8.4.4 商用渗透汽化膜

自从渗透汽化现象被 Kober 报道以来,研究人员对膜材料、传质理论和机理以及它们的应用进行了大量的研究,揭示了渗透汽化技术的潜力。表 8.5 和表 8.6 分别总结了渗透汽化过程和商业渗透汽化产品的实际应用。如表 8.5 所示,实际渗透汽化应用的主要目标分为三类:有机物脱水、有机混合物分离,以及从水溶液和空气中去除有机物。目前,国内外对渗透汽化过程的研究主要集中在膜材料、应用、模块(即产品)设计和质量传输理论等方面。[10]正因如此,近年来已有 250 多个用于醇脱水的渗透汽化装置在运行。就膜组件结构而言,商业膜结构可分为平板结构和螺旋缠绕组件(如平板膜、管状膜、毛细管膜和中空纤维膜)。[13]中空纤维膜因纤维内部的浓差极化而受到限制。在膜材料方面,亲水膜已应用于有机溶剂脱水的工业渗透汽化应用中。例如,PAN 多孔基底上交联 PVA 选择性薄层组成的亲水膜是脱水的主要膜材料之一,这些膜(PVA 和 PAN)与水的亲和力比与乙醇和丙醇等醇的亲和力要高。商业渗透汽化膜 PVA/PAN 已由瑞士 Sulzer CHEMTECH 作为 PERVAP 和瑞士 CM - Celfa 商业化。现在,Sulzer CHEMTECH 已成为渗透汽化领域的领先公司之一,在全世界安装了 100 多个渗透汽化装置。[224]无机膜、NAA 管状膜、乙醇脱水组件均由日本 Mitsui 工程公司和 Shipbuilding 工业化生产,该膜具有较高的高温脱水通量和选择性。[225]例如,由 Mitsui 生产的 A 型和 T 型沸石膜在 70 ℃时对水 - 甲醇混合物(质量分数比为 10∶90)的通量分别为 $1.12 \text{ kg} \cdot \text{m}^{-2} \cdot \text{h}^{-1}$ 和

$0.91 \text{ kg} \cdot \text{m}^{-2} \cdot \text{h}^{-1}$,水/乙醇选择性分别为 18 000 和 1 000。[228]荷兰 Pervatech 公司生产用于有机溶剂脱水的亲水陶瓷膜,有机(或亲水)膜被研究作为渗透汽化膜。例如,PDMS 膜作为一种商业膜材料用于去除水溶液中的 VOC。该渗透汽化膜具有广阔的应用前景,如芳香化合物回收[229-231]、生物精炼和生物发酵[17,232],以及汽油脱硫等[233-237]。作为商用膜,MTR 生产 PDMS 和三元乙丙橡胶(EPDM)/PDMS 复合膜,用于去除水中的 VOC。德国 GKSS 公司也提供橡胶 PDMS 和聚醚-b-酰胺(PEBA)复合膜。PEBA 复合膜最初用于处理废水中的酚类化合物。[226] Sulzer CHEMTECH 还用硅石/PAN 复合膜制备了亲有机 PDMS/PAN 和 PDMS,用于去除水溶液中的 VOC。

表 8.5 渗透汽化过程的实际应用

应用	对象	膜
有机物脱水	醇(C_1-C_4,乙二醇)、酸(乙酸)、酯类(EA,乙酸丁酯)、醚(MTBE)、酮(丙酮,MEK)、芳香(高级醇,酮,酯)、氯化烃(二氯甲烷,二氯乙烷)、其他(四氢呋喃,苯酚,二甲基亚砜,DMF,1,4-二氧六环,吡啶,己内酰胺)	亲水膜
有机混合物分离	芳香族/脂肪族(苯/正构烷烃(C_6-C_8)、甲苯/正构烷烃(C_6-C_8),芳香族/脂环类(苯/环己烷,甲苯/环己烷)、醇/酯类(甲醇/甲基叔丁基醚,乙醇/ETBE)、极性/非极性(醇/苯,醇/甲苯)、异构体(二甲苯)、烷烃(C_4-C_8)、醇(C_3-C_4)、烯烃/石蜡、其他(甲醇/四氯化碳,羧酸/酯/甲醇,甲醇/丙酮,苯乙烯/乙苯)	有机(疏水)膜
去除水中的有机物	VOC(苯、甲苯、二甲苯、氯化烃、全氟碳氢化合物、己烷、EA、MTBE、MEK、丙酮、醇(C_1-C_3)、DMF、DMAc 等)、芳香(高级醇、酮和酯类)、啤酒和葡萄酒(脱醇)	有机(疏水)膜

表 8.6 商用渗透汽化制品和产品

制造	模块式	膜	材料	应用
SulzerChemtech（德国）	板框和螺旋缠绕	亲水亲有机物和沸石	PVA/PAN PDMS/PAN PDMS/硅质岩/PAN	有机物的脱水 有机混合物分离去除水中/空气中的有机物
膜技术与研究 MTR（美国）	螺旋缠绕	亲有机物质	PDMS 复合 三元乙丙橡胶/PDMS 复合	去除水中/空气中的有机物
三井工程造船（日本）	管状	亲水性无机	Naa,NaT,沸石	有机物脱水

续表 8.6

制造	模块式	膜	材料	应用
GKSS（德国）	螺旋缠绕	亲有机物质	PEBA 复合材料 PDMS 复合材料	去除水中/ 空气中的有机物
Pervatech （荷兰）	管状	亲水	陶瓷（二氧化硅）	有机物脱水

8.5 本章小结

本章综述了渗透汽化的基本原理和发展前景，综述了渗透汽化过程中膜材料的分离机理、实验方法和结构 – 性能关系。自从 Kober 发现这种渗透汽化现象以来，20 世纪对膜材料、膜的理论、膜的机理及膜的应用进行了大量的研究。渗透汽化过程相比于现有的所有液体分离技术，如蒸馏和吸收，是膜分离有机液体混合物（如共沸混合物、近沸点混合物和结构异构体）最节能的技术。经过发展，全世界已经有超过 250 台用于乙醇溶液脱水的渗透汽化装置。然而，与其他膜技术相比，渗透汽化的传质分离理论仍有一定的发展空间。随着研究的不断深入，它们中的大多数理论都能定性地解释每种现象，但也出现了一些不一致的地方。这一事实并没有为渗透汽化设计和应用具有良好结构的膜材料提供最佳方向。其主要原因是，渗透汽化过程是唯一的膜过程，混合物在通过该过程时出现相变。影响传输和分离的因素包括进料溶液对膜的溶胀、溶胀层与干燥非溶胀层之间的界面现象、进料溶液中各组分之间的相互作用、进料液中组分与膜材料之间的相互作用，这些事实使渗透汽化机理的分析复杂化。此外，必须严格控制操作条件，因为进料成分、温度、渗透压力等对通量和选择性都有很大影响，这表明了当前技术在工业应用方面的局限性。因此，深入研究渗透汽化过程中这种复杂的传质机理和模型是非常必要和重要的。对于渗透汽化膜的材料设计，应该要求高通量、高选择性和长期稳定性。近年来，在渗透汽化、MOF、PCP 及其 MMM 等方面的研究具有很大的潜力，有望突破以往渗透汽化性能的局限。特别是明确的和控制好的分子结构是发展新一代膜的要求。对渗透汽化过程进行分子模拟和传质模拟将有助于理解这一复杂的现象，这些可能的研究将为渗透汽化技术带来新的应用前景。

本章参考文献

[1] Kober, P. A. J. Am. Chem. Soc. 1917, 39, 944 – 948.

[2] Farber, L. Science 1935, 82, 158.

[3] Heisler, E. G. ; Hunter, A. S. ; Siciliano, J. ; Treadway, R. H. Science 1956, 124,

77 – 79.
[4] Binning, R. C.; James, F. E. Petroleum Refiner 1958, 37, 214 – 215.
[5] Binning, R. C.; Lee, R. J.; Jennings, J. F.; Martin, E. C. Ind. Eng. Chem. 1961, 53, 45 – 50.
[6] Binning, R. C.; Lee, R. J. (The American Oil Company) US Patent 2,953,502, 1960.
[7] Binning, R. C.; Stuckey, J. M. (The American Oil Company) US Patent 2,958,657, 1960.
[8] Baker, R. W. Membrane Technology and Applications; McGraw-Hill: New York, 2000.
[9] Jonquières, A.; Arnal-Herault, C.; Babin, J.; Hoek, E. M. V.; Tarabara, V. V. In Encyclopedia of Membrane Science and Technology; Wiley: Hoboken, NJ, 2013.
[10] Uragami, T. In Comprehensive Membrane Science and Engineering; Elsevier: Oxford, 2010; pp. 273 – 324.
[11] Nagai, K. In Comprehensive Membrane Science and Engineering; Elsevier: Oxford, 2010; pp. 243 – 271.
[12] Nakagawa, T. In Membrane Science and Technology; Osada, Y.; Nakagawa, T., Eds.; Marcel Dekker: New York, 1992; pp. 239 – 287.
[13] Scott, K. In Handbook of Industrial Membranes; Elsevier: Amsterdam, 1995; pp. 331 – 351.
[14] Brüschke, H. E. A. In Membrane Technology; Wiley-VCH: Weinheim, 2001; pp. 127 – 172.
[15] Kita, H. In Materials Science of Membranes for Gas and Vapor Separation; Wiley: Chichester, 2006; pp. 373 – 389.
[16] Böddeker, K. W. Liquid Separations with Membranes; Springer: New York, 2008.
[17] Amelio, A.; Van der Bruggen, B.; Lopresto, C.; Verardi, A.; Calabro, V.; Luis, P. In Membrane Technologies for Biorefining; Woodhead Publishing: Cambridge, 2016; pp. 331 – 381.
[18] Jia, Z.; Wu, G. Micropor. Mesopor. Mater. 2016, 235, 151 – 159.
[19] Jonquières, A.; Clément, R.; Lochon, P.; Néel, J.; Dresch, M.; Chrétien, B. J. Membr. Sci. 2002, 206, 87 – 117.
[20] Ong, Y. K.; Shi, G. M.; Le, N. L.; Tang, Y. P.; Zuo, J.; Nunes, S. P.; Chung, T.-S. Prog. Polym. Sci. 2016, 57, 1 – 31.
[21] Smitha, B.; Suhanya, D.; Sridhar, S.; Ramakrishna, M. J. Membr. Sci. 2004, 241, 1 – 21.
[22] Jiang, L. Y.; Wang, Y.; Chung, T.-S.; Qiao, X. Y.; Lai, J.-Y. Prog. Polym. Sci. 2009, 34, 1135 – 1160.
[23] Shao, P.; Huang, R. Y. M. J. Membr. Sci. 2007, 287, 162 – 179.

[24] Chapman, P. D.; Oliveira, T.; Livingston, A. G.; Li, K. J. Membr. Sci. 2008, 318, 5–37.

[25] Semenova, S. I.; Ohya, H.; Soontarapa, K. Desalination 1997, 110, 251–286.

[26] Liu, G.; Wei, W.; Jin, W. ACS Sustainable Chem. Eng. 2014, 2, 546–560.

[27] Wang, Q.; Li, N.; Bolto, B.; Hoang, M.; Xie, Z. Desalination 2016, 387, 46–60.

[28] Nagai, K.; Masuda, T.; Nakagawa, T.; Freeman, B. D.; Pinnau, I. Prog. Polym. Sci. 2001, 26, 721–798.

[29] Ismail, A. F.; Khulbe, K.; Matsuura, T. Gas Separation Membranes; Springer: New York, 2015.

[30] Pfitzner, J. Anaesthesia 1976, 31, 273–275.

[31] Shelekhin, A. B.; Dixon, A. G.; Ma, Y. H. AIChE J. 1995, 41, 58–67.

[32] Scofield, J. M. P.; Gurr, P. A.; Kim, J.; Fu, Q.; Kentish, S. E.; Qiao, G. G. J. Membr. Sci. 2016, 499, 191–200.

[33] Kim, J.; Fu, Q.; Xie, K.; Scofield, J. M. P.; Kentish, S. E.; Qiao, G. G. J. Membr. Sci. 2016, 515, 54–62.

[34] te Hennepe, H. J. C.; Bargeman, D.; Mulder, M. H. V.; Smolders, C. A. J. Membr. Sci. 1987, 35, 39–55.

[35] Jeong, B.-H.; Hoek, E. M. V.; Yan, Y.; Subramani, A.; Huang, X.; Hurwitz, G.; Ghosh, A. K.; Jawor, A. J. Membr. Sci. 2007, 294, 1–7.

[36] Kanehashi, S.; Chen, G. Q.; Scholes, C. A.; Ozcelik, B.; Hua, C.; Ciddor, L.; Southon, P. D.; D'Alessandro, D. M.; Kentish, S. E. J. Membr. Sci. 2015, 482, 49–55.

[37] Nakagawa, T.; Kanemasa, A. Sen'i Gakkaishi 1995, 51, 123–130.

[38] Sing, K. S. W.; Everett, D. H.; Haul, R. A. W.; Moscou, L.; Pierotti, R. A.; Rouquerol, J.; Siemieniewska, T. Pure Appl. Chem. 1985, 57, 603–619.

[39] Barrow, G. M. Physical chemistry, 5th ed.; McGraw-Hill: New York, 1988.

[40] van Krevelen, D. W. Properties of Polymers: Their Correlation with Chemical Structure; Their Numerical Estimation and Prediction from Additive Group Contributions, 3rd ed.; Elsevier: Amsterdam, 1990.

[41] Barton, A. F. M. CRC Handbook of Solubility Parameters and Other Cohesion Parameters, 2nd ed.; CRC: Boca Raton, FL, 1991.

[42] Grulke, E. A. In Polymer Handbook, 4th ed.; Brandrup, J.; Immergut, E. H.; Grulke, E. A., Eds.; Wiley: New York, 1999; pp. VII675–VII714.

[43] Nagai, K.; Higuchi, A.; Nakagawa, T. J. Polym. Sci. B Polym. Phys. 1995, 33, 289–298.

[44] Fedors, R. F. Polym. Eng. Sci. 1974, 14, 147–154.

[45] Nagai, K.; Ohno, M.; Nakagawa, T. Membrane 1999, 24, 215–220.

[46] Barrer, R. M.; Barrie, J. A.; Slater, J. J. Polym. Sci. 1958, 27, 177-197.
[47] Kanehashi, S.; Nakagawa, T.; Nagai, K.; Duthie, X.; Kentish, S.; Stevens, G. J. Membr. Sci. 2007, 298, 147-155.
[48] Berens, A. R.; Hopfenberg, H. B. Polymer 1978, 19, 489-496.
[49] Alfrey, T.; Gurnee, E. F.; Lloyd, W. G. J. Polym. Sci. C Polym. Symp. 1966, 12, 249-261.
[50] Jacques, C. H. M.; Hopfenberg, H. B.; Stannett, V. Polym. Eng. Sci. 1973, 13, 81-87.
[51] Fujita, H. In Diffusion in Polymers; Crank, J.; Park, G. S., Eds.; Academic Press: London, 1968; pp. 75-105.
[52] Breck, D. W. Zeolite Molecular Sieves; Wiley: New York, 1974.
[53] Poling, B. E.; Prausnitz, J. M.; O'Connell, J. P. The Properties of Gases and Liquids, 5th ed.; McGraw-Hill: New York, 2000.
[54] Berens, A. R.; Hopfenberg, H. B. J. Membr. Sci. 1982, 10, 283-303.
[55] Meares, P. J. Am. Chem. Soc. 1954, 76, 3415-3422.
[56] Kanehashi, S.; Nagai, K. J. Membr. Sci. 2005, 253, 117-138.
[57] Freeman, B. D.; Hill, A. J. In Structure and Properties of Glassy Polymers; Tant, M. R.; Hill, A. J., Eds.; ACS Symposium Series, 710; ACS: Washington, DC, 1998; pp 306-325.
[58] Nagai, K.; Freeman, B. D.; Hill, A. J. J. Polym. Sci. B Polym. Phys. 2000, 38, 1222-1239.
[59] Yampolskii, Y. P.; Korikov, A. P.; Shantarovich, V. P.; Nagai, K.; Freeman, B. D.; Masuda, T.; Teraguchi, M.; Kwak, G. Macromolecules 2001, 34, 1788-1796.
[60] Miyata, S.; Sato, S.; Nagai, K.; Nakagawa, T.; Kudo, K. J. Appl. Polym. Sci. 2008, 107, 3933-3944.
[61] Sato, S.; Ose, T.; Miyata, S.; Kanehashi, S.; Ito, H.; Matsumoto, S.; Iwai, Y.; Matsumoto, H.; Nagai, K. J. Appl. Polym. Sci. 2011, 121, 2794-2803.
[62] Aptel, P.; Cuny, J.; Jozefonvicz, J.; Morel, G.; Neel, J. J. Appl. Polym. Sci. 1974, 18, 365-378.
[63] Yamada, S.; Hamaya, T. Kobunshi Ronbunshu 1976, 33, 217-223.
[64] Heintz, A.; Stephan, W. J. Membr. Sci. 1994, 89, 153-169.
[65] Azher, H.; Scholes, C.; Kanehashi, S.; Stevens, G.; Kentish, S. J. Membr. Sci. 2016, 519, 55-63.
[66] Thuan, H. L.; Kanehashi, S.; Scholes, C. A.; Kentish, S. E. Int. J. Greenhouse Gas Control 2016, 55, 97-104.
[67] Chen, G. Q.; Kanehashi, S.; Doherty, C. M.; Hill, A. J.; Kentish, S. E. J. Membr. Sci. 2015, 487, 249-255.

[68] Scholes, C. A.; Kanehashi, S.; Stevens, G. W.; Kentish, S. E. Sep. Purif. Technol. 2015, 147, 203 – 209.

[69] Psaume, R.; Aptel, P.; Aurelle, Y.; Mora, J. C.; Bersillon, J. L. J. Membr. Sci. 1988, 36, 373 – 384.

[70] Rautenbach, R.; Helmus, F. P. J. Membr. Sci. 1994, 87, 171 – 180.

[71] Michaels, A. S. J. Membr. Sci. 1995, 101, 117 – 126.

[72] Iida, R.; Yonezu, T.; Shinkawa, Y.; Nagai, K. J. Appl. Polym. Sci. 2016, 133, 43822.

[73] Shinkawa, Y.; Hayashi, Y.; Sato, S.; Nagai, K. J. Appl. Polym. Sci. 2015, 132, 42031.

[74] González-Marcos, J. A.; López-Dehesa, C.; González-Velasco, J. R. J. Appl. Polym. Sci. 2004, 94, 1395 – 1403.

[75] Kanti, P.; Srigowri, K.; Madhuri, J.; Smitha, B.; Sridhar, S. Sep. Purif. Technol. 2004, 40, 259 – 266.

[76] Sridhar, S.; Srinivasan, T.; Virendra, U.; Khan, A. A. Chem. Eng. J. 2003, 94, 51 – 56.

[77] Hickey, P. J.; Juricic, F. P.; Slater, C. S. Sep. Sci. Technol. 1992, 27, 843 – 861.

[78] She, M.; Hwang, S.-T. J. Membr. Sci. 2006, 271, 16 – 28.

[79] Hoshi, M.; Saitoh, T.; Yoshioka, C.; Higuchi, A.; Nakagawa, T. J. Appl. Polym. Sci. 1999, 74, 983 – 994.

[80] Hoshi, M.; Kobayashi, M.; Saitoh, T.; Higuchi, A.; Nakagawa, T. J. Appl. Polym. Sci. 1998, 69, 1483 – 1494.

[81] Inui, K.; Okumura, H.; Miyata, T.; Uragami, T. J. Membr. Sci. 1997, 132, 193 – 202.

[82] Rachipudi, P. S.; Kariduraganavar, M. Y.; Kittur, A. A.; Sajjan, A. M. J. Membr. Sci. 2011, 383, 224 – 234.

[83] Burshe, M. C.; Sawant, S. B.; Joshi, J. B.; Pangarkar, V. G. Sep. Purif. Technol. 1997, 12, 145 – 156.

[84] Namboodiri, V. V.; Ponangi, R.; Vane, L. M. Eur. Polym. J. 2006, 42, 3390 – 3393.

[85] Lee, C. H.; Hong, W. H. J. Membr. Sci. 1997, 135, 187 – 193.

[86] Zhao, Q.; Qian, J.; An, Q.; Zhu, M.; Yin, M.; Sun, Z. J. Membr. Sci. 2009, 343, 53 – 61.

[87] Hyder, M. N.; Huang, R. Y. M.; Chen, P. J. Membr. Sci. 2008, 318, 387 – 396.

[88] Hoshi, M.; Kogure, M.; Saitoh, T.; Nakagawa, T. J. Appl. Polym. Sci. 1997, 65, 469 – 479.

[89] Xu, W.; Paul, D. R.; Koros, W. J. J. Membr. Sci. 2003, 219, 89 – 102.

[90] Hao, J.; Tanaka, K.; Kita, H.; Okamoto, K. J. Membr. Sci. 1997, 132, 97 – 108.

[91] Fang, J.; Tanaka, K.; Kita, H.; Okamoto, K. I. Polymer 1999, 40, 3051 – 3059.

[92] Tanihara, N.; Tanaka, K.; Kita, H.; Okamoto, K. I. J. Membr. Sci. 1994, 95, 161 – 169.

[93] Matsui, S.; Paul, D. R. J. Membr. Sci. 2002, 195, 229 – 245.

[94] Matsui, S.; Paul, D. R. J. Membr. Sci. 2003, 213, 67 – 83.

[95] Wang, H.; Tanaka, K.; Kita, H.; Okamoto, K. I. J. Membr. Sci. 1999, 154, 221 – 228.

[96] Greenlaw, F. W.; Prince, W. D.; Shelden, R. A.; Thompson, E. V. J. Membr. Sci. 1977, 2, 141 – 151.

[97] Greenlaw, F. W.; Shelden, R. A.; Thompson, E. V. J. Membr. Sci. 1977, 2, 333 – 348.

[98] Yoon, B. O.; Asano, T.; Nakaegawa, K.; Ishige, M.; Hara, M.; Higuchi, A. In Advanced Materials for Membrane Separations; Pinnau, I.; Freeman, B. D., Eds.; ACS: Washington, DC, 2004; pp. 394 – 410.

[99] Lau, W. W. Y.; Finlayson, J.; Dickson, J. M.; Jiang, J.; Brook, M. A. J. Membr. Sci. 1997, 134, 209 – 217.

[100] Ulutan, S.; Nakagawa, T. J. Membr. Sci. 1998, 143, 275 – 284.

[101] Yamada, S.; Hamaya, T. Kobunshi Ronbunshu 1982, 39, 407 – 414.

[102] Koops, G. H.; Nolten, J. A. M.; Mulder, M. H. V.; Smolders, C. A. J. Appl. Polym. Sci. 1994, 53, 1639 – 1651.

[103] Aptel, P.; Cuny, J.; Jozefonvicz, J.; Morel, G.; Neel, J. J. Appl. Polym. Sci. 1974, 18, 351 – 364.

[104] Qunhui, G.; Ohya, H.; Negishi, Y. J. Membr. Sci. 1995, 98, 223 – 232.

[105] Raisi, A.; Aroujalian, A. Sep. Purif. Technol. 2011, 82, 53 – 62.

[106] Diban, N.; Urtiaga, A.; Ortiz, I. Desalination 2008, 224, 34 – 39.

[107] Villaluenga, J. P. G.; Khayet, M.; Godino, P.; Seoane, B.; Mengual, J. I. Sep. Purif. Technol. 2005, 47, 80 – 87.

[108] Pakkethati, K.; Boonmalert, A.; Chaisuwan, T.; Wongkasemjit, S. Desalination 2011, 267, 73 – 81.

[109] Brun, J. P.; Bulvestre, G.; Kergreis, A.; Guillou, M. J. Appl. Polym. Sci. 1974, 18, 1663 – 1683.

[110] Overington, A. R.; Wong, M.; Harrison, J. A.; Ferreira, L. B. Sep. Sci. Technol. 2009, 44, 787 – 816.

[111] Higuchi, A.; Yoon, B.-O.; Asano, T.; Nakaegawa, K.; Miki, S.; Hara, M.; He, Z.; Pinnau, I. J. Membr. Sci. 2002, 198, 311 – 320.

[112] Akiba, C.; Watanabe, K.; Nagai, K.; Hirata, Y.; Nguyen, Q. T. J. Appl.

Polym. Sci. 2006, 100, 1113 – 1123.

[113] Brueschke, H. (GTF Ingenieurbuero) EP Patent 0096339 (Priority DE3220570), 1983.

[114] Masuda, T.; Tang, B. Z.; Higashimura, T. Polym. J. 1986, 18, 565 – 657.

[115] Sakaguchi, T.; Yumoto, K.; Kwak, G.; Yoshikawa, M.; Masuda, T. Polym. Bull. 2002, 48, 271 – 276.

[116] Ishihara, K.; Nagase, Y.; Matsui, K. Makromol. Chem. Rapid Commun. 1986, 7, 43 – 46.

[117] Lide, D. R. CRC Handbook of Chemistry and Physics, 82nd ed.; CRC: Boca Raton, FL, 2001.

[118] Komaki, I.; Hasegawa, K.; Endo, T.; Nagai, K. Polym. Prepr. Japan 2005, 54, 1867.

[119] Endo, T.; Hasegawa, K.; Komaki, I.; Nagai, K. Polym. Prepr. Japan 2005, 54, 1858.

[120] Nagase, Y.; Ishihara, K.; Matsui, K. J. Polym. Sci. B Polym. Phys. 1990, 28, 377 – 386.

[121] Masuda, T.; Takatsuka, M.; Tang, B. Z.; Higashimura, T. J. Membr. Sci. 1990, 49, 69 – 83.

[122] Nagase, Y.; Takamura, Y.; Matsui, K. J. Appl. Polym. Sci. 1991, 42, 185 – 190.

[123] Nakagawa, T.; Arai, T.; Ookawara, Y.; Nagai, K. Sen'i Gakkaishi 1997, 53, 423 – 430.

[124] Mishima, S.; Nakagawa, T. J. Appl. Polym. Sci. 2002, 83, 1054 – 1060.

[125] Takahashi, S.; Yoshida, Y.; Kamada, T.; Nakagawa, T. Kobunshi Ronbunshu 2001, 58, 213 – 220.

[126] Miyata, T.; Iwamoto, T.; Uragami, T. J. Appl. Polym. Sci. 1994, 51, 2007 – 2014.

[127] Aptel, P.; Challard, N.; Cuny, J.; Neel, J. J. Membr. Sci. 1976, 1, 271 – 287.

[128] Alentiev, A. Y.; Shantarovich, V. P.; Merkel, T. C.; Bondar, V. I.; Freeman, B. D.; Yampolskii, Y. P. Macromolecules 2002, 35, 9513 – 9522.

[129] Smuleac, V.; Wu, J.; Nemser, S.; Majumdar, S.; Bhattacharyya, D. J. Membr. Sci. 2010, 352, 41 – 49.

[130] Tang, J.; Sirkar, K. K. J. Membr. Sci. 2012, 421 – 422, 211 – 216.

[131] Jalal, T. A.; Bettahalli, N. M. S.; Le, N. L.; Nunes, S. P. Ind. Eng. Chem. Res. 2015, 54, 11180 – 11187.

[132] Roy, S.; Thongsukmak, A.; Tang, J.; Sirkar, K. K. J. Membr. Sci. 2012, 389, 17 – 24.

[133] Huang, Y.; Ly, J.; Nguyen, D.; Baker, R. W. Ind. Eng. Chem. Res. 2010,

49, 12067 – 12073.

[134] Huang, Y. ; Baker, R. W. ; Wijmans, J. G. Ind. Eng. Chem. Res. 2013, 52, 1141 – 1149.

[135] Cabasso, I. ; Korngold, E. ; Liu, Z. Z. J. Polym. Sci. Polym. Lett. Ed. 1985, 23, 577 – 581.

[136] Cabasso, I. ; Liu, Z. Z. J. Membr. Sci. 1985, 24, 101 – 119.

[137] Pulyalina, A. ; Polotskaya, G. ; Goikhman, M. ; Podeshvo, I. ; Kalyuzhnaya, L. ; Chislov, M. ; Toikka, A. J. Appl. Polym. Sci. 2013, 130, 4024 – 4031.

[138] Ong, Y. K. ; Wang, H. ; Chung, T. -S. Chem. Eng. Sci. 2012, 79, 41 – 53.

[139] Xu, Y. M. ; Le, N. L. ; Zuo, J. ; Chung, T. -S. J. Membr. Sci. 2016, 499, 317 – 325.

[140] Wang, Y. Ind. Eng. Chem. Res. 2015, 54, 3082 – 3089.

[141] Wang, Y. ; Gruender, M. ; Xu, S. Ind. Eng. Chem. Res. 2014, 53, 18291 – 18303.

[142] Wang, Y. , Gruender, M. , Chung, T. -S. US Patent 2013/0313192 A1, 2013.

[143] Shi, G. M. ; Wang, Y. ; Chung, T. -S. AIChE J. 2012, 58, 1133 – 1145.

[144] Han, Y. -J. ; Wang, K. -H. ; Lai, J. -Y. ; Liu, Y. -L. J. Membr. Sci. 2014, 463, 17 – 23.

[145] Tang, Y. ; Widjojo, N. ; Shi, G. M. ; Chung, T. – S. ; Weber, M. ; Maletzko, C. J. Membr. Sci. 2012, 415 – 416, 686 – 695.

[146] Wang, Y. ; Shung Chung, T. ; Gruender, M. J. Membr. Sci. 2012, 415 – 416, 486 – 495.

[147] Tang, Y. P. ; Widjojo, N. ; Chung, T. S. ; Weber, M. ; Maletzko, C. AIChE J. 2013, 59, 2943 – 2956.

[148] Chen, S. -H. ; Liou, R. -M. ; Lin, Y. -Y. ; Lai, C. -L. ; Lai, J. -Y. Eur. Polym. J. 2009, 45, 1293 – 1301.

[149] Chen, J. H. ; Liu, Q. L. ; Zhu, A. M. ; Fang, J. ; Zhang, Q. G. J. Membr. Sci. 2008, 308, 171 – 179.

[150] Nijhuis, H. H. ; Mulder, M. H. V. ; Smolders, C. A. J. Appl. Polym. Sci. 1993, 47, 2227 – 2243.

[151] Uragami, T. ; Yamada, H. ; Miyata, T. J. Membr. Sci. 2001, 187, 255 – 269.

[152] Uragami, T. ; Meotoiwa, T. ; Miyata, T. Macromolecules 2003, 36, 2041 – 2048.

[153] Mangindaan, D. W. ; Min Shi, G. ; Chung, T. -S. J. Membr. Sci. 2014, 458, 76 – 85.

[154] Xiao, S. ; Huang, R. Y. M. ; Feng, X. J. Membr. Sci. 2006, 286, 245 – 254.

[155] Hyder, M. N. ; Huang, R. Y. M. ; Chen, P. J. Membr. Sci. 2009, 326, 363 – 371.

[156] Le, N. L. ; Wang, Y. ; Chung, T. -S. J. Membr. Sci. 2012, 415 – 416, 109 – 121.

[157] Zhang, Q. G. ; Hu, W. W. ; Zhu, A. M. ; Liu, Q. L. RSC Adv. 2013, 3, 1855 – 1861.

[158] Inui, K.; Noguchi, T.; Miyata, T.; Uragami, T. J. Appl. Polym. Sci. 1999, 71, 233 – 241.

[159] Kammermeyer, K.; Hagerbaumer, D. H. AIChE J. 1955, 1, 215 – 219.

[160] Nomura, M.; Yamaguchi, T.; Nakao, S. J. Membr. Sci. 1998, 144, 161 – 171.

[161] Kita, H.; Fuchida, K.; Horita, T.; Asamura, H.; Okamoto, K. Sep. Purif. Technol. 2001, 25, 261 – 268.

[162] Okamoto, K.; Kita, H.; Horii, K.; Tanaka, K.; Kondo, M. Ind. Eng. Chem. Res. 2001, 40, 163 – 175.

[163] Gallego-Lizon, T.; Edwards, E.; Lobiundo, G.; dos Santos, L. F. J. Membr. Sci. 2002, 197, 309 – 319.

[164] Kondo, M.; Komori, M.; Kita, H.; Okamoto, K. I. J. Membr. Sci. 1997, 133, 133 – 141.

[165] Yuan, W.; Lin, Y. S.; Yang, W. J. Am. Chem. Soc. 2004, 126, 4776 – 4777.

[166] Sato, K.; Nakane, T. J. Membr. Sci. 2007, 301, 151 – 161.

[167] Hu, N.; Li, Y.; Zhong, S.; Wang, B.; Zhang, F.; Wu, T.; Yang, Z.; Zhou, R.; Chen, X. Micropor. Mesopor. Mater. 2016, 228, 22 – 29.

[168] Chen, X.; Wang, J.; Yin, D.; Yang, J.; Lu, J.; Zhang, Y.; Chen, Z. AIChE J. 2013, 59, 936 – 947.

[169] Cui, Y.; Kita, H.; Okamoto, K. -I. J. Membr. Sci. 2004, 236, 17 – 27.

[170] Wang, X.; Chen, Y.; Zhang, C.; Gu, X.; Xu, N. J. Membr. Sci. 2014, 455, 294 – 304.

[171] Zhang, F.; Zheng, Y.; Hu, L.; Hu, N.; Zhu, M.; Zhou, R.; Chen, X.; Kita, H. J. Membr. Sci. 2014, 456, 107 – 116.

[172] Zhang, Y.; Nakasaka, Y.; Tago, T.; Hirata, A.; Sato, Y.; Masuda, T. Micropor. Mesopor. Mater. 2015, 207, 39 – 45.

[173] Zhu, M. -H.; Lu, Z. -H.; Kumakiri, I.; Tanaka, K.; Chen, X. -S.; Kita, H. J. Membr. Sci. 2012, 415 – 416, 57 – 65.

[174] Lai, R.; Gavalas, G. R. Micropor. Mesopor. Mater. 2000, 38, 239 – 245.

[175] Hasegawa, Y.; Abe, C.; Nishioka, M.; Sato, K.; Nagase, T.; Hanaoka, T. J. Membr. Sci. 2010, 364, 318 – 324.

[176] Li, S.; Tuan, V. A.; Falconer, J. L.; Noble, R. D. Micropor. Mesopor. Mater. 2003, 58, 137 – 154.

[177] Furukawa, H.; Cordova, K. E.; O'Keeffe, M.; Yaghi, O. M. Science 2013, 341.

[178] Kitagawa, S.; Kitaura, R.; Noro, S. I. Angew. Chem. Int. Ed. 2004, 43, 2334 – 2375.

[179] Kanehashi, S.; Chen, G. Q.; Ciddor, L.; Chaffee, A.; Kentish, S. E. J. Membr. Sci. 2015, 492, 471 – 477.

[180] Burch, N. C.; Jasuja, H.; Walton, K. S. Chem. Rev. 2014, 114, 10575 –

10612.

[181] DeCoste, J. B.; Peterson, G. W.; Schindler, B. J.; Killops, K. L.; Browe, M. A.; Mahle, J. J. J. Mater. Chem. A 2013, 1, 11922–11932.

[182] Hua, C.; Rawal, A.; Faust, T. B.; Southon, P. D.; Babarao, R.; Hook, J. M.; D'Alessandro, D. M. J. Mater. Chem. A 2014, 2, 12466–12474.

[183] Kasik, A.; Lin, Y. S. Sep. Purif. Technol. 2014, 121, 38–45.

[184] Gu, Z.-Y.; Jiang, D.-Q.; Wang, H.-F.; Cui, X.-Y.; Yan, X.-P. J. Phys. Chem. C 2010, 114, 311–316.

[185] Zhao, Z.; Ma, X.; Li, Z.; Lin, Y. S. J. Membr. Sci. 2011, 382, 82–90.

[186] Ibrahim, A.; Lin, Y. S. Ind. Eng. Chem. Res. 2016, 55, 8652–8658.

[187] Diestel, L.; Bux, H.; Wachsmuth, D.; Caro, J. Micropor. Mesopor. Mater. 2012, 164, 288–293.

[188] Kasik, A.; James, J.; Lin, Y. S. Ind. Eng. Chem. Res. 2016, 55, 2831–2839.

[189] Dong, X.; Lin, Y. S. Chem. Commun. 2013, 49, 1196–1198.

[190] Fan, L.; Xue, M.; Kang, Z.; Wei, G.; Huang, L.; Shang, J.; Zhang, D.; Qiu, S. Micropor. Mesopor. Mater. 2014, 192, 29–34.

[191] Hu, Y.; Dong, X.; Nan, J.; Jin, W.; Ren, X.; Xu, N.; Lee, Y. M. Chem. Commun. 2011, 47, 737–739.

[192] Gupta, K. M.; Qiao, Z.; Zhang, K.; Jiang, J. ACS Appl. Mater. Interfaces 2016, 8, 13392–13399.

[193] Lau, C. H.; Konstas, K.; Doherty, C. M.; Kanehashi, S.; Ozcelik, B.; Kentish, S. E.; Hill, A. J.; Hill, M. R. Chem. Mater. 2015, 27, 4756–4762.

[194] Erucar, I.; Keskin, S. J. Membr. Sci. 2012, 407–408, 221–230.

[195] Evans, J. D.; Huang, D. M.; Hill, M. R.; Sumby, C. J.; Thornton, A. W.; Doonan, C. J. J. Phys. Chem. C 2013, 118, 1523–1529.

[196] Maxwell, C. Treatise on Electricity and Magnetism; Oxford University Press: London, 1873.

[197] Bruggeman, D. A. G. Ann. Phys. (Berlin, Ger.) 1935, 24, 636–664.

[198] Lewis, T. B.; Nielsen, L. E. J. Appl. Polym. Sci. 1970, 14, 1449–1471.

[199] Vinh-Thang, H.; Kaliaguine, S. Chem. Rev. 2013, 113, 4980–5028.

[200] Zhan, X.; Lu, J.; Tan, T.; Li, J. Appl. Surf. Sci. 2012, 259, 547–556.

[201] Bakhtiari, O.; Mosleh, S.; Khosravi, T.; Mohammadi, T. Desalin. Water Treat. 2012, 41, 45–52.

[202] Vane, L. M.; Namboodiri, V. V.; Bowen, T. C. J. Membr. Sci. 2008, 308, 230–241.

[203] Adoor, S. G.; Manjeshwar, L. S.; Bhat, S. D.; Aminabhavi, T. M. J. Membr. Sci. 2008, 318, 233–246.

[204] Bowen, T. C.; Meier, R. G.; Vane, L. M. J. Membr. Sci. 2007, 298, 117–125.

[205] Zhao, Q.; Qian, J.; Zhu, C.; An, Q.; Xu, T.; Zheng, Q.; Song, Y. J. Membr. Sci. 2009, 345, 233–241.

[206] Zhang, Q. G.; Liu, Q. L.; Zhu, A. M.; Xiong, Y.; Zhang, X. H. J. Phys. Chem. B 2008, 112, 16559–16565.

[207] Choi, J.-H.; Jegal, J.; Kim, W.-N.; Choi, H.-S. J. Appl. Polym. Sci. 2009, 111, 2186–2193.

[208] Xu, D.; Loo, L. S.; Wang, K. J. Polym. Sci. B Polym. Phys. 2010, 48, 2185–2192.

[209] Le, N. L.; Tang, Y. P.; Chung, T.-S. J. Membr. Sci. 2013, 447, 163–176.

[210] Adoor, S. G.; Prathab, B.; Manjeshwar, L. S.; Aminabhavi, T. M. Polymer 2007, 48, 5417–5430.

[211] Huang, J.; Meagher, M. M. J. Membr. Sci. 2001, 192, 231–242.

[212] Liu, X.; Li, Y.; Liu, Y.; Zhu, G.; Liu, J.; Yang, W. J. Membr. Sci. 2011, 369, 228–232.

[213] Jiang, L. Y.; Chung, T.-S.; Rajagopalan, R. AIChE J. 2007, 53, 1745–1757.

[214] Lokesh, B. G.; Rao, K. S. V. K.; Reddy, K. M.; Rao, K. C.; Rao, P. S. Desalination 2008, 233, 166–172.

[215] Wang, N.; Ji, S.; Zhang, G.; Li, J.; Wang, L. Chem. Eng. J. 2012, 213, 318–329.

[216] Ganesh, B. M.; Isloor, A. M.; Ismail, A. F. Desalination 2013, 313, 199–207.

[217] Hung, W.-S.; An, Q.-F.; De Guzman, M.; Lin, H.-Y.; Huang, S.-H.; Liu, W.-R.; Hu, C.-C.; Lee, K.-R.; Lai, J.-Y. Carbon 2014, 68, 670–677.

[218] Jiang, L. Y.; Chung, T. S. J. Membr. Sci. 2009, 327, 216–225.

[219] Peng, F.; Jiang, Z.; Hu, C.; Wang, Y.; Lu, L.; Wu, H. Desalination 2006, 193, 182–192.

[220] Geim, A. K.; Novoselov, K. S. Nat. Mater. 2007, 6, 183–191.

[221] Yang, D.; Yang, S.; Jiang, Z.; Yu, S.; Zhang, J.; Pan, F.; Cao, X.; Wang, B.; Yang, J. J. Membr. Sci. 2015, 487, 152–161.

[222] Kanehashi, S. Kobunshi Ronbunshu 2016, 73, 475–490.

[223] Liu, X.-L.; Li, Y.-S.; Zhu, G.-Q.; Ban, Y.-J.; Xu, L.-Y.; Yang, W.-S. Angew. Chem. Int. Ed. 2011, 50, 10636–10639.

[224] Kujawski, W. Pol. J. Environ. Stud. 2000, 9, 13–26.

[225] Morigami, Y.; Kondo, M.; Abe, J.; Kita, H.; Okamoto, K. Sep. Purif. Technol. 2001, 25, 251–260.

[226] Boddeker, K. W. (Bend Research, Inc.) US Patent 4,806,245, 1989.

[227] Lipnizki, F.; Field, R. W.; Ten, P.-K. J. Membr. Sci. 1999, 153, 183–210.

[228] Sommer, S.; Melin, T. Chem. Eng. Process. 2005, 44, 1138–1156.

[229] Sahin, S. In Separation, Extraction and Concentration Processes in the Food, Beverage and Nutraceutical Industries; Woodhead Publishing: Cambridge, 2013; pp.

219-243.

[230] Baudot, A.; Marin, M. J. Membr. Sci. 1996, 120, 207-220.
[231] Catarino, M.; Ferreira, A.; Mendes, A. J. Membr. Sci. 2009, 341, 51-59.
[232] Vane, L. M. J. Chem. Technol. Biotechnol. 2005, 80, 603-629.
[233] White, L. S. J. Membr. Sci. 2006, 286, 26-35.
[234] Lin, L.; Zhang, Y.; Kong, Y. Fuel 2009, 88, 1799-1809.
[235] Liu, K.; Fang, C.-J.; Li, Z.-Q.; Young, M. J. Membr. Sci. 2014, 451, 24-31.
[236] Han, G. L.; Xu, P. Y.; Zhou, K.; Zhang, Q. G.; Zhu, A. M.; Liu, Q. L. J. Membr. Sci. 2014, 464, 72-79.
[237] Lin, L.; Kong, Y.; Yang, J.; Shi, D.; Xie, K.; Zhang, Y. J. Membr. Sci. 2007, 298, 1-13.

第 9 章 使用膜技术分离挥发性有机化合物的进展

9.1 概 述

本章涉及使用膜从废气和工艺流分离挥发性有机化合物(VOC),并提供了对 2010 年发表的文章的更新。[1]

20 世纪 80 年代末,膜技术和研究公司(MTR)和 GKSS 许可商安装了第一批回收废气中 VOC 的技术装置。[2]

本章介绍了由膜材料和膜组件的公司及由 GKSS(现为 HZG)开发并由授权商销售的工艺技术的膜基 VOC 分离技术的商业化进展。

为工业应用提供可靠的有机蒸气选择性膜的研究和开发是由新的和更严格的清洁空气修正案和改进工业分离工艺的要求推动的。作为完整的膜科学和工程研究的一部分,在之前的《挥发性有机化合物回收膜》中报道了 VOC 选择性膜的研究历史。[1]

为应对保守的化学工程界对一项新技术可能提出的反对意见,必须先使用低风险的应用程序,以便对膜和分离性能进行技术证明,然后才能转向综合过程方案。

在工业上首次应用采用了废气处理和管端应用,膜显示了其可靠、高效和超强的性能。

在发展膜本身的同时,还开发了合适的膜铸造设备、膜组件和工艺工程工具。

从基础研究到工业应用的技术转变成功的一个关键问题是政府对研究的资助及与化学和石化工业的工厂制造商和生产者的密切合作。技术从研究中心转移到工业的关键是与工业伙伴的合作,这个合作伙伴愿意并且能够在工业规模上生产新开发的膜,但只生产所需的小批量膜。

GMT 膜技术有限公司的成立是为了向 HZG 工艺工程许可方提供合适可靠的膜。GMT 是一家独立的公司,最初由德国莱因富登铝业有限公司运营。随后,Borsig 膜技术公司于 2004 年收购了德国莱因富登铝业股份有限公司的股权。

管端安装的经验为设计用于各种生产过程的综合膜分离工艺奠定了基础。

膜技术经常与其他的分离过程(如吸附和冷却/低温技术)有竞争。

为达到非常严格的清洁空气标准或高产品纯度,膜技术与常规分离工艺的结合可以提供一种有效的混合解决方案。这种技术的结合通常可以带来新的、低成本和高性能的设计。

通过集成膜装置对吸附装置进行改造是提高现有处理装置性能的另一个领域。

超过 25 年的废气处理工业经验支持将 VOC 选择性膜引入聚烯烃和其他化工产品的生产过程中。

9.2 有机蒸气分离膜

有机蒸气分离的基本聚合物是聚二甲基硅氧烷(PDMS)。聚二甲基硅氧烷(PDMS)对各种有机蒸气对氮和氧都有很好的选择性。这些膜在天然气的碳氢露点控制、燃气发动机燃气的甲烷数量控制、贫气源或矿井气的甲烷富集及耐有机溶剂纳滤膜的开发等方面都有很好的应用前景。

溶解扩散模型描述了气体在非多孔聚合物膜中的渗透。假设膜的上游侧的气体溶解在聚合物中,沿浓度梯度通过膜扩散,在下游侧解吸。也就是说,气体通过膜的渗透性取决于它的溶解性和扩散性。

理想的选择性定义为化合物 A 对化合物 B 的渗透系数,即

$$\alpha = \frac{P_A}{P_B} = \frac{D_A}{D_B} \times \frac{S_A}{S_B} \tag{9.1}$$

式中,D_A/D_B 为迁移率选择性;S_A/S_B 为溶解选择性。首选的迁移率或溶解度很大程度上依赖于聚合物材料的化学和物理特性。扩散系数一般随分子尺寸的增大而减小,即优先选择较小分子的输运。气体的溶解度随分子尺寸的增大而增大。与橡胶聚合物的高溶解性选择性相比,玻璃态聚合物通常迁移率选择性占主导地位。Stern[3]、Pixton 和 Paul[4],以及 Freeman[5] 发表的综述为聚合物结构和气体在聚合物中的传输行为提供了很好的概述。图 9.1 所示为 30 ℃时各种气体在硅橡胶中的扩散系数和溶解系数。[1]

将戊烷与氧气的扩散系数进行比较,发现戊烷的扩散系数是氧气的 3.6 倍。另外,戊烷的溶解度大约是氧溶解度的 200 倍。戊烷相对较低的扩散系数因其较高的溶解度而得到明显的补偿,这使得戊烷在硅橡胶膜中的渗透率高于氧气。

为获得合理的膜通量,设计了由三层结构组成的薄膜复合膜。非织造材料用作基础结构,以提供必要的机械强度。采用非对称微孔薄膜作为无孔有机蒸气选择薄膜的基底。铸造基膜的参数是孔径大小和孔径分布,它们可以提供气体通过膜时不受阻碍的渗透。选择膜的厚度是在机械稳定性、可达到的通量和流体动力学之间达到平衡,流体动力学是用膜组件设计和操作的结果条件。

PDMS 在有机蒸气/氮选择性方面有一定的局限性。选择选择性适中的高通量膜还是选择高选择性低通量的膜,取决于应用场合的不同。一种对有机蒸气有更高选择性聚合物是聚辛基甲基硅氧烷(POMS)。[6] 图 9.2 所示为不同有机蒸气的对氮的选择性比较,考虑了相互作用的影响。

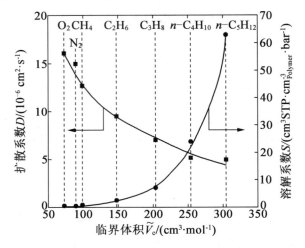

图9.1 30 ℃时各种气体在硅橡胶中的扩散和溶解系数

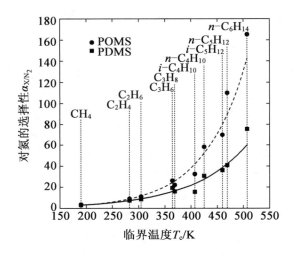

图9.2 不同有机蒸气的 PDMS 和 POMS 膜对氮的选择性比较(多组分混合物的计算值)

较低的渗透速率需要更多的膜面积才能达到给定的出口纯度。高选择性的优点是低浓度的渗透流,从而使真空泵和压缩机的容量更小,降低了分离过程的能耗。PDMS 和 POMS 膜具有独特的优点,它们要根据实际的要求选择。

除 PDMS 和 POMS 两种聚合物外,其他的聚合物膜被考虑用于从进料流中分离有机蒸气。高自由体积聚合物是一种新的材料,如本征微孔聚合物(PIM)[7]或聚乙炔的聚合物。[8,9]将 PDMS 或 POMS 与高性能活性炭吸附剂相结合的混合基质膜的方法使膜对高碳氢化合物的选择性显著提高20%。[10,11]实现这种提高的先决条件是在适当的温度、压力和组成范围内的操作条件下。

9.3 设计标准

膜分离阶段设计面临的挑战是将从单一气体测量中所获得的选择性尽可能科学地转化为一个强有力的技术过程。操作温度、进料压力、进料成分、模块设计都对分离效率有很大影响。

气体通过膜的渗透强烈地依赖于操作温度,氧气、氮气等永久性气体的透过率随温度的升高而增加。综上所述,有机蒸气的渗透受其溶解度的控制,溶解度随温度的降低而增加。因此,温度的降低导致了有机蒸气对氮的较高选择性。根据这一行为,在尽可能低的温度下操作分离阶段是有利的。

大多数蒸气回收过程在大气压为 10 bar 的中等压力下运行。在操作压力大于 10 bar 的情况下必须考虑到非理想气体行为。[12]尤其是对于天然气应用来说,根据道尔顿定律,渗透的理想驱动力与较高的压力成正比。在高压应用的情况下,必须用逸度差代替作为驱动力的分压差,这是因为真正的气体行为对有机蒸气的影响比对永久性气体的影响更大。在膜和组件设计中,必须考虑更高的压力的影响。

有机蒸气的高渗透速率会影响膜的选择性。膜组件的进料通道通常由湍流体层和层流边界层组成。在选择层的顶部形成边界层,边界层的厚度取决于进料速度,混合气的压力、温度和压力,以及进料组分通过膜的渗透率。边界层富集了渗透较差的进料化合物,为继续渗透造成了额外的阻力。通过边界层的扩散依赖于进料压力,并且随着压力的增加而减小。可达到的选择性取决于边界层、选择层和复合膜亚结构中的阻力。

图 9.3 所示为边界层内二元混合物的分压分布图。结果表明,膜分离的流动阻力类似于串联电阻的连接。

9.4 膜组件

平板膜通常用于有机蒸气分离应用。典型的模块配置是基于 GKSS 开发设计的螺旋缠绕模块或包络式模块。毛细管或中空纤维模块仅适用于一些小规模的实验室应用。螺旋缠绕模块的设计是众所周知也被广泛接受的,其优点是制造简单,且耐压容器的成本相对较低。所谓填料密度,就是安装的膜面积与压力容器外壳体积的比例,在 300 $m^2 \cdot m^{-3}$ 到大约 1 000 $m^2 \cdot m^{-3}$ 不等。

据报道,用于气体分离的螺旋缠绕元件的最大直径为 305 mm(12 in),典型长度为 1 m[13],对于高效率的分离应用来说,可能存在的缺点是进料和渗透路径较长。螺旋缠绕模块是大批量分离应用的首选(图 9.4)。

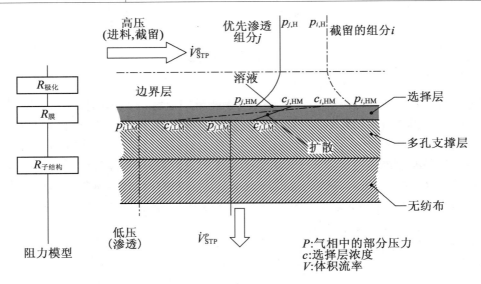

图 9.3　边界层内二元混合物的分压分布图[57]

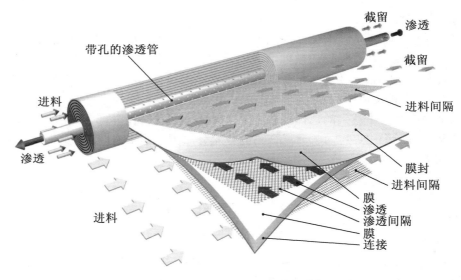

图 9.4　气体分离用螺旋缠绕组件[14]

一些膜分离需要流型和压降的优化模块设计,以实现最佳的传质。弹性体膜在有机蒸气的存在下膨胀,溶胀度取决于有机物的性质和蒸气浓度。膨胀导致气体渗透增加,必须尽可能有效地排出渗透液,以避免渗透液一侧的压力积聚。短的渗透路径和膜片之间足够的自由体积为不受限制地渗透排水提供了条件。GS 包络型模块是指对"高通量"膜的要求,该设计是基于薄片式过滤器的排列。两个圆形的薄膜片,中间由无纺布和间隔层组成,一端被焊接在一起形成一个包络单元,选择包络单元以达到预期的无阻碍的渗透排水,渗透液流向中心孔的排水环,包络单元的渗透方向沿着渗透管道方向,所述渗透管也用于对齐膜堆栈。

许多包络单元被安排建立一个膜堆栈,利用折流板可以将堆栈分成几个小隔间。随着渗透引起的进料体积流量的减小,隔间内的包络单元数也随之变化。膜表面达到最有效分离所需的流速,决定了隔间内组装膜面积的减小。在前缘入口处引入进料,并通过挡板将进料导向第一隔室,迫使其沿着一条迂回的路径到达模块出口,渗透液流向中央渗透管。根据预期的渗透液体积流量和压降,在渗透管的一端或两端选择调整渗透液流量。图9.5所示为GS模块的原理图。

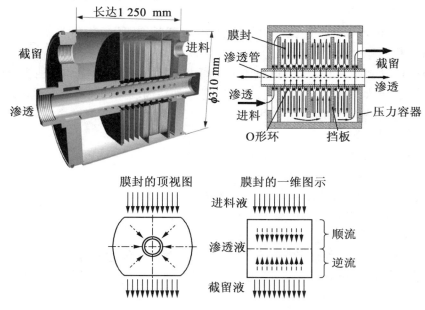

图9.5 GS模块的原理图

Brinkmann[14]等比较了螺旋缠绕膜模块和包膜模块用于从天然气中分离高碳氢化合物的情况,使用了在面向方程的工艺模拟器 Aspen Custom Modeler 中实现的先进工艺模拟模型(详见9.5.8节)。结果表明,在所研究的情况下,包络式模块的模拟性能具有明显的优越性。

9.5 仿真工具的开发

为模拟气体渗透,已经建立了许多模型。大多数模块作为独立单元处理(参见文献[15-20])。随着气体渗透装置从管端向工艺一体化应用的转变,需要对这些装置进行更严格的设计以满足膜对碳氢化合物和其他 VOC 的选择性。对于此任务,需要过程模拟工具。理想情况下,这些工具应该与商业过程模拟器兼容。在课题研究中可以找到的这些模型的例子很少。HZG 在这一领域的研究工作不仅集中于包络型模块的建模,而且还包括螺旋缠绕和新的包络概念。[14] 本书讨论下列各点。

(1) 选择最合适的膜型。
(2) 预测给定分离任务的模块尺寸和数量。
(3) 预测给定模块配置可实现的分离。
(4) 调整上游和下游设备的规格。
(5) 循环流在复杂流程拓扑中的影响。
(6) 与常规单元操作的比较。
(7) 工艺经济学的确定。
(8) 工艺模拟器在早期设计阶段的应用,也就是说,只有在有可靠模型的情况下,才会考虑技术上新的单元操作。

为准确地预测用于从永久性气体中分离 VOC、高碳氢化合物和其他组分的膜组件的运行性能,必须如前面各节所讨论的那样,考虑到传输现象和热力学。这些影响如下。

(1) 活性膜层的选择性传质阻力,即膜材料中某一组分的渗透率随温度、压力和组成的变化而变化。
(2) 从热力学角度正确描述驱动力,即逸度应用。
(3) 考虑焦耳-汤姆孙效应。
(4) 在体相和膜表面之间形成边界层,即浓差极化。
(5) 截留液侧和渗透侧的压力降。
(6) 多孔支撑层的传质阻力和压降。

所列出的现象是由局部温度、压力及组成在截留和渗透模型的函数共同描述的。由于这些变量通常沿膜表面变化,因此列出的局部现象必须耦合到描述模块内部流动模式的材料、能量和动量平衡。

9.5.1 多组分渗透的说明

使用有机硅基膜材料作为选择层的多层复合膜的正丁烷和氮气的渗透率随温度和压力的变化如图 9.6 所示。

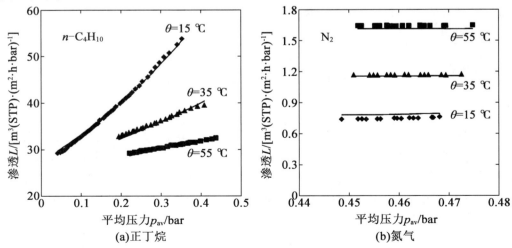

图 9.6 使用硅基材料作为选择层的多层复合膜的正丁烷和氮气的渗透率随温度和压力的变化

很明显,正丁烷的渗透行为受溶解控制,而氮气的渗透行为受扩散控制。前者的渗透系数随温度的升高而减小,后者则相反。此外,丁烷渗透率随平均压力的增加呈指数增长,说明硅基材料被较高的碳氢化合物塑化。正如所预测的,丁烷的渗透率比氮的渗透率高得多,这些测量数据是用自动化的单气体渗透测量仪采集的。[25] 拟合实验数据的直线是由自由体积模型公式即式(9.2)预测的[26],其中参数 $L_{\infty,i}^0$、$E_{\mathrm{act},i}$、$m_{0,i}$ 和 $m_{T,i}$ 的确定方法是通过在 Aspen Custom Modeler 中实现的非线性最小二乘法来确定的:[27]

$$L_i = L_{\infty,i}^* \cdot \exp\left[-\frac{E_{\mathrm{act},i}}{RT} + m_{0,i}(p\gamma_i\varphi_i)_{\mathrm{av}} \cdot \exp(m_{T,i}T)\right]$$

$$= L_{\infty,i}^* \cdot \exp\left[-\frac{E_{\mathrm{act},i}}{RT} + m_{0,i}f_{\mathrm{av},i} \cdot \exp(m_{T,i}T)\right] \quad (9.2)$$

然而,式(9.2)只描述单个气体的渗透行为,即描述单个渗透种类与聚合物基体的相互作用,没有信息以推断其对其他渗透物质质量转移的影响。而这些信息对于膜组件的正确设计至关重要,因为增塑组分的渗透会使聚合物基体的结构松弛,从而为本身不会溶胀的膜组件提供额外的途径,而降低了过程的选择性。为预测这些现象,建议对式(9.2)进行扩展[26,28]:

$$L_i = \underbrace{L_{\infty,i}^0}_{T\to\infty \text{ 且 } f_{\mathrm{av},i}\to 0 \text{ 时的渗透通量}} \cdot$$

$$\exp\left[-\underbrace{\frac{E_{\mathrm{act},i}}{R\cdot T}}_{\text{表观活化能}} + \sum_{j=1}^{nc} \underbrace{\left(\frac{\sigma_i}{\sigma_j}\right)^2}_{\text{Lennard Jones 直径的比值}} \cdot \underbrace{m_{0,j} \cdot f_{\mathrm{av},j} \cdot \exp(m_{T,j} \cdot T)}_{\text{溶胀}}\right] \quad (9.3)$$

该模型采用与式(9.2)相同的参数。因此,只要进行单组分的气体渗透实验就可以预测多组分的渗透行为。本章阐述了式(9.3)的巨大实际意义。该式确实可以用来对膜组件的分离性能做出很好的预测,这一点将在后面说明。

Raharjo 等也对甲烷和正丁烷在 PDMS 中作为单一气体和气体混合物的渗透行为进行了深入的研究。[29] 他研究了较宽的温度($-20 \sim 50$ ℃)和组成(摩尔分数 2% ~ 8%)范围,还详细讨论了描述橡胶聚合物中多组分渗透的不同模型的适用性。

9.5.2 非理想热力学行为

在绝对压力 5 ~ 10 bar 的情况下,用逸度代替分压来描述跨膜驱动力的重要性已经讨论过了。组分的逸度 f_i 由偏压 $p_i = y_i \cdot p$ 和逸度系数 j_i 的乘积来计算。后者是温度、压力和组成的函数,可以用状态方程(EOS)来计算,如 Soave – Redlich – Kwong EOS[30] 或 Peng – Robinson EOS。[31] 然而,还有许多其他合适的状态方程,详见以往研究,摩尔跨膜通量可以表示为[32]

$$n_{\mathrm{M},i}^p = L_i \frac{p_{\mathrm{STD}}}{RT_{\mathrm{STD}}}(\varphi_{\mathrm{RM},i}p_{\mathrm{RM},i} - \varphi_{\mathrm{PM},i}p_{\mathrm{PM},i})$$

$$= L_i \frac{p_{\mathrm{STD}}}{RT_{\mathrm{STD}}}(f_{\mathrm{RM},i} - f_{\mathrm{PM},i}) \quad (9.4)$$

另一个需要考虑的热力学现象是焦耳 – 汤姆孙效应,它解释了节流真实气体时温度的变化。温度的变化可以通过围绕无限小长度 dz 的膜面积单元的能量平衡来确定

(图 9.7)。膜材料解吸时渗透液的膨胀被认为是等焓过程。还可以用状态方程来确定截留和渗透侧的摩尔焓。因此,当截留温度、渗透通量的组成、截留压力和渗透压力已知时,预测渗透温度的公式为

$$\widetilde{H}_M(T_R, p_R, \gamma_{M,i=1,\cdots,nc}) = \widetilde{H}_M(T_P, p_P, \gamma_{M,i=1,\cdots,nc}) \qquad (9.5)$$

式(9.5)将薄膜视为热绝缘体,但实际上并非如此,还必须考虑到热传导问题。

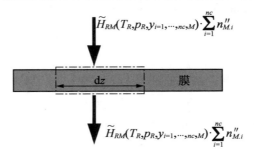

图 9.7　焦耳 – 汤姆孙效应测定的能量平衡

9.5.3　浓差极化

浓差极化的影响之前已经介绍过,为定量地描述二元系统边界层中的传质,可以使用以下方程:

$$\dot{n}''_{M,i} = c_{R,T}\beta_{i,j}(\gamma_{R,i} - \gamma_{RM,i}) + \gamma_{RM,i}\sum_{j=1}^{nc}\dot{n}''_{M,j} \qquad (9.6)$$

它是由微分方程推导出来的。例如,以往研究传质系数 $\beta_{i,j}$ 可以通过与模块几何形状相适应的 Sherwood 关联式来确定。式(9.6)只对一个分量求解,因为第二个分量的组成总是由下式得出的:

$$\sum_{i=1}^{nc}\gamma_{RM,i} = 1 \qquad (9.7)$$

对于多元混合物方程式(9.6)和式(9.7),如果二元传质系数 $\beta_{i,j}$ 被多组分传质系数近似代替,也就是 Sherwood 关联所需的扩散系数是用一些混合规则(如文献[34]中所列出的)来确定的,则仍然可以使用式(9.6)和式(9.7)。由于不能准确地描述多组分传质的特性,因此这种方法会产生一些误差。为此,必须考虑现有组分间的摩擦力,这是用 Stefan – Maxwell 方程描述的。Taylor 和 Krishna 对这一问题做了严格的论述[35],其中的一个结果是类似于式(9.6)的线性化表达式,即

$$\dot{n}''_{M,i} = \sum_{j=1}^{nc-1}\beta_{i,j}c_{R,T}(\gamma_{R,j} - \gamma_{RM,j}) + \gamma_{RM,i}\sum_{j=1}^{nc}\dot{n}''_{M,j}, \quad i=1,\cdots,nc-1 \qquad (9.8)$$

式中,传质系数 $\beta_{i,j}$ 是 $(nc-1)(nc-1)$ 矩阵的一个元素,这意味着一个分量 i 的传质不仅依赖于它的组成梯度,也依赖于其他分量的传质梯度。类似于二进制情形,只有 $(nc-1)$ 个方程是独立的,第 nc 个方程又是由摩尔分数之和(式(9.7))提供的。由于传质系数是矩阵的元素,因此舍伍德关联式也必须用这种方法来计算。这里,需要一些数学上的计算,因为这涉及计算矩阵的能力,这在数学上很困难。Alopaeus 和 Nordén[36] 提出了一种

非常有效的方法来简化这一操作,不会造成太大的精度损失。

9.5.4 压力降至膜组件的截留和渗透侧

考虑模块流道内压降的影响,得到动量平衡的简化形式,它可以表示为

$$\frac{dp}{dz} = \zeta \frac{1}{d_h} \frac{\rho}{2} v^2 \tag{9.9}$$

式中,水力直径 d_h 是由流道的几何形状决定的;摩擦系数 ζ 是通过对给定组件类型的实验确定的,通常表示为雷诺数的函数。

9.5.5 多孔支撑层的传输阻力

这些阻力将不会进一步讨论,因为它们对本章所讨论的工艺的操作性能影响不大。此外,如 9.5.1 节所述,任何影响都包括在实验测定的渗透率中。

9.5.6 分散

例如,因流动分布不均或流动的分裂和重新组合而引起的分散效应可能会导致偏离理论上预期的单个模块类型的流动模型,这些效应用分散系数乘以浓度的二阶导数来表示。[37]因此,它们被视为扩散效应。对于这里考虑的气相和气相间的作用过程,通常可以被忽略。

9.5.7 模块几何参数

在接下来的推导中,主要的模块几何参数是液压直径 d_h 和在截留和渗透侧的特定膜面积 a。根据流道的几何形状和所采用的间隔材料计算水力直径。截留和渗透侧的比膜面积分别为膜面积与截留和渗透侧模块体积的比值,由所使用模块的几何形状决定。

9.5.8 膜组件的建模

为模拟膜组件,而不仅仅是在膜面积的无限小的单元上发生的现象,有必要考虑组件内部的流型。典型的流动模式是在中空纤维模块中发生的并流和逆流,在螺旋缠绕模块中发生的横流,而包络型模块可以通过假设前半部分的回流和渗透及后半部分的逆流来模拟(图9.5)。在气相分离的膜组件建模中,通常采用渗透过程无阻碍的假设,即在气相分离侧没有发展的流型和渗透损失项。

流型由微分材料、动量、质量和能量平衡来描述。这些方程的边界条件与主流方向正交,由通过膜的质量和传热以及可能向环境的传热来定义。在流动方向上,它们是由进料、截留和渗透口施加的条件给出的,这就产生了一个表示膜的模型的偏微分方程组和代数方程组,通常包括三个空间域和一个时间域。对于典型的工艺设计问题来说,解决这个系统的数学计算量太大了。因此,它们被简化了,如假设稳态运行,用一个空间坐标[14,24]表示顺流和逆流,以及自由渗出。交叉流动可以用两个空间坐标很好地表示[14,25],与流动方向正交的边界条件即转移项直接化为得到的常微分方程。对于它们的解,需要一个微分的数值近似。这可以以应用适当的离散化方法或通过细化所研究的膜

面积为渗透单元,并为每个单元构筑平衡方程来实现。[38] 然后,各单元以表示膜组件的形式连接在一起。

包络式膜组件的流型如图 9.5 和图 9.8 所示。对于 $0 < z \leq 1/2$,即包络膜的前半部分,在进料侧和渗透侧的流动假定为并流;而对于 $1/2 \leq z \leq 1$,即包络膜的后半部分,假定为逆流(图 9.5)。从包络膜的无穷小长度 dz 元素的平衡出发,推导出微分方程组和代数方程组,如图 9.8 所示。利用泰勒级数展开式,可以推导出微分平衡。对于进料/截留端,这将导致以下物料平衡:

$$\frac{d\dot{n}''_{R,i}}{dz} + a_R \dot{n}''_{M,i} = 0, \quad i = 1, \cdots, nc; 0 < z \leq l \tag{9.10}$$

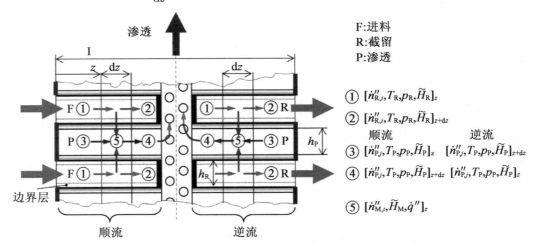

图 9.8 包络式膜组件的平衡元件

具有边界条件为

$$\dot{n}''_{R,i} = \frac{\gamma_{F,i} \dot{n}_{F,T}}{A_{F,CS}}, \quad i = 1, \cdots, nc; z = 0 \tag{9.11}$$

推导了能量平衡及其边界条件为

$$\frac{d}{dz}\left(\widetilde{H}_R \sum_{i=1}^{nc} \dot{n}''_{R,i}\right) + a_g\left[\widetilde{H}_{RM} \sum_{i=1}^{nc} \dot{n}''_{M,i} + U(T_R - T_P)\right] = 0, \quad 0 < z \leq l \tag{9.12}$$

$$T_R = T_F, \quad z = 0 \tag{9.13}$$

进料侧的压力降表示为

$$\frac{dp_R}{dz} + \zeta_R \frac{\rho_R v_R^2}{2dH_R} = 0, \quad 0 < z \leq l \tag{9.14}$$

并带有适当的边界条件

$$p_R = p_F, \quad z = 0 \tag{9.15}$$

需要代数方程才能将流量、速度和组件浓度耦合到截留端,即

$$\dot{n}''_{R,i} = c_{R,i} v_R, \quad i = 1, \cdots, nc \tag{9.16}$$

$$c_{R,T} = \sum_{i=1}^{nc} c_{R,i} \tag{9.17}$$

摩尔分数的计算依据为

$$\gamma_{R,i} = \frac{c_{R,i}}{c_{R,T}}, \quad i=1,\cdots,nc \tag{9.18}$$

$$\gamma_{P,i} = \frac{c_{P,i}}{c_{P,T}}, \quad i=1,\cdots,nc; 0<z<l \tag{9.19}$$

$$\gamma_{M,i} = \frac{\dot{n}''_{M,i}}{\sum_{j=1}^{nc} \dot{n}''_{M,j}}, \quad i=1,\cdots,nc \tag{9.20}$$

跨膜通量 $n_{M,j}^{n}$ 由有害边界层阻力(根据式(9.6)或式(9.8)),结合摩尔分数之和(根据式(9.7))和膜所需选择阻力确定(根据式(9.4))。对于用于分离有机蒸气的橡胶聚合物膜,可以用自由体积模型式(9.3)来测定多组分的渗透系数 L_i,所需的总密度(摩尔和质量)、焓和逸度系数由需要由以合适范围内的温度、压力和组分为函数的状态方程来计算。将平均逸度 $f_{av,i}$ 和温度 T_{av} 计算为截留和渗透侧值的算术平均值,根据上述各段计算传输系数。

为完全转换方程组,确定渗透侧值,必须对渗透侧进行类似的推导。下面给出渗透侧膜的模块所需的方程,假设图9.5和图9.8所示的一维顺流/逆流方案是有效的。对于逆流部分,为防止对通量和速度使用负值,给出了 $-z$ 方向的方程。

物料平衡及其边界条件为

$$\frac{d\dot{n}''_{P,i}}{dz} - a_P \dot{n}''_{M,i} = 0, \quad i=1,\cdots,nc; 0<z\leqslant \frac{1}{2} \tag{9.21}$$

$$\frac{d\dot{n}''_{P,i}}{dz} + a_P \dot{n}''_{M,i} = 0, \quad i=1,\cdots,nc; \frac{1}{2}\leqslant z<l \tag{9.22}$$

$$\dot{n}''_{P,i} = 0, \quad i=1,\cdots,nc; z=0 \tag{9.23}$$

$$\dot{n}''_{P,i} = 0, \quad i=1,\cdots,nc; z=l \tag{9.24}$$

$$\gamma_{P,i} = \gamma_{M,i}, \quad i=1,\cdots,nc; z=0 \tag{9.25}$$

$$\gamma_{P,i} = \gamma_{M,i}, \quad i=1,\cdots,nc; z=l \tag{9.26}$$

能量平衡可以通过以下方式进行模拟:

$$\frac{d}{dz}\Big(\widetilde{H}_P \sum_{i=1}^{nc} \dot{n}''_{P,i}\Big) - a_P\Big(\widetilde{H}_{RM} \sum_{i=1}^{nc} \dot{n}''_{M,i}\Big) + U(T_R - T_P) = 0, \quad 0<z\leqslant \frac{l}{2} \tag{9.27}$$

$$\frac{d}{dz}\Big(\widetilde{H}_P \sum_{i=1}^{nc} \dot{n}''_{P,i}\Big) + a_P\Big(\widetilde{H}_{RM} \sum_{i=1}^{nc} \dot{n}''_{M,i}\Big) + U(T_R - T_P) = 0, \quad \frac{1}{2}\leqslant z<l \tag{9.28}$$

$$T_P = T_R, \quad z=l \tag{9.29}$$

$$T_P = T_R, \quad z=l \tag{9.30}$$

压降关系为

$$\frac{dp_P}{dz} + \zeta_P \frac{\rho_P v_P^2}{2d_{h,P}} = 0, \quad 0\leqslant z<\frac{l}{2} \tag{9.31}$$

$$\frac{dp_P}{dz} - \zeta_P \frac{\rho_P v_P^2}{2d_{h,P}} = 0, \quad \frac{l}{2}<z\leqslant l \tag{9.32}$$

$$p_P = p_{P\text{vrm}}, \quad z=\frac{l}{2} \tag{9.33}$$

渗透侧的流动状态取决于边界条件，即包络单元外层边缘的 0 - 流体和模组施加在包络层中心的渗透压力。对于截留侧，需要建立通量 - 速度 - 浓度耦合关系，即

$$\dot{n}''_{P,i} = c_{P,i} v_P, \quad i = 1, \cdots, nc \tag{9.34}$$

$$c_{P,T} = \sum_{i=1}^{nc} c_{P,i} \tag{9.35}$$

渗透侧的状态变量（密度、逸度系数和摩尔焓）也由适当的状态方程进行了计算。假设传质系数 $\beta_{i,j}$，摩擦因数 ζ_R、ζ_P，以及总传热系数 k 为常数，得到一个 $13nc + 14$ 的方程组。然而，据了解这些系数通常是作为局部变量如压力、温度、组成的函数来计算的，通常作为局部变量（如温度、压力、成分和物理性质）的函数计算，使用这些密集变量以及流速和流道几何形状进行计算。

所给方程组的未知数是每一组分 i 在截留侧和渗透侧的摩尔通量及跨膜通量 $\dot{n}''_{R,i}$、$\dot{n}''_{P,i}$ 和 $\dot{n}''_{M,i}$，各组分 L_i 的渗透率、截留侧膜表面和渗透侧的逸度系数 $\varphi_{RM,i}$ 和 $\varphi_{P,i}$，截留和渗透侧的摩尔分数、截留侧膜表面的摩尔分数和渗透流量的摩尔分数 $\gamma_{R,i}$、$\gamma_{P,i}$、$\gamma_{RM,i}$ 和 $\gamma_{M,i}$，平均逸度 $f_{av,i} = (P \cdot \gamma_i \cdot \varphi_i)_{av}$，截留和渗透压力 P_r 和 P_P，平均温度 T_{av}，截留和渗透侧温度 T_r 和 T_P，截留、渗透侧及跨膜焓的变化 H_R、H_P、H_{RM}，（由渗透通量的组成确定），截留和渗透侧的组分浓度和总浓度 $c_{R,i}$、$c_{R,T}$、$c_{P,i}$ 和 $c_{P,T}$，截留和渗透侧的表面速度 v_R 和 v_P，以及截留和渗透侧的密度 ρ_R 和 ρ_P。这相当于 $13nc + 14$ 的未知数总数。因此，方程组可以用适当的数值方法求解。

实现上述微分和代数方程组在一个包络单元或多个包络单元安装到一个软件工具中进行数值求解的方法有几种。各个隔间可以由安装在一个膜组件中的一系列隔间组成，截留侧的隔板将各个隔间分开，每个包络单元都将它们的渗透液输送到中央渗透管（图 9.5）。一个重要的问题是导数的离散化，除实际的方法和有限差分、有限元或有限元上的正交配置法外[38-40]，通过上下风方法精确地描述顺流和逆流也很重要的。[38,39]

可以选择使用 C、C++ 编程语言、Fortran 编程语言或 Java 编程语言开发一个独立的模型，也可以使用包含宏语言的电子表格程序，如 Microsoft Excel/Visual Basic for Applications。这种方法的缺点是需要为所需的数值方法和物理特性提供子程序。此外，模型不能用于表示与构成整体或部分流程的其他单元操作的交互，也不能对它们进行编程。这种方法的一个优点是软件许可的成本相对较低。在 Press 等[38] 的研究中可以找到适合于膜组件建模的数值程序。Gmehling 和 Kolbe[41] 发表了一系列用于确定逸度和焓等热力学性质的子程序集，计算输运性质的关系可以在 Reid 等的著作中找到。[42]

然而，先进的商业流程模拟包都有一种接口允许将用户编写的模型包含到流程图中。此外，属性包也可以进行接口。在 Aspen Plus 的例子中[43]，可以使用 Fortran 子程序、Excel 电子表格或 CAPE Open 标准。[44] CAPE Open 标准是欧盟项目的发展成果，该项目中定义了模型和属性包的标准化接口。

膜组件建膜的另一种可能是面向方程的过程模拟器。最流行的可能是 Aspen Custom Modeler[27] 和 gProms[45] 这些模拟器提供了一个集成的开发环境，达到了面向对象的脚本语言。这些语言的元素反映过程工程中典型建模任务的类型。例如，不同的物理量，如温度或压力，有它们自己的可变类型和端口类型，用来处理进出一个单元的进料和产品

流。这些模型是参数化的,可以切换方程的激活状态。因此,建模的自然方法,即从一个简单的模型开始,通过考虑非理想的热力学行为或附加的传输阻力,使其可以变得越来越复杂,达到了数值方法和物性计算的目的。此外,面向方程的模拟器允许动态模型。在 AspenCustomModeler 的情况下,提供了一个易于使用的工具来实现与 AspenPluss 的互相操作性。

上述包络式膜组件的建模方法的一个例子是正丁烷和二氧化碳从氮气中分离。该过程在 IS25 文凭范围内进行了研究,而该模型的另一个版本[46]在 2004 年欧洲膜会议上提出,并不断发展,以解释其他现象。[14,47,48] 图 9.9 所示为安装了包络式膜组件的中试装置的简化流程图。该模块配备了大约 3 m^2 的 POMS 薄膜外壳,分为 8 个隔间。沿着膜组件外壳提供了多个取样口。因此,可通过用气相色谱仪沿膜表面实验测定膜组件内部的组分分布。采用纯气体混合的方法将进料气体引入进料容器。典型的组分体积分数为 88% 的 N_2、6% 的 $n-C_4H_{10}$、6% 的 CO_2。在流量为 29~45 $m^3(STP) \cdot h^{-1}$ 的情况下,液体环形压缩机可提供高达 4 bar 的进料压力。此外,由于使用水作为工作液体,因此压液机的产品流水蒸气饱和。膜组件中富含氮气的产物流在高压下被节流并再循环到进料容器中。在进料压缩机旁边,一个液环真空泵通过施加大约 400 mbar 的压力也起到了所需的驱动力的作用,然后 $n-C_4H_{10}$ 和 CO_2 富集的渗透液被该泵重新压缩,并循环到进料容器中,形成一种闭路系统。

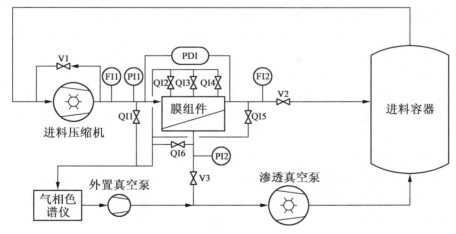

图 9.9 气体渗透实验装置

图 9.10 所示为所研究模块的进料/截留侧 $n-C_4H_{10}$ 和 CO_2 的测量和模拟组成分析。综上所述,膜组件的模型建立是在 Aspen Custom Modeler 中实现的。将流动方向 z 离散为 80 个有限差分,并在截留和顺流渗透侧采用一阶逆风模式进行离散,对逆流侧的部分采用一阶顺风模式。利用这种离散化方法,求解了上述方程组,并与实验结果进行了比较,选择的方法是依次考虑非理想的有害影响。也就是说,第一次模拟是根据自由体积模型(式(9.3))考虑了多组分渗透,采用了逸度驱动力(式(9.4)),考虑了焦耳-汤姆孙效应(式(9.5))。即使后两种影响对预测的分离性能影响不大,也应加以考虑,因为这样模型可以很容易地应用于其他操作环境。从图 9.10 中可以明显看出,尽管使用多组分方法

计算单个组件的性能非常重要,但这样的模拟不能合理预测模块的运行性能。需要指出的一个重要事实是,模型中使用的参数是根据图 9.6 所示的 POMS 膜的单一气体渗透测量得出的,即没有使用实验混合气体数据作为模拟输入。这对于实际应用该模型预测膜单元去除 VOC 的运行性能具有很大的优势,因为所需的实验工作量将大大减少。

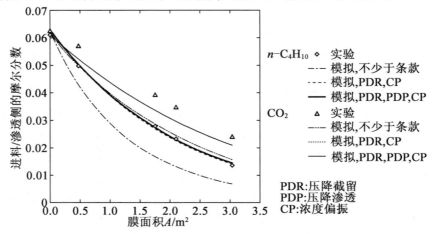

图 9.10　测量和模拟 $n-C_4H_{10}$ 和 CO_2 浓度分布

还考虑了压力降对截留侧的影响(式(9.14)和式(9.15))及采用线性化多分量斯蒂芬-麦克斯韦方法时浓度极化的影响(式(9.7)和式(9.8)),使被测成分的预测更加准确。该试验的阶段截留率为 29.4%,模拟结果为 30.5%。当同时考虑压降对渗透液侧(即包络膜内的影响)时,没有观察到提高预测精度的效果,这表明渗透侧压降对分离效果影响不大,由此说明了包洛膜组件的众多最大优点之一,即短渗透途径。因此,可以假定该模型非常适合于设计气体渗透装置,配备硅氧烷基膜,用于从永久性气流中去除碳氢化合物。该模型被广泛应用于这些任务,包括多组分分离和更复杂的流程布局。[49] 示例包括其他单元操作,如热交换器、冷凝器和蒸馏塔,或循环流的使用。一个例子是在聚乙烯生产过程中同时从氮气吹扫气流中回收并干燥己烷,详见文献[50]。

膜分离过程的优化是可能的,因为可以找到最有效的膜类型、膜厚度和流量分布。

作为膜组件优化的实例,计算了膜厚度和进气速度对膜组件性能的影响。对于正己烷分离过程,按照图 9.28 所示的流程。计算了不同氮透过率的 POMS 膜的分离度,可作为分离层厚度的测量指标。

氮的渗透率设定如下。

(1)膜 A:0.1 $m^3(STP) \cdot m^{-2} \cdot h^{-1} \cdot bar^{-1}$。
(2)膜 B:0.2 $m^3(STP) \cdot m^{-2} \cdot h^{-1} \cdot bar^{-1}$。
(3)膜 C:0.4 $m^3(STP) \cdot m^{-2} \cdot h^{-1} \cdot bar^{-1}$。

在 GS 包络型模块中使用的膜面积是根据膜的不同厚度进行调整的。

假定进气流量为 100 $m^3(STP) \cdot m^{-2} \cdot h^{-1} \cdot bar^{-1}$。

从图 9.11 中可以看出,提高进气速度会降低浓差极化的影响。浓度极化效应随膜厚的减小而增大。图 9.11 所示的总体选择性是考虑所有交互影响的完整模块的计算平均值。

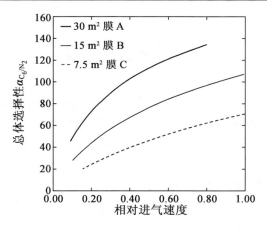

图 9.11　己烷/氮的总体选择性高于相对进气速度

从图 9.12 中可以看出，最高的气体流速并不能达到最佳的分离效果。这是因为膜组件的压降随着气体速度的提高而明显增大，导致驱动力降低。在该例中，使用渗透性更强的薄膜不可能达到同样的截留蒸气浓度，因为当厚度以相同方式减少时，薄膜面积被精确地设置为原来的一半。少量的额外膜面积会导致在相同的截留浓度的前提下，渗透体积流量略有增加。

在考虑膜成本、压缩机投资、真空泵、运行成本等各方面因素的情况下，可以找到膜布置的最优选择。

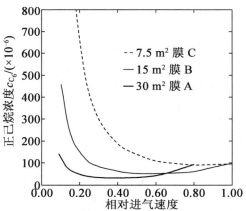

图 9.12　正己烷浓度与相对进气速度的函数

9.6 总布置标准

有机蒸气回收装置(VRU)作为管道末端系统或集成系统用于废气处理,以分离影响流程或气体流质量的化合物。膜系统用于有效回收有价值的产品、净化废气流或控制进气浓度。一般管道末端的有机蒸气分离装置必须符合规定的清洁空气标准。废水被收集并送入增压泵或压缩机。在压力增大时,有机化合物在压缩机回收阶段发生冷凝从而被回收,含有残余有机蒸气浓度的冷凝器废气被送入膜阶段。膜分离过程可以在高压下进行,也可以通过在渗透侧施加真空或二者结合进行。压力比的调整取决于进料压力、膜的选择性和所需的分离效率。

压力比的定义为

$$\Phi = \frac{p_F}{p_P} \tag{9.36}$$

应用的压力比必须根据膜的选择性来确定。高选择性膜要求尽可能高的压力比。另外,在低选择性膜上应用高压比是没有意义的[50],这些装置被设计为单元系统,或膜阶段可方便地与缩合、吸附等分离或回收技术相结合,或与后处理系统相结合,通过燃烧或催化转化来破坏任何残余的有机蒸气含量。膜分离过程的简化流图如图9.13所示。

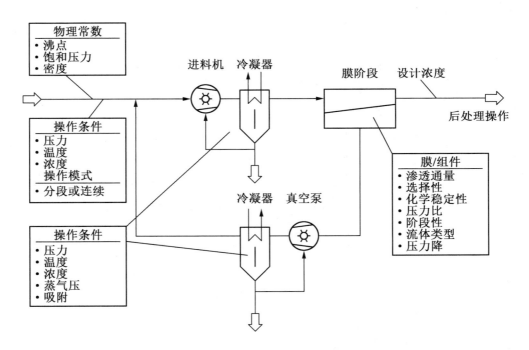

9.13 膜分离过程的简化流程

有机蒸气回收膜阶段的规模主要取决于所施加的进料压力、压力比和所需的截留液浓度。将富含有机蒸气的渗透液反馈给水泵进水口,有机蒸气在进料压缩机或真空泵下游通过冷凝或吸收回收。

一些工艺集成的分离系统只需要一个膜阶段来控制进气中的有机蒸气含量,渗滤液经进一步处理后排出。

9.6.1 汽油蒸气回收

挥发性有机化合物(VOC)是一大类高挥发性碳氢化合物,在许多工业生产过程中自然产生。在石油和天然气行业以及化工和石化行业,广泛使用挥发性有机化合物(VOC)的工业应用主要是因蒸发、置换和净化程序而产生大量的排放。来自 VOC 的有毒和致癌排放称为有害空气污染物(HAP),它们对健康构成极大的风险。众所周知,它们还会产生臭氧气体,导致夏季烟雾和全球变暖等问题。需要采取适当措施,通过最大限度地减少这些排放来保护人民健康和环境安全。溶剂和石油产品的使用、储存和分配已被确定为 VOC 和 HAP 排放的最重要来源。排量和蒸发影响有机蒸气的释放,在大多数情况下,有机蒸气与空气或其他永久性气体混合。典型的产品有溶剂、各类汽油、添加剂、柴油、喷气燃料、醇、生物燃料和原油。

回收汽油蒸气和其他典型产品的蒸气是 20 世纪 80 年代根据德国 TI Air[51]等新的法律要求及随后在欧盟和许多其他国家的相应指导方针下开始的。

汽油回收/碳氢化合物 < 50 mg·m^{-3}(STP);苯蒸气 < 1 mg·m^{-3}(STP)。

这些新的严格的排放标准也要求发展处理汽油和有关蒸气的技术。近 20 年来,以膜技术为基础的蒸气回收系统在极端条件下仍能可靠地达到排放标准。膜分离与其他单元操作相结合,具有明显优势的工业系统已达数百个。

(1)膜对汽油蒸气化合物的选择性比对空气的选择性要高得多。

(2)可接受进料浓度的广泛变化。

(3)进料浓度越高,其效率越高。

(4)安全原理是在无温升效应的静态装置中,有机蒸气浓度被限制在爆炸上限和爆炸下限间。

(5)随时准备启动和关闭操作。

(6)低维护,低能源需求。

(7)没有产生废物。

(8)易于扩展后处理系统。

(9)线性升级更高的处理量。

目前,储存和分配终端的排放控制措施必须涵盖所有典型的程序和操作,如储罐储存和移动运输设备的装卸(图 9.14)。气体通过蒸发和位移效应释放,因此体积分布可以从连续流到峰值流不等。此外,蒸气浓度从低浓度稀释水平变化到高饱和水平。

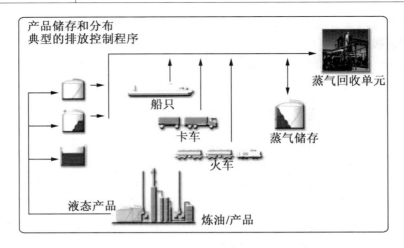

图 9.14　存储和配电终端应用的典型程序

为实现 VRU 的简单和完全自动化操作,开发了各种方案,以便为各个终端定制优化的蒸气回收系统(图 9.15),并达到新的排放标准。一种极为常见的外部设备方案是将气体/蒸气保持器与下游 VRU 相结合,以补偿峰值流量,保持流量和浓度不变,从而实现 VRU 稳定的运行,同时降低投资成本和能源消耗。

在过去的 20 年中,一种特殊的混合膜工艺已成为欧洲的最新技术,特别是其高可靠性满足最严格的排放水平。该 VRU 工艺由吸附分离和膜分离的第一阶段结合下游 PSA 装置(变压吸附)进行蒸气抛光(图 9.16)。

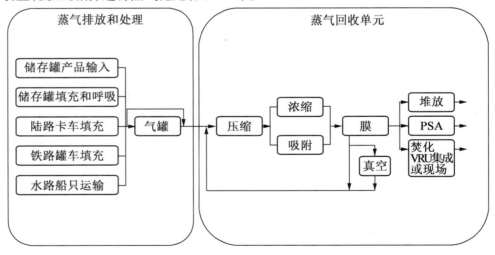

图 9.15　膜技术对潜在排放源及其处理

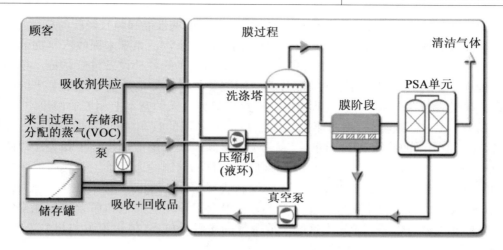

图 9.16　采用吸附/膜与下游 PSA 相结合的 VRU 工艺

几年来,该工艺也被引入亚洲和中东市场。该工艺是通过执行新的排放标准启动的,这些标准往往与德国和欧洲的既定立法相适应。

蒸气通过液环压缩机从上游蒸气管道系统或气柜进入 VRU,压缩至中等工作压力。采用新型工艺溶剂为标准汽油吸附剂和液环泵使用液,这种单介质原理可以避免以后的分离或提取措施,不会产生任何液体废物。在洗涤器中,大部分的蒸气被吸收到汽油中,只有剩余的进气流被送入膜阶段进行进一步的分离。压力驱动的膜工艺在渗透侧由真空支撑,使有机气相分离效率大于 99%。如果必须达到非常严格的排放水平,并且要求效率大于 99.9%,则需要增加下游的 PSA,而现有的真空可以用于解吸阶段。

将富含碳氢化合物的渗透流循环到压缩机入口,可避免气流在进气口达到高于爆炸水平的浓度,从而有助于提高工艺安全性(图 9.17)。

图 9.17　VRU 工艺为吸收(背景可见下游过滤器和洗涤器)与膜段的结合

9.6.2　加油站蒸气回收

加油站的司机给汽车油箱加油时,汽油蒸气会逸出。除讨论汽油蒸气对空气质量和人类健康的影响外,汽油的气味还会影响驾车者和附近生活和工作人员的生活质量。

加油站蒸气回收系统的开发是对汽油蒸气回收系统的性能和验收经验的总结。

加油机的蒸气回流系统性能有限，因此迫切需要一个汽油系统来回收汽车加油产生的汽油蒸气。TUV Rheinland 负责对在加油站加油的汽车的各种设备进行认证。德国第二阶段法令规定汽车加油系统必须配备蒸气回流装置。从加油站储液罐中泵出的液体体积必须通过在汽车和加油机喷嘴之间的开放接口处吸入的基本上相等的回流空气/蒸气体积来平衡。其缺点是，由于不同汽车制造商所采用的汽车加油管的定制非标准设计，因此产生蒸气的捕获效率不同。[54]有几项对进料口设计的改进得到了相关法规的支持，VOC 排放的主要来源已从车辆/喷嘴接口处转移到储罐的通风管。蒸气回流泵的运行和气液比的相关控制是欧洲加油站排放控制法规的主要重点。因环境空气压力的变化、蒸气回流率不稳定、储罐加油过程中压力积聚及罐顶空间的饱和而导致的在排气管处产生的蒸气被忽略了。已发现这些排放蒸气的质量排放率（体积流量和相关浓度）显著，并导致整体蒸气回收效率显著降低。

用于提高加油站整体蒸气回收效率的膜式蒸气回收系统在欧洲没有取得真正的突破。

美国 Arid Technologies Inc. 公司为美国和亚洲各国的加油站引进了膜式蒸气回收系统，以商标"PERMEATOR"出售。目前，全世界已超过有 525 台机组投入运行，这些渗透系统安装在美国、日本、韩国、意大利和中国。该技术的经验不断扩增，最长机组运行时间达 13 年。

实际上，绝大多数 PERMEATOR 的客户是大型超市或便利连锁店，而不是大型石油公司。一方面，这些独立的燃料销售商寻求转售他们从散装燃料供应商那里购买的同等数量的汽油；另一方面，作为散装燃料供应商的主要石油公司是按照卡车转移到独立营销商的汽油量支付的，因此在出售给个别驾驶人之前，他们不会因燃油蒸发而承受任何负担。此外，在许多国家，主要的石油公司从拥有或经营实际加油站中撤资，而相反，他们允许独立的营销人员展示他们的品牌，同时将燃料批发给这些品牌的销售点。

为加油站应用引入新技术的商业环境可能非常复杂，必须考虑很多因素，如环境法规、安全法规、与既定硬件的交互作用及符合石油公司加油站所有人设定的加油站标准布局和形象。

图 9.18 所示为在加油站燃料分配和运行过程中蒸气回收的功能链。在燃料分配过程中，减少排放的基本原则是蒸气平衡。在燃料分配链中，由于湍流、压降、温度变化和其他影响，汽相体积增加，因此必须安装系统以回收空气中的蒸气，这发生在罐区卡车装载期和分配链的末端，在加油站的汽油储存罐所使用的排气管道上。

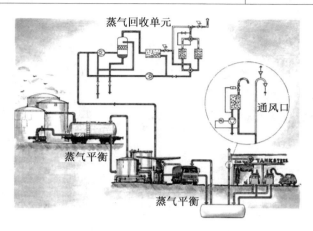

图 9.18　加油站燃料分配和运行过程中蒸气回收的功能链

加油站废气处理的减排原则如图 9.19 所示，操作环保加油站的一个基本要求是无泄漏地安装油箱、管道和注入机，还需要在储罐排气管顶部安装压力/真空阀（P/V 阀）和电子液位计。

排气处理单元与储罐排气通道平行安装。加油站的废气只需一个系统单元就可以处理了。集成压力传感器用于监控罐压相对于大气压的压差。车辆加油产生的蒸气通过分配器的蒸气回流泵和蒸气返回喷嘴的蒸气喷口返回储罐。压力的增加可能是因为额外容积的返回、汽油的蒸发使液面以上的顶空达到饱和大气压力的变化。另外，由于吸入的空气重新饱和，因此加油站将不使用车辆蒸气回收系统产生蒸气。在闲置分配期间，这种蒸气增长率会在储罐中造成压力积聚，当达到给定的设定点时，会启动回收单元的真空泵。应用真空打开气动止回阀，并创建一条通过排气管路到大气的路径。来自灌顶的气体流经膜组件的膜表面，汽油蒸气透过薄膜并被引导回储罐，清洁的空气被释放到大气中。以这种方式，用浓缩蒸气覆盖储罐液体，从而减少或完全消除进一步蒸发的驱动力，一种选择是安装固定泵。

截留泵的使用是可选的，可以提供以下优势。
（1）调整恒定流速。
（2）调整接近大气压的启动和关闭设定值。

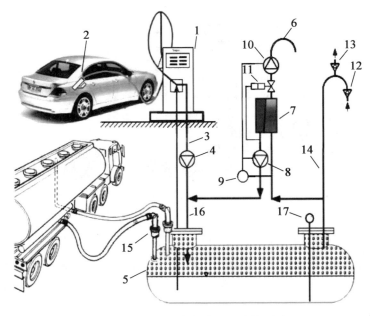

图 9.19 加油站废气处理的减排原则

1—带活性气体循环线路的汽油泵；2—燃油分散器；3—气体循环线路；4—气体循环泵；5—地下储存罐；6—排气管路；7—膜组件；8—真空泵；9—压力传感器；10—固定泵；11—气动止回阀；12—真空值；13—压力值；14—呼吸泵；15—产品填充连接器；16—气体循环连接器；17—电子液位计

恒流容积允许对模块隔间分段进行优化设计，以实现最高的分离效率。接近大气压的启动和停止设定值将避免加油站基础设施小泄漏可能造成的扩散排放的影响。此外，如果使用截留泵，小泄漏的存在可能会增加膜单元的进料速率。

根据客户对性能、简单性成本和服务职责的要求，选择带或不带截留泵的设计（图 9.20）。因此，ARID Technologies 公司的渗透系统通常在没有截留泵的情况下运行，但这种设计可以在未来的安装中考虑。

图 9.20 ARID Technologies 公司的渗透器单元

9.6.3 聚烯烃生产

另一个很有前途的应用是将烯烃从聚烯烃生产的废气中分离出来,并进行净化。烯烃回收的工艺步骤如图 9.21 和图 9.22 所示,其步骤为压缩、制冷/冷凝和膜分离。

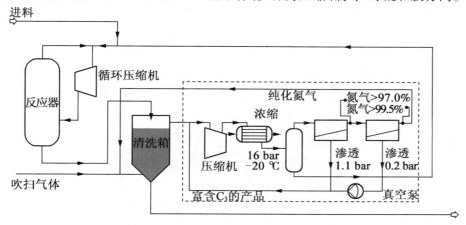

图 9.21　膜基丙烯回收装置

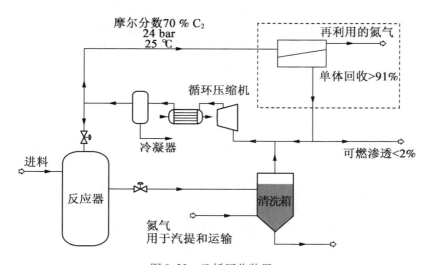

图 9.22　乙烯回收装置

在聚丙烯生产时,排气罐排出的气体通过油润滑螺杆压缩机进行压缩。典型的进料压力是 16 bar。在离开压缩机阶段时,气体被释放到低温冷凝装置中,冷凝装置的运行温度为 20 ℃。非冷凝的蒸气被送至膜阶段,并被分离成贫碳氮气流和富有机蒸气的渗透流,再循环到压缩机的进气口。如果需要高的氮纯度,膜阶段可以分为两个阶段:第一阶段是在渗透侧的大气压下进行的;为达到高的氮纯度,分离的第二阶段的膜可以支持真空,高纯度的氮可以返回到净化仓。

在聚乙烯生产的情况下,来自净化仓的废气被压缩到更高的压力。如果现有的循环压缩机有足够的备用容量重新压缩膜阶段的额外渗透气体,则膜集成是非常简单的。

在压缩机下游,乙烯的第一次分离发生在低温冷凝装置中。废气中乙烯的摩尔分数降低到约70%,并部分输送到膜阶段。在气体进入膜之前,进料气体的温度和压力被调整到合理的值,这在图9.22所示的简化流动方案中没有显示。由焦耳-汤姆孙效应引起的膜组件内气体的额外冷却将导致极低的截留温度,进入膜的进气温度通常不能保持在与冷凝温度相当的值,从而可能对不锈钢管道的耐压性能造成问题。

温度应尽可能调低,因为膜的选择性随着温度的降低而增加,但不能太低,以避免管道的耐压问题。膜将截留液中氮的摩尔分数富集到约97%,并使氮在闭环中得以再利用。膜阶段乙烯回收率在99%以上。然而,并不是所有的渗透液都循环到这个过程中。将一小部分富含乙烯的气体清除,以避免在渗透流中富集乙烷等微量气体的积累(图9.23)。

图9.23 乙烯回收高压模组布置

9.6.4 环氧乙烷和醋酸乙烯酯的生产

环氧乙烷和醋酸乙烯的生产是在催化反应器中乙烯和氧气反应的基础上进行的。如图9.23所示,如果在循环回路中微量气体积聚到较高的浓度,就会干扰这一过程。乙烯和氧气(包括微量气体)被送入反应器产品被排放,未反应的气体必须经过处理和回收。第一步,CO_2通过洗涤分离并排放到大气或储存利用(图9.24的简化草图中没有显示);第二步,必须除去惰性气体,这可以通过PSA或膜分离的方法来实现。由于现有生产装置中活性炭的使用寿命有限,因此操作人员决定采用膜技术处理工艺气流。膜将未反应的乙烯从循环流中分离出来,膜截留侧的惰性气体将被输送到进一步的废气处理中。

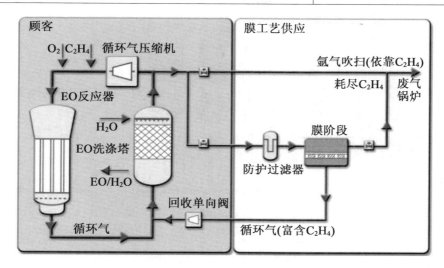

图 9.24 膜分离处理环氧乙烷循环流

9.6.5 氯乙烯回收

虽然最初用于从空气或氮气中分离卤代烃的技术是低温冷凝,但膜的使用有以下优点。

(1) 膜对碳氢化合物有高选择性。
(2) 适用于可变进料浓度和流量。
(3) 环境温度下可实现卤代烃的水分离和冷凝。
(4) 不需要额外的设备。
(5) 容易与后处理相结合。
(6) 占用空间小。
(7) 回收期约 6 个月。

膜技术相对于冷凝技术的一个主要优势是膜工艺可以在较高的冷却剂温度下进行,这一点在氯乙烯单体(VCM)回收过程中尤为明显。

氯乙烯是聚合后形成聚氯乙烯(PVC)的单体。生产过程中的废气收集在集箱内,主要由氮气、氯乙烯和少量二氧化碳组成。在传统工艺中,这种气体通过烧碱洗涤器输送到压缩机中,将压力提高到 5 bar。

图 9.25 所示为传统氯乙烯回收的原理。

压缩后,气体进入三级冷凝系统。第一阶段为室温下的冷却水,第二阶段为大约在 0 ℃ 的冷却水,第三阶段是出口温度为 $-5 \sim -15$ ℃ 的冷却环境。氯乙烯的回收率在 85%~95%,剩余的气流进入燃烧过程。

由于上述优点,因此目前全世界都在使用薄膜回收氯乙烯。无论是现有的产品通过改造系统进行改造,还是新的产品从一开始就配备了膜,都是无关紧要的。在这两种情况下,计算结果表明,改造系统的投资回收期约为 6 个月,而新建系统的投资回收期则更少。[54]

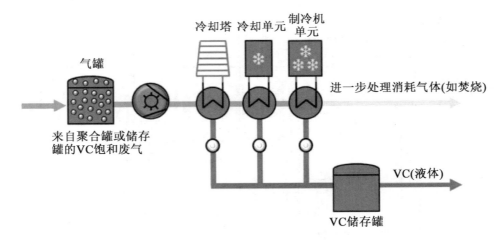

图 9.25 传统氯乙烯回收的原理

膜回收氯乙烯的原理如图 9.26 所示。使用高选择性聚合物膜,仅使用第一阶段的常温冷却水就可以替代第二(冷水)阶段和第三(冰箱冷凝)阶段。回收率和出口浓度可以调整到与冷凝器相同或更好。

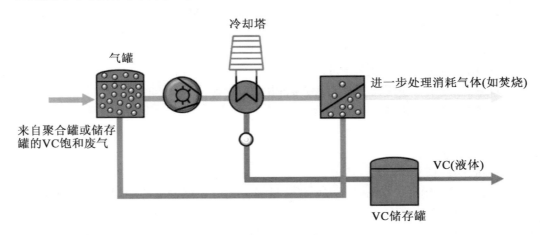

图 9.26 膜回收氯乙烯的原理

渗透液被送回集箱压缩/冷凝,氯乙烯在那里被液化和回收。流入压缩机的头部气体的通常组分浓度为 70% 氯乙烯和 30% 氮气,这表明冷凝器的容积流量很大,而出口特别是透过液膜的流量与压缩机入口处的流量相比只有一小部分。由于所需的额外容量很小,因此改造系统不需要安装新的设备和的压缩机。

另一个重要的事实是系统中没有氧气。在没有或只有很少的氧气存在的情况下,容器和管道内不可能有任何爆炸介质。在这种情况下,膜在 5 bar 进料压力下进行分离工作,渗透压力约为 0.1 bar,因此保证了即使发生泄漏,也不会有氧气进入系统。图 9.27 所示为氯乙烯单体回收装置,由一个警报器、两个滤器和两个膜组件组成。

好处是显而易见的:通过关闭冷冻机机和冰箱,不会结冰,也不需要进一步冷却,因为不需要额外的设备(如冷却电路),这就减少了维护和停机时间。

图 9.27　氯乙烯回收模组

9.6.6　聚乙烯粉末处理

在高密度聚乙烯(HDPE)生产中,采用膜技术回收己烷,采用溶液聚合的工艺。

PE 粉末被输送到脱气罐中,利用氮气将 PE 粉末从溶剂中剥离出来。水蒸气也被用来输送和除去粉末中的气态成分,这将导致废气从脱气罐中流出。这种气体主要由氮、溶剂(己烷)和水蒸气组成。

为将脱气罐中产生的氮气作为净化气体再利用,必须安装净化工艺。在这种情况下,膜的具体用途如下。

(1)回收作为聚合反应溶剂的正己烷。

(2)将氮气净化至碳氢化合物浓度低于 150×10^{-6},再用作净化气体,并尽量减少废气处理设施的容量。

(3)从回收的碳氢化合物中分离水和其他次要成分(如盐酸)。

(4)将氢、乙烯和乙烷完全从系统中清除出去,同时控制循环中的氢气、乙烯和乙烷的浓度。

由于氮气几乎完全用于连续操作,因此这些装置的投资回报期通常不到一年。

图 9.28 所示为 NRU(氮气回收单元)的原理图。排出的气体在大约 120 ℃的温度下进入装置,并流向预冷器。通过喷雾冷却,气体温度降至 40 ℃。冷凝液被直接送入液环压缩机,因为它既能够处理吸入管路中的液体,还能在气体压缩过程中与工作液体接触时作为冷凝器与反应器工作。

微量盐酸可在使用液(水)中溶解,并可用氢氧化钠中和。在中和过程中,pH 传感器控制加料泵向系统持续提供适量的氢氧化钠。气体被压缩到 7 bar,然后冷却到 35～45 ℃,从而发生部分冷凝,凝析形成水相和有机(烃)相。

NRU 内液环压缩机的基本要求是采用液体作为密封剂。为消除压缩热和避免杂质的积聚,必须定期更换使用液体。为实现这一目标,必须不断提供液体。这意味着同样数量的液体和压缩气体一起从压缩机中排出。

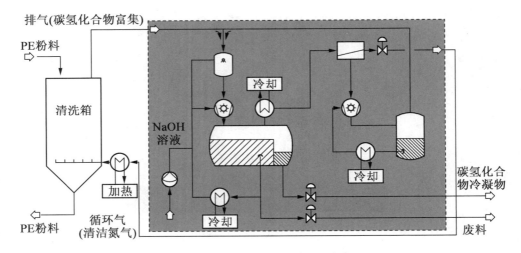

图 9.28 聚乙烯粉末处理流程[57]

因此,首先使用气/液/液分离器将气体从液体中分离出来,然后将水相从有机物中分离出来。冷却后,水相再次作为服务液体使用,碳氢化合物(主要是正己烷)被送入第二腔进行排放。

气体/蒸气混合物被送入冷凝器,然后进入烃选择膜阶段。碳氢化合物通过液环真空泵渗透和排出,为膜工艺提供必要的驱动力。出口温度在一定范围内,以防止气态己烷的冷凝。碳氢化合物蒸气从真空泵的出口循环到液环压缩机的进口。

膜处理后,得到的截留液含有指定出口浓度的氮气,该氮气被反馈到脱气仓,从而完全回收。

9.6.7 混合系统废气处理

两种工艺的成功结合涉及膜工艺和吸附技术的结合。这种组合工艺通过膜的回收可以以更经济方式运行。在混合系统中,膜废气的剩余负荷通常为 $10\sim20\ \text{g}\cdot\text{m}^{-3}$(STP)。排出空气中可能包含的任何水也能被膜分离,从而形成具有恒定碳氢化合物浓度的干燥排出气流,并被传送到吸附阶段,在那里进一步清洁。同时,安装的真空泵通过汽提气体和真空对第二吸附器进行脱附,所需的汽提空气流量约为进入整个系统流量的 12%。

无论进入系统的负载是多少,都会向吸附器提供恒定、干燥、预清洁的废气,防止了活性炭床因入口浓度高或活性炭吸附水而产生的高温问题。这些系统在启动和关闭过程中运行的可靠性和简单的操作都是混合系统成功的原因。混合系统的出口浓度在个位数 $\times 10^{-6}$ 范围内。

因此,混合系统可用于罐区和炼油厂的蒸气回收,但这些装置也可用于化工和石化工业的废气处理,处理废气并净化空气或氮气,使其达到允许释放到大气中或在生产中再利用的浓度。

一个典型的应用是在化学生产装置中从氮气中回收环己烷。环己烷作为溶剂,在生产过程中部分释放到氮气中,进料中环己烷的浓度在10%~15%体积分数范围内。最初的任务是将产生的氮气净化到国家规定要求的浓度,以便在处理后排放到大气中。图9.29所示为环己烷回收混合气体流程图。

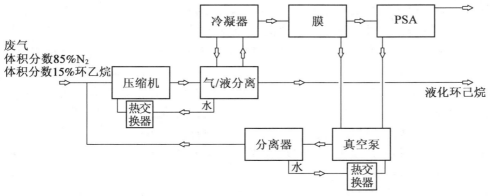

图9.29 环己烷回收混合气体流程图

在这个过程中,气体被压缩到 6.8 bar,并输送到冷凝器,在那里环己烷是部分液化的,然后将剩余的氮/环己烷引入膜阶段。渗透液在 150 mbar 的真空泵中抽走,在重新压缩到环境条件后,再流回压缩机的入口。该膜可显著地降低环己烷浓度,在截留侧下降到每立方米(STP)几克的出口浓度。这个中间浓度等于 PSA 的入口浓度。在这种情况下,所需的出口浓度为 100 mg(环己烷)/m^3(STP)(氮)。

该装置成功投产后,操作者还能决定回收环己烷中的氮气,重新投入生产。在这种情况下,不需要进一步的处理,甚至单位压力约 6 bar 在出口足以回收(图 9.29 和图 9.30)。

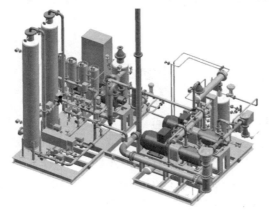

图9.30 采用膜与吸附相结合的混合系统处理废气

9.7　本章小结

利用膜回收有机蒸气被认为是"最先进的技术",膜技术被建立在各种管端应用和过程集成系统中。膜技术也被用作混合系统的一部分,以实现高效分离,满足严格的清洁空气要求或产品规格。典型的应用是化学和制药工业中的单体和溶剂回收,以及汽油分配链中的汽油蒸气回收。

结合膜和模块的开发对设计分离单元的工程工具进行了评估。本章建立了工业规模膜组件的流动模型,以及对跨膜传质具有重要意义的输运现象和热力学模型。结合过程模拟工具,这些模型允许过程工程师和工厂操作员设计由膜单元和其他分离设备组成的优化集成过程。将膜设计工具集成到现有的工艺程序中是接受和推广基于膜的有机蒸气分离工艺的一个重要步骤。

在自然资源逐渐枯竭的情况下,气膜分离技术可以为这些资源的可持续供应发挥重要作用。在这方面,特别是从溶剂回收和汽油回收系统获得的经验是很重要,如天然气流的油气露点处理、页岩气的处理和燃气发动机燃气的甲烷控制。

改性有机气相分离膜用于空气中氧的富集。典型的应用氧富集可达30%体积分数。

煤矿废气处理是一种兼具环境效益经济效益的应用。煤矿排出的气体通常是有范围波动的甲烷浓度,经常被释放到大气中。如果能提供一定的最低甲烷浓度,甲烷可作为发电机组的原料。硅基膜可用于煤矿废气转化为燃气,以及膜的变化和模块优化的测试,以审查性能。从有机蒸气回收应用中获得的经验为评价这种应用的膜的适用性提供了背景。[58]

有机蒸气选择性膜的发展对新型膜在渗透汽化[59]和亲有机纳滤方面的应用也有很大的影响。[60,61]

本章参考文献

[1] Ohirogge. K.; Wind, J.; Brinkmann, T. Membranes for Recovery of Volatile Organic Compounds(VOS). Comprehensive Science and Engineering. Elsevier, New York, 2010, pp. 213-242, ISBN:978-0-444-53204-6.

[2] Baker, R. W. Membranes for Vapour/Gas Separation, Advanced Membrane Technology and Applications, John Wiley & Sons: New York978-0-471-73167-2, 2008, 559-577.

[3] Stern, A. Polymers for Gas Separation, The Next Decade, J. Membr. Sci. 1994, 94, 1-65.

[4] Pixton, M. R.; Paul, D. R. Relationship Between Structure and Transport Properties for Polymers With Aromatic Backbones. In Polymeric Gas Spearation Membranes, Paul, D. R.; Yu, P.; Yampolsk, Eds.; CRC Press: Boca Raton, FL, 1994; pp 83-153.

[5] Freeman, B. Basis of Permeability/Selectivity Trade-off Relations in Polymeric gas Separation Membranes. Macromolecules 1999, 32, 375.

[6] Fritsch, D.; Peinemann, K.-V.; Behling, R.-D.; Just, R. (GKSS), Membran auf Basis von Graftpolymeren, DE-Patent 04213217 A1, April 22, 1992.

[7] Scholes, C. A.; Jin, J.; Stevens, G. W.; Kentish, S. E. Hydrocarbon Solubility, Permeability, and Competitive Sorption Effects in Polymer of Intrinsic Microporosity (PIM-1) Membranes. J. Polym. Sci. Part B Polym. Phys. 2016, 54, 397 – 404. doi: 10.1002/polb.23900.

[8] Yave, W.; Peinemann, K. V.; Shishatskiy, S.; Khotimskiy, V.; Chirkova, M.; Matson, S.; Litvinova, E.; Lecerf, N. Synthesis, Characterization, and Membrane Properties of Poly(1-trimethylgermyl-1-propyne) and Its Nanocomposite With TiO_2. Macromolecules 2007, 40(25), 8991 – 8998. doi: 10.1021/Ma0714518.

[9] Yave, W.; Shishatskiy, S.; Abetz, V.; Matson, S.; Litvinova, E.; Khotimskiy, V.; Peinemann, K.-V. A Novel Poly(4-methyl-2-pentyne)/TiO_2 Hybrid Nanocomposite Membrane for Natural Gas Conditioning: Butane/Methane Separation. Macromol. Chem. Phys. 2007, 208(22), 2412 – 2418. doi:10.1002/macp.200700399.

[10] Mushardt, H.; Kramer, V.; Hülagü, D.; Brinkmann, T.; Kraume, M. Development of Solubility Selective Mixed Matrix Membranes for Gas Separation. Chem. Lng. Tech. 2014, 86(1 – 2), 83 – 91.

[11] Mushardt, H.; Müller, M.; Shishatskiy, S.; Wind, J.; Brinkmann, T. Membranes 2016, 6, 16. doi:10.3390/membranes6010016.

[12] Alpers, A.; Keil, B.; Lüdtke, O.; Ohlrogge, K. Ind. Eng. Chem. Res. 1999, 38(10), 3754 – 3760.

[13] Baker, R. W.; Membrane Technology and Applications, 3rd Edn; John Wiley & Sons: New York, 2012.

[14] Rrinkmann, T.; Pohlmann, J.; Withalm, U.; Wind, J.; Wolff, T. Chem. Ing. Tech. 2013, 85, 1210 – 1220.

[15] Cocker, D. T.; Allen, T.; Freemann, B.; Fleming, G. K. AlCHE J. 1999, 45, 1451 – 1468.

[16] Kaldis, S. P.; Kapantaidakis, G. C.; Sakellaropoulos, G. P. J. Membr. Sci. 2000, 173, 61 – 71.

[17] Qui, R.; Henson, M. A. Ind. Eng. Chem. Res. 1997, 36, 2320 – 2331.

[18] Pan, C. Y. AlChE J. 1983, 29, 545 – 552.

[19] Savolainen, P. Modelling of Non-Isothermal Vapour Membrane Separation With Thermodynamic Models and Generalized Mass Transfer Equations. In PhD Thesis, Lappeenranta University of Technology, 2002.

[20] Tessendorf, S.; Gani, R.; Michelsen, M. L. Comput. Chem. Eng. 1996, 20, 653 – 658.

[21] Rautenbach, R.; Knauf, R.; Struck, A.; Vier, J. Chem, Eng, Technol. 1996,

19, 391 – 397.

[22] Marriott, J.; Sorensen, E. Chem. Eng. Sci. 2003, 58, 4975 – 4990.

[23] Davies, R. A. Chem. Eng. Technol. 2002, 25, 717 – 722.

[24] Scholz, M.; Harlacher, T.; Melin, T.; Wessling, M. Ind. Eng. Chem. 2012, 52, 1079 – 1088.

[25] Wolff, T. Vergleich zweier Membranmodultypen für die Gaspermation, Diploma Thesis, Technical University Hamburg-Harburg, 2003.

[26] Fang, S. M.; Stern, S. A.; Fritsch, H. L. Chem, Eng. Sci. 1975, 15, 773 – 778.

[27] http://www.aspentech.com/products/engineering/aspen-custom-modeler/, (Assessed 23.09.2016).

[28] Alpers, A. Hochdruckpermeation mit selektiven Polymermebranen für die Separation gasförmiger Gemische, PhD Thesis, University of Hannover, 1997.

[29] Raharjo, R. D.; Freeman, B. D.; Paul, D. R.; Sarti, G. C.; Sanders, E. S. J. Membr. Sci, 2007, 306, 75 – 92.

[30] Soave, G. Chem. Eng. Sci. 1972, 27, 1197 – 1203.

[31] Peng, D.-Y.; Robinson, D. B. Ind. Eng. Chem. Fundam. 1976, 15, 59 – 64.

[32] Gmehling, J.; Kolbe, B.; Kleiber, M.; Rarey, J. Chemical Thermodynamics for Process Simulation, Wiley. VCH GmbH & Co. KGaA: Weinheim, 2012.

[33] Bird, R. B.; Steward, W. E.; Lighfoot, E. N. Transport Phenomena; John Wiley & Sons: New York, 1960.

[34] Froment, G. F.; Bischoff, K. B. Chemical Reactor Analysis and Design; John Wiley & Sons: New York, 1990.

[35] Taylor, A.; Krishna, R. Multicomponent Mass Transfer; John Wiley & Sons: New York, 1993.

[36] Alopaeus, V.; Nordén, H. V. Comput. Chem. Eng. 1999, 23, 1177 – 1182.

[37] Froment, G. F.; Bischoff, K. B. Chemical Reactor Analysis and Design; John Wiley & Sons: New York, 1990.

[38] Press, W. H.; Teukolosky. S. A.; Vetterling, W. T.; Flannery, B. P. Numerical Recipes in C; Cambridge University Press: Cambridge, 1992.

[39] Ferziger, J. H.; Perić, M. Computational Methods in Fluid Dynamics; Springer; Berlin, 1999.

[40] Finlayson, B. A. Nonlinear Analysis in Chemical Engineering; McGraw-Hill: New York, 1980.

[41] Gmehling, J.; Kolbe, B. hermodynamik, Thieme Verlag: Stuttgart, 1988.

[42] Reid, R. C.; Prausnitz, J. M.; Sherwood, T. K. The Properties of Gas and Liquids; McGraw-Hill: New York, 1977.

[43] http://www aspentech.com/ products/engineering/aspen-plus/ (assessed 23.09.2016).

[44] http://www.colan.org/ (assessed 23.09.2016).

[45] https://www.psenterprise.com/products/gproms (assessed 23.09.2016).

[46] Brinkmann, T.; Hapke, J.; Ohlrogge, K.; Wind, J.; Wolff; T. Novel Simulation Tools for the Design of Multicomponent Gas Permeation Processes. In EUROMEMBRANE 2004 Book of Abstracts; Hapke, J.; Na Ranong, Ch.; Paul, D.; Peinemann, K.-V., Eds.; TUIHH-Technologie GmbH: Hamburg: 2004; p 172.

[47] Brinkmann, T. Modellierung und Simulation der Membranverfahren Gaspermeation, Dampfpermeation und Pervaporation. In Membranen; Ohlrogge, K.; Ebert, K.; Eds.; Wiley-VCH: Weinheim, 2006; pp 273–333.

[48] Pohlmann, J.; Bram, M.; Wilkner, K.; Brinkmann, T. Int. J. Greenh. Gas Control 2016, 53, 56–64.

[49] Brinkmann, T.; Pierau, T.; Tiedemann, M.; Wind, J.; Ohlrogge, K. Chem. Ing. Technol. 2005, 77, 1003–1004.

[50] Ohlrogge, K.; Wind, J.; Peinemann, K.-V. Membranverfahren zur Gaspermeation, Membranen. In: Ohlrogge, K.; Ebert, K.; Eds.; Wiley-VCH: Weinheim, 2006; pp 375–409.

[51] Technische Anleitung zur Reinhaltung der Luft (TA-Luft), vom 27. February 1986, Gemeinsames Ministrialblatt, pp. 92–202.

[52] Technische Anleitung zur Reinhaltung der Luft (TA-Luft), vom 24. Juli 2002.

[53] BlmSchV—Verordnung zur Begrenzung der Emissionen flüchtiger organischer Verbindunger beim Umfüllen oder Lagern von Ottokraftstoffen, Kraftstoffgemischen oder Rohbenzin, in der Fassung der Bekanntmachung vom 18. August 2014, (BGBl. I S. 1447).

[54] Hassel, D. Praxis—Forum Umweltmanagement 23/94, 1994, pp 183–203.

[55] Stegger, J. Organic Vapor Separation by Polymeric Membranes. In EUROMEMBRANE 2004 Book of Abstracts; Hapke, J.; Na Ranong, Ch.; Paul, D.; Peinemann, K.-V., Eds.; TUIHH-Technologie GmbH; Hamburg, 2004; p 169.

[56] Ohirogge, K.; Wind, J.; Stuerken, K. Membrane Applications to Separate VOS in the Chemical Industry, In: National Association for Clearn Air, Conference: Into the Next Millennium, Cape Town (ZA), 7-8 October 1999.

[57] Ohlrogge, K.; Stürken, K. Membranes: Separation of Organic Vapours From Gas Streams, Ullmann's Encyclopedia of Industrial Chemistry; Wiley-VCH: Weinheim, 2005.

[58] Brinkmann, T.; Scholles, C.; Wind, J.; Wolff, T.; Dengel, A.; Clemens, C. Desalination 2008, 224, 7–11.

[59] Matuschewski, H.; Schiffmann, P.; Notzke, H.; Wolff, T.; Schedler, U.; Brinkmann, T.; Repke, J.-U. Pilotversuche in der organophilen Pervaporation: Membran, Modul und Simulation—Ein Gesamtkonzept. Chem. Ing. Tech. 2013, 85(8), 1201–1209.

[60] Robinson, J. P.; Tarleton, E. S.; Ebert, K.; Millington, C. R.; Nijmeijer, A. Influence of Cross-Linking and Process Parameters on the Separation Performance of Poly (dimethylsiloxane) Nanofiltration Membranes. Ind. Eng. Chem. Res. 2005, 44, 3238–3248.

[61] Hoving, E. Opportunities for membrane technology in the circular economy, Proceedings16. Aachener Membrankolloquium, 2016; pp 13–18.

第 10 章 有机液体混合物的选择性纯化分离膜

一种被称为 EV 的新型膜分离技术利用了渗透汽化的优点，但减少了溶胀对膜性能的负面影响。在这种 EV 技术中，进料溶液被输送到膜上，而不是直接接触膜。这是通过汽化液体进料实现的，以便只向膜提供蒸气。由于膜不与进料溶液接触，因此减少了聚合物膜的溶胀或收缩。EV 技术有许多优点。

(1) 高温高压汽化渗透 (HTPEV)。在蒸发过程中，高温高压下的蒸汽可应用于进料蒸汽侧。高温高压汽化渗透是指高温高压下的蒸发。HTPEV 所用的膜也可以连接到蒸馏系统。

(2) 温差控制汽化渗透 (TDEV)。在蒸发过程中，控制进料溶液和膜环境的温度，从而在这些温度之间建立一个温差。这种控制温差的 EV 方法称为温差控制汽化渗透法。在 TDEV 中，最具渗透性的溶质在二元液体混合物中具有较低的冰点，并被选择性地渗透。此外，当膜对优先渗透的混合物组分有更强的亲和力时，可导致选择性的增加。

(3) 新型化学反应混合系统。新型的混合体系以离子液体为催化剂和脱水剂，以亲水膜为水的渗透选择性，以蒸发法为新型膜分离技术，微波加热技术可以显著提高酯化反应的效率。

10.1 概 述

有机液体混合物的提纯与分离在化工过程中有机溶剂的浓缩与回收、水中挥发性有机物 (VOC) 的去除、生物发酵中酒精的浓缩与分析等领域有着十分重要的应用。有机液体混合物的纯化和分离是通过蒸馏、溶剂萃取和色谱法进行的。然而，这些方法能耗高、处理效率低。

膜分离技术是一种高效节能的膜分离技术。由于膜分离技术的特点，因此膜分离技术作为一种节约资源、能源和环境的方法受到了广泛的研究。如果以膜为基础的分离工艺在技术上和经济上都是可行的，那么对有机液体混合物进行提纯和分离的关键在于膜的化学结构的设计和膜的物理结构的构建，以获得高的膜性能。

本章介绍了膜的制备方法，高选择性膜的结构设计，适用于有机液体混合物净化和分离的膜分离技术原理及其在水/醇、醇/水、水/有机液体、有机液体/水、VOC/水、有机液体/有机液体混合物、共沸混合物、异构体、对映体的分离，以及化学反应的促进作用。

10.2　分离膜的结构设计

分离膜材料的化学设计和物理结构是平衡分离膜化学和物理功能的重要因素。膜结构设计的基础是膜材料的选择、改进合成及膜制备方法。[1-4]

10.2.1　分离膜的化学设计

选择新的分离膜候选材料的依据如下。
(1) 发展膜材料的系统结构/性能关系,使分离膜具有更高的性能。
(2) 膜制备的简便性。
(3) 它们在 pH、温度和压力等应用条件下的稳定性。

此外,新的膜材料的合成和对现有膜材料的改性也是发展高性能膜的重要途径。膜材料的改性和合成是通过共混、交联、内部氢键的形成,以及接枝、嵌段和多嵌段共聚来完成的。此外,分离膜也可以通过表面修饰技术进行显著的改变。通常有两种类型的表面改性技术:化学改性和物理改性。在化学处理的情况下,在分离膜中添加化学剂、溶剂、偶联剂、蒸气、表面活性剂、表面接枝或其他添加剂。分离膜的物理处理技术包括紫外线照射、等离子体照射和溅射。

10.2.2　分离膜的物理构造

为开发高性能的分离膜,根据其物理和化学性质选择最优的膜材料是非常重要的。这反映在增强的渗透性、选择性和耐久性的合成膜上。分离膜的物理结构很大程度上取决于分离膜的制备方法和分离膜形成的条件。在膜渗透过程中,分离膜的化学和物理性质对膜的性能并不是单独起作用的,因此几乎在所有情况下,化学和物理结构因素几乎都与膜的性能密切相关。

10.3　分离膜的制备方法

10.3.1　膜的制备方法

膜的制备方法主要包括溶液铸造法(湿法和干法)、复合法(聚合物浇铸)、铸造反应法(交联化学特性)、聚离子复合法、冷冻干燥法、表面处理法等。

溶液铸造法有湿法[5-11]和干法[12]两种。在湿法中,通过将铸膜液浇注到薄层色谱仪的涂布器上,将刮膜刀拉过玻璃板,允许溶剂在规定的温度下蒸发一段时间,并将玻璃板和薄膜一起浸入凝胶浴(通常是水)中,制成分离膜。在凝胶浴中停留一段时间后,从玻璃板上取出薄膜并根据需要进行退火。这种湿方法产生的膜是由致密且薄的表皮层和粗糙的多孔支撑层组成的不对称结构。在干法中,由于不使用凝胶介质,因此铸膜液完全蒸发,所得的膜具有致密的对称结构,在干湿膜循环中是可逆的。

在复合法中,将具有高亲和力的分离材料组成的活性薄层涂覆在多孔载体上进行分离。不对称膜是由致密、薄的表皮层和多孔支撑层组成的物理不对称结构。该复合方法可以制备由不同材料组成的具有物理和化学不对称结构的膜。

在铸造反应法中,膜材料在制膜过程中交联并进行化学改性。

改性材料不能溶于进料混合物中,也就是说,在成膜过程中,将反应剂加入到铸膜液中,对分离膜进行改性。在聚离子复合法中,通过阳离子聚电解质和阴离子聚电解质的水溶液之间的混合形成多离子复合物来制备膜,所得聚离子复合膜不溶于水和有机溶剂。

在冷冻干燥法中,将膜材料溶解于具有较高凝固点的溶剂中,将该铸膜液浇铸到聚四氟乙烯(Teflon)盘中并冷冻,然后在减压下干燥制备膜。[13]

在表面处理法中,用表面改性剂和表面交联剂改善由前述制备的膜表面的性能。

10.3.2　膜结构

当考虑渗透物渗透通过膜时,如果膜的孔径远大于渗透物的大小,并且膜与渗透物之间的相互作用可忽略不计,则渗透物穿过的"孔"的大小、渗透物的物理特性以及构成孔和渗透物的膜材料之间的电化学相互作用(理化因素)非常重要。[1]

具有较大的孔的膜称为"多孔膜";具有极小孔的膜,如基于聚合物热振动的高分子链之间的分子间隙,称为"非多孔膜"。物理或化学结构相同的膜称为"对称膜";而物理或化学结构与膜厚度不同的膜称为"不对称膜"。膜的多孔、非多孔、对称和不对称结构强烈依赖于膜的制备方法。此外,膜的制备条件对膜内部精细结构的发展具有重要的控制作用。

10.4　有机液体混合物膜分离技术原理

10.4.1　渗透汽化

图 10.1 所示为渗透汽化(PV)[14]原理。在这种分离过程中,当液体混合物被输送到膜的上游侧,而通过下游侧排出时,进料混合物中的一个组分可以优先透过膜。在渗透汽化过程中,渗透组分在膜中的溶解度、渗透组分在膜中的扩散系数及渗透组分的相对挥发度的差异都会影响膜的渗透性和选择性。[15-18]一般来说,渗透汽化具有以下特点。[19,20]

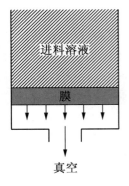

图 10.1　渗透汽化原理

(1) 在无孔膜上的选择性迁移是通过溶解、扩散和蒸发三步过程来实现的。

(2) 由于渗透的驱动力是各组分的蒸汽压,而不是系统的总压,因此该方法是分离高渗透压有机液体混合物的有效方法。

(3) 渗透汽化可用于难以蒸馏分离的混合物的分离和浓缩。例如,它对于共沸混合物、接近沸点混合物和同分异构体的分离是有用的。

(4) 渗透汽化可用于平衡反应中某些组分的脱除。

(5) 聚合物膜压密是高压气体分离中经常遇到的问题,但由于进料压力一般较低,因此在 PV 过程中不会遇到聚合物膜压密的问题。

10.4.2　汽化渗透

渗透汽化法是一种分离有机液体混合物的有效方法,已有许多学者采用该方法进行了研究。然而,由于 PV 中使用的膜与液体进料溶液直接接触,进料成分的吸附导致膜的溶胀或收缩,因此专门设计的化学和物理膜的性能经常受到损害。聚合物膜的溶胀或收缩对膜的分离性能是不利的。一种新的被称为汽化渗透(EV)的膜分离技术[1,2,18,19,21-27]利用了渗透汽化的优点,但减少了溶胀对膜性能的负面影响。图 10.2 所示为汽化渗透原理。在这项技术中,进料溶液被输送到膜上,而不直接接触膜。这是通过汽化液体进料实现的,以便只向膜提供蒸汽。因此,由于不与进料溶液接触,因此聚合物膜的溶胀或收缩是最小的。EV 与 PV 相比的优势如下。[2,28]

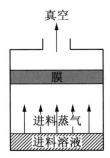

图 10.2　汽化渗透原理

(1) 在 EV 过程中,膜不与液体进料混合物直接接触,只与进料蒸汽接触,因此减小了进料混合物引起的膜的溶胀或收缩,所以膜性能会有所改善。

(2) 由于有机液体混合物被汽化,因此组分间的相互作用明显减弱,从而大大提高了分离性能。

(3) 在 EV 中,液体进料混合物中的污染物,如大分子溶质,可导致膜的污染,EV 避免了这个问题。

(4) 在 EV 过程中,进料液温度和膜环境温度均可控制,因此可以改善膜的渗透和分离特性。

Xingui 等[29]和 Bernardo 等[30]介绍了 EV 的特征,《膜百科全书》[31]中出现了蒸发测定法,许多膜科学家报道了 EV 法在不同领域的有趣实验结果。

10.4.3 温差控制汽化渗透

正如前面提到的,新的 EV 膜分离方法改进了 PV 的缺点,同时保留了该技术的优点。[1,2,18,19,21-26,28,32] 在 EV 中,控制进料溶液(Ⅰ)和膜环境(Ⅱ)的温度,从而建立这些温度之间的差异(图 10.3),这种控制温差的 EV 方法称为 TDEV。[1,2,18,19,33-43] 在 TDEV 中,最具渗透性的溶质在二元液体混合物中冰点较低发生,选择性渗透(表 10.1)。此外,当膜对优先渗透的混合物组分有更强的亲和力时,可导致选择性增加。

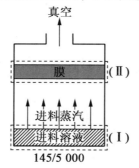

图 10.3 温差控制蒸发原理

表 10.1 TDEV 中凝固点对有机液体混合物通过聚合物膜的选择性的影响

膜	壳聚糖	聚氯乙烯	PDMS
冰点	$(CH_3)_2SO/H_2O$ 18.5 ℃ > 0 ℃	CH_3COOH/H_2O 16.7 ℃ > 0 ℃	C_2H_5OH/H_2O -114.4 ℃ < 0 ℃
选择性	H_2O	H_2O	C_2H_5OH

EV 和 TDEV 是由 Xingui 等和 Bernado 等提出的用于分离含水有机混合物的分离方法,许多膜科学家也对此进行了研究。

10.4.4 高温高压汽化渗透

在 EV 过程中,可将高温高压下的蒸汽施加到进料蒸汽侧。将高温高压下的 EV 称为 HTPEV(图 10.4)。用于 HTPEV 的膜也可以连接到蒸馏系统。[40]

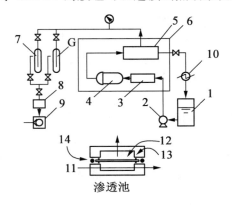

图 10.4 装置图和渗透单元
1—进料罐;2—流量泵;3—蒸发器;4—储气罐;5—渗透池;6—烤箱加热;7—冷阱;
8—真空控制器;9—真空泵;10—冷凝器;11—进料蒸气;12—膜;13—渗透的蒸气;14—O 型圈

10.5 膜渗透和分离的基本原理

10.5.1 基本渗透方程[2-4]

组分 i 的渗透速率 Q_i 用 Fick 第一定律表示为

$$Q_i = -D(c_i)dc_i/dx \tag{10.1}$$

式中,$D(c_i)$ 为扩散系数;c_i 为膜中 i 组分的浓度;x 为膜/料液界面的距离。

Fick 第二扩散定律为

$$dc_i/dt = D(c_i)d/dx(dc_i/dx) = D(c_i)(d^2c_i/dx^2) \tag{10.2}$$

式中,$D(c_i)$ 由以下公式给出,即

$$D(c_i) = D_0 e^{\gamma c_i} \tag{10.3}$$

其中,D_0 是无限稀释扩散系数;γ 是膜塑化程度的量度,它与温度有关。

稳态渗透时的边界条件为 $dc_i/dt=0$。当 $x=0$ 时,$c_i=c_1$;当 $x=l$ 时,$c_i=c_2$。将式(10.3)插入到式(10.2)中并积分,得到

$$Q_i = (D_0/\gamma l)(e^{\gamma c_1} - e^{\gamma c_2}) \tag{10.4}$$

浓度分布表示为

$$c_i = (1/\gamma)\ln[e^{\gamma c_1} - x/l(e^{\gamma c_1} - e^{\gamma c_2})] \tag{10.5}$$

如果进料溶液和膜边界上的浓度在热力学上是平衡的,则以下方程式适用:

$$c_1 = c^*(p_0) \tag{10.6}$$

$$c_2 = c^*(p_2) \tag{10.7}$$

式中,c^* 为压力相关函数;p_0 为饱和蒸汽压;p_2 为膜下游的蒸汽压。

使用这些表达式,可以用 p_0 和 p_2 得到式(10.4)和式(10.5)。同时,渗透率 p_i 为

$$p_i = Q_i l/\Delta p = (D_0/\gamma \Delta p)(e^{\gamma c_1} - e^{\gamma c_2}) \tag{10.8}$$

式中,$\Delta p = p_0 - p_2$。当式(10.6)和式(10.7)遵循哈里定律时,$c^*(p) = Sp$,式(10.4)、式(10.5)和式(10.8)很容易被表达成 p_0 和 p_2 的函数,即

$$Q_i = (D_0/\gamma l)(e^{\gamma S p_0} - e^{\gamma S p_2}) \tag{10.9}$$

$$c_i = (1/\gamma)\ln[e^{\gamma S p_0} - s/l(e^{\gamma S p_0} - e^{\gamma S p_2})] \tag{10.10}$$

$$p_i = (D_0/\gamma \Delta p)(e^{\gamma S p_0} - e^{\gamma S p_2}) \tag{10.11}$$

10.5.2 溶解扩散模型[15,61]

将类似的处理应用于气体或蒸汽渗透时,将得到

$$Q_i l = \int_{c_1}^{c_2} D(c_i) \mathrm{d}c_i \tag{10.12}$$

$$Q_i = p_i(p_1 - p_2)/l \tag{10.13}$$

式中,p_1 和 p_2 分别是膜的高浓度侧和低浓度侧的蒸汽压,结合式(10.12)和式(10.13),可得到

$$p_i = \left(\int_{c_1}^{c_2} D(c_i) \mathrm{d}c_i\right)(p_1 - p_2) \tag{10.14}$$

重新排列为

$$Q_i l = R = p_i(p_1 - p_2) = \int_{c_1}^{c_2} D(c_i) \mathrm{d}c_i \tag{10.15}$$

式中,R 为归一化渗透率。当浓度平均扩散系数 $\overline{D}_i$ 定义为 p_i 时,有

$$\overline{D}_i = \int_{c_1}^{c_2} D(c_i) \mathrm{d}c_i / (c_1 - c_2) \tag{10.16}$$

$$p_i = \overline{D}_i(c_1 - c_2)/(p_1 - p_2) \tag{10.17}$$

$$R = \overline{D}_i(c_1 - c_2) \tag{10.18}$$

如果扩散系数与平均浓度无关,则 $\overline{D}_i = D$。在 PV 中,下游压力远低于上游压力($p_1 \gg p_2$)。因此,式(10.16)、式(10.17)和式(10.18)可表示为

$$\overline{D}_i = \int_{c_1}^{c_2} D(c_i) \mathrm{d}c_i / c_1 \tag{10.19}$$

$$p_i = \overline{D}_i(c_1/p_1) \tag{10.20}$$

$$R = \overline{D}_i c_1 \tag{10.21}$$

式中,$c_1/p_1 = S_1$,为拟溶度系数。在这些条件下,p_i 可以表示为

$$p_i = \overline{D}_i S_1 \tag{10.22}$$

10.5.3 分离系数

分离系数与混合溶液的总渗透率 Q_p 及混合物中各组分的渗透率之和 Q_c 有关,用比值 θ 表示,有如下关系式:

$$\theta = Q_p/Q_c \tag{10.23}$$

在 A 和 B 二元体系 Q_1 中的渗透比定义为

$$Q_A = q_{pA}/q_{cA}, \quad Q_B = q_{pB}/q_{cB} \tag{10.24}$$

其中，q_{pi} 和 q_{ci} 分别对应于组分 Q_p 和 Q_c。

在理想体系中，混合溶液中各组分之间不存在相互作用，$\theta = 0$。一般情况下，当 $\theta > 1$ 时，渗透速率大于混合体系中的渗透速率；当 $\theta < 1$ 时，渗透速率小于混合体系中的渗透速率。

10.5.4 分离系数的量化处理

当 A 组分和 B 组分在二元体系中的渗透速率分别为 q_{pA} 和 q_{pB} 时，总渗透速率 Q 为

$$Q = q_{pA} + q_{pB} \tag{10.25}$$

在组件之间没有交互的理想状态下，有

$$q_{pA} = X_A q_{cA}, q_{pB} = X_B q_{cB} \tag{10.26}$$

式中，X_A 和 X_B 分别为 A 组分和 B 组分在上游侧的重量分数或摩尔分数。

在理想体系 Q_c 中的总渗透速率为

$$Q_c = X q_{cA} + (1 - X_A) q_{cB} \tag{10.27}$$

当 PV 下游侧的 A 组分和 B 组分的质量分数或摩尔分数分别为 Y_A 和 Y_B 时，有

$$\alpha_{B/A} = (Y_B/Y_A)/(X_B/X_A) \tag{10.28}$$

结合式(10.26)、式(10.27)和式(10.28)，可以得到

$$\alpha_{B/A} = (Y_B/Y_A)/(X_B/X_A) = Y_B(1 - X_B)/X_B(1 - Y_B)$$
$$= q_B^p/q_A^B = (X_B q_{cB}) X_A/(X_A q_{cA}) X_B$$
$$= q_{cB}/q_{cA} \tag{10.29}$$

三元组分的分离系数为

$$\alpha_{B/A} = (Y_B/Y_A)/(X_B/X_A) \tag{10.30}$$

$$\alpha_{C/A} = (Y_C/Y_A)/(X_C/X_A), \alpha_{C/B} = (Y_C/Y_B)/(X_C/X_B) \tag{10.31}$$

$$\alpha_{A/\text{total}} = \{Y_A/(Y_A + Y_B + Y_C)/X_A/(X_A + X_B + X_C)\} = (Y_A/\sum Y_i)/X_A/\sum X_i \tag{10.32}$$

在 PV 中，分离系数 $\alpha_{B/A}$ 是分离度的相对量度，可用进料和渗透中的组分摩尔分数表示，即

$$\alpha_{B/A} = (Y_B/Y_A)/(X_B/X_A) \tag{10.33}$$

式中，X_A 和 X_B 分别是 A 和 B 组分在上游侧的质量分数或摩尔分数；Y_A 和 Y_B 分别是在下游侧的质量分数 A 组分和 B 组分的摩尔分数。

10.5.5 表面扩散

在正常固体状态下，各组分的扩散行为可用 Fick 第一定律表示，即

$$J_i = -D_{\text{gard}} c_i \tag{10.34}$$

式中，J_i 为组分 i 的渗透率，$(m^2 \cdot s)^{-1}$；c_i 为扩散组分 i 的浓度，m^{-3}；D_{gard} 为扩散系数，$m^2 \cdot s^{-1}$。

组分在固体表面环境中的行为与在固体内部环境中的行为是不同的。然而，组分在

固体表面的扩散可以用菲克定律来定义。

表面扩散原理如图 10.5 所示,将固体成像,其中一个组分的浓度只改变 x 方向。此时,扩散量在 x 方向上的分量表示为

$$J = -(dc/dx)\int_0^L D(\gamma)dy \qquad (10.35)$$

扩散系数一般定义为固体深度方向(y)的函数。

在图 10.5 中,如果固体中的成分是均匀的,从 $y=0$ 的界面到 $y=L$ 的界面,则向 x 方向的扩散量为

$$J_B = -D_B(dc/dx)L \qquad (10.36)$$

式中,D_B 是均匀固体中的扩散系数。扩散通过表面的渗透速率(J_S)定义为

$$J_S = \frac{1}{2}(J - J_B) \qquad (10.37)$$

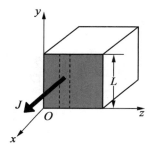

图 10.5 表面扩散原理

式(10.35)、式(10.36)和式(10.37)中,J_S 通过表面的扩散为

$$J_S = -\frac{1}{2}(dc/dx)\int_0^L [D(\gamma)DB]d\gamma \qquad (10.38)$$

当表面扩散系数为 D_S,表面层厚度为 δ 时,式(10.28)中的积分项为 $2D_S\delta$。也就是说,给出了

$$J_S = -\frac{1}{2}(dc/dx)2D_S\delta = -D_S(dc/dx)\delta \qquad (10.39)$$

10.6 有机液体混合物的选择性渗透和分离

水/乙醇选择性分离膜在以下情况下是有效的:例如,当生物发酵产生的稀乙醇水溶液(质量分数约为 10%)通过蒸馏浓缩时,由于质量分数为 96.5% 乙醇的水溶液是共沸混合物,因此乙醇不能再通过蒸馏浓缩,以苯(BZ)为夹带剂的共沸蒸馏浓缩了乙醇。如果能在乙醇水溶液的共沸混合物中优先渗透质量分数为 3.5% 的水,就能实现显著的节能。PV、EV、TDEV 和 HTPEV[62] 通过致密膜的渗透分离机理包括渗透组分在膜中的溶解、渗透组分在膜中的扩散和渗透组分从膜中的蒸发。在这些膜分离技术中,渗透组分

的分离取决于渗透组分在混合料中的溶解度和扩散率的差异。在水/醇和水/有机液体选择膜的结构进行局部设计时,可以使用亲水性材料作为膜材料。这样,在膜处理过程中,水分子在膜中的溶解度增加是可以预测的。为提高膜对水分子的亲和力,在膜的结构中引入解离基团,用膜对有机溶剂进行脱水。但是,必须充分考虑进液对膜的溶胀会降低水的选择性。

10.6.1 带有解离基团的膜

为提高膜对水分子的亲和力,在膜的结构中引入解离基团,用膜对有机溶剂进行脱水。该壳聚糖分子具有高度反应性的氨基和羟基,并具有良好的抗有机溶剂性能。[63,64] 壳聚糖在有机酸水溶液如乙酸水溶液中容易形成均匀的透明膜,是一种有趣的膜材料。[63-65] 本章报道了以乙酸水溶液为原料,在戊二醛溶液中加入少量磺酸作为交联催化剂制备的壳聚糖膜在 PV 和 EV 中对乙醇溶液的渗透和分离特性。[21,66] 结果表明,这些膜对乙醇水溶液具有很高的水选择性。

利用壳聚糖的上述特性,从壳聚糖或羧甲基壳聚糖、乙酸和戊二醛组成的铸膜液中制备了进一步的化学修饰壳聚糖膜,并利用 EV 研究了这些化学修饰壳聚糖膜在不同条件下对乙醇水溶液的渗透和分离特性[21,22],并结合改性壳聚糖膜的化学和物理结构进行了讨论。[67]

研究人员制备了壳聚糖醋酸膜(ChitoA)并用戊二醛(GA)交联(GA – ChitoA),GA 交联的壳聚糖膜(GA – Chito)分别制备了 GA 交联的羧甲基壳聚糖乙酸酯膜(GA – CM – ChitoA)、GA 交联的羧甲基壳聚糖膜(GA – CM – Chito)等三种膜。

用 EV 法研究了 GA – ChitoA、GA – Chito、GA – CM – ChitoA 等壳聚糖衍生物膜对乙醇水溶液中进料蒸汽的渗透和分离特性。含适量戊二醛的铸膜液制备的 GA – Chito 和 GA – CM – ChitoA 膜在乙醇水溶液中对共沸组分具有较高的渗透速率和较高的水渗透选择性。结果表明,GA – Chito 和 GA – CM – ChitoA 膜具有较高的渗透速率和较高的水渗透选择性,GA – CM – ChitoA 膜在 EV 中对水的选择性顺序为甲醇 > 乙醇 > 丙醇。研究人员还讨论了这些亲水膜的化学和物理结构对渗透和分离特性的影响。[67]

有两种交联季铵化壳聚糖膜(q – Chito):一种是在多孔聚醚砜(PES)载体上涂敷一种含有戊二醛(GA)的 q – Chito 铸膜液(膜 A);另一种是膜 A 在 GA 水溶液中用 H_2SO_4 为催化剂进一步交联(膜 B)。将这些膜用于 HTPEV 过程的乙醇/水混合物脱水制备。在恒定的进气压力下,渗透通量随进气压力的增大而增大,随进气温度的升高而减小。渗透通量的下降可归因于蒸汽密度的降低,即进料蒸汽压力与总压的比值(P_1/P_T)。由关系式导出的渗透通量,由实验数据统计驱动,在恒定的进料蒸汽压力下,进料蒸汽温度的变化与由关系式预测的 P_1/P_T 比值的函数关系密切吻合。在水/乙醇蒸气中,随着 P_1 和 P_T 差异的减小,水的过氧化物选择性的分离特性增加。[40]

采用等离子体沉积法制备的改性尼龙 – 4(N4)膜对水/醇混合物进行 PV 和 EV 分离,该 PVA – p – N4 膜的分离系数和渗透速率均高于未改性 N4 膜。PVA – p – N4 膜的分离因子为 13.5,渗透速率为 420 $g/(m^2 \cdot h)$。与 PV 相比,EV 有效地提高了水/醇混合物的分离因子,却降低了渗透速率。[45]

研究人员制备了磺化聚苯氧乙烯(SPPO)膜,用于水/乙醇混合物的脱水。通过比较纯 PPO 膜和 SPPO 膜的性能,探讨了磺化膜水化对 PV 性能的影响,利用原子力显微镜(AFM)和溶胀试验对膜的微观结构和亲水性进行了表征。PPO 的磺化程度对磺化膜的亲水性有显著影响,对 PV 膜的脱水性能有重要影响。磺化膜的透水率约为 300 g/($m^2 \cdot h$),选择性可达 700。SPPO 膜比纯 PPO 膜具有更好的 PV 性能。[46]

研究人员采用海藻酸钠(Naagl)膜对乙醇质量分数为 90% 的浓缩乙醇/水混合物进行 PV 分离,研究了膜在 PV 过程中的渗透行为。[68] 在 90% 乙醇水溶液中对膜进行溶胀实验,40 ℃时,溶胀膜的溶解度选择性约为 1 000,含水量为 21%。其优异的吸附性能可以使 PV 过程在水溶液中表现出优异的性能、大于 10 000 的分离因子和 120~290 g/($m^2 \cdot h$)的渗透速率。

研究人员对聚丙烯酸酯接枝聚乙烯(PE-g-AA)膜进行了研究,发现随着接枝率的提高,PE-g-AA 膜的性能得到了改善[69],并测定了不同反离子负载的膜对水和乙醇的吸附和扩散特性,以及溶剂与膜离子对的相互作用。结果表明,离子对优先被水溶解,在离子对解离的液体混合物中,钾膜的水含量远小于锂膜。在水-乙醇混合物中,羧酸钾离子对更容易解离,说明了渗透率根据 $Li^+ < Na^+ < K^+$ 增加,证明了渗透率的变化是由磺酸盐与羧酸盐离子对电离能力的差异导致的。

以含缩水甘油氧丙基三甲氧基硅烷(GPTMS)的壳聚糖溶液为原料,在聚(苯乙烯-硫酸)接枝聚四氟乙烯(PET)膜表面制备了壳聚糖/聚四氟乙烯(Chito/PTFE)复合膜。壳聚糖皮层与 PTFE 基材之间的黏附性较好,保证了 Chito/PTFE 复合膜在正丙醇 PV 脱水过程中的高性能。在 70 ℃条件下,在质量分数为 70% 的 IPA 水溶液中,Chito/PTFE 膜对 H_2O/IPA 的选择性为 775,渗透速率为 1 730 g/($m^2 \cdot h$),分离系数为 775。[70]

研究人员采用 PV 法制备了非对称离子交换膜,用于水/乙醇混合物的脱水。[71] 用不同磺化度的聚砜与钠离子交换制备了离子交换膜(Na-PSf)。结果表明,荷电膜对 PV 性能有明显的改善作用,对 Na-PSf 膜的亲水性能也有较强的增强作用。在成膜过程中,增加铸膜液中钠的含量对成膜途径影响不大。膜分离性能的改善主要是通过提高膜的亲水性和透过荷电膜过程中的溶胀度两个方面来实现的。操作温度对 Na-PSf 膜的分离性能也有显著影响,这是其在较高温度下的水化行为减弱导致的。对于在 25 ℃下对进料浓度为 90% 乙醇溶液通量为 600 g/($m^2 \cdot h^{-1}$),选择性为 150 g/($m^2 \cdot h^{-1}$)的带电荷的 Na-PSf 膜,钠的最佳取代率为 0.58。

10.6.2 交联互穿膜

为获得水渗透选择性膜,已经尝试在聚合物膜材料、化学改性、接枝共聚和聚合物共混物中引入解离基团和亲水基团。然而,仅仅通过提高膜材料的亲水性是无法获得足够的膜性能的。最重要的是,由于混合料的加入,因此聚合物膜的溶胀对膜的性能有显著的影响。交联是一种既能保持膜的亲水性又能减轻膜的溶胀的方法。

在图 10.6 中表示的 EV 过程中,Chito 和 GA-Chito 膜的渗透速率、乙醇浓度及这些膜的溶胀度随进料组成的变化而变化[72],GA-Chito 膜的戊二醛含量为 0.5%(铸膜液中 GA 含量为 3.2%)。

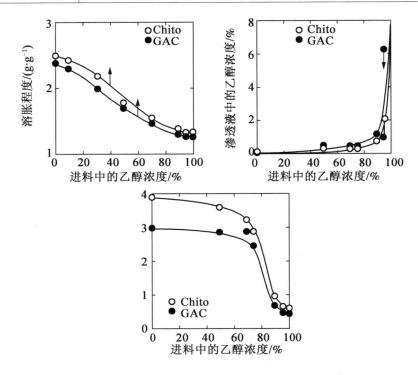

图 10.6 乙醇在进料蒸汽中的浓度对 Chito 和 GAC 膜透过和浓缩特性及溶胀度的影响

Chito 膜和 GA-Chito 膜均具有较低的渗透液乙醇浓度和较高的 $H_2O/EtOH$ 选择性。此外,壳聚糖膜和 GA-Chito 膜的渗透液组成也有显著差异。尽管 GA-Chito 膜的渗透速率大于 Chito 膜,但 Chito 膜的渗透物中乙醇浓度更高。GA-Chito 膜的溶胀度高于壳聚糖膜,且随着混合进料中乙醇浓度的降低,溶胀度有增加的趋势。当聚合物膜交联时,由于膜的溶胀度降低,因此膜的渗透选择性提高,但渗透速率降低。在此情况下,GA-Chito 膜的渗透速率、$H_2O/ETOH$ 选择性和溶胀度均高于 Chito 膜。为澄清图 10.6 中的结果,分别用浮选法和广角 X 射线衍射(XRD)测定了 Chtio 和 GA-Chito 膜的密度和结晶度。

随着铸膜液中 GA 含量的增加,密度和相关结晶度指数下降。这些结果表明,交联度的增加降低了薄膜的密度和结晶度。基于上述结果,提出了 Chito 膜和 GA-Chito 膜的模型结构。壳聚糖膜在羟基和氨基之间有许多分子间氢键。GA-Chito 膜中的一些氢键通过与 GA 交联而断裂,形成了自由亲水基团,如羟基和氨基。这些亲水基团对水分子具有很强的亲和力,即增加了水分子在 GA-Chito 膜中的溶解度。另外,由于吸附在 GA-Chito 膜上的水分子的大小于乙醇分子,因此水分子比乙醇分子更容易扩散到 GA-Chito 膜中。GA-Chito 膜被水分子适度溶胀,同时增加了 $H_2O/ETOH$ 的选择性。水分子在 GA-Chito 膜中溶解度的增加和水分子在 GAC 膜中扩散系数的增加使 GA-Chito 膜的 $H_2O/EtOH$ 选择性增加。通过以上讨论,可以理解随着 GA 含量的增加,渗透速率提高,$H_2O/EtOH$ 选择性提高。

研究人员研究了乙醇/水共沸物(质量分数为 96.5% 的乙醇)经 q-Chito 膜和与二

甘醇二缩水甘油醚(DEDGE)交联的 q-Chito 膜在 EV 过程中的渗透和分离特性。[73] q-Chito 膜和交联 q-Chito 膜对乙醇/水共沸物均有较高的 H_2O/EtOH 选择性。随着壳聚糖季铵化程度的增加和交联剂浓度的增加,两种膜的渗透速率均降低,H_2O/EtOH 选择性增加。采用溶液扩散模型分析了乙醇/水共沸物经 q-Chito 膜和交联 q-Chito 膜分离的机理。随着渗透温度的升高,两种膜的渗透速率增大,H_2O/EtOH 选择性降低。而交联 q-Chito 膜在 60~80 ℃时的渗透速率与 q-Chito 膜相当,对 H_2O/EtOH 的选择性分离因子为 4 100~4 200,比 q-Chito 膜大两个数量级。

研究人员制备了不同水解程度的交联致密聚乙烯醇(PVA)膜,并将其用于 2-异丙醇(IPA)/水混合物的吸附和 PV 过程。随着液体混合物中水分含量的增加,水的部分渗透速率增加,但由于吸附和渗透的耦合作用,因此异丙醇的部分渗透达到最大值。PVA 的水解度和进料温度影响 PVA 的渗透速率和 H_2O/IPA 的选择性,PVA 对水的选择性与 PVA 的水解度成反比。[74]

研究人员将三甲酰氯(TMC)/己烷涂于干燥的 PVA 膜表面,制备了四种不同交联程度的交联 PVA-TMC 膜。傅里叶变换红外光谱衰减全反射率(FTIRATR)分析表明,PVA-TMC 膜具有不对称的分子结构。研究了 2-丙醇/水混合物在不同温度、不同原料水组分下的透水性能和脱水性能。结果表明,PVA-3TMC 在四种 PVA-TMC 膜中综合性能最好。[75]

采用溶液法,将水溶性封闭二异氰酸酯合成了一种新型的高分子膜。质量分数为 40% 的二异氰酸酯封闭膜对 H_2O/IPA 的选择性最高,为 5 918,对质量分数为 5% 的水在 30 ℃下渗透速率为 2.2×10^{-2} kg/($m^2 \cdot h$)。总渗透速率和水的渗透速率在交联程度较高的膜上存在重叠现象,说明封闭二异氰酸酯含量较高的膜可以有效地破坏水/2-丙醇混合物的共沸点,以将少量水从异丙醇中除去。[76]

在乙酸水溶液中,将 Chito 与 g-(缩水甘油氧丙基)三甲氧基硅烷(GPTMS)共混得到交联的有机-无机杂化 Chito 膜。在质量分数为 70% 的 2-丙醇/水混合液中,改性膜的亲水性没有明显降低,因此具有良好的 H_2O/IPA 选择性和较高的渗透速率。质量分数为 5% 的 GPTMS 壳聚糖膜对 H_2O/IPA 的选择性渗透速率为 1 730 g/($m^2 \cdot h$),分离因子为 694。[77]

研究人员研究了用二胺类化合物对 P84 共聚酰亚胺膜进行化学交联改性的效果,并提出了提高不对称聚酰亚胺膜分离性能的方案。采用对二甲二胺(XDA)和乙二胺(EDA)两种二胺交联剂对 P84 膜进行了致密性和非对称性的研究。结果表明,EDA 诱导的交联反应比 XDA 诱导的交联反应快得多,因为 EDA 的结构比 XDA 更小、更线性。然而,由 p-XDA 交联的膜比 EDA 交联的膜热稳定性好。经 p-XDA 或 EDA 修饰的膜亲水性增强。随着交联反应程度的增加,2-丙醇 PV 脱水初期分离因子增加,但渗透速率降低。然而,由于这些二胺化合物的亲水性,进一步增加交联反应的程度可能会使聚合物链溶胀,因此导致分离性能低下。交联反应后,由于电荷转移复合物的形成和交联反应程度的提高,因此可以显著提高膜的性能,并可对膜的性能进行调整。低温热处理制备了具有高渗透速率和中等 H_2O/IPA 分离因子的膜,而高温热处理制备了具有高分离因子和中等渗透性能的膜。[78]

将 TMC/己烷涂于干燥的 PVA 膜表面,制备了四种不同交联程度的交联 PVA/三甲酰氯(TMC)膜。FTIR - ATR 光谱分析表明,PVA - TMC 膜具有不对称的分子结构。研究人员研究了 2 - 丙醇/水混合物在不同温度、不同原料水组分下的透水性能和脱水性能。结果表明,PVA - 3TMC 膜的综合性能优于四种 PVA - TMC 膜。[79]

研究人员研制了用于 2 - 丙醇 PV 脱水的 β - TDI/MDI (P84)/PES 双层中空纤维。研究人员研究了气隙间距、外、内层掺杂速率等纺丝条件对薄膜形成、形貌和 PV 性能的影响。与湿纺双层中空纤维相比,干喷湿纺纤维外层的大孔隙明显受到抑制。非溶剂从外层侵入可将指状大孔隙的形成传播到内层。由于双层中空纤维的相变速率不同,因此气隙区拉伸应力对双层中空纤维分离性能的影响要比单层中空纤维复杂得多。研究人员探讨了高温热处理和 XDA 化学交联改性。200 ℃ 热处理提高了分离系数,降低了渗透速率。然而,与单层 P84 中空纤维不同的是,进一步提高热处理温度并不能提高 P84/PES 双层中空纤维的分离性能,因为 PES 层的致密化增强了子层阻碍。由于 XDA 只在 P84 的外层引发交联反应,因此 XDA 交联对提高 P84/PES 双层中空纤维的性能是很有前途的,在交联时间为 2 h 时达到最佳的选择性。研究表明,在不牺牲分离性能的前提下,采用 XDA 交联改性的双层中空纤维方法可以显著降低材料成本。[80]

以 GA 为交联剂,以 PS 中空纤维超滤膜为载体制备 CM - Chito/聚砜(PS)中空纤维复合膜,采用 PV 法研究 2 - 丙醇脱水的渗透和分离特性。交联 CM - Chito/PS 中空纤维复合膜具有较高的 H_2O/IPA 选择性和良好的渗透性。H_2O/IPA 选择性的渗透速率和分离因子分别为 38.6 g/(m^2·h) 和 3 238.5,其中 2 - 丙戊醇浓度为 87.5%。[81]

采用溶液浇铸技术制备了负载磷钼杂多酸(HPA)并与 GA 交联的 PVA 混合基质膜。高含量 HPA(相对于 PVA 的质量为 7%)时,MMM 对含 10% 水的混合料渗透侧有效地分离水,选择性为 90 000,渗透速率为 0.032 kg/(m^2·h)。MMM 的渗透速率随 HPA 浓度的增加而降低。然而,与原始 PVA 相比,载 HPA 膜的 PV 性能有显著改善。[82]

研究人员制备了聚酰亚胺不对称中空纤维基质(R),将其应用于 IPA 的 PV 脱水,并研究了高温退火和/或 1,3 - 丙烷二胺(PDA)化学交联对纤维分离性能的影响。交联程度的增加导致 H_2O/IPA 选择性分离因子的增加和渗透速率的降低。由于加热过程中收缩不均而产生裂纹,因此单纯的热处理并不能改善中空纤维的性能。然而,适当地使用热退火作为交联的预处理可以得到性能最佳的纤维。原始中空纤维对 H_2O/IPA 的渗透速率和分离系数分别为 6.2 kg/(m^2·h) 和 7.9。经交联处理后,渗透速率为 1.8 kg/(m^2·h),分离系数为 132。在热处理过程中,在聚合物基体中形成电荷转移复合物,不仅有助于聚合物链的填充和硬化,而且有利于更有效的 PDA 交联。很明显,PDA 分子也能封闭非选择性裂纹(缺陷)。这些结果表明,热化学联合改性可能是一种与中空纤维的初始状态(如缺陷或无缺陷)无关的再生和提高膜性能的有效方法。XRD 表征证实了交联改性使中空纤维中的聚合物网络更加紧密。对不同醇的脱水性能进行比较,发现分子截面积较大的醇具有较好的分离性能。[83]

以磷酸为原料,在乙醇浴中制备了用于分离乙二醇/水混合物交联 Chito 膜。对交联膜进行吸附研究,以评估两种液体的纯混合物和二元混合物的相互作用程度和溶胀程度。由于该膜在 0.37 kg/(m^2·h) 的合理渗透速率下分离因子可达到 234,因此该膜具有很好的分离乙二醇/水共沸混合物的潜力。随着进料水浓度的降低,H_2O/EG 选择性分离因子提高,而渗透速率相应降低。膜厚的增加降低了渗透速率,但对分离因子的影响不明显。较高的渗透压力降低了渗透速率,提高了选择性。[84]

采用亲水性聚丙烯腈 - co - 甲基丙烯酸(PANMAC)、聚丙烯腈 - co - 甲基丙烯酸羟乙酯(PANHEMA)、聚乙烯醇(GFT - 1001)和聚乙烯醇交联马来酸酐(PVAManh)膜对甘油/水混合物的分离特性进行研究,发现所有的膜都具有高度的水选择性。在研究的整个水浓度范围内,PVAManh 膜对水的渗透通量最高。均聚物(PVAManh 和 GFT - 1001)比共聚物膜(PANHEMA 和 PANMAC)具有更好的渗透速率,但均聚物的溶胀比共聚物的溶胀要大得多,这就是 PVA 膜寿命较差的原因。操作参数的变化对膜的选择性没有影响。没有观察到甘油的分解/聚合,因为没有像蒸馏那样涉及高温。将 PV 与气液平衡数据进行比较,发现甘油/水混合物的 PV 过程比气液平衡具有更好的选择性,特别是在甘油浓度大于 90% 时。[85]

研究人员采用表面交联(GA)聚乙烯醇膜对 PV 法乙二醇水溶液脱水进行了研究。在80% 乙二醇水溶液中,70 ℃下 H_2O/EG 选择性的渗透速率为 211 g/($m^2 \cdot h$),分离系数为 933。水和乙二醇浓度及其膜内活度系数对进料浓度的显著依赖关系表明,水和乙二醇之间存在着强耦合效应,有效地抑制了乙二醇的渗透,从而大大提高了 H_2O/EG 的选择性。随着进料温度的升高,渗透速率增加,但由于水与乙二醇活化能的差异,因此 H_2O/EG 的选择性分离因子显著降低。随着进料流量的增加,H_2O/EG 选择性的渗透速率和分离因子均相应增加。[86]

研究人员以纤维素和合成聚合物为原料,研制了一种新型互穿聚合物网络(IPN)PV 膜。它们是在交联剂(烯丙基葡聚糖或 N,N - 亚甲基双丙烯酰胺)存在(或不存在)的情况下,丙烯酰胺或丙烯酸在反应混合物中溶胀的玻璃纸膜内自由基聚合而成的,并且研究了这些膜在水 - 乙醇溶液中的溶胀行为及其分离特性,这些溶胀行为取决于 IPN (c_p) 中聚丙烯酰胺(PAAm)或聚丙烯酸(PAA)的含量,而离子纤维素 - PAA 膜的溶胀行为则取决于羧基中和的程度和反离子的类型。IPN 膜在较宽的乙醇浓度范围内具有良好的选择性。随着 c_p 值的增加,分离因子(α)和渗透速率(P)显著提高,尤其是纤维素 PAA(KIX型)膜。当进料量为 86% 时,50 ℃条件下,α 值和 P 值分别达到 150 kg/($m^2 \cdot h$) 和 160 kg/($m^2 \cdot h$),其分离因子(α)和渗透速率(P)随 C_p 值的增加而显著提高。研究人员比较了离子型和非离子型 IPN 膜的性能。膜的分离特性与其溶胀行为有很好的相关性。膜的分子量取决于 IPN 聚合链官能团对水的亲和力。[87]

以过硫酸钾为引发剂,采用自由基聚合法制备了新型半互穿网络海藻酸钠(NaAlg)膜和热敏 PNIPAAm 膜。[88] 膜与 GA 交联,用于不同进料成分和温度下水/乙醇混合物的 PV 分离。膜的 PV 分离特性与 NIPAAm 的温敏性有关。增加半互穿网络中 NIPAAm 的含量,可以提高半互穿网络的选择性,降低渗透速率。含质量分数为 30% 的千 NIPAAm 的膜在 40 ℃时具有最高的 H_2O/ETOH 选择性(选择性分离数值),渗透速率为 0.137 kg/($m^2 \cdot h$),即高于 NIPAAm 的 LCST,但低于其 LCST,即 25 ℃。它具有较低的 H_2O/ETOH 选择性,为 92,渗透速率为 0.185 kg/($m^2 \cdot h$),对质量分数为 15% 的水的渗透速率为 1。在 30 ℃下,LCST 膜在 15% 水时,H_2O/EtOH 的选择性随温度的降低而降低。膜的孔径增大,渗透速率提高到 0.225 kg/(m²·h)，但 H_2O/EtOH 选择性降低。

乙二醇是一种重要的化工产品，脱水是乙二醇生产和回收的关键工序。Chung 等[89]开发了用于 PV 过程乙二醇脱水的双层聚苯并咪唑/聚醚酰亚胺（PBI/PEI）中空纤维膜，制备了三种膜：PBI 扁平致密膜、PBI 单层中空纤维膜和 PBI/PEI 双层中空纤维膜。PBI 扁平致密膜由于溶胀严重，因此分离性能最差。PBI 单层中空纤维膜在渗透通量和分离系数方面均有较好的分离性能，但拉伸应变很小。双层 PBI/PEI 中空纤维膜具有最佳的分离性能，这是因为 PBI 选择性层优越的物化性能与 PEI 支撑层较低的溶胀特性的独特结合，以及双层共挤分子设计的膜形态协同作用。研究人员研究了 PBI 单层中空纤维膜和 PBI/PEI 双层中空纤维膜的纺丝参数对 PV 性能的影响。在 75 ℃下对 PBI/PEI 双层中空纤维膜进行热处理，可以显著提高分离性能。与其他聚合物膜相比，新研制的 PBI/PEI 双层中空纤维膜具有更好的分离性能和较低的乙二醇脱水通量，为设计具有超薄功能分离层和协同支撑层的 PBI/PEI 双层中空纤维膜的科学与工程以及开发下一代高性能液体分离多层膜开辟了新的前景。

10.6.3 杂化膜

为抑制聚乙烯醇膜在水溶液中的溶胀，降低分离过程中的水渗透选择性，研究人员制备了由聚乙烯醇和四乙氧基硅烷（TEOS）组成的有机–无机杂化膜。当乙醇水溶液在 PVA/TEOS 混合膜中渗透时，随着 TEOS 含量的增加，H_2O/EtOH 选择性增加，但渗透速率降低。渗透速率的降低导致膜的溶胀程度降低。溶胀程度的降低和膜密度的增加是 TEOS 水解和 PVA 的羟基形成硅醇基团之间的氢键作用导致的。当 PVA 和 PVA/TEOS 复合膜退火后，随着退火温度和时间的增加，膜的水/乙醇选择性增加。高温退火促进了 PVA/TEOS 膜中 PVA 和 TEOS 之间的脱水–缩合反应，这与提高 PVA/TEOS 膜的 H_2O/EtOH 选择性有关。[90]

在 PV 条件下操作的水性醇溶液中，聚乙烯醇–丙烯酸（P(VA-co-AA)）膜的溶胀导致较低的水/乙醇选择性。为减少溶胀，制备了由 P(VA-co-AA) 和四乙氧基硅烷（TEOS）组成的有机–无机杂化膜。然而，当水/乙醇溶液通过 P(VA-co-AA)/TEOS 杂化膜时，随着 TEOS 含量的增加，渗透速率增加，H_2O/EtOH 选择性降低。随着 TEOS 含量的增加，膜的溶胀程度增加，膜密度降低，从而导致渗透速率的增加和水/乙醇选择性的降低。这些效应是 TEOS 和 P(VA-co-AA) 的羟基和羧基水解导致硅醇基团之间的氢键不充分形成的结果。当 P(VA-co-AA)/TEOS 杂化膜退火时，水/乙醇分离因子对水/乙醇的选择性随退火时间和 TEOS 含量的增加而增加。较长的退火时间促进了 P(VA-co-AA) 和 TEOS 在 P(VA-co-AA)/TEOS 杂化膜中的脱水–缩合反应，从而提高了杂化膜的水/乙醇选择性。[91]

为控制 PVA 膜的溶胀，采用溶胶–凝胶反应制备了 PVA 和无机低聚硅烷的混合物，制备了新型 PVA/聚硅烷杂化膜（Ⅰ）。

低聚硅烷如图 10.7 所示。

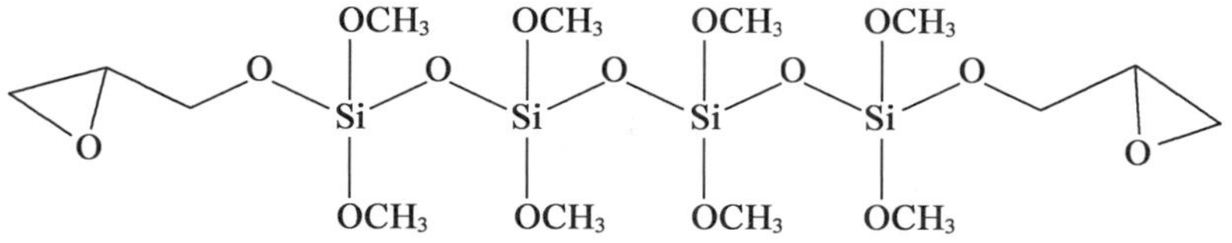

图10.7 低聚硅烷

在乙醇/水共沸混合物的分离过程中,研究了低聚硅烷含量对聚乙烯醇/低聚硅烷杂化膜的水/乙醇选择性的影响。聚乙烯醇/低聚硅烷杂化膜的水/乙醇选择性高于聚乙烯醇膜,但随着低聚硅烷含量的增加,杂化膜的水/乙醇选择性降低。为提高水/乙醇的选择性,对聚乙烯醇/低聚硅烷杂化膜进行了退火处理。退火后的 PVA/低聚硅烷杂化膜的水/乙醇选择性大于退火后的杂化膜,并且明显受低聚硅烷含量的控制,这可以归因于溶解性和扩散选择性。本章详细讨论了未经退火处理的 PVA/低聚硅烷杂化膜的结构与乙醇/水共沸混合物在 PV 过程中的渗透和分离特性之间的关系[92],采用溶胶-凝胶法制备亲水性有机-无机杂化膜,以使 q-Chito 膜的溶胀最小化。当乙醇/水的共沸物在 PV 期间通过 q-Chito/TEOS 杂化膜渗透时,q-Chito/TEOS 杂化膜显示出较高的 H_2O/EtOH 选择性。然而,随着 TEOS 摩尔分数超过 45%,膜的水/乙醇选择性略有下降。此外,从化学和物理膜结构的角度讨论了这些膜的水/乙醇选择性。[93]

为提高尼龙4(N4)膜在 PV 和 EV 过程中的亲水性,克服 PVA 的水解作用,通过 γ 射线照射将乙酸乙烯酯(VAc)接枝到 N4 膜上制备 PVA-g-N4 膜,然后进行水解处理。对于接枝率为 21.2% 的聚乙烯醇-g-N4 膜,当乙醇质量分数为 90% 时,膜的分离因子为 13.8,渗透速率为 0.352 $kg/(m^2 \cdot h)$。与 PV 工艺相比,EV 工艺对相同的 PVA-g-N4 膜的分离因子有明显的提高,而渗透速率却有所降低。与 PV 工艺相比,EV 工艺对相同的 PVA-g-N4 膜的分离因子有显著的提高。[47] 以聚酯无纺布为支撑层,聚丙烯腈(PAN)为多孔层,聚乙烯醇(PVA)为活性分离层,利用铸膜法制备了嵌有分子筛的复合膜。实验结果表明,添加 4A 分子筛后,水/乙醇的选择性有了很大的提高,且添加的 4A 分子筛对水/乙醇体系具有较好的分子筛效应,可以使原料乙醇质量分数达到 80% 以上,达到较高的分离系数。通过加入分子筛,水的表观 Arrhenius 活化能显著降低,乙醇的表观 Arrhenius 活化能显著增加。分子筛 4A 具有亲水性[94],水分子需要的能量要少得多,而乙醇分子则需要更多的能量来通过膜。

采用一系列新型芳香族聚酰胺膜对水醇混合物进行了分离。以 2,2′-二甲基-4,4′-双(氨基苯氧基)联苯(DBAPB)与对苯二甲酸(TPAC)、5-叔丁基间苯二甲酸(TBPAC)和4,4′-六氟间苯二甲酸(FDAC)等不同的芳香族二酰胺直接缩聚制备了芳香族聚酰胺。乙醇在芳香族聚酰胺膜中的溶解度高于水,但水在膜中的扩散率高于乙醇。扩散选择性对膜分离性能的影响在 EV 过程中起着重要作用。与 PV 相比,EV 有效地提高了水/乙醇的选择性。此外,研究人员还研究了芳香族二类化合物对聚合物链密度对 PV 和 EV 性能的影响。通过在聚合物骨架中引入一个大的基团,可以提高渗透速率。[95]

一系列可溶性聚酰亚胺衍生自 3,30,4,40-二苯甲醇四羧酸二酐(BHTDA)与各种二胺。例如,1,4-双(4-氨基苯氧基)-2-叔丁基苯(BATB)、1,4-双(4-氨基苯氧基)2,5-二叔丁基苯(BADTB)和2,2′-二甲基-4,4′-双(4-氨基苯氧基)联苯(DBAPB)也可用于乙醇/水混合物的 PV 分离[96],并研究了二胺结构对 90%乙醇水溶液在 BHTDA 基聚酰亚胺膜中的 PV 效应。H_2O/EtOH 选择性按 BHTDA – DBAPB > BHTDA – BATB > BHTDA – BADTB 的顺序排列。聚合物主链中取代基的分子体积增大,渗透速率增大。随着原料乙醇浓度的增加,聚酰亚胺膜的渗透速率增大,而渗透液中的水浓度降低。采用 BHTDA – DBAPB 膜,在 90%的乙醇水溶液中,分离系数为 141,渗透速率为 255 g/(m^2·h),分离指数为 36 000,得到了最佳的 PV 性能。[97,98]

通过 PVA 与 γ-氨丙基三乙氧基硅烷(APTEOS)的溶胶-凝胶反应,制备了新型的有机-无机杂化膜,用于乙醇/水混合物的 PV 分离。当 APTEOS 质量分数小于 5%时,杂化膜的非晶态区随 APTEOS 含量的增加而增大,杂化膜的自由体积和亲水性均增大。混合膜在水溶液中由于在膜基质中形成氢键和共价键,因此抑制了膜的溶胀程度。随着 APTEOS 含量的增加,渗透速率明显增加,同时水/乙醇选择性增加,破坏了混合膜的渗透速率与水/乙醇选择性之间的平衡。吸附选择性随温度的升高而升高,随含水量的增加而降低。含质量分数为 5%的 APTEOS 的混合膜在质量分数为 5%进水的 PV 分离中分离系数最高为 536.7,渗透速率为 0.035 5 kg/(m^2·h)。[99]

将海藻酸钠(SA)与明胶(GE)混合,再与 PW11 混合,然后用 γ-缩水甘油氧基丙基三甲氧基硅烷(GPTEOS)交联,得到了新型聚电解质复合物(PEC)/11 磷钨酸水合物(PW11)混合膜(PEC/PW11)。[100]采用 XRD、FTIR、热重分析(TG)、扫描电镜(SEM)、原子力显微镜(AFM)和接触角测角仪对膜的结构进行了表征。表征结果表明,随着 PW11 含量的增加,膜中的非晶态区和膜的亲水性增强;引入 PW11,膜的热稳定性增强;当 PW11 质量分数不大于 9%时,PW11 均匀地分散在 PEC 基体中。溶胀实验表明,PEC/PW11 复合膜的溶胀程度随 PW11 含量或进水量的增加而增大。吸附实验表明,当 PW11 质量分数不超过 9%时,吸附选择性和扩散选择性均随 PW11 含量的增加而增加,然后随 PW11 含量的进一步增加而降低。PEC/PW11 杂化膜(质量分数为 9%的 PW11)的 PV 性能最好,其平均通量为 0.440 kg/(m^2·h),而对质量分数为 90%的乙酸水溶液在 50 ℃下的分离系数为 144。[101]

通过氨基丙基三乙氧基硅烷(APTEOS)和原硅酸四乙酯(TEOS)在聚乙烯醇(PVA)水溶液中的共水解和共缩聚反应,制备了新型有机-无机杂化膜。这些溶胶-凝胶反应使二氧化硅纳米颗粒具有网络交联膜的结构。由于这些交联反应,因此膜的溶胀特性发生了变化。APTEOS 与(APTEOS + TEOS)的相对摩尔含量由 0 变为 0.75。研究人员研究了 APTEOS 到 APTEOS + TEOS 对乙醇脱水膜的形态和 PV 性能的影响。结果表明,与 PVA – TEOS 膜相比,质量比为 1∶1(APTEOS + TEOS/PVA)的杂化膜具有较高的渗透选择性,对乙醇-水混合物脱水的渗透性更强。由于混合硅烷的水解和缩合反应使二氧化硅纳米颗粒更小,因此与使用单一硅烷制备的膜相比,膜的渗透性能得到了改善。

采用聚乙烯醇(PVA)与 γ-氨丙基三乙氧基硅烷(APETEOS)和四乙氧基硅烷(TEOS)的溶胶-凝胶反应制备了新型有机-无机纳米复合膜。[102]通过混合硅烷偶联剂将聚乙烯醇链交联。聚合物链与硅烷试剂之间的反应可以控制纳米复合膜在异丙醇(IPA)水溶液中的溶胀程度。用扫描电镜和红外光谱对膜进行表征,研究了膜中 APTEOS

含量、进料浓度和温度对 PV 性能的影响。结果表明,随着膜上 APTEOS 含量的增加,膜的分离因子和渗透通量增加。Arrhenius 类型关系用于描述渗透流的温度依赖性。研究还发现,分离系数随温度的升高而降低。

以聚乙烯醇(PVA)和乙烯基三乙氧基硅烷(VTES)为原料制备了新型有机-无机杂化膜[103],采用红外光谱、X 射线衍射、扫描电镜、原子力显微镜、热重分析和接触角测定等方法对其进行了表征。制备的膜在低 VTES 含量下以分子尺度形成。在质量分数为 18.43% 的 VTES 负荷以上,制备的膜表面的聚集明显。将 VTE 引入到 PVA 基质中会导致结晶度降低,并增加所制备膜的致密性和热稳定性。在乙醇/乙酸乙酯水溶液的 PV 脱水过程中,二氧化硅杂化降低了制备膜在水/乙醇/乙酸乙酯混合物中的溶胀,降低了渗透通量,并显著提高了水的渗透选择性。具有质量分数为 24.04% 的 VTES 的混合膜具有最高的分离系数 1 079 和 540 g/(m^2·h)的渗透通量。

研究人员以 N-O-磺酸苄基壳聚糖(NSBC)为改性剂,合成了 2-甲酰苯磺化环氧烷钠(SBAPTS),制备了 NSBC-SBAPTS 杂交膜,用于水-乙醇混合物的 PV 脱水[104],在杂交膜的两段(有机和无机)上实现了 -SO_3H 基团的接枝。并系统地优化膜组成和交联密度,以探索膜结构对其 PV 性能的影响。最合适的杂化膜(CPS-a)在 30 ℃下显示 0.59 kg/(m^2·h)渗透流和对质量分数为 90%的脱水乙醇有 5 282 的选择性。

羧甲基纤维素钠(CMCNa/GA)交联膜和 CMCNa/四乙氧基硅烷(TEOS)杂化膜均表现出较高的水/乙醇选择性。因此,可以发现将交联结构引入 CMCNa 分子是非常有效的。CMCNa/TEOS 复合膜的水/乙醇选择性高于 CMCNa/GA 交联膜。在 CMCNa 中加入适量的 TEO 后,TEO 均匀地分散在膜中,形成了最合适的交联结构,因此获得了最佳的水/乙醇选择性。通过对 TEOS 和 GA 作为交联剂作用的比较,由于 TEOS 的交联点比 GA 高,形成了一种致密的交联结构,有效地限制了膜的溶胀,因此 CMCNa/TEOS 混合膜具有较高的水/乙醇选择性。用质量分数为 10%的 TEOS 交联 CMC 膜的某些性质的突变可以解释如下:在溶胶-凝胶工艺中,质量分数为 10%的 TEOS 的 CMC 膜是均匀的,具有许多羟基,因此该膜的化学和物理结构非常好。在这项研究中,Uragami 等[105] 表明,具有高水/乙醇选择性的膜可以通过 CMCNa 作为有机组分和 TEOS 作为溶胶-凝胶反应的无机组分的杂交而设计,CMCNa 为乙醇/水的共沸物的选择性分离提供了潜力。

10.6.4 带接枝技术的膜

研究人员制备了一种 4-乙烯基吡啶接枝聚碳酸酯(PC-g-4VP)膜,用于 PV 的水选择性。水优先通过 PC-g-4VP 膜渗透到所有实验成分中。随着膜中 4-乙烯基吡啶含量的增加,膜的渗透速率和分离系数增大。以 N,N-二甲氨基甲基丙烯酸乙酯(DMAEM)在尼龙 4(N4)骨架上进行均接枝聚合,制备了一种亲水性 PV 膜,接枝率为 26.7%,对质量分数为 90%的乙醇溶液的分离系数大于 6 300。[106] 以 N,N-二甲胺基甲基丙烯酸乙酯(DMAEM)在尼龙 4(N4)骨架上进行均接枝聚合,制备了一种亲水性 PV 膜,得到了 DMAEM-g-N4 膜。[107] 用二甲基亚砜对 DMAEM-g-N4 膜上的 N,N-二甲胺基进行季铵化,提高了水的选择性,产生 DMAEMQ-g-N4 膜。两种化学改性 N4 膜的分离系数和渗透速率均高于未改性 N4 膜。采用 DMAEMQ-g-N4 膜,接枝率为12.7%,

乙醇进料质量分数为 90%，分离系数为 36，渗透速率为 564 g/(m²·h)，得到了最佳的 PV 性能。以过氧化氢亚铁离子为引发剂，将聚异丙基丙烯酰胺(PNIPAAm)接枝到聚乙烯醇骨架上，制备了温度敏感膜。由于 PNIPAAm 的接枝，因此膜内的亲水/疏水平衡和悬垂基团的极性发生了改变。在乙醇/水混合物体系的 PV 过程中，观察到接枝膜的温度敏感性接近线性 PNIPAAm 膜的低临界溶解温度(LCST)。当乙醇含量分别为 75% 和 80% 时，PV 和水的吸附选择性都在 30~32 ℃ 附近显示出最大值。接枝膜的温度敏感性也取决于乙醇浓度。当乙醇的质量分数低于 75% 时，最大的 PV 和溶解度选择性消失，因为较大的溶胀程度降低了膜的尺寸筛选效果。[108]

研究人员预期在对于有机溶剂/水混合进料溶液稳定的支撑膜上形成亲水性聚合物链，制备水 - 选择性渗透膜。

为制备一种用于共沸溶液 PV 分离的水选择性膜，采用聚乙烯醇(PVA)与聚(钠盐 - 苯乙烯 - 磺酸 - 马来酸)(PSStSA - co - MA)反应制备了一系列接枝共聚物。[109] 通过热处理在聚乙烯醇的羟基和共聚物的羧基之间进行酯化。以偶氮二异丁腈为引发剂，用苯磺酸钠和马来酸酐在二甲基亚砜中共聚制备了 PSStSA - co - MA。用红外光谱分析了反应机理和产物结构，研究了热处理时间对凝胶含量的影响。交联剂含量越高，渗透通量越小，分离因子越高。将质量分数为 15% 的 PSStSA - coMA 的膜用于 30 ℃ 的水/乙醇共沸溶液 PV 过程，得到 0.43 kg/(m²·h) 的流量和 190 的分离系数。

通过将苯乙烯(g - PS)等离子体接枝聚合到多孔聚偏氟乙烯(PTF₂)膜上，分别通过接枝膜的磺化作用和磺化膜的离子化作用(g - PSS - Na⁺)，制备了从水/乙醇混合物中选择性渗透水的各种膜。随着进料中乙醇浓度的增加，水/乙醇的选择性增加，为达到最佳的水分离效果，需要控制接枝量。接枝量为 0.14 mg/cm² 的 g - PSS - Na⁺ 膜具有 6.6 kg/(m²·h) 的高渗透速率，在 50 ℃ 下，质量分数为 60% 的乙醇水溶液的 PV 的分离系数为 21。[110]

对聚丙烯酸酯接枝聚乙烯(PE - g - AA)膜的 PV 过程进行研究，发现随着接枝率的提高，PE - g - AA 膜的性能得到了改善。测定不同反离子负载的膜对水和乙醇的吸附和扩散特性，以及溶剂与膜离子对的相互作用。结果表明，离子对优先被水溶解，在离子对解离的液体混合物中，钾膜的水含量远小于锂膜。在水 - 乙醇混合物中，羧酸钾离子对更容易解离，说明渗透率根据 Li⁺ < Na⁺ < K⁺ 增加。磺酸盐与羧酸盐膜在碱性阳离子序列上的明显矛盾解释了渗透率的变化是由磺酸盐与羧酸盐离子对电离能力的差异导致的。[111]

为制备用于共沸溶液 PV 分离的水选择性膜，采用聚乙烯醇(PVA)与 PSStSA - co - MA 反应合成了一系列接枝共聚物。通过热处理在聚乙烯醇的羟基和共聚物的羧基之间进行酯化。以偶氮二异丁腈为引发剂，用苯磺酸钠和马来酸酐在二甲基亚砜中共聚制备了 PSStSA - co - MA，用红外光谱分析了反应机理和产物结构，研究了热处理时间对凝胶含量的影响。随着交联剂含量的增加，渗透通量减小，分离系数增大。采用一种质量分数为 15% 的 PSStSA - co - MA 的膜，在 30 ℃ 下对水 - 乙醇共沸溶液 PV 进行处理，得到了 0.43 kg/(m²·h) 的通量和 190 的分离系数。

Lai 等[112] 研究了不对称聚碳酸酯(PC)膜的表面改性，其方法是将其暴露于残余空气等离子体中，然后与 2 - 羟乙基甲基丙烯酸(HEMA)单体进行接枝聚合。采用管式真空反应器对等离子体进行表面预处理,在恒温振荡水浴中进行表面接枝。用质量法计算接枝率,利用红外光谱、水接触角测量仪和扫描电镜对薄膜进行了表征。通过测定渗透速率和分离系数,测试了接枝 PC 膜对乙醇水溶液脱水的 PV 性能。将单体浓度、等离子体条件和接枝时间作为影响 PV 性能的不同参数。通过 PV 在 25 ℃下分离水中质量分数为 90% 的乙醇。研究表明,用质量分数为 30% 的 Hema 溶液(PC - g - Hema)接枝的 PC 膜的渗透通量最高为 380 g/(m^2 · h),分离系数最高为 410(相当于渗透物中质量分数为 98% 的水)。用于生产这种表面改性 PC 膜的条件是用 50W 等离子体处理 90 s 离子体处理 90 s,80 ℃下接枝聚合 90 min。从该研究中获得的 PC - g - HEMA 膜的 PV 性能与先前研究的片材膜的 PV 对比起来性能良好。

以过硫酸铵为引发剂,通过氧化自由基共聚将壳聚糖与聚苯胺接枝。通过改变苯胺比,利用接枝材料制备了一系列膜。用红外光谱、广角 X 射线衍射、差示扫描量热法(DSC)和扫描电镜对这些膜进行了表征。在 30 ~ 50 ℃的温度范围内,通过 PV 对所得膜分离水 - 异丙醇混合物的能力进行了测试。含有 1∶3 接枝率的膜在 30 ℃时,在进料中 10% 的水的质量百分比下,流动量为 1.19×10^{-2} kg/(m^2 · h),显示出 2 092 的最高分离选择性。水的总流量和流量非常接近,特别是对于接枝膜而言,这意味着它们可以用来打破水 - 异丙醇混合物的共沸点。从扩散和渗透值的温度依赖性出发,对 Arrhenius 活化参数进行估算,并根据膜效率进行讨论。所有的膜都表现出正的吸附热(ΔH_s),具有吸热作用。[113]

首先,介绍用 N - 琥珀酰亚胺丙烯酸酯和四元化壳聚糖(q - Chito)通过异氰酸酯化合物引入双键的化学改性壳聚糖,并将丙烯酸(AA)接枝到乙烯基化 q - Chito 上制备亲水性壳聚糖衍生物膜,研究 AA - g - q - Chito 膜在乙醇/水共沸物脱水过程中的渗透分离特性。AA - g - q - Chito 膜对乙醇/水共沸物具有很高的水渗透选择性。AA - g - q - Chito 膜通过增加乙烯基化 q - Chito 的接枝聚合度,提高了膜的渗透速率和水的渗透选择性,通过在 q - Chito 分子上引入亲水性聚丙烯酸链,提高了 AA - g - q - Chito 膜对水的吸附性。采用溶液扩散模型分析了乙醇/水共沸物在 AA - g - q - Chito 膜中的分离机理。渗透速率和分离因子对水的选择性有较大的影响。为改善 AA - g - q - Chito 膜的渗透分离性能,用二甘醇二缩水甘油醚(DEDGE)交联了 AA - g - q - Chito 膜。尽管交联 AA - g - q - Chito 膜的渗透速率略有下降,但其水透过率却显著提高。这一结果取决于这样一个事实:进料蒸汽引起的膜溶胀可通过交联膜来控制。[114]

10.6.5 加添加剂和共混的膜

渗透汽化采用 PV 工艺可以经济地实现有机化合物的脱水。例如,在酒精厂,采用发酵、蒸馏 - PV 组合工艺与纯蒸馏相比,在节能方面具有明显的优势。将聚乙烯醇(PVA)和聚苯乙烯磺酸(PS)的水溶液在微孔聚丙烯腈(PAN)支撑膜上浇铸,蒸发溶剂,在 12 ℃下热固化 2 h,制备了新型复合膜。将复合膜浸泡在多价金属盐和离子交联的水溶液中。实验结果表明,新型复合膜对 95% 乙醇水溶液在 60 ℃时具有较高的分离系数(1 000 ~ 2 000)和较高的渗透速率(0.1 ~ 0.2 kg/(m^2 · h)),甲醇/水体系的分离系数为 43,异丙醇/水体系的分离系数为 13 900),正丁醇/水体系在 60 ℃下使用 95% 乙醇浓度分离因子为 17 900。[115]

以甲壳胺(Chito)和聚丙烯酸(PAA)为原料,制备了三种不同类型的共混膜,并考查了它们对水/乙醇混合物的分离性能。所有膜均具有较高的 H_2O/ETOH 选择性。对于水含量较高(430%)的进料溶液,膜对 H_2O/EtOH 的选择性随温度的升高而增加,这是不寻常的,因为膜的渗透率和分离因子都随温度的升高而增加。对复合膜和均质膜的 PV 性能进行比较,在 95%乙醇水溶液中,30 ℃下的典型 PV 结果如下:均匀膜的渗透速率为 33 g/(m^2·h),分离因子为 2 216。将 o-羧甲基壳聚糖(CM-Chito)与海藻酸盐的混合物在 5%氯化钙水溶液中混凝,再用质量分数为 1% 的 HCl 水溶液处理,制备出渗透速率为 132 g/(m^2·h)的复合膜,分离因子为 1 008。[116]共混膜中含有 Ca^{2+} 交联桥联的聚合物渗透,对醇/水的分离具有较高的分离因子和较低的渗透速率。共混膜的热稳定性明显优于海藻酸钠和纤维素/海藻酸钠共混膜,这是因为 CM-Chito 的氨基与海藻酸钠的羧酸基团发生了强烈的静电相互作用。[117]

将丝胶与 PVA 共混制得丝胶/PVA 共混膜,再与二甲基甲苯进行化学交联,制得丝胶/PVA 共混膜,共混膜对水具有较好的渗透性。在 50~70 ℃的温度范围内,当进水质量分数为 8.5%时,渗透水质量分数为 93.1%~94.1%。以纯丝胶和聚乙烯醇为原料,在相同条件下制备膜,并进行 PV 分离试验。膜的水选择性主要来自于吸附选择性,而在膜的渗透过程中渗透和吸附具有很强的耦合效应。[118]

低水分乙醇的高效脱水是燃料级乙醇可持续生产所面临的挑战。将 99%和 88%的水解 PVA 与聚烯丙胺盐酸盐交联混合物制备成渗透汽化脱水膜。对于低进水浓度(<5%),这些聚合物膜比 99%水解 PVA 膜具有更高的 H_2O/ETOH 选择性。[119]

采用溶液聚合法制备了羟乙基纤维素与丙烯酰胺(HEC-g-AAm)的接枝共聚物(HEC-g-AAm),通过红外光谱(FTIR)和差示扫描量热法(DSC)证实了接枝反应。

将接枝共聚物以不同比例与海藻酸钠(NaAlg)共混,采用溶液铸造法制备了接枝共聚物膜,然后在丙酮-水介质中与戊二醛(GA)进行交联,在 30 ℃的水/异丙醇混合物中对共混膜进行了溶胀实验。在 30 ℃条件下,对水/异丙醇混合物中质量分数为 10%~50%的水进行 PV 试验。随着共混膜中 HEC-g-AAm 共聚物数量的增加,膜的通量和选择性均增加。膜 NaAlg/HEC-g-AA-30 对质量分数为 10%的水具有良好的脱水潜力,其选择性为 2 036,水通量为 1.036 kg/(m^2·h)。通量随进水量的增加而增加,但选择性明显降低。[120]

采用纳米二氧化硅溶液聚合法制备丙烯酸(AA)和丙烯腈(AN)。将共聚物溶液制成膜主体,再与聚乙烯醇(PVA)乙酰膜复合,制成三层复合 PV 膜。通过研究不同浓度甲醇溶液中膜的溶胀程度,分析了膜的吸附特性和优先吸附性。利用 X 射线光电子能谱(XPS)分析了 P(AA-co-AN/SiO_2)膜的结构单元比,利用这些膜分离甲醇/水混合物进行了 PV 实验。结果表明,随着 AN 比例的增加,膜的选择性增加,但通量降低。当共单体比例 AA/AN 为 1/1 时,对于 60 ℃下质量分数为 98%的混合物,分离因子高达 1 534,渗透通量为 583 g/(m^2·h)。此外,通过 PV 实验的长期试验,复合膜也显示出良好的稳定性。

用 84%脱乙酰化壳聚糖与海藻酸钠生物聚合物共混,再与戊二醛交联,制得多聚离子复合膜,用于乙醇-水混合物的分离。通过红外光谱(FTIR)、X 射线衍射(XRD)、差示扫描量热(DSC)、热重分析(TGA)等测试手段研究了共混对膜结晶性能的影响,并通过拉伸测试对膜的力学稳定性进行了评价,考查了进料组成、膜厚、渗透压力等实验参数对交联膜分离性能的影响。通过对共混膜在两种液体中的相互作用程度和溶胀度的研究,评价了它们在两种液体中的相互作用程度和溶胀度。交联共混膜在 0.135 22 kg/($m^2 \cdot h$)流量下具有良好的分离共沸物的能力,其选择性为 436。膜的选择性随膜压的降低而提高,但随膜厚的变化,膜的选择性相对不变。膜厚的增加降低了膜通量,而较高的渗透压力降低了膜通量和膜选择性。[122]

用所建立的方法将原始的多层氧化石墨烯(GO)包覆在纳米纤维复合薄膜(TFNC)上,形成一种用于乙醇脱水的高通量膜。利用 GO 膜的自组装特性,将 GO 层的厚度控制在 90~300 nm。TFNC 具有较大的体积孔隙率(80%),具有完全连通的孔结构,因此具有较低的转移势垒。乙醇脱水实验表明,在含 80% 乙醇和 20% 水的进料液中,93 nm 厚的 GO 膜的渗透通量为 2.2 kg/($m^2 \cdot h$),分离因子为 308,在 70 ℃时,GO – TFNC 膜的分离性能优于工业聚合膜。例如,GO – TFNC 的渗透通量是聚乙烯醇(PVA)基工业膜的 2 倍。利用扫描电镜(SEM)、透射电镜(TEM)和掠入射广角 X 射线散射(GIWAXS)技术,对氧化石墨烯 – TFNC 膜的形貌和氧化石墨烯层中水的输运机理进行了研究。[123]

10.6.6 聚离子络合物膜

通过 κ – 卡拉胶与聚{1,3 – 双[4 – 烷基吡啶]丙烷溴}形成的离子络合物,在一个重复单元内的两个离子位之间分别形成不同数目的亚甲基单元,制备了聚离子络合物膜,研究了 90% 乙醇水溶液在不同温度下的脱水过程。在较宽的温度范围内,κ – 卡拉胶和聚{1,3 – 双[4 – 乙基吡啶]丙烷溴}组成的 PIC 膜在 30 ℃时的 H_2O/EtOH 选择性为 45 000,渗透率为 150 g/($m^2 \cdot h$)。

随着操作温度的升高,透气性大大提高,但选择性略有下降。[124]

用硫酸纤维素和各种阳离子及阳离子表面活性剂制备了两种极性相反的聚阴离子水溶液,并将它们同时进行界面反应制备了 PIC 膜。PV 研究证明,这种聚阳离子膜可以成功地用于各种有机溶剂的脱水。通过对膜的溶胀和 PV 特性的测试,证实了阴离子多糖,钠纤维素硫酸盐是 PIC 膜脱水过程中唯一具有良好分离能力的组分。[125]

以壳聚糖(Chito)和聚丙烯酸(PAA)为原料,将两种不同比例的聚合物溶液共混,制备了 PIC 膜。以壳聚糖和 PAA 为原料,经不同比例共混而成的 PIC 膜的热性能随共混温度的变化而变化,研究了不同有机混合物、水/乙醇、水/1 – 丙醇、甲醇/甲基 – 丁基醚的 PV 性能。PIC 膜中 PAA 含量的增加影响了水/乙醇混合物的溶胀行为和 PV 性能。随着进料酒精浓度的增加,渗透速率降低,渗透水中的水浓度接近 100%。[126]

在水溶液中制备了壳聚糖膜和聚丙烯酸(PAA)组成的不对称 PIC 膜。PAA 的分子量越大,PAA 的吸附量越小,而 PIC 膜的水选择性越高。在 PV 过程中,膜的水选择性很高,以至于气相色谱法没有检测到乙醇。[127]

研究人员研究了聚离子交联壳聚糖复合膜(q – ChitoPEO – PIC/PES 复合膜)在聚醚砜(PES)载体上对乙醇/水共沸物的脱水作用。该膜由季铵化壳聚糖(q – Chito)和聚氧葡萄糖酸(PEO 酸)组成,以聚醚砜(PES)为载体,制备了季铵化壳聚糖(q – Chito)/聚氧乙酸(PEO 酸)复合膜,对乙醇/水共沸物进行了脱水研究。[128,129] q – Chito/PES 复合膜和 q – ChitoPEO 酸多离子复合物/PES 复合膜对乙醇/水共沸物均表现出较高的 H_2O/EtOH 选择性。结果表明,复合膜的渗透速率和 H_2O/EtOH 的选择性均随渗透速率的增加而提高,通过在壳聚糖分子中引入季铵盐基团,提高了 q – Chito/PES 复合膜对水的亲和力,从而提高了壳聚糖分子的季铵盐化程度。由 PEO 酸中羧酸基等摩尔比与 q – Chito 中季铵盐基等摩尔比制备的 q – Chito – PEO 酸 PIC/PES 复合膜,在不降低渗透速率的情况下,对 H_2O/EtOH 的选择性分离因子最佳(图 10.8)。

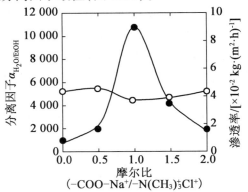

图 10.8 在 40 ℃时,q – Chito/PEO4000 聚离子复合物/PES 复合膜对乙醇/水共沸混合物的渗透和分离特性与 PEO 酸 4 000 中羧酸基团与 q – Chito 中铵基的摩尔比的关系

随着 PEO 酸相对分子质量的增加,H_2O/ETOH 选择性分离因子增大,但渗透速率变化不大。等摩尔比 q – Chito 的 q – Chito – PEO 酸 4 000 多离子复合物/PES 复合膜的渗透速率为 0.35 kg/($m^2 \cdot h$),分离因子为 6 300,EV 指数为 2 205。1 – 丙醇和 2 – 丙醇水溶液在等摩尔羧基和铵基比例下的分离因子也最大,且大于乙醇/水共沸物的分离因子。

采用超薄聚离子复合物(PIC)对醋酸纤维素(CA)膜进行改性,研究了其对水 – 乙醇混合物的 PV 性能。通过氧等离子体处理,尝试在 CA 膜表面引入含氧阴离子基团,并用化学分析电子能谱(ESCA)对其进行了表征。将等离子体处理后的膜浸入聚烯丙胺水溶液中,通过对膜的 FTIR – ATR 光谱的测量,证实了在膜表面形成超薄的 PIC 层。水 – 乙醇混合物的 PV 结果表明,PIC 层提高了 CA 膜的选择性。选择性的显著提高并没有伴随着水通量的大幅度降低。此外,等离子体处理的能量对 CA/PIC 膜的渗透通量和选择性有较大的影响。以聚丙烯酸(PAA)为阴离子形成多层 PIC,进一步提高了膜的选择性。[130]

研究人员通过海藻酸钠和卡拉胶两种阴离子多糖与二价钙离子的络合作用制备了 PIC 膜,研究了退火对 PIC 膜结构的影响及其对甲醇混合物除水性能的影响,退火膜的结晶度发生了变化。这种变化是聚合物链的重排,由螯合结构的变形和多糖分子内或分子间的相互作用引起。由于退火对所得膜的影响,因此在水蒸气渗透过程中,水组分几乎直接渗透到膜的渗透侧。随着操作温度的升高,膜的性能逐渐提高。[131]

在水解 PAN 支撑膜上包覆一薄而致密的壳聚糖膜,[132] 在 60 ℃时,对 90% 乙醇水溶液的渗透速率可达 0.26 kg/($m^2 \cdot h$),对 H_2O/IPA 的选择性可达 8 000 以上。当 1 – 丙醇和 2 – 丙醇的质量分数均为 80% 时,同一膜的渗透速率分别达到 0.8 kg/($m^2 \cdot h$) 和

1 kg/(m²·h),分离因子约为 105。

在氨气存在下,用气体等离子体对三醋酸纤维素膜表面进行了改性。接触角测试表明,表面亲水性增加。在分离异丙醇的水溶液中,这些膜对水有很好的选择性。对于进料中任何浓度的 IPA,水的渗透速率随处理时间的增加而增加,经等离子体处理的醋酸纤维素膜在 PV 过程中对异丙醇/水混合物的分离也表现出较高的 H_2O/IPA 选择性。[133]

研究人员制备了 NaAlg 与 PAAM 分别按 3∶1 和 1∶1 的比例接枝瓜尔豆胶(PAAM-g-GG)的共混膜,用于水/异丙醇混合物的 PV 分离。纯 NaAlg(M-1)膜和 NaAlg 与 PAAM-g-GG(M-3)共混制得的膜对 10% 水有最高的分离选择性,而 NaAlg 与 PAAM-g-GG 按 3∶1 的比例制备的膜对 20% 水有最高的渗透选择性。随着接枝共聚物用量的增加,共混物中 H_2O/IPA 的选择性降低。在低质量百分比水时,渗透速率随掺量的增加而增加,但随着共混的接枝物含量的增加,渗透速率没有明显变化。[134]

采用熔融浇铸法制备了 Chito 与羟丙基纤维素(Chito/HPC)共混膜,并与尿素-甲醛-硫酸共混物交联,对 2-丙醇的 PV 脱水进行了试验。含 20% HPC 的共混膜(Chito/HPC-20)对含 10% 水的混合料液的选择性高达 11 241。相对而言,相同的进料混合物对普通交联甲壳素膜的选择性较低,为 488;随着混合料水分成分的增加,该值进一步降低。在 10%~30% 的进料水组成下,普通甲壳素膜的渗透速率由 0.074 kg/(m²·h)提高到 0.246 kg/(m²·h),Chito/HPC-20 膜的渗透速率由 0.132 kg/(m²·h)提高到 0.316 kg/(m²·h)。Chito/HPC 共混膜的渗透速率较高,而普通交联 CS 膜的渗透速率较低。然而,Chito/HPC-10 和 Chito/HPC-20 共混膜的 H_2O/IPA 选择性较高。Chito/HPC-40 膜的渗透速率从 0.226 kg/(m²h)提高到 0.391 kg/(m²h),但在 10%~30% 水组成范围内,H_2O/IPA 的选择性从 453 降低到 80。随着温度的升高,通量显著增加,但 H_2O/IPA 的选择性降低。[135]

以壳聚糖(CS)和聚丙烯酸(PAAc)为原料,将两种不同比例的聚合物溶液共混,制备了聚丙烯酸(PIC)复合膜,用于乙二醇(EG)水溶液的过蒸发脱水。用红外光谱(FTIR)和扫描电镜(SEM)对 CS-PAAc PIC 膜的组成和形貌进行表征,分别用万能试验机和热重分析仪测试了薄膜的力学性能和热稳定性,系统地研究了 PAAc 含量、进料 EG 浓度、操作温度和进料流量对膜性能的影响。在所研究的膜中,PIC60/40 膜对 80% EG 水溶液的分离性能最好,在 70 ℃时 H_2O/EG 分离因子为 105,流速为 216 g/(m²·h)。随着操作温度和进料流量的增加,渗透通量增大,分离因子减小。随着进料液中 EG 浓度的增加,水的渗透通量减小,EG 通量先增大后减小,分离因子先急剧下降,但在 80 左右波动。

研究人员制备了阴离子 NaAlg 和阳离子 PEI 的致密 PIC 膜,并与 GA 交联,用 PV 对醇/水混合物进行脱水,并测定了 PV 膜的脱水特性与 PEI 含量、交联时间及进料水组成的关系,以及水和醇在膜中的吸附、扩散和渗透等输运参数。在四种不同的膜组分中,含 40% PEI 的 PIC 在膜稳定性、选择性和渗透性方面均能获得最佳的分离数据。另外,10% PEI 含量膜在室温下具有最高的选择性和最低的渗透速率,但膜不够稳定。[137]

通过在多孔聚砜支撑膜上掺杂 NaAlg 与质子化壳聚糖络合制备了 PIC 膜,采用不同的醇/水混合物对膜的 PV 特性进行了研究。PIC 膜在大多数乙醇水溶液中具有优异的 PV 性能,膜的选择性和渗透性取决于过氧化物的分子大小、极性和亲水性。然而,甲醇水溶液的渗透行为与其他醇溶液不同。尽管水分子极性更强、体积更小,但甲醇比水更容易渗透制备的 PIC 膜。[138]

研究人员将丝光沸石(Mo)加入甲壳质和 PAA 混合溶液中,制备了填充有丝光沸石(Mo)的甲壳质/PAA – PIC 膜,用于乙二醇(EG)水溶液的 PV 分离。考查丝光沸石含量对膜的吸附、扩散和 PV 性能的影响,随着丝光沸石含量的增加,渗透速率降低,分离因子先增大后减小。在 70 ℃条件下,添加 4% 丝光沸石的 M04 – PIC60/40 对进料中 80% EG 的渗透速率为 165 g/($m^2 \cdot h$),H_2O/EG 选择性最高,分离因子为 258。

本研究利用壳聚糖羧甲基纤维素钠的聚离子复合物(PIC),分别研究了甲醇 – 水(MW)、乙醇 – 水(EW)、异丙醇 – 水(IW)和丁醇 – 水(BW)四种二元进料混合物的渗透汽化脱水。[85] 在 HCl 水溶液中,用溶液浇铸法制备了均一的亲水性聚离子复合膜(UPICMS),并用 NaOH 水溶液溶解了 PECS 的固形物,制得了 PECS 的亲水性复合膜(UPICMS)。采用红外光谱(FTIR)、X 射线衍射(XRD)和电导率分析分别研究了 PIC 的化学结构、组成和电性能,考查了基于不同醇水比时,水含量 UPICMS 溶胀性能和渗透汽化脱水性能的影响,研究了不同含水量对 UPICM 溶胀性能和渗透脱水性能的影响。UPICM 显示,SD = 35 溶胀性能最高,通量为 J = 108 kg/($m^2 \cdot h$),α = 84,其中 85% 的水从 50% 的异丙醇 – 水混合物中渗透。

采用亲水性聚丙烯腈 – co – 甲基丙烯酸(PANMAC)、聚丙烯腈 – co – 羟乙基甲基丙烯酸酯(PANHEMA)、聚乙烯醇(GFT – 1001)和交联马来酸酐(PVAManh)膜对甘油/水混合物的分离特性进行研究,发现所有的膜都具有高度的水选择性。在所研究的整个水浓度范围内,PVAManh 膜对水的渗透通量最高。均聚物(PVAManh 和 GFT – 1001)的渗透速率高于共聚物膜(PANHEMA 和 PANMAC),但均聚物的溶胀比共聚物大得多,这就是 PVA 膜寿命不长的原因。改变操作参数对膜的选择性没有影响。没有观察到甘油的分解/聚合,因为没有像蒸馏那样受高温的影响。将 PV 与气液平衡数据进行比较,发现甘油/水混合物的 PV 比气液平衡有更好的选择性,尤其是在甘油浓度大于 90% 时。[140]

10.7 乙醇/水选择膜

10.7.1 含硅的均聚物膜

为获得较高的乙醇产量,采用由发酵罐和 PV 系统组成的膜生物反应器对酒精连续发酵过程进行研究,微孔疏水性聚四氟乙烯膜用于 PV 过程[141],采用葡萄糖培养基和面包酵母进行发酵。进行了三种连续发酵试验:常规自由细胞发酵为标准工艺;PV 连续提取膜生物反应器中的乙醇的发酵过程;PV 提取乙醇并同时从发酵系统中去除部分发酵液。

采用内径 0.083 μm、外径 262 μm、膜厚 20.6 μm、孔隙率为 0.44 的多孔聚丙烯中空纤维对乙醇水溶液进行浓缩[142],在中空纤维膜的外侧加入水溶液,使膜内的压力低于大气压。乙醇在渗透液中的浓度比截留液中的浓度高。随着料液浓度的增加和温度的升高,膜的浓度和通量增加;但随着料液流速的变化,膜的总渗透通量(总渗透通量为

4×10^{-4} mol/(m²·s),渗透液中乙醇浓度为30%)基本保持不变。

在膜内引入氮气,以降低乙醇和水、p_{2E} 和 p_{2W} 的压力,从而增大它们在膜上的压差$(p_{1E} - p_{2E})$、$(p_{1W} - p_{2W})$。随着氮气流量的增加,渗透通量增加,但乙醇浓度保持在30%左右。乙醇和水的渗透速率 J_E 和 J_W 由以下方程表示:

$$J_E = K_E \cdot \frac{p_{1E} - p_{2E}}{RT} \tag{10.40}$$

$$K_E = 1.31 \cdot \frac{D_{EM}}{\varepsilon l} \tag{10.41}$$

$$J_W = K_W \cdot \frac{P_{1W} - P_{2W}}{RT} \tag{10.42}$$

$$K_W = (0.99t + 6.6) \cdot \frac{D_{MW}}{\varepsilon l} \tag{10.43}$$

式中,D_{EM} 和 D_{WM} 是扩散系数;K_E 和 K_W 取决于进料液温度和下游压力。

采用高密度 PDMS 膜对甲醇/水、乙醇/水、1-丙醇/水等乙醇水溶液在 PV 和 EV 模式下的渗透分离特性进行研究。PDMS 膜在两种方法中均优先从水溶液中渗透甲醇、乙醇和1-丙醇。实验结果表明,EV 溶液中乙醇的浓度高于 PV 溶液,但在 EV 中的渗透速率较低。在进料液与膜环境(TDEV)温差较大的 EV 中,当膜环境温度保持不变时,随着进料液温度的升高,膜的渗透速率和 EtOH/H₂O 的选择性都增加。在进料液温度不变的情况下,膜的渗透速率和 EtOH/H₂O 的选择性随进料液温度的升高而增大。另外,当料液温度保持不变,膜环境温度变化时,渗透速率降低。然而,乙醇/水的选择性随着膜环境温度的降低而显著增加(图 10.9)。在 40 ℃进料液和 -30 ℃膜的渗透条件下,进料液中含 10% 乙醇的水溶液浓缩到 90% 左右。[33,37,143] 在 PDMS 膜中,脂肪醇的选择性按甲醇 < 乙醇 < 丙醇的顺序排列。[33,37,143]

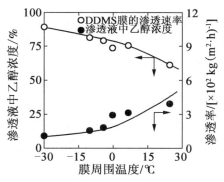

图 10.9 膜环境温度对 10% 乙醇水溶液通过 PDMS 膜的渗透速率和渗透液中乙醇浓度的影响

研究人员探究了不同条件下,EV 和 PV 通过未拉伸聚苯乙烯膜和双轴拉伸聚苯乙烯膜渗透分离甲醇/水和乙醇/水混合物的特性。所有聚苯乙烯膜在两种方法中都主要渗透水分子。EV 的渗透速率小于 PV,但前者的分离因子大于后者。通过双轴拉伸聚苯乙烯膜的分离因子比未拉伸聚苯乙烯膜的分离因子大,该值约为 1 500,适用于乙醇/水共沸混合物。研究人员从渗透分子的溶解度扩散和膜结构的角度讨论了这两种膜分离技术所涉及的聚苯乙烯膜的渗透和分离机理。[144]

为研究 EV 过程中聚合物膜对醇类水溶液的渗透和分离机理,以聚二甲基硅氧烷(DMSO)膜为例,研究了聚二甲基硅氧烷(DMSO)膜对醇类的选择性渗透和分离机理。同时,为提高膜在乙醇水溶液渗透和分离中的性能,对 EV 过程中进料液和膜附近的温度进行了控制。这种控制温差的汽化渗透方法称为 TDEV,作为一种新的膜分离技术。本章讨论了 TDEV 法在聚二甲基硅氧烷膜上对乙醇水溶液的渗透和分离特性。当进料溶液温度与膜邻域温度相差较大时,聚二甲基硅氧烷膜对乙醇具有较高的过氧化物选择性。

研究结果表明,在 EV 法分离乙醇水溶液时,如果能合理控制进料液温度和膜邻域温度,膜性能将得到显著提高。这一建议也适用于其他有机液体混合物通过其他膜的渗透。[33]

PV 和 EV 过程中的渗透速率均随渗透温度的升高而增加,PV 过程中乙醇的选择性不变,而 EV 过程中乙醇的选择性随渗透温度的升高而增加。在膜环境温度不变、乙醇水溶液温度不变的情况下,发现在各个渗透条件下,温度对乙醇的渗透速率和渗透选择性都有显著的影响。在 EV 法中,在控制温差的情况下,改性硅橡胶膜对醇的选择性按甲醇＞乙醇＞1－丙醇的顺序下降。

采用聚二甲基硅氧烷薄膜,分别用 PV 和 EV 研究了甲醇/水、乙醇/水、1－丙醇/水等水溶液的渗透和分离特性。两种方法中,聚(二甲基硅氧烷)膜均优先从水溶液中渗透乙醇。乙醇在渗透液中的浓度高于 PV,但前者的渗透速率小于后者。在进料溶液与膜环境温差较大的 EV 中,当膜环境温度恒定且进料溶液温度升高时,乙醇的渗透速率和过氧化物选择性均随进料溶液温度的升高而增大。在料液温度不变、膜环境温度不变的情况下,随着膜环境温度的降低,渗透速率降低,乙醇的渗透选择性显著提高。在 40 ℃ 进料溶液和 －30 ℃ 膜的渗透条件下,10% 乙醇的水溶液在透过液中浓缩到 90% 左右,对乙醇的选择性大小顺序为甲醇＜乙醇＜丙醇。从聚二甲基硅氧烷膜和渗透分子的理化性质出发,讨论了上述渗透分离特性。[143]

从膜结构的角度,讨论在 TDEV 过程中乙醇水溶液在多孔 PDMS 膜中的渗透和分离特性。当比较多孔 PDMS 膜和致密 PDMS 膜的渗透和分离特性时,这两种膜的乙醇/水选择性几乎相等,但多孔 PDMS 膜的渗透速率比致密 PDMS 膜高 3 个数量级。当进料温度保持在 40 ℃ 时,改变 TDEV 过程中膜周围温度,当膜周围环境的温度下降时,10% 乙醇水溶液通过多孔 PDMS 膜的渗透速率降低,但乙醇/水的选择性增加。[145]

在上述实验中,选择高浓度乙醇溶液的 $EtOH/H_2O$ 膜用于 PV、EV 和 TDEV 等过程。在这些情况下,乙醇和水的渗透和分离依赖于溶液扩散机制。因此,在 PV 中,渗透速率高但 $EtOH/H_2O$ 选择性低;在 EV 中,渗透速率低但 $EtOH/H_2O$ 选择性高;在 TDEV 中,渗透速率低但 $EtOH/H_2O$ 选择性更高。然而,在膜的性能上,既要求高的渗透性,也要求高的 $EtOH/H_2O$ 选择性。假设使用致密膜的水/乙醇混合物的膜性能是有限的,因此将多孔膜应用于 TDEV 中浓缩乙醇水溶液。

图 10.10 显示了 10% 乙醇水溶液在 TDEV 中透过致密 PDMS 膜(图 10.10(a))和多孔 PDMS 膜(图 10.10(b))时,膜环境温度对渗透速率和渗透中乙醇浓度的影响。在图 10.10 中,进料溶液温度保持在 40 ℃ 不变,改变膜环境温度,下游的压力保持在 665 Pa。图 10.10(b)中,随着膜周围温度的降低,渗透速率降低,渗透液中乙醇浓度增

加。渗透率的这种减少可以用表 10.2 中的渗透条件来解释,其中 ΔT 是进料溶液温度 T_L 与进料蒸汽温度 T_V 之间的温差,Δp 是进料侧压力 p_F 与渗透侧压力 p_P 之间的压差。图 10.11 中分别显示了 ΔT 与 Δp 之间的关系、Δp 与 ΔT 之间的关系,以及渗透与分离的特性。研究表明,ΔT 的增加会导致 Δp 和渗透速率的下降。因此,在图 10.11(b) 中,随着膜周围温度的降低,渗透速率的降低明显依赖于 Δp 的降低。

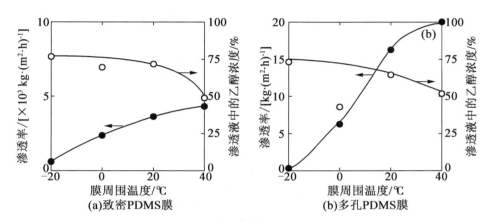

图 10.10　在进料温度为 40 ℃ 的条件下,改变膜环境温度,致密 PDMS 膜和多孔 PDMS 膜在 10% 乙醇水溶液中的渗透和分离特性

表 10.2　TDEV 过程中 10% 乙醇水溶液通过多孔 PDMS 膜的渗透分离特性及在保持进料温度不变的前提下随着膜环境温度的变化

	膜周温度/℃			
	−20	0	20	40
渗透液中的乙醇/%	71.8	71.1	62.1	49.8
渗透率/[kg·(m²·h)⁻¹]	0.14	7.8	16.1	20.1
T_L	33.0	33.8	35.2	40.0
T_V	17.2	22.0	30.2	38.0
ΔT	15.8		5.0	2.0
Δp	4 934	5 692	6 357	6 903
p_F	5 599	6 357	7 022	7 568

反之,图 10.10(b) 所示渗透液中乙醇浓度增加,即随着膜环境温度的下降,多孔 PDMS 膜中 EtOH/H₂O 选择性的增加,可以归因于图 10.12 所示的初步机理。[146]

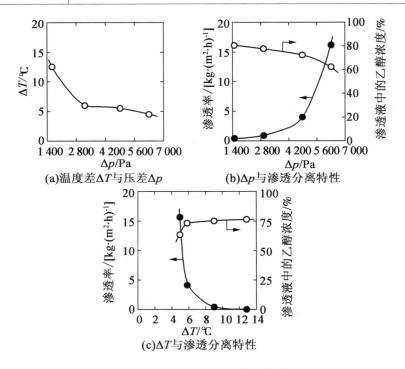

图 10.11 在 TDEV 过程中的关系

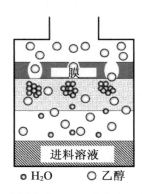

图 10.12 在 TDEV 中用多孔 PDMS 膜分离乙醇水溶液的初步机理

当水和乙醇分子从进料溶液中汽化,接近在 TDEV 中保持较低温度的膜环境时,水蒸气比乙醇蒸气更容易聚集,因为水分子的冰点(0 ℃)比乙醇分子的冰点(−114.4 ℃)高得多。随着膜环境温度的降低,聚集的水分子趋于液化。相反,由于 PDMS 膜对乙醇分子具有较高的亲和力,因此在多孔 PDMS 膜中吸附在孔道内,乙醇分子的吸附层是在渗透的初始阶段形成的。汽化的乙醇分子可以通过在孔内乙醇分子的吸附层上的表面扩散而渗透到膜中。

在 TDEV 中,水分子的聚集和乙醇分子在孔隙中的表面扩散都是通过多孔 PDMS 膜提高乙醇/水选择性。TDEV 中 EtOH/H_2O 选择性的增加既与膜环境中水分子的聚集程度有关,也与孔内乙醇分子吸附层的厚度有关,后者受膜环境温度的显著控制。当膜环境温度降低时,水分子的聚集程度和乙醇分子吸附层的厚度增加。因此,随着膜环境温度的降低,乙醇水溶液的 EtOH/H_2O 选择性增加。

如图 10.10(a)和图 10.10(b)所示,通过这两种 PDMS 膜,随着膜环境温度的降低,渗透速率降低,EtOH/H_2O 选择性增加的趋势非常相似。尽管这些 PDMS 膜的 EtOH/H_2O 选择性基本相同,但渗透速率却有显著差异,即多孔 PDMS 膜的渗透速率比致密 PDMS 膜高 3 个数量级。[146]

致密和多孔的 PDMS 膜渗透速率具有显著差异,这是因为致密的 PDMS 膜渗透是通过溶液扩散模型[15,61,147],而多孔 PDMS 膜是基于孔隙流动的,如图 10.12 所示。表 10.3 显示了有机溶剂选择性玻璃质聚[1-(三甲基硅基)-1-丙基](PTMSP)膜在 TDEV 和 PV 模式下对 10% 乙醇水溶液的渗透和分离特性。为了比较,还列出了 PDMS 膜的性能。TDEV 的渗透分离特性与 40 ℃下的渗透汽化十分相似。然而,在 TDEV 中,随着膜周围温度的降低,乙醇/水的选择性显著提高。图 10.10(a)中 PTMSP 膜在 TDEV 中的渗透速率和乙醇/水选择性明显高于 PDMS 膜在 TDEV 中的渗透速率和乙醇/水选择性。众所周知,玻璃质纳米孔 PTMSP 膜具有较低的密度,因此具有比其他聚合物膜更高的自由体积。[146] 这些结果表明,如果将多孔聚合物膜应用于 TDEV 水溶液浓度,可以获得高渗透和分离特性。因此,尝试将各种商用多孔膜应用于 TDEV 中乙醇水溶液浓度的测定。

表 10.3 TDEV 中 10% 乙醇水溶液通过 PTMSP 膜的渗透和分离特性

	TDEV					PV①
膜周围温度/℃	0	10	20	30	40	40
渗透液中的 EtOH 质量分数/%	89.6	87.1	85.3	76.8	62.4	58.8
分离因子 $\alpha_{EtOH/H2O}$②	77.5	60.7	52.2	29.7	14.9	12.8
渗透率/[kg·(m^2·h^{-1})]	0.38	0.51	0.76	0.67	0.53	0.59

①渗透汽化。

②$a_{EtOH/H2O} = \dfrac{Y_{EtOH}}{1-Y_{EtOH}} \Big/ \dfrac{X_{EtOH}}{1-X_{EtOH}}$。其中,$X_{EtOH}$ 为进料中乙醇质量分数;Y_{EtOH} 渗透液中的乙醇质量分数;进料温度为 40 ℃。

TDEV 中不同商业多孔聚合物膜对 10% 乙醇水溶液的渗透速率和渗透液中的乙醇浓度见表 10.4。表中还包括了 TDEV 过程中致密 PDMS 膜的属性。结果表明,采用 TDEV 法制备的多孔聚合物膜可以将 10% 乙醇水溶液浓缩到 40%~60%,渗透速率为 PDMS 膜的 10~1 000 倍。

表 10.4 商用多孔聚合物膜在 TDEV[①] 中对 10% 乙醇水溶液的性能

膜	平均孔径[②]/μm	渗透液中的 EtOH/%	渗透速率/[kg·(m²·h)⁻¹]
PTFE[③]	0.45	39.7	36.59
	0.30	43.6	29.73
	0.22	44.6	31.21
	0.1	51.3	20.17
	0.05	54.3	13.80
PP[④]	0.125 × 0.05	55.9	8.27
	0.07 × 0.03	57.1	8.31
CN[⑤]	0.01	51.2	28.24
PC[⑥]	0.015	59.6	0.27
PP[⑦]	0.125 × 0.05	20.0	1.02
PDMS[⑧]		86.0	0.028

①进料温度和膜周围温度分别为 40℃ 和 -20℃。
②目录中的值。
③聚苯乙烯。
④聚丙烯。
⑤硝酸纤维素。
⑥聚碳酸酯。
⑦渗透汽化(40℃)。
⑧致密膜。

在此基础上,提出了多孔疏水聚合物膜在 TDEV 中用于乙醇水溶液浓度的研究。[145,146]

表 10.5 比较了乙醇/水选择性聚合物膜的性能。可以看出,在 PV 过程中 PTMSP 膜加入 PFA-g-PDMS 效果非常好;TDEV 方法在膜分离技术中的应用对于提高乙醇/水混合物的 EtOH/H₂O 选择性也发挥重要作用,特别是多孔 PDMS 膜在 TDEV 中的应用对于乙醇/水混合物是一个非常优异的性能。

表 10.5 EtOH/H₂O 选择性膜性能

膜	进料/%	方法	应用温度/℃	α_{EtOH/H_2O}	NPR[①]/[kg·μm(m²·h)⁻¹]	参考文献
PDMS	7	PV	25	11.8	2.1	[148]
PTMSP	7	PV	25	11.2	1.1	[149]
PTMSP	10	PV	30	12.0	4.5	[150]
PFA-g-PDMS/PTMSP[②]	10	PV	40	20.0	24.1	[151]
PPA-g-PDMS	7.28	PV	30	22.5	5.5	[152]

续表 10.5

膜	进料/%	方法	应用温度/℃	α_{EtOH/H_2O}	NPR[①]/[kg·μm(m²·h)⁻¹]	参考文献
PSt－g－PhdFDA (87.6/12.4)	8	PV	30	45.9	0.6	[153]
三元共聚物(50/25/25)	15	PV	50	7.13	5.0	[154]
改性硅酮	10	PV	40	3.65	11.0	[143]
改性硅酮	10	TDEV	－30/40	19.3	16.6	[143]
PDMS	10	PV	40	7.44	6.4	[33,143]
PDMS	10	TDEV	－30/40	85.7	0.9	[33,143]
PMMA－g－PDMS (34/66)	10	PV	40	7.1	4.8	[155]
PMMA－b－PDMS (27/73)	10	PV	40	8.0	5.1	[29]
PMMA－b－PDMS (34/66)[③]	10	PV	40	6.8	3.5	[156]
PTMST	10	PV	0/40	77.5	38	[28]
多孔的 PDMS	10	TDEV	－20/40	23.1	1 250	[28,145]

①归一化渗透率。
②PFA－g－PDMS 为 0.2%。
③退火温度为 120 ℃,退火时间 2 h。

采用相转化法制备了不对称多孔硝酸纤维素(CN)和醋酸纤维素(CA)膜,考查了在温差控制 EV(TDEV)作用下,膜材料在生物乙醇稀水溶液中的高性能。在 TDEV 下的稀乙醇浓度下,该膜具有较高的渗透速率和较高的乙醇/水选择性。在孔径相近的膜中,CN 膜的乙醇/水选择性明显高于相应的 CA 膜。结果表明,膜材料与载体的亲和性是影响分离选择性的重要因素。[157]

在室温下,以自来水和空气为冷却剂,Wu 等考查了 PDMS 膜生物反应器中乙醇回收的 PV 性能。[158] PDMS 对有机溶剂和柔性高分子链具有很高的亲和力,但其膜的强度必然很强。1983 年,Masuda 教授首次将 1－(三甲基硅基)－1－丙炔(MEC≡CSiMe₃;TMSP)聚合成聚[1－三甲基硅基]－1－丙炔(PTMSP)。[159]

PTMSP 既对有机溶剂有较高的亲和力,又具有较高的膜强度。PTMSP 膜适用于气体和蒸气、PV、反渗透、膜蒸馏和吸附的渗透和分离。[160] 将 PTMSP 应用于 PV 中的乙醇水溶液中,显示出较高的乙醇选择性。

PTMSP 膜在乙醇浓度为 10% 时,对乙醇具有很高的渗透选择性,分离因子 α_{EtOH/H_2O} 达到 17。[161] 这一数值与聚二甲基硅氧烷(一种著名的乙醇渗透选择膜)相似。由于膜的溶胀,因此随着料液中乙醇含量的增加,α_{EtOH/H_2O} 值降低,总比渗透速率增大。在水和各种有机液体的混合物通过 PTMSP 膜的 PV 中,乙腈和丙酮的 $\alpha_{org:liq/H_2O}$ 在进料中有机液体约为 10% 时超过 70。在 ETOH－H₂O 的 PV 过程中,通过各种取代聚乙炔膜,脂肪族聚合物(如聚[1－(n－己基二甲基硅基)－1－丙炔]和聚(1－氯－1－辛炔))表现出或多或少的乙醇选择性,而芳香族聚合物(如聚(1－氯－2－苯乙炔)和聚(1－苯基－1－丙炔))

具有较强的透水性。为改善聚四氟乙烯(PV)的分离性能,通过对 PTMSP 进行金属化,再与三烷基氯硅烷反应,得到了几种三烷基硅基的 PTMSP。TMSP 单体单元与三烷基硅烷化单元的比值 x/y 在 95/5~80/20 范围内。所有化学修饰的 PTMSP 膜在乙醇水溶液的 PV 上都表现出乙醇渗透选择性。在 PTMSP 中引入适当长度的烷基(如甲基、乙基、丙基、丁基、己基、辛基和癸基),有效地提高了选择性。但是,过量引入辛基和癸基或引入十二烷基和十八烷基会导致选择性降低,其值小于 PTMSP 膜的选择性。此外,通过三甲基硅烷化的 PTMSP 膜,丙酮、乙腈、二氧六环和异丙醇在 PV 过程能有效地从它们的水溶液中分离出来。[162]

近年来,利用膜法回收发酵产物得到了越来越多的认可。PV 作为一种同时发酵和回收乙醇、丁醇等挥发性产物的工艺,在过去已经被研究过。然而,膜污染和低渗透通量限制了这一过程的有效性。本章研究了一种取代聚乙炔膜(PTMSP)从水相混合物和发酵液中回收乙醇的性能。与传统 PDMS 膜相比,PTMSP 膜在乙醇去除方面显示出明显的优势。在相同条件下,PTMSP 的通量比 PDMS 高 3 倍左右,浓度因子比 PDMS 高 2 倍左右。与乙醇-水混合物相比,PTMSP 与发酵液的性能表现出通量和浓度因子的降低。然而,PTMSP 膜表明,在含有细胞的发酵液的操作中,可能会增加污染阻力。[163]

利用 PV 过程分离醇-水混合物的方法,由于在疏水膜中渗透乙醇更为实用,因此优先在疏水膜中进行。然而,由于水的分子尺寸比乙醇小,因此大多数聚合物膜都具有水的渗透选择性。乙醇选择性膜仅限于含硅和含氟聚合物,如 PDMS、PTMSP 和聚四氟乙烯衍生物。[164] 已知 PTMSP 在乙醇-水混合物的 PV 中表现出乙醇的优先渗透。这种材料的透性选择性与自由体积的存在和膜表面的疏水性有关。乙醇浓度为 10% 时,EtOH 分离因子达到 10.7,在 450 h 后降至 2,平均为 8。分离因子的初始值与 PDMS 相似,PDMS 是一种著名的乙醇选择性膜。虽然 PTMSP 对乙醇-水混合物的分离性能较好,但由于溶胀过程,因此分离因子和比渗透率随操作时间的增加而降低。然而,在此之后,后者达到了与初始值相似的值。

将生物质能连续转化为醇类具有一定的经济优势。研究人员报道了在不同条件下合成的 PTMSP 样品的新 PV 数据。采用三种不同的催化体系 $TaCl_5/n$-$BuLi$、$TaCl_5/Al(i$-$Bu)_3$ 和 $NbCl_5$ 进行聚合物的合成,催化体系对 PTMSP 膜的性能有重要影响。虽然所有 PTMSP 样品均具有较高的渗透速率和较高的 $EtOH/H_2O$ 选择性分离因子(不小于 15),但采用 $TaCl_5/n$-$BuLi$ 合成的 PTMSP 样品在进料中存在乙酸时,膜性能明显恶化。与此相反,用 $TaCl_5/Al(i$-$Bu)_3$ 或 $NbCl_5$ 合成的 PTMSP 样品在乙酸存在下性能稳定。当使用有机和水的多组分混合物时,不同有机组分的共渗导致乙醇和丁醇的分离系数较低,这些数据与 PTMSP 的纳米孔形貌一致。结果表明,乙醇的蒸发去除提高了发酵过程的整体性能。[165]

利用 PTMSP 膜分离乙醇-水混合物。该聚乙炔对乙醇具有较高的亲和力,具有较高的选择性和乙醇渗透通量。该聚合物在高温(75℃)条件下,在长时间(572 h)条件下对醇-水分离性能进行了评价,考查了 50% 乙醇-水分离过程中输运性能的恶化。虽然 PTMSP 膜具有良好的气液混合物分离特性,但由于聚合物链的弛豫过程影响聚合物的自由体积,因此其有机选择性随着操作时间的增加而降低,而对于浓溶液,其恶化更为明显。研究人员研究了操作温度对 PV 特性参数的影响,确定了操作温度对 PTMSP 膜性能的影响。随着操作温度的升高,膜的选择性略有提高,但随着操作时间的延长和膜的降解,温度对分离因子的影响减小。[166]

研究人员为在生物乙醇浓度下获得更高的膜性能,将疏水多孔 PTMSP 膜应用于一种 TDEV 方法。该方法通过建立进料溶液与膜环境之间的温差,选择性地从乙醇水溶液中浓缩乙醇。经压力处理的多孔 PTMSP 膜具有较高的乙醇浓度和较高的渗透速率。本章从膜的化学和物理结构、渗透组分的物理化学性质等方面对多孔 PTMS 膜在 TDEV 中的性能进行实验研究。本章还报道了多孔壳聚糖膜对二甲基亚砜水溶液在 TEDV 中具有较高的水透过选择性。

10.7.2　含硅共聚物膜

交联聚乙烯醇(PVA)复合膜已应用于工业 PV 过程中,用于乙醇和水共沸物的脱水。然而,可以通过生物发酵产生的乙醇水溶液是稀释的(质量分数约为 10%)。因此,如果能制备出高效的乙醇/水(EtOH/H_2O)选择性膜,则可以取代蒸馏第一阶段得到共沸物的过程,这对降低能耗是非常有利的。与 EtOH/H_2O 选择膜相比,EtOH/H_2O 选择膜的报道较少。高效高性能 EtOH/H_2O 选择膜难以开发的一个原因是乙醇的分子尺寸比水大,且必须优先透过膜。事实上,PV 过程中通过致密膜的渗透和分离是基于溶液扩散机制的。[15,140] 因此,当需要较大分子尺寸的乙醇分子优先从乙醇水溶液中渗透时,不能期望通过扩散过程将其分离。只有在同时溶解乙醇和水的溶液过程中,溶解度选择性的差异才能有助于分离。图 10.13 所示为在 PV 过程中透过聚二甲基硅氧烷(PDMS)膜的渗透液中乙醇的浓度,以及吸附到 PDMS 膜中的乙醇浓度。这些结果支持了渗透组分溶解度的不同导致 EtOH/H_2O 选择性的假设。PDMS 膜具有较高的 EtOH/H_2O 选择性,但其机械强度较弱,很难用 PDMS 制备薄膜。为获得 EtOH/H_2O 的选择性和机械强度,合成了由 PDMS 大分子单体和乙烯基单体组成的接枝共聚物。

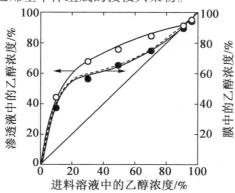

图 10.13　PV 过程中乙醇水溶液通过 PDMS 膜的渗透和分离特性

以低聚二甲基硅氧烷(DMS)为单体,甲基丙烯酸甲酯(MMA)为单体,通过共聚反应制备了具有乙醇或水选择性的接枝共聚膜,在 120 ℃ 和 -127 ℃ 附近观察到了两个玻璃化转变温度(T_g)。[155,167] 透射电镜(TEM)显示 PMMA-g-PDMS 膜呈微相分离结构。聚甲基丙烯酸甲酯-g-聚二甲基硅氧烷(PMMA-g-PDMS)膜在10%乙醇溶液中渗透时,随着共聚物中DMS含量的增加,膜中乙醇浓度和渗透速率急剧增加。特别是当DMS摩尔分数小于40%时,水优先从质量分数为10的乙醇水溶液中渗透,而摩尔分数大于40%的DMS的膜是 EtOH/H_2O 选择性的(图10.14)。PMMA-g-PDMS 膜的 ETOH/H_2O 选择性变化可用 Maxwell 模型和由并联和串联组合模型组成的微相分离聚合物结构来解释。此外,通过对 TEMS 的图像处理,可以确定 DMS 摩尔分数约为40%时 PDMS 相的渗透转变。这些结果表明,微相分离 PMMA-g-PDMS 膜中 PDMS 相连续相直接影响其对乙醇水溶液的乙醇/水选择性。将乙醇选择性 PDMS 和水选择性 PMMA 嵌段共聚物膜的 EtOH/H_2O 选择性与接枝共聚物膜分离乙醇水溶液的 EtOH/H_2O 选择性进行比较。随着 DMS 含量的增加,当 DMS 摩尔分数为55%时,嵌段共聚物膜由 H_2O/ETOH 选择性转变为 EtOH/H_2O 选择性。当 DMS 摩尔分数为40%时,接枝共聚物膜的 EtOH/H_2O 选择性发生了很大的变化。TEM 分析表明,这两种膜均具有明显的微相分离结构,由 PDMS 和 PMMA 相组成,并且嵌段共聚物膜和接枝共聚物膜的形貌有很大的不同。

通过显微图像处理和由并联模型和串联模型组成的组合模型分析了这些膜的形态变化。研究表明,在 DMS 摩尔分数为55%和40%时,PDMS 相在嵌段共聚物和接枝共聚物膜中发生渗流转变,这表明 PDMS 相在这些微相分离膜中的连续性对其乙醇选择性有很大的影响。[29]

研究人员研究了退火对嵌段和接枝共聚物膜选择性的影响。嵌段共聚物膜的 EtOH/H_2O 选择性基本不受影响。在 DMS 摩尔分数为55%时,原嵌段共聚物膜由水选择性变为乙醇选择性,而退火后的嵌段共聚物膜在 DMS 摩尔分数为37%时发生了变化。TEM 结果表明,DMS 摩尔分数在37%~55%内的嵌段共聚物膜经退火后,其形貌发生了明显的变化。然而,接枝共聚物膜的退火对其微相分离形貌的影响很小,这与嵌段共聚物膜的形貌有很大的不同。使用由平行和串联模型组成的组合模型分析表明,嵌段共聚物膜的退火很容易形成沿膜厚方向连续的 PDMS 相。因此,PDMS 相在微相分离结构中的连续性决定了这些膜对乙醇水溶液的选择性。[156]

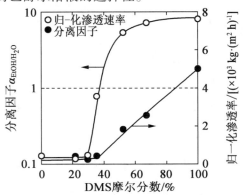

图 10.14 PV 过程中 DMS 含量对 PMMA-g-PDMS 膜的归一化渗透速率和分离因子的影响(进料为10%乙醇水溶液)

PDMS 膜中脂肪醇的选择性遵循甲醇<乙醇<1-丙醇的顺序。[155,167]

采用自行设计制造的 PV 单元,将正丁醇与不同浓度的正丁醇/水混合物进行分离。PV 实验在 250 cm³ 丁醇/水混合物中进行,渗透侧压力为 0 bar。结果表明,丁醇浓度在前 3 h 内呈非线性变化,然后呈线性变化。随着进料浓度的增加,丁醇去除率增加。采用串联阻碍模型对 PV 过程进行了数值模拟,利用所建立的模型对 PV 阶段进料中丁醇的浓度进行了预测,所建立的模型对 PV 过程中进料槽中丁醇的浓度进行了实验和预测,二者有较好的一致性。[168]

采用表面改性聚偏氟乙烯(PVF₂)膜从模拟制药废水中回收正丁醇(BuOH)。采用硅脂作为膜表面的超薄涂层,对膜进行表面改性,以提高膜的 PV 性能。研究人员研究了进料组成、进料温度、进料流速等操作参数对渗透速率、分离因子和渗透汽化分离指数的影响,以优化操作参数。实验结果表明,表面改性的 PVF₂ 膜对 BuOH/H₂O 具有选择性,特别是对低进料组成的 PVF₂ 膜具有较好的选择性。在进料质量分数为 7.5%,进料温度为 50 ℃,进料流速为 600 mL/min,渗透压为 50 ℃时,丁醇/水选择性为 6.4,总渗透速率为 4.126 kg/(m²·h)。表面改性膜的总渗透速率随进料组成、进料温度和进料流量的增加而增加,而对 BuOH/H₂O 选择性的分离因子除流速外均为反序。在 Fick 第一定律的基础上,建立了料液组成、温度等操作变量对部分渗透速率和渗透组成的影响模型,以了解该过程的行为,这对设计具有重要的指导意义。这些模型将用于预测在实验原料组成范围内回收正丁醇所需的膜表面积。[169]

10.7.3 共混膜、复合膜和杂化膜

建立一个阻力模型来描述有机硅填充硅橡胶(SR)膜分离乙醇/水混合物的 PV 通量和选择性比未填充的 SR 膜有所增加的情况。结果表明,与未填充的 SR 膜相比,SR 膜在分离乙醇/水混合物时具有更高的 PV 通量和选择性。该模型通过增加膜的乙醇渗透系数来解释乙醇组分通量的增加。膜的渗透性是橡胶和硅质岩渗透率及膜中硅质物含量的函数。结果表明,硅质岩的渗透率随混合料中乙醇的种类和浓度的不同而不同。在甲醇、乙醇、丙醇和丁醇系列中,硅质岩的醇渗透性随醇分子长度的不同而不同,其中丁醇渗透率最低。在正丁醇和丙醇存在下,硅质岩颗粒不透水,阻碍了水通过膜的传输。[170]

本研究制备了单侧二氧化硅不对称 PTMSP 复合膜,并用 PV 法研究了其对乙醇水溶液的富集作用,采用红外光谱和扫描电镜对薄膜进行了表征,吸附等温线的测量也阐明了二氧化硅对 PTMSP 的影响。当 PTMSP 在乙醇溶液中明显溶胀时,在水中没有观察到溶胀。然而,由于二氧化硅对水的高亲和力,因此含硅膜在稀乙醇溶液中表现出更大程度的溶胀。尽管渗透速率和渗透选择性随膜中二氧化硅的含量和进料中乙醇的含量而改变,但所有膜都优先渗透乙醇。PTMSP 上大量的二氧化硅会产生类似"结垢"的效果,降低膜对乙醇的吸收。具有中、低二氧化硅含量的膜对稀、中乙醇浓度具有较高的可分离性,所有膜的 PV 行为均符合膜的溶胀行为。[171,172]

将聚磷腈纳米管(PZSNT)引入 PDMS 膜中,形成纳米复合膜。SEM 表征表明,PZSNT 在 PDMS 中具有良好的分散性。与 PDMS 膜相比,纳米复合膜对水-乙醇混合物具有较高的分离系数。随着 PZSNT 质量分数和选择性的增加,渗透通量先增大到最大值,然后几乎保持不变。纳米管直径的减小导致渗透通量和分离系数的增加。研究人员探究了

温度和溶液浓度对 PV 性能的影响,吸附量的测定很好地解释了 PV 的结果。[172]

将炭黑引入 PDMS 膜中,制备了一种新型的无机/有机复合膜。对炭黑进行了各种处理,包括萃取、甲基化和高温煅烧,以适应表面的性质。研究人员探究了表面处理、炭黑用量、粒度、温度等因素对乙醇/水混合料中乙醇萃取性能的影响。在一定的组成范围内,在不降低 EtOH/H_2O 选择性的情况下,渗透速率显著提高。[173]

发酵液中含有乙醇、水和其他多种化合物,通常包括羧酸。研究人员探究了乙酸在高硅ZSM-5沸石填充 PDMS 膜上对乙醇水溶液长期 PV 的影响。在乙醇/水混合物中加入乙酸,降低了膜对乙醇的去除效果,也降低了乙醇和水的渗透速率。这些结果是乙酸与乙醇和水在膜上竞争吸附所致。较长时间的乙酸暴露导致乙醇渗透速率下降,也导致乙醇/水选择性分离因子的不可逆稳定下降。将料液 pH 提高到高于乙酸的解离常数(PKA),可以减少乙醇渗透速率的长期下降,从根本上消除竞争吸附的影响。对乙醇、水和乙酸或丁二酸在沸石颗粒上的吸附竞争的测量表明,其他羧酸对膜性能的短期影响与乙酸类似。[174]

将交联的 PDMS 与 HF 酸蚀 ZSM-5 进行复合,制备了混合基质膜。用一系列 HF 水-丙酮溶液对 ZSM-5 沸石进行蚀刻,并用 SEM、BET、XRD 和 FTIR 对其进行表征。[175]结果表明,HF 刻蚀是去除沸石中有机杂质的有效方法,并在沸石颗粒表面观察到微孔,成功地提高了 ZSM-5 分子筛的疏水性和表面粗糙度。随着 HF 溶液浓度的增加,ZSM-5/PDMS 混合基质膜的拉伸强度和抗溶胀性能均有所提高,这主要是 PDMS 侵入 ZSM-5 表面的微孔导致分子筛-PDMS 界面黏结的改善。随后进行吸附实验,结果表明,混合基质膜对乙醇有较好的吸附效果。此外,随着 HF 溶液浓度的增加,ZSM-5/PDMS 混合基质膜的吸附选择性显著提高。对采用混合基质膜乙醇/水混合料的 PV 性能进行详细的研究,填充 ZSM-5 的混合基质膜比填充 ZSM-5 混合基质膜具有更好的选择性,同时具有更低的渗透性。研究发现,在相同沸石负载条件下,在蚀刻过程中增加 HF 酸浓度,增强了沸石-PDM 界面黏附,提高了混合基质膜的乙醇选择性,但降低了总渗透通量。此外,随着沸石掺量从 10% 增加到 30%,乙醇的渗透率和选择性均有所提高。然而,沸石负荷过大或选择性层厚度减小导致乙醇选择性较差。随着进料乙醇浓度和进料温度的升高,乙醇选择性下降。

从稀水溶液中分离醇对微生物持续生产生物燃料非常重要。PV 工艺是从生物发酵液中连续提取醇的一种极具潜力的工艺。本章报道了纳米粒子含量分别为 10%、20% 和 30% 的薄支撑纯 PDMS 和 Silicalite-1/PDMS 纳米复合膜的制备及其 PV 性能。利用间歇式 PV 系统,在 25 ℃、50 ℃ 和 65 ℃ 下测量了质量分数为 4% 的乙醇溶液在水中的膜通量和分离因子。随着纳米硅分子在纳米复合膜中负载量的增加,膜的通量和醇分离因子都增加。[176]

研究人员制备了碳纳米管(CNT)填充的 PDMS 杂化膜,考查了其从丙酮-丁醇-乙醇(ABE)发酵液中回收丁醇的潜力。[177]与均相 PDMS 膜相比,碳纳米管填充 PDMS 膜有利于丁醇回收率的提高和分离因子的提高。作为吸附活性中心的碳纳米管具有超疏水性,可以提供一条可供选择的通过内管或沿光滑表面传输物质的途径。当碳纳米管填充质量分数为 10% 时,在 80 ℃ 条件下,膜的最大总通量和丁醇分离因子分别达到

244.3 g/(m^2·h)和 32.9 g/(m^2·h)。此外,在 30~80 ℃的温度范围内,随着温度的升高,丁醇的通量和分离因子显著增加,这是因为温度越高,聚合物链中的自由体积越大,有利于丁醇的渗透。当溶液中丁醇浓度从 10 g/L 增加到 25 g/L 时,CNT/PDMS 杂化膜具有较高的丁醇通量和选择性,有望用于 ABE 发酵液中丁醇的 PV 分离。

采用聚四氟乙烯超滤膜作为载体,制备了一种改性 PDM - 共混聚苯乙烯(PS) IPN 膜[178],讨论了表面改性 PDMS 膜的表面特性与其对 PV 水溶液的选择性之间的关系,采用连续 IPN 法制备了 IPN 支撑膜。对 IPN 负载膜在水中对质量分数为 10% 乙醇的分离性能进行了测试,并对其力学性能、溶胀行为、密度和交联程度进行了表征。结果表明,交联密度对 IPN 膜的分离性能、力学性能、密度和溶胀率有一定的影响。根据进料温度的不同,支撑膜的分离系数为 2.03~6.00,渗透速率为 81.66~144.03 g/(m^2·h)。对于共沸水乙醇混合物(10% 乙醇),载体膜在 30 ℃下分离系数为 6.00,渗透速率为 85 g/(m^2·h)。与 PDMS 支撑膜相比,改性 PDMS - 共混 PS/IPN 膜支撑聚四氟乙烯超滤膜具有较高的选择性,但具有较低的渗透性。

用硅烷偶联剂 $NH_3 - C_3H_6 - Si(OC_2H_5)_3$ 对改性沸石颗粒进行改性,成功制备了以醋酸纤维素(CA)微滤膜为载体的 PDMS 复合膜,研究了乙醇和水在膜中的吸附和扩散行为。结果表明,随着改性沸石含量的增加,溶解度选择性增大,而扩散选择性先增大后减小。考查改性沸石含量和进料温度对复合膜在 10% 乙醇/水混合溶剂中的 PV 性能的影响。当改性沸石负载量为 20% 时,10% 的乙醇/水混合物在 40 ℃时渗透通量为 348.7 g/(m^2·h),分离因子为 14.1,渗透分离指数为 4 568。[179]

10.7.4 交联膜

PV 法具有能耗低、环保等优点,被认为是分离乙醇/水等共沸混合物的一种重要而可行的方法。[180-182]多年来,人们已经开发出多种乙醇选择性膜材料,其中 PDMS 已成为广泛应用于水溶液乙醇浓度测定的基准。[182,183]但 PDMS 成膜性能差,PV 性能不理想,纯 PDMS 膜的分离系数在 4.4~10.8,渗透通量较低。为克服 PDMS 的交联缺点,人们做了大量的工作。根据 PDMS 的不同官能团,发展了各种交联方法。[185-187]其中,邻二甲基硅氧烷与交联剂的脱醇交联是目前 PDMS 膜制备中最常用的方法之一。交联剂虽然只占膜的一小部分,但不同理化性质的交联剂对 PDMS 膜的 PV 性能有着重要的影响。然而,对不同交联剂固化 PDMS 膜的 PV 性能的研究还不够。[188]

以聚丙烯腈(PAN)为基材,与三乙氧基乙烯基硅烷(VTOS)交联,制备了 α,ω - 二羟基聚二甲基硅氧烷(H - PDMS)膜,以提高其疏水性和 PV 性能。结果表明,该膜具有较高的乙醇透过选择性和通量。研究交联温度、交联剂含量和进料温度对 VTOS 交联 PDMS 膜 PV 性能的影响。6% 乙醇水溶液中,PDMS 膜分离系数较高,分别为 15.5 g/(m^2·h)和总通量 573.3 g/(m^2·h),进料温度为 40 ℃时,HPDMS: VTOS: DBTDL(二月桂酸二丁基锡) = 1:0.2:0.02,交联温度为 80 ℃。

聚二甲基硅氧烷(PDMS)膜是由端羟基聚二甲基硅氧烷(PDMS)液体与聚硅氧烷交联剂通过端羟基与氰化物进行缩合反应而制得的一种聚合物膜,是目前研究最多的分离气体和液体的聚合物膜之一。本章研究了正庚烷溶剂中直接交联端羟基聚二甲基硅氧烷预聚液与不同类型 $RSiCl_3$ 分子在氮气环境下制备的一种新型 PDMS 膜系列,其中烷基链 R 分别为甲基 CH_3、辛基 C_8H_{17}、全氟辛基 $C_8H_4F_{13}$ 和十八烷基 $C_{18}H_{37}$。对于每个膜系,交联剂与预聚体的质量比浓度分别为 13∶87、33∶67 和 50∶50,以比较不同交联密度下的膜。该膜的交联网络结构包括两个交联的二甲基硅氧烷网络结构和两个或三个交联的烷基硅氧烷网络结构。通过 XRD、SEM、TEM、SANS、TGA、DSC[29]、Si NMR、IR、交联密度、接触角(水)、乙醇-水分离性能测试,观察了三氯(烷基)硅烷浓度和种类对膜结构和性能的影响。在含 5% 乙醇的水基进料中,三氯(烷基)硅烷交联剂的最佳用量约为 10%~30%,其分离性能优于其他传统 PDMS 膜。在所制备的膜中,全氟硅氧烷/十八烷基硅氧烷交联膜的分离性能优于甲基硅氧烷/十八烷基硅氧烷交联膜。[190]

10.7.5 表面改性膜

众所周知,聚[1-(三甲基硅基)-1-丙炔](PTMSP)膜具有较高的 $ETOH/H_2O$ 选择性。[149,150] 为提高 PTMSP 膜的表面性能,通过添加少量的聚合物添加剂,制备了表面改性的 PTMSP 膜,即接枝共聚物 PFA-g-PDMS,由聚氟丙烯酸酯(PFA)和聚二甲基硅氧烷(PDMS)组成,在 PTMSP 的浇铸溶液中。在制备表面改性 PTMSP 膜的过程中,水在空气和玻璃板面上的接触角明显不同,空气侧的接触角疏水性好,水的接触角随 PFA-g-PDMS 添加量的增加而增大。X 射线光电子能谱(XPS)也证实了膜在空气侧具有较高的疏水性,并且随着聚合物添加剂用量的增加,膜的疏水性增加。随着 PFA-g-PDMS 用量的增加,10% 乙醇溶液在 PV 中的渗透速率略有下降,但乙醇渗透选择性显著提高。根据水的接触角和 PFA-g-PDMS 改性 PTMSP 膜表面的 XPS 测量结果,推测经 PFA-g-PDMS 改性的 PTMSP 膜的结构如图 10.15 所示。作为聚合物添加剂的 PFA-g-PDMS 分子和中和的一部分的图解,该分子分别对应于接枝共聚物中 PFA 和 PDMS 的部分。为改善 PTMSP 膜表面而添加的 PFA-g-PDMS 主要定位于改性 PTMSP 膜的气侧表面,PFA-g PDMS 中 PFA 的部分出现在气侧表面,PDMS 的部分与 PTMSP 膜基体结合。

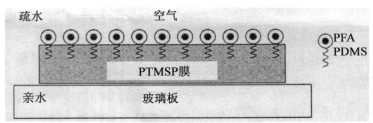

图 10.15　PFA-g-PDMS 作为高分子添加物改性的 PTMSP 膜结构示意图

表面改性 PTMSP 膜在 PV 中的渗透速率和乙醇浓度随 PFA-g PDMS 添加量的变化如图 10.16 所示,渗透溶液为 10% 的乙醇水溶液。其中,表面改性的 PTMSP 膜的气侧表面正对进料溶液进行表面处理。

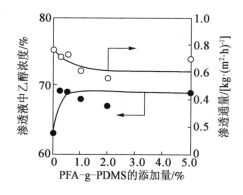

图 10.16　PFA-g-PDMS 的添加量对于改性 PTMSP 膜结渗透和分离性能的影响(10% 的乙醇水溶液)

从图 10.16 中可以看出,随着 PFA-g-PDMS 添加量的增加,渗透速率略有降低,但渗透液中乙醇浓度显著增加。渗透液中乙醇浓度的增加意味着乙醇过氧化物选择性的增加。当将图中的结果与水的接触角进行比较时,可以看出乙醇的过氧化物选择性很大程度上依赖于改性 PTMSP 膜表面水的接触角。也就是说,表面改性 PTMSP 膜的乙醇透过选择性随与水接触角的增大而增大。上述结果表明,表面改性 PTMSP 膜对乙醇水溶液的乙醇过氧化物选择性受渗透组分在膜内的溶解度的影响大于渗透组分在膜内的扩散率。通过图 10.17 可以很容易地理解这种讨论,即通过添加 PFA-g-PDMS 对改性后的 PTMSP 膜表面进行改善,使其表面变得更加疏水,并表现出更高的疏水性,从而使水分子在改性后的 PTMSP 膜中的溶解度相对于乙醇分子明显降低。[151,191]

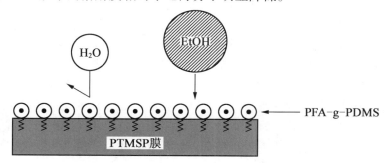

图 10.17　PFA-g-PDMS 改性后的 PTMSP 膜表面渗透组分的溶解度示意图

采用合成的疏水性嵌段共聚物聚二甲基硅氧烷-嵌段-甲基丙烯酸非氟己酯(PDMS-b-PNFHM)对聚二甲基硅氧烷(PDMS)膜进行表面改性。从图 10.18 中可以看出,表面修饰的 PDMS-b-PNFHM/PDMS 膜显著提高了 PV 中乙醇的浓度。采用 PDMS 大分子偶氮引发剂(PASA)聚合甲基丙烯酸甲酯(NFHM)合成了少量 PDMS-b-PNFHM,然后在不锈钢板上形成 PDMS 网络,制备了 PDMS-b-PNFHM 表面改性 PDMS 膜,研究了 PDMS-b-PNFHM 对 PDMS 膜性能的影响。从图 10.18 中可以看出,少量的 PDMS-b-PNFHM 在不降低其渗透速率的情况下提高了 PDMS 膜的乙醇渗透选择性。[192,193]

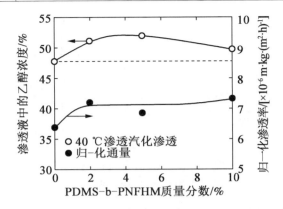

图10.18 PDMS–b–PNFHM含量对PDMS–b–PNFHM/PDMS膜在40℃渗透汽化渗透和归一化通量中乙醇浓度的影响（10%乙醇水溶液）

采用表面改性介孔二氧化硅膜在PV过程从乙醇/水混合溶液中分离乙醇。采用一系列硅溶胶浸渍法制备了多孔氧化铝管的介孔二氧化硅层。[194]随后，有机硅烷化合物与不同烷基链长度（$C_nH_{2n+1}(CH_3)_2SiCl$，$n=1,3,8,12,18$）和高覆盖率的介孔层表面共价反应。经表面改性的介孔二氧化硅膜具有乙醇选择性，总通量随乙醇浓度的增加而增加。采用表面改性膜，分别在323 K和5%乙醇进料条件下，用PV法测定乙醇分离因子在7.90~8.24范围内总通量为2.762.89 kg/(m²·h)。

在1%乙酸存在下进行三元模型发酵（5%乙醇、94%水、1%乙酸），分离因子和总通量均有所下降，而当pH值高于pK_a（$pK_a=4.74$，298 K），并将进料溶液中的HOAc离子转化为OAc⁻离子后，这一趋势减小。

采用浸渍法制备了多孔氧化铝管衬底上的不对称二氧化硅薄膜，并对其进行了表面改性，采用多级组装合成方法。在硅溶胶溶液中涂覆六甲基二硅烷后，对介孔二氧化硅膜进行反复改性。硅胶膜的分离层平均厚度为2 μm，平均孔径为1.16 nm，BET表面积为225 m²/g。在1%乙酸存在下，在温度范围为303~323 K的条件下，PV过程对5%有机/水二元体系或5.0%有机–94.0%水三元体系中的乙醇和丙酮进行了有效的去除。在303 K时，乙醇的分离系数约为8.7，丙酮的分离系数为28.4。在303 K时，乙醇/水和丙酮/水的总渗透通量分别为0.92 kg/(cm²·h)和1.15 kg/(m²·h)。此外，还从硅烷偶联剂的电负性与进料溶液组成的电负性的关系出发，探讨了硅烷偶联剂的分离机理。[195]

10.7.6 支撑膜

将一种新型的离子液体（$[(C_3H_7)_4N][B(CN)_4]$）固定在陶瓷纳滤组件中，并将其包覆在硅上，这种多相膜在真空分离1,3–丙二醇的过程中表现出较高的选择性（分离因子达177）和稳定性（超过9个月）。[196]

在可再生生物质乙醇生产中，利用PV过程分离乙醇–水具有较高的成本竞争力，但改性或未改性的聚合物膜的分离性能仍不令人满意。为提高聚合物膜的PV性能，特别是膜的通量，在非对称ZrO_2/Al_2O_3多孔陶瓷载体表面均匀沉积了聚二甲基硅氧烷

(PDMS)。通过 SEM、FTIR-ATR 和 PV 实验对所制备的复合膜进行表征。在 ZrO_2 层上形成的 PDMS 层的厚度约为 5~10 μm。在乙醇-水 PV 实验中，随着乙醇浓度的增加，总通量增加，选择性降低。同时，随着操作温度的升高，复合膜的总通量增加，而选择性降低。结果表明，在压力为 460 Pa、乙醇浓度为 4.3% 的条件下，PDMS/陶瓷复合膜对乙醇的总通量为 19.5 kg/(m^2·h)，对水的选择性为 5.7，PDMS/陶瓷复合膜的总通量优于其他文献报道的 PDMS 膜。[197]

研究人员研究了疏水性纳滤膜(Solse3360)处理乙醇溶液的性能，并与传统的 PV 膜(PV1070、Sulzer CHEMTECH 和 Pervatech PDMS)进行了对比[198]，考查了乙醇/水二元混合物和常见的多组分混合物(酒精饮料)。实验是在进料乙醇质量分数高达 50% 和温度高达 45 ℃ 的条件下进行的，探究了料液乙醇含量和温度对各组分的通量和渗透率，以及分离因子、富集因子和乙醇对水的选择性的影响。使用渗透和选择性代替分离/富集因子，可以将温度和溶胀等操作条件对性能评价的影响解耦合。这样，膜的性质对分离性能的贡献就可以得到澄清和量化。此外，以往的分析表明，水相活度系数和饱和蒸气压在评价膜的渗透性能和选择性时起着重要的作用，这项研究证实了这一点。

此外，还发现多组分酒精饮料的行为与二元乙醇/水混合物完全相同。由于纳米滤膜具有较高的通量和渗透能力，因此在保持良好的分离因子和选择性的同时，将其用于 PV 是一种合适的可能性。纳滤膜与 PV 膜之间的差异是由于溶胀的影响，因此膜更加致密，渗透分子与膜之间的相互作用不同。

首次将硅胶填充的聚(1-三甲基硅基-1-丙炔)(PTMSP)膜成功地应用于超滤支撑膜上，并应用于乙醇/水混合物的渗透汽化分离。[199] 与致密 PTMSP 膜相比，减小分离 PTMSP 顶层的厚度和添加疏水性的 SiO_2 粒子可使膜的通量增加。当乙醇/水分离因子达到 12，通量达到 3.5 kg/(m^2·h) 时，制备的 PTMSP-SiO_2 纳米杂化膜的性能明显优于市售的最佳有机 PV 膜。对聚偏氟乙烯(PVDF)和聚丙烯腈(PAN)支撑膜的表征表明，前者具有更开放、更不规则、更疏水的表面结构，从而解释了 PTMSP/PVDF 复合膜的高通量。由于具有良好的通量-选择性组合，因此所制备的膜在去除水中的醇类化合物方面具有很大的潜力。

采用 UV/O_3 表面改性技术，研制了用于分离乙醇/水混合物的高效致密聚二甲基硅氧烷(PDMS)PV 膜。采用傅里叶变换红外光谱(FTIR-ATR)、扫描电镜(SEM)、光电子能谱(X-射线光电子能谱)、水接触角测量等方法对 PDMS 膜的表面特性进行了评价，研究了 UV/O_3 处理时间和工作距离对薄膜理化性能和 PV 性能的影响。结果表明，无论是较长的处理时间，还是较短的工作距离，都会导致较低的水接触角和较高的 O/Si 比，这意味着 PDMS 向亲水类硅结构的转化较高。随着处理时间的延长和工作距离的缩短，选择性大大提高。UV/O_3 改性技术有效地提高了 PDMS 的 PV 性能，特别是在进料的高温条件下。[200]

以 Ke-45 和 Ke-108 两种硅橡胶作为疏水材料包覆的乙醇选择性硅分子筛膜，研究了一种生产高浓度乙醇的发酵/PV 耦合工艺。采用 KE-45 硅橡胶涂膜可显著提高乙醇回收率。渗滤液中回收的乙醇质量分数为 67%，从发酵液中回收的乙醇含量是未涂层膜的 10 倍以上。丁二酸和甘油是发酵过程中产生的副产物，当用于分离乙醇/水溶液时,会干扰涂膜的 PV 性能。[201]

10.7.7 混合过程中的膜

为获得较高的乙醇产量,采用由发酵罐和 PV 系统组成的膜生物反应器对酒精连续发酵过程进行研究,微孔疏水性聚四氟乙烯膜用于 PV 过程,采用葡萄糖培养基和面包酵母进行发酵。进行三种连续发酵试验:以常规自由细胞发酵为标准工艺;用 PV 从膜生物反应器中连续提取产物乙醇;用 PV 提取乙醇并将部分发酵液同时从发酵系统中去除。从膜生物反应器中连续提取发酵乙醇,同时进行 PV 浓缩,提取出的乙醇浓度比发酵液中乙醇浓度高出 6~8 倍。将细胞固定在膜生物反应器中,可获得高浓度的微生物。当 PV 使发酵液中乙醇浓度保持在较低水平时,乙醇的比产率增加。然而,由于无机盐、非挥发性副产物和老化细胞的积累,因此活细胞的比例下降了,这些都不是由 PV 从发酵液中提取出来的。为获得较高的乙醇产量,必须将部分发酵液从膜生物反应器中去除。[141]

研究通过将乳糖浆半连续乙醇发酵与 PV 组件结合以提高发酵效率和成本效益。在固定化生物催化剂的 20 天发酵/PV 中,12% 的乳糖糖浆平均发酵 4.56% 质量/体积比 EtOH。在循环 PV 组件中,在 10~12 h 内将 2 000 g 左右的发酵浆中的乙醇脱除到 0.7% 质量/体积比以下。乙醇分离效率(DR)在 88%~95%,由发酵液中乙醇浓度决定。在此体系中得到的 15.6% 质量/体积比乙醇的产率约为 530 g/d。用于 PV 过程的 PDMS – PAN – PV 膜对乙醇(A48)具有很高的选择性,并表现出非常优越的渗透性能($J \equiv 2\,600 \sim 3\,500\ g/(m^2 \cdot h)$)。[202]

PV 可用于从发酵液中回收乙醇。以 95% 乙醇为原料,采用混合发酵 – PV – 蒸馏连续发酵工艺,日产 30 000 L 乙醇。利用 PV 组件中空纤维聚二甲基硅氧烷复合膜的现有数据建立模型方程,对酒精的直接生产成本进行估算,并将其应用于发酵罐和发酵罐中乙醇浓度的优化。当发酵罐中乙醇质量浓度为 55 kg/m^3,保留液中乙醇质量浓度为 50 kg/m^3 时,直接生产乙醇的成本最低,为 0.2 美元/L。对 PV 性能参数、渗透速率、分离因子和膜成本进行了灵敏度分析。[203]

膜技术研究有限公司(MTR)开发了一种膜分离和蒸馏相结合的混合工艺,用于生物乙醇和生物丁醇的生产。[204,205] 与传统的蒸馏分子筛技术相比,BioSep 工艺节省了 50% 以上的能源,且具有成本竞争力。当发酵过程中的乙醇浓度较低,如纤维素转化为乙醇和藻类转化为乙醇时,它们是具有较高应用价值的。在生物丁醇生产过程中,膜系统浓缩并脱水丙酮、丁醇和乙醇混合物,节省了传统分离技术回收生物丁醇所需能量的 87%。

在 PV 膜反应器(PVMBR)中对糖蜜生产生物乙醇进行研究,并以酿酒酵母(Accharomyces Cerevisiaeaeae)为微生物进行研究,制备了聚二甲基硅氧烷(PDMS)/三元乙丙橡胶(EPDM)共混膜,并将其用作选择性膜。比较 PV 膜生物反应器(PVMBR)和间歇式发酵罐的乙醇产率,评价 PV 系统对乙醇产率的影响。PDMS 主要用于从水中分离有机物。三元乙丙橡胶(EPDM)和聚二甲基硅氧烷(PDMS)都具有稳定的橡胶链结构,因此乙醇分子很容易在膜中扩散。[206]

10.8 水/有机液体选择膜

水/有机选择膜对水/有机混合物的脱水是有效的。脱水有机溶剂可用作工业反应溶剂、洗涤溶剂和分析溶剂。

图 10.19 所示为膜环境温度对膜渗透速率和分离因子 $\alpha_{H_2O/DMSO}$ 的影响,进料压力为 40 ℃,进气量为 400 mL/min,干燥空气进气量为 2×10^2 Pa。结果表明,在质量分数为 50% 的二甲亚砜水溶液中,水/二甲亚砜通过多孔壳聚糖膜的选择性在 TDEV 过程中保持不变。[41] 在图 10.19 中,进料液温度保持在 40 ℃,膜环境温度发生变化,下游压力保持在 2×10^4 Pa。由图 10.19 可以看出,随着膜环境温度的降低,渗透速率降低,$H_2O/DMSO$ 选择性分离因子增大。渗透速率的降低可以用渗透条件来解释。当进料溶液 T_L 和进料蒸汽 T_V 的温度差及进料侧 p_F 和渗透侧 p_P 的压力差分别定义为 ΔT 和 Δp 时,研究表明 ΔT 的增加导致 Δp 的降低和渗透速率的降低。因此,随着膜环境温度的降低,渗透速率的降低显著地依赖于 Δp 的减少。

另外,通过多孔壳聚糖膜,随着膜环境温度的降低,$\alpha_{H_2O/DMSO}$ 的增加如图 10.19 所示,这可以归因于图 10.20 所示的初步机理。

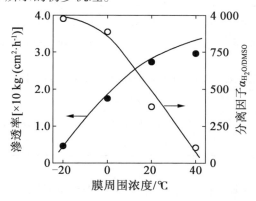

图 10.19　TDEV 过程中膜环境温度对质量分数为 50% 的 DMSO 水溶液透过多孔壳聚糖膜的渗透速率和分离因子的影响

当水和二甲亚砜分子从进料溶液中汽化,接近在 TDEV 过程中保持较低温度的膜周围时,二甲亚砜蒸气比水蒸气更容易聚集,因为二甲亚砜分子的凝固点(18.5 ℃)远高于水分子的凝固点(0 ℃)。膜环境温度越低,聚集的 DMSO 分子越容易发生液化。在 TDEV 中,DMSO 分子的聚集和水分子在多孔壳聚糖膜孔中的表面扩散都是导致 $H_2O/DMSO$ 选择性增加的原因。在 TDEV 过程中用水选择性多孔壳聚糖膜分离 DMSO 水溶液的结果支持了之前提到的 TDEV 过程中的乙醇选择性多孔 PTMSP 膜分离乙醇水溶液的机理。

Uragami 等报道了质量分数为 50% 的 DMSO 水溶液在 TDEV 中通过壳聚糖膜的渗透和分离特性。[38] 壳聚糖膜的渗透速率和分离因子分别为 $0.02\sim 0.18$ kg/(m²·h) 和

105~250。从图10.19中可以看出,多孔壳聚糖膜的渗透速率和分离因子分别为0.05~0.28 kg/($m^2 \cdot h$)和110~1 000。致密壳聚糖膜和多孔壳聚糖膜对H_2O/DMSO的渗透速率和分离因子存在显著差异,其原因在于致密壳聚糖膜的渗透通过溶液扩散模型,而多孔壳聚糖膜的渗透是以孔流为基础的(图10.20)。

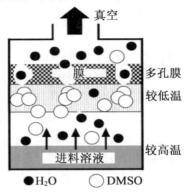

图 10.20　TDEV 中 DMSO 水溶液通过多孔壳聚糖膜的渗透和分离特性的初步机理

在此基础上,提出将多孔性亲水聚合物膜应用于 TDEV 对 DMSO 水溶液的脱水是非常有利的。表 10.6 中总结了膜特性与渗透组分理化性质的关系,即膜的亲水性、疏水性与渗透组分凝固点的关系。表 10.6 给出了一个重要的建议:当多孔膜应用于 TDEV 法时,可以期望多孔膜和进料混合物的最佳组合,以获得高的渗透通量和高的渗透选择性。

表 10.6　凝固点对 TDEV 中有机液体混合物透过多孔膜的选择性的影响

膜	渗透液	凝固点
PTMSP（疏水）	EtOH/H_2O	EtOH < H_2O （−114 ℃）（0 ℃）
Chitosan（亲水）	DMSO/H_2O	DMSO > H_2O （18.5 ℃）（0 ℃）

表 10.6 总结了在 TDEV 中,通过多孔疏水 PDMS 和多孔亲水性壳聚糖膜,在保持进料温度不变、膜环境温度低于进料液温度的情况下,有机液体混合物的凝固点对选择性的影响。可以看出,在进料混合物中具有较低冰点的可能性被选择性地渗透。另外,该膜对选择性渗透的载体具有较强的亲和性。因此,在 TDEV 中可以获得更高的选择性。

如果能在多孔膜的化学性质与渗透组分的物理化学性质之间选择合适的组合,就能制备出具有高渗透速率和高渗透选择性的优良膜。

研究人员通过两种方法制备了含有少量羧基的聚乙烯醇(PVA)膜:氯乙酸在碱性介质中的反应;丙烯酸在 Ce^{4+} - 氧化 PVA 膜产生自由基活性中心上聚合。在第一种方法中,当反应是在溶解的 PVA 上进行时,结晶度大大降低,导致渗透通量大幅度增加,选择性略有降低,总体性能显著提高,反应后渗透活化能略有降低,不同性质之间有明显的定性相关性;在第二种方法中,在固体膜上进行接枝,结晶度没有明显的改变,但足以产生选择性稍低和渗透性能较高的膜。某些膜在不同组成的醋酸/水混合物中的渗透速率的 Arrhenius 图显示了一个转变温度,这使人想起玻璃化转变温度,而玻璃转变温度的值随着溶剂分子的存在而降低。[207]

本章研究了受植物脱水系统启发的渗透汽化分离技术在醋酸脱水中的应用,采用二氧化硅纳米粒子修饰的新型聚苯砜基膜对乙酸和水的二元混合物进行脱水处理,采用Stöber 工艺,通过硅酸烷基酯的水解和硅酸在乙醇溶液中的缩合反应,合成了单分散的二氧化硅胶体。通过六甲基二硅氮烷的硅烷化处理,改变了所合成的二氧化硅颗粒的表面自由能,其表面羟基转变为三甲基硅基[$-Si(CH_3)_3$]基团。用动态光散射、扫描电镜、原子力显微镜、傅里叶变换红外光谱和宏观接触角测量等方法对合成的粒子和改性的聚苯砜基膜进行表征。PV 用于 70% 乙酸在 70 ℃下的脱水,在含硅植物自然脱水的启发下,研究二氧化硅纳米粒子填充膜的性能。与植物相似,二氧化硅纳米粒子的加入显著地影响了脱水过程。结果表明,在较高的二氧化硅浓度下,膜的性能有所改善,特别是在选择性方面。此外,当膜表面含有足够数量的硅烷醇基团时,膜的亲水性和表面粗糙度都会增加。结果表明,为有效地去除醋酸中的水,应首先制备更多的亲水性二氧化硅并将其结合到膜中,这可以通过控制氢氧化铵、水和乙醇的组成比来实现。本章详细讨论了不同的纳米粒子类型对膜形貌和 PV 性能的影响。[208]

用纯聚(4-甲基-1-戊二烯)(TPX)和 4-乙烯基吡啶(4-VP)修饰的 TPX 膜(TPX/P4-VP)制备了用于 PV 的膜(TPX/P4-VP)。采用自由基聚合的方法,在 TPX 基体中引入亲水性的 4-VP 单体,形成 TPX/P4-VP 膜。TPX/P4-VP 膜对 H_2O/CH_3COOH 的选择性和渗透速率的分离因子均高于未改性 TPX 膜。应用 Michaelis-Menten 方程,得到料液中水的浓度与水的渗透速率之间的良好关系。[209]

采用溶液法制备交联戊二醛(GA)的聚乙烯醇(PVA)膜。[210]在溶液法中,干燥的 PVA 薄膜在 40 ℃的反应溶液中浸泡 2 d,反应溶液中含有不同含量的 GA、丙酮和催化剂 HCl。为制备在水溶液中稳定的交联 PVA 膜,以丙酮为反应介质,取代目前常用的反应溶液中无机盐水溶液进行 PVA 交联反应。用红外光谱法对聚乙烯醇羟基与 GA 醛基的交联反应进行表征,分别在水中和醋酸中进行溶胀实验,研究膜的溶胀行为。不同 GA 含量的膜在反应溶液中的溶胀行为取决于交联密度和 PVA 与 GA 反应生成的化学官能团,如缩醛基团、醚键和 PVA 中未反应的悬垂醛。以醋酸-水混合物为原料,在温度为 35~50 ℃的范围内,对乙酸-水混合物进行 PV 分离,考查 PVA 膜的分离性能。利用 Arrhenius 渗透率图计算了 PV 活化能,并对膜的渗透行为进行了分析。[210]

研究人员制备了聚乙烯醇(PVA)与聚丙烯酰胺的接枝共聚物,分别以 48% 和 93% 的接枝率制备了膜。这些膜分别在 25 ℃、35 ℃ 和 45 ℃ 下用于 PV 分离水/乙酸混合物,并测定了渗透通量、分离选择性、扩散系数和渗透浓度。[211]在 25 ℃ 条件下,纯 PVA 的分离选择性最高为 23,93% 丙烯酰胺接枝 PVA 膜的分离选择性最低为 2.2。在 90% 水的进料条件下,93% 接枝膜的渗透通量为 1.94 kg/($m^2 \cdot h$),水/醋酸混合物的扩散系数对膜的渗透选择性有影响。用阿伦尼乌斯方程计算水和乙酸的渗透活化参数和扩散活化参数,渗透通量活化能值为 97~28 kJ/mol。

采用 PAA 修饰的 PVA 膜,在 30~55 ℃ 条件下对乙酸/水混合物进行全组分 PV 分离,制备该膜的最佳条件为 PVA/PAA 的比值为 75/25(体积比),PVA/PAA 膜的分离系数为 34~3 548,透过率为 0.03~0.60 kg/($m^2 \cdot h$),这取决于操作温度和进料混合成分。[212]

以硝酸铈(Ⅳ)为引发剂,将依他康酸(IA)接枝到 PVA 上。采用铸造法制备

IA-g-PVA膜,并用 PV、EV、TDEV 对乙酸/水混合物的渗透分离特性进行研究。EV 的渗透速率低于 PV,而 H_2O/CH_3COOH 在 EV 中的选择性分离因子较高。在 TDEV 中,随着膜环境温度的降低,渗透速率降低,H_2O/CH_3COOH 选择性分离因子增加。在 TDEV 条件下,得到 H_2O/CH_3COOH 选择性最高的分离因子为 686。[56]

采用 EV 和 TDEV 研究醋酸/水混合物经体积比 85/15 的 PVA/苹果酸(MA)膜渗透分离的特性,渗透率增加。然而,H_2O/CH_3COOH 选择性的分离因子随着渗透温度的升高而降低。当进料溶液温度恒定,膜周围温度下降时,膜周围温度对 H_2O/CH_3COOH 选择性的渗透速率和分离因子有显著影响。除乙酸质量分数为 40% 外,乙酸浓度的增加降低了渗透速率,提高了 H_2O/CH_3COOH 选择性的分离因子。对质量分数为 90% 的乙酸,EV 中最佳分离因子为 800,TDEV 中最佳分离因子为 860。在乙酸/水共沸混合物中,TDEV 的分离指数高于 EV。通过 PVA/MA 膜分离醋酸/水混合物,TDEV 比 EV 更有效。[54]

以 Ⅰ 类和 Ⅱ 类杂化材料为原料,制备新型复合膜。在 Ⅱ 类杂化材料中,随着沸石负载量的增加,膜的溶胀度显著增加。考查了不同进料组成和沸石负载量对膜分离水/乙酸混合膜性能的影响。随着膜基质中沸石含量的增加,膜的渗透选择性和 H_2O/CH_3COOH 选择性均增加。这些结果是基于亲水性选择性吸附的增强和分子筛作用的建立来解释的。在所研制的膜中,沸石质量分数为 15% 的膜对 H_2O/CH_3COOH 选择性的分离系数最高,为 2 423,在 30 ℃ 时,当进料中水的质量分数为 10% 时,膜的渗透速率为 8.35×10^{-2} kg/($m^2 \cdot h$)。[213]

研制一种新型的亲水聚合物膜。利用 PV 性能对有机溶剂脱水膜的高选择性和高渗透速率特性进行了评价,并与现有膜进行了比较,结果表明该膜具有良好的应用前景。[214]

以硝酸铈(Ⅳ)铵为引发剂,在 30 ℃ 下接枝 AN 和 HEMA 到 PVA 上。采用铸造法制备 PVA-g-AN/HEMA 膜,并用 PV 法分离醋酸/水混合物。PVA-g-AN/HEMA 膜对 H_2O/CH_3COOH 的选择性为 2.26~14.60,渗透率为 0.18~2.07 kg/($m^2 \cdot h$)。接枝膜对 H_2O/CH_3COOH 的选择性比 PVA 膜具有更低的渗透速率和更大的分离因子。[215]

采用 PV 法和 TDEV 法对醋酸/水混合物进行分离。在分离过程中,将 4-VP 接枝到 PVA 上。以接枝共聚物为原料,采用铸造法制备膜,并进行热处理交联。在 PV 中渗透速率较高,而在 TDEV 中 H_2O/CH_3COOH 选择性分离因子较高。膜的渗透速率为 0.1~3.0 kg/($m^2 \cdot h$),分离因子为 2.0~61.0,这取决于进料混合物的组成和膜分离方法。[216]

采用 75/25(体积比)的 PVA/PAA 合金膜,在 30~55 ℃ 的温度范围内,用 EV 和 TDEV 分离乙酸/水混合物。EV 过程中 PVA/PAA 膜的分离系数为 110~5 711,透过率为 2.3×10^{-4}~1.53×10^{-1} kg/($m^2 \cdot h$),这取决于操作温度和进料混合成分。TDEV 还应用于 PVA/PAA 膜分离醋酸/水混合物,得到了高渗透速率(1.7×10^{-3}~3.0×10^{-1} kg/($m^2 \cdot h$))和 H_2O/CH_3COOH 选择性分离因子(1 335~8 924)。采用 TDEV 法分离乙酸与水的共沸物,分离系数为 297,渗透速率为 1.50×10^{-1} kg/($m^2 \cdot h$)。[55]

以钴(Ⅲ)3-乙酰吡啶-(邻氨基苯甲酰腙)(Co-APABZ)复合物为填料,以不同比例制备 NaAlg 复合膜。采用溶液铸造法、溶剂挥发法制备膜,并与 GA 交联。NaAlg 复合膜在 Co-APABZ 粒子存在下优先吸附水分子,有利于水通过膜的扩散,从而提高了乙酸/水混合物中 H_2O/CH_3COOH 的选择性。NaAlg 基质中 Co-APABZ 的含量和膜的溶胀度对膜性能有显著影响。在 NaAlg 基体中,Co – APABZ 质量分数为 5% 时,H_2O/CH_3COOH 选择性分离因子为 174,对 90% 乙酸水溶液的渗透速率为 0.123 kg/($m^2 \cdot h$)。[21]

以磺化卡尔多聚醚酮(SPEK – C)为原料制备均相膜,采用 FTIR、XRD、DSC、场发射高分辨透射电镜(HRTEM)和接触角测量仪对膜进行表征。结果表明,随着磺化度(SD)的增加,膜的亲水性和无定形区均增大。膜具有良好的热稳定性。磺酸基以离子簇的形式存在,均匀地分布在膜中,形成透过膜的通道。研究溶剂和磺化度对膜性能的影响。结果表明,当磺化度(SD)为 0.75,二甲基亚砜为溶剂时,SPEK – C 膜具有良好的性能。随着进料温度和水浓度的增加,分离因子减小,渗透通量增大。膜的分离性能较好,在 50 ℃、质量分数为 90% 的乙酸水溶液中,通量为 248 g/($m^2 \cdot h$),分离因子为 103。[218]

制备聚丙烯酰胺接枝海藻酸钠(PAAM – g – NaAlg)共聚膜,并对其进行表征。[219] 共制备了三种膜:含有 10% 聚乙二醇(PEG)和 5% 聚乙烯醇(PVA)的纯海藻酸钠膜;46% 接枝 PAAM – g – (NaAlg) 膜,PEG 用量 10%,PVA 用量 5%;93% 接枝 PAAM – g – NaAlg 膜,PEG 用量 10%,PVA 用量 5%。利用传输数据计算了 30 ℃时的渗透通量、选择性、PSI、溶胀指数和扩散系数等重要参数,利用 Fick 方程计算水 – 四氢呋喃混合物的吸附质量数据,并计算扩散系数。利用在 30 ℃、35 ℃ 和 40 ℃时获得的流量和扩散数据,计算 10% 水在进料混合物中传输过程的阿累尼乌斯活化参数。膜的分离选择性在 216 ~ 591。当料液中水分质量分数为 80% 时,93% 接枝膜的渗透通量最高,为 0.677 kg/($m^2 \cdot h$)。

用英国 SMART 化学有限公司生产的 NaA 型沸石陶瓷膜对两种工业溶剂进行渗透蒸发脱水。[220] 所研究的混合物是初始含水量为 7.9% 的四氢呋喃(THF)和初始含水量为 3.25% 的丙酮。在四氢呋喃(THF)和丙酮混合溶液中进行批量试验,直到最终含水量小于 0.1% 和小于 0.2%,研究进料组成和温度对 PV 通量和选择性的影响。在水分浓度为 7% 的四氢呋喃脱水过程中,当温度从 45 ℃提高到 55 ℃时,水通量从 0.43 kg/($m^2 \cdot h$) 增加到 0.98 kg/($m^2 \cdot h$)。在浓度为 3% 的丙酮脱水条件下,温度从 40 ℃提高到 48 ℃时,水通量从 0.13 kg/($m^2 \cdot h$) 增加到 0.314 kg/($m^2 \cdot h$)。尽管分离系数与原水浓度有关,但四氢呋喃 – 水分离的分离系数高达 20 000。通过陶瓷膜的水通量与驱动力呈线性关系,即水在膜中的部分平衡蒸汽压减去渗透液中的分压 $p_w^* - p_w^P$。通过对实验数据的回归,得到在实验操作温度范围内在 5.5×10^{-3} kg/[$m^2 \cdot (h \cdot mbar)$]$^{-1} \leq K_w \leq 7.4 \times 10^{-3}$ kg·[$m^2 \cdot (h \cdot mbar)$]$^{-1}$ 范围内变化的透水性的初始值。

将亲水性聚合物聚乙烯醇(PVA)与聚乙烯亚胺(PEI)共混,在盐酸(HCl)的催化下,用戊二醛(GA)交联四氢呋喃(THF),制得致密共混膜。当进水质量分数小于 40% 时,考查给水质量分数、渗透压、膜厚等实验参数对渗透参数(通量和选择性)的影响。结果表明,当进水小于 40% 时,膜的通量和选择性随进水浓度的增加而增大,该膜对 94% 四氢呋喃的共沸物具有良好的分离潜力,对平面 PVA/PEI 和交联 PVA/PEI 共混膜的通量分别为 1.072 和 0.376 kg/($m^2 \cdot h$),具有较高的选择性,其选择性分别为 156 和 579。随着进水浓度的降低和膜厚度的增加,膜的选择性提高,膜通量也相应减小。较高的渗透压力会导致通量和选择性的降低。借助于已知的塑化效应、溶胀度、渗透压力和给水浓度之间的关系,可以清楚地阐明这些效应。这些共混膜还进行了吸附研究,以评估相互作用的程度和溶胀度在纯进料及二元混合物进料。对所有交联和非交联的膜进行进一步的离子交换容量研究,以确定膜中存在的相互作用基团的总数。[221]

四氢呋喃(THF)是一种强非质子溶剂,其对极性和非极性化合物均有广泛的溶解能力,常用于医药工业。在质量分数为 5.3% 的水中,四氢呋喃和水形成均一共沸物,因此在此浓度以下进行简单蒸馏是不可行的。PV 提供了一种解决方案,因为它不受气液平衡的控制。然而,许多聚合物基 PV 薄膜使用四氢呋喃作为浇铸溶剂,因此这些膜在四氢呋喃存在时有过度溶胀的趋势。这导致较差的分离性能和较差的长期稳定性,从而使这些膜不适合于四氢呋喃脱水。

用 CM Celfa 生产的一种新型膜 CMC - VP - 31 对四氢呋喃脱水进行试验。当质量分数为 10% 的水的四氢呋喃在 55 ℃ 脱水时,膜在流量大于 4 kg/(m^2·h)时表现出良好的脱水性能,在水含量为 0.3% 时降至 0.12 kg/(m^2·h)。在 25 ℃ 时,水和四氢呋喃在膜中的渗透率分别为 11.76×10^{-6} mol/(m^2·s·Pa)和 7.36×10^{-8} mol/(m^2·s·Pa);在 55 ℃ 时,水和四氢呋喃在膜中的渗透率随温度的升高而减小,分别为 6.71×10^{-6} mol/(m^2·s·Pa)和 1.63×10^{-8} mol/(m^2·s·Pa)。通量和分离因子均随温度的升高而增大,有利于 CMC - VP - 31 在高温下的操作,从而优化分离性能。[222]

PV 技术可以有效地分离共沸浓度的四氢呋喃(THF)水溶液。研究进料温度和渗透压力对 Sulzer 2210 聚乙烯醇(PVA)膜和 Pervatech BV 硅膜性能的影响。硅膜的通量几乎是 PVA 膜的 2 倍,但两种膜对溶剂 - 水混合物的分离能力相当。在 96% 四氢呋喃、4% 水、50 ℃ 和 10 Torr 渗透压条件下,硅膜通量为 0.276 kg/(m^2·h),选择性为 365。当进料温度从 20 ℃ 增加到 60 ℃ 时,两种膜的通量均呈指数增长,通过硅膜的通量比 PVA 膜快 6%。当渗透压从 5 Torr 增加到 25 Torr 时,两种膜的通量均呈下降趋势。随着渗透压力的增加,渗透水量呈指数下降,但随温度的升高呈线性增加。较低的渗透压力和较高的进料温度是流量和选择性的最佳条件。当在进料液中加入少量的盐时,观察到内流增加。根据实验数据建立通量和渗透浓度的总体模型,应用该模型预测共沸溶液进料生产脱水四氢呋喃溶剂和稀释四氢呋喃浓度的渗透流的规模性能。[223]

将交联 PVA 与 4A - 接枝 PHEMA 制备混合基质膜,通过硅烷的硅烷化和 HEMA 单体的接枝聚合,成功地在分子筛上进行了接枝改性。[224] 在不同浓度的水 - 丙酮混合溶剂中,随着沸石负载量的增加,膜的溶胀度降低。随后进行吸附实验,结果表明膜对水有较好的吸附作用。此外,随着沸石负载量的增加,吸水选择性增加,尤其是在低水浓度的液体混合物中,吸附选择性随沸石负载量的增加而增加。通过 PV 对水 - 丙酮混合物的脱水过程进行研究。结果表明,随着沸石负载量的增加,沸石的渗透性能和选择性都有所提高。另外,在相同的沸石负载量下,增加沸石上接枝 PHEMA 的量,不仅提高了沸石与 PVA 的界面黏附性,而且在沸石周围形成了一层水选择层,提高了水的选择性。但是,随着进水浓度的增加和进料温度的升高,水的选择性下降。

将二氧化锆(ZrO_2)和氧化铝(Al_2O_3)纳米粒子加入聚二烯丙基二甲基氯化铵/聚苯乙烯磺酸钠、聚乙胺/聚丙烯酸等聚电解质复合物中,制备了一种有机 - 无机纳米复合膜。[225] 通过将包覆有聚阳离子和聚阴离子的纳米颗粒一层一层地组装在一起,成功地在平板和中空纤维聚丙烯腈超滤支撑膜上形成了这些纳米复合多层膜,并用于丙酮 - 水混合物的 PV 脱水。结果表明,纳米粒子的尺寸与支撑膜孔径的匹配程度对多层膜的形貌和性能有重要影响。SEM-EDX 和 AFM 分析表明,ZrO_2 NPs 主要分布在基体表面,而 Al_2O_3 NPs 能够迁移到基体膜孔中。这是因为两种 NPs 的尺寸不同,导致 ZrO_2 纳米复合多层膜的表面粗糙度增大,而 Al_2O_3 纳米复合多层膜的表面粗糙度减小。ZrO_2 纳米复合多层膜克服了这种平衡现象,使膜通量更高,分离系数更大。然而,对于 Al_2O_3 纳米复合多层膜,分离因子增加,而相应的通量值略低于原始聚合物膜。

首次采用一种独特的蒸汽交联方法制备聚酰亚胺基 PV 膜用于丙酮脱水。通过利用乙二胺(EDA)蒸气控制交联反应的温度和时间,采用合适的涂料配方,制备了具有平衡大孔隙和海绵状形态的 P84 共聚酰亚胺膜,并对其进行了优化,得到了分离因子为 53 的 P84 共聚酰亚胺膜(简称 P84 共聚膜)。[226] 当进料量为 85/15 丙酮/水,50℃时,丙酮的渗透浓度为 90%,通量为 1.8 kg/(m^2·h)。借助 FTIR-ATR、XPS、XRD 等表面化学和物理表征,证实了 EDA 与 P84 在膜的选择层发生了交联,并确定了结构-性能关系。这种对 PV 膜进行改性的新方法,为有机溶剂和生物燃料的分离创造了一种新的膜材料。

Chung 等[227] 通过仔细配制聚合物涂料,然后在甲醇溶液中将 P84 膜与三元胺[三(2-氨基乙基)胺(TaEA)]交联,并结合热处理,制备了具有海绵状结构的 P84 不对称平板膜。利用 Taguchi 统计方法,进一步研究了丙酮脱水分离性能与涂料配方、TaEA 交联时间和后处理时间的关系,并对分离性能进行了优化。PV 性能最好的膜分离因子高达 983,合理通量为 0.658 kg/(m^2·h)。用 FESEM、FTIR 和 XPS 分析交联机理,解释了其物理化学性质和化学性能之间的关系。结果表明,新研制的 P84/TaEA 交联膜对丙酮脱水具有良好的分离性能。

将钾蒙脱土(K^+MMT)引入壳聚糖(CS)中,制备了一种新型高分子-无机杂化膜[228],对其形貌、化学结构、物理结构及亲水性进行了表征。结果表明,MMT 均匀分散在壳聚糖基体中,与壳聚糖形成氢键,提高了膜的热稳定性。K^+MMT 掺杂 10% 的膜的分离系数最高,为 2 200,比原 CS 膜在 50 ℃下 5% 的水处理下 249 的分离系数高出近 8 倍。结果表明,在杂化膜中用蒙脱土(MMT)通道构建离子水通道,可以大大提高 CS 膜的分离因子。此外,还提出了 CS-K^+MMT 杂化膜中水分传输的合理模型。结果表明,K^+MMT 在 PV 领域具有潜在的应用前景。

将质量分数分别为 5% 和 10% 的钠基蒙脱土(NaMMT)黏土颗粒掺入 NaAlg 中,并与 GA 交联,制备了新型杂化复合膜。考查杂化复合膜对 2-丙醇、1,4-二氧六环(DIOX)和四氢呋喃从其水溶液中脱水的分离性能。NaMMT 可在聚合物溶液中插层。NaMMT 吸附的驱动力是熵,这至少涉及黏土通道中与交换阳离子有关的水化水的部分替换。PV 实验结果表明,NaMMT 黏土颗粒的加入提高了 NaAlg 膜对水的选择性,杂化复合膜的渗透速率低于普通 NaAlg 膜。[229]

以微孔磷酸铝(AlPO4-5)为原料,采用溶液铸膜法和 GA 交联法制备了新型 NaAlg 基复合膜,测试了 2-丙醇(12.6% 水)、1,4-二氧六环(18.1% 水)、四氢呋喃(6.7% 水)和乙醇(4% 水)的 PV 脱水性能。对原始 NaAlg 和 20% AlPO4-5 负载复合膜进行进料组成为 5%~20% 的 PV 脱水研究,计算渗透过程中所涉及的活化参数值。随着 AlPO4-5 在 NaAlg 基体中含量的增加,共沸组分的渗透速率和选择性增加。水/IPA 共沸物对水的选择性较高,而水/1,4-二氧六环和水/四氢呋喃共沸物的渗透速率较高。与水/异丙醇和水/1,4-二氧六环共沸物相比,水/四氢呋喃和水/乙醇共沸物对水的选择性较小。由于微孔分子筛颗粒的均匀分布和磷酸铝分子筛的亲水性,以及它与亲水性 NaAlg 基质的相互作用,因此膜性能比纯交联 NaAlg 膜有了明显的提高。[230]

在碱性介质中用共沉淀法制备不同掺量的 Fe(Ⅱ) 和 Fe^{3+},考查了它们在 10%~20% 2-丙醇和 1,4-二恶烷、5%~15% 四氢呋喃水溶液中的脱水性能。在聚酯布上浇铸薄层膜作为支撑层,以提高三种混合物的 PV 分离性能。特别是以 4.5% 氧化铁为原料制备的复合膜,与含较低氧化铁含量的膜和原始交联 PVA 膜相比,具有更好的选择性,渗透速率略有牺牲。随着 PVA 基体中铁含量的增加,渗透速率降低,选择性有系统地提高。[230]

用壳聚糖和尼龙 66(N66)交联共混膜对 1,4-二氧六环/水混合物进行了 PV 分离。[231] 当水含量为 4.3% 时,在 40 ℃条件下,Chito/N66 的最佳配比为 90/10(质量比),阻隔层从 30 μm 增加到 120 μm,分离因子由 767 提高到 1 123,但渗透速率从 0.118 kg/($m^2 \cdot h$) 降低到 0.028 kg/($m^2 \cdot h$)。1,4-二氧六环/水混合物(1,4-二氧六环质量分数为 82%)共沸物容易分离,水/二氧六环选择性分离系数为 865,水的渗透速率为 0.089 kg/($m^2 \cdot h$)。

采用乳液聚合的方法,将丙烯腈(AN)与甲基丙烯酸-2-羟乙酯(HEMA)按三种不同的共聚物组成进行共聚,制得 PAN/HEMA 共聚膜。[232] 这些膜分别是 PAN/HEMA-1、PAN/HEMA-2 和 PAN/HEMA-3。研究在水的质量分数为 0%~14% 的范围内,四氢呋喃在这三种共聚物膜中的 PV 脱水行为。在共聚物膜中,PAN/HEMA-1 膜对水有较好的渗透速率(34.9 g/($m^2 \cdot h$)),H_2O/THF 选择性很高(264),PAN/HEMA-3 膜对水的渗透速率较高,为 52 g/($m^2 \cdot h$),高浓度四氢呋喃(进料中水质量分数为 0.56%)在 30 ℃时的水/四氢呋喃选择性为 176.5。

以甲壳素和聚乙烯醇为原料,以脲醛/硫酸混合物为浇铸料,制备交联共混 Chito/PVA 膜。在共混体系中,以 Chito 为基本组分,PVA 质量分数在 20%~60% 内。对 2-丙醇和四氢呋喃的 PV 脱水膜进行研究。通过计算渗透速率和选择性,在接近共沸组分的条件下评价了膜的性能,在水/有机混合物中进行的溶胀实验解释了 PV 的结果。在四氢呋喃/水混合物和 2-丙醇/水混合物中,分别对 5% 和 10% 水的交联共混膜进行了测试,它们的水选择性分离因子分别为 4 203 和 17 991。渗透速率随进水浓度的增加而增加,对 PVA 为 20% 的交联共混膜的选择性最高。[233]

采用溶液浇铸和 GA 交联的方法制备了纳米 TiO_2 分散在 NaAlg 中的混合基质聚合物膜,用这些膜对四氢呋喃和异丙醇的水溶液进行了 PV 脱水试验。普通交联 NaAlg 膜对高含水量进料的脱水率可达 97%,NaAlg 的混合基质膜对脱水具有无限的选择性,且具有合理的渗透速率。NaAlg-TiO_2 的混合基质膜渗透速率略低于普通 NaAlg 膜。[234]

采用氯化钙交联的海藻酸钠膜对 N,N-二甲基甲酰胺(DMF)/水混合物的渗透分离特性进行 PV、EV 和 TDEV 研究,渗透速率与膜厚度成反比,而分离因子随膜厚增加而增大。EV 和 TDEV 的渗透速率低于 PV,TDEV 的分离因子最高。海藻酸钠膜的渗透速率为 0.97~1.2 kg/($m^2 \cdot h$),分离因子为 17~63,分离因子随操作条件和膜分离方法的不同而不同。吸附选择性是 DMF/水混合物分离的主要因素。[235]

丙烯酰胺(AM)与甲基丙烯酸-2-羟乙酯(HEMA)的三种不同共聚物即 PAMHEMA-1、PAMHEMA-2 和 PAMHEMA-3 合成了交联(胶凝)共聚物膜,并用这些溶胶共聚物溶液（未交联）对二甲基甲酰胺（DMF）在0%～13.07%水的质量分数范围内进行了渗透汽化脱水。结果表明，这些亲水凝胶共聚物膜对水的吸附和扩散都具有很强的选择性。从PAMHEMA-1到PAMHEMA-3膜的水通量随交联程度的增加而降低。在三种膜中，PAMHEMA-3膜具有最高的分离系数（464.3）和较高的通量（23.91 g/(m^2·h)），当水的质量分数为0.5%时，PAMHEMA-3膜的分离系数最高（23.91 g/(m^2·h)）。而PAMHEMA-1膜（47.45 g/(m^2·h)）和0.5%的进料水在30 ℃时，膜的最大水通量最大，分离系数最高，为263.8。在50 ℃下进行PV实验时，膜的分离系数（51.03 g/(m^2·h)）和进料量为0.5%（质量分数）的PAMHEMA-3膜的通量增加了几十倍。[236]

10.8.1　有机液体/水混合物的选择性膜

有机液体/水选择性膜是去除水中有机物和从水中回收有机溶剂的有效方法，这些膜可有助于解决环境问题和有机溶剂的有效利用。

1. 氯化烃膜处理

在某些PV过程中，耦合效应可能起着重要的作用，这发生在水中氯代烃（Cl-HC_S）的多组分混合物通过有机膜的PV过程中。研究人员考查了几种Cl-HC_S混合物在有机PDMS膜上的渗透汽化行为。这些膜是复合膜，由聚二甲基硅氧烷（PDMS）组成致密的顶层膜，在聚酯织物上的多孔PAN（聚丙烯腈）膜上填充疏水性沸石。PV实验是在三元混合物水、氯仿和第二个Cl-HC及丙酮和异丙醇的中进行的。氯仿浓度在所有实验中保持不变，其他有机成分的质量分数不同。在所有的实验中，发现三元混合物中有机成分的流量相对于二元混合物有所减少。为研究这种耦合是否由沸石引起，在不含沸石的PDMS膜、二元混合物及所有组分的三元混合物中进行了附加的PV实验。在这些膜的实验条件下，几乎没有观察到耦合现象。[237]

在室温条件下，以二乙烯基聚二甲基硅氧烷为催化剂，与含硅低聚物硅苯乙烯交联，制备了一种新型硅橡胶。用这种硅橡胶制成的膜可以通过PV从含有微量有机物的水中分离氯代烃和芳烃。本章讨论这种硅苯乙烯低聚物的合成、交联到二乙烯基聚硅氧烷（二甲基硅氧烷）制备硅橡胶及其膜的制备方法。[238]

将苯乙烯-丁二烯嵌段共聚物（S-B-S）复合膜浇注在聚四氟乙烯高孔疏水薄膜上，用PV法从水溶液中分离回收挥发性有机化合物。三氯乙烷、三氯乙烯和甲苯是测试这些膜有效性的挥发性有机化合物。对PV数据的分析表明，液膜边界层对渗透具有主要的传质阻力。在近环境温度下，挥发性有机化合物的分离系数高达5 000，但在较高温度下，分离系数显著降低。水的通量实际上与溶质的浓度无关，但与有机通量相比，随着温度的升高，其增加速度更快，从而降低了分离因子。此外，通过单组分数据可以很好地预测多组分混合物从含水进料中的分离。[239]

采用加成交联法制备聚二甲基硅氧烷，对水中微量氯化烃进行了脱除。[240]由于该膜在聚合物链上没有羟基和氯等极性基团，因此它比缩合反应制备的膜具有更强的疏水性。本章主要研究氯甲烷水溶液与氯乙烷水溶液的渗透行为。研究表明，当膜系统的疏水性较大时，膜内的水分子往往以团簇的形式存在。因此，水组分的渗透尺寸增大，从而抑制水的渗透，增加有机组分的富集因子。浓度极化效应和有机膜、吸水膜相互作用的影响间接解释了不同温度和膜厚下的渗透行为。

将天然橡胶(NR)与环氧化天然橡胶(ENR)共混制得透明无孔膜,评价了这些共混膜对氯代烃和丙酮的选择性分离效果[241],测定共混膜的通量和选择性与共混组成和进料混合物组成的关系。结果表明,聚合物共混法是一种很有发展前景的新型膜材料,具有较高的渗透选择性。通过调整共混物的组成可以优化 PV 的性能,NR/ENR 70/30 和 NR/ENR 30/70 组分的通量和选择性降低,而 50/50 组分的通量和选择性增加。氯代烃优先渗透到所有被测试的膜中,进料混合物的组成对共混膜的 PV 特性也有很大的影响,渗透选择性与渗透组分的分子量有关。

从实验和理论上比较曝气法、减压膜蒸馏法和 PV 法去除水中溶解性三氯乙烯(TCE)的效果。用于 PV 过程和膜蒸馏的膜分别是硅橡胶致密膜和疏水性微孔膜。曝气法的 TCE 去除率高,减压膜蒸馏法的 TCE 去除率中等,PV 法的 TCE 去除率低。基于同样的亨利常数模型和气相驱动力模型进行的模型计算可以很好地预测这些结果。[242]

利用吸附扩散理论研究交联聚二甲基硅氧烷(PDMSDMMA)膜在不同烃类水溶液中的 PV 性能。三种氯代烃(氯仿、三氯乙烯、四氯化碳)和三种芳香烃(苯、氯苯、甲苯)作为渗透组分。当质量分数为 0.05% 的烃类水溶液通过交联 PDMSDMMA 膜渗透时,PV 具有较高的烃类/水选择性和渗透性。交联 PDMSDMMA 膜的烃类/水选择性显著依赖于渗透组分,特别是氯仿在这项研究中去除碳氢化合物最有效。通过对 PV 性能和膜内吸烃量随温度的变化规律的研究,发现 PV 过程中不同水溶液对烃/水选择性的差异与烃类的摩尔体积和直径有关。采用基于扩散跳跃模型的定性模型解释交联 PDMSDMMA 膜对水中烃类的渗透和去除机理。[180]

疏水性聚合物具有很好的 PV 选择性分离有机溶剂的潜力。本章以聚偏氟乙烯(PVDF)为载体,通过引入疏水性无机 ZSM-5 填料,合成了聚二甲基硅氧烷(PDMS)复合疏水膜,以正硅酸乙酯(TEOS)为交联剂,对环境威胁和健康危害较大的二氯甲烷(DCM)、三氯甲烷(TCM)、1,2,2,2-二氯乙烷(DCE)和 1,1,2,2-四氯乙烷(TeCE)等挥发性氯代烃进行了交联萃取。分别用 TGA、FTIR、XRD、SEM 和吸附研究了自制膜的热稳定性、交联度、结晶度、表面形貌和溶胀特性,考查了进料组成、填料浓度等操作参数对分离性能的影响,并考查了通量和选择性对分离效果的影响。20% ZSM-5 填充 PDMS 膜对含 1.33%(质量/体积比)DCM、0.8%(质量/体积比)TCM、0.84%(质量/体积比)DCE、0.28%(质量/体积比)TeCE 的含水进料的通量分别为 0.166 kg/($m^2 \cdot h$)、0.146 kg/($m^2 \cdot h$)、0.141 kg/($m^2 \cdot h$) 和 0.06 kg/($m^2 \cdot h$),选择性分别为 541、1 068、917 和 15 000。该膜具有很好的规模化可行性,在去除水中有害的氯化 VOC 方面具有很大的潜力。[243]

疏水性聚合物具有很好的 PV 选择性分离有机溶剂的潜力。本章以聚偏氟乙烯为载体,制备聚二甲基硅氧烷复合膜,并用四乙氧基硅烷(TEOS)、苯基三甲氧基硅烷、辛基三甲氧基硅烷等交联剂对复合膜进行固化[244],评价交联膜对环境威胁和健康危害严重的二氯甲烷和 1,2-二氯乙烷等挥发性二氯代烃的萃取潜力。用红外光谱(FTIR)和扫描电镜(SEM)测定自制膜的交联度和表面形貌,考查进料组成、渗透压力等操作参数对分离性能的影响。该膜具有很好的规模化性能,对去除水溶液中的二氯有机溶剂有很大的潜力。

研究人员研究了 PV 对 1,1,2-三氯乙烷(TCE)、三氯乙烯(TCET)和四氯乙烯

(TECET)等氯代烃在稀水溶液中的去除和富集作用。[245] 采用自由基聚合法合成了对这些溶剂具有较高选择性的新型聚合物,即由甲基丙烯酸三甲硅酯(TMSMMA)和丙烯酸丁酯(n-BA)组成的玻璃状共聚物。考查甲基丙烯酸甲酯(MMA)与丙烯酸丁酯(n-BA)的摩尔比对三氯乙烯(TCE)渗透速率和 TCE/H_2O 选择性分离因子的影响。共聚物的玻璃化转变温度随 n-BA 含量的增加而降低,因此具有较高的链段迁移率和较高的扩散率。摩尔分数约70%的 n-BA 共聚物膜对三氯乙烯(TCE)的分离因子最高,为600~1000。这些共聚物膜对氯代烃的高选择性主要是氯代烃的高分配系数所致。

研究由 PDMSDMMA 和二乙烯基化合物(EGDM、DVB、DVS、DVF)制备的交联 PDMS 膜对水中氯仿、苯、甲苯等有机溶剂的渗透和分离特性。[246] 这些膜具有较高的 VOC/H_2O 选择性和渗透性。二乙烯基化合物对 VOC/H_2O 的选择性和透气性均有显著影响。此外,交联 PDMSDMMA 膜表现出最高的 $CHCl_3$/H_2O 选择性。VOC/H_2O 的选择性主要受溶解选择性的影响,而不受扩散选择性的影响。然而,不同类型有机溶剂对 VOC/H_2O 选择性的差异取决于渗透组分扩散系数的不同。随着下游压力的增加,交联 PDMSDMMA 膜的 VOC/H_2O 选择性增加,但渗透性能降低。PDMSDMMA-DVF 膜的归一化渗透速率为 1.9×10^{-5} kg·m/(m^2·h),对 $CHCl_3$/H_2O 的分离系数为4850,分离指数为9110。

研究人员制备有机硅填充的聚硅氧烷酰亚胺(PSiI)膜,用于 PV 分离水中的挥发性有机物(有机溶剂)。将 $3,3',4,4'$-二苯甲酮四羧酸二酐(BTDA)与含硅二胺(PDMS)、端基二(3-氨丙基)双(PSX)与 3,3-氨苯砜(DDS)进行缩聚反应,合成了 PSiI 共聚物。在铸造液中加入 2,4,6-三胺嘧啶(TAP),以提高聚合物基体与填料、硅质岩的相容性。添加 TAP 后,膜的表面形貌与未加 TAP 时的表面形貌有所不同。后者膜表面似乎是由颗粒组成的。研究 PSiI 膜对氯仿($CHCl_3$)/水溶液的溶解性选择性,在 PSX 质量分数为50%左右时,膜的溶解性最好。通过氯仿/水混合物的分离,研究膜的 PV 性能。对于氯仿质量分数为 1.2%的氯仿/水混合物溶液[247],120 μm 厚的硅质膜的总渗透速率为 280 g/(m^2·h),$CHCl_3$/H_2O 的分离因子为52.2。

研制 HTPB-PUU-PMMA IPN 膜,用于极低浓度水中 1,1,2,2-四氯乙烷(TCEN)、$CHCl_3$、四氯化碳(CCl_4)、TCET 等氯化 VOC 的选择性去除。采用不同 PMMA 含量和不同交联密度的 IPN。由于有机溶剂在膜中的选择性渗透和扩散依赖于它们与膜材料的相互作用,因此通过在纯有机溶剂中溶胀膜来研究 VOC 在膜中的吸附和扩散行为,利用溶解性参数数据和计算得到的膜聚合物与 VOC 的相互作用参数数据,解释了膜聚合物对 VOC 的吸附和扩散行为。根据溶胀动力学数据,计算有机溶剂在膜中的扩散系数。随着交联密度的增加和膜中 PMMA 含量的增加,膜的扩散系数增大。在 PV 实验中,进料中氯化有机物的浓度在 100×10^{-6}~1000×10^{-6}。三种 IPN 膜对水中氯化有机溶剂均表现出良好的分离性能。当聚甲基丙烯酸甲酯质量分数为26%,30 ℃时,渗透速率为 0.2 kg/(m^2·h),分离因子为7842,透过率为88.7%。三种不同组成的 IPN 膜的分离性能依次为 TCEN < CCl_4 < $CHCl_3$ < TCET,即渗透速率和分离因子的顺序为 TCEN < CCl_4 < $CHCl_3$ < TCET。[248]

表面活性剂广泛用于回收被氯化溶剂污染的地下水。表面活性剂的再利用对于回收过程的经济可行性是非常重要的。用聚二甲基硅氧烷(PDMS)膜同时分离非离子表面活性剂 Tween 80 废液中的三氯乙烯（TCE）和三氯乙烯（TCEN）。薄膜厚度在 200~300 μm 内对 PV 性能没有影响。在 100 mL/min 的流速以上，有机物的渗透速率没有增加。随着进料质量分数和进料温度的增加，有机物的渗透速率增大；随着进料温度的升高，有机物电活性显著降低。这是高分子链的热运动增加所致。当表面活性剂质量分数为 1.0% Tween80 时，渗透速率略有下降。由于 TCE 的胶束外部分高于 TCEN，因此 TCE 的渗透速率和选择性均高于 PCE。在 TCE 和 TCEN 的同步 PV 中，由于 TCE 和 TCEN 的竞争吸附，因此渗透速率和有机选择性降低。而在 1/1 的 TCE/TCEN 中，渗透速率和选择性的降低率均小于 10%。在 100 h 的运行条件下，TCE 和 TCEN 为 $1\,000 \times 10^{-6}$ 时，0.5% 的 Tween 80 溶液中 TCE 和 TCEN 的去除率分别达到 95% 以上和 90% 以上。[249]

采用 PDMS 膜研究一系列不同碳数和氯数的氯代烃在纯烃类有机物和稀水有机混合物中的渗透和分离特性。通过有机溶剂与膜材料的相互作用，以及水与膜中有机分子的相互作用，解释了氯代烃水溶液的渗透行为，从而对膜材料产生了相应的塑化作用。通过橡胶膜的有机渗透是由溶解过程而不是扩散过程控制的。[250]

将 HEMA 的原子转移自由基聚合在多孔载体上，制备出高渗透速率的 PV 膜，并对其进行改性以控制其性能。由辛基（C8 - PHEMA）、十六烷基（C16 - PHEMA）或五氟基（PHEMA）侧链衍生的聚（2 - 羟乙基甲基丙烯酸酯）（PHEMA）涂层提供了足够疏水性的薄膜，允许在 PV 过程中选择性从水中提取有机溶剂。所有这些衍生化的 PHEMA 膜中，VOC/H_2O 的选择性一般随 VOC 在水中溶解度的降低而增加，三氯乙烯/水的选择性约为 500。吸附数据表明，氟化 PHEMA 的自由体积最大，C16 - PHEMA 的自由体积最小，与此推断一致，渗透速率降低的顺序为氟化 PHEMA > C8 - PHEMA > C16 - PHEMA，渗透速率一般比通过高性能 PDMS 膜的渗透速率大一个数量级。[251]

2. 芳香烃膜处理

制备以 HTPB 为基础的 PUU 多孔膜。将氯化锂掺入聚合物基体中，然后在热水中浸出，形成孔隙率。以 4 - 硝基酚水溶液为原料，研究所合成的膜的 PV 性能。结果表明，PUU 膜对 4 - 硝基苯酚具有较高的分离因子，选择性地渗透到 4 - 硝基苯酚中。根据膜的 SEM 图像计算膜表面的孔径和孔数，并研究孔径和孔隙率对 PV 渗透的影响。[252]

研究聚甲基丙烯酸甲酯 - 接枝 - 聚二甲基硅氧烷（PMMA - g - PDMS）、聚甲基丙烯酸乙酯 - 接枝 - 聚二甲基硅氧烷（PEMA - g - PDMS）和聚甲基丙烯酸正丁酯 - 接枝 - 聚二甲基硅氧烷（PBMA - g - PDMS）接枝共聚物膜对苯和氯仿溶液中苯和氯仿等挥发性有机物的去除效果。当稀释 VOC 的水溶液透过 PMMA - g - PDMS 和 PEMA - g - PDMS 膜时，这些膜是 Bz/H_2O 和 $CHCl_3/H_2O$ 选择性的。在 DMS 摩尔分数分别为 40% 和 70% 时，PMMA - g - PDMS 和 PEMA - g - PDMS 膜的渗透和分离特性发生了很大的变化，如图 10.21 所示。与 PMMA - g - PDMS 和 PEMA - g - PDMS 膜不同，PBMA - g - PDMS 膜的渗透速率和 VOC/H_2O 选择性随 DMS 含量的增加而增加。TEM 观察表明，PMMA - g - PDMS 和 PEMA - g - PDMS 膜具有微相分离结构，由 PDMS 相和聚甲基丙烯酸烷基酯相组成。另外，PBMA - g - PDMS 膜是均匀的。结果表明，PV 型接枝共聚物膜对 VOC 水溶液的渗透和选择性与相分离结构中的 PDMS 连续层密切相关。[253,254]

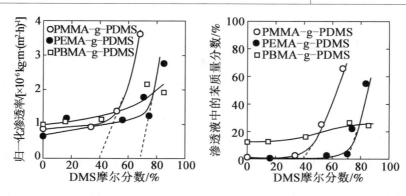

图 10.21　PV 过程中 DMS 含量对 0.05% 苯水溶液透过 PMMA–g–PDMS、PEMA–g–PDMS、PBMA–g–PDMS 膜的渗透液中苯浓度和归一化渗透速率的影响

将含氟接枝共聚物加入 PDMS 和 PMMA 组成的微相分离膜中,制备疏水表面改性膜。接触角测量和 X 射线光电子能谱(XPS)表明,由于氟化共聚物的表面定位,因此加入含氟共聚物会在膜的空气侧产生疏水表面。透射电镜观察表明,加入含氟聚合物在质量分数为 1.2% 以下不影响微相分离膜的形貌。然而,加入含氟共聚物的质量分数超过 1.2% 后,其形貌发生了变化,从连续的 PDMS 相转变为不连续的 PDMS 相。微相分离膜中加入少量含氟共聚物,由于其疏水表面和微相分离结构,因此提高了其对苯稀水溶液的透水性和苯选择性。其中,质量分数为 1.2% 的氟醚共聚物的微相分离膜将 0.05% ~ 70% 的苯浓缩到水溶液中,从而非常有效地去除水中的苯。[225]

研究在聚二甲基硅氧烷(PDMS)和聚甲基丙烯酸甲酯(PMMA)组成的微相分离膜中加入含氟接枝或嵌段共聚物添加剂(PFA 和 PDMS 或 PDMS 大分子偶氮引发剂)对聚甲基丙烯酸甲酯(PMS)和聚甲基丙烯酸甲酯(PMMA)微相分离膜的 PV 选择性的影响,并研究含氟共聚物添加剂对改性 PMMA/PDMS 膜的表面特性和结构的影响。PFA–g–PDMS 和 PFA–b–PDMS 在 PMMA–g–PDMS 膜的空气侧产生疏水表面。少量 PFA–g–PDMS 和 PFA–b–PDMS 的加入提高了苯稀水溶液在 PV 过程中的 Bz/H_2O 选择性和渗透性能,这是它们的疏水表面的形成和膜内存在连续 PDMS 相的微相分离结构所致。当 PFA–g–PDMS 和 PFA–b–PDMS 添加到 PMMA/PDMS 中时,PFA–g–PDMS 和 PFA–b–PDMS 可使 PMMA/PDMS 保持相连续的微相分离结构,而 PFA–g–PDMS 和 PFA–b–PDMS 则不能。[256]

采用含叔丁基[4]芳烃(CA/PMMA–g–PDMS 和 CA/PMMA–b–PDMS)的 PMMA–g–PDMS 膜和 PMMA–b–PDMS 膜,用 PV 法从苯的稀水溶液中去除苯。[257] 当苯质量分数为 0.05% 时,CA/PMMA–g–PDMS 和 CA/PMMA–b–PDMS 膜具有较高的苯/水选择性。CA/PMMA–g–PDMS 和 CA/PMMA–b–PDMS 膜的渗透性能和 Bz/H_2O 选择性均随 CA 含量的增加而增加,这是 CA 对苯的亲和性所致。CA/PMMA–b–PDMS 膜的渗透性能和 Bz/H_2O 选择性明显高于 CA/PMMA–g–PDMS 膜。TEM 观察表明,CA/PMMA–g–PDMS 和 CA/PMMA–b–PDMS 膜均具有由 PMMA 相和含 PDMS 相的 CA 组成的微相分离结构。后者的微相分离结构比前者清晰得多,呈层状结构。用 DSC 分析 CA/PMMA–g–PDMS 和 CA/PMMA–b–PDMS 膜微相分离结构中 CA 的分布,CA 在 PDMS 连续层中以微相分离结构分布。[257,258]

在以前的工作中,有报道称 PMMA-g-PDMS 膜具有很高的 VOC/H_2O 选择性。因此,为提高 VOC/H_2O 的选择性,制备了比 PMMA 疏水性更强、对有机溶剂有更高亲和力的聚苯乙烯(PST)接枝嵌段共聚物膜和 PDMS。相反,离子液体由于具有极低的蒸汽压、不挥发、热稳定性、高极性、多种有机和无机化合物的良好溶剂及高电导率等优异性能,因此近年来成为无机、有机、生物和电化学等领域的研究热点。[259] 然后,制备含有离子液体 1-烯丙基-3-丁咪唑双(三氟甲烷磺酰)酰亚胺([ABIM]TFSI)的 PSt-b-PDMS 膜([ABIM]TFSI/PSt-b-PDMS)。[260] 这些[ABIM]TFSI/PSt-b-PDMS 膜具有较高的 VOC/H_2O 选择性,并且由于[Amim]TFSI 与 VOC 的亲和力[AMIM]TFSI 的增加,因此膜的渗透性和 VOC/H_2O 选择性都有所提高。Uragami 等[261]还报道了[ABIM]TFSI/PMMA-g-PDMS 膜具有高的苯/水选择性,且[ABIM]TFSI 定位于微相分离的 PMMA-g-PDMS 膜的 PMMA 层中。

结果表明,PMMA-g-PDMS 和 PMMA-b-PDMS 膜中的连续 PDMS 层对水中 VOC 的去除起着重要的作用。以聚二甲基硅氧烷(PDMS)大分子单体(PDMSDMMA)为膜材料,以 PDMS 组分为主要成膜材料,构建聚二甲基硅氧烷(PDMSDMMA)膜基质,研究 PDMSDMMA 与二乙烯基化合物交联 PDMS 膜的交联剂对稀苯水溶液脱除苯的 PV 特性的影响。当质量分数为 0.05% 苯的水溶液渗透到交联的 PDMSDMMA 膜中时,它们表现出较高的 Bz/H_2O 选择性。作为交联剂,随着二乙烯基化合物含量的增加,膜的透气性和 Bz/H_2O 选择性均有所提高,且受二乙烯基类化合物种类的影响较大。二乙烯基硅氧烷(DVS)交联 PDMSDMMA 膜在 PV 过程中表现出很高的膜性能。PDMSDMMA-DVS 膜的最佳归一化渗透率为 1.96×10^{-5} m·kg/(m^2·h),分离因子为 Bz/H_2O 选择性,PSI[262,263] 为渗透速率与分离因子的乘积,可作为衡量膜在 PV 时性能的指标,为 192。[264] 当疏水性强得多的二乙烯基全氟正己烷(DVF)作为 PDMSDMMA 交联剂时,PDMSDMMA-DVF 膜的最佳归一化渗透率、Bz/H_2O 选择性分离因子和 PSI 分别为 1.72×10^{-5} m·kg/(m^2·h)、4 316 和 7 423。[265]

研究人员研究了在 PDMSDMMA 交联 PDMS 膜和各种二乙烯基化合物中添加 CA 对稀苯水溶液脱除苯的 PV 特性的影响。随着交联剂二乙烯基化合物含量的增加和 CA 加入量的增加,膜的 Bz/H_2O 选择性和渗透性能均有所提高,且受二乙烯基类化合物种类的影响较大。在与 DVF 交联的 PDMSDMMA 膜中添加 CA 对 PV 性能有很高的影响[266]。

研究人员制备了杯芳烃(CA)和杯芳烃衍生物(CAD)填充 PDMS 膜,用于渗透汽化脱除稀水溶液中的苯。随着 CA 和 CAD 含量的增加,填充膜的归一化渗透速率没有单调变化,而是出现了最小和最大值。为解释这一异常现象,进行了溶胀实验、XRD 和 PALS 测量,提出了一种结合溶胀度和结晶度来描述 CA 填充膜的传质模型,并用计算机辅助设计(CAD)对模型进行了验证。由于 CAD 比 CA 具有更高的疏水性,因此 CAD 填充型 PDMS 膜比 CA 填充型 PDMS 膜表现出更高的分离因子。此外,CA 和 CAD 填充的 PDMS 膜均表现出比对照 PDMS 膜更好的渗透选择性[267]。

以聚二甲基硅氧烷(PDMS)膜填充杯芳烃(CA)为模型体系,研究小分子渗透组分在橡胶-聚合型杂化膜中的扩散行为。在以前的实验研究中,PDMS-CA 杂化膜的苯(NPRb)和分离因子(苯/水)的归一化渗透速率没有遵循通常的单调或单峰/谷变化,而是伴随着最小和最大值。采用分子动力学模拟方法,分析了 PDMS 与 CA 之间的非键相互作用能、均方位移(MSD)、自由体积特性,以及苯和水在纯 PDMS 和杂化膜中的扩散系数。模拟结果表明,MSD 和分数自由体积(FFV)值与相互作用能密切相关。苯和水在"无限稀释"和饱和条件下的扩散系数有相同的变化趋势,但饱和条件下的值稍大。此外,扩散系数不仅与 FFV 有关,而且还受 CA 与渗透组分相互作用的影响。[268]

表 10.7 比较了相同 PV 条件下含有 PDMS 组分的各种聚合物膜的渗透分离特性:原料溶液,0.05% 苯水溶液,渗透温度为 40 ℃,渗透侧压力为 1.33 Pa。由表 10.7 可以看出,与各膜相比,CA/PDMSDMMA – DVB、CA/PDMSDMMA – DVS 和 CA/PDMSDMMA – DVF 膜的归一化渗透率和 Bz/H2O 选择性均有所提高。虽然 CA/PDMSDMMA – DVB、CA/PDMSDMMA – DVS 膜的分离因子低于 PFA – g – PDMS/PMMA – g – PDMS 膜,但前者的 PSI 远大于后者。在以往的研究中[265,266],采用合适的交联剂将交联结构引入膜基质中,从而获得高的渗透速率和较高的 Bz/H2O 选择性,这是一种非常有效的方法。表 10.7 表明,在交联的 PDMSDMMA 膜中加入适量的交联剂,可以获得更高的渗透和分离性能。当 DVF 摩尔分数为 90%,CA 质量分数为 0.4% 时,CA/PDMSDMMA – DVF 膜的膜性能最好,膜的归一化渗透速率、Bz/H$_2$O 选择性分离因子和 PSI 分别为 1.86×10^{-5} m·kg/(m^2·h)、5 027 和 9 350。

表 10.7 含 PDMS 组分的不同膜对 Bz/H$_2$O 的性能

多种 PDMS 膜①	α分离因子Bz/H$_2$O	α溶解因子Bz/H$_2$O	α扩散因子Bz/H$_2$O	NPR②	PSI③	参考文献
PMMA	53	422	0.13	0.29	16	[254]
PMMA – g – PDMS②	620	739	0.86	0.13	226	[257]
CA/PMMA – g – PDMS⑤	1 772	1 267	1.40	0.71	1 240	[257]
PFA – g – PDMS/PMMA – g – PDMS⑥	4 492	—	—	0.61	2 879	[255]
PDMSDMMA – DVB⑦	3 171	1 436	2.21	1.46	4 629	[265]
PDMSDMMA – DVS⑧	2 886	1 270	2.46	1.96	5 656	[265]
PDMSDMMA – DVF⑨	4 316	1 804	2.49	1.7	7 423	[266]
CA/PDMSDMMA – DVB⑩	4 021	1 689	2.18	1.75	7 037	[267]
CA/PDMSDMMA – DVS⑪	3 866	1 620	2.39	1.97	7 616	[267]
CA/PDMSDMMA – DVF⑫	5 027	1 998	2.52	1.86	9 350	[267]

①PV 实验条件:进料溶液为 0.05% 的苯的水溶液,渗透温度为 40 ℃,渗透侧压为 1.33 Pa。
②NPR 规化渗透率(10^{-5} m·kg/(m^2·h)$^{-1}$)。
③PSI、PV 分离因子(NPR × $\alpha_{\text{sepBz/H}_2\text{O}}$)。
④PDMS 摩尔分数为 74%。
⑤PDMS 摩尔分数为 74%;CA 摩尔分数为 40%。
⑥PPMS 摩尔分数为 74%;PFA – g – PDMS 摩尔分数为 1.2%。
⑦DVB 摩尔分数为 80%。
⑧DVS 摩尔分数为 80%。
⑨DVS 摩尔分数为 80%。
⑩DVB 摩尔分数为 80%;CA 摩尔分数为 0.5%。
⑪DVS 摩尔分数为 70%;CA 摩尔分数为 0.5%。
⑫DVF 摩尔分数为 80%;CA 摩尔分数为 0.5%。

研究微孔聚丙烯(PP)中空纤维从水中汽提除去甲苯、苯酚等VOC。VOC流通过模块的内腔侧,而空气(汽提气体)流过壳侧。在不同的液体流速($8\sim16\ cm^3/min$)、气体流速($60\sim180\ cm^3/min$)、进料VOC浓度($100\sim1\ 000\ ppm$)和温度($24\sim351\ ℃$)下进行实验。当进料VOC水平,液体或气体流速增加时,去除更有效。考察稳态下考虑液层、膜和气体层扩散的传质模型的适用性。与苯酚的无量纲亨利定律常数(平衡气体浓度除以液体浓度)和相对较低的PP纤维吸附量不同,测量的甲苯总传质系数与模型预测的相一致。空气和液相/纤维基体之间的浓度差很小,苯酚的偏差较大,这表明了苯酚的非稳态性质。研究人员进一步对水中二甲苯和氯仿等二元VOC的气提去除和分离进行研究。[269]

以炭黑为填料,对稀水溶液中甲苯进行PV膜分离。采用填充炭黑的PDMS复合膜、PDMS膜和PEBA膜,这种膜是在实验室规模上制备的,PEBA和PDMS膜对水中甲苯均有较好的分离性能,但甲苯在PDMS膜中的溶解性较好。PDMS膜对该化合物的去除效果较好。在某些情况下,加入填料的膜的总渗透速率和甲苯渗透速率比不加填料的膜低。[270]

以不对称PVF_2中空纤维膜为基材,采用改进的浸渍法制备了五种PDMS/PVF_2复合膜,并在此基础上制备了一层薄薄的有机硅涂层材料。在优化的镀膜工艺中,成功地在PVF_2膜表面沉积了$1\sim2\ m^2$均匀、稳定的低聚PDMS膜层。将研制的PDMS/PVF_2复合膜用于多种挥发性有机化合物(苯、氯仿、丙酮、乙酸乙酯和甲苯)的分离。结果表明,在较好的操作条件下,PDMS/PVF_2中空纤维复合膜对所有VOC(苯、氯仿、丙酮、乙酸乙酯和甲苯)均有很高的去除率($>96\%$)。[271]

有机聚合物膜可高效地将VOC从胶束表面活性剂水溶液中分离出来,挥发性有机化合物的跨膜渗透速率很大程度上取决于其挥发度,当表面活性剂的浓度远高于临界胶束浓度时,挥发度很低。根据胶束体系的平衡测量和PV实验的结果给出了传质的理论分析。在胶束相存在的情况下,VOC在PV膜液体边界层中的传质不能仅用分子扩散过程来描述。显然,通过扩散胶束将增溶的VOC分子沿膜的方向输送到膜表面,传质得到了很大的加强。[272]

以超分子CA填充的聚二甲基硅氧烷(PDMS)为最高活性层,以非织造布为支撑层,研制了一种新型的渗透汽化去除水中苯的复合膜。与未填充的PDMS均质膜相比,复合膜具有更高的Bz/H_2O选择性分离因子和更高的渗透速率,分别是未填充PDMS均质膜的1.8倍和3.2倍。苯的渗透速率与进料中苯的浓度和下游压力成正比。[273]

Uragami等[274]研究了聚苯乙烯(PST)-聚二甲基硅氧烷(PDMS)互穿网络(IPN)聚合物膜的PST含量对稀苯水溶液中苯脱除过程中PV特性的影响。当质量分数为0.05%的苯水溶液渗透到PST-PDMSIPN膜中时,它们表现出较高的苯/水选择性。PST-PDMS IPN膜的渗透性能和苯/水选择性均随PST含量的增加而增加。研究人员讨论了PST-PDMSIPN膜在PV过程中渗透和分离的物理化学机理。PST-PDMS IPN膜的最佳归一化渗透速率、苯选择性分离因子和PSI分别为$1.27\times10^{-6}\ kg\cdot m/(m^2\cdot h)$、3 293和41 821,从PST-PDMSIPN膜的化学结构和物理结构的角度讨论了这些PV特性。

研究人员研究了离子液体1-烯丙基-3-丁基咪唑双(三氟甲烷磺酰基)酰亚胺([ABIM]TFSI)对苯的高亲和力的影响。[275]当苯的浓度为$100\times10^{-6}\sim500\times10^{-6}$时,苯对

[ABIM]TFSI/PVC 膜具有很高的苯/水选择性,且随着[ABIM]TFSI 含量的增加,膜的透过性能显著增强。结果表明,当[ABIM]TFSI/PVC 膜中苯的浓度为 $100 \times 10^{-6} \sim 500 \times 10^{-6}$ 时,膜的苯/水选择性较高,且随着[ABIM]TFSI 含量的增加,膜的透过性能显著增强。从[ABIM]TFSI/PVC 膜的化学结构和物理结构的角度详细讨论了这些 PV 特性,用溶液扩散模型分析了渗透和分离机理。

3. 有机溶剂的膜处理

采用薄膜复合法制备了三元乙丙橡胶(EPDM)薄膜,以分离水中的丁酸乙酯,并研究操作参数对三元乙丙橡胶(EPDM)性能的影响,将阻力-串联模型应用到 PV 结果中,以估计水的迁移。丁酸乙酯的部分通量随进料浓度的增加而增加。实验还发现,总通量随渗透压力的增大而减小,而有机通量随渗透压力的增大而增大。通过改变进料流量,观察了浓差极化对 PV 性能的影响。实验结果表明,在固定进料浓度下,总传质系数是进料流量的函数。[276]

研究人员研究了集成 PV 工艺在改善醋酸/水混合物 PV 性能中的应用。这种集成 PV 工艺是基于一种普通的 PDMS 膜,膜上有由杂环阳离子和[PF_6]$^-$阴离子组成的疏水离子液体。引入疏水离子液体作为水相与普通 PDMS 膜之间的第三相,以改善醋酸从水基质向 PDMS 膜的传质。初步结果表明,与普通 PDMS 膜相比,PV 前离子液体作为萃取剂有利于提高 CH_3COOH/H_2O 的选择性和乙酸的透过率,这种性能可以归因于 PV 之前离子液体与乙酸分子的结合和对水分子的排斥。利用上述集成 PV 技术,对某抗生素制药厂实际含醋酸废水进行萃取。结果表明,该集成 PV 技术可以大规模回收废水中的醋酸。[277]

研究人员合成了端羟基聚丁二烯(HTPB)基聚氨酯脲(PUU)膜,并用于从稀水溶液中渗透汽化回收 N-甲基-2-吡咯烷酮(NMP)。结果表明,交联 PUU 膜对 NMP 的吸附随 NMP 浓度和膜软段含量的不同而不同,吸附等温线呈线性。研究膜软段含量、NMP 浓度、操作温度和膜厚度对 PUU 膜 PV 性能的影响。随着膜中软段含量的降低,膜的渗透速率略有下降,但对 NMP/H_2O 选择性的分离因子有所提高。随着料液中 NMP 浓度的增加,渗透速率显著提高。NMP/H_2O 选择性的渗透速率和分离因子均随操作温度的升高而增大。[278]

研究人员研制了以丁羟基聚氨酯(PUU)和聚甲基丙烯酸甲酯(PMMA)为基体的 IPN 膜,并将其用于不同组成的水/N,N-二甲基甲酰胺(DMF)混合物的 PV 分离。在较高的温度下,扩散分子通过膜的渗透变得容易,从而提高了 N,N-二甲基甲酰胺的渗透速率。随着膜中 PMMA 含量的增加,DMF 的渗透速率和 DMF/H_2O 选择性分离因子增大。这一增加是因为 PMMA 中存在更多的极性基团。当进料中 N,N-二甲基甲酰胺浓度为 80%,60 ℃时,聚甲基丙烯酸甲酯-3 膜的最大渗透速率为 $0.231 \text{ kg}/(m^2 \cdot h)$。[279]

Feng 等[280]研究了利用 PEBA 膜 PV 分离丙酸丙酯/水混合物,这与稀水溶液中芳香化合物的回收有关,并考查了与选择性有关的溶解度和扩散率。研究原料浓度和操作温度对分离性能的影响。在实验条件下,渗透浓度远高于溶解度极限,相分离后可获得纯丙酸丙酯。丙酸丙酯从稀水溶液中通过膜的扩散率受溶液浓度的指数影响。结果表明,丙酸丙酯/水分离膜的透性选择性主要是因为膜的亲有机性决定了膜的吸附选择性。纯丙酸丙酯在膜中的扩散率是纯水扩散率的 28 倍左右。

采用聚醚酰胺(PEBA)膜分离丙酸丙酯/水混合物,研究了聚醚酰胺(PEBA)膜对稀水溶液中芳香化合物回收的影响。在所测试的实验条件下,渗透水的浓度远高于溶解度极限,相分离后即可得到较高纯度的丙酸丙酯。丙酸丙酯在稀水溶液中通过膜的扩散系数与溶液浓度呈指数关系。膜对丙酸丙酯/水分离的选择性主要来源于膜的有机亲水性对溶解性的选择性。丙酸丙酯在膜中的扩散系数是纯水的 29 倍左右。[281]

研究人员研究了不同醋酸乙烯酯(VA)含量的 EVA 共聚物膜从乙酸乙酯溶液中回收乙酸乙酯(EA)的 PV 特性。在 EVA 共聚物膜中,随着 VA 质量分数从 26%(EVA26)增加到 100%(聚醋酸乙烯酯,PVAc),EA/H_2O 选择性分离因子降低。当 VA 质量分数为 38% 时,醋酸乙烯酯对 2.5% EA 水溶液在 30 ℃ 时的最大渗透速率为 550 g/($m^2 \cdot h$),EA/H_2O 选择性分离因子为 118。用 EVA 共聚物的结晶度和 EVA 共聚物膜中 EA 或水与 VA 链段的亲和力来解释 EVA 膜的 PV 特性。实验结果还表明,随着进料温度和进料浓度的增加,EA/H_2O 选择性分离因子和 J_{EA} 均增大。[282]

分离含有非挥发性化合物(如盐、糖或蛋白质)的多组分液体体系成为 PV 法应用的一个重要而有趣的案例。研究 NaCl 对疏水膜法脱除醋酸甲酯(MeAc)性能的影响[283],测定疏水性 PDMS 膜在纯水、二元水/乙酸甲酯和三元水/MeAc/NaCl 体系中的选择性和迁移性能。进料液中电解质的存在降低了水的渗透速率,增加了乙酸甲酯的渗透速率,从而提高了膜的选择性和分离过程的整体性能。膜体系的这种行为可以用盐析效应来解释,并用 Setschenov 经验方程来描述。与二元混合物(1% MeAc)接触时,MeAc/H_2O 选择性的分离因子为 160,MeAc 的渗透速率 J_{MeAc} 为 202 g/($m^2 \cdot h$),而与三元混合物(1% MeAc,4 mol NaCl/kg)时 J_{MeAc} 的渗透率为 430 g/($m^2 \cdot h$)。

验证离子液体聚合物在真空 PV 超滤膜中的应用。采用离子液体(1-乙基-3乙基咪唑-六氟磷酸和四丙基四氰酸铵)和聚二甲基硅氧烷浸渍超滤膜。采用这种新型、稳定的离子液体-聚合物载体膜,利用真空 PV 分离三元混合物丁-1-醇-丙酮-水。与聚二甲基硅氧烷膜相比,两种膜中丁醇的平均富集因子均有所增加。这种较高的选择性显示出改善 PV 分离过程的良好潜力。[284]

研究人员验证离子液体聚合物在真空 PV 超滤膜中的应用。采用离子液体(1-乙基-3乙基咪唑-六氟磷酸和四丙基四氰酸铵)和聚二甲基硅氧烷浸渍超滤膜。采用这种新型、稳定的离子液体-聚合物载体膜,利用真空 PV 分离三元混合物丁-1-醇-丙酮-水。与聚二甲基硅氧烷膜相比,两种膜中丁醇的平均富集因子均有所增加。这种较高的选择性显示出改善 PV 分离过程的良好潜力。[285]

采用三种支撑液膜,即 PDMS、1-乙烯-3-乙基咪唑六氟磷酸酯-PDMS 和四氰硼酸四丙铵-PDMS 膜,在 37 ℃ 下测定了水-丁烷-1-醇二元混合物的 PV 分离性能。采用孔径为 60 nm 的 TiO_2 超滤陶瓷模块作为载体。butan-1-醇在 IL-PDMS 中的扩散系数明显高于单纯在 PDMS 中的扩散系数。然而,三种被测膜的吸附等温线都是相同的。丁烷-1-醇在 IL-PDMS 膜中较高的渗透通量和富集因子可能是膜的扩散系数较大所致。在所有测试过程中,支撑离子液膜都是稳定的。[286]

Mohammadi 等[287]通过在非溶剂表面浇铸溶液制备了聚醚酰胺膜,研究了溶剂配比(正丁醇/异丙醇)、温度和聚合物浓度对膜性能的影响。结果表明,随着溶剂中异丙醇比例的增加,薄膜质量得到提高。这一行为与溶液表面张力的降低和溶液与非溶剂之间的界面张力有关。在温度为 70~80 ℃,聚合物质量分数为 4%~7% 的条件下,制备了均匀的薄膜。用扫描电镜(SEM)对膜的形貌进行研究。随着溶剂中异丙醇含量的增加,薄膜的质量有所提高。利用该膜对丁酸乙酯(ETB)/水和异丙醇/水混合物的分离性能进行研究,获得了较高的分离性能。对于 ETB/水混合物,随着 ETB 含量的增加,渗透通量和分离因子均增大。而对于异丙醇/水混合物,随着异丙醇含量的增加,渗透通量增大,分离因子减小。在有限的温度范围内,随着温度的升高,分离因子减小,渗透通量增大。

采用大单体法合成了硅氧烷接枝聚酰胺酰亚胺(PAI)和聚酰胺(PAN),以期开发出一种高透气性、耐久的 PV 薄膜材料。合成一种新的大分子单体 3,5 - 二(4 - 氨基苯氧基)苄氧丙基聚二甲基硅氧烷(BAPB - PDMS),以 3,5 - 二(4 - 硝基苯氧基)苄基烯丙基醚为原料,在 Pt 催化剂作用下,与端硅基 PDMS 进行硅氢加成反应,制得了不同 PDMS 链段长度的 BAPB - PDMS,并对其末端二硝基进行了加氢还原反应,得到了具有不同 PDMS 链段长度的 BAPB - PDMS。BAPB - PDMS 分别与偏苯三酸酐氯化物和对苯二甲酰氯进行缩聚反应,得到理想的硅氧烷接枝聚酰胺 - 酰亚胺(PAI - g - PDMS)和聚酰胺(PA - g - PDMS)共聚物。采用溶剂浇铸法制备了聚合物膜,并对膜的透气性和 PV 性能进行评价。由于共聚物的溶解性与主链结构有关,因此 PA - g - PDMS 膜在真空干燥后不溶于任何溶剂。随着 PDMS 链段长度的增加,共聚物膜的气体渗透系数增大,PAI - g - PDMS 膜的渗透系数高于含有相同 PDMS 链段的 PA - g - PDMS。基膜有机溶剂稀水溶液的 PV 结果表明,PA - g - PDMS 膜对醇、丙酮、四氢呋喃、氯仿、二氯甲烷、苯等有机溶剂具有良好的选择性和稳定性。此外,实验还证实了 PA - g - PDMS 膜能有效地去除稀水溶液中的四氢呋喃。[288]

生物丁醇(正丁醇)提供了以可再生资源为基础扩大散装化学品和燃料生产的可能性。微生物生产正丁醇的一个缺点是产品回收过程能耗高,使得生物丁醇价格昂贵。克服这一限制的一种方法是应用支撑离子液膜(SILMS)连续去除产物。研究人员研究了四氰硼酸盐和三(五氟乙基)三氟磷酸酯离子液体(ILS)的 PV 性能[289],在 37 ℃下,采用正丁醇和正丁醇浓度低于 5% 的水的二元混合物,进行了 PV 的测试。以尼龙或聚丙烯为载体材料,对离子液体固定化的两个概念进行了试验,通过硅胶层间的包合或在聚醚酰胺中的溶解来固定 ILS。结果表明,IL 对正丁醇具有较高的亲和力,使膜的通透性增加 3 倍以上,但对膜的选择性无明显影响。此外,随着膜中 IL 含量的增加,膜通量也随之增加。最大渗透通量为 560 g/(m^2·h),正丁醇的最高质量分数为 55%。在未来,SILM 的厚度需要减少,以使这些膜与传统的 PV 膜相比具有竞争力。

10.8.2 有机液体/有机液体混合物的选择性膜

有机/有机选择膜是在有机混合物可分离回收的基础上,有效地用于工业产品的净化分离和有机溶剂的再利用。

1. 苯/环己烷选择性膜

通过蒸馏来分离苯(Bz)和环己烷(Chx)是一个非常耗能的过程,因为各组分的沸点非常相似。PV 可能是苯/环己烷混合物分离的一种替代的、更节能的方法。因此,许多学者对 Bz/Chx 分离用高分子膜的 PV 特性进行了研究。

Bz 和 Chx 的分离是化学工业中最具挑战性的工艺之一。由于这两种组分的挥发性仅有 0.61 ℃ 的差异,因此传统的蒸馏工艺是不实用的。另外,共沸精馏和萃取精馏虽然可行,而且在许多行业中都有应用,但它们都伴随着较高的资本和运营成本,本质上也是一个复杂的过程。从经济和技术角度看,膜式 PV 技术是替代传统技术的一种可行的选择。萃取精馏/PV 杂化技术已经引起了工业界的广泛关注,而 Bz/Chx 的 PV 分离技术的进展表明,该技术可以在分离过程中占有更大的份额。Villaluenga 等[290]综述了 Bz/Chx 的性质、生产、常规分离工艺和替代分离工艺。

例如,Inui 等选择了对苯有很强亲和力的 PMMA 和 PEMA 膜[291],研究了聚甲基丙烯酸烷基酯(EGDM)交联膜中 Bz/Chx 混合物的 PV 渗透和分离特性。[292]交联聚甲基丙烯酸烷基酯(Bz/Chx)膜对 Bz/Chx 混合物具有选择性,且渗透速率随苯浓度的增加而增加。这些膜的 Bz/Chx 选择性受扩散选择性的强烈控制,取决于苯分子和环己烷分子的分子大小差异。随着膜中交联剂含量的增加,膜的溶胀率降低,提高了 Bz/Chx 的选择性。这一结果是因为减少了膜的溶解度,所以提高了溶解度的选择性。交联三元共聚物(PMMA – PEMA – EGDM)膜也表现出良好的 Bz/Chx 选择性。这些结果表明,在苯/环己烷混合物的分离过程中,膜对苯亲和度的增加和膜溶胀度的减小都是非常重要的变量。[292]

考查聚二甲基丙烯酰胺 – 无规聚甲基丙烯酸甲酯(DMAA – γ – MMA)和聚二甲基丙烯酰胺 – 接枝聚甲基丙烯酸甲酯(DMAA – g – MMA)膜对苯/环己烷(Bx/Chx)的分离性能。随着 DMAA 含量的增加,DMAA – γ – MMA 膜的苯选择性由扩散选择性控制转变为溶解性选择性控制。相比较而言,DMAA 含量较高的 DMAA – g – MMA 膜具有较高的表观扩散选择性。此外,DMAA 含量较高的 DMAA – γ – MMA 膜和 DMAA – g – MMA 膜的 Bz/Chx 溶解度选择性明显不同,这些结果是共聚物之间的结构不同所致。[292]

以 Pt 为催化剂,在聚甲基硅氧烷中加入介晶单体,合成了侧链液晶聚合物(LCP)。当苯/环己烷混合物在不同温度下透过 LCP 膜时,随着料液中苯浓度的增加和渗透温度的升高,膜的渗透速率增加。虽然 LCP 膜具有 Bz/Chx 选择性,但 LCP 膜的玻璃态、液晶态和各向同性膜的渗透和分离机理是不同的。这些结果表明,LCP 膜结构的变化(即状态转变)对 Bz/Chx 的选择性有一定的影响。[292,293]当苯/环己烷、甲苯/环己烷、邻二甲苯/环己烷混合物在液晶态下通过 LCP 膜时,渗透速率随温度的升高而增加,LCP 膜对芳香烃具有选择性。随着二元进料中芳烃分子尺寸增大,LCP 膜的渗透速率和选择性降低。[294]在 PV 过程中,不同条件下 Bz/Chx 共混物透过向列相和近晶侧链液晶聚合物(n – LCP 和 s – LCP)膜时,n – LCP 和 s – LCP 膜表现出 Bz/Chx 选择性。随着渗透温度的升高,THEN – LCP 膜的选择性由溶解度 – 选择性控制转变为扩散 – 选择性 – 控制膜的状态转变。相反,无论膜的状态如何,s – LCP 膜的选择性都是由扩散选择性决定的。在较低的渗透温度下,液晶态的 THEN – LCP 膜比 TES – LCP 膜具有更低的渗透性能和更高的选择性。[295]

Chito 及其衍生物作为膜材料已被广泛应用于各种 PV 应用,包括乙醇/水混合物的脱水。Uragami 等合成了不同程度苯甲酰化程度的苯甲酰壳聚糖(BzChito),作为苯/环己烷混合物分离的耐久膜材料。苯甲酰化程度对 BzChito 膜的接触角、结晶度、溶胀度等性能有显著影响。如图 10.22 所示,在 PV 过程中,BzChito 膜对含 50% 苯的混合物表现出高的 Bz/Chx 选择性。不同苯甲酰化程度的 BzChito 膜的 Bz/Chx 选择性不同,这与膜的物理结构不同有关。当苯/环己烷质量分数为 50% 的苯渗透到 BzChito 膜中时,随着苯甲酰化程度的增加,BzChito 膜的渗透速率增加,Bz/Chx 选择性略有下降。[296,297]

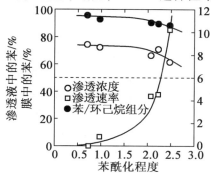

图 10.22 苯酰化程度对苯/环己烷混合物中苯的渗透浓度和渗透速率的影响(虚线是进料混合物的组成,苯/环己烷质量比为 50/50)

研究人员研制了改性纤维素基膜用于 Bz/Chx 分离,合成了不同类型的苯甲酰基纤维素(Bzcell)[298,299],考查了苯甲酰化程度对膜 PV 性能的影响。结果表明,苯甲酰化程度为 2 的 Bzcell 膜对苯/环己烷混合物有较高的 Bz/Chx 选择性。[298]随着料液中苯浓度的增加,Bzcell 膜的渗透速率增加,Bz/Chx 选择性降低。渗透速率的提高是因为膜的溶胀增加,而 Bz/CHx 选择性的降低是因为溶解性选择性的降低。随着 Bzcell 苯甲酰化程度的增加,渗透速率显著增加,但苯选择性略有下降。这些结果不能用 Bzcell 膜的溶胀度、密度或接触角来解释。[299]

合成不同程度对甲苯磺酰化的纤维素(Toscell)作为膜材料分离 Bz/Chx 混合物。在 PV 模型下,Toscell 膜也表现出较高的 Bz/Chx 选择性。[299]随着苯浓度的增加,Toscell 膜的渗透速率增加,Bz/Chx 选择性降低。这种渗透速率的增加是因为 Toscell 膜的溶胀度增加,这是对进料混合物的吸附作用所致。Bz/Chx 选择性的降低主要是溶解度选择性的降低所致。当混合物中苯的浓度较低时,对甲苯酰化程度较高的 Toscell 膜的渗透速率大于对甲苯酰化程度较低的 Toscell 膜的渗透速率,而苯磺酰化程度较高的 Toscell 膜的渗透速率则相反。前者的 Bz/Chx 选择性高于后者。Toscell 膜的溶胀度对渗透速率和 Bz/Chx 选择性的影响随混合料苯浓度和 Toscell 膜对甲苯磺化程度的不同而变化,而 Toscell 膜的溶胀度与吸附进膜的苯浓度有关,Toscell 膜的溶胀度对膜的渗透速率和 Bz/Chx 选择性有显著影响。利用溶液扩散模型对 Toscell 膜分离苯/环己烷混合物的机理进行分析和讨论。

制备与 Fe^{3+}、Co^{2+} 离子交联的甲基丙烯酸甲酯-甲基丙烯酸共聚物(P(MMA-co-MAA-Fe^{3+})和 P(MMA-co-MAA-Co^{2+})),并用 PV 法研究它们对苯/环己烷混合物的渗透分离性能。虽然在 MMA-co-MAA 膜中引入金属离子提高了 Bz/Chx 膜的选择性和透气性,但 MMA-co-MAA-Fe^{3+} 膜和 MMA-co-MAA-Co^{2+} 膜的 PV 特性明显不同。这些膜之间的性能差异很大程度上取决于它们的膜结构的不同,如它们的玻璃化转变温度、接触角、溶胀度和吸附到膜中的混合物的组成。[300]

Renet 等研究了一系列交联的 4,4′-六氟-异丙基二酐(6FDA)共聚酰亚胺膜用于分离 Bz/Chx 混合物的 PV 性能。通过 6FDA 与各种二胺的缩聚反应,得到了玻璃态、高刚性的共聚酰亚胺。以 2,3,5,6-四甲基-1,4-苯二胺(4MPD)、4,4′-六氟-异丙基二烯二苯胺(6FpDA)和 3,5-二氨基苯甲酸(DABA)为单体,采用高渗透性和高选择性的方法合成了具有可交联基团的二胺-2,3,5-四甲基-1,4-苯二胺(4MPD)、4,4′-六氟异丙二烯(6FpDA)和 3,5-二氨基苯甲酸(DABA)。交联是必要的,以防止通常发生与非交联聚酰亚胺,尤其是高苯浓度的 PV 过程的溶胀效应。交联度保持在 20% 不变,而二胺单体 6FpDA 和 4MPD 的比例不同。PV 实验在 60 ℃下进行,使用苯/环己烷混合物,苯的浓度覆盖整个浓度范围。在 PV 实验中,所有的交联聚合物都具有良好的化学稳定性和热稳定性。在所有情况下,用纯苯对膜样品进行预处理,可以在不显著降低 Bz/Chx 选择性的情况下提高渗透速率。将这种有前途的膜材料 6FDA-4MPD/DABA(4:1)与乙二醇交联,在 60～110 ℃的温度范围内,苯/环己烷混合料液质量比为 50/50,进行 PV 实验,考查了温度对分离特性的影响。

用 Yildirim 等[301]的方法研究了聚氯乙烯膜在苯/环己烷混合物中的吸附和 PV 特性,测定了苯/环己烷混合物组成和温度分别为 30 ℃、40 ℃和 50 ℃时对含 8% 聚氯乙烯聚合物膜的吸附和 PV 特性的影响。总吸附量随苯浓度的增加而增加。随着苯浓度的增加,膜的渗透速率增加,Bz/Chx 选择性降低。随着温度的升高,渗透速率增加,Bz/Chx 选择性降低,铸膜液中聚合物的浓度对 Bz/Chx 的选择性影响不大,但对无孔膜而言,渗透速率随聚合物浓度的增加而降低,这是薄膜厚度增加所致。

采用以 O,O-双(二乙氧基磷酰基)-叔丁基杯芳烃(BEPCA)为分子识别化合物的聚乙烯缩醛化 PVA(PVAc)膜分离苯/环己烷混合物。[302]这些膜具有较高的 Bz/Chx 选择性。PVA/BEPCA 对纯苯和环己烷有较好的选择性,但对苯的渗透速率($5.9\ kg \cdot \mu m/(m^2 \cdot h)$)较差。苯在 PVAc 中的渗透速率较高,从 20%(体积比)苯/环己烷混合液中的 $20\ kg \cdot \mu m/(m^2 \cdot h)$ 提高到纯苯的 $65.8\ kg \cdot \mu m/(m^2 \cdot h)$。随着进料中苯浓度的增加,其溶胀指数也随之增大。PV 在 PVAc 中的溶解度受到控制。用聚合物中的溶解度参数和自由体积来解释 PVAc 与苯的高相互作用。[303]

研究人员合成丁酰化程度不同的丁酰化纤维素(BuCell)作为分离 Bz/Chx 混合物的膜材料[93],丁酰化程度为 2.3 的 BuCell 膜对 Bz/Chx 混合物具有较高的苯/环己烷选择性。随着料液中苯浓度的增加,BuCell 膜的渗透速率和苯/环己烷选择性均增加。膜的溶胀导致渗透速率的增加,苯/环己烷选择性的提高可归因于扩散选择性的提高。随着丁酰化程度的增加,渗透速率增加,苯/环己烷选择性略有下降。这一结果可以用膜的溶胀度、密度和接触角来定性地解释。在溶液扩散模型的基础上,讨论 Bz/Chx 混合物在 PV 作用下通过 BuCell 膜的渗透和分离机理,该模型适用于高密度、无孔膜的渗透。

研究以醋酸纤维素(CA)为碱聚合物,二硝基苯基(DNP)为选择性固定载体的固定载流子膜对苯/环己烷混合物的 PV 特性。用未改性醋酸纤维素膜和 CA/DNP 膜对苯/环己烷混合物进行 PV 实验。结果表明,DNP 组能有效地提高 Bz/Chx 的选择性。[304]

以聚乙烯醇(PVA)为原料,采用酸催化缩醛法合成了聚乙烯醇缩醛(PVAc)。在四氢呋喃中加入20%（质量体积比）的聚醋酸乙烯酯（PVAc），分别加入 α-环糊精（α-CD）、β-环糊精（β-CD）和叔丁基杯[4]芳烃（CA），制备了三种不同形态修饰的聚合物变体：α-环糊精（α-CD）、β-环糊精（β-CD）和叔丁基杯[4]芳烃（CA）。考查改性膜分离苯/环己烷混合物的PV行为。结果表明，改性膜对苯/环己烷混合物有较好的分离效果。在PVAc中加入α-CD或CA会降低总渗透速率，而分散的β-CD有利于提高渗透速率，尤其是在低浓度的苯和共沸混合物中。[305]

研究碳分子筛（CMS）与聚乙烯醇（PVA）复合后对苯/环己烷混合体系PV值的影响。表征结果表明，CMS的填充降低了PVA高分子链之间的氢键相互作用，使PVA高分子链更加灵活和松弛，导致PVA膜结晶度下降，从而使膜的自由体积增大。CMS填料在几乎整个进料组成范围内有效地提高了膜的溶胀度。由于聚合物链填料的松弛性和较强的吸附能力，因此CMS填充PVA膜的渗透速率得到了有效的提高，但过量的填充会降低膜的渗透速率。随着苯质量分数、操作温度和进料流量的增加，苯的渗透速率增加，Bz/Chx选择性的分离因子降低。与未填充PVA膜相比（苯渗透速率为21.87 g/($m^2 \cdot h$)，分离因子为16.7），PVA-CMS-06膜（CMS/PVA质量比为6%）的苯渗透速率显著提高到59.25 g/($m^2 \cdot h$)，Bz/Chx选择性分离系数提高到23.21。

将碳石墨（CG）填充到聚乙烯醇（PVA）和壳聚糖（Chito）共混体系中，制备了一种新型杂化膜，以期通过共混和填充的协同作用来改善膜的分离性能。结果表明，CG-PVA/Chito杂化膜中石墨颗粒分布均匀，氢键相互作用发生明显变化，结晶度显著降低，力学性能显著提高，自由体积显著增加。吸附研究表明，随着石墨含量的增加，CG-PVA/Chito杂化膜的溶胀度增大，Bz/Chx选择性的分离因子受溶解选择性而不是扩散选择性的影响。研究CG-PVA/Chito杂化膜在不同石墨含量和PVA/Chito质量比条件下对苯/环己烷混合物分离性能的影响。与PVA和PVA/Chito杂化膜相比，CG-PVA/Chito杂化膜具有更高的渗透速率和分离因子。在50 ℃，1 kPa条件下，CG06-PVA60/Chito40膜的分离系数最高，为59.8，渗透速率为124.2 g/($m^2 \cdot h$)。[307]

β-CD填充PVA膜再通过GA交联（β-CD/PVA/GA）。β-CD/PVA/GA膜表现出较强的Bz/Chx选择性。当β-CD质量分数为0%～8%时，β-CD/PVA/GA膜的渗透速率增加；但当β-CD质量分数为8%时，膜的渗透速率略有下降。当β-CD质量分数为0%～10%时，Bz/Chx选择性的分离因子增大，而当β-CD质量分数为10%～20%时，Bz/Chx选择性的分离因子略有下降。与无β-CD的PVA/GA膜相比，β-CD/PVA/GA膜的Bz/Chx选择性分离因子由16.7提高到27.0。在50 ℃时，苯/环己烷（50/50质量比）混合物的渗透速率由23.1 g/($m^2 \cdot h$)提高到30.9 g/($m^2 \cdot h$)。基于溶解-扩散模型和β-CD包结现象（复合稳定性）的分析表明，β-CD在PVA膜中起着重要的载体作用，可以选择性地将苯从苯/环己烷混合物中分离出去。[308]

以PVA和β-CD碳纳米管（CNT）为原料制备一种新型的杂化膜。[309]纯PVA和PVA/CNT杂化膜均一，与纯PVA和β-CD/PVA膜相比，杂化膜的杨氏模量和热稳定性均有显著提高。这些膜用于苯/环己烷混合物的PV分离，表现出优异的PV性能。苯的渗透速率为61.0 g/($m^2 \cdot h$)，Bz/Chx选择性分离因子为41.2。

以2,2-二羟甲基丙酸（DMPA）为原料合成脂肪族超支化聚酯（HBPE）。以丙烯酸基团封端1,1,1-三羟甲基丙烷(TMP),得到光聚超支化聚酯(AHBPE)。[310]用这些AH-BPE作为高分子交联剂,提高乙基纤维素(EC)膜分离苯/环己烷混合物的PV性能。考查AHBPE和二苯甲酮(BP)的含量及辐射时间对分离因子和总渗透速率的影响。结果表明,与乙二醇二甲基丙烯酸酯交联的EC膜相比,含有较多AHBPE的EC膜表现出更高的渗透速率。当AHBPE质量分数为40%,BP质量分数为10%时,膜的总渗透速率为42.5 kg·μm/(m^2·h),Bz/Chx选择性分离因子为6.82。

Bz/Chx混合物的分离具有重要的工业意义。本研究的目的是利用Pebax薄膜用PV破坏苯/环己烷混合物的共沸行为。为克服常规分离苯/环己烷混合物的困难,应采用PV法。为此,采用软段为乙醚、硬段为酰胺的不同牌号的聚醚块酰胺(Pebax)聚合物,研究了苯/环己烷混合物的吸附和PV。结果表明,随着聚合物膜硬度的增加,聚偏氟乙烯通量降低,选择性提高。膜的溶胀度由软变硬。在30 ℃、40 ℃和50 ℃下,测定了Bz/Chx混合物的组成和温度对吸附和PV特性的影响。苯浓度的增加导致通量增加,选择性降低。随着温度的升高,熔剂增加,选择性降低。[311]

2. 有机/有机选择膜

(1)有机溶剂混合物的选择性膜。

将聚丙烯酸(PAA)与聚乙烯醇(PVA)共混制得均质膜,考查所制备的共混膜对甲苯中醇类化合物的选择性分离性能。膜的通量和选择性随共混组分和混合料组分的变化而变化。结果表明,聚合物共混法是制备具有较高渗透选择性的新型膜的有效方法。通过调整共混物的组成,可以优化共混体系的PV性能。在甲醇-甲苯和乙醇-甲苯混合体系中,随着聚乙烯醇含量的增加,共混膜的内流均呈下降趋势。醇优先渗透到共混膜中,随着聚乙烯醇含量的增加,膜的选择性增大。共混膜的PV特性也受到进料混合物组成的强烈影响。随着混合料液中乙醇浓度的增加,通量呈指数增加,而对两种液体混合物的选择性均降低。[312]

研究聚氯乙烯(PVC)膜对不同二元液体混合物的优先吸附和PV选择性。本研究以甲醇/正丙醇、苯/正己烷、乙醇/水为模型混合物。对于甲醇/正丙醇混合物,甲醇优先吸附在PVC膜上,导致甲醇的选择性渗透。对于苯/正己烷混合物,苯表现出较高的吸附吸收和优先渗透。在乙醇/水混合物中,乙醇优先吸附在PVC膜上,而水是优先渗透的组分。这一结果表明,膜的整体选择性是由高的水/乙醇扩散选择性决定的。根据Flory-Huggins热力学的Mulder模型对吸附数据进行分析。采用溶解度和扩散选择性模型对这些体系中的PV选择性进行分析。[313]

采用浓乳液聚合法制备聚苯乙烯(PS)与亲水性聚合物的复合膜。在浓乳液前驱体中,含有苯乙烯-丁二烯-苯乙烯嵌段共聚物(SBS)的苯乙烯为分散相,亲水性单体在水中的溶液为连续相。将聚合体系在150 ℃下热压成膜。分散相中SBS的含量和连续相中亲水性单体的性质对膜的力学性能有一定的影响。SBS显著改善了膜的力学性能。然后对膜进行苯/乙醇混合物的吸附和PV,它们在整个苯浓度范围内表现出对苯的优先吸附。溶胀率随苯浓度的增加而增大,溶解度选择性降低。这些膜的渗透率高达1 040 g/(m^2·h),苯/乙醇混合物的分离因子高达25。[314]

Zhou等开发了一种基于选择性聚吡咯层的复合膜,用于乙醇和环己烷的分离[315],采用吡咯在乙腈溶液中的阳极电聚合法,在不锈钢网片上制备了聚吡咯薄膜。对以 PF6 为对离子氧化的聚吡咯膜和中性聚吡咯膜的生长进行电化学和形态学研究,考查这些膜对乙醇/环己烷混合物的分离性能。结果表明,在 PV 过程中优先渗透乙醇,这充分证明了在 PV 过程中开发导电聚合物的可行性。

研究了天然橡胶(NR)与环氧化天然橡胶(ENR)共混膜对丙酮/氯代烃混合物的渗透特性[241],研究了共混膜的渗透速率和选择性与共混组分和混合料组成的关系。通过调整共混物的组成可以优化膜的性能。NR/ENR 70/30 和 NR/ENR 30/70 组分的渗透速率和氯代烃/丙酮选择性降低,而 50/50 组分的渗透速率和烃/丙酮选择性增加。氯代烃优先渗透到所有被测试的膜中。进料混合物的组成对共混膜的 PV 特性也有很大的影响,氯代烃/丙酮的选择性与渗透组分的分子大小有关。

采用固溶铸造法制备了聚醚嵌段酰胺(PEBA)膜,研究了异丙醇 - 水和丁酸乙酯 - 水混合物的 PV 分离膜,并研究了原料浓度和温度对膜分离性能的影响。采用渗透通量与分离系数相结合的综合参数 PSI,对 PV 的整体分离性能进行了评价。结果表明,在相同的操作条件下,丁酸乙酯水溶液的 PV 分离效果优于异丙醇水溶液。随着丁酸乙酯含量的增加,渗透通量和分离因子均增大,而温度的升高导致渗透通量增大,分离因子减小。[316]

以硫酸钠(Na - CS)或磺乙基纤维素(SEC)为阴离子基团,与不同类型的阳离子表面活性剂相互作用,制备了聚电解质 - 表面活性剂复合物(PELSC)膜。以甲醇为极性组分,采用 PV 法对不同有机进料混合物的膜性能进行了研究。将甲醇与环己烷、甲基叔丁基醚、碳酸二甲酯混合。采用含甲醇混合物进行的分离实验结果表明,即使在中等温度下,该膜也具有很高的透性和选择性。[317]

研究不同 6FDA(4,4′六氟异丙基二苯酐)基共聚酰亚胺膜对苯/环己烷混合物膜基分离性能的影响。以 4MPD(2,3,5,6 - 四甲基 - 1,4 - 苯基二胺)、6FpDA(4,4′ - 六氟异丙基二苯胺)和 DABA(3,5 - 二氨基苯甲酸)为单体合成了高渗透、高选择性的共聚物。在芳香族/脂肪族分离过程中,这种类型的共聚亚胺有可能发生交联,这是减少溶胀效应的必要条件。为找到最合适的膜材料,对聚合物结构、交联剂及交联方法进行了研究。通过吸附实验和 PV 实验确定了其分离特性。以苯、甲苯、乙苯为芳香组分,环己烷、环己烯、己烷、庚烷为脂肪族溶剂,在 60℃ 条件下进行了吸附实验。采用苯/环己烷混合物,在 60 ℃ 条件下进行了全浓度范围的 PV 实验。研究发现,与传统膜材料相比,交联共聚亚胺膜具有优异的耐化学性、较强的溶胀性能和较高的芳香族/脂肪族分离选择性。[318]

将甲醇和乙酸甲酯(MAC)在 PV 实验中的渗透行为与用 PVA 基复合膜在 VP 实验中的渗透行为进行比较,所选择的膜是 MeOH/MAc 选择性的。结果表明,PV 比 VP 具有更高的渗透速率,但对 MeOH/MAc 选择性的分离因子与 VP 相似。在 PV 操作中,在60 ℃时,随着进料中甲醇质量分数的增加(2.3% ~34%),甲醇/MAC 选择性的分离系数单调下降(6.4 ~4.1),而总渗透速率从 0.97 kg/(m^2 · h)增加到 7.9 kg/(m^2 · h)。在溶液扩散理论的基础上,建立了甲醇和乙酸甲酯在 PV 和 VP 过程中渗透速率的数学模型,该模型能较好地描述甲醇和乙酸甲酯在 PV 和 VP 过程中的渗透速率。两种渗透组分的渗透速率均可用溶液扩散模型来解释,该模型的扩散系数随甲醇在膜中的浓度而变化。PV

和 VP 过程可以用相同的模型描述,但使用不同的拟合参数。[319]

采用硫黄和促进剂对天然橡胶(NR)和聚苯乙烯-丁二烯橡胶(SBR)进行有效硫化交联,然后与三种不同用量的高耐磨炭黑填料(即 5 份、10 份和 20 份)进行物理交联,分别从这两种橡胶(NR-5、NR-10 和 NR-20,SBR-5、SBR-10 和 SBR-20)中得到三种填充膜。这六种填充橡胶膜用于甲苯(Tol)/甲醇混合物的 PV 分离,最高可达进料中甲苯的质量分数(11%)。随着填充剂用量从膜-5 增加到膜-20,膜的选择性和力学性能提高。在进料甲苯质量分数为 0.55% 时,这些膜对甲苯的渗透速率为 20.8 g/(m^2·h)(SBR-5)和 10.7 g/(m^2·h)(SBR-20),对醇/甲醇选择性的分离系数(NR-5 为 286.4,SBR-5 为 183.7)较好。在这些膜中,交联密度最高的 NR-20 和 SBR-20 对 Tol/MeOH 的分离因子最大,且渗透速率较好。在相同的交联密度下,NR 膜比 SBR 膜表现出更好的分离系数。[320]

离子液体可作为液膜从正庚烷(HEP)中分离甲苯。以 1-甲基-3-辛基咪唑氯化物为基础的离子液膜成功地传输了芳香烃甲苯。以银离子为载体,在 1-甲基-3-辛基咪唑氯化物膜中进行了分批萃取实验。通过改变接触时间、Ag^+ 浓度、搅拌效果、初始进料相浓度和温度等操作参数,系统地分析了 Tol/Hep 选择性的渗透速率和分离因子所代表的分离性能。[321]

对医药工业中乙酸乙酯水解过程中存在的乙酸乙酯、水、乙醇和乙酸的三元和四元混合物进行了 PV 分离研究。进料中的水质量分数在 90%~98%,而乙酸乙酯、乙醇和乙酸的浓度要低得多。采用聚二甲基硅氧烷(PDMS)作为膜分离水中的有机物。PV 实验表明,PDMS 膜对乙酸乙酯的选择性明显高于其他有机组分。随着进料中乙酸乙酯浓度的增加,总渗透速率增加,但乙酸乙酯的选择性降低。[322]

采用不同 PAA 含量的共混膜分离 PV 中的碳酸二甲酯(DMC)/甲醇共沸物。质量分数为 70% PAA 的共混膜对 DMC/MeOH 的选择性为 13,在 60 ℃ 时共沸物的渗透速率为 577 g/(m^2·h)。[323]

制备乙烯基苄基膦酸二乙酯/甲基丙烯酸羟乙酯共聚物[VBP-HEMA]和二乙基二烯基苄基膦酸酯/氯乙烯共聚物[VBP-VBC],并分别与其侧链上的羟基和二氯甲烷基团进行交联。考查苯/正己烷、苯/环己烷和甲苯/正辛烷混合物的 PV 和吸附性能。膜呈橡胶状,对芳烃有较好的渗透性能。与具有类似基团的甲基丙烯酸甲酯共聚物的交联膜相比,它们具有更高的比渗透速率和更低的 PV 分离系数,它们在甲苯/正辛烷中表现出更好的 PV 性能。苯/正己烷混合物的吸附等温线符合 Flory-Rehner 模型。[324]

以聚电解质为基础,研制了不同类型的膜用于分离芳烃/脂肪烃混合物。为此,通过与带相反电荷的离子表面活性剂的界面反应,制备了可溶于水(磺乙基纤维素)或乙醇(甲基丙烯酸甲酯与甲基丙烯酸[3-磺丙基酯]钾盐的共聚物)的不同聚电解质复合膜。后一种共聚物也可与 Co^{2+} 离子交联。在 PV 过程中,两种膜类型都显示出明显的芳香组分(甲苯或苯)的富集(在进料中为 20%,在渗透液中为 55%)。在 80 ℃ 时,渗透速率在 1 kg/(m^2·h)范围内。在 50 ℃ 时,苯/环己烷混合物的分离也是成功的。在所有情况下,在苯/环己烷混合物中的渗透速率都要高于在苯/环己烷混合物中的渗透速率。在多组分混合进料中,苯表现出较好的渗透速率。[325]

以甲基丙烯酸甲酯(MMA)为油相,采用反相微乳液聚合法制备了 AgCl/PMMA 有机/无机杂化膜[326],用扫描电镜(SEM)分析了膜的结构。结果表明,以 AgCl 为芯材,PMMA 为壳材,形成了核-壳有机-无机杂化材料。2 μm 以下的 AgCl 颗粒均匀分散在 PMMA 中。测定环己烷和环己烯在 AgCl/PMMA 混合膜中的溶胀吸附行为,并与纯 PMMA 膜相比,环己烯在混合膜中的吸附能力增大,但环己烷的吸附行为变化较小。环己烯与环己烷在膜中的平衡溶胀-吸附量比达到 130.4,大于纯 PMMA 膜的 54.7。

论证离子液体在本体(非负载型)和负载型液膜中用于有机分子选择性传输的可能性。以 1,4-二氧六环、1-丙醇、1-丁醇、环己酮、吗啉和甲基吗啉为典型的七组分的典型有机化合物混合物,其中四种离子液体以 1-正烷基-3-甲基咪唑阳离子(正丁基、正辛基、正丁基、正辛基)为基础,以 1,4-二氧六环、1-丙醇、1-丁醇、环己酮、吗啉和甲基吗啉为代表,进行了系统的选择性迁移研究。研究人员将有机化合物混合物或 BF_4^- 一起固定在五种不同的支撑膜中,证实了所选择的离子液体与支撑膜的结合以获得对特定溶质的良好选择性是至关重要的。使用固定在 PVF_2 膜中的 1-正丁基-3-甲基咪唑六氟磷酸盐,可以使仲胺在叔胺上具有极高的选择性(高达 55∶1 的比例)。特定溶质在离子液体/膜体系中的选择性迁移是溶质向液膜相的高分配引起的。[327]

作为开发可持续生物催化工艺生产手性仲醇的研究项目的一部分,研究乙醇/乙酸乙酯/1-甲氧基-2-丙醇/1-甲氧基-2-丙酯混合物经商用聚乙烯醇膜的渗透汽化分离。非稀释多组分混合物的 PV 受膜与渗透组分相互作用的影响较大,对这些相互作用的研究有助于理解这种混合物的质量传输机制。总体上,获得了较高的渗透速率,但最快的渗透种类之间的差异很小。根据进料成分的不同,渗透速度最快的是乙醇、乙酸乙酯或 1-甲氧基-2-丙醇。[328]

研究负载液膜是否能用于油气分离。以离子液体为载体,成功地将芳香烃、苯、甲苯和对二甲苯通过膜转运。虽然离子液体对膜的渗透速率小于水,但芳香烃的选择性得到了很大的提高。在芳香族渗透过程中采用苯,在液膜相中采用六氟磷酸 1-正丁基-3-甲基咪唑,得到了对庚烷的最大选择性。[329]

采用聚二甲基硅氧烷(PDMS)复合膜分离烷烃/噻吩二元混合物和多组分混合物。随着烷烃中碳数的增加,不同烷烃/噻吩混合物的总渗透速率降低。在三元体系的 PV 结果中,较轻的烷烃含量的增加导致了较大的总渗透速率,但对噻吩的选择性较低。采用正庚烷、正辛烷、正壬烷和噻吩组成的四元体系对汽油脱硫过程进行模拟。当膜厚度为 11 μm 时,总渗透速率约为 1.65 kg/($m^2 \cdot h$),相应的噻吩在 30 ℃时的分离系数为 3.9。[330]

世界范围内对环境的关注引起了学术界和工业界对汽油深度脱硫的兴趣。采用聚二甲基硅氧烷(PDMS)复合膜对烷烃/噻吩二元混合物和多组分混合物进行了 PV 分离,实验研究了碳数、烷烃浓度和进料温度对烷烃/噻吩混合物分离效率的影响。二元混合物的实验结果表明,不同烷烃/噻吩混合物的总流量随烷烃中碳数的增加而减小,烷烃在聚二甲基硅氧烷(PDMS)膜中的渗透活化能随烷烃中碳数的增加而增加,烷烃分子大小和结构的差异导致其在 PDMS 膜中的选择性不同。此外,由于耦合效应的存在,因此噻吩在不同体系中的渗透率和活化能有所不同,在处理多组分体系时必须考虑耦合效应。三元体系的 PV 结果表明,随着进料中轻烃含量的增加,总通量增大,同时对噻吩的选择性降低。采用正庚烷、正辛烷、正壬烷和噻吩组成的四元体系对汽油脱硫过程进行了模拟。当膜厚度为 11 μm 时，总通量约为 1.65 kg/(m²·h)，在 30 ℃时，噻吩的富集系数为 3.9。[330]

采用丙烯酸(AA)与甲基丙烯酸羟乙酯(HEMA)在 PVOH 水溶液中交联共聚的方法对聚乙烯醇(PVOH)进行了化学改性，最后通过交联 PVOH 制备了一种全互穿网络(IPN)膜，称为 PVAH。研究人员通过添加不同号的 PVOH 及其共聚物制备了三种 IPN 膜，即 PVAH Ⅰ、PVAH Ⅱ 和 PVAH Ⅲ，并用于甲醇与甲苯混合物的蒸发分离。为了比较，传统的戊二醛交联 PVOH 膜也被用于相同的 PV 研究。结果表明，这些 IPN 膜的通量和选择性明显高于传统的戊二醛交联 PVOH 膜。在三种膜中，加入质量分数为 50% 的聚乙烯醇的 PVAH Ⅱ 在通量和甲醇选择性方面表现最佳。[331]

近几年来，PV 技术在去除挥发性有机化合物(VOC)方面的应用一直是人们关注的焦点，这是因为石油化工溶剂在环境中的含量越来越高。研究聚乙烯醇膜分离异丙醇-甲苯混合物的性能，醇-芳烃混合物很难用传统的方法进行分离。在这种情况下，PV 已经成为一种很有前途的技术。以 10% ~ 40% 甲苯为原料，在不同温度(35 ~ 50 ℃)和压力(4 ~ 16 PSI)条件下，研究聚乙烯醇膜在异丙醇-甲苯混合溶剂中的 PV 性能。为了解膜的形貌，进行 FTIR 和扫描电镜研究。通过计算膜的通量、选择性和 PSI 来研究膜的性能。当压力为 12 PSI，温度为 40 ℃，进料液中甲苯质量分数为 10% 时，渗透液中甲苯含量最高可达 78%。随着原料中甲苯含量的增加，液氧分压增加，但选择性降低。[332]

分离过程是化学工业中能源消耗最大的阶段之一，环境影响的评价和最小化是环境工程所面临的挑战的一部分。变压蒸馏是分离甲醇/四氢呋喃(THF)混合物的常用技术，但由于存在共沸物，因此常规精馏分离不可行。在这项工作中，设计了一个混合流程，包括蒸馏和 PV 作为分离的替代方案，并从技术和环境的角度进行了评估。考虑进料流的三种不同组成：25%、50% 和 75% 甲醇在四氢呋喃中，模拟变压蒸馏和混合过程可以比较能量需求。此外，还研究了膜性能对产品纯度和能耗的影响，采用生命周期评估(LCA)对这两种替代品的环境影响进行了评估，并与焚烧进行了比较。从 LCA 中观察到，混合工艺产生的影响最小，表明溶剂回收是最大限度减少环境负担的一个关键问题。因此，在设计和开发更环保的工艺时，应考虑膜技术在混合结构中的集成。[333]

下面介绍间歇精馏分离共沸四氢呋喃-甲醇和甲醇-己烷的实验研究。特别是在最后一项任务中，测试了四种不同的专用商业膜(不同的进料浓度和温度)。"填孔"聚胺膜的甲醇渗透率大于 5 100 GPU，分离因子为 19，选择性约为 119。从结果上观察到了一种耦合现象，对 PV 过程中温度效应的评估证实了耦合现象存在的假设。最后，讨论分离同一混合物的两种工业规模的装置——蒸馏塔与蒸馏器相结合的系统和独立的 PV 装置。能量比较表明，与常规蒸馏系统相比，使用 PV 可以大大降低能量消耗(最高可达 29%)。[334]

(2)醇/醚混合物的选择性膜。

采用聚乙烯醇(PAA)和聚乙烯醇(PVA)共混物，采用 PV 法对其共混膜进行了分离甲醇和甲基叔丁基醚(MTBE)的研究。甲醇优先渗透到所有共混膜中，随着共混物中 PVA 含量的增加，MeOH/MTBE 的选择性增加。然而，随着 PVA 含量的增加，渗透速率降低。随着进料温度的升高，渗透速率增加，MeOH/MTBE 的选择性保持不变。此外，还研究了交联对 MeOH/MTBE 选择性的影响。PV 渗透速率随交联密度的增大而减小。然而,这伴随着 MEOH/MTBE 选择性的增加。这是因为与甲醇相比,MTBE 的部分渗透率下降得更快。[335]

将聚苯乙烯磺酸盐(PSS)薄膜涂覆在微孔氧化铝(Al_2O_3)载体表面,制备了薄膜复合膜。[336] 将 PSS/Al_2O_3 复合膜用于 PV 模式下甲基叔丁基醚/甲醇混合物的分离,表现出良好的分离性能。PSS/Al_2O_3 复合膜表现出较高的 MeOH/MTBE 分离性能。对于所测试的所有膜和所研究的所有进料溶液成分,渗透液中的甲醇质量分数始终大于 99.5%。Mg^{2+} – 反离子膜(PSS – Mg)比以 Na^+ 为反离子的膜(PSS – Na)具有更高的甲醇/甲基叔丁基醚(MTBE)选择性分离因子。摩尔分数为 27.5% 磺酸盐的 $PSS – Mg/Al_2O_3$ 复合膜具有极高的分离因子(25 000~35 000)。

研究聚乙烯醇(PVA)/聚丙烯酸(PAA)和聚乙烯醇(PVA)/磺基琥珀酸(SSA)膜分离甲基叔丁基醚(MTBE)/甲醇(MeOH)的膜性能,考查操作温度、交联剂用量、进料组成等因素对分离性能的影响。当聚乙烯醇/聚丙烯酸 = 85/15 膜对甲基叔丁基醚/甲醇 = 80/20 混合物在 50 ℃ 时,分离因子约为 4 000,渗透速率为 10.1 $g/(m^2·h)^{-1}$。结果表明,PVA/PAA 膜的通量受交联后膜结构变化的影响,而游离羧酸基团也通过与 PVA 和进料组分的氢键作用对膜的分离特性起着重要的作用,从而导致膜通量的增加。后一种膜在 30 ℃ 时对甲基叔丁基醚/甲醇 = 80/20 混合物的通量为 12.79 $g/(m^2·h)^{-1}$,最高分离因子为 2 095。此外,采用不同 SSA 组成的 PVA/SSA 膜对甲基叔丁基醚和甲醇及甲基叔丁基醚和甲醇的混合比分别为 90/10,80/20 的混合物进行了溶胀测定。在 PVA/SSA 膜的溶胀测量中,膜的网络和氢键是两个重要的影响因素,这两个因素对 PVA/SSA 膜的溶胀性能有很大的影响。这两个因素相互作用会影响膜的溶胀。[337]

以海藻酸钠和壳聚糖的离子基团为络合剂,制备聚离子复合物(PIC)膜,并考查膜的 PV 特性对 MTBE/甲醇混合物分离性能的影响。海藻酸钠的羧基($-COO^-$)与壳聚糖的质子化胺基($-NH_3^+$)发生离子交联反应,形成聚离子络合物。聚离子的络合作用与反离子的含量有关。本章制备的膜对甲基叔丁基醚/甲醇混合物具有良好的分离性能,特别是用 2.0% SA 溶液和 2.0% 壳聚糖溶液制备的 PIC 膜只渗透甲醇,通量可达 240 $g/(m^2·h)$ 以上。随着操作温度的升高(40~55 ℃),甲醇的渗透速率增加,而甲基叔丁基醚的渗透速率降低。这些结果是聚离子复合膜的物理化学和结构特性所致。[338]

Jonquiere 等研究了用于分离乙基叔丁基醚/乙醇混合物的聚氨酯酰亚胺嵌段共聚物膜的 PV 性能。[339] 在整个组成范围内,PV 对乙醇的选择性高于乙醇在乙基叔丁基醚上的简单溶解度选择性。考虑到体系的非理想性,考查各渗透组分的吸附特性与相应 PV 性质的关系,并根据各渗透组分的活性对其进行了分析。乙基叔丁基醚的吸附等温线可以用单一的线性关系表示,但在乙醇的情况下需要两个线性关系。乙醇等温线中的不连续性对应于临界进料混合物的组成,其原因是质子渗透组分完全溶解了聚合物的最基本位置,即聚氨酯基团。

采用半互穿网络(s – IPN)材料,设计了从乙基叔丁基醚(ETBE)中选择性脱除乙醇的高效 PV 膜。在 s – IPN 中选择的线性聚合物是纤维素酯,该网络是由一种二甲基丙烯酸酯或一种或两种共聚单体光聚合而成的,制得的膜具有良好的机械性能和中等至良好的选择性。丙酸纤维素或丁酸纤维素在聚乙二醇二甲基丙烯酸酯网络中形成的 s-IPN 膜在不损失选择性的情况下大幅度提高了膜的渗透率。在这些材料中,使用具有较长聚乙氧基型间隔物的二甲基丙烯酸酯,进一步提高了材料的渗透性。通过与聚乙氧基二甲基丙烯酸酯的共聚反应,将聚乙氧基侧链的甲基丙烯酸甲酯引入到醋酸纤维素基膜中,才能提高膜的渗透通量。当丁酸纤维素基 s-IPN 膜中聚甲基丙烯酸乙二醇酯含量增加时,膜的选择性保持不变,但膜的透气性达到最大值。用聚乙氧基甲基丙烯酸酯互穿网络对线性聚合物的"塑化"效应进行了解释,所得到的改进的段迁移率有利于在低网络结构时的渗透性。s-IPN 膜在热液混合物中的稳定性可以用线性聚合物与网络支路的扩展缠结来解释。[340]

研究用 PV 法分离叔丁基醚(辛烷值增强剂)的几种方法,并设计较高的膜性能。这些方法的目的是将 Lewis 碱基结合到具有不同结构的良好成膜聚合物中。在筛选实验中,Lewis 碱基对醇具有很高的亲和力,从而对聚合物材料具有很高的 PV 选择性。这些膜可以从共沸混合物中提取出纯乙醇,但渗透速率很低。对聚合物结构的进一步修改可以合成具有极大提高的转移速率和可用于工业应用的可接受的选择性的材料。根据吸附数据和 PV 数据导出了结构-性能关系,定性地预测了聚合物结构对通量和选择性的影响。对于这些溶剂-聚合物体系,与膜表面吸附过程相比,扩散现象似乎进一步提高了 PV 对乙醇的选择性。[341]

以 N-乙烯基吡咯烷酮(NVP)和 N-[3-(三甲基氨基丙基)甲基丙烯酰胺乙基硫酸盐](TMA)为原料,研究了 PV 膜对乙醇/乙基叔丁基醚混合物的分离性能。PV 结果表明,PVP 共混物和基于吡咯烷酮的交联共聚物均可获得高选择性的 EtOH 选择膜。研究聚合物共混物组成及聚合物微结构对膜性能的影响。无论 NVP/TMA 的确切组成是什么,这些膜都强烈倾向于乙醇的选择性 PV 过程。PVP/TMA 比值越低,乙醇选择性越高。这些结果一方面是吡咯烷酮残基含量高所致,这是因为其对乙醇的吸附亲和力增强,所观察到的渗透选择性与不同聚合物所记录的溶胀数据一致,表明与 TMA 材料相比,PVP 富集材料对乙醇的亲和力更高,这是吡咯烷酮中心对 EtOH 分子的 Lewis 碱特征的直接结果;另一方面,由于热处理引起的交联反应,因此 TMA 残基提高了膜的整体稳定性和选择性。聚合物共混物和共聚物 PV 结果的密切比较有助于阐明 TMA 在膜传输特性中的作用。[342]

以极性/非极性为例,对天然高分子聚乳酸(PLA)的 PV 性能进行研究。制备不同 PVP 含量的 PLA/聚乙烯吡咯烷酮(PVP)共混膜,并对其在乙醇/乙基叔丁基醚共沸分离中的性能进行评价,考查了膜的溶胀性能和力学性能。扫描电镜(SEM)横断面图像显示,在较高的 PVP 浓度下为多孔结构。当 PVP 质量分数增加到 21% 时,溶胀度和渗透通量($0.05 \sim 1.36$ kg/($m^2 \cdot$ h))逐渐增大。另外,聚乙烯吡咯烷酮(PVP)质量分数为 3% 时,乙醇的分离系数最高可达 16,而聚乙烯吡咯烷酮(PVP)质量分数为 21% 时,分离系数降至 3。当聚乙烯吡咯烷酮(PVP)质量分数较高时,PLA 的水接触角从 74°不断减小到 54°,亲水性增强。然而,较多的多孔形貌和增塑作用导致了选择性的降低,这也与观察到的共混物的力学行为相一致。在较高的乙醇浓度和聚乙烯吡咯烷酮(PVP)质量分数下,膜的弹性模量降低,而膜的伸长性则相反。[343]

以聚乙烯醇(PVA)为分离层材料,以聚丙烯腈(PAN)或醋酸纤维素(CA)为支撑层材料,采用 PV 法制备分离甲基叔丁基醚/甲醇混合物的复合膜。结果表明,以 PVA 膜为分离层的复合膜的 PV 性能优于以 CA 膜为分离层的复合膜,以 CA 膜为支撑层的 PVA/CA 复合膜的 PV 性能较好。制备复合膜的工艺参数对复合膜的 PV 性能有显著影响。PVA/PAN 和 PVA/CA 复合膜的渗透速率均在 400 g/(m^2·h)以上,其中甲醇质量分数达到 99.9% 以上,用于分离甲基叔丁基醚/甲醇混合物。[344]

采用三醋酸纤维素膜对甲基叔丁基醚和甲醇混合物进行吸附和 PV 吸附实验,考查膜对甲基叔丁基醚和甲醇混合物的吸附性能。在 PV 实验中,随着进料中甲醇浓度的增加,总渗透速率和甲醇渗透速率增加,而甲基叔丁基醚的渗透速率先增大后减小,随着温度的升高,总渗透速率显著提高。这种温度依赖性在甲醇浓度较低时更为明显,但当甲醇质量分数大于 10% 时,总渗透速率的增加幅度相对恒定。甲醇/甲基叔丁基醚的选择性随甲醇浓度的增加而降低,在甲醇浓度较高时,甲醇/甲基叔丁基醚的选择性基本保持不变。[345]

采用 PVA/PAA 交联膜对共沸甲基叔丁基醚/甲醇混合物进行吸附和 PV 实验。随着 PAA 含量的增加,膜的溶解度和渗透率降低,MeOH/MTBE 选择性增加。总吸附速率和渗透速率随甲醇浓度的增加而增加。甲醇浓度的增加降低了 MeOH/MTBE 的选择性。由于极性的原因,因此甲醇选择性地渗透到膜中。吸附结果与 PV 结果有相同的趋势。[346]

采用 PV 分离法对甲基叔丁基醚(MTBE)生产过程中遇到的甲醇/甲基叔丁基醚混合物进行分离,合成了丙烯酰胺与甲基丙烯酸羟乙酯(HEMA)的三种不同共聚物,即 PAMHEMA-1、PAMHEMA-2 和 PAMHEMA-3。用这些溶胶共聚物制备的交联(胶凝)共聚物膜用于甲醇/甲基叔丁基醚混合物在 0%~10% 甲醇进料质量分数范围内的渗透汽化分离。结果表明,这些亲水凝胶共聚物膜对甲醇的吸附和扩散均有很高的选择性。从 PAMHEMA-1 到 PAMHEMA-3 共聚物膜中,甲醇的渗透速率随交联程度的增加而降低。在三种膜中,PAMHEMA-3 膜的甲醇/甲基叔丁基醚的选择性和渗透速率最高,分别为 511.7 g/(m^2·h) 和 9.9 g/(m^2·h),当进料中甲醇的质量分数为 0.53% 时,PAMHEMA-1 膜的渗透速率最高,且具有较高的选择性。当甲醇质量分数为 0.53% 时,其渗透速率为 18.49 g/(m^2·h),甲醇/甲基叔丁基醚(MTBE)的选择性为 243。甲基叔丁基醚对甲醇渗透也有负耦合作用。[347]

将醋酸丁酸纤维素与醋酸丙酸纤维素共混,制备了一种新型膜。通过对乙基叔丁基醚和乙醇混合物的 PV 分离,对膜的性能进行了评价。实验结果表明,膜的选择性和通量依赖于共混体系和经过加工的混合料液的选择和通量的大小。关于温度,总醇通量和乙醇通量均符合 Arrhenius 方程。共混膜中醋酸丁酸纤维素含量、进料乙醇浓度和实验温度的增加使膜的总醇通量和乙醇通量均增加。结果表明,共混膜的乙醇通量随共混膜中醋酸丁酸纤维素含量的增加而增加;但随着膜中醋酸丁酸纤维素含量的增加和实验温度的升高,膜的选择性降低。当进料组成不同时,共沸组分附近的选择性最低,溶胀实验和吸附实验也得到了相同的结果。[348]

通过丙烯酸(AA)和甲基丙烯酸羟乙酯(HEMA)在聚乙烯醇(PVOH)水溶液中的交联共聚反应,对聚乙烯醇(PVOH)进行了化学改性,得到了一种完全互穿网络(IPN)膜

PVAH。据此,合成了 PVAH Ⅰ、PVAH Ⅱ 和 PVAH Ⅲ 三种含不同质量比的 PVOH 和共聚物的全交联 IPNS 膜,并将其用于甲醇与甲苯混合物的渗透汽化分离。作为比较,传统的交联戊二醛的 PVOH 膜也用于相同的 PV 研究。与传统的戊二醛交联 PVOH 膜相比,IPN 膜的通量和选择性都有很大的提高。在三种膜中,多聚 AH 掺入量为 50% 的 PVAH Ⅱ 膜在通量和甲醇选择性方面表现出最优的性能。[349]

以氯仿为蒸发溶剂,制备改性聚醚酮(PEEKWC)致密膜。以甲醇(MeOH)和甲基叔丁基醚(MTBE)为原料,在不同的进料浓度、流速和温度下进行了 PV 实验,研究了不同甲醇浓度对膜的溶胀性能和力学性能的影响。这些甲醇选择膜在 PV 测试中具有很强的机械强度。然而,在进料混合物中,它们的强度在一定程度上下降,尤其是在接触高浓度甲醇的情况下。在 1% MeOH 时,观察到的高分离因子超过 250,在 20%~50% MeOH 时降至 4~6 的极限值。同时,当进料中甲醇质量分数为 87.2% 时,总渗透通量从 $0.015\ kg/(m^2 \cdot h)$ 增加到 $0.113\ kg/(m^2 \cdot h)$,增加了约 10 倍。由于浓度和温度极化的消除,因此增加进料流量对分离因子和渗透通量都有积极的影响。提高进料温度也提高了渗透速率。然而,在较高的温度下,分离因子略有下降,所观察到的进料温度对 PV 结果的影响是高分子链和渗透分子在较高温度下的热运动增加所致。[349]

3. 异构体选择膜

丙醇和二甲苯异构体选择膜对工业化化工产品的分离和对这些混合物的分离具有重要的意义。

(1)芳香异构体。

用 PV 和 EV 研究了含 β–CD 的 PVA 膜(PVA/CD 膜)对二甲苯异构体的渗透和分离特性。通过 PVA/CD 膜分离二甲苯异构体,EV 比 PV 更有效。随着 CD 含量的增加,EV 通过 PVA/CD 膜的对二甲苯/邻二甲苯选择性增加,这是因为与邻二甲苯相比,CD 与对二甲苯具有更强的亲和力。特别是在 CD 质量分数为 40% 时,PVA/CD 膜对二甲苯/邻二甲苯的选择性比以往报道的分离因子要高。进料中对二甲苯浓度越低,对二甲苯/邻二甲苯的选择性越高。研究人员从溶液扩散模型的角度探讨了二甲苯异构体的渗透分离机理。[350]

纯芳烃通过硅石分子筛膜的蒸汽透过率的相对顺序为间二甲苯 > 对二甲苯 > 苯 ≈ 甲苯 > 乙苯 ≈ 邻二甲苯(接近 380 K 时透过率高达 20)。这一趋势不符合动力学直径的大小顺序,因此动力学直径不是渗透的决定因素。芳烃的活化能为 13~57 kJ/mol 不等。在二元和三元混合物中,渗透速度较快的化合物被减慢到与渗透速度较慢的分子相似的速度,因此对任何混合物都没有分离。这些发现与单分子传递是一致的,即所有分子进入孔隙的机会均等,但它们不能在狭窄的通道中相互通过,而且最慢的种类决定了渗透速率。[351]

采用 PV 工艺,采用密度均匀的聚乙烯膜分离芳香族 C_8–异构体的不同混合物,研究了进料温度和下游压力对纯组分流量的影响。对混合物,测定了原料组成对渗透速率和分离特性的影响,摩尔流量和分离因素取决于原料组成。耦合输运发生,耦合程度取决于纯组分透过率的差异。在不同的下游压力下,纯组分通过膜的传质模型,扩散系数与膜中所有渗透组分的浓度呈线性关系。在此模型的基础上,计算乙苯与对二甲苯混合物中各组分的摩尔通量,并与实验数据进行比较,模型与实验数据吻合得较好。[352]

本章报道了纯二甲苯异构体及其二元混合物通过 α - 氧化铝负载型沸石 MFI 膜的 PV 实验结果[353],该膜对所有二甲苯异构体均具有渗透性。在 PV 实验中,由于二甲苯分子与沸石孔的强烈 π - 络合相互作用,因此沸石膜受到了严重的污染。在前 10 h 实验中,纯二甲苯异构体在 26 ℃ 时的 PV 通量依次为间二甲苯 > 对二甲苯 > 邻二甲苯。在所研究的温度范围内(26 ~ 75 ℃),对/间二甲苯和对/邻二甲苯二元混合物没有分离。研究人员提出了沸石膜的三种孔隙结构来解释 PV 和氦的渗透数据。沸石膜层既含有沸石孔,又含有微孔非沸石孔,并含有少量较大的缺陷孔,对二甲苯异构体不具有选择性。微孔非沸石孔隙可能是在模板去除过程中形成的。微孔非沸石孔的存在和化学吸附二甲苯的污染对二甲苯在 PV 过程中通过多晶 MFI 膜的非分离性能起着重要作用。

用二次生长法在 α - Al_2O_3 支撑盘表面制备定向 MFI 膜,在 22 ~ 275 ℃ 温度范围内分离二甲苯异构体蒸汽,分压可达 0.7 ~ 0.9 kPa。结果表明,这些膜的分离性能与合成条件和膜的微观结构直接相关。175 ℃ 下生长 24 h 形成的厚度为 12 ~ 18 μm 的 C 方向生长的膜(A 型膜)在 100 ℃ 下单组分对二甲苯/邻二甲苯的选择性高达 150,但在二元进料混合物中分离因子非常小(通常 < 5),这是存在对二甲苯时邻二甲苯通量急剧增加的结果。90 ℃ 下 120 h 生长形成的薄膜(2 ~ 3 μm)和(一种取向方式)取向膜(B 型膜)具有相似的单组分和二元渗透行为,但由于模板去除煅烧后形成的裂缝,因此选择性/分离因子较低(达 12)。研究发现,在 A 型膜和 B 型膜蘸涂表面活性剂模板二氧化硅溶胶的情况下,在二元对二甲苯/邻二甲苯进料中添加正己烷,可显著提高混合分离系数,分别达到 60 和 30 ~ 300。这种改进是在 A 型膜中正己烷在非沸石微孔/晶界的优先吸附,或在 B 型膜中采用介结构二氧化硅选择性地密封裂缝。A 型和 B 型膜在 100 ~ 125 ℃ 时均表现出对二甲苯渗透(($2 ~ 5$) × 10^{-8} mol/(m^2 · s · Pa))和对二甲苯/邻二甲苯分离因子(60 ~ 300),与文献中报道的其他 MFI 膜值相近或更高。[354]

一些作者报道了用 MFI 型沸石膜分离二甲苯异构体,但结果不一致。它们采用氧化铝载体,由于氧化铝载体与沸石膜之间的热溶胀不匹配,因此在煅烧过程中会在沸石膜中产生缺陷。本研究采用自支撑 MFI 型沸石膜来避免缺陷的形成。在 353 K 的高压釜中,在 Teflon 板上经过 24 ~ 96 h 制备了自支撑 MFI 型沸石。采用 Wicke - Kallenbach 法在氮气流中进行气相渗透,考查了二甲苯异构体三元混合物中对二甲苯的分离过程,并考查了温度为 303 ~ 673 K、进料分压为 0.3 ~ 5.1 kPa、膜厚度为 60 ~ 130 μm 的条件下,二甲苯异构体三元混合物对二甲苯的分离。在对二甲苯分压为 0.3 kPa 时,对二甲苯的渗透通量在 473 K 时达到最大值,这可以用平衡吸附量与扩散率之间的竞争效应来描述。间二甲苯和邻二甲苯在 473 ~ 673 K 的渗透系数较小,对二甲苯/间二甲苯和对二甲苯/邻二甲苯的分离系数在 473 K ~ 673 K 范围内达到最大值 250。在单组分进料和二甲苯异构体三元混合物中,渗透通量与分压成正比。对二甲苯的渗透通量与表观膜厚度(130 ~ 60 μm)关系不大。从膜的微观结构来看,致密层可能不是整个厚度,而是厚度的一部分。可得出结论,MFI 型沸石膜能在 473 K 以上选择性地从二甲苯异构体的三元混合物中分离出对二甲苯。[355]

研究人员报道了一种高渗透、高分离因子沸石(硅质 ZSM - 5[$Si_{96}O_{192}$] - MFI)膜的制备方法。该方法包括将取向种子层的晶体生长到薄膜上,避免择优取向概率降低,如在生长过程中出现孪晶和随机成核。有机聚阳离子被用作沸石晶体形状的改性剂,以提高沿理想的面外方向的相对生长速率。多晶薄膜薄(约为 1 μm),晶粒沿膜厚方向扩展,面内晶粒尺寸较大(约为 1 μm)。优选的取向是使开口直径约为 5.5 Å 的直通道沿膜厚度向下运动。与以前报道的膜相比,这些微结构优化的膜对二甲苯异构体等尺寸和形状差异很小的组分的有机混合物具有优越的分离性能。[356]

研究人员制备了含 α-CD、β-CD 或 γ-CD 的 PAA 膜,并用于 PV 分离邻二甲苯/对二甲苯混合物。天然 PAA 膜对二甲苯异构体几乎是不渗透的,CD 在 PAA 膜中的引入导致膜具有分子识别功能,选择性地促进了二甲苯异构体的迁移。对于所有类型的 CD,促进的迁移发生在 CD 浓度高于阈值浓度时。随着 CD 浓度的增加,渗透速率增大,而邻二甲苯/对二甲苯的选择性几乎不变。膜中 CD 的种类对膜的邻二甲苯/对二甲苯选择性有很大的影响。[357]

在不使用有机模板的情况下,采用二次生长法制备了 MFI 型分子筛膜。该合成方法获得了晶间孔最小或消除的硅质膜,避免了模板的去除步骤。硅质膜具有分子筛分特性,对二甲苯与邻二甲苯或间二甲苯的分离系数高达 70,是 PV 膜中最高的。[358]

以六亚甲基二异氰酸酯为交联剂,采用浇铸法制备了含 α-CD 的聚合物膜。以二月桂酸二丁基锡为催化剂和不以二月桂酸二丁基锡为催化剂进行薄膜的合成,得到了两个系列材料,其中 α-CD 的主体化学连接到 PVA 的物理包封上,得到的膜被成功地应用于邻二甲苯/对二甲苯和邻二甲苯/间二甲苯异构体混合物的水分离。与邻二甲苯异构体相比,对二甲苯和间二甲苯的渗透速度更快。对二甲苯/邻二甲苯选择性的分离因子随膜 α-CD 含量和进料浓度的不同而变化在 0.35~7.75。研究人员从 α-CD 的分子识别和耦合输运效应两方面讨论了膜的渗透速率和分离选择性数据。[359]

研究人员研究了二甲苯异构体混合物通过以 CA 为碱聚合物、二硝基苯(DNP)为选择性固定载体的固定载体膜的 PV 特性。在二甲苯异构体混合物的 PV 中,DNP 基团选择性地促进二甲苯异构体在膜上的迁移,优先渗透组分的顺序为对二甲苯 > 间二甲苯 > 邻二甲苯。[304]

本章介绍了以 α-CD 和 β-CD 接枝的 PVA 水凝胶为络合单元,选择性地萃取二甲苯的几何异构体。以六亚甲基二异氰酸酯(HMDI)为交联剂,采用铸造法制备了膜接触器。与聚乙烯醇相比,二甲苯在含 CD 膜上的转移更容易。以 α-CD 为基础的膜的鉴别效果越好,Ca 的质量分数为 21% 的 CD 的膜效率越高。渗透速率的顺序为对二甲苯 > 间二甲苯 > 邻二甲苯,渗透成分与进料成分无关。[360]

采用含 ZSM 沸石的 PU 膜对邻二甲苯和对二甲苯异构体进行 PV 分离,二甲苯吸附等温线在聚氨酯-沸石共混体系中表现出亨利定律关系。在二元溶液中,二甲苯的吸收量也与溶剂组成正比。与未加入沸石的 PU 膜相比,加入沸石使二甲苯溶解度降低,但扩散系数增大,扩散选择性提高,也提高了 PU-沸石共混物的分离效率。操作温度升高可增大二甲苯的渗透速率。二甲苯的渗透速率和选择性随沸石含量的增加而增加。[361]

采用改性 PGS(还原剂)和 Ce^{4+}(氧化剂)组成的氧化还原引发剂引发的插层聚合,合成了 PGS/PAM 杂化材料,并将其用作 PV 膜,研究了杂化膜在单个二甲苯异构体(对二甲苯、间二甲苯和邻二甲苯)、二元二甲苯异构体混合物(对二甲苯和邻二甲苯混合物)、邻/间二甲苯(邻二甲苯和间二甲苯混合物)中的溶胀行为,以及对二甲苯/间二甲苯(对二甲苯和间二甲苯的混合物)和三元异构体混合物(邻/间/对二甲苯的混合物)的性能。当 PGS 的质量分数为 1.92% 时,单体二甲苯异构体在 3 ℃ 时的平衡溶胀度(DS 平衡)达到最大值。不同 PGS 含量的杂化膜在 30 ℃ 时,二元或三元二甲苯异构体混合物中的 DS 平衡分别存在负偏差和正偏差。当杂化膜中 PGS 的质量分数为 1.92% 时,每对二元二甲苯异构体混合物的分离系数均达到最大值。在高对二甲苯含量的对二甲苯二元二甲苯异构体混合物中,杂化膜的优先选择性和高渗透活化能发生逆转。研究人员讨论了 PGS – PAM 杂化膜的溶胀行为和 PV 性能,以及 PGS 中引入二甲苯异构体的包覆通道、二甲苯异构体在进料中的相互作用及 PV 过程中的溶液扩散机理。[362]

用 3 – 氨基丙基三乙氧基硅烷(APTES)对硅 – 1 分子筛进行改性,然后将其负载到聚丙烯酸钠(PAAS)中,制备了 PAAS/硅 – 1 杂化 PV 膜,用于二甲苯异构体混合物的分离。红外光谱和核磁共振波谱分析证实沸石表面发生了化学改性。通过吸附平衡实验,得到了二甲苯异构体在膜中的扩散系数,发现二甲苯异构体的扩散系数顺序为 $D_o < D_m < D_p$。研究原沸石负载量与改性沸石负载量对 PV 性能的影响。与原沸石相比,二元二甲苯混合物的渗透通量变化不大,而杂化膜的选择性有所提高。沸石表面改性后,杂化膜的选择性明显提高,膜的渗透通量略有下降,对/邻二甲苯($\alpha_{p/o}$)和对/间二甲苯($\alpha_{p/m}$)混合物的最大分离因子分别为 2.62 和 2.68。实验结果表明,该改性提高了 PAAS 与硅石 – 1 沸石界面的相容性。[363]

为评价 β – CD 对二甲苯异构体的分子识别功能,以乙二醇二缩水甘油醚(EGDE)为交联剂合成了 β – CD 支链延伸聚合物(β – CD – EGDE),以聚乙烯醇(PVA)和 β – CD 聚合物共混物为水溶液制备了 β – CD – EGDE/PVA 共混膜,并将其用于 p –/m – 和 p –/o – 二甲苯混合物的分离。结果表明,原始 PVA 膜对二甲苯异构体几乎没有选择性。含有 β – CD 聚合物的 PVA 膜具有分子识别功能,可选择性地促进二甲苯异构体的转运。为确定 PV 的行为,研究了膜在二甲苯中的吸附和解吸过程。吸附结果表明,β – CD 与二甲苯之间的络合形成常数对溶胀行为起着关键作用。从吸附量和解吸量计算得到的扩散系数 D 和 D_0 有显著差异,说明解吸阶段的扩散率选择性对 PV 过程的总选择性可能有显著影响。[364]

(2)碳氢化合物异构体。

研究正辛烷、异辛烷和正己烷蒸汽在多孔氧化铝载体上通过连续硅分子筛膜的渗透行为。对于二元和三元混合物,正辛烷通过膜的速度要快于正己烷和异辛烷,在 413 K 三元混合物中,正辛烷对异辛烷的选择性为 40。然而,选择性是温度的函数,在 413 K 以上和低于 413 K 时,选择性较低。413 K 时,正辛烷/正己烷的选择性为 9,随温度的升高而降低。渗透是进料中其他有机物的一个重要功能。在异辛烷和正己烷存在下,正辛烷的渗透系数增加了 16。因此,纯组分渗透不能用来预测混合物的分离。其中,正辛烷在混合物中的渗透速度始终较快,纯异辛烷的渗透速度是纯正辛烷的 5 倍,而纯正己烷的渗透速度则比纯异辛烷快。也就是说,对于纯组分,最大的分子没有最低的渗透,而最小的分子在混合物中没有最高的渗透。因此,不能仅根据大小或形状来预测相对渗透率。

通过活化能在 18~45 kJ/mol 内激活纯化合物的渗透,混合料渗透也随温度的升高而增加,但不呈指数关系。由膜饱和、进料侧边界层扩散和氧化铝载体扩散引起的传输限制并不重要。[365]

在 298 K 和 473 K 下,研究了 n-丁烷、i-丁烷和 n-丁烷/i-丁烷混合物(n-丁烷摩尔比 24.3%,i-丁烷 75.7%)在管状硅沸石-1 沸石膜上的渗透性能。在 298 K 和 473 K 压差为 0.06 MPa 时,n-丁烷和 i-丁烷的选择性分别为 16.3 和 7.4。在 298 K 和 473 K 时,n-丁烷/i-丁烷混合物的分离系数为 2.0~2.5,其中正丁烷在 298 K 和 473 K 下的渗透系数均低于单组分,而 i-丁烷在混合物中的渗透系数与单组分基本相同。在 473 K 时,n-丁烷和 i-丁烷在混合物中的渗透比单组分降低,且 n-丁烷的渗透率下降比 i-丁烷快。[366]

在高压分离 C_4 烯烃异构体的条件下,用二次生长法在管状二氧化钛载体的核心侧制备了 MFI 膜(ZSM-5 和硅沸石-1)。这种膜的合成方法比文献报道的高通量膜要简单得多。在工艺条件下,以未稀释的 50%/50% 的 1-丁烯/i-丁烯进料至 21 bar 进料压力,温度为 130 ℃ 时,在无扫气或降低渗透侧压力的条件下对 MFI 膜进行了测试。随着跨膜压差的增大,渗透选择性从 2 bar 压差的初始 PS≈20 下降到 20 bar 压差下的 PS≈2~3,即 1-丁烯与 i-丁烯在二元混合物中的渗透比。在压差为 20 bar 时,随着压差的增大,从进料中的 1-丁烯摩尔分数和渗透压差计算出的混合物分离因子 α 与混合物渗透选择性一样,也随压差的增大而增大。随着压力的增加,1-丁烯的选择性损失是因为 1-丁烯的透过率从最初的 4 m^3(STP)/(m^2h) 在 ΔP = 2 bar 下降到 ΔP = 20 bar 时小于 1 m^3(STP)/($m^2 \cdot h \cdot bar$)。相比之下,丁烯的渗透率很低,但与压力无关,因此几乎保持不变。随着压力的增加,1-丁烯/i-丁烯选择性降低的分子原因是 1-丁烯扩散系数在增加的 i-丁烯的存在下受到影响。这表明 C_4 烯烃的分离不是一个简单的分子筛分机制,而是基于混合吸附和混合扩散的相互作用。[377]

(3)乙醇异构体。

研究人员制备了含 β-环糊精(CD)的 PVA 膜(PVA/CD 膜),用 PV 和 EV 研究了 PVA/CD 膜对丙醇异构体的渗透和分离特性[368],EV 对 PVA/CD 膜分离丙醇异构体的效果优于 PV。PVA/CD 膜优先从其混合物中渗透 1-丙醇而不是 2-丙醇。特别是质量分数为 10% 的 1-丙醇混合物通过 PVA/CD 膜浓缩到 45% 左右。基于溶液扩散模型,探讨了丙醇异构体通过 PVA/CD 膜的渗透机理。

将 ZSM-5 沸石颗粒加入聚二甲基硅氧烷中,制备了 MMM,得到了沸石在膜中的均匀分散。用扫描电镜(SEM)对膜进行了表征,考查了沸石负载对膜性能的影响。结果表明,质量分数为 80% 的 ZSM-5 的负载是最佳的选择性。进一步增加沸石负载,膜的选择性只有一点有提高,甚至降低,而膜的渗透性则不断降低。填充膜分离性能的提高主要是因为填料与聚合物的相互作用,以及表面流体通过沸石孔的传质作用。在模拟的连续操作中,使用填充和未填充 PDMS 膜,将 2,3-丁二醇与 1-丁醇的混合物(5%~99.5%)作为润湿剂,对 2,3-丁二醇进行富集,实验结果表明了改进膜性能的优点。结果表明,填充 PDMS 膜在保证产品纯度的同时,显著提高了 2,3-丁二醇的回收率。[369]

本章研究了聚酰胺酰亚胺(PAI)和 α,β,γ-有机环糊精(CD)对正丁醇/叔丁醇(n-

BuOH/t-BuOH)异构体进行 PV 分离的实验和计算结果。实验结果与分子模拟结果一致,表明 CD 包裹体能力和正丁醇识别能力与 CD 分子大小和正丁醇分子大小有关。加入 α-CD 的 PAI 膜的空腔最小,对 n-丁醇/t-BuOH 对的分辨能力最高,但丁醇通量较低。包埋的 MMM 具有最低的选择性和最高的通量。PAI/β-CD 膜具有类似的选择性和通量,对正丁醇具有优先吸附和扩散选择性。在最佳的 β-CD 负载量为 15% 时,最大分离系数为 1.53,相应的流量为 4.4 g/($m^2 \cdot h$)。CD 含量的进一步增加最终导致 CD 团聚和严重相分离导致分离性能下降。为更好地了解 CD 对 MMM 分离性能的影响,采用 SEM、FTIR 和 XRD 对膜进行表征,研究了正丁醇/叔丁醇比对进料组成的影响。结果表明,随着进料中正丁醇含量的增加,流量和分离系数均呈下降趋势,下降的原因是上游总蒸汽压的变化和同分异构体丁醇分子的相互拖曳作用。[370]

研究人员合成了一种新型的环糊精衍生物-间二胺-β-环糊精(m-XDA-β-CD),并将其接枝到膜表面,用于正丁醇异构体的 PV 分离。用 FTIR 和 TGA 确定了 m-XDA-β-CD 合成和膜表面接枝反应的机理。与未改性的 PAI 膜和物理共混的 PAI/CD MMM 相比,制备的新型 CD 接枝聚酰胺酰亚胺(PAI)膜形态均匀,分离性能明显提高,并研究了化学改性时间和涂料浓度对不对称膜性能的影响。在质量分数为 22% 的条件下,CD 接枝 PAI 膜的分离性能最佳,总丁醇通量为 15 g/($m^2 \cdot h$),分离因子为 2.03。这种新研制的表面固定化 CD 膜为开发下一代高性能液体分离 PV 膜开辟了新的前景。[371]

10.8.3 共沸混合物分离膜

共沸混合物不能用蒸馏分离,但可以用膜分离技术分离。由于通过膜脱水水/醇共沸物的过程在 10.6.1 节中有详细描述,因此在本节中对其进行了简化。

1. 除醇/水共沸物外的有机溶剂/水共沸物脱水

以聚乙烯醇(PVA)和壳聚糖(CS)为原料,采用戊二醛交联法制备共混膜,用于 1,4-二氧六环的 PV 脱水。用 FTIR、TGA、DSC 和 XRD 对膜进行表征,并对膜的分子间相互作用、热稳定性和结晶度进行表征。在水、1,4-二氧六环混合物的不同组成的纯液体和二元混合物中进行了平衡吸附研究,以评估聚合物-液体的相互作用。交联膜对质量分数为 82% 的水-1,4-二氧六环的共沸物具有良好的分离能力,选择性为 117,合理的水通量为 0.37 kg/($m^2 \cdot h$),考查了进料成分、膜厚度、渗透压力等操作参数的影响。[372]

将亲水性聚合物聚乙烯醇(PVA)和聚乙烯亚胺(PEI)按不同比例混合成致密聚合物膜,研究了 PV 法分离四氢呋喃(THF)/水共沸混合物的效果。为更详细地了解 PVA/PEI 膜的分子输运现象,在 30℃温度条件下进行了吸附实验,计算了在 THF 和水存在下 PVA/PEI 膜的扩散、溶胀、吸附和渗透系数。结果表明,在 6% 的水浓度下,该膜对 THF 的共沸物有很好的分离作用。共混物中 PVA 含量的增加导致了助熔剂的减少和选择性的提高。在本研究测试的共混物中,5:1PVA/PEI 共混膜的分离系数最高,在共沸进料时,THF 的通量分别为 1.28 kg/($m^2 \cdot h$)。[333]

采用溶液浇铸法和戊二醛交联法制备了 K-LTL 负载的海藻酸钠(NaAlg)-MMM 膜,研究了异丙醇、1,4-二氧六环和四氢呋喃(THF)在 30℃、40℃、50℃、60℃ 和 70℃ 条件下的 PV 脱水行为。根据温度相关的 PV 通量数据,对渗透的活化参数进行了评价。

水/1,4-二氧烷共沸物的通量和对水的选择性高于水/异丙醇和水/THF 混合物,根据吸附扩散原理讨论了 PV 的结果。K-LTL 沸石颗粒的均匀分布及其亲水性所产生的分子筛分效应除与亲水性 NaAlg 的相互作用外,还能显著提高 NaAlg 膜的性能。以 Flory-Huggins 理论为基础,对水-1,4-二氧六环混合物的吸附过程进行了典型的热力学处理,以解释 PV 性能。在此基础上,阐明了渗透机理和驱动力机制,目前的膜可以承受重复循环 PV 运行在实验室水平的模块。[374]

采用戊二醛交联法制备了壳聚糖(CS)/聚乙烯吡咯烷酮(PVP)共混膜,分离乙酸乙酯/乙醇/水共沸物。通过 FTIR、环境 SEM、XRD、差示扫描量热仪(DSC)、热重分析(TGA)和接触角测试等手段对其理化性能进行了研究。通过共沸物的脱水,研究了膜的 PV 特性。随着进料温度和 PVP 含量的增加,渗透通量增大,分离因子降低。分离因子随 GA 含量的增加而增加,而通量则下降。结果表明,PVP 质量分数为 10% 的膜在 35 ℃时具有良好的 PV 性能,膜通量为 953 $g/(m^2 \cdot h)$,分离因子为 746。[375]

2. 有机-有机共沸物的选择性膜

通过将氨基半硝基低聚物(HEMA)接枝到甲基丙烯酸甘油酯(GMA)随机共聚物上,合成了 2-羟基乙基甲基丙烯酸酯(HEMA)(支链)-甲基丙烯酸甲酯(MA)(骨架)梳状接枝共聚物。电子显微镜观察发现,这些接枝聚合物膜具有微相分离的结构。[376] 为研究微相分离结构对选择性渗透率的影响,研究了苯-环己烷混合物通过这些膜的 PV,苯被发现优先透过膜。接枝共聚物中苯的 PV 速率随 MA 摩尔分数的增加而增加。结果表明,聚(MA)结构域的连续相是苯的渗透途径,接枝聚合物膜的选择性是在溶剂溶解过程中发生的。结果表明,微相分离结构抑制了苯的塑化作用,有效地提高了选择性。

Sikdar 等报道[377],全氟磺酸(PFSA)聚合物的离聚膜允许 PV 过程将极性有机化合物从极性化合物的共沸混合物中分离。一种在多孔聚四氟乙烯载体上浇铸的 PFSA 聚合物薄膜的复合膜具有良好的选择性,提供了理想的通量。模型二元共沸物由醇和碳氢化合物组成,用搅拌膜渗透池分离,总 PV 通量可达 9.5 $kg/(m^2 \cdot h)$,产物侧暴露于真空中。随着进料中乙醇含量的增加和温度的升高,通量增加。但在共沸点附近及在研究温度范围内(25~55 ℃),较多渗透组分的选择性保持不变。总 PV 通量对下游压力的依赖性较小,达 6.66 kPa(50 Torr)。这些分离数据用一个基于溶液扩散机制的数学模型来解释。

用 Choudhary 等的方法研究了端乙烯基聚二甲基硅氧烷(PDMS)和芳香聚酰亚胺(PI)的新型 IPN 膜的制备和性能。[378] 采用同步 IPN(SIPN)技术,分别以 5%、10% 和 15% 的聚酰亚胺负载量制备了改性膜。用不同的热、机械、形态、光谱和渗透汽化技术对这些膜进行了表征,并与纯 PDMS 膜进行了比较。在空气中和惰性气体中分别在 445~490 ℃ 和 410~520 ℃ 范围内,IPN 膜的热稳定性得到了协同改善,损失达 10%。用 Coats 和 Redfern 方程计算了聚合物及其 IPN 的分解活化能,采用水扩散法对 PDMS 和 IPN 共混物的渗透性能进行了评价,并用傅里叶变换衰减总反射率(FT-ATR)和水汽透过率(MVTR)对其进行了测试。PDMS 膜中聚酰亚胺质量分数为 15% 时,膜的水扩散和 MVTR 明显减慢。所有 IPN 均形成机械强膜,拉伸强度达 15.5 MPa,断裂伸长率达 20%。本章制备的 IPN 膜用于甲苯/甲醇混合物共沸物的 PV 分离,可以通过调整共混物的组成来调节 PV 的性能。甲醇/甲苯混合液的共混膜均随聚酰亚胺含量的增加而降低。甲苯优先渗透于各共混膜,且选择性随聚酰亚胺含量的增加而增加。进料混合物的组成对共混膜的 PV 特性也有很大的影响。随着进料中甲苯浓度的增加,助熔剂的通量呈指数增加,而液体混合物的选择性则呈下降趋势。本研究表明,聚合物 IPN 共混物是一种简单的调节膜传输性能的方法,可以获得比原始聚合物材料更高的性能。

利用端乙烯基聚硅氧烷(PDMS)树脂在黏土质量比为 1%~10% 的条件下,原位交联制备了聚二甲基硅氧烷(PDMS)/纳米复合膜,用 Choudhary 等[379]的方法研究了层状硅酸盐对 PDMS 的 PV 特性的影响。为此,选择了用极性表面活性剂和非极性表面活性剂功能化两种黏土(Closite30B 和 Nomome1.30P)。在不添加/或不同量黏土存在的情况下,制备了 PDMS 膜,利用 FTIR、拉伸测试系统和热重分析仪对其进行了结构、力学和热表征。X 射线衍射和透射电镜的形貌表征显示硅酸盐层被插层或部分剥落。扫描电镜表征表明,纳米黏土在 PDMS 基体中具有均匀的分散性。根据 PDMS/纳米黏土(10% 质量比)的力学性能,选择了两种纳米复合膜,并对其分离共沸甲苯/甲醇混合物的性能进行了评价。与纯 PDMS 相比,复合膜具有更高的选择性,甲苯是首选。复合膜的总通量低于 PDMS 膜。本研究表明,聚合物纳米复合膜除提高热性能和力学性能外,还可以作为调节渗透通量和选择性的另一种途径。

10.8.4 对映体选择性膜

对于外消旋混合物的分离,可以区分两种基本的膜过程:使用对映选择性膜的直接分离;非选择性膜辅助对映选择性过程的分离。[380] 最直接的方法是应用对映选择性膜,从而允许外消旋混合物的一种对映体选择性传输。这些膜既可以是致密的聚合物,也可以是液体。在后一种情况下,膜液可以是手性的,也可以含有手性添加剂(载体)。非选择性膜还可以结合膜外的手性提供必要的非手性分离特性,所需的对映选择性可以来源于选择性的物理相互作用或选择性(生物)转换。[381]

各种消旋体的分离,如(±)-色氨酸和(±)-1,3-丁二酸的分离,是由(+)聚1-二甲基-(10-蒎烯基)硅基-1-丙炔[(+)-聚(DPSP)]均聚法制备的自支撑膜(-)-1-二甲基-(10-蒎烯基)硅基-1-丙炔[(-)-DPSP]膜的渗透得到的。在许多驱动的渗透初始阶段,可达到完全的光学分辨率(对映体超量 1%~100%)。而在持续 600 h 以上的稳定渗透中选择性下降,对映体超量为 12%~54%。此外,通过对 EV、PV 等气体的渗透,获得了较高的透过率,保持了较高的对映选择性。主要透过(+)聚(DPSP)膜的对映体与透过(-)聚(DPSP)膜的对映体相反。在溶质或对(+)-聚(DPSP)有高亲和力的溶剂中透过(+)-聚 DPSP 膜,以及从含有少量 1-(三甲基硅基)-1-丙炔的(-)-DPSP 共聚物透过膜时,它们的对映体选择性低得多。这些结果表明,在(+)-聚 DPSP 膜中,通过使用对(+)-聚(DPSP)具有高亲和力的溶质或溶剂或除去少量的蒎酰基,可以很容易地使(+)-聚(DPSP)膜中的手性蒎酰基团周围的渗透路径变形,对映选择性地分离各种外消旋体。[48]

以 PMLG 为原料,通过酯交换反应制备了 3-戊甲基二硅氧烷,其中的丙基来自于聚(L-谷氨酸酯)。该聚合物在由 1,2-二氯乙烷溶液制备的膜中具有 α-螺旋结构。聚合物的成膜能力优于 PMLG。通过压力驱动透过膜,实现了(±)-色氨酸的光学拆分,对映体选择性为 16%,渗透速率高(10^{-6} g·m/(m^2·h))。这种对映体选择性渗透作用持续时间超过 160 h。随着二硅氧烷侧链含量的增加,在保持选择性的前提下,可以提高渗透速率。由于吸附的对映体选择性有利于(+)-异构体,而渗透的对映选择性有利于(-)-异构体,因此对映体的渗透是对(+)-异构体渗透的抑制引起的。通过对稀水乙醇溶液 PV 的测量和分析,认为色氨酸稀水溶液的渗透主要发生在无不对称中心的高度流动的二硅氧烷侧链区域。因此,认为这个硅氧烷区很小,可以使主链上的不对称中心对映选择性地识别渗透溶质。[49]

稠密的对映体选择性膜能以不同的机理区分两种对映体。目前,尚不清楚哪种机制为大规模对映体的分离提供了最佳的膜。因此,van der Ent 等[382]结合文献数据、实验和模型计算研究了渗透选择性膜的设计准则。文献资料表明,用于对映体分离的高密度渗透选择性膜可分为扩散选择性膜和吸附选择性膜两大类。对扩散选择性膜文献的回顾表明,扩散选择性膜存在一个主要缺点:膜的渗透性与选择性成反比关系。这一缺点对于吸附选择性膜来说是不存在的。

作为模型系统,苯丙氨酸通过涂有正十二烷基-L-羟基脯氨酸的聚丙烯填充床的扩散对 Cu^{2+} 进行了研究。实验表明,该材料对苯丙氨酸(Phe)具有选择性吸附,选择性(D/L)为 1.25,但是没有发现渗透选择性。用双吸附模型可以解释这些结果。这些模型计算表明,只有当选择性吸附群体是流动的且非选择性渗透最小时,渗透选择性才接近选择器的固有选择性。因此,认为应该更加重视吸附选择性膜的开发。

本章报道了以聚砜为原料合成的新型手性高分子膜的表征。通过手性载体 N-十二烷基-4(R)-羟基-脯氨酸与聚合物基体共价结合,将聚砜衍生为手性聚砜,合成了两种不同的手性聚砜,即 CPS_A 和 CPS_B,并用于手性高分子膜的制备。然而,由于 CPS_B 的溶解度有限,只有 CPS_A 能够制备出有用的膜,因此制备了不同 CPS_A 含量的手性聚砜膜,并通过 SEM 和外消旋普萘洛尔对映体选择性转运实验对其进行了表征。通过透析转运实验能够确定膜中载体含量对转运率和对映体分离的影响。CPS_A/PS 比为 1∶3 的膜在 96 h 时的 α 值为 1.1。

采用聚砜载体(PS)与 1,6-二异氰酸酯正庚烷溶液(1,6-DCH)缩聚制备了对映选择性复合膜。以 D、L-扁桃酸水溶液为原料,研究该复合膜的通量和性能。研究了 β-CD 溶液的风干时间、聚合时间、操作压力和外消旋体的进料浓度等参数对 PS 的影响,采用傅里叶变换红外光谱(FTIR)对其进行了化学表征,并利用扫描电镜(SEM)对其表面/截面进行了分析。结果表明,采用对映体选择性复合膜对映体进行 D、L-扁桃酸外消旋混合物的光学拆分,可以得到超过 85% 的对映体。本章首次详细介绍了一种与 1,6 DCH 交联的聚(β-CD)/PS 复合膜作为光学分辨膜材料分离 D、L-扁桃酸光学异构体的方法。[384]

10.8.5 促进化学反应的选择性膜

用于促进化学反应的选择性膜对于与膜分离技术(如 PV、EV 和 TDEV)耦合的反应器是有用的。这些系统可以通过选择性地从反应混合物中去除一种或多种产物种类来帮助增强热动力或动力有限反应的反应物的转化。

研究了二十二烷酸(DHA-Et)在进料相、膜相和接收相同乙醇稀释液的促进转运体系中的选择性转运。DHA-Et 以 Ag⁺ 为载体,以 Nafion 膜为载体,通过静电作用将 Ag⁺ 固定在载体上。在含有 Ag⁺ 的 Nafion 膜(膜溶液)中,DHA-Et 因 Nafion 在乙醇中的溶胀而充分迁移,而亚油酸甲酯在含有 Ag⁺ 的 Nafion 膜(膜溶液)中很难迁移。DHA-ET 有六个碳-碳双键,其迁移速度远快于油酸乙酯,油酸乙酯有一个双键,选择性约为10。这表明,基于双键数目的不同,膜对于分离多不饱和脂肪酸的酯类是有用的。考查作为稀释剂的乙醇溶液的含水量和进料相 DHA-Et 浓度对膜性能的影响,这种类型的易化转运膜在200多天内是稳定的。这是因为除静电作用使 Ag⁺ 固定在支撑膜上外,膜相与进料相和接受相具有相同的稀释剂,不会发生膜溶剂的泄漏。[385]

采用磺基琥珀酸(SSA)交联聚乙烯醇(PVA)膜脱除异戊醇与乙酸酯化反应中的水分。为研究交联度和磺酸基含量对膜性能的影响,在 SSA/PVA 摩尔分数为5%~40%范围内制备了不同的膜。为消除酸中心数量与交联度之间的依赖关系,通过将5-磺基脂肪酸(SA)固定在 PVA 链上,制备了带有-SO₃H 基团的 PVA 膜。当磺基丁二酸用量从5%增加到20%时,异戊醇的消耗转化率增加。但当交联度从20%增加到40%时,其转化率仅略有提高,这可能是 PVA 基体中分子迁移率限制的增加所致。在引入-SO₃H 基团的 PVA 膜中,随着聚合物交联的进行,膜的酯化活性增加。[386]

在固体催化剂(Amberlyst XN-1010 和 National NR50)和两种 PV 膜(GFIF-1005 和 T1-b)的混合反应器中,研究了乳酸和丁二酸与乙醇的酯化反应生成乳酸乙酯($C_5H_{10}O_3$)和丁二酸二乙酯的反应条件。实验由"间歇"催化反应器和采用 GFIF-1005 的 PV 装置组成的闭环系统进行。对 PV 的动力学进行研究,得到了渗透蒸发器进料侧水的渗透速率与温度和水浓度的工作关系。PV 辅助酯化反应的有效性可以通过在合理的时间内实现化学计量限制反应物的接近完全利用来说明。讨论从 PV 树脂中回收乳酸乙酯和琥珀酸二乙酯的方法,提出了乳酸和琥珀酸同时酯化的新概念。[387]

反应-PV 混合过程可以替代传统的化学过程,提高酯化和酯交换等有限平衡反应的转化率。研究乙酸与异丙醇的酯化反应,利用商品聚合物膜 PERVAP(R)2201 对乙酸异丙酯的合成和水解进行了研究,分析了温度和进料组成对膜渗透特性的影响,并在实验条件下讨论了乙酸与异丙醇酯化反应所涉及的季铵盐混合物的优先透水问题。[388]

采用溶液浇铸法制备了海藻酸钠(NaAlg)填充金属基复合材料(MMM),并以不同 NaAlg 聚合物质量分数(质量分数)的4A沸石颗粒填充材料。将膜与戊二醛交联,在30~70 ℃的温度范围内对乙酸和乙醇进行 PV 脱水实验。在较高的4A沸石负载量下,由于4A沸石具有较高的亲水性和分子筛分效应,且与亲水性 NaAlg 有良好的相互作用,因此两种原料的通量和选择性数据在较高的负载量下均有不同程度的提高。随着温度的升高,通量增加,但选择性降低。渗透过程的 Arrhenius 活化参数与填料含量有关。在70 ℃时进行 PV 辅助的乙酸和乙醇的催化酯化反应,由于膜对水的连续去除,因此乙酸乙酯的转化率在缩短的反应时间内得到了显著的提高。[389]

PV 是一种很好的选择,可以提高可逆酯化反应的转化率,产生副产品水。本章采用聚乙烯醇-聚醚砜(PVA-PES)复合亲水膜,研究了 PV 辅助乳酸与正丁醇的酯化反应。PV 反应器是一种与 PV 膜组件相结合的酯化反应器。对正丁醇与乳酸的酯化反应进行实验研究,讨论正丁醇与乳酸的初始摩尔比、有效膜面积与反应混合物体积之比、反应温度、催化剂浓度等因素对 PV 反应器性能的影响,确定了最佳反应条件:反应温度为 90 ℃,催化剂浓度为 0.422 kmol/m³,反应物初始摩尔比(正丁醇/乳酸)为 1.4,有效膜面积与反应体积之比为 15.19 m²/m³。所得数据可为类似反应的 PV 的研究和设计提供参考。[390]

PV 作为一种新型、节能、环保的分离技术,近年来受到业界的高度重视。PV 反应器是一种提高可逆酯化反应转化率的新技术。本章采用聚乙烯醇-聚醚砜复合亲水性膜,采用聚乙烯醇-聚醚砜复合亲水性膜对异丙醇催化乳酸酯化反应,对异丙醇与 PV 联用酯化乳酸进行实验研究。讨论异丙醇初始摩尔比、有效膜面积与反应混合物体积之比、反应温度、催化剂浓度等参数对 PV 反应器性能的影响,所得数据可推广应用于类似反应的 PV 反应器的研究和设计。[391]

为提高乙酸催化正丁醇转化为相应酯的转化率,采用不溶于水副产物的离子液体 1-烯丙基-3-丁基咪唑双(三氟甲基磺酰基)酰亚胺([ABIM]TFSI)和聚乙烯醇(PVA)或聚乙烯醇正硅酸乙酯(PVA TEOS)杂化膜,以及微波加热(图 10.23)。考查各个工艺变量及各工艺变量组合对正丁醇转化率的影响,并讨论各种方法的特点。[392]

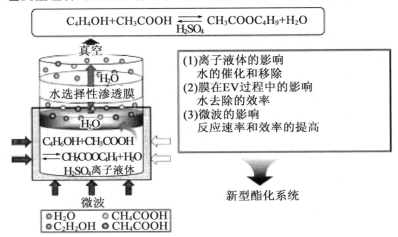

图 10.23 使用离子液体、EV 电池中的透水选择膜和微波加热的组合系统的特性图解

表 10.8 汇总了不同条件下合成乙酸丁酯的转化率。从表中可以看出,催化剂的使用、IL、EV 方法和微波加热都有效地提高了酯化反应的转化率。此外,各酯化方法的联合使用具有倍增效应,且转化率较高。当催化剂、[ABIM]TFSI、EV 法和微波加热相结合时,在 PVA-TEOS 杂化膜中 TEOS 质量分数为 10% 时,转化率是单独使用 H_2SO_4 时的 5 倍。

表 10.8 在不同反应条件下合成乙酸丁酯的转化率

H_2SO_4/mL	IL/%	汽化渗透方法	微波	转化率/%
无	无	无	无	5.1[①]
0.1	无	无	无	15.3[①]
无	20	无	无	9.2[①]

续表 10.8

H_2SO_4/mL	IL/%	汽化渗透方法	微波	转化率/%
无	无	PVA	无	9.0[①]
无	无	无	微波	6.1[②]
0.1	无	PVA	无	24.5[①]
0.1	20	无	无	32.2[①]
0.1	20	无	微波	37.8[②]
0.1	20	PVA	无	41.7[①]
0.1	20	PVA-TEOS（10%）	无	60.2[①]
0.1	20	PVA-TEOS（10%）	微波	76.5[①]

[①] 100 ℃, 2 h。
[②] 100 ℃, 10 min。

10.9 本章小结

本章设计的用于有机/H_2O 混合物脱水的 H_2O/有机选择膜已经在实际中得到应用，并有进一步的发展前景。这些膜已在化工、电子工业及作为燃料的醇的脱水中得到了应用。具体地说，H_2O/醇选择膜，如亲水性 PVA，目前被用于醇的脱水。相反，有机/H_2O 和有机/有机选择性膜仍在开发中，其选择性、渗透性和耐久性都得到了改善，这是其实际应用所必需的。有机选择性膜的膜材料、膜制备技术和分离工艺参数仍在研究中。开发新型的膜分离技术如基于溶液扩散机理的多孔膜分离技术及有机选择性膜的开发将具有重要意义。期望在不久的将来能够开发出适用于有机液体混合物的优良膜和膜分离技术。

本章参考文献

[1] Uragami, T. In Material Science of Chitin and Chitosan; Uragarm, T.; Tokura, S.; Eds.; Springer: Tokyo, 2006; pp 113-163.

[2] Uragami, T. Polymer Membranes for Separation of Organic Liquid Mixtures. In Materials Science of Membranes for Gas and Vapor Separation; Yampolskii, Y.; Pinau, I.; Freeman, B.; Eds.; Wiley: Chichester, 2006; pp 355-372.

[3] Uragami, T. Selective Membranes for Purification and Separation of Organic Liquid Mixtures. In Comprehensive Membrane Science and Engineering, Vol. 2 Membrane Operations in Molecular Separations; Drioli, E.; Giorno, L.; Eds.; Elsevier: Amsterdam, 2010; pp 273-324.

[4] Uragami, T. Membrane Structure. In Science and Technology of Separation Membranes; Wiley: New York, 2017.

[5] Loeb, S.; Sourirajan, S. UCLA, Department of Chemical Engineering Report. No. 60-60; 1960.

[6] Merten, U. Desalination by Reverse Osmosis; MIT Press: Cambridge, MA, 1966.

[7] Sourirajan, S. Reverse Osmosis; Loges Press; London, 1970.

[8] Kesting, R. E. Synthetic Polymeric Membrane; McGram-Hill: New York, 1971.

[9] Kesting, R. E. Synthetic Polymeric Membranes; A Structural Perspective, 2nd ed.; Wiley-Interscience: New York, 1985.

[10] (a) Uragami, T.; Fujino, K.; Sugihara, M. Angew. Makromol. Chem 1976, 55, 29, 1976, 68, 39; 1978, 70, 119; (b) Uragami, T.; Fujino. K.; Sugihara, M. Angew. Makromol. Chem. 1978, 68, 39-53; (c) Uragami, T.; Fujino, K.; Sugihara, M. Angew. Makromol. Chem. 1978, 70, 110-134.

[11] (a) Uragarm, T.; Tamura, M.; Sugihara, M. Angew. Makromol. Chem. 1976, 55, 59-72; (b) Uragarm, T.; Tamura, M.; Sugihara, M. Angew. Makromol. Chem. 1978, 66, 203-220.

[12] Kesting, R. E. J. Appl. Polym. Sci. 1973, 17, 1771-1785.

[13] Uragami, T. Separation of Organic Liquid Mixtures through Chitosan and Chitisan Derivative Membranes by Pervaporation and Evapomeation Methods. In Advances in Chitin and Chitosarr, Brine, C. J.; Sandford, P. A.; Zikakis, J. P.; Eds.; Elsevier: New York, 1992; pp 594-603.

[14] Uragami, T. Pervaporation Membrane. In Encyclopedia of Polymeric nanomaterials; Kobayashi, S.; Müllen, K., Eds.; vol. 2; Springer: New York, 2015; pp 156-1528.

[15] Binding, R. C.; Lee, R. J.; Jennings, J. F.; Mertin, E. C. Ind. Eng. Chem. 1961, 53, 45-50.

[16] Choo, C. Y. Membrane Permeation. In Advances in Petroleum Chemistry and Refining, Kobe, K. A.; McKetta, J. J.; Eds.; Interscience: New York, 1962; pp: 73-117.

[17] Yamada, S. Pervaporation. In Estimation of Performance of Artificial Membranes; Kitami Shobo: Tokyo, 1981; pp 118-123.

[18] Uragami, T. Structures and Properties of Membranes from Polysaccharide Derivatives. In Polysaccharides: Structural Diversity and Functional Versatility, Dumitrium, S.; Ed.; Marcel Dekker: New York, 1998; pp 887-924.

[19] Uragami, T. Structures and Functionalities of Membranes from Polysaccharide Derivatives. In Polysaccharides: Structural Deversity and Functional Versatility, 2nd ed.; Dumitrium, S.; Ed.; Marcel Dekker: New York, 2005; pp 1087-1122.

[20] Uragami, T. Pervaporation Membranes. In Encyclopedia of Polymeric Nanomaterials; Kobayashi, S.; Müellen, K.; Eds.; Springer: New York, 2015; pp 1516-1528.

[21] Uragami, T.; Saito, M.; Takigawa, K. Makromol. Chem. Rapid Commun. 1988, 9, 361–365.

[22] Uragami, T.; Saito, M. Sep. Sci. Technol. 1989, 24, 541–554.

[23] Uragami, T. Method of Separating a Particular Component from Its Liquid Solution. Japan Patent 1883353, 1994.

[24] Uragami, T. Method of Separating a Particular Component from Its Liquid Solution. US Pat. 4,983,303, 8 January 1991.

[25] Uragami, T. Method of Separating a Particular Component from Its Liquid Solution. Eur. Pat. 0273267, 1993.

[26] Uragami, T. Method of Separating a Particular Component from Its Liquid Solution. Brazilian Pat. P-8.707.041-3, 1993.

[27] Uragami, T. Evapomeation. In Encyclopedia of Membranes; Drioli, E.; Giomo, L., Eds.; Springer: New York, 2010.

[28] Uragami, T. Polym. J. 2008, 40, 485–494.

[29] Xingui, L.; Meirong, H.; Gang, L.; Puchen, Y. High Performance Pevaporation and Evapomeation Membranes for Separation of Organic Aqueous Solutions; 1994, http://en.cnki.com.cn/Article_en/CJFDTOTAL-SCLJ 401.000.htm.

[30] Bemardo, P.; Clarizia, G.; Jansen, J. C. Silicon Membranes for Gas, Vapor and Liquid Phase Separations. In Concise Enclocyclopedia of High Performance Silicones; Tiwari, A.; Soucek, M. D., Eds.; Wiley: New York, 2014; pp 309–320.

[31] Uragami, T. Evapomeation. In Encyclopedia of Membranes; Drioli, E.; Giorno, L.; Eds.; Springer: Berlin, 2016.

[32] Uragami, T. Evapomeation (EV). In Encyclopedia of Membranes; Drioli, E.; Giorno, L., Eds.; Springer: New York, 2016.

[33] Uragami, T.; Morikawa, T. Makromol. Chem. Rapid Commun. 1989, 10, 287–291.

[34] Uragami, T.; Tanaka, Y. Method of Separating a Particular Component from Its Liquid Solution. Jpn. Pat. 1,906,854, 1994.

[35] Uragami, T.; Tanaka, Y. Method of Separating Liquid Component from a Solution Containing Two or More Liquid Component. Eur. Pat. 0346739, 1991.

[36] Uragami, T.; Shinomiya, H. Makromol. Chem. 1991, 192, 2293–2305.

[37] Uragami, T.; Morikawa, T. J. Appl. Polym. Sci. 1992, 44, 2009–2018.

[38] Uragami, T.; Shinomiya, H. J. Membr. Sci. 1992, 74, 183–191.

[39] Uragami, T.; Tanaka, Y. Method for Separating a Liquid Component from a Solution Containing Two or More Liquid Components. US Pat. 5,271,846, 21 December 1993.

[40] Uragami, T.; Tanaka, Y.; Nishida, S. Desalination 2002, 147, 449–454.

[41] Uragami, T. Horiguchi, S.; Miyata, T. J. Porous Media 2015, 18, 1159–1168.

[42] Uragami, T. Temperature Difference Controlled Evapomeation (TDEV). In Encyclopedia of Membranes; Drioli, E.; Giorno, L., Eds.; Springer: New York, 2016.

[43] Uragami, T. Temperature-Difference Controlled Evapomeation. In Encyclopedia of Membranes; Drioli, E; Giorno, L., Eds.; Springer: New York, 2010.

[44] Bemardo, P.; Clarizia, G.; Jansen, J. C. Silicon Membranes for Gas, Vapor and Liquid Phase Separations. In Concise Encyclopedia of High Performance Silicones; Tiwari, A.; Souck, M. D., Eds.; Scrivener; Salem, 2014; pp 309–320.

[45] Lee, K. R.; Chen, R. Y.; Lai, J. Y. J. Membr. Sci. 1992, 75, 171–180.

[46] Shih, C. Y.; Chen, S. H.; Liou, R. M.; Lai, J. Y.; Chang, J. S. J. Appl. Polym. Sci. 2007, 105, 1566–1574.

[47] Lai, J. Y.; Chen, R. Y.; Lee, K. R. Sep. Sci. Technol. 1993, 28, 1437–1452.

[48] Aoki, T.; Shinohara, K.; Kaneko, T.; Oikawa, E. Macromolecules 1996, 29, 4192–4198.

[49] Aoki, T.; Tomizawa, S.; Oikawa, E. J. Membr. Sci. 1995, 99, 117–125.

[50] Solak, E. K.; Sanli, O. Desali, Water Treat. 2009, 2009(2), 151–159.

[51] Kahya, S.; Solak, E. K.; Oya Sanli, O. Vaccume 2010, 84, 1092–1102.

[52] Solak, E. K.; Kahya, S.; Kahya, S.; Sanli, O. Desali, Water Treat. 2011, 31, 291–295.

[53] Solak, E. K.; Sanli, O. Advan. Chem. Eng. Sci. 2011, 1, 305–312.

[54] Isiklan, N.; Sanli, O. Sep. Sci. Technol. 2005, 40, 1083–1101.

[55] Asman, G.; Sanli, O. Sep. Sci. Technol. 2006, 41, 1193–1209.

[56] Isiklan, N.; Sanli, O. J. Appl. Polym. Sci. 2004, 93, 2322–2333.

[57] Aoki, T.; Shinohara, K.; Oikawa, E. Makromol. Chem. Rapid Commun. 1992, 1992(13), 565–570.

[58] Aoki, T.; Kokai, M.; Shinohara, K.; Oikawa, E. Chem. Left. 1993, 22, 2009–2012.

[59] Shinohara, K.; Aoki, T.; Oikawa, E. Polymer 1995, 36, 2403–2405.

[60] Aoki, T.; Ohshima, M.; Shinohara, K.; Kaneko, T.; Oikawa, E. Polymer 1997, 38, 235–238.

[61] Aptel, P.; Cuny, J.; Jozefonvicz, J.; Morel, G.; Neel, J. J. Appl. Polym. Sci. 1974, 18, 365–398.

[62] Uragami, T. Dehydration of Ethanol by Chitosan Derivative Thin Membranes on Porous Supports. In Advances in Chitin Sciences, Vårum, K. M.; Domard, A.; Smidsrod, O., Eds.; vol. VI; NTNU: Trodheim, 2003; pp 19–26.

[63] Muzarelli, R. I. A. Chitin; Pergamon Press; Oxford, 1977.

[64] Uragami, T. Fabrication and Applications of Functional Separation Membranes Irom Chitin and Chitosan. In Applications of Chitin and Chitosan, Japanese Society for Chitin and Chitosan, Ed.; Gihodo Shuppan: Tokyo, 1990; pp 237–264.

[65] Muzarelli, R. A. A. Natural Chelating Polymers, Alginic Acid, Chitin and Chitosan; Pergamon Press: Oxford, 1973, pp 1 – 3.

[66] Uragami, T.; Takigawa, K. Polymer 1990, 31, 668 – 672.

[67] Uragami, T.; Kinoshita, H.; Okuno, H. Angew. Makromol. Chem. 1993, 209, 41 – 53.

[68] Yeom, C. K.; Jegal, J. G.; Lee, K. H. J. Appl. Polym. Sci. 1996, 62, 1561 – 1576.

[69] Ping, Z. H.; Nguyenb. Q. T.; Chena, S. M.; Ding, Y. D. J. Membr. Sci. 2002, 195, 23 – 34.

[70] Liu, Y. L; Yu, C. H.; Lee, K. R.; Lai, J. Y. J. Membr. Sci. 2007, 287, 230 – 236.

[71] Lai, C.-L.; Liou, R.-M.; Chen, S.-H.; Shih, C.-Y.; Chang, J. S.; Huang, C.-H.; Hung, M.-Y.; Lee, K.-R. Desalination 2011, 266, 17 – 24.

[72] Uragami, T.; Matsuda, T.; Okuno, H.; Miyata, T. J. Membr. Sci 1994, 88, 243 – 251.

[73] Uragamil, T.; Takuno, M.; Miyata, T. Macromol. Chem. Phys. 2002, 203, 1162 – 1170.

[74] Lee, C.; Hong, W. H. J. Membr. Sci. 1997, 135, 187 – 193.

[75] Xiao, S. D.; Huang, R. Y. M.; Feng, X. S. J. Membr. Sci. 2006, 286, 245 – 254.

[76] Choudhari, S.; Kithur, A.; Kulkami, S.; Kariduraganavar, M. J. Membr. Sci. 2007, 302, 197 – 206.

[77] Liu, Y. L.; Su, Y. H.; Lee, K. R.; Lai, J. Y. J. Membr. Sci. 2005, 251, 233 – 238.

[78] Qiao, X. Y.; Chung, T. S. AlCHE J. 2006, 52, 3462 – 3472.

[79] Xian, S. D.; Huang, R. Y. M.; Feng, X. S. J. Membr. Sci. 2005, 286, 245 – 254.

[80] Liu, R. X.; Qiao, X. Y.; Chung, T. S. J. Membr. Sci. 2007, 294, 103 – 114.

[81] Shen, J. N.; Wu, L. G.; Qiu, J. H.; Gao, C. J. J. Appl. Polym. Sci. 2007, 103, 1959 – 1965.

[82] Teli, S. B.; Gokavi, G. S.; Sairam, M.; Aminabhavi, T. M. Colloids Surf. Phys. Eng. 2007, 301, 55 – 62.

[83] Jiang, L. Y.; Chung, T. S.; Rajagopalan, R. Chem. Eng. Sci. 2008, 63, 204 – 216.

[84] Rao, P. S.; Sridhar, S.; Wey, M. Y.; Krishnaiah, A. Ind. Eng. Chem. Res. 2007, 46, 2155 – 2163.

[85] Ismail, A. Inter. J. Sci. Eng. Technol. 2015, 3, 1344 – 1351.

[86] Guo, R. L.; Hu, C.; Li, B.; Jiang, Z. Y. J. Membr. Sci. 2007, 289, 191 – 198.

[87] Buyanov, A. L.; Revel Skaya, L. G.; Kuzenetzov, Y. P.; Shestakova, A. S. J.

Appl. Polym. Sci. 1998, 69, 761-769.

[88] Teil, S. B.; Gokavi, G. S.; Aminabhavi, T. M. Sep. Purif. Technol. 2007, 56, 150-157.

[89] Wang, Y.; Gruender, M.; Chung, T. S. J. Membr. Sci. 2010, 363, 149-159.

[90] Uragami, T.; Okazaki, K.; Matsugi, H.; Miyata, T. Macromolecules 2002, 35, 9156-9163.

[91] Uragami, T.; Matsugi, H.; Miyata, T. Macromolecules 2005, 38, 8440-8446.

[92] Uragami, T.; Yanagisawa, S.; Miyata, T. Macromol. Chem. Phys. 2007, 208, 756-764.

[93] Uragami, T.; Katayama, T.; Miyata, T.; Tamura, H.; Shiwaiwa, T.; Higuchi, A. Biomacromolecules 2004, 5, 2116-2121.

[94] Huang, Z.; Shi, Y.; Wen, R.; Guo, Y. H.; Su, J. F.; Matsuura, T. Sep. Purif. Technol. 2006, 51, 126-136.

[95] Fan, S. C.; Wang, Y. C.; Li, C. L.; Lee, K. R.; Liaw, D. J.; Lai, J. Y. J. Appl. Polym. Sci. 2003, 88, 2688-2697.

[96] Li, C. L.; Lee, K. R. Polym. Int. 2006, 55, 505-512.

[97] Huang, R. Y. M. Pervapoaration Membrane Separation Processes. In Membrane Science Technology Series 1; Elsevier: Amsterdam, 1991; pp 111-180.

[98] Huang, R. Y. M.; Yeom, C. K. Inter. Bibliogr. Inf. Doc. 1990, 51, 273-278.

[99] Zhang, Q. G.; Liu, Q. L.; Jiang, Z. Y.; Chen, Y. J. Membr. Sci. 2007, 287, 237-245.

[100] Chen, J. H.; Zheng, J. Z.; Liu, Q. L.; Guo, H. X.; Weng, W.; Li, S. X. J. Membr. Sci. 2013, 429, 206-213.

[101] Sabetghadam, A.; Mohammadi, T. Comp. Inter. 2010, 17, 223-228.

[102] Razavi, S.; Sabetghadam, A.; Mohammand, T. Chem. Eng. Res. Des. 2011, 89, 148-155.

[103] Slater, C. S.; Schurmann, T.; MacMillian, J.; Zimarowski, A. Sep. Sci. Technol. 2006, 41, 2733-2753.

[104] Pandey, R. P.; Shahi, V. K. J. Membr. Sci. 2013, 444, 116-1126.

[105] Uragami, T.; Wakita, D.; Miyata, T. express Polym Left. 2010, 4, 681-691.

[106] Chen, S. H.; Lai, J. Y. J. Appl. Polym. Sci 1995, 55, 1353-1359.

[107] Lee, K. R.; Lai, J. Y. J. Appl. Polym. Sci. 1995, 57, 1353-1359.

[108] Sun, Y. M.; Huang, T. L. J. Membr. Sci. 1996, 110, 211-218.

[109] Chiang, W.-Y.; Lin, Y.-H. J. Appl. Polym. Sci. 2002, 86, 2854-2859.

[110] Ihm, C. D.; Ihm, S. K. J. Membr. Sci. 1995, 98, 89-96.

[111] Chang, W.-Y.; Lin, Y.-H. J. Appl. Polym. Sci. 2002, 86, 2854-2859.

[112] Guzman, M. D.; Lee, K.-R. Lai, J.-Y. Desal. Water Treat. 2010, 17, 210-217.

[113] Varghese, J. G.; Kittur, A. A.; Rachipudi, P. S.; Kariduraganavar, M. Y. J. Membr. Sci. 2010, 364, 111 – 121.

[114] Uragami, T.; Yamamoto, S.; Miyata, T. Sep. Sci. Technol. 1988, 23, 1067.

[115] Takegami, S.; Yamada, H.; Tsujii, S. Polym. J. 1992, 24, 1239 – 1250.

[116] Shien, J. J.; Huang, R. Y. M. J. Membr. Sci. 1997, 127, 185 – 202.

[117] Zhang, L. N.; Guo, J.; Zhou, J. P.; Yang, G.; Du, Y. M. J. Appl. Polym. Sci. 2000, 77, 610 – 616.

[118] Gimenes, M. L.; Liu, L.; Femg, X. S. J. Membr. Sci. 2007, 295, 71 – 79.

[119] Namboodiri, V. V.; Vane, L. M. J. Membr. Sci. 2007, 306, 209 – 215.

[120] Krishna Rao, K. S. V.; Lokesh, B. G.; Srinivasa Rao, P.; Chowdoji Rao, K. Sep. Sci. Tecnol. 2008, 43, 1065 – 1082.

[121] Pang, X.; Deng, X.; Sun, Y. Mod. Appl. Sci. 2010, 4, 28 – 35.

[122] Kanti, P.; Srigowri, K.; Madhuri, J.; Smitha, B.; Sridhar, S. Sep. Purif. Technol. 2004, 40, 259 – 266.

[123] Yeh, T.-M.; Wang, Z.; Mahajan, D.; Hsiao, B. S.; Chu, B. J. Mater. Chem. A 2013, 1, 12998 – 13003.

[124] Jegal, J.; Lee, K. H. J. Appl. Polym. Sci. 1996, 113, 31 – 41.

[125] Richau, K.; Schwarz, H.-H.; Apostel, R.; Paul, D. J. Membr. Sci. 1996, 113, 31 – 41.

[126] Nam, S. Y.; Lee, Y. M. J. Membr. Sci. 1997, 135, 161 – 171.

[127] Iwamoto, T.; Kusumocahyo, S. P.; Shinbo, T. J. Appl. Polym. Sci. 2002, 86, 265 – 271.

[128] Uragami, T.; Yamamoto, S.; Miyata, T. Network Polym. 1999, 20, 203 – 208.

[129] Uragami, T.; Yamamoto, S.; Miyata, T. Biomacromolecules 2003, 4, 137 – 144.

[130] Kusumocahyo, S. P.; Kanamori, T.; lwatsubo, T.; Sumaru, K.; Shinbo, T. J. Membr. Sci. 2002, 208, 223 – 231.

[131] Kim, S. G.; Lee, K. S.; Lee, K. H. J. Appl. Polym. Sci. 2006, 102, 5781 – 5788.

[132] Wang, X. P.; Shen, Z. Q.; Zhang, F. Y. J. Membr. Sci. 1996, 119, 191 – 198.

[133] Bhat, N. V.; Wavhat, D. S. Sep. Sci. Technol. 2000, 35, 227 – 242.

[134] Toti, U. S.; Aminabhavi, T. M. J. Appl. Polym. Sci. 2002, 85, 2014 – 2024.

[135] Veerapur, R. S.; Gudasi, K. B.; Aminabhavi, T. M. J. Membr. Sci. 2007, 304, 102 – 111.

[136] Hu, C.; Li, B.; Guo, R.; Wu, H.; Jiang, Z. Sep. Purf. Technol. 2007, 55, 327 – 334.

[137] Devi, D. A.; Smitha, B.; Sridhar, S.; Jawalkar, S. S.; Aminabhavi, T. M. J. Chem. Technol. Biotechnol. 2007, 82, 993 – 1003.

[138] Kim, S. G.; Lee, K.; S.; Lee, K. H. J. Appl. Polym. Sci. 2007, 103, 2634 – 2641.

[139] Hu, C. L; Guo, R. L; Li, B.; Ma, X. C.; Wu, H.; Jiang, Z. Y. J. Membr. Sci. 2007, 293, 142 – 150.

[140] Khairnar, D. B.; Pangarkar, V. G. J. Am. Oil Chem. Soc. 2004, 81, 505 – 510.

[141] Nakao, S.; Satoh, F.; Asakura, T.; Toda, K.; Kimura, S. J. Membr. Sci. 1987, 30, 273.

[142] Ohya, H.; Matsumoto, H.; Negishi, Y.; Matsumoto, K. Membrane 1986, 11, 231 – 238.

[143] Uragami, T.; Shinomiya, S. Makromol. Chem. 1992, 192, 2293 – 2305.

[144] Uragami, T.; Morikawa, T. Makromol. Chem. 1989, 190, 399 – 404.

[145] Uragami, T. Desalination 2006, 193, 335 – 343.

[146] Uragami, T. Polym. J. 2006, 40, 485 – 494.

[147] Aptel, P.; Cuny, J.; Jozefonvicz, J.; Morel, G.; Neel, J. J. Appl. Polym. Sci. 1974, 18, 351 – 364.

[148] Eustache, H.; Histi, G. J. Membr. Sci. 1981, 8, 105 – 114.

[149] Ishihara, K.; Nagase, Y.; Matsui, K. Makromol Chem. Rapid Commun. 1986, 7, 43 – 46.

[150] Masuda, T.; Tang, B. Z.; Higashimura, T. Polym. J. 1986, 18, 565 – 567.

[151] Uragami, T.; Doi, T.; Miyata, T. Control of Permselectivity With Surface Modifications of Poly [1-(trimethyIsilyl)-1-propyne] membranes. Int. J. Adhes. Adhes. 1999, 19, 405 – 409.

[152] Nagase, Y.; Mori, K.; Matsui, K. J. Appl. Polym. Sci. 1989, 37, 1259 – 12367.

[153] Ishihara, K.; Matsui, K. J. Appl. Polym. Sci. 1987, 34, 437 – 440.

[154] Kasjiwagi, T.; Okabe, K.; Okita, K. J. Membr. Sci. 1988, 36, 353 – 362.

[155] Miyata, T.; Takagi, T.; Uragami, T. Macromolectes 1996, 29, 7787 – 7794.

[156] Miyata, T.; Obata, S.; Uragami, T. Macromolecutes 1999, 32, 8465 – 8475.

[157] Uragami, T. J. Mater. Sci. Appl. 2011, 2, 1499 – 1506.

[158] Fan. S.; Xiao, Z.; Li, M.; Li, S.; Zhou, T.; Hu, Y.; Wu, S. J. Chem. Technol. Biotechnol. 2016.

[159] Masuda, T.; Isobe, E.; Higashimura, T.; Takada, K. J. Am. Chem. Soc. 1983, 105, 7473 – 7474.

[160] Nagai, K.; Masuda, T.; Nakagawa, T.; Freeman. B. D.; Pinnau, I. Prog. Polym. Sci. 2001, 26, 721 – 798.

[161] Masuda, T.; Takatsuka, M.; Tang, B.-Z.; Higashimura, T. J. Membr. Sci. 1990, 49, 69 – 83.

[162] Nagase, Y.; Takamura, Y.; Matsui, K. J. Appl. Polym. Sci. 1991, 42, 185 –

190.

[163] Schmit. S. L.; Myers. M. D.; Kelley, S. S.; McMillan, J. D.; Padukone, N. Appl. Biochem. Biotechnol. 1997, 63, 469.

[164] López-Dehesa, C.; González-Marcos. J. A.; González-Velasco, J. R. Desalination 2002, 149, 61 – 65.

[165] Volkov, V. V.; Faddeev, A. G.; Khhotimsky, V. S.; et al. J. Appl. Polym. Sci. 2004, 91, 2271 – 2277.

[166] López – Dehesa, C.; González – Marcos, J. A.; González – Velasco, J. R. J. Appl. Polym. Sci. 2007, 103, 2843 – 2848.

[167] Miyata, T.; Takagi, T.; Kadota, T.; Uragami. T. Macromol. Chem. Phys. 1995, 196, 1211 – 1220.

[168] Ei-Zanati, E.; Abdel-Hakim. E.; EI-Ardi, O.; Fahmy, M. J. Membr. Sci. 2006, 280, 278 – 283.

[169] Srinivasan, K.; Palanivelu, K.; Gopalakrishnan. A. N. Chem. Eng. Sci. 2007, 62, 2905 – 2914.

[170] Te Hennepe. H. J. C.; Smoolders. C. A.; Bargeman, D.; Mulder. M. H. V. Sep. Sci. Technol. 1991, 26, 585 – 596.

[171] Ultan, S.; Nakagawa, T. J. Membr. Sci. 1998, 143, 275 – 284.

[172] Huang, Y.; Zhang. P.; Fu, J.; Zhou, Y.; Huang, X.; Tang, X. J. Membr. Sci. 2009, 339, 85 – 92.

[173] Shi, S. P.; Du, Z. J.; Ye, H.; Zhang, C.; Li, H. Q. Polym. J. 2006, 38, 949 – 955.

[174] Bowen, T. C.; Meier, R. G.; Vane, L. M. J. Membr. Sci. 2007, 298, 117 – 125.

[175] Zhan, X.; Lu, J.; Tan, T.; Li, J. Appl. Sur. Sci. 2012, 259, 547 – 556.

[176] Yadav, A.; Mary Lind, M. L.; Ma, X.; Lin, Y. S. Ind. Eng. Chem. Res. 2013. 52, 5207 – 5212.

[177] Xue, C.; Du, G. -Q.; Chen, L. -J.; Ren, J. -G.; Bai, F. -W.; Yang, S. -T. Sci. Rep. 2014, 4, 5925.

[178] Ahmed, I.; Pa, N. F. C.; Nawawi, M. G. M. J. Appl. Polym. Sci. 2011, 122, 2666 – 2679.

[179] Ji, L.; Shi, B.; Wang, L. J. Appl. Polym. Sci. 2015, 132, 2015.

[180] Ohshima, T.; Kogami, Y.; Minakuchi, M.; Miyata, T.; Uragami, T. J. Polym. Sci. B: Polym. Phys. 2006, 44, 2079 – 2090.

[181] Kim, S.; Date, B. E. Biomass Bioenergy 2004, 26, 361 – 375.

[182] Vane, L. M. J. Chem. Technol. Biotechnol. 2005, 80, 603 – 629.

[183] Toshiki, A. Prog. Polym. Sci. 1999, 24, 951 – 1094.

[184] Beaumelle, D.; Marin, M.; Gibert, H. Food Bioprod. Process. 1993, 71(C2), 77 –

89.

[185] Takegami, S.; Yamada, H.; Tsujii, S. J. Membr. Sci. 1992, 75, 93–105.

[186] Chen, C. Y.; Wang, J.; Chen, Z. Langmuir 2004, 20, 10186–10193.

[187] Majumdar, S.; Bhaumik, D.; Sirkar, K. K. J. Membr. Sci. 2003, 214, 323–330.

[188] Zhan, X.; Li, J. D.; Huang, J. Q.; Chen, C. X. Chin. J. Polym. Sci. 2009, 27, 533–542.

[189] Gu, J.; Bai, Y.; Zhang, L.; Deng, L.; Zhang, C.; Sun, Y.; Chen, H. Inter. J. Polym. Sci. 2013, 2013.

[190] Kansara, A. M.; Aswal, V. K.; Singh. P. S. RSC Advan. 2015, 5, 51608–51620.

[191] Uragami, T.; Doi, T.; Miyata, T. Pervaporation Properties of Surface–Modified Poly[(1-trimethylsilyl-1-propyone) Membranes. In Membrane Formation and Modification. ACS symposium Series 744; Pinnau, I.; Freeman. B. D.; Eds.; American Chemical Society: Washington, DC, 2000; pp 263–279.

[192] Miyata, T.; Nakanishi, Y.; Uragami, T. Simple Surface Moldilications of Poly (dimethyl siloxane) Membranes by Polymer Additives and Their Permselectivity for Aqueous Ethanol Solutions. In Membrane Formation and Modification, ACS Symposium Series 744; Pinnau, l.; Freeman, B. D.; Eds.; American Chemical Society: Washingto. DC, 2000; pp 280–294.

[193] Miyata, T.; Nakanishi, Y.; Uragami, T. Macromolecutes 1997, 30, 5563–5565.

[194] Jin, T.; Ma, Y.; Matsuda, W.; Masuda, Y.; Nakajima, M.; Ninomiya. K.; Toshiharu Hiraoak, T.; Daiko, Y.; Tetsuo Yazawa, T. J. Ceramic Soc. Jpn. 2011, 119, 549–556.

[195] Jin, T.; Ma, Y.; Matsuda, W.; Masuda, Y.; Nakajima, M.; Ninomiya. K.; Hiraoka, T.; Fukunaga, J.; Daiko, Y.; Yazawa, T. Desalination 2011. 280, 139–145.

[196] Lzák, P.; Köckerling, M.; Kragl; U. Green Chem. 2006, 8, 947–948.

[197] Xiangli, F.; Chen, Y.; Jin, W.; Xu, N. Ind. Eng. Chem. Res. 2007, 46, 2224–2230.

[198] Verhoefa, A.; Figolib, A.; Leena, B.; Bettensa, B.; Drioli, E.; Van der Bruggen, B. Sep. Purif. Technol. 2008, 60, 54–63.

[199] Claes, S.; Vandezande, P.; Mullens, S.; Leysen, R.; De Sitter, K.; Andersson. A.; Maurer, F. H. J.; Van den Rul, H.; Peeters, R.; Van Bael, M. K. J. Membr. Sci. 2010, 351, 150–167.

[200] Lai, C.-L.; Fu, Y.-J.; Chen, J.-T.; An, Q.-F.; Liao, K.-S.; Fang, S.-C.; Hu, C.-C.; Lee, K.-R.; Sep. Purif. Technol. 2012, 100, 15–21.

[201] Ikegami, T.; Kitamot, D.; Negish, H.; Haray, K.; Matsud, H.; Nitana, Y.; Kour. N.; Sano, T.; Yanagishita, H. J. Chem. Tech. Biotechnol. 2003, 78, 1006–1010.

[202] Lewandowska, M.; Kujawski, W. J. Food Eng. 2007, 79, 430-437.
[203] Wasewar, K. L.; Pangarkar, V. G. Chem. Biochem. Eng. Quart. 2006, 20, 135-145.
[204] BioSep™. Novel Membrane Distillation Processes for Bioethanol Production; 2009. www.mtrinc.com/news.
[205] New Mermbrane Process Targets Cost Reduction for Biobutanol/Biotuel Separations, February 2009. www.mtrinc.com/news.
[206] Ozdemir, C.; Sahinkaya, S.; Kalipci, E.; Ode, M. K. In Digital Proceeding of THE ICOEST' 2013, 2013; pp 258-264.
[207] Nguyen, T. Q.; Essamri, A.; Schaetzel, P.; Néel. J. Makromol. Chem. 1993, 194, 1157-1168.
[208] Jullok, N.; Van Hooghten, R.; Luis, P.; Volodin, A.; Van Haesendonck, C.; Vermant, J.; Van der Bruggen, B. J. Cleaner Prod. 2016, 112, 4879-4889.
[209] Lai, J.; Yin, Y. L.; Lee, K. R. Polym, J. 1995, 27, 813-818.
[210] Yeom, C.-K.; Lee, K.-H. J. Membr. Sci. 1996, 109, 257-265.
[211] Aminabhavi, T. M.; Nalk, H. G. J. Appl. Polym. Sci. 2002, 83, 244-258.
[212] Asman, G.; Sanli, O. Sep. Sci. Technol. 203, 38, 1963-1980.
[213] Kulkarni, S. S.; Tambe, S. M.; Kittur, A. A.; Kariduraganavar, M. Y. J. Membr. Sci. 2006, 285, 420-431.
[214] Namboodiri, V. V.; Ponangi, R.; Vane, L. M. Eur. Polym. J. 2006, 42, 3390-3393.
[215] Al-Ghezawi, N.; Sanli, O.; Isiklan, N. Sep. Sci. Technol. 2006, 41, 2913-2931.
[216] Asman, G.; Sanli, O. J. Appl. Polym. Sci. 2006, 100, 1385-1394.
[217] Veerapur, S. S.; Gudasi, K. B.; Sairam, M.; et al. J. Mater. Sci. 2007, 42, 4406-4417.
[218] Chen, J. H.; Liu, Q. L.; Zhu, A. M.; Fang, J.; Zhang, Q. G. J. Membr. Sci. 2008, 308, 171-179.
[219] Kurkuri, M. D.; Kumbar, S. G.; Aminabhavi, T. M. J. Appl. Polym, Sci. 202, 86, 272-281.
[220] Urtiaga, A.; Gorri, E. D.; Casado, C.; Ortiz, I. Sep. Purif. Technol. 2003, 32, 207-213.
[221] Srinivass. P.; Sridhar. S.; Krishnaian, A. J. Appl. Polym. Sci. 2006, 102, 1152-1161.
[222] Chapman, P. D.; Tan, X.; Livingston, A. G.; Li, K.; Oliveira, T. J. Membr. Sci. 2006, 268, 13-19.
[223] McGinness, C. A.; Slater, C. S.; Savelski, M. J. J. Environ. Sci. Health A Tox. Hazard. Subst. Environ. Eng. 2008, 43, 1673-1684.
[224] Khoonsap, S.; Amnuaypanich, S. J. Membr. Sci. 2011, 327, 182-189.

[225] Li, J.; Zhang, G.; Ji, S.; Wang, N.; An, W. J. Membr. Sci. 2012, 415−416, 745−757.

[226] Mangindaan, D. W.; Shi, G. M.; Chung, T.-S. J. Membr. Sci. 2014, 458, 76−85.

[227] Mangindann, D. W.; Woon, N. M.; Shi, G. M.; Chung, T. S. Chem, Eng. Sci. 2015, 122, 14−23.

[228] Gao, C.; Zhang, M.; Jiang, Z.; et al. Chem. Eng. Sci. 2015, 135, 461−471.

[229] Bhat, S. D.; Mallikarjuna, N. N.; Aminabhavi, T. M. J. Membr. Sci. 2005, 282, 437−483.

[230] Sairam, M.; Naidu, B. V. K.; Nataraj, S. K.; Sreedhar, B.; Aminabhavi, T. M. J. Membr. Sci. 2006, 283, 65−73.

[231] Smitha, B.; Dhanuja, G.; Sridhar, S. Carbohydr. Polym. 2006, 66, 463−472.

[232] Ray, S.; Ray, S. K. J. Appl. Polym. Sci. 2007, 103, 728−737.

[233] Aminabhavi, T. M. J. Polym. Sci. 1918−1926, 2007, 103.

[234] Reddy, K. M.; Sairam, M.; Babu, V. R.; Subha, M. C. S.; Rao, K. C.; Aminabhavi, T. M. Des. Monom. Polym. 2007, 10, 297−309.

[235] Solak, E. K.; Sanli, O. Sep. Sci. Technol. 2006, 41, 627−646.

[236] Ray, S.; Ray, S. K. Ind. Eng. Chem. Res. 2006, 45, 7210−7218.

[237] Goethaert, S.; Dotremont, C.; Kuijpers, M.; Michiels, M.; Vandecasteele, C. J. Membr. Sci. 1993, 78, 135−145.

[238] Lau, W. W. Y.; Finlayson, J.; Dickson, J. M.; Jiang, J.; Brook, M. A. J. Membr. Sci. 1997, 134, 209−217.

[239] Dutta, B. K.; Sikdar, S. K. Environ. Sci. Technol. 1993, 33, 1709−1716.

[240] Yeom, C. K.; Kim, H. K.; Rhim, J. W. J. Appl. Polym. Sci. 1999, 73, 601−611.

[241] Johnson, T.; Thomas, S. J. Appl. Polym. Sci. 1999, 71, 2365−2379.

[242] Duan, S.; Akira Ito, A.; Ohkawa, A. J. Chem. Eng. Jpn 2001, 34, 1069−1073.

[243] Ramaiah, K. P.; Satyasri, D.; Sridhar, S.; Krishnaiah, A. J. Hazard. Mater. 2013, 261, 362−371.

[244] Ramaiah, K. P.; Reddy, M. V. N.; Sridhar, S.; Krishnaiah, A. Ind. J. Adv. Chem. Sci. 2016, 2016(4), 49−55.

[245] Nakagawa, T.; Kanemura, A. Sen'i Gakkaishi 1995, 51, 123−130.

[246] Ohshima, T.; Kogami, Y.; Miyata, T.; Uragami, T. J. Membr. Sci. 2005, 260, 156−163.

[247] Liu, Q. L; Xiao, H. J. Membr. Sci. 2004, 230, 121−129.

[248] Das, S.; Banthia, A. K.; Adhikari, B. Chem. Eng. Sci. 2006, 171(61), 6454−6467.

[249] Kim, K. S.; Kwon, T. S.; Yang, J. S.; Yang, J. W. Desalination 2007, 205,

87-96.

[250] Park, Y. L; Yeom, C. K.; Lee, S. H.; Kim, B. S.; Lee, J. M.; Hoo, H. J. Ind. Eng. Chem. 2007, 13, 272-278.

[251] Sun, L.; Baker, G. L; Bruening, M. L. Macromolecules 2005, 38, 2307-2314.

[252] Ghosh, U. K.; Pradhan, N. C.; Adhikari, B. Bull. Mater. Sci. 2006, 29, 225-231.

[253] Uragami, T.; Yamada, H.; Miyata, T. Trans. Mater. Res. Soc. Jpn. 1999, 24, 165-168.

[254] Uragami, T.; Yamada, H.; Miyata, T. J. Membr. Sci. 2001, 187, 255-269.

[255] Miyata, T.; Yamada, H.; Uragami, T. Macromolecules 2001, 34, 8026-8033.

[256] Uragami, T.; Yamada, H.; Miyata, T. Macromolecules 2006, 39, 1890-1897.

[257] Uragami, T.; Meotoiwa, T.; Miyata, T. Macromolecules 2001, 34, 6806-6811.

[258] Uragami, T.; Meotoiwa, T.; Miyata, T. Macromolecules 2003, 36, 2041-2048.

[259] Han, X.; Armstrong, D. M. Acc. Chem. Res. 2007, 40, 1079-1086.

[260] Uragami, T.; Matsuoka, Y.; Miyata, T. J. Membr. Sci. Res. 2016, 2, 2-25.

[261] Uragami, T.; Matsuoka, Y.; Miyata, T. J. Membr. Sci. 2016, 506, 109-118.

[262] Uragami, T.; Fukuyama, E.; Miyata, T. J. Membr. Sci. 2016, 510, 131-140.

[263] Huang, R. Y. M., Ed.; Pervaporation Membrane Separation Processes; Membrane Science and Technology Series 1; Elsevier: Amsterdam, 1991; pp 115-139.

[264] Huang, R. Y. M.; Yeom, C. K. Int. Bioliogr. Inf. Doc. 1990, 51, 273-278.

[265] Uragami, T.; Ohshima, T.; Miyata, T. Macromolecules 2003, 36, 9430-9436.

[266] Ohshima, T.; Miyata, T.; Uragami, T. J. Mol. Struct. 2005, 739, 47-55.

[267] Ohshima, T.; Miyata, T.; Uragami, T. Macromol. Chem. Phys. 2005, 206, 2521-2529.

[268] Liu, L; Jiang, Z; Pan, F.; Peng, F.; Wu, H. J. Membr. Sci. 2006, 279, 111-119.

[269] Li, B.; Pan, F.; Fang, Z.; Liu, L.; Jiang, Z. Ind. Eng. Chem. Res. 2008, 47, 4440-4447.

[270] Juang, R. S.; Lin, S. H.; Yang, M. C. J. Membr. Sci. 2005, 255, 79-87.

[271] Panek, D.; Konieuny, K. Sep. Purif. Technol. 2007, 57, 507-512.

[272] Zhen, H. F.; Jang, S. M. J.; Teo, W. K; Li, K. J. Appl. Polym. Sci. 2006, 99, 2497-2503.

[273] Gittel, T.; Hartwig, T.; Schaber, K. J. Res. Phys. Chem. Phys. 2005, 219, 1243-1259.

[274] Wu, H.; Liu, L.; Pan, F. S.; Hu, C. L.; Jiang, Z. Y. Sep. Purif. Technol. 2006, 51, 352-358.

[275] Uragami, T.; Sumida, I.; Miyata, T.; Shiraiwa, T.; Tamura, H.; Yajima, T. Mater. Sci. Appl. 2011, 2, 169-179.

[276] Uragami, T.; Matsuoka, Y.; Miyata, T. J. Membr. Sci. Res. 2016, 2, 20–25.
[277] Huang, R. Y. M.; Moon, G. Y.; Pal. R. Ind. Eng. Chem. Res. 2002, 41, 531–537.
[278] Yu, J.; Li, H.; Liu, H. Z.; Chem. Eng. Commun. 2006, 193, 1422–1430.
[279] Ghosh, U. K.; Pradhan, N. C.; Adhikari, B. J. Membr. Sci. 2006, 285, 249–257.
[280] Das, S.; Banthia, A. K.; Adhikari, B. Desalination 2006, 197, 106–116.
[281] Mujiburohman, M.; Feng, X. S. J. Membr. Sci. 2007, 300, 95–103.
[282] Bai, Y. X.; Qian, J. W.; An, Q. F.; Zhu, Z. H.; Zhang, P. J. Membr. Sci. 2007, 305, 152–159.
[283] Kujawski, W.; Krajewski, S. R. Sep. Purif. Technol. 2007, 57, 495–501.
[284] Izák, P.; Ruth, W.; Fei, Z.; Dyson, P. J.; Kragl, U. Chem. Eng. J. 2008, 139, 318–321.
[285] Izák, P.; Friess, K.; Hynek, V.; Ruth, W.; Fei, Z.; Dyson, J. P.; Kragl, U. Desalination 2009, 241, 182–187.
[286] Mohammadi, T.; Kikhavandi, T.; Moghbeli, M. J. Appl. Polym. Sci. 2008, 107, 1917–1923.
[287] Panek, D.; Konieczny, K. Desalination 2006, 200, 367–373.
[288] Nagase, Y.; Ando, T.; Yun, C. M. React. Funct. Polym. 2007, 67, 1252–1263.
[289] Heitmann, S.; Krings, J.; Kreis, P.; Lennert, A.; Pitner, W. R.; Górak, A.; Schulte, M. M. Sep. Purt. Technol. 2012, 97, 108–114.
[290] Garcia Villaluenga, J. P.; Tabe-Mohammadi, A. J. Membr. Sci. 2000, 169, 159–174.
[291] Inui, K.; Okumura, H.; Miyata, T.; Uragami, T. Polym. Bull. 1997, 39, 733–740.
[292] Inui, K; Miyata, T.; Uragami, T. J. Polym. Sci. B: Polym. Phys. 1997, 35, 699–707.
[293] Inui, K; Miyata, T.; Uragami, T. J. Polym. Sci. B: Polym. Phys. 1998, 36, 281–288.
[294] Inui, K; Miyata, T.; Uragami, T. Macromol. . Chem. Phys. 1998, 199, 589–595.
[295] Inui, K; Okazaki, K.; Miyata, T.; Uragami, T. J. Membr. Sci. 1998, 143, 93–104.
[296] Uragami, T.; Tsukamoto, K.; Inui, K.; Miyata, T. Macromol. Chem. Phys. 1998, 199, 49–54.
[297] Inui, K.; Tsukamoto, K.; Miyata, T.; Uragami, T. J. Membr. Sci. 1998, 138, 67–75.

[298] Uragami, T.; Tsukamoto, K.; Miyata, T.; Heinze, T. Macromol. Chem. Phys. 1999, 200, 1985 – 1990.

[299] Uragami, T.; Tsukamoto, K.; Miyata, T.; Heinze, T. Cellulose 1999, 6, 221 – 231.

[300] Inui, K.; Noguchi, T.; Miyata, T.; Uragami, T. J. Appl. Polym. Sci. 1999, 71, 233 – 241.

[301] Ren, J.; Standt – Bickel, C.; Lichtenthaler, R. Sep. Purif. Technol. 2001, 22 – 23, 31 – 43.

[302] Yildirim, A.; Hilmiogle, N.; Tulbentci, S. Chem. Eng. Technol. 2001, 24, 275 – 279.

[303] Pandey, L. K.; Saxena, C.; Dubey, V. J. Membr. Sci. 2003, 227, 173 – 182.

[304] Kusumocahyo, S. P.; Ichikawa, T.; Shinbo, T.; et al. J. Membr. Sci. 2005, 253, 43 – 48.

[305] Dubey, V.; Pandey, L. K.; Saxena, C. Sep. Purif. Technol. 2006, 50, 45 – 50.

[306] Sun, H. L.; Lu, L. Y.; Peng, F. B.; Wu, H.; Jiang, Z. Y. Sep. Purif. Technol. 2006, 52, 203 – 208.

[307] Lu, L. Y.; Sun, H. L.; Peng, F. B.; Jiang, Z. Y. J. Membr. Sci. 2006, 281, 245 – 252.

[308] Peng, F. B.; Jiang, Z. Y.; Hu, C. L.; Wang, Y. Q.; Lu, L. Y.; Wu, H. Desalination 2006, 193, 182 – 192.

[309] Peng, F. B.; Hu, C. L.; Jiang, Z. Y. J. Membr. Sci. 2007, 297, 236 – 242.

[310] Luo, Y. J.; Xin, W.; Li, G. P.; Yang, Y.; Liu, J. R.; Lv, Y.; Jiu, Y. B. J. Membr. Sci. 2007, 303, 183 – 193.

[311] Yildirim, A. E.; Hilmioglu, N. D.; Tulbentci, S. Desalination 2008, 219, 14 – 15.

[312] Park, H. C.; Meertens, R. M.; Mulder, M. H. V.; Smolders, C. A. J. Membr. Sci. 1994, 90, 265 – 274.

[313] Okuno, H.; Nishida, T.; Uragami, T. J. Polym. Sci. B: Polym. Phys. 1995, 33, 299 – 307.

[314] Ruckenstein, E.; Sun, F. J. Membr. Sci. 1995, 103, 271 – 283.

[315] Zhou, M.; Persin, M.; Kujawski, W. J.; Sarrazin, J. J. Membr. Sci. 1995, 108, 89 – 96.

[316] Sampranpiboon, P.; Jitaratananon, R.; Uttapap, D.; Feng, X.; Huang, R. Y. M. J. Membr. Sci. 2000, 173, 53 – 59.

[317] Schwarz, H. H.; Apostel, R.; Paul, D. J. Membr. Sci. 2001, 194, 91 – 102.

[318] Pithan, F.; Staudt – Bickel, C.; Hess, S.; Lichtenthaler, R. N. Chen. Phys. Chem. 2002, 3, 856 – 862.

[319] Gorri, D.; Ibanez, R.; Ortiz, I. J. Membr. Sci. 2006, 280, 582 – 593.

[320] Ray, S.; Ray, S. K. J. Membr. Sci. 2006, 285, 108 – 119.

[321] Chakraborty, M.; Bart, H. J. Fuel Process. Technol. 2007, 88, 43–49.

[322] Hasanoglu, A.; Salt, Y.; Keleser, S.; Ozkan, S.; Dincer, S. Chem. Eng. Prpcess. 2007, 46, 300–306.

[323] Wang, L. Y.; Li, J. D.; Lin, Y. Z.; Chen, C. X. J. Membr. Sci. 2007, 305, 238–246.

[324] Wang, Y.; Hirakawa, S.; Tanaka, K.; Kita, H.; Okamoto, K. J. Appl. Polym. Sci. 2003, 87, 2177–2185.

[325] Schwarz, H. H.; Malsch, G. J. Membr. Sci. 2005, 247, 143–152.

[326] Shen, J. N.; Zheng, X. C.; Ruan, H. M.; Wu, L. G.; Qiu, J. H.; Gao, C. J. J. Membr. Sci. 2007, 304, 118–124.

[327] Branco, L. C.; Crespo, J. G.; Afonso, C. A. M. Chem. A Eur. J. 2002, 8, 3865–3871.

[328] Berendsen, W.; Radmer, P.; Reuss, M. J. Membr. Sci. 2006, 280, 684–692.

[329] Mastsumoto, M.; Inomoto, Y.; Kondo, K. J. Membr. Sci. 2005, 246, 77–81.

[330] Qi, R. B.; Wang, Y. L.; Li, J. D.; Zhao, C. W.; Zhu, S. L. J. Membr. Sci. 2006, 280, 545–552.

[331] Singha, N. R.; Kuila, S. B.; Das, P.; Ray, S. K. Chem. Eng. Process. 2009, 48, 1560–1565.

[332] Murthy, Z. V. P.; Shah, M. K. Arab. J. Chem. 2012. doi:10.1016/J. arabjc.

[333] Luis, P.; Amelio, A.; Vreysen, S.; Calabro, V.; Van der Bruggen, B. Appl. Energy 2014, 113, 565–575.

[334] Genduso, G.; Amelio, A.; Luis, P.; Van der Bruggen, B.; Vreysen, S. AICHE J. 2014, 60, 2584–2595.

[335] Park, H. C.; Ramaker, N. E.; Mulder, M. H. V.; Smolders, C. A. Sep. Sci. Technol. 1995, 30, 419–433.

[336] Chen, W. J.; Martin, C. R. J. Membr. Sci. 1995, 104, 101–108.

[337] Rhim, J.-W.; Kim, Y.-K. J. Appl. Polym. Sci. 2000, 75, 1699–1707.

[338] Kim, S.-G.; Lim, G.-T.; Jegal, J.; Lee, K.-H. J. Membr. Sci. 2000, 174, 1–15.

[339] Jonquieres, A.; Roizard, D.; Lochon, P. J. Chem. Soc. Faraday Trans. 1995, 91, 1247–1251.

[340] Nguyen, Q.-T.; Léger, C.; Billard, P.; Lochon, P. Polym. Adv. Technol. 1997, 8, 487–495.

[341] Roizard, D.; Léger, C.; Noezar, I.; Perrin, L.; Nguyen, Q. T.; Clément, R.; Lenda, H.; Lochon, P.; Neel, J. J. Sep. Sci. Technol. 1999, 34, 369–390.

[342] Touchal, S.; Roizard, D.; Perrin, L. J. Appl. Polym. Sci. 2006, 99, 3622–3630.

[343] Zereshki, S.; Figoli, A.; Madaeni, S. S.; Galiano, F.; Drioli, E. J. Membr.

Sci. 2011, 373, 29−35.
[344] Cai, B. X.; Yu, L.; Ye, H.; Gao, C. J. J. Membr. Sci. 2001, 194, 151−156.
[345] Niang, M.; Luo, G. S. Sep. Purif. Technol. 2001, 24, 427−435.
[346] Hilmioglu, N. D.; Tulbenlci, S. Desalination 2004, 160, 263−270.
[347] Ray, S.; Ray, S. K. J. Membr. Sci. 2006, 278, 279−289.
[348] Luo, G. S.; Nian, M.; Schaetzel. P. J. Membr. Sci. 1997, 125, 237−244.
[349] Zereshki, S.; Figoli, A.; Madaeni, S. S.; Simone, S.; Esmailinezhad, M.; Drioli, E. J. Membr. Sci. 2011, 371, 1−9.
[350] Miyata, T.; Iwamoto, T.; Uragami, T. Macromol. Chen. Phys. 1996, 197, 2909−2921.
[351] Baertsch, C. D.; Funke, H. H.; Falconer, J. L; Nobel, R. D. J. Phys. Chem. 1996, 100, 7676−7679.
[352] Wessling, M.; Wemer, U.; Hwang, S.−T. J. Membr. Sci. 1991, 57, 257−270.
[353] Wenger, K.; Dong, J.; Lin, Y. S. J. Membr. Sci. 1999, 158, 17−27.
[354] Xomeritakis, G.; Lai, Z.; Tsapatsis, M. Ind. Eng. Chem. Res. 2001, 40, 544−552.
[355] Sakai, H.; Tomita, T. Sep. Purif. Technol. 2001, 25, 297−306.
[356] Lai, Z.; Bonilla, G.; Diaz, I.; Nery, J. G.; Sujaoti, K.; Amat, M. A.; Kokkoli, E.; Terasaki, O.; Thompson, R. W.; Tsapatsis, M.; Vlachos, D. G. Science 2003, 300, 456−460.
[357] Kusumocahyo, S. P.; Kanamori, T.; Sumaru, K.; Iwatsubo, T.; Shinbo, T. J. Membr. Sci. 2004, 231, 127−132.
[358] Yuan, W.; Lin, Y. S.; Yang, W. J. Am. Chem. Soc. 2004, 126, 4776−4777.
[359] Touil, S.; Tingry, S.; Palmeri, J.; Bouchtalla, S.; Deratani, A. Polymer 2005, 46, 9615−9625.
[360] Touil, S.; Tingry, S.; Bouchtalla, S.; Deratani, A. Desalination 2006, 193, 291−298.
[361] Lue, S. J.; Liaw; T. H. Desalination 2006, 193, 137−143.
[362] Zhang, P.; Qian, J. W.; Yang, Y.; Bai, Y. X.; An, Q. F.; Yan, W. D. J. Membr. Sci. 2007, 288, 280−289.
[363] Qu, X. Y.; Dong, H.; Zhou, Z. J.; Zhang, L.; Chen, H. L. Ind. Eng. Chem. Res. 2010, 49, 7504−7514.
[364] Zhang, L.; Li, L. L.; Liu. N. J.; Chen, H. L; Pan, Z. R.; Lue, S. J. AICHE J. 2013, 59, 604−612.
[365] Funke, H. H.; Kovalchick, M. G.; Falconer, J. L.; Nobel, R. D. Ind. Eng. Chem. Res. 1996, 35, 1575−1582.
[366] Xu, X.; Cheng, M.; Yang, W.; Lin, L. Chin. Sci. Bull. 1998, 43, 2074−2078.
[367] Vop, H.; Diefenbacher, A.; Schuch, G.; Richter, H.; Voigt, I.; Noack, M.;

Caro, J. J. Membr. Sci. 2009, 329, 11 – 17.

[368] Migata, T.; Iwamoto, T.; Uragami, T. J. Appl. Polym. Sci. 1994, 51, 2007 – 2014.

[369] Shao, P.; Kumar, A. J. Membr. Sci. 2009, 339, 143 – 150.

[370] Wang, Y.; Chung, T. S.; Wang, H.; Goh, S. H. Chem, Eng. Sci. 2009, 64, 5198 – 5209.

[371] Wang, Y.; Chang, T. S.; Wang, H.; AICHE J. 2011, 57, 1470 – 1484.

[372] Deri, D. A.; Smitha, B.; Sridhar, S.; Aminabhavi, T. M. J. Membr, Sci. 2006, 280, 138 – 147.

[373] Rao, P. S.; Sridhar, S.; Wey, M. Y.; Krishnaiah, A. Polym. Bull 2007, 59, 289 – 297.

[374] Bhat, S. D.; Aminabhavi, T. M. J. Membr. Sci. 2007, 306, 173 – 185.

[375] Zhang, X. H.; Liu, Q. L.; Xiang, Y.; Zhu, A. M.; Chen, Y;; Zhang, Q. G. J. Member. Sci. 2009, 327, 274 – 280.

[376] Terada, J.; Hohjoh, T.; Yoshimasu, S.; Ikemi, M.; Shinohara, I. Polym. J. 1982, 14, 347 – 353.

[377] Dutta, B. K.; Sikdar, S. K. AICHE J. 1991, 37, 581 – 588.

[378] Garg, P.; Singh, R. P.; Choudhary, V. Sep. Purif. Technol. 2011, 76, 407 – 418.

[379] Garg, P.; Singh, R. P.; Choudhary, V. Sep. Purif. Technol. 2011, 80, 435 – 444.

[380] Keurentjes, J. T. F.; Voermans, F. J. M. Membrane Separation in the Production of Optically Pure Compounds. In Chirality in Industry II, Developments in the Commercial Manufacture and Applications of Optically Active Compounds, Collins, A. N.; Sheldrake, G. N.; Crosby, J.; Eds.; Wiley: Chichester, 1997; pp 157 – 180.

[381] Kennere, M. F.; Keurentjes, J. T. F. Membranes in Chiral Separations. In Chiral Separation Techniques: A Practical Applications, Subramanian, G.; Ed.; Wiey – VCH: Weiheim, 2001; pp 127 – 150.

[382] van der Ent, E. M.; van't Riet, K.; Keurentjes, J. T. F.; van der Padt, A. J. Membr. Sci. 2001, 185, 207 – 221.

[383] Gumí, T.; Minguillón, C.; Palet, C. Polymer 2005, 46, 123 – 12312.

[384] Tian, F. – Y.; Zhang, J. – H.; Duan, A. – H.; Wang, B. – J.; Yuan, L. – M. J. Membr. Sep. Technol. 2012, 1, 72 – 78.

[385] Kitamura, Y.; Matsuyama, H.; Nakabuchi, A.; Matsui, N.; Doi, A.; Matsuba, Y. Sep. Sci. Technol. 1999, 34, 277 – 288.

[386] Castanherio, J. E.; Ramos, A. M.; Fonseca, I. M.; Vitai, J. T. J. Appl. Catal. Gen. 2006, 311, 17 – 23.

[387] Benedict, D. J.; Parulekar, S. J.; Tsai, S. P. J. Membr. Sci. 2006, 281, 435 – 445.

[388] Sanz, M. T.; Gmehling, J. Chem. Eng. J. 2006, 123, 1 – 8.

[389] Bhat, S. D.; Aminabhavi, T. M. J. Appl. Polym. Sci. 2009, 113, 157 – 168.

[390] Rathod, A. P.; Wasewar, K. L.; Sonawane, S. S. Proc. Eng. 2013, 51, 330 – 334.

[391] Rathod, A. P.; Wasewar, K. L.; Sonawane, S. S. Proc. Eng. 2013, 51, 456 – 460.

[392] Uragami, T.; Kishiomoto, J.; Miyata, T. Catal. Today 2012, 193, 57 – 63.

Further Reading

Hu. W. W.; Zhang. X. H; Zhang. Q. G.; Liu. Q. L.; Zhu. A. M. J. Appl. Polym. Sci. 2012, 126, 778 – 787.

第 11 章　应用于渗透汽化分离过程的支撑液膜

术语

非对称性膜:这种膜由两个或两个以上形态不同的结构组成。

复合膜:这种膜具有不同的化学层或结构层。

浓差极化:由于慢渗透组分在膜表面发生滞留现象,因此快渗透组分在膜表面的浓度低于本体相浓度的现象。

促进传质:在这个过程当中,在化学组成上不同的载体组分与原料流中的特定组分形成复合物,从而相对于其他组分该组分的流动度增加。

通量:单位时间内通过垂直于厚度方向的单位膜表面积的特定组分 i 的质量。

液膜:液相以支撑或非支撑形式存在,作为两相之间的膜屏障。

膜稳定性:在特定的系统条件下,膜能够长期保持渗透性和选择性的能力。

移动载体:在膜内能够自由移动的不同组分,其目的是相对于所有的其他组分,增加进料液中特定组分的吸附选择性和流动性。

分配系数:分配系数等于膜中组分的平衡浓度除以与膜表面接触的外部相中组分的相应平衡浓度。

渗透系数:定义为单位跨膜驱动力及单位膜厚度条件下的输送通量。

渗透传质系数:单位跨膜驱动力下的传质通量。

聚合物混合膜:通常是指由液膜和聚合物基体组成的黏性混合溶液,再通过浇筑而形成的稳定薄膜,可在溶液中加入其他成分,如增塑剂、填料或特定载体,以改善膜的性能。

溶解扩散:是一个分子尺度的过程,其中渗透分子从外相吸附到上游膜面上,通过膜内的分子扩散移动到下游膜面上,并离开膜表面进入与膜接触的外部液相。

清洗:将非渗透水流扫过下游膜的表面,以降低下游渗透组分的浓度。

11.1　渗透汽化

11.1.1　基本原理

渗透汽化(PV)技术是一种分离技术,液体混合物(进料液)与膜的一侧接触,渗透产物(渗透液)将会作为低压蒸汽在另一侧被去除(图11.1)。可以按需要来冷凝和收集或释放渗透蒸汽。跨膜化学势梯度是传质的驱动力,该驱动力可通过在渗透侧应用真空泵或惰性气体(通常为空气或蒸汽)来产生,以保持渗透蒸汽压低于进料液的分压。[1]

在以往几十年中,该技术的三个主要应用受到了相当多的关注,即有机溶剂的脱水、去除水溶液中的有机化合物、分离有机/有机混合物。醇等有机溶剂的脱水及从污染水中去除少量有机化合物已达到商业规模,其中溶剂脱水是其主要应用。[2-4]

渗透汽化技术是一种很有前途的从低浓度水溶液中分离溶剂的技术[5],并且可用于分离在发酵过程产生的多种副产物,如丙酮、乙醇、丁醇、乙酸和丙酸,这些化合物可用作溶剂、燃料或化学中间体。然而,它们在发酵液中的浓度通常很低,约为1%~2%。在此溶剂浓度范围内,采用蒸馏法来回收发酵液中的溶剂就显得并不经济。使用渗透汽化工艺来处理这些稀溶液时需要用到很多种类的膜材料[6-8],其中包括聚二甲基硅氧烷膜(PDMS)(及其复合材料)、聚辛基甲基硅氧烷膜(POMS)、聚醚嵌段酰胺膜(PEBA)和无机膜(如硅藻土(沸石)膜)。

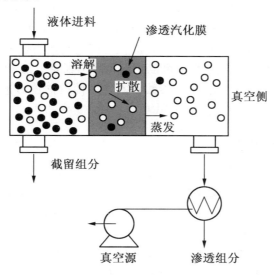

图11.1 渗透汽化过程

渗透汽化分离技术的分离效果由组成膜的大分子的化学性质、膜的物理结构、待分离混合物的理化性质,以及渗透组分间及渗透组分和渗透膜间的相互作用决定,渗透汽化输送过程一般被认为溶解由三个过程组成,即溶解、扩散和蒸发。该技术的分离基础是选择性溶解和扩散,即膜材料和渗透分子之间的物理和化学相互作用,而不是蒸馏中的相对挥发度。

蒸汽渗透(VP)是另一种分离技术,在这项技术中,原料以饱和蒸汽的形式进入体系[9-10],这就避免了跨膜表面发生相变反应,并且相对于类似的渗透汽化系统,蒸汽渗透系统的反应复杂程度要相对降低。除其简单性外,蒸汽渗透技术对膜的进料侧的浓差极化程度不太敏感,而且由于膜的溶胀程度低,因此膜的预期寿命要比渗透汽化技术长,并且跨膜传质速率可能通过提高进料压力而增强。然而,蒸汽渗透技术的缺点是分离特性对进料压力有着很强的依赖性,而且由于进料气流对摩擦损失具有很强的敏感性及过程中存在冷凝的可能性,因此就会形成冷凝层,并且部分覆盖在进料侧的膜上。

渗透汽化是一种由速率控制的分离过程。在渗透汽化膜的发展过程中,必须要解决三个问题,即膜的生产率、膜的选择性和膜的稳定性。膜的生产率定义为跨膜组分的渗透流量,总渗透液流量 J 可以通过实验数据及下列公式求得:

$$J = \frac{m}{A\Delta t} \tag{11.1}$$

式中,m 是收集的渗透液质量;A 是膜表面积;Δt 是渗透时间。

当描述膜在分离由组分 i 和 j 组成的混合物的选择性时,分离因子定义为

$$\alpha = \frac{\dfrac{c_i^{\mathrm{p}}}{c_j^{\mathrm{p}}}}{\dfrac{c_i^{\mathrm{f}}}{c_j^{\mathrm{f}}}} \tag{11.2}$$

参数 α 与渗透汽化中广泛使用的膜选择性相似,定义为膜对两种不同纯气体在相似条件下的渗透率之比。在渗透汽化中,由于强耦合效应,因此两种渗透组分不再单独通过膜进行传质。需要指出的是,只有当浓差极化可以忽略时,式(11.2)表示的选择性才是膜的固有性质。有时,膜的选择性也可以用富集因子 β 表示,β 简单定义为优先渗透物质在渗透液和原料液中的浓度比,而且参数 β 的使用使得描述渗透汽化模块性能(生产能力、操作产量和能量成本)的数学方程式更容易建立。[11]

11.1.2　渗透蒸发膜

在传统的渗透汽化分离工艺中,优先选用没有孔隙的膜,因为其不具有在电子显微镜可见的孔隙。这种膜可以由聚合物或一些具有无机性质的材料制得,也可以由聚合物和无机材料本身组成。[12]关于膜结构,它们可以是均质的或不均质的,也可以是复合膜,而这种复合膜是由不同材料和/或不同形态的结构层组成的。

Shao 和 Huang 报道了聚合物膜用于渗透汽化分离过程的全面综述。[13]他们研究了渗透汽化技术在分离液体混合物领域中的潜力,如乙醇脱水和溶剂脱水、从水中去除有机物及多种有机物的分离等。他们还详细报道了渗透汽化传质的基本原理,讨论了对溶解扩散理论的修改,并讨论了溶剂耦合作用在扩散传输中的重要性及如何解释这种耦合作用。Chapman 等也对能够对溶剂进行脱水的膜进行了详细的综述。[3]

在所谓的亲有机的渗透汽化技术应用中,可以同时进行污染控制和溶剂回收这两个过程。亲有机的渗透汽化过程通常是基于 PDMS 的聚合物膜的使用,而且现在多种其他的聚合物也被用于制作亲水性渗透汽化膜。据文献报道[6,14],这些亲有机的膜对挥发性有机化合物(VOC)(如苯、甲苯、二甲苯、二氯甲烷、氯仿、四氯化碳、三氯乙烷、三氯乙烯(TCE)和氯苯)具有极高的选择性($\alpha > 1\,000$),对醋酸盐、丁酸盐、甲基叔丁基醚(MTBE)、四氢呋喃和甲基异丁基酮(MIBK)等挥发性有机化合物具有高选择性($100 < \alpha < 1\,000$),对中等极性的挥发性有机化合物(如 1-丁醇、叔丁醇、甲基乙基酮、苯胺和吡啶)具有中等选择性($20 < \alpha < 100$),而对高极性的挥发性有机化合物(如甲醇、乙醇、正

丙醇、2-丙醇、苯酚和丙酮)具有低选择性($\alpha<20$)。

另外,当用于渗透汽化过程时,陶瓷膜与聚合物膜相比具有一些显著优势,主要是指在一些特定条件下具有更高的化学稳定性和热稳定性。因此,由陶瓷材料制成的膜可在较高温度和溶剂存在的条件下工作,而这些溶剂可能导致聚合物膜失活,因此这种膜具有更好的机械稳定性,并且不会膨胀,从而在不同的进料浓度下能够实现更稳定的性能[15]。沸石膜不存在这种溶胀现象,它对水的渗透具有非常高的选择性,当水的浓度非常低(<1%)[16]时,这种特性更显得特别有用。然而,由于沸石膜具有离子交换性质,因此易受盐、酸和碱性化合物的攻击。应用于渗透汽化的陶瓷膜,主要是指以二氧化硅为基体的膜,是非常稳定的,但是它们往往在某些应用上低于聚合物膜或沸石膜的选择性。原则上,应用于渗透汽化过程的沸石膜和二氧化硅膜都可以进行高温操作。然而,目前工业上大多使用聚合物膜。

在高分子膜的发展过程中,为减少膜的有效厚度,人们一直在努力将厚膜的致密结构改变为不对称结构或复合结构。然而,厚度的减少通常伴随着选择性的降低,因为膜厚度的降低往往会产生更多结构上的缺陷。为使渗透汽化技术成为一种在经济上更有吸引力的去除、回收和浓缩各种挥发性有机化合物的工艺,需要更高效的膜。表现出较高选择性的膜将减少有机物回收所需的能量。具有较高有机物通量的膜可减少对膜面积的要求。

11.2 液 膜

11.2.1 介绍

液膜(LM)是一种流动相或准流动相的膜,这种膜将与其不相容的其他两相分开。液膜的开发是因为这种聚合物膜具有相对较小的跨膜通量。近年来,它们与所谓的促进传递(利用选择性载流子在液膜界面相以相对较高的速率来选择性地运输某些成分,如金属离子)相结合[17],并且获得越来越重要的意义。

薄膜的形成相对容易。然而,在传质分离过程中,却很难维持和控制这种薄膜及其特性。为避免薄膜发生破坏,需要利用某些加固方法来支撑这种薄弱的膜结构。如今主要利用两种不同的技术来制备液膜。在第一种技术中,选择性液体阻隔材料在乳状液体混合物中的表面活性剂的作用下作为薄膜而呈现稳定状态。在制造液膜的第二种技术中,聚合物的微孔结构中填充有液膜相。在这种结构中,膜的这种微孔结构提供了一定的机械强度,而且它的液体填充孔隙提供了选择性分离屏障。

11.3　促进传质

载体促进传质膜将反应性载体整合到膜中,因此溶质必须首先与载体反应形成溶质-载体复合物,然后通过膜扩散,最终在渗透侧释放溶质。由于溶质分子从高化学势向低化学势发生转移,因此整个过程可视为被动传质过程。许多关于载体促进传质的研究工作都采用了含有溶解性载体的液膜作为研究对象,该载体是通过毛细管作用在微孔膜的孔隙中形成的。

在工艺设计和开发过程中,特定组分的膜渗透率(渗透速度除以渗透驱动力)是一个关键参数,膜渗透率必须要尽可能提高,并且通常由表达式 $S \times D_m/L$ 决定。其中,S 是与膜的化学亲和力及溶质传递有关的分配系数;D_m 是溶质通过膜的扩散系数;L 是膜厚度。渗透率值可以通过增加分配系数或扩散系数及减少膜的厚度来提高。从这个角度来看,使用薄有机液层作为渗透汽化膜的想法似乎非常有吸引力,因为液体中的 D_m 值至少比固体聚合物膜和无机膜中的高 3~4 个数量级。此外,还可以将一些疏水性的化学物质溶解在有机液体中,这样它们就能够与传质的亲水性物质相互作用,增加溶质的亲和力,从而提高过程的选择性。溶质-膜相互作用所产生的复杂络合物很容易透过有机液体而发生扩散。虽然形成的络合物的 D 值略低于直接穿透的较小物质的 D 值,但是其 S 值可增加许多数量级,这就能够导致所谓的促进传递,允许分离过程以更高的速率进行。[20]

11.4　支撑液膜

支撑液膜(Supported Liquid Membrane,SLM)是由固定在纳米结构的多孔载体中的液体形成的[30],多年来一直是研究的热点。与传统的固体膜相比,它们显示出许多优点[17],但通常情况下会缺乏工业应用所需的长期稳定性。

能够进行溶质选择性传递和稀溶液处理的能力使得支撑液膜技术成为一种溶剂萃取的理想替代方法,它可以将萃取、反萃和再生的过程合并在一个步骤中。液膜最早应用于气体运输(氧气、二氧化碳、一氧化碳等)。后期,为回收金属及控制污染,金属离子分离技术已经引起了人们相当大的兴趣。最后,在生物技术的应用和其他产品(如醋酸和酚)的回收方面,科学界也已经有所报道,并且已发表了包括工业应用在内的广泛综述。[17,19,21]

在支撑液膜工艺中,有机萃取相被毛细管力固定在用于分离进料溶液和溶出剂的薄微孔聚合物载体孔隙中(图 11.2)。其中,中空纤维可以提供具有更多优势的支撑几何结构,由此可以获得最高的比表面积。

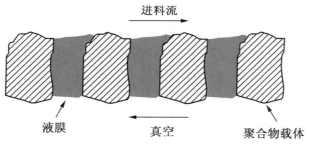

图 11.2 支撑液膜的渗透汽化过程

促进传质膜的一般优点是选择性提高,通量增加,而且特别是与膜接触器相比,可使用昂贵的载体。尽管有这些优点,支撑液膜系统是否适合于同时萃取和反萃取依旧取决于溶质的流动速率、膜的稳定性及系统的工作寿命。

溶质在固定有机相中的溶解度和扩散系数等性质都会影响液膜的传质速率,而且固体的性质(如支撑厚度、孔隙率和孔隙的曲折度)也对分离速率有影响。[22]

当有关选择屏障和微孔载体材料的某些要求得到满足时,支撑液膜的制备就显得非常简单。[23] 液膜材料应具有低黏度和低蒸汽压,即高沸点,当与水溶液进料接触时,其应该具有较低的水溶性,否则膜的使用寿命相当有限。微孔结构应具有较高的孔隙率及足够小的孔径,这种孔径在液体静压力下足以支持液膜相,并且对于与进料水溶液直接接触的大多数液膜,这些子结构的聚合物应具有疏水性。在实际生产中,液膜的制备方法是将疏水性的微孔滤膜浸泡在疏水性液体中,这些疏水性液体通常由溶解在有机溶剂中的选择性载体构成。支撑膜的缺点是其厚度取决于微孔支撑结构的厚度,在 10～50 μm 范围内约为非对称结构聚合物膜的选择层厚度的 100 倍。因此,即使在其渗透率很高的情况下,通过支撑液膜的通量也可能很低。

11.5　用支撑液膜进行渗透汽化

11.5.1　支撑液膜的渗透蒸发

为在渗透汽化中成功使用支撑液膜,至少需要满足以下条件:固定在多孔载体中的液体必须具有非常低的挥发性,以避免其在真空下蒸发;它必须与进料混合物中的主要组分(即溶剂)基本不相溶;进料混合物中的目标溶质应与液膜的组分具有较高的亲和力,且分压必须要足够高,以允许分离驱动力的存在。根据拉普拉斯方程(式(11.3))可知,突破压力随进料液与支撑液膜相之间的界面张力的增大而增大。由于渗透汽化通常在真空下操作,并且液体进料混合物处于接近大气压力下,因此固定在多孔载体中的液膜的突破压力应高于 1 bar。

通过支撑液膜进行的渗透汽化研究主要是从水溶液中分离挥发性发酵产物和其他

挥发性有机化合物。在文献中报告的首批研究中,一些溶剂(如油醇(OA)、异十三醇、蜂蜡和硅油)常用作液膜来使用[14]。由于溶剂的选择可轻易改变支撑液膜的性能,因此该分离工艺适用于许多种类的挥发性物质,如醇类、酯类、酮类、烃类和酸类。众所周知,支撑液膜在实际应用中具有较高的不稳定性[24],因此对用于渗透汽化的支撑液膜的研究数量有限。然而,近年来科学界也报道了一些用于提高支撑液膜稳定性的方法,包括对膜的表面进行改性和使用离子液体作为溶剂。

11.5.2 支撑液膜的支撑体

支撑液膜由三个主要部分组成:支撑膜、有机溶剂和载体(在促进传递的情况下)。制备支撑液膜使用最广泛的方法是浸渍具有微孔结构的多微孔基片(如含有络合剂的液体的超滤膜)。由于自由液膜不是很稳定,因此多孔支撑液膜就起到了作为一个支撑框架的作用。固化液体的稳定性是该工艺的主要限制因素之一,将在下一节讨论。事实上,只要它们在所采用的实验条件下具有一定的稳定性及适当的化学性质,则所有类型的膜材料均可用作支撑膜。事实上,高稳定性材料(如聚丙烯、聚乙烯和聚偏氟乙烯等)经常被用作支撑材料。Way等[22]讨论了在选择支撑液膜的支撑体时必须要考虑的化学和物理性质,他们认为这种支撑材料的表面孔隙率和总体孔隙率应该都很高,以便获得最佳的溶液通量。一些经常用作多孔聚合物支撑体的多孔膜种类见表11.1。除上述材料外,原则上还可使用其他在结构上更致密的膜,如聚砜和醋酸纤维素。虽然最常用的载体是聚合物,但也有几项研究使用多孔陶瓷膜作为载体。[26-28]除孔隙率外,膜厚度也直接决定渗透率,因为通量与膜厚度成反比,这表明膜的厚度应尽可能薄。

表11.1 一些经常用作支撑液膜的支撑体的多孔膜种类

材料	特性
聚丙烯	疏水
聚四氟乙烯	疏水
聚乙烯	疏水
聚偏氟乙烯	疏水
聚酰胺(尼龙)	亲水
聚碳酸酯	亲水
聚醚砜	亲水
醋酸纤维素	亲水

支撑液膜至少可以有三种不同的几何形状。[21]在实验室中,平面几何形状用得比较多。而对于工业应用来说,平面几何就显得不是很有用,因为它的表面积-体积比太低。中空纤维和螺旋缠绕模块可用于提供高表面积-体积比。对于中空纤维和螺旋状缠绕模块,其表面积-体积比分别可分别达到 10 000 $m^2 \cdot m^{-3}$ 和 1 000 $m^2 \cdot m^{-3}$。然而,在参考文献中并没有使用支撑液膜的螺旋缠绕模块。

11.5.3 支撑液膜的稳定性

以中空纤维为支撑体的液膜的制作及操作过程相对简单,而且膜的通量比较高。然而,膜的稳定性是一个较难解决的问题,膜通量的不稳定性的详细机制尚未完全确定,但似乎与有机络合剂相从支撑膜上丢失有关。虽然将新的络合剂重新加到膜上,可以使膜的通量恢复到原来的值,但这在商品化生产中是不现实的。

支撑液膜的不稳定性是由膜上的载体及膜溶剂从膜上脱落造成损失的,这对膜的通量和选择性均有影响。根据载体和溶剂从支撑孔中损失的量,溶质流动指数可能增加、减少或保持几乎不变。当所有的液膜相丢失时,膜发生破裂,与液膜相邻的两相之间发生直接传输,此时膜完全丧失选择性。观察到不稳定现象的时间从不到一小时到数月不等,这主要取决于系统的类型[31]。

主要降解机制如下[20,29-32]。

(1)通过水相逐渐润湿膜支撑体中的孔隙。
(2)膜上的压差。
(3)水相和液膜相中物质的相互溶解度。
(4)液膜相中乳液的形成。
(5)膜表面上的载体复合物发生沉淀导致的膜孔堵塞。

聚合物支撑体的类型、孔径、液膜中使用的有机溶剂、水相和膜之间的界面张力、水相的流速及制备方法都会影响到支撑液膜的稳定性[20]。可用拉普拉斯方程[32]计算出将浸渍相推出最大孔隙所需的最小跨膜压,即

$$P_C = \frac{2\gamma \cos\theta}{r} \quad (11.3)$$

式中,γ 是进料溶液与支撑液膜相之间的界面张力;θ 是膜孔与浸渍液之间的接触角;r 是孔半径。通常对于商业的中空纤维膜接触器和烃类溶剂,其 P_C 值远大于跨膜压力,这说明压差不是导致支撑液膜降解的主要原因[31]。科学界提出,只有两种机制是导致膜不稳定的主要因素,即进料液中支撑液膜组分的溶解度和侧向剪切力导致的支撑液膜相产生的乳化效应。

许多研究小组一直致力于利用各种方法来提高支撑液膜的稳定性。Kocherginsky 等总结了如下其他的替代方法[20]。

(1)带有液膜相的连续再浸渍支撑体[33]。这种连续浸渍方法主要适用于中空纤维模块,可以在不同的配置中找到。这种液膜的再生效果较好,但进料液仍然会受到膜液体的污染。仅液膜组分丢失的部分影响得到了补偿,但是膜的不稳定问题本身并没有得到解决。其他缺点是必须加满膜溶液,而且模块和所需的程序较为复杂[31]。

(2)通过物理沉积或界面聚合方法在膜表面形成阻挡层[34]。其可以很好地防止水溶液中膜液体的乳化,并通过膜上的压差来最大限度地减少液膜溶液从支撑孔中的排出量(图 11.3)。但是,涂覆了聚合物膜的支撑液膜的重现性较差,与基底的附着力不强。此外,外加的这一层膜会降低总体的渗透性。

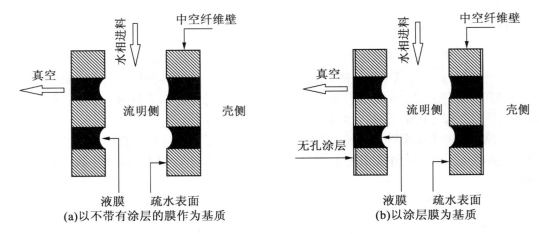

图11.3 液膜的渗透汽化过程示意图

(3)通过等离子聚合表面涂层来增加支撑液膜的稳定性[14,35],还会减小膜表面的孔径并增加传质阻力,导致膜系统的渗透性降低。关于这些技术的详细介绍也可以在其他地方找到。[25]

11.5.4 理论分析

在膜的渗透过程中,已经很好地认识到传质是膜本身的一种功能,并且在膜的两侧还可能产生传质阻力作用。在渗透汽化过程中,当优先渗透的组分在进料液中以很少的量存在,且其通量相对较高时,浓差极化就很有可能在膜的表面发生。随着雷诺数的增加,液膜阻力逐渐减小甚至消失,最终进入湍流区,此时液膜阻力有可能成为控制速率的主要因素。

溶质通过致密膜的传质过程可以描述为溶解扩散过程。[36,37]在渗透汽化过程中,液体和气体边界层处(在膜的界处形成)的传质可能会存在额外阻力。参考图11.4,可以推导出组分从液体侧到蒸汽侧的稳态流动具有以下表达式:

$$J_i = \frac{1}{\frac{1}{k_l} + \frac{1}{S_{sal} \times k_m} + \frac{1}{\frac{S_{sal}}{S_{av}} \times k_m}} \times \left(c_i^{f,bulk} - \frac{S_{mv}}{S_{ml}} \times c_i^p \right) \quad (11.4)$$

式中,c 为体积浓度;k 为传质系数;S 为无量纲的平衡分配系数,表示界面处的外部条件,即

$$S_{ml} = \frac{c_i^{m,equil}}{c_i^{f,equil}} \quad (11.5)$$

$$S_{mv} = \frac{c_i^{m,equil}}{c_i^{f,equil}} \quad (11.6)$$

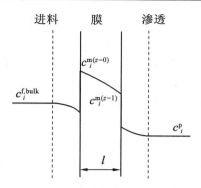

图 11.4 跨膜溶质的浓度曲线

在保持良好真空的情况下,蒸气侧传质极限可以忽略不计($1/k_v \approx 0$),且蒸气浓度很小($c_i^p \approx 0$),因此式(11.4)可以简化。此外,如果扩散系数 D_m 不依赖于浓度和位置,则可将传质系数表示为 $k_m = D_m/l$,其中 l 是膜厚度。亨利常数的无量纲形式可以定义为

$$S_{vl} = \frac{S_{ml}}{S_{mv}} = H' \tag{11.7}$$

产品 $P_m = M_{ml} \times D_m$ 通常定义为膜渗透性,即

$$P_m = S_{ml} \times D_m \tag{11.8}$$

将式(11.7)、式(11.8)代入式(11.4)中,得到

$$J_i = \frac{1}{\dfrac{1}{k_l} + \dfrac{1}{P_m} + \dfrac{1}{H'k_e}} \times \left(c_i^{f,bulk} - \frac{c_i^p}{H'} \right) \tag{11.9}$$

式(11.9)类似于传统的传热和传质方程,其中将通量表示为驱动力与总传质阻力的比值。进料侧、膜和渗透侧的部分阻力分别定义为

$$R_l = \frac{1}{k_l} \tag{11.10}$$

$$R_m = \frac{1}{P_m} \tag{11.11}$$

$$R_v = \frac{1}{k_v H'} \tag{11.12}$$

驱动力取进料液中溶质浓度 c_i^f 与蒸汽混合物中溶质浓度 c_i^p 之差,c_i^p 取决于渗透压力及渗透物组成。

参考膜表面附近的进料相的组分梯度可知,浓差极化是随着较快的渗透组分继续发生渗透,较慢的渗透组分在进料-膜界面处附近发生聚集的结果。[38] 由于在渗透汽化中溶质或微量组分优先渗透,因此膜边界附近处的溶质消耗速度较快导致浓度低于原液浓度。Noble[39]等从理论上分析了外部传质阻力对液膜传质过程的影响。

由于 c_i^p 随着渗透压力的增加而增加,因此与进料液中的浓度相比,蒸汽混合物中的溶质浓度并不总是可以忽略不计。溶解-扩散模型已成功地应用于不同膜的测试和比较,此时的耦合作用就可以忽略不计了(仅对于进料液中优先渗透组分的浓度极低时)。

Qin 等[14]报道了使用基于支撑液膜的渗透汽化来描述水中挥发性有机化合物的详细数学模型,他考虑了三种情况:用多孔的中空纤维作为基质;用硅酮涂层多孔中空纤维作为基质;部分润湿的基质。该模型可根据膜的性质、挥发性有机化合物及操作条件来预测出口浓度、渗透速率和选择性。

当固定相(LM)包含载体时,系统中各个组分的通量是两个部分贡献的总和。[40]即自由组分通过固定相的扩散和复杂组分的扩散。载体促进传质包括化学反应和扩散两个过程。一种可能的方法[41]是简化这个过程,使化学反应的速率要快于扩散的速率。也就是说,膜扩散是一个化学反应速率控制的过程。这种近似方法对于大多数的促进传质过程非常实用,并且通过通量与膜厚度成反比的结果可以很容易地来进行验证。如果界面反应速率是速率的控制步骤,则通量应该是一个定值,且与膜厚度无关。通过假设在膜界面处达到化学平衡,可以很容易地模拟促进传递过程。[41,42]

Noble[43,44]建立了具有固定位点的载体膜的转运模型(将络合剂直接注入聚合物膜中)。在扩散限制输运的情况下,该模型给出了一种双模吸附描述。在这种情况下,扩散是由溶质−载体络合物的扩散系数决定的,这意味着传质是具有形态依赖性的。此外,还表明由形态变化引起的传质速率变化可能会导致渗透极限。

11.6 支撑离子液膜

最近的研究表明,离子液体作为具有一种具有新型功能的溶剂,其在替代挥发性有机溶剂中具有巨大的潜力。[45,46]然而,在液−液萃取系统中需要使用大量的离子液体作为溶剂,因为与传统的有机溶剂相比,离子液体的价格极高,所以这种方法成本较高。

支撑离子液膜(SILM)的概念允许人们结合膜技术领域的最新发展。例如,在纳滤、支撑液膜和渗透汽化中,通过使用离子液体(IL),可以为下游加工或工艺强化提供新的解决方案。[27]目前离子液体主要作为化学合成或电化学应用的新型反应介质,近十年来已发展成为一类新的溶剂。它们似乎在下游加工中具有很大的潜力,特别是在只需要少量离子液体的应用中(如在支撑液膜的应用中)。离子液体最突出的特性是它的蒸汽压不可测量,这使得其在液膜中的应用非常具有吸引力。关于离子液体的特性信息,一个非常有用的来源是离子液体数据库(IL Thermo),它是一个免费的网络研究工具,全世界的用户都能够从关于离子液体的热力学和运输性质的实验研究及含有离子液体的二元和三元混合物的出版物中获得最新的数据。用于支撑液膜的一些离子液体和常用溶剂的物理性质见表 11.2。

许多离子液体还表现出独特的气体溶解性、传质和分离特性,这为利用离子液体薄膜作为分离层来开发新的气体分离及气体富集技术提供了机会,这在很大程度上是离子液体潜在商业应用的未开发领域。[47-49]Noble 及其研究人员首次报道了支撑离子液膜在气体分离中的应用。[50]第一篇关于室温离子液体(RTIL)与 Nafion 和 PDMS 膜之间的分子相互作用的报道发表于 2005 年[51],证明与这些聚合物接触时,室温离子液体表现为电解质而不是溶剂。Scovazzo 等[52]得出的结论是,通过将室温离子液体的可忽略蒸汽压与对离子进行化学改性可产生特定应用的能力相结合,这表明与聚合物膜相比,室温离子液体具有生产高渗透性和高选择性膜的潜力。到目前为止,支撑离子液膜主要应用于有机物的选择性萃取和气体分离过程。

表 11.2 用于支撑液膜的一些离子液体和常用溶剂的物理性质(20 ℃)

溶剂	CAS 编号	熔点/K	熔点/K	密度/$(kg\cdot m^{-3})$	黏度/$(mPa\cdot s)$	表面张力/$(mN\cdot m^{-1})$
油醇	143-28-2		480 (1.7 kPa)	850	26	31.6
十六烷	544-76-3	291.3	560	773	3.4	28
三新胺	1116-76-3	238.5	639.2	811	15	21
三甘醇	112-27-6	265.8	561.5	1 119	38.7	45
1-正丁基-3-甲基咪唑六氟磷酸钠	174501-64-5	283.1		1 372	340	44.1
1-丁基-3-甲基咪唑四氟硼酸盐	174501-65-6	188.1		1 205	136	44.6
1-丁基-3-甲基咪唑双(三氟甲基)磺酰亚胺	174899-83-3	271.1		1 442	63	33.1
1-乙基-3-甲基咪唑双(三氟甲基)磺酰亚胺	174899-83-2	256.1		1 524	39	36.6
1-乙基-3-甲基咪唑三氟甲磺酸酯	145022-44-2	264.1		1 338	50	40.7
1-己基-3-甲基咪唑四氰基硼酸盐	1240875-50-4	< -50 ℃		993	66	41.1

在离子液体中,其分离的选择性并不是基于给定膜的固相载体,而是基于液体的性质。其中,支撑离子液膜提供了如下一系列可能存在的优势[28,26]应换算。

(1)离子液体中的分子扩散速度高于聚合物中的分子扩散速度。

(2)分离的选择性可因液体的变化而受到影响,特别是当离子液体具有多种性质的优点时。

(3)离子液体由于其具有特殊的混合行为,因此三相体系的生成变得更加容易。

(4)与萃取相反,形成液膜只需要少量液体,因此也允许使用更昂贵的材料。

(5)由于其良好的热稳定性,因此在高温下(高达 250 ℃ 左右)反应也可能发生,这就会导致在反应为吸热反应的情况下,它的动力学进程更快。

(6)由于液膜表面粗糙,因此纳米、超微和微滤陶瓷模块的使用有助于降低浓差极化。

(7)由于离子液体的蒸汽压不可测量,因此它们可能克服因膜相蒸发引起的普通支撑液膜的稳定性问题。另外,离子液体润湿性的改善还能够提高支撑液膜的机械稳定性。

最近的研究表明,用纳米尺寸的支撑体或纳滤膜作为支撑体制备的膜在性能上要优于将液体固定在多孔结构而制成的膜。[66,67]与微米级多孔膜相比,这些纳滤膜聚合物在支撑液膜中作为支撑体来使用,增加了膜的稳定性。不对称阳离子与纳滤膜材料(这些纳滤膜材料通常由表面含有带电官能团的聚合物材料制成)之间的强静电相互作用可能是增加膜稳定性的一个重要因素。[67]

11.7 用于渗透汽化的聚合物包合膜

从技术角度来看,尽管支撑离子液膜在用于利用渗透汽化工艺分离液体混合物中呈现了突出的性能,具有较高的分离因子和通量,但由于其机械稳定性随时间而发生变化,因此它在实际工业生产过程中的应用受到了限制。进料阶段的溶液或膜两侧之间的压差引起的液滴拖曳导致的液膜损失是稳定性破坏的主要原因。为将该稳定性问题最小化,目前正在研究聚合物包合膜(PIM)的使用。在聚合物包合膜中,膜通常是由液膜和基础聚合物组成的黏性混合物溶液组成,通过浇筑而形成的稳定薄膜。其他成分(如增塑剂、填料或特定载体)可以添加到配方中,以改善膜的性能。与传统的支撑液膜系统相比,这种集成的支撑膜相当稳定,其中液膜仅通过毛细管力固定在多孔载体中。[24,68]目前很多种类的聚合物已用于制备离子液体-聚合物膜,如聚二甲基硅氧烷、聚氯乙烯、聚乙烯醇和PEBA。在这些聚合物中,聚二甲基硅氧烷(PDMS)作为膜材料已经广泛用于包括渗透汽化在内的多种不同用途的膜分离过程。因此,聚二甲基硅氧烷-离子液体共混物是应用最广泛的聚合物-离子液体系统之一,尤其是用于丁醇回收。

由于聚合物包合膜非常具有发展前景,因此最近一些作者[69,70]对使用含有不同离子液体的聚合物包合膜从水溶液中分离挥发性发酵产物(主要是丁醇、异丙醇和丙酮)和其他挥发性有机化合物做出了评估。通过比较使用室温离子液体-聚合物膜与未共混膜获得的结果评估离子液体对聚合物基体的影响。结果表明,部分共混物并没有对聚合物膜的分离性能做出改善,而其他聚合物包和膜的选择性和吸附量却具有显著提高,这表明其对挥发性有机化合物具有很强的亲和力,对水具有适当的排斥性。在渗透汽化过程中,膜与水溶液的分配系数对聚合物包和膜的分离性能有很大的影响。然而,当增加聚合物包和膜中离子液体的含量时,透过膜的液体通量及分离选择性将会有所增加。[65]平衡分离因子几乎与离子液体量无关,而且已证明膜内组分的有效扩散(这种扩散强烈依赖于膜中存在的室温离子液体的量)也是促成渗透汽化选择性的主要因素。最近的研究表明,在某些应用中使用由聚合物基质和相容的离子液体组成的聚合物包和膜可显著提高膜的使用寿命,能够使其寿命长达 5 个月,与简单支撑的离子液膜的几个小时寿命相比,这是一个显著的改进。[69,74]尽管这些是非常有希望的结果,但是膜的稳定性依然高度依赖于聚合物和离子液体之间的相容性和部分混溶性,这就会导致室温离子液体形成相分离区域。而在渗透汽化工艺中,该区域游离室温离子液体的浸出是聚合物包和膜的主要降解机制。为克服这个问题,一些作者制造了离子液体以共价键连接到聚合物主链上的聚合物包合膜,这使得膜具有更高的操作稳定性,而不影响生产性和选择性方面的分离性能。然而,考虑到大量的聚合物-室温离子液体组合,必须要进一步研究其相互作用,最终确定其潜在的相容性。

11.8 应 用

在目前的文献报道中,膜的主要用途是分离挥发性发酵产物及从它们的稀水溶液中分离挥发性有机物。与大量使用固体膜的关于渗透汽化的研究相比,对于该工艺中液膜的研究就相对较少,这可以归因于支撑液膜在实际应用中具有不稳定性。近年来发表的论文数量增加主要是关于在支撑液膜中使用离子液体作为固定液的研究。文献中报告的使用支撑液膜-渗透汽化的实验研究总结见表 11.3。

表 11.3　使用支撑液膜-渗透汽化的实验研究总结

进料混合物	支撑体	液膜	操作条件	参考文献
丙酮/水(0%~6%);丁醇/水(0%~6%)	微孔聚丙烯片材,厚度 25 μm,孔隙率 45%,细长孔最大尺寸 0.04 μm×0.4 μm	油醇	渗透压力 100 Pa,30 ℃	[76]
发酵液中的乙醇	微孔聚四氟乙烯片材,厚度 65 μm,孔径 0.2 μm	异十三醇	在大气压下进行空气扫气操作	[77]
水溶液中的丁醇、异丙醇和其他种类的酸	微孔聚丙烯片材,厚度 25 μm,孔隙率 45%,细长孔最大尺寸 0.04 μm×0.4 μm	油醇	渗透压力 133 Pa	[78]
发酵液中的双乙酰	微孔聚丙烯中空纤维,厚度 22 μm,孔隙率为 45%	油醇	渗透压力 1 330 Pa,30 ℃	[79]
三氯乙烯/水(50×10^{-6}~960×10^{-6})	微孔聚丙烯中空纤维;等离子聚合硅胶涂层-微孔聚丙烯中空纤维膜	十六烷	渗透压力 80~9 330 Pa,25 ℃	[14]
乙酸/水;丁酸/水	微孔聚丙烯中空纤维;等离子聚合硅胶涂层微孔聚丙烯中空纤维膜	三辛胺;三十二胺	渗透压力 80~667 Pa,25~65 ℃	[80]
稀水溶液中的丙酮、乙醇和丁醇	微孔聚丙烯中空纤维;由纳米多孔氟硅氧烷包覆的微孔聚丙烯中空纤维	三辛胺	渗透压力 400~667 Pa,25~54 ℃	[81]

续表 11.3

进料混合物	支撑体	液膜	操作条件	参考文献
氮气，体积分数86%；碳氢化合物蒸汽（苯和环己烷），体积分数11.5%；水蒸气，体积分数2.5%	双层液膜：顶层为常规的支撑液膜，将孔径为1 μm、厚度35 μm和孔隙率为83%的经亲水处理的聚四氟乙烯微孔膜浸泡在三甘醇中；将液膜置于高度疏水的多孔聚偏二氟乙烯中	三甘醇	渗透压力200 Pa，室温（295~300 K）	[82]
$C_5 \sim C_8$ 的烃，其中 72%~87% 为芳香烃，气体载体为氮气	双层液膜：顶层为常规支撑液膜将孔径为1 μm、厚度为35 μm和孔隙率为83%的经亲水处理的聚四氟乙烯微孔膜浸泡在三甘醇中；将液膜置于高度疏水的多孔聚偏二氟乙烯中	三甘醇	渗透压力100 Pa，室温（293~296 K）	[83]
甲苯-N_2；甲醇-N_2；丙酮-N_2	带有等离子聚合硅涂层的聚丙烯中空纤维微孔膜	硅酮油	渗透压力133~4 400 Pa，25 ℃	[84]
1,3-丙二醇/水（1%~3%）	陶瓷纳滤膜组件，孔径0.9 nm	疏水性液膜（四丙基四氰基硼酸铵）	渗透压力80 Pa，22 ℃	[27]
丙酮/丁醇/水	孔径为60 nm的二氧化钛陶瓷超滤模块	聚二甲基硅氧烷+四氰硼酸三丙基铵，季氨氯化物336	渗透压力20 Pa，23 ℃	[65]
丙酮/丁醇/水	孔径为60 nm的二氧化钛陶瓷超滤模块	聚二甲基硅氧烷+四氰硼酸四丙铵，聚氯乙烯中的 $BMImPF_6$，Cyphos 101、102 和 104	37 ℃	[85]
1-丁醇/异丙醇/水	疏水性多孔聚四氟乙烯，厚度为125 μm，微孔直径为0.2 μm	季氨氯化物336，PVC 中的 $BMImPF_6$，Cyphos 101、102 和 104	25 ℃	[69]

续表 11.3

进料混合物	支撑体	液膜	操作条件	参考文献
1-丁醇水/水(0%~5%)	聚丙烯膜(孔径为 0.2 μm)和尼龙膜(孔径 0.1 μm),液膜通过硅酮层之间的夹杂物固定	DMImTCB、$P_{6,6,6,14}$TCB 和 DMImFAP	渗透压力 1 000 Pa,37 ℃	[86]
丙酮-丁醇-乙醇-水混合物(1-丁醇的质量分数为 3%)	聚砜膜(孔径>0.10 μm)和聚丙烯膜	$P_{6,6,14}$TCB;通过包含在聚醚嵌段酰胺聚合物基质中而固定的 HMImTCB,后者被额外的硅胶层覆盖	渗透压力 1 000 Pa,37 ℃	[87]
1-丁醇/水(0.5%~2.5%);模型 ABE 发酵液	微孔聚丙烯膜,厚度 25 μm,孔径 0.042 μm	油醇/POMS 混合物,油醇含量为 10%~50%。Ph_3tTf_2N;$OMATf_2N$;Ph_3tDCN	渗透压力 3.07 Pa, 35~70 ℃	[88]
1-丁醇/水(0.5%~2.5%)	微孔聚丙烯平板膜,厚度 25 μm,孔径 0.042 μm	Ph_3tTf_2N;$OMA-Tf_2N$;Ph_3tDCN	渗透压力 310 Pa, 35~70 ℃	[89]
1-丁醇/水(0.8%~1.6%)	微孔聚丙烯平板膜,15 μm 厚,孔径 0.039 μm;聚四氟乙烯中空纤维,厚度 800 μm,孔径 2 μm	$P_{6,66,14}$DCA/PVDF-co-HFP 混合物	渗透压力 3.07 Pa, 35~60 ℃	[74]
丙酮/1-丁醇/乙醇水溶液(各化合物含量均为 500×10^{-6})	多孔亲水性 PVDF 膜,厚度 125 μm,孔径 0.45 μm	以 12-羟基硬脂酸为凝胶剂的 $BMIm_6$	30 ℃,氮气作为扫气气体	[70]

续表 11.3

进料混合物	支撑体	液膜	操作条件	参考文献
苯/环己烷蒸汽混合物	多孔亲水性 PVDF 膜,厚度 125 μm,孔径 0.45 μm	C_4MImPF_6；C_6MImPF_6；C_8MImPF_6；N,N-二乙基-N-甲基-N-(2-甲氧基乙基)铵-双(三氟甲磺酸基)酰亚胺；N,N-二乙基-N-甲基-N-(2-甲氧基乙基)铵四氟硼酸盐	30 ℃,氮气作为扫气气体	[90]
质量比为 50/50 的苯/环己烷混合物	多孔阳极氧化铝膜,孔径 0.02 mm	C_4MImBF_4；涂有聚氨酯的 C_4MImPF_6	25~60 ℃	[91]

早期的研究工作表明,渗透汽化工艺在发酵液中连续去除对生产速率有抑制作用的生物溶剂(如乙醇、丁醇和丙酮)方面发挥重要作用。[7,92-95] 通过将渗透汽化单元整合到生物反应器中,可选择性地去除挥发性抑制物质,并且可能会获得更好的生物转化率及更低的下游加工成本。由于溶剂的选择能够很容易地改变支撑液膜的特性,因此采用支撑液膜的渗透汽化工艺可适用于许多挥发性物质,如醇类、酯类、酮类、烃类和酸类。表 11.4 中给出了不同种类的用于渗透汽化的膜,以及其从 1-丁醇/水混合物中分离 1-丁醇的性能的简要比较。

表11.4 通过支撑液膜和聚合物膜,利用渗透汽化技术从稀水溶液中分离正丁醇

膜	进料质量分数/%	渗透液质量分数/%	分离因子	总通量/(g·m^{-2}·h^{-1})	工作条件	参考文献
由微孔聚丙烯平板支撑的油醇,厚度为25 μm	0.5 1.0 1.5 3.0	46 64 75 85	171 176 197 183	50 81 109 284	30 ℃,渗透压力133 Pa	[76]
由微孔聚丙烯中空纤维支撑的三辛胺,厚度为50 μm	1.5 2.0 2.5	62.3 72 78.3	108 126 141	6.2 8.4 10	25 ℃,渗透压力467 Pa	[81]
季胺氯化物336/PVC(质量比为70/30)聚合物包合膜,31 μm厚,15%。由陶瓷二氧化钛支撑的四氰基四丙基硼酸胺/85%的聚二甲基硅氧烷膜	0.5 1.03	2.2 9	4.5 9.5	1 193 24	25 ℃ 23 ℃,渗透压力20 Pa	[69]
由微孔聚丙烯(含双面硅胶涂层)支撑的DMImTCB	1.2 2.5 4.0	28 51 63	32 40 41	90 150 220	37 ℃,渗透压1 000 Pa	[65]
由微孔聚丙烯支撑的30%/OA/POMS,厚度为25 μm	1.5 2.5	67.6 87.9	136 279	60.6 95.9	60 ℃,渗透压力3.07 Pa	[86]
由微孔聚丙烯支撑的Ph_3tTf_2N,厚度25 μm	1.0	37	63	77	45 ℃,渗透压310 Pa	[88]
由支持微孔聚丙烯的$OMA-Tf_2N$,厚度为25 μm	1.0	26	37	82	45 ℃,渗透压310 Pa	[89]
由微孔聚丙烯上支撑的Ph_3tDCN,厚度为25 μm	1.0	42	77	298	45 ℃,渗透压力310 Pa	[89]
由微孔聚丙烯支撑的$P_{6,6,6,14}$/DCA PVDF-co-HFP(2.5:1)共混物,厚度为29 μm	1.0	39	68	575	60 ℃,渗透压力310 Pa	[74]
聚二甲基硅氧烷,厚度为180 μm	0.5 1.0 2.6 6.1	25 42.5 67.5 84	66 72 78 82	42 52 110 230	30 ℃,渗透压力100 Pa	[76]

续表 11.4

膜	进料质量分数/%	渗透液质量分数/%	分离因子	总通量/(g·m^{-2}·h^{-1})	工作条件	参考文献
硅橡胶,50 μm 厚	1.0 1.0 1.0 1.0	37 11 20 30.8	58 13 25 44	70 88 278 50	50 ℃	[94]
氨酯,50 μm 厚	1.0	37	58	70	50 ℃	[94]
聚醚嵌段酰胺,50 μm 厚	1.0				50 ℃	[94]
硅石-硅胶复合膜（Pervap-1070）,活性层厚度为 29 μm	1.0				30 ℃,渗透压力 400 Pa	[95]
聚二甲基硅氧烷（Pervap-4060）,有效层厚度为 6 μm 的活性层	5.0	59	29	70	25 ℃,渗透压力 100 Pa	[96]

Matsumura 和 Kataoka[76]报告了一种渗透汽化的生产工艺方法,其中使用油醇制备的支撑液膜去除稀水溶液中的丁醇和丙酮。报告表明,丁醇的分离因子为 180,渗透通量是硅胶管的 10 倍。这种较高的渗透率可以归因于丁醇在液体和固体中扩散系数的不同。油醇液膜也适用于稀的丙酮水溶液,当采用双重捕捉方法时,其分离因子为 160。文献报告中指出,渗透汽化工艺生产过程在分离性能几乎无任何变化的情况下可连续工作长达 100 h。

在渗透汽化工艺中,使用高通量的溶剂选择性膜在原则上可以使溶剂发酵过程连续进行,提高其效率并最大限度地减少浪费。Christen 等[77]使用支撑液膜系统提取了酵母菌半连续发酵过程中的乙醇。这种膜由多孔聚四氟乙烯片作为支撑体,并且用异十三醇浸泡。作者在报告中称,该膜结合了生物相容性、高渗透效率和较高的稳定性等优势。从培养物中去除乙醇会降低抑制作用,从而使 293 g·L^{-1}的葡萄糖与 345 g·L^{-1}的葡萄糖在不萃取的情况下转化率有所提高。除这些发酵性能的改善外,由于该分离过程对微生物细胞和碳基质具有选择性,并且可能对发酵液中存在的矿物离子也具有选择性,因此该工艺可实现乙醇的纯化,图 11.5 比较了发酵过程中发酵液和渗透液中的乙醇质量浓度。对于渗透汽化模式下的操作,在收集的渗透液中获得的乙醇质量浓度能够提高 4 倍。如图 11.5 所示,发酵液中的乙醇质量浓度未超过 107 g·L^{-1},这就限制了抑制现象的发生,并使培养活性时间延长。

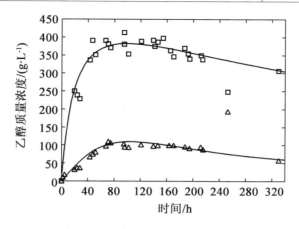

图 11.5 发酵液和浓缩渗透物中乙醇质量浓度随时间的变化

Matsumura 等[78]研究了利用支撑液膜,将生物反应器与渗透汽化联用的情况。他们以糖浆为底物,在柱式反应器中对固定化异丙醇梭菌进行丁醇/异丙醇的连续发酵。为防止产物的抑制作用,同时获得较高浓度的产物,将柱式反应器与渗透汽化模块偶联。用油醇制备的液膜对微生物无毒性。与不移除产物的连续发酵相比,其丁醇产率提高了 2 倍。渗透液中丁醇浓度为 230 kg·m^{-3},约为培养液中丁醇浓度的 50 倍。而且由于渗透汽化,因此体系的平均丁醇浓度维持在较低的值,约为 4.5 kg·m^{-3},稳定发酵过程能够持续至 270 h。根据相同稀释速率 0.129 h^{-1}下的实验结果来看,估计在未移除产品的反应器中丁醇浓度为 7.9 kg·m^{-3}。以这种方式,通过将发酵过程与渗透汽化分离耦合,能明显减轻丁醇的抑制作用,这将会导致底物消耗和溶剂生产的速率增加。在后期的研究中[79],该研究组报道了用同样的方法,用固定化乳酸菌进行双乙酰发酵,将油醇固定在聚丙烯中空纤维多孔膜中作为液膜与渗透汽化耦合。双乙酰发酵的产率约为 10 g·m^{-3}·h^{-1},而间歇发酵产率约为 6 g·m^{-3}·h^{-1},双乙酰的产率约为 0.04 g·m^{-3}·h^{-1},是间歇发酵产率的 4 倍。渗透汽化工艺对实际发酵液体系具有积极作用,且对膜无污。在渗透汽化过程中,渗透通量和双乙酰分离因子分别约为 9 g·m^{-2}·h^{-1}和 36,这些值在发酵期间基本维持不变。渗透液中双乙酰的浓度约为 2 kg·m^{-3},这种浓度的渗透液具有足够的商业用途。

Qin 等[14]报道了一项用非挥发性的疏水烃固定在疏水多孔丙烯中空纤维中(这种纤维在外径上有或者没有等离子体聚合的超薄硅胶膜)组成的液膜将三氯乙烷与其水溶液分离的技术。在该研究中,进料液中三氯乙烯的浓度在 $50 \times 10^{-6} \sim 950 \times 10^{-6}$ 范围内,操作条件为 25 ℃,进料侧(管腔侧)的压力基本上是大气压力,渗透压力范围为 80~9 330 Pa。在大多数实验中一般是使用纯十六烷($C_{16}H_{34}$)和纯十二烷($C_{12}H_{26}$)来作为液膜,这种液膜能够跨越微孔基质的整个厚度。基于固定化十二烷的实验结果,可以得出以下结论:当液膜材料未完全填充壁上的微孔时,由于液膜的存在,至少部分微孔会被进料液润湿,因此水的通量会增加,而三氯乙烷的通量、部分三氯乙烷的去除率及选择性均会降低。另外,由于十二烷具有挥发性,因此不允许系统进行长时间的稳定运行。研究发现,十六烷支撑液膜对三氯乙烷具有选择性:实验选择性为 30 000,固有选择性(在不存在浓差极化的情况下)可高达 2×10^5,远高于任何固体膜所具有的值。对于固定在中空纤维微孔中的无任何硅胶涂层的纯十六烷,十六烷液膜去除三氯乙烷的性能如图 11.6 所示,无硅胶涂层的中空纤维,$p_{perm} = 133$ Pa,$c_{feed-in} = 850 \times 10^{-6} \sim 950 \times 10^{-6}$,$V = 2.5$ mL·min^{-1}。由于三氯乙烷在十六烷和水之间的分配系数很大,因此液膜对三氯乙烷的阻力远小于内腔侧的边界阻力。十六烷支撑液膜具有长期的稳定性,在持续 4 个月的工作中,可观察到它的渗透汽化性能波动和选择性下降大约仅有 30%。

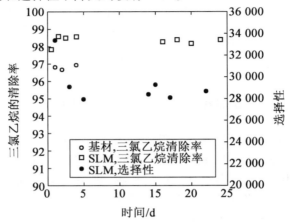

图 11.6　十六烷支撑液膜对三氯乙烷的去除率和选择性与时间所成的函数关系

Qin 等[80]研究了在渗透汽化分离过程中,利用带有反应型萃取剂的支撑液膜对稀溶液中乙酸的去除和富集的影响。这种支撑液膜由脂肪胺及它与高级脂肪醇(OA)构成的混合物组成,在渗透汽化工艺中当作为液膜进行试验时,用于从水溶液中提取乙酸的大多数萃取剂均具有乙酸选择性。

现今科学界已经研究了液膜的组成、厚度、进料浓度和温度对支撑液膜的渗透性、选择性和稳定性的影响,同时也对丁酸做了有限的研究。在已经测试了的各种萃取剂中,三辛胺(TOA)和三月桂胺(TLA)两种萃取剂可以在性能上保持超过 500 h 而不改变。在此期间,渗透液中的乙酸浓度、选择性和乙酸渗透速率都会逐渐下降,这是因为基质膜和多孔疏水性聚丙烯中空纤维的性能会随着操作的进行而逐渐改变,这也是因为在从蒸发至渗透侧和溶解至进料区域操作过程中,液膜中损失了部分萃取剂。在有机相中可以同时存在几种配合物,而且这些配合物可通过改性而达到稳定。结果表明,在液膜中组分的扩散阻力远大于在进料液中乙酸的扩散阻力。对于 1 mol·L^{-1} 的进料,在 60 ℃ 下乙酸的选择性可高达 33,比文献中报告的任何的固体聚合物膜的乙酸选择性高一个数量级,然而其乙酸渗透率却远低于低乙酸选择性的聚合物膜获得的乙酸渗透率。另外,发现在较高的真空(较低的渗透压力)状态下渗透物中总是具有较高的酸浓度、较高的乙酸选择性和较高的乙酸流动度。在这项工作中,将 OA 作为改性剂进行了评估。图 11.7 所示为三辛胺/高级脂肪醇/液膜的不同组成对选择性的影响,微孔聚丙烯中空纤维作为支撑体,$T = 35$ ℃,$p_{perm} = 667$ Pa,$c_{feed-in} = 1$ mol·L^{-1},$V = 1$ mL·min^{-1}。可以看出,纯三辛胺具有最高的乙酸选择性和稳定性。

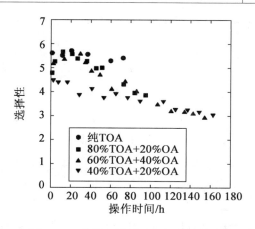

图 11.7　依赖于醋酸选择性的液膜组成

最近,Thongsukmak 和 Sirkar[81] 报道了一种新的基于液膜的渗透汽化技术,该技术已应用于确保发酵液的稳定性及防止发酵液污染。他们以三辛胺作为液膜固定在疏水性中空纤维基质(这种基质在发酵液侧具有纳米多孔涂层)中,并研究了其从稀水溶液中去除特定的溶剂(如丙酮、乙醇和酒精等)的性能,所用膜的原理如图 11.8 所示。实验表明,涂覆了中空纤维的三辛胺液膜的选择性较高,且在渗透汽化工艺中溶剂的质量比也比较合理。在最高达 54 ℃ 的不同温度下使用进料混合物来进行实验,如图 11.9 所示。随着温度的提高,溶剂的选择性和质量系数均会增加,丁醇、丙酮和乙醇的选择性分别为 275、220 和 80,丁醇、丙酮和乙醇的质量系数分别为 11.0 g·m^2·h^{-1}、5.0 g·m^2·h^{-1} 和 1.2 g·m^2·h^{-1},进料溶液(含 1.5% 的丁醇、0.8% 的丙酮和 0.5% 的乙醇)温度为 54 ℃。然而,由于水的共萃取增加了水渗透至真空侧的速率,因此进料溶液中的乙酸降低了溶剂的选择性,但是并未降低溶剂的浓度。

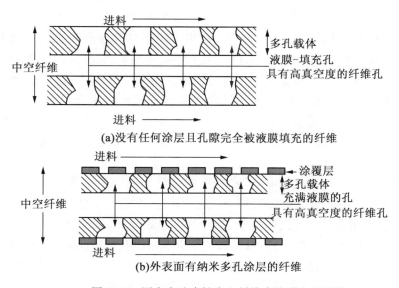

图 11.8　固定在疏水性中空纤维多孔膜中的液膜

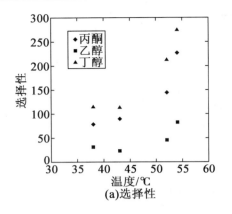 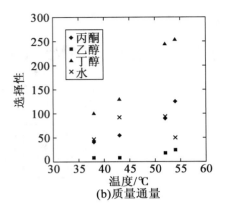

图 11.9 TOA 作为以混合物为支撑层的涂层中空纤维液体膜在不同温度下的性能(纯 TOA 作为液体膜,添加物的成分:丙酮 0.8%,乙醇 0.5%,丁醇 1.5%)

蒸汽渗透也有希望用于烃类的分离过程。该工艺的优点是能够选择膜材料,因为膜不接触可能导致膜材料降解的有机液体。另外,蒸汽渗透过程的一个缺点是与渗透汽化过程相比,它的溶液通量较低。近年来,从脂肪族碳氢化合物中分离出芳香烃的研究已经得到了迅速的发展。其中,苯的分离是石油化工中最重要、最困难的过程之一。[97]Yamanouchi 等[82]研究了用甘醇(TEG)液膜来分离苯和环己烷混合物的蒸汽渗透过程,这种膜以疏水微孔性膜表面为支撑,采用平板式模块,在进料侧为常压、渗透侧为真空的条件下进行了渗透实验。苯、环己烷和水的混合蒸气通过运载气体进入膜,苯蒸气优先渗透通过甘醇液膜;苯对环己烷的选择性分离因子约为 8,此选择性对应于溶解在甘醇的烃的气液平衡。向甘醇液膜中加入一定量的盐,可以提高芳烃的选择性,并同时降低反应速率。在另一项报告中[83],该研究组使用相同的液膜研究了汽油蒸汽的渗透实验。进料蒸汽由 $C_5 \sim C_8$ 的烃组成,其中 72%~87% 为芳香烃,而且透过甘醇液膜的蒸汽里有 98%~99% 为芳香烃。C_6 和 C_7 芳烃对烷烃的选择性分别为 47 和 15。Obuskovic 等[84]在一项选择性去除氮气中挥发性有机溶剂的研究中使用了掺入具有硅橡胶涂层的疏水性中空纤维微孔中的硅油型薄层支撑液膜。通过这项工作可以观察到,将薄固定化液膜掺入微孔结构的好处是,由于氮氧化物急剧减少且分离因子增加了 5~20 倍(取决于挥发性有机化合物的种类和进料气的流速),因此富含挥发性有机物的渗透液速率增加了 2~5 倍。作者在报告中称,支撑液膜在较长时间内(6 个月至 2 年)的性能是保持稳定的,从而证明了这种基于支撑液膜的中空纤维装置用于挥发性有机化合物 – 氮气的分离具有极高的潜在效用。

近年来,离子液体作为液膜的制备原料,已被广泛地应用于制备支撑离子液膜这一领域。Izak 等[27]报道了在蒸气渗透工艺中用支撑离子液膜来从水溶液中去除 1,3 – 丙二醇的一项研究,采用疏水离子液体(四丙基四氰基硼酸铵[$(C_3H_7)_4N$][$B(CN)_4$])和孔径为 0.9 nm 的陶瓷纳滤组件作为支撑体。首先研究在室温和低压(80 Pa)下,溶质(1,3 – 丙二醇)从水溶液混合物通过空白陶瓷纳滤组件的传递过程,然后进行浸渍组件的蒸汽渗透实验。当离子液体存在于组件的孔径中时,由于其疏水性,因此 1,3 – 丙二醇会优先渗透,平均分离因子为5.6。相比之下,不含离子液体的纳滤组件的分离因子为0.4。在陶瓷组件上进一步涂覆聚二甲基硅氧烷,同时在孔内填充离子液体,将会导致分离因子显著增加(图11.10)。然而,这却会降低透过选择性渗透层的1,3-丙二醇的通量。

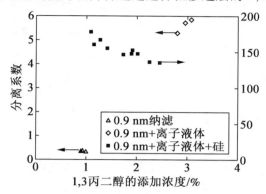

图11.10 用SILM渗透蒸发将1,3-丙二醇从水溶液中分离出来,在22 ℃下,1,3-丙二醇的选择性对添加浓度的依赖性

Izak等[65]将离子液体-聚合物的混合物固定在超滤膜的孔隙中作为改善液膜稳定性的另一种选择。用两种离子液体(1-乙烯基-3-乙基-咪唑六氟磷酸盐(液膜1)和四丙基四氰基硼酸铵(液膜2))和聚二甲基硅氧烷浸渍超滤膜,利用这些支撑离子液膜进行了丁醇-丙酮-水三元混合物的分离。与聚二甲基硅氧烷膜相比,丁醇的富集因子从2.2(聚二甲基硅氧烷)增加到3.1(聚二甲基硅氧烷-离子液体1)和10.9(聚二甲基硅氧烷-离子液体2)。对于丙酮,富集因子从2.3(聚二甲基硅氧烷)增加到3.2(聚二甲基硅氧烷-离子液体1)和7.9(聚二甲基硅氧烷-离子液体2)。虽然离子液体-聚二甲基硅氧烷膜的分离过程稍慢一些,但其更高的选择性显示了它在下游分离工艺的改进中具有良好的潜力。5个月后,检查系统的渗透汽化分离,并未观察到支撑液膜的运输特性或稳定性发生变化。在后来的研究中[85],该研究组利用渗透蒸发技术对丙酮-丙醇-乙醇(ABE)进行发酵,得到的实验结果如图11.11所示。用质量分数为15%的离子液体(四丙基四氰基硼酸铵)和质量分数为85%的聚二甲基硅氧烷来浸渍支撑离子液膜。使用由二氧化钛制成的陶瓷超滤膜(其孔径为60 nm)作为无孔膜的支撑体。在使用该膜进行渗透操作时,渗透液中的丁醇浓度与培养容器中的浓度相比增加了5倍以上。此外,ABE发酵的其他产物(如乙醇和丙酮)在渗透液中也会出现富集现象。

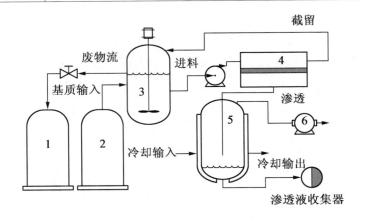

图 11.11　与渗透汽化相关的连续培养发酵图解
1—废液罐；2—带基质的罐；3—培养容器；4—渗透汽化池；5—冷阱；6—真空泵

在 Yu 等[98]的另一项研究中，结合离子液体和渗透汽化技术，引入疏水离子液体（BMImPF$_6$）作为水相和普通聚二甲基硅氧烷膜之间的第三相，以改善乙酸从其水基质到聚二甲基硅氧烷膜的传质。初步结果表明，与单纯使用普通的聚二甲基硅氧烷膜相比，在渗透汽化前使用离子液体作为萃取剂有利于提高乙酸的渗透选择性和渗透通量。

Matsumoto 等[69]研究了利用渗透汽化技术，用聚合物包合膜从丁醇/异丙醇/水的三元混合物中分离正丁醇，这种聚合物包合膜中，各种离子液体质量分数高达 70%：CyphosIL - 101、102、104 和 109，Aliquat336 和 BMImPF$_6$，并且以聚四氟乙烯膜作为支撑膜。当进料液中丁醇初始浓度为 5 g·L^{-1} 时，在质量比为 Aliquat336/PVC = 70/30 的条件下获得的 1 - 丁醇的最大通量、总通量和分离因子分别为 26 g·m^{-2}·h^{-1}、1 193 g·m^2·h^{-1} 和 4.5。显然，获得的分离因子（4.5）远低于其他应用于渗透汽化的膜。

在 Heitmann 等[86]报道的工作中，研究了 1 - 丁醇在水溶液中进行渗透汽化的两个不同概念，这两个概念均涉及含有固定化离子液体的膜材料。分别以 1 - 癸基 - 3 - 甲基咪唑四氰基硼酸盐（DMImTCB）、三己基十四烷基膦四氰基硼酸盐（P$_{6,6,14}$TCB）和 1 - 癸基 - 3 - 甲基咪唑（五氟乙基）三氟磷酸盐（DMImFAP）作为液膜，以聚醚嵌段酰胺为支撑聚合物，探究水溶液中丁醇的渗透汽化过程及不同离子液体对膜渗透性能的影响。对两种类型的支撑离子液膜进行试验：一种是将离子液体固定在硅胶层间；另一种是将离子液体溶解在聚醚嵌段酰胺中。结果表明，在室温（37 ℃）下，当丁醇初始质量分数为 5% 时，其最大渗透通量为 560 g·m^2·h^{-1}，而且发现渗透液中 1 - 丁醇的最高质量分数可达 55%，还发现渗透液通量随着膜中离子液体含量的增加而增加。在后来的工作中[87]，该研究小组报道了他们的另一项研究，通过将两种离子液体（即三己基十四烷基磷酸四氰基硼酸盐（P$_{6,6,14}$TCB）和 1 - 己基 - 3 - 甲基咪唑四氰基硼酸盐（HMImTCB））固定在聚醚嵌段酰胺的聚合物基质中，聚醚嵌段酰胺的聚合物基质由额外的硅胶层覆盖。在 37 ℃ 下，用进料液中丁醇质量分数高达 3% 的四元 ABE 混合物对这些膜进行渗透汽化实验。结果表明，在膜中固定的不同种类离子液体不仅影响膜的选择性，而且还会影响到膜的渗透通量。

Beltran 等[88]报道了使用高级脂肪醇和聚辛基甲基硅氧烷混合物组成的支撑离子液膜,作为浸渍在微孔板材中的液膜,用于从质量分数为 0.5% ~2.5% 的 1-丁醇水溶液中回收 1-丁醇。作者研究发现,当高级脂肪醇/聚辛基甲基硅氧烷的质量百分比为 30% 时,对从水溶液中渗透汽化得到 1-丁醇具有最好的效果。当高级脂肪醇/聚辛基甲基硅氧烷的质量百分比为 30% 时,在不同温度下从不同浓度的进料液中回收 1-丁醇的总通量和组分通量结果如图 11.12 所示。在 60 ℃下,从 2.5% 的 1-丁醇水溶液中分离 1-丁醇,其分离因子 $\alpha = 279$,通量为 95.9 $g \cdot m^{-2} \cdot h^{-1}$。结果表明,与水相比,正丁醇的渗透率对进料液温度的升高更为敏感。然而,在 75 ℃时,会观察到水纤维蛋白原和 1-丁醇纤维蛋白原的突然增加。在这一点上,膜的物理和机械稳定性可能会受到影响,由此可得出所制备的支撑液膜的操作限度。随着进料浓度的增加,分离效率不断提高。另外,使用模型 ABE 发酵液获得的渗透蒸发通量降低了 27%,这可能是因为发酵液中其他组分(偶联效应)的影响,但对 1-丁醇却依旧保持着高度的选择性($\alpha = 76.4$)。

Cascadon 等[74]研究了带有 PVDF-co-HFP 共聚物的烷基膦酰基二氰酰胺液膜的凝胶化效应对提高支撑离子液膜的使用寿命的影响。此外,还采用了一些其他的离子液体,如疏水性铵基离子液体和膦基离子液体,制备了用于正丁醇回收的支撑离子液膜。[89]研究发现,正丁醇的通量与正丁醇的离子液体分配系数呈高度正相关,与膜的疏水性和黏度呈负相关。透过率和膜选择性表明传递过程是一个吸附控制过程而不是扩散控制过程。

作为聚合物包合膜的另一个例子,Mai 等[75]开发了一种带有 $OMImTf_2N$ 离子液体的固定化离子液体-聚二甲基硅氧烷膜,其中的离子液体与聚二甲基硅氧烷的主链以共价键相结合,用于 ABE 混合物的渗透分离过程。固定化离子液体-聚二甲基硅氧烷膜对正丁醇的透过率是传统支撑液膜-聚二甲基硅氧烷膜的 7.8 倍(160 $g \cdot m^{-2} \cdot h^{-1}$)。当使用固定化离子液体-聚二甲基硅氧烷(5.26)膜时,丁醇的富集因子比使用纯聚二甲基硅氧烷(1.75)膜高 3 倍。

Plaza 等[70]通过将离子液体加进入到聚四氟乙烯中空纤维的孔隙中,制备了一种新的支撑离子液膜,并对其进行了气体吹拂渗透汽化实验,以从每种化合物组分含量为 500×10^{-6} 的水溶液中分离丙酮/1-丁醇/乙醇溶质。在中空纤维膜的壳侧,氮气作为吹拂气体进行逆流。在本工作中,当丁醇进料浓度为 500×10^{-6} 时,利用支撑凝胶离子液膜得到的正丁醇部分通量接近于平均值 1.3 $g \cdot h^{-1} \cdot m^{-2}$。而且作者还发现,膜对丁醇的选择性略高于丙酮和乙醇,这与这些化合物在离子液体凝胶和进料水溶液之间的分配系数有关。在渗透蒸发实验中并未观察到离子液体损失。然而,膜在经过 5 次或 6 次重复渗透汽化后,其选择性会出现明显降低。

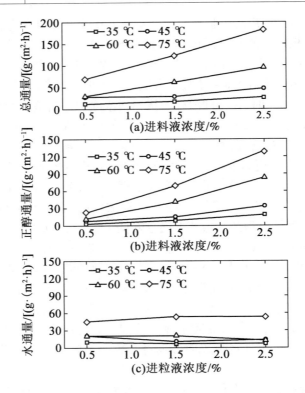

图 11.12 30%的高级脂肪酸/聚辛基甲基硅氧烷复合支撑液膜,用于在不同温度下从不同浓度的进料液中渗透汽化回收正丁醇的总通量和组分通量

关于利用支撑离子液膜进行有机/有机分离的过程,Matsumoto 等[90]报告了一个有趣的例子,其中支撑离子液膜用于苯和环己烷的渗透汽化分离过程。苯选择性地渗透通过了支撑离子液膜,并且分离因子随离子液体亲水性的增加而增加。利用 N,N-二乙基-N-甲基-N-(2-甲氧基乙基)四氟硼酸铵制得的亲水性液膜具有最高的分离因子,在苯的质量分数为 53% 和 11% 的进料混合物中,其分离因子分为 185 和 950。在最近的另一项研究中,Dong 等[91]将离子液体固定在多孔阳极氧化铝膜(AAOM)上,在膜的一侧涂以聚氨酯(PU),制备了支撑离子液体/聚氨酯(PU)膜,并考查了这些膜对苯、环己烷等混合物的渗透汽化分离性能。离子液体的加入提高了聚氨酯对苯的分离选择性。尽管两种支撑离子液体/聚氨酯的渗透通量均小于多孔阳极氧化铝膜/聚氨酯,但由于离子液体更有利于苯的分配平衡,因此其对苯的选择性会提高。使用多孔阳极氧化铝膜-C_4MImPF_6/聚氨酯膜时,苯对环己烷的分离因子为 26,在 55 ℃下,当进料混合物质量比为 50/50 时,苯的部分通量达到 18 $g \cdot m^{-2} \cdot h^{-1}$。稳定性实验结果表明,集成膜具有良好的稳定性。

最近,一些文献报道了支撑离子液膜在气体分离中的一些应用。[61,99-101] 离子液体可选择性地溶解气体,因此成为气体分离的潜在应用溶剂。虽然大多数关于气体分离的离子支撑液膜应用的研究都是关于 CO_2 的选择性分离,但其他一些具有挑战性的分离过程(如 CO/N_2 的分离)最近也有报道。

支撑离子液膜/渗透汽化技术在芳香烃回收、烯烃/烷烃混合物分离、发酵液中产品回收等方面具有广阔的应用前景。而且因为在相对苛刻的条件下,膜的稳定性会受到较大的影响,所以目前渗透汽化技术在有机混合物分离中应用得最少。然而,它却具有最大的节能和成本节约的潜在优势。在用于烯烃/烷烃分离的液膜的开发中,载体介导的促进传递概念常与所谓的银盐络合物相结合[103,104],银盐可逆地与烯烃分子结合形成复合物,该复合物扩散到膜的渗透侧,且在那里烯烃与复合物不再结合。因此,促进传递是通过可逆化学反应增强的物理扩散过程和络合物的扩散过程共同作用的结果。最近,用溶解在 $BMImBF_4$ 中的四氟硼酸银作为载体溶液,利用支撑离子液膜,通过促进传递作用对从带有丙烷的混合物中选择性分离丙烯的过程做了研究。[62]

11.9 本章小结

增大溶质的分配系数和扩散系数均可提高膜的渗透性。因为液体中扩散系数的值比固体聚合物膜和无机膜的值至少高 3~4 个数量级,所以使用薄的有机液体层作为渗透汽化膜的想法从这个角度看来似乎非常有吸引力。此外,还可以将一些选择性载体溶于固定化液体中,使其能够与运输的物质相互作用,增加溶质的亲和性,从而提高过程的选择性。

支撑液膜的使用主要受到两个因素的限制。蒸发、溶解或较大的压力差(这种压力差会迫使溶剂脱离孔隙的支撑结构)均有造成溶剂损失的可能。此外,还可能发生载体损耗,这种损失可能是不可逆的副反应或膜一侧的溶剂缩合造成的。压差可以迫使液体流过孔隙结构并渗出载体,与用于渗透汽化的固体膜相比,离子液体可以在中等温度下使用,因为在高温下膜的稳定性会受到影响。近年来,一些提高支撑液膜稳定性的方法已被报道,包括对膜表面进行改性使用离子液体作为溶剂。通过在液膜顶部放置一个薄的聚合物层,可以显著增加液膜的稳定性。然而,这通常会伴随着渗透性的降低。

由于离子液体的蒸汽压不可测量,因此它们可以克服膜相蒸发引起的普通支撑液膜的稳定性问题。此外,由于离子液体的润湿性的改善,因此支撑液膜的机械稳定性也会增加。

在目前的文献报道中,膜的主要用途是分离挥发性发酵产物及从稀水溶液中分离其他挥发性有机物。在发酵器中使用渗透汽化技术,不仅会起到分离混合物的作用,还可以减少产物对继续发酵的抑制,起到生产增强剂的作用。考虑到在支撑液膜中使用了适当的离子液体(如固定液),应将其进一步应用(即有机混合物的分离)。离子液体可以溶解非常广泛的有机化合物,它们与这些物质的混溶性可以通过改变阳离子和/或阴离子的性质来进行稍微调整。然而,迄今为止,由于膜界面不稳定现象的存在,亲水性离子液体对有机/有机混合物的分离受到了限制,因此今后的工作应着眼于开发稳定性更好的分离系统。

本章参考文献

[1] Feng, X.; Huang, R. Y. M. Liquid Separation by Membrane Pervaporation: A Review. Ind. Eng. Chem. Res. 1997, 36, 1048–1066.

[2] Jonquières, A.; Clément, R.; Lochon, P.; Néel, J.; Dresch, M.; Chrétien, B. Industrial State-of-the-art of Pervaporation and Vapour Permeation in the Western Countries. J. Membr. Sci. 2002, 206, 87–117.

[3] Chapman, P. D.; Oliveira, T.; Livingston, A. G.; Li, K. Membranes for the Dehydration of Solvents by Pervaporation. J. Membr. Sci. 2008, 318, 5–37.

[4] Urtiaga, A. M.; Gorri, E. D.; Gómez, P.; Casado, C.; Ibáñez, R.; Ortiz, I. Pervaporation Technology for the Dehydration of Solvents and raw Materials in the Process Industry. Dry. Technol. 2007, 25, 1819–1828.

[5] Urtiaga, A.; Gorri, D.; Ortiz, I. Mass-Transfer Modeling in the Pervaporation of VOS From Diluted Solutions. AIChE Journal 2002, 48, 572–581.

[6] Lipnizki, F.; Hausmanns, S.; Ten, P. K.; Field, R. W.; Laufenberg, G. Organophilic Pervaporation: Prospects and Performance. Chem. Eng. J. 1999, 73, 113–129.

[7] Vane, L. M. A Review of Pervaporation for Product Recovery From Biomass Fermentation Processes. J. Chem. Technol. Biotechnol. 2005, 80, 603–629.

[8] Kujawska, A.; Kujawski, J.; Bryjak, M.; Kujawski, W. ABE Fermentation Products Recovery Methods—A Review. Renew. Sust. Energ. Rev. 2015, 48, 648–661.

[9] Gorri, D.; Ibáñez, R.; Ortiz, I. Comparative Study of the Separation of Methanol–Methyl Acetate Mixtures by Pervaporation and Vapor Permeation Using a Commercial Membrane. J. Membr. Sci. 2006, 280, 582–593.

[10] Giacinti Baschetti, M.; De Angelis, M. G. Vapour Permeation Modelling. In Pervaporation, Vapour Permeation and Membrane Distillation; Basile, A.; Figoli, A.; Khayet, M., Eds.; Woodhead Publishing: Oxford, 2015; pp. 203–246.

[11] Néel, J. Pervaporation; Tech&Doc/Lavoisier: Paris, 1997.

[12] Figoli, A.; Santoro, S.; Galiano, F.; Basile, A. Pervaporation Membranes: Preparation, Characterization, and Application. In Pervaporation, Vapour Permeation and Membrane Distillation: Principles and Applications; Basile, A.; Figoli, A.; Khayet, M., Eds.; Elsevier: Amsterdam, 2015; pp. 19–63.

[13] Shao, P.; Huang, R. Y. M. Polymeric Membrane Pervaporation. J. Membr. Sci. 2007, 287, 162–179.

[14] Qin, Y.; Sheth, J. P.; Sirkar, K. K. Supported Liquid Membrane-Based Pervaporation for VOC Removal From Water. Ind. Eng. Chem. Res. 2002, 41, 3413–3428.

[15] Li, K. Ceramic Membranes for Separation and Reaction; John Wiley & Sons: Weinheim, 2007.

[16] Urtiaga, A.; Gorri, E. D.; Casado, C.; Ortiz, I. Pervaporative Dehydration of Industrial Solvents Using a Zeolite NaA Commercial Membrane. Sep. Purif. Technol. 2003, 32, 207 – 213.

[17] Kislik, V. S. Liquid Membranes: Principles and Applications in Chemical Separations and Wastewater Treatment ; Elsevier: Amsterdam, 2010.

[18] Strathmann, H. Introduction to Membrane Science and Technology ; Wiley – VCH: Hoboken, N.J., 2011.

[19] Noble, R. D.; Koval, C. A. Review of Facilitated Transport Membranes. In Materials Science of Membranes for Gas and Vapor Separation; Yampol'skii, Y.; Pinnau, I.; Freeman, B., Eds.; John Wiley & Sons: Hoboken, NJ, 2006; pp. 411 – 435.

[20] Kocherginsky, N. M.; Yang, Q.; Seelam, L. Recent Advances in Supported Liquid Membrane Technology. Sep. Purif. Technol. 2007, 53, 171 – 177.

[21] Noble, R. D.; Way, J. D. Liquid Membranes: Theory and Applications ; American Chemical Society: Washington, DC, 1987.

[22] Way, J. D.; Noble, R. D.; Bateman, B. R. Selection of Supports for Immobilized Liquid Membranes. In Materials Science of Synthetic Membranes; Lloyd, D. R., Ed.; American Chemical Society: Washington, DC, 1985; pp. 119 – 128.

[23] Strathmann, H. Synthetic Membranes and Their Preparation. In Handbook of Industrial Membrane Technology; Porter, M. C., Ed.; Noyes Publications: Park Ridge, NJ, 1990; pp. 1 – 60.

[24] Ong, Y. T.; Yee, K. F.; Cheng, Y. K.; Tan, S. H. A Review on the Use and Stability of Supported Liquid Membranes in the Pervaporation Process. Sep. Purif. Rev. 2014,43, 62 – 88.

[25] Mulder, M. Basic Principles of Membrane Technology, 2nd edn. ;Kluwer: Dordrecht, 1996.

[26] Baltus, R. E.; Counce, R. M.; Culbertson, B. H.; Luo, H.; DePaoli, D. W.; Dai, S.; Duckworth, D. C. Examination of the Potential of Ionic Liquids for Gas Separations. Sep. Sci. Technol. 2005, 40, 525 – 541.

[27] Izák, P.; Köckerling, M.; Kragl, U. Solute Transport From Aqueous Mixture Throught Supported Ionic Liquid Membrane by Pervaporation. Desalination 2006, 199, 96 – 98.

[28] Krull, F. F.; Medved, M.; Melin, T. Novel Supported Ionic Liquid Membranes for Simultaneous Homogeneously Catalyzed Reaction and Vapor Separation. Chem. Eng. Sci. 2007, 62, 5579 – 5585.

[29] Neplenbroek, A. M.; Bargeman, D.; Smolders, C. A. Mechanism of Supported Liquid Membrane Degradation: Emulsion Formation. J. Membr. Sci. 1992, 67, 133 –

148.

[30] Zha, F. F.; Fane, A. G.; Fell, C. J. D. Instability Mechanisms of Supported Liquid Membranes in Phenol Transport Process. J. Membr. Sci. 1995, 107, 59–74.

[31] Kemperman, A. J. B.; Bargeman, D.; Van Den Boomgaard, T.; Strathmann, H. Stability of Supported Liquid Membranes: State of the Art. Sep. Sci. Technol. 1996, 31, 2733–2762.

[32] Zha, F. F.; Fane, A. G.; Fell, C. J. D.; Schofield, R. W. Critical Displacement Pressure of a Supported Liquid Membrane. J. Membr. Sci. 1992, 75, 69–80.

[33] Nakano, M.; Takahashi, K.; Takeuchi, H. A Method for Continuous Operation of Supported Liquid Membranes. J. Chem. Eng. Jpn. 1987, 20, 326–328.

[34] Kemperman, A. J. B.; Rolevink, H. H. M.; Bargeman, D.; van den Boomgaard, T.; Strathmann, H. Stabilization of Supported Liquid Membranes by Interfacial Polymerization Top Layers. J. Membr. Sci. 1998, 138, 43–55.

[35] Yang, X. J.; Fane, A. G.; Bi, J.; Griesser, H. J. Stabilization of Supported Liquid Membranes by Plasma Polymerization Surface Coating. J. Membr. Sci. 2000, 168, 29–37.

[36] Liu, M. G.; Dickson, J. M.; Côté, P. Simulation of a Pervaporation System on the Industrial Scale for Water Treatment. Part I: Extended Resistance–in–Series Model. J. Membr. Sci. 1996, 111, 227–241.

[37] Lipnizki, F.; Trägårdh, G. Modelling of Pervaporation: Models to Analyze and Predict the Mass Transport in Pervaporation. Sep. Purif. Methods 2001, 30, 49–125.

[38] Böddeker, K. W. Liquid Separations With Membranes; Springer: Berlin, 2008.

[39] Noble, R. D.; Way, J. D.; Powers, L. A. Effect of External Mass–Transfer Resistance on Facilitated Transport. Ind. Eng. Chem. Fundam. 1986, 25, 450–452.

[40] Drioli, E.; Criscuoli, A.; Curcio, E. Membrane Contactors: Fundamentals, Applications and Potentialities; Elsevier: Amsterdam, 2006.

[41] Baker, R. W. Membrane Technology and Applications; John Wiley & Sons: Chichester, 2012.

[42] Cussler, E. L. Diffusion: Mass Transfer in Fluid Systems, 3rd edn.; Cambridge University Press: New York, 2009.

[43] Noble, R. D. Analysis of ion Transport With Fixed Site Carrier Membranes. J. Membr. Sci. 1991, 56, 229–234.

[44] Noble, R. D. Facilitated Transport Mechanism in Fixed Site Carrier Membranes. J. Membr. Sci. 1991, 60, 297–306.

[45] Rodríguez, H. Ionic Liquids for Better Separation Processes; Springer: Berlin, 2016.

[46] Zhao, H. Innovative Applications of Ionic Liquids as "Green" Engineering Liquids. Chem. Eng. Commun. 2006, 193, 1660–1677.

[47] Meindersma, W.; De Haan, A. B. Separation Processes With Ionic Liquids. In Ionic

Liquids Uncoiled; Plechkova, N. V.; Seddon, K. R., Eds.; John Wiley & Sons: Hoboken, NJ, 2012; pp. 119 – 179.

[48] Perez de los Ríos, A.; Hernández, F. Ionic Liquids in Separation Technology; Elsevier: Amsterdam, 2014.

[49] Gan, Q.; Zou, Y.; Rooney, D.; Nancarrow, P.; Thompson, J.; Liang, L.; Lewis, M. Theoretical and Experimental Correlations of gas Dissolution, Diffusion, and Thermodynamic Properties in Determination of Gas Permeability and Selectivity in Supported Ionic Liquid Membranes. Adv. Colloid Interface Sci. 2011, 164, 45 – 55.

[50] Scovazzo, P.; Visser, A. E.; Davis, J. H., Jr.; Rogers, R. D.; Koval, C. A.; DuBois, D. L.; Noble, R. D. Supported Ionic Liquid Membranes and Facilitated Ionic Liquid Membranes. In Ionic Liquids: Industrial Applications for Green Chemistry; Rogers, R. D.; Seddon, K. R., Eds.; American Chemical Society: Washington, DC, 2002; pp. 69 – 87.

[51] Schäfer, T.; DiPaolo, R. E.; Franco, R.; Crespo, J. G. Elucidating Interactions of Ionic Liquids With Polymer Films Using Confocal Raman Spectroscopy. Chem. Commun. 2005, 2594 – 2596.

[52] Scovazzo, P.; Kieft, J.; Finan, D. A.; Koval, C.; DuBois, D.; Noble, R. Gas Separations Using Non-Hexafluorophosphate [PF_6]$^-$ Anion Supported Ionic Liquid Membranes. J. Membr. Sci. 2004, 238, 57 – 63.

[53] Branco, L. C.; Crespo, J. G.; Afonso, C. A. M. Studies on the Selective Transport of Organic Compounds by Using Ionic Liquids as Novel Supported Liquid Membranes. Chem. Eur. J. 2002, 8, 3865 – 3871.

[54] Fortunato, R.; González – Muñoz, M. J.; Kubasiewicz, M.; Luque, S.; Alvarez, J. R.; Afonso, C. A. M.; Coelhoso, I. M.; Crespo, J. G. Liquid Membranes Using Ionic Liquids: The Influence of Water on Solute Transport. J. Membr. Sci. 2005, 249, 153 – 162.

[55] Hernández – Fernández, F. J.; de los Ríos, A. P.; Rubio, M.; Tomás – Alonso, F.; Gómez, D.; Víllora, G. A Novel Application of Supported Liquid Membranes Based on Ionic Liquids to the Selective Simultaneous Separation of the Substrates and Products of a Transesterification Reaction. J. Membr. Sci. 2007, 293, 73 – 80.

[56] Marták, J.; Schlosser, S.; Vlcková, S. Pertraction of Lactic Acid Through Supported Liquid Membranes Containing Phosphonium Ionic Liquid. J. Membr. Sci. 2008, 318, 298 – 310.

[57] Lozano, L. J.; Godínez, C.; de los Ríos, A. P.; Hernández – Fernández, F. J.; Sánchez – Segado, S.; Alguacil, F. J. Recent Advances in Supported Ionic Liquid Membrane Technology. J. Membr. Sci. 2011, 376, 1 – 14.

[58] Pratiwi, A. I.; Matsumoto, M. Separation of Organic Acids Through Liquid Membranes Containing Ionic Liquids. In Ionic Liquids in Separation Technology; Perez de

[59] Ilconich, J.; Myers, C.; Pennline, H.; Luebke, D. Experimental Investigation of the Permeability and Selectivity of Supported Ionic Liquid Membranes for CO_2/He Separation at Temperatures up to 125℃. J. Membr. Sci. 2007, 298, 41–47.

[60] Myers, C.; Pennline, H.; Luebke, D.; Ilconich, J.; Dixon, J. K.; Maginn, E. J.; Brennecke, J. F. High Temperature Separation of Carbon Dioxide/Hydrogen Mixtures Using Facilitated Supported Ionic Liquid Membranes. J. Membr. Sci. 2008, 322, 28–31.

[61] Scovazzo, P. Determination of the Upper Limits, Benchmarks, and Critical Properties for gas Separations Using Stabilized Room Temperature Ionic Liquid Membranes (SILMs) for the Purpose of Guiding Future Research. J. Membr. Sci. 2009, 343, 199–211.

[62] Fallanza, M.; Ortiz, A.; Gorri, D.; Ortiz, I. Experimental Study of the Separation of Propane/Propylene Mixtures by Supported Ionic Liquid Membranes Containing Agt–RTILs as Carrier. Sep. Purif. Technol. 2012, 97, 83–89.

[63] Crespo, J. G.; Noble, R. D. Ionic Liquid Membrane Technology. In Ionic Liquids Further UnCOILed: Critical Expert Overviews; Plechkova, N. V.; Seddon, K. R., Eds.; Wiley: Hoboken, NJ, 2014; pp. 87–116.

[64] Gomez-Coma, L.; Garea, A.; Rouch, J. C.; Savart, T.; Lahitte, J. F.; Remigy, J. C.; Irabien, A. Membrane Modules for CO_2 Capture Based on PVDF Hollow Fibers With Ionic Liquids Immobilized. J. Membr. Sci. 2016, 498, 218–226.

[65] Izák, P.; Ruth, W.; Fei, Z.; Dyson, P. J.; Kragl, U. Selective Removal of Acetone and Butan-1-ol From Water With Supported Ionic Liquid-Polydimethylsiloxane Membrane by Pervaporation. Chem. Eng. J. 2008, 139, 318–321.

[66] Izák, P.; Köckerling, M.; Kragl, U. Stability and Selectivity of a Multiphase Membrane, Consisting of Dimethylpolysiloxane on an Ionic Liquid, Used in the Separation of Solutes From Aqueous Mixtures by Pervaporation. Green Chem. 2006, 8, 947–948.

[67] Gan, Q.; Rooney, D.; Xue, M.; Thompson, G.; Zou, Y. An Experimental Study of Gas Transport and Separation Properties of Ionic Liquids Supported on Nanofiltration Membranes. J. Membr. Sci. 2006, 280, 948–956.

[68] Zarca, R.; Ortiz, A.; Gorri, D.; Ortiz, I. Facilitated Transport of Propylene Through Composite Polymer–Ionic Liquid Membranes. Mass Transfer Analysis. Chem. Prod. Process. Model. 2016, 11, 77–81.

[69] Matsumoto, M.; Murakami, Y.; Kondo, K. Separation of 1-Butanol by Pervaporation Using Polymer Inclusion Membranes Containing Ionic Liquids. Solvent Extr. Res. Dev., Jpn. 2011, 18, 75–83.

[70] Plaza, A.; Merlet, G.; Hasanoglu, A.; Isaacs, M.; Sanchez, J.; Romero, J. Sep-

aration of Butanol From ABE Mixtures by Sweep Gas Pervaporation Using a Supported Gelled Ionic Liquid Membrane: Analysis of Transport Phenomena and Selectivity. J. Membr. Sci. 2013, 444, 201 – 212.

[71] Hasanoglu, A. Investigation of Sorption Characteristics of Polymeric Membranes Containing Ionic Liquids for n – Butanol Recovery From Aqueous Streams. Desalin. Water Treat. 2016, 57, 6680 – 6692.

[72] Kohoutová, M.; Sikora, A.; Hovorka, Š.; Randová, A.; Schauer, J.; Tišma, M.; Setničková, K.; Petričkovič, R.; Guernik, S.; Greenspoon, N.; Izák, P. Influence of Ionic Liquid Content on Properties of Dense Polymer Membranes. Eur. Polym. J. 2009, 45, 813 – 819.

[73] Vopicka, O.; Hynek, V.; Friess, K.; Izák, P. Blended Silicone-Ionic Liquid Membranes: Transport Properties of Butan-1-ol Vapor. Eur. Polym. J. 2010, 46, 123 – 128.

[74] Cascon, H.; Choudhary, S. Separation Performance and Stability of PVDF – co – HFP/Alkylphosphonium Dicyanamide Ionic Liquid gel-Based Membrane in Pervaporative Separation of 1 – Butanol. Sep. Sci. Technol. 2013, 48, 1616 – 1626.

[75] Mai, N.; Kim, S.; Ha, S.; Shin, H.; Koo, Y. Selective Recovery of Acetone-Butanol – Ethanol From Aqueous Mixture by Pervaporation Using Immobilized Ionic Liquid Polydimethylsiloxane Membrane. Korean J. Chem. Eng. 2013, 30, 1804 – 1809.

[76] Matsumura, M.; Kataoka, H. Separation of Dilute Aqueous Butanol and Acetone Solutions by Pervaporation Through Liquid Membranes. Biotechnol. Bioeng. 1987, 30, 887 – 895.

[77] Christen, P.; Minier, M.; Renon, H. Ethanol Extraction by Supported Liquid Membrane During Fermentation. Biotechnol. Bioeng. 1990, 36, 116 – 123.

[78] Matsumura, M.; Takehara, S.; Kataoka, H. Continuous Butanol/Isopropanol Fermentation in Down – Flow Column Reactor Coupled With Pervaporation Using Supported Liquid Membrane. Biotechnol. Bioeng. 1992, 39, 148 – 156.

[79] Ishii, N.; Matsumura, M.; Kataoka, H.; Tanaka, H.; Araki, K. Diacetyl Fermentation Coupled With Pervaporation Using Oleyl Alcohol Supported Liquid Membrane. Bioprocess Eng. 1995, 13, 119 – 123.

[80] Qin, Y.; Sheth, J. P.; Sirkar, K. K. Pervaporation Membranes That Are Highly Selective for Acetic Acid Over Water. Ind. Eng. Chem. Res. 2003, 42, 582 – 595.

[81] Thongsukmak, A.; Sirkar, K. K. Pervaporation Membranes Highly Selective for Solvents Present in Fermentation Broths. J. Membr. Sci. 2007, 302, 45 – 58.

[82] Yamanouchi, N.; Ito, A.; Yamagiwa, K. Separation of Benzene/Cyclohexane by Vapor Permeation Through Triethylene Glycol Liquid Membrane. J. Chem. Eng. Jpn. 2003, 36, 1070 – 1075.

[83] Yamanouchi, N.; Ito, A.; Yamagiwa, K. Separation of Aromatic Hydrocarbons From

Gasoline Vapor by Vapor Permeation Through Triethylene Glycol Liquid Membrane. J. Chem. Eng. Jpn. 2004, 37, 1271 – 1273.

[84] Obuskovic, G.; Majumdar, S.; Sirkar, K. K. Highly VOC – Selective Hollow Fiber Membranes for Separation by Vapor Permeation. J. Membr. Sci. 2003, 217, 99 – 116.

[85] Izák, P.; Schwarz, K.; Ruth, W.; Bahl, H.; Kragl, U. Increased Productivity of Clostridium Acetobutylicum Fermentation of Acetone, Butanol, and Ethanol by Pervaporation Through Supported Ionic Liquid Membrane. Appl. Microbiol. Biotechnol. 2008, 78, 597 – 602.

[86] Heitmann, S.; Krings, J.; Kreis, P.; Lennert, A.; Pitner, W. R.; Górak, A.; Schulte, M. M. Recovery of n – Butanol Using Ionic Liquid – Based Pervaporation Membranes. Sep. Purif. Technol. 2012, 97, 108 – 114.

[87] Rdzanek, P.; Heitmann, S.; Górak, A.; Kamin'ski, W. Application of Supported Ionic Liquid Membranes (SILMs) for Biobutanol Pervaporation. Sep. Purif. Technol. 2015, 155, 83 – 88.

[88] Beltran, A. B.; Nisola, G. M.; Vivas, E. L.; Cho, W.; Chung, W. J. Poly(Octylmethylsiloxane)/Oleyl Alcohol Supported Liquid Membrane for the Pervaporative Recovery of 1 – Butanol from Aqueous and ABE Model Solutions. J. Ind. Eng. Chem. 2013, 19, 182 – 189.

[89] Cascon, H. R.; Choudhari, S. K. 1 – Butanol Pervaporation Performance and Intrinsic Stability of Phosphonium and Ammonium Ionic Liquid – Based Supported Liquid Membranes. J. Membr. Sci. 2013, 429, 214 – 224.

[90] Matsumoto, M.; Ueba, K.; Kondo, K. Vapor Permeation of Hydrocarbons Through Supported Liquid Membranes Based on Ionic Liquids. Desalination 2009, 241, 365 – 371.

[91] Dong, Y.; Guo, H.; Su, Z.; Wei, W.; Wu, X. Pervaporation Separation of Benzene/Cyclohexane Through AAOM – Ionic Liquids/Polyurethane Membranes. Chem. Eng. Prog. 2015, 89, 62 – 69.

[92] Strathmann, H.; Gundernatsch, W. Pervaporation in Biotechnology. In Pervaporation Membrane Separation Processes; Huang, R. Y. M., Ed.; Elsevier: Amsterdam, 1991; pp. 363 – 389.

[93] Hickey, P. J.; Slater, C. S. Selective Recovery of Alcohols from Fermentation Broths by Pervaporation. Sep. Purif. Methods 1990, 19, 93 – 115.

[94] Böddeker, K. W.; Bengtson, G.; Pingel, H. Pervaporation of Isomeric Butanols. J. Membr. Sci. 1990, 54, 1 – 12.

[95] Huang, J.; Meagher, M. M. Pervaporative Recovery of n – Butanol From Aqueous Solutions and ABE Fermentation Broth Using Thin – Film Silicalite – Filled Silicone Composite Membranes. J. Membr. Sci. 2001, 192, 231 – 242.

[96] Rozicka, A.; Niemistö, J.; Keiski, R. L.; Kujawski, W. Apparent and Intrinsic Properties of Commercial PDMS Based Membranes in Pervaporative Removal of Acetone, Butanol and Ethanol from Binary Aqueous Mixtures. J. Membr. Sci. 2014, 453, 108-118.

[97] Garcia Villaluenga, J. P.; Tabe-Mohammadi, A. A Review on the Separation of Benzene/Cyclohexane Mixtures by Pervaporation Processes. J. Membr. Sci. 2000, 169, 159-174.

[98] Yu, J.; Li, H.; Liu, H. Recovery of Acetic Acid Over Water by Pervaporation With a Combination of Hydrophobic Ionic Liquids. Chem. Eng. Commun. 2006, 193, 1422-1430.

[99] Martínez-Palou, R.; Likhanova, N. V.; Olivares-Xometl, O. Supported Ionic Liquid Membranes for Separations of Gases and Liquids: An Overview. Pet. Chem. 2014, 54, 595-607.

[100] Kárászová, M.; Kacirková, M.; Friess, K.; Izák, P. Progress in Separation of Gases by Permeation and Liquids by Pervaporation Using Ionic Liquids: A Review. Sep. Purif. Technol. 2014, 132, 93-101.

[101] Karkhanechi, H.; Salmani, S.; Asghari, M. A Review on Gas Separation Applications of Supported Ionic Liquid Membranes. ChemBioEng Rev. 2015, 2, 290-302.

[102] Zarca, G.; Ortiz, I.; Urtiaga, A. Copper(I)-Containing Supported Ionic Liquid Membranes for Carbon Monoxide/Nitrogen Separation. J. Membr. Sci. 2013, 438, 38-45.

[103] Ortiz, A.; Galán Sanchez, L. M.; Gorri, D.; De Haan, A. B.; Ortiz, I. Reactive Ionic Liquid Media for the Separation of Propylene/Propane Gaseous Mixtures. Ind. Eng. Chem. Res. 2010, 49, 7227-7233.

[104] Fallanza, M.; Ortiz, A.; Gorri, D.; Ortiz, I. Improving the Mass Transfer Rate in G-L Membrane Contactors With Ionic Liquids as Absorption Medium. Recovery of Propylene. J. Membr. Sci. 2011, 385-386, 217-225.

相关网站

http://ilthermo.boulder.nist.gov (NIST Ionic Liquids Database).

第 12 章 导电膜过程:基础及应用

12.1 概 述

电膜工艺最突出的大规模应用是通过电渗析进行海水淡化和通过电解生产氯碱。除目前这些传统的工艺应用外,离子交换膜还用于许多其他基于质量传输和电流耦合的过程,如化学物质的直接转换燃料电池中的电能或液流电池中的能量存储。[1-3]在这些过程中,离子交换膜是关键组成部分。

12.2 离子交换膜及其功能和制备

离子交换膜是导电膜工艺中的关键组成部分,它们可以通过选择性传输阴离子或阳离子表征。所有的离子交换膜应该具有高选择通过性、低电阻性、良好的物理性能和化学稳定性。

12.2.1 离子交换膜的性质及制备

现一共有两种离子交换膜:阳离子交换膜,在聚合物基质上含有带有负电荷基团;阴离子交换膜,在聚合物基质上含有带有正电荷的基团。在阳离子交换膜中,固定的负电荷与聚合物结构的间隙中移动阳离子处于电平衡状态。移动的阳离子称为离子,移动的带有与膜相同电荷的离子称为电离子。由于共离子排除,因此阳离子交换膜优先渗透阳离子,阴离子交换膜优先渗透阴离子。共离子从离子交换中排除到何种程度膜取决于膜及溶液性质。当一个阴离子交换膜和阳离子交换膜层压在一起时,将得到的结构称为双极膜。双极膜可被用于与单极膜组合来转化盐为相应的酸和碱,通过电增强水解离。

12.2.2 离子交换膜的性质

离子交换膜的性质取决于两个参数,即基本的材料和固定离子部分的类型及浓度。基本材料决定了膜的机械拉伸性能、化学和热稳定性程度[5,6];固定离子电荷的浓度和类型不仅决定了其选择通过性和电阻,而且对膜的机械性能有显著影响。

以下部分用作阳离子交换膜中的固定电荷:

$$-SO_3^-, -COO^-, -PO_3^{2-}, -PHO_2^-, -AsO_3^{2-}, -SeO^-$$

以下部分用作阴离子交换膜中的固定电荷：

$-\overset{+}{N}H_2R$，$-\overset{+}{N}HR_2$，$-\overset{+}{N}R_3$，$-\overset{+}{P}R_3$，$-\overset{+}{S}R_2$

磺酸基团几乎在整个 pH 范围内完全解离，而羧酸基团在 pH<3 的范围内很难电解。季铵基团在整个 pH 范围内再次完全解离，而仲铵基团在 pH>8 的范围内仅微弱地解离。因此，离子交换膜在性质上为弱酸性或强酸性或碱性。

12.2.3 离子交换膜的制备

制备离子交换膜的方法在许多出版物和专利中描述。[7-9]离子交换膜可以根据其结构和制备方法划分为均相膜和非均相膜。在均相离子交换膜中固定的带电基团均匀分布在整个膜聚合物基质上。非均相交换膜在聚合物的基质中具有不同的宏观结构域的离子交换树脂。

均相膜的结构如图 12.1 所示，图中显示了阳离子交换膜，固定在聚合物基质上的负电荷被移动阳离子和聚合物主链的间隙中的少量阴离子中和。均相离子交换膜的离子交换容量为每千克干膜 2~3 当量的范围。它们在电解质溶液中的水吸附量为 10%~30%，这取决于离子交换容量、膜聚合物基质和电解质浓度。

非均相膜结构如图 12.2 所示，图中显示了阳离子交换膜，其由嵌入离子交换树脂颗粒和惰性结合剂聚合物如聚乙烯中组成。离子通过非均相膜有效传输需要离子交换树脂颗粒之间的接触。因此，相比于均相膜，非均相膜通常具有较高的电阻和较低的选择性，非均相膜的离子交换能力通常较低，水吸附性高于均相膜。

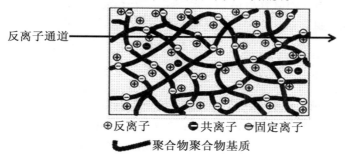

图 12.1　均相阳离子交换膜的结构和膜中离子通路的示意图

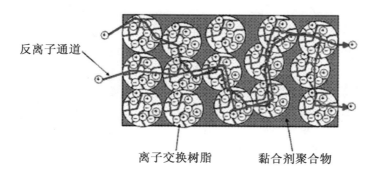

图 12.2　非均相阳离子交换膜的结构和膜中离子通路的示意图

1. 制备均相离子交换膜

均相离子交换膜可以通过聚合包含或可制成阴离子或阳离子的单体，通过聚合含有阴离子或阳离子部分的单体，或通过将阴离子或阳离子部分引入聚合物中溶解来制备。

制备阳离子交换膜的广泛应用方法是基于苯乙烯和二乙烯基苯及其聚合物的聚合及根据以下反应方案进行后续磺化：

在第一步中，苯乙烯部分聚合并与二乙烯基苯交联，然后在第二步中用浓硫酸磺化。

按照以下反应方案，通过氯甲基化方法将季胺基团引入聚苯乙烯中，然后用叔胺进行胺化反应，从而获得了可用于大规模商业化的均相阴离子交换膜：

上述膜结构及其制备仅仅是两个例子。多种基本制备工艺可导致产品不同。

最近开发的具有良好机械和化学稳定性及良好控制的离子交换能力的阳离子交换膜通过溶解磺化聚砜来制备。根据以下方案用氯磺酸进行磺化：

基于聚砜的阴离子交换膜可以通过主链聚合物的卤甲基化并根据以下反应方案与叔胺反应来制备:

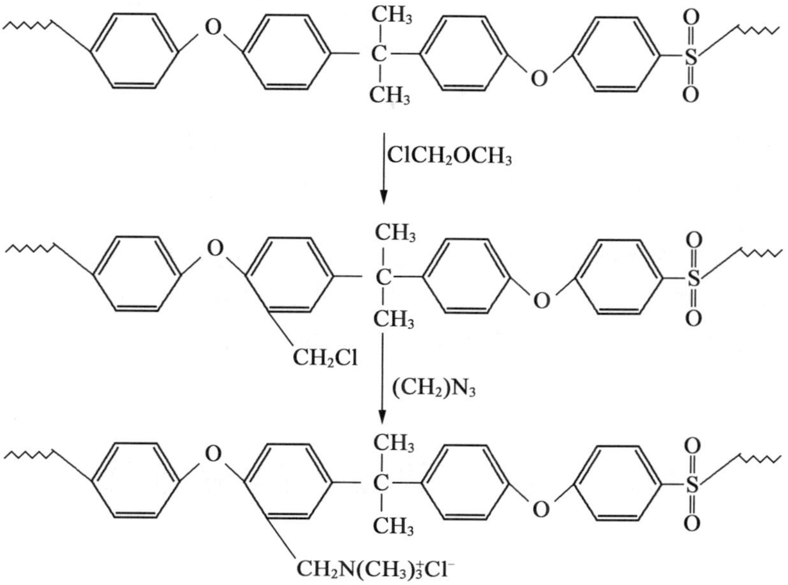

$$\text{聚合物结构} \xrightarrow{\text{ClCH}_2\text{OCH}_3} \text{氯甲基化中间体（CH}_2\text{Cl）} \xrightarrow{(\text{CH}_2)\text{N}_3} \text{CH}_2\text{N(CH}_3)_3^+\text{Cl}^-$$

为获得具有不同离子交换能力的膜,可以将磺化聚砜与未磺化聚合物在溶剂如N-甲基吡咯烷酮中混合。通过改变磺化聚合物与未磺化聚合物的比例,可以容易地将固定电荷密度调节至所需值。

基于聚砜的离子交换膜具有优异的化学稳定性和热稳定性。

为制备阳离子交换膜,使用聚醚醚酮作为碱性聚合物[10],其很容易被浓硫酸磺化。

2. 非均相膜的制备

通过将离子交换粉末与干燥的黏合剂聚合物混合,然后在适当的压力和温度条件下挤出片材或通过将离子交换颗粒分散在成膜溶液中,可以容易地制备非均相离子交换膜。离子交换颗粒在成膜黏合剂中,然后浇铸薄膜,蒸发溶剂。

非均相离子交换膜含有64%~68%的离子交换颗粒。含有小于64%离子交换颗粒的膜具有高电阻,并且对于大于68%的树脂颗粒的膜具有差的机械强度。此外,非均相膜在溶胀过程中通常在聚合物基质中形成水填充通道,这影响了机械性能和选择渗透性,离子交换膜浇铸在支撑筛上以增加其机械强度和形成稳定性。

3. 特殊性质膜

除上述单极膜外,在各种应用中使用了大量具有特殊性质的膜。商业上最重要的特殊性质阳离子交换膜之一是基于氟碳聚合物。该膜具有极高的化学和热稳定性,是氯碱电解及当今大多数燃料电池的关键组成部分。它可以通过四氟乙烯与每个侧链末端具有羧酸或磺酸基团的氟代乙烯基醚的共聚合来制备,如下列结构所示:

$$-[(CF_2-CF_2)_k-CF-CF_2]_l-$$
$$|$$
$$(CF_2-CF)_m-O-(CF_2)_n X$$
$$|$$
$$CF_3$$

$k=5\sim8; l=600\sim1\,200; m=1\sim2; n=1\sim4; X=SO_3^-, COO^-$

每个氟碳化合物膜的合成都是相当复杂且需要多步骤过程。目前市售的一般基本结构有几种变化。[11] 除各种氟化阳离子交换膜外,还开发了阴离子交换膜,迄今为止,尚未达到与阳离子交换膜具有相同的商业相关性。

其他特殊性质的膜是所谓的低污染阴离子交换膜,用于某些废水处理应用或复合膜表面有一层薄弱的羧酸基团,类似于丙氨酸阴离子交换层和阳离子交换层的双极膜,用于生产质子和氢氧根离子,通过电渗析将盐转化为相应酸和碱,制备技术在许多出版物中有详细描述。[12,13]

12.3 离子在膜和溶液中的迁移

膜和电解质溶液中组分的传输速率由其浓度、在给定环境中的移动性及驱动力或作用在组件上的驱动力决定。组件的移动性由其与周围其他组件的相互作用决定。传输离子的驱动力是电化学势的梯度。为在电解质溶液中施加电势,两个电子导体(通常是两个电极)必须与电解质接触。在电极/电解质界面处,电子电导被转换成离子电导。在电解质溶液中,正电荷和负电荷的数量在宏观尺度上必须始终相等。

12.3.1 电解质溶液中的电流和欧姆定律

当两个电极之间与电解质溶液接触时,电位差被建立,阴离子将迁移到阴极。在这里,它们通过在电化学反应中电子释放到电极以被氧化。同样,阳离子将向阴极迁移,被还原,从电极得到电子。因此,电极之间的电解质溶液中的离子传输导致电荷的传输,即电流。在没有浓度梯度的电解质溶液中,电流和电势驱动力之间的关系可以通过与金属导体中的电子传输相同的等式来描述,即通过欧姆定律给出,有

$$U = RI \tag{12.1}$$

式中,U 是电子传导材料(如金属或离子传导系统)中两点之间的电势,如电解质溶液;I 是电流;R 是电阻。

电阻 R 是材料的特定电阻(称为电阻率),是导电材料中的两个点之间的距离及电流通过的材料的横截面积的函数。它由下式给出,即

$$R = \rho \frac{l}{A} \tag{12.2}$$

式中,R 是电阻;ρ 是电阻率,通常又称特定电阻;l 是长度;A 导电材料的横截面积。

电阻或电阻率的反转分别是电导和电导率,因此有

$$S = \frac{1}{R}, \kappa = \frac{1}{\rho} \tag{12.3}$$

式中,S是电导;κ是电导率。

然而,金属导体中电子的电导率通常比电解质溶液中的离子高 3~5 个数量级。此外,金属的电导率随着温度的升高而降低,而电解质溶液的电导率随温度的升高而增加。然而,电子和离子传导率之间最重要的区别在于离子传导性总是与传质相结合。电解质溶液的电导率为

$$\kappa = \Lambda_{mol} c_s \tag{12.4}$$

式中,Λ_{mol}是摩尔电导率;c_s是溶液中电解质的摩尔浓度。

摩尔电导率是其各个离子的贡献之和,因此有

$$\Lambda_{mol} = v_+ \lambda_+ + v_- \lambda_- \tag{12.5}$$

式中,λ 是离子电导率;v 是化学计量系数,是指摩尔电解质中的离子数;下标 + 和 – 分别指阳离子和阴离子。

在实际应用中,使用术语等效浓度和等效电导率。等效浓度等效电导率为

$$c_{eq} = \sum_i |z_i| v_i c_s \tag{12.6}$$

$$\lambda_{eq} = \frac{\Lambda_{mol}}{\sum_i |z_i| v_i} \tag{12.7}$$

离子电导率是离子迁移率的函数,有

$$\lambda_i = |z| u_i F \tag{12.8}$$

式中,z 是离子的电荷数;u_i 是离子迁移率;F 是法拉第常数。

由式(12.4)~(12.8)组合得到

$$\kappa = c_s \Lambda_{mol} = c_{eq} v_{eq} = c_s \sum_i v_i \lambda_i = c_s \sum_i |z_i| v_i \lambda_{eq} = F c_s \sum_i |z_i| v_i u_i = F c_{eq} \sum_i u_i \tag{12.9}$$

式中,c_s 和 c_{eq} 是溶液中电解质的摩尔浓度和当量浓度;$|z_i|$是离子的电荷数;v_i 是电解质中 v_s 的化学计量系数;λ 和 λ_{eq} 是离子和等效电导率;u_i 是离子迁移率。

因此,化学计量系数给出了摩尔电解质中的离子数,并给出了与离子相关的电荷数。

例如,对于 NaCl,阳离子和阴离子的化学计量系数即 n_c 和 n_a 是相同的并且等于 1,阴离子和阳离子的电荷数也是相同的,即 z_c 和 z_a 等于 1。对于 $MgCl_2$,n_c 为 1,n_a 为 2,z_c 为 2,z_a 为 1。

12.3.2 离子交换膜和电解质溶液中的质量传递

为描述电解质溶液或离子交换膜中的质量传递,必须考虑三个独立的流体,即阳离子的流动、阴离子的流动和溶剂的流动。[14]离子的传输可以通过在分子水平上的扩散和迁移或通过对流(即黏性流动)在宏观水平上完成。离子的传输是电化学电位梯度和溶剂传输的结果,通过膜是溶剂的化学势差的结果,即通过渗透或与电流结合,这就是电渗。

1. 离子转换中的通量及驱动力

电解质溶液中组分 i 流动的驱动力是其电化学势的梯度。

考虑到垂直于膜表面的方向的一维情况,电化学势梯度为

$$\frac{\mathrm{d}\widetilde{\mu}_i}{\mathrm{d}z} = \frac{\mathrm{d}\mu_i}{\mathrm{d}z} + \frac{\mathrm{d}\varphi}{\mathrm{d}z} = \overline{V}_i\frac{\mathrm{d}p}{\mathrm{d}z} + RT\frac{\mathrm{d}\ln a_i}{\mathrm{d}z} + z_iF\frac{\mathrm{d}\varphi}{\mathrm{d}z} \tag{12.10}$$

式中,$\widetilde{\mu}_i$、μ_i、a_i 和 V_i 分别是电化学势、化学势、活性和部分摩尔体积;i 代表不同成分;φ 和 p 分别是静水压力和电势;z 是垂直于膜表面的方向坐标;R 是气体常数;T 是温度;F 是法拉第常数。

在恒定温度下组分的质量传递可以描述为驱动力的函数现象学方程[15],即

$$J_i = L_i\frac{\mathrm{d}\widetilde{\mu}_i}{\mathrm{d}z} = L_i\left(\overline{V}_i\frac{\mathrm{d}p}{\mathrm{d}z} + RT\frac{\mathrm{d}\ln a_i}{\mathrm{d}z} + z_iF\frac{\mathrm{d}\varphi}{\mathrm{d}z}\right) \tag{12.11}$$

式中,J_i 和 L_i 是流动和现象学系数,将驱动力与相应的流动相关联,其中下标 i 指的是系统中的一个组成部分。

组分 a_i 的活性由浓度 c_i 乘以活性系数 g_i 给出,即

$$a_i = c_i\gamma_i \tag{12.12}$$

式中,a_i 是活性;g_i 是组分 i 的活性系数。

$$\frac{\mathrm{d}\ln a_i}{\mathrm{d}z} = \frac{\mathrm{d}\ln c_i + \mathrm{d}\ln \gamma_i}{\mathrm{d}z} = \frac{\mathrm{d}\ln c_i}{\mathrm{d}z}\left(1 + \frac{\mathrm{d}\ln \gamma_i}{\mathrm{d}\ln c_i}\right) = \frac{1}{c_i}\left(1 + \frac{\mathrm{d}\ln \gamma_i}{\mathrm{d}\ln c_i}\right)\frac{\mathrm{d}c_i}{\mathrm{d}z} \tag{12.13}$$

将离子迁移率和扩散系数引入方程式,得到

$$J_i = L_i\frac{\mathrm{d}\widetilde{\mu}_i}{\mathrm{d}z} = u_ic_i\frac{\mathrm{d}\widetilde{\mu}_i}{\mathrm{d}z} = D_ic_i\frac{\mathrm{d}\widetilde{\mu}_i}{\mathrm{d}z} \tag{12.14}$$

式中,L_i、u_i 和 D_i 分别是现象学系数、离子迁移率和扩散系数;c_i 是浓度;u_i 是组分 i 的电化学势。

假设方法可以被认为是理想的,可得到

$$\frac{\mathrm{d}\ln a_i}{\mathrm{d}z} = \frac{\mathrm{d}\ln c_i}{\mathrm{d}z} = \frac{1}{c_i}\frac{\mathrm{d}c_i}{\mathrm{d}z} \tag{12.15}$$

将式(12.15)和式(12.14)代入式(12.11)中,在理想溶液中的电解质中,组分 i 的通量和恒定的压力及温度为

$$J_i = -D_i\left(\frac{\mathrm{d}c_i}{RT} + \frac{z_iFc_i}{RT}\frac{\mathrm{d}\varphi}{\mathrm{d}z}\right) \tag{12.16}$$

式中,J_i 是电势;D_i 是扩散系数;c_i 是浓度;z_i 是分量 i 的电荷数。式(12.16)与 Nernst – Planck 流动方程式相同。

$D_i\frac{\mathrm{d}c_i}{\mathrm{d}z}$ 表示式(2.14)中的扩散,$D_i\frac{z_ic_iF}{RT}\frac{\mathrm{d}\varphi}{\mathrm{d}z}$ 表示组分的迁移。因此,Nernst – Planck 方程是一般的现象学方程的近似,假设活性系数是统一的,忽略不同流体之间的所有动力学耦合。

2. 电流和通量

电荷的通量即电解质中的电流与离子的通量成正比,即

$$I = iA = F\sum_i z_iJ_iA \tag{12.17}$$

将式(12.14)中表示的离子流引入式(12.15)中,得到电流密度 i 作为扩散系数、法拉第常数、离子浓度和电势梯度的函数,即

$$i = F\sum_i z_i J_i = F^2 \sum_i z_i^2 \frac{c_i D_i}{RT}\left(\frac{RT}{z_i c_i F}\frac{\mathrm{d}c_i}{\mathrm{d}z} + \frac{\mathrm{d}\varphi}{\mathrm{d}z}\right) \tag{12.18}$$

式中,i 是电流密度;F 是法拉第常数;c 是浓度;φ 是电位;z_i 是电荷数,其下标 i 指阴离子和阳离子电荷数;D 是离子扩散系数;R 是气体常数;T 是绝对温度;z 是方向坐标。

$\frac{RT}{z_i c_i F}\frac{\mathrm{d}c_i}{\mathrm{d}z}$ 表示电势梯度的大小,代表浓度电位在两种不同浓度的电解质溶液之间建立。

3. 传质数和膜的选择通过性

在电解质溶液中,电流由两种离子携带。在渗透选择性阳离子或阴离子交换膜中,电流优先由抗衡离子携带。

由某个离子携带的电流的分数由其离子传输数表示,即

$$t_i = \frac{z_i J_i}{\sum z_i J_i} \tag{12.19}$$

式中,t_i 是成分 i 的传输量;z_i 是电荷数;J_i 是其通量。

溶液中所有离子的传输数之和为1。

膜的选择渗透性是决定膜性能的重要参数,它描述了膜通过给定电荷的离子并保留相反电荷的离子的程度。阳离子和阴离子交换膜的选择渗透性可以通过以下关系定义:

$$\Psi^{\mathrm{cm}} = \frac{t_c^{\mathrm{cm}} - t_c}{t_a}, \Psi^{\mathrm{am}} = \frac{t_a^{\mathrm{am}} - t_a}{t_c} \tag{12.20}$$

式中,Ψ 是膜的选择性;t 是传输数;上标 cm 和 am 是指阳离子和阴离子交换膜;下标 c 和 a 分别指阳离子和阴离子。

理想的选择性阳离子交换膜只能传输带正电的离子,即阳离子交换膜中反离子的传输数为 $t_c^{\mathrm{cm}} = 1$ 膜的选择性是 $\Psi = 1$。当膜内的传输数与电解质溶液中的传输数相同时,选择性接近于零,即 $t_c^{\mathrm{cm}} = t_c$ 时,$\Psi^{\mathrm{cm}} = 0$,阴离子交换膜具有相应的关系。

4. 道南平衡与道南排斥

离子交换膜中的共离子浓度可以根据在离子交换膜和溶液之间建立的 Donnan 平衡来计算。它可以在电化学电位为0的条件下由式(12.10)计算,即

$$\frac{\mathrm{d}\tilde{\mu}_i}{\mathrm{d}z} = 0 = \overline{V}_i\frac{\mathrm{d}p}{\mathrm{d}z} + RT\frac{\mathrm{d}\ln a_i}{\mathrm{d}z} + z_i F\frac{\mathrm{d}\varphi}{\mathrm{d}z} \tag{12.21}$$

积分和重新排列给出溶液和膜之间的电势差,称为道南电势,即

$$\varphi_{\mathrm{Don}} = \varphi^{\mathrm{m}} - \varphi^{\mathrm{s}} = \frac{1}{z_i F}\left[RT\ln\frac{a_i^{\mathrm{s}}}{a_i^{\mathrm{m}}} + \overline{V}_i(p^{\mathrm{s}} - p^{\mathrm{m}})\right] \tag{12.22}$$

式中,φ 是电位;p 是压力;a 是活度;z 是电荷数;V 是部分摩尔体积;F 是法拉第常数;R 是气体常数;T 是温度;下标 i 和 Don 指离子和 Donnan 势;上标 s 和 m 指溶液和膜。

将膜与溶液之间的压力差 $p^{\mathrm{s}} - p^{\mathrm{m}}$ 引入式(12.22)中得

$$\varphi_{\text{Don}} = \varphi^{\text{m}} - \varphi^{\text{s}} = \frac{1}{z_i F}\left(RT\ln\frac{a_i^{\text{s}}}{a_i^{\text{m}}} + \overline{V}_i \Delta\pi\right) \tag{12.23}$$

由阳离子和阴离子计算的 Donnan 电位的数值是相同的,因此有

$$\varphi_{\text{Don}} = \frac{1}{z_a F}\left(RT\ln\frac{a_c^{\text{s}}}{a_c^{\text{m}}} + \overline{V}_c \Delta\pi\right) = \frac{1}{z_i F}\left(RT\ln\frac{a_a^{\text{s}}}{a_a^{\text{m}}} + \overline{V}_a \Delta\pi\right) \tag{12.24}$$

$$z_a \cdot v_a = -z_c \cdot v_c, \quad \overline{V}_s = v_a \overline{V}_a + v_c \overline{V}_c \tag{12.25}$$

式中,n 和 z 分别是化学计量系数和电荷数;V 是部分摩尔体积;下标 a、c 和 s 是指阴离子、阳离子和盐。

将式(12.25)代入式(12.24)中并重新排列导致

$$\left(\frac{a_a^{\text{s}}}{a_a^{\text{m}}}\right)^{\frac{1}{z_a}} \left(\frac{a_c^{\text{s}}}{a_c^{\text{m}}}\right)^{\frac{1}{z_c}} = \text{e}^{-\frac{\Delta\pi \overline{V}_s}{RT v_c z_c}} \tag{12.26}$$

式(12.26)描述了溶液和膜之间的 Donnan 平衡。根据膜的固定离子,阴离子或阳离子可以是共离子,即在阳离子交换膜中阴离子是共离子,在阴离子交换膜中阳离子是共离子。

在式(12.26)中引入离子浓度和离子活度的活度系数,并重新排列导致

$$\left(\frac{c_{\text{co}}^{\text{s}}}{c_{\text{co}}^{\text{m}}}\right)^{\frac{1}{z_{\text{co}}}} \left(\frac{c_{\text{cou}}^{\text{m}}}{c_{\text{cou}}^{\text{s}}}\right)^{\frac{1}{z_{\text{cou}}}} = \left(\frac{\gamma_{\text{co}}^{\text{m}}}{\gamma_{\text{co}}^{\text{s}}}\right)^{\frac{1}{z_{\text{co}}}} \left(\frac{\gamma_{\text{cou}}^{\text{s}}}{\gamma_{\text{cou}}^{\text{m}}}\right)^{\frac{1}{z_{\text{cou}}}} \text{e}^{-\frac{\Delta\pi \overline{V}_s}{RT v_c z_c}} \tag{12.27}$$

式中,c 和 g 是浓度和活度系数;下标 co 和 cou 分别表示共离子和反离子;上标 s 和 m 表示膜和溶液;下标 c 和 s 表示阳离子和盐。所有其他符号与前面的等式相同。

在实际条件下计算多组分电解质膜中的共离子浓度是相当复杂的。然而,对于单价电解质,当进行某些假设时,可以估计离子交换膜中的共离子浓度,有指数函数

$$\text{e}^{-\frac{\Delta\pi \overline{V}_s}{RT v_c z_c}} \cong 1$$

溶液中活性系数与膜的比例为 1,即

$$\left(\frac{\gamma_{\text{co}}^{\text{m}}}{\gamma_{\text{co}}^{\text{s}}}\right)^{\frac{1}{z_{\text{co}}}} \left(\frac{\gamma_{\text{cou}}^{\text{s}}}{\gamma_{\text{cou}}^{\text{m}}}\right)^{\frac{1}{z_{\text{cou}}}} \cong 1$$

反离子浓度接近固定离子浓度,即

$$c_{\text{cou}}^{\text{m}} = c_{\text{fix}}' + c_{\text{co}}' \cong c_{\text{fix}}$$

在电渗析的许多实际应用中,这些假设对于第一近似是有效的,并且膜中对于单价盐的共离子浓度为

$$c_{\text{co}}^{\text{m}} = \frac{c_s^{\text{s2}}}{c_{\text{fix}}} \tag{12.28}$$

式中,c 是浓度;下标 co、s 和 fix 是指膜的共离子、盐和固定离子;上标 s 和 m 是指膜和溶液。

式(12.28)表明膜中的共离子浓度,因此膜的选择渗透性随着溶液中盐浓度的增加而降低。

5. 膜反离子选择性

离子通过膜的传输速率取决于它们的浓度和它们在膜中的迁移率。膜中共离子的浓度总数非常低,反离子的浓度非常高且接近膜的固定电荷的浓度。膜中离子的迁移率

主要取决于水合离子的半径和膜结构。H^+ 和 OH^- 的出现与水溶液中不同离子的迁移率差别不大，它们的迁移率比其他离子高 5~8 倍。对于 H^+ 离子特别高的运动性，可以通过基于链反应和水簇中键的重排而不是离子通过溶液的实际运动的传输机制来解释。这不仅解释了质子的高迁移率，而且它也是阴离子交换膜对质子的高渗透性的原因之一，而这些膜通常对盐阳离子具有非常低的渗透性。相同的机理也适用于氢氧化物的运输。因此，氢氧根离子在水溶液中及在阳离子交换膜中的渗透性远高于其他盐阴离子。由于质子和氢氧根离子仅在很小程度上被运输，因此被水化壳包围的单个离子在膜中的水传输数总数非常低，并且它们对水的电渗传输贡献很小。

膜中不同反离子的浓度主要由被称为"电选择性"的静电效应决定。通常，多价抗衡离子比离子交换膜中的一价离子更强。典型的对含有固定的 SO_3^- 基因的阳离子交抽膜的反离子渗透顺序如下：

$$Ba^{2+} > Pb^{2+} > Sr^{2+} > Ca^{2+} > Mg^{2+} > Ag^+ > K^+ > NH_4^+ > Na^+ > Li^+$$

对于含有季铵基团作为固定电荷的阴离子交换膜中的阴离子，获得了类似的反离子交换序列，即

$$I^- > NO_3^- > Br^- > Cl^- > SO_4^{2-} > F^-$$

12.4 离子交换膜过程

根据离子的过程，分为三种类型[17]：
① 电去离子，如电渗析或连续电去离子；
② 电合成，如氯碱或氢气生产；
③ 电化学能量转换，如燃料电池或电池。

在第一种类型的方法中，使用电势梯度从溶液中除去带电组分，如离解的盐；在第二种类型的方法中，离子的传输与产生某些化学物质的电化学反应相结合；第三种类型的过程涉及将化学物质直接转化为电能。

12.4.1 电渗析

迄今为止，电渗析是目前最重要的电膜工艺，在海水淡化、废水处理及食品和化学加工工业中具有大量有趣的大规模应用。

1. 电渗析原理

电渗析的原理如图中所示，图 12.3 显示了由一系列阴离子交换膜和阳离子交换膜交替排列组成的电渗析池的示意图极之间的单个膜堆。[18] 如果离子溶液如盐水溶液通过这些电池并在电池之间建立电势，则带正电的阳离子向阴极迁移，带负电的阴离子向阳极迁移。阳离子通过带负电的阳离子交换膜，但被带正电荷的阴离子交换膜保留。同样，带负电荷的阴离子通过阴离子交换膜并被阳离子交换膜保留。总体结果是交替隔室中的离子浓度增加，而其他隔室同时耗尽。耗尽的溶液称为稀释液，浓缩溶液称为盐水。两个连续的阴离子和阳离子交换膜构成池对，其是所谓的电渗析堆栈中的重复单元。一

个组件可容纳数百个单元对。

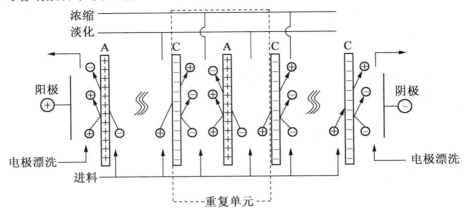

图 12.3　两个电极之间具有交替串联的阳离子和阴离子交换膜的堆栈中通过电渗析进行脱盐的原理示意图

2. 电渗析设备和工艺设计

电渗析装置在实际应用中的性能受到离子交换膜的性质及其在堆栈中的排列及若干工艺参数的影响，如堆中不同流体的流速、施加的电流密度、从进料液中回收产物等。

（1）电渗析叠层和垫片设计。

电渗析中的关键要素是堆栈，其在两个电极之间保持一系列阳离子和阴离子交换膜。用于水脱盐的典型电渗析堆包含堆栈在电极之间的 200～600 个膜。层流式电渗析堆栈装置的分解图如图 12.4 所示，其指示单个电池和包含歧管的间隔垫圈，用于分配不同的流体（显示单个池和用于分不同流动流的间隔垫片），通过间隔垫圈分离膜，其示意性地展示出所谓的层流电渗析叠层的设计。间隔垫片由支撑膜的屏幕组成，并控制池中的流动分布。垫圈将池密封到外部并包含歧管以将过程流体分配到不同的隔室中，尽量减少在池中溶液的电阻，两个膜之间的距离保持尽可能小，并且在工业电渗析堆中的范围为 0.5～2 mm。适当的电渗析堆设计确保了各个池中溶液的均匀混合，从而在最小压力损失下使浓差极化最小化。

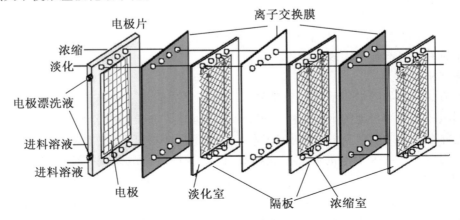

图 12.4　层流式电渗析堆栈装置的分解图

关于垫片的构造和它们在堆栈中的布置有两个主要的概念:一种是所谓的层流间隔物概念,如图 12.5(a)所示;另一种是所谓的曲折路径概念,如图 12.5(b)所示。层流隔片垂直安装在一个叠层中,流速为 2~3 cm·s^{-1},膜堆中的压降通常小于 0.2 bar。

曲折路径间隔件水平安装在堆栈中,池中的流速在 6~10 cm·s^{-1} 范围内,并且堆中的压降为 1~2 bar,但是处理路径的长度比片状间隔垫片的长度长得多。

(2)浓差极化和极限电流密度。

极限电流密度定义为可以通过池对但是不会产生不利影响的最大电流密度。如果超过极限电流密度,则稀释液中的电阻将增加并且可能在膜表面发生水解离,这会影响电流利用并且可导致溶液中的 pH 变化。极限电流密度是池对的稀释室中膜表面浓差极化的结果,电渗析中的浓差极化是溶液和膜中离子迁移数差异的结果,如图 12.6 所示,其显示盐浓度分布和表面浓缩液和稀释液中阳离子和阴离子的通量。

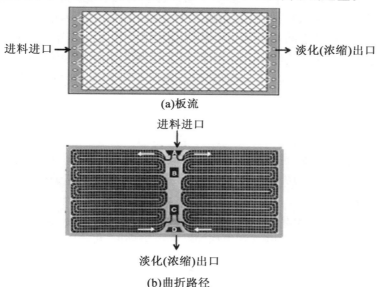

图 12.5 板流和曲折路径间隔件概念的示意图

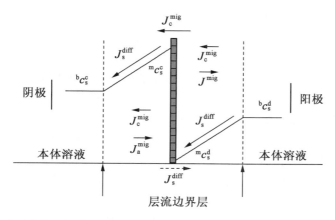

图 12.6 阳离子交换两侧的层状边界层中盐的浓度分布的示意图以及溶液和膜中的通量

图 12.6 中,J 和 c 表示离子通量和离子浓度;上标 mig 和 diff 表示迁移和扩散;上标 d 和 c 表示稀释和浓缩溶液;上标 b 和 m 表示体积相和膜表面;下标 a 和 c 分别指阴离子和阳离子。

在电渗析过程中,阳离子迁移到阴极,阴离子迁移到阳极。在该溶液中,阴离子和阳离子的传输数量不是很大并且接近 0.5。在离子交换膜中,反离子的传输数通常接近 1,并且共离子的传输数接近。因此,在阳离子交换膜的表面处,溶液中的阳离子浓度因膜中阳离子的高传输数量而减少。由于阴离子向相反的方向迁移,因此稀释液中的电解质浓度在表面上减少并在膜表面和充分混合的本体溶液之间的层流边界中建立离子浓度梯度,该浓度梯度导致扩散电解质向膜表面传输。当离子从膜表面的迁移通过盐向膜表面的扩散传输来平衡时,可以获得稳态的情况。在阳离子交换膜的表面向浓缩液的另一侧,由于浓差极化导致膜表面的电解质浓度增加,因此总体结果是面向稀释物的膜表面处的离子耗尽及面向浓缩物的一侧膜表面的离子增加。电渗析中的浓差极化可以通过质量平衡来确定,考虑到膜之间流动通道中的所有流体。在实际应用中,由于间隔物效应,因此难以确定堆中流体的流体动力学条件。然而,通过应用薄膜模型浓差极化效应,电流密度可以表示为体溶液浓度、离子的传输数、电解质的扩散系数和层流边界的厚度的函数,即

$$i = \frac{z_i F D_i}{t_i^m - t_i^s} \frac{\Delta c_i^d}{\Delta z} \tag{12.29}$$

式中,t 是反离子的传输数;Δc 是膜表面和体积溶液之间的浓度差异;D 是扩散系数;F 是法拉第常数;z 电荷数;Δz 是边界层厚度;下标 i 指的是阳离子或阴离子;上标 d、m 和 s 分别指稀释液、膜和溶液。

当膜表面的离子浓度为 0 时,在稀释液中通量达到最大。然后,通进的电流达到了施加电势无关的最大值,该最大电流密度称为极限电流密度,即

$$i_{\lim} = \frac{z_i F D_s}{t_i^m - t_i^b} \frac{{}^b c_s^d}{\Delta z} \tag{12.30}$$

式中,$i_{\lim}$ 是极限电流密度;${}^b c_s^d$ 是本体溶液中稀释液的盐浓度。所有其他符号具有与式(12.29)中含义相同。

在实际应用中,极限电流密度通常通过实验确定并描述为对其的函数通过以下关系稀释流速和浓度:

$$i_{\lim} = a u^b F c_s^d \tag{12.31}$$

式中,c_s^d 是稀释液中溶液的浓度;u 是溶液通过平行于膜表面的池的线性流速;F 是法拉第常数;a 和 b 是给定堆栈设计的特征常数,必须通过实验确定。

(3)膜污染和电渗析逆转。

由于浓缩室中盐浓度的浓差极化效应,如图 12.6 所示,因此在膜表面的盐浓度增加。当膜表面的浓度超过盐的溶解度时,它将沉淀。这经常导致严重的膜污染,特别是在溶液含有带电的大分子组分并且需要频繁的膜清洗时。在实际应用中,如淡盐水的脱盐,使用被称为"电渗析反转"的操作模式。[19] 在电渗析反转操作模式中,施加到电渗析堆的电场的极性在一定的时间间隔内反转。同时,流体被逆转,即稀释液变成浓缩液,反

之亦然。结果是在膜表面沉淀的物质将被重新溶解并随着流体通过腔室而被除去。电渗析反转的原理如图 12.7 所示。

图 12.7 显示了由两个电极之间的阳离子和阴离子交换膜形成的电渗析池和含有带负电荷的大分子"结垢"组分的进料液。如果施加电场,这些组分将迁移到阴离子交换膜并沉积在其表面上以形成所谓的"污垢层",这会影响电渗析过程的效率。如果极性反转,带负电的组分现在将从阴离子交换膜迁移回到进料流中并恢复膜性质。该方法又称就地清洗,不仅对于去除胶体污垢材料,而且对于去除沉淀的盐都非常有效。

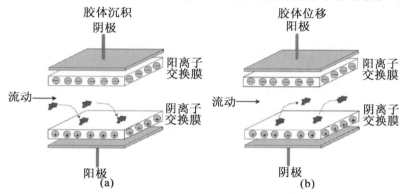

图 12.7 通过在电渗析反转操作模式中反转电场从阴离子交换膜表面除去沉积的带负电荷的胶体组分的示意图

就地清洗方法现在几乎用于所有电渗析水淡化系统。在反极性操作模式中,液压流体流与极性同时反转,即稀释池变为浓缩池,反之亦然。在此操作模式中,电流的极性以特定的时间间隔改变,范围从几分钟到几个小时。在极性和流体的逆转期间,脱盐产物的浓度超过产品质量规格的时间很短。因此,产品出水口具有浓度传感器控制附加的三通阀。该阀门将高浓度产品转移到废物流中,然后当浓度恢复到特定量时,将流体引导至产品出口。因此,在电渗析逆转中,总是有一定量的产物损失到废物流中,其在实践中小于 2%。电渗析反转操作模式如图 12.8 所示,其显示了在电渗析反转模式下操作的电渗析装置的简化流程图。

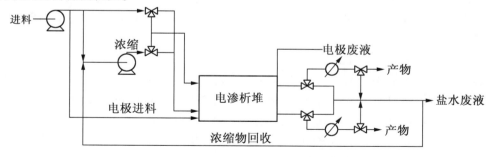

图 12.8 在连续操作模式下电渗析逆转的流程图

在使进料液通过堆栈时可以实现的脱盐程度是溶液浓度、施加的电流密度和溶液在堆中的停留时间的函数。如果进料的单一路径中可实现的脱盐程度或浓度不足,则几个出口串联操作或将部分稀释液或浓缩物反馈至进料液。

3. 电渗析中的水运输

从稀释液到浓缩液的电渗析中的水输送可显著影响过程效率。如果可以排除流体之间的压力差导致的对流流动，则仍有两种来源将水从稀释液输送到浓缩液中：一是两种溶液之间的渗透压差异的结果；二是水与水的耦合引起的电渗。通过迁移传输通过膜的离子，根据离子交换膜的不同，两种通量中的每一种都可能占主导地位，具体取决于离子交换膜，由膜分离的溶液中的盐浓度和电流密度决定。电渗析中，稀释液和浓缩物的盐浓度存在相对较大的差异，电渗流是主要的并且通常远高于渗透流。电渗透引起的水通量与离子通量成正比，即

$$J_w = m_t \sum_i J_i \tag{12.32}$$

式中，m_t 是膜的水传输数；J_w 是水流；J_i 是离子流水传输数。因此，有

$$m_t = \frac{J_w}{\sum_i J_i} \tag{12.33}$$

水传输数是指一种离子通过给定膜转移的水分子数，它取决于膜和电解质即离子的大小、它们的化合价及它们在溶液中的浓度。在盐水溶液和商业离子交换膜中，水输送数为 4~8，即 1 mol 离子通过典型的商业离子交换膜输送 4~8 mol 水。

在实际应用中，电渗析受到不完全电流利用的影响，这是膜渗透性差，通过堆线歧管的平行电流和通过渗透和电渗的对流传输水而导致的。在稀释液和浓缩液间具有低压差的堆中，对流水输送低可忽略不计，并且通过歧管的电流通常可以忽略不计。在这些条件下，总体电流利用率为

$$\xi = N_{cell}(\psi^{cm}t_a^s + \psi^{am}t_c^s)[1 - (t_w^{cm} + t_w^{am})\overline{V}_w(c_s^c - c_s^d)] \tag{12.34}$$

式中，ξ 是当前的利用率；ψ 是膜的选择渗透性；t 是转运数；N_{cell} 是池中的单元对数；V_w 是水的部分摩尔体积；c 是浓度；下标 a、c、s 和 w 分别是指阴离子、阳离子、溶液和水；上标 cm、am、c 和 d 分别是阳离子交换膜、阴离子交换膜、浓度和稀释物。

4. 电渗析成本

电渗析的总成本是工厂投资和工厂运营成本的总和，投资相关成本和工厂运营成本都是进料液浓度和所需产物和盐水浓度的函数，它们也受到工厂产能和整体工艺设计的强烈影响。

（1）与投资有关的费用。

投资成本主要取决于某个工厂产能所需的膜面积，其他项目的成本因为维护，所以泵和过程控制设备可以被认为与所需的膜面积成比例。给定容量设备所需的膜面积可以通过从进料液中除去一定数量离子和电流密度所需的总电流计算。因此，脱盐过程所需的总电流与进料和稀释溶液之间的浓度差异及稀释物通过膜堆的总体积通量成比例，与电流利用率成反比。通过池对的总电流为

$$I = A_{cell}i = \frac{Q_{cell}^d F(c_{eq}^f - c_{eq}^d)}{\xi} \tag{12.35}$$

电池中的总单元对区域为

$$N_{cell}Q_{cell}^{d} = Q_{st}^{d}, \quad N_{cell}A_{cell} = A_{st}, \quad A_{st} = \frac{Q_{st}^{d}(c_{eq}^{f} - c_{eq}^{d})}{i\xi} \tag{12.36}$$

式中，I 和 i 是电流和电流密度；A 是腔室区域；N_{cell} 是电池中的单元对数量；Q 是体积通量；c 是以每体积当量表示的浓度；F 是法拉第常数；ξ 是电流的利用率；下标 eq、st 和 cell 是等价、电池和单元对；上标 d 和 f 是指稀释液和进料液。

等效浓度取决于以摩尔计来确定的电解质溶液中的电荷。对于诸如 NaCl 的单价盐，当量浓度等于摩尔浓度。对于多价电解质，当量浓度 $Z_a V_a c_s = Z_c V_c c_s$。由于在宏观尺度上电子中性必须占优势，因此正负电荷的数量必须相同，即 $Z_a V_a = Z_c V_c$。

电压降是恒定的，但是电阻从进料口变为产品出口导致电流密度在从进料口到产品出口的池长度上变化。平均电流密度为

$$\bar{i} = \frac{U_{cell}}{\bar{R}A_{cell}} \tag{12.37}$$

式中，U_{cell} 是电池上的电压降；A_{cell} 是面积；$\bar{R}$ 和 $\bar{i}$ 是电池的平均电阻和电流密度。

电池的平均电阻为

$$\bar{R} = \frac{1}{A_{cell}}\left[\frac{\Delta}{\lambda_{eq}}\left(\frac{1}{\bar{c}_{eq}^{d}} + \frac{1}{\bar{c}_{eq}^{c}}\right) + r^{am} + r^{cm}\right] \tag{12.38}$$

式中，Δ 是单元厚度；C 是平均浓度；λ_{eq} 是盐溶液的等效电导率；r 是面积电阻；上标 d、c、am 和 cm 是稀释液、浓缩物、阴离子交换膜和阳离子交换膜。

电池的平均电阻是从电池的入口到出口变化的溶液的平均浓度的函数。积分平均浓度为

$$\bar{c}_{eq} = \frac{\ln\dfrac{c_{eq}^{out}}{c_{eq}^{in}}}{c_{eq}^{out} - c_{eq}^{in}} \tag{12.39}$$

式中，c_{eq} 是电池中的稀释物和浓缩物；上标 out 和 in 分别指池入口和出口。

将式(12.39)代入式(12.38)中，得到电池的平均电阻为

$$\bar{R} = \frac{1}{A_{cell}}\left[\frac{\Delta \ln \dfrac{c_{eq}^{fd}}{c_{eq}^{fc}} \dfrac{c_{eq}^{c}}{c_{eq}^{df}}}{\lambda_{eq}(c_{eq}^{fd} - c_{eq}^{d})} + r^{am} + r^{cm}\right] \tag{12.40}$$

式中，$\bar{R}$ 是平均电阻；A_{cell} 是池对的面积；c^{fd} 和 c^{d} 是池入口和出口处稀释液的盐浓度；c^{fc} 和 c^{c} 是入口和出口处浓缩物的盐浓度；Δ 是单元厚度；λ_{eq} 是等效导电率；r^{am} 和 r^{cm} 是阴离子和阳离子交换膜的面积电阻。

堆栈中的电流密度不应超过极限电流密度，因此施加的电池电压不应超过某个最大值。由于稀释液的浓度在电池出口处最低，因此在稀释液电池的出口处获得最高的电阻和低的电流密度，该电流密度决定了由下式给出的最大电池电压，即

$$U_{cell}^{max} = i_{lim}\left[\frac{\Delta}{\lambda_{eq}}\left(\frac{1}{c_{eq}^{d}} + \frac{1}{c_{eq}^{c}}\right) + r^{am} + r^{cm}\right] \tag{12.41}$$

式中，Δ 是单元厚度；λ_{eq} 是盐溶液的等效电导率；r 是面积电阻；上标 d、c、am、cm 和 max 分别指稀释液、浓缩液、阴离子交换膜、阳离子交换膜和最大值。

通过组合式(12.36)~(12.41)和重新排列,获得作为进料和产物浓度的函数的某一组容量所需的膜面积为

$$A_{st} = \frac{\ln\dfrac{c_{eq}^{fd}}{c_{eq}^{fc}}\dfrac{c_{eq}^{c}}{c_{eq}^{d}} + \dfrac{\lambda_{eq}(r^{am}+r^{cm})(c_{eq}^{fd}-c_{eq}^{d})}{\Delta}}{\dfrac{c_{eq}^{d}}{c_{eq}^{c}}+1+\dfrac{\lambda_{eq}c^{d}}{\Delta}(r^{am}+r^{cm})} \frac{Q_{st}^{d}Fc_{eq}^{d}}{i_{\lim}\xi} \tag{12.42}$$

式中,A_{st}是堆栈中总的膜面积;Q_{st}^{d}是堆栈的透析液体积通量;所有其他符号与式(12.33)~(12.42)中的符号相同。

与投资相关的总成本取决于膜的价格和附加的工厂组件及其在实际应用5~8年的运行条件下的寿命的使用性。

(2)运行成本。

运行成本是能源和工厂维护成本。维护成本与工厂的规模成正比按投资成本的百分比计算。电渗析过程中所需的能量是两种的加和:将离子组分从一种溶液通过膜并转移到另一种溶液中的电能;将溶液泵送通过电渗析堆所需的能量。当在现代电渗析堆栈中在两个电极之间放置超过200池对时,通常可以忽略由电极反应引起的能量消耗。操作过程控制装置所需的能量也可以忽略不计。

电渗析用于将离子从进料液转移到浓缩液中所需的能量由通过电渗析堆的电流乘以电极之间的总电压降给出,即

$$E_{des} = I_{st}U_{st}t = I_{st}U_{cell}t = I^{2}N_{cell}\overline{R}t \tag{12.43}$$

式中,E_{des}是堆中消耗的能量,用于将离子从进料转移到浓缩液中;I_{st}是通过电池的电流;U_{st}和U_{cell}是跨堆栈施加的电压,即电极之间和电池之间的电压;t是操作时间。

通过叠层的总电流由式(12.35)给出,平均电阻由式(12.40)给出。两个方程的组合除以产生的稀释液得到单位体积产物的脱盐能量,即

$$E_{des,spe} = \frac{N_{cell}\overline{R}_{cell}I^{2}t}{V_{pro}} = \frac{N_{cell}t}{AV_{pro}}\left[\frac{\Delta\ln\dfrac{c_{eq}^{fd}}{c_{eq}^{fc}}\dfrac{c_{eq}^{c}}{c_{eq}^{d}}}{\lambda_{eq}(c_{eq}^{fd}-c_{eq}^{d})}+r^{am}+r^{cm}\right]\left[\frac{Q_{cell}^{d}F(c_{eq}^{fd}-c_{eq}^{d})}{\xi}\right]^{2} \tag{12.44}$$

式中,E_{des}和$E_{des,spe}$是海水淡化能量和特定海水淡化;I是总电流;t是运行时间;c^{fd}和c^{fc}是稀释液和池入口处浓缩物的等效浓度;c^{d}和c^{c}是稀释液和浓缩液在池出口处的浓度;λ_{eq}是盐溶液的当量电导率;r^{am}和r^{cm}是阴离子和阳离子交换膜的面积电阻;Δ是电池厚度;ξ是电流利用率;Q_{cell}^{d}是池中的稀释通量;$\overline{R}$是池对的平均电阻;A是电池区域;N_{cell}是堆栈中池对的数量;V_{pro}是体积产品水。

式(12.44)表明,溶液和膜的电阻引起的能量耗散随着电流密度而增加。给定电阻的电能与电流的平方成正比,而盐的转移与电流成正比。因此,产生给定量产物所需的能量随电流密度而增加。然而,对于给定的设备容量,所需的膜面积随着电流密度而降低,如图12.9所示,其显示脱盐的总成本是膜的成本和作为所施加的电流密度的函数的能量成本。图中显示,在一定的电流密度下,总的脱盐成本达到最低。

电渗析装置的操作需要一个或多个泵促使稀释液、浓缩液和电极冲洗溶液循环通过

膜堆。输送这些溶液所需的能量取决于溶液的体积和压降,它可以表达为

$$E_{p,spe} = \frac{E_p}{Q^d t} = k_{eff} \frac{Q^d \Delta p^d + Q^c \Delta p^c + Q^e \Delta p^e}{Q^d} \quad (12.45)$$

式中,$E_{p,spe}$ 是每单位稀释水的能量,用于将稀释液、浓缩物和电极冲洗溶液泵送通过膜堆;k_{eff} 是泵的效率术语;Q^d、Q^c 和 Q^e 是通过膜堆的稀释液、浓缩液和冲洗液的体积通量。

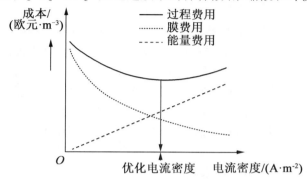

图 12.9　电渗析中各种成本项目作为所施加的电流密度的函数的示意图

各种流体中的压力损失由流动速度和池设计决定。当处理具有相对低盐浓度的进料液时,使溶液循环通过系统的能量需求可能成为脱盐过程中所需总能量的显著甚至主要部分。

5. 电渗析的实际应用

目前,苦咸水淡化是常规电渗析的最大工业规模应用。但是,食品和化学工业及废水处理中的其他应用变得越来越重要。在日本,电渗析还广泛用于海水的预浓缩以生产食盐。几个更重要的常规应用电渗析及这些应用中使用的堆栈、工艺设计及主要限制在表 12.1 中列出。

12.1　常规电渗析的工业应用

工业应用	堆栈和过程设计	应用现状	缺陷	关键问题
咸水淡化	片流,曲折路径叠加,反极性	商用	进料浓度和成本	缩放比例,成本
锅炉给水生产	片流,曲折路径叠加,反极性	商用	产品水质和成本	成本
废水和工业用水处理	片流,单向	商用	膜的性能	膜污染
超纯水生产	片流或曲折路径叠加,反极性	商用	产品水质和成本	膜生物污染
食品脱盐	片流,曲折路径叠加,单向	商用	膜的选择性和成本	膜污染,产品损失
食盐生产	片流,单向	商用	成本	膜污染
反渗透盐水的富集	片流,单向	实验阶段	成本	废物处理

(1) 通过电渗析进行咸海水淡化。

从微咸水电渗析生产饮用水直接与反渗透竞争。由于在电渗析中，随着给水浓度的增加，能量消耗和所需的膜面积都大大增加，因此反渗透被认为对于总盐水超过 10 000 mg·L^{-1} 的微咸水脱盐具有经济优势。电渗析主要应用于中小型工厂中盐度为 1 000~5 000 mg·L^{-1} 总溶解固体的给水，其容量从小于每天几百立方米至大于 50 000 m^3·d^{-1}。工厂通常以极性反转模式操作。与反渗透相比，电渗析的优点是：高水回收率；可在高达 501 ℃ 的高温下运行；由于过程反转，因此膜污染或结垢减少；较少的原水预处理要求。

对于饮用水的生产，与反渗透相比，电渗析的严重缺点是不能除去中性物质，如病毒或细菌等有毒成分。用于生产饮用水的咸淡水脱盐设备的尺寸相当不同。用于在隔离区域的酒店和村庄供应饮用水的工厂容量在 50~300 m^3·d^{-1} 范围内。容量在 10 000~20 000 m^3·d^{-1} 内的大型装置用于市政供水。典型的大规模电渗析水脱盐设备如图 12.10 所示，该设备由美国马萨诸塞州水镇的离子公司使用 Aquamite XX EDR（电渗析反转）系统制造。

(2) 电渗析处理工业生产用水和废水。

根据应用工业流程，水的总溶解固体和胶体材料的含量必须达到一定的质量。传统上，沉淀、过滤和离子交换用于工业用水的生产。今天，这些过程越来越多地被微过滤、反渗透和电渗析取代且受欢迎。电渗析在工业水处理中的主要应用包括锅炉给水的预矿化、污染的工业用水的再盐化及有价值的废水组分的回收。在这些应用中，电渗析与传统的离子交换技术竞争。然而，对于某些原水组合物，电渗析与这些竞争过程相比具有明显的成本优势。电渗析的典型应用是冷却塔排污水的再循环。电渗析似乎特别适用于此目的，因为回收率高达 95%。因此，与常规离子交换技术相比，可以实现高达 100 g·L^{-1} 的高盐水浓度，这显著减少废水排放量。电渗析成功应用的另一个例子是从原油生产中回收产出水。在许多油井中，蒸汽被注入地下以加热和液化原油。在这个过程中，蒸汽被冷凝并从地面泵出与油混合，但它也含有从地面提取的大量盐。为重新用作蒸汽发生的锅炉给水，必须软化产出水。由于产出水中的盐浓度相对较高，即大约为 5 000~10 000 mg·L^{-1}，因此大量的盐被用于离子交换树脂的再生，通常用于水软化过程。通过使用电渗析作为预硬化脱盐步骤，可以实现再生成本的显著节省。在该应用中，电渗析优于其他脱盐方法，如反渗透，因为离子交换膜的热稳定性和化学稳定性使其可以在超过 501 ℃ 的温度下操作，同时进行最少量的给水预处理。

图 12.10　工业规模反电渗析饮用水厂

与工业用水回收密切相关的是从工业中回收有毒或有价值的成分，以避免污染环境和降低安全成本。金属加工业的主要污染源是重金属离子，如镍离子、锌离子、镉离子、铬离子、银离子、汞离子和铜离子。与离子交换、超滤和微过滤等其他工艺相结合，电渗析的应用为严重的污染问题提供了解决方案，并通过回收和回收有价值的组分和水而节省大量的生产成本。

典型的例子是从电镀工艺的冲洗水中回收镍或镉。典型的过程如图12.11所示，图中显示了电镀过程的简化流程图，其中包括一系列漂洗槽和电渗析装置。

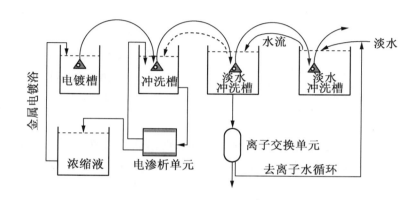

图 12.11　从金属电镀过程中的水中回收金属离子的简化流程图

已经在电镀浴中电镀的金属部件在一系列漂洗槽中冲洗以除去从电镀浴中带出的金属离子。第一个罐子一直冲洗，在该罐中，从电镀浴中带出的大部分成分被冲洗掉，导致罐中金属离子浓度的快速增加。然而，静止漂洗槽中的离子浓度决定了进入下一个漂洗槽的材料量，必须通过离开最后一个槽的离子交换来除去。必须通过离子交换过程去除离子，因此离子交换再生成本取决于蒸馏罐中的离子浓度。当达到该罐中的一定浓度时，必须将其排出以限制被渗析出的金属离子的量。然而，通过电渗析处理静止漂洗槽的溶液，可以将静止漂洗槽的浓度保持在低水平。电渗析过程的浓缩物在进一步处理后再循环到电镀浴中，并将稀释液反馈到静止漂洗液中，使金属离子浓度保持在预定的低水平，并且进入最后一个水漂洗槽的离子分离器保持相应的低水平。由于金属离子的回收及污泥和废水的减少，因此大大降低了成本。

电渗析在废水处理中有许多应用，这些应用中的一些仅需要相对小的电渗析装置，如从电镀和金属表面处理过程中处理少量的电解质。在其他应用中，必须处理大量的水，纸和纸浆行业就是这种情况。在这里，电渗析已经成功地应用于从纸浆生产的化学回收循环中选择性地去除 NaCl。从污染水中去除硝酸盐也是一种可在中试规模上进行测试的选择。

（3）电渗析处理食品。

在食品和制药工业及生物技术中，电渗析已经发现了大量的潜在应用。这些应用中的一些可以被认为是最先进的过程，如乳清的去离子。其他应用，如从蛋白质和糖溶液中去除盐或从发酵过程中去除有机酸如乳酸和某些氨基酸，已经在实验室和中试规模中进行了测试。电解透析在食品工业和生物技术中潜在应用的实例见表12.2。表中列出的大多数应用都需要小型装置和特殊应用技术。因此,尽管该方法与传统的离子交换技术相比具有明显的优势,但是在工业规模上引入电渗析的速度相当缓慢。目前已达到某种商业相关性的应用是干酪乳清的去离子化和脱脂牛奶。[22]

表12.2　电解透析在食品工业和生物技术中潜在应用的实例

工业	实例
乳制品工业	奶酪乳清脱盐,脱脂牛奶脱盐
制糖工业	糖生产中糖蜜的软化,废糖蜜的软化
发酵工业	酱油脱盐,氨基酸脱盐,有机酸回收
酿酒工业	酒石酸盐的去除
饮料工业	果汁脱酸

电渗析在食品工业中的其他应用(如糖蜜的脱矿质、氨基酸或果汁的脱酸)尚未达到相同的工业相关性。在大多数情况下只进行了试验性植物研究,只有少数应用已经实现商业化。

电渗析在生物技术和制药工业中的几种应用(如从发酵液中回收乳酸)已经在实验室规模上进行了研究。[23]但到目前为止,很少有单位安装此装置。

(4) 通过电渗析预富集盐。

通过电渗析浓缩稀盐溶液对于从原水中蒸发某些诸如 KBr 或 KI 的盐是有意义的,特别是在没有天然盐沉积物国家(如日本),可以从海水中浓缩 NaCl 以生产食盐。常规蒸发相当昂贵,而且所有海水成分同样被浓缩,对于食盐的生产和作为氯碱生产的原料,希望 NaCl 尽可能纯。使用电渗析作为预浓缩步骤不仅可以实现显著的节能,而且随着低电阻单价离子选择性膜的发展,实现了更有效的 NaCl 浓度。海水预处理过程的进一步改进消除了广泛的清洗程序。现在可以进行数年的操作和清洗而无须拆卸膜堆,日本正在运营年产2万~20万 t 食盐的大型工厂。[24]

12.4.2　双极膜电渗析

常规电渗析可以与双极膜组合并用于通过相应的盐产生酸和碱。[25,26]

1. 双极膜电渗析原理

在该过程中,单极阳离子和阴离子交换膜与双极膜一起安装在电渗析堆栈中,如图12.12所示。

利用双极膜电渗析相应的盐生产酸和碱,在经济上非常有吸引力并且具有许多有趣的潜在应用。

具有双极膜的电渗析叠层的典型重复单元由三个池、两个单极膜和双极膜组成。单极膜之间的电池含有盐溶液,单极和双极膜之间的两个电池含有碱和酸溶液,当在重复单元上施加电势梯度时,质子和氢氧根离子从双极膜构造的相间移除,阳离子和来自盐的阴离子分别溶解酸和碱。

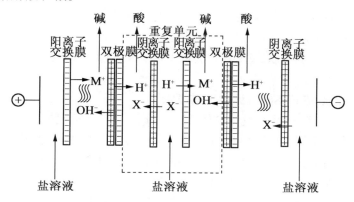

图 12.12　与双极膜相应的盐中电渗析生产酸和碱的原理的示意图

(1) 双极膜的功能。

双极膜的结构和功能如图 12.13 所示，其显示在两个电极之间具有 4~5 nm 厚的过渡区、阴离子交换膜和阳离子交换膜。当在电极之间建立电势差时，所有带电成分包括 H^+ 和 OH^- 从过渡区域移除，仅有水留在双极膜中。然而，由于水解离平衡，因此从过渡区域移除的 H^+ 和 OH^- 可再生，其由下式给出：

$$2H_2O \rightleftharpoons H_3O^+ + OH^-$$

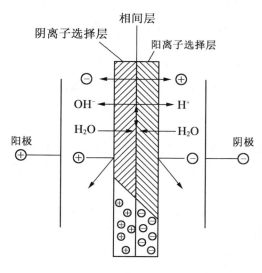

图 12.13　双极膜的结构和功能

H^+ 和 OH^- 离子从转换区到外相的转移由进入双极膜的水扩散速率和因催化反应而在双极膜中急剧增加的水解离速率决定。因此，在双极膜电渗析中可以实现非常高的酸和碱生产率。

水解离所需的能量可以根据双极膜和相邻相中溶液的不同 pH 值来计算。它由下式给出：

$$\Delta G = F\Delta\varphi = 2.3RT\Delta\text{pH} \tag{12.46}$$

式中，ΔG 是吉布斯自由能；F 是法拉第常数；R 是气体常数；T 是绝对温度；ΔpH 和 $\Delta\varphi$ 是 pH 和由双极膜分开的两种溶液之间的电压差。

对于 $1\ \text{mol} \cdot \text{L}^{-1}$ 酸，通过双极膜 ΔG 分离的两相中的碱溶液为 $0.022\ \text{kW} \cdot \text{h} \cdot \text{mol}^{-1}$。在 25 ℃时，$\Delta\varphi$ 为 $0.828\ \text{V}$。

2. 电渗析采用双极膜系统设计和工艺成本

具有双极膜的电渗析堆的设计如图 12.12 所示。它与常规电渗析中使用的电池密切相关，主要区别在于用双极膜电渗析的叠层的重复单元需要三个用于盐溶液、碱和酸的池。此外，所有离子交换膜及堆栈的其他硬件组件必须在强酸和强碱中具有优异的化学稳定性，生产酸和碱的简化流程图如图 12.14 所示。

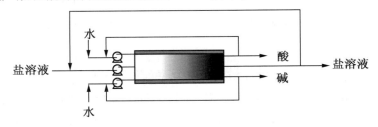

图 12.14 表示由进料和出料操作的堆中相应的盐生产酸和碱的简化流程图

由相应的盐制备酸和碱的成本的遵循与电渗析脱盐中的成本分析的相同程序，对总成本的贡献是与投资相关的成本和运营成本的总和。

(1) 双极膜电渗析的投资成本。

投资成本与某个工厂生产能力所需的膜面积直接相关，可以表示为给定所需膜总面积与总生产能力的百分比，可通过以下公式计算得出电流密度，即

$$A_{\text{unit}} = \frac{Q_{\text{pro}} F c_{\text{pro}}}{i\xi} \tag{12.47}$$

式中，A_{unit} 是所需的池的单位面积，包含双极膜、阳离子和阴离子交换膜；i 是电流密度；Q_{pro} 是产品体积通量；F 是法拉第常数；ξ 是当前利用率；c_{pro} 是产品的浓度。

(2) 双极膜电渗析的操作费用。

双极膜电渗析的操作成本很大程度上取决于能量需求。用于生产酸和碱的双极膜电渗析所需的能量是两部分的添加剂：双极膜中水解离所需的能量；从盐离子转移盐离子所需的能量。从双极膜的过渡区域向酸和碱溶液中加入溶液和质子和氢氧根离子，通常可以忽略通过堆栈泵送溶液导致的能量消耗。

用双极膜电渗析从相应的盐生产酸和碱的总能量由通过池堆的总电流和施加的池组电压给出，即

$$E_{\text{pro}} = IUt \tag{12.48}$$

式中，E_{pro} 是用于从相应的盐生产酸和碱的堆中消耗的总能量；I 是通过堆或一系列堆的电流；U 是施加到膜堆的电压；t 是操作时间。

可以通过重新排列式(12.32)来导出通过电池的电流，即

$$I = Ai = \frac{Q_p F c_p^{in} - c_p^{out}}{\xi} \qquad (12.49)$$

式中，A 是单元格区域；i 是电流密度；I 是电流；Q_p 是产品的流动速率，即酸和碱；c_p 是产品的浓度；F 是法拉第常数；ξ 是当前的利用率；上标 in 和 out 是电池的入口和出口。

堆栈上的电压降是膜的电阻的结果，即阴离子交换膜电阻，阳离子交换膜电阻和双极膜电阻，以及酸、碱和盐在池堆中流动的电阻。除克服池堆的各种电阻所需的电压外，还需要额外的电压来为水解离提供能量，该能量由式(12.38)给出。假设堆中的三个单元具有相同的几何形状和流动条件，则电渗析堆中的总能量消耗为

$$E_{pro} = N_{cell} A_{cell} \left(\sum_i \frac{\Delta}{\lambda_i \bar{c}_i} + r^{am} + r^{cm} + r^{bm} + \frac{2.3 RT \Delta pH}{Fi} \right) \left(\frac{Q_{pro} F (c_p^{out} - c_p^{in})}{N_{cell} A_{cell} \xi} \right)^2 t$$

(12.50)

式中，E_{pro} 是生产一定量酸和碱的能量；i 是电流密度；N_{cell} 是电池中的单元数；A_{cell} 是电池单位面积；c 和 $\bar{c}$ 是电池中的浓度和平均浓度；Δ 是电池的厚度；λ_{eq} 是等效电导率；r 是面积电阻；ξ 是当前的利用率；R 是气体常数；T 是绝对温度；F 是法拉第常数；ΔpH 是酸和碱之间 pH 的差异；下标 p 表示产物；下标 i 表示盐、酸和碱；上标 am、cm 和 bm 指阳离子交换膜、阴离子交换膜和双极膜；上标 out 和 in 表示池出口和入口；Q_{pro} 是酸堆的总通量；t 是时间。

如在式(12.50)中所述，本体溶液中酸、碱和盐的平均浓度是溶液的积分平均值。

通过双极膜电渗析生产酸和碱的总成本，如在常规电渗析中，通过与投资相关的固定电荷的成本和双极膜中水解离所需的能量成本和在膜和溶液中传输离子，并通过电池泵送不同的溶液，运营和维护成本通常与总投资有关。

3. 双极膜电渗析的应用

自 1977 年双极膜成为商业产品以来，已经确定了双极膜电渗析的大量潜在应用。然而，尽管该技术具有明显的技术和经济优势，但大型商业工厂仍然很少见。极少使用双极膜电渗析的主要原因是可用的双极膜和单极膜的缺点导致电流利用率低和产品污染高。然而，在化学加工工业、生物技术、食品加工和废水处理方面有许多小规模的应用，其中成功使用了双极膜。[28] 一些潜在的应用总结在表 12.3 中。

(1) 双极膜电渗析法生产酸和碱。

双极膜电渗析的最大潜在应用是通过相应的盐生产酸和碱。目前，氢氧化钠通过电解作为与氯的副产物产生。由于经济原因，因此双极膜电渗析将是一种有趣的替代方法。然而，由于市售的单极膜和双极膜的缺点，因此目前该方法仍然存在严重的问题。膜在浓酸和浓碱中的使用寿命不足导致膜具有高更换成本。双极膜在浓溶液中的渗透选择性差导致盐泄漏到酸和碱中，从而导致产物污染。双极膜对质子和氢氧根离子的选择性差导致电流利用率低。因此，目前不可能生产高质量的浓酸和浓碱。

然而，当从化学反应的盐或中和中回收酸或碱时，情况是不同的流程。在这些情况下，对回收的酸或碱的浓度和纯度的要求不像高质量商业产品的生产那样严格。

表 12.3 双极膜电渗的应用、发展、优点和问题

应用	流程开发状态	潜在的优点	与应用相关的问题
矿物酸和碱生产	中试工厂运营	更多的能量消耗	产品污染
发酵过程回收有机酸	商业和中试工厂运营	简便的整合过程,更低的花费	不佳的膜稳定性和污染
pH 控制化学过程	实验室测试	副产品更少,盐产品更少	应用经验,过程花费
烟道气中 SO_2 去除	广泛的中试测试	盐产品减少	长期膜稳定性
钢酸洗溶液中回收 HF 和 HNO_3	商业运营	减少的盐处理	相对复杂的过程,高的投资成本
离子交换树脂再生	中试测试	对于弱酸和弱碱更好的移除	高的投资成本
高纯水生产	实验室测试		没有长期经验

(2) 双极膜在废水处理中的应用。

从中和反应中产生的盐中回收酸和碱是双极膜电渗析最有潜力的应用之一,最大限度地减少废物处理。双极膜电渗析的第一个商业应用之一是通过中和钢酸浴,从含有氟化钾和亚硝酸盐的废水中回收含氟和硝酸。

该过程如图 12.15 的简化流程图所示。

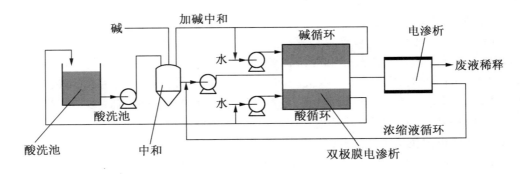

图 12.15 采用双极膜电渗析技术对酸洗中和液进行酸回收的简化流程图

用氢氧化钾中和用过的废酸,除去沉淀的重金属氢氧化物。将中性氟化钾和含亚硝酸盐的溶液加入双极膜电渗析装置中,其中盐被转化成相应的酸和氢氧化钾。将氢氧化钾再循环到中和槽中并将酸再循环到酸洗槽中。来自双极膜电渗析装置的耗尽盐溶液在常规电渗析系统中浓缩并直接再循环至双极膜装置。

双极膜电渗析的另一个有趣的应用是用于从废气流中去除对环境有害的成分(如 NO_x、SO_2 或某些胺)的碱性或酸性洗涤器的处理。双极电渗析的其他应用是从造纺丝过程和漂白过程的盐渍浴中回收和再利用酸。离子交换剂效应的再生是双极膜电渗析的另

一种可能性。

(3) 双极膜电渗析技术的应用。

双极膜电渗析非常有前景的应用是从发酵液中回收有机酸。在有机酸如乳酸的发酵过程中,由于酸的产生,因此发酵液中的 pH 变为较低的值。为避免产物抑制,通过加入氢氧化钠或氢氧化铵将发酵液的 pH 保持在一定的水平,所述氢氧化钠或氢氧化铵与酸反应形成可溶性盐。在传统的分批式发酵过程中,如图 12.16(a)所示,其显示了常规乳酸生产方法的简化流程图。发酵罐中物质被中和并通过过滤与生物质分离。通过降低发酵罐和使用过媒介物的 pH 值来回收游离乳酸。pH 调节产生大量与生成的乳酸混合的盐,使得酸的最终纯化变得复杂。通过整合双极膜电渗析,可以消除发酵液中额外盐的产生,并且可以在连续过程中更有效地进行发酵并因此而产生酸,如图 12.16(b)所示。在第一步中,发酵剂成分通过过滤组件,其中生物质与含有产物的溶液分离;在第二步中,通过常规电渗析浓缩乳酸盐和盐;在第三步中,通过双极膜电渗析将乳酸盐转化为乳酸。将同时产生的碱加入发酵罐中以控制 pH。

双极膜电渗析在生物技术中的其他应用是从葡萄糖酸钠中回收葡萄糖酸和从抗坏血酸钠中生产抗坏血酸。对于具有高分子量阴离子的有机酸,离子通过常规阴离子交换膜的迁移非常缓慢并且膜表现出高电阻。在这种情况下,尽管可能需要额外的纯化步骤,但使用具有两个池重复组件的双极膜单元似乎比三个池组件更适合。

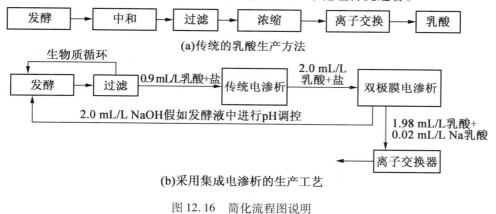

图 12.16　简化流程图说明

双极膜电渗析在生物技术中的许多应用已经在实验室规模上进行了测试[30],其中一些应用非常有前景,其他的目前具有不经济性或提供与传统工艺竞争性不同的优质产品。

12.4.3　连续电离电极作用

连续电离电极作用是离子交换和电渗析的组合,该过程类似于传统的电渗析。就离子交换树脂的分布而言,该方法的基本设计存在一些变化。在某些情况下,稀释液池用混合床离子交换树脂填充;在其他情况下,阳离子和阴离子交换树脂串联放置在池中。[31]最近还使用了双极膜。[32]目前,连续电离电极作用被广泛用于制备高质量的去离子水,作为电子工业或分析实验室中的超纯水。

1. 系统组件和过程设计方面

电离电极作用所需的工艺设计和不同的硬件组件与常规电渗析中使用非常相似。用于在池中分配阳离子和阴离子的不同概念如图 12.17(a)所示，为电离电极作用池堆，其中稀释池填充有混合床离子交换树脂，除去进料液的离子。由于施加的电场，因此离子通过离子交换树脂向相邻的浓缩池迁移，并且作为产物获得高度去离子水。与通过常规混合床离子交换树脂的去离子化相比，连续电离电极作用的优点是不需要离子交换树脂的化学再生，这是耗时且昂贵的，并且产生含盐废水。

但是在使用具有混合床离子交换树脂的叠层的连续电去离子中，仅部分除去弱离解的电解质如硼酸或硅酸。弱离解的电解质在系统中更好地被去除在系统中，阳离子交换树脂和阴离子交换树脂被放在分离床的堆栈中，并且进料液通过阴离子交脂被去除的填充床。阴离子被移除，然后将部分脱盐的溶液加入到阳离子交换树脂填充的电池中，在那里除去盐阳离子并获得完全去离子的中性产物水。当双极膜放置在两个单独的离子交换树脂填充床之间时，该过程可以得到改善，如图 12.17(b)所示，其显示面向阴极的阳离子交换树脂填充的池由双极膜隔开阴离子交换树脂 – 填充池面向阳极。阳离子交换膜、阳离子交换树脂、双极膜、阴离子交换树脂、阴离子交换膜和浓缩池构成堆栈的重复单元。

电离化系统与混床离子交换树脂和具有单独床的系统之间的主要区别在于，在混合床电去离子系统中，阴离子和阳离子同时从进料中除去，排出池的水是中性的。在具有单独的离子交换床和双极膜的电去离子系统中，给水将首先通过池填充的阴离子交换树脂，盐阴离子将首先通过双极膜，与产生的 OH^- 离子进行交换，结果离开池的水是碱性的，然后将该溶液与阳离子交换树脂一起通过池，其中盐阳离子通过在双极膜中产生的 H^+ 交换并且水被中和，混合和分离床离子交换连续电极电离系统目前在大规模工业规模上广泛使用。

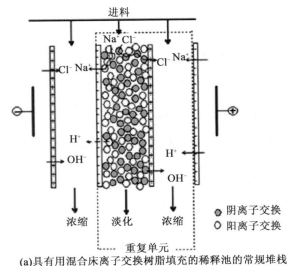

(a)具有用混合床离子交换树脂填充的稀释池的常规堆栈

图 12.17 在连续电去离子化中使用的不同堆栈概念的示意图

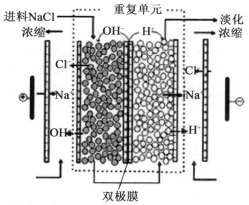

(b)具有阴离子交换树脂和阳离子交换树脂的堆栈

续图 12.17

2. 操作问题和电极电离的实际应用

除用混合床离子交换树脂除去电去离子系统中的弱酸或弱碱的问题外,还存在离子交换树脂床中不均匀流动分布的问题,这导致离子交换树脂的利用不良。通过有机组分如腐殖酸或树脂表面上的细菌生长污染离子交换树脂是一个问题,需要对进料液进行非常彻底的预处理以保证系统的长期稳定性。

连续电极电离的主要应用是生产超纯水。电子工业及分析实验室和发电站都需要不含颗粒的水,电导率为 $0.06\ \mu S \cdot cm^{-1}$。通常,井水或地表水在一系列过程中得到净化,包括水软化、微过滤、反渗透、紫外线消毒,以及通过混合床离子交换树脂中的离子交换完全去除离子。虽然反渗透、微过滤和紫外线灭菌都可以以连续模式运行,但是混床离子交换器必须在一定的时间间隔内再生。这种再生需要长时间的冲洗以除去痕量的再生化学物质,并且还受到在再生过程中进入树脂的微生物引起的生物污染的影响。通过更换超纯水生产线中的混床离子交换器,该过程可以基本简化并连续操作。该过程如图 12.18 所示,其为具有连续电极电离组件而不是混合床离子交换器的超纯水生产线的简化流程图。

与使用混合床离子交换器相比,使用集成电去离子装置生产超纯水的优点是更简单的过程,无再生化学品,原水消耗更少,成本显著降低。

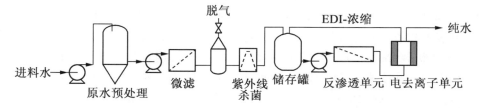

图 12.18 连续电极电离步骤生产超纯水方法示意图

12.4.4 扩散渗析

扩散渗析仅利用阴离子交换膜或阳离子交换膜将酸或碱与盐的混合物分离。由于通过相对厚的离子交换膜的扩散是相当缓慢的过程,因此需要大的膜面积以从进料液中除去大量的离子,导致给定容量设备的高投资成本。到目前为止,该过程仅获得有限的实际相关性。

1. 过程原理

扩散渗析的过程原理如图 12.19 所示。

图 12.19 显示了典型的扩散渗析池装置的示意图,该装置由一系列平行排列的阴离子交换膜组成,以形成单个池。如果含有与酸混合物中的盐的进料液被阴离子交换膜从含有纯水的隔室中分离出来作为提取剂,则阴离子因浓度差异将从进料液通过离子交换膜扩散到提取剂中,而盐阳离子将由膜保留。然而,质子可以通过阴离子交换膜,尽管它们带正电荷。因此,酸将从盐溶液中除去。相应地,如果使用阳离子交换膜,则可以从与盐的混合物中除去碱。

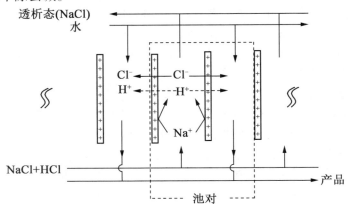

图 12.19　扩散渗析原理的示意图

2. 系统设计、成本和应用

扩散渗析主要用于从金属表面处理工业中的酸洗溶液中回收酸。例如,HF、HNO_3 或 HCl 的典型扩散渗析设备如图 12.20 的简化流程图所示。

根据具体应用,扩散渗析设备由预处理单元和实际扩散渗析堆组成,包括泵、过滤器、通量控制装置和浓度监测仪器。该过程的关键组成部分是透析池,它的结构非常类似于传统的电渗析装置,其中堆栈有 200～400 个膜。然而,接收液和进料液的流动是逆流的,并且堆中的线性流速通常非常低,即通常小于每秒几厘米。由于化学势梯度及阴离子交换膜对质子可渗透的事实,因此酸从进料液输送到接收溶液中。当使用纯水作提取剂并且系统在堆的进料和提取剂的逆流流动中操作时,其中所有单元具有相同的几何形状和流速,可以使用简单的关系来描述从进料液中除去并通过膜转移的组分的量等于在提取剂中接收的组分的量。质量平衡是

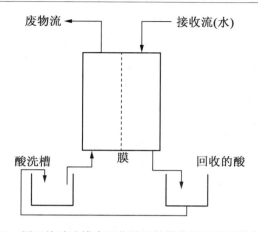

图 12.20　用于从酸洗槽中回收酸的扩散渗析过程的简化流程图

$$c_i^d = c_i^f - c_i^p \tag{12.51}$$

膜的通量为

$$J_i = k^* A^m (c_i^f - c_i^p) = Q^p c_i^p \tag{12.52}$$

回收率为

$$\Delta = \frac{c_i^p}{c_i^f} = \frac{k^*}{k^* + \dfrac{Q^p}{A^m}} \tag{12.53}$$

式中，c_i^f 和 c_i^d 是进料液中池入口和池出口处的进料组分 i 的浓度；c_i^p 是产物溶液中组分 i 的浓度，即池出口处的提取剂中的浓度；J_i 是膜上组分 i 的流动；k^* 是描述通过膜的质量传递的传质系数；A_m 是膜面积；Δ 是酸的回收率；Q_p 是提取剂的体积流速，即产品。

式（12.51）~（12.53）给出了进料和提取剂中组分 i 的浓度、回收率和通过膜转移的组分 i 的总量之间的简单关系。对扩散透析过程建模和设计用于实际工业废水的工厂非常复杂，因为进料液的复杂组成通常包含多种不同离子的浓度相对较高，导致高渗透水通量。因此，式（12.51）~（12.53）只能被认为是设计扩散渗析过程的第一近似值。

用于从进料液中回收酸的扩散渗析中的关键组分是阴离子交换膜。该膜应在强酸溶液中提供高离子流和良好的化学稳定性。操作扩散渗析设备的主要问题还在于堆中的流动分布。由于流速低，因此很难避免浓差极化效应。

扩散渗析的总成本主要取决于运营时与资本投资相关的费用，能源成本相当低。由于酸的扩散缓慢，因此对于相对小容量的设备需要大的膜面积。

扩散渗析过程也存在一些内在的局限性，与其盐混合的酸不能完全回收，这是因为需要进料液和接收溶液之间的一定浓度差异作为酸通过膜传输的驱动力。此外，由于阴离子交换膜在高离子浓度下的选择性有限，因此一些盐也会扩散到酸中，这意味着回收的酸总会被盐污染。

12.4.5　道南透析

道南透析是由膜隔开的两种溶液之间的离子交换过程，只有阳离子或阴离子交换膜安装在堆栈中。离子传输的驱动力是它们在两相中的浓度差异。道南透析的典型应用是通过在水软化中交换一价离子,如 Na^+ 离子。从进料流中除去二价离子,如 Ca^+ 离子。如图 12.21 所示,其显示含有 $CaCl_2$ 的进料液。相对低的浓度和含有相对高浓度 NaCl 的提取剂置于一叠阳离子交换膜的交替池中。由于进料和提取剂中的浓度差异,因此 Na^+ 离子从提取剂中通过阳离子交换膜扩散到进料液中。由于 Cl^- 离子不能渗透带负电的阳离子交换膜,因此在两种溶液之间产生电势,该电势作为将 Ca^+ 离子从进料输送到提取剂的驱动力。由于所需的电中性,因此在两种溶液之间交换相同的电荷,即从提取扩散到进料液中的两个 Na^+ 离子,如果膜是完全不可渗透的,则从进料液中除去一个 Ca^+ 离子。

除水软化外,废水处理还有其他一些有趣的潜在应用,但目前道南透析没有重要的商业用途。

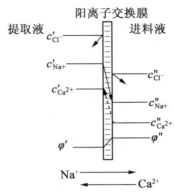

图 12.21 Donnan 透析水软化过程的原理示意图

12.4.6 电容去离子

电容去离子是一种电吸附过程,可用于通过电荷分离从水溶液中去除离子。[34] 该过程如图 12.22 所示,其示意性地显示了由两个由活性炭分离的电极组成的电容去离子池单元通过间隔物作为含离子溶液的流动通道。在电容去离子中,电子不通过氧化和还原反应而是通过静电吸附来转变,该系统类似于"流过电容器"。如果在电极之间施加电势,则从溶液中除去离子并吸附在带电电极的表面上。当碳电极被电荷饱和时,通过反转电势从电极释放离子,即阴极变为阳极,反之则阳极变为阴极。因此,电容去离子是两步过程:在第一步中,通过在电势驱动力下从进料液迁移并在碳表面上电吸附从进料液中除去离子,得到去离子产物水;在第二步中,吸附的离子从碳电极释放并通过反转产生浓缩盐水的电势输送回进料液,为防止阴离子和阳离子在去离子步骤中迁移到产物中,阴离子交换膜沉积在阳极上,阳离子交换膜沉积在阴极上。当在再生步骤期间极性反转时,阴离子交换膜阻止阴离子传输到阴极和阴极上的阳离子交换膜,阴离子交换膜将阳离子传输到阳极。

电容去离子过程的关键组分是碳电极,吸附在电极上的离子数量与电极的可用表面积成正比。因此,比表面积即每单位质量电极的表面积应尽可能高。活性炭、碳纳米管和碳气凝胶是最有前景的用于制备电极的材料,它们的比表面积高达 1 100 $m^2 \cdot g^{-1}$。另一个参数是施加的电位,其不应超过某个最大值以避免由电极反应引起的水解离。在电容去离子的实际应用中,池在 0.8 V 和 1.5 V 之间的电压降下操作,电容去离子的效率受到离子的不完全吸附和解吸的影响。

12.4.7 电化学合成中的离子交换膜

离子交换膜还用于某些化学品的电化学合成,如氯和氢氧化钠、氧气和氢气。

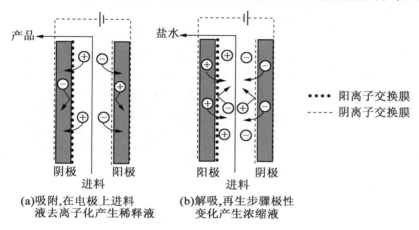

图 12.22 进料液和多孔碳电极之间具有离子交换膜的电容去离子过程的示意图

氯和氢氧化钠的电解生产是在电化学合成中使用离子交换的最重要的过程之一[35],该过程在图 12.23 中说明。该过程中使用的池单元由两个组成,由阳离子交换膜隔开的电极形成两个隔室。具有阳极的隔室包含阳极电解液,即质量分数为 25% 的 NaCl 溶液;而具有阴极的另一隔室包含阴极电解液,即稀氢氧化钠。当施加电极之间的电势时,阳极室中的氯离子向阳极迁移,被氧化并作为氯气释放。来自盐溶液的钠离子通过阳离子交换膜向阴极迁移,被还原成金属钠,金属钠立即与水反应成氢氧化钠和氢气,然后氢气作为气体释放出来。使用双极电极将多个池单元集成在堆栈中,在该过程中使用具有优异化学稳定性的高性能的氟化膜。

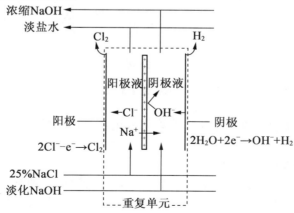

图 12.23 氯和氢氧化钠电解生产过程原理示意图

有许多非常有趣的过程,其中离子交换膜现在被用作关键组件应用于有机合成和催化膜反应器。

12.4.8 能量转换和储存中的离子交换膜

离子交换膜在能量储存和转换系统(如燃料电池和电池)中发挥着越来越重要的作用,它们还用于从混合盐溶液和地表水中产生电能。

1. 低温燃料电池中的离子交换膜

离子交换在能量转换系统中最突出的应用是在低温燃料电池中[36],基于氧气对氢的电化学氧化的燃料电池的原理示意图如图12.24所示,其中显示了由两个多孔电极和两个催化剂层由阳离子交换膜隔开,使氢气通过多孔阳极。它在催化剂层中反应形成质子并在阳极释放电子到电路。质子扩散通过离子交换膜,在多孔阴极表面的催化剂层中与氧气反应形成水并从电路中吸收电子。燃料电池中的总体反应是将氢气氧化成水。电池单元的厚度在 $0.5 \sim 1~\mu m$。在燃料电池中,有许多电池单元堆栈在两个极板之间,燃料电池堆的构造类似于电渗析堆的构造。其主要区别在于,在燃料池堆中使用双极电极并且安装冷却板以耗散燃料电池运行期间产生的热量。

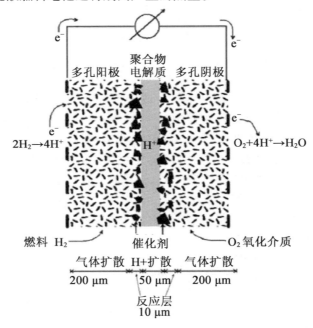

图 12.24 基于氧气对氢的电化学氧化的燃料电池的原理示意图

除氢气外,还使用诸如甲醇或乙醇的碳氢化合物作为燃料,并且通常使用空气作为氧化介质而不是氧气。

2. 反电渗析中的离子交换膜

通过离子交换膜将海水与河水混合而产生的能量是一种被称为反电渗析的过程。图12.25所示的过程提供了清洗和可持续的能源。用于反电渗析的叠层的设计类似于电渗析中使用的叠层,其主要区别在于电极之间排列的堆栈由海水和河水交替冲洗,如

图 12.25 所示。海水中的离子表示为 Na^+ 离子和 Cl^- 离子从海中渗透，由于它们的电化学电位梯度，水通过相应的离子交换膜进入河水，因此阴极和阳极之间的电流。可以回收的最大能量是吉布斯混合河水和海水的自由能。假设焓是恒定的，混合的自由能可以通过熵的变化来表示，并且可以通过以下方式得到：

$$\Delta G_m = T\Delta S_m = -2RT\left(V_d c_c \ln\frac{c_d}{c_m} + V_d c_d \ln\frac{c_c}{c_m}\right) = U_{re}\Delta Q \quad (12.54)$$

式中，ΔG_m 和 ΔS_m 是混合的能量和熵；R 是气体常数；T 是温度；V 和 C 是电解质的体积和浓度；下标 d、c 和 m 指稀释液、浓缩液和混合物；U_{re} 是可逆或开路电压；ΔQ 表示运输电荷。

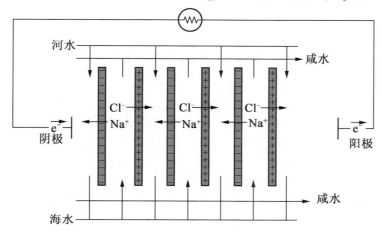

图 12.25　通过混合河水和海水产生电能的示意图

可逆电压和转移的电荷数都是浓缩室和淡化室中离子浓度的函数。对于理想溶液中的单价盐和严格的选择性离子交换，可逆电压为

$$U_{re} = \varphi_{re} \approx \frac{RT}{F}\ln\frac{c_d(t)}{c_c(t)} \quad (12.55)$$

放电或充电过程中转移的电荷与浓缩液和稀释液流中的浓度变化成正比，有

$$\Delta Q = FV(c_c - c_m) \quad (12.56)$$

当 1 m³ 淡水与总盐含量为 35 kg·m⁻³ 的海水混合时，获得的最大能量是 0.7 kW·h。然而，可以在反电渗析中获得的可用能量显著降低，因为可利用的能量影响可用电压。然而，由于系统的内部电阻影响可用电压，因此可以在反电渗析中获得的能量显著降低。使用海水和河水作为进料液的反电渗析产生的最大功率为 1.2 W·m⁻²[38]，其最大功率密度下的效率低于 50%。

用于产生电功率的反电渗析的实际应用的另一个关键参数是低的离子流密度和当今可用离子交换膜的高价格。

3. 浓缩液流电池

液流电池基于电池充电时电能直接转换为化学能；反之，当电池放电时，化学能直接转换为电能。[39] 在浓缩液流电池中，化学能是自由能，混合两种不同浓度的电解质溶液，电能是施加的电压乘以电流，浓缩液流电池的充电与电渗析相同，浓缩液流电池的放电与反电渗析相同，浓缩液流电池的功能如图 12.26 所示。

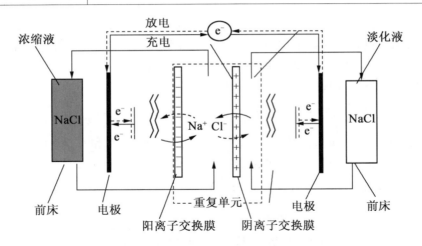

图 12.26 浓缩液流电池工作原理的示意图

图 12.26 显示了电渗析堆的电池单元,其由阴离子和阳离子交换膜组成,分离两种不同浓度的电解质溶液。在多电池堆中,歧管系统将两种电解质溶液与外部罐连接,一个容纳稀释液,另一个容纳浓缩液。在充电过程中,与传统的电渗析过程相同,电解质溶液因电势驱动力而转变成浓缩物和稀释液。因此,电能被转换成混合的化学能。在放电过程中,由于两种溶液的化学势差,如在反电渗析中,浓缩物和稀释液通过离子从浓缩物池扩散到稀释液中而混合,因此混合的化学能转换成电能,可以存储在电池中的最大能量是混合浓缩和稀释溶液的自由能,当焓变、渗透效应和膜不完全选择性被忽略时,混合的吉布斯自由能由混合两种不同浓度溶液的熵给出,即

$$\Delta G_{\mathrm{m}} = T\Delta S_{\mathrm{m}} = -2RT\left(V_{\mathrm{d}}c_{\mathrm{c}}\ln\frac{c_{\mathrm{d}}}{c_{\mathrm{m}}} + V_{\mathrm{d}}c_{\mathrm{d}}\ln\frac{c_{\mathrm{d}}}{c_{\mathrm{m}}}\right) = U_{\mathrm{re}}\Delta Q \tag{12.57}$$

式中,ΔG_{m} 和 ΔS_{m} 是混合的能量和熵;R 是气体常数;T 是温度;V 和 c 是电解质的体积和浓度;下标 d、c 和 m 指稀释液、浓缩液和混合液;U_{re} 是可逆或开路电压;ΔQ 是传输的电荷。

可逆电压和转移的电荷数都是浓缩物和稀释液中离子浓度的函数,通过以下方式给出理想的单价盐和严格的选择性离子交换膜的可逆电压:

$$U_{\mathrm{re}} = \varphi_{\mathrm{re}} \approx \frac{RT}{F}\ln\frac{c_{\mathrm{d}}(t)}{c_{\mathrm{c}}(t)} \tag{12.58}$$

在放电或充电期间,转移的电荷数量与浓缩物和稀释液中的浓度变化成正比,有

$$\Delta Q = FV(c_{\mathrm{c}} - c_{\mathrm{m}}) \tag{12.59}$$

为实现每体积进料电解质的高储存容量,浓缩物中的浓度应尽可能高并且稀释液中的浓度应尽可能低。然而,电解质溶液中的高离子浓度导致离子交换膜的选择性降低,而电解质中的低离子浓度导致电池的高内阻和低的可逆电池电压。用浓度为 3 mol·L^{-1} 盐的 1 m³ NaCl 溶液和作为稀释液的 0.03 mol·L^{-1} 盐的 1 m³ 溶液操作的电池的储存容量为 7 kW·h。具有上述盐浓度的充电电池的可逆电压是 0.23 V。然而,电池电压显著降低,这取决于电池的内阻,其由稀释液和浓缩液和离子交换膜的电阻决定。确定浓缩液流电池的整体性能的另一个重要参数是电池充电和放电期间的电流密度。高电流密度

降低了电池所需的电池面积及充放电的时间。在对电池充电时,最大电流密度与常规电渗析一样,是极限电流密度。在放电时,由于电池的内阻,因此电流密度与电池电压成反比,反之亦然。在实际应用中,一个重复的电池单元中获得的可用电池电压在充满电的电渗析电池中可达50%~70%,即0.12~0.16 V,随着电池的充电状态的减少而迅速减小。浓缩液流电池的整体性能的另一个重要参数是在电池充电和放电期间施加的电流密度。出于经济原因,电流密度应该很高,因为给定电池容量所需的膜面积与电流密度成反比,可以施加的最大电流密度是极限电流密度,上述条件下浓缩液流电池中使用浓度为3 mol·L^{-1}且稀释液浓度为0.03 mol·L^{-1}的电流密度为8~10 A·m^{-2},功率密度为1.3~1.5 W·m^{-2},电池的能量效率主要取决于电池的内部电阻,对于目前可用的池组件,电渗析浓缩液流电池的充电和放电期间的能量损失通常也大于50%。

浓缩液流电池的主要优点是操作简单、安全,无任何有毒或有害成分,并且因外部溶液储存器而具有相对较大的储存容量。其主要缺点是充电和放电期间的低电流密度,这需要大的电池区域,因此投资成本高。但是通过优化的膜和堆栈设计可以显著提高工艺效率,电池是适用于小型储存容量固定和可变功率生产设备,如小型风车和光伏设备。

4. 中和液流电池

基于双极膜电渗析的电池基座提供了标准电渗析浓缩液流电池的替代品。[40]电池的原理如图 12.27 所示,图中所示为在电池一个充放电过程中盐离子、氢离子、氢氧根离子和水的流量,其在示意图中示出了由三个隔室和两个单极池组成的电池单元和一个电池单元。双极膜、反应液流电池的堆栈结构和操作与通过双极膜电渗析生产酸和碱时使用的叠层相同,单极膜之间的一个隔室含有电解质溶液(如 NaCl),单极膜和双极膜之间的两个隔室含有酸(如 HCl)和碱(如 NaOH)。NaCl、HCl 和 NaOH 室连接到外部储存器,在实际应用中,多个电池单元堆栈在两个电极之间。

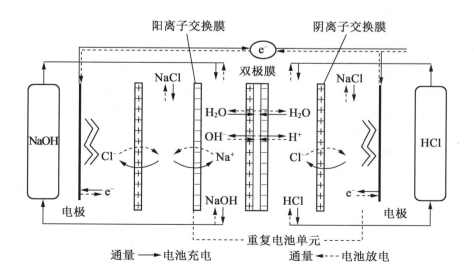

图 12.27 基于双极膜电渗析的中和液流电池操作原理图

当在电极之间建立电势差时,Na^+ 离子从 NaCl 溶液中通过阳离子交换膜输送,并且从双极膜的反应层中取出 OH^- 离子来构建 NaOH。同时,Cl^- 离子通过阴离子交换膜从 NaCl 溶液中转移到双极膜旁边的隔室中,并从双极膜中取出 H^+ 离子并构建 HCl。酸和碱的产生代表电池的充电,当该过程逆转时,H^+ 离子和 OH^- 离子从酸和碱溶液中扩散到双极膜中,在那里它们根据水解离平衡转化成水,相同数量的 Na^+ 和 Cl^- 离子通过相应的单极离子交换膜迁移到 NaCl 溶液中。整个过程是用盐、水和电能的终产物中和 HCl 和 NaOH,它将中和能量直接转换为可用电能。

从电池中取出的电能是吉布斯中和酸和碱的自由能,能量与双极膜中水解离所需的能量相同,并且可以根据酸和碱的 pH 与双极膜中的溶液的差异来计算,即

$$\Delta G = F\Delta\varphi = RT\ln\frac{c[H_{ac}^+]}{c[H_{bm}^+]}\frac{c[OH_{bm}^-]}{c[OH_{ba}^-]} = 2.3RT\Delta pH \tag{12.60}$$

式中,ΔG 是吉布斯自由能;$\Delta\varphi$ 是双极膜在酸和碱溶液之间的电位差;R 是气体常数;F 是法拉第常数;T 是绝对温度;$c[H_{bm}^+]$ 和 $c[H_{ac}^+]$ 是双极膜和酸中的质子浓度;$c[OH_{bm}^-]$ 和 $c[OH_{ba}^-]$ 是双极膜和碱中的氢氧化物浓度;ΔpH 是由双极膜隔开的酸和碱的 pH 值之间的差异。

式(12.60)与式(12.46)相同,其描述了双极膜中的水解离。

双极膜中的溶液与酸和碱之间的电势差是电池的可逆或开路电压,并通过重新排列式(12.60)给出,即

$$\Delta\varphi = \varphi_{re} = \frac{RT}{F}\ln\frac{c[H_{ac}^+]}{c[H_{bm}^+]}\frac{c[OH_{bm}^-]}{c[OH_{ba}^-]} \tag{12.61}$$

式中,$\Delta\varphi$ 是双极膜中的溶液与酸和碱之间的电势差;φ_{re} 是电池的开路或可逆电压。

双极膜中的 H^+ 离子和 OH^- 离子浓度由水解离平衡决定,并且可以被认为是不变的。在室温下,双极膜中的 H^+ 离子和 OH^- 离子浓度为 1×10^{-7} mol·L^{-1}。因此,反应流体电池的可逆电压仅是酸浓度和碱浓度的对数函数,这意味着在电池放电的一定范围内,开路电压仅降低很少。

如果双极膜的阳离子和阴离子交换层选择性是严格的,则双极膜的反应层仅含有水、H^+ 离子和 OH^- 离子。对于由双极膜隔开的两相中的 1 mol 酸和 1 mol 碱溶液,25 ℃ 处的电势差为 $\Delta\varphi=0.828$ V,并且吉布斯自由能摩尔数 $\Delta G=0.0222$ kW·h·mol^{-1}。电池的可用电池电压显著降低,并由电池的内部电池电阻决定,电池的电阻是酸、碱、盐溶液,阳离子和阴离子交换膜,以及双极膜的电阻之和。

浓缩液流电池和具有双极膜的中和液流电池之间的显著差异是开路电池电压。在浓缩液流电池中,电池电压与稀释液和浓缩液之间的浓度差成比例。随着电池的充电和放电,两种浓度都迅速变化,可逆电压也是如此。假设单价盐的盐水浓度在浓缩物中为 3 mol·L^{-1},在稀释液中为 0.03 mol·L^{-1}。在这些条件下,开路电压为 0.23 V。在放电期间,当仅有 50% 的离子从浓缩物转移到稀释液时,稀释液和浓缩液中的浓度变化变得相等并且反向电池电压为零。

然而,在中和液流电池中,开孔电压分别与酸、碱和双极膜的反应层中的离子浓度之间的浓度差成比例,其总是恒定且极低,这意味着酸和碱浓度的变化对反向电池电压的

影响很小。假设在双极膜的反应层中具有 1 mol 酸溶液和纯水的理想中和液流电池,开放电池电压在室温为 0.84 V,对应于电池充满电时双极膜中水分解所需的电压。当在电池放电期间,酸和碱的浓度降低 90%,反向电压仅变化 10%,一般的结论是具有双极膜的中和液流电池具有相对高的电池电压,其在电池的充电状态的范围内是恒定的。

中和液流电池的主要应用是用于从具有可变生产能力的小型固定发电厂(如风车和光伏设备)中长期储存能量。

5. 钒红/氧液流电池

钒红/氧液流电池是二次型电池,其使用不同氧化态的钒离子来存储化学能作为电能,具有广泛的应用。[41] 钒红/氧液流电池功能示意图如图 12.28 所示,图中显示了电池的多池堆排列的重复单元的示意图,其中两个外部容器包含电解液、钒离子在四种不同氧化态下的溶液。电池单元含两个电极和两个电解质溶液,它们被阳离子交换膜分离成阳性和阴性半电池。正半电池中的电解质含有 VO_2^- 离子、VO^{2-} 离子和硫酸,负半电池中的电解质含有 V^{3+} 离子、V^{2+} 离子和硫酸,两种溶液都连接到外部储存器。

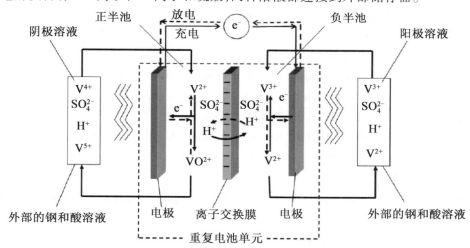

图 12.28 钒红/氧液流电池功能示意图

当电池充电时,电子从外部电源流向阳极,并将 V^{3+} 离子降低到 V^{2+}。在阴极处,VO^{2+} 离子被氧化成 VO_2^+ 离子,电子被释放到电极。同时,H^+ 离子从阳性到负半电池跨阳离子交换膜迁移,当电池放电时,过程反转。在电池的钒氧化反应中,作为电能获得的最大能量是吉布斯自由能,吉布斯自由能和最大电能之间的关系为

$$\Delta G = W_{max} = -\varphi_{re} z_i n_i F \tag{12.62}$$

式中,W_{max} 是在电化学电池中可获得的最大能量;φ_{re} 是反应的可逆电位;z 是电池中离子的电荷数;n 是离子数;F 是法拉第常数。

吉布斯自由能及可逆电位是溶液中组分活度的函数。它可以通过与温度、压力和浓度的标准条件相关的标准值和取决于溶液中离子活度的术语来表示,溶液中组分的活度取决于它们的浓度和电池的充电阶段,可逆电压在 1.8 V 和完全放电的电池约 1.2 V 的范围内充电。钒红/氧液流电池的能量密度大约为 20~35 W·h·kg^{-1},具体取决于钒电

解质浓度和电池设计。钒红/氧电池的能量密度与传统铅电池的能量密度处于同一数量级，但它比现代锂离子电池 100~250 W·h·kg^{-1} 低得多。

钒氧化还原液流电池的主要优点是其容量取决于外部电解质储罐的尺寸，如果不使用电池，则钒离子扩散穿过半透性阳离子交换膜几乎不会有任何放电。钒氧化还原液流电池的主要缺点是其体积与能量比相对较大，这使得电池不适合用于诸如汽车或卡车的移动系统中。钒氧化还原液流电池的主要应用是短期大容量储能，以平均风能和光伏器件等可变能源的能源生产，目前市售的钒红/氧化还原液流电池的蓄电容量在几千瓦·时至 1 MW·h。

本章参考文献

[1] Spiegler, K. S. Electrochemical Operations. In Ion – Exchange Technology, Nachod, F. C.; Schubert. J., Eds.; Academic Press: New York, 1956.

[2] Schafler, L. H.; Mintz, M. S. Electrodialysis. In Principles of Desatnation, Splegler, K. S., Ed.; Academic Press: New York, 1966; pp 3 – 20.

[3] Wilson, J. R. Deminerallzation by Electrodialysis. Butterworth Scientific Publications: London, 1960. Strathmann, H. lon – Exchange Membrane Separation Processes. Elsevier: Amsterdam, The Netherlands, 2004.

[4] Liu, K. J.; Chlanda, F. P.; Nagasubramanlan, K. J. Use of Bipolar Membranes for Generation of Acld and Base: An Engineering and Eonomic Analysis. J. Membr. Sci. 1977, 2, 109.

[5] Eisenberg, A.; Yeager, H. L. Perluorlnated lonomer Membranes. In ACS Symposium Series Vol. 180; American Chemical Society: Washington, DC, 1982.

[6] Helfferich, F. lon – Exchange; MoGraw – Hill: London, 1962.

[7] Sata, T. Recent Trends in Lon – Exchange Research. Pure Appl. Chem. 1986, 58, 1613.

[8] Flett, D. S. Ion – Exchange Membranes; E. Horwood: Chlchesier, 1983.

[9] Zschocke, P.; Quellmalz, D. Novel ion Exchange Membranes Based on an Aromatic Polyethersullone. J. Membr. Sci. 1985, 22, 325.

[10] Komkova, E. N.; Stamatialis, D. F.; Strathmann, H.; Wessling, M. Anion – Exchange Membranes Containig Dlamlnes: Preparation and Stabillty in Alkaline Solution. J. Membr. Sci. 2004, 244, 25.

[11] Grot, W. Perfluorinated Cation Exchange Polymers. Chem. Ing. Tech. 1975, 47, 617.

[12] Wilhelm, F. W. Bipolar Membrane Preparation. In Bipolar Membrane Technolgy, Kemperman. A. J. B.; Ed.; Twente University Press: Enschede, The Netherland, 2000.

[13] Pourcelly, G. Conductivity and Selectlilty of Ion Exchange Membranes: Structure - Corretations. Desaination 2002, 147, 359.

[14] Spiegler, K. S. Transporl Processes in Ionic Membranes. Trans. Faraday Soc. 1958, 54, 1408.

[15] Kedem, O.; Katchalsky, A. A. Physical Interpretation of the Phenomenological Coefficents of Membrane Permeability. J. Gen. Physic. 1961, 45, 143.

[16] Planck, M. Über die Erregung von Elektrizität und Wärme in Eleklrolyten. Ann. Physic u. Chem. N. F. 1890, 39, 161.

[17] Huffmann, E. L.; Lacey, R. E. Engineering and Economic Conskerations in Electromembrane Processing. In Industriai Processing With Membranes, Lacey, R. E.; Loeb, S.; Eds.; Wiley: New York, 1972; pp 39 - 55.

[18] Strathmann, H. Ion - Exchange Membrane Separation Processes; Elsevier; Amsterdam, The Netherlands, 2004.

[19] Katz, W. E. The Electrodialysis Reversal (EDR) Process. Desalination 1979, 28, 31.

[20] Lee, H. J.; Safert, F.; Strathmann, H.; Moon, S. H. Designing of an Electrodialysis Desalination Plant. Desalination 2002, 142, 267.

[21] Ito, S.; Nakamura, I.; Kawahara, T. Electrodialytic Recovery Process of Metal Finishing Waste Water. Desalination 1980, 32, 383.

[22] Ahlgreen, R. M. Electromembrane Processing of Cheese Why. In Industrial Processing With Membranes; Lacey, E. R.; Loeb., S., Eds.; Wlley Interscience: New York, 1972; pp 57 - 69.

[23] Kim, H. Y.; Moon, S. H. Lactic Acid Recovery From Fermentation Broth Using One - Stage Electrodialysis. J. Chem. Technol. Biolechnol. 2001, 76, 169.

[24] Nishlwakl, T. Concentration of Electrolyies Prior to Evaporation With an Electromembrane Process. In Industrial Processing With Membranes, Lacey, R. E.; Loeb, S., Eds.; Wiley: New York, 1972.

[25] Simons, R. Preparation of High Performance Blpolar Membrane. J. Membr. Sci. 1993, 78, 13.

[26] Liu, K. J.; Chlanda, F. P.; Nagssubramanian, K. J. Use of Bipolar Membranes for Generation of Acid and Base: An Engineering and Economic Analysis. J. Membr. Sci 1977, 2, 109.

[27] Mafé, S.; Ramirez, P.; Alcaraz, A.; Agullella, V. Iontransport and Water Splitting in Bipolar Membranes. In Handbook Bipolar Membrane Technology, Kemperman, A. J. B., Ed.; Twente University Press: Endschede, The Netherlands, 2000.

[28] Pourcelly, G.; Gavach, G. Electrodialysis Water Splitting - Application of Electrodialysis With Bipolar Membranes. In Handbook Bipolar Membrane Technology, Kempeman, A. J. B., Ed.; Twente University Press: Enschede, The Netherlands, 2000.

[29] McArdle, J. C.; Piccarl, J. A.; Thornburg, G. G. Aquatech System's Pickling Liquor Recovery Process, Washington Steel Reduces Waste Disposal Costs and Liability. Iron Steel Eng. 1991, 68, 39.

[30] Huang, C.; Xu, T.; Zhang, Y.; Xue, Y.; Chen, G. Application of Electrodialysis to the Production of Organic Acids: State – of – the – Art and Recent Developments. J. Membr. Sci. 2007, 288, 1.

[31] Ganzl, G. C. Electrodeionlzation for High Purity Water Production. In New Membrane Materials and Processes for Separation AIChE Symposium Series; Sirkar, K. K.; Lloyd, D. R., Eds.; Vol. 84; AIChE: New York, 1988; p 73.

[32] Grabowskij, A.; Zhang, G.; Strathmann, H.; Eigenberger, G. The Production of High Purity Water by Continuous Electrodeionization With Bipotar Membranes. J. Membr. Sci. 2006, 281, 297.

[33] Kobuchi, Y.; Motomura, H.; Noma, Y.; Hanada, F. Application of Ion – Exchange Membranes to Recover Acids by Diffusion Dialysis. J. Membr. Sci. 1987, 27, 173.

[34] Welgemoed, T. J.; Schutte, C. F. Capacltlve Deionlzation Technology. An Alternative Desallnation Solution. Desatination 2005, 183, 327.

[35] Jackson, C. Modern Chlor – Alkali Technology, Society of Chemical Industry. Vol. 2; E. Horwood: Chichester, 1983.

[36] Williams, K. R. An Introduction to Fuel Cells; Elsevier: London, 1966.

[37] Dlugolecki, P.; Nymelyer, K.; Metz, S. J.; Wessling, M. Current Status of Ion – Exchange Membranes for Power Generation From Salinity Gradients. J. Membr. Sci. 2009, 319, 214.

[38] Veerman, J.; de Jong, R. M.; Saakes, M.; Metz, S. J.; Hannsen, G. J. Reverse Electrodialysis: Perlomance of a Stack With 50 Cells on the Mixing of Sea and River Water. J. Membr. Sci. 2009, 343, 7.

[39] Forgace, C.; O'Brien, R. N. Utillzation of Membrane Processes In the Development of Non – conventional Renewable Energy Sources. Chem. Can. 1979, 31, 19 – 21.

[40] Zholkovsklj, E. K.; Müller, C.; Staude, E. The Storage Ballery With Bipolar Membranes. J. Membr. Sci. 1998, 141, 231.

[41] Aron, D. S.; Liu, Q.; Tang, Z.; Grim, G. M.; Papandrew, A. B.; Turhan, A.; Zawodzinkl, T. A.; Mench, M. M. Dramatic Performance Gain in Vanadium Red – Ox Flow Batheries Through Modllied Cell Archiecture. J. Power Sources 2012, 206, 450.

第 13 章　电化学阻抗谱法表征膜及其界面

13.1　电化学阻抗谱技术简介

电化学阻抗谱（EIS）或阻抗谱学是一项测量固体和液体电解质材料的本体和界面区域中电流与频率之间函数关系的技术。

在电化学阻抗谱实验中，对样品施加小的正弦电压或电流，同时在一个频率范围内监测相应电流或电压信号的幅值和相位之间的关系。

所应用的信号通常足够小（在恒电位控制下通常为≤10 mV），以符合电流-电压曲线的拟线性段的假设。在线性或拟线性系统中，电流对正弦电势的响应是一个频率相同，但相位偏移的正弦波。

电压和电流由圆周速度或圆周频率决定，它们之间的关系为

$$U_{(\omega)} = U_o \sin \omega t \tag{13.1}$$

$$I_{(\omega)} = I_o \sin(\omega t + \varphi) \tag{13.2}$$

其中

$$\omega = 2\pi\nu \tag{13.3}$$

式中，t 是时间（s）；φ 是电压和电流之间的相移（°）；下标是电压和电流在相中的幅值；ν 是频率（s^{-1}）。

通过使用 Euler 公式，可得

$$e^{j\omega} = \cos \varphi + j\sin \varphi \tag{13.4}$$

阻抗 $Z_{(\omega)}(\Omega)$ 可以用类似于欧姆定律的形式表示，即

$$Z_{(\omega)} = \frac{U_o e^{j\omega t}}{I_o e^{j(\omega t + \varphi)}} = \frac{U_o}{I_o} e^{j\varphi} = \frac{U_o}{I_o} e^{j\varphi} = Z\cos \varphi + jZ\sin \varphi \tag{13.5}$$

式中，j 是虚数（j = $\sqrt{-1}$）；Z 是阻抗模块。式（13.5）表示阻抗由两部分组成，即实数部分

$$Z' = Z\cos \varphi \tag{13.6}$$

和虚部部分

$$Z'' = Z\sin \varphi \tag{13.7}$$

阻抗的实部为电阻，虚部为电抗，阻抗的倒数等于导纳 $Y_{(\omega)}$（S），有

$$Y_{(\omega)} = \frac{1}{Z_{(\omega)}} = G + j\omega C \tag{13.8}$$

电导是系统传导电荷能力的量度,电容是储存电荷的能力。

可根据阻抗幅值和相位角来计算电导和电容,即[2]

$$G = \frac{1}{Z}\cos\varphi \quad (13.9)$$

$$C = \frac{1}{\omega Z}\sin\varphi \quad (13.10)$$

阻抗数据通常可以由几个元件(表 13.1)组成的等效电路来进行建模,以提取在激励状态下电化学系统具有实际意义的物理特性。

表 13.1　一些常见的等效电路元件及其与阻抗关系

元件	图形符号	相关阻抗
电阻器(R)		$Z_R = R$
电容器(C)		$Z_C = \dfrac{1}{j\omega C}$
感应器(L)		$Z_L = j\omega L$
恒定相元件(CPE 或 O)		$Z_{CPE} = \dfrac{1}{Y_0(j\omega)^n}$
沃堡阻抗(W)		$Z_W = \dfrac{1}{Y_0\sqrt{j\omega}}$

电路元件可以通过串联或并联来进行组合(图 13.1)。

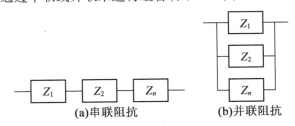

图 13.1　串联阻抗和并联阻抗

串联元件的阻抗是各元件的阻抗进行相加,即

$$Z_{\text{total}} = Z_1 + Z_2 + Z_n \quad (13.11)$$

元件的并联阻抗可根据下式进行计算,即

$$\frac{1}{Z_{\text{total}}} = \frac{1}{Z_1} + \frac{1}{Z_2} + \frac{1}{Z_n} \quad (13.12)$$

电化学阻抗谱数据通常以 Nyquist 图或 Bode 图的形式给出。

Nyquist 图显示了阻抗的虚部(Z'')与实部($-Z'$);Bode 图表示阻抗(Z)和相移(phase)与频率的依赖关系。

13.2 膜科学与技术中的阻抗谱

从事电膜工艺(如电渗析、反电渗析（RED）、燃料电池、电容去离子等)的膜科学家的主要关注点之一是深入研究膜电学和介电性质。众所周知,在固体离子导体和液体电解质之间的界面上,物理和电学性质会因为一个不均匀的电荷分布(极化)而发生变化,这会降低系统的整体电导率。[1,3,4]此外,浓差极化和污染现象被认为是压力驱动膜过程(如反渗透、纳滤、超滤和微滤)中的主要技术和经济问题之一,这可诱导膜和边界层电性能的相关变化。[5]

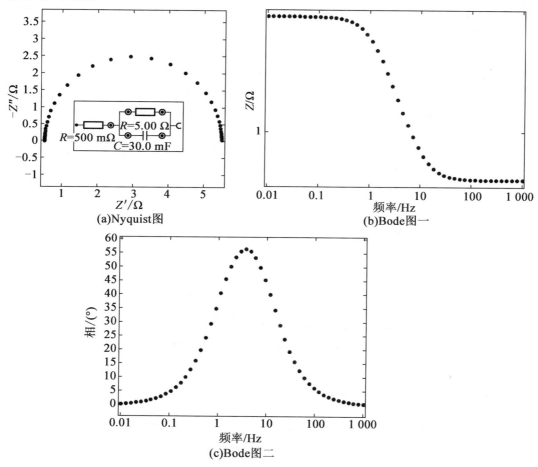

图 13.2　等效电路的模拟 Nyquist 图和 Bode 图

因此,对表征膜及其界面的电和介电性质的兴趣不仅限于离子交换膜（IEM）,还涉及液体分离中使用的所有类型的膜。

这里,电阻常采用直流电法测量。在直流测量中,薄膜被安装在一个由两个腔室形成的池中,池中的两个室通过薄膜来隔开,施加直流信号并测量跨膜电压降。电阻($R(\Omega)$)由电流($I(A)$) - 电压降($U(V)$)曲线的斜率给出,其值符合欧姆定律,即

$$R = \frac{U}{I} \tag{13.13}$$

用含有膜和溶液的池电阻减去装有溶液但不含膜的池电阻,就可以获得膜电阻。直流电法操作简单,但不能区分膜电阻与界面电阻。相反,在电化学阻抗谱中,可以用一定频率范围内的交流电来区分。阻抗测量可以在真实操作条件下以无创和无损的方式进行,并提供实时信息,而且可从单次实验中测定多个参数(如膜界面电阻和电容),具有较高的准确度和灵敏度。此外,测量易于实现自动化。

电化学阻抗谱技术的局限性主要与数据解释中可能存在的歧义有关。在许多情况下,几种等效电路可以成功地拟合实验数据,但正确选择等效电路需要建立于对所研究的系统和过程的物理基础。

在其他情况下,具有集中参数特性的普通理想电路元件已经不足以表示复杂系统的电行为,需要在电路中引入分布式元件(如 Warburg 阻抗)。

在过去的几十年中,关于阻抗光谱学在膜科学中应用的出版物的数量正在急剧增加。从使用关键词"阻抗"和"膜"的书目研究[7]中可以发现 1925—2016 年已经超过 12 000 条记录(图 13.3)。

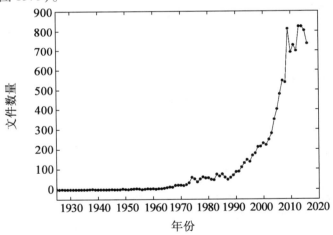

图 13.3 1925—2016 年使用关键词"阻抗"和"薄膜"的年度文件数量[7]

电化学阻抗谱技术是当今最先进的原位无损表征技术。然而,这种技术的潜力可能还没有完全开发出来,在未来可以期待其更多的进展。

13.3 操作方法

阻抗测量的实验装置通常包括容纳研究系统的电化学池和恒电位仪/恒电流仪（又称电化学接口）及频率响应分析仪（FRA），通过同轴端子将电化学接口连接到电化学池上，并应用正弦波电压或电流刺激测量正在研究的系统的直流特性。

频率响应分析仪通过电化学界面与池相连，这些仪器通常通过接口（如 GPIB、USB、以太网、串行端口）[1]再与个人计算机连接。池通常被配置在法拉第笼内，即防止电磁场进入或逃逸的导电盒，与恒电位仪/恒电流仪相连，以适当屏蔽或降低噪声。有几种软件可用于仪器控制、数据可视化、存储及细化处理（包括等效电路拟合和模拟）等过程。Nova 和 Zplot 只是这些软件中的两个例子。

在电化学阻抗实验中，正弦电刺激（电压或电流）通过一对电极在一定频率范围内对被研究系统产生作用，并通过相同或不同的电极来观察响应。

在第一种情况下，装置为两个探头（或两个电极、两个端子）类型（图 13.4(a)）。如果使用两个附加电极来收集系统的响应，则装置就变为四探头类型（或四个电极、四个端子，图 13.4(b) 和图 13.4(c)）。图 13.4(a) 和图 13.4(b) 中显示的装置用于测量离子通过膜横截面时（通过平面）的阻抗，图 13.4(c) 的配置则测量了平面内的电导率。

另一种可能的装置是使用三个电极，但它通常仅用于表征电化学池的一半或电极上发生的现象，本章将不进行讨论。

当膜被固定在两个固体导电电极之间时，通常是采用两个探针装置，如用于聚合物电解质膜燃料电池（PEMFC）的膜电极组件（MEA）。膜电极组件由固定在两个碳-布或碳-纸多孔电极之间的阳离子交换膜（CEM）[9]组成。在每个膜/电极的界面上存在催化层。

如果膜与液体电解质直接接触，则图 13.4(b) 所示的四探针装置是最方便且最常用的。[10]这种装置的优点是可以从阻抗谱中排除电解质之间界面上电荷转移电阻的贡献。通过这种方式，可以将分析重点放在膜及其界面的阻抗上。在这种装置中，通常将 Haber-CLuggin 毛细管插入参比电极和感知电极中，以探测靠近膜表面的电压，但这避免了市售的大型电极的屏蔽效应。Haber-CLuggin 毛细管通常填充有与感知电极和参比电极内部相同的电解质溶液。

图 13.4(c) 所示的四个探针装置常用于表征聚合物电解质膜燃料电池中的膜。与图 13.4(a) 相比，该装置的优点是能够更容易且更快地控制膜的加湿程度，因为样品可直接暴露于可调节的环境中（燃料电池类型中的加湿气体或气候箱内）。综上所述，四电极的电导率测量能够消除电极注入刺激/电解质电荷转移电阻的影响，在与液体电解质接触的情况下，其在阻抗谱中占主要部分。[11]相反，图 13.4(a) 的装置是两探针类型，膜被压在两个多孔电极之间，与可调节环境达成平衡所需要的时间通常更长，并且难以精确控制和监测。然而，在聚合物电解质膜燃料电池的实际运行条件下，离子通过膜的横截面流动而不是在膜的平面上流动。因此，装置图 13.4(a) 可以提供更多具有代表性的

数值,并且还可以对阻抗进行原位监测。这意味着在相同(标准电压)条件下,同一种膜用不同的阻抗单元配置进行表征,可以得到不同的结果。例如,Nafions 117(一种广泛用于聚合物电解质膜燃料电池的商业阳离子交换膜)在 120 ℃和相对湿度为 90%的条件下,其质子电导率为 0.061 S·cm^{-1},测量平面阻抗(图 13.4 (c)的四个探针配置),通过平面法(图 13.4(a)的两个探针配置)获得的值为 0.013 S·cm^{-1}[12]。因此,在不同系统的比较中使用相同的装置是非常重要的,要记住每个装置的优点和局限性。能够影响结果的其他重要因素还包括膜的预处理和调节过程(如酸化、热处理等)[13],这必须在报告的结果中明确指出。

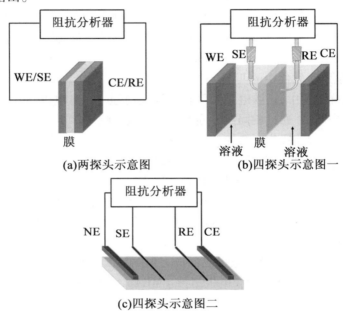

图 13.4 阻抗表征实验示意图
WE—工作电极;SE—感知电极;CE—对电极;RE—参比电极

通过测量阻抗,可以获得膜的体积电阻 R_m(Ω)。但是对于相同材料的测量阻抗会随研究系统的几何尺寸(如膜厚度、活性膜面积)变化而发生变化,因此报告中的电阻通常是指单位面积的膜面电阻(AMR(Ω·cm^2),具有几何相关性)或特定膜电阻,又称电阻率(SMR 或 ρ(Ω·cm),是材料的一种特性),有

$$AMR = R_m d_1 d_2 = R_m S \tag{13.14}$$

$$SMR = \frac{R_m d_1 d_2}{d} = \frac{R_m S}{d} = \frac{AMR}{d} \tag{13.15}$$

对于槽平面测量(图 13.5(a)和(b)),d 是膜厚度;d_1 和 d_2 是样本宽度和高度;S 是有效膜面积。对于平面内测量(图 13.5(c)),d 是电压感应电极之间的距离(SE/RE);d_1 和 d_2 是样本宽度和厚度;S 是膜横截面积。

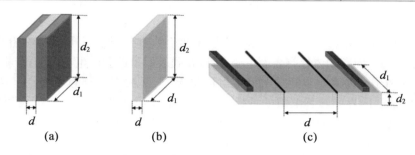

图 13.5　在式(13.14)~(13.18)中使用的几何参数,用于图 13.4 中每个装置中的几何参数

另外,阻抗分析所得值包括膜电导 $G_m(S)$、单位面积膜电导 $AMG(S \cdot cm^{-2})$ 和特定膜电导或膜电导 SMG 或 $\sigma(S \cdot cm^{-1})$,有

$$G_m = \frac{1}{R_m} \tag{13.16}$$

$$AMG = \frac{G_m}{S} = \frac{1}{R_m S} = \frac{1}{AMR} \tag{13.17}$$

$$\sigma_m = SMG = \frac{G_m d}{S} = \frac{d}{R_m S} = \frac{1}{SMR} \tag{13.18}$$

13.4　膜界面的极化现象

通过压在两个固体电极之间的膜获得的 Nyquist 图通常呈现明显的弧线(图 13.6(a))。然而,在用膜分离两种液体电解质溶液的情况下,光谱中通常会出现额外的半圆(图 13.6(b)),相应的等效电路如图 6.14 所示。

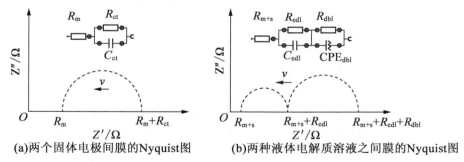

(a)两个固体电极间膜的Nyquist图　(b)两种液体电解质溶液之间膜的Nyquist图

图 13.6　两个固体电极间膜的 Nyquist 图及两种液体电解质溶液之间膜的 Nyquist 图

在高频率($v \to \infty$)下,实轴上的截距代表了膜电阻(R_m),或当液体电解质接触样品时,给出了膜电阻+溶液电阻(R_{m+s})。通过空白实验(不带膜)可以得到溶液电阻,减去其值即可得到膜电阻。

在低频率($v \to 0$)下,实轴上的截距给出了膜(加溶液,若存在)和界面电阻的总和。在膜固定在两根固体电极之间的情况下,界面电阻相当于电极与膜之间的电荷转移电阻。

如果膜与电解质溶液直接接触，则除膜电阻和溶液电阻（R_{m+s}）外，还存在着其他电阻。因为溶液中的每个固态物体都有表面电荷，所以在膜表面附近会产生电荷分布（极化）。

例如，在离子交换膜与电解质溶液接触的情况下，需要考虑通过双电层（R_{edl}）和扩散边界层（R_{dbl}）的界面转移电阻的贡献。双电层（EDL）的形成是由于膜表面存在净电荷，影响膜/溶液界面处的离子分布，因此反离子浓度增加（图 13.7）。

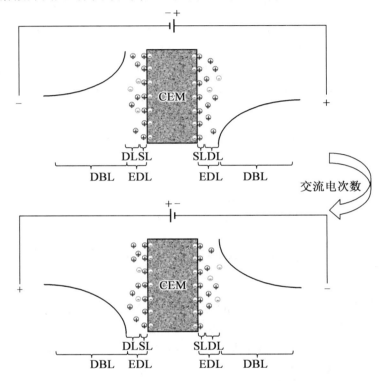

图 13.7　双电子（斯特恩层和扩散层）和扩散边界层示意图

这种受到影响扩散的区域称为双电层。[4,15-17] 双电层在图 13.7 上由两层组成：内层称为斯特恩层（SL），由与膜表面通过强烈静电相互作用进行结合的离子形成；外层称为扩散层（DL），由松散结合的离子构成。斯特恩层为埃量级厚度（远离表面的一个或两个溶剂化离子的半径），扩散层为纳米级厚度。扩散层中的反离子因斯特恩层的电屏蔽作用而不易被带电表面吸引，在电吸引和热运动的作用下，反离子容易扩散到本体液相中。

由于共离子与反离子之间的通量差异（迁移率不同），以及离子在离子交换膜与溶液相间的转运数的不同，因此在界面处膜溶液会出现浓差极化现象。[18,19]

在离子交换膜中，电流几乎完全由反离子进行传输，反离子在膜中的转运数趋向于 1。由于存在相同符号（Donnan 排斥）的固定离子，因此在电化学阻抗谱中理想地排除了共离子的贡献，并且迁移数趋于零。相反，在溶液相中，电流通过共离子和反离子共同进行传输，在对称盐的情况下，二者的传输数都为 0.5。因此，形成了一个额外的层，称为扩散边界层（DBL），其厚度约为几百微米。

13.5 离子交换膜的电化学阻抗谱表征

离子交换膜谱在能源转换和存储系统(如燃料电池和池分离器)中得到了广泛的应用。此外,从解决全球对无碳基和可再生能源需求的角度来看,盐差梯度发电与反渗透一样,近年来正引起人们极大的兴趣。[20-24]

对于电化学过程中的应用,离子交换膜首先要考虑的性质是高离子电导率(或低离子传输电阻率)与高选择性(不包括共离子),以及适当的化学、机械和热稳定性。[25]

需要强调的是,在一定温度下,离子交换膜的离子电导率高度依赖于与样品直接接触的液相或气相(如具有给定相对湿度的液体电解质溶液或大气蒸气),因为周围环境对膜相中的水体积分数的影响会反过来影响膜的微观结构。此外,对于液体电解质溶液,由于可能存在反离子交换现象及非理想渗透选择性膜中的同离子扩散效应,因此膜内及其界面处的离子浓度分布会受到溶液离子组成的影响。

在水存在的条件下,固定的离子基团可以通过氢键网络相互连接,形成溶胀的亲水区域,这是离子通过载体或格里索斯机制进行传输的途径。因此,离子交换膜的电导率往往会随着相对湿度的增加而增加(图 13.8)。[26,27]

对于双探针配置(图 13.4(a)),电极的夹紧压力也会影响膜的电导率,因为存在压力,会导致膜的有效面积和厚度发生变化(图 13.9)。[28]

此外,在测量平面质子电导率期间,随着湿度/温度的变化,膜沿平行于膜表面的平面被迫进行各向异性地膨胀/收缩,同时诱导显微结构发生变化,某些文献报道中指出,电导率会随时间而下降。[12]

阳离子交换膜的质子传导率衰减的临界温度取决于样品的工作条件和热史。[29-31]

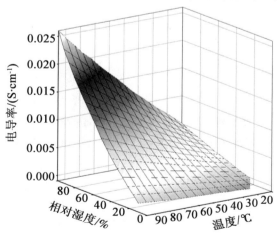

图 13.8　商用阳离子交换膜(Nafions 117)随温度和湿度变化示意图

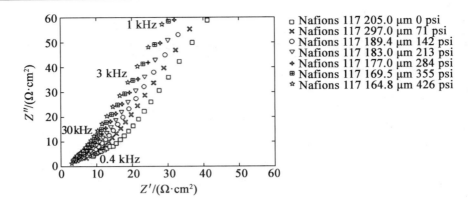

图 13.9　Nafions 117 膜在不同压力下的奈奎思特图

例如,Nafions 117 在相对湿度为 85% 的条件下进行工作,并在压力为 130 N·cm^{-2}下夹紧电极之间的膜,发现临界温度为 95 ℃(实验采用双探头装置进行,频率范围为 1 Hz ~ 10 MHz,信号幅度为 10 mV)。[29]低于该值时,质子电导率随温度升高而升高;高于该值时,质子电导率会观察到显著降低的趋势。

这种衰减与不同现象的组合有关:在高于聚合物玻璃化转变温度时,有利于进行膜的脱水过程聚合物的两个 -SO$_3$H 基团会缩合形成磺酸酐,并伴有水分子的损失及各向异性溶胀。[12,29]双探针装置的电化学阻抗谱也用于原位监测聚合物电解质膜燃料电池运行期间膜的稳定状态。[32]将实验数据与图 13.10 所示电路进行拟合,以跟踪与加湿水平相关的电阻变化。这意味着电化学阻抗谱能够实时检测操作期间发生的任何工艺性能的变化,以允许在各种情况下采用必要的策略。例如,在膜脱水的情况下需要对气体及时进行加湿。

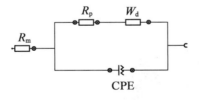

图 13.10　用于拟合聚合物电解质燃料电池运行期间电化学阻抗谱的等效电路[32]
R—电阻;CPE—常数相位元件;W—Warburg 阻抗;m—膜;p—极化元件;d—扩散元件

综上所述,当膜与液体电解质溶液接触时,如在应用反电渗析期间,使用四探针装置比两探针装置更加方便。

利用该装置,科学界已经系统地研究了溶液浓度、温度和错流流动速度对 6 种均一增强的阴离子和阳离子交换膜(生产的三种阴离子交换膜和三种阳离子交换膜)及其与水电解质溶液界面(双电层和扩散边界层)电阻的影响。[11]用于表征面内阻抗的实验装置与图 13.4(b)所示相似。实验在 0.01 ~ 1 000 Hz 的频率范围内进行,信号幅度为 10 mV。

利用电化学阻抗谱在 0.5 mol/L 的氯化钠溶液中对膜进行表征。电化学阻抗谱与图 13.6(b)所示的等效电路进行拟合,除薄膜电阻外,还包括界面电阻。Nyquist 图(图 13.11(a))和 Bode 图(图 13.11(b))直观地验证了拟定等效电路与实验数据之间的良好一致性。

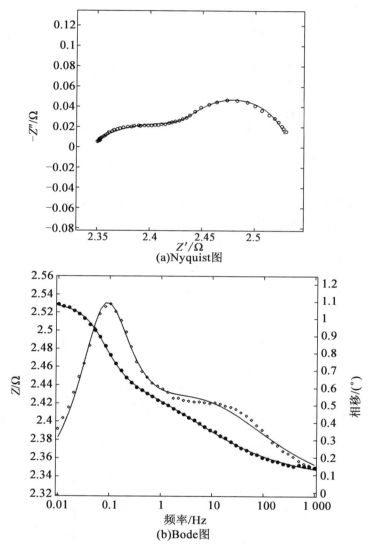

图 13.11　Fuji-CEM-0150 阳离子交换膜的 Nyquist 图和 Bode 图

膜电阻未随着溶液错流流速增加而产生显著变化,通过比较不同流速下记录的 Nyquist 图则很容易理解(图 13.12)。

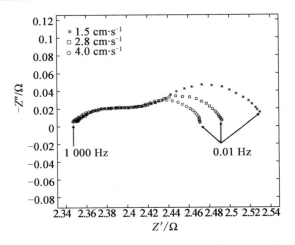

图 13.12　不同流速下阳离子交换膜的 Nyquist 图

在高频率下，阻抗实轴的截距对应于膜电阻 + 溶液电阻 R_{m+s}，并且与溶液流速基本无关。相反，在低频率下，截距（也包含界面作用）$R_{m+s} + R_{edl} + R_{dbl}$ 会随着溶液流速的增加而明显减小。特别是，所有样品的扩散边界层电阻均会随着溶液流速的增加而降低（图 13.13）。

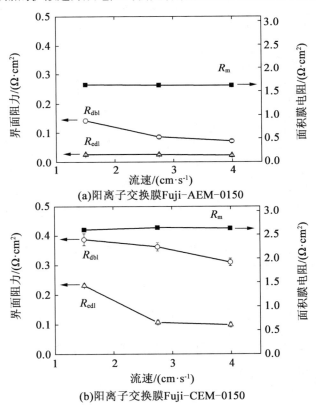

(a) 阳离子交换膜 Fuji-AEM-0150

(b) 阳离子交换膜 Fuji-CEM-0150

图 13.13　测试条件为 20 ℃ 时 0.5 mol·L^{-1} 的氯化钠溶液中溶液错流流速对阳离子交换膜 Fuji–AEM–0150 和阳离子交换膜 Fuji–CEM–0150 界面电阻的影响

膜电阻对通过双电层和扩散边界层（$R_m > R_{dbl} > R_{edl}$）的界面离子电荷转移情况起了主要作用（图 13.13）。

在阴离子交换膜的情况下，流速对双电层电阻 R_{edl} 没有显著影响；但在阳离子交换膜的情况下，流速的影响就不可忽略。这可能是因为相对于阴离子交换膜，阳离子交换膜双电层的厚度较高，这使得切向应力的影响更为显著。在阳离子交换膜的情况下，双电层的较高厚度与反离子的较大流体动力学半径有关（分别为 Na^+ 和 Cl^-）。

阳离子交换膜的膜电阻高于阴离子交换膜。在阳离子交换膜中观察到的较高电阻是因为 Na^+ 相对于 Cl^- 的迁移率较低（25 ℃ 下分别为 $4.98 \times 10^8 \ m^2 \cdot V^{-1} \cdot s^{-1}$ 和 $6.88 \times 10^8 \ m^2 \cdot V^{-1} \cdot s^{-1}$）。当反离子浓度大于共离子浓度时，不仅膜电阻增大，而且界面电阻也增大。

由于离子迁移率增加，因此离子通过膜和界面的传输电阻将随着温度升高而降低。

最近的一项研究[3]表明，离子交换膜的离子电阻很大程度上取决于与其接触的电解质溶液的浓度和组成。

随着溶液浓度的增加，吸水率降低，阴离子交换膜和阳离子交换膜（Fuji-AEM-80045 和 Fuji-CEM-80050，缩写为 AEM80045 和 CEM800）的电阻会增加，随后发生用于离子转运的亲水性通道的收缩（图 13.14）。

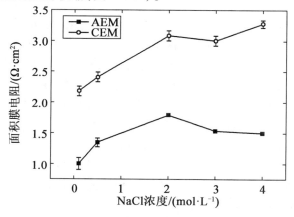

图 13.14　在 25 ℃ 下，溶液浓度对阳离子交换膜和阴离子交换膜（AEM80045 和 CEM80050）电阻的影响

降低膜的含水量，膜的亲水性通道变窄，离子传输阻力增大。此外，固定电荷基团的浓度会随着吸水率的降低而增加。由于与固定电荷基团之间的相互作用较强，因此离子在膜中的迁移受到了阻碍，这是因为固定的带电基团之间不能很好地相互连接。

然而，随着溶液浓度增加，膜中含水量降低所带来的负面影响可以通过带电基团之间距离的适当减小来得到部分补偿，这使得带电基团之间能够实现更好的相互连接。这可能是 AEM800 的离子电阻在 $2 \sim 3 \ mol \cdot L^{-1}$ 范围内会发生适度降低及 CEM800 存在平台区的原因。

一般情况下，如果膜的带电固定基团浓度较低，则其对外部溶液的离子强度就会更敏感。[11]

由于溶液中离子型带电载流子数量增加,因此界面电阻(双电层和扩散边界层电阻之和)有随氯化钠浓度升高而降低的趋势。它与 0.1 mol·L^{-1}氯化钠浓度下的膜电阻相当,但在 0.5 mol·L^{-1}时,AEM800 和 CEM800 的膜电阻分别为 11% 和 24%,2.0 mol·L^{-1}时分别为 1.5% 和 5.5%。当氯化钠浓度 >3 mol·L^{-1}时,图 13.15 所示的电路比图 13.6 中的电路更切合实验数据,这表明双电层电阻的贡献可忽略不计,仅需考虑扩散边界层的电阻。

这种现象与双电层厚度的减小以及溶液浓度的增加是一致的,由于反离子和固定带电基团之间具有相互吸引的静电相互作用,因此产生了更高的屏蔽效应,这使得溶液中离子的浓度增加。[35]双电层的厚度近似为德拜长度,与溶液中离子强度的平方根或与对称电解质情况下的离子浓度成反比。[36]

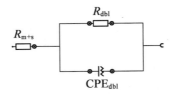

图 13.15　用于拟合在浓氯化钠溶液中离子交换膜的电化学阻抗谱的等效电路(≥3 mol·L^{-1}[34])

因此,界面电阻的降低尤为重要。例如,当反电渗析堆栈中加入低浓度(≤0.1 mol·L^{-1})的溶液时,溶液的流速将会提高。[11]

在多价离子的情况下,由于其对膜和界面电阻具有特殊影响,因此有必要对其进行单独讨论。镁离子是海水中含量第三的离子,仅次于钠、氯和钙。[37]为此,研究其对膜和界面电阻的影响具有特别的意义。其中,具有相同阴离子但不同阳离子(氯化钠/氯化镁)的混合电解质溶液已用于测试 AEM800 和 CEM800。

对这些溶液测量的电阻值的比较显示,Mg^{2+} 对 CEM800 的电阻具有显著影响(图 13.16(b))。从 0.5 mol·L^{-1} 的氯化钠溶液增加到具有以下组成的溶液:氯化钠 0.340 mol·L^{-1} ± 氯化镁 0.054 mol·L^{-1}(第二种溶液的 Mg^{2+} 浓度接近海水,但离子强度和电导率接近第一种溶液),可以发现膜电阻从(2.41±0.08)Ω·cm^2 增加到了(8.3±0.2)Ω·cm^2(+244%)。界面电阻(双电层和扩散边界层)也增加,但小于膜电阻:双电层电阻 R_{edl} 从(0.048 30±0.000 8)cm^2 增加到(0.089±0.002)cm^2(+84%),扩散边界层电阻 R_{dbl} 从(0.518+0.004)Ω·cm^2 增加到(0.92±0.02)Ω·cm^2(+78%)。在 Mg^{2+} 存在的条件下,薄膜和界面电阻的增加是因为二价 Mg^{2+} 相对于一价 Na^+ 的迁移率较低,前者的水合半径较大。[38]多价离子还可以通过改变膜的微结构,作为两个不同的固定带电基团之间的桥梁,来降低发生离子(和水)转运的亲水性微通道的有效尺寸。多价离子的这种封闭作用可以增加膜的离子阻力。

Mg^{2+} 对膜电阻的影响是其在电解质溶液中含量的函数(图 13.16(a))。[34,39]相反,AEM800 的电阻对这种二价阳离子的存在并不敏感(图 13.16(b))。

考虑到 AEM800 趋向于排斥 Mg^{2+},一般对于阳离子而言,因为在其聚合物链(Donnan 排斥)上存在共价连接的季铵基团(即正电荷基团),所以这些结果都是在预期之内的。

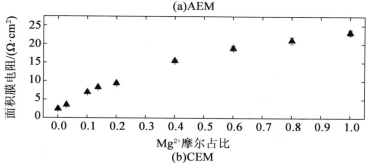

图 13.16　AEM80045 和 CEM80050 的面积膜电阻随 Mg^{2+} 摩尔占比的函数

13.6　电化学阻抗谱技术在膜和膜过程研究中的其他应用

13.6.1　膜的结构表征

在电均相系统中,阻抗、电导和电容都与频率无关。然而,膜系统可以认为是非电均相系统,即由多层组成,具有不同的电特性和介电性质。因此,阻抗、电导和电容随频率的色散变化可用于获得膜结构信息。

Antony 等[10]进行了原位实时的电化学阻抗谱分析。将含有 300 mg·L^{-1} 的 Ca^{2+} 和含有 330 mg·L^{-1} 的 HCO_3^{-1} 水溶液在 900 kPa、20 ℃ 和 0.2 m·s^{-1} 的错流流速下通过商业反渗析膜(BW30 膜陶氏)过滤 18 h(最终回收率为 87%)。在 0.1~1 MHz 频率范围内,使用 4 探头平面配置,以 7.5 min/次的间隔来记录阻抗谱。[10]

所研究的膜是由聚酰胺薄膜复合材料组成的四层结构:底层由增强聚酯(PE)织物支撑构成,厚度约为 120~150 μm(图 13.17 中的元素 2);中间层由微孔聚醚砜(PES)基质构成,厚度约为 50 μm(图 13.17 中的元素 3);顶层的聚酰胺(PA)层由界面聚合形成,厚度约为 100nm 厚(图 13.17 中的元素 4);最后是约 1 nm 厚的薄聚乙烯醇(PVA)亲水涂层(图 13.17 中的元素 5)。[10]在用于拟合阻抗数据的等效电路中,除与四层膜相关的元素外,还考虑了另外两层,即滤饼层(图 13.17 中的元素 1)和浓差极化层(图 13.17 中的元素 6)。

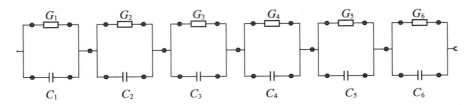

图 13.17 利用聚酰胺薄膜复合膜(Filmtec BW30 膜,陶氏),原位监测反渗析操作过程中的等效电路模型

假设它们均是板状理想电容器,则每层的介质厚度 d_k(m) 可根据其测量的电容进行估算,即

$$d_k = \frac{\varepsilon_k \varepsilon_0}{C_k} \tag{13.19}$$

式中,ε_k 是第 k 层的介电常数;ε_0 是自由空间的介电常数($\varepsilon_0 = 8.854\,187\,82 \times 10^{-12}$ F·m^{-1});C_k 是第 k 层作为顶点层的电容(F·m^{-2})。

在计算中,滤液的 ε_k 值(图 13.17 模型中的 $k=1$)为 80(水的值)。对于多孔聚乙烯加固支撑层($k=2$)和聚醚砜支撑层($k=3$),水的 ε_k 值也考虑在内。同时,假设本体聚酰胺层($k=4$)和聚乙烯醇涂层($k=5$)的 ε_k 值在 3~5。

作者在报告中指出,膜层($k=2\sim5$)介电厚度的估计值与市售膜的已知值一致,包括薄聚乙烯醇层(厚度约为 1 nm),这证实了利用电化学阻抗谱获得有关膜结构的准确信息是可行的。[10]

在过滤过程中,膜层的电介质厚度没有变化,而与膜层($k=2\sim5$)相关的频率常数 ω_k(s^{-1}) 却会增加。该频率常数(时间常数的倒数)是化学元素对阻抗测量的贡献占优势时的特征频率[10],即

$$\omega_k = \frac{G_k}{C_k} \tag{13.20}$$

式中,G_k 是第 k 层的电导(S·m^{-2})。

ω_k 的这种变化主要与电导的变化有关。[10] 因为离子在过滤期间会发生跨膜转运过程(减少膜截留),所以在过滤期间会发现所有膜层的电导率均增加,与渗透物电导率增加相一致。这些变化与聚乙烯醇涂层($k=5$)更为相关,过滤 11 h 后电导率突然增加,这表明在膜表面形成了一层氧化膜。[41] 仅在 10~100 Hz 频率范围内可以观察到在过滤期间电容的显著变化,这个频率范围对应于薄聚乙烯醇涂层($k=5$)和聚酰胺层($k=4$)的频率范围特征。由于在膜表面发生结垢现象(相当于在膜表面电荷储存增加),因此该层的介电性能会增加。[41]

徐等使用与图 13.4(b) 相似的四电极装置,在不同电解质溶液(高达 0.006 mol·L^{-1})中利用电化学阻抗谱研究商业磺化聚醚砜纳滤膜(NTR7450)。[42] 实验在 1 Hz~1 MHz 的频率范围内进行,信号幅度为 10 mV。根据阻抗谱,观察到两个不同的时间弛豫,表示这种纳滤膜是一种由活性层和支持层组成的不对称结构(图 13.18)。

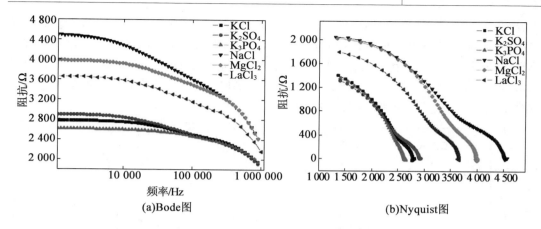

图 13.18　商用磺化聚醚砜纳滤膜在不同电解质溶液中测得的 Bode 图和 Nyquist 图

可以发现,活性层的电容取决于电解质的类型,但它的结果与其浓度完全无关。通过假设活性层作为平行板式电容器,利用式(13.19)计算其厚度,聚醚砜的 k 值为 3.5,可以发现厚度为 0.209 6~0.273 9 mm 不等,是电解质类型的函数。所有计算的值均高于扫描电子显微镜(SEM)的估计值(约 0.150 μm)[43],这种差异归因于电解质溶液对选择层的溶胀作用。相反,扫描电子显微镜分析是在干燥状态下进行的。值得注意的是,这代表电化学阻抗谱其他技术(如 SEM)相比其在研究膜结构方面的特殊优势。EIS 能够原位测定膜层厚度,即在实际操作条件下,能够实时提供膨胀、收缩和压实等能够影响膜的结构和性能现象的信息。

13.6.2　通过电化学阻抗谱对污染现象进行原位检测

早期污染检测是正确管理液体分离中压力驱动膜操作的关键问题。检测污染形成的常规做法包括在恒定跨膜压力(TMP)下测定通量的下降,或作为替代,在恒定通量下测定跨膜压力的增加。然而,这些方法并不是预防性的,仅在通量下降(或跨膜压力增加)并伴有相关效率损失后才能应用清洗策略。与这些传统方法相关的另一个局限性是无法区分是污染和连续结垢导致的通量下降(或跨膜压力的增加)还是渗透压增加导致的通量下降(或跨膜压力的增加)。[44]

在实验室条件下,利用电化学阻抗谱技术成功地对反渗透结垢进行时原位检测。[43,44,5,45,40,46,47]通过现场电化学阻抗谱进行的膜污染监测,可在通量发生明显下降(或跨膜压力增加)之前及时应用清洗策略防止膜污染的发生。Sim 等[45]将不同过滤时间的氯化钠水溶液(2 g·L^{-1})以 25 L·h^{-1}·m^{-2} 的恒定通量透过商业反渗透膜(BW30 膜,陶氏),并且在得到的 Nyquist 图上观察到发生了明显的偏移(图 13.19)。

在所使用的模型中,膜污染物为牛血清白蛋白(BSA)和二氧化硅,分别为蛋白质和胶体的代表。他们在 0.1~10^5 Hz 的频率范围内记录了电化学阻抗谱,使用四探头装置的阻抗错流反渗透装置(INPHAZE^{TM}45),在再循环模式下运行(渗透液和浓缩液通过再循环返回至进料槽)。

在二氧化硅作为膜污染物的情况下,他们在过滤 5 h 后观察到 Nyquist 图发生右移,这表明电导降低(图 13.19(a)和(b))。这种现象可归因于在膜表面形成二氧化硅浓差极化层,降低膜电导率。值得注意的是,在初始阶段,膜污染引起的膜性能变化并未被跨膜压力变化检测到。[45] 由于过滤期间膜污染层继续累积,因此 Nyquist 图开始左移,电导率增加(图 13.19(a)和(b),过滤时间为 26 h 和 50 h)。这是因为膜表面的氯化钠浓度增加,导致跨膜的浓度梯度增加、盐的截留率降低及电导的增加。

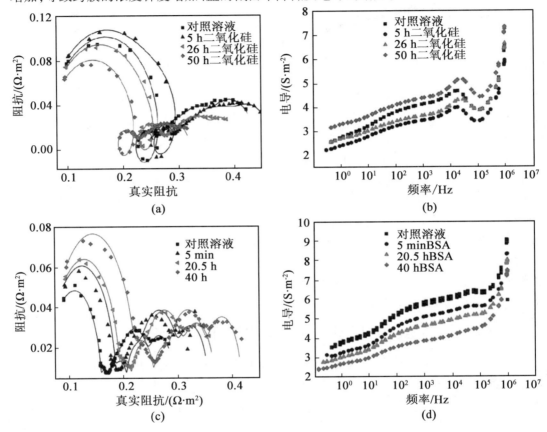

图 13.19　不同过滤时间商用 RO 膜阻抗图

在牛血清白蛋白污染期间观察到的阻抗谱变化与在二氧化硅污染期间观察到的明显不同。使用牛血清白蛋白时,Nyquist 图开始右移,仅过滤 5 min 后电导就发生下降(图 13.19(c)和(d))。这种移动是在过滤过程中,表面蛋白质被收,形成了致密的污垢层引起的,这种薄膜阻碍盐的扩散,增加截留率和跨膜压力,这意味着不同的污垢可以给出不同的污垢处理机理,而电化学阻抗谱技术从原理上对污垢的形成过程进行个体化处理,同时也可以对污垢机理进行指示。

13.7　本章小结

电化学阻抗谱技术（EIS）是当今膜科学和技术领域（从膜的表征到膜的过程监测）中一种非常重要的非破坏性非侵入性诊断工具。

膜电阻和界面电阻的测定是该技术在电膜工艺（如聚合物电解质膜燃料电池和反电渗析）中的主要应用。在实际操作过程中，阻抗与频率的分散度也可用于获取膜的结构信息。电化学阻抗谱的另一个应用是在实际操作条件下对膜进行原位监测。通过电化学阻抗谱，可以实时检测到因任何变化导致的工艺性能的变化。通过这种方式，可以及时采取纠正措施。例如，在聚合物电解质膜燃料电池运行过程中，膜脱水导致需要对气体进行加湿或在压力驱动膜过程中对污染了的膜进行清洗等过程。

电化学阻抗谱技术的主要局限性在于对数据解释的相对复杂性和可能存在的歧义性。在许多情况下，几个等效电路可以成功地拟合实验数据，正确电路的选择需要基于对所研究系统和过程的严格物理基础之上。

此外，阻抗单元的开发旨在使每种特定的膜过程都能够承受实际的操作条件，这也是该技术进一步发展的基础。

本章参考文献

[1] Barsoukov, E.; Macdonald, J. R. Impedance Spectroscopy. Theory, Experiment, and Applications, 2nd edn.; John Wiley & Sons: New Jersey, 2005.

[2] Gao, Y.; Li, W.; Lay, W. C. L.; Coster, H. G. L.; Fane, A. G.; Tang, C. Y. Characterization of Forward Osmosis Membranes by Electrochemical Impedance Spectroscopy. Desalination 2013, 312, 45 – 51.

[3] Islam, N.; Bulla, N. A.; Islam, S. Electrical Double Layer at the Peritoneal Membrane/Electrolyte Interface. J. Membr. Sci. 2006, 282, 89 – 95.

[4] Sang, S.; Wu, Q.; Huang, K. A Discussion on Ion Conductivity at Cation Exchange Membrane/Solution Interface. Colloids Surf. A Physicochem. Eng. Asp. 2008, 320, 43 – 48.

[5] Kavanagh, J. M.; Hussain, S.; Chilcott, T. C.; Coster, H. G. L. Fouling of Reverse Osmosis Membranes Using Electrical Impedance Spectroscopy: Measurements and Simulations. Desalination 2009, 236, 187 – 193.

[6] Strathmann, H. Electromembrane Processes: Basic Aspects and Application. In Comprehensive Membrane Science and Engineering; Drioli, Enrico; Giorno, Lidietta, Eds.; vol. 2; 2010. Elsevier: Oxford, 2010; pp 391 – 429.

[7] http://www.scopus.com (access date: April 4, 2017).

[8] Lopes, T.; Andrade, L.; Ribeiro, H. A.; Mendes, A. Characterization of Photoelec-

trochemical Cells for Water Splitting by Electrochemical Impedance Spectroscopy. Int. J. Hydrog. Energy 2010, 35, 11601 – 11608.

[9] Fontananova, E.; Cucunato, V.; Curcio, E.; Trotta, F.; Biasizzo, M.; Drioli, E.; Barbieri, G. Influence of the Preparation Conditions on the Properties of Polymeric and Hybrid Cation Exchange Membranes. Electrochim. Acta 2012, 66, 164 – 172.

[10] Antony, A.; Chilcott, T.; Coster, H.; Leslie, G. In Situ Structural and Functional Characterization of Reverse Osmosis Membranes Using Impedance Spectroscopy. J. Membr. Sci. 2013, 425 – 426, 89 – 97.

[11] Fontananova, E.; Zhang, W.; Nicotera, I.; Simari, C.; van Baak, W.; Di Profio, G.; Curcio, E.; Drioli, E. Probing Membrane and Interface Properties in Concentrated Electrolyte Solutions. J. Membr. Sci. 2014, 459, 177 – 189.

[12] Casciola, M.; Alberti, G.; Sganappa, M.; Narducci, R. On the Decay of Nafion Proton Conductivity at High Temperature and Relative Humidity. J. Power Sources 2006, 162, 141 – 145.

[13] Silva, V.; Silva, V.; Mendes, A.; Madeira, L.; Nunes, S. Pre – Treatment Effect on the Transport Properties of Sulfonated Poly (Ether Ether Ketone) Membranes for DMFC Applications. Desalination 2006, 200, 645 – 647.

[14] Zhang, Z.; Spichiger, U. E. An Impedance Study on Mg^{2+} Selective Membrane. Electrochim. Acta 2000, 45, 2259 – 2266.

[15] Hunter, R. J. Zeta Potential in Colloid Science; Academic Press: London, 1981.

[16] Manzanares, J. A.; Murphy, W. D.; Maffè, S.; Reiss, H. Numerical Simulation of the Nonequilibrium Diffuse Double Layer in Ion – Exchange Membranes. J. Phys. Chem. 1993, 97, 8524 – 8530.

[17] Nikonenko, V. V.; Kozmai, A. E. Electrical Equivalent Circuit of an Ion – Exchange Membrane System. Electrochim. Acta 2011, 56, 1262 – 1269.

[18] Larchet, C.; Nouri, S.; Auclair, B.; Dammak, L.; Nikonenko, V. Application of Chronopotentiometry to Determine the Thickness of Diffusion Layer Adjacent to an Ion – Exchange Membrane Under Natural Convection. Adv. Colloid Interface Sci. 2008, 139, 45 – 61.

[19] Moya, A. A.; Sistat, P. Chronoamperometric Response of Ion – Exchange Membrane Systems. J. Membr. Sci. 2013, 444, 412 – 419.

[20] Schivley, G.; Ingwersen, W. W.; Marriott, J.; Hawkins, T. R.; Skone, T. J. Identifying/Quantifying Environmental Trade – offs Inherent in GHG Reduction Strategies for Coal – Fired Power. Environ. Sci. Technol. 2015, 49, 7562 – 7570.

[21] Logan, B. E.; Elimelech, M. Membrane – Based Processes for Sustainable Power Generation Using Water. Nature 2012, 488, 313 – 319.

[22] Tufa, R. A.; Curcio, E.; Brauns, E.; Van Baak, W.; Fontananova, E.; Di Profio, G. Membrane Distillation and Reverse Electrodialysis for Near – Zero Liquid Dis-

charge and Low Energy Seawater Desalination. J. Membr. Sci. 2015, 496, 325 – 333.

[23] Tufa, R. A.; Rugiero, E.; Chanda, D.; Hnàt, J.; van Baak, W.; Veerman, J.; Fontananova, E.; Di Profio, G.; Drioli, E.; Bouzek, K.; Curcio, E. Salinity Gradient Power – Reverse Electrodialysis and Alkaline Polymer Electrolyte Water Electrolysis for Hydrogen Production. J. Membr. Sci. 2016, 514, 155 – 164.

[24] Tedesco, M.; Cipollina, A.; Tamburini, A.; Micale, G. Towards 1 kW Power Production in a Reverse Electrodialysis Pilot Plant With Saline Waters and Concentrated Brines. J. Membr. Sci. 2017, 522, 226 – 236.

[25] Drioli, E.; Fontananova, E. Membrane Materials for Addressing Energy and Environmental Challenges. Annu. Rev. Chem. Biomol. Eng. 2012, 3, 395 – 420.

[26] Marechal, M.; Souquet, J. – L.; Guindet, J.; Sanchez, J. – Y. Solvation of Sulphonic Acid Groups in Nafions® Membranes From Accurate Conductivity Measurements. Electrochem. Commun. 2007, 9, 1023 – 1028.

[27] Kreuer, K. D. On the Development of Proton Conducting Polymer Membranes for Hydrogen and Methanol Fuel Cells. J. Membr. Sci. 2001, 185, 29 – 39.

[28] Yun, S. – H.; Shin, S. – H.; Lee, J. – Y.; Seo, S. – J.; Oh, S. – H.; Choi, Y. – W.; Moon, S. – H. Effect of Pressure on Through – Plane Proton Conductivity of Polymer Electrolyte Membranes. J. Membr. Sci. 2012, 417 – 418, 210 – 216.

[29] Fontananova, E.; Trotta, F.; Jansen, J. C.; Drioli, E. Preparation and Characterization of New Non – Fluorinated Polymeric and Composite Membranes for PEMFCs. J. Membr. Sci. 2010, 348, 326 – 336.

[30] Alberti, G.; Casciola, M.; Capitani, D.; Donnadio, A.; Narducci, R.; Pica, M.; Sganappa, M. Novel Nafion – Zirconium Phosphate Nanocomposite Membranes With Enhanced Stability of Proton Conductivity at Medium Temperature and High Relative Humidity. Electrochim. Acta 2007, 52, 8125 – 8132.

[31] Alberti, G.; Narducci, R. Evolution of Permanent Deformations (or Memory) in Nafion 117 Membranes With Changes in Temperature, Relative Humidity and Time, and Its Importance in the Development of Medium Temperature PEMFCs. Fuel Cells 2009, 4, 410 – 420.

[32] Fouquet, N.; Doulet, C.; Nouillant, C.; Dauphin – Tanguy, G.; Ould – Bouamama, B. J. Power Sources 2006, 159, 905 – 913.

[33] Koneshan, S.; Rasaiah, J. C.; Lynden – Bell, R. M.; Lee, S. H. Solvent Structure, Dynamics, and Ion Mobility in Aqueous Solutions at 25℃. J. Phys. Chem. B 1998, 102, 4193 – 4204.

[34] Fontananova, E.; Messana, D.; Nicotera, I.; Tufa, R. A.; Di Profio, G.; Curcio, E.; van Baakd, W.; Drioli, E. Effect of Electrolyte Solution Concentration and Composition on the Transport Properties of Ion Exchange Membranes for Applications in En-

ergy Conversion Systems. In International Conference on Processing June 3, 2016; p. 182.

[35] Bohinc, K.; Kralj-Iglic, V.; Iglic, A. Thickness of Electrical Double Layer. Effect of Ion Size. Electrochim. Acta 2001, 46, 3033-3040.

[36] Russel, W. B.; Saville, D. A.; Schowalter, W. R. Colloidal Dispersions; Cambridge University Press: Cambridge, UK, 1989.

[37] Husain, A.; El Nashar, A.; Al Radif, A.; Bushara, M. Properties of Natural Waters, in Physical, Chemical and Biological Aspects of Water. Encyclopedia of Desalination and Water Resources (DESWARE) 2010, 210-222. 2010.

[38] Saracco, G. Transport Properties of Monovalent-Ion-Permselective Membranes. Chem. Eng. Sci. 1997, 52, 3019-3031.

[39] Avci, A. H.; Sarkar, P.; Tufa, R. A.; Messana, D.; Argurio, P.; Fontananova, E.; Di Profio, G.; Curcio, E. Effect of Mg^{+2} Ions on Energy Generation by Reverse Electrodialysis. J. Membr. Sci. 2016, 520, 499-506.

[40] Chilcott, T. C.; Cen, J.; Kavanagh, J. M. In Situ Characterization of Compaction, Ionic Barrier and Hydrodynamics of Polyamide Reverse Osmosis Membranes Using Electrical Impedance Spectroscopy. J. Membr. Sci. 2015, 477, 25-40.

[41] Hu, Z.; Antony, A.; Leslie, G.; Le-Clech, P. Real-Time Monitoring of Scale Formation in Reverse Osmosis Using Electrical Impedance Spectroscopy. J. Membr. Sci. 2014, 453, 320-327.

[42] Xu, Y.; Wang, M.; Ma, Z.; Gao, C. Electrochemical Impedance Spectroscopy Analysis of Sulfonated Polyethersulfone, Nanofiltration Membrane. Desalination 2011, 271, 29-33.

[43] Mi, B.; Coronell, O.; Marinas, B. J.; Watanabe, F.; Cahill, D. G.; Petrov, I. Physico-Chemical Characterization of NF/RO Membrane Active Layers by Rutherford Backscattering Spectrometry. J. Membr. Sci. 2006, 282, 71-81.

[44] Antony, A.; How Low, J.; Gray, S.; Childress, A. E.; Le-Clech, P.; Lesli, G. Scale Formation and Control in High Pressure Membrane Water Treatment Systems: A Review. J. Membr. Sci. 2011, 383, 1-16.

[45] Sim, L. N.; Wang, Z. J.; Gu, J.; Coster, H. G. L.; Fane, A. G. Detection of Reverse Osmosis Membrane Fouling With Silica, Bovine Serum Albumin and Their Mixture Using In-Situ Electrical Impedance Spectroscopy. J. Membr. Sci. 2013, 443, 45-53.

[46] ShinHo, J.; Sim, L. N.; Gu, J.; Webster, R. D.; Fane, A. G.; Coster, H. G. L. A Threshold Flux Phenomenon for Colloidal Fouling in Reverse Osmosis Characterized by Transmembrane Pressure and Electrical Impedance Spectroscopy. J. Membr. Sci. 2016, 500, 55-65.

[47] ShinHo, J.; Low, J. H.; Sim, L. N.; Webster, R. D.; Rice, S. A.; Fane, A.

G. ; Coster, H. G. L. In – Situ Monitoring of Biofouling on Reverse Osmosis Membranes: Detection and Mechanistic Study Using Electrical Impedance Spectroscopy. J. Membr. Sci. 2016, 518, 229 – 242.

第 14 章 液膜

14.1 概 述

自 1748 年法国牧师兼物理学家 Jean-Antoine Nollet 首次观察到猪膀胱渗透后,膜技术得到了广泛的研究,这在人类生活中发挥了重要作用。作为膜技术之一,液膜已引起全世界的关注。

液膜的概念首先由 Li 提出,他发明了一种液膜技术来分离滴柱中的碳氢化合物,在该方法中,在进料液滴周围形成液体表面活性剂膜,当液滴通过选定的液相上升时,提供用于选择性质量传递的界面,到达色谱柱顶部后,油滴聚结,同时表面活性剂和水返回水相。[1]这项开创性的工作促使了乳化液膜(ELM)的开发,为当前大量应用的新型液膜技术的发展与应用铺平道路。[2,3]

液膜可分为四大类,包括整体液膜(BLM)、乳化液膜、支撑液膜(SLM)和指状散射支撑液膜(SLM-SD)。BLM 是最简单的液膜技术,通常用于评估萃取剂的性能和传质过程的动力学。[4]在 20 世纪 70 年代早期,Kirch 和 Lehn[5] 使用整体液态氯仿膜和大环双环载体传输碱金属离子。在 BLM 中,分离的进料和提取相通过大量未分散的有机相连接。然而,对于 ELM,液膜包衣的提取液滴分散在进料相中,它们的液膜相不受任何固体载体的限制,BLM 和 ELM 都可以分类为动力液膜。

相反,固定化液膜具有包含有机液膜相的固体多孔材料/载体,SLM 是传统的固定化液膜技术,已被广泛研究和成功应用。Cussler 等首先证明了 SLM 通过使用有机涂层从水溶液中分离金属离子的有效性;Baker 等[7] 报道了通过使用含有萃取剂的微孔聚丙烯膜进行铜移除,尽管开发了中空纤维 SLM 技术以增加传质面积,但有机膜相的不稳定性(载体损失)阻碍了 SLM 的工业应用;由 Ho[8] 发明的 SLM-SD 是第一种液膜技术,具有长期稳定性,并已大量应用于金属离子和抗生素的分离。[9,10]

14.2 原 理

液膜技术通常是三相系统,液膜分离两种可混溶的液体(支撑液膜的进料和提取阶段)。在 BLM 中,可混溶的液体称为供体和接收相;在 ELM 中,进料和分离溶液分别称为外相和内相。液膜是一种高效的工艺,具有高传输速率和选择性,目标物质从进料相,通过膜相到分离阶段的质量传递由扩散或通过反应和扩散控制,即促进传输。液膜技术的传质行为可分为 1 型和 2 型分离技术。

14.2.1　1 型分离技术

1 型分离技术用于描述仅通过扩散跨物质相的物质的传质行为。在分离/接收阶段，扩散物质将与分离试剂反应一次，并形成不能通过液膜扩散回进料相的产物。结果，在分离/接收阶段中目标物质的浓度保持在低水平，形成高驱动力以促进整个传质过程，一个典型的例子是使用 ELM 从水中除去苯[11]，进料相中的苯酚通过烃膜扩散到含有氢氧化钠的接收相中。苯酚与氢氧化钠反应生成苯酚钠，不能向后扩散。因此，苯酚被接收相捕获，这可以使苯酚浓度最小化并提供足够的驱动力。一旦试剂（在这种情况下为氢氧化钠）被消耗，转移将停止。这种类型的促进输送可能产生"水泵机组"，即接收相中的总酚浓度（包括作为苯酚钠的苯酚的量）高于外部废水相中的苯酚浓度。

14.2.2　2 型分离技术

2 型分离技术通常称为"载体介导的"转运。其中，离子交换试剂（即载体或提取剂）被掺入膜相中并将目标物质从进料相转移至提取相。[9]在第一步，目标物质从大量进料阶段扩散到进料膜界面并与载体反应形成物质-萃取剂络合物。然后，当在提取阶段存在分解络合化学试剂时，络合物从进料-膜界面通过液膜相扩散到内膜分离界面，然后释放目标物质，并再生载体。目标物质扩散到整体分离阶段，而再生的载体因其自身的浓度梯度而扩散回体膜相，并最终扩散到进料膜界面。通常，2 型促进的总传质系数包括进料相、液膜相和分离扩散阻力，以及二者在膜界面络合和复合反应导致的传质阻力。

14.3　整体液膜

14.3.1　概要

在整体液膜中，供体和接收相通过不混溶的膜相分离。通常，膜相是有机液体，图 14.1 所示为整体液膜的典型方案，对供体和接收相提供连续搅拌以确保充分混合的溶液，其中可以认为本体浓度均匀（没有空间变化）。[14]

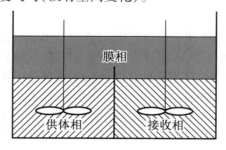

14.1　整体液膜（BLM）示意图

14.3.2　传质模型

与整体液膜相关的传质行为可以描述为以下三种方法。

第一种方法假定目标物从供体相到接收相的转移可以分解为以下步骤。
(1)目标物质通过供体－膜相界层从供体主体扩散到膜表面。
(2)通过供体－膜相界面处的络合反应形成物质－载体复合物。
(3)复合物通过膜的供体侧的停滞层扩散。
(4)复合物通过搅拌的体膜相对流输送。
(5)复合物通过膜的接收侧上的停滞层扩散。
(6)在膜接收相界面通过解络合反应释放目标物质。
(7)物质通过膜接收相边界层从膜表面扩散到本体接收相。

在包含供体－膜相界面和膜接收相界面的热力学平衡的稳态条件下,所有的流量都相同可导致传质体系的解决。[13] 为提高目标物质的传质性能和选择性,应选择合适的载体加入膜相中。

第二种方法是"大的循环装置"机制。[16] 由于载体的低疏水性,因此步骤(3)和步骤(6)中的化学反应主要发生在邻近膜相的供体和接收相中。

第三种方法通过假设有效的搅拌条件以忽略通过供体膜和膜接收边界层的扩散,即仅考虑通过液膜相的扩散。[17]

整体液膜通常用于研究传质过程的动力学来评估萃取剂的性能。一般来说,目标物种在整体液膜上的运输遵循两个连续不可逆的一级反应的动力学定律,即 $F \xrightarrow{k_1} M \xrightarrow{k_2} S$。[18]

反应的动力学方程也由以下等式描述,即

$$\frac{d\Theta_F}{dt} = -k_1 \Theta_F \equiv J_F \tag{14.1}$$

$$\frac{d\Theta_M}{dt} = k_1 \Theta_F - k_2 \Theta_M \tag{14.2}$$

$$\frac{d\Theta_S}{dt} = k_2 \Theta_M \equiv J_S \tag{14.3}$$

在稳态条件下,$t = t_{max}$,膜相中物质－载体的浓度不随时间变化。因此,根据质量平衡理论,净入口通量等于0,即 $J_F^{max} + J_S^{max} = 0$。然后,基于实验结果,可以获得相关参数($k_1$、$k_2$ 和 t_{max})。通过引入 Arrhenius 方程,可以获得正向和反向反应的活化能值。[19-25] 动力学研究已用于研究氰化物、染料、药物、金属和苯酚在整体液膜中的传质性能。Koter 等[15] 开发了一个基于第一种方法和 Nernst - Planck 方程的模型来描述镉离子通过整体液膜到 H_2SO_4 的质量传递。本章认为,对于多离子混合物应用,菲克定律可能不正确,因为模拟结果表明,受电势影响的相互关联的离子扩散流体,进料侧的萃取平衡常数控制了 Cd^{2+} 的渗透。Szczepański 和 Wódzki[26] 使用拟热力学网络分析(TNA)模拟了在静止、准静态和非平稳条件下搅拌整体液膜中溶质的溶液扩散行为,结果表明膜体积影响系统的流动。

14.3.3 应用

1. 金属的去除和回收

(1)镉(Cd)。

Jafari 等[18]应用十六烷基三甲基溴化铵(HDTBr)作为溶解在二氯甲烷中的载体,研究了镉离子的碘化物溶液在整体液膜的转移,从 pH 为 7 的 0.01 mol·dm^{-3}碘化钾溶液中跨过 HDTBr 的氯甲烷溶液($1×10^{-3}$ mol·dm^{-3})到接收相(H_2SO_4 0.05 mol·dm^{-3})的传输个数 6 h 后为 96.30%。在 Dalali 等关于整体液膜过程的研究中[27],将 Cd^{2+} 和 Zn^{2+} 离子从 0.05 mol·dm^{-3} NaCl 溶液中通过 0.03 mol·dm^{-3} Aliquat 336 的苯溶液转移到内部操作 5 h 后,0.3 mol·dm^{-3} EDTA 或 4 mol·dm^{-3} NH_3 作为接收相分别高达 93.0% 和 80.0%。Koter 等[15]利用煤油中的二-2-乙基己基磷酸(D2EHPA)作为载体,利用 1 mol·dm^{-3} H_2SO_4 作为提取剂,从 Cd(NO)$_2$ 溶液中渗透 Cd^{2+} 的实验数据,模拟通过整体液膜的镉运输。

(2)铬(Cr)。

Muthuraman 等[28]报道了使用含有磷酸三正丁酯(TBP)的液膜在己烷中有效传输 Cr^{4+} 离子的整体液膜工艺。他们发现,在高 pH 下,铬(供体相)离子的传输减少,并且通量随搅拌速度增加而增加。在 pH 为 1.0(供体相)的 $4.8×10^{-4}$ mol·dm^{-3} $K_2Cr_2O_7$ 溶液中,1.0 mol·dm^{-3} NaOH 溶液为受体相,在 $2.25×10^{-1}$ mol·dm^{-3} 的膜条件下,流动速率为 $2.90×10^{-7}$ mol·(m^2·s)$^{-1}$,操作 5 h 后 Cr^{4+} 离子的传输效率为 97.1%。张等使用 TBP 作为移动载体,发现 k_1 和 k_2 值的大小为 10^{-4} ~ 10^{-5} s^{-1},这与其他研究一致。p-tert-Butylcalix[4]芳烃二氧杂辛酰胺衍生物被 Yilmaz 等和 Alpaydin 等证明是通过整体液膜转运 Cr^{4+} 的良好载体,他们研究了供体和受体 pH 的影响,铬酸盐和载体浓度、溶剂类型、搅拌速度和温度,以及它们计算界面反应的动力学参数(k_1、k_2、R_m^{Demo}、t_{max}、J_d^{max}、J_a^{max})。

(3)铜(Cu)。

Chang 等使用具有二-2-乙基己基磷酸(D2EHPA)作为载体的整体液膜和作为大豆油中的相变质剂的磷酸三丁酯。他们发现 Cu^{2+} 的初始浓度和温度不会显著影响萃取过程的速率,但初始 Cu^{2+} 浓度的降低和温度的升高会提高提取过程的速率。此外,他们使用硫酸溶液(H_2SO_4)作为水性提取相。[30]响应面法(RSM)用于确定 Cu^{2+} 的最大回收百分比的最佳操作参数。在最佳操作条件下,实验回收率为 98.56%,与预测值(99.99%)一致。Reddy 等[31]证明,8-羟基喹啉(肟)可用作载体,用于跨越整体液膜转运 Cu^{2+}。当使用 0.1 mol·dm^{-3} 硝酸(HNO_3)的溶液作为接收相时,获得金属离子的最大输送。向膜相中加入 2-氨基吡啶会产生协同效应,并导致运输的大幅增强。Singh 等将 D2EHPA 用作载体试剂,以研究通过整体液膜系统同时去除 Cu、Ni^{2+}、Zn^{2+} 金属离子。分布系数随原相浓度增加而增加。随着 pH 差异的增加,最终的源相浓度降低。金属离子的最大去除量为 Zn^{2+} > Cu^{2+} > Ni^{2+}。

(4)汞(Hg)。

Singh 和 Jang[33]研究了一系列三足受体对通过整体液膜选择性去除重金属离子的影响。在结构末端具有吡啶基部分的受体提取 Hg^{2+} 并将其运输到具有最高效率的有机相中。Shaik 专注于研究整体液膜在各种实验因素(如溶剂类型、操作条件和系统的配置)下运输和提取 Hg^{2+} 的效率。[34]选择二氯乙烷-三辛胺作为载体,进料相 pH 影响 Hg^{2+} 的运输。随着载体浓度和提取阶段时间的增加,Hg^{2+} 的运输增加到一定限度,但初始进料的浓度对 Hg^{2+} 的提取几乎没有影响,最高可达 1 mg·dm^{-3}。一种新的有效的金属载体——杯烯硫基烷基衍生物[4]——被 Minhas 等用于整体液膜的 Hg^{2+}。[22]Hg^{2+} 的转运效率取决于离子转运、载体浓度、溶剂类型、搅拌速度和温度。基于涉及两个连续不可逆的一级反应的方案,作者分析了 Hg^{2+} 的质量传递,界面萃取和再萃取的表观速率常数随搅拌速度、载流子浓度和温度的升高而增加。Gubbuk 等[19]应用两种杯芳烃腈衍生物作为整体液膜系统的载体,用于 Hg^{2+} 离子转运的动力学研究,两种液膜的入口和出口速率常数随温度的升高而增加。活化能的值表明两种液膜的传输过程受物种扩散控制。

(5) 其他。

其他关于使用整体液膜技术去除金属的研究见表 14.1。

表 14.1 使用整体液膜技术去除金属的研究

种类	载体/稀释剂	脱模剂	参考文献
Ag^+	大环和无环配体/硝基苯(NB)	$0.01\ mol \cdot dm^{-3}\ Na_2S_2O_3$ 溶液	[35]
Ag^+	20% 二-2-乙基己基磷酸(D2EHPA)和 $0.1\ mol \cdot dm^{-3}$ TOA/1,2-二氯乙烷	$0.05 \sim 1\ mol \cdot dm^{-3}\ HClO_4$	[36]
Ag^{3+}	钾-二环己基-18-冠-6/氯仿	$6 \times 10^{-3}\ mol \cdot dm^{-3} \cdot $ L-半胱氨酸	[37]
Cd^{2+}	N,N-二甲基辛胺 D2EHPA,Aliquat 336,TOA 和 TBP/椰子油	$0.005 \sim 0.04\ mol \cdot dm^{-3}\ Na_2$-EDTA	[38]
Co^{2+}	D2EHPA 和 TOA/1,2-二氯乙烷	$0.01\ mol \cdot dm^{-3}\ H_2SO_4$	[39]
Co^{2+}, Ni^{2+}, Zn^{2+}, Cd^{2+}, Ag^+, Cu^{2+}, Mn^{2+}	2,2'-二硫代(双)苯并噻唑/氯仿	pH 为 3 的缓冲溶液(甲酸/甲酸钠)和硫脲($1 \times 10^{-2}\ mol \cdot dm^{-3}$)	[40]
Co^{2+}, Ni^{2+}, Cu^{2+}, Zn^{2+}, Ag^+, Cd^{2+}, Pb^{2+}	N-硫代磷酸化的双硫脲/氯仿	$0.1\ mod \cdot dm^{-3}\ HNO_3$	[41]
Cr^{3+}, Mn^{2+}, Zn^{2+}	D2EHPA 氧化物 301/煤油	$1\ mol \cdot dm^{-3}\ H_2SO_4$	[42]
Cr^{3+}	二壬基萘磺酸(DNNSA)/煤油和邻二甲苯	$4\ mol \cdot dm^{-3}\ H_2SO_4$	[43]

续表 14.1

种类	载体/稀释剂	脱模剂	参考文献
Cr^{3+}	N-(8-羟基喹啉-7-基甲基)-4-氮杂二苯并-18-冠-6-醚(HQ-MADCE)/氯仿	2 mol·dm^{-3} H$_2$SO$_4$	[44]
Cu^{2+}	Tetraaza-14-冠-4 和油酸/氯仿	0.08 mol·dm^{-3} L-半胱氨酸 pH 2.9	[45]
Cu^{2+}, Cd^{2+}, Ni^{2+}	吡啶-2-乙醛苯甲水合(2-AP-BH)/甲苯	0.06~0.31 mol·dm^{-3} HNO$_3$	[46]
Cu^{2+}, Cd^{2+}, Pb^{2+}	四氮杂-14-冠-4(A 4 14C4)和油酸(OA)/氯仿	0.4 mol·dm^{-3} HCl	[47]
Cu^{2+}, Co^{2+}, Zn^{2+}, Cd^{2+}, Ag^+, Cr^{3+}, Pb^{2+}	4 1-硝基苯并18冠-6(NB18C6)和二氮杂18冠6(DA18C6)/二氯甲烷,氯仿,1,2-二氯乙烷,硝基苯	pH 为 3±0.1 缓冲溶液 (56.6 mL的 1 mol·dm^{-3}甲酸和 10 mL 的 1 mol·dm^{-3}氢氧化钠 组成 100 mL)	[48]
Cu^{2+}, Ni^{2+}, Zn^{2+}, Mn^{2+}	5-甲基-4[噻吩-2-乙基-亚甲基-氨基]-3-硫代-氧代-1,2,4-三唑-5-酮(MTTT)和邻苯二甲酸二甲醛(PHDC)/氯仿	pH 为3.0时的甲酸/钠形式	[40]
Cu^{2+}, Zn^{2+}, Mn^{2+}, Al^{3+}, Cd^{2+}, Ni^{2+}, Pb^{2+}	二-2-乙基己基磷(D2EHPA)/煤油	2.13 mol·dm^{-3} HNO$_3$	[49]
Hg^{2+}	异丙基2[(异丙氧基羰基硫醇基)二硫基]乙硫基乙烷(IIDE)/氯仿	1.6 mol·dm^{-3}硫氰酸钠溶液	[50]
Fe^{3+}	Aliquat 336(N-甲基-N,N,N-三辛基氯-1-铵)/氯仿	10^{-3} mol·dm^{-3} HCl	[51]
镧系氯化物	甲基三辛基铵二(2-乙基己基)磷酸酯/甲苯	0.5 mol·dm^{-3} H$_2$SO$_4$	[52]

续表 14.1

种类	载体/稀释剂	脱模剂	参考文献
Li^+, Na^+, K^+	聚硅氧烷/三氯甲烷	双重蒸馏去离子水	[53]
Mn^{2+}	D2EHPA/硫酸,硝酸,盐酸,高氯酸和水	$0.1\ mol \cdot dm^{-3}$ 或 $0.25\ mol \cdot dm^{-3}$ 硫酸	[54]
Pb^{2+}	二环乙烷-18-冠-6(DC18C6)/二氯甲烷,1,2-二氯乙烷,氯仿和硝基苯	$1 \times 10^{-3}\ mol \cdot dm^{-3}$ EDTA 和 triton X-100 pH 5	[55]
Pb^{2+}	癸基-18-冠-6/1,2 二氯乙烷(1,2 DCE)	$0.12\ mol \cdot dm^{-3}\ Na_2S_2O_8$	[56]
Pb^{2+}	杯[4]芳烃衍生物/二氯甲烷	$1\ mol \cdot dm^{-3}$ HCl	[57]
Pt^{4+}, Pd^{4+}	TX-100 和 TOAC/三氯乙烯的反向混合胶束	体积百分数为 5% HCl, 2.5% HNO_3, 0.4% KI	[58]
U^{4+}	壬基三氟丙酮(HTTA)和二环己基-18-冠-6(DC18C6)/氯仿	$0.2\ mol \cdot dm^{-3}$ HCl 和 $4.0 \times 10^{-3}\ mol \cdot dm^{-3}$ 十二烷基硫酸钠(SDS)的溶液	[59]
U^{4+}	D2EHPA/氯仿	$3\ mol \cdot dm^{-3}\ H_3PO_4$	[21]
U^{4+}	苯甲酰三氟丙酮/四氯化碳	$0.1\ mol \cdot dm^{-3}$ HCl	[60]
Zn^{2+}, Cd^{2+}, Cr^{3+}, Co^{2+}, Ag^+, Pb^{2+}, Cu^{2+}	18-冠-6/氯仿,二氯甲烷,1,2-二氯乙烷,硝基苯,氯仿二氯甲烷和氯仿二氯乙烷二元混合溶剂	pH 为 3.0 的缓冲溶液(56.6 cm^3 的 $1\ mol \cdot dm^{-3}$ HAC 和 10 cm^3 的 $1\ mol \cdot dm^{-3}$ NaOH)	[61]
Zn^{2+}, Ni^{2+}, Cd^{2+}	TOA,TBP,HDEHP,HDEHP-三辛基氧化膦(TOPO)/煤油	$1\ mol \cdot dm^{-3}$ HCl	[62]

(6) 染料去除。

Madaeni 等[63]使用高效选择性载体双(2,4,4-三甲基戊基)二硫代次膦酸(二硫代膦酸 301)在氯仿和正己烷中稀释后通过整体液膜系统转运亚甲蓝(MB)。最佳实验条件为在膜相中的 pH 值为 9,0.000 2 $mol \cdot dm^{-3}$ 的二硫代膦酸 301,在接收相中 0.2 $mol \cdot dm^{-3}$ 的 H_2SO_4 和 400 r/min 的搅拌速度,在操作 7 h 后观察到最大提取为 85%。Muthuraman 和 Ibrahim[64]使用四丁基季铵盐作为载体硝酸作为提取溶液,通过整体液膜去除活性红 FN-R 阴离子染料。在操作 70 min 后,红色 FN-R 和真实纺织废水的传输效率值均可达到大于 95%。Szczepański 和 Wódzki 研究出溴百里酚蓝和苯甲酸通过整体液膜的转运,TNA 用于证明在静态、准静态和非平稳条件下的溶液扩散行为。系统的通量很大程度上取决于液膜的总体积。Soniya 和 Muthuraman[65]研究出从纺织废水中去除 MB 染料,分别引入水杨酸、苯和 1 mol·dm^{-3}草酸作为萃取剂、稀释剂和接收相。Khani 等[66]提出了一种整体液膜,它可以同时从软饮料和食品样品中去除阿洛拉红和夕阳黄,二阶校准方法基于双线性最小二乘法和残余双线性算法,可用于预测任何未校准干扰物的光谱分布的准确浓度和合理分辨率。

2. 药物和其他污染物去除

儿茶素是一种药理学物质,可能会引起许多健康问题,主要来自茶叶提取物。曼纳等[67]通过整体液膜同时提取和回收儿茶素。植物油(环境友好溶剂)用作液膜相,乙醇用作提取剂。为产生最佳性能,太阳花油中的 TBP(载体)被发现是最佳的载体-稀释剂组合,在最佳条件下实现了 70% 的提取和 44% 的儿茶素回收。Ren 等[68]采用整体液膜系统(液膜相 TBP 在乙酸正丁酯中,提取相为 Na_2CO_3 溶液)进行青霉素 G 的转运。

Chakrabarty 等[14]研究了使用三辛胺(TOA)作为载体和二氯乙烷作为稀释剂对木质素磺酸盐(LS)进行提取和回收。截留率高达 90%~98%,但逆向运输的回收率仅为 5%~10%,对于 LS 的恢复比协同传输模式的反向传输模式高得多。使用 1.25 mol·dm^{-3} NaOH 作为分离溶液,回收率高达 70%。Ehtash[69]提出了一种新方法,在旋转盘式接触器中使用整体液膜技术去除废水中的苯酚。选择菜籽油作为酚提取剂,研究了初始苯酚浓度和转盘速度对苯酚转移的影响,以获得最佳条件。Li 等[25]使用含有三辛胺的整体液膜作为载体从废水中除去氰化物。在进料相 pH 值为 4 的最佳条件下,在煤油膜中分离三辛胺,分离阶段为 1% NaOH,搅拌速度为 250 r·min^{-1},操作时间为 60 min 时,截留率超过 92%。

14.4 乳化液膜

14.4.1 概述

可以通过将稳定的乳液(如油包水(W/O)乳液)分散在连续的外相(如废水进料)中以制备乳化液膜。对于稳定的乳化液膜系统,可以借助表面活性剂[13]稳定膜相,并且膜可以隔离/分离外部进料和内部接收相。根据两相的性质,乳化液膜是具有水/油/水(W/O/W)或油/水/油(O/W/O)类型的三相系统。W/O/W 和 O/W/O 体系的液膜分别是油相和水相。可以使用 1 型或 2 型分离技术描述目标物质从外部进料相、液膜相到内部接收相的传质行为。

乳化液膜是一种从稀溶液中去除金属和有机化学品的有前途的分离技术,与传统的分离技术相比,乳化液膜有极具吸引力的优势,如高效率(高通量)、低成本、低能耗[70]和同时选择性去除及再生。[71]典型乳化液膜工艺的流程图如图 14.2 所示。[72]乳化液膜过程包括以下三个步骤。[73]

(1)通过在表面活性剂和某些添加剂的帮助下混合膜和内相(以实现各种目的,如乳液稳定性)来实现乳液的形成,并进行搅拌。对于油包水(W/O)系统,水(接收相)作为直径为 1~10 μm 的小液滴或颗粒分散到油相中。由于水滴的尺寸小,因此乳液具有良好的稳定性。[11]

(2) 将乳液分散到第三连续相中并形成直径为 100~2 000 μm 的液膜乳液球。[11] 在该步骤中,应提供适当的混合速率,然后形成稳定的 W/O/W 或 O/W/O 型乳液。应该注意的是,混合速率较快可能导致乳液破裂,而混合速率较慢可能导致大的小球和缓慢提取。由两个促进机制之一管理,一旦乳液小球与外相接触,就会发生目标物质的传质。

(3) 使用电场对乳液进行沉降,然后进行破乳。在该步骤中,可以回收内相和膜相。

应该指出的是,虽然乳化液膜利用促进传输机制提供在非常低浓度水平实现水相中某些溶解物质的分离,但它也提供了一种通过膜分离的新方法。与传统的膜分离方法相比,即在液滴相或膜相,或二者中引入促进传输机制,利用二者通过膜的扩散速率差异作为主要驱动力。

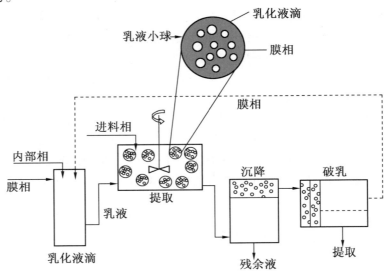

图 14.2 乳化液膜的间歇混合器－沉降器过程流程图[72]

14.4.2 传质模型

1. 乳化液膜的第 1 种简化模型

为描述乳化液膜过程中的扩散型(1 型促进)传质模型,有两种常规方法,即已经开发出的球壳法和乳液球法,基于乳液球法的模型克服了球壳法的缺点。由 Ho 等开发的前沿模型是基于乳液球方法进行的 1 型分离模型,该模型假设溶质和内部接收试剂之间的反应是瞬时和不可逆的,其发生在反应前部分并随着内部试剂的消耗而向小球中心前进。[76] Agarwal 等[77]将球壳方法扩展到二元系统以模拟两个传质染料,结晶紫和甲基蓝中使用乳化液膜技术,在改进的喷射柱中使用乳化液膜工艺连续去除 Cr^{4+} 是基于先进的方法建模的。模型结果表明接收阶段化学试剂的浓度引起的传质阻力的影响对于整个传质过程中起主导作用。

2. 乳化液膜的第 2 种简化模型

1983 年,第 2 类简化乳化液膜的第一个模型由 Teramoto 等开发,一系列第 2 类改进后的易化模型逐渐被发展,这是因为:自由载体和金属载体复合物的扩散;[70,80,81]质量传递和球体内外的化学反应;[75]相表面 pH 的变化;[82]球体的破裂和膨胀;[83]在逆流柱中的应用。[82] Huang 等[84]通过假设萃取和提取反应足够快并且不是限速步骤,从而为乳化液膜数学模型引入了一种封闭形式的解决方案,推导出外部和膜相的质量平衡方程,并使用拉普拉斯变换方法求解。与实验结果相比,得到的分析溶液显示出 9.2% 的偏差。Fang 等[[85]]应用遗传算法改进的反向传播神经网络模拟了乳化液膜从氯化钠溶液中提取 L-苯丙氨酸,开发模型的目的是避免乳化液膜过程的复杂性。虽然开发的模型在 L-苯丙氨酸浓度方面显示出令人满意的 1.66% 的残留误差,但该模型可能不被视为一般方法,因为它可能没有阐明乳化液膜的真正传质机制,需要额外的操作过程。对于修改后的旋转盘接触器(MRDC)中的乳化液膜工艺,Zeng 等提出一个模型,结合了乳液滴的粒度分布和连续相的轴向混合的影响。模型结果表明,由于轴向混合沿着柱子的浓度梯度减小,并且液滴的分布不均导致界面面积降低,因此导致传质性能变差。然后,该模型与串联电阻模型相结合,可用于评估小球的水和油层之间的界面膜之间的传质阻力。

14.4.3 应用

1. 金属去除

(1) 镉(Cd)。

电子废物管理在电子领域发挥着重要作用。Talekar 等[88]使用乳化液膜研究了 Cd^{2+} 的回收和再循环。将 D2EHPA 溶解在正十二烷中,分别使用甲磺酸作为载体和提取相。在优化的条件下可以观察到 85% 的提取和 7 倍的 Cd^{2+} 富集。Kumbasar 等[89]使用三辛胺(TOA)作为萃取剂,煤油作为稀释剂,Span 80 作为表面活性剂,$6\ mol \cdot dm^{-3}$ 氨溶液作为提取剂,研究了乳化液膜从酸性浸出液中萃取和浓缩 Cd^{2+}。在最佳操作条件下,接触 10 min 后可以提取 98% 的镉。Ahmad 等使用乳化液膜从废水中去除 Cd^{2+},通过将载体三辛胺(TOA)稀释煤油,剥离溶液氨和表面活性剂 Span 80(脱水山梨糖醇单油酸酯),使用超声制备液膜。他们还对膜的破裂进行研究。在最佳条件下,可以获得 0.117% 的最低断裂率和最高截留能力,即可回收 $0.493\ mg \cdot cm^{-3}$ 的 Cd^{2+} 乳液。该研究小组还提出一种新的流动模式——旋转 Taylor-Couette 柱(TCC),用于使用乳化液膜提取 Cd^{2+}。在 TCC 系统中,几乎可以实现 100% 的 Cd^{2+} 移除,并且膜破裂只有 10^{-7} 的数量级。Zeng 等使用 2-乙基己基膦酸单-2-乙基己基酯/煤油/Span 80 或聚异丁烯琥珀酰亚胺作为载体、稀释剂和表面活性剂体系,确定 MRDC 中的传质系数,以便通过乳化液膜连续去除 Cd^{2+}。

(2) 铬(Cr)。

Ku 从含有各种金属离子的酸性溶液中通过乳化液膜选择性萃取 Cr^{4+} 离子,其中液膜相由 Alamtne 366、稀释剂煤油和表面活性剂 ECA 4360J 组成。分离阶段使用 $0.5\ mol \cdot dm^{-3}$ 碳酸铵溶液,提取率为 99%。Rajasimman 等使用 RSM 探索到使用乳化液膜技术中从废弃的重铬酸钠溶液中提取 Cr^{4+} 的最佳工艺条件。将用煤油、Span 80 和氢氧化钾稀释的甲基三辛基氯化铵-336 分别用作载体、表面活性剂和内部试剂。在优化条件下,Cr^{4+} 提取的最大值为 97.57%。Zhao 等的出版物中已经报道了使用乳化液膜从含水废水中去除

Cr^{3+} 的综合研究。采用磺化液体聚丁二烯(LYF)作为表面活性剂制备 TBP/煤油基膜,它在 TBP 萃取 Cr^{3+} 中起重要作用,在最佳条件下使用乳化液膜系统可以除去 99.71% ~ 99.83% 的 Cr^{3+}。为从废水中提取和浓缩 Cr^{4+},Goyal 等提出了一种新型乳化液膜,它含有两种离子液体,1-丁基-3-甲基咪唑双(三氟甲基磺酰基)、亚胺($[BMIM]^+[NTf2]^-$)作为稳定剂,三正辛基-甲基氯化铵作为萃取剂,煤油作为溶剂,Span 80 作为表面活性剂。在组合优化的条件下,可以从进料相中除去 97% 的 Cr^{3+}。Garcia 等已经研究了通过乳化液膜技术传输 Cr^{3+} 的实验条件,液膜含有 2-乙基己基膦酸单-2-乙基己基酯(PC-88A)作为载体,Span 80 作为表面活性剂,轻质石蜡作为添加剂,过硫酸铵 $[(NH_4)_2S_2O_8]$ 作为提取剂。在分批模式下操作下,前 5 min 可以在最佳乳化液膜萃取-提取条件下获得 94% 的 Cr^{3+} 去除效率。

(3) 钴(Co)。

Gasser 等[97]使用二硫代磷酸-923(直链烷基化氧化膦的混合物)在环己烷中作为萃取剂,使用 Span 80 作为表面活性剂来研究 Co^{2+} 从硫氰酸盐介质中的萃取平衡。在接触 10 min 后,95% 的钴可以在内相中回收。Kumbasar[98]使用锌植物酸性硫氰酸盐浸出溶液,其中三异辛胺(TIOA)作为移动载体,通过乳化液膜去除和再循环利用 Co^{2+},煤油作为稀释剂,ECA 4360J 作为表面活性剂。在最佳条件下,操作 5 min 后料液几乎 100% 的 Co^{2+} 可以被提取。他还应用另一种萃取剂 2-乙基己基膦酸单-2-乙基己酯(PC-88A)研究了酸性浸出液中 Co^{2+} 的选择性萃取和浓缩[99],还发现了在最佳操作条件下,Co^{2+} 萃取为 99%。2012 年,Kumbasar 研究了含有 6 mol·dm^{-3} 盐酸的强酸性浸出溶液,以 TIOA 为载体,通过乳化液膜选择性萃取 Co^{2+},并获得了 99% 以上的 Co^{2+} 萃取。

(4) 其他。

用乳化液膜去除金属的其他研究见表 14.2。

表 14.2 用乳化液膜去除金属的其他研究

种类	载体/稀释剂/表面活性剂	脱模剂	参考文献
Ag^+	Cyanex 302/煤油/Span 80	1 mol·dm^{-3} 酸性硫脲	[101]
Ag^+	D2EHPA/磺化煤油/Span 80	0.02 ~ 0.04 mol·dm^{-3} 次磷酸	[102]
Ag^+	Cyanex-302/链烷烃和环烷烃/Montane-80	0.4 mol·dm^{-3} 硝酸	[103]
碱	杯形冠状支架/煤油/杯形冠状支架	0.2 mol·dm^{-3} 磺酸	[104]
Am^{3+}	2-乙基己基膦酸单-2-乙基己酯(H2A2)/十二烷/Span80	0.5 mol·dm^{-3} 硝酸	[105]
Am^{3+}	D2EHPA/正十二烷/Span 80	1 mol·dm^{-3} 草酸	[106]

续表 14.2

种类	载体/稀释剂/表面活性剂	脱模剂	参考文献
As^{3+}	2-乙基己醇(2EHA)/庚烷, Exxsol D-80, Isopar M/ECA4360J	$0.5 \sim 2.0$ mol·L^{-1} NaOH	[84]
As^{5+}	Cyanex 921/煤油/Span 80	1.5 mol·dm^{-3} 硫酸钠	[107]
Bi^{3+}	二(2-乙基己基)磷酸/正戊醇/Triton X-100	0.5 mol·dm^{-3} 硫酸	[108]
Cd^{2+}	Aliquat 336/煤油/Span 80	6 mol·dm^{-3} 氨溶液	[109]
Cd^{2+}	Aliquat 336/玉米油/Span 80	25% 氨溶液	[110]
Cd^{2+}	三异辛胺(TIOA)/甲苯/多胺型表面活性剂	0.05 mol·dm^{-3} NaOH	[111]
Cd^{2+}	三辛胺/煤油/壬基酚乙氧基化物	氢氧化钠、碳酸钠和氢氧化钠的混合物及碳酸钠	[112]
$Ce(SO_4)_2$	磷酸三丁酯(TBP)/煤油/Span80	0.2 mol·dm^{-3} $Na_2C_2O_4$ 溶液	[113]
Co^{2+}	三辛胺(TOA)/煤油/ECA 4360J	0.01 mol·dm^{-3} 硫酸	[114]
Co^{2+}, Ni^{2+}	三辛基氧化膦(TOPO)/煤油/Span80	6 mol·dm^{-3} 氨溶液	[115]
Cr^{4+}	三正辛基甲基氯化铵(TOMAC)/煤油/Span80	0.1 mol·L^{-1} NaOH	[116]
Cr^{3+}	D2EHPA/正十二烷/Monemul-80	0.5 kmol m^{-3} 磺酸	[117]
Cr^{4+}	三辛胺/煤油/Span80	0.71 mol·L^{-1} 氢氧化钾	[118]
Cr^{4+}	TOMAC/1-辛醇/Span80	1.0 mol·dm^{-3} NaOH	[119]
Cr^{4+}	Aliquat336/煤油/Span 80	0.2 mol·L^{-1} NaOH	[78]
Cr^{4+}	TOPO/环己烷/Span80	$0.1 \sim 1$ mol·dm^{-3} 氢氧化钠	[120]
Cr^{4+}	TOPO/煤油/EGA4360J	0.5 mol·dm^{-3} $(NH_4)_2CO_3$	[121]
Cr^{4+}	磷酸三丁酯(TBP)/煤油/Span80	$0.05 \sim 0.5$ mol·dm^{-3} $(NH_4)_2CO_3$	[122]
Cu^{2+}	5-壬基水杨醛肟(LIX-860N IC)/煤油/Span80	2.04 mol·dm^{-3} H_2SO_4	[123]
Cu^{2+}	双(2-乙基己基)磷酸(D2EHPA)/己烷/Span80	$0.1 \sim 1.2$ mol·L^{-1} 硫酸	[124]
Gd^{3+}	8-羟基喹啉(HOX)/甲苯/Span80	2 mol·dm^{-3} HNO_3	[81]
Mn^{2+}	MDEHPA/MIPS/聚乙二醇	$0.3 \sim 0.6$ mol·dm^{-3} H_2SO_4	[125]
Nd^{3+}	二壬基苯基磷酸(DNPPA)/石油醚/Span80	7 mol·dm^{-3} 硫酸	[126]

续表 14.2

种类	载体/稀释剂/表面活性剂	脱模剂	参考文献
Ni^{2+}	8-羟基喹啉(8-HQ)/煤油/ECA 4360J	$0.025\ mol \cdot dm^{-3}$ EDTA, pH 4.0	[127]
Ni^{2+}	5,8-二乙基-7-羟基十二烷-6-一肟(LIX 63)和2-溴脱氢甲酸(2BDA)/煤油/Span 80	$1.0 \sim 8.0$ HCl	[128]
Ni^{2+}, Co^{2+}	Cyanex923/环己烷/Span80	$1\ mol \cdot dm^{-3}\ Na_2SiO_3$	[129]
Pb^{2+}	双-(2-乙基己基)磷酸(D2EHPA)/煤油/Span80	$0.5\ mol \cdot dm^{-3}$ 盐酸	[130]
稀土	PC-88A, D2EHPA, 苯胺/磺化煤油/T154, Span80	$2 \sim 12\ mol \cdot dm^{-3}$ 盐酸	[131]
Ru^{3+}	1-辛醇/Monemul 8 改性的三辛胺/液状石蜡	$2\ mol \cdot dm^{-3}$ 高氯酸	[132]
U^{4+}	Alamine 336/轻石蜡和重石蜡/Span 80	$0.75\ mol \cdot dm^{-3}$ 碳酸钠	[133]
U^{4+}	D2EHPA, TOPO 混合物, 十三烷基胺(TDDA)/煤油/Span80	40% P_2O_5 的磷酸或 $2\ mol \cdot dm^{-3}$ 碳酸钠	[134]
U^{4+}	苄基十二烷基二甲基氯化铵(BODMAC, R 4 NCl)/煤油/Span80	$0.5\ mol \cdot dm^{-3}\ Na_2CO_3$	[135]
V^{5+}	D2EHPA 和单-2-乙基己基磷酸(M2EHPA)混合物/煤油/Montane 80	$0.5 \sim 3\ mol \cdot dm^{-3}$ 硫酸	[136]
W^{4+}	liquat 336/己烷/Span 80	$0.1 \sim 1\ mol \cdot dm^{-3}$ 氢氧化钠	[13]
Zn^{2+}, Cu^{2+}	D2EHPA/异十二烷/Span80	$1.5\ mol \cdot dm^{-3}\ H_2SO_4$	[138]
Zn^{2+}, Cu^{2+}	LIX 841/煤油/Span 80	$1.5\ mol \cdot dm^{-3}\ H_2SO_4$	[139]
Zn^{2+}	D2EHPA/异十二烷/Span80	$0.5 \sim 2\ mol \cdot dm^{-3}\ H_2SO_4$	[70]

2. 染料去除

被染料污染的水会产生严重的环境问题。乳化液膜工艺是从废水中回收染料的极具潜力的替代方法之一。Djenouhat 等发表一系列关于通过超声波制备和应用油包水(W/O)乳液以通过乳化液膜去除水中阳离子染料的论文。[140,141] 膜相由萃取剂 D2EHPA、稀释剂己烷和乳化剂 Span80 组成,硫酸溶液用作内部水相。该研究强调了乳液稳定性对乳化液膜的重要性。超声波是一种非常有吸引力且有效的技术,用于生产具有优异稳定性的 W/O 乳液。Daas 和 Hamdaoui 研究乳化液膜[142]在水溶液中提取和浓缩刚果红(CR)。在相应的最佳条件下,即使存在以下情况,也可以提取进料相中的所有 CR 分子:在操作 10 min 后,可以获得 NaCl(浓度小于 5 g dm^{-3}),并且可以完全除去蒽醌染料酸性蓝 25。奥斯曼和他的团队使用含有三癸胺(TDA)作为载体的乳化液膜,煤油作为稀释剂,Span80 作为乳化剂,氯化钠作为提取剂,从水溶液中提取合成的亮红 3BS 活性染料。在最佳条件下,可以获得 100% 的亮红 3BS 去除效率。Bahloul 等[144]研究阳离子染料酸性黄 99 的去除。他们的乳化液膜用 Aliquat 336 作为萃取剂,Span 80 作为乳化剂,可实现工业废水中的染料去除。Plackett-Burman 设计的统计方法用于同时研究各种因素的影响并确定最重要的参数。

3. 污染物去除

苯酚及其衍生物是有毒污染物,通常存在于地表水和废水中,它们是危险有机物。为从废水中去除苯酚,Mortaheb 和他的团队合成了一种新的聚胺型表面活性剂,以稳定乳化液膜中的乳液相[111]。与传统的表面活性剂 Span 80 相比,合成的表面活性剂在乳化液膜工艺中表现出更好的稳定性和分离性能,在最佳条件下,苯酚的萃取率在一步法中可达到 98%,在两步法中可去除 99.8% 的苯酚。Ng 等通过乳化液膜去除水溶液中的苯酚,并研究了各种条件下的乳液泄漏情况。[145]最优膜可去除 98.33% 的苯酚且乳液泄漏量仅为 1.25%。含有稀释剂(己烷)和表面活性剂(Span 80)的乳化液膜被 Daas 和 Hamdaoui 用于从水溶液中萃取双酚 A(BPA)[146],其内部水相是 0.05 mol·L^{-1}氢氧化钠溶液,并且探索了影响膜稳定性和 BPA 渗透性的各种实验条件。适当选择条件使得双酚 A 萃取率接近 100%,提取效率也高达 98%。Reis 等[147]通过使用乳化液膜去除酚类及其两种衍生物酪醇(2-(4-羟基苯基)乙醇)和对香豆酸(4-羟基肉桂酸)。当二硫代膦酸-923 用作质量百分比为 2% 的萃取剂时,对于单一溶质溶液或其混合物,在 5~6 min 的接触时间内获得非常高的酚萃取率(97%~99%)。然而,当应用 2% 异癸醇时,酪醇的去除效率大大降低。Jiao 等利用 RSM 的中心组成设计研究了使用溶剂煤油和表面活性剂 OP-4 作为乳化液膜的有机膜相,利用乳化液膜从水溶液中提取双酚 A[148]。在最有利的条件下,发现双酚 A 提取效率高达 97.52%,热诱导破乳成功,证明其再生膜的有效性。

4. 其他有机化学品去除

由于非常高的界面面积和传质速率及上坡运输的能力,因此乳化液膜适用于从稀释的培养液中分离和回收发酵产物。Berrios 等实现使用乳化液膜技术从发酵液中分离和浓缩赤霉酸(GA3)(一种强大的植物生长促进剂)[149],表面活性剂、载体和接收溶质分别是 Span 80、Aliquat 336 和 KCl,在优化条件下实现发酵液中 GA3 的最大提取产率为 68%),具有 7.4%(体积比)的 Aliquat 336、11.2%(体积比)的 Span 80,并且提取时间为 62 s。采用两步法乳化液膜技术将乙酸与琥珀酸分离,并在模拟介质中连续萃取琥珀酸。[150,151]当萃取剂浓度(Amberlite LA)接收溶质(Na$_2$CO$_3$)分别为 50 μmol·dm^{-3} 和 2 mol·dm^{-3} 时达到最高萃取率 98%,最高富集率为 1.5。

从醇水溶液中成功萃取乙醇,然后使用 Chanukya 和 Rastogi 的乳化液膜从真实溶液中萃取。有机膜相由己烷或庚烷作为稀释剂,Span 80 作为表面活性剂,蒸馏水作为内部水溶液。在最佳条件下,己烷和庚烷系统的最高萃取率分别达到 51.45% 和 49.5%,还从葡萄酒提取物溶液中成功提取了醇,提取百分比分别为 92.9% 和 90%。Lee 等利用两步乳化液膜法在模拟的半纤维素水解产物中成功地纯化木糖。[153]可以从进料相中有选择性地除去乙酸或硫酸,并且在少量木糖损失的情况下富集,在第二次运行结束后,进料相的最终 pH 可适用于乙醇发酵。Chaouchi 和 Hamdaoui[154]使用 Aliquat 336 作为载体,己烷作为稀释剂,Span 80 作为乳化液膜中的表面活性剂,用于研究从水溶液中萃取对乙酰氨基酚(ACTP),使用氯化钾作为内部水溶液。在最佳条件下,可以从外部溶液中提取所有 ACTP,膜的恢复率为 100%,ACTP 的提取效率没有下降。Bhavya 等首先证明含有反胶束的乳化液膜在黑曲霉的脂肪酶下游加工的可行性。[155]表面活性剂(十六烷基三甲基溴化铵(CTAB)和 Span 80)和助溶剂(异辛烷和石油轻质油)形成膜相,在最佳条件下(进料相中 0.1 mol·dm^{-3} NaCl,膜相中 0.18 mol·dm^{-3} Span 80 和 0.1 mol·dm^{-3} CTAB,内相中 1 mol·dm^{-3} KCl),最大脂肪酶活性回收率为 78.6%,最大浓缩倍数为 3.14。Bhowal 等[156]在其乳化液膜中使用由阳离子和非离子表面活性剂组成的混合反胶束(MRM),以进一步提高脂肪酶的提取率和纯化率。在最有利的条件下,脂酶活性恢复和脂肪酶浓度倍数分别为 100% 和 17.0。结果表明,乳化液膜中的 MRM 可成功用于酶和蛋白质的下游加工。

14.4.4　乳化液膜的局限性

尽管乳化液膜在化学工程、生物化学工程、环境工程、制药和食品技术中被认为是一种很有前景的分离/浓缩方法,但由于乳液不稳定,如乳液膨胀、胶化泄露、乳结等复杂操作,因此该方法的商业应用受到限制,太稳定的乳液体系也会在沉降和破乳步骤中引起问题。[73]

14.5　支撑液膜

14.5.1　一般说明

通常,支撑液膜与整体液膜相比具有相同的配置,而有机膜相固定在表面或中空纤维多孔载体的孔中以分离进料相和提取相,二者在液膜中是不混溶的[13,157]使用载体的目的是减少膜相的体积并增加传质表面积,从而改善传质性能。支撑液膜技术的优点是传质速率高、选择性高、资金和运行成本低、溶剂需求少、同时萃取和提取、没有第三相形成、没有相夹带。[158]与平板支撑液膜(FSSLMS)相比,中空纤维支撑液膜因其高表面积而成为工业应用的一种有前景的技术。[159]中空纤维膜接触器的传统方案如图 14.3[160]所示。中空纤维支撑液膜已在各种领域应用,包括化学和环境工程、食品和生物加工,以及废水处理。[161-164]

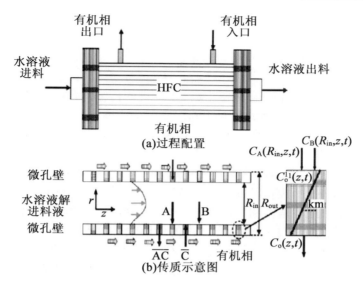

图 14.3 单功能中空膜接触器
A—目标物质；B—混合物质；C—选择性萃取剂；A、B、C—有机配合物

14.5.2 传质模型

支撑液膜的传质行为类似于整体液膜中的传质行为。然而，由于在支撑液膜中使用固体多孔载体，因此载体对传质性能的影响应该包含在支撑液膜的数学模型中。通常，支撑液膜中的传质主要是 2 型促进，因为通常使用萃取剂作为在进料相和提取相之间转移目标物质的"载体"。传统支撑液膜的一般传质机制可以描述如下。

（1）目标物质从本体进料相扩散到进料/膜界面，其中目标物－载体络合物通过络合反应（萃取反应）形成。

（2）复合物通过液膜相扩散到膜/条界面，所述液膜相嵌入多孔固体的孔中。

（3）解络（提取反应）反应发生在膜/带界面处目标物种的释放和载体的再生。

（4）目标物质穿过膜/带边界层扩散到块状带状相。

（5）载体扩散回膜以便于下一次简易的运输。

由于在支撑液膜技术中使用非常少量的液膜相，因此有效降低总传质阻力。通常，络合和解络合反应比目标物质在进料/膜、液膜和膜/条界面上的扩散更快。在稳定状态下，从进料相通过膜相到提取相的质量传递界面上的单个传质流是相同的。所有单独的传质通量等于总质量传递通量[160]，理论总传质系数可以基于串联电阻方法计算，其中总传质阻力是各个传质阻力的总和[4,165,166]，可表示为

$$\frac{1}{k_{all}} = \frac{1}{k_f} + \frac{1}{K_f k_{ext}} + \frac{1}{K_f k_m} + \frac{1}{K_f k_{stp}} + \frac{1}{\frac{K_f}{K_s} k_s} \quad (14.4)$$

对于平板支撑液膜技术，Danesi 等提出的简化方程，并被广泛应用于计算穿过膜的渗透率和通量。该模型基于以下假设：进料/膜界面处的目标物质－载体复合物的浓度可忽略不计。[169]然后，平板支撑液膜过程的渗透率可写为

$$\ln\frac{c_t}{c_0} = -\frac{A}{V}Pt \qquad (14.5)$$

因此，可以基于以下等式计算初始通量，即[169]

$$J_{\text{FSSLM}} = Pc_0 \qquad (14.6)$$

很多数学模型已经被开发用于阐明载流子促进的传输，假设目标物种的传输发生在稳定状态，并且液膜相中的线性浓度梯度对应于两个平板支撑液膜。[170-176]基于假设，质量传递流可以用菲克第一定律来描述。[166] Chaturabul 等开发了一种包含对流、扩散和反应的非稳态数学模型。使用中空纤维支撑液膜技术分离 Hg^{2+}。通过应用显式积分有限差分格式求解微分方程，提取和回收预测结果的平均标准偏差分别为 1.5% 和 1.8%。Ghosh[196] 使用双组分分析模拟了安替比林通过支持的多液膜(SMLM)的扩散渗透，可以预测接收室中膜的表观渗透性和安替比林的浓度。Huang 等[197] 开发了一种快速反应 - 扩散模型，该模型结合了腔和壳侧边界层中的传质阻力及界面化学反应，以描述使用中空纤维支撑液膜传输(D/L)苯丙氨酸技术。Zhang 等[198,199] 模拟了中空纤维膜接触器的传质特性和传质强度。结果表明，在低的液相流速或高填充密度下，在中空纤维接触器中发生的传质可以显著增强。此外，Rezakazemi 等开发了一个二维数学模型，用于研究中空纤维膜接触器中 CO_2 和 SO_2 的同时输送。CFD 技术用于解决连续性和动量方程，其中包括腔和壳侧的对流及化学反应。

14.5.3 应用

1. 金属去除

（1）镅(Am)。

作为最危险的放射性核素之一，Am^{3+} 来自核燃料循环。Panja 等应用聚四氟乙烯(PTFE)平板支撑液膜研究 Am^{3+}、Pu^{4+}、U^{4+} 和 Sr^{2+} 从硝酸进料液中被截留。[201] 膜包含作为载体萃取剂的 N,N,N′,N′ - 四正辛基二甘醇酰胺(TODGA)和作为相改性剂的 N,N - 二正己基辛酰胺(DHOA)。辐射诱导的 TODGA 和 DHOA 降解对锕系元素转运的影响被详细地评估在 Ansari 等的研究中[202]，几种杯芳烃官能化二甘醇酰胺(C4DGA)配体被建议用作平板支撑液膜中的载体，用于从 HNO_3 溶液传输锕系元素和核裂变产物元素。Am^{3+} 的 C4DGA 配体的提取效率显著高于普通的二甘醇酰胺配体 TODGA 的提取效率，C4DGA 作为载体，Ansari 等证实了[188] 使用中空纤维支撑液膜从硝酸进料中回收 Am^{3+} 的萃取剂。金属离子的渗透在进料硝酸浓度为 2~4 $mol \cdot dm^{-3}$ 时是优异的，Am^{3+} 的传输速率通过各种实验条件下的数学模型预测，并显示实验数据和计算数据之间的良好匹配性。Sharma 等使用含有新的构象约束的二酰胺、(N,N,N′,N′ - 四 - 2 - 乙基己基)7 - 氧杂二环[2.2.1]庚烷 - 2,3 - 二甲酰胺作为载体的平板支撑液膜，从 HNO_3 培养基中有效传输 Am^{3+}。[203] 新载体有助于 Am^{3+} 的快速转运，在操作 1 h 内约为 95%。

（2）铬(Cr)。

Güell 等重点研究了使用含有季铵氯化物 - 336 作为载体的中空纤维支撑液膜系统从不同水基质中去除和浓缩 Cr^{4+}[204]，发现 0.5 $mol \cdot dm^{-3}$ HNO_3 溶液是最有效的 Cr^{4+} 提取剂，中空纤维支撑液膜系统在连续运行 8 d 内期间保持稳定，即使存在大量其他阴离子或重金属，也可以实现高比率的 Cr^{4+} 去除。结果表明，光谱技术可以促进 Cr^{4+} 的检测，同时可以减少待处理污水的体积。Solangi 等对含有 p - 叔丁基杯芳烃二酰胺衍生物的带有吡啶鎓单元(3 和 4)的支撑液膜进行 Cr^{4+} 的转移,结果证实 Cr^{4+} 可以有效地去除。通过使用带有吡啶鎓单元的对叔丁基杯[4]芳烃二酰胺衍生物选择性地穿过支撑液膜。该研究还证明了基于载体 4 的支撑液膜在污染场地和其他材料科学领域的应用。Religa 等使用二壬基萘磺酸(DNNSA)和 D2EHPA 作为支撑液膜中的载体,用于从 Cr^{3+} 和 Cr^{4+} 的混合物中选择性地分离。Cr^{3+}[206]不可能将具有 DNNSA 的膜用于有效分离 Cr^{3+} 来自 Cr^{3+} 和 Cr^{4+} 混合物,因为 DNNSA 载体在 Cr^{4+} 的强氧化作用下高度失活,D2EHPA 膜可用于高选择性和高效分离 Cr^{3+},但仅限于稀释的混合物。

(3)铯(Cs)。

从高放射性废物中回收 Cs 是燃料循环后端的主要挑战之一。Raut 等研究了 Cs^+ 从硝酸溶液到含有蒸馏水的接收器溶液的运输行为,使用杯 2,3 - 萘环 - 6 作为支撑液膜中的载体。[207]以微孔 PTFE 膜作为载体,选择 80% 的 2 - 硝基苯基辛基醚和 20% 的正十二烷混合物作为液膜的合适稀释剂,理论计算的运输结果与实验获得的数据吻合良好。对于连续操作 20 d,膜具有良好稳定性,基于这项研究,本章合成了三种双(辛氧基)杯[4]芳烃 - 单冠 -6(BOCMC)作为核废液中放射性铯的选择性萃取剂,采用溶剂萃取和支撑液膜。[208]在液体中,将 2.0×10^{-3} mol·dm^{-3} BOCMC 稀释在 80% 的 NPOE 和含有 0.4% 的 Alamine 336 的 20% 正十二烷的混合物中。膜在 20 d 的时间内具有非常好的稳定性。为将 Cs^+ 与硝酸进料液分离,Mohapatra 等开发了含有苯基三氟甲基砜中氯化钴二羧酰胺(CCD)的平板支撑液膜作为 PTFE 膜中的载体。[209]当 1 mol·dm^{-3} HNO_3 和 8 mol·dm^{-3} HNO_3 分别用作进料和提取液时,使用 0.025 mol·dm^{-3} CCD 作为载体提取剂,在约 3 h 的操作中发现 Cs^+ 的移除超过 95%。然而,膜的稳定性仍然是其应用于从高水平废物中大规模回收 Cs^+ 的问题。基于中空纤维支撑液膜的方法用于评估高水平废物中放射性铯的分离,使用双 - 辛氧基 - 杯[4]芳烃 - 单冠 -6(CMC)作为载体,90% 运输百分比的 Cs^+ 来自于模拟高水平废物(Cs^+ 浓度为 0.32 g·dm^{-3})并且在 6 h 的操作过程中被观察,连续操作 12 d 的膜仍具有优异稳定性。

(4)汞(Hg)。

Chakrabarty 等[210]使用环境友好的溶剂椰子油作为稀释剂,使用三辛胺(TOA)作为载体来研究通过平板支撑液膜促进 Hg^{2+} 的传输,使用 NaOH 作为提取相的批量支撑液膜实验以共转运模式进行,作为支撑液膜系统的聚偏氟乙烯(PVDF) - TOA 椰子油在所研究的替代品中分离 Hg^{2+} 显示出很好的结果。在最佳操作条件下,汞的截留率高达 95%。他们还研究了含有尼龙作为载体的平板支撑液膜,以 TOA 为载体,以二氯乙烷为溶剂,同时从酸性溶液中分离 Hg^{2+} 和 LS 的效率。[211]在最有利的条件下,1 h 内可提取来自溶液的汞约为 81% ~88%,而在操作 2 h 内,Hg^{2+} 和 LS 从它们的混合物中的分离分别约为 52.6% 和 50.2%。本书将低分离度的原因归结为附加离子对着膜界面的固定区域。Chaturabul 等报道了 Hg^{2+} 与水在中空纤维支撑液膜中的分离。[195]在 0.2 mol·dm^{-3} HCl 作为进料液的最佳条件下,4%(体积比)Aliquat 336 作为萃取剂,0.1 mol·dm^{-3} 硫脲作为提取剂,Hg^{2+} 的最高萃取率和回收率分别达到 99.73% 和 90.11%,数学模型是基于对流扩散动力学原理开发的,与实验数据吻合良好。

(5)铀(U)。

Panja 等报道了使用 TODGA 在正十二烷中通过 PTFE 平板支撑液膜,其使用硝酸溶液中运输 U^{4+} 作为载体,使用 HNO_3 作为接收相。[212]该研究证实了 TODGA 在支撑液膜中从硝酸溶液中回收铀的适用性。乔希等研究了从磷酸进料中穿过支撑液膜的 U^{4+} 的选择性预富集。[213] 使用 D2EHPA 与不同中性有机磷氧代酮的协同组合物作为 PTFE 微孔膜有机相中的协同载体,以获得最佳 U^{4+} 运输,在这项工作中研究的不同载体中,由三正辛基氧化膦与 D2EHPA 形成的支撑液膜被认为是最适合 U^{4+} 转运的载体。Candela 等使用整体液膜和支撑液膜系统[214],用于从硝酸溶液中回收和预浓缩 U^{4+}。两种液膜都使用低浓度的煤油中的 D2EHPA 作为载体,使用磷酸和柠檬酸的混合物作为提取相。在最佳状态条件下,发现最大提取值大于 95%,整体液膜的回收率为 57% ~ 79%,支撑液膜的回收率高达 90%。Kedari 等通过支持可再生液膜(SRLM)技术从钍溶液中选择性分离 U^{4+},该技术分别使用三辛基氧化膦(TOPO)和十二烷作为载体和稀释剂。SRLM 非常适合长期运作。结果表明,在接收相中的固体沉淀物不会影响 U^{4+} 在 SRLM 上的转运过程。

（6）其他。

关于通过支撑液膜去除金属的其他研究见表 14.3。

表 14.3 通过支撑液膜去除金属的其他研究

种类	组态	载体/稀释剂	提取剂	参考文献
锕系元素	FSSLM	22/5000 Cyanex 923/正十二烷	0.1 mol·dm^{-3} 柠檬酸,酸,0.4 mol·dm^{-3} 甲酸,0.4 mol·dm^{-3} 水合肼	[216]
锕系和镧系元素	HFSLM	TODGA(N,N,N,N-四辛基二甘醇酰胺)tDHOA(N,N-二己基辛酰胺)/正构链烷烃(NPH)	0.01 mol·dm^{-3} HNO$_3$	[187]
Ag$^+$	HFSLM	LIX841/煤油	0.1~2.0 mol·dm^{-3} 五水硫代硫酸钠	[217]
Ag$^+$	FSSLM	杯[4]吡咯/煤油	0.015 mol·dm^{-3} 硫代硫酸钠	[218]
Ag$^+$	FSSLM	DC18C6(二环己烷并18冠6)/甲苯	0.08 mol·dm^{-3} Na$_2$S$_2$O$_3$	[219]
Ag$^+$	FSSLM	三正十二胺(TDDA)/环己烷	1.0 mol·dm^{-3} HNO$_3$	[17]
Am^{3+}	HFSLM	TODGA 和 N,N-二-正己基乙酰胺(DHOA)/十二烷	蒸馏水	[220]
Am^{3+}	FSSLM	四(2-乙基己基)二甘醇酰胺(TEHDGA)/正十二烷	0.1 mol·dm^{-3} HNO$_3$	[170]

续表 14.3

种类	组态	载体/稀释剂	提取剂	参考文献
Am^{3+}	FSSLM	乙基双三叠氮基吡啶(Et-BTP)/硝基苯+正十二烷	0.01 mol·dm^{-3} EDTA pH 3.5	[221]
Am^{3+}, Eu^{3+}	FSSLM	2,6-双(5,6-二丙基-1,2,4-三嗪-3-基)吡啶(n-Pr-BTP)/正十二烷和1-辛醇	pH 2.0 溶液	[222]
Am^{3+}, 三价镧系物	HFSLM	TODGA 和 N,N-二-正己基己酰胺(DHOA)/正构烷烃(NPH)	蒸馏水	[183]
Am^{3+}, Pu^{4+}, U^{4+}, Np^{5+}	FSSLM	N,N-二甲基-N,N-二辛基-2,(20-己氧基乙基)丙二酰胺(DMDOHEMA)/正十二烷	0.01 mol·dm^{-3} HNO_3	[223]
Am^{3+}, Np^{4+}, Np^{5+}, Np^{4+}, Pu^{4+}, PU^{4+}, U^{4+}	FSSLM	N,N-二甲基-N,N-二环己基-2,(20-十二烷基氧乙基)-丙二酰胺(DMDCD-DEMA)/正十二烷	0.01 mol·dm^{-3} HNO_3	[224]
As^{4+}	HFSLM	Cyanex 923(氧化膦的混合物),磷酸三正丁酯(TBP),双(2,4,4-三甲基戊基)二硫代次膦酸(Cyanex 301),三正辛胺(TOA)和甲基三辛基氯化铵(Aliquat 336)/煤油	0.1~1 mol·dm^{-3} NaOH	[225]
As^{3+}, As^{4+}	HFSLM	Cyanex 923/甲苯	水	[226]
As^{4+}, As^{3+}	FSSLM	Aliquat 336/十二烷和十二醇	0.1 mol·dm^{-3} HCl	[227]
Cd^{2+}	FSSLM	D2EHPA, PC-88A, Cyanex 272/煤油	2 mol·dm^{-3} H_2SO_4	[228]
Cd^{2+}, Pb^{2+}	FSSLM	Aliquat 336/椰子油	0.015 mol·dm^{-3} EDTA	[169]
Cd^{2+}	FSSLM	Cyanex 923/Exxsol D100	蒸馏水	[229]

续表 14.3

种类	组态	载体/稀释剂	提取剂	参考文献
Cs^+	FSSLM	杯-[4]-双(2,3-萘)-18-冠-6(CNC)/2-硝基苯基辛基醚(NPOE)和正十二烷混合物	蒸馏水	[237]
Cu^{2+}	FSSLM	LIX841/煤油	$190\sim1\,900\ mol\cdot dm^{-3}\ H_2SO_4$	[238]
Cu^{2+}	FSSLM	3-苯基-4-苯甲酰基异恶唑-5-酮(HPBI)/氯仿,NPOE 和十二烷基硝基苯基醚(DNPE)	$0.1\sim4\ mol\cdot dm^{-3}\ HNO_3$	[239]
Cu^{2+}	FSSLM	杯[4]芳烃/氯仿或二苯醚	去离子水	[240]
Cu^{2+}	HFSLM	D2EHPA/煤油	$6.0\ mol\cdot dm^{-3}\ HCl$	[189]
Co^{2+},Ni^{2+}	FSSLM	三正辛胺(Alamine 300)/甲苯,氯仿,二甲苯,Escaid 100、110、200 或煤油	$1\ mol\cdot dm^{-3}\ NH_3+1\ mol\cdot dm^{-3}$ 三乙醇胺(TEA)	[230]
Co^{2+}	HFSLM	D2EHPA/煤油	$0.5\sim3\ mol\cdot dm^{-3}$ 硫酸钠	[176]
Co^{2+}	FSSLM	DP8R 和 Acorga M5640/正癸烷,异丙苯,二甲苯或 Exxsol D100	$12\sim50\ mol\cdot dm^{-3}\ H_2SO_4$	[231]
Co^{2+},Li^+	FSSLM,HFSLM	Cyanex 272/煤油	$0\sim300\ mol\cdot dm^{-3}\ H_2SO_4$	[232]
Co^{2+},Li^+	FSSLM	双(2,4,4-三甲基戊基)次膦酸(Cyanex 272)或双(2-乙基己基)次磷酸(DP-8R)/煤油	$1\sim500\ mmol\cdot dm^{-3}\ H_2SO_4$	[233]
Cr^{3+}	FSSLM	D2EHPA/二氯甲烷,三氯甲烷,1,2-二氯乙烷,庚烷,辛烷,脂肪族煤油,苯,甲苯,4-甲基-2-戊酮(MIBK)或1-癸醇	$1.5\ mol\cdot dm^{-3}\ H_2SO_4$	[234]
Cr^{3+}	FSSLM	D2EHPA 和双(2,4,4-三甲基戊基)次膦酸(CYANEX272)/邻二甲苯和煤油	$6\ mol\cdot dm^{-3}\ HCl$	[235]

续表 14.3

种类	组态	载体/稀释剂	提取剂	参考文献
Cr^{3+}	FSSLM	DNNSA 和 D2EHPA/煤油和邻二甲苯	4 mol·dm^{-3} H$_2$SO$_4$	[236]
Cs^+	HFSLM	杯-[4]-双(2,3-萘)-冠-6(CNC)/NPOE 和正十二烷混合物	蒸馏水	[177]
Cs^+	HFSLM	杯-[4]-双(2,3-萘)-冠-6(CNC)/NPOE 和正十二烷混合物	蒸馏水	[158]
Cu^{2+}, Cd^{2+}, Pb^{2+}	FSSLM	1,10-癸基-1,10-二氮杂-18-冠-6 醚和月桂酸/甲苯-苯己烷	5×10^{-4} mol·dm^{-3} 反式 1,2-二氨基环己烷-N,N,N,N-四乙酸一水合物(CD-TA)	[241]
Cu^{2+}, Zn^{2+}, Co^{2+}, Ni^{2+}	FSSLM	2-羟基-5-壬基苯乙酮肟(LIX 84I),双-2 乙基己基磷酸(TOPS-99)和双(2,4,4-三甲基戊基)次膦酸(Cyanex 272)/煤油	900 mol·dm^{-3} H$_2$SO$_4$	[242]
Dy^{3+}, Eu^{3+}	FSSLM	D2EHPA 和双(2,4,4-三甲基戊基)次膦酸(Cyanex 272)/煤油	0~3 mol·dm^{-3} HNO$_3$	[243]
Eu^{3+}	FSSLM	D2EHPA 和双(2,4,4-三甲基戊基)次膦酸(Cyanex272)/煤油	0.5~2 mol·dm^{-3} HNO$_3$	[244]
Fe^{3+}	FSSLM	三辛基氧化膦(TOPO)和三辛基胺(TOA)/煤油	1 mol·dm^{-3} HClO$_4$	[245]
Hg^{2+}	FSSLM	5,11,17,23 四[[丙硫基]甲基]-25,26,27,28-四羟基杯[4]芳烃(1)/氯仿,二苯,二苯醚和甲苯	去离子水	[246]
Hg^{2+}	HFSLM	三正辛胺(TOA)/煤油	0.5mol·dm^{-3} 氢氧化钠	[192]
La^{2+}, $Ce^{4+(IV)}$	HFSLM	D2EHPA/甲苯	0.4mol·dm^{-3} H$_2$SO$_4$	[247]
Li^+	FSSLM	亲脂性杂种/氯仿	纯水	[248]

续表 14.3

种类	组态	载体/稀释剂	提取剂	参考文献
亲脂性金属配合物	FSSLM, HFSLM	苯己烷-甲苯	5×10^{-4} mol·dm^{-3} CDTA 溶液	[249]
Lu^{3+}	HFSLM	D2EHPA/二己基	$0.1 \sim 8$ mol·dm^{-3} HCl, 2 mol·dm^{-3} H$_2$SO$_4$, 0.5 mol·dm^{-3} (NH$_4$)$_2$CO$_3$ 或纯水	[250]
Mn^{2+}	FSSLM	三乙醇胺(TEA)/环己酮	9.25×10^{-3} mol·dm^{-3} FeSO$_4$ 在 0.5 mol·dm^{-3} H$_2$SO$_4$	[251]
Nd^{3+}	HFSLM	2-乙基己基膦酸单-2-乙基己酯(PC88A)/辛烷	1 mol·dm^{-3} H$_2$SO$_4$	[12]
Nd^{3+}	HFSLM	2-乙基己基-2-乙基己基磷酸(HEHEPA)/辛烷	4 mol·dm^{-3} HNO$_3$	[252]
Ni^{2+}	FSSLM	D2EHPA/煤油	1.5 mol·dm^{-3} H$_2$SO$_4$	[253]
有机和锌污染	FSSLM	D2EHPA/烃混合物	40 g·dm^{-3}硫酸	[254]
Pb^{2+}	HFSLM	D2EHPA/甲苯	0.9 mol·dm^{-3} HCl	[159]
Pb^{2+}	FSSLM	TEA/环己酮	0.1 mol·dm^{-3} Na$_2$SO$_4$	[255]
Pb^{2+}, Hg^{2+}	HFSLM	D2EHPA, Cyanex 471, Aliquat 336, TOA/甲苯	0.9 mol·dm^{-3} HCl	[256]
Pb^{2+}	HFSLM	D2EHPA/甲苯	蒸馏水, 0.5 mol·dm^{-3} HNO$_3$ 0.5 mol·dm^{-3} H$_2$SO$_4$, 0.5 mol·dm^{-3} HCl	[257]
Pb^{2+}, Cd^{2+}	FSSLM	D2EHPA(4%质量百分数)/椰子油	$0 \sim 0.3$ mol·dm^{-3} Na$_2$CO$_3$	[256]
Pb^{2+}	FSSLM	N,N,N,N-四-(2-乙基己基)二硫代二甘醇酰胺(DTDGA)/正十二烷	0.01 mol·dm^{-3} 硫脲在 0.2 mol·dm^{-3}的 HNO$_3$ 中	[258]
Pb^{2+}	FSSLM	N,N,N,N-四(2-乙基己基)硫代二甘醇酰胺,T(2EH)TDGA/正十二烷	0.01 mol·dm^{-3} 硫脲在 0.2 mol·dm^{-3}的 HNO$_3$ 中	[176]
Pr^{3+}	HFSLM	双(2,4,4-三甲基戊基)次膦酸(Cyanex 272)/煤油	$0.1 \sim 0.8$ mol·dm^{-3} HCl	[191]

续表 14.3

种类	组态	载体/稀释剂	提取剂	参考文献
Pt^{4+}	HFSLM	Aliquat 336、LIX84-I、Cyanex 923、TBP、TOPO/煤油	$0.8\ mol\cdot dm^{-3}\ NH_2CSNH_2$/ $1\ mol\cdot dm^{-3}\ HCl$	[182]
Pu^{4+}	FSSLM	TODGA/正十二烷	$0.1\ mol\cdot dm^{-3}$ 草酸	[259]
Sr^{2+}	FSSLM	二叔丁基-二环己基-18-冠-6(DTBCH18C6)/2-硝基苯基醚和正十二烷的混合物	蒸馏水	[260]
Sr^{2+}	HFSLM	TODGA+异癸醇/正十二烷	蒸馏水	[261]
Ta^{5+}	HFSLM	Aliquat 336/煤油	$0.1\sim 0.4\ mol\cdot dm^{-3}\ NaClO_4$、$0.1\ mol\cdot dm^{-3}$ 硫脲和 $0.1\ mol\cdot dm^{-3}\ HCl$	[184]
Tb^{3+}	FSSLM	2-乙基己基膦酸单-2-乙基己酯(P507)/煤油	$4.0\ mol\cdot dm^{-3}\ HCl$	[262]
Th^{4+}	FSSLM	Cyanex 923/正十二烷	$2\ mol\cdot dm^{-3}$ 碳酸铵	[263]
Tb^{3+}、La^{3+}、Eu^{3+}、Ho^{3+}、Yb^{3+}、Lu^{3+}	HFSLM	Cyanex 301(双(2,4,4-三甲基戊基)二硫代次膦酸))/正十二烷	$0.01\ mol\ dm^{-3}\ EDTA\ pH\ 3.5$	[264]
U^{4+}	FSSLM	DNPPA 单独或与中性供体/正链烷烃组合使用	$0.5\sim 2\ mol\cdot dm^{-3}\ H_2SO_4$、$0.5\ mol\cdot dm^{-3}$ 草酸、$0.5\ mol\cdot dm^{-3}$ 柠檬酸和 $0.5\ mol\cdot dm^{-3}\ Na_2CO_3$	[265]
U^{4+}	HFSLM	D2EHPA、Cyanex 923、TBP、TOA、Aliquat 336/煤油	$0.5\ mol\cdot dm^{-3}\ HNO_3$	[266]
U^{4+}	HFSLM	Aliquat 336 与 TBP/煤油混合	$0.02\sim 0.14\ mol\cdot dm^{-3}\ HNO_3$	[267]
U^{4+}	FSSLM	二(2-乙基己基)异丁酰胺/正十二烷,苯,氯仿,叔丁基苯,二乙基苯,正辛醇,1,2-二氯苯和 2-硝基苯基辛基醚	$0.01\ mol\cdot dm^{-3}\ HNO_3$	[268]
U^{4+}	FSSLM	D2EHPA/正十二烷	$0.5\ mol\cdot dm^{-3}$ 碳酸铵	[269]
U^{4+}	FSSLM	DNPPA/正链烷烃	$6\ mol\cdot dm^{-3}\ H_2SO_4$	[175]

续表 14.3

种类	组态	载体/稀释剂	提取剂	参考文献
U^{4+}	FSSLM	PC88A 和 Cyanex 923/正十二烷的二元混合物	0.5 mol·dm^{-3} 碳酸铵	[270]
U^{4+}	HFSLM	磷酸三正丁酯(TBP)/煤油	0.5 mol·dm^{-3} NaOH	[271]
U^{4+}	FSSLM	N,N,N,N-四-2-乙基己基二甘醇酰胺(T2EHDGA)/正十二烷	0.01 mol·dm^{-3} HNO$_3$	[173]
U^{4+}	FSSLM	N,N,N,N-四-2-乙基己基-3-戊烷-二酰胺异癸醇/正十二烷	0.01 mol·dm^{-3} HNO$_3$	[272]
V^{5+}	FSSLM	D2EHPA/二甲苯	3.5 mol·dm^{-3} HNO$_3$	[273]
V^{5+}	FSSLM	D2EHPA 或三辛基氧化膦(TOPO)/二甲苯	1~2 mol·dm^{-3} HNO$_3$ 和 1~2 mol·dm^{-3} H$_2$SO$_4$	[274]
Y^{3+}	FSSLM	N,N,N,N-四-2-乙基己基二甘醇酰胺(T2EHDGA)/二甲苯,己烷,氯仿,四氯化碳,正十二烷+异癸醇混合物	0.01 mol·dm^{-3} HNO$_3$	[275]
Y^{3+}	FSSLM	N,N,N,N-四辛基二甘醇酰胺(TODGA)/氯仿,四氯化碳,1-癸醇和己烷	0.01 mol·dm^{-3} HCl	[276]
Zn^{2+}	HFSLM	Cyanex 272/煤油和1-癸醇	1~2 mol·dm^{-3} HCl 和 0.5~1 mol·dm^{-3} H$_2$SO$_4$	[277]

2. 药物去除

青霉素 G 是一种流行的抗生素和半合成抗生素的原料,在医学中发挥了重要作用。Pirom 等重点研究阿莫西林,研究了温度对含有载体 Aliquat 336 的中空纤维支撑液膜分离的影响。[179]温度强烈影响了传质参数和热力学性质,随着体系温度的升高,阿莫西林的提取率和提取量增加。结果表明,温度对阿莫西林在中空纤维支撑液膜的传质中起重要作用。报道称纯双(2-乙基己基/亚磷酸酯)作为支撑液膜可从人血浆中提取极性碱性药物(如间羟胺、苯甲脒、索他洛尔、苯丙醇胺、ephe-rine 和甲氧苄啶)。Huang 等[278]发现 EME 系统在与人体血浆接触时非常稳定,因此可以最小化支撑液膜上的系统电流。

3. 污染物去除

Xu 等[279]使用聚丙烯平板支撑液膜和1-辛醇来探索电膜隔离(EMI)对四种神经毒剂的降解产物。将聚丙烯层膜折叠到浸入样品或供体相中的封套中以进行萃取,使目标分析物完全电离。这种程序可能是另一种确定环境基质中化学战剂解产物的方法。Chakrabarty 等进行了使用二氯乙烷中的 TOA 作为载体通过平板支撑液膜促进 LS 分离在实验和理论上的研究[280],研究了不同载体材料和操作条件对 LS 运输的影响。当使用 4% TOA 的尼龙 6,6 - 三辛胺 - 二氯乙烷作为支撑液膜体系并使用 0.5 mol·L^{-1} NaOH 作为提取相时,LS 的最佳分离率和回收率分别为 90% 和 43%,并且发现支撑液膜在运行 10 h 后保持稳定。Zidi 等证明了质量分数为 20% 的 TBP 的平板支撑液膜在煤油中去除苯酚的可行性,PVDF 作为聚合物载体有助于支撑液膜系统的优异稳定性,3 d 后运输效率仅降低 17%。在这项工作中,还探讨了使用三正辛基氧化膦(TOPO)作为载体通过平板支撑液膜促进苯酚的运输。[174] 基于 TOPO(66.6%) 的苯酚在支撑液膜中的运输效率低于基于 TBP 的支撑液膜(74.3%),但前者的长期稳定性要好得多。TOPO - 支撑液膜系统可在连续 5 d 的运行期间保持其初始运输效率。

4. 其他有机化学品去除

Hassoune 等研究糖从浓水溶液中以胆酸甲酯为载体的 PVDF 平板支撑液膜的便利运输,为糖分离的工业应用开辟途径。[282] 支撑液膜显示出超过 23 d 的显著稳定性。Zidi 等研究了香草醛从水溶液中通过平板支撑液膜系统以 TBP 为载体运输的可能性,在所测试的溶剂中,煤油表现出最佳的支撑液膜系统性能。当使用煤油中的 20% TBP(体积百分比)、pH 值为 1 的水溶液和 0.5 mol·dm^{-3} NaOH 溶液分别作为有机膜相、进料液和提取相时,分别可以达到最佳香草醛提取率 60% 以上。支撑液膜系统在为期 13 d 的运行期间具有良好的稳定性。根据最佳条件,运转 24 h 后,从当地市场获得的香草糖和香草酒样品中香草醛的提取率分别为 84.5% 和 64.5%。Hajarabeevi 等[28]采用含有 D2EHPA 作为载体的平板支撑液膜研究阳离子染料如甲基紫和罗丹明 B 在合成染料溶液中的传输,极大地影响由染料的疏水性确定的染料转运的参数、进料和提取相的 pH 值。结果表明,在 pH 值为 4 和 pH 值为 2.5 的进料相中,甲基紫的阳离子染料的最大回收率为 94.2%,罗丹明 B 的回收率为 90.0%。乙酸作为提取相,搅拌速度为 600 r/min。三种不同的支撑液膜用于提取 37 种不同的肽,其结合电势差为 25 V。

结果表明,具有由 1 - 辛醇/二异丁基酮/二(2 - 乙基己基)磷酸酯组成的膜相的支撑液膜可成功提取亲水和疏水肽,与二 - (2 - 乙基己基)磷酸的离子相互作用控制了传质过程。

5. 有机和无机化学品的分析

Paich - Montiou 等提出一步法富集/净化技术通过中空纤维支撑液膜,然后进行液相色谱 - 质谱/质谱分析,确定伊维菌素和转化产物,以及糖(TP1)和伊维菌素(TP2)的糖苷配基(LC - MS/MS)分析。该方法不仅使样品处理最小化,而且在最佳条件下也达到了高达 80 的富集因子。Bedendo 等同时应用聚丙烯中空纤维支撑液膜,然后用 LC - MS/MS 方法测定蜂蜜基质中的磺胺类药物。[286] 该方法提供了量化的低限、优异的回收率、精密度、灵敏度和线性,检出限在 5.1 ~ 27.4 mg·kg^{-1} 范围内,相关系数的线性系数高于 0.987。Pantůčková 等开发了一种带有支撑液膜的一次性样品预处理装置,该装置被设置于商用毛细管电泳仪的自动进样器转盘中,以自动预处理和分析人全血和血清中的甲酸盐。[287] 结果表明,所开发的方法可以广泛应用于临床和毒理学实验室,成功应用含有十二烷基硫酸钠的 PTFE 膜基支撑液膜,然后进行微分脉冲伏安法(DPV)分析,用于人体尿液和血浆中微量提取和电化学测定胰岛素。Ensafi 等[888]提出当检测限为 24 pmol·dm^{-3}时,胰岛素浓度(0.02~1.00 μmol·dm^{-3})的 DPV 反应与曲线(0.008~0.020)成线性关系 Tan 和 Liu 提出了一种用于检测环境水中 Hg^{2+} 的创新可视方法。[289] 中空纤维支撑液膜提取与基于 3-巯基丙酸功能化金纳米粒子(MPAAuNP)的可视测试相结合,以确保准确和快速 Hg^{2+} 测定。由于中空纤维支撑液膜过程中受体(2,6-吡啶二羧酸)对 Hg^{2+} 的高浓度及对 MPAAuNP 的 Hg^{2+} 的选择性反应,因此该新方法显示出对汞的极高灵敏度和选择性。这些方法可以扩展应用到经过认证的参考水样中的其他金属离子。

14.5.4 支撑液膜的稳定性

虽然支撑液膜已经在实验室规模上进行了广泛的研究,但由于膜相不稳定,它们工业应用受限,因此缺乏长期稳定性和适用性。不稳定的可能原因包括孔堵塞、孔隙润湿、膜上的压力差、膜载体和溶剂的损失、液膜相在进料及提取阶段的溶解、透过膜的渗透压和剪切力引起的膜乳化。[251]

Kumar 等[290]通过量化支撑液膜在苯酚的提取和回收方面的性能来研究支撑液膜的稳定性,尝试各种技术提高支撑液膜稳定性,包括添加电解质(NaCl)、在液膜相中加入表面活性剂并涂覆另外的聚合物凝胶层以减少乳化。Kazemi 等[291]对用于处理酚类废水的支撑液膜系统进行稳定性试验。结果表明,稳定性随着载体(TBP)和提取溶质(NaOH)浓度的增加而降低;而当在进料阶段使用较高的盐浓度时,稳定性增加。

已提出一些技术来缓解支撑液膜的不稳定性[292],但它们可能并不适用于所有情况。例如,尽管在水相中添加额外的化学品并引入涂层可以增强稳定性,但是它可能导致传质性能的降低。为解决该问题,已经开发了一些新的液膜技术,下面将进行描述。

14.6 带提取液体支撑液膜(指状散射支撑液膜)

14.6.1 一般说明

Ho 等发明了具有提取分散的支撑液膜,旨在克服乳化液膜和支撑液膜的固有问题。带状分散的支撑液膜的主要优点是优异的长期稳定性,这可归因于有机物的持续供应。通过搅拌诱导的带状分散体制备的膜溶液如图 14.4 所示。带有分散体的支撑液膜已被广泛用于重金属、有机化学品和抗生素的去除和回收。

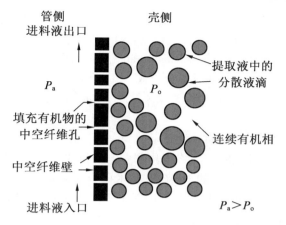

图 14.4 带有中空纤维支撑的带状分散液膜

14.6.2 传质模型

具有提取分散的支撑液膜的 2 型促进类似于支撑液膜的类型,如 14.3.2 中所述。

14.6.3 应用

1. 头孢氨苄的回收

Vilt 等应用指状散射支撑液膜系统,可原位去除重要且广泛使用的半合成抗生素头孢氨苄。[293-296] 以 7-氨基-3-去乙酰基苯丙氨酸和二苯基甘氨酸为起始底物,经液相盘尼西林酰亚胺酶合成了头孢氨苄。当在支撑液膜系统中使用两个中空纤维模块和 10% Aliquat 336(载体)时,头孢氨苄的产率可以从 32% 增加到 42%。该系统显示出良好的稳定性,而且酶没有显著失活。根据 Vilt 等的研究,Hao 等提出通过支撑液膜与有机分散体和支撑液膜与进料分散体,同时从水溶液中去除和回收头孢氨苄,以克服指状散射支撑液膜的提取反应导致的高传质阻力。[4,166] 对于支撑液膜与有机分散体,通过用混合器将少量有机膜溶液分散在进料液中形成有机分散体;而对于支撑液膜与进料分散体,通过将进料液分散在有机膜溶液中形成进料分散体。对于这两个过程,作者开发了数学模型描述过程并确定实验和理论总传质系数。在最佳条件下,支撑液膜与有机分散体的实验传质系数(K_{exp})为 3.56×10^{-7} m·s^{-1},比指状散射支撑液膜技术高 30%;SLM-FD 的 K_{exp} 为 4.45×10^{-7} m·s^{-1},约为指状散射支撑液膜的 1.7 倍。结果表明,SLM-OD 在降低有机膜溶液的体积要求方面优于指状散射支撑液膜,并且支撑液膜与进料分散体在从进料液中去除头孢氨苄方面优于溶剂提取方法。

2. 酸和生物碱的去除和回收

Li 等通过中空纤维指状散射支撑液膜系统研究从含水进料液中回收富马酸(FA),使用三烷基胺(N7301)作为载体,研究各种膜溶剂(包括四种"惰性"溶剂和三种比较"活性"溶剂或助溶剂)比较。在最有利的条件下,双酚 A 的提取和总 TOC 去除率分别为 89.5% 和 96.5%。此外,中空纤维指状散射支撑液膜系统在连续 5 次运行实验后仍非常稳定。李等成功开发出基于微孔聚丙烯膜的指状散射支撑液膜,用于分离四种主要生物碱,包括来自传统草药的原阿片碱、血根碱和白屈菜红碱。[298]用煤油稀释的阳离子载体 D2EHPA 用于形成液膜,在最佳条件下,进料液 pH 值为 3,运输时间为 8 h,HCl 溶液浓度为 0.5 mol·dm^{-3},D2EHPA 浓度为 0.3 mol·dm^{-3},提取溶液与膜溶液的体积比为 0.67。进料液和提取溶液的流速分别为 1.56 cm^3·s^{-1} 和 0.33 cm^3·s^{-1} 时,四种生物碱的高转运效率分别为 68%、77%、83% 和 85%。结果表明,指状散射支撑液膜优于传统的 LM 技术,如支撑液膜和乳化液膜。

3. 中空纤维更新液膜(HFRLM)

基于指状散射支撑液膜,Ren 等[299]提出了中空纤维更新液膜(HFRLM),以提高传质性能并提高膜稳定性,使用 Liu 等的 HFRLM 技术研究了从酸性稀溶液中同时分离和浓缩 Cr^{4+},使用 TBP-煤油作为液膜相,并使用 NaOH 作为提取剂,从进料相中去除 Cr^{4+} 的效率可高达 99.9%,并且在提取阶段的浓缩因子可达到 25 以上。Ren 等应用 HFRLM 技术同时从水溶液中提取和浓缩青霉素 G。[301]有机液膜相由 7%(体积分数)的二正辛胺(DOA)和 30%(体积分数)的煤油中的异辛醇组成。剥离相是 Na$_2$CO$_3$ 溶液。可以发现,HFRLM 工艺具有良好的稳定性。使用由 20% 正辛醇、50% 煤油中和 30% N235 组成的 HFRLM,用于从稀溶液中同时萃取和浓缩柠檬酸。[302]由于膜的自动和连续补充,因此 HFRLM 工艺显示出良好的稳定性。来自同一组的人研究了通过 HFRLM 进行青霉素 G 回收的级联过程的可行性,使用异辛醇和煤油中的 DOA 作为液膜,并使用 K$_2$CO$_3$ 溶液作为提取相。[303]与单阶段过程相比,HFRLM 的级联过程提高了青霉素 G 的回收效率。在最佳条件下,七次循环后富集因子和提取效率分别为 4.4% 和 97%。

14.7 其他液膜

14.7.1 夹层液膜

为减少有机溶剂的损失,Molinari 等提出了停滞夹层液膜作为可能的替代液膜系统[304],将有机相置于两个固体膜载体之间,用于从水性介质中除去 Cu^{2+}。在夹心液膜中使用具有不同分子量截留值的两种再生纤维素 Spectra/Por 6 载体(分别为 1.0 kDa 和 3.5 kDa 载体),二者都表现出高稳定性,但传输速度非常低。与 Supor 200 载体组装的夹层液膜有最佳结果,具有 41.5 μmol·h^{-1}·m^{-2} 的高流动性和 183 h 的稳定性。Mortaheb 及其小组采用夹心液膜工艺去除有机相中三异辛胺(TIOA)作为载体的 Cd$_3$O$_5$ 液膜中载体的最佳浓度约为 0.05 mol·dm^{-3},进料 pH 和提取 pH 的适当值分别约为 3 和 13。结果表明,在相同条件下,此类过程的去除效率远高于对应物的去除效率。王等通过使用夹心支撑液膜研究了从氨溶液中回收 Cu^{2+},使用 4-乙基-1-苯基-1,3-辛二酮作为液膜中的载体,发现膜组件中 Cu^{2+} 的传输效率明显取决于载体浓度、进料 pH 值、和温度,但与接收相中的浓度无关,在连续五个操作循环期间,具有优异的稳定性。

14.7.2 混合液膜

Oberta 等使用选择性 Pb^{2+} 转运的由多层膜混合体系组成的多膜混合体系由一种液

膜和两个聚合物阳离子交换膜组成,在混合液膜中,辛基硫基乙酸(OSAA)在 Pb^{2+} 的运输和分离中具有良好性质。Pb^{2+} 的最佳输出通量在 $1.7 \sim 6.87 \times 10^{-12}$ $mol \cdot cm^{-2} \cdot s^{-1}$ 内变化,这取决于液膜中的 OSAA 浓度($0.05 \sim 0.1$ $mol \cdot dm^{-3}$)。Wódzki 等也使用类似的多膜杂化体系,聚(氧乙烯)二羧酸(POEDC)和二磷酸(POEDP)酸作为液膜中的大分子载体[308]可用于 K^+、Na^+、Ca^{2+},研究来自非缓冲硝酸盐溶液的 Mg^{2+}、Zn^{2+} 和 Cu^{2+}。结果表明,聚合物链的离子端基和假环结构之间的相互作用将极大地影响 POE 衍生物的相关性质。

Sadyrbaeva 提出了一种新型的电渗析和整体液膜混合工艺[309,310],在电渗析过程中该工艺被发现有望通过含有三正辛胺或三烷基苄基氯化铵的液膜从 Ni^{2+} 中选择性分离 Co^{2+} 和 2-二氯乙烷。当三正辛胺与二(2-乙基己基)磷酸在 1,2-二氯乙烷中的混合溶液用作液膜时,Cr^{4+} 通过整体液膜的转移对于其去除是有效的。恒电渗析法中的氯化物酸性溶液在最佳条件下从进料液中几乎去除所有 Cr^{4+}($>99.5\%$),最大提取度约为 90%。

14.7.3 其他新型液膜技术

Pei 等研究了 Tm^{3+} 通过分散液支撑液膜的输送[311],PVDF 膜用作液膜载体,分散液含有 HCl 溶液作为萃取溶液,2-乙基己基膦酸单-2-乙基己酯(PC-88A)在煤油中稀释为液膜。在 Tm^{3+} 的初始浓度为 1.0×10^{-4} $mol \cdot dm^{-3}$ 时,在操作 155 min 期间,Tm^{3+} 的最大输送百分比达到 92.2%。Murai 提出了一种新型液膜系统,称为聚合物伪液膜,用于运输 KCl。聚(丙烯酸2-乙基己酯)(P2EHA)和二苯并-18-冠-6(DB18C6)分别用作膜基质和模型转运蛋白[312],结果显示通过载流子扩散机制获得聚合物假液膜。膜的运输能力取决于膜基质的分子量和操作温度,随着 P2EHA 分子量的降低和操作温度的升高,K^+ 的通量增加。根据报道,谢等基于聚合物支撑液膜的人工光捕获系统使用螺旋吡喃与紫外(UV)和可见光的照片切换产生光诱导的质子流[313],紫外光诱导膜上的开环反应将螺吡喃转化为花青素,而可见光引起逆反应。通过这种聚合物液膜光可以获得电效率约为 0.12%,开路电压约为 210 mV,膜梯度约为 3.6 DpH($DpH = \Delta pH = pH_{in} - pH_{out}$)的电流-捕捉系统。当膜用紫外光和可见光照射在相对侧时,花青素吸收 H^+,其通过膜支撑物并在另一侧释放。因此,用 UV 和可见光交替侧面产生交流电。

14.8 本章小结

液膜技术因卓越的效率而受到越来越多的关注。液膜的工业应用受到阻碍,主要是因为它们稳定性差的问题。目前已经开发了一系列新的液膜技术来改善液膜的稳定性,具有提取分散的支撑液膜被认为是有前景的方法,因为它们具有许多优点,如操作简单、不需要额外的化学品和长期稳定性。它们潜在的工业应用包括从废水中去除和回收稀土金属(如 In、Eu 和 Y)和重金属(如 Cu、Co 和核废料)、从发酵液中提取抗生素(如头孢氨苄),以及从稀释溶液中分离和回收高价值有机化学品。一些新的液膜技术已经显示出良好的性能,预计在不久的将来会进行更系统和详细的研究。

本章参考文献

[1] Li, N. N. Separating hydrocarbons with liquid membranes, U. S. Patent 3,410,794 (1968).

[2] Li, N. N. Removal of inorganic species by liquid membran. e, U. S. Patent 3,647,488 (1972).

[3] Cahn, R.; Li, N. N. Commercial Applications of Emulsion Liquid Membranes. In Separation and Purification Technology, Li, N. N.; Calo, J. M., Eds.; 1st ed.; Marcel Dekker: United States, 1992; pp. 195 – 212.

[4] Hao, Z.; Wang, Z.; Zhang, W.; Ho, W. S. W. Supported Liquid Membranes With Organic Dispersion for Recovery of Cephalexin. J. Membr. Sci. 2014, 468, 90 – 97.

[5] Kirch, M.; Lehn, J. M. Selective Transport of Alkali Metral Cations Through a Liquid Membrane by Macrobicyclic Carriers. Angew. Chem. Int. Ed. 1975, 14(8), 555 – 556.

[6] Cussler, E. Membranes Which Pump. AIChE J. 1971, 17(6), 1300 – 1303.

[7] Baker, R.; Tuttle, M.; Kelly, D.; Lonsdale, H. Coupled Transport Membranes: I. Copper Separations. J. Membr. Sci. 1977, 2, 213 – 233.

[8] Ho, W. S. W. Combined Supported Liquid Membrane/Strip Dispersion Process for the Removal and Recovery of Radionuclides and Metals. U. S. Patent 6,328,782 (2001).

[9] Alguacil, F. J.; Alonso, M.; Lopez, F. A.; Lopez – Delgado, A. Pseudo – Emulsion Membrane Strip Dispersion(PEMSD) Pertraction of Chromium(Ⅵ) Using CYPHOS IL 101 Ionic Liquid as Carrier. Environ. Sci. Technol. 2010, 44(19), 7504 – 7508.

[10] Pei, L.; Wang, L.; Guo, W.; Zhao, N. Stripping Dispersion Hollow Fiber Liquid Membrane Containing PC – 88A as Carrier and HCl for Transport Behavior of Trivalent Dysprosium. J. Membr. Sci. 2011, 378(1), 520 – 530.

[11] Ho, W. S. W.; Hatton, T. A.; Lightfoot, E. N.; Li, N. N. Batch Extraction With Liquid Surfactant Membranes: A Diffusion Controlled Model. AIChE J. 1982, 28(4), 662 – 670.

[12] Wannachod, T.; Leepipatpiboon, N.; Pancharoen, U.;Phatanasri, S. Mass Transfer and Selective Separation of Neodymium lons via a Hollow Fiber Supported Liquid Mrmbrane Using PC88A as Extractant. J. Ind. Eng. Chem. 2015, 21, 535 – 541.

[13] Visser, H. C.; Reinhoudt, D. N.; de Jong, F. Carrier – Mediated Transport Through Liquid Membranes. Chem. Soc. Rev. 1994, 23(2), 75 – 81.

[14] Chakrabarty, K.; Krishna, K. V.; Saha, P.; Ghoshal, A. K. Extraction and Recovery of Lignosulfonate from Its Aqueous Solution Using Bulk Liquid Membrane. J.

Membr. Sci. 2009, 330(1), 135 – 144.

[15] Koter, S.; Szczepański, P.; Mateescu, M.; Nechifor, G.; Badalau, L.; Koter, I. Modeling of the Cadmium Transport Through A Bulk Liquid Membrane. Sep. Purif. Technol. 2013, 107, 135 – 143.

[16] Mogutov, A.; Kocheriginsky, N. Macrokinetics of Facilitated Transport Across Liquid Membranes: "Big Carrousel". J. Membr. Sci. 1993, 79(2 – 3), 273 – 283.

[17] Rehman, S.; Akhtar, G.; Chaudry, M. A.; Ali, K.; Ullah, N. Transport of Ag^+ Through Tri – n – Dodecylamine Supported Liquid Membranes. J. Membr. Sci. 2012, 389, 287 – 293.

[18] Jafari, S.; Yaftian, M.; Parinejad, M. Facilitated Transport of Cadmium as Anionic Lodo – Complexes Through Bulk Liquid Membrane Containing Hexadecyltrimethy lammonium Bromide. Sep. Purif. Technol. 2009, 70(1), 118 – 122.

[19] Gubbuk, I. H.; Gungor, O.; Alpoguz, H. K.; Ersoz, M.; Yilmaz, M. Kinetic Study of Mercury(II) Transport Through A Liquid Membrane Containing Calix[4] Arene Nitrile Derivatives as a Carrier in Chloroform. Desalination 2010, 261(1), 157 – 161.

[20] Alpaydin, S.; Saf, A. Ö.; Bozkurt, S.; Sirit, S. Kinetic Study on Removal of Toxic Metal Cr(Vi) Through A Bulk Liquid Membrane Containing p – tert – Butylcalix[4] Arene Derivative. Desalination 2011, 275(1), 166 – 171.

[21] Davarkhan, R.; Khanramaki, F.; Asgari, M.; Salimi, B.; Ashtari, P.; Shamsipur, M. Kinetic Studies on the Extraction of Uranium(VI) From Phosphoric Acid Medium By Bulk Liquid Membrane Containing Di – 2 – Ethylhexyl Phosphoric Acid. J. Radioanal Nucl. Chem. 2013, 298(1), 125 – 132.

[22] Minhas, F. T.; Memon, S.; Bhanger, M. Transport of Hg(II) Through Bulk Liquid Membrane Containing Calix[4] Arene Thioalkyl Derivative as a Carrier. Desalination 2010, 262(1), 215 – 220.

[23] Yilmaz, A.; Kaya, A.; Alpoguz, H. K; Ersoz, M.; Yilmaz, M. Kinetic Analysis of Chromium(VI) Ions Transport Through A Bulk Liquid Membrane Containing p – tert – Butylcalix[4] Arene Dioxaoctylamide Derivative. Sep. Purif. Technol. 2008, 59(1), 1 – 8.

[24] Chang, S. H.; Teng, T. T.; Norli, I. Cu(II) Transport Through Soybean Oil – Based Bulk Liquid Membrane: Kinetic Study. Chem. Eng. J. 2011, 173(2), 352 – 360.

[25] Li, G.; Xue, J.; Liu, N.; Yu, L. Treatment of Cyanide Wastewater by Bulk Liquid Membrane Using Tricaprylamine as a Carrier. Water Sci. Technol. 2016, 73(12), 2888 – 2895.

[26] Szczepański, P.; Wódzki, R. Bond – Graph Description and Simulation of Agitated Bulk Liquid Membrane System—Dependence of Fluxes on Liquid Membrane Volume. J. Membr. Sci. 2013, 435, 1 – 10.

[27] Dalali, N.; Yavarizadeh, H.; Agrawal, Y. Separation of Zinc and Cadmium from Nickel and Cobalt by Facilitated Transport Through Bulk Liquid Membrane Using Trioctyl Methyl Ammonium Chloride as Carrier. J. Ind. Eng. Chem. 2012, 18(3), 1001-1005.

[28] Muthuraman, G.; Teng, T. T.; Leh, C. P.; Norli, I. Use of Bulk Liquid Membrane for the Removal of Chromium(Ⅵ) From Aqueous Acidic Solution With Tri-n-Butyl Phosphate as a Carrier. Desalination 2009, 249(2), 884-890.

[29] Zhang, W.; Liu, J.; Ren, Z.; Wang, S.; Du, C.; Ma, J. Kinetic Study of Chromium(Ⅵ) Facilitated Transport Through a Bulk Liquid Membrane Using Tri-n-Butyl Phosphate as Carrier. Chem. Eng. J. 2009, 150(1), 83-89.

[30] Chang, S. H.; Teng, T. T.; Ismail, N.; Alkarkhi, A. F. Selection of Design Parameters and Optimization of Operating Parameters of Soybean Oil-Based Bulk Liquid Membrane for Cu(Ⅱ) Removal and Recovery From Aqueous Solutions. J. Hazard. Mater. 2011, 190(1), 197-204.

[31] Reddy, T. R.; Ramkumar, J.; Chandramouleeswaran, S.; Reddy, A. Selective Transport of Copper Across a Bulk Liquid Membrane Using 8-Hydroxy Quinoline as Carrier. J. Membr. Sci. 2010, 351(1), 11-15.

[32] Singh, R.; Mehta, R.; Kumar, V. Simultaneous Removal of Copper, Nickel and Zinc Metal Lons Using Bulk Liquid Membrane System. Desalination 2011, 272(1), 170-173.

[33] Singh, N.; Jang, D. O. Selective and Efficient Tripodal Receptors for Competitive Solvent Extraction and Bulk Liquid Membrane Transport of Hg^{2+}. J. Hazard. Mater. 2009, 168(2), 727-731.

[34] Shaik, A. B.; Chakrabarty, K.; Saha, P.; Ghoshal, A. K. Separation of Hg(Ⅱ) From Its Aqueous Solution Using Bulk Liquid Membrane. Ind. Eng. Chem. Res. 2010, 49(6), 2889-2894.

[35] Rounaghi, G.; Kazemi, M.; Sadeghian, H. Transport of Silver Ion Through Bulk Liquid Membrane Using Macrocyclic and Acyclic Ligands as Carriers in Organic Solvents. J. Incl. Phenom. Macrocycl. Chem. 2008, 60(1-2), 79-83.

[36] Sadyrbaeva, T. Z. Liquid Membrane System for Extraction and Electrodeposition of Silver(Ⅰ). J. Electroanal. Chem. 2010, 648(2), 105-110.

[37] Zolgharnein, J.; Shahrjerdi, A.; Asanjarani, N.; Azimi, G. Highly Efficient and Selective Transport of Au(Ⅲ) Through a Bulk Liquid Membrane Using Potassium-Dicyclohexyl-18-Crown-6 as Carrier. Sep. Sci. Technol. 2008, 43(11-12), 3119-3133.

[38] Bhatlun, K. K.; Manna, M. S.; Saha, P.; Ghoshal, A. K. Separation of Cd(Ⅱ) From Its Qqueous Solution Using Environmentally Benign Vegetable Oil as Liquid Membrane. Asia-Pacific J. Chem. Eng. 2013, 8(5), 775-785.

[39] Sadyrbaeva, T. Z. Recovery of Cobalt(Ⅱ) by the Hybrid Liquid Membrane – Electrodialysis – Electrolysis Process. Electrochim. Acta 2014, 133, 161 – 168.

[40] Nezhadali, A.; Rabani, N. Competitive Bulk Liquid Membrane Transport of Co(Ⅱ), Ni(Ⅱ), Zn(Ⅱ), Cd(Ⅱ), Ag(Ⅰ), Cu(Ⅰ) and Mn(Ⅱ), Cations Using 2,2′ – Dithio(Bis) Benzothiazole as Carrier. Chin. Chem. Lett. 2011, 22(1), 88 – 92.

[41] Babashkina, M. G.; Safin, D. A.; Robeyns, K.; Brzuszkiewicz, A.; Kozlowski, H.; Garcia, Y. Thiophosphorylated Bis – Thioureas for Competitive Bulk Liquid Membrane Transport of Some Metal Ions. CrystEngComm 2012, 14(4), 1324 – 1329.

[42] Olteanu, C.; Szczepanski, P.; Orbeci, C.; Lica, C. G.; Costache, L.; Diaconu, I. Study of the Trnasport of Chromium, Manganese and Zinc Through Bulk Liquid Membrane Using D2EHPA and Cyanex 301 as a Carrier. Rev. Chim. 2013, 64, 925 – 929.

[43] Religa, P.; Gawro'nski, R.; Gierycz, P. Kinetics of Chromium(Ⅲ) Transport Through a Liquid Membrane Containing DNNSA as a Carrier. Int. J. Mol. Sci. 2009, 10(3), 964 – 975.

[44] Mehta, H. S.; Kaur, H.; Menon, S. K. A Study on Complexation and Transport of Cr(Ⅲ) Through a Chromogenic Aza Crown Liquid Membrane. J. Macromol. Sci. Part A 2010, 48(2), 148 – 154.

[45] Hamidi, A. S.; Kazemi, S. Y.; Zolgharnein, J. Highly Efficient and Selective Transport of Cu(Ⅱ) With a Copperative Carrier Composed of Tetraaza – 14 – Crown – 4 and Oleic Acid through a Bulk Liquid Membrane. Sep. Sci. Technol. 2009, 45(1), 58 – 65.

[46] Granado – Castro, M. D.; Galindo – Riaño, M. D.; Dominguez – Lledó, F. C.; Díaz – López, C.; García – Vargas, M. Study of the Kinetics of the Transport of Cu(Ⅱ), Cd(Ⅱ) and Ni(Ⅱ) Ions Through a Liquid Membrane. Anal. Bioanal. Chem. 2008, 391(3), 779 – 788.

[47] Kazemi, S. Y.; Hamidi, A. S. Competitive Removal of Lead(Ⅱ), Copper(Ⅱ), and Cadmium(Ⅱ) Ions Through a Bulk Liquid Membrane Containing Macrocyclic Crown Ethers and Oleic Acid as Ion Carries. J. Chem. Eng. Data 2010, 56(2), 222 – 229.

[48] Rounaghi, G. H.; Hosseiny, M. S; Chamsaz, M. Study of Competitive Transport of Metal Cations Through Bulk Liquid Membrane Using 4′ – Nitrobenzo – 18 – Crown – 6 and Diaza – 18 – Crown – 6. J. Incl. Phenom. Macrocycl. Chem. 2011, 69(1 – 2), 221 – 229.

[49] Mendiguchía, C.; García – Vargas, M.; Moreno, C. Screening of Dissoloved Heavy Metals(Cu, Zn, Mn, Al, Cd, No, Pb) in Seawater by A Liquid – Membrane – ICP – MS Approach. Anal. Bioanal. Chem. 2008, 391(3), 773 – 778.

[50] Shokrollahi, A.; Ghaedi, M.; Shamsipur, M. Highly Selective Transport of Mercury(Ⅱ) Ion Through a Bulk Liquid Membrane. Quim. Nova 2009, 32(1), 153 – 157.

[51] Mirea, C. M.; Diaconu, I.; Serban, E. A.; Ruse, E.; Nechifor, G. The Transport

of Iron (Ⅲ) Through Bulk Liquid Membrane Using Aliquat 336 as Carrier. Rev. Chim. 2016, 67(5), 838 – 841.

[52] Belova, V.; Kostanyan, A.; Zakhodyaeva, Y. A.; Kholkin, A.; Logutenko, O. On the Application of Bulk – Supported Liquid Membrane Techniques in Hydrometallurgy. Hydrometallurgy 2014, 150, 144 – 152.

[53] Li, H.; Chen, Y.; Tian, D.; Gao, Z. The Synthesis of Novel Polysiloxanes with Pendant Hand – Basket Type Calix [6] Crowns and Their Transporting Properties for Metal lons in a Liquid Membrane. J. Membr. Sci. 2008, 310(1), 431 – 437.

[54] Sadyrbaeva, T. Z. Hybrid Liquid Membrane—Electrodialysis Process for Extraction of Manganese(Ⅱ). Desalination 2011, 274(1), 220 – 225.

[55] Rounaghi, G.; Kakhki, R. M.; Eshghi, H. Efficient Transport of Lead(Ⅱ) Cations in Natural Water Using a Liquid Membrane System with Dicyclohexano – 18 – Crown – 6 as Carrier. Arab. J. Chem. 2012.

[56] Kazemi, M. S.; Rounaghi, G. Highly Selective Transport of Lead Cation through Bulk Liquid Membrane by Macrocyclic Ligand of Decyl – 18 – Crown – 6 as Carrier. Russ. J. Inorg. Chem. 2010, 55(12): 1987 – 1991.

[57] Akin, I.; Erdemir, S.; Yilmaz, M.; Ersoz, M. Calix[4] Arene Derivative Bearing Imidazole Groups as Carrier for the Transport of Palladium by Using Bulk Liquid Membrane. J. Hazard. Mater. 2012, 223, 24 – 30.

[58] Reddy, T. R.; Meeravali, N.; Reddy, A. Novel Reverse Mixed Micelle Mediated Transport of Platinum and Palladium Through a Bulk Liquid Membrane from Real Samples. Sep. Purif. Technol. 2013, 103, 71 – 77.

[59] Shamsipur, M.; Davarkhah, R.; Khanchi, A. R. Facilitated Transport of Uranium (Ⅵ) Across a Bulk Liquid Membrane Containing Thenoyltrifluoroacetone in the Presence of Crown Ethers as Synergistic Agents. Sep. Purif. Technol. 2010, 71(1), 63 – 69.

[60] Shamsipur, M.; Davarkhah, R.; Yamini, Y.; Hassani, R.; Reza Khanchi, A. Selective Facilitated Transport of Uranium(Ⅵ) Across a Bulk Liquid Membrane Containing Benzoyltrifluoroacetone as Extractant – Carrier. Sep. Sci. Technol. 2009, 44 (11), 2645 – 2660.

[61] Mohammad Zadeh Kakhki, R.; Rounaghi, G. Competitive Bulk Liquid Membrane Transport of Heavy Metal Cations Using the 18 – Crown – 6 Ligand as an Ionophore. J. Chem. Eng. Data 2011, 56(7), 3169 – 3174.

[62] Hassaine – Sadi, F.; Graiche, M.; Boudaa, A.; Bouchabou, H. Purification – Concentration Process of Zn(ii), Ni(ii), and Cd(ii) Using Liquid Membrane With Different Carriers. Proc. Eng. 2012, 33, 351 – 356.

[63] Madaeni, S. S.; Jamali, Z.; Islami, N. Highly Efficient and Selective Transport of Methylene Blue Through a Bulk Liquid Membrane Containing Cyanex 301 as Carrier.

Sep. Purif. Technol. 2011, 81(2), 116 – 123.

[64] Muthuraman, G.; Ibrahim, M. Use of Bulk Liquid Membrane for the Removal of Cibacron Red FN – R From Aqueous Solution Using TBAB as a Carrier. J. Ind. Eng. Chem. 2013, 19(2), 444 – 449.

[65] Soniya, M.; Muthuraman, G. Comparative Study Between Liquid – Liquid Extraction and Bulk Liquid Membrane for the Removal and Recovery of Methylene Blue from Wastewater. J. Ind. Eng. Chem. 2015, 30, 266 – 273.

[66] Khani, R.; Ghasemi, J. B.; Shemirani, F.; Rahmanian, R. Application of Bilinear Least Squares/Residual Bilinearization in Bulk Liquid Membrane System for Simultaneous Multicomponent Quantification of Two Synthetic Dyes. Chemometr. Intell. Lab. Syst. 2015, 144, 48 – 55.

[67] Manna, M. S.; Bhatluri, K. K.; Saha, P.; Ghoshal, A. K. Transportation of Catechin (± C) Using Physiologically Benign Vegetable Oil as Liquid Membrane. Ind. Eng. Chem. Res. 2012, 51(46), 15207 – 15216.

[68] Ren, Z.; Lv, Y.; Zhang, W. Facilitated Transport of Penicillin g by Bulk Liquid Membrane With TBP as Carrier. Appl. Biochem. Biotechnol. 2009, 152(2), 286 – 294.

[69] Ehtash, M.; Fournier – Salaün, M. C.; Dimitrov, K.; Salaün, P.; Saboni, A. Phenol Removal From Aqueous Media by Pertraction Using Vegetable Oil as a Liquid Membrane. Chem. Eng. J. 2014, 250, 42 – 47.

[70] Fouad, E. A.; Bart, H. J. Emulsion Liquid Membrane Extraction of Zinc by a Hollow – Fiber Contactor. J. Membr. Sci. 2008, 307(2), 156 – 168.

[71] Mohagheghi, E.; Alemzadeh, I.; Vossoughi, M. Study and Optimization of Amino Acid Extraction by Emulsion Liquid Membrane. Sep. Sci. Technol. 2008, 43(11 – 12), 3075 – 3096.

[72] Hachemaoui, A.; Belhamel, K.; Bart, H. J. Emulsion Liquid Membrane Extraction of Ni(Li) and Co(II) From Acidic Chloride Solutions Using Bis – (2 – ethylhexyl) Phosphoric Acid as Extractant. J. Coord. Chem. 2010, 63(13), 2337 – 2348.

[73] Ahmad, A.; Kusumastuti, A.; Derek, C.; Ooi, B. Emulsion Liquid Membrane for Heavy Metal Removal: An Overview on Emulsion Stabilization and Destabilization. Chem. Eng. J. 2011, 171(3), 870 – 882.

[74] Kim, K. S.; Choi, S. J.; Ihm, S. K. Simulation of Phenol Removal From Wastewater By Liquid Membrane Emulsion. Ind. Eng. Chem. Fundam. 1983, 22(2), 167 – 172.

[75] Yan, N. A Mass Transfer Model for Type – II – Facilitated Transport in Liquid Membranes. Chem. Eng. Sci. 1993, 48(22), 3835 – 3843.

[76] Stroeve, P.; Varanasi, P. Extraction with Double Emulsions in a Batch Reactor: Effect of Continuous – Phase Resistance. AIChE J. 1984, 30(6), 1007 – 1009.

[77] Agarwal, A. K.; Das, C.; De, S. Modeling of Extraction of Dyes and Their Mixtures from Aqueous Solution Using Emulsion Liquid Membrane. J. Membr. Sci. 2010, 360(1), 190–201.

[78] Bhowal, A.; Bhattacharyya, G.; Inturu, B.; Datta, S. Continuous Removal of Hexavalent Chromium by Emulsion Liquid Membrane in a Modified Spray Column. Sep. Purif. Technol. 2012, 99, 69–76.

[79] Teramoto, M.; Sakai, T.; Yanagawa, K.; Ohsuga, M.; Miyake, Y. Modeling of the Permeation of Copper Through Liquid Surfactant Membranes. Sep. Sci. Technol. 1983, 18(8), 735–764.

[80] Lorbach, D.; Marr, R. Emulsion Liquid Membranes Part LI: Modelling Mass Transfer of Zinc With Bis (2 – Ethylhexyl) Dithiophosphoric Acid. Chem. Eng. Proc. 1987, 21(2), 83–93.

[81] Hasan, M.; Aglan, R.; EI – Reefy, S. Modeling of Gadolinium Recovery from Nitrate Medium with 8 – Hydroxyquinoline by Emulsion Liquid Membrane. J. Hazard. Mater. 2009, 166(2), 1076–1081.

[82] Ortner, A.; Auzinger, D.; Wacker, H.; Bart, H. Axial and Radial Simulation of Concentration Profiles in Liquid/Liquid/Liquid Dispersions. In Computer – Oriented Process Engineering, vol. 10, Puigjaner, L.; Espuna, A.; Eds.; 1st ed.; Elsevier Science: Spain, 1991; pp. 399–405.

[83] Biscaia Junior, E.; Mansur, M.; Salum, A.; Castro, R. A Moving Boundary Problem and Orthogonal Collocation in Solving a Dynamic Liquid Surfactant Membrane Model Including Osmosis and Breakage. Braz. J. Chem. Eng. 2001, 18(2), 163–174.

[84] Huang, C. – R.; Fan, H.; Zhou, D. A Closed – Form Solution for a Mathematical Model of Emulsion Liquid Membrane. J. Membr. Sci. 2009, 339(1), 233–238.

[85] Fang, Z.; Liu, X.; Zhang, M.; Sun, J.; Mao, S.; Lu, J.; Rohani, S. A Neural Network Approach to Simulation the Dynamic Extraction Process of L – Phenylalanine from Sodium Chloride Aqueous Solutions by Emulsion Liquid Membrane. Chem. Eng. Res. Des. 2016, 105, 188–199.

[86] Zeng, L.; Yang, L.; Liu, Q.; Li, W.; Yang, Y. Influences of Axial Mixing of Continuous Phase and Polydispersity of Emulsion Drops on Mass Transfer Performance in a Modified Rotating Disc Contactor for an Emulsion Liquid Membrane System. Ind. Eng. Chem. Res. 2015, 54(40), 9832–9843.

[87] Zeng, L.; Zhang, Y.; Liu, Q.; Yang, L.; Xiao, J.; Liu, X.; Yang, Y. Determination of Mass Transfer Coefficient for Continuous Removal of Cadmium by Emulsion Liquid Membrane in a Modified Rotating Disc Contactor. Chem. Eng. J. 2016, 289, 452–462.

[88] Talekar, M. S.; Mahajani, V. V. E – Waste Management via Liquid Emulsion Mem-

brane(LEM) Process: Enrichment of Cd(II) From Lean Solution. Ind. Eng. Chem. Res. 2008, 47(15), 5568 – 5575.

[89] Kumbasar, R. A. Extraction and Concentration Study of Cadmium From Zinc Plant Leach Solutions by Emulsion Liquid Membrane Using Trioctylamine as Extractant. Hydrometallurgy 2009, 95(3), 290 – 296.

[90] Ahmad, A. ; Kusumastuti, A. ; Derek, C. ; Ooi, B. Emulsion Liquid Membrane for Cadmium Removal: Studies on Emulsion Diameter and Stability. Desalination 2012, 287, 30 – 34.

[91] Ahmad, A. ; Kusumastuti, A. ; Buddin, M. S. ; Derek, C. ; Ooi, B. Emulsion Liquid Membrane Based on New Flow Pattern in a Counter Rotating Taylor – Couette Column for Cadmium Extraction. Sep. Purif. Technol. 2014, 127, 46 – 52.

[92] Kumbasar, R. A. Studies on Extraction of Chromium (VI) From Acidic Solutions Containing Various Metal Ions by Emulsion Liquid Membrane Using Alamine 336 as Extractant. J. Membr. Sci. 2008, 325(1), 460 – 466.

[93] Rajasimman, M. ; Sangeetha, R. ; Karthik, P. Statistical Optimization of Process Parameters for the Extraction of Chromium(VI) From Pharmaceutical Wastewater by Emulsion Liquid Membrane. Chem. Eng. J. 2009, 150(2), 275 – 279.

[94] Zhao, L; Fei, D. ; Dang, Y. ; Zhou, X. ; Xiao, J. Studies on the Extraction of Chromium(III) by Emulsion Liquid Membrane. J. Hazard. Mater. 2010, 178(1), 130 – 135.

[95] Goyal, R. K. ; Jayakumar, N. ; Hashim, M. Chromium Removal by Emulsion Liquid Membrane Using [BMIM]$^+$[NTf$_2$]$^-$ as Stabilizer and TOMAC as Extractant. Desalination 2011, 278(1), 50 – 56.

[96] Garcia, M. G. ; Acosta, A. ; Marchese, J. Emulsion Liquid Membrane Pertraction of Cr(III) From Aqueous Solutions Using Pc – 88a as Carrier. Desalination 2013, 318, 88 – 96.

[97] Gasser, M. ; EI – Hefny, N. ; Daoud, J. Extraction of Co(II) From Aqueous Solution Using Emulsion Liquid Membrane. J. Hazard. Mater. 2008, 151(2), 610 – 615.

[98] Kumbasar, R. A. Separation and Concentration of Cobalt From Aqueous Thiocyanate Solutions Containing Cobalt – Nickel by Emulsion Liquid Membranes using TBP as Extractant. J. Membr. Sci. 2009, 338(1), 182 – 188.

[99] Kumbasar, R. A. Selective Extraction and Concentration of Cobalt From Acidic Leach Solution Containing Cobalt and Nickel Through Emulsion Liquid Membrane Using Pc – 88a as Extractant. Sep. Purif. Technol. 2009, 64 (3), 273 – 279.

[100] Kumbasar, R. A. Selective Extraction of Cobalt From Strong Acidic Solutions Containing Cobalt and Nickel Through Emulsion Liquid Membrane Using TIOA as Carrier. J. Ind. Eng. Chem. 2012, 18(6), 2076 – 2082.

[101] Sulaiman, R. N. R.; Othman, N.; Amin, N. A. S. Emulsion Liquid Membrane Stability in the Extraction of Ionized Nanosilver from Wash Water. J. Ind. Eng. Chem. 2014, 20(5), 3243 – 3250.

[102] Tang, B.; Yu, G.; Fang, J.; Shi, T. Recovery of High – Purity Silver Directly From Dilute Efflluents by an Emulsion Liquid Membrane – Crystallization Process. J. Hazard. Mater. 2010, 177(1), 377 – 383.

[103] Laki, S.; Kargari, A Extraction of Silver Ions from Aqueous Solutions by Emulsion Liquid Membrane. J. Membr. Sci. Res. 2016, 2(1), 33 – 40.

[104] Mokhtari, B.; Pourabdollah, K. Extraction of Alkali Metals Using Emulsion Liquid Membrane by Nano – Baskets of Calix[4]Crown. Korean J. Chem. Eng. 2012, 29(12), 1788 – 1795.

[105] Kedari, C.; Pandit, S.; Parikh, K.; Tripathi, S. Removal of ^{241}Am from Aqueous Nitrate Solutions by Liquid Surfactant Membrane Containing 2 – Ethylhexyl Phosphonic Acid Mono – 2 – Ethylhexyl Ester as Ion Carrier. Chemosphere 2010, 80(4), 433 – 437.

[106] Chowta, S.; Mohapatra, P.; Tripathi, S.; Tomar, B.; Manchanda, V. Recovery and Pre – Concentration of Americium(Ⅲ) From Dilute Acid Solutions Using an Emulsion Liquid Membrane Containing Di-2-Ethylhexyl Phosphoric Acid (D2EHPA) as Extractant. J. Radioana. Nucl. Chem. 2010, 285(2), 309 – 314.

[107] Mousavi, S.; Kiani, S.; Farmad, M. R.; Hemati, A.; Abbasi, B. Extraction of Arsenic(Ⅴ) From Water Using Emulsion Liquid Membrane. J. Dispers. Sci. Technol. 2012, 33(1), 123 – 129.

[108] Mokhtari, B.; Pourabdollah, K. Emulsion Liquid Membrane for Selection Extraction of Bi(Ⅲ). Chin. J. Chem. Eng. 2015, 23(4), 641 – 645.

[109] Kumbasar, R. A. Transport of Cadmium Ions From Zinc Plant Leach Solutions Through Emulsion Liquid Membrane – Containing Aliquat 336 as Carrier. Sep. Purif. Technol. 2008, 63(3), 592 – 599.

[110] Ahmad, A.; Buddin, M. S.; Ooi, B.; Kusumastuti, A. Utilization of Environmentally Benign Emulsion Liquid Membrane (ELM) for Cadmium Extraction from Aqueous Solution. J. Water Process Eng. 2016.

[111] Mortaheb, H. R.; Kosuge, H.; Mokhtarani, B.; Amini, M. H.; Banihashemi, H. R. Study on Removal of Cadmium From Wastewater by Emulsion Liquid Membrane. J. Hazard. Mater. 2009, 165(1), 630 – 636.

[112] Mortaheb, H. R.; Khormaei, H.; Amini, M. H.; Moktarani, B. A New Study on Removal of Cadmium by Hybrid Emulsion Liquid Membrane. Can. J. Chem. Eng. 2013, 91(9), 1575 – 1581.

[113] Ge, M.; Guo, C.; Li, L.; Zhang, B.; Feng, Y.; Wang, Y. Preparation of CeO_2 Novel Sponge – Like Rods by Emulsion Liquid Membrane System and Its Catalytic Oxidation Property. Mater. Leff. 2009, 63(15), 1269 – 1271.

[114] Kumbasar, R. A. Extraction and Concentration of Cobalt from Acidic Leach Solutions Containing Co – Ni by Emulsion Liquid Membrane Using TOA as Extractant. J. Ind. Eng. Chem. 2010, 16(3), 448 – 454.

[115] Kumbasar, R. A. Cobalt – Nickel Separation from Acidic Thiocyanate Leach Solutions by Emulsion Liquid Membranes (ELMs) Using TOPO as Carrier. Sep. Purif. Technol. 2009, 68(2), 208 – 215.

[116] Goyal, R. K.; Jayakumar, N.; Hashim, M. A Comparative Study of Experimental Optimization and Response Surfact Optimization of Cr Removal by Emulsion Lonic Liqiud Membrane. J. Hazard. Mater. 2011, 195, 383 – 390.

[117] Mehta, R. M.; Mahajani, V. V. Enriching Chromium(III) From Dilute Aqueous Stream via Liquid Emulsion Membrane Process. Asia – Pacific J. Chem. Eng. 2011, 6(6), 896 – 904.

[118] Rajasimman, M.; Karthic, P. Application of Response Surfact Methodology for the Extraction of Chromium(VI) by Emulsion Liquid Membrane. J. Taiwan Inst. Chem. Eng. 2010, 41(1), 105 – 110.

[119] Othman, N.; Noah, N. F. M.; Poh, K. W.; Yi, O. Z. High Performance of Chromium Recovery from Aqueous Waste Solution Using Mixture of Palm – Oil In Emulsion Liquid Membrane. Proc. Eng. 2016, 148, 765 – 773.

[120] Hasan, M.; Selim, Y.; Mohamed, K. Removal of Chromium from Aqueous Waste Solution Using Liquid Emulsion Membrane. J. Hazard. Mater. 2009, 168(2), 1537 – 1541.

[121] Kumbasar, R. A. Extraction of Chromium(VI) From Multicomponent Acidic Solutions by Emulsion Liquid Membranes Using TOPO as Extractant. J. Hazard. Mater. 2009, 167(1), 1141 – 1147.

[122] Kumbasar, R. A. Selective Extraction of Chromium(VI) From Multicomponent Acidic Solutions by Emulsion Liqiud Membranes Using Trbulthylphosphate as Carrier. J. Hazard. Mater. 2010, 178(1), 875 – 882.

[123] Valenzuela, F.; Araneda, C.; Vargas, F.; Basualto, C.; Sapag, J. Liquid Membrane Emulsion Process for Recovering the Copper Content of a Mine Drainage. Chem. Eng. Res. Des. 2009, 87(1), 102 – 108.

[124] Chiha, M.; Hamdaoui, O.; Ahmedchekkat, F.; Pétrier, C.; Study on Ultrasonically Assisted Emulsification and Recovery of Copper(II) From Wastewater Using an Emulsion Liquid Membrane Process. Ultrason. Sonochem. 2010, 17(2), 318 – 325.

[125] Laki, S.; Shamsabadi, A. A.; Madaeni, S. S.; Niroomanesh, M. Separation of Manganese from Aqueous Solution Using an Emulsion Liquid Membrane. RSC Adv. 2015, 5(102), 84195 – 84206.

[126] Anitha, M.; Ambare, D.; Singh, D.; Singh, H.; Mohapatra, P. Extraction of Neodymium from Nitric Acid Feed Solutions Using an Emulsion Liquid Membrane Con-

taining TOPO and DNPPA as the Carrier Extractants. Chem. Eng. Res. Des. 2015, 98, 89 – 95.

[127] Kumbasar, R.; Kasap, S. Selective Separation of Nickel From Cobalt in Ammoniacal Solutions by Emulsion Type Liquid Membranes Using 8 – Hydroxyquinoline (8 – Hq) as Mobile Carrier. Hydrometallurgy 2009, 95(1), 121 – 126.

[128] Eyupoglu, V.; Kumbasar, R. A. Extraction of Ni(II) From Spent Cr – Ni Electroplating Bath Solutions Using LIX 63 and 2BDA as Carriers by Emulsion Liquid Membrane Technique. J. Ind. Eng. Chem. 2015, 21, 303 – 310.

[129] Gasser, M. Adsorption of Ni(II) and Co(II) Using Microballoons Containing Mg – Silicate and CYANEX923 Prepared by the Emulsion Liquid Membrane System. Sep. Sci. Technol. 2009, 44(4), 937 – 953.

[130] Noah, N. F. M.; Othman, N.; Jusoh, N. Highly Selective Transport of Palladium From Electroplating Wastewater Using Emulsion Liquid Membrane Process. J. Taiwan Inst. Chem. Eng. 2016, 64, 134 – 141.

[131] Zhang, L.; Chen, Q.; Kang, C.; Ma, X.; Yang, Z. Rare Earth Extraction From Wet Process Phosphoric Acid by Emulsion Liquid Membrane. J. Rare Earths 2016, 34(7), 717 – 723.

[132] Kankekar, P. S.; Wagh, S. J.; Mahajani, V. V. Process Intensification in Extraction by Liqiud Emulsion Membrane (LEM) Process: A Case Study; Enrichment of Ruthenium From Lean Aqueous Solution. Chem. Eng. Process. 2010, 49(4), 441 – 448.

[133] Kulkarni, P.; Mukhopadhyay, S.; Ghosh, S.; Liquid Membrane Process for the Selective Recovery of Uranium From Industrial Leach Solutions. Ind. Eng. Chem. Res. 2009, 48(6), 3118 – 3125.

[134] Elsayed, H.; Fouad, E.; EI – Hazek, N.; Khoniem, A. Uranium Extraction Enhancement Form Phosphoric Acid by Emulsion Liquid Membrane. J. Radioanal. Nucl. Chem. 2013, 298(3), 1763 – 1775.

[135] Guo, J.; Sun, X.; Du, D.; Wu, X.; Li, M.; Pang, H.; Sun, S.; Wang, A. Uranium(VI) Extraction From Chloride Solution With Benzyloctadecyldimethyl Ammonium Chloride(BODMAC) in a Liquid Membrane Process. J. Radioanal. Nucl. Chem. 2008, 275(2), 365 – 369.

[136] Nabavinia, M.; Soleimani, M.; Kargari, A. Vanadium Recovery From Qil Revinery Sludge Using Emulsion Liquid Membrane Technique. Int. J. Chem. Environ. Eng. 2012, 3(3), 149 – 152.

[137] Lende, A. B.; Kulkarni, P. S.; Selective Recovery of Tungsten from Printed Circuit Board Recycling Unit Wastewater by Using Emulsion Liquid Membrane Process. J. Water Process Eng. 2015, 8, 75 – 81.

[138] Fouad, E. A. Zinc and Copper Separation through an Emulsion Liquid Membrane Containing Di – (2 – Ethylhexyl) Phosphoric Acid as a Carrier. Chem. Eng. Techn-

ol. 2008, 31(3), 370-376.

[139] Sengupta, B.; Bhakhar, M. S.; Sengupta, R. Extraction of Zinc and Copper-Zinc Mixtures from Ammoniacal Solutions into Emulsion Liquid Membranes Using LIX 84I®. Hydrometallurgy 2009, 99(1), 25-32.

[140] Djenouhat, M.; Hamdaoui, O.; Chiha, M.; Samar. M. H. Ultrasonication-Assisted Preparation of Water-in-Oil Emulsions and Application to the Removal of Cationic Dyes from Water by Emulsion Liquid Membrane: Part 1: Membrane Stability. Sep. Purif. Technol. 2008, 62(3), 636-641.

[141] Djenouhat, M.; Hamdaoui, O.; Chiha, M.; Samar, M. H. Ultrasonication-Assisted Preparation of Water-in-Oil Emulsions and Application to the Removal of Cationic Dyes from Water by Emulsion Liquid Membrane: Part 2 Permeation and Stripping. Sep. Purif. Technol. 2008, 63(1), 231-238.

[142] Dâas, A.; Hamdaoui, O. Extraction of Anionic Dye From Aqueous Solutions by Emulsion Liquid Membrane. J. Hazard. Mater. 2010, 178(1), 973-981.

[143] Othman, N.; Zailani, S.; Mili, N. Recovery of Synthetic Dye From Simulated Wastewater Using Emulsion Liqiud Membrane Process Containing Tri-Dodecyl Amine as a Mobile Carrier. J. Hazard Mater. 2011, 198, 103-112.

[144] Bahloul, L.; Ismail, F.; Samar, M. E.-H.; Meradi, H. Removal of AY99 From an Aqueous Solution Using an Emulsified Liquid Membrane. Application of Plackett-Burman Design. Energy Procedia 2014, 50, 1008-1016.

[145] Ng, Y. S.; Jayakumar, N. S.; Hashim, M. A. Performance Evaluation of Organic Emulsion Liquid Membrane on Phenol Removal. J. Hazard. Mater. 2010, 184(1), 255-260.

[146] Dâas, A.; Hamdaoui, O. Extraction of Bisphenol A From Aqueous Solutions by Emulsion Liquid Membrane. J. Membr. Sci. 2010, 348(1), 360-368.

[147] Reis, M. T. A.; Freitas, O. M.; Agarwal, S.; Ferreira, L. M.; Ismael, M. R. C.; Machado, R.; Carvalho, J. M. Removal of Phenols From Aqueous Solutions by Emulsion Liquid Membranes. J. Hazard. Mater. 2011, 192(3), 986-994.

[148] Jiao, H.; Peng, W.; Zhao, J.; Xu, C. Extraction Performance of Bisphenol A From Aqueous Solutions by Emulsion Liquid Membrane Using Response Surface Methodology. Desalination 2013, 313, 36-43.

[149] Berrios, J.; Pyle, D. L.; Aroca, G. Gibberellic Acid Extraction from Aqueous Solutions and Fermentation Broths by Using Emulsion Liquid Membranes. J. Membr. Sci. 2010, 348(1), 91-98.

[150] Lee, S. C. Extraction of Succinic Acid from Simulated Media by Emulsion Liquid Membranes. J. Membr. Sci. 2011, 381(1), 237-243.

[151] Lee, S. C.; Kim, H. C. Batch and Continuous Separation of Acetic Acid from Succinic Acid in a Feed Solution with High Concentrations of Carboxylic Acids by Emul-

[152] Chanukya, B.; Rastogi, N. K. Extraction of Alcohol from Wine and Color Extracts Using Liqiud Emulsion Membrane. Sep. Purif. Technol. 2013, 105, 41–47.

[153] Lee, S. C. Purfication of Xylose in Simulated Hemicellulosic Hydrolysates Using a Two–Step Emulsion Liquid Membrane Process. Bioresour. Technol. 2014, 169, 692–699.

[154] Chaouchi, S.; Hamdaoui, O. Acetaminophen Extraction by Emulsion Liquid Membrane Using Aliquat 336 as Extractant. Sep. Purif. Technol. 2014, 129, 32–40.

[155] Bhavya, S.; Priyanka, B.; Rastogi, N. K. Reverse Micelles–Mediated Transport of Lipase in Liquid Emulsion Membrane for Downstream Processing. Biotechno. Progr. 2012, 28(6), 1542–1550.

[156] Bhowal, S.; Priyanka, B.; Rastogi, N. K. Mixed Reverse Micelles Facilitated Downstream Processing of Lipase Involving Water–Oil–Water Liquid Emulsion Membrand. Biotechnol. Prog. 2014, 30(5), 1084–1092.

[157] Kieffer, R.; Charcosset. C.; Puel, F.; Mangin, D. Numerical Simulation of Mass Transfer in a Liquid–Liquid Membrane Contactor for Laminar Flow Conditions. Comput. Chem. Eng. 2008, 32(6), 1325–1333.

[158] Kandwal, P.; Dixit, S.; Mukhopadhyay, S.; Mohapatra, P. Mass Transport Modeling of Cs(I) Through Hollow Fiber Supported Liquid Membrane Containing Calix–[4]–Bis(2,3–Naptho)–Crown–6 as the Mobile Carrier. Chen. Eng. J. 2011, 174(1), 110–116.

[159] Suren, S.; Pancharoen, U.; Kheawhom, S. Simultaneous Extraction and Stripping of Lead Ions via a Hollow Fiber Supported Liquid Membrane: Experiment and Modeling. J. Ind. Eng. Chem. 2014, 20(4), 2584–2593.

[160] Bringas, E.; San Roman, M.; Irabien, J.; Ortiz, I. An Overview of the Mathematical Modelling of Liquid Membrane Separation Processes in Hollow Fibre Contactors. J. Chem. Technol. Biotechnol. 2009, 84(11), 1583–1614.

[161] Rathore, N.; Sonawane, J.; Kumar, A.; Venugopalan, A.; Singh, R.; Bajpai, D.; Shukla, J. Hollow Fiber Supported Liqiud Membrane: A Novel Technique for Separation and Recovery of Plutonium from Aqueous Acidic Wastes. J. Membr. Sci. 2001, 189(1), 119–128.

[162] Lozano, L.; Godinez, C.; De Los Rios, A.; Hernandez–Fernandez, F.; Sanchez–Segado, S.; Alguacil, F. J. Recent Advances in Supported Ionic Liquid Membrane Technology. J. Membr. Sci. 2011, 376(1), 1–14.

[163] Ansari, S.; Mohapatra, P.; Raut, D.; Adya, V.; Thulasidas, S.; Manchanda, V. Separation of Am(III) and Trivalent Lanthanides from Simulated High–Level Waste Using a Hollow Fiber–Supported Liquid Membrane. Sep. Purif. Technol. 2008, 63(1), 239–242.

[164] Lipnizki, F. Cross–Flow Membrane Applications in the Food Industry. In Mem-

branes for Food Application, vol. 3, Peinemann, K. – V. ; Pereira, S. P. ; Giorno, L. ; Eds, ; 1st ed. ; Willey – VCH: Germany, 2010; pp. 1 – 23.

[165] Ho, W. S. W. ; Sirkar, K. K. , Membrane Handbook, 1st ed. ; Chapman & Hall: New York, 1992(Kluwer Academic Publishers, Boston, reprint edition, 2011).

[166] Hao, Z. ; Vitt, M. E. ; Wang, Z. ; Zhang, W. ; Ho, W. S. W. Supported Liquid Membranes With Feed Dispersion for Recovery of Cephalexin. J. Membr. Sci. 2014, 468, 423 – 431.

[167] Ho, W. S. W. ; Wang, B. Strontium Removal by New Alkyl Phenylphosphonic Acids in Supported Liquid Membranes With Strip Dispersion. Ind. Eng. Chem. Res. 2002, 41(3), 381 – 388.

[168] Danesi, P. R. A Simplified Model for the Coupled Transport of Metal Ions Through Hollow – Fiber Supported Liquid Membranes. J. Membr. Sci. 1984, 20(3), 231 – 248.

[169] Bhatluri, K. K. ; Manna, M. S. ; Saha, P. ; Ghoshal, A. K. Supported Liquid Membrane – Based Simultaneous Separation of Cadmium and Lead From Wastewater. J. Membr. Sci. 2014, 459, 256 – 263.

[170] Panja, S. ; Ruhela, R. ; Misra, S. ; Sharma, J. ; Tripathi, S. ; Dakshinamoorthy, A. Facilitated Transport of Am(Ⅲ) Through a Flat – Sheet Supported Liquid Membrane(FSSLM) Containing Tetra(2 – ethyl hexyl) Diglycolamide(TEHDGA) as Carrier. J. Membr. Sci. 2008, 325(1), 158 – 165.

[171] Zidi, C. ; Tayeb, R. ; Boukhili, N. ; Dhahbi, M. A Supported Liquid Membrane System for Efficient Extraction of Vanillin from Aqueous Solutions. Sep. Purif. Technol. 2011, 82, 36 – 42.

[172] Hassoune, H. ; Rhlalou, T. ; Verchère, J. F. Mechanism of Transport of Sugars Across a Supported Liquid Membrane Using Methyl Cholate as Mobile Carrier. Desalination 2009, 242(1), 84 – 95.

[173] Panja, S. ; Mohapatra, P. ; Kandwal, P. ; Tripathi, S. Uranium(Ⅵ) Pertraction Across a Supported Liquid Membrane Containing a Branched Diglycolamide Carrier Extractant. Part Ⅲ: Mass Transfer Modeling. Desalination 2012, 285, 213 – 218.

[174] Zidi, C. ; Tayeb, R. ; Dhahbi, M. Extraction of Phenol From Aqueous Solutions by Means of Supported Liquid membrane (MLS) Containing Tri – n – Octyl Phosphine Oxide(TOPO). J. Hazard. Mater. 2011, 194, 62 – 68.

[175] Biswas, S. ; Pathak, P. ; Roy, S. Kinetic Modeling of Uranium Permeation Across a Supported Liquid Membrane Employing Dinonyl Phenyl Phosphoric Acid(DNPPA) as the Carrier. J. Ind. Eng. Chem. 2013, 19(2), 547 – 553.

[176] Ruhela, R. ; Panja, S. ; Sharma, J. ; Tomar, B. ; Tripathi, S. ; Hubli, R. ; Suri, A. Facilitated Transport of Pd(Ⅱ) Through a Supported Liquid Membrane (SLM) Containing N, N, N, N – Tetra – (2 – ethylhexyl) Thiodiglycolamide T(2EH)

TDGA: A Novel Carrier. J. Hazard. Mater. 2012, 229, 66 – 71.

[177] Kandwal, P.; Ansari, S.; Mohapatra, P. Transport f Cesium Using Hollow Fiber Supported Liquid Membrane Containing Calix[4]Arene – Bis (2,3 – naphtho) Crown – 6 as the Carrier Extractant: Part Ⅱ: Recovery from Simulated High Level Waste and Mass Transfer Modeling. J. Membr. Sci. 2011, 384(1), 37 – 43.

[178] Vernekar, P. V.; Jagdale, Y. D.; Patwardhan, A. W.; Patwardhan, A. V.; Ansari, S. A.; Mohapatra, P. K.; Manchanda, V. K. Transport of Cobalt(Ⅱ) Through a Hollow Fiber Supported Liquid Membrane Containing Di – (2 – Ethylhexyl) Phosphoric Acid (D2EHPA) as the Carrier. Chem. Eng. Res. Des. 2013, 91 (1), 141 – 157.

[179] Pirom, T.; Sunsandee, N.; Wongsawa, T.; Ramakul, P.; Pancharoen, U.; Nootong, K. The Effect of Temperature on Mass Transfer and Thermodynamic Parameters in the Removal of Amoxicillin via Hollow Fiber Supported Liquid Membrane. Chem. Eng. J. 2015, 265, 75 – 83.

[180] Pirom, T.; Sunsandee, N.; Ramakul, P.; Pancharoen, U.; Nootong, K.; Leepipatpiboon, N. Separation of Amoxicillin Using Trioctylmethylammonium Chloride via a Hollow Fiber Supported Liquid Membrane: Modeling and Experimental Investigation. J. Ind. Eng. Chem. 2015, 23, 109 – 118.

[181] Jagasia, P.; Ansari, S. A.; Raut, D. R.; Dhami, P. S.; Gandhi, P. M.; Kumar, A.; Mohapatra, P. K. Hollow Fiber Supported Liquid Membrane Studies Using a Process Compatible Solvent Containing Calix[4]Arene – Mono – Crown – 6 for the Recovery of Radio – Cesium from Nuclear Waste. Sep. Purif. Technol. 2016, 170, 208 – 216.

[182] Wongkaew, K.; Wannachod, T.; Mohdee, V.; Pancharoen. U.; Arpornwichanop, A.; Lothongkum, A. W. Mass Transfer Resistance and Response Surfact Methodology for Separation of Platinum(Ⅳ) Across Hollow Fiber Supported Liquid Membrane. J. Ind. Eng. Chem. 2016, 42, 23 – 35.

[183] Sunsandee, N.; Leepipatpiboon, N.; Ramakul, P.; Wongsawa, T.; Pancharoen, U. The Effects of Thermodynamics on Mass Transfer and Enantioseparation of (R,S) – Amlodipine Across a Hollow Fiber Supported Liqiud Membrane. Sep. Purif. Technol. 2013, 102, 50 – 61.

[184] Buachuang, D.; Ramakul, P.; Leepipatpiboon, N.; Pancharoen, U. Mass Transfer Modeling on the Separation of Tantalum and Niobium From Dilute Hydrofluoric Media Through a Hollow Fiber Supported Liquid Membrane. J. Alloys Compd. 2011, 509 (39), 9549 – 9557.

[185] Sunsandee, N.; Ramakul, P.; Thamphiphit, N.; Pancharoen, U.; Leepipatpiboon, N. The Synergistic Effect of Selective Separation of (S) – Amlodipine From Pharmaceutical Wastewaters via Hollow Fiber Supported Liqiud Membrane. Chem.

Eng. J. 2012, 209, 201-214.

[186] Sunsandee, N.; Leepippatpiboon, N.; Ramakul, P.; Pancharoen, U. The Selective Separation of (S)-Amlodipine via a Howllo Fiber Supported Liquid Membrane: Modeling and Experimental Verification. Chem. Eng. J. 2012, 180, 299-308.

[187] Ansari, S. A.; Mchapatra, P. K.; Manchanda, V. K. Recovery of Actinides and Lanthanides From High-Level Waste Using Hollow-Fiber Supported Liquid Membrane with TODGA as the Carrier. Ind. Eng. Chem. Eng. Chem. Res. 2009, 48(18), 8605-8612.

[188] Ansari, S. A.; Mohapatra, P. K; Kandwal, P.; Verboom, W. Diglycolamide-Functionalized Calix[4]Arene for Am(III) Recovery from Radioactive Wastes: Liquid Membrane Studies Usuing a Hollow Fiber Contactor. Ind. Eng. Chem. Res. 2016, 55(6), 1740-1747.

[189] Zhang, W.; Cui, C.; Hao, Z. Transport Study of Cu(II) Through Hollow Fiber Supported Liquid Membrane. Chin. J. Chem. Eng. 2010, 18(1), 48-54.

[190] Gupta, S.; Chakraborty, M.; Murthy, Z. Performance Study of Hollow Fiber Supported Liquid Membrane System for the Separation of Bisphenol a From Aqueous Solutions. J. Ind. Eng. Chem. 2014, 20(4), 2138-2145.

[191] Wannachod, P.; Chaturabul, S.; Pancharoen, U.; Lothongkum, A. W.; Pathaveekongka, W. The Effective Recovery of Prasendymium From Mixed Rare Earths via a Hollow Fiber Supported Liquid Membrane and Its Mass Transfer Related. J. Alloys Compd. 2011, 509(2), 354-361.

[192] Uedee, E.; Ramakul, P.; Pancharoen, U.; Lothongkum, A. W. Performance of Hollow Fiber Supported Liquid Membrane on the Extraction of Mercury(II) Ions. Korean J. Chem. Eng. 2008, 25(6), 1486-1494.

[193] Manna, M. S.; Saha, P.; Ghoshal, A. K. Separation of Medicunal Catechins From Tea Leaves (Camellia sinensis) Extract Using Hollow Fiber Supported Liquid Membrane(HF-SLM) Module. J. Membr. Sci. 2014, 417, 219-226.

[194] Ramakul, P.; Supajaroon, T.; Prapasawat, T.; Pancharoen, U.; Lothongkum, A. W. Synergistic Separation of Yttrium Ions in Lanthanide Series from Rare Earths Mixture via Hollow Fiber Supported Liquid Membrane. J. Ind. Eng. Chem. 2009, 15(2), 224-228.

[195] Chaturabul, S.; Srirachat, W.; Wannachod, T.; Ramakul, P.; Pancharoen, U.; Kheawhom, S.; Separation of Mercury(II) From Petroleum Produced Water via Hollow Fiber Supported Liquid Membrane and Mass Transfer Modeling. Chem. Eng. J. 2015, 265, 34-46.

[196] Ghosh, R. Permeation of Model Hydrophilic Drun Through Biomimetic Supported Multi-Liquid Membrane. J. Membr. Sci. 2009, 344(1), 107-111.

[197] Huang, D.; Huang, K.; Chen, S.; Liu, S.; Yu, J. Rapid Reaction-Diffusion

Model for the Enantioseparation of Phenylalanine Across Hollow Fiber Supported Liquid Membrane. Sep. Sci. Technol. 2008, 43(2), 259 – 272.

[198] Zhang, W.; Hao, Z.; Chen, G.; Li, J.; Li, Z.; Wang, Z.; Ren, Z.; Effect of Porosity on Mass Transfer of Gas Absorption in a Hollow Fiber Membrane Contactor. J. Membr. Sci. 2014, 470, 399 – 410.

[199] Zhang, W.; Hao, Z.; Li, J.; Liu, J.; Wang, Z.; Ren, Z. Residence Time Distribution Analysis of a Hollow – Fiber Contactor for Membrane Gas Absorption and Vibration – Induced Mass Transfer Intensification. Ind. Eng. Chem. Res. 2014, 53(20), 8640 – 8650.

[200] Rezakazemi, M.; Niazi, Z; Mirfendereski, M.; Shirazian, S.; Mohammadi, T.; Pak, A.; CFD Simulation of Natural Gas Sweetening in a Gas – Liquid Hollow – Fiber Membrane contactor. Chem. Eng. J. 2011, 168(3), 1217 – 1226.

[201] Panja, S.; Mohapatra, P.; Tripathi, S.; Gandhi, P.; Janardan, P.; Supported Liquid Membrane Transport Studies on Am(Ⅱ), Pu^{4+}, U^{4+} and Sr^{2+} Using Irradiated TODGA. J. Hazard. Mater. 2012, 237, 339 – 346.

[202] Ansari, S.; Mohapatra, P.; Iqbal, M.; Kandwal, P.; Huskens, J.; Verboom, W. Novel Diglycolamide – Functionalized Calix[4]Arenes for Actinide Extraction and Supported Liquid Membrane Studies: Role of Substituents in the Pendent Arms and Mass Transfer Modeling. J. Membr. Sci. 2013, 430, 304 – 311.

[203] Sharma, S.; Panja, S.; Ghosh, S.; Dhami, P.; Gandhi, P.; Efficient Transport of Am(Ⅲ) From Nitric Acid Medium Using a New Conformationally Constrained (N, N, N′, N′ – tetra – 2 – ethylhexyl) 7 – Oxabicyclo[2.2.1]Heptane – 2,3 – Dicarboxamide Across a Supported Liquid Membrane. J. Hazard. Mater. 2016, 305, 171 – 177.

[204] Güell, R.; Antico, E.; Salvado, V.; Fontàs, C. Efficient Hollow Fiber Supported Liquid Membrane System for the Removal and Preconcentration of Cr(Ⅵ) at Trace Levels. Sep. Purif. Technol. 2008, 62(2), 389 – 393.

[205] Solangi, I. B.; Özcan, F.; Arslan, G.; Ersz, M. Transportation of Cr(Ⅵ) Through Calix[4]arene Based Supported Liquid Membrane. Sep. Purif. Technol. 2013, 118, 470 – 478.

[206] Religa, P.; Rajewski, J.; Gierycz, P.; Świetlik, R. Supported Liquid Membrane System for Cr(Ⅲ) Separation From Cr(Ⅲ)/ Cr(Ⅵ) Mixtures. Water Sci. Technol. 2014, 69(12), 2476 – 2481.

[207] Raut, D.; Mohapatra, P.; Ansarl, S.; Manchanda, V. Evaluation of a Calix[4] – Bis – Crown – 6 Ionophore – Based Supported Liquid Membrane System for Selective ^{137}Cs Transport From Acidic Solutions. J. Membr. Sci. 2008, 310(1), 229 – 236.

[208] Raut, D.; Mohapatra, P.; Choudhary, M.; Nayak, S. Evaluation of Two Calix – Crown – Ligands for the Recovery of Radio Cesium from Nuclear Waste Solutions: Solvent Extraction and Liquid Membrane Studies. J. Membr. Sci. 2013, 429, 197 –

205.

[209] Mohapatra, P.; Bhattacharyya, A.; Manchanda, V. Selective Separation of Radio-Cesium from Acidic Solutions Using Supported Liquid Membrane Containing Chlorinatd Cobalt Dicarbollide(CCD) in Phenyltrifluoromethyl Sulphone (PTMS). J. Hazard. Mater. 2010, 181(1), 679-685.

[210] Chakrabarty, K.; Saha, P.; Ghoshal, A. K. Spearation of Mercury From Its Aqueous Solution Through Supported Liquid Membrane Using Environmentally Benign Diluent. J. Membr. Sci. 2010, 350(1), 359-401.

[211] Chakrabarty, K.; Saha, P.; Ghoshal, A. K. Simultaneous Separation of Mercury and Lignosulfonate From Aqueous Solution Using Supported Liquid Membrane. J. Membr. Sci. 2010, 346(1), 37-44.

[212] Panja, S.; Mohapatra, P.; Tripathi, S.; Manchanda, V. Studies on Uranium(VI) Pertraction Across a N, N, N', N'-Tetraoctyldiglycolamide(TODGA) Supported Liquid Membrane. J. Membr. Sci. 2009, 337(1), 274-281.

[213] Joshi, J.; Pathak, P.; Pandey, A.; Manchanda, V. Study on Synergistic Carriers Facilitated Transport of Uranium(VI) and Europium(III) Across Supported Liquid Membrane from Phosphoric Acid Media. Hydrometallurgy 2009, 96(1), 117-122.

[214] Candela, A. M.; Benatti, V.; Palet, C. Pre-Concentration of Uranium(VI) using Bulk Liquid and Supported Liquid Membrane Systems Optimized Containing Bis(2-ethylhexyl) Phosphoric Acid as Carrier in Low Concentrations. Sep. Purif. Technol. 2013, 120, 172-179.

[215] Kedari, C.; Pandit, S.; Gandhi, P. Separation by Competitive Transport of Uranium(VI) and Thorium(IV) Nitrates Across Supported Renewable Liquid Membrane Containing Trioctylphosphine Oxide as Metal Carrier. J. Membr. Sci. 2013, 430, 188-195.

[216] Dudwadkar, N. L.; Tripathi, S.; Gandhi, P. Studies on the Partitioning of Actinides From High Level Liquid Waste Solution Employing Supported Liquid Membrane With Cyanex-923 as Carrier. J. Radioanal. Nucl. Chem. 2013, 295(2), 1009-1014.

[217] Wongsawa, T.; Pancharoen, U.; Lothongkum, A. W. High Performance of Hloow Fiber Supported Liquid Membrane to Separate Silver Ions From Medicinal Wastewater. Int. School. Sci. Res. Innov. 2013, 7(11), 843-847.

[218] Amiri, A. A.; Safavi, A.; Hasaninejad, A. R.; Shrghi, H.; Shamsipur, M. Highly Selective Transport of Silver Ion through a Supported Liquid Membrane Using Calix[4] Pyrroles as Suitable Ion Carriers. J. Membr. Sci. 2008, 325(1), 295-300.

[219] Altin, S.; Yildirim, Y.; Altin, A. Transport of Silver Ions Through a Flat-Sheet Supported Liquid Membrane. Hydrometallurgy 2010, 103(1), 144-149.

[220] Ayda, V.; Sengupta, A.; Ansari, S.; Mohapatra, P.; Bhide, M.; Godbole, S. Application of Hollow Fiber Supported Liquid Membrane for the Separation of Americium From the Analytical Waste. J. Radioanal. Nucl. Chem. 2013, 295(2), 1023 – 1028.

[221] Bhattacharyya, A.; Mohapatra, P.; Roy, A.; Gadly, T.; Ghosh, S.; Manchanda, V. Ethyl – Bis – Triazinylpyridine (Et – BTP) for the Separation of Americium(Ⅲ) From Trivalent Lanthanides Using Solvent Extraction and Supported Liquid Membrane Methods. Hydrometallurgy 2009, 99(1), 18 – 24.

[222] Bhattacharyya, A.; Mohapatra, P.; Gadly, T.; Raut, D.; Ghosh, S.; Manchanda, V. Liquid – Liquid Extraction and Flat Sheet Supported Liquid Membrane Studies on Am(Ⅲ) and Eu(Ⅲ) Separation Using 2,6 – bis(5,6 – Dipropyl – 1,2,4 – Triazin – 3 – yl)Pyridine as the Extractant. J. Hazard. Mater. 2011, 195, 238 – 244.

[223] Patil, A. B.; Kandwal, P.; Shinde, V.; Pathak, P.; Mohapatra, P. Evaluation of DMDOHEMA Based Supported Liquid Membrane System for High Level Waste Remediation under Simulated Conditions. J. Membr. Sci. 2013, 442, 48 – 56.

[224] Patil, A. B.; Shinde, V. S.; Pathak, P.; Mohapatra, P. K. New Extractant N, N′ – Dimethyl – N, N′ – Dicyclohexyl – 2, (2′ – Dodecyloxyethyl) – Malonamide (DMDCDDEMA) for Radiotoxic Acidic Waste Remediation: Synthesis, Extraction and Supported Liquid Membrane Transport Studies. Sep. Purif. Technol. 2015, 145, 83 – 91.

[225] Pancharoen, U.; Poonkum, W.; Lothongkum, A. W. Treatment of Arsenic Ions From Produced Water Through Hollow Fiber Supported Liquid Membrane. J. Alloys Compd. 2009, 482(1), 328 – 334.

[226] Prapasawat, T.; Ramakul, P.; Satayaprasert, C.; Pancharoen, U.; Lothongkum, A. W. Separation of As(Ⅲ) and As(Ⅴ) by Hollow Fiber Supported Liquid Membrane Based on the Mass Transfer Theory. Korean J. Chem. Eng. 2008, 25(1), 158 – 163.

[227] Güell, R.; Fontàs, C.; Salvadó, V.; Anticó, E. Modelling of Liquid – Liquid Extraction and Liquid Membrane Separation of Arsenic Species in Environmentral Matrices. Sep. Purif. Technol. 2010, 72(3), 319 – 325.

[228] Parhi, P.; Das, N.; Sarangi, K. Extraction of Cadmium from Dilute Solution Using Supported Liquid Membrane. J. Hazard. Mater. 2009, 172(2), 773 – 779.

[229] Rathore, N.; Leopold, A.; Pabby, A.; Fortuny, A.; Coll, M.; Sastre, A. Extraction and Permeation Studies of Cd(Ⅱ) in Acidic and Neutral Chloride Media Using Cyanex 923 on Supported Liquid Membrane. Hydrometallurgy 2009, 96(1), 81 – 87.

[230] Surucu, A.; Eyupoglu, V.; Tutkun, O. Selective Separation of Cobalt and Nickel by Flat Sheet Supported Liquid Membrane Using Alamine 300 as Carrier. J. Ind. Eng. Chem. 2012, 18(2), 629 – 634.

[231] Alguacil, F. J.; Alonso, M.; Lopez, F.; López – Delgado, A. Active Transport of

[232] Swain, B.; Mishra, C.; Jeong, J.; Lee, J.; Hong, H. S.; Pandey, B. Separation of Co(Ⅱ) and Li(Ⅰ) with Cyanex 272 Using Hloow Fiber Supported Liquid Membrane: A Comparison with Flat Sheet Supported Liquid Membrane and Dispersive Solvent Extraction Process. Chem. Eng. J. 2015, 271, 61-70.

[233] Swain, B.; Jeong, J.; Yoo, K.; Lee, J.; Synergistic Separation of Co(Ⅱ)/Li(Ⅰ) for the Recycling of LIB Industry Wastes by Supported Liquid Membrane Using Cyanex 272 and DR-8R. Hydrometallurgy 2010, 101(1), 20-27.

[234] Ochromowicz, K.; Apostoluk, W. Modelling of Carrier Mediated Transport of Chromium(Ⅲ) in the Supported Liquid Membrane System With D2EHPA. Sep. Purif. Technol. 2010, 72(1), 112-117.

[235] Rajewski, J.; Religa, P. Synergistic Extraction and Separation of Chromium(Ⅲ) From Acidic Solution with a Double-Carrier Supported Liquid Membrane. J. Mol. Liq. 2016, 218, 309-315.

[236] Kobodzin, P.; Religa, P.; Rajewski, J. Transport of Cr(Ⅲ) Through a Supported Liquid Membrane. Problemy Eksploatacji 2013, 2, 177-186.

[237] Kandwal, P.; Dixit, S.; Mukhopadhyay, S.; Mohapatra, P.; Manchanda, V. Mathematical Modeling of Cs(Ⅰ) Transport Through Flat Sheet Supported Liquid Membrane Using Calix-[4]-bis(2,3-naptho)-18-Crown-6 as the Mobile Carrier. Desalination 2011, 278(1), 405-411.

[238] Adebayo, A.; Sarangl, K. Separation of Copper From Chaloopyrlte Leach Liquor Contalning Copper, Iron, Zinc and Magneslum by Supported Liquid Membrane. Sep. Purif. Technol. 2008, 63(2), 392-399.

[239] Mltlche, L.; Tlogry, S.; Seta, P.; Sahmoune, A. Facilitated Transport of Copper(Ⅱ) Across Supported Liquid Membrane and Polymeric Plasticized Membrane Containing 3-Phenyl-4-Benzoylisoxazol-5-One as Carrier. J. Membr. Sci. 2008, 325(2), 605-611.

[240] Minhas, F. T.; Memon, S.; Qureshi, I.; Mujahid, M.; Bhanger, M. Facilitated Kinetlc Transport of Cu(Ⅱ) Through a Supported Liquid Membrane With Calix[4] Arene as a Carrier. C. R. Chim. 2013, 16(8), 742-751.

[241] Bayen, S.; Gunkel-Grillon. P.; Worms, I.; Martin, M.; Buffie, J. Influence of Inorganic Complexes on the Transport of Trace Metals through Permeation Liquid Membrane. Anal. Chim. Acta. 2009, 646(1), 104-110.

[242] Parhi, P.; Sarangl, K. Separation of Copper, Zinc. Cobalt and Nickel Ions by Supported Liquid Membrane Technique Using LIX 841, TOPS-99 and Cyanex 272. Sep. Purif. Technol. 2008, 59(2), 169-174.

[243] Zaherl, P.; Abolghaseml, H.; Mohammadi, T.; Maraghe, M. G. Synerglstic Extraction and Separation of Dysproslum and Europlum by Supported Liquid Membrane.

[244] Zaherl, P.; Abolghasemi, H.; Maraghe, M. G.; Mohammadi, T. Interslfication of Europlum Extraction Through a Supported Liquid Membrane Using Mixture of D2EHPA and Cyanex 272 as Carrier. Chem. Eng. Proc. 2015, 92, 18-24.

[245] Mahmoud, M. Effective Separation of Iron From Tltanium by Transport Throug TOA Supported Liquid Membrane. Sep. Purif. Technol. 2012, 84, 63-71.

[246] Minhas, F. T.; Memon, S.; Bhanger, M. Hg(II) Transport Through Modlfied Supported Liquid Membrane. J. Macromol. Sci. Part. A 2013, 50(2), 215-220.

[247] Ramakul, P.; Mooncluen, U.; Yanachawakul, Y.; Leeplpatpiboon, N. Mass Transport Modeling and Analysis on the Mutual Separation of Lanthanum(III) and Cerium(IV) Through a Hollow Fiber Supported Liquid Membrane. J. Ind. Eng. Chem. 2012, 18(5), 1606-1611.

[248] Gilles, A.; Mihal, S.; Nast, G.; Mahon, E.; Garal, S.; Müller, A.; Barbiu, M. Highly Selective Li^+ Ion Transport by Porous Molybdenum-Dxide Keplerate-Type Nanocapsules Integrated in a Supported Liquid Membrane. Israel. J. Chem. 2013, 53(1-2), 102-107.

[249] Parthasarathy, N.; Pelletier, M.; Buffle, J. Transport of Lipophllic Metal Complexes Through Permeation Liquid Membrane, in Relation to Natural Water Analysis: Cu(II)-8-Hydrocyqulnoline Complex as a Model Compound. J. Membr. Sci. 2010, 355(1), 78-84.

[250] Trtić-Petrović, T. M.; Kumrić, K. R.; Dordević, J. S.; Vladisavljević, G. T. Extraction of Luntetlum(III) from Aqueous Solutions by Emplying a Single Fibre-Supported Liqud Membrand. J. Sep. Sci. 2010, 33(13), 2002-2009.

[251] Rehman, S.; Alchtar, G.; Chaudry, M. A.; Bukhari, N.; Ullah, N.; Ali, N. Mn(VII) Ions Transport by Triethanolamine Cyclohexanone Based Supported Liquid Membrane and Recovery of Mn(II) Ions From Discharged Zinc Carbon Dry Bathery Cell. J. Membr. Sci. 2011, 366(1), 125-131.

[252] Wannachod, T.; Leepipatplboon, N.; Pancharoen, U.; Nootong, K. Separation and Mass Transport of Nd(III) From Mixed Rare Earths via Hollow Fiber Supported Liquid Membrane: Experiment and Modeling. Chem. Eng. J. 2014, 248, 158-167.

[253] Talebi, A.; Teng, T. T.; Alkarkhi, A. F.; Ismall, N. Nichel Ion Coupled Counter Complexation and Decomplexation Through a Modlfied Supported Liquid Membrane System. RSC Adv. 2015, 5(48), 38424-38434.

[254] Fradler, K. R.; Michle, I.; Dinsdale, R. M.; Guwy, A. J.; Premier, G. C. Augmenting Microbial Fuel Cell Power by Coupling With Supported Liquid Membrane Permeation for Zinc Recovery. Water Res. 2014, 55, 115-125.

[255] Gill, R.; Bukhari, N.; Safdar, S.; Batool, S. Extraction of Lead Through Suppor-

[256] Bhatlurl, K. K.; Manna, M. S.; Ghoshal, A. K.; Saha, P. Supported Liquid Membrane Based Removal of Lead(II) and Cadmium(II) From Mixed Feed: Conversion to Solid Waste by Precipitation. J. Hazard. Mater. 2015, 299, 504–512.

[257] Suren. S.; Wongsawa, T.; Pancharoen, U.; Prapasawat, T.; Lothongkum, A. W. Uphill Transport and Mathematical Model of Pb(II) From Dilute Symthetic Lead-Containing Solutions Across Hollow Fiber Supported Liquid Membrane. Chem. Eng. J. 2012, 191, 503–511.

[258] Panja, S.; Ruhela, R.; Das, A.; Tripathi, S.; Singh, A.; Gandhl, P.; Hubll, R. Carrier Mediated Transport of Pd(II) From Nltric Acid Medium Using Dlthiodiglycolamide(DTDGA) Across a Supported Liquid Membrane (SLM). J. Membr. Sci. 2014, 449, 67–73.

[259] Panja, S.; Mohapatra, P.; Kandwal, P.; Tripathl, S.; Manchanda, V. Pertraction of Plutonlum in the +4 Oxidation State Through a Supported Liquid Membrane Containing TODGA as the Carrier. Desalination 2010, 262(1), 57–63.

[260] Raut, D.; Mohapatra, P.; Manchanda, V. A. Highly Efficient Supported Liquid Membrane System for Selecthe Strontium Separation Leading to Radicactive Waste Remediation. J. Membr. Sci. 2012, 390, 76–83.

[261] Jagdale, Y. D.; Patwardhan, A. W.; Shah, K. A.; Chaurasla, S.; Patwardhan, A. V.; Ansarl, S. A.; Mohapatra, P. K.; Transport of Strontlum Through a Hollow Flbre Supported Liquid Membrane Containing N,N,N',N'-Tetraoctyl Diglycolamide as the Carrier. Desalination 2013, 325, 104–112.

[262] Pel, L.; Yao, B.; Wang, L.; Zhao, N.; Liu, M. Transport of Tb^3 In Dispersion Supported Liquid Membrane System With Carrier P507. Chin. J. Chem. 2010, 28 (5), 839–846.

[263] Dinkar, A.; Singh, S. K.; Tripathl, S.; Gandhi, P.; Vema, R.; Reddy, A. Carrier Facllitated Transport of Thorium From HCl Medium Using Cyanex 923 in n-Dodecane Containing Supported Liquid Membrane. J. Radicanal. Nucl. Chem. 2013, 298(1), 707–715.

[264] Bhattacharyya, A.; Mohapatra, P.; Ansarl, S.; Raut, D.; Manchanda, V. Separation of Trivalent Actinides From Lanthanides Using Hollow Fiber Supported Liquid Membrane Containing Cyanex-301 as the Carrier. J. Membr. Sci. 2008, 312(1), 1–5.

[265] Biswas, S.; Pathak, P.; Roy, S. Carrier Facllitated Transport of Uranlum Across Supported Liquid Membrane Using Dinonyl Phenyl Phosphoric Acid and Its Mixture With Neutral Donors. Desalination 2012, 290, 74–82.

[266] Lothongkum, A.; Ramakul, P.; Sasomsub, W.; Laoharochanapan, S.; Pancharo-

en, U. Enhancement of Uranium Ion Flux by Consecutive Extraction via Hollow Fiber Supported Liquid Membrane. J. Taiwan Inst. Chem. Eng. 2009, 40(5), 518-523.

[267] Pancharoen, U.; Leepipatplboon, N.; Ramakul, P.; Innovative Approach to Enhance Uranium Ion Flux by Consecutive Extraction via Hollow Fiber Supported Liquid Membrane. J. Ind. Eng. Chem. 2011, 17(4), 647-650.

[268] Shailesh, S.; Pathak, P.; Mohapatra, P.; Manchanda, V. Role of Diluents in Uranium Transport Across a Supported Liquid Membrane Using Di(2-ethythexyl) Isobutyramide as the Carrier. Desalination 2008, 232(1), 281-290.

[269] Singh, S. K.; Misra, S.; Sudersanan, M.; Dakshinamoorthy, A. Studies on the Recovery of Uranium From Phosphoric Acid Medium by D2EHPA/n-Dodecare Supported Liquid Membrane. Sep. Sci. Technol. 2009, 44(1), 169-189.

[270] Singh, S. K.; Misra, S.; Tripathi, S.; Singh, D. Studies on Permeation of Uranium(VI) From Phosphoric Acid Medium Through Supported Liquid Membrane Comprising a Binary Mixture of PC88A and Cyanex 923 in n-Dodecane as Carrier. Desafination 2010, 250(1), 19-25.

[271] Leepipatpaiboon, N.; Pancharoen, U.; Sunsandee, N.; Ramakul, P. Factorial Design In Optimization of the Separation of Uranium From Yellowcake Across a Hollow Fiber Supported Liquid Membrane, With Mass Transport Modeling. Korean J. Chem. Eng. 2014, 31(5), 868-874.

[272] Panja, S.; Mohapatra, P.; Tripathi, S.; Manchanda, V. Facilitated Transport of Uranium(VI) Across Supported Liquid Membranes Containing T2EHDGA as the Carrier Extractant. J. Hazard. Mater. 2011, 188(1), 281-287.

[273] Husseinzadeh, D. Selective Facilitated Transport of Vanadium (VO_2^+) Ion Through Supported Liquid Membrane and Effects of Membrane Characteristics. Int Schol. Sci. Res. Innov. 2010, 71, 228-230.

[274] Hor, M.; Riad, A; Benjjar, A.; Lebrun, L.; Hlaibi, M. Technique of Supported Liquid Membranes(SLMs) for the Facilitated Transport of Vanadium Ions (VO_2^+): Parameters and Mechanism of the Transport Process. Desalination 2010, 255(1), 188-195.

[275] Dutta, S.; Raut, D.; Mohapatra, P. Role of Diluent on the Separation of ^{90}Y from ^{90}Sr by Solvent Extraction and Supported Liquid Membrane Using TZEHDGA as the Extractant. Appl. Radiat. Isot. 2012, 70(4), 670-675.

[276] Dutta, S.; Mohapatra, P. Studies on the Separation of ^{90}Y from ^{90}Sr by Solvent Extraction and Supported Liquid Membrane using TODGA Role of Organic Diluent. J. Radioanal. Nucl. Chem. 2013, 295(3), 1683-1688.

[277] Urtiaga, A.; Bringas, E.; Mediavilla, R.; Ortiz, I. The Role of Liquid Membranes in the Selective Separation and Recovery of Zinc for the Regeneration of Cr(III) Passivation Baths. J. Membr. Sci. 2010, 356(1), 88-95.

[278] Huang, C.; Selp, K. F.; Gjelstad, A.; Pedersen - Blergaard, S. Electromembrane Extraction of Polar Basic Drugs From Plasma With Pure Bis (2 - Ethylhexyl) Phosphite as Supported Liquid Membrane. Anal. Chim. Acta 2016, 934, 80 - 87.

[279] Xu, L.; Hauser, P. C.; Lee, H. K. Electro Membrane Isolation of Nerve Agent Degradation Products Across a Supported Liquid Membrane Followed By Capillary Electrophoresis With Contactless Conductlvlty Detection. J. Chromatogr. A. 2008, 1214(1), 17 - 22.

[280] Chakrabarty, K; Saha, P.; Ghoshal, A. K. Separation of Lignosulfonate From Its Aqueous Solution Using Supported Liquid Membrane. J. Membr. Sci. 2009, 340(1), 84 - 91.

[281] Zidi, C.; Tayeb, R.; Ai, M. B. S.; Dhahbi, M. Liquid - Liquid Extraction and Transport Across Supported Liquid Membrane of Phenol Using Tributyl Phosphate. J. Membr. Sci. 2010, 360(1), 334 - 340.

[282] Hassoune, H.; Rhlalou, T.; Verchère, J. - F.; Studies on Sugars Extraction Across a Supported Liquid Membrane: Complexation Site of Glucoe and Galactose With Methyl Cholate. J. Membr. Sci. 2008, 315(1), 180 - 186.

[283] Hajarabeevl, N.; Bilal, I. M.; Easwaramoorthy, D.; Palanlvelu, K. Facilltated Transport of Catopmoc Dyes Through a Supported Liquid Membrane With D2EHPA as Carrier. Desalination 2009, 245(1), 19 - 27.

[284] Balchen, M.; Hatlerud, A. G.; Reubsael, L; Pedersen - Bjergaard, S. Fundamental Studies on the Electrokinetic Transfer of Net Cationic Peptides across Supported Liquid Membranes. J. Sep. Sci. 2011, 34(2), 186 - 195.

[285] Raich - Montiu, J.; Krogh, K. A.; Granados, M.; Jönsson, J. Å.; Halling - Sorensen, B. Detemination of lvermectin and Transformation Products in Environmental Waters Using Hollow Fibre - Supported Liquid Membrane Extraction and Liquid Chromatography - Mass Spectrometry/Mass Spectrometry. J. Chromatogr. 2008, 1187(1), 275 - 280.

[286] Bedendo, G. C.; Jardim, I. C. S. F.; Carasek, E. A Simple Hollow Fiber Renewal Liquid Membrane Extraction Method for Analysis of Sulfonamides in Honey Samples With Detemination by Liquid Chromatography - Tandem Mass Spectrometry. J. Chromatogr. A 2010, 1217(42), 6449 - 6454.

[287] Pantůčková, P.; Kubáǎ,P.; Boček, P. Supported Liquid Membrane Extraction Coupled In - Line to Commercial Capillary Electrophoresis for Rapid Determination of Formate in Undiluted Blood Samples. J. Chromatogr. A 2013, 1299, 33 - 39.

[288] Ensafi, A. A.; Khoddaml, E.; Rezaei, B.; Jalari - Asl, M. A Supported Liquid Membrane for Microextraction of Insulin, and Its Detemination With a Pencil Graphite Electrode Modified With RuO_2 - Graphene Oxide. Microchim. Acta 2015, 182(9 - 10), 1599 - 1607.

[289] Tan, Z.; Liu, J. Visual Test of Subparts per Billion – Level Mercuric Ion With a Gold Nanoparticle Probe After Preconcentration by Hollow Fiber Supported Liquid Membrane. Anal. Chem. 2010, 82(10), 4222–4228.

[290] Kumar, A.; Manna, M. S.; Ghoshal, A. K.; Saha, P. Study of the Supported Liquid Membrane for the Estimation of the Synergistic Effects of Influential Parameters on its Stabillty. J. Environ. Chem. Eng. 2016, 4(1), 943–949.

[291] Kazemi, P.; Peydayesh, M.; Bandegl, A.; Mohammadi, T.; Bakhtiari, O. Stability and Extraction Study of Phenolic Wastewater Treatment by Supported Liquid Membrane Using Tributyl Phosphate and Sesame Oil as Liquid Membrane. Chem. Eng. Res. Des. 2014, 92(2), 375–383.

[292] Drioli, E.; Giomo, L. Comprehensive Membrane Science and Engineering, 1st ed.; Elsevier Science: Amsterdam, 2010.

[293] Vil1, M. E.; Ho, W. S. W. Supported Liquid Membranes With Strip Dispersion for the Recovery of Cephalexin. J. Membr. Sci. 2009, 342(1), 80–87.

[294] Vil1, M. E. Ho, W. S. W. In Sltu Removal of Cephalexin by Supported Liquid Membrane with Strip Dispersion. J. Membr. Sci. 2011, 367(1), 71–77.

[295] Vilt, M. E. Ho, W. S. W. Selective Separation of Cephalexin from Multiple Component Mixtures. Ind. Eng. Chem. Res. 2010, 49(23), 12022–12030.

[296] Sallm, W.; Ho, W. S. W. Recent Developments on Nanostructured Polymer – Based Membranes. Curr. Opin. Chem. Eng. 2015, 8, 76–82.

[297] Li. S.; Chen, H.; Zhang, L. Recovery of Fumaric Acid by Hollow – Fiber Supported Liquid Membrane With Strip Dispersion Using Trialkylamine Carrier. Sep. Purif. Technol. 2009, 66(1), 25–34.

[298] Ouyang, L; Su, X.; He, D.; Chen, Y.; Ma, M.; Xie, Q.; Yao, S. A Study on Separation and Extraction of Four Main Allaloids in Macleaya cordata(Willd) R. Br. With Strip Dispersion Hybrld Liquid Membrane. J. Sep. Sci. 2010, 33(13), 2026–2034.

[299] Ren, Z.; Zhang, W.; Liu, Y.; Dai, Y.; Cui, C. New Liquid Membrane Technology for Simultaneous Extraction and Stripping of Copper(II) From Wastewater. Chem. Eng. Sci. 2007, 62(22), 6090–6101.

[300] Liu, J.; Zhang, W.; Ren, Z.; Ma, J. The Separation and Concentration of Cr(VI) From Acidic Dilute Solution Using Hollow Fiber Renewal Liquid Membrane. Ind. Eng. Chem. Res. 2009, 48(9), 4500–4506.

[301] Ren, Z.; Zhang, W.; Lv, Y.; Li, J. Simultaneous Extraction and Concentration of Penicillin G by Hollow Fiber Renewal Liquid Membrane. Biotechno. Progr. 2009, 25(2), 468–475.

[302] Ren, Z.; Zhang, W.; Li, H.; Lin, W. Mass Transfer Characteristics of Citric Acid Extraction by Hollow Fiber Renewal Liquid Membrane. Chem. Eng. J. 2009, 146(2), 220–226.

[303] He, L.; Li, L.; Sun, W.; Zhang, W.; Zhou, Z.; Ren, Z. Extraction and Recovery of Penicillin G From Solution by Cascade Process of Hollow Fiber Renewal Liquid Membrane. Biochem. Eng. J. 2006, 110, 8–16.

[304] Molinari, R.; Argurio, P.; Poerio, T. Studies of Various Solid Membrane Supports to Prepare Stable Sandwich Liquid Membranes and Testing Copper(Ⅱ) Removal from Aqueous Media. Sep. Puint. Technol. 2009, 70(2), 166–172.

[305] Mortaheb, H. R.; Zolfagharl, A.; Mokhtarani, B.; Amini, M. H.; Mandanipour, V. Study on Removal of Cadmlum by Hybrid Liquid Membrane Process. J. Hazard. Mater. 2010, 177(1), 660–667.

[306] Wang, D.; Chen, Q.; Hu, J.; Fu, M.; Luo, Y. High Flux Recovery of Copper (Ⅱ) From Ammoniacal Solution with Stable Sandwich Supported Liquid Membrane. Ind. Eng. Chem. Res. 2015, 54(17), 4823–4831.

[307] Oberta, A.; Wasllewski, J.; Wódzki, R. Selective Lead(Ⅱ) Transport in a Liqiud Membrane System with Octylsulfanylacetic Acid Ionophore. Desafination 2010, 252(1), 40–45.

[308] Wódzki, R.; Świalkowski, M.; Lapienis, G. Pertraction Properties of Poly(oxyethylene) Diphosphoric and Dicarboxylic Acids as Macroionophores in Liquid Membrane Systems. React. Funct. Polym. 2010, 70(7), 463–470.

[309] Sadyrbaeva, T. Z. Separation of Cobalt(Ⅱ) From Nickel(Ⅱ) by a Hybrid Liquid Membrane–Electrodlalysis Process Using Anion Exchange Carriers. Desalination 2015, 365, 167–175.

[310] Sadyrbaeva, T. Z. Removal of Chromlum(Ⅵ) From Aqueous Solutions Using a Novel Hybrid Liquid Membrane—Electrodialysis Process. Chem. Eng. Proc. 2016, 99, 183–191.

[311] Pei, L.; Yao, B.; Zhang, C. Transport of Tm(Ⅲ) Through Dispersion Supported Liquid Membrane Containing PC–88A in Kerosene as the Carrier. Sep. Purif. Technol. 2009, 65(2), 220–227.

[312] Murai, Y.; Asaoka, S.; Yoshlkawa, M. Polymeric Pseudo–Liquid Membrane as a Stable Liquid Membrane—Evidence for Carrier–Diffusion Mechanism. J. Membr. Sci. 2011, 380(1), 216–222.

[313] Xie, X.; Crespo, G. A.; Mistlberger, G.; Bakker, E. Photocurrent Generation Based on a Light–Driven Proton Pump in an Artifictal Liquid Membrane. Nat. Chem. 2014, 6(3), 202–207.